Schroll
Die Prüfung der Industriemeister

## Zusätzliche digitale Inhalte für Sie!

**Zu diesem Buch stehen Ihnen kostenlos folgende digitale Inhalte zur Verfügung:**

@ Online-Buch

Die digitale Version dieses Buches finden Sie mit vielen hilfreichen Verlinkungen zur komfortablen Recherche in mein**kiehl**.

**Schalten Sie sich das Buch inklusive Mehrwert direkt frei.**

Scannen Sie den QR-Code **oder** rufen Sie die Seite mein**kiehl** auf.
Geben Sie den Freischaltcode ein und folgen Sie dem Anmeldedialog. Fertig!

**Ihr Freischaltcode**

BRRX-MAAB-WQBA-SUSK-MAHW-AU

www.kiehl.de

# Die Prüfung der Industriemeister

## Basisqualifikationen

Von

Diplom-Ingenieur Stefan Schroll

Begründet von

Diplom-Sozialwirt Günter Krause und

Diplom-Soziologin Bärbel Krause

15., aktualisierte Auflage

kiehl

Bildnachweis Umschlag: © Shariff Che'Lah – stock.adobe.com

ISBN 978-3-470-**66335**-7 · 15., aktualisierte Auflage 2023



**Kiehl ist eine Marke des NWB Verlags**



Satz: Ansichtssachen, Egelsbach
Druck: Beltz Grafische Betriebe GmbH, Bad Langensalza

# Vorwort

Dieses Standardwerk enthält wichtige Informationen zur effektiven Vorbereitung auf die Industriemeister-Prüfung im Prüfungsteil „Fachrichtungsübergreifende Basisqualifikationen". Es gliedert sich in fünf Prüfungsbereiche:

1. Rechtsbewusstes Handeln
2. Betriebswirtschaftliches Handeln
3. Anwendung von Methoden der Information, Kommunikation und Planung
4. Zusammenarbeit im Betrieb
5. Berücksichtigung naturwissenschaftlicher und technischer Gesetzmäßigkeiten.

Die Gliederung und der Inhalt des Buches orientieren sich eng an der Rechtsverordnung über die Prüfung zum anerkannten Abschluss „Geprüfter Industriemeister/Geprüfte Industriemeisterin" und dem aktuellen Rahmenplan des DIHK.

Im ersten Teil wird der komplette Lernstoff in bewährter Frage-Antwort-Form wiederholt. Übersichten, Schaubilder, Aufzählungen und Struktogramme erleichtern das Lernen und machen Zusammenhänge deutlich.

Im zweiten Teil wird der Stoff anhand klausurtypischer Fragestellungen vertieft und angewendet, um so eine fundierte Vorbereitung auf die Prüfung zu gewährleisten und um den Übergang zu den handlungsspezifischen Qualifikationen, die im 2. Prüfungsteil gefordert sind, zu festigen.

Ebenfalls hat der Leser im zweiten Teil die Möglichkeit durch die Bearbeitung der Musterklausuren, die sich exakt an den Prüfungsanforderungen ausrichten, die Situation in der Prüfung zu simulieren und seine Kenntnisse unter „Echtbedingungen" zu kontrollieren.

Auf das Grundlagenfach „Arbeitsmethodik" wurde bewusst verzichtet, da es nicht Bestandteil der Prüfung ist. Ebenfalls ausgeklammert wurde der berufs- und arbeitspädagogische Prüfungsteil, da hierzu ein eigenes Prüfungsbuch bei Kiehl erschienen ist (Ruschel/Hankofer, Die Ausbildereignungsprüfung).

Das umfangreiche Stichwortverzeichnis erlaubt dem Leser, sich selektiv auf Einzelthemen zu konzentrieren oder sich im Ganzen auf die Prüfung vorzubereiten. Außerdem sind die Inhalte so umfassend aufbereitet, dass das Buch zusätzlich eine Grundlage zur Vorbereitung auf den Prüfungsteil „Handlungsspezifische Qualifikationen" (dies gilt speziell für die Handlungsbereiche „Organisation" sowie „Führung und Personal") bietet.

Die Vorauflage wurde gründlich durchgesehen und aktualisiert. Das betrifft auch die Prüfungsanforderungen. Außerdem wurden alle im Text enthaltenen DIN-Normen überprüft und auf den neuesten Stand gebracht.

Ich wünsche allen Lesern eine erfolgreiche Prüfung und die Realisierung der persönlichen Berufsziele in den klassischen Managementbereichen des Industriemeisters.

Anregungen und konstruktive Kritik sind willkommen und erreichen mich über den Verlag.

*Dipl.-Ing. Stefan Schroll, M. Sc.*
Truchtlaching am Chiemsee, im Herbst 2022

# Benutzungshinweise

## Diese Symbole erleichtern Ihnen die Arbeit mit diesem Buch:

TIPP

Hier finden Sie nützliche Hinweise zum Thema.

MERKE

Das X macht auf wichtige Merksätze oder Definitionen aufmerksam.

ACHTUNG

Das Ausrufezeichen steht für Beachtenswertes, wie z. B. Fehler, die immer wieder vorkommen, typische Stolpersteine oder wichtige Ausnahmen.

INFO

Hier erhalten Sie nützliche Zusatz- und Hintergrundinformationen zum Thema.

RECHTSGRUNDLAGEN

Das Paragrafenzeichen verweist auf rechtliche Grundlagen, wie z. B. Gesetzestexte.

MEDIEN

Das Maus-Symbol weist Sie auf andere Medien hin. Sie finden hier Hinweise z. B. auf Download-Möglichkeiten von Zusatzmaterialien, auf Audio-Medien oder auf die Website von Kiehl.

# Hinweis

Aus Gründen der besseren Lesbarkeit verzichten wir auf die gleichzeitige Verwendung der Sprachformen männlich, weiblich und divers (m/w/d). Sämtliche Personenbezeichnungen gelten gleichermaßen für alle Geschlechter.

## Feedbackhinweis

Kein Produkt ist so gut, dass es nicht noch verbessert werden könnte. Ihre Meinung ist uns wichtig. Was gefällt Ihnen gut? Was können wir in Ihren Augen verbessern? Bitte schreiben Sie einfach eine E-Mail an: **feedback@kiehl.de**

# 1. Rechtsbewusstes Handeln

INFO

**Prüfungsanforderungen**

Nachweis folgender Fähigkeiten:

- Der Teilnehmer soll nachweisen, dass er in der Lage ist, im Rahmen seiner Handlungen einschlägige Rechtsvorschriften zu berücksichtigen.
- Er soll die Arbeitsbedingungen seiner Mitarbeiter und Mitarbeiterinnen unter arbeitsrechtlichen Aspekten gestalten.
- Außerdem soll er nach rechtlichen Grundlagen die Arbeitssicherheit, den Gesundheitsschutz und den Umweltschutz gewährleisten sowie die Zusammenarbeit mit den entsprechenden Institutionen sicherstellen.

**Qualifikationsschwerpunkte (Überblick)**

1.1 Berücksichtigen arbeitsrechtlicher Vorschriften und Bestimmungen bei der Gestaltung individueller Arbeitsverhältnisse und bei Fehlverhalten von Mitarbeitern, insbesondere unter Berücksichtigung des Arbeitsvertragsrechts, des Tarifvertragsrechts und betrieblicher Vereinbarungen

1.2 Berücksichtigen der Vorschriften des Betriebsverfassungsgesetzes, insbesondere der Beteiligungsrechte betriebsverfassungsrechtlicher Organe

1.3 Berücksichtigen rechtlicher Bestimmungen der Sozialversicherung, der Entgeltfindung und der Arbeitsförderung

1.4 Berücksichtigen arbeitsschutz- und arbeitssicherheitsrechtlicher Vorschriften und Bestimmungen in Abstimmung mit betrieblichen und außerbetrieblichen Institutionen

1.5 Berücksichtigen der Vorschriften des Umweltrechts

1.6 Berücksichtigen einschlägiger wirtschaftlicher Vorschriften und Bestimmungen (Produktverantwortung, Produkthaftung, Datenschutz)

# 1.1 Arbeitsrechtliche Vorschriften und Bestimmungen bei der Gestaltung individueller Arbeitsverhältnisse und bei Fehlverhalten von Mitarbeitern

## 1.1.1 Rechtsgrundlagen

>> 4.5.4 Frage 21. ff.

### 01. Was sind Rechtsgrundlagen und welche Arten von Rechtsgrundlagen werden unterschieden?

Rechtsgrundlagen geben Aufschluss über Gebote und Verbote. Man unterscheidet:

a) **das geschriebene Recht** (Gesetze, Verordnungen, Satzungen)

b) **Gewohnheitsrecht** und **Richterrecht** (insbesondere das Recht der obersten Bundesgerichte)

c) **vereinbartes Recht**, z. B. Kaufverträge, Arbeitsverträge.

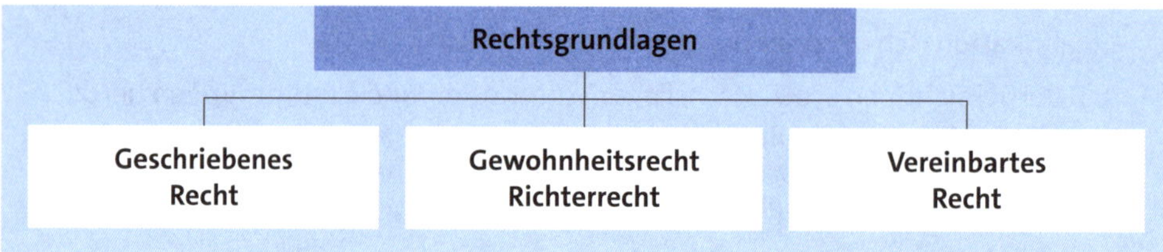


### 02. Wie wird das Recht generell unterteilt?

a)

| Privates Recht (auch: Zivilrecht) | Öffentliches Recht |
|---|---|
| **Verhältnis von Bürger zu Bürger** | **Verhältnis von Staat zu Bürger** |
| **Beispiele:**<br>BGB, HGB | **Beispiele:**<br>Völkerrecht, Staatsrecht, Strafrecht |

b) Das **materielle Recht** besagt, wann ein Anspruch besteht und das **formelle** Recht, wie dieser Anspruch durchgesetzt werden kann. Das BGB enthält z. B. materielles Recht, die Zivilprozessordnung formelles Recht.

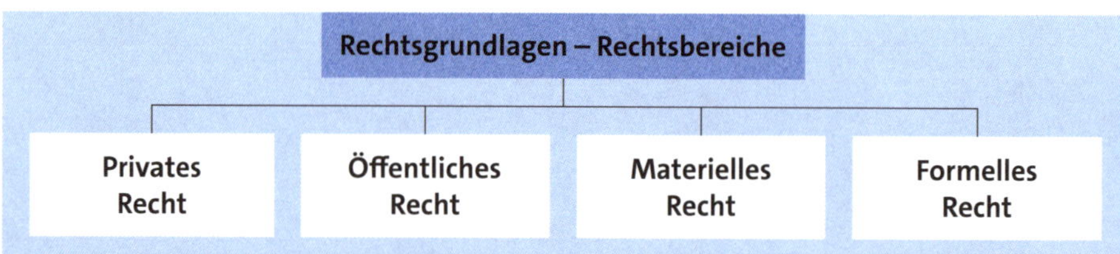

## 03. In welchen Bundesgesetzen sind arbeitsrechtliche Tatbestände geregelt?

a) **Allgemeine Gesetze**, z. B.: BGB, HGB (Regelungen für kaufmännische Angestellte und Handelsvertreter), Gewerbeordnung (Bestimmungen für gewerbliche Arbeitnehmer), Handwerksordnung, Seemannsordnung.

b) **Spezielle Gesetze**, z. B.: Kündigungsschutzgesetz; Arbeitsgerichtsgesetz; Gesetz zur Regelung der Arbeitnehmerüberlassung (AÜG); Berufsbildungsgesetz; Betriebsverfassungsgesetz; Personalvertretungsgesetz; Bundesurlaubsgesetz; Jugendarbeitsschutzgesetz; Mutterschutzgesetz; Bundeselterngeld- und Elternzeitgesetz (BEEG); Tarifvertragsgesetz; Mitbestimmungsgesetz; Heimarbeitsgesetz; Gesetz über die Festlegung von Mindestarbeitsbedingungen; Sozialgesetzbuch; Entgeltfortzahlungsgesetz, Arbeitszeitgesetz.

c) **Sonstige Gesetze** mit arbeitsrechtlichen Auswirkungen, z. B.: Sozialgesetzbuch Drittes Buch; Insolvenzordnung; Arbeitssicherheitsgesetz; Produktsicherheitsgesetz (ProdSG), Gesetz über Arbeitnehmererfindungen; Vermögensbildungsgesetz; Arbeitsplatzschutzgesetz.

## 04. Welche Funktionen erfüllt eine Rechtsordnung?

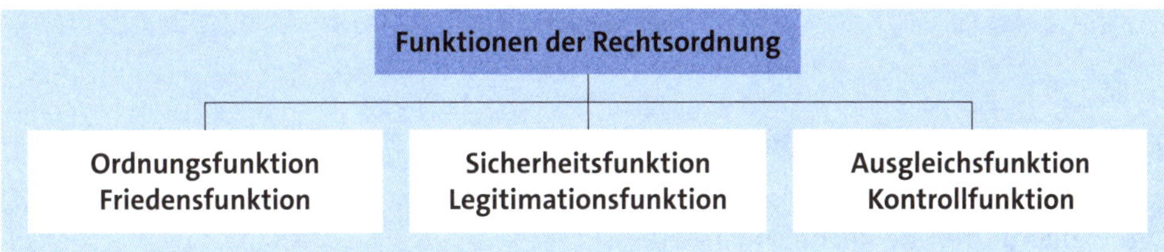


## 05. Welche Artikel des Grundgesetzes können im Arbeitsrecht Bedeutung erlangen?

Dies sind insbesondere folgende Verfassungsnormen:

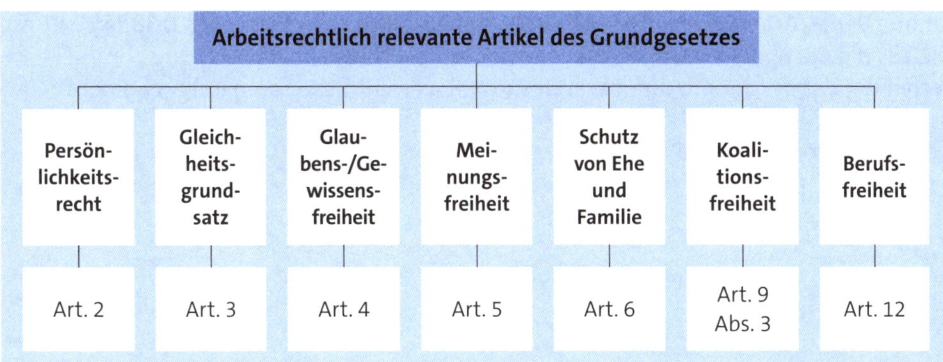


**Beispiel:** Der Gleichbehandlungsgrundsatz von Mann und Frau ist z. B. bei der Entlohnung zu beachten (vgl. Art. 3 GG).

## 06. Welche Bestimmungen des BGB sind arbeitsrechtlich relevant?

**Arbeitsrechtlich relevante Bestimmungen des BGB**

| BGB<br>Zweites Buch<br>Schuldverhältnisse<br>Sechster Teil | BGB<br>Zweites Buch<br>Schuldverhältnisse<br>– Beispiele | BGB<br>Erstes Buch<br>Allgemeiner Teil<br>– Beispiele |
|---|---|---|
| **Dienstvertrag**<br>**§§ 611 - 630** | § 242 Leistung nach Treu und Glauben<br>§§ 315 - 327 Einseitige Leistungsbestimmungsrechte | § 113 Dienst- oder Arbeitsverhältnis Minderjähriger<br>§ 195 Regelmäßige Verjährungsfrist (3 Jahre)<br>§ 201 Beginn der Verjährungsfrist<br>§ 203 ff. Hemmung der Verjährung |

## 07. Was ist das Arbeitsrecht?

Das Arbeitsrecht ist das Sonderrecht der abhängig und weisungsgebundenen Beschäftigten, die für fremde Rechnung arbeiten.

## 08. Wer ist Arbeitnehmer im Sinne des Arbeitsrechts?

Als Arbeitnehmer gelten die Personen, die einem anderen haupt- oder nebenberuflich aufgrund eines privatrechtlichen Vertrages für eine gewisse Dauer zur Arbeitsleistung verpflichtet sind. Ein Arbeitsverhältnis setzt im Regelfall die Zahlung eines Entgelts voraus. **Jedes Arbeitsverhältnis ist ein Dienstverhältnis im Sinne des BGB** (§§ 611 ff.), sodass die dortigen Vorschriften auf den Arbeitsvertrag zur Anwendung kommen, sofern nicht der besondere Charakter des Arbeitsverhältnisses dem entgegensteht.

Keine Arbeitnehmer sind z. B.:

- Selbstständige
- Freiberufler
- Organmitglieder (z. B. Vorstand einer AG)
- Richter, Beamte, Soldaten, Zivildienstleistende.

## 09. Was zählt zu den Rechtsquellen des Arbeitsrechts?

Charakteristisch für die heutige Arbeits- und Wirtschaftsverfassung ist die Selbstverwaltung des Arbeitslebens durch Arbeitgeber- und Arbeitnehmerorganisationen. Deshalb sind es neben den staatlichen Vorschriften insbesondere die autonomen Regelungen, die die Beziehungen zwischen Arbeitgebern und Arbeitnehmern sowie den rechtlichen Rahmen und die Bedingungen der zu leistenden Arbeit festlegen.

Neben den staatlichen Gesetzen und Verordnungen sind insbesondere die autonom zustande gekommenen **Tarifverträge**, **Betriebsvereinbarungen** und **Unfallverhütungsvorschriften** der Berufsgenossenschaften Quellen des Arbeitsrechts. Hinzu kommen aber auch die Grundsätze des Richterrechts und hier vorrangig die des Bundesarbeitsgerichts.

## 10. Was versteht man unter dem Individualarbeitsrecht und unter dem kollektiven Arbeitsrecht?

| Einteilung des Arbeitsrechts | | |
|---|---|---|
| Das **Individualarbeitsrecht** | regelt die Rechtsbeziehungen zwischen dem Arbeitgeber und einem einzelnen Arbeitnehmer. | ▸ BGB<br>▸ Arbeitsvertragsrecht<br>▸ Arbeitnehmerschutzrechte<br>▸ betriebliche Übung<br>▸ Arbeitssicherheitsgesetze |
| Das **Kollektive Arbeitsrecht** | regelt die Beziehungen zwischen Gruppen, wie z. B. den Betriebsräten und Arbeitgebern bzw. den Gewerkschaften und den Arbeitgeberverbänden. | ▸ Betriebsverfassungsgesetz<br>▸ Sprecherausschussverfassung<br>▸ Unternehmensverfassung<br>▸ Betriebsvereinbarung<br>▸ Tarifvertragsrecht<br>▸ Arbeitskampfrecht |

## 11. Welchen Einfluss hat das kollektive Arbeitsrecht auf das Individualarbeitsrecht?

Durch das Einwirken arbeitsrechtlicher Gesetze und Kollektivvereinbarungen hat der individuelle Vertrag einen schwächeren Einfluss auf den Inhalt des einzelnen Arbeitsverhältnisses als dies z. B. zwischen Verkäufer und Käufer oder Vermieter und Mieter der Fall ist. **Ein Individualarbeitsvertrag muss sich daher immer an den übergeordneten Normen orientieren und mit deren Inhalten übereinstimmen.**

**Beispiel**

Verstößt ein Arbeitsvertrag inhaltlich in einzelnen Punkten gegen geltendes Recht, so ist diese Bestimmung nichtig und es gilt die zurzeit geltende Bestimmung des Gesetzes, z. B.:

Der Jahresurlaub beträgt lt. BUrlG mindestens 24 Werktage (§ 3 BUrlG); daher ist eine Bestimmung im Arbeitsvertrag über 21 Werktage nichtig. Es gilt für den Arbeitnehmer ein Urlaubsanspruch von 24 Werktagen.

## 12. Welche Rangfolge gilt bei den arbeitsrechtlichen Gestaltungsquellen?

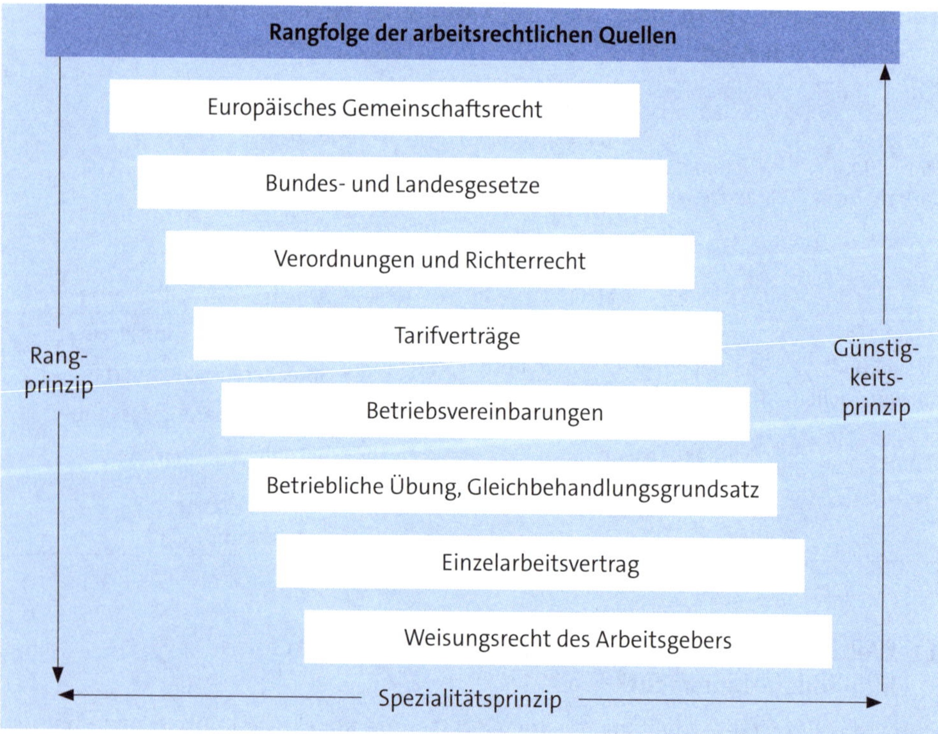


- **Rangprinzip:**
  Die ranghöhere Rechtsquelle geht der rangniedrigeren Rechtsquelle vor; z. B. gelten die Bestimmungen eines Tarifvertrages vor den Regelungen des Arbeitsvertrages.
- **Günstigkeitsprinzip:**
  Die rangniedrigere Rechtsquelle geht der ranghöheren Rechtsquelle vor, wenn sie für den Arbeitnehmer günstiger ist (Abweichung vom Rangprinzip); z. B. rangiert die Urlaubsregelung des Einzelarbeitsvertrages vor der entsprechenden Bestimmung des Bundesurlaubsgesetzes, wenn sie für den Arbeitnehmer günstiger ist.

- **Spezialitätsprinzip:**
  Konkurrieren zwei Rechtsquellen auf gleicher Rangstufe, so gilt die spezielle vor der allgemeineren bzw. die neuere vor der älteren Regelung. Beispiel: In einem Betrieb besteht Tarifkonkurrenz zwischen zwei Tarifverträgen (z. B. Metalltarif und Chemietarif). Anwendung findet der Tarifvertrag, der räumlich, fachlich und persönlich dem Betrieb am nächsten steht. **Maßgebend ist also die Art der Arbeit, die der überwiegende Teil der Arbeitnehmer leistet**.

### 1.1.2 Wesen und Zustandekommen des Arbeitsvertrages

#### 01. Wie wird ein Arbeitsverhältnis begründet?

Ein Arbeitsverhältnis wird durch **Abschluss eines Arbeitsvertrages** begründet, der durch Angebot und Annahme zustande kommt. Aus dem Arbeitsvertrag ergeben sich die beiderseitigen Rechte und Pflichten. Mit der Kontaktaufnahme zwischen Bewerber und Arbeitgeber entsteht ein **vorvertragliches Vertrauensverhältnis** (= Anbahnungsschuldverhältnis). Pflichtverletzungen (z. B. Vertraulichkeit, Datenschutz, Beschränkung des Fragerechts, Wahrheitspflicht, Offenbarungspflicht) können hier zu Schadenersatzansprüchen führen. Einen Einstellungsanspruch kann der Bewerber daraus nicht ableiten. Bei Übereinstimmung der Vorstellungen von Bewerber und Arbeitgeber kann der Arbeitsvertrag geschlossen werden – vorbehaltlich der Zustimmung des Betriebsrates und evtl. notwendiger Eignungsuntersuchung.

Auf vorformulierte Bestandteile von Arbeitsverträgen finden die gesetzlichen Vorschriften zu Allgemeinen Geschäftsbedingungen Anwendung (§§ 305 Abs. 1, 310 Abs. 4 BGB).

| 1. Schritt | 2. Schritt | 3. Schritt |
|---|---|---|
| Anbahnungsschuldverhältnis → | Abschluss des Arbeitsvertrages → | Arbeitsaufnahme |
| Vorvertragliches Vertrauensverhältnis | Übereinstimmung der Willenserklärungen; vorbehaltlich der Zustimmung des BR und ggf. Eignungsuntersuchung | |

#### 02. Was ist bei der Anbahnung eines Arbeitsverhältnisses nach dem AGG zu beachten?

Das Allgemeine Gleichbehandlungsgesetz (AGG; auch: Antidiskriminierungsgesetz) gilt in seinem arbeitsrechtlichen Teil (§§ 6 - 18) für **Arbeitnehmer** und **Auszubildende** der Privatwirtschaft sowie für **Stellenbewerber.** Für Beamte, Richter und Beschäftigte des Bundes und der Länder findet das AGG im **Dienstrecht** entsprechende Anwendung.

Danach sind Benachteiligungen verboten, soweit sie an eines der folgenden personenbezogenen Merkmale anknüpfen:

- Rasse und ethnische Herkunft
- Geschlecht
- Religion und Weltanschauung
- Behinderung
- Alter (jedes Lebensalter)
- sexuelle Identität.

Vom AGG ist der gesamte Einstellungsprozess von der Ausschreibung bis zum Abschluss des Vertrages betroffen. Eine Stellenausschreibung ist daher für alle Geschlechter (m/w/d) gleichermaßen vorzunehmen, es sei denn es liegen ausnahmsweise sachliche Gründe für eine Unterscheidung vor (z. B. berufliche Anforderung: weibliches Model für Damenoberbekleidung).

### 03. Was bedeutet die sog. Abschlussfreiheit im Arbeitsvertragsrecht?

Abschlussfreiheit bedeutet, dass der Arbeitgeber grundsätzlich nicht verpflichtet ist, bestimmte Personen einzustellen.

### 04. Was versteht man unter Abschlussgeboten?

Ein Abschlussgebot ist die Forderung an den Arbeitgeber, bestimmte Personen unter bestimmten Voraussetzungen einzustellen, wie z. B. behinderte Menschen (vgl. SGB IX).

### 05. Was versteht man unter Abschlussverboten?

Ein Abschlussverbot ist das Verbot, bestimmte Personen für bestimmte Tätigkeiten einzustellen bzw. sie nur unter bestimmten Bedingungen einzustellen. So ist z. B. die Beschäftigung von Kindern nach dem Jugendarbeitsschutzgesetz, die Beschäftigung ausländischer Arbeitnehmer bestimmter Nationalitäten ohne Arbeitserlaubnis, die Beschäftigung von Minderjährigen oder Frauen zu bestimmten (Nacht-)Zeiten ebenso verboten wie Akkord- und Fließarbeit für werdende Mütter und Jugendliche.

### 06. Welche Bedeutung hat der Personalfragebogen?

Personalfragebögen enthalten Fragestellungen, die z. T. in der Bewerbung nicht angesprochen wurden, aber für das Unternehmen von Bedeutung sind.

| **Personalfragebogen** | |
|---|---|
| **Gefragt werden darf nach ...** | **Nicht gefragt werden darf nach ...** |
| ► Namen<br>► Wohnort<br>► früheren Arbeitgebern<br>► Dauer der bisherigen Arbeitsverhältnisse<br>► Zeugnissen<br>► Beurteilungen und Qualifikationen<br>► Nebentätigkeiten<br>► Wettbewerbsverboten | ► Familienstand<br>► Geburtsdatum<br>► Betriebsratstätigkeit<br>► Heiratsabsicht<br>► Homosexualität<br>► Staatsangehörigkeit<br>► Schwangerschaft<br>► Gewerkschaftszugehörigkeit<br>► Parteizugehörigkeit<br>► Schwerbehinderung<br>► uneingeschränkte körperliche Belastung |

## 07. Welche Fragen dürfen Bewerbern nicht bzw. nur eingeschränkt gestellt werden? Welche Auskunft muss der Bewerber auch ungefragt geben?

| **Fragerecht** | |
|---|---|
| **Grundsätzlich** | gilt: Es dürfen nur solche Fragen gestellt werden, an deren Beantwortung der Arbeitgeber zur Beurteilung der Eignung und Befähigung des Arbeitnehmers **ein objektiv berechtigtes Interesse hat.** |
| **Religions-zugehörigkeit** | Die Frage nach der Religionszugehörigkeit ist im Allgemeinen nicht zulässig, es sei denn, es handelt sich um konfessionelle Einrichtungen, wie Kindergärten, Schulen oder Krankenhäuser (sog. Tendenzbetriebe). |
| **Schulden** | Die Frage nach Schulden ist nur bei Positionen im finanziellen Bereich, wie z. B. bei Bankkassierern, erlaubt. |
| **Schwanger-schaft** | Die Frage nach einer Schwangerschaft **ist generell unzulässig** (vgl. auch: Urteil des BAG 2 AZR 621/01). |
| **Verdienst** | Ebenso unzulässig ist die Frage nach der Höhe des bisherigen Verdienstes. Dies gilt zumindest dann, wenn die frühere Vergütung keinen Aufschluss über die notwendige Qualifikation gibt und der Bewerber nicht seine bisherige Vergütung zur Mindestvergütung für seine neue Eingruppierung macht. |
| **Vorstrafen** | Zulässig ist die Frage nach Vorstrafen nur dann, wenn es sich um einschlägige Vorstrafen handelt, die im Bundeszentralregister noch nicht gelöscht sind, wie z. B. die Frage nach Alkoholstrafen bei Berufskraftfahrern und nach Verurteilungen wegen Vermögensdelikten bei Buchhaltern. |
| **Krankheiten** | Fragen nach Krankheiten sind nur gestattet, soweit sie tatsächlich die Arbeitsleistung beeinflussen können. |

**Eigenständige Auskunftspflicht (ohne Fragen); sog. Offenbarungspflicht**
**Auch ohne ausdrückliche Fragen** des Arbeitgebers muss der Arbeitnehmer **Umstände mitteilen, die die Erfüllung seiner Arbeitsleistung infrage stellen können,** z. B. Kurantritt, ansteckende Krankheit, Schwerbehinderung in bestimmten Berufen (z. B. Lagerarbeiter, Model, Sportlehrerin) oder Vorstrafen in bestimmten Berufen (z. B. wegen Sittlichkeitsdelikten bei Erziehern) sowie bestehende einschlägige Wettbewerbsverbote.

**Generell gilt:**

- Zulässigerweise gestellte Fragen sind wahrheitsgemäß zu beantworten.
- Unzulässig gestellte Fragen sind nicht zu beantworten bzw. können wahrheitswidrig beantwortet werden.

## 08. Ist die Wirksamkeit eines Arbeitsvertrages an eine bestimmte Form gebunden?

**Grundsätzlich** ist der Arbeitsvertrag **an keine Form gebunden**. Ein Arbeitsvertrag kann daher rechtswirksam zustande kommen, wenn er

- mündlich oder fernmündlich,
- schriftlich oder
- durch schlüssiges Handeln entsteht. Die Juristen sagen „konkludentes Handeln".

Zu dieser generellen Regelung gibt es **Ausnahmen** (die Schriftform ist jedoch keine Voraussetzung für die Wirksamkeit des Arbeitsvertrags):

1. Die sog. **Konkurrenzklausel** (Wettbewerbsverbot) nach § 74 Abs. 1 HGB bedarf der **Schriftform**.
2. Daneben schreiben sehr viele **Tarifverträge** vor, dass Arbeitsverträge grundsätzlich **schriftlich** geschlossen werden müssen. Aber: Auch in diesem Fall kommt der Arbeitsvertrag bereits durch mündliche, übereinstimmende Erklärung zustande.
3. § 10 f. BBiG schreibt vor, dass **Ausbildungsverträge** schriftlich nachvollzogen werden müssen. Auch hier führt die mündliche, übereinstimmende Erklärung beider Parteien bereits zum Abschluss des Vertrages.
4. Weiterhin hat der Arbeitgeber spätestens einen Monat nach dem vereinbarten Beginn des Arbeitsverhältnisses die wesentlichen Vertragsbedingungen schriftlich niederzulegen (§ 2 Nachweisgesetz; NachwG). Folgende Angaben sind erforderlich:
    1. der Name und die Anschrift der Vertragsparteien
    2. der Zeitpunkt des Beginns des Arbeitsverhältnisses
    3. bei befristeten Arbeitsverhältnissen: die vorhersehbare Dauer des Arbeitsverhältnisses
    4. der Arbeitsort
    5. die Beschreibung der zu leistenden Tätigkeit
    6. die Zusammensetzung und die Höhe des Arbeitsentgelts
    7. die vereinbarte Arbeitszeit

   8. die Dauer des jährlichen Erholungsurlaubs
   9. die Fristen für die Kündigung
   10. ein in allgemeiner Form gehaltener Hinweis auf die Tarifverträge und Betriebsvereinbarungen, die auf dieses Arbeitsverhältnis anzuwenden sind.

   Von den Vorschriften dieses Gesetzes darf nicht zu Ungunsten des Arbeitnehmers abgewichen werden; Beispiel: Wird ein Arbeitsvertrag mündlich für eine bestimmte Zeit geschlossen (befristeter Arbeitsvertrag) und versäumt der Arbeitgeber die Schriftform nach § 3 NachwG, so kann er sich gegenüber dem Arbeitnehmer nicht auf die Befristung berufen (§ 5 NachwG, § 14 Abs. 4 TzBfG).

5. **Befristete Arbeitsverträge** müssen schriftlich geschlossen werden (§ 14 Abs. 4 TzBfG).

### 09. Welche Rechtswirkung hat die betriebliche Übung auf den Arbeitsvertrag?

Die betriebliche Übung (= Betriebsübung; umgangssprachlich auch: „Gewohnheitsrecht“) ergänzt die Entgeltbedingungen des Arbeitsvertrages z. B. durch Gratifikationen, Weihnachtsgeld usw. Wenn der Arbeitgeber **wiederholt und ohne Vorbehalt mindestens drei Jahre** lang eine solche Gratifikation zahlt, erwächst dem Arbeitnehmer der sog. **Vertrauenstatbestand**: Er hat in der Folgezeit einen Anspruch auf Weiterzahlung dieser Gratifikation. Die konkrete Ausgestaltung derartiger Gratifikationen **unterliegt nicht der Mitbestimmung** des Betriebsrates nach § 87 Abs. 1 Nr. 10 BetrVG.

### 10. Mit welchen rechtlichen Mängeln kann ein vereinbarter Arbeitsvertrag ggf. behaftet sein und welche Rechtsfolgen ergeben sich daraus?

- **Mängel bei Vertragsabschluss** führen zur Nichtigkeit des gesamten Vertrages mit Wirkung für die Zukunft (= **faktisches Arbeitsverhältnis**).
- **Mängel im Inhalt** führen zur Teilnichtigkeit der mit Mängeln behafteten Regelung. Es gilt die gesetzlich oder tariflich vorgeschriebene Regelung.

### 11. Welche Arten des Arbeitsvertrages lassen sich unterscheiden?

Bezogen auf die **Dauer** kann der Arbeitsvertrag grundsätzlich als

- unbefristeter oder
- befristeter Vertrag

geschlossen werden.

- Der **unbefristete Arbeitsvertrag** endet durch einseitige Erklärung (Kündigung) des Arbeitgebers oder des Arbeitnehmers oder durch eine vertragliche Aufhebung.
- Der **befristete Arbeitsvertrag** wird von vornherein für eine bestimmte Zeitdauer geschlossen und endet ohne eine bestimmte Erklärung entweder
  - unmittelbar mit Ablauf der Frist oder
  - mittelbar,

  indem z. B. auf das Ende eines Projektes bzw. auf die Rückkehr einer Mitarbeiterin aus dem Mutterschaftsurlaub abgestellt wird. In diesem Fall endet der Arbeitsvertrag mit der Projekterfüllung bzw. dem Wegfall des sog. sachlichen Grundes (Mutterschaft).

Grundsätzlich dürfen **befristete Arbeitsverträge** nur abgeschlossen werden, wenn

a) ein **sachlicher Grund** vorliegt:
   - Aushilfe
   - Probezeit
   - auf Wunsch des Arbeitnehmers
   - Vertretung (z. B. wegen Auslandseinsatz, Elternzeit, Mutterschutz u. Ä.)
   - Fortbildung des Stelleninhabers
   - bei Saisontätigkeiten.

b) Unabhängig vom Vorliegen eines sachlichen Grundes bestimmt **das Teilzeit- und Befristungsgesetz** (TzBfG) die Möglichkeit der Befristung von Arbeitsverträgen bis zur Dauer von **24 Monaten** auch ohne Vorliegen eines sachlichen Grundes. Bis zur Gesamtdauer von zwei Jahren ist die **dreimalige Verlängerung** eines befristeten Arbeitsvertrages zulässig (§ 14); Ausnahme: Existenzgründer (§ 14 Abs. 2a; bitte lesen).

   Überschreitet die Befristung die zulässigen Grenzen, so entsteht nach § 16 TzBfG automatisch ein unbefristetes Arbeitsverhältnis.

Der Arbeitsvertrag kann abgeschlossen werden als

- **tariflich gebundener Vertrag.** Er enthält in diesem Fall nur wesentliche Bestimmungen und weist im Übrigen ergänzend auf die Bestimmungen des einschlägigen Tarifvertrages hin. Speziell für Führungskräfte, die oberhalb der Gehaltsgruppierungen des entsprechenden Tarifvertrages liegen, kann ein sog.
- **außertariflicher Vertrag** (kurz: AT-Vertrag) geschlossen werden. Da diese Führungskräfte sich oberhalb der Mindestgehaltsnorm des Tarifvertrages befinden, können in diesem Fall vom Tarifvertrag abweichende Inhaltsbestandteile vereinbart werden.

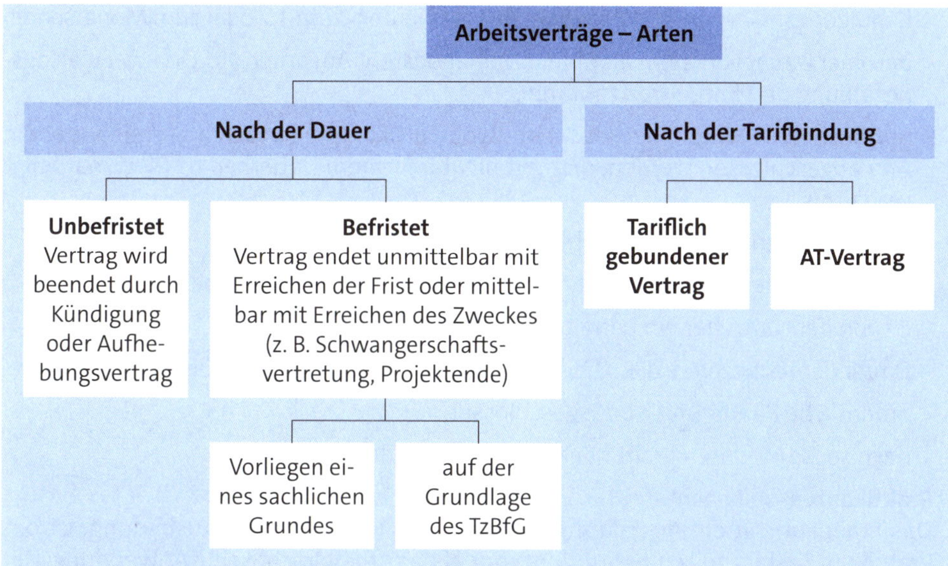


Arbeitnehmer haben nach § 6 TzBfG einen **Rechtsanspruch auf Teilzeitarbeit**. Der Gesetzgeber hat bestimmt, dass Beschäftigte in Betrieben mit mehr als 15 Angestellten eine kürzere Arbeitszeit auch gegen den Willen des Arbeitgebers einfordern können; dies gilt auch für Leitende. Dem dürfen aber keine betrieblichen Gründe entgegenstehen.

Muster von Arbeitsverträgen können Sie kostenlos im Internet erhalten, z. B.:
**www.frankfurt-main.ihk/recht/mustervertrag**

## 12. Welche besonderen Arten von Arbeitsverhältnissen lassen sich unterscheiden?

Aufgrund der Interessenslage der Vertragsparteien haben sich **besondere Arten von Arbeitsverhältnissen herausgebildet**, die gesetzlich nur unvollständig geregelt sind, z. B.:

- **Aushilfsarbeitsverhältnis** (AAV); zu beachten ist:
  - kann zeitbezogen (befristet) oder zweckbezogen sein
  - sachlicher Grund (Erkrankung eines Mitarbeiters) oder nach dem TzBfG
  - besteht das AAV nicht länger als drei Monate kann eine kürzere als die gesetzliche Kündigungsfrist von vier Wochen vereinbart werden (zum 15. oder zum Monatsende)
  - bei einer Dauer von mehr als einem Monat besteht Anspruch auf Urlaub, Feiertagsbezahlung und Entgeltfortzahlung
  - nur bei einem echten, betrieblichen Bedürfnis kann mehrfach hintereinander ein AAV abgeschlossen werden; dies gilt nicht bei einem Dauerbedarf (Kettenarbeitsverhältnis).
- **Probearbeitsverhältnis**; zu beachten ist:
  - ist abzugrenzen vom Arbeitsverhältnis mit vorgeschalteter Probezeit
  - ist von der Natur her ein befristeter Vertrag
  - Dauer der Probezeit: i. d. R. 3 bis 6 Monate; in Ausnahmefällen bis zu einem Jahr
  - ordentliche Kündigung ist ausgeschlossen
  - nach sechs Monaten greift der allgemeine Kündigungsschutz.
- **Praktikanten**; zu beachten ist:
  Das Praktikum ist ein Ausbildungsverhältnis im Rahmen einer Ausbildung. Ist das Praktikum Bestandteil eines Studiums findet das Arbeitsrecht keine Anwendung. Der Betrieb ist i. d. R. nicht zur Ausbildung verpflichtet, sondern soll nur Gelegenheit geben, dass sich der Praktikant die erforderlichen Kenntnisse verschaffen kann. Das Praktikum kann als Ausbildungsverhältnis nach § 26 BBiG ausgestaltet sein. Der Praktikant hat dann Anspruch auf eine angemessene Vergütung.
- **Volontäre**; zu beachten ist:
  Das Volontariat ist ein Ausbildungsverhältnis, das zur Vorbereitung auf Erwerbstätigkeiten dient (z. B. in der Redaktion einer Zeitung), die keine anerkannten Ausbildungsberufe haben. Es besteht ein Vergütungsanspruch nach §§ 19, 10 BBiG.
- **Freie Mitarbeiter**; zu beachten ist:
  Sie sind dann Arbeitnehmer, wenn sie in persönlicher Abhängigkeit stehen (in die betriebliche Organisation eingebunden – z. B. nach Zeit, Ort), auch wenn der Vertrag als freier Mitarbeiter geschlossen wurde.
- **Heimarbeitsverhältnis**:
  Heimarbeiter gehören zu den sog. arbeitnehmerähnlichen Personen; es gilt das HAG.
- **Teilzeitarbeitsverhältnis**; zu beachten ist:
  - Teilzeit ist jede Verkürzung der regelmäßigen Arbeitszeit.
  - Vergleichsmaßstab ist die betriebsübliche Wochenarbeitszeit.

- Es besteht ein Gleichbehandlungsgrundsatz gegenüber Vollzeitbeschäftigten.
- Der Vergütungsanspruch richtet sich nach der Arbeitszeitdauer.
- Im Krankheitsfall besteht Anspruch auf Entgeltfortzahlung (ebenso: Feiertagsvergütung).
- Der Urlaubsanspruch besteht in gleicher Höhe wie bei Vollzeitbeschäftigten.
- Die Einführung von Teilzeitarbeit unterliegt der Mitbestimmung des BR.
- In der Regel ist die Verpflichtung zur Mehrarbeit ausgeschlossen.
- Die Beendigung von Teilzeitarbeitsverhältnissen unterliegt dem allgemeinen Kündigungsschutz.

► **Variable Arbeitszeitsysteme**; zu beachten ist:
- KAPOVAZ = kapazitätsorientierte variable Arbeitszeit
- Voraussetzungen:
  - Arbeitsdauer wird ohne feste Arbeitszeit vereinbart.
  - Abruffrist: vier Tage
  - Mindestarbeitsdauer: drei aufeinanderfolgende Stunden.

► **Arbeitsverhältnisse mit ausländischen Arbeitnehmern**; zu beachten ist:
- Für Arbeitnehmer innerhalb der EU besteht Freizügigkeit; für Arbeitnehmer aus Staaten der EU-Osterweiterung gibt es Beschränkungen/Übergangsfristen.
- Für andere Personen ist erforderlich: Arbeitserlaubnis oder Arbeitsberechtigung (vgl. Aufenthaltsgesetz, AufenthG).
- Bei fehlender Arbeitserlaubnis besteht Beschäftigungsverbot.
- Erfolgt die Beschäftigung trotz fehlender Arbeitserlaubnis, so ist sie illegal.
- Zu beachten ist das Schwarzarbeitsbekämpfungsgesetz (SchwarzArbG).
- Arbeitssicherheitsanweisungen, Vertragsbestandteile u. Ä. sind ggf. in der Muttersprache auszuhändigen.

## 13. Welche Inhalte sind im Arbeitszeitgesetz geregelt?

Das Gesetz verfolgt den Zweck, die Sicherheit und den Gesundheitsschutz der Arbeitnehmer bei der Arbeitszeitgestaltung zu gewährleisten und die Rahmenbedingungen für flexible Arbeitszeiten zu verbessern sowie den Sonntag und die staatlich anerkannten Feiertage als Tage der Arbeitsruhe zu schützen.

Aus diesem Grund gilt:

► Die werktägliche Arbeitszeit der Arbeitnehmer darf **acht Stunden** nicht überschreiten. Sie kann jedoch auf bis zu **zehn Stunden verlängert** werden, wenn innerhalb von 6 Kalendermonaten oder innerhalb von 24 Wochen im Durchschnitt acht Stunden werktäglich nicht überschritten werden.

- Die Arbeitszeit ist durch im Voraus feststehende Ruhepausen von **mindestens 30 Minuten** bei einer Arbeitszeit von mehr als sechs bis zu neun Stunden und von 45 Minuten bei einer Arbeitszeit von mehr als neun Stunden insgesamt zu unterbrechen.
- Die Arbeitnehmer müssen nach Beendigung der täglichen Arbeitszeit eine ununterbrochene Ruhezeit von **mindestens elf Stunden** haben. Begrenzte Ausnahmen bestehen für Krankenhäuser, Gaststätten, in Verkehrsbetrieben und in der Landwirtschaft.
- Von einigen Bestimmungen des ArbZG darf bei vorübergehenden Arbeiten in Notfällen und in außergewöhnlichen Fällen abgewichen werden, die unabhängig vom Willen der Betroffenen eintreten und deren Folgen nicht auf andere Weise zu beseitigen sind (z. B. Verderb von Rohstoffen oder Lebensmitteln, § 14 ArbZG).

### 1.1.3 Rechte und Pflichten aus dem Arbeitsverhältnis

#### 01. Welche Rechte und Pflichten ergeben sich aus § 611 ff. BGB?

Durch den Dienstvertrag wird nach § 611 ff. BGB derjenige, welcher Dienste zusagt, zur **Leistung** der versprochenen Dienste, der andere Teil zur Gewährung der vereinbarten **Vergütung** verpflichtet.

| **Haupt- und Nebenpflichten nach § 611 ff. BGB** | |
|---|---|
| **Hauptpflichten** | **Nebenpflichten** |
| **Arbeitgeber:**<br>**Entgeltzahlungspflicht** | ► Fürsorgepflicht<br>► Schutz für Leben und Gesundheit<br>► Beschäftigungspflicht<br>► Fürsorge für Eigentum des Arbeitnehmers<br>► Gleichbehandlungsgrundsatz<br>► Gewährung von Erholungsurlaub<br>► Informations- und Anhörungspflicht<br>► Pflicht zur Zeugniserteilung. |
| **Arbeitnehmer:**<br>**Arbeitspflicht** | ► Treuepflicht<br>► Verschwiegenheitspflicht<br>► Unterlassung von ruf- und kreditschädigenden Äußerungen<br>► Verbot der Schmiergeldannahme<br>► Wettbewerbsverbot<br>► Pflicht zur Anzeige drohender Schäden (Anzeigepflicht). |

| Rechte des Arbeitnehmers | Rechte des Arbeitgebers |
|---|---|
| ► Anspruch auf Beschäftigung<br>► Meinungsfreiheit am Arbeitsplatz<br>► Gleichbehandlungsgrundsatz<br>► Einsicht in die Personalakte, Zeugniserteilung<br>► Entgeltfortzahlung<br>► Informations- und Auskunftsrechte<br>► Koalitionsrecht<br>► Streikrecht<br>► Recht auf Anhörung und Beschwerde | ► Weisungsrecht (Direktionsrecht)<br>► Arbeitspflicht des Arbeitnehmers<br>► Loyalität des Arbeitnehmers<br>► Verschwiegenheit des Arbeitnehmers<br>► Allgemein: Die Pflichten des Arbeitnehmers sind die Rechte des Arbeitgebers. |

## 02. Wie bestimmt sich die Art der zu leistenden Arbeit?

Welche Arbeit der Arbeitnehmer im Einzelnen zu leisten hat, bestimmt sich in erster Linie **nach dem Arbeitsvertrag**. Ist die Tätigkeit des Arbeitnehmers im Arbeitsvertrag fachlich umschrieben, so kann der Arbeitgeber ihm sämtliche Arbeiten zuweisen, die innerhalb des vereinbarten Berufsbildes nach der Verkehrssitte in dem betreffenden Wirtschaftszweig von Angehörigen dieses Berufes geleistet zu werden pflegen. **Je genauer die Tätigkeit des Arbeitnehmers vereinbart ist, umso eingeschränkter ist das Recht des Arbeitgebers**, im Einzelnen die zu leistende Arbeit zu bestimmen. Selbst wenn die Arbeitsleistung nur ganz allgemein umschrieben ist oder der Arbeitgeber sonst befugt ist, dem Arbeitnehmer einen anderen Arbeitsplatz zuzuweisen, ist dies grundsätzlich **nur zulässig, wenn es sich nicht um eine niedriger bezahlte Arbeit handelt**. Der genaue Inhalt der Arbeitspflicht sowie Ort und Zeit der Arbeitsleistung werden in dem Maße durch **Weisungen des Arbeitgebers** festgelegt, wie sie im Arbeitsvertrag, in Gesetzen, Tarifverträgen und Betriebsvereinbarungen noch nicht festgelegt sind.

Durch dieses **Weisungsrecht** wird in erster Linie die jeweils konkret zu erbringende Arbeit und die Art und Weise ihrer Erledigung festgelegt. Auch die Ordnung im Betrieb wird einseitig vom Arbeitgeber im Rahmen seines Weisungsrechts festgelegt, soweit dem keine Mitbestimmungsrechte des Betriebsrates entgegenstehen.

## 03. Wie ist der Umfang der zu leistenden Arbeit bestimmt?

Der Arbeitnehmer hat während der gesetzlichen, tariflichen, betrieblichen oder einzelvertraglichen Arbeitszeit Arbeit in einem Umfang zu leisten, der **nach Treu und Glauben** billigerweise von ihm erwartet werden kann. Einerseits ist er nicht berechtigt, seine Arbeitskraft bewusst zurückzuhalten; er muss vielmehr unter angemessener Anspannung seiner Kräfte und Fähigkeiten arbeiten, andererseits braucht er sich bei seiner Arbeit nicht zu verausgaben und Raubbau mit seinen Kräften zu treiben.

*„Jede Nebentätigkeit bedarf der schriftlichen Genehmigung durch den Arbeitgeber.“* Diese Standardformulierung steht in vielen Arbeitsverträgen, entfaltet aber im Zweifelsfalle

nur wenig Wirkung. Nebentätigkeiten sind trotz dieser arbeitsvertraglichen Standardformulierung nur dann zu unterlassen, wenn

- der Arbeitnehmer dadurch sein Leistungsvermögen überschreitet,
- die Höchstarbeitszeit des Arbeitszeitgesetzes (ArbZG; maximal 48 Stunden pro Woche) überschritten wird,
- dadurch eine Konkurrenzsituation zum Arbeitgeber entsteht oder
- dadurch der Zweck des Erholungsurlaubs beeinträchtigt wird.

### 04. Welcher Unterschied besteht zwischen Mehrarbeit und Überstunden?

- Als **Überstunden** bezeichnet man die Überschreitung der vom einzelnen Arbeitnehmer geschuldeten, arbeitsvertraglich oder tarifvertraglich festgelegten Arbeitszeit.

  **Beispiel**

  Regelarbeitszeit lt. Arbeitsvertrag = 30 Std. an 5 Tagen von Montag bis Freitag. Leistet der Mitarbeiter seine Arbeit an einem Samstag (im Einvernehmen mit dem Arbeitgeber), so hat er Überstunden geleistet.

  Das Weisungsrecht berechtigt den Arbeitgeber **nicht** dazu, vom Arbeitnehmer Überstunden zu verlangen.

  **Ausnahme:** Der Arbeitsvertrag enthält eine derartige Verpflichtung und in Notsituationen (z. B. Brand, Überschwemmung; nicht: Großauftrag eines Kunden).

- **Mehrarbeit** ist die Überschreitung einer tarifvertraglich festgelegten Arbeitszeitgrenze und/oder die Überschreitung gesetzlicher Obergrenzen der Arbeitszeit (z. B. lt. ArbZG).

  **Beispiel**

  Wird die tarifliche Arbeitszeit von 37,5 Std. überschritten, so ist dies Mehrarbeit, für die ein bestimmter Lohnzuschlag gezahlt werden muss.

### 05. An welchem Ort ist die Arbeit zu leisten?

Die Arbeit ist im Normalfall **im Betrieb des Arbeitgebers** zu leisten. Aus dem Arbeitsvertrag kann sich jedoch auch ein anderer Arbeitsort ergeben. Eine Versetzung in eine andere Stadt ist im Allgemeinen nur zulässig, wenn dies ausdrücklich oder stillschweigend vereinbart ist oder der Arbeitnehmer im Einzelfall einverstanden ist. Dagegen wird eine Versetzung von einer Betriebsstätte zu einer anderen in ein und derselben Stadt zulässig sein, wenn damit keine besonderen Erschwernisse für den Arbeitnehmer verbunden sind. Ist im Arbeitsvertrag ein bestimmter Standort vereinbart, so ist eine Versetzung zu einem anderen Standort nicht zulässig.

### 06. Wie muss die Verpflichtung zur Entgeltzahlung vom Arbeitgeber erfüllt werden?

- Die Vergütung wird erst fällig, wenn die Arbeitsleistung erbracht worden ist. Damit ist der Arbeitnehmer grundsätzlich zur Vorleistung verpflichtet.
- Für **angeordnete** Mehrarbeit ist ein Zuschlag zu zahlen.
- Es besteht ein Entgeltanspruch auch dann, wenn keine Arbeit geleistet wurde, z. B.:
  - an gesetzlichen Feiertagen, die nicht auf einen Sonntag oder arbeitsfreien Samstag fallen
  - bei vorübergehender Verhinderung des Arbeitnehmers
  - in den Fällen von Krankheit.

### 07. In welcher Form hat der Arbeitgeber seiner Unterrichtungspflicht nachzukommen?

Der Arbeitgeber hat den Arbeitnehmer über dessen Aufgabe und Verantwortung sowie über die Art seiner Tätigkeit und ihre Einordnung in den Arbeitsablauf des Betriebes zu unterrichten und über die Unfallgefahren zu belehren (§ 81 BetrVG).

### 08. Was besagt die Wettbewerbsklausel?

**Generell** besteht nach Beendigung eines Arbeitsverhältnisses **kein Wettbewerbsverbot**. Ein nachträgliches Wettbewerbsverbot entsteht dann, wenn zwischen den Parteien eine sog. **Wettbewerbsklausel** nach **§ 74 HGB** (bitte lesen!) vereinbart wurde. Diese Klausel ist nur dann wirksam, wenn sie folgende **Voraussetzungen** erfüllt:

1. **Vereinbarung** wurde wirksam geschlossen
2. in Schriftform **(Urkunde)**
3. Der Arbeitnehmer erhält eine sog. **Karenzentschädigung** (Einzelheiten regeln die §§ 74a - 75h HGB).

## 09. Welche Freistellungssachverhalte mit Fortzahlung der Vergütung gibt es?

Der Arbeitnehmer hat Anspruch auf Entgeltfortzahlung, wenn er für eine verhältnismäßig nicht erhebliche Zeit unverschuldet an der Leistung seiner Arbeit verhindert ist (die Erbringung der Leistung ist unmöglich oder nicht zumutbar). Dazu gehören z. B.:

- Geburts- und Sterbefall in der Familie, schwere Erkrankung in der Familie
- eigene Hochzeit/Silberhochzeit
- gerichtliche Ladung als Zeuge
- Arztbesuch ohne Arbeitsunfähigkeit, wenn nicht außerhalb der Arbeitszeit möglich
- Umzug mit eigenem Hausstand.

Einzelheiten dazu sind in Tarifverträgen geregelt.

Weiterhin gibt es Freistellungssachverhalte bei Fortzahlung der Bezüge aufgrund besonderer gesetzlicher Regelungen, z. B.:

- Arbeitsunfähigkeit wegen Krankheit (EntgeltfortzahlungG)
- Bildungsurlaub (nur in bestimmten Bundesländern)
- Erholungsurlaub (BUrlG), Feiertage, Kuren
- Wiedereingliederung in das Erwerbsleben
- Freistellung Jugendlicher und Auszubildender (z. B. Berufsschulunterricht, Prüfungen)
- Tätigkeit als freigestelltes Betriebsratsmitglied (BetrVG).

## 10. Welche Fälle von Lohnersatzleistungen gibt es?

Bei Lohnersatzleistungen wird von dritter Seite geleistet – anstelle des üblicherweise zu zahlenden Entgelts. Infrage kommen, z. B.:

- Kurzarbeitergeld (SBG III)
- Krankengeld (KV)
- Übergangsgeld (KV/RV)
- Verletztengeld (DGUV)
- Mutterschaftsgeld (KV)
- Elterngeld (BEEG)
- Arbeitslosengeld (SGB III).

## 11. Welche Leistungsstörungen im Arbeitsverhältnis sind denkbar?

**Leistungsstörungen im Arbeitsverhältnis**

- **aufseiten des Arbeitgebers**
- **aufseiten des Arbeitnehmers**

| | Leistungsstörungen aufseiten des Arbeitgebers – Beispiele |
|---|---|
| 1 | **Verzug der Lohnzahlung:**<br>► Der Arbeitgeber kommt in Verzug, wenn er den vereinbarten Lohn nicht zum vereinbarten Zeitpunkt zahlt (meist zum Ende eines Monats).<br>► Kommt der Arbeitgeber für einen längeren Zeitraum in Verzug, kann der Arbeitnehmer – nach vorheriger Ankündigung (7 Tage) – seine Arbeitsleistung zurückbehalten. |
| 2 | **Annahmeverzug:**<br>Der Arbeitgeber kommt in Annahmeverzug, wenn er das Arbeitsangebot des Arbeitnehmers nicht annimmt oder ablehnt. Er bleibt zur Zahlung des Arbeitslohnes verpflichtet (§ 615 BGB), ohne dass der Arbeitnehmer zur Nacharbeit verpflichtet ist. |
| 3 | **Verletzung der Nebenpflichten:**<br>Verletzt der Arbeitgeber schuldhaft seine Nebenpflichten, so haftet er dem Arbeitnehmer auf Ersatz des Schadens (positive Vertragsverletzung). Diese Haftung ist beim Arbeits- und Wegeunfall eingeschränkt. |

| | Leistungsstörungen aufseiten des Arbeitnehmers – Beispiele |
|---|---|
| 1 | **Unmöglichkeit der Arbeitsleistung:**<br>► Verschuldet der Arbeitnehmer die Unmöglichkeit, so verliert er den Anspruch auf Arbeitslohn (z. B. fehlende Befähigung – Fahrerlaubnis).<br>► Verschuldet der Arbeitgeber die Unmöglichkeit, so behält der Arbeitnehmer seinen Anspruch auf Arbeitslohn (z. B. Fehler in der Materialplanung).<br>► Hat keiner die Unmöglichkeit zu vertreten, so verliert der Arbeitnehmer seinen Lohnanspruch (z. B. bei Streik in einem anderen Betrieb – Sphärentheorie); Ausnahme: Die Unmöglichkeit gehört zum Betriebsrisiko des Arbeitgebers (z. B. Brand, Naturkatastrophe). |
| 2 | **Verletzung von Nebenpflichten des Arbeitnehmers (Schlechtleistung):**<br>► Als Sanktionen kommen bei einer Verletzung der Nebenpflichten infrage: Lohnkürzung, Schadenersatz, Kündigung.<br>► Aber: Haftung des Arbeitnehmers nur für Vorsatz und grobe Fahrlässigkeit. |

## 12. Welche Rechtsfolgen können sich aus einer Verletzung der Pflichten aus dem Arbeitsverhältnis ergeben?

- Bei **Pflichtverletzungen des Arbeitnehmers:**
  - Entgeltminderung
  - Einbehaltung des Entgelts
  - Abmahnung
  - Kündigung
  - Schadenersatzansprüche
  - Unterlassungsklage
  - ggf. Betriebsbußen.
- Bei **Pflichtverletzungen des Arbeitgebers:**
  - Zurückhaltung der Arbeitskraft
  - Kündigung
  - Verlangen nach Erfüllung der Pflichten
  - Schadenersatzansprüche
  - Bußgelder nach den gesetzlichen Bestimmungen.

## 13. Wann haftet der Arbeitnehmer für Schäden aus betrieblich veranlasster Tätigkeit?

- bei **Vorsatz:**

  → unbeschränkte Haftung
- bei **grober Fahrlässigkeit:**

  → i. d. R. unbeschränkte Haftung
  **Ausnahme:** wenn der Verdienst des Arbeitnehmers in deutlichem Missverhältnis zum Schadensrisiko steht
- bei **mittlerer Fahrlässigkeit:**

  → Aufteilung des Schadens unter besonderer Berücksichtigung der Umstände des Einzelfalls
- bei **leichter Fahrlässigkeit:**

  → keine Haftung.

## 14. Kann der Arbeitgeber verlangen, dass eine einheitliche Arbeitskleidung getragen wird?

Die **Arbeitskleidung (im engeren Sinne)** ist zu unterscheiden von der **persönlichen Schutzausrüstung** (PSA), die nach verschiedenen Unfallverhütungsvorschriften vom

Arbeitgeber gestellt und gereinigt (gewartet) werden muss und vom Arbeitnehmer zu tragen ist.

Die **Arbeitskleidung im engeren Sinne** wird getragen zur Schonung der Privatkleidung und/oder aus CI-Gründen (Corporate Identity) oder weil sie sich für bestimmte Berufe als zweckmäßig erwiesen hat (z. B. Friseure, Zimmerleute, Kellner). Der Arbeitnehmer darf nur dann kostenmäßig beteiligt werden, wenn der Arbeitgeber Vorteile einräumt, die über seine gesetzliche Verpflichtung hinausgehen (z. B. Tragen in der Freizeit).

Rechte und Pflichten zur Stellung und zum Tragen von Arbeitskleidung ist vielfach **tariflich geregelt** oder hat sich **aufgrund betrieblicher Übung** ergeben. Im Regelfall unterliegt die Frage der Arbeitskleidung der **erzwingbaren Mitbestimmung** des Betriebsrates nach § 87 Abs. 1 Nr. 1 BetrVG. Aussehen und Zuschnitt der Kleidung dürfen nicht die **Persönlichkeitsrechte** des Arbeitnehmers/der Arbeitnehmerin beinträchtigen (z. B. lächerliche oder figurbetonte Wirkung).

## 15. Welche wesentlichen Bestimmungen enthält das Entgeltfortzahlungsgesetz?

1. Der Arbeitnehmer hat Anspruch auf Entgeltfortzahlung durch den Arbeitgeber für die Dauer von **sechs Wochen** (= 42 Kalendertage); Voraussetzung: Arbeitsunfähigkeit infolge Krankheit ohne Verschulden. Leichte Fahrlässigkeit (z. B. Sportunfall) steht dem nicht entgegen. Bei grober Fahrlässigkeit (z. B. Trunkenheit am Steuer) kann der Arbeitgeber die Entgeltfortzahlung ablehnen. Der Anspruch entsteht **erst nach vierwöchiger ununterbrochener Dauer** des Arbeitsverhältnisses. Der Arbeitnehmer hat die Arbeitsunfähigkeit (AU) unverzüglich mitzuteilen. Im Anschluss an die 6-wöchige Entgeltfortzahlung des Arbeitgebers schließt sich die Zahlung von **Krankengeld** (70 %, §§ 47, 48 SGB V) oder **Verletztengeld** (80 %, Berufsgenossenschaft) an. Verursacht ein Dritter die AU des Arbeitnehmers (z. B. Unfall mit dem Kfz), so geht der Anspruch gegen den Dritten auf den Arbeitgeber über.

2. **Fortsetzungskrankheit**:

   a) Erkrankt ein Arbeitnehmer innerhalb von 12 Monaten mehrfach an derselben Krankheit und liegen zwischen den Erkrankungsterminen keine **sechs Monate**, so werden die Einzelarbeitsunfähigkeiten zusammengerechnet bis der Gewährungszeitraum von sechs Wochen verbraucht ist.

   b) Sind seit der ersten Arbeitsunfähigkeit aufgrund derselben Erkrankung 12 Monate vergangen, so entsteht der Anspruch auf Entgeltfortzahlung erneut.

3. Entgeltfortzahlung in sonstigen Fällen, z. B.:

   - Erkrankung der Kinder → Krankengeld (§ 45 Abs. 3 SGB V) durch die Krankenkasse
   - Feiertage
   - Bildungsurlaub.

   Keinen Anspruch auf Entgeltfortzahlung hat der Arbeitnehmer, wenn er z. B. verspätet oder gar nicht zur Arbeit erscheint, weil im Nahverkehr gestreikt wird (der Weg zur Arbeit gehört nach der Sphärentheorie zum Risikobereich des Arbeitnehmers).

### 16. Welchen Inhalt hat das Bundeselterngeld- und Elternzeitgesetz (BEEG)?

2007 löste das neue Elterngeld das Erziehungsgeld ab. Es gilt für alle Eltern, deren Kinder nach dem 01.01.2007 geboren sind. Für Kinder, die davor geboren sind, gilt weiterhin das Erziehungsgeld. Nachfolgend die wichtigsten Punkte zum Bundeselterngeld- und Elternzeitgesetz (BEEG):

- Väter und Mütter erhalten bis zu 14 Monaten Elterngeld, wenn sie für die Kinderbetreuung im Beruf aussetzen. Ein Elternteil kann höchstens zwölf Monate Elterngeld beziehen, zwei weitere Monate sind als Option für den anderen Partner reserviert.
- Das Elterngeld beträgt 65 bzw. 67 % vom Nettoeinkommen, jedoch maximal 1.800 € monatlich.
- Der Anspruch auf Elternzeit besteht bis zur Vollendung des dritten Lebensjahres eines Kindes.

Das **Sparpaket der Bundesregierung** von 2010 führte zu folgenden Änderungen:

- Das Elterngeld wird beim ALG II (Hartz IV) und beim Kinderzuschlag als Einkommen angerechnet.
- Die Ersatzrate wird bei Elterngeldbeziehern mit einem anzurechnenden Nettoeinkommen von über 1.240 € im Monat von 67 auf 65 % reduziert.
- Eltern, die ein Jahreseinkommen von über 250.000 € bzw. 500.000 € (zusammen veranlagt) beziehen, erhalten kein Elterngeld.

**Das Elterngeld Plus mit Gültigkeit ab 01.07.2015 führt zu folgenden Änderungen:**

- Die Höhe des Elterngelds bleibt in der Summe unverändert. Eltern haben künftig die Möglichkeit, ein auf die Hälfte des Elterngelds begrenztes „Elterngeld Plus" zu erhalten und so die Bezugsdauer zu verdoppeln (§ 4 Abs. 3 BEEG n. F.). Zukünftig kann ein Elternteil anstatt 12 bis zu 24 Monate Elternzeit beanspruchen. Beide Eltern können daher in Teilzeit arbeiten und so nur einen Elterngeldmonat verbrauchen.

### 17. Wann verjähren Ansprüche aus dem Arbeitsverhältnis?

- grundsätzlich: innerhalb von drei Jahren
- bei Klageeinreichung → Hemmung der Verjährung
- nach Ablauf der Ausschlussfrist (Verfallfrist) in Arbeitsverträgen oder Tarifverträgen.

## 1.1.4 Beendigung des Arbeitsverhältnisses und die daraus folgenden gegenseitigen Rechte und Pflichten

### 01. Auf welche Weise kann ein Arbeitsverhältnis beendet werden?

- Aufhebungsvertrag
- Ablauf der Befristung
  - Zeitablauf
  - Zweckerreichung

- Kündigung
- Anfechtung
- Auflösung durch Gerichtsurteil nach KSchG
- Tod des Arbeitnehmers.

### 02. Welche Sachverhalte beenden das Arbeitsverhältnis nicht?

- Wechsel des Inhabers
- Betriebsübergang (auch durch Erbschaft)
- Verkauf des Betriebes.

### 03. Was ist eine Kündigung?

Eine Kündigung ist eine einseitige, empfangsbedürftige Willenserklärung eines Vertragspartners gegenüber dem anderen Partner, das Arbeitsverhältnis zu beenden. Die Kündigung muss schriftlich erfolgen (§ 623 BGB) – die elektronische Form ist ausgeschlossen. Die Wirksamkeit der Kündigung darf nicht vom Eintritt einer Bedingung abhängig gemacht werden.

### 04. In welchen Fällen gilt eine Kündigung als „zugegangen"?

Die Kündigung muss in den Machtbereich des Empfängers gelangen, z. B.:

1. durch **persönliche Übergabe** (mit Unterschrift des Empfängers)
2. durch **Einwurf in den Briefkasten** des Empfängers zu den üblichen Postzustellzeiten (auch wenn der Empfänger in Urlaub ist; BAG-Entscheidung).
3. Die sicherste Variante der postalischen Zustellung ist die **Zustellung per Gerichtsvollzieher.**

### 05. Welche Kündigungsarten gibt es?

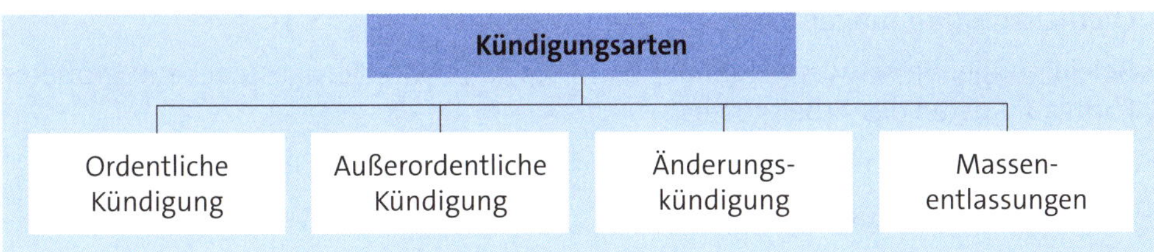

## 06. Welche Kündigungsfristen bestehen für Arbeiter und Angestellte?

- Probezeit:
  → i. d. R. 2 Wochen
- reguläre Kündigungsfristen (§ 622 Abs. 1 BGB)
  → 4 Wochen
    - zum 15. des Monats oder
    - zum Monatsende
- verlängerte Kündigungsfristen (§ 622 Abs. 2 BGB) gelten nur für den Arbeitgeber:
  →

| Betriebszugehörigkeit in Jahren[1] | Frist (zum Monatsende) |
|---|---|
| 2 | 1 Monat |
| 5 | 2 Monate |
| 8 | 3 Monate |
| 10 | 4 Monate |
| 12 | 5 Monate |
| 15 | 6 Monate |
| 20 | 7 Monate |

- Einzelvertraglich kann eine kürzere Frist als 4 Wochen vereinbart werden bei vorübergehender Aushilfe (weniger als drei Monate; z. B. Studenten als Aushilfe für unter drei Monate; § 622 Abs. 5 BGB).

## 07. Welche Tatbestände können einen wichtigen Grund darstellen, die den Arbeitgeber zu einer außerordentlichen (fristlosen) Kündigung berechtigen?

Wichtige Gründe können z. B. sein (es sind immer die Umstände des Einzelfalles zu prüfen):

- Abwerbung sowie Alkoholmissbrauch bei Vorgesetzten und Kraftfahrern (ansonsten: Trunksucht ist eine Krankheit, die nur eine ordentliche Kündigung unter erschwerten Voraussetzungen ermöglicht)
- gravierende Arbeitsverweigerung sowie schwerwiegender Verstoß gegen Arbeitssicherheitsbestimmungen
- Beleidigungen in schwerwiegender Form sowie private Ferngespräche in größerer Form auf Kosten des Arbeitgebers
- Schmiergeldannahme sowie Spesenbetrug und Straftaten im Betrieb
- Urlaubsüberschreitungen sowie Verstoß gegen Wettbewerbsverbot
- Diebstahl (Achtung: auch bei kleinen Beträgen; Störung des Vertrauensverhältnisses).

---

[1] Bei der Berechnung längerer Kündigungsfristen ist das Alter des Arbeitnehmers nicht mehr zu beachten (vgl. § 622 BGB; so der Europäische Gerichtshof).

**ACHTUNG**

Die Kündigung aus wichtigem Grund kann nur innerhalb von zwei Wochen erfolgen, nachdem der Kündigungsberechtigte von den für die Kündigung maßgeblichen Tatsachen Kenntnis erlangt hat.

## 08. In welchen Fällen kann der Arbeitnehmer aus wichtigem Grund außerordentlich kündigen?

- Lohnrückstände trotz Aufforderung zur Zahlung
- Insolvenz des Arbeitsgebers, wenn er die Vergütung nicht zahlt/nicht zahlen kann
- schwerwiegende Vertragsverletzungen (z. B. zugesagte Beförderung wird nicht eingehalten).

## 09. Wer ist berechtigt, nach dem Kündigungsschutzgesetz zu klagen?

Nach dem Kündigungsschutzgesetz sind alle Arbeitnehmer klageberechtigt, deren Arbeitsverhältnis in demselben Betrieb oder Unternehmen ohne Unterbrechung **länger als sechs Monate** bestanden hat; das Kündigungsschutzgesetz findet keine Anwendung in Betrieben mit zehn oder weniger Beschäftigten (vgl. § 23 KSchG).

## 10. In welchen Fällen ist eine ordentliche Kündigung sozial gerechtfertigt?

**Die ordentliche Küngigung ist sozial nur gerechtfertigt, wenn folgende Gründe vorliegen:**

| **personenbedingte** Gründe | **verhaltensbedingte** Gründe | **betriebsbedingte** Gründe |
|---|---|---|

## 11. Was sind personenbedingte Gründe?

Das sind Gründe, die objektiv vorliegen, ohne dass der Arbeitnehmer dafür verantwortlich gemacht werden kann, z. B. (es sind immer die Umstände des Einzelfalles zu prüfen):

- fehlende Arbeitserlaubnis bei ausländischen Mitarbeitern
- fehlende Eignung für die Aufgaben (fachlich/charakterlich)
- in Tendenzbetrieben: besondere Eignungsmängel
- bei Krankheit, Trunksucht, Drogenabhängigkeit (unter bestimmten Voraussetzungen aber: BEM ist zu beachten (Frage 12.).

## 12. Welche Aufgabe hat der Arbeitgeber im Rahmen des betrieblichen Eingliederungsmanagement (BEM) nach § 167 Abs. 2 SGB IX?

Der Arbeitgeber hat lt. § 167 Abs. 2 SGB IX bei Arbeitnehmern, die innerhalb eines Jahres

- länger als sechs Wochen oder
- wiederholt arbeitsunfähig waren

präventiv zu klären, ob einer erneuten Arbeitsunfähigkeit vorgebeugt werden oder wie der Arbeitsplatz erhalten werden kann. Das BEM unterliegt der Mitbestimmung des Betriebsrats (§ 87 Abs. 1 Nr. 7 BetrVG). Eine personenbedingte Kündigung ist nur dann wirksam, wenn der Arbeitgeber nachweist, dass das BEM ohne Erfolg durchgeführt wurde.

## 13. Was können verhaltensbedingte Gründe sein?

Bei verhaltensbedingten Gründen hat der Arbeitnehmer gegen eine Vertragspflicht verstoßen, z. B. (es sind immer die Umstände des Einzelfalles zu prüfen):

- Arbeitsverweigerung, Alkoholmissbrauch sowie mangelnder Leistungswille
- Nichteinhaltung eines Alkohol-/Rauchverbots
- Verletzung von Treuepflichten sowie Störung des Betriebsfriedens
- häufige Lohnpfändungen, die die Verwaltungsarbeit massiv stören
- Schlechtleistungen trotz Abmahnung sowie unbefugtes Verlassen des Arbeitsplatzes
- Missbrauch von Kontrolleinrichtungen (Stempeluhr, Zeiterfassung).

## 14. Was können Beispiele für betriebsbedingte Gründe sein?

Es muss sich um dringende betriebliche Erfordernisse handeln, z. B. Umsatzrückgang, neue Fertigungsverfahren, Rationalisierung. Die **Sozialauswahl** ist auf folgende vier Merkmale **beschränkt**: Dauer der Betriebszugehörigkeit, Lebensalter, Unterhaltspflichten und eine evtl. Schwerbehinderteneigenschaft. Sogenannte Leistungsträger sind nicht in die soziale Auswahl einzubeziehen. Außerdem gilt: Der Arbeitnehmer erhält bei einer betriebsbedingten Kündigung eine Abfindung, wenn der Arbeitgeber ihm dies in der Kündigung anbietet. Damit erfolgt eine Quasi-Honorierung des Verzichts auf die Kündigungsschutzklage (vgl. § 1a KSchG).

## 15. Was ist eine Änderungskündigung?

**Beispiel**

Ein Unternehmen kündigt einem Innendienstmitarbeiter fristgerecht und unterbreitet ihm im Kündigungsschreiben das Angebot, nach Ablauf der Kündigungsfrist im Außendienst bei einer anderen Niederlassung zu arbeiten.

Die Änderungskündigung zielt ab auf eine **Fortsetzung des Arbeitsverhältnisses zu geänderten Arbeitsbedingungen** (§ 2 KSchG). Sie ist eine Kündigung des Arbeitsverhältnisses unter Einhaltung der Kündigungsfrist, verbunden mit dem Angebot, das Arbeitsverhältnis nach Ablauf der Kündigungsfrist zu neuen Bedingungen (z. B. Inhalt oder Ort der Tätigkeit, geändertes Gehalt u. Ä.) fortzusetzen.

Der Arbeitnehmer hat in dieser Situation drei Möglichkeiten zu reagieren:

1. Er **lehnt** die Änderungskündigung **ab**. Dies birgt das Risiko, dass der Arbeitnehmer bei einer Kündigungsschutzklage verliert. Damit würde er seinen Arbeitsplatz verlieren.
2. Er **nimmt** die Änderungsbedingungen **an**. Dies führt dazu, dass er zu geänderten Arbeitsbedingungen tätig bleibt.
3. Er **nimmt** die Änderungskündigung **unter dem Vorbehalt an**, dass sie sozial gerechtfertigt ist. In diesem Fall sind die Rechtsfolgen der Kündigungsschutzklage zu berücksichtigen. Folge: Der Arbeitnehmer behält auf jeden Fall seinen Arbeitsplatz – entweder zu den alten oder zu den neuen Arbeitsbedingungen.

## 16. Welche formalen Wirksamkeitsvoraussetzungen sind bei einer Kündigung zu prüfen?

1. **Zugang** der schriftlichen Kündigungserklärung (§ 623 BGB)
2. Ablauf der **Kündigungsfrist nach § 622 BGB** (bei ordentlicher Kündigung)
3. **Beachtung von Kündigungsverboten**, z. B.:
   - für werdende Mütter
   - für Elternzeitberechtigte (§ 18 BEEG).
4. **Ausschluss der ordentlichen Kündigung**, z. B.:
   - bei Berufsausbildungsverhältnissen
   - bei Mitgliedern des Betriebsrates usw.
   - bei Ausschluss aufgrund des Arbeitsvertrages.
5. **Zustimmungserfordernis**, z. B.:
   - bei der a. o. Kündigung von Mitgliedern des Betriebsrates usw. (→ Zustimmung des Betriebsrates)
   - bei der Kündigung eines schwerbehinderte Menschen (→ Zustimmung des Integrationsamtes).
6. **Beachtung des Kündigungsschutzes** (→ KSchG)
7. **Anzeigepflicht** bei Massenentlassungen
8. **Anhörung des Betriebsrates** nach § 99 BetrVG.

### 17. Welche Tatbestände kann der Arbeitnehmer anführen, um die Unwirksamkeit einer Kündigung zu rügen?

- fehlende Anhörung des Betriebsrates (§ 102 BetrVG)
- fehlende Vollmacht des Kündigenden
- Versäumnis der Anhörung des Arbeitnehmers (nur bei einer Verdachtskündigung)
- Nichteinhaltung der Kündigungserklärungsfrist
- Versäumnis der Angabe von Kündigungsgründen (nur bei außerordentlicher Kündigung von Berufsausbildungsverhältnissen)
- Verstoß gegen ein gesetzliches Verbot (z. B. MuSchG)
- Verstoß gegen die guten Sitten (z. B. Umgehung des KSchG)
- fehlende Abmahnung
- fehlende oder fehlerhafte Sozialauswahl (bei betriebsbedingter Kündigung)
- Verstoß gegen die Anzeigepflicht bei Massenentlassungen.

### 18. Innerhalb welcher Frist muss eine Kündigungsschutzklage erhoben werden?

Eine Kündigungsschutzklage, in der ein Arbeitnehmer gerichtlich geltend machen will, dass die Kündigung sozial ungerechtfertigt ist, muss **innerhalb von drei Wochen** nach Zugang der Kündigung beim zuständigen Arbeitsgericht erhoben werden (§ 4 KSchG).

### 19. Für welche Personen besteht ein besonderer Kündigungsschutz?

Ein besonderer Kündigungsschutz besteht z. B.

- für werdende und junge Mütter (gegen Auflösung des AV durch Anfechtung kein Schutz)
- Betriebsräte
- schwerbehinderte Menschen
- Personen in Berufsausbildung
- Vertrauenspersonen der schwerbehinderten Menschen
- Mütter und Väter, die Elternzeit in Anspruch nehmen.

Auf diese Rechte kann nicht verzichtet werden (auch nicht durch einen Aufhebungsvertrag).

### 20. Wie kann ein Arbeitsverhältnis mit einer werdenden oder jungen Mutter aufgelöst werden?

Wenn die für den Arbeitsschutz zuständige oberste Landesbehörde oder die von ihr bestimmte Stelle **in besonderen Fällen ausnahmsweise** die Kündigung gemäß § 17 Abs. 2 MuSchG für zulässig erklärt.

## 21. Unter welchen Voraussetzungen kann einem schwerbehinderten Menschen gekündigt werden?

Die Kündigung eines schwerbehinderten Menschen durch den Arbeitgeber bedarf nach § 168 SGB IX der vorherigen **Zustimmung des Integrationsamtes**. Das Integrationsamt muss auch bei außerordentlichen Kündigungen zustimmen. Gemäß § 169 SGB IX beträgt die Kündigungsfrist mindestens vier Wochen.

## 22. Unter welchen Voraussetzungen kann einem Betriebsratsmitglied fristlos gekündigt werden?

Einem Betriebsratsmitglied kann nur dann fristlos gekündigt werden, wenn **der Betriebsrat** als Gremium der Kündigung nach § 103 BetrVG **zustimmt** (wichtiger Grund; z. B. bei Verletzung der Geheimhaltungspflicht).

## 23. Welches Mitbestimmungsrecht hat der Betriebsrat bei Kündigungen?

Der Betriebsrat **ist vor jeder Kündigung zu hören**. Der Arbeitgeber hat ihm die Gründe der Kündigung mitzuteilen. **Eine ohne Anhörung des Betriebsrats ausgesprochene Kündigung ist unwirksam** (§ 102 BetrVG). Zu beachten ist: Eine Kündigung ist auch dann unwirksam, wenn die **Anhörung des Betriebsrats fehlerhaft ist** (z. B.: der Betriebsratsvorsitzende stimmt der Kündigung sofort im Gespräch mit dem Arbeitgeber zu, ohne sich zuvor mit seinen Betriebsratskollegen zu beraten) und dieser Fehler nicht im Verantwortungsbereich des Arbeitgebers liegt.

Hat der Betriebsrat gegen eine **ordentliche Kündigung** Bedenken, so hat er diese unter Angabe der Gründe **spätestens innerhalb einer Woche** schriftlich mitzuteilen. Äußert er sich innerhalb dieser Frist nicht, gilt seine Zustimmung zur Kündigung als erteilt. Hat der Betriebsrat gegen eine **außerordentliche Kündigung** Bedenken, so hat er diese unter Angabe der Gründe dem Arbeitgeber **innerhalb von 3 Tagen** mitzuteilen.

## 24. Unter welchen Voraussetzungen kann der Betriebsrat einer Kündigung widersprechen?

Der Betriebsrat kann nach § 102 Abs. 3 BetrVG **innerhalb einer Woche** einer ordentlichen Kündigung widersprechen, wenn

1. der Arbeitgeber **soziale Gesichtspunkte** bei der Auswahl des zu kündigenden Mitarbeiters nicht ausreichend berücksichtigt hat,
2. die Kündigung gegen besondere **Richtlinien** verstößt,
3. der zu kündigende Arbeitnehmer an einem anderen Arbeitsplatz im selben Betrieb oder in einem anderen Betrieb des Unternehmens **weiterbeschäftigt werden kann**;
4. die **Weiterbeschäftigung** des Arbeitnehmers nach zumutbaren Umschulungs- oder Fortbildungsmaßnahmen **möglich** ist oder

5. eine **Weiterbeschäftigung** des Arbeitnehmers **unter geänderten Vertragsbedingungen möglich** ist und der Arbeitnehmer sein Einverständnis hiermit erklärt hat (§ 102 Abs. 3 BetrVG).

## 25. Welche Verpflichtung hat der Arbeitgeber, wenn der Betriebsrat einer Kündigung widersprochen hat?

Kündigt der Arbeitgeber, obwohl der Betriebsrat der Kündigung widersprochen hat, so hat er dem Arbeitnehmer mit der Kündigung eine Abschrift der **Stellungnahme des Betriebsrats** auszuhändigen (§ 102 Abs. 4 BetrVG).

## 26. Welche inhaltlichen Aspekte sind bei der Erstellung eines Zeugnisses zu beachten?

Das Arbeitsrecht unterscheidet zwei Zeugnisarten:

**Arbeitszeugnis – Arten**

| **Einfaches Zeugnis** (Arbeitsbescheinigung) | **Qualifiziertes Zeugnis** |
|---|---|
| ▸ Personaldaten<br>▸ Tätigkeit als ...<br>▸ Tätigkeit von ... bis ... | ▸ Personaldaten<br>▸ Tätigkeit als ...<br>▸ Tätigkeit von ... bis ...<br>▸ Leistung<br>▸ Führung |

Weitere Einzelheiten zur Zeugniserstellung vgl. 4. Prüfungsfach, Zusammenarbeit im Betrieb, >> 4.5.4 Fragen 19. und 20.

## 27. Welche Pflichten existieren für Arbeitnehmer und Arbeitgeber nach Kündigung des Arbeitsverhältnisses?

- **Pflichten des Arbeitnehmers**, z. B.:
  - Arbeitnehmer sind verpflichtet, sich **unverzüglich** nach Zugang der Kündigung oder nach Abschluss eines Aufhebungsvertrages persönlich bei der zuständigen Arbeitsagentur arbeitssuchend zu melden. Andernfalls hat er mit einer Minderung seines Arbeitslosengeldes zu rechnen. Bei befristeten Arbeitsverhältnissen muss die Meldung **drei Monate** vor Ablauf der Befristung erfolgen.

- Der Arbeitnehmer muss dem Arbeitgeber nach Beendigung die zur Verfügung gestellten Arbeitsmittel, wie z. B. Schlüssel zum Arbeitsplatz, Geschäftsunterlagen, Werkzeuge, Laptops oder Fahrzeuge o. Ä. zurückgeben, denn auch der/die (ehemalige) ArbeitnehmerIn kann sich selbst durch verspätete Rückgabe schadenersatzpflichtig machen sowie zu einer Nutzungsentschädigung herangezogen werden. Dem/der ArbeitnehmerIn steht grundsätzlich kein Zurückbehaltungsrecht an diesen Sachen zu.
- Der Arbeitnehmer muss evtl. Ausbildungskosten, die der Arbeitgeber für Schulungen gezahlt hat, zeitanteilig zurückzahlen.

► **Pflichten des Arbeitgebers**, z. B.:

- Der Arbeitgeber hat den Arbeitnehmer vor der Beendigung des Arbeitsverhältnisses frühzeitig über die Notwendigkeit eigener Aktivitäten bei der Suche nach einer neuen Beschäftigung und über die Pflicht zur unverzüglichen **Meldung** bei der Arbeitsagentur **zu unterrichten**. Andernfalls kann er sich schadenersatzpflichtig machen.
- Der Arbeitgeber muss dem Arbeitnehmer eine **Freistellung gewähren**, um ihm die Teilnahme an Qualifizierungsmaßnahmen der Arbeitsagentur zu ermöglichen. Ferner ist unter Umständen auch eine Freistellung zu gewähren, wenn dies zur Stellensuche oder für Vermittlungsaktivitäten erforderlich ist. Die Pflicht zur bezahlten Freistellung trifft den Arbeitgeber auch dann, wenn der Arbeitnehmer gekündigt hat.
- Nach Beendigung des Arbeitsverhältnisses muss der Arbeitgeber dem/der ArbeitnehmerIn die **Arbeitspapiere** (wie z. B. Zeugnis, Sozialversicherungsnachweis) aushändigen. Der Arbeitgeber hat kein Zurückbehaltungsrecht an den Arbeitspapieren.
- Der restliche **Jahresurlaub** sollte während der Kündigungsfrist nach Möglichkeit gewährt werden.
- Pflicht zur Zeugniserteilung.

## 28. Wann hat ein Arbeitnehmer Anspruch auf bezahlte Freizeit zur Stellensuche?

Es muss sich gemäß § 629 BGB um ein dauerhaftes Arbeitsverhältnis handeln und das Arbeitsverhältnis muss gekündigt sein.

## 29. Wann besteht ein Anspruch auf Ausstellung eines Zeugnisses?

Ein Anspruch auf ein Zeugnis besteht i. d. R. bei Beendigung der Tätigkeit bzw. bei Beendigung der Berufsausbildung.

## 30. Wann besteht ein Anspruch auf eine frühere Zeugnisausstellung?

Bei fristgerechter Kündigung soll das Zeugnis dazu dienen, die Stellensuche zu erleichtern. **Daher muss das Zeugnis unmittelbar nach der Kündigung ausgefertigt werden.** Bei fristloser Kündigung entsteht i. d. R. auch ein sofortiger Anspruch auf ein Zeugnis, es sei denn, der Arbeitnehmer wäre treuebrüchig geworden. In diesem Fall steht ihm das Zeugnis nicht vor dem Zeitpunkt zu, in dem sein Arbeitsverhältnis bei regulärer Kündigungsfrist hätte gekündigt werden können.

### 31. Wann besteht Anspruch auf ein Zwischenzeugnis?

Ein genereller gesetzlicher Anspruch auf die Erteilung eines Zwischenzeugnisses besteht nicht (Ausnahme: Es gibt Tarifverträge, die einen Anspruch regeln).

In der Regel besteht ein Anspruch auf ein Zwischenzeugnis dann z. B., wenn

- der Arbeitnehmer wechseln möchte,
- der Arbeitnehmer ein Zwischenzeugnis bei Behörden und Gerichten vorlegen muss;
- die Firma des Arbeitgebers sich strukturell ändert (Betriebsübergang, Konkurs),
- eine längere Arbeitsunterbrechung bevorsteht,
- eine Elternzeit oder ein längerer, unbezahlter betrieblicher Sonderurlaub genommen werden soll und/oder
- ein langjähriger Vorgesetzter das Unternehmen verlässt.

### 32. Darf ein Zeugnis negative Aussagen enthalten?

Zwar soll das Zeugnis das Fortkommen des Arbeitnehmers nicht behindern, doch ist es keinesfalls gestattet, wahrheitswidrige wesentliche Tatsachen zu verschweigen, wie z. B. die Trunksucht des Fahrers, die Unehrlichkeit des Buchhalters (Grundsatz: **Wahrheit geht vor Wohlwollen**). Es müssen in einem Zeugnis alle Tatsachen aufgenommen werden, die für die Beurteilung des Arbeitnehmers von Bedeutung sind. Durch Weglassen sich wiederholender bestimmter negativer Umstände würde das Zeugnis dem Wahrheitsgrundsatz widersprechen. In höchstrichterlichen Urteilen ist diese Auffassung bestätigt worden und hat zu Schadenersatzansprüchen gegen den Aussteller geführt.

### 33. Was kann ein Arbeitnehmer tun, der mit seinem Zeugnis nicht einverstanden ist?

Er kann ein verbessertes Zeugnis anfordern oder notfalls arbeitsgerichtlich die Berichtigung seines Zeugnisses verlangen. Der Arbeitnehmer kann jedoch keine bestimmten Formulierungen verlangen, sofern diese nicht allgemein- oder branchenüblich sind. Er wird jedoch Anspruch auf die Formulierung „... zur ... Zufriedenheit“ (sog. Zeugniscodierung) haben, wenn derartige Aussagen fehlen.

### 1.1.5 Geltungsbereich und Rechtswirksamkeit von Tarifverträgen

#### 01. Was sind autonome Rechtsquellen im Bereich des Arbeitsrechts?

Autonome Rechtsquellen im Bereich des Arbeitsrechts sind insbesondere **Tarifverträge** und **Betriebsvereinbarungen**.

#### 02. Was versteht man unter Tarifverträgen?

Tarifverträge sind schriftliche Verträge zwischen Arbeitgeberverbänden oder einzelnen Arbeitgebern einerseits und Gewerkschaften andererseits, die arbeitsrechtliche Normen enthalten (normativer Teil) und Rechte und Pflichten der Tarifparteien untereinander regeln (schuldrechtlicher oder obligatorischer Teil).

#### 03. Was ist die Rechtsgrundlage des Tarifvertrages?

Rechtsgrundlage für Tarifverträge ist das Tarifvertragsgesetz. Der Tarifvertrag ist ein privatrechtlicher Vertrag, für den die allgemeinen Vorschriften des bürgerlichen Rechts zur Anwendung kommen.

#### 04. Welche Funktionen erfüllt ein Tarifvertrag?

Ein Tarifvertrag erfüllt

- eine **Schutzfunktion** des Arbeitnehmers gegenüber dem Arbeitgeber
- eine **Ordnungsfunktion** durch Typisierung der Arbeitsverträge
- die **Friedensfunktion**, denn der Tarifvertrag schließt während seiner Laufzeit Arbeitskämpfe und neue Forderungen hinsichtlich der in ihm geregelten Sachverhalte aus
- eine **Verteilungsfunktion**: Die Arbeitnehmer sollen an der Aufteilung des BIP (am wachsenden Wohlstand) beteiligt werden.

#### 05. Wer kann Tarifverträge abschließen?

Tarifverträge können auf Arbeitnehmerseite nur die Gewerkschaften abschließen, auf Arbeitgeberseite dagegen sowohl Arbeitgeberverbände (als Verbandstarif) als auch jeder einzelne Arbeitgeber (als Firmen-, Werk- oder Haustarif). Darüber hinaus kommen als Tarifvertragsparteien die Spitzenorganisationen, d. h. die Zusammenschlüsse von Arbeitgeberverbänden oder von Gewerkschaften, in Betracht. Tariffähig sind ferner Handwerksinnungen und Innungsverbände.

#### 06. Welche Formvorschriften müssen Tarifverträge erfüllen?

Der Tarifvertrag bedarf zu seiner Wirksamkeit einer von beiden Vertragsparteien eigenhändig unterschriebenen Vertragsurkunde. Abschluss, Änderung, Beendigung und Allgemeinverbindlichkeitserklärung werden in einem beim Bundesminister für Arbeit und

Sozialordnung geführten **Tarifregister** eingetragen. Die Eintragung hat jedoch für die Wirksamkeit des Tarifvertrages keine Bedeutung. Die Tarifverträge können von jedermann kostenlos eingesehen werden. Von den Länderarbeitsministerien werden ebenfalls Tarifregister geführt.

### 07. Welche Regelungen kann der normative Teil eines Tarifvertrages enthalten?

- Normen über den Inhalt, den Abschluss und die Beendigung von Arbeitsverhältnissen
- Normen über betriebliche und betriebsverfassungsrechtliche Fragen
- Normen über gemeinsame Einrichtungen der Tarifvertragsparteien.

### 08. Welche Regelungen kann der schuldrechtliche Teil eines Tarifvertrages enthalten?

Der schuldrechtliche Teil eines Tarifvertrages begründet nur Rechte und Pflichten der Tarifvertragsparteien untereinander. Den Tarifvertragsparteien steht es grundsätzlich frei, beliebige Rechte und Pflichten gegeneinander zu begründen. Die wichtigsten sind: Abschluss, Durchführung und Beendigung des Tarifvertrages, Friedenspflicht, Schlichtungsabkommen, Einwirkungspflicht.

### 09. Wie wirken sich Tarifverträge auf einzelne Arbeitsverhältnisse aus?

Tarifverträge können gelten:

1. **kraft Organisationszugehörigkeit** (Arbeitgeber ist Mitglied des Arbeitgeberverbands, Arbeitnehmer ist Mitglied der Gewerkschaft): Tarifverträge werden von den Tarifvertragsparteien nur für ihre Mitglieder abgeschlossen.
2. **durch Allgemeinverbindlichkeit:** In diesem Fall gilt der Tarifvertrag unmittelbar und zwingend auch für solche Arbeitgeber und Arbeitnehmer, die nicht Mitglied einer Tarifvertragspartei sind.
3. **durch einzelvertragliche Vereinbarung:** Die Anwendung eines Tarifvertrages kann auch auf bestimmte Teile beschränkt bleiben. Während also bei zwingender Anwendung eines Tarifvertrages infolge Organisationszugehörigkeit oder Allgemeinverbindlichkeit einzelvertragliche Regelungen nur noch getroffen werden können, wenn diese für den Arbeitnehmer günstiger sind oder der Tarifvertrag eine solche ungünstigere Regelung ausdrücklich gestattet, sind bei Fehlen dieser Voraussetzungen im Falle einzelvertraglicher Regelungen ungünstigere Lösungen möglich.

### 10. Unter welchen Voraussetzungen haben Tarifverträge eine unmittelbare und zwingende Wirkung?

Derartige Normen gelten für Arbeitsverhältnisse, wenn Arbeitgeber und Arbeitnehmer

1. tarifgebunden sind
2. unter den räumlichen Geltungsbereich des Tarifvertrages
3. unter den betrieblichen Geltungsbereich des Tarifvertrages
4. unter den fachlichen Geltungsbereich eines Tarifvertrages fallen.

### 11. Wer ist tarifgebunden?

Tarifgebunden sind die Mitglieder der Tarifvertragsparteien und der Arbeitgeber, wenn er selbst Partei des Tarifvertrages ist.

### 12. Was bedeutet der räumliche Geltungsbereich?

Der räumliche Geltungsbereich kann sich auf einen bestimmten Bezirk oder ein Bundesland beschränken, er kann sich aber auch auf das ganze Bundesgebiet erstrecken.

### 13. Was bedeutet der betriebliche Geltungsbereich?

Der betriebliche Geltungsbereich ist in jedem Tarifvertrag bestimmt, indem festgelegt ist, für welche Betriebe er gelten soll. In der Regel erfasst ein Tarifvertrag die Betriebe eines ganzen Wirtschaftszweiges.

### 14. Was bedeutet der fachliche Geltungsbereich?

Der fachliche Bereich nimmt Bezug auf einen bestimmten Wirtschaftszweig und erfasst dort sämtliche Berufs- oder Tätigkeitsbereiche. Gilt z. B. in einem Betrieb ein Lohn- und Gehaltstarif für die metallverarbeitende Industrie, so fallen alle Betriebsangehörigen – z. B. auch die Küchen- und Reinigungskräfte – unter diesen Tarifvertrag.

### 15. Was bedeutet Allgemeinverbindlichkeit eines Tarifvertrages?

Zunächst gilt ein Tarifvertrag in seinem räumlichen, betrieblichen und fachlichen Geltungsbereich nur, wenn Arbeitgeber und Arbeitnehmer tarifgebunden sind. Der Bundesminister für Arbeit und Sozialordnung kann jedoch einen Tarifvertrag unter bestimmten Voraussetzungen für allgemein verbindlich erklären. Die Allgemeinverbindlichkeit bedeutet, dass der Tarifvertrag nunmehr in seinem räumlichen, betrieblichen und fachlichen Geltungsbereich für alle Arbeitnehmer gilt. Unerheblich ist, ob Arbeitgeber und Arbeitnehmer tarifgebunden sind.

### 16. Unter welchen Voraussetzungen kann eine Allgemeinverbindlichkeitserklärung eines Tarifvertrages vorgenommen werden?

- Es muss eine Tarifvertragspartei einen entsprechenden Antrag stellen.
- Die tarifgebundenen Arbeitgeber müssen mindestens die Hälfte der unter den Geltungsbereich des Tarifvertrages fallenden Arbeitnehmer beschäftigen.
- Die Allgemeinverbindlichkeit muss im öffentlichen Interesse geboten erscheinen.

### 17. Welche Tarifvertragsarten gibt es?

Tarifvertragsarten sind z. B.:

| | |
|---|---|
| **Manteltarifvertrag/ Rahmentarifvertrag** | Er regelt allgemeine Arbeitsbedingungen wie z. B. Arbeitszeit, Zuschläge für Mehr-, Nacht- und Schichtarbeit, Urlaub, Kündigungsvoraussetzungen und Kündigungsfristen. Die Laufzeit beträgt ca. drei Jahre. |
| **Branchen-/ Flächentarifvertrag** | Er gilt für eine ganze Branche bzw. für eine bestimmte Region. |
| **Lohn- und Gehaltstarifvertrag** | Er regelt die Lohn- und Gehaltsgruppen in den einzelnen Tarifgruppen. Die Laufzeit ist i. d. R. ein Jahr. |
| **Flächentarifvertrag** | Er legt die Bedingungen für eine bestimmte Region oder eine bestimmte Branche in Deutschland fest. |
| **Firmentarifvertrag (Haustarifvertrag)** | Er legt die Bedingungen für ein bestimmtes Unternehmen fest. |
| **Vergütungstarifvertrag** | auch: Lohntarifvertrag;<br>Er regelt die Höhe der Vergütung. |
| **Sonstige Tarifverträge** | Regelungen über besondere Inhalte wie z. B. gemeinsame Einrichtungen (Urlaubs- und Lohnausgleichskassen), Schlichtungsabkommen und vermögenswirksame Leistungen. |

## 1.1.6 Rechtliche Rahmenbedingungen von Arbeitskämpfen

### 01. Was ist ein Streik?

Ein Streik ist die gemeinsame und planmäßige Arbeitsniederlegung durch eine größere Anzahl von Arbeitnehmern mit dem Ziel, einen bestimmten Kampfzweck zu erreichen und nach Erreichung des Kampfzweckes die Arbeit wieder aufzunehmen. Der Streik muss zu einer ernsthaften Störung des Arbeitsprozesses führen.

### 02. Wann ist ein Streik rechtmäßig?

Der Streik ist ein legitimes Mittel der Arbeitnehmer zur Durchsetzung von Forderungen. Da ein Streik erhebliche Störungen des Arbeitsablaufs mit sich bringt, werden strenge Anforderungen an die **Rechtmäßigkeit eines Streiks** gestellt. Diese sind:

- Der Streik muss **von einer Gewerkschaft** geführt werden, d. h. die Gewerkschaft muss den mit der Arbeitsniederlegung verbundenen Kampfzweck selbst erstreben und entweder den Streik von vornherein billigen oder ihn noch vor seiner Beendigung genehmigen.

- Der Streik muss sich **gegen einen Sozialpartner**, nämlich den Arbeitgeber oder den Arbeitgeberverband, richten, d. h. der Sozialpartner muss auch in der Lage sein, das Kampfziel des Streiks zu erfüllen, was etwa bei politischen Anlässen nicht erreichbar wäre.
- Mit dem Streik muss die **kollektive Regelung** von Arbeitsbedingungen erstrebt werden (tarifpolitisches Ziel), d. h. es kann sich nicht um irgendwelche individuellen Fälle handeln.
- Der Streik darf **nicht gegen die Grundregeln** des Arbeitsrechts **verstoßen**.
- Der Streik darf nicht gegen das Prinzip der **fairen Kampfführung** verstoßen, und er muss verhältnismäßig sein.
- Der Streik darf nur geführt werden, wenn die Gewerkschaft **alle Möglichkeiten** der friedlichen Einigung **ausgeschöpft** hat (kein Verstoß gegen die Friedenspflicht).

### 03. Wie ist die Rechtslage bei Beendigung des Streiks?

Ein Streik ist beendet, wenn die weitaus überwiegende Mehrzahl der streikenden Arbeitnehmer ihre Arbeit wieder aufnimmt. Erklärt die Gewerkschaft, die einen Streik durchführt, den Streik für beendet, sind alle streikenden Arbeitnehmer verpflichtet, ihre Arbeit wieder aufzunehmen. Nimmt ein Arbeitnehmer trotzdem die Arbeit nicht wieder auf, kann er wegen Arbeitsvertragsbruchs fristlos entlassen werden.

### 04. Was ist eine Aussperrung?

Die Aussperrung ist das Kampfmittel der Arbeitgeber gegen die Arbeitnehmer und Gewerkschaften. Unter Aussperrung versteht man den planmäßigen Ausschluss einer größeren Anzahl Arbeitnehmer von der Arbeit durch einen oder mehrere Arbeitgeber mit dem Ziel, einen bestimmten Kampfzweck zu erreichen und nach Erreichung des Kampfzweckes wieder die Arbeitnehmer zur Aufnahme der Arbeit aufzufordern bzw. über ihre Wiedereinstellung zu verhandeln. Die Aussperrung kann daher zur **Suspendierung des Arbeitsverhältnisses** oder zur **Auflösung des Arbeitsverhältnisses** führen.

### 05. Wann ist eine Aussperrung rechtmäßig?

An die Rechtmäßigkeit einer Aussperrung gelten die gleichen Voraussetzungen wie an die Rechtmäßigkeit eines Streiks. Im Einzelnen gilt:

- Die Aussperrung muss **von einem Arbeitgeber** vorgenommen werden.
- Die Aussperrung, die zwar die Arbeitnehmer unmittelbar trifft, muss sich letztlich **gegen eine Gewerkschaft** richten, die in der Lage sein muss, das Kampfziel der Aussperrung zu erfüllen.
- Mit der Aussperrung muss die **kollektive Regelung** von Arbeitsbedingungen erstrebt werden.

- Die Aussperrung darf **nicht gegen die Grundregeln des Arbeitsrechts** verstoßen.
- Die Aussperrung darf **nicht gegen das Prinzip der fairen Kampfführung** verstoßen.
- Die Aussperrung muss **das letzte Mittel** sein, um das erstrebte Kampfziel zu erreichen.

### 06. Was ist ein Boykott im Rahmen von Arbeitskämpfen?

Ein Boykott ist die Ablehnung von Vertragsabschlüssen mit der Gegenseite.

### 07. Was versteht man unter dem „Schlichtungsrecht“?

Die Schlichtung ist im Arbeitsrecht die Hilfeleistung zur Beendigung einer Gesamtstreitigkeit der Sozialpartner (z. B. Streik) durch Abschluss einer Gesamtvereinbarung (z. B. Tarifvertrag). Eine staatliche Zwangsschlichtung zur Beendigung von Arbeitskämpfen ist nach geltendem Recht unzulässig, weil sie gegen die in Art. 9 GG garantierte Tarifautonomie, d. h. die kollektive Selbstbestimmung der Tarifpartner, verstoßen würde.

### 08. Was versteht man unter der „Friedenspflicht“?

Die relative Friedenspflicht verpflichtet die Tarifvertragsparteien, während der Dauer eines Tarifvertrages arbeitsrechtliche Kampfmaßnahmen zur Aufhebung oder Änderung der vereinbarten Tarifnormen zu unterlassen und auf ihre Mitglieder einzuwirken, dass sie den Arbeitsfrieden wahren. Maßnahmen einer Tarifvertragspartei (z. B. Streiks), die dieser Pflicht widersprechen, sind rechtswidrig und verpflichten zum Schadenersatz, wenn dadurch dem Vertragspartner oder seinen Mitgliedern ein Schaden entsteht. Ohne Tarifbindung besteht keine Friedenspflicht.

### 09. Was versteht man unter der „Durchführungspflicht“?

Die Durchführungspflicht verpflichtet die Tarifvertragsparteien, ihre Mitglieder zur Einhaltung der tariflichen Bestimmungen anzuhalten, insbesondere wenn Mitglieder gegen tarifliche Bestimmungen verstoßen. So sind z. B. unverzüglich mit Inkrafttreten eines neuen Tarifvertrages die aktuellen tarifvertraglichen Regelungen (z. B. höhere Löhne oder Gehälter) anzuwenden.

### 10. Welche Rechtsfolgen ergeben sich aus Arbeitskampfmaßnahmen?

- Rechtmäßiger Streik/Aussperrung:
  → suspendierende Wirkung: Arbeitspflichten bzw. Lohnzahlungspflichten ruhen
- Rechtmäßige Aussperrung mit lösender Wirkung:
  → Beendigung des Arbeitsverhältnisses

- Rechtswidriger Streik:
  → Der Arbeitgeber hat das Recht auf Schadenersatz und Unterlassung gegen die Gewerkschaft oder die Streikteilnehmer; weiterhin besteht die Möglichkeit, ordentlich oder außerordentlich zu kündigen.
- Rechtswidrige Aussperrung:
  → Der Arbeitgeber gerät in Annahmeverzug und muss den Lohn für die Zeit der Aussperrung zahlen (§ 615 BGB).

MERKE

Bei Betriebsstörungen durch einen Arbeitskampf im Betrieb oder in Zulieferbetrieben verlieren die Arbeitnehmer ihren Anspruch auf Beschäftigung und ihren Entgeltanspruch (Sphärentheorie, Arbeitskampfrisiko).

## 1.2 Vorschriften des Betriebsverfassungsgesetzes

**Hinweis:** Das BetrVG ist im 1. Qualifikationsbereich (Rechtsbewusstes Handeln) ein **Prüfungsschwerpunkt**. Besonders relevant sind:

- Wahlverfahren und Amtszeit (§§ 7 bis 25 BetrVG)
- Betriebsversammlung (§§ 42 ff. BetrVG)
- Mitwirkung und Mitbestimmung (§§ 74 bis 113 BetrVG).

In der Regel ist für die Prüfung ein Gesetzestext zugelassen. Er kann Textmarkierungen, Lesezeichen, Klebezettel und Querverweise auf andere Paragrafen enthalten – jedoch keine eigenen Kommentierungen (Stand: DIHK, Frühjahr 2022). Wir empfehlen daher die relevanten Textpassagen zu lesen, Querverweise anzubringen und wichtige Punkte zu markieren. **Auf diese Weise können Sie ein Ihnen vertrautes Gesetzeswerk schaffen**. Beachten Sie auch die Nützlichkeit des Sachverzeichnis beim Auffinden von Textstellen in den Arbeitsgesetzen. Dieser Hinweis gilt analog auch für andere arbeitsrechtliche Bestimmungen. Ausführliche Angaben finden Sie z. B. über Google/DIHK, Hilfsmittel, bzw. es informiert Sie Ihre zuständige IHK.

### 1.2.1 Rechte und Pflichten des Betriebsrates aus dem Betriebsverfassungsgesetz

#### 01. Was ist der Grundgedanke des Betriebsverfassungsrechts?

Das Betriebsverfassungsgesetz regelt die Zusammenarbeit zwischen dem Arbeitgeber und der Belegschaft im Betrieb. Diese wird dabei durch den von ihr zu wählenden Betriebsrat repräsentiert. Arbeitgeber und Betriebsrat arbeiten unter Beachtung der geltenden Tarifverträge vertrauensvoll und im Zusammenwirken mit den im Betrieb vertretenen Gewerkschaften und Arbeitgebervereinigungen zum Wohl der Arbeitnehmer und des Betriebs zusammen.

## 02. Wer ist Arbeitnehmer im Sinne des Betriebsverfassungsgesetzes?

Arbeitnehmer im Sinne des Gesetzes sind Arbeiter und Angestellte einschließlich der zu ihrer Berufsausbildung Beschäftigten (§ 5 Abs. 1 BetrVG).

## 03. Wer ist leitender Angestellter?

Leitender Angestellter ist, wer nach Arbeitsvertrag und Stellung

1. zur selbstständigen Einstellung und Entlassung von im Betrieb beschäftigten Arbeitnehmern berechtigt ist oder
2. Generalvollmacht oder Prokura hat und die Prokura auch im Verhältnis zum Arbeitgeber nicht unbedeutend ist oder
3. regelmäßig sonstige Aufgaben wahrnimmt, die für den Bestand und die Entwicklung des Unternehmens oder eines Betriebs von Bedeutung sind und deren Erfüllung besondere Erfahrungen und Kenntnisse voraussetzen, wenn er dabei entweder die Entscheidungen im Wesentlichen frei von Weisungen trifft oder sie maßgeblich beeinflusst (§ 5 Abs. 3, 4 BetrVG).

## 04. Welche allgemeinen Aufgaben hat der Betriebsrat?

Der Betriebsrat hat

- darüber zu wachen, dass die zugunsten der Arbeitnehmer geltenden Gesetze, Verordnungen, Unfallverhütungsvorschriften, Tarifverträge und Betriebsvereinbarungen durchgeführt werden
- Maßnahmen, die dem Betrieb und der Belegschaft dienen, beim Arbeitgeber zu beantragen
- Anregungen von Arbeitnehmern und der Jugend- und Auszubildendenvertretung und Auszubildenden entgegenzunehmen und, falls sie berechtigt erscheinen, durch Verhandlungen mit dem Arbeitgeber auf eine Erledigung hinzuwirken; er hat die betreffenden Arbeitnehmer über den Stand der Verhandlungen und das Ergebnis zu unterrichten
- die Eingliederung Schwerbehinderter und sonstiger schutzbedürftiger Personen zu fördern
- die Wahl einer Jugend- und Auszubildendenvertretung vorzubereiten und durchzuführen
- die Beschäftigung älterer Arbeitnehmer im Betrieb zu fördern
- die Eingliederung ausländischer Arbeitnehmer im Betrieb und das Verständnis zwischen ihnen und den deutschen Arbeitnehmern zu fördern (§ 80 BetrVG).

## 05. Welche Rechte hat der Betriebsrat nach dem Betriebsverfassungsgesetz?

Das Betriebsverfassungsgesetz regelt im Einzelnen **Mitwirkungs- und Mitbestimmungsrechte** der Arbeitnehmervertretung und legt Beteiligungsrechte des Betriebsrates in personellen, sozialen und wirtschaftlichen Bereichen fest.

Vereinfacht lassen sich folgende Bereiche und Stufen der Beteiligung unterscheiden:

| Beteiligungsrechte des Betriebsrates | | |
|---|---|---|
| **Mitwirkungsrechte** (MWR) | Die Entscheidungsbefugnis des Arbeitgebers bleibt unberührt. | ► Informationsrecht<br>► Beratungsrecht<br>► Anhörungsrecht<br>► Vorschlagsrecht |
| **Mitbestimmungsrechte** (MBR) | Der Arbeitgeber kann eine Maßnahme nur im gemeinsamen Entscheidungsprozess mit dem Betriebsrat regeln. | ► Vetorecht<br>► Zustimmungsrecht<br>► Initiativrecht<br>► Mitbestimmungsrecht |

| Beteiligungsrechte des Betriebsrates im Überblick (§§ BetrVG) | | |
|---|---|---|
| **Beteiligung** | **Mitwirkung** | **Mitbestimmung** |
| **Soziale Angelegenheiten** | § 89 Arbeits-/Umweltschutz | § 87, z. B. Fragen der<br>► Ordnung<br>► Arbeitszeit<br>► Urlaubsgrundsätze<br>► Sozialeinrichtungen<br>► Lohngestaltung usw. |
| **Personelle Angelegenheiten** | | § 93 Interne Stellenausschreibung |
| | | § 94 Personalfragebogen |
| | § 92 Personalplanung | § 94 Beurteilungsgrundsätze |
| | § 92a Beschäftigungssicherung | § 95 Auswahlrichtlinien |
| | § 96 Förderung der Berufsbildung | § 97 Abs. 2 Berufsbildung (Einführung) |
| | § 97 Abs. 1 Einrichtungen der Berufsbildung | § 98 Abs. 1 Berufsbildung (Durchführung) |
| | § 105 Leitende Angestellte | § 98 Abs. 2 Bestellung von Ausbildern |
| | | § 99 Einstellung, Eingruppierung ... |
| | | § 102 Kündigung |
| | | § 103 Kündigung (Betriebsrat) |
| **Wirtschaftliche Angelegenheiten** | § 106 Wirtschaftsausschuss | § 112 Sozialplan |
| | § 112 Interessenausgleich | § 112a Erzwingbarer Sozialplan |
| **Arbeitsorganisatorische Angelegenheiten** | § 90 Unterrichtung/Beratung | § 91 Mitbestimmung |

### 06. Welche Mitbestimmungsrechte hat der Betriebsrat in sozialen Angelegenheiten?

Der Betriebsrat hat, soweit eine gesetzliche oder tarifliche Regelung nicht besteht, in folgenden Angelegenheiten **mitzubestimmen** (§ 87 BetrVG):

1. Fragen der Ordnung des Betriebs und des Verhaltens der Arbeitnehmer im Betrieb
2. Beginn und Ende der täglichen Arbeitszeit einschließlich der Pausen sowie Verteilung der Arbeitszeit auf die einzelnen Wochentage
3. vorübergehende Verkürzung oder Verlängerung der betriebsüblichen Arbeitszeit (z. B. Kurzarbeit)
4. Zeit, Ort und Art der Auszahlung der Arbeitsentgelte
5. Aufstellung allgemeiner Urlaubsgrundsätze und des Urlaubsplans für einzelne Arbeitnehmer, wenn zwischen dem Arbeitgeber und dem beteiligten Arbeitnehmer kein Einverständnis zu erzielen ist
6. Einführung oder Anwendung von technischen Neuerungen, die dazu bestimmt sind, das Verhalten oder die Leistung der Arbeitnehmer zu überwachen
7. Regelungen über die Verhütung von Arbeitsunfällen und Berufskrankheiten sowie über den Gesundheitsschutz
8. Form, Ausgestaltung und Verwaltung von Sozialeinrichtungen
9. Zuweisung und Kündigung von Wohnräumen, die im Hinblick auf das Arbeitsverhältnis vermietet wurden
10. Fragen der betrieblichen Lohngestaltung, insbesondere die Aufstellung von Entlohnungsgrundsätzen und die Einführung und Anwendung von neuen Entlohnungsmethoden sowie deren Änderung
11. Festsetzung der Akkord- und Prämiensätze und vergleichbarer leistungsbezogener Entgelte einschließlich der Geldfaktoren
12. Grundsätze über das betriebliche Vorschlagswesen
13. Grundsätze über die Durchführung von Gruppenarbeit.

### 07. Welche Beteiligungsrechte gelten bei personellen Einzelmaßnahmen?

In Betrieben mit i. d. R. mehr als 20 wahlberechtigten Arbeitnehmern hat der Arbeitgeber den Betriebsrat vor jeder Einstellung, Eingruppierung, Umgruppierung und Versetzung **zu unterrichten**, ihm die erforderlichen Bewerbungsunterlagen vorzulegen und Auskunft über die Person der Beteiligten zu geben. Er hat dem Betriebsrat unter Vorlage der erforderlichen Unterlagen Auskunft über die Auswirkungen der geplanten Maßnahme zu geben und **die Zustimmung des Betriebsrats zu der geplanten Maßnahme** einzuholen. Bei Einstellungen und Versetzungen hat der Arbeitgeber insbesondere den in Aussicht genommenen Arbeitsplatz und die vorgesehene Eingruppierung mitzuteilen (§ 99 BetrVG).

TIPP

Häufig Gegenstand der IHK-Prüfung.

---

### 08. Welche Aufgaben hat der Betriebsrat beim Arbeits- und betrieblichen Umweltschutz?

Der Betriebsrat hat **sich dafür einzusetzen**, dass die Vorschriften über den Arbeitsschutz und die Unfallverhütung im Betrieb sowie über den betrieblichen Umweltschutz **durchgeführt werden**.

TIPP

§ 89 BetrVG wurde neu gefasst; bitte lesen!

---

### 09. Kann der Arbeitgeber auch ohne die Zustimmung des Betriebsrats eine Einstellung eines Mitarbeiters vornehmen?

Ja, als vorläufige personelle Maßnahme nach § 100 BetrVG (bitte lesen). Er muss allerdings innerhalb von drei Tagen die fehlende Zustimmung des BR durch das Arbeitsgericht ersetzen lassen.

### 10. Welche Beteiligungsrechte bestehen im Hinblick auf die Gestaltung von Arbeitsplatz, Arbeitsablauf und Arbeitsumgebung?

Der Arbeitgeber hat den Betriebsrat über die Planung von

a) Neu-, Um- und Erweiterungsbauten von Fabrikations-, Verwaltungs- und sonstigen betrieblichen Räumen

b) technischen Anlagen

c) Arbeitsverfahren und Arbeitsabläufe oder der Arbeitsplätze rechtzeitig unter Vorlage der erforderlichen Unterlagen

zu unterrichten.

Der Arbeitgeber hat mit dem Betriebsrat die vorgesehenen Maßnahmen und ihre Auswirkungen auf die Arbeitnehmer, insbesondere auf die Art ihrer Arbeit sowie die sich daraus ergebenden Anforderungen an die Arbeitnehmer so rechtzeitig **zu beraten**, dass Vorschläge und Bedenken des Betriebsrats bei der Planung berücksichtigt werden können.

Werden die Arbeitnehmer durch Änderungen der Arbeitsplätze, des Arbeitsablaufs oder der Arbeitsumgebung, die den gesicherten Erkenntnissen über die menschengerechte Gestaltung der Arbeit offensichtlich widersprechen, in besonderer Weise belastet, **so kann der Betriebsrat** angemessene Maßnahmen zur Abwendung, Minderung oder zum Ausgleich der Belastung **verlangen** (§§ 90, 91 BetrVG).

### 11. Welche Vorschriften bestehen im Hinblick auf die Personalplanung?

Der Arbeitgeber hat den Betriebsrat über die Personalplanung, insbesondere über den gegenwärtigen und künftigen Personalbedarf sowie über die sich daraus ergebenden personellen Maßnahmen und Maßnahmen der Berufsbildung anhand von Unterlagen rechtzeitig und umfassend **zu unterrichten** (§ 92 BetrVG).

### 12. Welche Vorschriften bestehen im Hinblick auf die Ausschreibung von Arbeitsplätzen?

Der Betriebsrat **kann verlangen**, dass Arbeitsplätze, die besetzt werden sollen, allgemein oder für bestimmte Arten von Tätigkeiten vor ihrer Besetzung innerhalb des Betriebs ausgeschrieben werden (§ 93 BetrVG).

### 13. Welche Vorschriften bestehen im Hinblick auf Personalfragebogen und Beurteilungsgrundsätze?

Personalfragebogen bedürfen der **Zustimmung** des Betriebsrats. Dasselbe gilt für persönliche Angaben in schriftlichen Arbeitsverträgen, die allgemein im Betrieb verwendet werden sollen, sowie für die Aufstellung allgemeiner Beurteilungsgrundsätze (§ 94 BetrVG).

### 14. Welche Vorschriften gelten für Auswahlrichtlinien?

Richtlinien über die personelle Auswahl bei Einstellungen, Versetzungen, Umgruppierungen und Kündigungen bedürfen der **Zustimmung** des Betriebsrats. In Betrieben mit mehr als 500 Arbeitnehmern **kann** der Betriebsrat solche Richtlinien über die Beachtung fachlicher und persönlicher Voraussetzungen und sozialer Gesichtspunkte **verlangen**.

### 15. Welche besonderen Rechte hat der Betriebsrat in Fragen der Berufsbildung?

Der Betriebsrat hat darauf **zu achten**, dass den Arbeitnehmern unter Berücksichtigung der betrieblichen Notwendigkeiten die Teilnahme an betrieblichen oder außerbetrieblichen Maßnahmen der Berufsbildung ermöglicht wird; (neu eingefügt wurde die **Mitbestimmung** in den Fällen des § 97 Abs. 2 BetrVG; Einführung von Anpassungsfortbildung; bitte lesen!).

Der Arbeitgeber hat mit dem Betriebsrat über die Einrichtung und Ausstattung betrieblicher Einrichtungen zur Berufsbildung, die Einführung betrieblicher Berufsbildungsmaßnahmen und die Teilnahme an außerbetrieblichen Berufsbildungsmaßnahmen **zu beraten**.

Der Betriebsrat hat bei der Durchführung betrieblicher Bildungsmaßnahmen **ein Mitbestimmungsrecht** (§ 98 Abs. 1 BetrVG). Er kann ferner der Bestellung einer mit der Durchführung der betrieblichen Berufsbildung beauftragten Person **widersprechen** oder ihre Abberufung **verlangen**, wenn diese die persönliche, fachliche oder berufs- und arbeitspädagogische Eignung nicht besitzt, oder ihre Aufgaben vernachlässigt (§ 98 Abs. 2 BetrVG). Außerdem hat der Betriebsrat ein **Initiativrecht** bei der Qualifizierung der Beschäftigten sowie ein **Mitbestimmungsrecht** bei der Durchführung von Gruppenarbeit (§ 92a BetrVG).

## 16. Welche Grundsätze gelten für die Behandlung der Betriebsangehörigen?

Arbeitgeber und Betriebsrat haben darüber **zu wachen**, dass alle im Betrieb tätigen Personen nach den Grundsätzen von Recht und Billigkeit behandelt werden und dass jede unterschiedliche Behandlung unterbleibt. Sie haben ferner darauf **zu achten**, dass Arbeitnehmer nicht wegen Überschreitung bestimmter Altersstufen benachteiligt werden (§ 75 BetrVG).

Der Betriebsrat kann vom Arbeitgeber die Entlassung oder Versetzung betriebsstörender Arbeitnehmer verlangen (z. B. wegen rassistischer/fremdenfeindlicher Äußerungen; § 104 BetrVG).

## 17. Welche Rechte hat der einzelne Arbeitnehmer?

Das Betriebsverfassungsrecht gibt dem einzelnen Arbeitnehmer ein eigenes **Unterrichtungs-, Anhörungs- und Erörterungsrecht** in Angelegenheiten, die ihn und seinen Arbeitsplatz unmittelbar betreffen (§§ 81 - 86a BetrVG).

Dazu gehören im Einzelnen:

1. Der Arbeitgeber hat den Arbeitnehmer über dessen Aufgabe und Verantwortung sowie über die Art seiner Tätigkeit und ihre Einordnung in den Arbeitsablauf des Betriebs **zu unterrichten**. Er hat ihn ferner vor Beginn der Beschäftigung auf die Unfall- und Gesundheitsgefahr bei seiner Beschäftigung hinzuweisen.
2. Der Arbeitnehmer ist über Veränderungen in seinem Arbeitsbereich rechtzeitig **zu unterrichten**.
3. Der Arbeitgeber hat den Arbeitnehmer über die aufgrund einer Planung von technischen Anlagen, von Arbeitsverfahren und Arbeitsabläufen oder der vorgesehenen Maßnahmen und ihre Auswirkungen auf seinen Arbeitsplatz, die Arbeitsumgebung sowie auf Inhalt und Art seiner Tätigkeit **zu unterrichten**.

4. Der Arbeitnehmer hat das Recht in betrieblichen Angelegenheiten, die seine Person betreffen, von den hierzu zuständigen Personen **gehört zu werden**.
5. Der Arbeitnehmer hat das Recht in die über ihn geführte **Personalakte Einsicht zu nehmen**. Er kann hierzu ein Mitglied des Betriebsrats hinzuziehen. Der Betriebsrat allein hat kein eigenes Einsichtsrecht in die Personalakte.
6. Jeder Arbeitnehmer hat nach § 86a BetrVG das Recht, dem Betriebsrat Themen zur Beratung vorzuschlagen.

TIPP

Diese Rechte gelten immer – unabhängig von der Existenz eines Betriebsrats.

### 18. Welches Beschwerderecht steht dem Arbeitnehmer zu?

Jeder Arbeitnehmer hat das Recht sich bei den zuständigen Stellen des Betriebs **zu beschweren**, wenn er sich vom Arbeitgeber oder von Arbeitnehmern des Betriebes benachteiligt oder ungerecht behandelt oder in sonstiger Weise beeinträchtigt fühlt (§ 84 BetrVG).

### 19. Welche Änderungen enthält das Betriebsverfassungsgesetz?

Änderungen sind z. B.:

- Das **Wahlverfahren** wurde entbürokratisiert: Die Trennung zwischen Arbeitern und Angestellten wurde aufgehoben. In kleineren Betrieben (bis 50 Beschäftigte) ist es möglich, den Betriebsrat in einer Betriebsversammlung zu wählen.
- **Frauen** müssen entsprechend ihrem Anteil an der Belegschaft im Betriebsrat vertreten sein.
- **Beschäftigte von Fremdfirmen** (zum Beispiel Leiharbeitnehmer) sind stärker durch den Betriebsrat des Entleih-Betriebes vertreten.
- **Die Jugend- und Auszubildendenvertretungen** (JAVs) wurden gestärkt:
  Das Wahlrecht wird einfacher, sie können Ausschüsse bilden, die Gesamt-Jugend- und Auszubildendenvertretung kann auch für Betriebe ohne JAV zuständig sein, und es ist die Möglichkeit gegeben, eine Konzern-Jugend- und Auszubildendenvertretung zu bilden.
- Schon **ab 200** Beschäftigten gibt es **freigestellte Betriebsratsmitglieder** (bisher: ab 300 Beschäftigten); Teilfreistellungen sind möglich.
- Der Betriebsrat soll leichter **moderne Informations- und Kommunikationstechniken** nutzen können.
- Der Betriebsrat hat **ein Initiativrecht (!) bei der Qualifizierung** der Beschäftigten.

- Bei der **Durchführung** von Gruppenarbeit kann der Betriebsrat **mitbestimmen** (!), nicht allerdings bei der **Einführung**.
- Bei Beschäftigungsförderung, Umweltschutz und Gleichstellung werden die Vorschlags- und Beratungsrechte des Betriebsrats verbessert.
- Der Betriebsrat erhält das Recht, bei befristeten Einstellungen die Zustimmung zu verweigern, falls der Arbeitgeber bei unbefristeten Einstellungen gleich geeignete befristete Beschäftigte nicht berücksichtigt.
- Sachkundige Arbeitnehmer können leichter in die Arbeit des Betriebsrats einbezogen werden. Der Betriebsrat kann auch **Mitbestimmungsrechte** an Arbeitsgruppen **delegieren**.
- Es ist einfacher, Sachverständige einzuschalten; dies gilt nur bei Betriebsänderungen.
- Die Möglichkeiten des Betriebsrats, gegen Rassismus und Fremdenfeindlichkeit vorzugehen, wurden verbessert.

## 20. Was besagt das „Verbot der parteipolitischen Betätigung im Betrieb"?

Der Betriebsrat darf seine Stellung nicht zur Durchsetzung politischer oder gewerkschaftlicher Ziele missbrauchen. Alle Organe der Betriebsverfassung haben sich im Betrieb jeder parteipolitischen Betätigung zu enthalten z. B. kein Aufruf zum Streik (§ 74 Abs. 2 Satz 2 BetrVG).

## 21. Welche Rechte haben im Betrieb vertretene Gewerkschaften?

Eine Gewerkschaft ist bereits dann im Betrieb vertreten, wenn **ein Arbeitnehmer der Gewerkschaft angehört**. Das Betriebsverfassungsgesetz verlangt von den Betriebsverfassungsorganen, dem Arbeitgeber und seinen Vereinigungen sowie den im Betrieb vertretenen Gewerkschaften eine **vertrauensvolle Zusammenarbeit**.

Im Betrieb vertretene Gewerkschaften haben **folgende Rechte**:

- **Zutrittsrecht** zum Betrieb zur Wahrnehmung der Aufgaben und Interessen:
  - Die Betriebsleitung muss (rechtzeitig) informiert werden, Zustimmung ist nicht erforderlich.
  - Das Zutrittsrecht erstreckt sich auf den gesamten Betrieb und alle Arbeitnehmer.
  - Es kann nur in Ausnahmefällen verwehrt werden (z. B. zwingende Sicherheitsvorschriften).
- **Recht zur Wahlwerbung** vor Betriebsratswahlen
- **Recht zur Mitgliederwerbung**
- **Initiativrecht zur Bildung von Betriebsräten**
- Auf Antrag von einem Viertel der Betriebsratsmitglieder kann eine im Betrieb vertretene Gewerkschaft an den Betriebsratssitzungen beratend teilnehmen.

- Eine im Betrieb vertretene Gewerkschaft hat folgende Möglichkeiten, gegen eine fehlerhafte Betriebsratsarbeit (z. B. nicht ausreichende Betriebsversammlungen) vorzugehen:
  - Antrag auf Durchführung einer Betriebsversammlung (§ 43 Abs. 4 BetrVG)
  - Beschlussverfahren gegen die Untätigkeit des Betriebsrats (§ 2a Abs. 1 ArbGG)
  - Antrag auf einstweilige Verfügung (§ 85 Abs. 2 ArbGG)
  - Antrag auf Ausschluss einzelner Betriebsratsmitglieder oder Auflösung des Betriebsrats (§ 23 Abs. 1 BetrVG).

## 22. Welche Gesetze regeln die Unternehmensmitbestimmung?

Die Unternehmensmitbestimmung regelt die Mitbestimmung der Arbeitnehmer in den Organen des Unternehmens. Sie gilt nur für körperschaftlich organisierte Unternehmen, wie z. B. AG, GmbH, KGaA und Genossenschaften. Sie ist in den drei folgenden Gesetzen geregelt:

| **Mitbestimmung auf Unternehmensebene** | | | |
|---|---|---|---|
| **Gesetz** | **von ...** | **gilt für ...** | **Vorstand** |
| **Montan-Mitbestimmungsgesetz** | 1951 | AG, GmbH im Montansektor mit mehr als 1.000 AN | **Arbeitsdirektor** ist vorgeschrieben |
| **Mitbestimmungsgesetz** | 1976 | AG, GmbH, KGaA, Genossenschaften und bergrechtliche Gewerkschaft mit > 2.000 AN | **Arbeitsdirektor** ist vorgeschrieben (nicht bei KGaA) |
| **Drittelbeteiligungsgesetz** | 2004 | AG, GmbH, KGaA, Genossenschaften mit mindestens 500 AN | Aufsichtsrat möglich |

## 23. Was ist das Ziel der Regelungen zur Unternehmensmitbestimmung?

Mithilfe der gesetzlichen Regelungen der Unternehmensmitbestimmung soll den Arbeitnehmern eine Beteiligungsform an wichtigen unternehmerischen Planungen und Entscheidungen gesichert werden.

## 24. Was ist eine Betriebsvereinbarung?

- **Die Betriebsvereinbarung ist ein schriftlicher Vertrag zwischen Arbeitgeber und Betriebsrat** über generelle Regelungen der betrieblichen Arbeitsverhältnisse oder der betrieblichen Ordnung (§ 77 BetrVG, z. B. Taschenkontrolle). Der Vertrag ist an geeigneter Stelle auszulegen. Die Betriebsvereinbarung ist damit die bedeutendste und häufigste Form der Ausübung von Mitbestimmungsrechten. Sie ist sozusagen der kleine Bruder des Tarifvertrages auf der Betriebsebene. Die Betriebsvereinbarung gilt zugunsten aller aktiven Arbeitnehmer eines Betriebes unmittelbar und zwingend – mit Ausnahme der leitenden Angestellten.

- Die Durchführung der Betriebsvereinbarung liegt allein in der Hand des Arbeitgebers. Der Betriebsrat darf nicht durch einseitige Handlungen in die Leitung des Betriebes eingreifen.

## 25. Welche zwei Arten einer Betriebsvereinbarung gibt es?

1. **Erzwingbare Betriebsvereinbarung:**
   Der Arbeitgeber kann die Angelegenheit nicht ohne den Betriebsrat wirksam regeln. Dies betrifft vor allem Angelegenheiten nach dem § 87 BetrVG. Eine Betriebsvereinbarung z. B. über die Lage der Pausen – nach § 87 BetrVG – kann vom Betriebsrat erzwungen werden, ohne dass sich der Arbeitgeber diesem Bestreben entziehen kann. Die Einigungsstelle kann die fehlende Einigung zwischen Arbeitgeber und Betriebsrat ersetzen. Die Nachwirkung von Betriebsvereinbarungen **gilt nur** in den Angelegenheiten, in denen der Spruch der Einigungsstelle die Einigung zwischen Arbeitgeber und Betriebsrat ersetzt – also **in den Fällen erzwingbarer Mitbestimmung** (§ 77 Abs. 6 BetrVG).

2. **Freiwillige Betriebsvereinbarung:**
   Der Arbeitgeber kann **freiwillig** zusätzliche Angelegenheiten durch Betriebsvereinbarung abschließen. Hier kann die Einigungsstelle nicht die fehlende Einigung ersetzen. Beispiele werden in § 88 BetrVG genannt:
   - zusätzliche Maßnahmen zur Verhütung von Arbeitsunfällen
   - Maßnahmen des betrieblichen Umweltschutzes
   - die Errichtung von Sozialeinrichtungen
   - Maßnahmen zur Förderung der Vermögensbildung
   - Maßnahmen zur Integration ausländischer Arbeitnehmer.

   Betriebsvereinbarungen über freiwillige Angelegenheiten (§ 88 BetrVG) **wirken nicht nach** (beispielsweise Vereinbarungen über freiwillige Leistungen des Arbeitgebers, u. a. freiwilliges Urlaubsgeld oder freiwillige Förderung der Vermögensbildung).

## 26. Was kann nicht Gegenstand einer Betriebsvereinbarung (BV) sein?

Arbeitsentgelte und sonstige Arbeitbedingungen, die durch Tarifvertrag geregelt sind oder üblicherweise geregelt werden, können nicht Gegenstand einer BV sein (§ 77 Abs. 3 BetrVG), es sei denn, der Tarifvertrag enthält eine **Öffnungsklausel** (= lässt derartige Regelungen ausdrücklich zu).

### 27. Wann endet eine Betriebsvereinbarung?

**Die Betriebsvereinbarung endet** wie jede andere Vereinbarung auch

- mit Ablauf der vereinbarten Zeit (z. B. von vornherein befristete Betriebsvereinbarungen),
- mit Zweckerreichung (z. B. Verlegung der Arbeitszeit im Rahmen eines Sonderprojektes),
- bei Kündigung der Vereinbarung (Hauptfall der Beendigung),
- durch Aufhebungsvertrag zwischen Arbeitgeber und Betriebsrat,
- durch endgültigen und dauernden Wegfall des Betriebsrates (z. B. weniger als fünf wahlberechtigte Arbeitnehmer),
- durch Stilllegung des Betriebes (mit Ausnahme von Betriebsvereinbarungen, die über die Stilllegung hinaus wirken; z. B. Interessenausgleich und Sozialplan),
- durch Abschluss einer neuen Betriebsvereinbarung über denselben Regelungstatbestand

  oder
- durch Abschluss eines Tarifvertrages über denselben Regelungstatbestand.

Die **Kündigung** kann von jeder Seite – soweit nichts anderes vereinbart wurde – mit einer **Frist von drei Monaten** erfolgen (§ 77 Abs. 5 BetrVG). Liegen besonders schwerwiegende Gründe vor, ist eine außerordentliche Kündigung möglich.

## 1.2.2 Aufgaben und Stellung des Betriebsrates und das Wahlverfahren

### 01. Was sind Betriebsverfassungsorgane?

Die Betriebsverfassungsorgane vertreten die verschiedenen Belegschaftsgruppen:

- Betriebsrat
- Gesamtbetriebsrat
- ggf. Konzernbetriebsrat
- Jugend- und Auszubildendenvertretung
- Schwerbehindertenvertretung
- Sprecherausschuss für Leitende Angestellte.

### 02. Unter welchen Voraussetzungen können Betriebsräte gewählt werden?

In Betrieben mit i. d. R. mindestens fünf ständigen wahlberechtigten Arbeitnehmern, von denen drei wählbar sind, werden Betriebsräte gewählt (§ 1 BetrVG).

### 03. Wer ist wahlberechtigt und wer ist wählbar?

**Wahlberechtigt** sind alle Arbeitnehmer, die das 18. Lebensjahr vollendet haben. **Wählbar** sind alle Wahlberechtigten, die dem Betrieb sechs Monate angehören (§ 7 BetrVG).

Die Initiative zur erstmaligen BR-Wahl kann ausgehen

- von drei wahlberechtigten Arbeitnehmern oder
- einer im Betrieb vertretenen Gewerkschaft.

### 04. Wie setzt sich der Betriebsrat zahlenmäßig zusammen?

Der Betriebsrat besteht nach § 9 BetrVG in Betrieben mit i. d. R. 5 - 20 wahlberechtigten Arbeitnehmern aus einer Person, bei 21 - 50 wahlberechtigten Arbeitnehmern aus 3 Mitgliedern, bei 51 - 100 aus 5 Mitgliedern und steigt bei einer Beschäftigtenzahl von 7.001 bis 9.000 Arbeitnehmern auf 35 Mitglieder. Diese Zahl erhöht sich je angefangene weitere 3.000 Arbeitnehmer um 2 Mitglieder.

### 05. Wie lange dauert die Amtszeit des Betriebsrates?

Die Amtszeit des Betriebsrats dauert **vier Jahre**.

### 06. Wann finden Betriebsratswahlen statt?

Die regelmäßigen Betriebsratswahlen finden alle vier Jahre in der Zeit vom 1. März bis 31. Mai statt (§ 13 BetrVG).

### 07. Welche Grundsätze gelten für die Zusammenarbeit zwischen Arbeitgeber und Betriebsrat?

Arbeitgeber und Betriebsrat sollen mindestens einmal im Monat zu einer Besprechung zusammentreten. Sie haben über strittige Fragen mit dem ernsten Willen zur Einigung zu verhandeln und Vorschläge für die Beilegung von Meinungsverschiedenheiten zu machen. Es gilt generell der Grundsatz der vertrauensvollen Zusammenarbeit (§ 74 BetrVG).

### 08. Welche Geheimhaltungspflicht besteht für Mitglieder des Betriebsrates?

Die Mitglieder und Ersatzmitglieder des Betriebsrats sind verpflichtet, Betriebs- oder Geschäftsgeheimnisse, die ihnen wegen ihrer Zugehörigkeit zum Betriebsrat bekannt geworden und die vom Arbeitgeber ausdrücklich als geheimhaltungsbedürftig bezeichnet worden sind, nicht zu offenbaren und nicht zu verwerten (§ 79 BetrVG).

### 09. Wie führen die Betriebsräte ihre Tätigkeit aus?

Die Mitglieder des Betriebsrats führen ihr Amt unentgeltlich als Ehrenamt aus. Mitglieder des Betriebsrats sind von ihrer beruflichen Tätigkeit ohne Minderung des Arbeitsentgelts zu befreien, sofern dies zur ordnungsgemäßen Durchführung ihrer Aufgaben erforderlich ist (§ 37 BetrVG).

### 10. Darf der Betriebsrat Sprechstunden abhalten?

Der Betriebsrat kann während der Arbeitszeit Sprechstunden einrichten. Ort und Zeit sind mit dem Arbeitgeber zu vereinbaren (§ 39 BetrVG).

### 11. Wer trägt die Kosten des Betriebsrats?

Der Arbeitgeber trägt die Kosten für die Tätigkeit des Betriebsrats (§ 40 BetrVG).

### 12. Wann können betriebliche Jugend- und Auszubildendenvertretungen gebildet werden und was ist deren Aufgabe?

In Betrieben mit i. d. R. mindestens fünf Arbeitnehmern, die das 18. Lebensjahr noch nicht vollendet haben oder die zu ihrer Berufsausbildung beschäftigt sind und das 25. Lebensjahr noch nicht vollendet haben, werden Jugend- und Auszubildendenvertretungen gewählt. Wählbar sind alle Arbeitnehmer, die das 25. Lebensjahr noch nicht vollendet haben.

Aufgabe der Jugend- und Auszubildendenvertretungen ist es, Maßnahmen, die den jugendlichen Arbeitnehmern oder den Auszubildenden dienen und insbesondere Fragen der Berufsbildung, beim Betriebsrat zu beantragen und darüber zu wachen, dass die für den Personenkreis geltenden Gesetze, Verordnungen, Unfallverhütungsvorschriften, Tarifverträge und Betriebsvereinbarungen durchgeführt werden (§ 70 BetrVG).

### 13. Was ist die Aufgabe der Betriebsversammlung?

Die Betriebsversammlung ist **eine nicht öffentliche Versammlung der Arbeitnehmer** des Betriebs, die von dem Betriebsratsvorsitzenden geleitet wird (einmal pro Kalendervierteljahr; § 43 BetrVG). Außer den Arbeitnehmern des Betriebs können auch Beauftragte der im Betrieb vertretenen Gewerkschaften an allen Betriebsversammlungen teilnehmen. In der Betriebsversammlung dürfen alle Fragen und Angelegenheiten behandelt werden, die den Betrieb oder seine Arbeitnehmer berühren.

### 14. Was ist die Aufgabe des Wirtschaftsausschusses?

Der Wirtschaftsausschuss hat die Aufgabe, wirtschaftliche Angelegenheiten mit dem Arbeitgeber zu beraten und den Betriebsrat zu unterrichten. Die Unterrichtungspflicht erstreckt sich auf alle wirtschaftlichen Probleme und erfordert die Beifügung aller erforderlichen Unterlagen sowie die Darstellung der Auswirkungen auf die Personalplanung, soweit sich nicht eine Gefährdung des Betriebs- oder Geschäftsgeheimnisses ergibt (§§ 106 ff. BetrVG).

## 15. Welche Angelegenheiten sind vom Wirtschaftsausschuss zu beraten?

1. die wirtschaftliche und finanzielle Lage des Unternehmens
2. die Produktions- und Absatzlage
3. das Produktions- und Investitionsprogramm
4. Rationalisierungsvorhaben
5. Fabrikations- und Arbeitsmethoden, insbesondere die Einführung neuer Arbeitsmethoden
6. die Einschränkung oder Stilllegung von Betrieben oder Betriebsteilen
7. der Zusammenschluss von Betrieben
8. die Verlegung von Betrieben oder Betriebsteilen
9. die Änderung der Betriebsorganisation oder des Betriebszwecks
10. sonstige Vorgänge und Vorhaben, welche die Interessen der Arbeitnehmer des Unternehmens wesentlich berühren können (§ 106 BetrVG).

## 16. Welche (Zahlen-)Angaben des BetrVG soll der Industriemeister zum Wahlverfahren kennen?

<table>
<tr><th>Stichwort</th><th>Inhalt</th><th>BetrVG</th></tr>
<tr><td>Errichtung von BR</td><td>mindestens fünf wahlberechtigte AN, von denen drei wählbar sind</td><td>§ 1</td></tr>
<tr><td>Wahlberechtigt</td><td>sind alle AN, die das 18. Lj. vollendet haben</td><td>§ 7</td></tr>
<tr><td>Wählbar</td><td>sind alle Wahlberechtigten, die dem Betrieb sechs Monate angehören</td><td>§ 8</td></tr>
<tr><td>BR, Zusammensetzung</td><td><table>
<tr><th>Arbeitnehmer (wahlberechtigt)</th><th>BR-Mitglieder</th></tr>
<tr><td>5 bis 20</td><td>1</td></tr>
<tr><td>21 bis 50</td><td>3</td></tr>
<tr><td>51 bis 100</td><td>5</td></tr>
<tr><td>101 bis 200</td><td>7</td></tr>
<tr><td>usw., vgl. § 9 BetrVG</td><td>...</td></tr>
</table></td><td>§ 9</td></tr>
<tr><td>BR-Wahlen</td><td>alle vier Jahre, 1. März bis 31. Mai</td><td>§ 13</td></tr>
<tr><td>Betriebsausschuss</td><td>bei neun oder mehr BR-Mitgliedern</td><td>§ 27</td></tr>
</table>

<table>
<tr><th>Stichwort</th><th>Inhalt</th><th>BetrVG</th></tr>
<tr><td>Freistellung der BR-Mitglieder</td><td><table><tr><th>Arbeitnehmer</th><th>freigestellte BR-Mitglieder</th></tr><tr><td>200 bis 500</td><td>1</td></tr><tr><td>501 bis 900</td><td>2</td></tr><tr><td>901 bis 1.500</td><td>3</td></tr><tr><td>usw., vgl. § 38 BetrVG</td><td>...</td></tr></table></td><td>§ 38</td></tr>
<tr><td>Betriebsversammlung</td><td>einmal in jedem Kalendervierteljahr</td><td>§ 43</td></tr>
<tr><td>Jugend- und Auszubildendenvertretung<br>► Amtszeit<br>► Zeitraum</td><td>bei mindestens fünf Jugendlichen oder Auszubildenden, die das 25. Lebensjahr noch nicht vollendet haben<br>► zwei Jahre<br>► 01.10 bis 30.11.</td><td>§ 60<br>§ 64<br>§ 64</td></tr>
<tr><td>Einigungsstelle</td><td>gleiche Anzahl von Beisitzern für BR und AG + ein unparteiischer Vorsitzender</td><td>§ 76</td></tr>
<tr><td>Schutz Auszubildender</td><td>Übernimmt ein AG einen Auszubildenden nicht in ein unbefristetes AV, so hat er dies drei Monate vor Beendigung der Ausbildung mitzuteilen</td><td>§ 78a</td></tr>
<tr><td>Wirtschaftsausschuss<br>► Anzahl<br>► Sitzungen</td><td>ist in Betrieben mit mehr als 100 AN zu bilden<br>► mindestens 3; höchstens 7 Mitglieder (inkl. 1 BR)<br>► einmal monatlich</td><td>§ 106<br>§ 107</td></tr>
<tr><td>Strafvorschriften</td><td>i. d. R. Freiheitsstrafe bis zu einem Jahr oder Geldstrafe</td><td>§§ 119 ff.</td></tr>
</table>

### 1.2.3 Grundlagen der Arbeitsgerichtsbarkeit

#### 01. Für welchen Aufgabenbereich sind die Arbeitsgerichte zuständig?

Die Gerichte für Arbeitssachen sind aus der ordentlichen Gerichtsbarkeit ausgegliedert und tragen mit ihrer sachlichen und ausschließlichen Rechtsentwicklung in der Herausbildung des Sonderrechts für die Arbeitnehmer Rechnung.

#### 02. Für welche Sachverhalte sind die Arbeitsgerichte zuständig?

Gemäß § 2 ArbGG gehören u. a. zur Zuständigkeit der Arbeitsgerichte:

- Rechtsstreitigkeiten zwischen Tarifvertragsparteien über tarifrechtliche Fragen.
- Rechtsstreitigkeiten zwischen Arbeitnehmern und Arbeitgebern aus dem Arbeitsverhältnis.
- Rechtsstreitigkeiten zwischen Arbeitnehmern aus gemeinsamer Arbeit aus unerlaubten Handlungen, soweit diese mit dem Arbeitsverhältnis im Zusammenhang stehen.
- Tariffähigkeit von Vereinigungen.

### 03. Welche Vorschriften gelten für Verfahren vor Arbeitsgerichten?

Es gelten für das Verfahren vor Arbeitsgerichten grundsätzlich die Vorschriften der Zivilprozessordnung über das Verfahren vor Amtsgerichten.

Daneben bestehen folgende Besonderheiten:

- Die mündliche Verhandlung beginnt mit einer **Güteverhandlung** vor dem Vorsitzenden allein. An die Stelle der Güteverhandlung tritt bei Streitigkeiten zwischen Ausbildenden und Auszubildenden aus einem bestehenden Ausbildungsverhältnis die Verhandlung vor einem **Schlichtungsausschuss der zuständigen Stelle** (z. B. IHK). Führt die Güteverhandlung bzw. die Schlichtungsverhandlung zu keiner Einigung, so wird der Rechtsstreit vor der Kammer des Arbeitsgerichts weiterverhandelt.
- **Beschleunigungsgrundsatz** im Urteilsverfahren (z. B. Vorrangigkeit von Kündigungsverfahren).
- **Beibringungsgrundsatz** (keine Beweiserhebung von Amts wegen; das Gericht entscheidet aufgrund der vorgetragenen Sachlage).

### 04. Was sind typische Streitfälle, die vor Arbeitsgerichten verhandelt werden?

- **Ansprüche des Arbeitnehmers** auf:
  - den Arbeitsverdienst oder auf Zulagen
  - Erteilung eines Zeugnisses
  - Aushändigung der Arbeitspapiere.
- **Ansprüche des Arbeitgebers** auf:
  - Rückzahlung zu viel gezahlten Lohns
  - Herausgabe von Geräten und Werkzeugen
  - Zahlung von Vertragsstrafen
  - Schadenersatz.
- **Streitigkeiten zwischen Arbeitgeber und Arbeitnehmer**:
  - über das Bestehen oder Nichtbestehen eines Arbeitsverhältnisses
  - aus Vorverhandlungen über den Abschluss eines Arbeitsverhältnisses
  - aus den Nachwirkungen eines Arbeitsverhältnisses
  - über die Zahlung von Altersruhegeld
  - in Verbindung mit Wettbewerbsklauseln.

## 05. Wie ist die Zuständigkeit der verschiedenen Instanzen geregelt?

| Gerichte | Besetzung | Zuständigkeit |
|---|---|---|
| **Arbeitsgericht**<br>**1. Instanz**<br>Der Bezirk deckt sich oft mit dem Bezirk der Arbeitsagentur, jedoch gelegentlich auch mit dem Amtsgerichtsbezirk. | 1 Vorsitzender (Berufsrichter) und<br>2 Ehrenamtliche Schöffen (Laienrichter, paritätische Besetzung) | Güteverfahren und Kammertermin.<br><br>Die Arbeitsgerichte sind in erster Instanz allein zuständig für **alle Arbeitssachen** ohne Rücksicht auf den Streitwert und die Natur der Streitigkeiten; kein Anwaltszwang. |
| **Landesarbeitsgericht**<br>**2. Instanz**<br>Der Bezirk deckt sich mit den Ländergrenzen. | 1 Vorsitzender (Berufsrichter) und<br>2 Ehrenamtliche Schöffen (Laienrichter, paritätische Besetzung) | Die Landesarbeitsgerichte sind zuständig für **Berufungen** gegen Urteile der Arbeitsgerichte sowie **Beschwerden** gegen Beschlüsse der Arbeitsgerichte.<br><br>Die Berufung ist u. a. zulässig, wenn der vom Arbeitsgericht festgesetzte Streitwert den Betrag von 600 € übersteigt oder die Berufung wegen der grundsätzlichen Bedeutung der Rechtssache durch das Arbeitsgericht zugelassen worden ist. Die Berufungsfrist und die Frist für die Berufungsbegründung betragen je einen Monat (§§ 64 ff. ArbGG).<br><br>Das Landesarbeitsgericht hat die Revision zuzulassen, wenn<br>► die Rechtssache grundsätzliche Bedeutung hat oder<br>► ein Fall der sog. Divergenz (Abweichung von Gerichtsentscheidungen) vorliegt.<br><br>Die Frist zur Einlegung der Revision beträgt einen Monat, die Frist einer Begründung der Revision einen weiteren Monat, wobei eine nochmalige Verlängerung der Begründungsfrist um einen weiteren Monat möglich ist. |
| **Bundesarbeitsgericht**<br>**3. Instanz**<br>Es hat die Zuständigkeit für das gesamte Bundesgebiet. Der Sitz ist Erfurt. | 1 Vorsitzender (Berufsrichter) und<br>2 Berufsrichter (Beisitzer)<br>2 Ehrenamtliche Richter (Laienrichter, paritätische Besetzung) | Das Bundesarbeitsgericht behandelt in erster Linie **Revisionen** gegen Urteile der Landesarbeitsgerichte. Die Revision ist zulässig, wenn sie entweder durch das Landesarbeitsgericht oder durch das Bundesarbeitsgericht zugelassen worden ist.<br><br>Der Große Senat entscheidet, wenn ein Senat in einer Rechtsfrage von der Entscheidung eines anderen Senats oder des Großen Senats abweichen will. |

## 06. Was versteht man unter einer Sprungrevision?

Sprungrevision bedeutet Einlegung der Revision beim Bundesarbeitsgericht gegen ein Urteil des Arbeitsgerichts unter Übergehung des Landesarbeitsgerichts. Diese Möglichkeit ist nur unter bestimmten Voraussetzungen gegeben (§ 76 ArbGG).

## 07. Wie kann eine Klage beim Arbeitsgericht erhoben werden?

Eine Klage beim Arbeitsgericht kann **in Schriftform** durch Zustellung erhoben oder bei der Geschäftsstelle des Arbeitsgerichts **mündlich zu Protokoll** gegeben oder auch an ordentlichen Gerichtstagen unmittelbar **durch mündlichen Vortrag** erhoben werden.

## 08. Welchen Inhalt muss eine Klageschrift haben?

Der Inhalt einer Klageschrift muss die nachstehenden Bestandteile enthalten:

- die Bezeichnung der Parteien und des Gerichts
- die bestimmte Angabe des Gegenstands und den Grund der Klage
- einen bestimmten Antrag.

## 09. Welche Klagearten werden unterschieden?

Man unterscheidet:

| | |
|---|---|
| **Kündigungsschutzklage** | bei der geltend gemacht wird, dass eine Kündigung sozial nicht gerechtfertigt ist. |
| **Feststellungsklage** | bei der es um die Feststellung eines Rechtsverhältnisses geht (z. B. Feststellung, dass das Arbeitsverhältnis durch eine Kündigung nicht aufgehoben wurde) bzw. Klage auf Feststellung, dass das KSchG keine Anwendung findet. |
| **Leistungsklage** | bei der die Verurteilung des Gegners zu einer Leistung angestrebt wird (z. B. Lohnzahlung). |
| **Änderungsschutzklage** | bei der Klage gegen eine Änderungskündigung. |
| **Beschlussverfahren** | bei Angelegenheiten aus dem BetrVG. |

## 10. Wie wird bei Einreichung der Klage verfahren?

1. Es erfolgt die Einreichung der Klageschrift beim Arbeitsgericht.
2. Der Vorsitzende setzt einen Termin fest.
3. Die Klageschrift wird dem Beklagten zugestellt.

## 11. Wie ist der Ablauf einer Güteverhandlung?

Der Vorsitzende hat zum Zweck der mündlichen Verhandlung **zuerst eine Güteverhandlung** abzuhalten. In der Güteverhandlung sollen sich die Parteien gütlich einigen; dabei soll der Vorsitzende mit den Parteien unter freier Würdigung aller Umstände den Rechtsstreit erörtern. Er kann zur Aufklärung des Sachverhalts alle Handlungen vornehmen, die sofort erfolgen können.

## 12. Was kann das Ergebnis einer Güteverhandlung sein?

- Die Parteien einigen sich; es wird ein **Vergleich** abgeschlossen, der den Rechtsstreit beendet.
- Die Parteien einigen sich darauf, **dass der Vorsitzende ohne Beisitzer** entscheidet.

Die Entscheidung des Rechtsstreits **durch den Vorsitzenden allein** ist nur dann zulässig, wenn das Urteil ohne streitige Verhandlung aufgrund

- eines Versäumnisses,
- eines Anerkenntnisses,
- einer Zurücknahme der Klage,
- eines Verzichts einer Partei

ergeht oder wenn die Entscheidung in der an die Güteverhandlung sich anschließenden Verhandlung erfolgen kann und wenn die Parteien diese Entscheidung durch den Vorsitzenden allein übereinstimmend beantragen und wenn ferner dieser Antrag in die Verhandlungsniederschrift aufgenommen worden ist.

## 13. Wie verläuft eine streitige Verhandlung?

Der Kläger trägt seinen bereits in der Klageschrift enthaltenen **Antrag** nochmals vor und beantragt die entsprechende Verurteilung des Gegners. Der Beklagte gibt seine **Einwendungen** gegen die Klageforderungen bekannt und beantragt erfahrungsgemäß die Abweisung der Forderungen des Gegners. Danach zieht sich das Gericht, wenn es zuvor evtl. noch **Zeugen** vernommen und sonstige Einwendungen geprüft hat, zur Beratung zurück und formuliert die zu treffende Entscheidung und gibt anschließend das Urteil bekannt.

## 14. Welche Sachverhalte werden im Urteil genannt?

Im Urteil und in der Urteilsbegründung wird all das, was das Gericht aufgrund der Verhandlung als erwiesen ansieht, deutlich. Das Urteil kann ein **Endurteil** sein, wenn über die ganze Klage entschieden ist, oder ein **Teilurteil**, wenn nur ein Teil des Rechtsstreits erledigt wird. Im letzteren Fall ist bei der Streitwertfestsetzung nur derjenige Teil des Anspruchs zugrunde zu legen, der durch das Urteil erledigt ist und nicht der ganze Anspruch. Im Übrigen ist der Wert mehrerer Ansprüche zusammenzurechnen, wenn sie gemeinsam eingeklagt werden, und es ist ein Gesamtstreitwert festzusetzen.

Im Einzelnen enthält das Urteil folgende Angaben:

- die Entscheidung über den streitigen Anspruch
- die Festsetzung der Kosten
- den Streitwert
- die Festsetzung einer Entschädigung für den Fall der Missachtung des Urteils
- die Entscheidung über die Zulassung der Berufung.

Das Urteil muss die Rechtslage zutreffend wiedergeben und ist von Amts wegen zuzustellen. Das Urteil des Arbeitsgerichts ist im Gegensatz zu den Urteilen der Amtsgerichte ohne Weiteres vollstreckbar.

### 15. Wie sind die Kosten bei Arbeitsgerichtsverfahren geregelt?

- Für die **Gerichtskosten** gilt:
  - Wer den Prozess verliert, zahlt die Gerichtsgebühren.
  - Wer den Prozess gewinnt, zahlt keine Gerichtsgebühren.
  - Wer den Prozess teilweise gewinnt und teilweise verliert, zahlt Gerichtsgebühren in dem Verhältnis, in dem er gewonnen bzw. verloren hat.
  - In der 1. Instanz besteht kein Anspruch der siegreichen Partei auf Erstattung der Kosten des Rechtsbeistandes.
  - Wenn es zu einer gütlichen Einigung kommt, z. B. Vergleich, so verzichtet die Staatskasse auf die Erhebung von Gerichtskosten.
  - Die Höhe der Gerichtskosten richtet sich nach dem Streitwert. Er beträgt z. B. bei einem Streit um
    - die Wirksamkeit einer Kündigung: 1 Quartalsgehalt
    - die Wirksamkeit einer Befristung: 1 Quartalsgehalt
    - die Berechtigung einer Abmahnung: 1 Monatsgehalt
    - die Pflicht zur Zeugniserteilung: 1 Monatsgehalt
    - die Pflicht zur Zeugniskorrektur: 1 Monatsgehalt.
  - Das Arbeitsgericht verlangt – anders als zum Beispiel das Amts- oder Landgericht in einer zivilrechtlichen Angelegenheit – keine Vorkasse, sondern erbringt eine zunächst einmal gebührenfreie Vorleistung.
- Für die **Anwaltskosten** gilt:
  - In der 1. Instanz besteht kein Vertretungszwang. Lässt man sich trotzdem anwaltlich vertreten, so muss man die Kosten des Anwalts selbst tragen – unabhängig davon, wer gewinnt oder verliert (§ 12a ArbGG).
  - In der 2. und 3. Instanz besteht Vertretungspflicht.
  - Die Gebühren des Anwalts richten sich nach dem Streitwert. So erhält er z. B. für die Erhebung der Klage eine Verfahrensgebühr in Höhe des 1,3-fachen einer Ge-

bühr, für die Terminswahrnehmung vor Gericht eine weitere Gebühr, die Terminsgebühr in Höhe des 1,2-Fachen einer Gebühr.

**Beispiel**

Klage auf Zahlung von 5.000 €, Erledigung durch streitiges Urteil

| Gebührentatbestand | Gegenstandswert | Gebühr |
|---|---|---|
| 1,3 Verfahrensgebühr | 5.000,00 € | 391,30 € |
| 1,2 Terminsgebühr | 5.000,00 € | 361,20 € |
| Porto- und Kommunikationspauschale | | 20,00 € |
| Zwischensumme | | 772,50 € |
| 19 % USt | | 146,78 € |
| Endbetrag | | 919,28 € |

Man kann daran erkennen, dass die anwaltlichen Gebühren bei einem Prozess vor dem Arbeitsgericht vergleichsweise gering sind.

### 1.2.4 Grundzüge der Sozialgerichtsbarkeit

#### 01. Wie ist die Sozialgerichtsbarkeit geregelt?

Das Sozialgerichtsverfahren ist ein besonderes **Verwaltungsgerichtsverfahren**. Die Sozialgerichte werden tätig in Angelegenheiten der Sozialversicherung, ferner in der Kriegsopferversorgung, der Soldatenversorgung, im Bundesgrenzschutz, Zivildienst, bei Impfschäden, der Häftlingshilfe sowie beim Kindergeld.

Die Klagen werden von Versicherten, Arbeitgebern oder Versicherungsträgern eingereicht, wenn sie Ansprüche auf Sozialleistungen durchsetzen oder Verwaltungsakte der Behörden anfechten wollen. Den Sozialgerichtsverfahren geht ein **außergerichtliches Vorverfahren** (**Widerspruchsverfahren**) voraus, um die Rechtmäßigkeit und Zweckmäßigkeit der Entscheidung des jeweiligen Sozialversicherungsträgers zu überprüfen. Die Sozialversicherungsträger treffen ihre Entscheidungen durch einen Verwaltungsakt, der im Widerspruchsverfahren vor der Inanspruchnahme der Sozial- oder Verwaltungsgerichte überprüft wird.

## 02. Wie ist die Sozialgerichtsbarkeit aufgebaut?

| Gerichte | Besetzung | Zuständigkeit |
|---|---|---|
| **Sozialgerichte 1. Instanz** | 1 Vorsitzender (Berufsrichter)<br>2 Ehrenamtliche Richter (paritätische Besetzung) | Die **örtliche Zuständigkeit** der Sozialgerichte wird durch den Wohnsitz des Klägers oder des Versicherten bestimmt. Die **sachliche Zuständigkeit** richtet sich nach dem Streitgegenstand. Die Sozialgerichte entscheiden über öffentlich-rechtliche Streitigkeiten in Angelegenheiten der Sozialversicherung, der Arbeitslosenversicherung und der übrigen Aufgaben der Bundesanstalt für Arbeit und Sozialordnung sowie über Rechtsstreitigkeiten zwischen Ärzten, Zahnärzten und Krankenkassen aus dem Kassenarztrecht und über öffentlich-rechtliche Streitigkeiten aufgrund des Entgeltfortzahlungsgesetzes. |
| **Landessozialgerichte 2. Instanz** | 1 Vorsitzender (Berufsrichter)<br>2 Berufsrichter<br>2 Ehrenamtliche Richter (paritätische Besetzung) | Sie entscheiden über die **Berufung** (gegen Urteile der 1. Instanz).<br><br>Bei den Landessozialgerichten, die in zweiter Instanz über die Berufungen gegen die Urteile und über Beschwerden gegen andere Entscheidungen der Sozialgerichte entscheiden, sind Senate für bestimmte sozialrechtliche Bereiche gebildet worden. |
| **Bundessozialgericht 3. Instanz** | 1 Vorsitzender (Berufsrichter)<br>2 Berufsrichter<br>2 Ehrenamtliche Richter (paritätische Besetzung) | Das Bundessozialgericht entscheidet in dritter Instanz über die Rechtsmittel der **Revision** sowie über Beschwerden gegen die Nichtzulassung der Revision. Es bestehen ebenfalls Senate für die verschiedenen sozialrechtlichen Bereiche. |

## 03. Welche Besonderheiten bestehen beim Aufbau der Sozial- und Landessozialgerichte?

Die **ehrenamtlichen Richter** werden von der Landesregierung aufgrund von Vorschlagslisten der Gewerkschaften und der Arbeitgeberverbände, der Kassenärztlichen Vereinigungen und von den Zusammenschlüssen der Krankenkassen berufen. In den Kammern für Angelegenheiten der Sozialversicherung werden je ein ehrenamtlicher Richter aus dem Kreis der Versicherten und der Arbeitgeber beteiligt, in den Kammern für Angelegenheiten des Kassenarztrechts wirkt je ein ehrenamtlicher Richter aus den Kreisen der Krankenkassen und der Kassenärzte mit.

### 04. Welche Klagearten sind vor Sozialgerichten möglich?

| | |
|---|---|
| **Anfechtungsklage** | Sie zielt auf die Aufhebung oder Änderung eines Verwaltungsaktes ab. |
| **Verpflichtungsklage** | Sie richtet sich gegen die Untätigkeit eines Sozialleistungsträgers. |
| **Nichtigkeitsklage** | Sie zielt auf die Nichtigkeit eines Verwaltungsaktes. |
| **Leistungsklage** | Sie ist auf die Gewährung einer bestimmten Leistung gerichtet. |
| **Ersatzleistungsklage** | Sie betrifft Streitigkeiten zwischen Sozialleistungsträgern. |
| **Aufsichtsklage** | Mit dieser Klage wendet sich ein Sozialleistungsträger gegen Maßnahmen der Aufsichtsbehörde. |

# 1.3 Rechtliche Bestimmungen der Sozialversicherung, der Entgeltfindung sowie der Arbeitsförderung

## 1.3.1 Grundlagen der Sozialversicherung

### 01. Welche Zweige der gesetzlichen Sozialversicherung gibt es?

Die Zweige der gesetzlichen Sozialversicherung finden sich vollständig im Sozialgesetzbuch (SGB). Es enthält folgende Teile:

| Zweige der gesetzlichen Sozialversicherung | | |
|---|---|---|
| 1. | SGB I | Allgemeiner Teil |
| 2. | SGB II | Grundsicherung für Arbeitssuchende |
| 3. | SGB III | **Arbeitsförderung** |
| 4. | SGB IV | Gemeinsame Vorschriften |
| 5. | SGB V | **Gesetzliche Krankenversicherung** |
| 6. | SGB VI | **Gesetzliche Rentenversicherung** |
| 7. | SGB VII | **Gesetzliche Unfallversicherung** |
| 8. | SGB VIII | Kinder- und Jugendhilfe |
| 9. | SGB IX | **Rehabilitation und Teilhabe behinderter Menschen** |
| 10. | SGB X | Sozialverwaltungsverfahren |
| 11. | SGB XI | **Soziale Pflegeversicherung** |
| 12. | SGB XII | Sozialhilfe |

## 02. Wie ist die Selbstverwaltung in der Sozialversicherung gestaltet?

**Vorstand**
**Geschäftsführer**
↑
**Vertreterversammlung**
=
Vertretung der Versicherten

← Nominierung der Kandidaten durch Gewerkschaften und Arbeitgeberverbände — **Freie und geheime Verhältniswahl alle sechs Jahre**

## 03. Wie erfolgt die Aufsicht über die Sozialversicherung?

**Vorstand** ← **„Regierung der Selbstverwaltung"**
- Vertretung nach außen
- Richtlinien
- Haushaltsplan usw.

**Geschäftsführer** ← **Organ der laufenden Verwaltungsgeschäfte**

**Vertreterversammlung** ← **„Parlament der Selbstverwaltung" = Kontrollorgan**
- Entlastung des Vorstands
- Wahl der Vorstandsmitglieder
- Wahl der Geschäftsführung
- Beschluss der Satzung

## 04. Wer ist Träger der Sozialversicherung?

| Träger | Zweig der Sozialversicherung |
|---|---|
| **Krankenkassen**<br>**Orts-, Betriebs-, Innungskrankenkassen und Ersatzkassen, Rentenversicherung Knappschaft-Bahn-See** | Gesetzliche Krankenversicherung (GKV)<br>Private Krankenversicherung (PKV) |
| **Bundesagentur für Arbeit (BA)** | Arbeitsförderung und Arbeitslosenversicherung |
| **Berufsgenossenschaften (BG)** | Gesetzliche Unfallversicherung |
| **Deutsche Rentenversicherung** | Gesetzliche Rentenversicherung |
| **Pflegekassen** | Gesetzliche Pflegeversicherung (bei jeder Krankenkasse existiert eine Pflegekasse – auch bei der PKV) |
| **Bundesknappschaft** | Knappschaftliche Versicherung (Minijob) – umfasst die Kranken- und die Rentenversicherung. |

### 05. Wie wird die Sozialversicherung finanziert?

- Die Zweige der Sozialversicherung werden überwiegend aus Beiträgen finanziert; zum Teil auch aus Steuermitteln (z. B. Arbeitslosenversicherung).
- Die Beiträge werden von Arbeitnehmern und Arbeitgebern getragen.
- Die Beiträge zur Unfallversicherung trägt der Arbeitgeber allein.

### 06. Wie hoch sind die Beitragssätze in 2022?

| Kostenart der Personalzusatzkosten | Jahr | Summe | AG-Beitrag | AN-Beitrag | Kommentar |
|---|---|---|---|---|---|
| **Rentenversicherung** (RV) | 2022 | **18,6 %** | 9,3 % | 9,3 % | |
| **Gesetzliche Krankenversicherung** (GKV) | 2022 | **14,6 %** | 7,3 % | 7,3 % | + möglicher Zusatzbeitrag (0,4 - 1,7 %) |
| **Arbeitslosenversicherung** (AV) | 2022 | **2,4 %** | 1,2 % | 1,2 % | |
| **Pflegeversicherung** | 2022 | **3,05 %** | 1,525 % | 1,525 % | + 0,35 % für Kinderlose |
| **Gesetzliche Unfallversicherung** (UV) | – | Die Beiträge bemessen sich nach Arbeitsentgelt, Beitragsfuß, Gefahrenklasse und evtl. Nachlässen. Sie liegen meist zwischen 1 und 2 % und werden ausschließlich vom Arbeitgeber bezahlt. | | | |
| Umlage U1, Aufwandsausgleichsgesetz | | | | – | je nach Satzung der Krankenkasse |
| Umlage U2, Mutterschaftsgeld | | | | – | |
| Umlage U3, Insolvenzgeld | | | 0,09 % | – | |
| Urlaubsentgelt, BUrlG | | | | – | |
| **Summe** | | | **rd. 21 %** | **rd. 19,3 %** | |

### 07. Welche Beitragsbemessungsgrenzen gelten in der Renten- und Arbeitslosenversicherung in 2022?

| SV-Zweig | Alte Bundesländer | | Neue Bundesländer | |
|---|---|---|---|---|
| | **jährlich (in €)** | **monatlich (in €)** | **jährlich (in €)** | **monatlich (in €)** |
| **KV, PV** | 58.050 | 4.837,50 | 58.050 | 4.837,50 |
| **RV, AV** | 84.600 | 7.050 | 81.000 | 6.750 |

## 1.3.2 Ziele und Aufgaben der gesetzlichen Krankenversicherung

### 01. Welche Merkmale gelten für die gesetzliche Krankenversicherung (KV, SGB V)?

Die Krankenversicherung erstattet für die Versicherten die Kosten (voll oder teilweise) für die Verhütung, Früherkennung und Behandlung bei Erkrankungen und bei Mutterschaft. In Deutschland gibt es zwei Arten von Krankenversicherungen: die Gesetzliche

Krankenversicherung (GKV) und die Private Krankenversicherung (PKV). Die gesetzliche Krankenversicherung darf einkommensabhängige Zusatzbeiträge erheben. Erhebt die Krankenkasse erstmals einen Zusatzbeitrag oder erhöht sie diesen, haben ihre Mitglieder ein Sonderkündigungsrecht und können ihre Krankenkasse wechseln.

- Die gesetzliche Krankenversicherung
  - ist nach folgenden Prinzipien organisiert: Sachleistungs-, Kosten-, Selbstverwaltungs-, Solidaritätsprinzip und Prinzip der gegliederten Kassenarten
  - ist Auskunftsstelle für alle sozialen Angelegenheiten des SGB
  - übernimmt das Meldewesen der Sozialdaten und den Einzug der Gesamt-SV-Beiträge
  - entscheidet über Versicherungspflicht und Beitragshöhe in der SV
  - erstattet ggf. AG-Aufwendungen bei Entgeltfortzahlung an kleinere Betriebe
  - unterliegt hinsichtlich der Kassenwahl der Wahlfreiheit.
- Eine Krankenversicherungspflicht
  - besteht für alle Arbeitnehmer
  - Bezieher von Erwerbsersatzeinkünften (ALG I, II; Rente, Krankengeld, Studierende)
  - bestimmte Familienangehörige von Pflichtversicherten (Familienversicherung).
- Versicherungsfrei und damit nicht pflichtversichert sind nach § 6 SGB V:
  - alle Arbeitnehmer, deren jährliches Entgelt die Jahresarbeitsentgeltgrenze übersteigt. Diese Personen haben die Möglichkeit sich freiwillig in der gesetzlichen Krankenversicherung zu versichern.
  - Beamte, Selbstständige und geringfügig Beschäftigte
  - u. a.
- **Gesundheitsfonds:**
  Die Beiträge der Mitglieder werden über die Krankenkassen an den Gesundheitsfonds weitergeleitet. Dieser verteilt die Beitragseinnahmen in Form von Zuweisungen an die einzelnen Krankenkassen. Die Höhe der Zuweisung richtet sich hauptsächlich nach Alter und Morbidität (Krankheitszustand) der Versicherten einer Krankenkasse. Die früher vorhandene paritätische Finanzierung zwischen Arbeitgeber und Arbeitnehmer wurde mit der Einführung eines Sonderbeitrags aufgehoben.
- **Zusatzbeiträge:**
  Die Krankenkassen dürfen einkommensabhängige Zusatzbeiträge erheben. Erhebt die Krankenkasse erstmals einen Zusatzbeitrag oder erhöht sie diesen, haben ihre Mitglieder ein Sonderkündigungsrecht und können ihre Krankenkasse wechseln. Die Zusatzbeiträge dienen neben den Zuweisungen durch den Gesundheitsfonds zur Finanzierung der Ausgaben der gesetzlichen Krankenkassen.
- **Zuzahlungen:**
  Für die Inanspruchnahme von Gesundheitsleistungen haben die Versicherten in bestimmten Bereichen Zuzahlungen zu leisten: die Zuzahlung im Krankenhaus (10 €

pro Tag für max. 28 Tage) und die Zuzahlung bei rezeptpflichtigen Arzneimitteln. Seit 01.01.2013 ist die Praxisgebühr ersatzlos entfallen.

- **Bürgerentlastungsgesetz:**
  Die vom Versicherten getragenen Beiträge zur KV können unbegrenzt als Sonderausgaben die steuerliche Bemessungsgrundlage mindern.
- Männer und Frauen müssen nur noch einheitliche Beiträge für Krankenversicherungen bezahlen (sog. Unisex-Tarife für Neukunden; vgl. EuGH).
- **Aufgaben:**
  - Leistungen zur Krankheitsverhütung (Aufklärung, Beratung, Früherkennung)
  - Leistungen bei Krankheit (ärztliche/zahnärztliche Versorgung, häusliche Krankenpflege, Versorgung mit Arznei- und Hilfsmitteln)
  - Leistungen bei Mutterschaft (Schwangerschaft, Abbruch der Schwangerschaft, Mutterschaftshilfe)
  - Leistungen der Rehabilitation im Anschluss an eine Erkrankung
  - Kinderuntersuchungen zur Früherkennung.

Überblick:

| **Merkmale der gesetzlichen Krankenversicherung (GKV)** | |
|---|---|
| **Träger** | Ortskrankenkassen, Betriebskrankenkassen, Innungskrankenkassen, Landwirtschaftliche Krankenkassen, Ersatzkassen, Rentenversicherung Knappschaft-Bahn-See |
| **Beiträge** | ▸ Arbeitgeber zahlen 7,3 % (Stand: 2022)<br>▸ zzgl. einem steuerfinanzierten Zuschuss<br>▸ ggf. Zusatzbeiträge |
| **Sätze** | **14,6 %** der Beitragsbemessungsgrenze; Zuzahlungen nach § 61 SGB V (zum Arzneimittelpreis, bei Krankenhausaufenthalten) |
| **Leistungen** | Verhütung, Früherkennung und Behandlung von Krankheiten, Empfängnisverhütung, Sterilisation, Schwangerschaftsabbruch, Kostenerstattung, Krankengeld, Vorsorgeleistungen, häusliche Krankenpflege, Reha-Maßnahmen |
| **Versicherungspflichtig** sind | alle Bundesbürger |
| **Versicherungsfrei** sind | z. B. Beamte, Richter, Soldaten auf Zeit, Berufssoldaten |

### 02. Welche Bestimmungen gelten für „Krankengeld"?

| | |
|---|---|
| **Anspruch** | besteht im Anschluss an die Entgeltfortzahlung durch den Arbeitgeber, wenn der Arbeitnehmer arbeitsunfähig ist oder stationär in einem Krankenhaus oder in einer Reha-Einrichtung behandelt wird. Der Anspruch ist für Familienversicherte ausgeschlossen. Ab 01.07.2015 knüpft der Krankengeldanspruch an den Tag der ärztlichen Feststellung an (Ausstellungstag).<br><br>Für jedes erkrankte und versicherte Kind unter 12 Jahren besteht Anspruch von bis zu zehn Tagen Krankengeld pro Jahr. Für Alleinerziehende verdoppelt sich der Anspruch. Gegenüber dem Arbeitgeber besteht Anspruch auf unbezahlte Freistellung. |
| **Dauer** | Maximal 78 Wochen innerhalb von drei Jahren wegen derselben Krankheit. |
| **Höhe** | 70 % des Regelentgeltes (beachte Beitragsbemessungsgrenze) bis max. 90 % des Nettolohns. |

## 1.3.3 Ziele und Aufgaben der gesetzlichen Pflegeversicherung

### 01. Welche Merkmale gelten für die soziale Pflegeversicherung (PV, SGB XI)?

- Die Träger der Pflegeversicherung sind die Pflegekassen, die bei den gesetzlichen Krankenkassen errichtet wurden.
- Alle Vollversicherten einer privaten Krankenversicherung müssen bei diesem Unternehmen zur Absicherung des Risikos der Pflegebedürftigkeit einen Versicherungsvertrag abschließen und aufrechterhalten.
- Pflegebedürftig ist, wer wegen einer körperlichen, geistigen oder seelischen Krankheit oder Behinderung für die gewöhnlichen und regelmäßig wiederkehrenden Verrichtungen im Ablauf des täglichen Lebens auf Dauer (voraussichtlich: mind. sechs Monate) in erheblichem oder höherem Maße der Hilfe bedarf.
- Bis zum 31.12.2016 gab es folgende Pflegestufen (die Einteilung erfolgte durch den medizinischen Dienst der Krankenkassen)(zur Reform der Pflegestufen vgl. Frage 05.):
  - Pflegestufe 0: Menschen, denen bei der Begutachtung eine „eingeschränkte Alltagskompetenz" bescheinigt wurde können ab 2008 bis zu 2.400 € pro Jahr für die Nutzung gerontopsychiatrischer Zusatzangebote in Anspruch nehmen – auch wenn sie nicht die Pflegestufe I zugesprochen bekommen haben. Diese Leistung wird in der Öffentlichkeit häufig als „Pflegestufe 0" bezeichnet.
  - Pflegestufe I: erheblich Pflegebedürftige, d. h. durchschnittlicher Hilfebedarf mindestens 90 Minuten pro Tag. Auf die Grundpflege müssen dabei mehr als 45 Minuten täglich entfallen.
  - Pflegestufe II: Schwerpflegebedürftige, d. h. durchschnittlicher Hilfebedarf mindestens 180 Minuten pro Tag mit einem Grundpflegebedarf von mehr als 120 Minuten täglich.
  - Pflegestufe III: Schwerstpflegebedürftige, d. h. durchschnittlicher Hilfebedarf mindestens 300 Minuten pro Tag. Der Anteil an der Grundpflege muss mehr als 240 Minuten täglich betragen.

- **Leistungen:**
  Die Pflegeversicherung bezahlt alle nötigen technischen Hilfen (z. B. Gehhilfen, Pflegebetten, Rollstühle) und bezuschusst den Umbau in eine behindertengerechte Wohnung.

  Alle Arbeitnehmer haben einen Anspruch auf eine unbezahlte Freistellung für die Dauer von maximal zehn Tagen, um für einen nahen Angehörigen eine nötige Pflege zu organisieren. Dabei bleibt der Arbeitnehmer in dieser Zeit aber sozialversichert.

  Die wichtigsten Leistungen sind:

  - Bei häuslicher Pflege:
    - Pflegegeldzahlungen für die häusliche Pflege durch selbst beschaffte Pflegepersonen (monatliche Geldleistungen für private und privat organisierte häusliche Pflege beispielsweise durch Angehörige)
    - häusliche Pflegehilfe durch einen ambulanten Pflegedienst (Pflegesachleistung – ein vom Pflegebedürftigen ausgesuchter ambulanter Pflegedienst kommt zur Pflege ins Haus)
    - Kombinationsleistung aus den beiden vorgenannten Möglichkeiten
    - teilstationäre Pflege (Tages- oder Nachtpflege)
  - Bei Unterbringung in einem Heim: Leistungen für die Dauerpflege (vollstationäre Versorgung).
- **Langfristige Pflege eines nahen Angehörigen:**
  Sollte es zu einer langfristigen Pflege eines nahen Angehörigen kommen, dann kann ein Arbeitnehmer der in einem Betrieb mit mehr als 15 Mitarbeitern arbeitet, eine teilweise oder sogar vollständige Freistellung oder Pflegezeit beantragen. Bei einer vollständigen Freistellung muss der Arbeitnehmer allerdings selbst für seine Sozialversicherung aufkommen. Entgeltersatzleistungen und Zuschüsse zu den Aufwendungen für die Sozialversicherung der pflegenden Personen zahlt die Pflegekasse.
- Am 1. Januar 2013 ist das Pflege-Neuausrichtungs-Gesetz in Kraft getreten. Das Gesetz soll auch den besonderen Bedürfnissen von Demenz-Patienten gerecht werden.

Im Überblick:

| **Merkmale der sozialen Pflegeversicherung (PV, SGB XI)** | |
|---|---|
| **Träger** | Pflegekassen der Krankenkassen |
| **Beiträge** | Im Regelfall:<br>► Arbeitgeber und Arbeitnehmer zu je 50 % (+ sonstige Einnahmen)<br>► Rentner zahlen den vollen Beitrag zur Pflegeversicherung selbst.<br>► Kinderlose zwischen 22 und 65 Jahren zahlen einen Sonderzuschlag zur PV i. H. v. 0,25 %. |
| **Sätze** | **3,05 %** der Beitragsbemessungsgrenze (Stand: 2022)<br>Der Beitragssatz steigt um 0,35 Prozentpunkte auf 3,4 % für Kinderlose. |

| Merkmale der sozialen Pflegeversicherung (PV, SGB XI) | | | |
|---|---|---|---|
| **Leistungen** | Häusliche Pflege:<br>► Pflegesachleistung<br>► Pflegegeld für Pflegehilfen<br>► Pflegehilfsmittel | Teilstationäre Pflege und Kurzzeitpflege:<br>► Tages-/Nachtpflege<br>► Kurzzeitpflege | Vollstationäre Pflege:<br>► Pflege in vollstationären Einrichtungen |
| **Versicherungspflichtig** sind | Arbeiter, Angestellte, Auszubildende, Arbeitslose, Landwirte, selbstständige Künstler, behinderte Menschen | | |
| **Versicherungsfrei** sind | Freiwillig Versicherte haben ein Wahlrecht zur privaten Pflegeversicherung | | |

## 02. Welchen Inhalt hat das Pflegezeitgesetz?

- Das PflegeZG ermöglicht Arbeitnehmern bis zu **sechs Monaten unbezahlten Urlaub** zu nehmen, um nahe Angehörige in häuslicher Umgebung zu pflegen.
- Bei einer kurzzeitige Arbeitsverhinderung hat der Arbeitnehmer **bis zu zehn Tagen das Recht auf unbezahlte Freistellung** durch den Arbeitgeber, um die Pflege zu eines Angehörigen zu organisieren.

## 03. Welche Kernaussage trifft das Familienpflegegesetz?

Arbeitnehmer können mit dem Arbeitgeber freiwillig eine staatlich geförderte zweijährige Familienpflegezeit vereinbaren (Reduzierung der wöchentlichen Arbeitszeit auf einen Mindestumfang von 15 Stunden). Es besteht kein unmittelbarer Rechtsanspruch. Bei der Pflegereform geht es vor allem um bessere Leistungen für demenzkranke Menschen.

## 04. Welche Änderungen ergeben sich aus dem Pflegestärkungsgesetz?

- Durch das erste **Pflegestärkungsgesetz** wurden seit dem 01.01.2015 die Leistungen für Pflegebedürftige und ihre Angehörigen ausgeweitet und die Zahl der zusätzlichen Betreuungskräfte in stationären **Pflegeeinrichtungen** erhöht. Außerdem wurde ein **Pflegevorsorgefonds** eingerichtet.
- Mit dem **zweiten Pflegestärkungsgesetz** soll der neue Pflegebedürftigkeitsbegriff und ein neues Begutachtungsverfahren eingeführt werden.

## 05. Welche Änderungen erfolgten durch die Reform der Pflegestufen ab 2017?

Im Jahr 2017 erfolgte eine Reform der Pflegestufen. Diese führt ezu folgenden Änderungen:

- stärkere Berücksichtigung der Bedürfnisse von Demenzkranken
- höhere Leistungen (im Durchschnitt)
- neue Begutachtungskriterien

- Angleichung der Leistungen an die Preisentwicklung
- höhere Ausgaben für die Pflege.

Seit 2017 heißen die Pflegestufen **Pflegegrade**. Die Abstufungen werden neu vorgenommen, um den Menschen mit eingeschränkter Alltagskompetenz gerecht zu werden:

| | |
|---|---|
| Pflegestufe 0 | → Pflegegrad 1 |
| Pflegestufe 1 | → Pflegegrad 2 |
| Pflegestufe 1 + eingeschränkte Alltagskompetenz | → Pflegegrad 3 |
| Pflegestufe 2 | → Pflegegrad 3 |
| Pflegestufe 2 + eingeschränkte Alltagskompetenz | → Pflegegrad 4 |
| Pflegestufe 3 | → Pflegegrad 4 |
| Pflegestufe 3 + eingeschränkte Alltagskompetenz | → Pflegegrad 5 |
| Härtefall | → Pflegegrad 5 |

### 1.3.4 Ziele und Aufgaben der Rentenversicherung

#### 01. Welche Merkmale gelten für die gesetzliche Rentenversicherung (RV, SGB VI)?

Die gesetzliche Rentenversicherung hat folgende Aufgaben:

- Erhaltung, Verbesserung und Wiederherstellung der Erwerbstätigkeit der Versicherten
- Gewährung von Renten (Altersrente, Erwerbsminderungsrente, Hinterbliebenenrente)
- Förderung der Gesundheit der Versicherten (z. B. Kuren)
- Gewährung von Leistungen für die Kindererziehung
- Zahlung von Zuschüssen zur Kranken- und Pflegeversicherung der Rentner
- **Regelaltersgrenze:**
  Die Regelaltersgrenze wird bis 2029 stufenweise auf 67 Jahre angehoben. Die Anhebung begann 2012 für den Geburtsjahrgang 1947 um einen Monat. Damit würde das 67. Lebensjahr erstmals im Jahr 2029 für den Jahrgang 1964 als Regelaltersgrenze wirksam. Der früheste Renteneintritt nach 2029 ist dann mit 63 Jahren möglich. Unabhängig davon können Arbeitnehmer, die 45 Jahre Beiträge in die Rentenversicherung eingezahlt haben, auch weiterhin mit 65 Jahren ohne Abschläge in Rente gehen.
- **Altersteilzeit:**
  Von manchen Beschäftigten wird angestrebt, die Erwerbstätigkeit allmählich zu reduzieren. Umsetzungsmöglichkeiten dafür bietet das Altersteilzeitgesetz (vorrangig ein Instrument zur Schaffung von Arbeitsplätzen bzw. der Umsetzung von Personaleinsparungen durch Betriebe). Es handelt sich dabei also eigentlich nicht um Frührente, weil die Höhe der Altersrente durch Verträge oft konstant gehalten wird.
- **Erwerbsminderungsrente (EMR):**
  Die frühere, vergleichbare Regelung hieß bis 2000 „Erwerbsunfähigkeitsrente" (Verminderte Erwerbsfähigkeit). Allerdings tritt jetzt (teilweise) Erwerbsminderung erst ein, wenn das Leistungsvermögen für alle Tätigkeiten auf weniger als sechs Stunden pro Tag herabgesunken ist.

- **Berufsunfähigkeitsrente:**
  Als ein rein rechtlicher Begriff wird definiert: Berufsunfähig ist der Versicherte, der einen ihm zumutbaren Beruf nicht mehr ausüben kann und dessen Erwerbsfähigkeit durch Krankheit oder andere Gebrechen oder Schwäche seiner körperlichen oder geistigen Kräfte auf weniger als die Hälfte der Erwerbsfähigkeit (bis 2000, jetzt: weniger als sechs Stunden am Tag) eines körperlich und geistig gesunden Versicherten mit ähnlicher Ausbildung und gleichwertigen Kenntnissen und Fähigkeiten herabgesunken ist (bis 2000 BU-Rente nach § 43 SGB VI alt). Dabei ist jedoch zu beachten, dass nicht jede Berufsausübung einen sog. Berufsschutz zur Folge hat. Es muss vielmehr ein ausgeübter Fachberuf sein. So liegt bei einer ungelernten bzw. angelernten Tätigkeit niemals eine Berufsunfähigkeit vor, da der Versicherte immer auf sämtliche ungelernte Tätigkeiten am allgemeinen Arbeitsmarkt verweisbar ist.

- **Hinterbliebenenrenten:**
  Voraussetzung für die Hinterbliebenenrente (für Witwen, Witwer und Waisen) ist, dass der/die Verstorbene die Wartezeit (Mindestversicherungszeit) von fünf Jahren erfüllt hat.

- **Witwen-/Witwerrenten:**
  Witwen und Witwer haben seit 1985 die gleichen Rechte, aus den Rentenansprüchen oder einer bereits laufenden Rente des verstorbenen Ehepartners eine Rente zu erhalten; seit 01. Januar 2005 gilt das auch für die Ansprüche des überlebenden Lebenspartners oder der überlebenden Lebenspartnerin einer gleichgeschlechtlichen Ehe. Die sog. große Witwen-/Witwerrente erhalten hinterbliebene Ehe- oder Lebenspartner, die

  - das 45. Lebensjahr vollendet haben oder
  - eine Erwerbsminderung nachweisen oder
  - mindestens ein waisenrentenberechtigtes Kind erziehen und
  - keine sog. „Versorgungsehe“ (widerlegbare Vermutung bei einer Ehedauer unter einem Jahr) vorliegt.

  Sie beträgt 55 % (bei „Altfällen“ 60 %) der zum Todestag des Versicherten gezahlten oder berechneten Rente wegen voller Erwerbsminderung. Ist keine der drei oben genannten Bedingungen erfüllt, gilt die kleine Witwen-/Witwerrente (25 %).

- **Waisenrente:**
  Halbwaisen erhalten ein Zehntel, Vollwaisen ein Fünftel der auf den Todestag des Versicherten berechneten Rente wegen voller Erwerbsminderung. Bis zur Vollendung des 18. Lebensjahres werden auf die Waisenrente eigene Einkünfte nicht angerechnet. Darüber hinaus wird bis zum 27. Geburtstag in Zeiten der Schul-, Fachschul-, Hochschul- oder Berufsausbildung Rente gezahlt, ebenso bei einer Erwerbsminderung der Waise. Eigenes Einkommen wird angerechnet.

- **Regelaltersrente:**
  Die Rentenhöhe ist vor allem an die im Laufe des Lebens einbezahlten Beiträge gebunden. Dafür erhält der Beitragszahler Entgeltpunkte gutgeschrieben. Kindererziehungszeiten werden wie Pflichtbeitragszeiten eines Durchschnittsverdieners bewertet. Für jedes vor dem 01. Januar 1992 geborene Kind werden zwölf Monate und jedes

nach dem 31. Dezember 1991 geborene Kind 36 Monate ab der Geburt als Pflichtbeitragszeit für die erziehende Mutter oder den Vater anerkannt. Für beitragsfreie Zeiten sowie für beitragsgeminderte Zeiten (z. B. nachgewiesene Zeiten einer beruflichen Ausbildung) werden noch Zuschläge gezahlt. Die Höhe dieser Zuschläge wird über die sog. Gesamtleistungsbewertung errechnet. Die Rente wird nach der Rentenformel berechnet, indem der aktuelle Rentenwert mit den Entgeltpunkten, dem Zugangsfaktor und dem Rentenartfaktor multipliziert wird (§ 64 SGB VI).

- Mit **Frührente** werden alle Formen des vorgezogenen Übergangs in die Erwerbslosigkeit bezeichnet, die zu einer Rentenzahlung durch die GRV führen, z. B. Erwerbsminderungsrente oder vorgezogene Altersrente nach Arbeitslosengeldbezug. Vereinfachend lässt sich sagen, dass pro Monat des vorzeitigen Beginns der Rente vor dem gesetzlichen Renteneintrittsalter die Rente lebenslang um 0,3 % gemindert wird.
- Das **Alterseinkünftegesetz** (AltEinkG) regelt die Besteuerung der Rente: Nicht mehr die Beiträge werden besteuert, sondern zukünftig die spätere Rente; dabei sind hohe Freibeträge eingearbeitet, sodass schätzungsweise 75 % der Rentnerhaushalte steuerfrei bleiben.
- Freiwillige Beiträge zur gesetzlichen Rentenversicherung können alle zahlen, die ihren Wohnsitz in Deutschland haben, mindestens 16 Jahre alt sind und nicht der Versicherungspflicht unterliegen (unabhängig von der Staatsangehörigkeit).

Im Überblick:

| **Merkmale der gesetzlichen Rentenversicherung (RV, SGB VI)** | | | |
|---|---|---|---|
| **Träger** | Deutsche Rentenversicherung | | |
| **Beiträge** | Im Regelfall: Arbeitgeber und Arbeitnehmer zu je 50 % (+ Zuschüsse des Bundes) | | |
| **Sätze** | **18,6 %** der Beitragsbemessungsgrenze (Stand: 2022) | | |
| **Leistungen** | Renten wegen:<br>► Alters, Todes (Witwen-/Witwerrente)<br>► Erwerbsminderung | Reha-Leistungen | Beratung, Information |
| **Versicherungspflichtig** sind | Arbeitnehmer, Auszubildende, behinderte Menschen, Lehrer, Erzieher, Künstler | | |
| **Versicherungsfrei** sind | Beamte, Richter, Selbstständige | | |

## 02. Wie wird die Rente berechnet?

Die Rentenformel lautet:

Persönliche Entgeltpunkte • Rentenartfaktor • aktueller Rentenwert

## 1.3.5 Ziele und Aufgaben der Arbeitslosenversicherung und der Arbeitsförderung

### 01. Welche Merkmale gelten für die Arbeitslosenversicherung/ Arbeitsförderung (AV, SGB III)?

Die Arbeitslosenversicherung gehört im sozialen Sicherungssystem der Bundesrepublik Deutschland zu den Sozialversicherungen. Übergreifend wird sie auch als Versicherungszweig der Arbeitsförderung bezeichnet. Träger der Arbeitslosenversicherung ist die Bundesagentur für Arbeit in Nürnberg. Aufsichtführendes Ministerium ist das Bundesministerium für Arbeit und Soziales.

- **Grundsätze:**
  - Die Aufgaben der Förderung und Vermittlung haben **Vorrang** vor Entgeltersatzleistungen.
  - Langzeitarbeitslosigkeit ist zu vermeiden.
  - Arbeitgeber haben eine Mitverantwortung/Mitwirkungspflicht (z. B. betriebliche Förderung der Leistungsfähigkeit der Mitarbeiter, Meldepflichten).
  - Ebenso: Arbeitnehmer (z. B. zumutbare Beschäftigung; bestehende Arbeitsverhältnisse nicht vorzeitig beenden).
  - Pflichten der Arbeitslosen: Meldepflicht und Erscheinen zu Terminen.
  - Es besteht eine Auskunftspflicht Dritter.
- **Versicherte:**
  Pflichtversichert sind Arbeitnehmer (außer geringfügig Beschäftigte), Auszubildende, seit Februar 2006 aber auch Wehrdienstleistende und Bundesfreiwilligendienst; Arbeitnehmer, die außerhalb der EU beschäftigt sind, können sich seit Februar 2006 unter bestimmten Voraussetzungen im Rahmen der freiwilligen Weiterversicherung gegen Arbeitslosigkeit versichern.
- **Beitragssatz:**
  Die Leistungen der Arbeitslosenversicherung werden hauptsächlich aus den Versicherungsbeiträgen finanziert. Bei Arbeitnehmern ist der Beitrag je zur Hälfte vom Arbeitnehmer und vom Arbeitgeber zu tragen. Zur Finanzierung der versicherungsfremden Aufgaben, die der Bundesagentur übertragen sind, zahlt der Bund nach § 363 SGB III einen Bundeszuschuss.
- Die **Leistungen** richten sich in erster Linie an die Personengruppen (Arbeitnehmer und Arbeitgeber), die sich an der Finanzierung der Arbeitslosenversicherung beteiligen. Für die Gewährung der Leistungen müssen die jeweiligen Anspruchsvoraussetzungen erfüllt sein.
- **Leistungsspektrum** (Beispiele):

| Leistungen an Arbeitnehmer – Beispiele |
|---|
| Entgeltersatzleistungen (Leistungen zum Lebensunterhalt): Arbeitslosengeld, Arbeitslosengeld bei Weiterbildung, Teilarbeitslosengeld; Übergangsgeld; Insolvenzgeld) |
| Maßnahmen zur Verbesserung der Eingliederungsaussichten, Förderung der Aufnahme einer Beschäftigung, Mobilitätshilfen (Übergangsbeihilfe, Ausrüstungsbeihilfe, Reisekostenbeihilfe, Fahrkostenbeihilfe, Trennungskostenbeihilfe, Umzugskostenbeihilfe) |

| |
|---|
| Unterstützung der Beratung und Vermittlung (Bewerbungskosten, Reisekosten, Vermittlungsgutschein) |
| Förderung der ganzjährigen Beschäftigung in der Bauwirtschaft (Mehraufwands-Wintergeld, Zuschuss-Wintergeld) |
| ▸ Förderung der Aufnahme einer selbstständigen Tätigkeit<br>▸ Förderung der Berufsausbildung,<br>▸ Förderung der beruflichen Weiterbildung,<br>▸ Förderung der Teilhabe behinderter Menschen am Arbeitsleben (Berufliche Rehabilitation)<br>▸ Entgeltsicherung für ältere Arbeitnehmer<br>▸ Kurzarbeitergeld |
| **Leistungen an Arbeitgeber – Beispiele** |
| Zuschüsse bei Einstellungen |
| Finanzielle Unterstützung für die Beschäftigung von Arbeitnehmern aus schwer vermittelbaren Gruppen (ungelernte, behinderte Menschen) |
| Leistungen nach dem Altersteilzeitgesetz |
| **Leistungen an Träger – Beispiele** |
| Förderung der Berufsausbildung (Ausbildungsbegleitende Hilfen, Berufsausbildung in einer außerbetrieblichen Einrichtung; Übergangshilfen) |
| Förderung von Einrichtungen zur beruflichen Aus- oder Weiterbildung oder zur beruflichen Rehabilitation |
| Förderung von<br>▸ Jugendwohnheimen<br>▸ Arbeitsbeschaffungsmaßnahmen<br>▸ Beschäftigung schaffenden Infrastrukturmaßnahmen |
| Zuschüsse zu Sozialplanmaßnahmen |
| Beauftragung von Trägern mit Eingliederungsmaßnahmen |

- Änderungen nach dem Hartz IV-Fortentwicklungsgesetz:
  - ALG II wird nur gezahlt, wenn auch der Lebenspartner wenig verdient. Der Antragsteller muss im Zweifel nachweisen, dass keine eheähnliche Gemeinschaft vorliegt (Umkehrung der Beweislast gegenüber früher).
  - Das Vermögen ist begrenzt.
  - Bei Pflichtverletzungen (innerhalb eines Jahres) droht u. U. die gesamte Streichung des Arbeitslosengeldes.
  - Die Höchstgrenze für kurzfristige Beschäftigungen wird für die Jahre 2015 bis 2018 auf drei Monate oder 70 Arbeitstage angehoben. Ab 2019 gelten wieder die bisherigen Höchstgrenzen von zwei Monaten oder 50 Arbeitstagen.

Im Überblick:

<table>
<tr><th colspan="4">Merkmale der Arbeitsförderung (gesetzliche Arbeitslosenversicherung)</th></tr>
<tr><td>Träger</td><td colspan="3">Bundesagentur für Arbeit</td></tr>
<tr><td>Beiträge</td><td colspan="3">Arbeitgeber und Arbeitnehmer zu je 50 %</td></tr>
<tr><td>Sätze</td><td colspan="3">2,4 % (zzgl. Zuschuss des Bundes); (Stand: 2022)</td></tr>
<tr><td>Leistungen</td><td>Leistungen an Arbeitnehmer, z. B.:<br>► Berufsberatung<br>► Eignungsfeststellung<br>► Trainingsmaßnahmen<br>► Mobilitätshilfen<br>► Überbrückungsgeld<br>► Arbeitslosengeld<br>► Insolvenzgeld<br>► Kurzarbeitergeld<br>► Saison-Kurzarbeitergeld</td><td>Leistungen an Arbeitgeber (§ 3 SGB III)</td><td>Leistungen an Träger von Arbeitsförderungsmaßnahmen</td></tr>
<tr><td>Versicherungspflichtig sind</td><td colspan="3">Arbeiter, Angestellte, zu ihrer Berufsausbildung Beschäftigte, Arbeitslose, behinderte Menschen, sonstige Personen nach § 26 SGB III. Es können sich Existenzgründer freiwillig versichern.</td></tr>
<tr><td>Versicherungsfrei sind</td><td colspan="3">Richter, Soldaten auf Zeit, Berufssoldaten, Vorstände einer AG, Studenten, ggf. Rentner, Personen, die das 65. Lj. vollendet haben, sonstige Personen nach §§ 27, 28 SGB III</td></tr>
</table>

## 02. Wer hat Anspruch auf Arbeitslosengeld?

| | |
|---|---|
| **Wer arbeitslos ist** | § 136/137 SGB III: ohne Beschäftigung, Eigenbemühungen, verfügbar |
| **Wer sich persönlich bei der BA meldet** | § 141 SGB III |
| **Die Anwartschaft erfüllt hat** | § 142/143 SGB III: innerhalb von 30 Monaten mindestens 12 Monate versicherungspflichtig beschäftigt. |

## 03. In welchen Fällen ist eine Beschäftigung zumutbar (§ 140 SGB III)?

| Dauer der Arbeitslosigkeit | Zumutbar ist eine Beschäftigung, wenn das Arbeitsentgelt gegenüber dem letzten Durchschnittsgehalt um ... % niedriger ist |
|---|---|
| bis 3 Monate | bis zu 20 % |
| bis zu 6 Monate | bis zu 30 % |
| ab 7 Monate | Minderung bis zur Höhe des Arbeitslosengelds |

- Generell nicht zumutbar ist eine Beschäftigung, wenn das erzielbare Arbeitsentgelt erheblich geringer ist als das zuletzt bezogene Arbeitsentgelt.
- Nicht zumutbar ist eine Beschäftigung, wenn die Pendelzeit unverhältnismäßig lang ist:

| **Arbeitszeit** | **Zumutbare Pendelzeit pro Tag** |
|---|---|
| > 6 Stunden | bis zu 2,5 Stunden |
| bis zu 6 Stunden | bis zu 2 Stunden |
| Beachte: Ab dem 4. Monat der Arbeitslosigkeit ist ein Umzug zumutbar. | |

## 04. Welche Höhe hat das Arbeitslosengeld (§ 149 SGB III)?

- 67 % des Nettoentgelts für Arbeitnehmer mit mindestens einem Kind
- sonst 60 % des Nettoentgelts.

## 05. Wie lange besteht Anspruch auf Arbeitslosengeld (§ 147 SGB III)?

| **Dauer der Versicherungspflicht (in Monaten)** | **+ Vollendung des Lebensjahres** | **Anspruch (in Monaten)** |
|---|---|---|
| 12 | – | 6 |
| 16 | – | 8 |
| 20 | – | 10 |
| 24 | – | 12 |
| 30 | 50. | 15 |
| 36 | 55. | 18 |
| 48 | 58. | 24 |

## 06. In welchen Fällen ruht der Anspruch auf Arbeitslosengeld (Sperrzeit)?

Der Anspruch auf Arbeitslosengeld ruht,

- bei Anspruch auf andere Sachleistungen, z. B. Krankengeld, Rente
- bei Anspruch auf Urlaubsabgeltung oder Entgelt
- bei Anspruch auf Abfindung (nicht bei Einhaltung der ordentlichen Kündigungsfrist).
- bei versicherungswidrigem Verhalten[1], z. B.:
  - bei Arbeitsaufgabe, z. B. Eigenkündigung oder Aufhebungsvertrag (hier gilt grundsätzlich eine Sperrzeit von 12 Wochen)
  - bei mangelnder Eigenbemühung
  - bei Ablehnung oder Abbruch einer beruflichen Eingliederung

[1] Die Dauer der Sperrzeit wird nach § 159 Abs. 3 - 6 SGB III ermittelt.

- bei Meldeversäumnis
- bei verspäteter Meldung bei der BA.

Personen, deren Arbeits- oder Ausbildungsverhältnis endet, müssen sich mindestens drei Monate vor der Beendigung bei der BA arbeitssuchend melden (ansonsten Sperrzeit von einer Woche, § 159 Abs. 6 SGB III).

#### 07. Was ist Insolvenzgeld und wie lange wird es gezahlt?

Insolvenzgeld ist der Ausgleich des ausgefallenen Arbeitsverdiensts bei Zahlungsunfähigkeit des Arbeitgebers. Es wird für längstens drei Monate gezahlt.

#### 08. Was ist Kurzarbeitergeld und in welcher Höhe wird es wie lange gezahlt?

- Das Kurzarbeitergeld wird gewährt, wenn in Betrieben oder Betriebsabteilungen die regelmäßige betriebsübliche wöchentliche Arbeitszeit infolge wirtschaftlicher Ursachen oder eines unabwendbaren Ereignisses vorübergehend verkürzt wird (§§ 95 bis 109 SGB III).
- Die Kurzarbeit ist prinzipiell auf sechs Monate beschränkt (§ 104 Abs. 1 SGB III). Bei außergewöhnlichen Verhältnissen auf dem Arbeitsmarkt kann sie durch Rechtsverordnung auf bis zu 24 Monate ausgedehnt werden (§ 109 Abs. 1 Nr. 2 SGB III). Davon wurde bereits in der Vergangenheit häufig Gebrauch gemacht.
- Die Höhe des Kurzarbeitergeldes entspricht der des Arbeitslosengeldes.

### 1.3.6 Ziele und Aufgaben der gesetzlichen Unfallversicherung

#### 01. Welche Merkmale gelten für die gesetzliche Unfallversicherung (UV, SGB VII)?

- Die **Aufgaben** sind:
  - Arbeitsunfälle und Berufskrankheiten verhüten
  - Gesundheit und Leistungsfähigkeit nach Versicherungsfällen wiederherstellen
  - Versicherte und Hinterbliebene entschädigen
  - Erlass von Unfallverhütungsvorschriften durch die BG (§ 15 SGB VII)
  - Überwachung der Betriebe durch Sicherheitsbeauftragte (bei mehr als 20 Beschäftigten)
  - Beratung der Betriebe
  - Aus- und Fortbildung der Sicherheitsfachkräfte und der Sicherheitsbeauftragten.
- **Unfallversicherte Personen:**
  Unfallversichert sind alle Personen, die in einem Arbeits-, Dienst- oder Ausbildungsverhältnis sind. Zu diesem Kreis gehören aber auch Heimarbeiter, Personen, die ein Hausgewerbe betreiben, die im Unternehmen beschäftigten Ehepartner und alle sonstigen Personen, die ebenfalls mitarbeiten.

Des Weiteren werden alle die Personen unfallversichert, die im Interesse des Gemeinwohls arbeiten, also alle Sanitäter, Notärzte und Feuerwehrleute, aber auch die Mitglieder des Roten Kreuzes oder des Arbeitersamariterbundes. Dazu gehören auch Menschen, die Blut spenden oder die körpereigenes Gewebe, z. B. für eine Knochenmarkübertragung, zur Verfügung stellen. Kinder, die den Kindergarten besuchen, Schüler und Studenten während ihrer Ausbildung an Hochschulen und Universitäten sind ebenfalls gesetzlich unfallversichert.

- **Arztwahl:**
  Die Unfallversicherung ist der einzige Träger, der die **Behandlung** bei einem bestimmten Arzt/Krankenhaus **vorschreiben** kann.
- **Träger der Unfallversicherung:**
  Die Träger der Unfallversicherung sind immer die landwirtschaftlichen und gewerblichen Berufsgenossenschaften.
- **Voraussetzungen** für den Versicherungsfall sind:
  - versicherte Tätigkeit
  - Arbeitsunfall/Wegeunfall/Berufskrankheit
  - Kausalität:
    - **haftungsbegründend**: Kausalzusammenhang „Tätigkeit und Versicherungsfall"
    - **haftungsausfüllend**: Kausalzusammenhang „Versicherungsfall und Schaden".
- Ein **Arbeitsunfall** ist ein auf **äußere Einwirkungen** beruhendes, körperlich schädigendes zeitlich begrenztes Ereignis, dass sich längstens innerhalb einer Arbeitsschicht zugetragen hat. Zwischen der versicherten Tätigkeit und dem Unfallgeschehen sowie zwischen dem Unfallgeschehen und dem Körperschaden muss jeweils ein **ursächlicher Zusammenhang** bestehen.
- Als **Wegeunfälle** gelten Unfälle auf einem mit der versicherten **Tätigkeit zusammenhängendem Weg nach und von dem Ort der Tätigkeit**. Umwege, die der Versicherte (Arbeitnehmer) macht, weil eine **Fahrgemeinschaft** gebildet ist, schließen die Versicherung nicht aus.
- Eine **Berufskrankheit** ist eine Krankheit, die in der **Berufskrankheitenverordnung** aufgeführt ist und die ein Versicherter (Arbeitnehmer) bei der versicherten Tätigkeit erleidet; die Bundesregierung veröffentlicht die Liste mit den anerkannten Berufskrankheiten. Ist die Erkrankung nicht in der Berufskrankheitenverordnung aufgeführt, kann sie im Einzelfall nach neuen medizinischen Erkenntnissen anerkannt werden.

Im Überblick:

| **Merkmale der gesetzlichen Unfallversicherung** | |
|---|---|
| **Träger** | Berufsgenossenschaften nach Branchen gegliedert |
| **Beiträge** | Arbeitgeber zu 100 % |
| **Sätze** | Umlageverfahren nach:<br>Jahresentgeltsumme • Beitragfuß • Gefahrenklasse (abzüglich evtl. Nachlässe) |

| Merkmale der gesetzlichen Unfallversicherung | | | |
|---|---|---|---|
| **Leistungen** | Heilbehandlung<br>Reha-Behandlung<br>Pflege | Geldleistungen Renten | Beihilfen<br>Abfindungen |
| **Versicherungs-pflichtig** sind | Arbeitnehmer, Auszubildende, behinderte Menschen, Schüler, Studierende, Heimarbeiter und Ehrenamtliche. | | |
| **Versicherungs-frei** sind | Beamte, Richter und Selbstständige. | | |
| **Nicht versichert** sind | Kunden, die während ihres Aufenthalts in Betrieben einen Unfall erleiden (Absicherung durch Betriebshaftpflichtversicherung). | | |

### 02. Welche Leistungen erbringt die Berufsgenossenschaft bei einem Wegeunfall?

- Schadenersatz (bei Kausalität), kein Schmerzensgeld; auch bei Verschulden des AN/des AG (aber Regress der BG)
- Heilbehandlung und Rehabilitation
- Berufsfördernde Leistungen (Weiterbildung, Umschulung, Übergangsgeld)
- Leistungen an Hinterbliebene
- Verletztengeld
- Verletztenrente.

# 1.4 Arbeitsschutz- und arbeitssicherheitsrechtliche Vorschriften

## 1.4.1 Ziele und Aufgaben des Arbeitsschutzrechtes und des Arbeitssicherheitsrechtes

### 01. Welche Bedeutung hat der Arbeitsschutz in Deutschland?

Das **Grundgesetz** der Bundesrepublik Deutschland sieht das Recht der Bürger auf **Schutz der Gesundheit und körperliche Unversehrtheit** als ein **wesentliches Grundrecht** an. Die Bedeutung dieses Grundrechtes kommt auch dadurch zum Ausdruck, dass es in der Abfolge der Artikel des Grundgesetzes schon an die zweite Stelle gesetzt wurde.

RECHTSGRUNDLAGEN

**Art. 2 Abs. 2 GG**
„Jeder hat das Recht auf Leben und körperliche Unversehrtheit."

## 02. Wie ist das deutsche Arbeitsschutzrecht gegliedert?

Es gibt kein einheitliches, in sich geschlossenes Arbeitsschutzrecht in Deutschland. Es umfasst eine Vielzahl von Vorschriften. Grob unterteilen lassen sich die Arbeitsschutzvorschriften in:

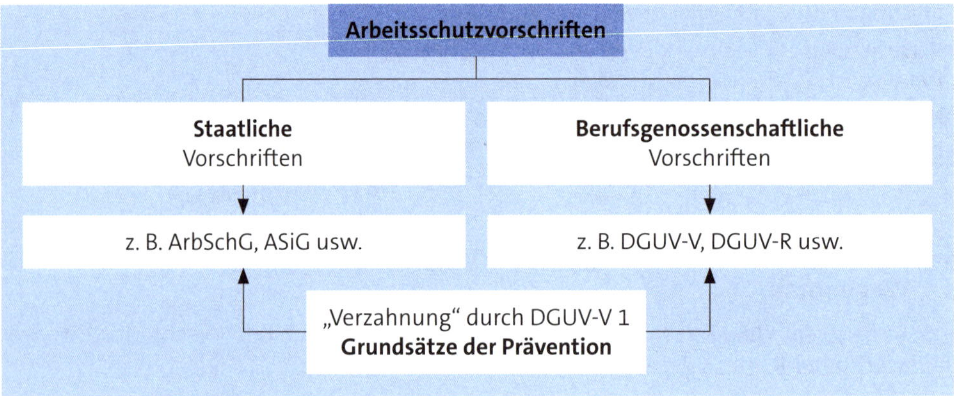


► **Staatliche Vorschriften**, z. B.:

| | |
|---|---|
| - Arbeitsschutzgesetz | ArbSchG |
| - Arbeitssicherheitsgesetz (Gesetz über Betriebsärzte, Sicherheitsingenieure und andere Fachkräfte für Arbeitssicherheit) | ASiG |
| - Betriebssicherheitsverordnung | BetrSichV |
| - Arbeitsstättenverordnung | ArbStättV |
| - Gefahrstoffverordnung | GefStoffV |
| - Produktsicherheitsgesetz | ProdSG |
| - Chemikaliengesetz | ChemG |
| - Bildschirmarbeitsverordnung | BildscharbV |
| - Bundesimmissionsschutzgesetz | BImSchG |
| - Jugendarbeitsschutzgesetz | JArbSchG |
| - Mutterschutzgesetz | MuSchG |
| - Betriebsverfassungsgesetz | BetrVG |
| - Sozialgesetzbuch Siebtes Buch (Gesetzliche Unfallversicherung) | SGB VII |
| - Sozialgesetzbuch Neuntes Buch (Rehabilitation und Teilhabe behinderter Menschen) | SGB IX |
| - EU-Richtlinien | |

- **Berufsgenossenschaftliche Vorschriften**, z. B.:

| | |
|---|---|
| - Berufsgenossenschaftliche Vorschriften (Unfallverhütungsvorschriften) gem. § 15 SGB VII | neu: DGUV Vorschriften (**D**eutsche **G**esetzliche **U**nfall**v**ersicherung) |
| - Berufsgenossenschaftliche Regeln | DGUV-R |
| - Berufsgenossenschaftliche Informationen | DGUV-I |
| - Berufsgenossenschaftliche Grundsätze | DGUV-G. |

Die Verzahnung des berufsgenossenschaftlichen Regelwerkes mit den staatlichen Rechtsnormen erfolgt durch die Unfallverhütungsvorschrift DGUV Vorschrift 1 Grundsätze der Prävention.

INFO

Die DGUV Vorschrift 1 ist somit die wichtigste und grundlegende Vorschrift der Berufsgenossenschaften und kann daher als „Grundgesetz der Prävention" bezeichnet werden.

## 03. Nach welchem Prinzip ist das Arbeitsschutzrecht in Deutschland aufgebaut?

Der Aufbau des Arbeitsschutzrechtes in Deutschland folgt streng dem Prinzip vom Allgemeinen zum Speziellen. Diese Rangfolge ist ein wesentlicher Grundgedanke in der deutschen Rechtssystematik und wird vom Gesetzgeber deswegen durchgängig verwendet:

Den allgemeinen Rechtsrahmen stellt das Grundgesetz dar. Alle gesetzgeberischen Akte, auch die gesetzlichen Regelungen für den Arbeitsschutz, müssen sich am Grundgesetz messen lassen. Ebenso muss jede nachfolgende Rechtsquelle mit der übergeordneten vereinbar sein **(Rangprinzip)**.

Die Gesetze und Vorschriften unterteilen sich in Regeln des **öffentlichen Rechts** (regelt die Beziehungen des Einzelnen zum Staat) und allgemein anerkannte Regeln des **Privatrechts** (Rechtsbeziehungen der Bürger untereinander). Der Arbeitnehmerschutz und die Arbeitssicherheit gehören zum öffentlichen Recht.

## 04. Welche Schwerpunkte hat der Arbeitsschutz?

Die Schwerpunkte des Arbeitsschutzes sind:

- **Unfallverhütung** (klassischer Schutz vor Verletzungen)
- Schutz vor **Berufskrankheiten**
- Verhütung von **arbeitsbedingten Gesundheitsgefahren**
- Organisation der **Ersten Hilfe**.

## 05. Wie lässt sich der Arbeitsschutz in Deutschland unterteilen?

**Arbeitsschutz in Deutschland – Gliederung**

| Unfallverhütung | Gesundheitsschutz | Sozialer Arbeitsschutz |
|---|---|---|
| ► Allgemeine Arbeitssicherheit<br>► Technischer Arbeitsschutz/ Maschinensicherheit<br>► Brandschutz<br>► Explosionsschutz | ► Arbeitsmedizinische Vorsorge<br>► Gesundheitsfürsorge<br>► Arbeitsgestaltung<br>► Ergonomie<br>► Raumgestaltung<br>► Klima-, Licht- und Lärmschutz | ► Arbeitszeitschutz, z. B. Arbeitspausen, Nachtarbeit<br>► Schutz für besondere Gruppen von Beschäftigten, z. B. Kinder, Jugendliche, Frauen, behinderte Menschen |

### 06. Welcher Unterschied besteht zwischen Rechtsvorschriften und Regelwerken im Arbeitsschutz?

**Rechtsvorschriften** (Gesetze, Verordnungen) schreiben allgemeine Schutzziele vor.

- Dabei sind **Gesetze** ihrer Natur gemäß mit einem weitaus höheren Allgemeinheitsgrad versehen als Verordnungen.
- **Verordnungen** sind vom Gesetzgeber schon etwas **spezieller formuliert**. Aus Anwendersicht sind sie jedoch immer noch sehr allgemein gehalten und eng am **Schutzziel** orientiert.
- Die **Unfallverhütungsvorschriften** der Berufsgenossenschaften sind lediglich eine **besondere Form** von Rechtsvorschriften und **im Range von Verordnungen** zu sehen.

Die **Befolgung der Forderungen** von Gesetzen und Verordnungen ist **zwingend**.

- **Regelwerke:**
  Um dem Anwender Hilfestellung zu geben, auf welche Weise er die Vorschriften einhalten kann, werden von staatlich oder berufsgenossenschaftlich autorisierten Ausschüssen **Regelwerke** erarbeitet. Sie geben dem Unternehmer **Orientierungshilfen**, die ihm die **Erfüllung** seiner Pflichten im Arbeitsschutz **erleichtern**.

  Beachtet der Unternehmer die im Regelwerk angebotenen Lösungen, löst dies die sog. **Vermutungswirkung** aus. Es wird in diesem Fall **vermutet**, dass er die ihm obliegenden **Pflichten** im Arbeitsschutz **erfüllt** hat, weil er die Regel befolgt hat.

  Anders als es die Gesetzesvorschrift oder die Verordnung notwendig macht, muss der Unternehmer dem Regelwerk jedoch **nicht zwingend** folgen. Er kann **in eigener Verantwortung** genau die **Maßnahmen auswählen**, die er in seinem Betrieb für geeignet erachtet. Dass der Unternehmer von der Regel abweichen kann, ist vom Gesetzgeber gewollt, weil dazu die Notwendigkeit besteht. Diese Möglichkeit, **von der Regel abweichen** zu können, ist sehr wichtig, um den **wissenschaftlichen und technischen Fortschritt nicht** zu **behindern**.

- **Normenwerke:**
  Die Aussagen über die Regelwerke gelten gleichermaßen für die in den bekannten Normenwerken festgehaltenen technischen und sicherheitstechnischen Regeln.

  Die Fachausschüsse für Prävention der Berufsgenossenschaften haben eine Fülle von Regeln für Sicherheit und Gesundheit bei der Arbeit erarbeitet, die den Unternehmern im konkreten Fall Orientierungshilfen bei der Erfüllung der Unfallverhütungsvorschriften geben können.

  - **TRBS:**
    Die vom Bund autorisierten Ausschüsse für Betriebssicherheit ermitteln regelmäßig **Technische Regeln für Betriebssicherheit** (TRBS), um Orientierungshilfen zur Erfüllung der Betriebssicherheitsverordnung zu geben.
  - **TRGS:**
    Die **Ausschüsse für Gefahrstoffe** ermitteln regelmäßig **Technische Regeln** für den sicheren **Umgang mit Gefahrstoffen** (TRGS), die dem Unternehmer helfen, die **Gefahrstoffverordnung** richtig anzuwenden.

- **DGUV-R:**
  Die berufsgenossenschaftlichen Ausschüsse für Prävention bereiten die Rechtsetzung der Unfallverhütungsvorschriften vor und ermitteln **berufsgenossenschaftliche Regeln** (DGUV-R, ehemals BGR).

Sowohl in den berufsgenossenschaftlichen als auch in den staatlich autorisierten Ausschüssen ist dafür gesorgt, dass alle relevanten gesellschaftlichen Gruppen an der Regelfindung beteiligt sind. So sind in den Gremien Arbeitgeber, Gewerkschaften, die Wissenschaft und die Behörden angemessen vertreten.

### 07. In welchem Verhältnis stehen die Regelungen der deutschen Arbeitsschutzgesetzgebung zum Gemeinschaftsrecht der Europäischen Union?

Die nationalen gesetzlichen Regelungen der Mitgliedsstaaten setzen im Arbeitsschutz das gültige Gemeinschaftsrecht der Europäischen Union um. Das Gemeinschaftsrecht für den Arbeitsschutz wird in der Hauptsache durch **EG-Richtlinien** bestimmt.

- **Technischer Arbeitsschutz** nach Artikel 95 EG-Vertrag:
  Die wesentlichsten Regeln, die die Sicherheit von Maschinen und Anlagen betreffen, wie z. B. die EG-Maschinenrichtlinie, sind Regeln nach Artikel 95 EG-Vertrag und ihrem Charakter nach sog. Binnenmarktrichtlinien. Sie haben ihren gesetzgeberischen Ursprung in der **Generaldirektion III** (GD III). Diese hat die Aufgabe, den freien Warenverkehr in den Mitgliedsländern sicherzustellen.

  Beispielsweise wurde durch die EG-Maschinenrichtlinie dafür gesorgt, dass nur sichere Maschinen und Anlagen frei verkehren dürfen. Details sind der **Normung** vorbehalten. So wird das **technische Arbeitsschutzrecht** ganz wesentlich von **Binnenmarktregeln** bestimmt.

- **Sozialer Arbeitsschutz** nach Artikel 137 EG-Vertrag:
  Nationale **Arbeitsschutzvorschriften**, die das **soziale Arbeitsschutzrecht** betreffen, setzen das soziale Gemeinschaftsrecht nach Artikel 137 EG-Vertrag um. Die Richtlinien, die den sozialen Arbeitsschutz im weiteren Sinne betreffen, stammen aus der **Generaldirektion V** (GD V) der Europäischen Kommission. Sie sollen helfen, die **sozialen Standards** der Union zu **vereinheitlichen**.

### 08. Welche Bestimmungen enthält das Sozialgesetzbuch SGB VII?

Die gesetzliche Unfallversicherung ist im 7. Buch des SGB geregelt (vgl. dazu auch oben, >> 1.3.6). Wesentliche Inhalte des SGB VII sind (bitte die zentralen Paragrafen lesen):

§ 1
- Verhütung von Arbeitsunfällen und Berufskrankheiten
- Rehabilitation und Entschädigung nach Arbeitsunfällen und Berufskrankheiten.

§ 2 Versichert sind kraft Gesetzes (Zwangsmitgliedschaft):

- alle Beschäftigten
- Lernende in der Aus- und Fortbildung

Versicherungsfall (3. Abschnitt):

- Arbeitsunfall (§ 8)
- Wegeunfall
- Berufskrankheit (§ 9).

§ 14 Grundsatz der Prävention (Verhütung geht vor Leistung)

§ 15 Unfallverhütungsvorschriften als autonomes Recht

§ 22 Sicherheitsbeauftragte

Drittes Kapitel: Leistungen nach Eintritt eines Versicherungsfalls (§§ 26 - 103):

- Heilbehandlung
- Heilmittel
- Arznei und Verbandmittel
- Hilfsmittel
- Häusliche Krankenpflege
- Kraftfahrzeughilfe
- Wohnungshilfe, Haushaltshilfe, Kinderbetreuungskosten
- Reisekosten
- Pflege
- Verletztengeld
- Renten an Versicherte
- Abfindungen.

Viertes Kapitel: Haftung von Unternehmern, Unternehmensangehörigen und anderen Personen (§§ 104 - 113)

Fünftes Kapitel: Organisation (Träger der gesetzlichen Unfallversicherung; §§ 114 - 149a)

Sechstes Kapitel: Aufbringung der Mittel (Finanzierung der gesetzlichen Unfallversicherung; §§ 150 - 187)

Siebtes Kapitel: Zusammenarbeit der Unfallversicherungsträger mit anderen Leistungsträgern (§§ 188 - 198)

Achtes Kapitel: Datenschutz (§§ 199 - 208)

Neuntes Kapitel: Bußgeldvorschriften (§§ 209 - 211)

Zehntes Kapitel: Übergangsrecht (§§ 212 - 220)

### 09. Was ist ein Arbeitsunfall?

Ein **Arbeitsunfall** liegt vor, wenn

- eine **versicherte Person** bei einer
- **versicherten Tätigkeit** durch ein
- **zeitlich begrenztes, von außen** her einwirkendes Ereignis
- einen **Körperschaden** erleidet.

**Beispiel**

| | | |
|---|---|---|
| ► Ein Schlosser arbeitet in einer Metallwarenfabrik. | → | **Versicherte Person (Schlosser)** <br> **Versicherte Tätigkeit** |
| | | + |
| ► Er klemmt sich an einer Maschine die Hand. | → | **Unfallereignis** |
| | | + |
| ► Die Hand wird leicht gequetscht und blutet. | → | **Körperschaden** |

→ **Der Unfall des Schlossers war ein Arbeitsunfall.**

**Kein Arbeitsunfall:**
Der Arbeitsnehmer ist seit drei Wochen in der X-GmbH beschäftigt und rutscht während der Pause im Flur auf den Fliesen aus und verletzt sich die Hand. Er ist für zwei Wochen arbeitsunfähig.

**Lösung:**
Die Kosten für den Unfall sind nicht von der Berufsgenossenschaft zu übernehmen, da kein Arbeitsunfall vorliegt. Die Krankenkasse zahlt die Behandlungskosten und das Krankengeld. Die Entgeltfortzahlung greift nicht, da die vierwöchige Frist nach § 3 Abs. 3 Entgeltfortzahlungsgesetz noch nicht erfüllt ist.

### 10. Was ist ein Wegeunfall?

Unfälle auf dem Weg zur Arbeitsstelle und auf dem Weg zurück zur Wohnung sind dem Arbeitsunfall gleichgestellt. Sie werden von den Berufsgenossenschaften wie **Arbeitsunfälle** entschädigt und tragen die Bezeichnung **Wegeunfälle**.

Es sind einige im Gesetz genannten **Umwege** versichert, z. B. das Abholen von Teilnehmern an einer Fahrgemeinschaft (§ 8 Abs. 2 Nr. 2 SGB VII).

## 11. Wann liegt eine Berufskrankheit vor?

Eine **Berufskrankheit** liegt vor, wenn

- eine versicherte Person durch ihre berufliche Tätigkeit
- gesundheitlich geschädigt wird und
- die Erkrankung in der Berufskrankheiten-Verordnung (BeKV) der Bundesregierung ausdrücklich als Berufskrankheit bezeichnet ist.

**Beispiel**

| | | |
|---|---|---|
| ► Ein Schlosser arbeitet viele Jahre in einem Stahlwerk und führt Reparaturarbeiten an Elektrolichtbogenöfen aus, die extreme Lärmpegel von bis zu 120 dB(A) erzeugen | → | **Versicherte Person** (Schlosser)<br>+<br>**langjährige Lärmeinwirkung am Arbeitsplatz**<br>+<br>**Versicherte Tätigkeit** |
| ► Lärm gilt ab einem Pegel von 85 dB(A) als gesundheitsschädigend. Der Schlosser wird infolge des gesundheitsschädigenden Lärms an seinem Arbeitsplatz schwerhörig. (vgl. neue Lärm- und Vibrationsschutzverordnung) | → | **Körperschaden** |
| ► Die **Lärmschwerhörigkeit** ist eine der wichtigsten und **häufigsten Berufskrankheiten** in der Metallindustrie und im Metallhandwerk. Sie gilt schon sehr lange als Berufskrankheit und ist in der BeKV ausdrücklich verzeichnet. | → | **in der BeKV erfasst** |

→ **Bei dem Schlosser liegt eine Berufskrankheit vor.**

Der wesentliche **Unterschied** zwischen Arbeitsunfällen und Berufskrankheiten ist im **Zeitfaktor** zu sehen. Während der **Körperschaden** beim Arbeitsunfall **plötzlich** verursacht wird, geschieht dies bei der **Berufskrankheit** über **längere Zeiträume** hinweg.

## 12. Welche Bestimmungen enthält die Reichsversicherungsordnung (RVO)?

Die RVO stammt aus dem Jahr 1924 und wurde in vielen Teilen aufgrund neuer Gesetze aufgehoben.

Wesentliche Inhalte der RVO sind:

| | |
|---|---|
| §§ 1 - 194 | aufgehoben (ehemals: Gemeinsame Vorschriften, Krankenversicherung) |
| §§ 195 - 200 | aufgehoben (ehemals: Schwangerschaft und Mutterschaft) |
| §§ 537 - 1160 | aufgehoben (ehemals: Gesetzliche Unfallversicherung) |

## 13. Welche Bestimmungen enthält das Arbeitsschutzgesetz (ArbSchG)?

Das „Gesetz über die Durchführung von Maßnahmen des Arbeitsschutzes zur Verbesserung der Sicherheit und des Gesundheitsschutzes der Beschäftigten bei der Arbeit" (kurz: Arbeitsschutzgesetz, ArbSchG) hat folgende, zentrale Inhalte (die zentralen Paragrafen bitte lesen; Einzelheiten dazu vgl. auch >> 1.4.2 ff. lt. Rahmenplan):

§ 1 **Zielsetzung und Anwendungsbereich**
*„... dient dazu, Sicherheit und Gesundheitsschutz der Beschäftigten bei der Arbeit ... zu sichern und zu verbessern."*

§ 2 **Begriffsbestimmungen**
*„Maßnahmen des Arbeitsschutzes ... sind ... Verhütung von Unfällen ..., arbeitsbedingte Gesundheitsgefahren ... Maßnahmen der menschengerechten Gestaltung der Arbeit."*

§ 3 **Grundpflichten des Arbeitgebers**

- alle erforderlichen Maßnahmen des Arbeitsschutzes zu treffen
- auf ihre Wirksamkeit hin zu überprüfen und ggf. anzupassen
- für eine geeignete Organisation zu treffen
- Vorkehrungen zu treffen, dass die Maßnahmen bekannt sind und beachtet werden
- trägt die Kosten des Arbeitsschutzes.

§ 4 **Allgemeine Grundsätze**

§ 5 **Beurteilung der Arbeitsbedingungen**

- der Arbeitgeber hat eine Beurteilung der Gefährdung zu ermitteln
- hat die Beurteilung je nach Art der Tätigkeit vorzunehmen.

§ 6 **Dokumentation**

- Ergebnis der Gefährdungsbeurteilung und die Maßnahmen des Arbeitsschutzes und das Ergebnis der Überprüfung ist in Unterlagen festzuhalten
- bestimmte Unfälle hat der Arbeitgeber zu erfassen (bei Todesfolge und bei Arbeitsunfähigkeit > 3 Tage).

§ 10 **Erste Hilfe und sonstige Notfallmaßnahmen**
Der Arbeitgeber

- ... hat die erforderlichen Maßnahmen zu treffen (Erste Hilfe, Brandbekämpfung, Evakuierung)
- ... hat die Verbindung zu außerbetrieblichen Stellen herzustellen (Erste Hilfe, medizinische Notversorgung, Bergung, Brandbekämpfung)
- ... hat geeignetes Personal für die o. g. Maßnahmen zu benennen.

§ 11 **Arbeitsmedizinische Vorsorge**
Arbeitnehmer haben ein grundsätzliches Recht, sich regelmäßig arbeitsmedizinisch untersuchen zu lassen.

§ 12 **Unterweisung**
Der Arbeitgeber muss die Beschäftigten regelmäßig unterweisen (bei der Einstellung, bei Veränderungen, bei neuen Arbeitsmitteln/Technologien).

§ 15 **Pflichten der Beschäftigten**

- haben für Sicherheit und Gesundheit Sorge zu tragen
- haben Maschinen, Schutzvorrichtungen usw. bestimmungsgemäß zu verwenden.

INFO

Mit Inkrafttreten des ArbSchG sind die Vorschriften der §§ 120, 120a GewO weggefallen.

## 14. Welche Bestimmungen enthält die Gewerbeordnung (GewO)?

Die Gewerbeordnung ist das älteste Gesetz, das sich mit der Gestaltung der Arbeitsverhältnisse beschäftigt. Durch das am 21.08.1996 in Kraft getretene Arbeitsschutzgesetz (ArbSchG) wurden Teile der Gewerbeordnung aufgehoben.

Insbesondere wurde die Generalklausel **der Gewerbeordnung** („*... der Unternehmer verpflichtet ist, Arbeitsräume, ... so zu regeln, dass die Arbeitnehmer gegen Gefahren für Leben und Gesundheit ... geschützt sind ...*“) **ersetzt durch die zeitgemäßeren Vorschriften der §§ 1 ff. des ArbSchG**.

## 15. Welche Bedeutung haben weitere Gesetze für den Arbeitsschutz und die Arbeitssicherheit?

INFO

Der Rahmenplan nennt unter Ziffer 1.4.1 eine Fülle für den Arbeitsschutz relevanter Gesetze in ungeordneter Reihenfolge mit der Taxonomie kennen. Zum Teil werden einzelne dieser Gesetze in den nachfolgenden Kapiteln >> 1.4.2 ff. erneut aufgeführt, zum Teil sind diese Gesetze zwischenzeitlich vom Gesetzgeber aufgehoben, zum Teil verwendet der Rahmenplan falsche Gesetzesbezeichnungen. Von daher erscheint uns eine **Übersicht** geboten, in welcher Weise die zu behandelnden Gesetze und Bestimmungen in diesem Buch bearbeitet werden.

| Weitere Gesetze für den Arbeitsschutz und die Arbeitssicherheit | | |
|---|---|---|
| **Bezeichnung** | **Abkürzung** | **Fundstelle** |
| Bildschirmarbeitsverordnung | **BildscharbV** (neu: wurde 2015 in die ArbStättV integriert) | vgl. Frage 16. |
| Arbeitszeitgesetz | **ArbZG** | |
| Betriebsverfassungsgesetz | **BetrVG** | >> 1.4.2 |
| Mutterschutzgesetz | **MuSchG** | >> 1.4.3 |
| Teilhabe und Rehabilitation | **SGB IX** | |
| Jugendarbeitsschutzgesetz | **JArbSchG** | |
| Gesetz über Betriebsärzte, Sicherheitsingenieure und andere Fachkräfte der Arbeitssicherheit | **ASiG** | >> 1.4.4 |
| Gefahrstoffverordnung | **GefStoffV** | >> 1.4.5 |
| Arbeitsstättenverordnung | **ArbStättV** | |
| Produktsicherheitsgesetz | **ProdSG** | >> 1.4.6 |
| Betriebssicherheitsverordnung | **BetrSichV** | |
| Bundesimmissionsschutzgesetz | **BImSchG** | >> 1.5 |

## 16. Was ist in der Bildschirmarbeitsverordnung (BildscharbV) geregelt?

Die BildscharbV (= Verordnung über Sicherheit und Gesundheitsschutz bei der Arbeit an Bildschirmgeräten) enthält spezielle Schutzbestimmung für Bildschirmarbeitsplätze (Beschaffenheit der Arbeitsmittel, Augenuntersuchung, vorgeschriebene Pause). Die BildscharbV wurde zum 01.01.2015 aufgehoben und in die ArbStättV integriert. Bildschirmarbeitsplätze sind abzugrenzen von Arbeitsplätzen, an denen gelegentlich mithilfe des Bildschirms gearbeitet wird. Ergänzende Bestimmungen sind in Tarifverträgen enthalten.

### 17. Welche Bestimmungen enthält das Nichtraucherschutzgesetz?

Ziel des Gesetzes ist der Schutz der Nichtraucher vor den schädlichen Auswirkungen des Passivrauchens. Gaststätten müssen nunmehr als Nichtrauchergaststätten geführt werden. In allen Räumlichkeiten (Küche, Aufenthaltsräume für das Personal usw.) ist das Rauchen grundsätzlich untersagt. Es kann aber ein baulich abgetrennter Raum geschaffen werden, um Rauchern den Aufenthalt angenehm gestalten zu können. Personen unter 18 Jahren ist der Zugang zu Tabakwaren zu verwehren (Änderung des Jugendschutzgesetzes).

## 1.4.2 Verantwortung für den Arbeitsschutz und die Arbeitssicherheit

### 01. Welche Pflichten hat der Arbeitgeber im Rahmen des Arbeits- und Gesundheitsschutzes?

Der Arbeitgeber trägt – vereinfacht formuliert – die Verantwortung dafür, dass seine Mitarbeiter am Ende des Arbeitstages möglichst genauso gesund sind, wie zu dessen Beginn. Er hat dazu alle erforderlichen Maßnahmen zur Verhütung von Arbeitsunfällen, Berufskrankheiten und arbeitsbedingten Gesundheitsgefahren sowie für wirksame Erste Hilfe zu ergreifen.

Das **Arbeitsschutzgesetz** (ArbSchG) legt die **Pflichten des Arbeitgebers im Arbeits- und Gesundheitsschutz** als Umsetzung der Europäischen Arbeitsschutz-Rahmenrichtlinie fest. Die **Grundpflichten des Unternehmers sind also europaweit harmonisiert**. Nach dem Arbeitsschutzgesetz kann man die Verantwortung des Arbeitgebers für den Arbeitsschutz in Grundpflichten, besondere Pflichten und allgemeine Grundsätze gliedern:

- **Grundpflichten des Arbeitgebers** nach § 3 ArbSchG:
  Die Grundpflichten des Unternehmers sind im § 3 des Arbeitsschutzgesetzes genau beschrieben. Danach muss der Unternehmer
  - alle notwendigen **Maßnahmen** des Arbeitsschutzes **treffen**
  - diese Maßnahmen auf ihre **Wirksamkeit überprüfen** und ggf. **anpassen**
  - dafür sorgen, dass die Maßnahmen den **Mitarbeitern** bekannt sind und **beachtet** werden
  - für eine **geeignete Organisation** im Betrieb sorgen
  - die **Kosten** für den Arbeitsschutz **tragen**.
- **Allgemeine Grundsätze** nach § 4 ArbSchG:
  Der Arbeitgeber hat bei der Gestaltung von Maßnahmen des Arbeitsschutzes folgende allgemeine Grundsätze zu beachten:
  1. Eine Gefährdung ist möglichst zu vermeiden; eine verbleibende Gefährdung ist möglichst gering zu halten.
  2. Gefahren sind an ihrer Quelle zu bekämpfen.
  3. Zu berücksichtigen sind: Stand der Technik, Arbeitsmedizin, Hygiene sowie gesicherte arbeitswissenschaftliche Erkenntnisse.

4. Technik, Arbeitsorganisation, Arbeits- und Umweltbedingungen sowie soziale Beziehungen sind sachgerecht zu verknüpfen.
5. Individuelle Schutzmaßnahmen sind nachrangig.
6. Spezielle Gefahren sind zu berücksichtigen.
7. Den Beschäftigten sind geeignete Anweisungen zu erteilen.
8. Geschlechtsspezifische Regelungen sind nur zulässig, wenn dies biologisch zwingend ist.

- **Besondere Pflichten des Arbeitgebers** nach §§ 5 - 14 ArbSchG, z. B.:
Um sicherzustellen, dass wirklich geeignete und auf die Arbeitsplatzsituation genau zugeschnittene wirksame Maßnahmen ergriffen werden, schreibt § 5 des Arbeitsschutzgesetzes vor, dass der Arbeitgeber
  - die **Gefährdungen** im Betrieb **ermittelt** und
  - die **Gefährdungen beurteilen** muss.

  Der Arbeitgeber ist verpflichtet, **Unfälle** zu **erfassen**. Dies betrifft insbesondere **tödliche Arbeitsunfälle**, Unfälle mit **schweren Körperschäden** und Unfälle, die dazu geführt haben, dass der Unfallverletzte **mehr als drei Tage arbeitsunfähig** war. Für Unfälle, die diese Bedingungen erfüllen, besteht gegenüber der Berufsgenossenschaft eine **Anzeigepflicht**. Der Arbeitgeber muss für eine **funktionierende Erste Hilfe** und die erforderlichen **Notfallmaßnahmen** in seinem Betrieb sorgen (§ 10 ArbSchG).

| Pflichten des Arbeitgebers nach dem ArbSchG im Überblick | | |
|---|---|---|
| **Grundpflichten** | **Allgemeine Grundsätze** | **Besondere Pflichten** |
| **§ 3 ArbSchG** | **§ 4 ArbSchG** | **§§ 5 - 14 ArbSchG** |
| ► Maßnahmen treffen<br>► Wirksamkeit kontrollieren<br>► Verbesserungspflicht<br>► Vorkehrungs-/Bereitstellungspflicht<br>► Kostenübernahme | ► Gefährdungsvermeidung<br>► Gefahrenbekämpfung<br>► Überprüfen des Technikstandes<br>► Planungspflichten<br>► Schutz besonderer Personengruppen<br>► Anweisungspflicht<br>► Diskriminierungsverbot | ► Gefährdungsbeurteilung, Analyse, Dokumentation §§ 5 - 6<br>► sorgfältige Aufgabenübertragung § 7<br>► Zusammenarbeit mit anderen Arbeitgebern § 7<br>► Vorkehrungen bei besonders gefährlichen Arbeitsbereichen § 9<br>► Erste Hilfe § 10<br>► arbeitsmedizinische Vorsorge § 11<br>► Unterweisung der Mitarbeiter § 12 |

## 02. Welche Bedeutung hat die Übertragung von Unternehmerpflichten nach § 7 Arbeitsschutzgesetz?

Dem Unternehmer/Arbeitgeber sind vom Gesetzgeber Pflichten im Arbeitsschutz auferlegt worden. Diese Pflichten obliegen ihm **persönlich**. Im Einzelnen sind dies (vgl. oben, Grundpflichten):

- die **Organisationsverantwortung**,
- die **Auswahlverantwortung** (Auswahl der richtigen Personen) und
- die **Aufsichtsverantwortung** (Kontrollmaßnahmen).

Je größer das Unternehmen ist, desto umfangreicher wird natürlich für den Unternehmer das Problem, die sich aus der generellen Verantwortung ergebenden Pflichten im betrieblichen Alltag persönlich wirklich wahrzunehmen.

In diesem Falle überträgt er seine persönlichen Pflichten auf **betriebliche Vorgesetzte** und/oder **Aufsichtspersonen**. Er beauftragt sie mit seinen Pflichten und bindet sie so in seine Verantwortung mit ein.

- § 13 der Unfallverhütungsvorschrift DGUV Vorschrift 1 „Grundsätze der Prävention" legt fest, dass der **Verantwortungsbereich** und die **Befugnisse**, die der Beauftragte erhält, um die beauftragten Pflichten erledigen zu können, vorher **genau festgelegt** werden müssen. Die **Pflichtenübertragung** bedarf der **Schriftform**. Das Schriftstück ist vom Beauftragten zu unterzeichnen. Dem Beauftragten ist ein Exemplar auszuhändigen.
- Die Pflichten von Beauftragten, also Vorgesetzten und Aufsichtspersonen, bestehen jedoch rein rechtlich auch ohne eine solche schriftliche Beauftragung, also unabhängig von § 13 DGUV Vorschrift 1. Dies ist deswegen der Fall, weil sich die **Pflichten des Vorgesetzten** bzw. der Aufsichtsperson aus deren Arbeitsvertrag ergeben. Alle Vorgesetzten, und dazu gehören insbesondere die Industriemeister, sollten ganz genau wissen, dass sie ab Übernahme der Tätigkeit in ihrem Verantwortungsbereich nicht nur für einen geordneten Arbeits- und Produktionsablauf verantwortlich sind, sondern auch für die Sicherheit der unterstellten Mitarbeiter.
- Um dieser Verantwortung gerecht zu werden, räumt der Unternehmer dem Vorgesetzten **Kompetenzen** ein. Diese **Kompetenzen** muss der Vorgesetzte **konsequent einsetzen**. Aus der **persönlichen Verantwortung** erwächst immer auch die **persönliche Haftung**.

## 03. Welche Pflichten sind den Mitarbeitern im Arbeitsschutz auferlegt → §§ 15 f. ArbSchG, DGUV Vorschrift 1

- **Rechtsquellen:**
  - Die **Pflichten** der Mitarbeiter sind in § 15 ArbSchG **allgemein** beschrieben.
  - § 16 ArbSchG legt **besondere Unterstützungspflichten** der Mitarbeiter dem Unternehmer gegenüber fest. Natürlich sind alle Mitarbeiter verpflichtet, im innerbetrieblichen Arbeitsschutz aktiv mitzuwirken.

- Die §§ 15 und 18 der berufsgenossenschaftlichen Unfallverhütungsvorschrift „Grundsätze der Prävention" (DGUV Vorschrift 1) regeln die diesbezüglichen Verpflichtungen der Mitarbeiter im betrieblichen Arbeitsschutz.

| **Pflichten der Mitarbeiter im Arbeitsschutz** | |
|---|---|
| **Weisungen des AG befolgen** | Die Mitarbeiter müssen die **Weisungen** des Unternehmers für ihre Sicherheit und Gesundheit befolgen. |
| **Eigensorge** | Der AN hat für die eigene Sicherheit zu sorgen. |
| **Fremdsorge** | Der AN hat für die Sicherheit der Personen zu sorgen, die von seinen Handlungen betroffen sind. |
| **Ordnungsgemäße Verwendung der Arbeitsmittel** | Die Mitarbeiter müssen Einrichtungen, Arbeitsmittel und Arbeitsstoffe sowie Schutzvorrichtungen bestimmungsgemäß benutzen und dürfen sich an gefährlichen Stellen im Betrieb nur im Rahmen der ihnen übertragenen Aufgaben aufhalten; die persönliche Schutzausrüstung ist bestimmungsgemäß zu verwenden. |
| **Unterstützungspflicht** | Die Maßnahmen, die der Unternehmer getroffen hat, um für einen wirksamen Schutz der Mitarbeiter zu sorgen, sind von den Mitarbeitern zu unterstützen. |
| **Mitteilungspflicht** | Die Mitarbeiter haben gemeinsam mit dem Betriebsarzt (BA) und der Fachkraft für Arbeitssicherheit (Sifa) den Arbeitgeber in seiner Verantwortung zu unterstützen; festgestellte Gefahren und Defekte sind dem BA und der Sifa mitzuteilen. |
| **Mitteilung von Gefahren und Defekten** | Gefahren und Defekte sind vom Mitarbeiter unverzüglich zu melden. |

## 04. Welche Pflichten und Rechte hat der Betriebsrat im Arbeitsschutz?

| **Pflichten und Rechte des Betriebsrats im Arbeitsschutz** | |
|---|---|
| **Pflicht zur Überwachung** | der Einhaltung der arbeitsrechtlichen Bestimmungen (§ 89 BetrVG). |
| **Mitbestimmungsrecht** | bei Regelungen über die Verhütung von Arbeitsunfällen, Berufskrankheiten und den Gesundheitsschutz (§ 87 Abs. 1 Nr. 7 BetrVG). |
| **Recht auf Abschluss freiwilliger Betriebsvereinbarungen** | über zusätzliche Maßnahmen zur Verhütung von Arbeitsunfällen und Gesundheitsschädigungen. |
| **Unterrichtungs- und Beratungsrecht** | über Planung der Arbeitsplätze, die den arbeitswissenschaftlichen Erkenntnissen offensichtlich widersprechen (§§ 90, 91 BetrVG). |
| **Beteiligung** | bei der Bestellung und Abberufung von Sicherheitsfachkräften, Betriebsärzten und Sicherheitsbeauftragten (§ 9 Abs. 3 ASiG, § 22 Abs. 1 SGB VII). |
| **Teilnahme** | im Arbeitsschutzausschuss (§ 11 ASiG). |

### 05. Welche Rechtsfolgen ergeben sich bei Verstößen und Ordnungswidrigkeiten im Rahmen des Arbeitsschutzes?

a) **Ordnungswidrig** handelt, wer vorsätzlich oder fahrlässig gegen Verordnungen des Arbeitsschutzes verstößt (betrifft Arbeitgeber und Beschäftigte; § 25 ArbSchG).

b) **Ordnungswidrigkeiten** werden mit Geldstrafe bis zu 5.000 €, in besonderen Fällen bis zu 25.000 € geahndet (§ 25 ArbSchG).

c) Wer dem Arbeitsschutz zu wider laufende Handlungen beharrlich wiederholt oder durch vorsätzliche Handlung Leben oder Gesundheit von Beschäftigten gefährdet, wird mit **Freiheitsstrafe bis zu einem Jahr oder mit Geldstrafe** bestraft.

Zu beachten ist weiterhin:

Ein Arbeitgeber kann bei Nichtbeachtung der Arbeitsschutzvorschriften unter Umständen von der Berufsgenossenschaft in Regress genommen werden (Rückforderung von Leistungen); außerdem besteht ggf. ein Schadenersatzanspruch des Arbeitnehmers, falls dieser eine gesundheitliche Schädigung erleidet.

## 1.4.3 Sonderschutzrechte für schutzbedürftige Personen

### 01. Welche Sonderregelungen des sozialen Arbeitsschutzes für besondere Personengruppen bestehen im Einzelnen?

| Sonderschutzrechte für besondere Personengruppen | |
|---|---|
| **Freiwillig Wehrdienstleistende** | Der Arbeitsplatz der Arbeitnehmer, die den Freiwilligen Grundwehrdienst leisten, ist durch das **Arbeitsplatzschutzgesetz** (ArbPlSchG) besonders geschützt. Diese Arbeitnehmer genießen überdies einen besonderen Kündigungsschutz. Die Wehrpflicht wurde ausgesetzt (2011). |
| **Mütter** | Werdende und junge Mütter genießen den besonderen Schutz des **Mutterschutzgesetzes** (MuSchG) hinsichtlich der Art ihrer Beschäftigung und der Arbeitszeit sowie im Hinblick auf den Kündigungsschutz. |
| **Schwerbehinderte Menschen** | Das **SGB IX** sichert den schwerbehinderten Menschen berufliche Förderung und den Arbeitsplatz. Auch bestehen besondere Kündigungsschutzbestimmungen. |
| **Heimarbeiter** | Das **Heimarbeitsgesetz** (HAG) schützt die Heimarbeiter vor besonderen Gefahren im Hinblick auf das Entgelt und einen beschränkten Kündigungsschutz. |
| **Auszubildende, Jugendliche** | Auszubildende werden nach dem **Berufsbildungsgesetz** (BBiG), Jugendliche nach dem **Jugendarbeitsschutzgesetz** (JArbSchG) und dem Gesetz über den Schutz der Jugend in der Öffentlichkeit (JSchG) und ferner durch das Jugendgerichtsgesetz besonders geschützt. |
| **Mitglieder des Betriebsrates und der JAV** | Das **Betriebsverfassungsgesetz** (BetrVG) wiederum gibt den Betriebsräten und den Jugend- und Auszubildendenvertretungen (JAV) besonderen Kündigungsschutz. |

## 02. Welchen besonderen Schutz genießen Frauen?

a) **Gleichbehandlungsgrundsatz:**
   - Art. 3, 6 GG
   - Allgemeines Gleichbehandlungsgesetz (AGG)

b) **Förderung:**
   - Frauenförderungsgesetz (FFG)

c) **Mütter:**
   - Mutterschutz, Bundeserziehungsgeld bzw. Elterngeld.

Der Schutz im Zusammenhang mit der Geburt und Erziehung eines Kindes ist im **Mutterschutzgesetz** und im **BEEG** geregelt. Insbesondere finden sich folgende Bestimmungen:

- Das MuSchG gilt für alle Frauen, die in einem Arbeitsverhältnis stehen.
- Der Arbeitsplatz ist besonders zu gestalten (Leben und Gesundheit der werdenden/stillenden Mutter ist zu schützen).
- Es existiert ein **relatives** und ein **absolutes Beschäftigungsverbot** für werdende Mütter §§ 3, 4, 8 MuschG).
- Anspruch auf Arbeitsfreistellung für die Stillzeit
- Entgeltschutz: Verbot finanzieller Nachteile
- absolutes Kündigungsverbot (während der Schwangerschaft und vier Monate danach)
- Es besteht Anspruch auf Elterngeld und Elternzeit.

## 03. Welche Bestimmungen enthält das Schwerbehindertenrecht (SGB IX)?

Maßgeblich sind folgende Bestimmungen:

- Damit **Leistungen schnellstmöglich erbracht werden**, soll das Verwaltungsverfahren durch eine rasche Zuständigkeitsklärung verkürzt werden. Zahlt der Leistungsträger (Krankenkasse, BfA oder andere) nicht rechtzeitig, kann der Schwerbehinderte sich selbst darum kümmern. Er bekommt seinen Aufwand nachträglich ersetzt, muss dem Leistungsträger aber vorher eine Frist setzen.
- **Sachleistungen** gibt es nun auch im **Ausland**, wenn sie dort bei gleicher Qualität und Wirksamkeit wirtschaftlicher erbracht werden können.
- In allen Städten und Landkreisen sollen Behinderte über alle für sie in Betracht kommenden Rehabilitationsleistungen umfassend durch gemeinsame **Servicestellen** der verschiedenen Rehabilitationsträger beraten werden. **Die Servicestellen werden vernetzt.**
- Die bisherigen berufsfördernden Leistungen zur Rehabilitation heißen nun Leistungen zur Teilhabe am Arbeitsleben, die Hauptfürsorgestellen Integrationsämter.

Neue Leistungen:

- die Arbeitsassistenz zur Arbeitsaufnahme (etwa eine Vorlesekraft für Blinde)
- ein Überbrückungsgeld als Leistung für berufliche Rehabilitation mit der Aufnahme einer selbstständigen Tätigkeit (bisher nur Arbeitsämter)
- Arbeitgebern stehen höhere Eingliederungszuschüsse zu
- Übergangsgeld besteht grundsätzlich zeitlich unbegrenzt und kann auch bei ambulanter Rehabilitation gezahlt werden.

► **Weitere Bestimmungen:**

- Arbeitgeber mit mehr als 20 Arbeitsplätzen müssen mindestens 5 % der Arbeitsplätze mit schwerbehinderten Menschen besetzen (**Schwerbehindertenquote**). Bei Nichterfüllung der Vorgabe muss der Arbeitgeber eine **Ausgleichsabgabe** zahlen.
- Auf Verlangen sind schwerbehinderte Menschen von Mehrarbeit freizustellen.
- Schwerbehinderte Menschen haben einen Zusatzurlaub von fünf Arbeitstagen (Achtung: Gleichgestellte erhalten keinen Zusatzurlaub, § 208 Abs. 1 SGB IX).
- Die Schwerbehindertenvertretung ist am Einstellungsverfahren eines schwerbehinderten Menschen zu beteiligen (§ 178 Abs. 1 SGB IX).
- Der besondere Kündigungsschutz greift erst nach sechs Monaten Beschäftigung (§ 173 Abs. 1 Nr. 1 SGB IX).

Das Bundesteilhabegesetz (BTHG) novelliert das Neunte Sozialgesetzbuch (SGB IX) seit dem 31.12.2017. Es enthält zahlreiche Bestimmungen, z. B.:

► Die Schwerbehindertenvertretung (SBV) erhält eine stärkere Stellung.

► Die Kündigung eines schwerbehinderten Menschen ist ohne Beteiligung (Anhörung) der SBV unwirksam.

## 04. Welche Rechte können schwerbehinderte Menschen geltend machen, wenn sie benachteiligt wurden?

| | |
|---|---|
| **Beschwerderecht** | Schwerbehinderte Menschen können sich bei Benachteiligung beschweren (§ 13 AGG). |
| **Verweigerung der Leistung** | Diskriminierte Arbeitnehmer dürfen ihre Arbeitsleistung verweigern, wenn der Arbeitgeber nichts gegen die Diskriminierung unternimmt (§ 14 AGG). |
| **Unterlassungsklage** | Diskriminierte Arbeitnehmer können auf Unterlassung der Diskriminierung klagen. |
| **Schadenersatz** | Benachteiligte Arbeitnehmer können den Ersatz des Nichtvermögensschadens (Schmerzensgeld) und des Vermögensschadens geltend machen (§ 15 AGG).<br><br>Wenn ein schwerbehinderter Bewerber benachteiligt wird, so kann er eine Entschädigung in Geld verlangen. |

## 05. Welche wichtigen Einzelbestimmungen enthält das Jugendarbeitsschutzgesetz?

Das Jugendarbeitsschutzgesetz regelt die Beschäftigung von Personen unter 18 Jahren:

| | |
|---|---|
| **Arbeitszeit** | **8 Stunden** täglich; Ausnahme: 8 ½ Stunden; **40 Stunden** wöchentlich; zu beachten ist § 21a JArbSchG; (bitte lesen);<br>**5-Tage-Woche** (§ 15 JArbSchG) |
| **Ruhepausen** | 4 ½ bis 6 Stunden → **30 Minuten**; mehr als 6 Stunden → 60 Minuten; Pausen: mindestens 15 Minuten |
| **Samstagsarbeit, Sonntagsarbeit** | ist **verboten**; Ausnahmen: offene Verkaufsstellen, Gaststätten, Verkehrswesen; mindestens zwei Samstage sollen beschäftigungsfrei sein, dafür aber Freistellung an einem anderen berufsschulfreien Arbeitstag. |
| **Urlaub** | Mindestens **30 Werktage**, wer zu Beginn des Kalenderjahres noch nicht 16 Jahre alt ist; mindestens 27 Werktage, wer noch nicht 17 Jahre alt ist; mindestens 25 Werktage, wer noch nicht 18 Jahre alt ist. Bis zum 01.07. voller Jahresurlaub, ab 02. Juli 1/12 pro Monat. |
| **Berufsschulbesuch** | Jugendliche sind für die Teilnahme am Berufsschulunterricht freizustellen und nicht zu beschäftigen:<br>► vor einem vor 9:00 Uhr beginnenden Unterricht<br>► an einem Berufsschultag mit mehr als 5 Unterrichtsstunden<br>► in Berufsschulwochen mit Blockunterricht von 25 Stunden an 5 Tagen. Berufsschultage werden mit 8 Stunden auf die Arbeitszeit angerechnet. |
| **Freistellungen für Prüfungen** | Freistellung muss erfolgen für die Teilnahme an Prüfungen und an dem Arbeitstag, der der schriftlichen Abschlussprüfung unmittelbar vorangeht. |
| **Beschäftigung** | nur in der Zeit von **6:00 - 20:00 Uhr**; im Gaststättengewerbe bis 22:00 Uhr. In mehrschichtigen Betrieben dürfen Jugendliche über 16 Jahren ab 5:30 Uhr oder bis 23:30 Uhr beschäftigt werden.<br><br>Am 24. und 31.12. nach 14:00 Uhr und an gesetzlichen Feiertagen keine Beschäftigung. Ausnahmen bestehen für Gaststättengewerbe, jedoch nicht am 25.12., 01.01., ersten Ostertag und am 01.05. |
| **Verbot der Beschäftigung** | mit gefährlichen Arbeiten, Akkordarbeit ist verboten (Ausnahmen). |
| **Untersuchungen** | sind verpflichtend (§§ 32 ff. JArbSchG). |
| **Unterweisung** | Vor Beginn der Beschäftigung und in regelmäßigen Abständen hat eine Unterweisung über Gefahren zu erfolgen (§ 28a JArbSchG). |
| **Aushänge und Verzeichnisse** | Auszuhändigen sind: Jugendarbeitsschutzgesetz, Mutterschutzgesetz, Anschrift der Berufsgenossenschaft, tägliche Arbeitszeit; es ist ein Verzeichnis der beschäftigten Jugendlichen mit Angabe deren täglicher Arbeitszeit zu führen. |

### 06. Welchen Schutz hat der Arbeitnehmer bei sexueller Belästigung am Arbeitsplatz?

Als sexuelle Belästigung wird angesehen: Strafrechtlich relevantes Verhalten und sonstige sexuelle Handlungen und Aufforderungen zu diesen, sexuell bestimmte körperliche Berührungen, Bemerkungen sexuellen Inhalts sowie Zeigen und Anbringen pornografischer Darstellungen, die von den Betroffenen erkennbar abgelehnt werden (§ 2 Abs. 2 Satz 2 BSchG; Beschäftigtenschutzgesetz).

Betroffene Arbeitnehmer können sich bei den zuständigen Stellen im Betrieb, z. B. dem Arbeitgeber oder dem Betriebsrat, beschweren (§ 13 AGG; § 75 Abs. 2 BetrVG). Es besteht ein Recht auf Schadenersatz und Unterlassung. Arbeitgeber und Vorgesetzte haben die Beschwerde zu prüfen und geeignete Maßnahmen zu treffen, um die Wiederholung einer festgestellten, sexuellen Belästigung zu verhindern. Geeignete Maßnahmen des Arbeitgebers sind (§ 4 Abs. 1 BSchG): Ermahnung, Abmahnung, Versetzung, ordentliche oder außerordentliche Kündigung.

Unterlässt der Arbeitgeber geeignete Maßnahmen zur Verhinderung sexueller Belästigung, hat der Arbeitnehmer/die Arbeitnehmerin ein Zurückbehaltungsrecht (keine Pflicht zur Arbeit; trotzdem Anspruch auf Arbeitsentgelt).

| **Sexuelle Belästigung am Arbeitsplatz – Beispiele aus der Rechtsprechung** | | |
|---|---|---|
| Einmalige Belästigung durch sexuelle Witze gegen den Willen der/des Betroffenen. | → | **Ermahnung** |
| ▸ Piksen, Streicheln, Hinterherpfeifen<br>▸ Sich in den Weg stellen mit sexuellen Anspielungen<br>▸ Arm auf die Schulter legen und streicheln | → | **Abmahnung** |
| ▸ Einstellungsgespräch in der Sauna<br>▸ Wiederholtes Umarmen gegen den Willen der Kollegin/des Kollegen | → | **Ordentliche Kündigung** |
| ▸ Exhibitionistische Handlungen<br>▸ Obszönes Ausfragen von Arbeitnehmerinnen/Arbeitnehmern nach sexuellen Aktivitäten in der vergangenen Nacht verbunden mit obszönen Angeboten und Bemerkungen | → | **Außerordentliche Kündigung** |

## 1.4.4 Bestimmungen des Arbeitssicherheitsgesetzes (ASiG)

### 01. Welche zentralen Bestimmungen enthält das Arbeitssicherheitsgesetz?

Das Gesetz regelt insbesondere die **Pflichten der Arbeitgeber** zur Bestellung von **Betriebsärzten** und **Fachkräften für Arbeitssicherheit** (= SIFA) sowie die Pflicht zur Gründung eines Koordinationsgremiums des innerbetrieblichen Arbeitsschutzes – dem **Arbeitschutzsausschuss**. Das Gesetz bestimmt damit die grundsätzlichen Strukturen der Organisation des betrieblichen Arbeitsschutzes, indem es die Verantwortlichen, ihre Aufgaben und ihre Zusammenarbeit festlegt.

Durch das Arbeitssicherheitsgesetz soll dem verantwortlichen Arbeitgeber eine fachliche qualifizierte Unterstützung zur Seite gestellt werden. **Betriebsärzte und Fachkräfte** für Arbeitssicherheit stehen ihm als **Berater** zur Verfügung. **Leitgedanke des Gesetzes ist die Prävention** im betrieblichen Arbeits- und Gesundheitsschutz.

Mit der Revision des Arbeitssicherheitsgesetzes im Jahre 1996 wurden die **Aufgaben der Betriebsärzte und Fachkräfte für Arbeitssicherheit beträchtlich erweitert**. Sie haben die Pflicht, den Arbeitgeber beim Arbeitsschutz und bei der Unfallverhütung in allen Fragen des Gesundheitsschutzes und der Arbeitssicherheit einschließlich der menschengerechten Arbeitsgestaltung **zu unterstützen**. Hierzu zählt auch die Unterstützung des Arbeitgebers bei der Verhütung arbeitsbedingter Erkrankungen und der Gefährdungsanalyse.

Im Einzelnen legt das Arbeitssicherheitsgesetz fest:

- die Bestellung von Betriebsärzten und Fachkräften für Arbeitssicherheit mit Zustimmung des Betriebsrats
- die Anforderungen an Betriebsärzte und Fachkräfte für Arbeitssicherheit
- ihre Unabhängigkeit
- ihre Verpflichtung zur gegenseitigen Zusammenarbeit und zur Zusammenarbeit mit dem Betriebsrat
- die Pflicht zur Bildung des Arbeitsschutzausschusses in Betrieben, seine Zusammensetzung und seine Aufgaben
- behördliche Anordnungen, Auskunfts- und Besichtigungsrechte
- die Möglichkeiten, überbetriebliche Dienste zur Erfüllung der Aufgaben von Betriebsärzten und Fachkräften für Arbeitssicherheit in Anspruch zu nehmen.

### 02. Wann sind Sicherheitsbeauftragte (Sibea) zu bestellen und welche Aufgaben haben sie? → § 20 DGUV Vorschrift 1

- **Pflicht zur Bestellung von Sicherheitsbeauftragten:**
  Wann Sicherheitsbeauftragte (Sibea) zu bestellen sind, ist durch § 20 der berufsgenossenschaftlichen Unfallverhütungsvorschrift DGUV Vorschrift 1 „Grundsätze der Prävention" genau geregelt:

  Sicherheitsbeauftragte sind vom Arbeitgeber zu bestellen, wenn im Betrieb mehr als **20 Mitarbeiter** beschäftigt werden, d. h. die Verpflichtung, Sicherheitsbeauftragte zu bestellen, erwächst dem Unternehmer genau dann, wenn er den 21. Mitarbeiter einstellt.

  Es hat sich in größeren Betrieben als sehr praktisch erwiesen, Sicherheitsbeauftragte speziell für die einzelnen Abteilungen, Werkstätten bzw. den kaufmännischen Bereich zu bestellen. Die Anzahl der zu bestellenden Sicherheitsbeauftragten richtet sich danach, in welche Gefahrklasse der Gewerbezweig eingestuft ist.

MERKE

Es gilt grob die Regel:

Je **gefährlicher** der **Gewerbezweig**, desto **mehr Sicherheitsbeauftragte** müssen bestellt werden.

---

- **Aufgaben der Sicherheitsbeauftragten:**
Sie haben die **Aufgabe**, den Arbeitgeber bei der Durchführung des Arbeitsschutzes über das normale Maß der Pflichten der Mitarbeiter im Arbeitsschutz hinaus zu unterstützen
  - Die Sicherheitsbeauftragten arbeiten **ehrenamtlich** und wirken auf **kollegialer Basis** auf die Mitarbeiter des Betriebsbereiches ein, für den sie bestellt worden sind.
  - Der Sicherheitsbeauftragte ist in der betrieblichen Praxis ein **wichtiger Partner** für den **Industriemeister** und hinsichtlich der Erfüllung der Pflichten des Meisters im Arbeitsschutz ein wichtiges **Bindeglied** zu den Mitarbeitern.
  - Das erforderliche **Grundwissen** für die Tätigkeit im Unternehmen erwirbt sich der Sicherheitsbeauftragte in einem kostenfreien Ausbildungskurs der **Berufsgenossenschaft**. Weiterhin bieten die Berufsgenossenschaften Fortbildungskurse für Sicherheitsbeauftragte an und stellen zahlreiche Arbeitshilfen zur Verfügung.

### 03. Wann sind Sicherheitsfachkräfte (Sifa) zu bestellen und welche Aufgaben haben sie? → § 5 ASiG, DGUV Vorschrift 2

- **Pflicht zur Bestellung von Sicherheitsfachkräften:**
Fachkräfte für Arbeitssicherheit (Sicherheitsfachkräfte; Sifa) muss grundsätzlich **jedes Unternehmen**, das **Mitarbeiter beschäftigt**, bestellen. Der Grundsatz der Bestellung sowie die Forderungen an die Fachkunde der Sicherheitsfachkräfte werden in dem **Arbeitssicherheitsgesetz** (ASiG) geregelt.

  Regeln für die betriebliche Ausgestaltung der Bestellung liefert die **Unfallverhütungsvorschrift** „Betriebsärzte und Fachkräfte für Arbeitssicherheit" DGUV Vorschrift 2.

  Die Berufsgenossenschaften legen hier fest, wie viele Sicherheitsfachkräfte für welche Einsatzzeit im Unternehmen tätig sein müssen. Wichtigste Anhaltspunkte für diese Einsatzgrößen sind die **Betriebsgröße** und der **Gewerbezweig** (Gefährlichkeit der Arbeit).

  Die Berufsgenossenschaften eröffnen kleinen Unternehmen in dieser Unfallverhütungsvorschrift die Wahlmöglichkeit zwischen der sog. **Regelbetreuung** durch eine Sicherheitsfachkraft oder **alternativen Betreuungsmodellen**, bei denen der Unternehmer des Kleinbetriebes selbst zum Akteur werden kann.

- **Aufgaben der Sicherheitsfachkraft:**
  - Die Sicherheitsfachkraft ist für den Unternehmer **beratend** tätig in allen Fragen des Arbeits- und Gesundheitsschutzes und schlägt Maßnahmen zur Umsetzung vor.

- Die Sicherheitsfachkraft ist darüber hinaus in der Lage, die **Gefährdungsbeurteilung** des Unternehmens **systematisch** zu betreiben, zu dokumentieren, konkrete Vorschläge zur Umsetzung der notwendigen Maßnahmen zu unterbreiten und deren **Wirksamkeit** im Nachgang zielorientiert zu überprüfen.
- Der **Industriemeister ist gut beraten**, **das Potenzial** der Sicherheitsfachkraft für seine Arbeit zu nutzen und eng mit ihr zusammen zu arbeiten.
- Die Sicherheitsfachkraft ist **weisungsfrei** tätig. Sie trägt demzufolge **keine Verantwortung** im Arbeitsschutz; diese hat der Arbeitgeber. Die Sicherheitsfachkraft muss jedoch die Verantwortung dafür übernehmen, dass sie ihrer Beratungsfunktion richtig und korrekt nachkommt.
- Sicherheitsfachkräfte müssen entweder einen **Abschluss als Ingenieur, Techniker oder Meister** erworben haben (§ 5 Abs. 1 ASiG). Erst damit besitzen sie die **Zugangsberechtigung** zur Teilnahme an einem berufsgenossenschaftlichen oder staatlichen **Ausbildungslehrgang** zur Fachkraft für Arbeitssicherheit. Mit dem Abschluss eines solchen Ausbildungslehrganges erwirbt die Sicherheitsfachkraft ihre **Fachkunde**; sie ist die gesetzlich geforderte Mindestvoraussetzung, um als Sicherheitsfachkraft tätig sein zu dürfen.

  Ein Ingenieur z. B. im Anlagenbau hat ohne diese zusätzliche Ausbildung (Ausbildungslehrgang) nicht die erforderliche Fachkunde.
- Die Ausbildungslehrgänge zum **Erwerb der Fachkunde** umfassen **drei Ausbildungsstufen**:
  - die **Grundausbildung**,
  - die **vertiefende Ausbildung** und
  - die **Bereichsausbildung**.

  Ein begleitendes **Praktikum** und eine schriftliche sowie mündliche **Abschlussprüfung** runden die Ausbildung ab. **Wichtigster Ausbildungsträger** für diese Ausbildung sind **die gewerblichen Berufsgenossenschaften**.
- Die Sicherheitsfachkraft muss dem Unternehmer regelmäßig über die Erfüllung ihrer übertragenen Aufgaben **schriftlich berichten**.
- Die Sicherheitsfachkraft kann **im Unternehmen angestellt** sein (Regelfall in Großbetrieben, häufigster Fall für den Industriemeister) oder sie kann extern vom Unternehmen **vertraglich verpflichtet** werden. Externe Sicherheitsfachkräfte sind **entweder freiberuflich tätig** oder **Angestellte** sicherheitstechnischer Dienste. **Diese** bieten ihre Dienstleistungen sowohl **regional** als auch **überregional** an.

### 04. Wann muss ein Arbeitsschutzausschuss gebildet werden, wie setzt er sich zusammen und wie oft muss er tagen? → § 11 ASiG

Der **Arbeitsschutzausschuss** (ASA) nach § 11 ASiG vereint alle Akteure des betrieblichen Arbeitsschutzes und dient der Beratung, Harmonisierung und Koordinierung der Aktivitäten im Unternehmen.

Sind in einem Unternehmen **mehr als 20 Mitarbeiter** beschäftigt, ist ein Arbeitsschutzausschuss zu bilden. Er setzt sich wie folgt zusammen:

Das Arbeitssicherheitsgesetz schreibt vor, dass der Arbeitsschutzausschuss einmal **vierteljährlich** tagt.

## 05. Welche Personen und Organe tragen die Verantwortung für den Arbeits-, Umwelt- und Gesundheitsschutz im Betrieb (Überblick)?

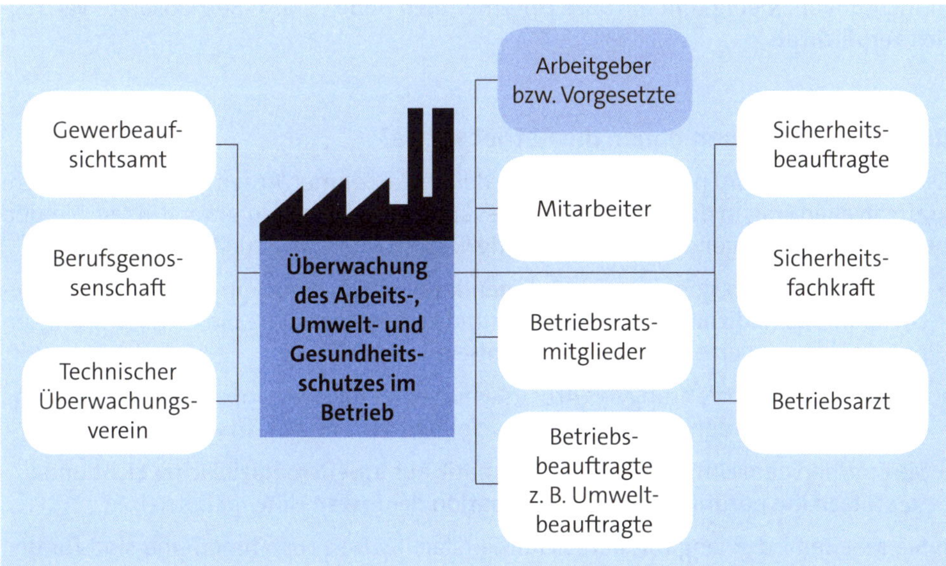

## 06. Wann muss ein Betriebsarzt bestellt werden?

**→ § 2 ASiG, DGUV Vorschrift 2**

Grundsätzlich **muss jedes Unternehmen**, das **Mitarbeiter beschäftigt**, einen Betriebsarzt bestellen. Diese **Verpflichtung** erwächst dem Unternehmer, genau wie die Verpflichtung zur Bestellung von Sicherheitsfachkräften, aus dem **Arbeitssicherheitsgesetz** (vgl. §§ 2 ff. ASiG).

Die Berufsgenossenschaften regeln mit der **Unfallverhütungsvorschrift DGUV Vorschrift 2** „Betriebsärzte und Fachkräfte für Arbeitssicherheit", wie viele Betriebsärzte für welche Einsatzzeit bestellt werden müssen und konkretisieren damit die Rahmenbedingungen für die betriebsärztliche Tätigkeit.

Sehr **kleinen Unternehmen** räumt die DGUV Vorschrift 2 die **Möglichkeit** ein, anstelle der Bestellung eines Betriebsarztes (Regelmodell) ein **alternatives Betreuungsmodell** zu wählen.

## 07. Wer darf als Betriebsarzt bestellt werden? → § 4 ASiG

Als Betriebsarzt darf nur ein Mediziner bestellt werden, der über die **arbeitsmedizinische Fachkunde** verfügt; i. d. R. ist der Betriebsarzt **Facharzt für Arbeitsmedizin**.

Betriebsärzte sind, sofern sie nicht Angestellte des Unternehmens sind, für das sie arbeiten, entweder freiberuflich tätig oder in Arbeitsmedizinischen Diensten angestellt. Diese arbeiten sowohl regional als auch überregional – große Dienste sogar bundesweit.

**Große Unternehmen** verfügen über **angestellte Betriebsärzte**, in sehr großen Unternehmen arbeiten sogar mehrere Betriebsärzte in firmeninternen arbeitsmedizinischen Einrichtungen. **Kleine und mittlere Unternehmen haben** i. d. R. Betriebsärzte **vertraglich verpflichtet**.

## 08. Welche Aufgaben haben die Betriebsärzte?

Die Betriebsärzte (BA) haben die Aufgabe, den Unternehmer/Arbeitgeber und die Fachkräfte in allen Fragen des betrieblichen Gesundheitsschutzes zu unterstützen. Sie sind bei dieser Tätigkeit genauso **beratend tätig** wie die Fachkräfte für Arbeitssicherheit.

- Betriebsärzte sind gehalten, im Rahmen ihrer Tätigkeit Arbeitnehmer **zu untersuchen, arbeitsmedizinisch zu beurteilen und zu beraten** sowie die Untersuchungsergebnisse auszuwerten und zu dokumentieren.
- Sie sollen die Durchführung des Arbeitsschutzes im Betrieb beobachten und sind eine wichtige Hilfe für den Unternehmer bei der **Beurteilung der Arbeitsbedingungen**.
- Sie eröffnen dem Unternehmer die Thematik **aus arbeitsmedizinischer Sicht** und unterstützen ihn natürlich bei der **Organisation der Ersten Hilfe** im Betrieb.
- Sie arbeiten i. d. R. eng mit den Sicherheitsfachkräften zusammen und sind für den **Industriemeister** ein **wichtiger Partner**.

MERKE

Zu den Aufgaben des Arbeitsmediziners gehört es **ausdrücklich nicht, Krankmeldungen** der Arbeitnehmer auf ihre Berechtigung **zu überprüfen (§ 3 Abs. 3 ASiG)**.

### 09. Was muss der Unternehmer/Arbeitgeber für die Erste Hilfe tun? → § 10 ArbSchG, DGUV Vorschrift 1, DGUV-R 100-001

Die Pflicht, für eine wirksame Erste Hilfe zu sorgen, erwächst dem Unternehmer allgemein aus § 10 ArbSchG, der die allgemeine Fürsorgepflicht des Unternehmers vertieft.

Die Unfallverhütungsvorschrift „Grundsätze der Prävention" DGUV Vorschrift 1 beschreibt die **Unternehmerpflichten für die Erste Hilfe** genauer:

- Der 3. Abschnitt dieser Vorschrift gibt dem Unternehmer auf, dass er in seinem Unternehmen Maßnahmen
  - zur **Rettung aus Gefahr** und
  - zur **Ersten Hilfe**

  treffen muss.
- Er hat dazu
  - die erforderlichen **Einrichtungen** und **Sachmittel** sowie
  - das erforderliche **Personal**

  zur **Verfügung** zu stellen und organisatorisch deren **funktionelle Verzahnung** zu gewährleisten.
- Er muss weiterhin dafür sorgen, dass
  - nach einem Unfall **unverzüglich** Erste Hilfe geleistet wird,
  - Verletzte **sachkundig transportiert** werden
  - die erforderliche **ärztliche Versorgung** veranlasst und
  - die Erste Hilfe **dokumentiert** wird.

Die **BG-Regel** „Grundsätze der Prävention" DGUV-R 100-001 beschreibt als Orientierungshilfe genau, was zu tun ist, was zu den notwendigen Einrichtungen und Sachmitteln zählt und was zu veranlassen sowie zu dokumentieren ist.

## 10. Wie viele Ersthelfer müssen bestellt werden und wie werden sie aus- und fortgebildet?

- Arbeiten in einem Unternehmen **2 bis 20 Mitarbeiter**, muss ein **Ersthelfer** zur Verfügung stehen.
- Bei **mehr als 20 Mitarbeitern** müssen **5 % der Belegschaft** als Ersthelfer zur Verfügung stehen, wenn der Betrieb ein **Verwaltungs- oder Handelsbetrieb** ist.
- In **Handwerks- und Produktionsbetrieben**, hierzu zählen die Betriebe der Industrie, müssen **10 % der Belegschaft** Ersthelfer sein.

**Ersthelfer** sind Personen, die bei einer von der Berufsgenossenschaft zur Ausbildung von Ersthelfern ermächtigten Stelle ausgebildet worden sind.

Ausbildende Stellen sind z. B. das Deutsche Rote Kreuz, der Arbeiter-Samariter-Bund, die Johanniter-Unfallhilfe sowie der Malteser Hilfsdienst. Die Ausbildung in einem Erste-Hilfe-Lehrgang dauert acht Doppelstunden. Hinweis: Die kurze Schulung, die Führerscheinbewerber nach § 19 Abs. 1 der Fahrerlaubnis-Verordnung (FeV) erhalten, reicht als Ausbildung nicht aus!

Der Unternehmer muss dafür sorgen, dass die Ersthelfer in **Zeitabständen von zwei Jahren fortgebildet** werden. Die Fortbildung besteht aus der Teilnahme an einem vier Doppelstunden dauernden Erste-Hilfe-Training. Wird die 2-Jahres-Frist überschritten, ist ein neuer Lehrgang erforderlich. Die gewerblichen **Berufsgenossenschaften übernehmen die Kosten** für Ersthelfer-Lehrgänge und -trainings.

## 11. Welche Einrichtungen und Sachmittel zur Ersten Hilfe müssen im Betrieb vorhanden sein (Erste-Hilfe-Ausrüstung)?

**→ DGUV Vorschrift 1, DGUV-R 100-001, DIN 13169, 13157**

§ 25 der Unfallverhütungsvorschrift „Grundsätze der Prävention" DGUV Vorschrift 1 schreibt allgemein die erforderlichen Einrichtungen und Sachmittel vor; in der Regel DGUV-R 100-001 sind sie näher bezeichnet:

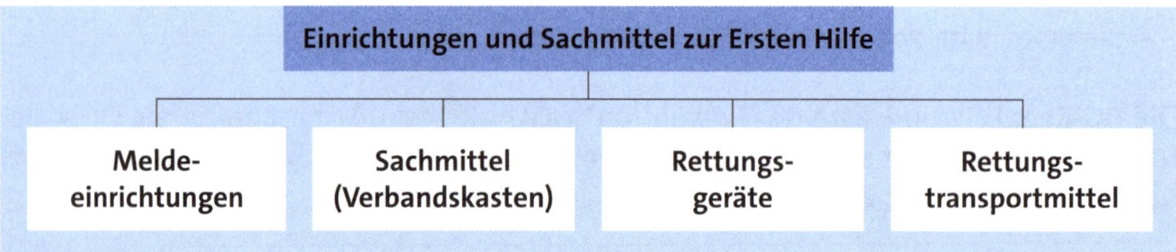


- Wesentliche Einrichtungen sind die **Meldeeinrichtungen**. Über sie wird sichergestellt, dass
  - Hilfe herbeigerufen und
  - an den Einsatzort geleitet werden kann.

Zu den **Meldeeinrichtungen** zählen vor allem die allgemein gebräuchlichen, mittlerweile in ihrer Ausführung breit gefächerten modernen Kommunikationsmittel bis hin zu Personen-Notsignal-Anlagen.

- Zu den wichtigsten **Sachmitteln** gehören die allgemein bekannten **Verbandskästen**. Sie enthalten Erste-Hilfe-Material in leicht zugänglicher Form und in ausreichend gegen schädigende Einflüsse schützender Verpackung. Die Baugrößen, die der Vertrieb bereithält, sind in Deutschland genormt.
  - Es gibt den „kleinen" **Verbandskasten** nach DIN 13157 und
  - den „großen" **Verbandskasten** nach DIN 13169.

  Richtwerte, wann der „kleine" und wann der „große" Verbandskasten zur Anwendung kommen muss, liefert die berufsgenossenschaftliche **Regel** DGUV-R 100-001. Wichtigste Hilfsgrößen zur Ermittlung sind dabei die Anzahl der Mitarbeiter und die Art des Betriebes (Verwaltung, Handwerk/Produktion, Baustelle).
- **Rettungsgeräte** kommen zum Einsatz, wenn bei besonderen Gefährdungen besondere Maßnahmen erforderlich werden. Beispiele dafür sind:
  - **Gefahrstoffunfälle**
  - **Höhenrettung**
  - Rettung aus **tiefen Schächten**
  - Gefahren durch **extrem heiße oder kalte Medien**.

  Zu den Rettungsgeräten gehören z. B.:
  - **Notduschen**
  - **Rettungsgurte**
  - **Atemschutzgeräte**
  - **Löschdecken**
  - **Sprungtücher**.
- Wichtige Sachmittel sind auch **Rettungstransportmittel**. Sie dienen dazu, den Verletzten dorthin zu transportieren, wo ihn der Rettungsdienst übernehmen kann. Die **einfachsten** Rettungstransportmittel sind **Krankentragen**.

## 12. Wann muss ein Sanitätsraum vorhanden sein?

- Ein **Sanitätsraum** muss vorhanden sein, wenn in einer Betriebsstätte **mehr als 1.000 Beschäftigte** arbeiten.
- Gleichfalls muss ein Sanitätsraum vorhanden sein, wenn in der Betriebsstätte nur zwischen **100 und 1.000 Mitarbeiter** tätig sind, aber die **Art und Schwere der zu erwartenden Unfälle** einen solchen gesonderten Raum erfordern.
- Arbeiten auf einer **Baustelle mehr als 50 Mitarbeiter**, schreibt die Unfallverhütungsvorschrift DGUV Vorschrift 1 ebenfalls einen Sanitätsraum vor.

Der **Sanitätsraum** muss mit Rettungstransportmitteln **leicht erreichbar** sein.

### 13. Wann muss ein Betriebssanitäter zur Verfügung stehen und wie werden Betriebssanitäter ausgebildet? → DGUV-G 304-002

- Arbeiten in einer Betriebsstätte **mehr als 1.500 Mitarbeiter**, muss ein **Betriebssanitäter** zur Verfügung stehen.
- Gleiches gilt für Betriebsstätten zwischen **250 und 1.500 Mitarbeitern**, wenn die **Art und Schwere der zu erwartenden Unfälle** den Einsatz von Sanitätspersonal erfordern.
- Arbeiten mehr als **100 Mitarbeiter** auf **einer Baustelle**, muss ein **Sanitäter** zur Verfügung stehen.

Betriebssanitäter nehmen an einer Grundausbildung von 63 Unterrichtseinheiten und einem Aufbaulehrgang von 52 Unterrichtseinheiten teil. Die Anforderungskriterien sind im berufsgenossenschaftlichen Grundsatz DGUV-G 304-002 „Aus- und Fortbildung für den betrieblichen Sanitätsdienst" zusammengefasst.

### 14. Wie ist die Erste Hilfe zu dokumentieren? → § 24 Abs. 6 DGUV Vorschrift 1, DGUV-I 204-020

Die Erste-Hilfe-Leistungen sind **lückenlos** zu dokumentieren. Die Dokumentation ist gemäß § 24 Abs. 6 der Unfallverhütungsvorschrift DGUV Vorschrift 1 „Grundsätze der Prävention" **fünf Jahre lang** aufzubewahren. Für die Dokumentation eignet sich das sog. **Verbandsbuch**. **Verbandsbücher** sind im Fachhandel kartoniert unter der Bezeichnung DGUV-I 204-020 erhältlich. **Achtung!** Die Daten sind vertraulich zu behandeln und müssen gegen den Zugriff Unbefugter gesichert werden.

## 1.4.5 Ziel und wesentliche Inhalte der Arbeitsstättenverordnung

### 01. Welche zentralen Bestimmungen enthält die Arbeitsstättenverordnung?

Die Arbeitsstättenverordnung (ArbStättV) und die hierzu herausgegebenen Arbeitsstätten-Richtlinien (ASR) verpflichten den Arbeitgeber,

- die Arbeitsstätten entsprechend den geltenden Arbeitsschutz- und Unfallverhütungsvorschriften einzurichten und dabei anerkannte sicherheitstechnische, medizinische und hygienische Regeln zu beachten und
- die in der Verordnung näher beschriebenen Räume und Einrichtungen zur Verfügung zu stellen und entsprechend einzurichten (z. B. Pausen-, Bereitschafts-, Liege-, Sanitär-/Sanitätsräume).

So enthält die ArbStättV z. B. folgende Bestimmungen:

- Vorschriften über Raumtemperaturen
- Pendeltüren mit Sichtfenster
- Vermeidung von Stolperstellen
- abschließbare Toiletten.

### 02. Welche Regelungen enthält die novellierte Fassung der Arbeitsstättenverordnung (ArbStättV)?

Wie eine Arbeitsstätte eingerichtet und betrieben werden muss, regelt die **Arbeitsstättenverordnung**. Sie **wurde im Jahr 2004 völlig neu erstellt** und setzt ebenfalls europäisches Recht um. Die EG-Arbeitsstättenrichtlinie 89/654/EWG gibt dabei das Modell für die deutsche Arbeitsstättenverordnung ab. Sie ist modern und kurz gehalten und enthält acht Paragrafen.

- Geregelt werden:
  - Einrichten und Betreiben von Arbeitsstätten
  - besondere Anforderungen (spezielle Arbeitsstätten)
  - Nichtraucherschutz (völlig neue Regelung)
  - Arbeits- und Sozialräume.
- Ein **Anhang** in fünf Abschnitten konkretisiert die Verordnung zu:
  - Allgemeinen Anforderungen (Abmessungen von Räumen, Luftraum, Türen, Tore, Verkehrswege)
  - Schutz vor besonderen Gefahren (Absturz, Brandschutz, Fluchtwege, Notausgänge)
  - Arbeitsbedingungen (Beleuchtung, Klima, Lüftung)
  - Sanitär-, Pausen-, Bereitschaftsräume, Erste-Hilfe-Räume, Unterkünfte, Toiletten
  - Arbeitsstätten im Freien (z. B. Baustellen).
- Die **Novellierung der ArbStättV** mit Wirkung zum 01.01.2017 brachte folgende Änderungen:
  - Anpassung an andere Arbeitsschutz-Verordnungen (z. B. Gefahrstoffverordnung, Biostoffverordnung) um Doppelregelungen zu vermeiden.
  - Die BildscharbV fließt komplett in die ArbStättV ein und tritt mit Inkrafttreten der neuen ArbStättV außer Kraft.
  - Die Regelungen für Telearbeitsplätze werden mit in die neue ArbStättV aufgenommen.
  - Kantinen und Pausenräume müssen über Fenster (Sichtverbindung nach außen) verfügen, nicht aber kaum genutzte Räume.
  - Bei Heimarbeitsplätzen hat der Arbeitgeber die Einhaltung der Bestimmungen für Bildschirmarbeitsplätze zu prüfen.

## 1.4.6 Bestimmungen des Gesetzes für technische Arbeitsmittel, Gerätesicherheitsgesetz unter Berücksichtigung des EU-Rechts

### 01. Welche Regelungen enthält das Produktsicherheitsgesetz (ProdSG)?

Das Produktsicherheitsgesetz (ProdSG) ist ein umfassendes Gesetz für die Sicherheit technischer Produkte. Es umfasst nicht nur **technische Arbeitsmittel** sondern auch **Gebrauchsgegenstände**. Es dient sowohl dem **Schutz von Verbrauchern** als auch dem **Schutz der Beschäftigten**.

Kernpunkt ist die Sicherheit der technischen Arbeitsmittel und der Verbraucherprodukte. Diese müssen so beschaffen sein, dass sie bei **bestimmungsgemäßer Verwendung** den Benutzer **nicht gefährden**. In die Pflicht genommen werden Hersteller, Inverkehrbringer (auch Importeure) und Aussteller der Produkte.

### 02. Welche Bestimmungen enthält die Betriebssicherheitsverordnung (BetrSichV)?

- Die **Betriebssicherheitsverordnung** regelt Sicherheit und Gesundheitsschutz
  - bei der Bereitstellung von Arbeitsmitteln
  - bei der Benutzung von Arbeitsmitteln bei der Arbeit
  - die Sicherheit beim Betrieb überwachungsbedürftiger Anlagen.
- **Die Betriebssicherheitsverordnung regelt vor allem folgende Einzeltatbestände:**
  - Gefährdungsbeurteilung
  - Anforderungen an die Bereitstellung und Benutzung von Arbeitsmitteln
  - Explosionsschutz inkl. Explosionsschutzdokument
  - Anforderungen an die Beschaffenheit von Arbeitsmitteln
  - Schutzmaßnahmen
  - Unterrichtung/Unterweisung
  - Prüfung der Arbeitsmittel
  - Betrieb überwachungsbedürftiger Anlagen (Druckbehälter, Aufzüge, Dampfkessel).
- Wie auch in allen anderen modernen Arbeitsschutzgesetzen und -verordnungen **wurde die Gefährdungsbeurteilung in den Mittelpunkt gerückt**.

Die Verordnung dient der Umsetzung einer ganzen Reihe von europäischen Richtlinien in deutsches Recht und sorgt dafür, dass **viele deutsche Einzelverordnungen abgeschafft werden konnten**. Die Betriebssicherheitsverordnung ermöglicht es weiterhin, **eine große Anzahl von speziellen Unfallverhütungsvorschriften der Berufsgenossenschaften außer Kraft zu setzen**. Somit hat diese Verordnung eine große Bedeutung für die Rechtsvereinfachung auf dem Gebiet des Arbeits- und Gesundheitsschutzes und insgesamt für die Entbürokratisierung.

### 03. Welche Änderungen enthält die neue BetrSichV 2015?

In der Neufassung der Betriebssicherheitsverordnung (BetrSichV) vom 01.06.2015 wurde die **Gefährdungsbeurteilung in den Vordergrund** gerückt:

- Die für den Arbeitsschutz maßgeblichen materiellen Anforderungen sind jetzt als **Schutzziele formuliert** worden (§§ 4, 5, 6, 8 und 9 der BetrSichV 2015). Die Anforderungen gelten für alte, neue und selbst hergestellte Arbeitsmittel gleichermaßen, sodass eine besondere Bestandsschutzregelung nicht mehr nötig ist.
- Die Arbeitgeberpflichten bei der Bereitstellung und Prüfung binnenmarktkonformer Arbeitsmittel werden in der neuen Betriebssicherheitsverordnung 2015 eindeutiger und klarer formuliert. Daher ist die bisher schwierige Unterscheidung zwischen „Änderung“ und „wesentlicher Veränderung“ bei Arbeitsmitteln künftig nicht mehr notwendig.
- Die Prüfpflichten für die aufgrund ihrer Gefährlichkeit besonders prüfpflichtigen Arbeitsmittel bzw. Anlagen wie z. B. Aufzugsanlagen, Druckanlagen und Krananlagen werden anlagenbezogen zusammengefasst und transparent in den Anhängen der Betriebssicherheitsverordnung 2015 geregelt.
- Für Personen-Aufzugsanlagen ist jetzt grundsätzlich eine Prüffrist von höchstens zwei Jahren maßgeblich. Dies gilt auch für Aufzugsanlagen, die nach der Maschinenrichtlinie in Verkehr gebracht werden und für die in der bisherigen Fassung der Betriebssicherheitsverordnung eine Prüffrist von vier Jahren galt.

## 1.4.7 Grundlagen der Berufsgenossenschaften, des staatlichen Amtes für Immissions- und Arbeitsschutzes und des Überwachungsvereins

### 01. Wer überwacht die Einhaltung der Vorschriften und Regeln des Arbeitsschutzes?

Das Arbeitsschutzsystem in Deutschland ist dual aufgebaut. Man spricht vom „Dualismus des deutschen Arbeitsschutzsystems“. Diese Struktur ist in Europa einmalig:

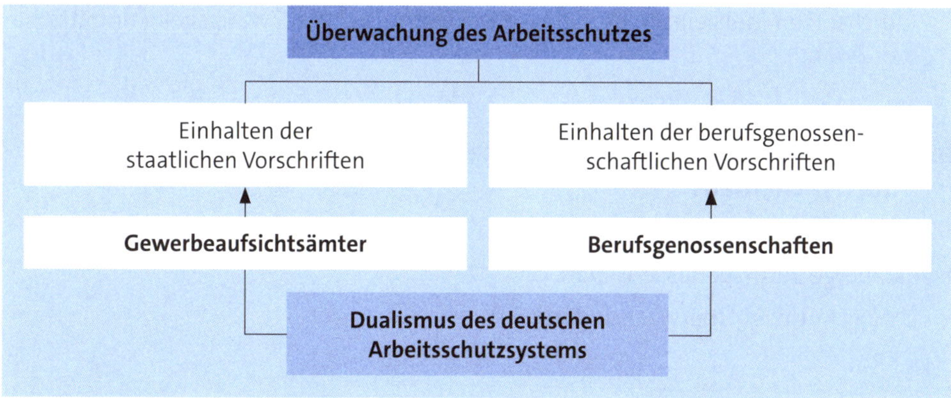

- Dem dualen Aufbau folgend wird die **Einhaltung der staatlichen Vorschriften von den staatlichen Gewerbeaufsichtsämtern** überwacht. Die Gewerbeaufsicht unterliegt der Hoheit der Länder.
- **Die Einhaltung der berufsgenossenschaftlichen Vorschriften wird von den Berufsgenossenschaften** überwacht. Die Berufsgenossenschaften sind Körperschaften des öffentlichen Rechts und agieren hoheitlich wie staatlich beauftragte Stellen.

  Die Berufsgenossenschaften sind nach Branchen gegliedert. Sie liefern Prävention und Entschädigungsleistungen aus einer Hand. Sie arbeiten als bundesunmittelbare Verwaltungen, d. h. sie sind entweder bundesweit oder aber zumindest in mehreren Bundesländern tätig.

## 02. Welche Aufgaben und Befugnisse hat die Gewerbeaufsicht?

Die Gewerbeaufsicht (Hinweis: die neue Bezeichnung der Gewerbeaufsichtsämter lautet „Staatliche Ämter für Arbeitsschutz und Sicherheitstechnik") hat die **Einhaltung des technischen und sozialen Arbeitsschutzes zu überwachen**. Die zuständigen Ämter sind bei den Bundesländern eingerichtet (Gewerbeaufsichtsämter bzw. Ämter für Arbeitsschutz; unterschiedliche Bezeichnung je nach Bundesland).

- **Aufgaben:**
  - Überwachung des Arbeitsschutzes durch Inspektion der Betriebe
  - Beratung der Arbeitgeber in Fragen des Arbeitsschutzes inkl. praktischer Lösungsvorschläge.
- **Befugnisse:**

  Die Mitarbeiter des Gewerbeaufsichtsamts
  - dürfen den Betrieb unangemeldet betreten, besichtigen und prüfen,
  - dürfen Unterlagen einsehen, Daten erheben und Stoffproben entnehmen,
  - dürfen Sachverständige hinzuziehen
  - können erforderliche Arbeitsschutzmaßnahmen anordnen und ggf. zwangsweise durchsetzen (polizeiliche Befugnisse, z. B. Ersatznahme, Zwangsgeld, unmittelbaren Zwang).

## 03. Welche externen Stellen überwachen den Arbeitsschutz/die Arbeitssicherheit?

- Gewerbeaufsichtsamt
- zuständige Berufsgenossenschaft
- TÜV (Technischer Überwachungsverein)
- DEKRA.

## 04. Welche Aufgaben hat die Berufsgenossenschaft und welche Leistungen gewährt sie?

Die Berufsgenossenschaft (BG) ist eine öffentlich-rechtliche Einrichtung. Sie verlangt vom Arbeitgeber die Einhaltung der Unfallverhütungsvorschriften und ist Träger der Unfallversicherung.

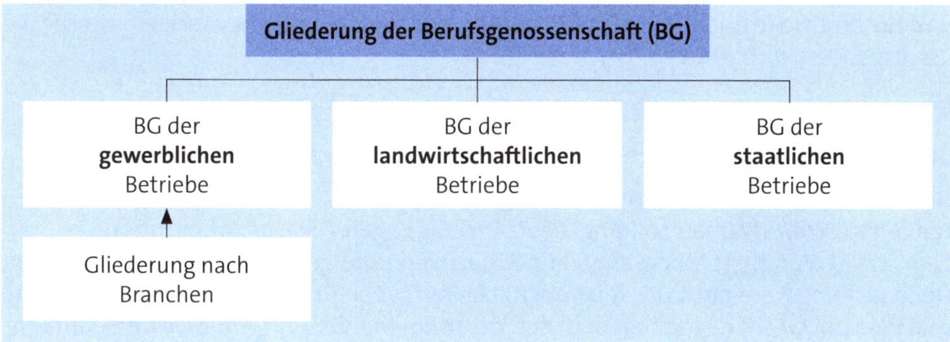


**Jeder Betrieb ist „Zwangsmitglied" der zuständigen Berufsgenossenschaft.** Die Beiträge werden im nachträglichen Umlageverfahren erhoben und vom Arbeitgeber allein beglichen. Jeder Beschäftigte im Betrieb ist daher bei Arbeitsunfällen automatisch versichert.

$$\text{Beiträge der BG} = \frac{\text{Arbeitsentgelte} \cdot \text{Beitragsfuß} \cdot \text{Gefahrenklasse}}{1.000}$$

(Einflussgrößen sind also Lohnsumme; Gefährdungsgrad des Betriebes; Zahl, Kosten und Schwere der Unfälle.)

Jeder Betrieb muss per Aushang Name und Anschrift der zuständigen BG sichtbar machen.

Die **Leistungen** der BG sind:

- Träger der Unfallversicherung für Arbeitsunfälle und Berufskrankheiten
- Behandlung von Unfallopfern in eigenen Reha-Einrichtungen
- Umschulungsmaßnahmen für Verletzte
- Pflicht zur Beratung des Arbeitgebers und Recht auf Anordnung und Zwangsmaßnahmen durch eigene technische Aufsichtsbeamte
- Herausgabe von Unfallverhütungsvorschriften und Bestimmungen über ärztliche Vorsorgemaßnahmen
- Informationsdienst: kostenlose Ausgabe der DGUV-Vorschriften, Broschüren, Videos, Filme, Plakate usw. zur Unfallverhütung

- Schulung der Mitarbeiter und Vorgesetzten
- Ausbildung von Ersthelfern.

### 05. Welche Berufsgenossenschaft ist für die Metallindustrie tätig?

Die **Berufsgenossenschaft Holz und Metall (BGHM) ist** der **Unfallversicherer** der **Metall- und Holzindustrie** und des **Holzhandwerks**, daneben gibt es acht weitere gewerbliche Berufsgenossenschaften.

### 06. Welche Aufgaben haben die technischen Überwachungsvereine?

Die technischen Überwachungsvereine (z. B. TÜV, DEKRA) sind privatrechtliche Einrichtungen zur Prüfung überwachungsbedürftiger Anlagen. Die Durchführung von Prüfungen erfolgt durch staatlich anerkannte Sachverständige. Obwohl den technischen Überwachungsvereinen zum Teil hoheitliche Aufgaben übertragen wurden, haben sie kein Weisungsrecht gegenüber dem Betrieb, sondern müssen ggf. die Gewerbeaufsicht bzw. die Berufsgenossenschaft einschalten.

# 1.5 Vorschriften des Umweltrechts

## 1.5.1 Ziel und Aufgaben des Umweltschutzes

### 01. Was versteht man unter dem Begriff „Umweltschutz"?

Der Umweltschutz umfasst alle Maßnahmen zur Erhaltung der natürlichen Lebensgrundlagen von Menschen, Pflanzen und Tieren.

Der Umweltschutz ist in Deutschland ein Staatsziel. Er ist deshalb in Art. 20a des Grundgesetzes festgeschrieben. Im Gegensatz zum Arbeitsschutzrecht zielt der Begriff nicht nur auf den Schutz von Menschen als Lebewesen, sondern schließt den Schutz von Tieren und Pflanzen sowie den Schutz des Lebensraumes der Bürger ein.

### 02. Welche Aufgabe verfolgt die Umweltpolitik?

Aufgabe der Umweltpolitik im engeren Sinne ist der **Schutz vor den schädlichen Auswirkungen der ökonomischen Aktivitäten des Menschen auf die Umwelt**.

Hierbei haben sich

- die Maßnahmen zur Bewahrung von **Boden und Wasser** vor Verunreinigung durch chemische Fremdstoffe und Abwasser,
- die Reinhaltung der **Luft**,
- die Reinhaltung der **Nahrungskette**,

- die **Lärmbekämpfung**,
- die **Müllbeseitigung**, die Wiedergewinnung von Abfallstoffen **(Recycling)** und
- mit besonderer Aktualität der **Strahlenschutz**

herausgebildet.

Ferner gehören hierzu Vorschriften und Auflagen zur Erreichung größerer Umweltverträglichkeit von **Wasch- und Reinigungsmitteln**. In der Textilindustrie und dem Handel kommt deshalb dem Umweltschutz eine große und vielfältige Bedeutung zu.

## 03. Nach welchen Gesichtspunkten lässt sich der Umweltschutz unterteilen?

Unterteilen kann man den Umweltschutz in die Bereiche:

- **Medialer** Umweltschutz:
  Schwerpunkt ist der Schutz der Lebenselemente Boden, Wasser und Luft
- **Kausaler** Umweltschutz:
  Schwerpunkt ist die Prävention von Gefahren
- **Vitaler** Umweltschutz:
  Naturschutz, Landschaftsschutz und Waldschutz zählen zum vitalen Umweltschutz.

## 04. Welche Sachgebiete des Umweltschutzes gibt es?

Als Sachgebiete des Umweltschutzes gelten:

- Immissionsschutz
- Strahlenschutz
- Gewässerschutz
- Abfallwirtschaft und Abfallentsorgung
- Naturschutz
- Landschaftspflege
- Wasserwirtschaft.

## 05. An welchen Phänomenen lässt sich heute die globale Umweltbelastung festmachen?

Menschliches Leben und Wirtschaften ist an einem Punkt angelangt, an dem es Gefahr läuft, sich seiner eigenen, natürlichen Grundlagen zu berauben.

Auch wenn die Beeinträchtigung der Umwelt durch menschliches Handeln seit Jahrzehnten bekannt ist, erscheint es doch bemerkenswert, dass z. B. die Anfänge des modernen Umweltschutzes in Deutschland nur bis in die 60er-Jahre zurückreichen.

Heute zeigt sich die Umweltkrise im Wesentlichen in folgenden Phänomenen:

| **Phänomene der Umweltbelastung** | | |
|---|---|---|
| **Betrachtungsobjekte – Beispiel** | | **Beispiele zur Umweltschädigung** |
| **Boden** |  | Bodenverseuchung und -versiegelung, Kontaminierung, Landschaftszersiedelung und -verbrauch; Erosion landwirtschaftlicher Nutzfläche und Vordringen der Wüsten |
| **Luft, Klima** |  | Verringerung der Ozonschicht, Erwärmung der Erdoberfläche, Treibhauseffekt, Emissionen (z. B. $CO_2$-Ausstoß, Feinstaub); Ansteigen der mittleren globalen Lufttemperatur um 0,3 bis 0,6 Grad Celsius seit Ende des 19. Jahrhunderts |
| **Wasser, Weltmeere** |  | Gewässerverunreinigung, weltweite Wasserverknappung; Ansteigen des Meeresspiegels um 10 bis 25 Zentimeter in den letzten 100 Jahren (Abschmelzen der Eisschicht an den Polkappen) |
| **Flora, Fauna** |  | Artenvernichtung, Überfischung der Weltmeere, saurer Regen, Waldsterben |
| **Ressourcen** |  | Rückgang der weltweiten Ressourcen und Energieträger, insbesondere bei Erdöl und Gas; Abholzen der Tropenwälder |

**Der Umweltschutz ist und bleibt daher die zentrale Schicksalsfrage der Menschheit.**

## 06. Welche Zielsetzung hat der Umweltschutz?

Das Postulat (Forderung) heißt **Nachhaltigkeit.** Ökologie, Ökonomie und soziale Sicherheit bilden eine untrennbare Einheit. Dies ist der wesentliche Kern des Leitbildes der nachhaltigen Entwicklung, auf das sich die Staatengemeinschaft verständigt hat. Nachhaltig ist eine Entwicklung, die diese drei Aspekte zusammenführt.

### Zieldreieck der Nachhaltigkeit

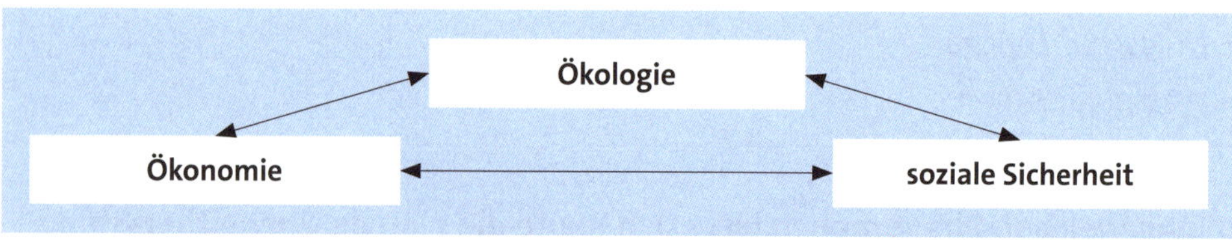


Die Verbesserung der ökonomischen und sozialen Lebensbedingungen muss mit der langfristigen Sicherung der natürlichen Lebensgrundlagen in Einklang gebracht werden. **Den Weg zur Nachhaltigkeit muss dabei jede Gesellschaft für sich definieren.** Er **hängt von den jeweiligen geografischen, wirtschaftlichen, sozialen und kulturellen Gegebenheiten** ab und sieht für Entwicklungsländer und Industrieländer aufgrund ihrer unterschiedlichen Ausgangslage jeweils anders aus.

Einigkeit besteht in der Staatengemeinschaft darüber, dass umweltgerechtes Leben und Wirtschaften zumindest drei grundlegenden Kriterien genügen muss, die auch als die **Managementregeln der Nachhaltigkeit** bezeichnet werden:

- Die **Nutzung erneuerbarer Naturgüter** (z. B. Wälder oder Fischbestände) darf auf Dauer nicht größer sein als ihre Regenerationsrate – andernfalls ginge diese Ressource zukünftigen Generationen verloren.
- Die **Nutzung nicht-erneuerbarer Naturgüter** (z. B. fossile Energieträger oder landwirtschaftliche Nutzfläche) darf auf Dauer nicht größer sein als die Substitution ihrer Funktionen (Beispiel: denkbare Substitution fossiler Energieträger durch Wasserstoff aus solarer Elektrolyse).
- Die **Freisetzung von Stoffen und Energie** darf auf Dauer nicht größer sein als die Anpassungsfähigkeit der natürlichen Umwelt (Beispiel: Anreicherung von Treibhausgasen in der Atmosphäre oder von säurebildenden Substanzen in Waldböden).

## 07. Welche Prinzipien gelten im Umweltschutz und daraus folgend im Umweltrecht?

| **Prinzipien des Umweltschutzes** | |
|---|---|
| **Verursacherprinzip** | Der Verursacher hat für die Beseitigung der von ihm verursachten Umweltschäden zu sorgen und die Kosten dafür zu tragen. |
| **Vorsorgeprinzip** | Vorbeugende Maßnahmen müssen ergriffen werden, damit Umweltschäden erst gar nicht entstehen. |
| **Kooperationsprinzip** | Zwischen Betreibern umweltgefährdender Anlagen und den zuständigen Behörden ist die Zusammenarbeit vorgeschrieben. Gleichzeitig müssen Nachbarländer bei grenzüberschreitenden Problemen zusammenarbeiten. |
| **Gemeinlastprinzip** | Die Kosten der Beseitigung von Umweltschäden werden von der Allgemeinheit getragen (Bund, Länder, Gemeinden). Dies gilt bei Altlasten, wenn der Verursacher nicht zu ermitteln ist oder wenn die Kosten die wirtschaftliche Leistungsfähigkeit des Verursachers/Betreibers übersteigen. |

## 08. Was unterscheidet Emissionen von Immissionen?

- **Emissionen** sind alle von einer Anlage ausgehenden Luftverunreinigungen, Geräusche, Erschütterungen, Licht, Wärme, Strahlen und ähnliche Erscheinungen.
- **Immissionen** sind auf Menschen, Tiere und Pflanzen, den Boden, das Wasser sowie die Atmosphäre einwirkende Luftverunreinigungen, Geräusche und ähnliche Belastungen.

## 09. Welchen Inhalt hat das Umweltstrafrecht?

Das Umweltstrafrecht ist Teil des Strafgesetzbuches. **Bestraft werden können nur natürliche Personen.** Straftatbestand kann ein bestimmtes Handeln, aber auch ein bestimmtes Unterlassen sein. Die Geschäftsleitung haftet stets in umfassender Gesamtverantwortung.

Bestraft werden z. B. folgende Tatbestände:

- Verunreinigung von Gewässern
- Boden- und Luftverunreinigung
- unerlaubtes Betreiben von Anlagen
- umweltgefährdende Beseitigung von Abfällen.

## 10. Welchen Inhalt hat das Umwelthaftungsrecht?

Es regelt die **zivilrechtliche Haftung bei Umweltschädigungen**. Hier **können auch juristische Personen verklagt** und in Anspruch genommen **werden**.

Die Ansprüche gliedern sich in drei Bereiche:

- Gefährdungshaftung
- Verschuldenshaftung
- nachbarrechtliche Ansprüche.

## 11. Welche Bedeutung hat das europäische Umweltrecht?

Die Umweltpolitik hat innerhalb der EU an Bedeutung gewonnen. Mit dem Vertrag von Maastricht wurden der EU umfangreichere Regelungskompetenzen übertragen. Zurzeit existieren etwa 200 **europäische Rechtsakte** mit umweltpolitischem Bezug. Diese Rechtsakte regeln nicht nur das Verhältnis zwischen den Staaten, sondern sie sind auch verbindlich für den einzelnen Bürger und die Unternehmen. Die europäischen Rechtsakte haben unterschiedlichen Verbindlichkeitscharakter:

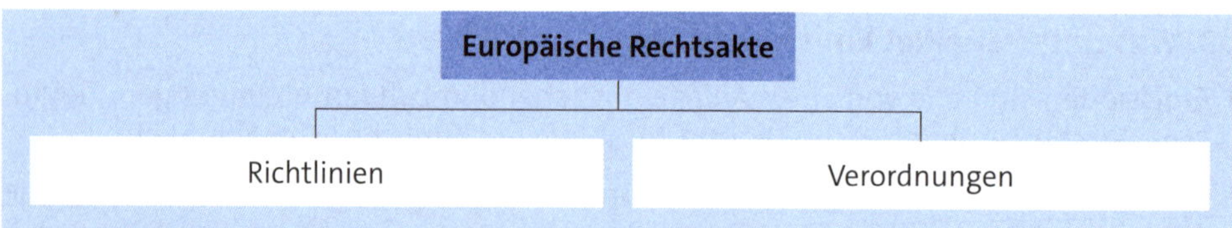


- **EU-Richtlinien** sind Aufforderungen an die Mitgliedsstaaten der EU, innerhalb einer bestimmten Frist ein bestimmtes Ziel in nationales Recht umzusetzen (z. B. UVP-Richtlinie → UVP-Gesetz).
- **EU-Verordnungen** gelten unmittelbar in allen Mitgliedsstaaten; gegebenenfalls werden sie durch nationales Recht ergänzt (z. B. Öko-Audit-Verordnung).

## 12. Welcher Zusammenhang lässt sich zwischen Produktion, Konsum und Umweltbelastungen herstellen?

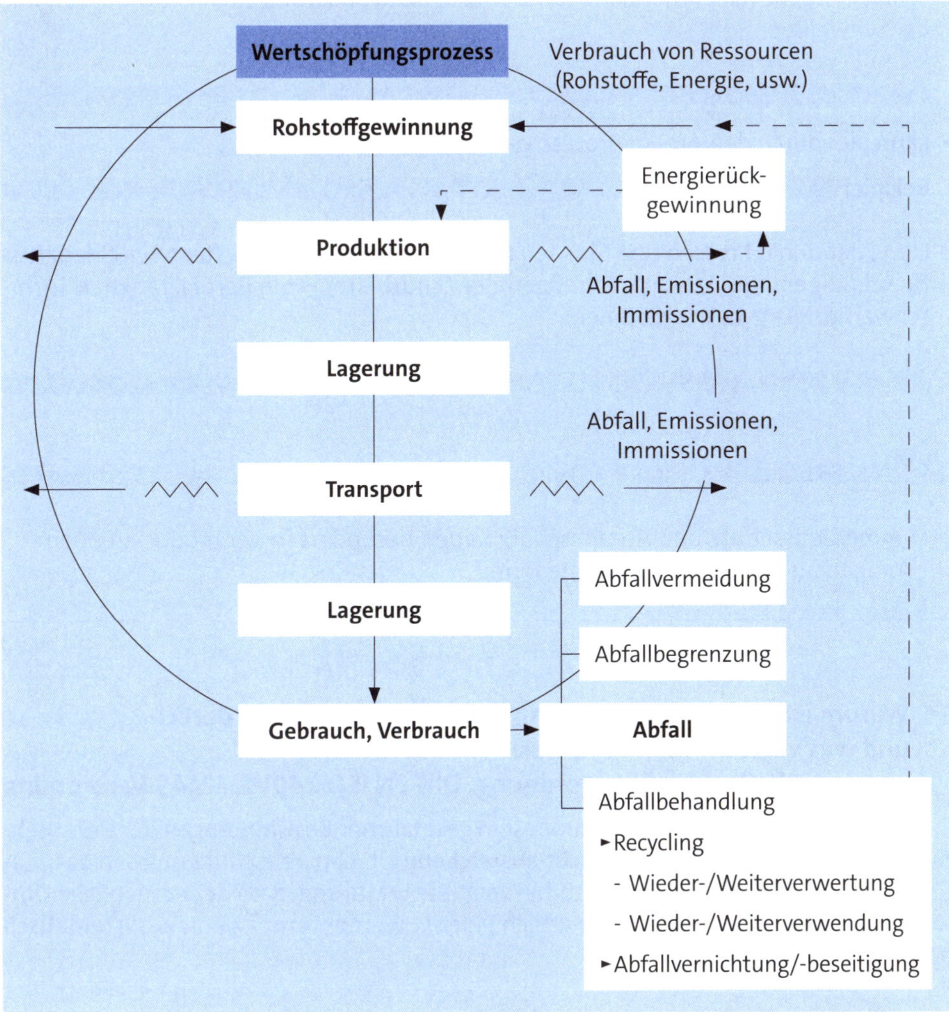


## 13. Was ist der wesentliche Berührungspunkt zwischen Umweltschutz und Arbeitsschutz?

Die Immissionen, also die **Einwirkungen** von Belastungen **aus der Umwelt** (hier Arbeitsumwelt) **auf die Menschen**, ist der wesentliche Berührungspunkt zwischen Arbeitsschutz und Umweltschutz.

Berührungspunkte in der Praxis der Metallbranche sind:

- **Luftverunreinigungen**, die von Arbeitsprozessen verursacht werden.

**Beispiel**

Schweißrauche in der Metallindustrie wirken als Schadstoffe auf die Atmungsorgane der Schweißer.

- **Lärm**, der durch den Arbeitsprozess verursacht wird.

**Beispiel**

Lärm, der durch Pressen und Stanzen in der Metallfertigung entsteht, wirkt langfristig schädigend auf das Hörvermögen der Mitarbeiter – die Berufskrankheit Lärmschwerhörigkeit kann entstehen.

MERKE

Immissionsschutz und Arbeitsschutz haben besonders in der produzierenden Industrie einen engen Zusammenhang.

## 14. Warum ist ein betriebliches Umweltmanagement erforderlich und was versteht man darunter?

**→ EU-Öko-Audit-Verordnung, DIN EN ISO 14001, EMAS-Verordnung**

Es hat sich gezeigt, dass das Vorhandensein **gesetzlicher Bestimmungen** der Unternehmen zum Umweltschutz **allein nicht ausreichend** ist. Umweltschutz muss in das Management integriert werden. Weiterhin zeigt die Erfahrung, dass der betriebliche Umweltschutz nur sicher und wirtschaftlich gelenkt werden kann, wenn er **systematisch** betrieben wird.

**Umweltmanagement ist eine besondere Form der Betriebsorganisation,** bei der alle Mitarbeiter dem Ziel der Verbesserung des betrieblichen Umweltschutzes verpflichtet werden (Öko-Audit). Damit sich das Engagement der Mitarbeiter nicht in kurzfristigen Aktionen erschöpft und über einen längeren Zeitraum aufrecht erhalten werden kann, soll das Umweltmanagementsystem als automatisch ablaufender Prozess im Unternehmen integriert werden. Kriterien für ein fortschrittliches Umweltmanagement enthalten die EU-Öko-Audit-Verordnung und die DIN EN ISO 14001.

Das Umweltmanagement **berücksichtigt** bei der Planung, Durchsetzung und Kontrolle der Unternehmensaktivitäten in allen Bereichen **Umweltschutzziele** zur Verminderung und Vermeidung der Umweltbelastungen und **zur langfristigen Sicherung der Unter-**

**nehmensziele**. Mit der EMAS-Verordnung der EU und der ISO 14000-Normenreihe wurde eine umfassende, systematische Konzeption für das betriebliche Umweltmanagement vorgelegt und zugleich normiert. Der Grundgedanke der Verordnung ist Ausdruck einer geänderten politischen Haltung: Weg von Verboten und Grenzwerten, **hin zu marktwirtschaftlichen Anreizen**. Betriebliche Eigenverant-wortung und Selbststeuerung sollen (aufgrund der besseren Ausbildung aller Mitarbeiter) in Zukunft für globale Veränderungen (Verbesserungen) mehr bewirken als unflexible staatliche Top-down-Steuerungen.

Modern geführte Industrieunternehmen haben schon lange Umweltschutzmanagementsysteme implementiert, die der Norm DIN EN ISO 14001 entsprechen.

Zwischen der EG-Öko-Audit-Verordnung (EMAS) und der DIN EN ISO 14001 ff. gibt es viele Gemeinsamkeiten, aber auch Unterschiede:

| Merkmale | EMAS | DIN EN ISO 14001 ff. |
|---|---|---|
| **Gültigkeit** | europaweit, bestimmte Wirtschaftszweige | weltweit, alle Wirtschaftszweige |
| **staatliche Anerkennung** | ja | nein |
| **Geltung** | EU | weltweit |
| **Struktur** | im Inhalt ausformuliert | ablauforientiert gegliedert |
| **Branchen** | produzierendes Gewerbe (Dienstleistung in Vorbereitung) | alle Branchen |
| **Information** | Umwelterklärung ist verpflichtend | Umwelteerklärung ist formal nicht verpflichtend |
| **Werbung** | mit EG-Öko-Audit-Zeichen nicht zulässig | ist zulässig |

## 15. Welche veränderte Denkhaltung ist in der Umweltdiskussion erforderlich?

In allen Nationen, Regierungen und Unternehmen sowie Einzelpersonen muss eine Abkehr von traditionellem Denken erfolgen:

- Die **klassische Sichtweise** ist, dass Unternehmen erfolgreich sein sollen, und sie sind es dann, wenn sie kurzfristig ihren Gewinn maximieren ohne Rücksicht auf andere und auf die Umwelt. Die Natur wird zu einem beliebig nutzbaren Produktionsfaktor, den man hemmungslos ausgebeutet. Als Bewahrer der Umwelt wird der Staat gesehen, der mit Anreizen (z. B. Subventionierung der Solarenergie als „Zuckerbrot") oder Verboten („Peitsche") für die Bewahrung der Umwelt zuständig ist. Diese Konkurrenz unter den Unternehmen ist weltweit auch zwischen den Nationen vorherrschend. Beispiel: Die USA haben das Kyoto-Protokoll nicht ratifiziert. Indien und die VR China haben keine Verpflichtung zur Reduktion der Treibhausemissionen abgegeben.

- Die **wirtschaftlich und umweltpolitisch gleichermaßen ausgerichtete Denkweise** muss **nachhaltig sein:** Unternehmen sind dann erfolgreich, wenn
  - sie ihre Existenz langfristig sichern können (damit ist der angemessene Gewinn und nicht der Maximalgewinn angesprochen) und
  - von allen Bezugsgruppen (Mitarbeiter, Aktionäre/Kapitalgeber, Staat, Nachbarstaaten) auf Dauer akzeptiert werden.

Damit wird zugleich deutlich, dass ein wirksamer Umweltschutz nur im Schulterschluss aller Nationen erreichbar ist. Umweltpolitik ist nur als globales Instrument wirksam.

## 16. Vor welchen Problemen stehen die deutschen Unternehmen heute beim Umweltschutz?

Die Unternehmen müssen auf der Grundlage von streng formulierten gesetzlichen Vorschriften arbeiten, die i. d. R. viel gravierender als die Vorschriften in vergleichbaren Industrienationen sind und daher höhere Kosten verursachen.

## 17. Warum muss bei der Betrachtung der Umweltschutzkosten zwischen betriebswirtschaftlicher und volkswirtschaftlicher sowie kurz- und langfristiger Sichtweise unterschieden werden?

Die Kosten für den Umweltschutz können nach folgenden Aspekten gegliedert werden:

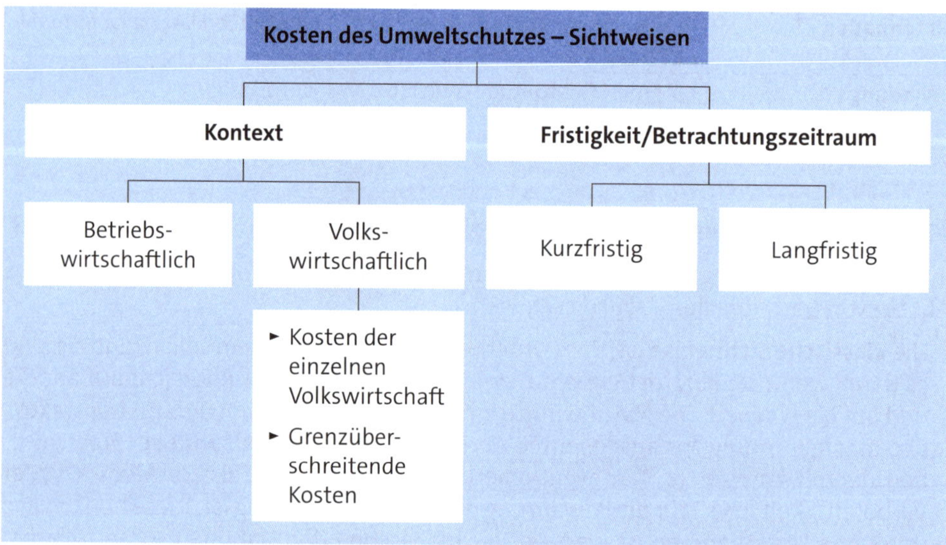

Dazu einige Thesen:

Maßnahmen des Umweltschutzes

- sind betriebswirtschaftlich zunächst **Kosten** bzw. führen zu einem Kostenanstieg; dies kann kurzfristig zu einer Wettbewerbsverzerrung führen;
- können langfristig vom Betrieb als **Wettbewerbsvorteil** genutzt werden – bei verändertem Verhalten der Endverbraucher (z. B. Gütesiegel, Blauer Engel, chlorarm, ohne Treibgas, biologisch abbaubar);
- werden z. T. **nicht verursachergerecht** umgelegt – je nach den politischen Rahmenbedingungen; z. B.:
  - die Nichtbesteuerung von Flugbenzin wird beklagt,
  - es wird argumentiert, dass die durch die Lkws verursachten Straßenschäden nicht verursachergerecht belastet werden und es deshalb zu einer Wettbewerbsverzerrung zwischen Straße und Schiene kommt;
- werden **nicht in erforderlichem Umfang** durchgeführt; das führt kurzfristig zu einzelwirtschaftlichen Gewinnen und langfristig zu volkswirtschaftlichen Kosten (z. B. Atomenergie und die bis heute ungeklärten Kosten der Entsorgung von Brennstäben).

### 18. In welcher Form ist der Umweltschutzes durch die Unternehmen sicherzustellen?

Betrieblicher Umweltschutz

1. muss vom Gedanken der **Nachhaltigkeit** geprägt sein
2. darf nicht mehr zufällig erfolgen, sondern ist in einem **Umweltschutzmanagementsystem** zu etablieren, das wiederum Bestandteil eines integrierten Managementsystems ist (IMS; Integration der im Betrieb vorhandenen Managementsysteme: Qualitätsmanagement, Finanzmanagement usw.)
3. **hat alle Stufen der Wertschöpfung zu erfassen** – von der Produktion über die Logistik bis hin zur Entsorgung
4. hat Ökonomie und Ökologie in tragfähiger Weise zu vereinigen: Zielsetzung ist **nicht ein maximaler Gewinn sondern ein auskömmlicher,** der die Unternehmensexistenz sichert. Das Gewinnstreben muss nachhaltig vereinbar sein mit den Anforderungen der Gesellschaft nach Lebensqualität und den Erfordernissen der Natur
5. hat die Aufgabe, neue **umweltschonende Produktionsverfahren** und Produkte zu entwickeln und auf diese Weise neue Beschäftigungsmöglichkeiten zu schaffen. Tatsächlich ist dies in weiten Bereichen gelungen: viele Unternehmen stellen erfolgreich umweltschonende Produkte her, die qualitativ hochwertig sind. Eines der Mittel zur Durchsetzung umweltschonender Produkte ist die **Senkung des Energieverbrauchs**. Aber auch andere Maßnahmen, wie z. B. ein konsequentes **Umweltcontrolling, Öko-Audit, Öko-Bilanz,** haben in vielen Betrieben zu Kostenentlastungen geführt.

### 1.5.2 Wichtige Gesetze und Verordnungen zum Umweltschutz

#### 01. Welche Gesetze und Verordnungen existieren zum Umweltschutz?

| Gesetze, Normen und Regelwerke zum Umweltschutz | |
|---|---|
| **BGB** | §§ 906, 907 BGB Beeinträchtigungen in Form von Gasen, Dämpfen, Gerüchen, Rauch, Ruß, Geräusch, Erschütterungen usw. |
| **StGB** | Strafgesetzbuch, 28. Abschnitt: Straftaten gegen die Umwelt |
| **BImSchG** | Das Bundesimmissionsschutzgesetz ist das bedeutendste Recht auf dem Gebiet des Umweltschutzes. Es bestimmt den Schutz vor Immissionen und regelt den Betrieb genehmigungsbedürftiger Anlagen sowie die Pflichten der Betreiber von nicht genehmigungsbedürftigen Anlagen. Zweck ist es, Menschen, Tiere und Pflanzen, den Boden, das Wasser, die Atmosphäre sowie Kultur- und Sachgüter vor schädlichen Umwelteinwirkungen zu schützen sowie vor den Gefahren und Belästigungen von Anlagen. |
| **KrWG** | Kreislaufwirtschaftsgesetz (Gesetz zur Förderung der Kreislaufwirtschaft und Sicherung der umweltverträglichen Bewirtschaftung von Abfällen (Kerngesetz zum Umweltschutz; vgl. >> 1.6.1) |
| **Gewässerschutz** | ► Wasserhaushaltsgesetz (WHG)<br>► Abwasserverordnung (AbwV)<br>► Abwasserabgabengesetz (AbwAG)<br>► Gesetz über die Umweltverträglichkeit von Wasch- und Reinigungsmitteln (WRMG)<br>► Verordnung über Anlagen zum Umgang mit wassergefährdenden Stoffen (AwSV) |
| **Strahlenschutz** | ► Atomgesetz (AtG)<br>► Strahlenschutzgesetz (StSG)<br>► Strahlenschutzverordnung (StrSchV) |
| **Schutz vor gefährlichen Stoffen** | ► Chemikaliengesetz (ChemG)<br>► Gefahrstoffverordnung (GefStoffV) |
| **Schutz vor Arbeits- und Verkehrslärm** | ► TA Luft, TA Lärm, TA Abfall,<br>► Störfallverordnung<br>► Durchführungsverordnungen zum BImSchG |
| **BBodSchG** | Zielsetzung ist, die Beschaffenheit des Bodens nachhaltig zu sichern bzw. wiederherzustellen. |
| **Verpackungsverordnung** | Reduzierung der Verpackungsmengen und Rückführung in den Stoffkreislauf (Wieder-/Weiter-/verwendung/-verwertung). |
| **Öko-Audit-Verordnung, EMAS** | Die Verordnung geht über die DIN EN ISO 14001 hinaus. Die Zertifizierung nach EMAS (Eco-Management and Audit Scheme) ist im Gegensatz zur DIN ISO 14001 öffentlich-rechtlich geregelt. |
| **DIN EN ISO 14001** | International gültiger Forderungskatalog für ein systematisches Umweltmanagement (UM). Wird im Rahmen des TQM voll in das Qualitätsmanagement integriert. |

## 02. Welche Rechtsnormen existieren im Bereich der Abfallwirtschaft?

| Rechtsnormen der Abfallwirtschaft – Beispiele | Stichworte zum Inhalt |
|---|---|
| Kreislaufwirtschaftsgesetz | Leitgesetz für den Abfallbereich |
| Verordnung über Betriebsbeauftragte für Abfall | Pflicht zur Bestellung eines Beauftragten |
| Verpackungsverordnung | Vermeidung und Verwertung von Verpackungsabfällen |
| Abfallbestimmungsverordnung | Zusammenstellung spezieller Abfallarten |
| Reststoffbestimmungsverordnung | Zusammenstellung spezieller Reststoffe |
| Deponieverordnung | Vorschriften zur Lagerung, Behandlung, Verbrennung usw. |

## 03. Welche Rechtsnormen existieren im Bereich der Luftreinhaltung?

| Rechtsnormen zur Luftreinhaltung | Stichworte zum Inhalt |
|---|---|
| Bundesimmissionsschutzgesetz | Leitgesetz zur Luftreinhaltung |
| Verordnung über genehmigungsbedürftige Anlagen | Spezielle Regelungen |
| Emissionserklärungsverordnung | Spezielle Regelungen |
| Verordnung über das Genehmigungsverfahren | Konkretisierung des Genehmigungsverfahrens |
| Verordnung über Immissionsschutz- und Störfallbeauftragte | Spezielle Regelungen |
| TA Luft | Verwaltungsvorschrift (Emissions/Immissionswerte) |

## 04. Welche Rechtsnormen existieren im Bereich des Gewässerschutzes?

| Rechtsnormen zum Gewässerschutz | Stichworte zum Inhalt |
|---|---|
| Wasserhaushaltsgesetz | Nutzung von Gewässern |
| Klärschlammverordnung | Aufbringen von Klärschlamm; Grenzwerte |
| Abwasserabgabengesetz | Abgabe für Direkteinleiter |
| Allgemeine Rahmenverwaltungsvorschrift über Mindestanforderungen an das Einleiten von Abwasser in Gewässer | Konkretisierung von Anforderungen |

## 05. Wie ist der Begriff „Abfall" definiert?

Der Abfallbegriff ist im KrWG definiert: Danach sind unter Abfall *„alle beweglichen Sachen, deren sich der Besitzer entledigen will oder entledigen muss"* zu verstehen.

## 06. In welche Teilbereiche lässt sich die Abfallwirtschaft gliedern?

| Abfallwirtschaft – Teilbereiche | |
|---|---|
| **1. Abfallbegrenzung** | |
| **2. Abfallbehandlung (Entsorgung)** | **Recycling**<br>► Wiederverwertung/Weiterverwertung<br>► Wiederverwendung/Weiterverwendung |
| | **Abfallvernichtung**<br>► Physikalische Abfallvernichtung<br>► Chemische Abfallvernichtung<br>► Elektrotechnische Abfallvernichtung<br>► Biologische Abfallvernichtung<br>► Thermische Abfallvernichtung |
| | **Abfallbeseitigung**<br>► Abfalldiffusion und -lagerung<br>► Abfallablagerung |

## 07. Was versteht man unter Recycling? Welche Ziele werden damit verfolgt?

Unter Recycling versteht man die Wiedergewinnung von Rohstoffen aus Abfällen für den Produktionsprozess. Im Idealfall soll durch Recycling ein nahezu geschlossener Kreislauf hergestellt werden, bei dem kaum noch Restabfälle entstehen. Man realisiert damit folgende Ziele:

- Es müssen weniger Reststoffe vernichtet oder deponiert werden; dadurch wird die Belastung der Umwelt reduziert.
- Der Wiedereinsatz von recycelten Materialien führt im Produktionsprozess zu Kostenersparnissen.
- Es entstehen weniger Entsorgungskosten.

| Recycling – Formen | |
|---|---|
| **Wiederverwendung** | Die gebrauchten Materialien werden in derselben Art und Weise mehrfach wiederverwendet, z. B. Paletten, Fässer, Behälter, Flaschen und andere Verpackungsmaterialien. Die Wiederverwendung ist innerbetrieblich relativ problemlos zu organisieren. Auch im Warenverkehr zwischen Unternehmen können wiederverwendbare Materialien eingesetzt werden. Das Rückholsystem oder Sammelsystem kann ggf. mit Kosten verbunden sein, die höher sind als der Einsatz von Einwegmaterialien. Aus ökologischer Sicht ist die Wiederverwendung allen anderen Formen der Abfallentsorgung vorzuziehen |

| Recycling – Formen | |
|---|---|
| **Weiterverwendung** | Die gebrauchten Materialien bzw. Abfälle werden für einen anderen Zweck weiterverwendet (Beispiele: Abgase zur Energiegewinnung, Abwärme zum Heizen, Schlacken im Bauwesen). eingesetzt. Der Weiterverwendung sind Grenzen gesetzt sind: Materialien und Abfälle, die mit Umweltschadstoffen belastet sind, können meist nicht weiterverwendet werden. |
| **Wiederverwertung** | Gebrauchte Materialien und Abfälle werden aufgearbeitet, sodass sie im Produktionsprozess erneut entsprechend ihrem ursprünglichen Zweck eingesetzt werden können; Beispiele: Gebrauchte Reifen werden zerkleinert und wieder als Rohstoff eingesetzt; analog: Kunststofffolien, Altöl. Die Regenerierung hat Grenzen: Mit jeder Aufbereitung verschlechtert sich i. d. R. die Qualität der Ausgangsmaterialien. |
| **Weiterverwertung** | Die gebrauchten Materialien/Abfälle werden aufgearbeitet und einem anderen als dem ursprünglichen Verwendungszweck zugeführt. Es handelt sich dabei meist um Materialien, deren Qualität bei der Aufarbeitung stark abnimmt, sodass die wiedergewonnenen Rohstoffe nicht mehr für den ursprünglichen Zweck verwendet werden können. Aus Regenerat von Kunststoffgemischen oder verunreinigten Kunststoffen werden z. B. Tische und Bänke oder Schallschutzwände produziert. |

### 08. Welche wesentlichen Bestimmungen enthält das Kreislaufwirtschaftsgesetz?

Mit dem neuen Kreislaufwirtschaftsgesetz (KrWG; Gesetz zur Förderung der Kreislaufwirtschaft und Sicherung der umweltverträglichen Bewirtschaftung von Abfällen) von 2012 wird das bestehende deutsche Abfallrecht umfassend modernisiert. Ziel des neuen Gesetzes ist eine nachhaltige Verbesserung des Umwelt- und Klimaschutzes sowie der Ressourceneffizienz in der Abfallwirtschaft durch Stärkung der Abfallvermeidung und des Recyclings von Abfällen.

Kern des KrWG ist die **fünfstufige Abfallhierarchie** (§ 6 KrWG):

- Abfallvermeidung
- Wiederverwendung
- Recycling
- sonstiger Verwertung von Abfällen
- Abfallbeseitigung.

Vorrang hat die jeweils beste Option aus Sicht des Umweltschutzes. Die Kreislaufwirtschaft wird somit konsequent auf die Abfallvermeidung und das Recycling ausgerichtet, ohne etablierte ökologisch hochwertige Entsorgungsverfahren zu gefährden.

## 09. Welche Aktionsfelder des betrieblichen Umweltschutzes lassen sich nennen?

Aktionsfelder sind z. B.:

- **Produktgestaltung:**
  Sparsamer Materialeinsatz, höhere Funktionalität, höhere Lebensdauer, Einsatz umweltfreundlicher Materialien
- **Produktionsmengengestaltung:**
  Anpassung der Mengen an den tatsächlichen Bedarf
- **Verfahrensgestaltung:**
  Optimierung der organisatorischen und technischen Abläufe, Einsatz umweltschonender Hilfs- und Betriebsstoffe, energiesparende Prozesse, Verringerung von Ausschuss und Abfällen, Verzicht auf gesundheitsgefährdende Stoffe
- **Recycling** von Abfällen.

Die Möglichkeiten der Wieder- und Weiterverwertung sind um so besser, je reiner die zu verwertenden Materialien sind. Aus diesem Grunde sollte schon bei der Produktentwicklung darauf geachtet werden, dass möglichst reine Materialien eingesetzt werden und diese gut voneinander zu trennen sind. Weiterhin eine große Rolle spielt die umweltgerechte Montage von Bauteilen: Es werden überwiegend nur solche Fügeverfahren eingesetzt, die eine kostenschonende Trennung der Materialarten zulassen.

## 10. Welche wesentlichen Bestimmungen enthält das Bundesimmissionsschutzgesetz?

**Das Bundesimmissionsschutzgesetz** (BImSchG; Gesetz zum Schutz vor schädlichen Umwelteinwirkungen durch Luftverunreinigungen, Geräusche, Erschütterungen und ähnliche Vorgänge) **ist das bedeutendste Recht auf dem Gebiet des Umweltschutzes.** Es bestimmt den **Schutz vor Immissionen** und regelt **den Betrieb genehmigungsbedürftiger Anlagen** (früher in der Gewerbeordnung enthalten) sowie die Pflichten der Betreiber von nicht genehmigungsbedürftigen Anlagen.

- **Zweck** des Gesetzes ist es, Menschen, Tiere und Pflanzen, den Boden, das Wasser, die Atmosphäre sowie Kultur- und Sachgüter vor schädlichen Umwelteinwirkungen zu schützen sowie vor den Gefahren und Belästigungen von Anlagen.
- **Geltungsbereich:** Die Vorschriften des Gesetzes gelten für
  - die Errichtung und den Betrieb von Anlagen,
  - das Herstellen, Inverkehrbringen und Einführen von Anlagen, Brennstoffen und Treibstoffen,
  - die Beschaffenheit, die Ausrüstung, den Betrieb und die Prüfung von Kraftfahrzeugen und ihren Anhängern und von Schienen-, Luft- und Wasserfahrzeugen sowie von Schwimmkörpern und schwimmenden Anlagen und
  - den Bau öffentlicher Straßen sowie von Eisenbahnen und Straßenbahnen.

## 11. Welche Bestimmungen zum „Bodenschutz" gibt es?

- Das Bundes-Bodenschutzgesetz (BBodSchG) soll die Zielsetzung erfüllen, die Beschaffenheit des Boden nachhaltig zu sichern bzw. wiederherzustellen.
- Strafgesetzbuch: Bodenverunreinigungen sind unter Strafe gestellt nach § 324 StGB.
- Weitere Gesetze: Der Schutz des Bodens ist mittelbar geregelt durch das Bundesnaturschutzgesetz, durch die Naturschutz- und Landschaftsschutzgesetze der Länder.

## 12. Welchen wesentlichen Inhalt hat das Gesetz über die Umweltverträglichkeit von Wasch- und Reinigungsmitteln (WRMG)?

Die zentralen Vorschriften des WRMG sind:

- Vermeidbare Beeinträchtigung der Gewässer oder Kläranlagen durch Wasch- und Reinigungsmittel hat zu unterbleiben.
- Der Einsatz von Wasch-/Reinigungsmittel, Wasser und Energie ist vom Verbraucher zu minimieren.
- Waschmittelverpackungen müssen Hinweise zur Dosierung enthalten.
- Wasserversorgungsunternehmen haben den Verbraucher über den Härtegrad des Wassers zu unterrichten.
- Wasch- und Reinigungsmittel müssen Mindestnormen über die biologische Abbaubarkeit und den Phosphatgehalt erfüllen.

## 13. Welchen wesentlichen Zweck und Inhalt haben die Vorschriften zur Vermeidung von Arbeits- und Verkehrslärm?

Lärm vermindert die Konzentration, macht krank und kann zur Schwerhörigkeit führen.

Weitere Einzelaspekte:

- Die akustische Verständigung wird durch Lärm behindert.
- Schreckreaktionen können zu Unfällen führen.
- Die untere Auslöseschwelle liegt bei 80 dB(A).
- Ab 85 dB(A) sind Gehörschutzmittel zu verwenden; außerdem besteht die Verpflichtung zu Gehörvorsorgeuntersuchungen.

Die neue **Lärm- und Vibrationsschutzverordnung** legt fest:

- untere Auslöseschwelle LEX, 8 h = 80 dB(A) Tages-Lärmexpositionspegel bzw.
- Spitzenschalldruckpegel Lc, peak = 135 dB(C)
- obere Auslöseschwelle LEX, 8 h = 85 dB(A) bzw. Lc, peak = 137 dB(C).

Vorschriften über den Lärmschutz finden sich

- im BImSchG, IV. Teil (Betrieb von Fahrzeugen, Verkehrsbeschränkungen, Verkehrslärmschutz)

- in der Technischen Anleitung zum Schutz gegen Lärm (TA-Lärm; sie dient dem Schutz der Allgemeinheit und legt Richtwerte für das Betreiben von Anlagen fest)
- in der Arbeitsstättenverordnung
- in der Lärm- und Vibrationsschutzverordnung.

Der Vorgesetzte sollte es sich daher zur Aufgabe machen, den Lärmpegel in der Produktion so gering wie möglich zu halten, z. B.:

- durch **technische Maßnahmen** (z. B. beim Neukauf von Anlagen: nur lärmarme Maschine)
- durch **Schallschutzmaßnahmen** (z. B. Kontrolle, ob die Gehörschutzmittel getragen werden; Einsatz von Schallschutzhauben)
- durch **organisatorische Maßnahmen** (zeitliche Verlagerung lärmintensiver Arbeiten; Vermeidung von Lärm während der Nachtarbeit).

## 14. Welchen wesentlichen Zweck und Inhalt hat das Chemikaliengesetz?

Das Chemikaliengesetz (ChemG; Gesetz zum Schutz vor gefährlichen Stoffen) gilt sowohl für den privaten als auch für den gewerblichen Bereich und soll Menschen und Umwelt vor gefährlichen Stoffen und gefährlichen Zubereitungen schützen. Stoffe bzw. Zubereitungen sind dann gefährlich, wenn sie folgende Eigenschaften haben (§ 4 GefStoffV): explosionsgefährlich, brandfördernd, giftig, sehr giftig, reizend, entzündlich, hoch entzündlich usw. Hersteller und Handel haben die Eigenschaften der in Verkehr gebrachten Stoffe zu ermitteln und entsprechend zu verpacken und zu kennzeichnen. Mit der Einführung der (neuen) **Arbeitsplatzgrenzwerte** und der (neuen) **biologischen Grenzwerte** hat sich der Gesetzgeber von den Jahrzehnte lang geltenden MAK-Werten (Maximale Arbeitsplatzkonzentration), BAT-Werten (Biologische Arbeitsstoff-Toleranz-Werte) und TRK-Werten (Technische Richtkonzentration) abgewendet.

- **Arbeitsplatzgrenzwert:**
  Der mit Abstand häufigste Weg in den menschlichen Körper führt über die Atmungsorgane in die Lunge des Menschen. Daher sind die meisten Grenzwerte Luftgrenzwerte, also Werte, bei denen der Beschäftigte im Allgemeinen gesund bleibt.
- **Biologischer Grenzwert:**
  Gemessen wird bei diesem Grenzwert die Konzentration von Gefahrstoffen oder ihrer Metaboliten (Stoffwechselprodukte) in Körperflüssigkeiten. Wird dieser biologische Grenzwert eingehalten, bleibt der Beschäftigte nach arbeitsmedizinischen Erkenntnissen im Allgemeinen gesund.

## 15. Wann ist ein Umweltschutzbeauftragter zu bestellen?

In verschiedenen Gesetzen und Verordnungen ist die schriftliche Bestellung von Betriebsbeauftragten unter bestimmten Bedingungen vorgeschrieben:

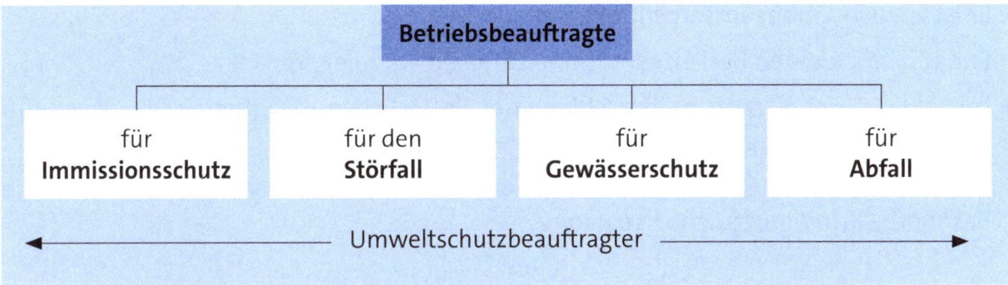


- **Betriebsbeauftragter für Immissionsschutz** nach § 53 BImSchG sowie 5. BImSchV:
  → muss bestellt werden, wenn eine in der Verordnung bezeichnete genehmigungsbedürftige Anlage betrieben wird (vgl. Anhang zur 5. BImSchV) er ist gegen eine ordentliche Kündigung geschützt
- **Betriebsbeauftragter für den Störfall** nach § 58a BImSchG sowie 5. BImSchV:
  → wenn in der genehmigungsbedürftigen Anlage bestimmte Stoffe vorhanden sein können oder ein Störfall entstehen kann (Störfallverordnung)
- **Betriebsbeauftragter für Gewässerschutz** nach § 64 WHG:
  → ist zu bestellen, wenn mehr als 750 $m^3$ Abwässer täglich in öffentliche Gewässer eingeleitet werden
- **Betriebsbeauftragter für Abfall** nach dem KrWG:
  → wenn im Betrieb regelmäßig überwachungsbedürftige Abfälle anfallen (z. B. Abfälle, die luft- oder wassergefährdend, brennbar usw. sind).

Der **Umweltschutzbeauftragte** ist als Begriff in den einschlägigen Gesetzen und Verordnungen nicht genannt, sondern hat sich als Terminus der Praxis herausgebildet. Er ist der „Betriebsbeauftragte für alle Fragen des Umweltschutzes" im Betrieb (Abfall-, Gewässer-, Immissionsschutz usw.).

## 16. Welche Rechte und Pflichten hat der Umweltschutzbeauftragte?

Der Umweltschutzbeauftragte hat nach dem Gesetz keine Anordnungsbefugnis, sondern er **berät** die Leitung/den Betreiber sowie die Mitarbeiter in allen Fragen des Umweltschutzes und **koordiniert** die erforderlichen Maßnahmen (Stabsfunktion; vgl. dazu analog: Sicherheitsbeauftragte, >> 1.4.4 Frage 02.). Seine Aufgaben werden von einem **fachkundigen Mitarbeiter** des Unternehmens oder einem Externen wahrgenommen.

Die Bestellung des Beauftragten ist der Behörde anzuzeigen. Sie prüft, ob der Beauftragte **zuverlässig und fachkundig** ist. Bei der Fachkunde wird z. B. in der 5. BImSchV die Qualifikation näher bestimmt (Abschluss als Ingenieur der Fachrichtung Chemie oder Physik, Teilnahme an vorgeschriebenen Lehrgängen und 2-jährige Praxis an der Anlage).

Neben der umfassenden Beratung des Betreibers und der Mitarbeiter hat der Umweltschutzbeauftragte folgende **Rechte und Pflichten:**

- Der Beauftragte muss frühzeitig und umfassend in alle Entscheidungen, die den Umweltschutz tangieren, einbezogen werden.

- Er ist zu Investitionsentscheidungen anzuhören.
- Er hat jährlich einen Bericht über seine Tätigkeit vorzulegen.
- Lehnt die Geschäftsleitung Vorschläge des Betriebsbeauftragten ab, muss sie ihm diese Ablehnung begründen.
- Geschützt wird der Betriebsbeauftragte durch ein Benachteiligungsverbot und eine besondere Kündigungsschutzregelung.

## 1.6 Wirtschaftsrechtliche Vorschriften und Bestimmungen

### 1.6.1 Wesentliche Bestimmungen des Produkthaftungsgesetzes

#### 01. Welches sind die Rechtsgrundlagen der Produkthaftung?

Die Haftung von Herstellern für die Fehlerfreiheit und damit auch für die Sicherheit von Produkten wird durch unterschiedliche Regelungen begründet:

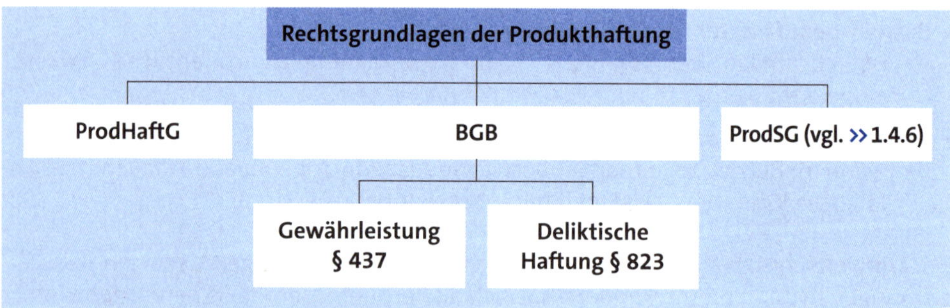


A. **Produkthaftungsgesetz**
Zum einen können Ansprüche aus speziellen gesetzlichen Sondervorschriften, wie z. B. das **Produkthaftungsgesetz** (ProdHaftG), abgeleitet werden.

RECHTSGRUNDLAGEN

**§ 1 Abs. 1 ProdHaftG**
Wird durch den Fehler eines Produkts jemand getötet, sein Körper oder seine Gesundheit verletzt oder eine Sache beschädigt, so ist der Hersteller des Produkts verpflichtet, dem Geschädigten den daraus entstehenden Schaden zu ersetzen. Im Falle der Sachbeschädigung gilt dies **nur, wenn eine andere Sache als das fehlerhafte Produkt beschädigt wird** und diese andere Sache ihrer Art nach gewöhnlich für den privaten Ge- oder Verbrauch bestimmt und hierzu von dem Geschädigten hauptsächlich verwendet worden ist.

Bei der Produkthaftung gibt es folgende **Ausnahmen:**

- Der Hersteller hat das Produkt nicht in den Verkehr gebracht.
- Das Produkt hat den Fehler noch nicht gehabt, als es in den Verkehr gebracht wurde.
- Das Produkt wurde nicht zum Verkauf/zu einer anderen wirtschaftlichen Nutzung hergestellt.
- Der Fehler beruht darauf, dass das Produkt zwingenden Rechtsvorschriften entsprochen hat.
- Der Fehler konnte nach dem Stand der Technik und der Wissenschaft zu dem Zeitpunkt, an dem der Hersteller das Produkt in den Verkehr brachte, nicht erkannt werden.

Im Überblick:

| | | |
|---|---|---|
| **Produkt-haftungs-gesetz** | → | ► **Haftung für Folge-Schäden an Leib und Leben oder einer Sache**<br>► Voraussetzung ist der gewöhnliche Ge- und Verbrauch der geschädigten Sache im privaten Bereich.<br>► Der Schaden bezieht sich nicht auf das gekaufte (fehlerhafte) Produkt sondern auf einen aus dem gekauften Gegenstand folgenden Schaden an einem anderen Produkt.<br>► Ein Ausschluss der Haftung ist nicht möglich.<br>► Sachschäden bis zur Höhe von 500 € muss der Geschädigte selbst tragen.<br>► Der Anspruch verjährt in drei Jahren nach Kenntniserlangung. |

Zum anderen kann die Haftung für ein fehlerhaftes Produkt im **BGB** begründet sein. Hierbei ist noch zwischen Ansprüchen aus den gesetzlichen Gewährleistungsansprüchen und Ansprüchen aus dem vertragsunabhängigem **BGB-Deliktrecht** § 823 BGB zu unterscheiden.

B. **Gewährleistung des Verkäufers bei Sach- und Rechtsmangel** nach §§ 437 ff. BGB

| | | |
|---|---|---|
| **Gewährleistung aus Kaufvertrag** | → | ► **Haftung für Sach- und Rechtsmangel an der Sache selbst**<br>► Rechte nach § 437 BGB: Nacherfüllung, Rücktritt oder Minderung, Schadenersatz oder Ersatz vergeblicher Aufwendungen |

C. **Vertragsunabhängige Generalklausel der deliktischen Haftung nach § 823 BGB für die Produkthaftung:**

RECHTSGRUNDLAGEN

**§ 823 Abs. 1 BGB**
Wer vorsätzlich oder fahrlässig das Leben, den Körper die Gesundheit, die Freiheit, das Eigentum oder ein sonstiges Recht eines anderen widerrechtlich verletzt, ist dem anderen zum Ersatz des daraus entstehenden Schadens verpflichtet.

Daraus kann für die Hersteller von Produkten abgeleitet werden: Er muss sich so verhalten und dafür Sorge tragen, dass nicht innerhalb seines Einflussbereiches widerrechtlich Ursachen für **Personen- und Sachschäden** gesetzt werden.

| **§ 823 BGB Generalklausel der deliktischen Haftung** | → | ▸ **General-Haftung für Personen- und Sachschäden**<br>▸ Voraussetzung: Vorsatz oder Fahrlässigkeit<br>▸ Verstoß gegen geltendes Recht |
|---|---|---|

D. Weiterhin ist das **Produktsicherheitsgesetz** (ProdSG) zu beachten. Im Überblick:

| | |
|---|---|
| **Produktsicherheitsgesetz (ProdSG)** | Das Produktsicherheitsgesetz (ProdSG) setzt die Produktsicherheitsrichtlinie 2001/95/EG in deutsches Recht um. Technische Arbeitsmittel und Verbraucherprodukte müssen so beschaffen sein, **dass sie bei bestimmungsgemäßer Verwendung den Benutzer nicht gefährden**. In die Pflicht genommen werden Hersteller, Inverkehrbringer und Aussteller der Produkte. |

MERKE

Bei der Haftung ist zwischen Schäden an der Sache selbst und Folgeschäden zu unterscheiden.

## 1.6.2 Notwendigkeit und Zielsetzung des Datenschutzes

### 01. Auf welchen Rechtsquellen basiert der Datenschutz?

Der Datenschutz ist als Bundesgesetz im Bundesdatenschutzgesetz (BDSG) sowie in den jeweiligen Landesdatenschutzgesetzen geregelt. Er basiert auf dem allgemeinen Persönlichkeitsrecht nach Art. 2 Abs. 1 GG. Die Sonderregelungen des Datenschutzes sind: Bank-, Brief-, Post-, Fernmelde-, Steuer-, Betriebs-/Geschäftsgeheimnis.

| | |
|---|---|
| **Grundgesetz (GG)** | Art. 2 Abs. 1 in Verbindung mit Art. 1 GG: Verbürgt ist der Schutz des Einzelnen gegen unbegrenzte Erhebung, Speicherung Verwendung und Weitergabe seiner persönlichen Daten (Persönlichkeitsrecht und Menschenwürde) |
| **Bundesdatenschutzgesetz (BDSG) i. V. m. Landesdatenschutzgesetze (LDSG)** | Der Einzelne ist davor zu schützen, dass er durch den Umgang mit seinen persönlichen Daten in seinem Persönlichkeitsrecht beeinträchtigt wird. |

| | |
|---|---|
| **Sonderregelungen, z. B.** | ► Strafgesetzbuch (Die Preisgabe von Daten wird bestraft.)<br>► BetrVG (Die Preisgabe von Betriebs- und Geschäftsgeheimnissen ist strafbar)<br>► Abgabenordung (Bank- und Steuergeheimnis)<br>► Postgesetz (Brief-, Post- und Fernmeldegeheimnis)<br>► Meldegesetze, Passgesetze u. Ä. |
| **Europäische Datenschutzgrundverordnung, Mai 2018** | Verordnung der EU zur einheitlichen Verarbeitung personenbezogener Daten durch private Unternehmen und öffentliche Stellen |

## 02. Welche Inhalte hat die Europäische Datenschutzgrundverordnung (EU-DSGVO)?

- Sie vereinheitlicht den Datenschutz in der Europäischen Union und schafft gleiche Datenschutzstandards für alle Mitgliedsstaaten. Damit gewinnt der Datenschutz erheblich an Bedeutung.
- Die individuellen Nutzerrechte der Verbraucher werden gestärkt. Die Nutzer haben in Zukunft leichter Zugang zu den von ihnen gespeicherten Daten (welche Daten wurden gesammelt und gespeichert). Wenn ein Nutzer bereits gespeicherte Daten löschen möchte, hat er das „Recht auf Vergessen“ (Löschung personenbezogener Daten).
- Besondere Bedeutung hat die europäische Grundverordnung für den Datenschutz für Unternehmen außerhalb der Europäischen Union, sobald sie die Europäische Union als Markt benutzen (z. B. US-Firmen wie Facebook oder Google).
- Die Höhe der Bußgelder bei Verstößen gegen die Datenschutzgrundverordnung wird drastisch steigen.

Insbesondere enthält die EU-DSGVO folgende Einzelbestimmungen:

- Unternehmen müssen im Falle einer Verletzung des Schutzes personenbezogener Daten unverzüglich (innerhalb 72 Stunden) handeln.
- Die Einwilligung zur Datenverarbeitung muss klar abgegrenzt, einfach verständlich und einfach widerrufbar sein (auch online).
- Die DSGVO findet Anwendung auf alle Daten, die sich auf eine identifizierbare natürliche Person beziehen (auch „pseudo-anonyme Daten“, wie z. B. IP-Adressen, Cookie-Kennungen).
- Die DSGVO bringt für Unternehmen und Behörden umfassende Nachweispflichten mit sich (Accountability): Vorgaben der DSGVO erfüllen und Nachweis der Erfüllung.

## 03. Was versteht man unter Datenschutz und welche Prinzipien gelten?

**Beim Datenschutz geht es** nicht um den Schutz von Daten, sondern **um den Schutz des Persönlichkeitsrechts des Bürgers beim Umgang mit seinen personenbezogenen Daten.**

Aus Sicht des Datenschutzes lautet die erste Frage immer, ob Daten überhaupt erhoben werden dürfen oder sollen. Erst dann ist die Frage zu stellen, wie Daten gegen Missbrauch zu schützen sind.

Die **Prinzipien des Datenschutzes** sind daher:

| | |
|---|---|
| **Verbot mit Erlaubnisvorbehalt** | Nur erlaubt, wenn es gesetzlich erlaubt ist oder der Betroffene seine Einwilligung gibt. |
| **Sparsamkeit und Vermeidung** | Personenbezogene Daten sollen nur erhoben und gespeichert werden, wenn dies für den jeweiligen Zweck unbedingt erforderlich ist. Daten dürfen nicht auf Vorrat erhoben werden. |
| **Transparenz** | Der Einzelne muss erkennen können, welche Daten über ihn gespeichert sind. Die Verwender haben Informationspflichten |
| **Zweckbindung** | Zweck der Erhebung muss bekannt sein. |

## 04. Worin liegt der Unterschied zwischen Datenschutz und Datensicherheit?

Bei der **Datensicherheit** gilt es, Daten vor den unterschiedlichen Risiken zu schützen. Beim **Datenschutz** gilt es, das Persönlichkeitsrecht der Bürger zu schützen. Da personenbezogene Daten wie andere Daten auch durch Datensicherheitsmaßnahmen geschützt werden, **ergeben sich teilweise Überschneidungen zwischen Datenschutz und Datensicherheit.** Werden zum Beispiel vertrauliche Daten verschlüsselt abgespeichert, so ist dies eine Maßnahme der Datensicherheit. Handelt es sich bei den Daten um personenbezogene Daten, so ist die Verschlüsselung auch gleichzeitig eine Maßnahme des Datenschutzes.

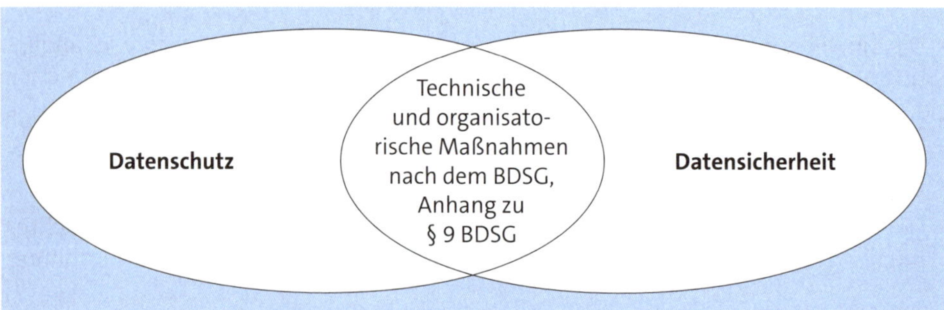

## 05. Welchen Anwendungsbereich hat das Bundesdatenschutzgesetz?

RECHTSGRUNDLAGEN

Das Bundesdatenschutzgesetz (BDSG) formuliert in § 1 Abs. 1:

„Dieses Gesetz gilt für die Erhebung, Verarbeitung und Nutzung personenbezogener Daten durch

1. öffentliche Stellen des Bundes,
2. öffentliche Stellen der Länder, soweit der Datenschutz nicht durch Landesgesetz geregelt ist und soweit sie a) Bundesrecht ausführen oder b) als Organe der Rechtspflege tätig werden und es sich nicht um Verwaltungsangelegenheiten handelt.

Für nichtöffentliche Stellen gilt dieses Gesetz für die ganz oder teilweise automatisierte Verarbeitung personenbezogener Daten sowie die nichtautomatisierte Verarbeitung personenbezogener Daten, die in einem Dateisystem gespeichert sind oder gespeichert werden sollen, es sei denn, die Verarbeitung durch natürliche Personen erfolgt zur Ausübung ausschließlich persönlicher oder familiärer Tätigkeiten."

## 06. Welche Rechte hat ein Betroffener bezüglich seiner personenbezogenen Daten?

Das Bundesdatenschutzgesetz beschreibt die Rechte in verschiedenen Paragrafen sehr ausführlich. Die Rechte der betroffenen Personen sind geregelt in den §§ 32 bis 37 und 55 bis 61 BDSG.

## 07. Was versteht man unter personenbezogenen Daten?

RECHTSGRUNDLAGEN

Das BDSG beschreibt personenbezogene Daten in § 46:

„... ‚personenbezogene Daten' [sind] alle Informationen, die sich auf eine identifizierte oder identifizierbare natürliche Person (betroffene Person) beziehen; als identifizierbar wird eine natürliche Person angesehen, die direkt oder indirekt, [...] identifiziert werden kann."

- **Personenbezogen** heißt, dass es eine Beziehung zwischen einem Datum und einer Person gibt. Natürliche Personen sind Menschen mit Namen, Geschlecht, Anschrift etc. Daten über juristische Personen werden nicht durch das BDSG geschützt, hier gelten andere gesetzliche Vorschriften.

- **Identifizierbar** heißt, dass eine Person z. B. nicht namentlich genannt wird, aber durch weitere Angaben eindeutig zu bestimmen ist. Wohnt z. B. eine Person in einem Einfamilienhaus, ist sie leicht durch zusätzliche Angaben wie die Anschrift und das Geschlecht bestimmbar, wohnt sie in einem Mehrfamilienhochhaus, ist dies nicht eindeutig möglich.

### 08. Worin besteht der sachliche Anwendungsbereich der Datenschutzgrundverordnung (DSGVO)?

Die Datenschutzgrundverordnung gilt lt. Art. 2 für die ganz oder teilweise automatisierte Verarbeitung personenbezogener Daten sowie für die nichtautomatisierte Verarbeitung personenbezogener Daten, die in einem Dateisystem gespeichert sind oder gespeichert werden sollen.

### 09. Welche Allgemeine Grundsätze nennt das Bundesdatenschutzgesetz für die Verarbeitung personenbezogener Daten

Personenbezogene Daten müssen lt. § 47 BDSG:

1. auf rechtmäßige Weise und nach Treu und Glauben verarbeitet werden,
2. für festgelegte, eindeutige und rechtmäßige Zwecke erhoben und nicht in einer mit diesen Zwecken nicht zu vereinbarenden Weise verarbeitet werden,
3. dem Verarbeitungszweck entsprechen, für das Erreichen des Verarbeitungszwecks erforderlich sein und ihre Verarbeitung nicht außer Verhältnis zu diesem Zweck stehen,
4. sachlich richtig und erforderlichenfalls auf dem neuesten Stand sein; dabei sind alle angemessenen Maßnahmen zu treffen, damit personenbezogene Daten, die im Hinblick auf die Zwecke ihrer Verarbeitung unrichtig sind, unverzüglich gelöscht oder berichtigt werden,
5. nicht länger als es für die Zwecke, für die sie verarbeitet werden, erforderlich ist, in einer Form gespeichert werden, die die Identifizierung der betroffenen Personen ermöglicht, und
6. in einer Weise verarbeitet werden, die eine angemessene Sicherheit der personenbezogenen Daten gewährleistet; hierzu gehört auch ein durch geeignete technische und organisatorische Maßnahmen zu gewährleistender Schutz vor unbefugter oder unrechtmäßiger Verarbeitung, unbeabsichtigtem Verlust, unbeabsichtigter Zerstörung oder unbeabsichtigter Schädigung.

### 10. Welche Grundsätze nennt die Datenschutzgrundverordnung für die Verarbeitung personenbezogener Daten?

Personenbezogene Daten müssen gemäß Art. 5 DSGVO

1. auf rechtmäßige Weise, nach Treu und Glauben und in einer für die betroffene Person nachvollziehbaren Weise verarbeitet werden („Rechtmäßigkeit, Verarbeitung nach Treu und Glauben, Transparenz“);

2. für festgelegte, eindeutige und legitime Zwecke erhoben werden und dürfen nicht in einer mit diesen Zwecken nicht zu vereinbarenden Weise weiterverarbeitet werden; eine Weiterverarbeitung [...] für wissenschaftliche oder [...] statistische Zwecke gilt gemäß Artikel 89 Absatz 1 nicht als unvereinbar mit den ursprünglichen Zwecken („Zweckbindung");
3. dem Zweck angemessen und erheblich sowie auf das für die Zwecke der Verarbeitung notwendige Maß beschränkt sein („Datenminimierung");
4. sachlich richtig und erforderlichenfalls auf dem neuesten Stand sein; es sind alle angemessenen Maßnahmen zu treffen, damit personenbezogene Daten, die im Hinblick auf die Zwecke ihrer Verarbeitung unrichtig sind, unverzüglich gelöscht oder berichtigt werden („Richtigkeit");
5. in einer Form gespeichert werden, die die Identifizierung der betroffenen Personen nur so lange ermöglicht, wie es für die Zwecke, für die sie verarbeitet werden, erforderlich ist; [...] („Speicherbegrenzung");
6. in einer Weise verarbeitet werden, die eine angemessene Sicherheit der personenbezogenen Daten gewährleistet, einschließlich Schutz vor unbefugter oder unrechtmäßiger Verarbeitung und vor unbeabsichtigtem Verlust, unbeabsichtigter Zerstörung oder unbeabsichtigter Schädigung durch geeignete technische und organisatorische Maßnahmen („Integrität und Vertraulichkeit").

## 11. Was bedeutet die Verpflichtung auf das Datengeheimnis?

Die speichernden Stellen sind verpflichtet, **Mitarbeiter**, die mit der Verarbeitung personenbezogener Daten zu tun haben, **über Vorschriften des BDSG zu informieren**. Dieses geschieht i. d. R. durch Aushändigung eines Merkblattes und eines Formulars, das vom Mitarbeiter zu unterschreiben ist.

### RECHTSGRUNDLAGEN

**§ 53 BDSG: Datengeheimnis**
„Mit Datenverarbeitung befasste Personen dürfen personenbezogene Daten nicht unbefugt verarbeiten (Datengeheimnis). Sie sind bei der Aufnahme ihrer Tätigkeit auf das Datengeheimnis zu verpflichten. Das Datengeheimnis besteht auch nach der Beendigung ihrer Tätigkeit fort."

Aufgrund dieser Maßnahme können sich Mitarbeiter, die personenbezogene Daten verarbeiten, nicht darauf berufen, sie hätten in Unkenntnis der gesetzlichen Bestimmungen gehandelt. Der Gesetzgeber überträgt somit die Verantwortung auf die Mitarbeiter.

## 12. Welche Anforderungen stellt das Bundesdatenschutzgesetz an die Sicherheit der Datenverarbeitung?

§ 64 BDSG schreibt Folgendes vor:

RECHTSGRUNDLAGEN

**Anforderungen an die Sicherheit der Datenverarbeitung**

(1) Der Verantwortliche und der Auftragsverarbeiter haben unter Berücksichtigung des Stands der Technik, der Implementierungskosten, der Art, des Umfangs, der Umstände und der Zwecke der Verarbeitung sowie der Eintrittswahrscheinlichkeit und der Schwere der mit der Verarbeitung verbundenen Gefahren für die Rechtsgüter der betroffenen Personen die erforderlichen technischen und organisatorischen Maßnahmen zu treffen, um bei der Verarbeitung personenbezogener Daten ein dem Risiko angemessenes Schutzniveau zu gewährleisten, insbesondere im Hinblick auf die Verarbeitung besonderer Kategorien personenbezogener Daten. Der Verantwortliche hat hierbei die einschlägigen Technischen Richtlinien und Empfehlungen des Bundesamtes für Sicherheit in der Informationstechnik zu berücksichtigen.

(2) Die in Absatz 1 genannten Maßnahmen können unter anderem die Pseudonymisierung und Verschlüsselung personenbezogener Daten umfassen, soweit solche Mittel in Anbetracht der Verarbeitungszwecke möglich sind. Die Maßnahmen nach Absatz 1 sollen dazu führen, dass

1. die Vertraulichkeit, Integrität, Verfügbarkeit und Belastbarkeit der Systeme und Dienste im Zusammenhang mit der Verarbeitung auf Dauer sichergestellt werden und
2. die Verfügbarkeit der personenbezogenen Daten und der Zugang zu ihnen bei einem physischen oder technischen Zwischenfall rasch wiederhergestellt werden können.

(3) Im Fall einer automatisierten Verarbeitung haben der Verantwortliche und der Auftragsverarbeiter nach einer Risikobewertung Maßnahmen zu ergreifen, die Folgendes bezwecken:

1. Verwehrung des Zugangs zu Verarbeitungsanlagen, mit denen die Verarbeitung durchgeführt wird, für Unbefugte (Zugangskontrolle),
2. Verhinderung des unbefugten Lesens, Kopierens, Veränderns oder Löschens von Datenträgern (Datenträgerkontrolle),
3. Verhinderung der unbefugten Eingabe von personenbezogenen Daten sowie der unbefugten Kenntnisnahme, Veränderung und Löschung von gespeicherten personenbezogenen Daten (Speicherkontrolle),
4. Verhinderung der Nutzung automatisierter Verarbeitungssysteme mit Hilfe von Einrichtungen zur Datenübertragung durch Unbefugte (Benutzerkontrolle),

5. Gewährleistung, dass die zur Benutzung eines automatisierten Verarbeitungssystems Berechtigten ausschließlich zu den von ihrer Zugangsberechtigung umfassten personenbezogenen Daten Zugang haben (Zugriffskontrolle),
6. Gewährleistung, dass überprüft und festgestellt werden kann, an welche Stellen personenbezogene Daten mit Hilfe von Einrichtungen zur Datenübertragung übermittelt oder zur Verfügung gestellt wurden oder werden können (Übertragungskontrolle),
7. Gewährleistung, dass nachträglich überprüft und festgestellt werden kann, welche personenbezogenen Daten zu welcher Zeit und von wem in automatisierte Verarbeitungssysteme eingegeben oder verändert worden sind (Eingabekontrolle),
8. Gewährleistung, dass bei der Übermittlung personenbezogener Daten sowie beim Transport von Datenträgern die Vertraulichkeit und Integrität der Daten geschützt werden (Transportkontrolle),
9. Gewährleistung, dass eingesetzte Systeme im Störungsfall wiederhergestellt werden können (Wiederherstellbarkeit),
10. Gewährleistung, dass alle Funktionen des Systems zur Verfügung stehen und auftretende Fehlfunktionen gemeldet werden (Zuverlässigkeit),
11. Gewährleistung, dass gespeicherte personenbezogene Daten nicht durch Fehlfunktionen des Systems beschädigt werden können (Datenintegrität),
12. Gewährleistung, dass personenbezogene Daten, die im Auftrag verarbeitet werden, nur entsprechend den Weisungen des Auftraggebers verarbeitet werden können (Auftragskontrolle),
13. Gewährleistung, dass personenbezogene Daten gegen Zerstörung oder Verlust geschützt sind (Verfügbarkeitskontrolle),
14. Gewährleistung, dass zu unterschiedlichen Zwecken erhobene personenbezogene Daten getrennt verarbeitet werden können (Trennbarkeit).

---

## 13. Welche Aufgaben hat der Datenschutzbeauftragte nach Art. 39 Datenschutzgrundverordnung (DSGVO)?

Dem Datenschutzbeauftragten obliegen u. a. folgende Aufgaben:

1. Unterrichtung und Beratung des Verantwortlichen oder des Auftragsverarbeiters und der Beschäftigten hinsichtlich ihrer Pflichten nach dieser Verordnung;
2. Überwachung der Einhaltung der DSGVO, anderer Datenschutzvorschriften der EU bzw. der Mitgliedstaaten sowie der Strategien des Verantwortlichen oder des Auftragsverarbeiters für den Schutz personenbezogener Daten einschließlich der Zuweisung von Zuständigkeiten, der Sensibilisierung und Schulung der an den Verarbeitungsvorgängen beteiligten Mitarbeiter und der diesbezüglichen Überprüfungen;

3. Beratung – auf Anfrage – im Zusammenhang mit der Datenschutz-Folgenabschätzung und Überwachung ihrer Durchführung gemäß Artikel 35
4. Zusammenarbeit mit der Aufsichtsbehörde.

### 14. Hat der Datenschutzbeauftragte einen besonderen Kündigungsschutz?

Ja. Nach § 38 Abs. 2 i. V. m. § 6 Abs. 4 BDSG kann das Arbeitsverhältnis eines Datenschutzbeauftragten während der Amtszeit und ein Jahr nach der Abberufung nur außerordentlich (§ 630 Wichtiger Grund) gekündigt werden. Eine ordentliche (fristgerechte) Kündigung ist während dieser Zeit ausgeschlossen.

### 15. Hat der Datenschutzbeauftragte das Recht, die Nutzung der vom Betriebsrat verwendeten Daten zu kontrollieren?

Nein. Das Bundesarbeitsgericht (BAG) kommt zu dem Ergebnis (Beschluss BAG, 11.11.1997 – 1 ABR 21/97), dass die vom BetrVG geforderte Unabhängigkeit der Betriebsräte eine Kontrolle durch den betrieblichen Datenschutzbeauftragten (verlängerter Arm des Arbeitgebers) ausschließt (strittig).

### 16. Welche Rechte und Pflichten hat der Betriebsrat in Fragen des Datenschutzes?

| | |
|---|---|
| **§ 75 Abs. 2 BetrVG Grundsätze für die Behandlung der Betriebsangehörigen** | *„Arbeitgeber und Betriebsrat haben die freie Entfaltung der Persönlichkeit der im Betrieb beschäftigten Arbeitnehmer zu schützen und zu fördern. Sie haben die Selbstständigkeit und Eigeninitiative der Arbeitnehmer und Arbeitsgruppen zu fördern."*<br><br>Anmerk.: Dazu gehört auch die Einhaltung des Datenschutzes. |
| **§ 80 Abs. 1 Nr. 1 BetrVG Allgemeine Aufgaben** | *„Der Betriebsrat hat darüber zu wachen, dass die zugunsten der Arbeitnehmer geltenden Gesetze, Verordnungen, Unfallverhütungsvorschriften, Tarifverträge und Betriebsvereinbarungen durchgeführt werden."*<br><br>Anmerk.: Dazu gehört auch die Einhaltung des Datenschutzgesetzes. |
| **§ 87 Abs. 1 Nr. 6 BetrVG Mitbestimmungsrechte** | *„Einführung und Anwendung von technischen Einrichtungen, die dazu bestimmt sind, das Verhalten oder die Leistung der Arbeitnehmer zu überwachen."* |
| **§ 94 BetrVG Personalfragebogen, Beurteilungsgrundsätze** | (1) *„Personalfragebogen bedürfen der Zustimmung des Betriebsrats. Kommt eine Einigung über ihren Inhalt nicht zustande, so entscheidet die Einigungsstelle. Der Spruch der Einigungsstelle ersetzt die Einigung zwischen Arbeitgeber und Betriebsrat."*<br>(2) *„Absatz 1 gilt entsprechend für persönliche Angaben in schriftlichen Arbeitsverträgen, die allgemein für den Betrieb verwendet werden sollen, sowie für die Aufstellung allgemeiner Beurteilungsgrundsätze."* |

# 2. Betriebswirtschaftliches Handeln

INFO

**Prüfungsanforderungen**

Nachweis folgender Fähigkeiten:

- Der Teilnehmer soll nachweisen, dass er in der Lage ist, betriebswirtschaftliche Gesichtspunkte in seinen Handlungen zu berücksichtigen und volkswirtschaftliche Zusammenhänge herzustellen.
- Er soll Unternehmensformen darstellen sowie deren Auswirkungen auf seine Aufgabenwahrnehmung analysieren und beurteilen können.
- Weiterhin soll er in der Lage sein, betriebliche Abläufe nach wirtschaftlichen Gesichtspunkten zu planen, zu beurteilen und zu beeinflussen...

**Qualifikationsschwerpunkte (Überblick)**

2.1 Berücksichtigen der ökonomischen Handlungsprinzipien von Unternehmen unter Einbeziehung volkswirtschaftlicher Zusammenhänge und sozialer Wirkungen

2.2 Berücksichtigen der Grundsätze betrieblicher Aufbau- und Ablauforganisation

2.3 Nutzen und Möglichkeiten der Organisationsentwicklung

2.4 Anwenden von Methoden der Entgeltfindung und der kontinuierlichen, betrieblichen Verbesserung

2.5 Durchführen von Kostenarten-, Kostenstellen- und Kostenträgerzeitrechnungen sowie von Kalkulationsverfahren

# 2.1 Ökonomische Handlungsprinzipien von Unternehmen

## 2.1.1 Unternehmensformen und deren Einbindung in volkswirtschaftliche Zusammenhänge

### 01. Welche Rechtsformen der Unternehmen werden unterschieden?

Die Unternehmensformen sind die Kurzbezeichnung der **Rechtsformen** der Unternehmen, die die Rechtsbeziehungen im Innenverhältnis und im Außenverhältnis regeln.

| Rechtsformen der Unternehmen |
|---|
| **Personengesellschaften**<br>sind der Zusammenschluss natürlicher oder juristischer Personen. Eine Personengesellschaft ist selbst keine juristische Person, sie verfügt jedoch über eingeschränkte Rechtsfähigkeit. Die Gesellschafter (Inhaber) haften persönlich und unbeschränkt.<br>► Einzelunternehmen (Sonderform)<br>► Offene Handelsgesellschaft, OHG<br>► Stille Gesellschaft<br>► Kommanditgesellschaft, KG<br>► Gesellschaft bürgerlichen Rechts, GbR<br>► Partnerschaftsgesellschaft, PartG |
| **Kapitalgesellschaften**<br>sind der Zusammenschluss von Kapital. Sie sind juristische Personen und durch gesetzlich festgelegte Kapitalaufbringungs- und -erhaltungsvorschriften gekennzeichnet. Die Haftung erfolgt mit dem Gesellschaftsvermögen.<br>► Aktiengesellschaft, AG<br>► Gesellschaft mit beschränkter Haftung, GmbH<br>► Unternehmergesellschaft, UG<br>► Kommanditgesellschaft auf Aktien, KGaA<br>► Limited, Ltd. (britische Gesellschaftsform) |
| **Mischformen und sonstige Rechtsformen**<br>Kombination von Rechtsformen oder Rechtsformen mit besonderer Eigenart<br>► Doppelgesellschaft<br>► AG & Co. KG<br>► GmbH & Co. KG<br>► Genossenschaft, e. G.<br>► Versicherungsverein auf Gegenseitigkeit VVaG<br>► Stiftung<br>► Verein, e. V. |

## 02. Was sind die Merkmale beim Einzelunternehmen?

| Einzelunternehmen | |
|---|---|
| Das Einzelunternehmen ist in Deutschland die am häufigsten anzutreffende Rechtsform. | |
| **Gründung** | Es ist eine Person erforderlich; die Gründung entsteht durch die erste rechtsgeschäftliche Handlung (z. B. Bestellung). |
| **Firma** | Personen-, Sach-, Fantasiefirma oder gemischte Firma. Der Zusatz eingetragener Kaufmann (e. K.) gibt an, dass ein Einzelunternehmer, also eine natürliche Person, als Kaufmann im Handelsregister eingetragen ist. |
| **Geschäftsführung** | Der Einzelunternehmer vertritt die Firma nach innen und außen allein. Er hat das Recht zur Beendigung. |
| **Haftung** | Der Einzelunternehmer haftet allein und unbeschränkt (Geschäfts- und Privatvermögen). |
| **Ergebnisverteilung** | Der Einzelunternehmer entscheidet allein über die Ergebnisverteilung. |
| **Auflösung** | bei Tod des Inhabers, Insolvenz, Liquidation und bei Wechsel zu einer anderen Rechtsform |
| **Vorteile** | ► kein gesetzlich vorgeschriebenes Gründungskapital<br>► alleinige Geschäftsführung und Gewinnverwendung |
| **Nachteile** | ► unbeschränkte Haftung<br>► Verluste müssen allein getragen werden<br>► begrenzte Möglichkeiten der Kapitalbeschaffung |

## 03. Was sind die charakteristischen Merkmale der offenen Handelsgesellschaft?

| OHG – Offene Handelsgesellschaft – Merkmale | |
|---|---|
| **Zweck** | Eine OHG ist eine **Personengesellschaft**, deren Zweck auf den Betrieb eines **Handelsgewerbes** unter gemeinschaftlicher Firma gerichtet ist. |
| **Gründung** | §§ 105 ff. HGB; ergänzend §§ 705 ff. BGB (bitte lesen)<br>Gründung durch zwei oder mehr Gesellschafter; Gesellschaftsvertrag ist nicht zwingend vorgeschrieben; wichtige Regeln der Geschäftsführung sollten jedoch schriftlich fixiert werden. Mindestkapital ist nicht erforderlich. Die OHG entsteht mit der Aufnahme der Geschäfte oder mit der Eintragung der Gesellschaft in das HR. Sie ist nicht rechtsfähig, aber teilrechtsfähig, das heißt, sie kann<br>► eigene Rechte erwerben,<br>► Verbindlichkeiten eingehen und<br>► klagen und verklagt werden. |
| **Firma** | muss den Zusatz „offene Handelsgesellschaft" oder „OHG" o. Ä. enthalten. |

| OHG – Offene Handelsgesellschaft – Merkmale | |
|---|---|
| **Geschäftsführung/ Vertretung** | ► gewöhnliche Geschäfte: Einzelgeschäftsführung aller Gesellschafter mit Vetorecht der anderen<br>► außergewöhnliche Geschäfte: Gesamtgeschäftsführung<br>► der Gesellschaftervertrag kann Abweichungen vorsehen<br>► grundsätzlich: Einzelvertretung aller Gesellschafter<br>► Vertretungsmacht kann (inhaltlich) nicht beschränkt werden<br>► Gesamtvertretung aller/einzelner Gesellschafter kann vereinbart werden und ist im HR einzutragen.<br><br>Die Gesellschafter der OHG haben Wettbewerbsverbot, d. h. ohne Einwilligung des anderen Gesellschafters dürfen im gleichen Handelszweig keine Geschäfte auf eigene Rechnung durchgeführt oder in anderen Unternehmen der Branche Beteiligungen aufgenommen werden. Ansonsten entsteht ein Schadenersatzanspruch und die Ausschlussmöglichkeit. |
| **Haftung** | ► OHG selbst: mit Gesellschaftsvermögen<br>► jeder Gesellschafter: unbeschränkt, unmittelbar, gesamtschuldnerisch |
| **Ergebnisverteilung** | ► Jeder Gesellschafter erhält zunächst 4 % seines Kapitalanteils, der verbleibende Gewinn wird gleichmäßig nach Köpfen verteilt.<br>► Der Verlust wird nach Köpfen verteilt. |
| **Auflösung** | Auflösungsgründe sind u. a.:<br>► Ablauf der vereinbarten Zeit<br>► Auflösungsbeschluss der Gesellschafter<br>► Eröffnung des Insolvenzverfahrens<br>► Kündigung eines Gesellschafters bei einer 2-Mann-OHG<br><br>Der Tod eines Gesellschafters führt nicht zur Auflösung der OHG. |

## 04. Was sind die charakteristischen Merkmale der stillen Gesellschaft?

| Stille Gesellschaft – Merkmale |
|---|
| Eine stille Gesellschaft (§§ 230 - 236 HGB; bitte lesen) ist nach außen nicht erkennbar. Sie entsteht, indem sich ein stiller Gesellschafter an dem Handelsgewerbe eines anderen mit einer **Einlage beteiligt**, die in das Vermögen des Inhabers des Handelsgewerbes übergeht. Der stille Gesellschafter wird nicht Miteigentümer am Vermögen des anderen. Er erhält vertraglich einen Anteil des Gewinns Eine Verlustbeteiligung kann ausgeschlossen werden oder bis zur Höhe der Einlage vereinbart werden. Wird sie ausgeschlossen, kann der stille Gesellschafter im Insolvenzfall die Einlage als Insolvenzforderung geltend machen.<br><br>Der stille Gesellschafter ist an der Geschäftsführungsbefugnis nicht beteiligt, falls nichts anderes vereinbart wird. Ist der stille Gesellschafter an der Gesellschaft beteiligt liegt der Fall einer **atypischen** stillen Gesellschaft vor. Der stille Gesellschafter hat Kontrollrechte wie ein Kommanditist. Durch den Tod des stillen Gesellschafters wird die Gesellschaft nicht aufgelöst. |

| Stille Gesellschaft – Merkmale |
|---|
| Auf die Kündigung der Gesellschaft durch einen der Gesellschafter finden die Vorschriften der §§ 132, 134 und 135 HGB entsprechende Anwendung. So kann z. B. die Kündigung durch einen Gesellschafter entweder am Schluss eines Geschäftsjahres erfolgen, wenn eine Gesellschaft für unbestimmte Zeit eingegangen wurde.<br><br>Auflösungsgründe: Auflösungsvertrag, Kündigung, Eröffnung des Insolvenzverfahrens, Tod des Geschäftsinhabers (nicht: Tod des stillen Gesellschafters). |

## 05. Was sind die charakteristischen Merkmale der Kommanditgesellschaft?

| KG – Kommanditgesellschaft – Merkmale | |
|---|---|
| **Zweck** | wie OHG |
| **Gründung** | §§ 161 ff. HGB; mit vielen Verweisen zur OHG (bitte lesen)<br><br>Die KG ist eine Handelsgesellschaft, deren Gesellschafter teils unbeschränkt (**Vollhafter**, Komplementär), teils beschränkt (Teilhafter, Kommanditist) haften. Die Kommanditgesellschaft muss mindestens einen Komplementär und mindestens einen Kommanditisten (haftet nur mit seiner Kapitaleinlage) haben. Abschluss eines Gesellschaftsvertrages. im Übrigen: wie OHG |
| **Firma** | muss den Zusatz „Kommanditgesellschaft“ oder „KG“ o. Ä. enthalten. |
| **Geschäftsführung/ Vertretung** | ▸ Komplementär (Vollhafter): wie OHG<br>▸ Kommanditist (Teilhafter): keine Vertretung/Geschäftsführung, nur Kontrollrechte; nur bei außergewöhnlichen Geschäften besteht ein Widerspruchsrecht (im Außenverhältnis ohne Wirkung); der Gesellschaftsvertrag kann die Kommanditisten an der Geschäftsführung beteiligen. |
| **Haftung** | ▸ KG selbst: mit Gesellschaftsvermögen<br>▸ Komplementär: unbeschränkt, unmittelbar, gesamtschuldnerisch<br>▸ Kommanditist: nur mit Einlage<br>▸ Klagemöglichkeiten: wie OHG |
| **Ergebnisverteilung** | ▸ Gewinn: 4 % der Einlage, der Rest in angemessenem Verhältnis (z. B. Höhe der Einlage und Arbeitsleistung)<br>▸ Verlust: in angemessenem Verhältnis<br>▸ Der Gesellschaftsvertrag kann etwas anderes regeln. |
| **Auflösung** | Auflösungsgründe sind u. a.:<br>▸ Ablauf der vereinbarten Zeit<br>▸ Auflösungsbeschluss der Gesellschafter<br>▸ Eröffnung des Insolvenzverfahrens<br>▸ Kündigung des einzigen Komplementärs/Kommanditisten<br><br>Der Tod eines Gesellschafters führt nicht zur Auflösung der KG. |

## 06. Was sind die charakteristischen Merkmale der BGB-Gesellschaft?

| GbR – Gesellschaft bürgerlichen Rechts (BGB-Gesellschaft) – Merkmale | |
|---|---|
| **Zweck** | Sie ist eine Personengesellschaft und nicht im Handelsregister eingetragen. Gegenstand ist der Zusammenschluss mehrerer Personen, die beabsichtigen, ein gemeinsames Ziel zu verfolgen (kein Handelsgewerbe). Von daher kann zu jedem gesetzlich zulässigen Zweck ein BGB-Gesellschaft gegründet werden. |
| **Gründung** | §§ 705 ff. BGB (bitte lesen)<br>Entsteht durch Gesellschaftsvertrag von mindestens zwei Gesellschaftern (kein Formzwang); Durch Gesellschaftsvertrag verpflichten sich die Gesellschafter<br>► die Erreichung des gemeinsamen Zieles zu fördern (z. B. Arbeitsgemeinschaft, sog. „Arge" bei einem Bauvorhaben) sowie<br>► die vereinbarten Beiträge zu leisten (z. B. Mietanteile für ein gemeinsames Büro).<br>► Mindestkapital nicht erforderlich |
| **Firma** | Kann keine Firma führen (Gesellschafter sind keine Kaufleute). Tritt im Geschäftsverkehr unter dem Namen ihrer Gesellschaft auf (oder unter einer anderen Bezeichnung). Der Zusatz GbR ist nicht erforderlich. |
| **Vertretung** | ► Geschäftsführung und Vertretung: i. d. R. gemeinschaftlich<br>► abweichende Regelung im Gesellschaftsvertrag möglich |
| **Haftung** | Die Haftung der GbR ist wie bei der OHG: unbeschränkt, unmittelbar und solidarisch. |
| **Ergebnisverteilung** | ► gleiche Anteile an Gewinn und Verlust<br>► abweichende Regelung im Gesellschaftsvertrag möglich |
| **Auflösung** | Auflösungsgründe sind u. a.:<br>► Auflösungsvertrag<br>► Erreichen des vereinbarten Ziels<br>► Tod und die Kündigung eines Gesellschafters<br>► Insolvenzeröffnung über das Vermögen eines Gesellschafters<br><br>Ist für die Gesellschaftsdauer eine Zeitdauer bestimmt, kann die Kündigung nur aus wichtigem Grund erfolgen. Der Gesellschaftsvertrag kann für den Fall des Todes eines Gesellschafters auch den Fortbestand der GbR regeln. |

## 07. Was ist eine Partnerschaftsgesellschaft?

Natürliche Personen, die freiberuflich tätig sind und kein Gewerbe ausüben (Ingenieure, Ärzte, Unternehmensberater, Anwälte u. Ä.), können sich zu einer Partnerschaft zusammenschließen. Der Gesellschaftsvertrag muss schriftlich geschlossen werden.

Zweck der Zusammenarbeit kann sein: Nutzung gemeinsamer Büroorganisation, Räume, Kundenbeziehungen, Arbeitsteilung u. Ä. Die Eintragung erfolgt in ein Partnerschaftsregister bei den Amtsgerichten. Der Name der Partnerschaft besteht aus dem Namen mindestens eines Partners und dem Zusatz „Partner" oder „Partnerschaft". Außerdem müssen die Berufsbezeichnungen aller Partner aufgeführt werden.

## 08. Was sind die charakteristischen Merkmale der Gesellschaft mit beschränkter Haftung?

| **GmbH – Gesellschaft mit beschränkter Haftung – Merkmale** | |
|---|---|
| **Zweck** | ► ist eine juristische Person (Formkaufmann; wie bei AG)<br>► im Unterschied zur AG ist das Stammkapital nicht in Aktien verbrieft<br>► kann jeden beliebigen (rechtlich zulässigen) Zweck verfolgen |
| **Gründung** | GmbH-Gesetz (GmbHG)<br>Eine GmbH kann auch durch eine einzige Person gegründet werden. Das **Stammkapital** beträgt mindestens 25.000 €. Sollen Sacheinlagen geleistet werden, so sind im Gesellschaftsvertrag (notarielle Beurkundung) der Gegenstand der **Sacheinlage** sowie der Betrag der **Stammeinlage**, auf die sich die Sacheinlage bezieht, festzustellen.<br>► Mit der Kapitalaufbringung ist die GmbH **errichtet,** aber noch nicht gegründet (GmbH i. G). Wer die werdende GmbH im Geschäftsverkehr vertritt, haftet persönlich.<br>► Die Gesellschafter müssen einen (oder mehrere) Geschäftsführer bestellen.<br>► Der Antrag auf Eintragung in das HR ist zu stellen.<br>► Mit der Eintragung entsteht die GmbH als juristische Person. |
| **HR-Eintragung** | Eintragung ist Pflicht (Formkaufmann) |
| **Firma** | muss den Zusatz „Gesellschaft mit beschränkter Haftung" oder „GmbH" o. Ä. enthalten. |
| **Organe** | ► **Gesellschafterversammlung** ist das Beschlussorgan; Beschlüsse mit einfacher Mehrheit. Bei Änderung des Gesellschaftsvertrages ist eine 3/4-Mehrheit erforderlich.<br>Aufgaben:<br>- Bestellung/Abberufung von Geschäftsführern (GF),<br>- Weisungsrecht gegenüber GF,<br>- Beschluss über Ergebnisverwendung und<br>- Erteilung von Handlungsvollmacht/Prokura.<br>► Die **Geschäftsführung** ist das Leitungsorgan und der gesetzliche Vertreter der GmbH.<br>► In einzelnen Fällen ist auch ein **Aufsichtsrat** vorgesehen und zwar nach dem Drittelbeteiligungsgesetz bei mehr als 500 Arbeitnehmern. |

| GmbH – Gesellschaft mit beschränkter Haftung – Merkmale | |
|---|---|
| **Geschäftsführung/ Vertretung** | ► Gesamtgeschäftsführung/-vertretung<br>► Die Vertretungsmacht ist nach außen unbeschränkbar. |
| **Haftung** | Den Gläubigern haftet ausschließlich das Gesellschaftsvermögen. Nur im Innenverhältnis kann eine Nachschusspflicht vorgesehen sein. |
| **Ergebnis-verwendung** | ► Die Verwendung eines Jahresüberschusses (Rücklage, Ausschüttung, Gewinnvortrag) unterliegt dem Beschluss der Gesellschafterversammlung.<br>► Die Gewinnverteilung erfolgt nach dem Anteil der Geschäftsanteile.<br>► Ein Verlust wird aus den Rücklagen gedeckt oder vorgetragen. |
| **Auflösung** | Auflösungsgründe sind u. a.:<br>► Ablauf der Zeit lt. Gesellschaftsvertrag<br>► Auflösungsbeschluss der Gesellschafterversammlung (3/4-Mehrheit)<br>► gerichtliches Urteil<br>► Eröffnung des Insolvenzverfahrens<br>► Verfügung des Registergerichts (Mangel im Gesellschaftervertrag, Nichteinhalten von Verpflichtungen). |

### 09. Was sind die charakteristischen Merkmale der Unternehmergesellschaft (UG, „Mini-GmbH")?

In Zukunft ist die Gründung der sog. **Unternehmergesellschaft** (UG haftungsbeschränkt) **ohne ein Mindeststartkapital möglich.** Wird bei der Gründung das Gesellschaftskapital von 25.000 € unterschritten, muss die Firma den Firmenzusatz „Unternehmergesellschaft (haftungsbeschränkt)" führen. 25 % des Jahresüberschusses müssen jährlich in eine Rücklage eingestellt werden bis das volle Haftungskapital der GmbH erreicht ist. Für die GmbH mit maximal drei Gesellschaftern und einem Geschäftsführer wird es ein gesetzliches Musterprotokoll mit einer Standardlösung und ein vereinfachtes Gründungsverfahren geben. Kosten und Zahl der beizubringenden Dokumente sind hierbei reduziert. Um diese Vereinfachungen nutzen zu können, dürfen an der Standardsatzung keine Änderungen vorgenommen werden. Auch dieses Musterprotokoll muss notariell beurkundet werden.

## 10. Was sind die charakteristischen Merkmale der Aktiengesellschaft?

| AG – Aktiengesellschaft – Merkmale | |
|---|---|
| **Zweck** | Die AG ist eine **Kapitalgesellschaft** mit eigener Rechtspersönlichkeit (juristische Person). Die Aktiengesellschaft hat ein in Aktien (Urkunden) zerlegtes **Grundkapital**. Die Aktiengesellschaft ist die typische Rechtsform der Großbetriebe. Für die Kapitalaufbringung ist die Zerlegung in eine Vielzahl kleiner Anteile mit leichter Veräußerung und die Börsenzulassung besonders günstig. Die Beschränkung der Haftung auf das Gesellschaftsvermögen, die eindeutige Trennung von Geschäftsführung und Beteiligung sowie die gesetzlich erzwungene Transparenz durch umfangreiche Publizitäts-, Rechnungslegungs- und Prüfungspflichten sind weitere Gesichtspunkte. Das Mitbestimmungsrecht ist bei der AG am weitesten entwickelt (vgl. §§ 95 ff. AktG, MitbestG, MontanMitbestG).<br><br>Aktiengesellschaften als Großbetriebe sind in der Industrie, im Handel, in der Bank- und Versicherungswirtschaft zu finden. Auch bei Holdinggesellschaften und Betrieben der öffentlichen Hand sind sie anzutreffen. |
| **Gründung** | Aktiengesetz (AktG)<br>Das Grundkapital ist das in der Satzung der AG ziffernmäßig festgelegte Geschäftskapital, das durch die Einlagen der Aktionäre aufgebracht wird. Der Mindestnennbetrag ist Gründungsvoraussetzung:<br>► es genügt ein Gründer<br>► Mindestkapital: 50.000 €<br>► notariell beurkundete Satzung<br>► der Gründungsvorgang ist stark reglementiert (vgl. §§ 8 f. AktG). |
| **HR-Eintragung** | Eintragung ist Pflicht (Formkaufmann) |
| **Firma** | muss den Zusatz „Aktiengesellschaft" oder „AG" enthalten. |
| **Organe** | Eine Aktiengesellschaft hat drei Organe:<br>► den Vorstand, d. h. die Unternehmensleitung,<br>► den Aufsichtsrat als Überwachungsorgan (vier Jahre) und<br>► die Hauptversammlung (HV) als die Vertretung der Kapitaleigner.<br><br>Die Gründer bestellen den Aufsichtsrat, dieser ernennt den Vorstand (notarielle Beurkundung). |
| **Geschäftsführung/ Vertretung** | Der Vorstand ist Leitungsorgan und gesetzlicher Vertreter (Amtszeit: fünf Jahre). |

| AG – Aktiengesellschaft – Merkmale | |
|---|---|
| **Haftung** | ▸ die AG haftet gegenüber Dritten nur mit dem Gesellschaftsvermögen (Summe der Aktiva; nicht Grundkapital)<br>▸ die Aktionäre der Gesellschaft gegenüber Dritten nur mit dem Nennwert[1] der Aktien (bei Stückaktien nach der Zahl der Aktien)<br><br>Nach § 41 Abs. 1 AktG haftet persönlich, wer vor Eintragung der AG handelt (wie GmbH). |
| **Ergebnisverwendung** | Bei **Jahresüberschuss:**<br>▸ Ausgleich eines Verlustvortrags<br>▸ vom verbleibenden Rest sind 5 % in die gesetzliche Rücklage einzustellen (soweit noch erforderlich)<br>▸ vom dann verbleibenden Betrag: Einstellung in die satzungsmäßigen Rücklagen<br>▸ über die Verwendung des Bilanzgewinns entscheidet die HV (z. B. Gewinnrücklage, Dividendenzahlung, Gewinnvortrag)<br><br>Bei **Jahresfehlbetrag:**<br>▸ Ausgleich durch Rücklagen und<br>▸ ggf. Verlustvortrag |
| **Auflösung** | Auflösungsgründe sind u. a.:<br>▸ Beschluss der Hauptversammlung (3/4-Mehrheit)<br>▸ Eröffnung des Insolvenzverfahrens<br>▸ satzungsmäßige Auflösungsgründe<br>▸ rechtskräftige Verfügung des Registergerichts |

## 11. Worin liegen die Unterschiede zwischen einer AG und einer GmbH?

Im Wesentlichen liegen folgende Unterschiede vor:

- die Gründung einer GmbH ist **einfacher** und **günstiger** als die Gründung einer Aktiengesellschaft
- die **GmbH-Anteile sind keine Wertpapiere** wie die Aktien, ihre Übertragung ist erschwert, sie sind zum Börsenhandel nicht zugelassen
- die Gesellschafter einer GmbH können zu **Nachschüssen** herangezogen werden, während Aktionäre niemals zur Nachzahlung auf Aktien verpflichtet sind
- durch das Bilanzrichtlinien-Gesetz nähert sich die GmbH im Hinblick auf die Gliederung von Bilanz und GuV-Rechnung, die Prüfungspflicht für mittlere und große GmbHs sowie die Pflicht zur Veröffentlichung der Bilanz und des Lageberichts sehr stark den Vorschriften für die AG.

[1] Nennwert: Anteil der Aktie am Grundkapital.
Kurswert: Tagespreis der Aktie an der Börse.

### 12. Was ist eine Kommanditgesellschaft auf Aktien?

Eine KGaA ist eine juristische Person, bei der **mindestens ein Gesellschafter unbeschränkt** haftet, während die übrigen, die Kommanditaktionäre, nur an dem in Aktien zerlegten Grundkapital beteiligt sind. Für die Kommanditgesellschaft auf Aktien gelten weitgehend die Vorschriften des Aktienrechts.

### 13. Was ist eine GmbH & Co. KG?

Die GmbH & Co. KG ist eine Rechtsform der Praxis. Rechtlich gesehen handelt es sich um **eine Kommanditgesellschaft** und somit um eine **Personengesellschaft**. Der persönlich haftende Gesellschafter ist jedoch **eine GmbH**, die Kommanditisten sind meist natürliche Personen. Die GmbH ist zur Geschäftsführung innerhalb der KG berechtigt. Sowohl die GmbH als auch die Kommanditisten haften nur bis zur Höhe der Einlagen.

### 14. Was ist eine Limited (Ltd.)?

Die Limited (engl.: limited: beschränkt/haftungsbeschränkt) ist im britischen Gesellschaftsrecht die nicht-börsennotierte Kapitalgesellschaft. Sie ist mehr mit der deutschen GmbH als der Aktiengesellschaft vergleichbar und war in Deutschland (sowie in anderen EU-Staaten) eine beliebte Rechtsform, weil sie so einfach und schnell zu gründen ist. Sie wurde aber von der Unternehmergesellschaft (UG) zum Teil abgelöst.

Aufgrund des EU-Vertrages können Bürger aller EU-Staaten in sämtlichen anderen Staaten auch Gesellschaften gründen. Entscheidend ist das Urteil des Bundesgerichtshofes von 2003, dass eine englische Limited trotz tatsächlichen Verwaltungssitzes in Deutschland anzuerkennen ist.

Das ermöglicht, die einengenden Vorschriften eines Landes durch die Wahl der entsprechenden Gestaltungen eines anderen Staates zu umgehen. Die Gründung einer Kapitalgesellschaft ist damit in wenigen Tagen und ohne Einsatz eines Mindestkapitals möglich. Die englische Limited ist in allen EU-Staaten voll rechts- und geschäftsfähig; eine teure und zeitraubende notarielle Beglaubigung wie bei einer deutschen Kapitalrechtsform ist nicht erforderlich. Die Namenswahl der Limited ist frei.

Die Haftung der Limited beschränkt sich auf das Vermögen der Gesellschaft und nicht auf das der Gesellschafter, solange diese „reasonable and honorable" gehandelt haben. Da aber kein Mindestkapital erforderlich ist, kann die Haftsumme erheblich minimiert werden (mindestens ein Pfund). Dies gilt auch bei Durchgriffshaftung. Eine Nachhaftung gibt es nicht.

Zur Gründung einer Limited ist ein registrierter Firmensitz in England erforderlich, der auf allen Rechnungen und Geschäftspapieren stehen muss.

Die Regelungen zur organisatorischen Binnenstruktur einer Limited sind minimal: Es gibt einen Geschäftsführer (Director) und einen Secretary (Company Secretary). Zur

Gründung und Führung sind also zwei Personen erforderlich. Der Geschäftsführer hat im Wesentlichen die gleichen Aufgaben wie in Deutschland (Buchhaltung – Accounts, Steuerklärung, Statusbericht – Annual Return, Jahresabschluss). Die Angabe des Geschäftsführers ist jedoch auf dem Briefpapier des Unternehmens nicht erforderlich.

Der Secretary hat, anders als z. B. ein Aufsichtsrat, keine Rechte durch Gesetz (sondern nur ihm evtl. freiwillig übertragene Aufgaben), sondern ist nur für die Registrierung des Geschäftsführers/der Geschäftsführer (Directores), die Einladung zu Haupt- und Gesellschafterversammlungen sowie die Einreichung von Pflichtunterlagen verantwortlich.

Eine in Deutschland tätige britische Gesellschaft, die hier auch ihre Hauptverwaltung hat, ist in das deutsche Handelsregister als Zweigniederlassung einzutragen. Diese Anmeldung muss mit beglaubigten und übersetzten Papieren des englischen Handelsregisters erfolgen und bedarf der Hilfe eines Notars.

Die gewerberechtlichen Regelungen richten sich nach der Gewerbeordnung, d. h. eine Anzeige- oder Genehmigungspflicht richtet sich nach deutschem Recht. Die Versteuerung findet im Land der tatsächlichen Tätigkeit statt, d. h. die Limited ist in Deutschland körperschaftsteuerpflichtig. Man kann den hohen deutschen Steuern jedoch auch durch die teilweise oder vollständige Verlagerung von Tätigkeiten ins Ausland entgehen.

Bei den Banken ist die Bonität der Limited praktisch auf null gesunken und ohne zusätzliche Sicherheiten oder Bürgen ist kaum ein Kredit zu bekommen. Die Neuregelung zur Unternehmergesellschaft (haftungsbeschränkt), die wie die Limited nahezu ohne Eigenkapital gegründet werden kann, hat in Deutschland ein „Limitedsterben" ausgelöst.

## 15. Was ist das Wesen einer Genossenschaft?

Genossenschaften (e. G. = eingetragene Genossenschaft) sind keine Handelsgesellschaften, da sie keine Gewinne erzielen, sondern einem bestimmten Personenkreis **wirtschaftliche Vorteile durch gemeinsames Handeln bringen wollen**. Sie sind eine Einrichtung der wirtschaftlichen Selbsthilfe und beruhen auf einem freiwilligen Zusammenschluss insbesondere von Kaufleuten, Handwerkern, Landwirten, Mietern, Verbrauchern. Genossenschaften sind nicht im Handelsregister, sondern in einem besonderen Genossenschaftsregister eingetragen.

## 16. Welche Arten von Genossenschaften werden unterschieden?

| Genossenschaften – Arten | |
|---|---|
| **Zielsetzung** | **Funktion** |
| ► Erwerbs- und<br>► Wirtschaftsgenossenschaften | ► Bezugs-,<br>► Kredit-,<br>► Betriebs- und<br>► Baugenossenschaften |

## 17. Wer entscheidet über die Wahl der Rechtsform?

Grundsätzlich entscheiden der oder die Unternehmer bzw. die Eigentümer über die Wahl der Rechtsform. Sie müssen sich jedoch vor der endgültigen Festlegung darüber im Klaren sein, dass **jede Rechtsform mit Vor- und mit Nachteilen verbunden** ist und dass jede spätere Änderung der Rechtsform mit Kosten, veränderten Steuern und auch mit Organisationsproblemen verbunden ist. Deshalb müssen die Vor- und Nachteile der einzelnen Gesellschaftsformen nach betriebswirtschaftlichen, handelsrechtlichen, steuerlichen und ggf. erbrechtlichen Gesichtspunkten sorgfältig abgewogen werden.

## 18. Welche Entscheidungskriterien sind bei der Wahl der Rechtsform zu beachten?

- die Haftung
- die Leitungsbefugnis
- die Gewinn- und Verlustbeteiligung
- Organisation, Betriebsgröße
- die Finanzierungsmöglichkeiten
- die Steuerbelastung
- die Aufwendungen der Rechtsform (Gründungs- und Kapitalerhöhungskosten, besondere Aufwendungen für die Rechnungslegung, wie z. B. Pflichtprüfung durch einen Wirtschaftsprüfer und Veröffentlichung des Jahresabschlusses).

## 19. Welche Rechtsformen eignen sich in besonderer Weise für mittelständische Unternehmen?

Vor allem:

- Die **BGB-Gesellschaft** als vertraglicher Zusammenschluss von natürlichen oder juristischen Personen zur Förderung eines von den Gesellschaftern gemeinsam geförderten Zwecks. Der **Gesellschaftsvertrag ist an keine Form gebunden**. Die Gesellschaft des bürgerlichen Rechts kann nicht in das Handelsregister eingetragen werden. Die Gesellschafter haften persönlich mit ihrem gesamten Privatvermögen.
- Die **OHG und die KG**. Günstig ist z. B. die KG deshalb, weil die Haftung der Kommanditisten auf die im Handelsregister eingetragene Kapitaleinlage beschränkt ist und sich deshalb Kommanditisten i. d. R. leicht finden lassen.
- Die **Stille Gesellschaft**, bei der die Einlage des stillen Gesellschafters in das Vermögen des Einzelunternehmers übergeht und in der Bilanz nur ein einziges Eigenkapitalkonto ausgewiesen ist. Auch an einer Kapitalgesellschaft ist eine stille Beteiligung möglich. Aus der Firma ist das Gesellschaftsverhältnis grundsätzlich nicht zu erkennen. Der stille Gesellschafter muss stets am Gewinn beteiligt sein; dagegen kann eine Verlustbeteiligung ausgeschlossen bleiben. Der stille Gesellschafter kann eine Abschrift des Jahresabschlusses verlangen und deren Richtigkeit durch Einsicht in die Bücher prüfen.
- Die **Mischformen** GmbH & Co. KG und AG & Co. KG, bei denen die Haftung ebenfalls begrenzt ist.
- Neuerdings ist auch die **Unternehmergesellschaft** (UG) für kleine und mittlere Unternehmen geeignet.

## 20. Wie lassen sich die Unterschiede der Unternehmensformen im Überblick darstellen?

| **Unterschiede der Unternehmensformen** | | | | | | | |
|---|---|---|---|---|---|---|---|
| **Eigenschaften, Rechtsform** | **Anzahl der Gründer** | **Eintragung im Handelsregister** | **Kapitalausstattung** | **Haftung** | **Gewinn- und Verlustverteilung** | **Geschäftsführung** | **Steuern** |
| Einzelunternehmen<br>► Kleingewerbetreibender<br>► Kaufmann | 1 | <br>nein (aber Eintragungsoption)<br>ja | kein Mindestkapital | unbeschränkt (mit Geschäfts- und Privatvermögen) | allein | Inhaber | Einkommensteuer |
| Stille Gesellschaft | mind. 2 | nein | keine | der stille Gesellschafter haftet nur mit der Einlage | Gewinn: angemessener Anteil; Verlust: nach Vertrag | Inhaber | Einkommensteuer |
| GbR | mind. 2 | nein | keine | unbeschränkt | allein | allein | Einkommensteuer |

| Unterschiede der Unternehmensformen | | | | | | | |
|---|---|---|---|---|---|---|---|
| **Eigenschaften, Rechtsform** | **Anzahl der Gründer** | **Eintragung im Handelsregister** | **Kapitalausstattung** | **Haftung** | **Gewinn- und Verlustverteilung** | **Geschäftsführung** | **Steuern** |
| Offene Handelsgesellschaft (OHG) | mind. 2 | ja | keine | unbeschränkt | Gewinn nach Vertrag; Verlust solidarisch | Gesellschafters sind zur Geschäftsführung und Vertretung verpflichtet | Einkommensteuer |
| KG | mind. 2 (1 Komplementär; 1 Kommanditist) | ja | der Kapitalanteil der Kommanditisten ist für die Eintragung festzusetzen | Komplementär (Vollhafter); Kommanditist (Teilhafter mit Kapitaleinlage) | in angemessenem Verhältnis oder nach Vertrag | Komplementäre allein; Kommanditist nur Einsichts- und Widerspruchsrecht | Einkommensteuer |
| GmbH | mind. 1 | ja | mindestens 25.000 €; auch Sacheinlagen möglich | Vor HR-Eintragung: Handelndenhaftung danach: Gesellschaft mit Vermögen | Gesellschafterversammlung beschließt über Gewinnver-wendung; Verluste als Vortrag gebucht oder aus Rücklagen gedeckt | Geschäftsführer, den die Gesellschafterversammlung einsetzt | Körperschaftsteuer |
| UG (Unternehmergesellschaft haftungsbeschränkt) | mind. 1 | ja | ab 1 bis 24.999 €; nur Bareinlagen | wie GmbH | wie GmbH; Nachschusspflicht | wie GmbH | Körperschaftsteuer |
| Limited | mind. 2 | ja | mind. 1 £ (ein brit. Pfund) | Gesellschaft mit Vermögen | nach Satzung | Geschäftsführer | Körperschaftsteuer |
| AG | mind. 1 | ja | mindestens 50.000 €; auch Sacheinlagen möglich | Gesellschaft mit Vermögen | Gewinnverwendung beschließt die Hauptversammlung; Verluste als Vortrag gebucht oder aus Rücklagen gedeckt | Vorstand, der vom Aufsichtsrat bestellt wird | Körperschaftsteuer |
| Genossenschaft | mind. 3 | | | Genossenschaft mit Vermögen; Status kann Haftsumme festlegen | Generalversammlung beschließt über Gewinnverwendung; Verluste belasten Geschäftsguthaben der Mitglieder | Vorstand, von der Generalversammlung gewählt | Körperschaftsteuer |

## 21. Was versteht man unter „Konzentration“ bzw. „Kooperation“?

- **Kooperation**
  Von **Kooperation** spricht man, wenn die wirtschaftliche Selbstständigkeit der beteiligten Unternehmen weitgehend erhalten bleibt und bestimmte **Formen der Zusammenarbeit** vereinbart werden, z. B. Absprache über einheitliche Liefer- und Zahlungsbedingungen.
- **Konzentration**
  Als **Konzentration** bezeichnet man den Zusammenschluss zweier oder mehrerer Unternehmen durch Kapitalbeteiligung, bei denen einer oder mehrere der Beteiligten die wirtschaftliche **Selbstständigkeit verliert**/verlieren.

## 22. Welche Ziele können mit der Konzentration bzw. der Kooperation verbunden sein?

Ziele können z. B. sein:

- Stabilisierung und Erweiterung des Absatzmarktes, z. B. durch gemeinsame Werbung
- Errichtung gemeinsamer Vertriebsstützpunkte
- Beschränkung und Ausschaltung des Wettbewerbs
- Sicherung der Beschäftigung durch gemeinsame Auftragserfüllung (z. B. ARGE)
- gemeinsame Grundlagenforschung
- Zusammenarbeit zum Zweck der Rationalisierung
- Sicherung der Beschaffungsbasis
- Risikoabsicherung durch unterschiedliche Produkte.

## 23. Welche Formen der Konzentration gibt es?

Man unterscheidet horizontale, vertikale und anorganische Zusammenschlüsse:

Die Konzentrationsformen der Wirtschaft sind vielfältig:

| Unternehmenszusammenschlüsse (2) | |
|---|---|
| **Interessengemeinschaft** | Horizontaler oder vertikaler Unternehmenszusammenschluss zur Förderung gemeinsamer Interessen; die rechtliche Selbstständigkeit bleibt, die wirtschaftliche wird aufgegeben. |
| **Verbundene Unternehmen** | Von verbundenen Unternehmen spricht man, wenn kapitalmäßige oder personelle Verflechtungen bestehen. |
| **Beteiligung** | Die Beteiligung erfolgt über den Kauf von Geschäftsteilen (unter 50 % der Kapitalanteile und ohne Konzernbildung). |
| **Kartell** | Horizontaler Zusammenschluss; Vereinbarung von Unternehmen über einen gemeinsamen Zweck die selbstständig bleiben, aber einen Teil ihrer wirtschaftlichen Selbstständigkeit aufgeben; Verbot und Überprüfung von Kartellen (Bundeskartellamt). |
| **Gemeinschaftsunternehmen** | Mehrere Unternehmen leiten ein anderes Unternehmen gemeinsam. |
| **Konsortium** | Das Konsortium ist der zeitlich begrenzte, horizontale Zusammenschluss mehrerer Unternehmen zur Erfüllung einer gemeinsamen Aufgabe, z. B. Vereinigung mehrerer Banken zur Durchführung gemeinsamer Geschäfte. |
| **Fusion** | Mehrere Unternehmen schließen sich zusammen zu einem neuen Unternehmen. Die „alte" Rechtsform der beteiligten Unternehmen geht unter. |
| **Trust** | Zusammenfassung von Unternehmen unter Aufgabe der wirtschaftlichen und rechtlichen Selbstständigkeit. |
| **Konzern** | Beim Konzern sind mehrere rechtlich selbstständige Unternehmen unter einer Leitung zusammengeschlossen. |

## 24. Welche Vor- und Nachteile können mit Unternehmenszusammenschlüssen gesamtwirtschaftlich verbunden sein?

- **Vorteile**, z. B.:
  - mehr Markttransparenz, da weniger Unternehmen
  - die Preise sinken für den Verbraucher, wenn die Vorteile weitergegeben werden
  - es können sich Leistungssteigerungen und eine Stärkung der Wettbewerbsfähigkeit ergeben.
- **Nachteile**, z. B.:
  - die Preise können steigen, da weniger Wettbewerb
  - der Wettbewerb und die Angebotsvielfalt werden eingeschränkt.

## 25. Welche Entwicklungen werden mit den Begriffen „Internationalisierung" und „Globalisierung" umschrieben?

Mit Globalisierung bzw. Internationalisierung bezeichnet man die **Zunahme der internationalen Verflechtung der Wirtschaft** und das **Zusammenwachsen der Märkte** über die nationalen Grenzen hinaus. Einerseits versuchen die Unternehmen ihre internationale **Präsenz auf den Absatzmärkten** zu festigen durch Gründung von Tochtergesellschaften im Ausland, Firmenzusammenschlüsse und Joint Ventures, andererseits ist man bestrebt, sich neue **Einkaufsquellen** zu erschließen, um dem wachsenden Kostendruck zu entgehen. Als Folge der Globalisierung sind folgende Tendenzen zu verzeichnen:

- Zunahme der **Informationsgeschwindigkeit** (Computervernetzung)
- internationale **Arbeitsteilung** (z. B. in Deutschland: Konstruktion eines neuen Produktes; Herstellung der Teile in Polen und Tschechien; Montage in Spanien; Vertrieb weltweit)
- Zunahme des internationalen Verkehrsaufkommens und der Bedeutung der **Logistik**
- **wachsende Abhängigkeit** der nationalen Unternehmens- und Wirtschaftsentwicklung vom Weltmarkt (z. B. Abhängigkeit der deutschen Wirtschaft von den Entwicklungen in den USA, China und in Japan)
- Tendenz zur **Verlagerung deutscher Produktionsstandorte** in das Ausland mit einhergehenden Chancen und Risiken (Abbau von Arbeitsplätzen am nationalen Standort, Kostenvorteile, ggf. Qualitätsprobleme und Imagenachteile, Schulung der Mitarbeiter in Sprache und Kultur)
- **Konkurrenz der Standorte** und des Produktionsfaktors Arbeit (z. B. unterschiedliches Lohnniveau deutscher, holländischer und polnischer Bauarbeiter)
- Kostenminimierung im Materialeinkauf.

| **Internationalisierung und Globalisierung** | |
|---|---|
| **Ziele – Beispiele** | **Risiken – Beispiele** |
| ▸ Verbesserung der Wettbewerbsfähigkeit | ▸ Verschärfung des Wettbewerbs |
| ▸ Verbesserung der Transporte | ▸ unterschiedliche Kulturen |
| ▸ gemeinsame Standards | ▸ unterschiedliche Verteilung der Ressourcen |
| ▸ Erschließung neuer Märkte | ▸ Zwang zum Zusammenschluss |
| ▸ Kostensenkung | ▸ Nachahmung |

### 2.1.2 Hauptfunktionen in Unternehmen

#### 01. Welche betrieblichen Funktionen werden unterschieden?

Der in der Betriebswirtschaftslehre verwendete Begriff „Funktion“ **bezeichnet die Betätigungsweise und die Leistung von Organen eines Unternehmens**.

Man unterscheidet im Wesentlichen folgende betriebliche Grundfunktionen (ohne Anspruch auf Vollständigkeit):

- Leitung
- Materialwirtschaft
- Produktionswirtschaft
- Finanzwirtschaft
- Absatzwirtschaft
- Logistik
- Personalwirtschaft
- Rechnungswesen
- Controlling
- Forschung/Entwicklung
- Technische Information/EDV.

#### 02. Welche charakteristischen Merkmale weisen die betrieblichen Hauptfunktionen auf und welchen Beitrag zur Wertschöpfung haben sie zu leisten?

**Leitung**
Die **Leitung** eines Unternehmens gehört mit zu den dispositiven Produktionsfaktoren. Die begriffliche Verwendung ist unterschiedlich:

- Leitung = Begriff der Organisationslehre; bezeichnet das oberste Weisungsorgan eines Unternehmens = Tätigkeitsbegriff = Führung des Unternehmens; synonym mit dem Begriff „Unternehmensführung“.
- Unter Führung versteht man das zielgerichtete Steuern, Beeinflussen und Lenken von Menschen oder Systemen.
- Unternehmensführung bezeichnet damit die Gesamtheit aller Handlungen zur „zielorientierten Gestaltung und Steuerung eines sozio-technischen Systems“.
- Management ist ein anglo-amerikanischer Begriff und wird meist synonym im Sinne „Unternehmensleitung/-führung“ verwendet.

**Materialwirtschaft** (Beschaffung und Lagerhaltung)
Als **Beschaffung im weiteren Sinne** bezeichnet man alle betrieblichen Tätigkeiten, die die Besorgung von Produktionsfaktoren und Finanzmitteln zum Ziel haben, um den betrieblichen Zweck bestmöglich zu erfüllen.

Als **Beschaffung im engeren Sinne** bezeichnet man den Einkauf von Werkstoffen und Betriebsmitteln. Umfassender ist der Begriff (die Funktion) Materialwirtschaft. Er schließt die Lagerhaltung und -überwachung mit ein.

Die Funktionen des Lagers sind: Puffer-, Ausgleichs-, Sicherungs- und Spekulationsfunktion. Es gibt folgende Lagerarten: Eingangs-, Zwischen- und Ausgangslager.

**Produktionswirtschaft**
Die **Produktionswirtschaft** ist bei den Industriebetrieben die Kernfunktion der Leistungserstellung. Zwischen Produktion und Fertigung besteht folgender Unterschied:

- Produktion umfasst alle Arten der betrieblichen Leistungserstellung. Produktion erstreckt sich somit auf die betriebliche Erstellung von materiellen (Sachgüter/Energie) und immateriellen Gütern (Dienstleistungen/Rechte).
- Fertigung i. S. von Herstellung meint nur die Seite der industriellen Leistungserstellung, d. h. der materiellen, absatzreifen Güter und Eigenerzeugnisse.

**Forschung und Entwicklung**
Die Forschung und Entwicklung ist eng mit der Produktionsfunktion verbunden. Sie hat die Aufgabe, bestehende Produkte zu pflegen und weiter zu entwickeln (Serienbetreuung) sowie neue Produkte zu schaffen (Neuentwicklung). Diese Funktion ist erforderlich, weil die Mehrzahl der Produkte eine begrenzte Lebensdauer am Markt hat (Produktlebenszyklus) und bereits lange vor dem Auslaufen bestehender Produkte Nachfolger entwickelt werden müssen, um die zukünftige Ertragssituation des Unternehmens zu gewährleisten.

Streng genommen sind Forschung und Entwicklung zwei Teilfunktionen. Sie sind eng miteinander verknüpft. In der Praxis werden jedoch nur Großunternehmen über eine Forschung im Sinne von Grundlagenforschung verfügen.

Entwicklungsstufen: Muster → Prototyp → Nullserie → Serie → Weiterentwicklung der Serie

**Absatzwirtschaft**
Zwischen den Begriffen Marketing und Absatz(wirtschaft) bestehen folgende Unterschiede:

- **Absatzwirtschaft** ist der ältere Begriff und bezeichnet die betriebliche Grundfunktion, durch den Verkauf der Produkte und Dienstleistungen am Markt einen angemessenen Kapitalrückfluss zur Entlohnung der Produktionsfaktoren zu erhalten. Mit der Ergänzung „-wirtschaft" wird abgehoben auf einen Bereich als organisatorische Einheit eines Unternehmens.

- Die Verwendung des Begriffs **Marketing** stellt ab auf einen grundlegenden Wandel in der Unternehmensführung: Von der früher vorherrschenden Produktionsorientierung hin zur heute notwendigen Marktorientierung. Im Mittelpunkt des Marketings der Anfänge stand zunächst das Produkt und nicht der Kunde, d. h. die Erfordernisse und Bedürfnisse des Marktes besaßen eine zweitrangige Bedeutung. Dieses Selbstverständnis hat sich seit dem Ende der siebziger Jahre als Folge langfristiger Strukturverschiebungen (globaler, intensiver Wettbewerb, gesättigte Märkte, Information als neuer Elementarfaktor) grundlegend gewandelt. Hatte das Marketing bis dahin die Initiative zum Geschäftsabschluss weitgehend dem Kunden überlassen (Verkäufermarkt), so ist nun eine Marketingphilosophie erforderlich, deren Zielsetzung es ist, einerseits möglichst viele Kunden zu gewinnen und andererseits gewonnene Kundenbeziehungen zu sichern (Käufermarkt). Der eingeleitete Wechsel vom Verkäufer- zum Käufermarkt wurde und wird von staatlicher Seite durch eine Abschaffung der weitgehenden Sonderstellungen einzelner Branchen (z. B. Privatisierung der Telekom; Liberalisierung der Strommärkte) begleitet.

  **Marketing** ist (nach Meffert) die bewusst marktorientierte Führung des gesamten Unternehmens, die sich in Planung, Koordination und Kontrolle aller auf die aktuellen und potenziellen Märkte ausgerichteten Unternehmensaktivitäten niederschlägt.

Man unterscheidet folgende absatzpolitischen Instrumente:

- Produktpolitik
- Distributionspolitik
- Kommunikationspolitik
- Preispolitik.

**Personalwirtschaft**
Alle Aufgaben, die (direkt oder indirekt) mit der Betreuung und Verwaltung des Produktionsfaktors Arbeit anfallen, werden mit Begriffen wie Personalarbeit, Personalwirtschaft, Personalmanagement, Personalwesen, Human Resource Management (HRM) usw. umschrieben.

**Rechnungswesen**
Das Rechnungswesen (RW) eines Betriebes erfasst und überwacht sämtliche Mengen- und Wertbewegungen zwischen dem Betrieb und seiner Umwelt sowie innerhalb des Betriebes. Nach deren Aufbereitung liefert es Daten, die als Entscheidungsgrundlage für die operative Planung dienen. Neben diesen betriebsinternen Aufgaben hat das RW externe Aufgaben: Aufgrund gesetzlicher Vorschriften dient das RW als externes Informationsinstrument, mit dem die Informationsansprüche der Öffentlichkeit (z. B. Gläubiger, Aktionäre, Finanzamt) befriedigt werden können. Das Rechnungswesen gliedert sich in zwei Teile:

- Der **pagatorische Teil** (pagatorisch = auf Zahlungsvorgängen beruhend) umfasst die Bilanz und die Erfolgsrechnung,
- der **kalkulatorische Teil** umfasst die Kosten- und Leistungsrechnung.

### Controlling

Der Begriff Controlling stammt aus dem Amerikanischen („to control") und bedeutet so viel wie „Unternehmenssteuerung". Controlling ist also mehr als der deutsche Begriff Kontrolle. Zum Controlling gehört, über alles informiert zu sein, was zur Zielerreichung und Steuerung des Unternehmens wesentlich ist.

Controlling wird heute als Prozess begriffen:
Unternehmensteuerung ist nur dann möglich, wenn klare Ziele existieren. Zielfestlegungen machen nur dann Sinn, wenn Abweichungsanalysen (Soll-Ist-Vergleiche) erfolgen. Die aus der Kontrolle ggf. resultierenden Abweichungen müssen die Grundlage für entsprechende Korrekturmaßnahmen sein.

Controlling als Instrument der Unternehmensteuerung ist damit ein Regelkreis mit den untereinander vernetzten Elementen der Planung, Durchführung, Kontrolle und Steuerung.

### Finanzierung und Investition

**Finanzierung** umfasst alle Maßnahmen der Mittelbeschaffung und Mittelrückzahlung. Sie ist unbedingte Voraussetzung für Investitionen in Sachgüter zur Leistungserstellung (Anlagen, Vorräte, Fremdleistungen) oder für Finanzinvestitionen in Form von Beteiligungen. Auch die immaterielle Investition darf nicht vergessen werden, zu der Forschung und Entwicklung, Werbung und Ausbildung zählen. Sie ist auf der Passivseite der Bilanz unter dem Begriff Kapitelherkunft zu finden. Man unterscheidet vor allem Außen- und Innenfinanzierung.

Demzufolge befindet sich die **Investition** auf der Aktivseite der Bilanz, im Anlage- und im Umlaufvermögen, wofür in der Literatur auch der Begriff Kapitalverwendung benutzt wird.

### Logistik

Eine der wichtigen Aufgaben in einem Unternehmen ist die reibungslose Gestaltung des Material-, Wert- und Informationsflusses, um den betrieblichen Leistungsprozess optimal realisieren zu können. Die Umschreibung des Begriffs Logistik ist in der Literatur uneinheitlich: Ältere Auffassungen sehen den Schwerpunkt dieser Funktion im Transportwesen – insbesondere in der Beförderung von Produkten und Leistungen zum Kunden (= reine Distributionslogistik). Die Tendenz geht heute verstärkt zu einem **umfassenden Logistikbegriff**, der folgende Elemente miteinander verbindet – und zwar nicht als Aneinanderreihung von Maßnahmen/Instrumenten sondern als ein in sich geschlossenes logisches Konzept:

- Objekte (Produkte/Leistungen, Personen, Energie, Informationen)
- Mengen, Orte, Zeitpunkte
- Kosten, Qualitätsstandards.

Logistik ist daher die Vernetzung von planerischen und ausführenden Maßnahmen und Instrumenten, um den Material-, Wert- und Informationsfluss im Rahmen der betrieblichen Leistungserstellung zu gewährleisten. Dieser Prozess stellt eine eigene betriebliche Funktion dar.

**Technische Information/Kommunikation und EDV-Informationstechnologien und -management**
Die Optimierung der Informationsgewinnung und -verarbeitung als Grundlage ausgewogener unternehmerischer Entscheidungen hat sich heute zu einer eigenständigen betrieblichen Funktion entwickelt. Die Gründe dafür sind bekannt und z. B. in folgenden Entwicklungen zu sehen:

- rasant wachsende Entwicklung der Kommunikationstechniken (Internet, Intranet)
- unehmende Globalisierung und Abhängigkeit der Güter- und Geldmärkte
- Verdichtung von Raum und Zeit.

Von daher bestimmt die Rechtzeitigkeit und die Qualität der erforderlichen Informationen wesentlich mit über den Erfolg eines Unternehmens. „Insellösungen" sind überholt – verlangt wird ein Informationsmanagement.

### 03. Welche Wechselwirkungen bestehen zwischen den Hauptfunktionen des Unternehmens?

**Beispiele**

- Die Leitung benötigt für ihre strategischen und operativen Entscheidungen die notwendigen Informationen von allen anderen Bereichen.
- Die Produktion basiert wesentlich auf den Daten des erwarteten Absatzes und muss demzufolge ihre Ressourcen entsprechend planen (Personal, Betriebsmittel, Betriebsstoffe).
- Die Finanzierung muss rechtzeitig die erforderlichen Mittel bereitstellen, damit notwendige Investitionen getätigt werden können.
- Der Absatz muss die gefertigten Güter am Markt veräußern damit die notwendigen Geldmittel in das Unternehmen zurückfließen.

## 2.1.3 Produktionsfaktor Arbeit

### 01. Welche Formen der Arbeit lassen sich unterscheiden?

**Formen der Arbeit**

| | | |
|---|---|---|
| ▸ manuelle/körperliche<br>▸ geistige<br>▸ schöpferische | ▸ dispositive/leitende<br>▸ operative/ausführende | ▸ selbstständige<br>▸ unselbstständige<br>▸ ungelernte<br>▸ angelernte<br>▸ gelernte |

## 02. Welche Produktionsfaktoren unterscheidet die Betriebswirtschaftslehre?

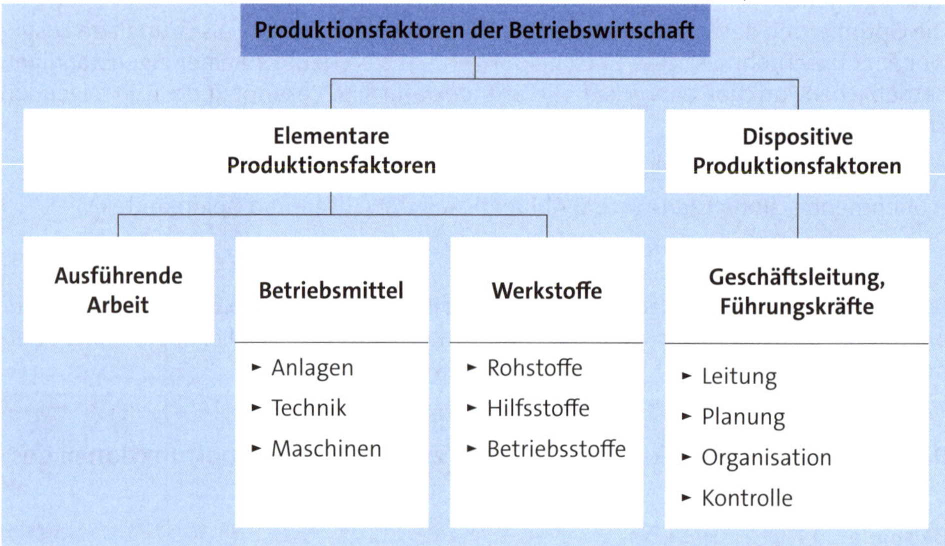


## 03. Welche Bedeutung hat der dispositive Faktor?

Der dispositive Faktor ist erforderlich um die übrigen Produktionsfaktoren so miteinander zu kombinieren, dass ein optimaler Unternehmenserfolg erzielt werden kann.

## 04. Wie wirken die Produktionsfaktoren im Betrieb zusammen?

Je nach dem Zweck des Unternehmens (Produktions- oder Handelsunternehmen) müssen unterschiedliche Grundsatzüberlegungen zur optimalen Kombination der Produktionsfaktoren angestellt werden:

- **Bei Produktionsunternehmungen** sind Entscheidungen über die Wahl und die Gestaltung der Erzeugnisse sowie bei der Vorbereitung und dem Ablauf des Produktionsprozesses in Verbindung mit kostenmäßigen und finanzwirtschaftlichen Überlegungen anzustellen. Das optimale Produktionsprogramm kann mithilfe rechnerischer Verfahren bestimmt werden.
- **Bei Handelsunternehmen** sind Entscheidungen im Hinblick auf das anzustrebende Absatzziel und die zur Erreichung dieses Zieles einzusetzenden Mittel zu treffen.

Von daher haben die einzelnen Produktionsfaktoren und Funktionen je nach dem Betriebszweck und nach der Art des Betriebes eine unterschiedliche Bedeutung. So tritt z. B. im Handelsbetrieb die Fertigungsfunktion in den Hintergrund, während die Lagerhaltung von besonderer Wichtigkeit ist.

## 05. Welche Faktoren bestimmen das Ergebnis menschlicher Arbeit?

Die Ergiebigkeit menschlicher Arbeit (das Leistungsergebnis) ist abhängig von dem Zusammenwirken drei zentraler Faktoren (vgl. >>4.2.2):

## 06. Welchen Bedingungen unterliegt heute die menschliche Arbeitsleistung? Welche Veränderungen sind erkennbar?

**Beispiele**

1. Die qualifizierte **Handarbeit** verliert an Bedeutung. Eine fortschreitende Mechanisierung, Automatisierung und Rationalisierung ist zu verzeichnen.
2. Der **Grad der Arbeitsteilung** wächst; ganzheitliche Arbeit ist zunehmend weniger vorhanden.
3. Der Faktor Arbeit ist für viele Unternehmen der **Kostenfaktor** Nr. 1. Damit wächst der Druck im Hinblick auf Rationalisierungsmaßnahmen und Ersatz des Faktors Arbeit durch Kapital. Ebenfalls ansteigend ist die Tendenz zur Intensivierung der Arbeit (Anstieg der Verrichtungen pro Zeiteinheit).
4. Neue **Formen der Arbeitsorganisation** entstehen (Teilzeit, Altersteilzeit, unterschiedliche Formen der Gruppenarbeit, Teamorganisation).
5. Die **Formen der Arbeitsstrukturierung** werden differenzierter (vgl. Frage 07.).

### 07. Welchen Formen der Arbeitsstrukturierung unterliegt der Produktionsfaktor Arbeit?

Unter Arbeitsstrukturierung versteht man die zeitliche, örtliche und logische Anordnung/Zuordnung von Arbeitsvorgängen nach grundlegenden Prinzipien. Es gibt folgende **Möglichkeiten, die auszuführende Arbeit anzuordnen und zu gliedern**:

- nach dem Umfang der **Delegation**:
  Aufteilung in ausführende (operative) und entscheidende (dispositive) Tätigkeit
- nach dem **Interaktionsspielraum**, den die Mitarbeiter haben:
  - Einzelarbeitsplatz
  - Gruppenarbeitsplatz
  - Teamarbeit.
- nach der **Arbeitsfeldvergrößerung/-verkleinerung:**
  - Job Enlargement
  - Job Enrichment
  - Job Rotation
  - teilautonome Gruppe.
- Prinzipien der **Art- und Mengenteilung:**
  - Arbeitsteilung:
    - **Artteilung:**
      Jeder Mitarbeiter führt nur einen Teil der Gesamtarbeit aus; repetetive Teilarbeit.
    - **Mengenteilung:**
      Jeder Mitarbeiter erledigt den gesamten Arbeitsablauf und davon eine bestimmte Menge.
  - Arbeitszerlegung
  - Flussprinzip
  - Verrichtungsprinzip
  - Objektprinzip.
- Prinzip der **Bildung von Einheiten:**
  - soziale Einheiten
  - funktionale Einheiten.

## 08. Welche Elemente umfasst das Arbeitssystem und welche Zusammenhänge bestehen?

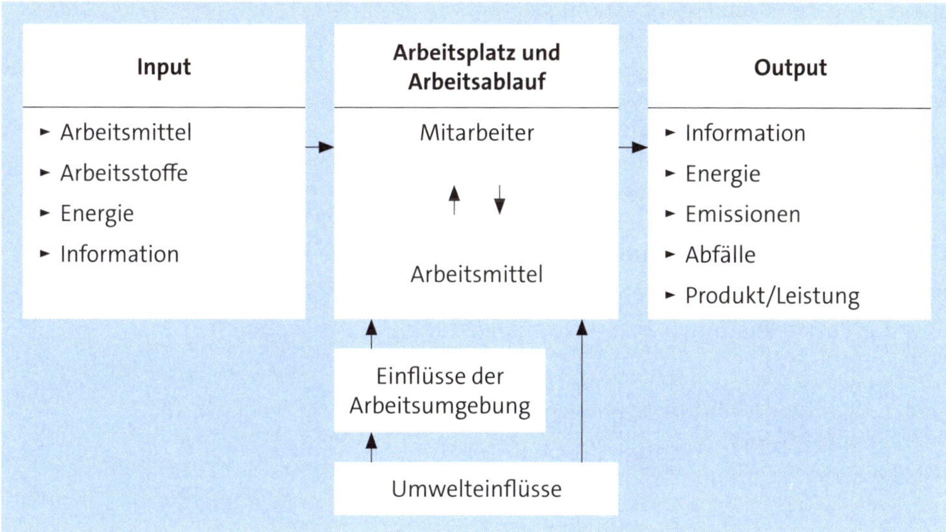


## 09. Was ist Leistung?

Im physikalischen Sinne ist

$$\text{Leistung} = \frac{\text{Arbeit}}{\text{Zeit}}$$

Nach REFA ist die

$$\text{Arbeitsleistung} = \frac{\text{Arbeitsergebnis}}{\text{Zeit}}$$

bzw.

$$\text{Mengenleistung} = \frac{\text{Menge}}{\text{Zeit}}$$

## 10. Was ist der Wirkungsgrad?

Der Wirkungsgrad eines Arbeitssystems ist das Verhältnis von Ausgabe (Arbeitsergebnis) zu Eingabe (Arbeitsgegenstand):

$$\text{Wirkungsgrad} = \frac{\text{Ausgabe}}{\text{Eingabe}}$$

## 11. Nach welchen Merkmalen wird der menschliche Leistungsgrad ermittelt?

Der Leistungsgrad L eines Arbeitenden ist die Beurteilung des Verhältnisses der Istleistung zur Bezugsleistung (i. d. R. = Normalleistung):

$$\text{Leistungsgrad in \%} = \frac{\text{beobachtete (Ist-)Leistung}}{\text{Bezugs-(Normal-)Leistung}} \cdot 100$$

Die Beurteilung des Leistungsgrades erfolgt i. d. R. nur bei Vorgängen, die vom Menschen beeinflussbar sind. Der Leistungsgrad ist abhängig von **subjektiver** Bewertung und setzt voraus, dass der Mitarbeiter **eingearbeitet**, hinreichend **geübt**, **motiviert** ist und geeignete **Arbeitsbedingungen** vorliegen. Der Leistungsgrad sollte während einer Zeitaufnahme laufend geschätzt werden. Je höher der Leistungsgrad, desto höher ist die Arbeitsproduktivität.

Die Höhe des Leistungsgrades hängt von zwei Faktoren ab:

- der Intensität
- der Wirksamkeit.

- **Intensität** äußert sich in der Bewegungsgeschwindigkeit und der Kraftanspannung der Bewegungsausführung.
- **Wirksamkeit** ist der Ausdruck für die Ausführungsgüte. Sie ist daran zu erkennen, wie geläufig, zügig, beherrscht usw. gearbeitet wird.

Die Bezugs-Mengenleistung (Normalleistung) hat den Leistungsgrad 100 %. Sie kann

- als **Durchschnittsleistung** über viele Ist-Leistungserfassungen,
- als **Standard-Leistung** (System vorbestimmter Leistungen auf Basis von Ist-Leistungen) oder
- als **REFA-Normalleistung**

gebildet werden.

## 12. Wie ist die REFA-Normalleistung definiert?

Unter der REFA-Normalleistung wird eine Bewegungsausführung verstanden, die dem Beobachter hinsichtlich der Einzelbewegungen, der Bewegungsfolge und ihrer Koordination besonders harmonisch, natürlich und ausgeglichen erscheint. Sie kann erfahrungsgemäß von jedem in erforderlichem Maße geeigneten, geübten und voll eingearbeiteten Arbeiter auf die Dauer und im Mittel der Schichtzeit erbracht werden, sofern er die für persönliche Bedürfnisse und ggf. auch für Erholung vorgegebenen Zeiten einhält und die freie Entfaltung seiner Fähigkeit nicht behindert wird.

## 13. Wie wird der Zeitgrad errechnet?

Der Zeitgrad ist das Verhältnis von Vorgabezeit (Sollzeit) zur tatsächlich erzielten Zeit (Istzeit), also die Umkehrung des Leistungsgrades.

$$\text{Zeitgrad in \%} = \frac{\sum \text{Vorgabezeiten (Soll-/Normalzeiten)}}{\sum \text{Istzeiten}} \cdot 100$$

z. B.:
Vorgabezeit: 60 min
Istzeit: 50 min

$$\text{Zeitgrad} = \frac{60 \text{ min}}{50 \text{ min}} \cdot 100 = 120\ \%$$

Der Zeitgrad ist also Ausdruck der Soll-Zeit in Prozenten der Istzeit. Er wird i. d. R. für einen zurückliegenden Zeitraum berechnet und kann sich auf einen Auftrag, einen Mitarbeiter, eine Abteilung oder einen Betrieb beziehen.

MERKE

Der Leistungsgrad wird geschätzt!

Der Zeitgrad wird berechnet!

## 14. Was sagt die Größe „Produktivität“ aus?

Die Größe Produktivität stellt zwei **Mengengrößen** gegenüber, die sich nur im Zeitvergleich bzw. im zwischenbetrieblichen Vergleich beurteilen lässt:

$$\text{Produktivität} = \frac{\text{Produktionsmenge}}{\text{Faktoreinsatzmenge}}$$

Wichtige **Teilproduktivitäten** sind:

$$\text{Arbeitsproduktivität} = \frac{\text{erzeugte Menge (Stk., Einheiten)}}{\text{Arbeitsstunden (Std.)}}$$

$$\text{Leistung pro Kopf} = \frac{\text{erzeugte Menge}}{\text{Anzahl der Mitarbeiter}}$$

### 2.1.4 Bedeutung des Produktionsfaktors Betriebsmittel

#### 01. Welche Betriebsmittelarten gibt es?

Betriebsmittelarten sind z. B.:

- Grundstücke und Gebäude
- Ver- und Entsorgungsanlagen
- Maschinen und maschinelle Anlagen
- Werkzeuge, Vorrichtungen
- Transport- und Fördermittel
- Lagereinrichtungen
- Mess-, Prüfmittel, Prüfeinrichtungen
- Büro- und Geschäftsausstattung.

#### 02. Welche Formen der Investition unterscheidet man?

- Begriff:
  **Investition** ist die Verwendung finanzieller Mittel für betriebliche Zwecke.
- Nach der **Art der Vermögensgegenstände**, für deren Beschaffung finanzielle Mittel verwendet werden, trennt man zwischen:
  - **Sachinvestitionen:** Investitionen, die am Leistungsprozess direkt beteiligt sind, z. B. Anlage-/Umlaufvermögen, Dienstleistungen.
  - **Finanzinvestitionen:** Investitionen in das Finanzanlagevermögen, z. B. Anleihen, Beteiligungen, Aktien.
  - **immateriellen Investitionen**, die die Wettbewerbsfähigkeit verbessern, z. B. Patente, Lizenzen, Aus- und Weiterbildung der Mitarbeiter.

- Anhand der **Investitionsanlässe** unterscheidet man:

| **Nettoinvestitionen** | |
|---|---|
| sind I., die erstmals im Unternehmen vorgenommen werden. Man unterscheidet: | |
| **Gründungs-investitionen** | sind erforderlich bei der Gründung oder dem Kauf eines Unternehmens. |
| **Erweiterungs-investitionen** | ergeben sich aus der Notwendigkeit der Erweiterung des Produktionspotenzials. |

| **Reinvestitionen** | |
|---|---|
| dienen dem Erhalt/der Sicherung des bestehenden Produktionspotenzials. | |
| **Ersatz-investitionen** | dienen dem Ersatz verbrauchter Produktionsmittel (z. B. Ersatz eines Lkws). |
| **Rationalisierungs-investitionen** | bestehende Leistungspotenziale werden durch neue, technisch effizientere Verfahren ersetzt. |
| **Umstellungs-investitionen** | sind bedingt durch eine mengenmäßige Verschiebung des Produktionsprogramms. |
| **Diversifikations-investitionen** | sind bedingt durch die Erweiterung der Produktpalette. |
| **Sicherungs-investitionen** | dienen der wirtschaftlichen Existenzsicherung, z. B. Einführung eines neuen Schweißverfahrens zur Sicherung der Qualitätsstandards. |

Bruttoinvestitionen = Nettoinvestitionen + Reinvestitionen

## 03. Welche Bedeutung haben Investitionen?

- **Bedeutung für den Kapitaleigner:**
  Investitionen sind Mittelverwendungen für betriebliche Zwecke. Der Betrieb muss sicherstellen, dass die Betriebsmittel so gestaltet sind, dass die Ziele erreicht werden können. Dazu gehört z. B., dass rechtzeitig erkannt wird, wann Ersatz- oder Neuinvestitionen erforderlich sind, um die Wettbewerbsfähigkeit zu sichern.

  Investitionen werden nach den Gesichtspunkten

  - der Liquidität,
  - der Sicherheit und
  - der Rentabilität

  beurteilt.

- **Bedeutung für die Produktionstechnik:**
  Die Art der Investition bestimmt u. a.:

  - den Grad der Spezialisierung
  - den Automationsgrad
  - den Energieverbrauch

- die Arbeitsgeschwindigkeit
- die Qualitätseigenschaften

der Betriebsmittel.

- **Bedeutung für die Mitarbeiter:**
  Die Art der Investition bestimmt u. a.:
  - die Monotonie der Arbeit
  - den Grad der Arbeitsteilung
  - den Grad der Arbeitszufriedenheit
  - den Interaktionsspielraum zwischen den Arbeitern
  - das Maß an Stress bei der Arbeitsausführung
  - den Grad der Eigen-/Fremdbestimmung
  - den Grad der Freisetzung durch Rationalisierung
  - Einführungs-/Einarbeitungsprobleme.

## 04. Welche Bedeutung hat die Kapazitätsauslastung aus betriebswirtschaftlicher Sicht?

- **Kapazität** bezeichnet das Leistungsvermögen eines Betriebes in Einheiten pro Zeitabschnitt. Sie wird bestimmt durch die Art und Menge der derzeit vorhandenen Produktionsfaktoren (Stoffe, Betriebsmittel, Arbeitskräfte).
- Mit **Beschäftigungsgrad** ist das Verhältnis von tatsächlicher Erzeugung (= Beschäftigung) zu möglicher Erzeugung (= Kapazität) gemeint.

$$\text{Beschäftigungsgrad} = \frac{\text{Beschäftigung}}{\text{Kapazität}} \cdot 100$$

z. B.

$$= \frac{90.000 \text{ Einheiten}}{120.000 \text{ Einheiten}} \cdot 100 = 75\ \%$$

- Als **Auslastungsgrad** bezeichnet man das Verhältnis von Kapazitätsbedarf zum Kapazitätsbestand bzw. Ist-Ausbringung zu höchstmöglicher Produktionsmenge:

$$\text{Auslastungsgrad} = \frac{\text{Kapazitätsbedarf}}{\text{Kapazitätsbestand}} \cdot 100$$

- Mit **Kapazitätsabstimmung** (= Kapazitätsabgleich) bezeichnet man die kurzfristige Planungsarbeit, in der die vorhandene Kapazität mit den vorliegenden und durchzuführenden Werkaufträgen in Einklang gebracht werden muss.
- Im Fall der Werkstattfertigung stellt sich das Kapazitätsproblem insbesondere in Form der sogenannten **Maschinenbelegung** (**Scheduling**).

**Beispiel**

Bei fünf Aufträgen, die drei Werkzeugmaschinen durchlaufen sollen, ist die Maschinenbelegung so auszuführen, dass jeder Auftrag in der kürzesten Zeit fertig wird, es möglichst nur geringe Stillstandszeiten pro Maschine gibt. Bei überschaubarer Anzahl von Maschinen und Aufträgen lässt sich das Problem im Näherungsverfahren lösen; in der betrieblichen Praxis bedient man sich bei komplexen Fragestellung der IT-gestützten Berechnung.

Der Betrieb wird also dann besonders **wirtschaftlich arbeiten, wenn** er

- seine Kapazitäten voll ausnutzt (Beschäftigungsgrad = 100 %; i. d. R.: wirtschaftliche Kapazität ≤ technische Kapazität) und
- seine Betriebsmittelnutzungszeiten optimiert (keine Störungen, Unterbrechungen)

Ansonsten ergeben sich wirtschaftliche **Nachteile/Risiken:**

- Die Zinskosten sind zu hoch in Relation zur Ausnutzung der Betriebsmittel („investiertes Kapital liegt brach und erwirtschaftet keine Erträge")
- Buchmäßige Abschreibung der Anlagen und tatsächlicher Werteverzehr fallen auseinander
- Anlagen veralten, bevor sie voll genutzt wurden.

### 05. Welche Aspekte der Substitution menschlicher Arbeit durch Betriebsmittel sind zu beachten?

Die Substitution (Ersatz) menschlicher Arbeit durch Betriebsmittel verläuft nicht ohne Probleme. Daher ist eine Reihe ökonomischer, sozialer und organisatorischer Aspekte zu beachten, z. B.:

- Der zunehmende Einsatz von Betriebsmitteln **erhöht die Fixkosten** (z. B. AfA) und damit die Notwendigkeit zur Auslastung der Anlagen.
- Meist erhöhen sich bei zunehmendem Einsatz von Betriebsmitteln die **qualitativen Anforderungen an die Arbeitskräfte.**
- Die **Belastung der Umwelt** wird verstärkt (Lärm, Emissionen).
- Die **Flexibilität der Fertigung** verringert sich (mehr Rüst- und Umrüstzeiten).
- Der Ersatz von Arbeitskräften durch Betriebsmittel führt i. d. R. zu **Freisetzungen** der Mitarbeiter mit den bekannten negativen Folgen. Es entsteht eine permanente Angst des Arbeitsplatzverlusts.
- Meist wird durch den Einsatz von Betriebsmitteln die **körperliche Belastung** für die Mitarbeiter gesenkt und die **mentale/geistige Belastung** verstärkt. Damit verbunden ist häufig eine Zunahme der Kontrolle durch IT-Verfahren (z. B. SPC).
- **Soziale Beziehungen** zwischen den Mitarbeitern werden erschwert, da der Arbeitsrhythmus der Maschinen den Arbeitsablauf bestimmt.

### 2.1.5 Bedeutung der Energie und Werkstoffe als Kostenfaktor

#### 01. Welche Bedeutung haben die Werkstoffe im Rahmen der Produktion?

Werkstoffe sind neben den Arbeitskräften und Betriebsmitteln der dritte Faktor im Rahmen der Fertigungsversorgung:

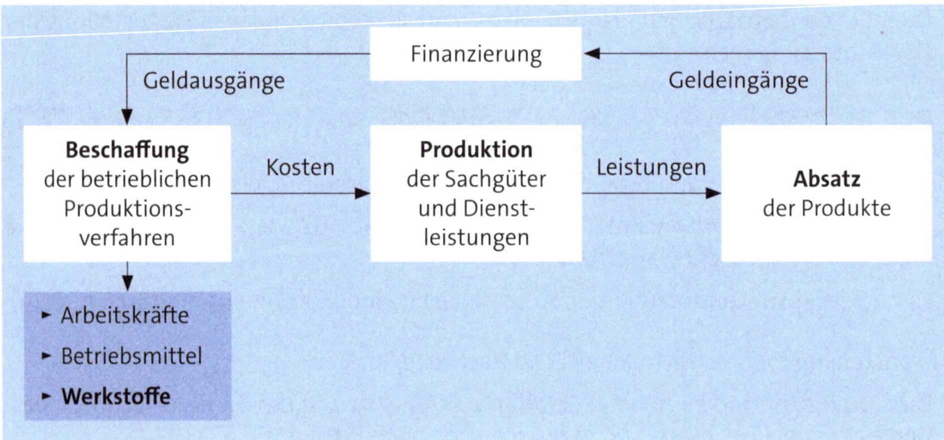


#### 02. Welche Werkstoffe müssen im Rahmen der Fertigungsversorgung geplant werden?

| Werkstoffe | |
|---|---|
| **Rohstoffe** | **Hauptbestandteil** der Fertigungserzeugnisse, z. B. Holz bei der Möbelherstellung. |
| **Hilfsstoffe** | **Nebenbestandteile** der Fertigerzeugnisse, z. B. Leim bei der Möbelherstellung. |
| **Betriebsstoffe** | gehen nicht in das Produkt ein, sondern **werden** bei der Fertigung **verbraucht**, z. B. Energie (Strom, Dampf, Luftdruck). |
| **Halbzeuge** | Oberbegriff für **vorgefertigte/aufbereitete Materialien**, z. B. Bleche, Seile. |
| **Halbfabrikate** | Oberbegriff für **vorgefertigte Vorprodukte**, z. B. Anlasser. |

#### 03. Welche wirtschaftlichen Probleme sind bei der Bewirtschaftung der Werkstoffe zu berücksichtigen?

- Das **Zeitproblem (Werkstoffzeit)**, u. a.:
  hohe Lieferbereitschaft versus Lagerkosten; Lagermittel, Packmittel, Materiallogistik, Bestellvorgänge; Bedarfsermittlung, Bestandsrechnung, Bestellenmengenrechnung, Bestellterminrechnung, Fehlmengenkosten, Organisation des Einkaufs usw.

- Das Problem der **Materialverluste** und des **Recyclings**, u. a.:
  - Vermeidung von Materialverlusten u. a. durch: Planung der Materialnutzung, Optimierung der Lagerkontrolle, Anreizsysteme, Lieferantenaudit, TQM im Einkauf
  - Beim **Abfall** an Roh- und Hilfsstoffen ist anzustreben, dass diese soweit wie möglich **vermieden, wiederverwertet, wiederverwendet bzw. fachgerecht entsorgt** werden. Im Idealfall wird aus dem Abfall ein verkaufbarer Wertstoff, der dem Kreislauf wieder zugeführt wird.
  - Zum **Sondermüll** gehören gesundheits-, luft- und wassergefährdende, explosive oder brennbare Abfälle. Die Entsorgung von Sondermüll unterliegt der Nachweispflicht, z. B. bei Industrieschlämmen, Säuren, Laugen, Lackresten, Lösungsmitteln usw.
  - Grundprinzipien des **Recycling** sind:
    - **Wiederverwendung:** Glas, Europaletten, Mehrwegverpackungen
    - **Weiterverwendung:** runderneuerte Reifen, Tonerkassetten für Kopierer/Drucker
    - **Wiederverwertung:** z. B. Aufarbeitung von Altöl und KSS (Kühlschmierstoffe)
    - **Weiterverwertung:** Altpapier zu Recyclingpapier, Textilreste zu recyceltem Mischgewebe.

### 04. Welche Bedeutung hat die Energiegewinnung und die Energiewiedergewinnung für die Produktion?

Die weltweiten Ressourcen werden knapper und die Umweltauflagen steigen. Dies zwingt die Produktionswirtschaft mit Energie effizienter umzugehen und Möglichkeiten der Energiewiedergewinnung zu nutzen.

### 05. Was heißt „Energiesparen"?

Energiesparen (nicht: Einsparen) umfasst alle Aktivitäten zur Verringerung des Energieverbrauchs je Leistungs- oder Produktionseinheit.

### 06. Welche Möglichkeiten gibt es, den Energieverbrauch planmäßig zu steuern und ggf. zu senken?

Die permanente Beachtung und Steuerung des Energieverbrauchs ist heute aus **ökologischer** und **ökonomischer Sicht** eine Selbstverständlichkeit. Eine wichtige Voraussetzung ist dazu, dass **der Verbrauch** der unterschiedlichen Energiearten im Betrieb **mengen- und wertmäßig erfasst und dokumentiert wird**.

Die nachfolgende **Übersicht** zeigt generelle Beispiele zur Steuerung und Senkung des Energieverbrauchs bzw. der Energiekosten:

<table>
<tr><th colspan="2">Generelle Maßnahmen zur Steuerung und Senkung des Energieverbrauchs<br>(Rationelle Energieverwendung)</th></tr>
<tr><td rowspan="2">Wirkungsgrad</td><td>Es sollten nur Anlagen und Energiearten mit einem hohen Wirkungsgrad eingesetzt werden (Wahl der Energieart, fachgerechte Dimensionierung; z. B. GuD-Kraftwerk).</td></tr>
<tr><td>Eine planmäßige Instandhaltung der Energieversorger sichert die Erhaltung des Wirkungsgrades der Anlage (regelmäßige Wartung, Austausch von Verschleißteilen, Maßnahmen der Einstellung der Energieanlage).</td></tr>
<tr><td>Blindleistungs-kompensation</td><td>Durch Kompensation der Blindleistung (i. d. R. durch Parallelschalten eines Kondensators zum induktiven Verbraucher) kann eine Reduzierung des Blindstroms erreicht werden (→ Senkung der Betriebskosten und des Energiebedarfs).</td></tr>
<tr><td>Optimierung der Energienutzung</td><td>Vermeidung/Reduzierung der (technisch bedingten) ungenutzten Energie, z. B.:<br>► Wärmerückgewinnung<br>► keine Verluste beim Energietransport (z. B. Isolierung der Leitungen)<br>► Vermeidung von Druck- und Substanzverlusten<br>► Gebäudewärmeschutz<br>► Vermeidung diskontinuierlicher Energieabnahme</td></tr>
<tr><td>Energiesparen</td><td>bei Wasser, Strom, Wärme usw. durch geeignete Maßnahmen unter Einbeziehung des Verhaltens der Mitarbeiter, z. B.:<br>► bewusster Umgang mit Energie<br>► kein Leerlauf von Maschinen<br>► kein unnötiger Licht- und Wärmeverbrauch<br>► Einsatz von technischen Möglichkeiten (z. B. Regelungstechnik)<br>► betriebliche Verbesserungsvorschläge<br>► Ökobilanz</td></tr>
<tr><td>Alternative Energieerzeugung</td><td>Beispiele:<br>Solarenergie, Wärmepumpe, Wärmetauscher, Brennstoffzelle, Kraft-Wärmekopplung, Gezeiten-, Wind-, Meereswärme- und Bioenergie</td></tr>
</table>

## 07. Welche Möglichkeiten zur Energierückgewinnung gibt es?

Möglichkeiten sind z. B.:

- Energierückgewinnung beim Bremsen
- thermische Verbrennungsanlagen
- Energierückgewinnung aus Abluft, Abwasser, Abwärme und Prozessgasen
- Energierückgewinnung in der Motortechnik, z. B. Turbolader.

# 2.2 Grundsätze betrieblicher Aufbau- und Ablauforganisation

## 2.2.1 Grundstrukturen betrieblicher Organisationen

### 01. Wie lassen sich Aufbau- und Ablauforganisation unterscheiden?

| Aufbauorganisation | Ablauforganisation |
|---|---|
| Regelungen für den Betriebsaufbau; legt Orga-Einheiten, Zuständigkeiten und Ebenen fest (Strukturen). | Regelungen für den Betriebsablauf/die Arbeitserledigung; regelt den Ablauf von Vorgängen nach den Kriterien Ort, Zeit oder Funktion zwischen Orga-Einheiten, Bereichen usw. |

| Unterschiede | |
|---|---|
| **Aufbauorganisation** | **Ablauforganisation** |
| ► Strukturen, Organisationseinheiten | ► Abläufe, Prozesse |
| ► statisch | ► dynamisch |
| ► Aufgabenanalyse | ► Arbeitsanalyse |
| ► Zerlegung von Hauptaufgaben, Teilaufgaben | ► Zerlegung von Arbeitsvorgängen |
| ► Aufgabensynthese | ► Arbeitssynthese |
| ► Abteilungen | ► Prozessketten |

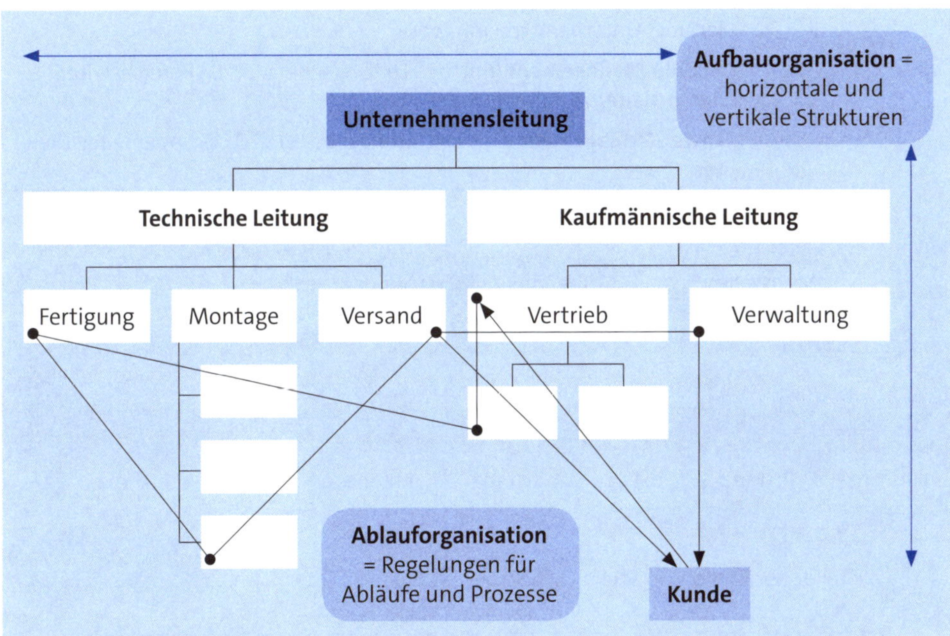

### 2.2.2 Bedeutung der Leitungsebenen

#### 01. Welche Begriffe der Organisationslehre werden unterschieden?

| Organisationslehre – Begriffe | |
|---|---|
| **Stelle** | Eine Stelle ist die kleinste organisatorische Einheit. |
| **Stabsstellen** | sind Stellen ohne eigene fachliche und disziplinarische Weisungsbefugnis (nur beratende Funktion). |
| **Instanz** | ist eine Stelle mit Leitungsbefugnissen; Instanzen können verschiedenen Leitungsebenen (= Managementebenen) zugeordnet sein. |
| **Leitungsspanne** | die Zahl der direkt weisungsgebundenen Stellen. Je höher die Ausbildung der Mitarbeiter und je anspruchsvoller ihr Aufgabengebiet ist, desto kleiner sollte die Leitungsspanne sein. Eine zu große Leitungsspanne hat zur Folge, dass die notwendigen Führungsaufgaben nicht angemessen wahrgenommen werden können. |
| **Instanzentiefe** | gibt die Anzahl der verschiedenen Rangebenen an. |
| **Instanzenbreite** | gibt die Anzahl der (gleichrangigen) Leitungsstellen pro Ebene an. |
| **Hierarchie** | Struktur der Leitungsebenen. Eine starke Hierarchie mit vielen Instanzen kann zu schwerfälligen Informations- und Entscheidungsprozessen führen. Eine zu geringe Hierarchie – insbesondere bei großer Leitungsspanne – überlastet die Führungskräfte (Problem beim Ansatz „Lean Management“). Im Wesentlichen unterscheidet man drei Leitungsebenen (Hierarchien):<br>**Top-Management** (oberste Leitungsebene), z. B.: Vorstand, Geschäftsleitung, Unternehmensinhaber<br>**Middle-Management** (mittlere Leitungsebene), z. B.: Bereichsleiter, Ressortleiter, Abteilungsleiter<br>**Lower-Management** (untere Leitungsebene), z. B.: Gruppenleiter, Meister |

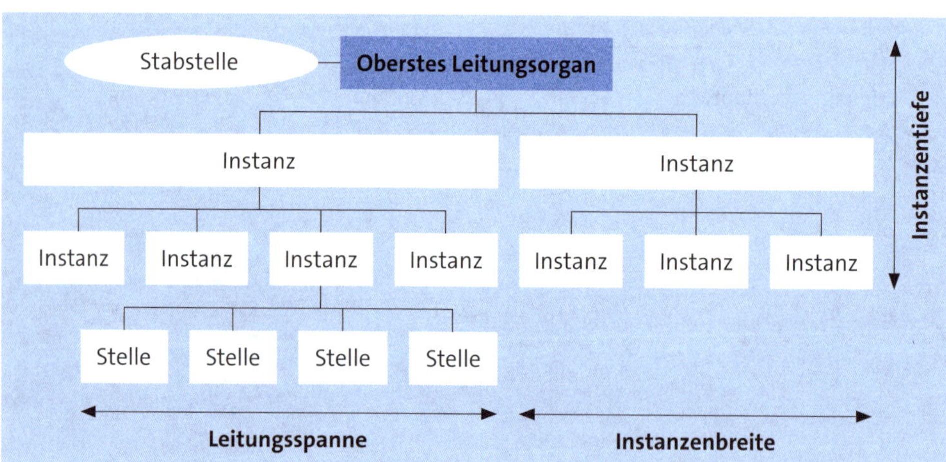

## 02. Was bezeichnet man als Dezentralisierung (Zentralisierung) von Aufgaben?

Mit **Dezentralisierung** bezeichnet man die Verteilung von Teilaufgaben nicht auf eine (zentrale) Stelle sondern auf verschiedene. Diese Verteilung kann dabei z. B. nach dem Objekt (= **Objekt-Dezentralisierung**; z. B.: Jede Niederlassung eines Konzerns vertreibt alle Produkte) oder nach der Verrichtung (= **Verrichtungs-Dezentralisierung;** z. B.: In jeder Niederlassung eines Konzerns sind alle wesentlichen, kaufmännischen Grundfunktionen vorhanden) vorgenommen werden. In der Praxis hat sich bei Großunternehmen aufgrund der positiven Erfahrung eine zunehmende Tendenz zur Dezentralisierung herausgebildet.

| Räumliche Zentralisation | |
|---|---|
| **Vorteile – Beispiele** | **Nachteile – Beispiele** |
| ▸ geringerer Personalbedarf<br>▸ weniger Bedarf an Einrichtungen<br>▸ straffere Überwachung möglich<br>▸ Einheitlichkeit der Entscheidungen<br>▸ geringerer Kostenanfall<br>▸ bessere Verwendung der Spezialisten | ▸ Kommunikations- und Koordinationsschwierigkeiten<br>▸ Überlastung der Leitungsstellen<br>▸ weniger Initiative und Verantwortungsfreudigkeit der nachgeordneten Stellen<br>▸ hohe Transportkosten |

## 03. Was ist ein Organigramm und welche Darstellungsformen gibt es?

Die in einem Betrieb vorhandenen Stellen, ihre Beziehung untereinander und ihre Zusammenfassung zu Bereichen wird bildlich in Form eines **Organisationsdiagramms** (kurz: Organigramm) dargestellt. In der Praxis ist die sog. **vertikale Darstellung** am häufigsten anzutreffen (von oben nach unten); hier stehen gleichrangige Stellen nebeneinander. Daneben kennt man die **horizontale Darstellung** (von links nach rechts; gleichrangige Stellen stehen untereinander).

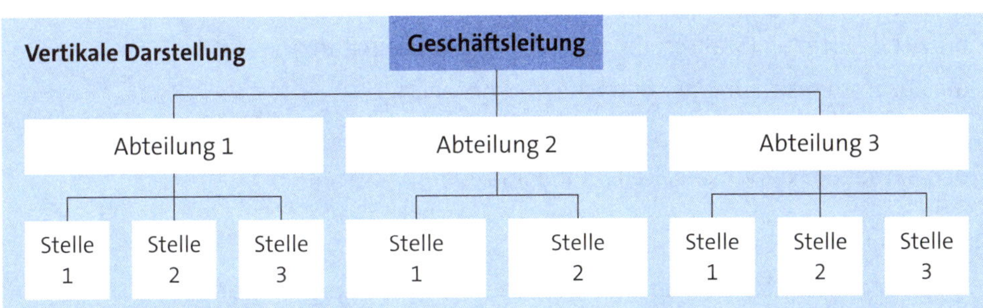

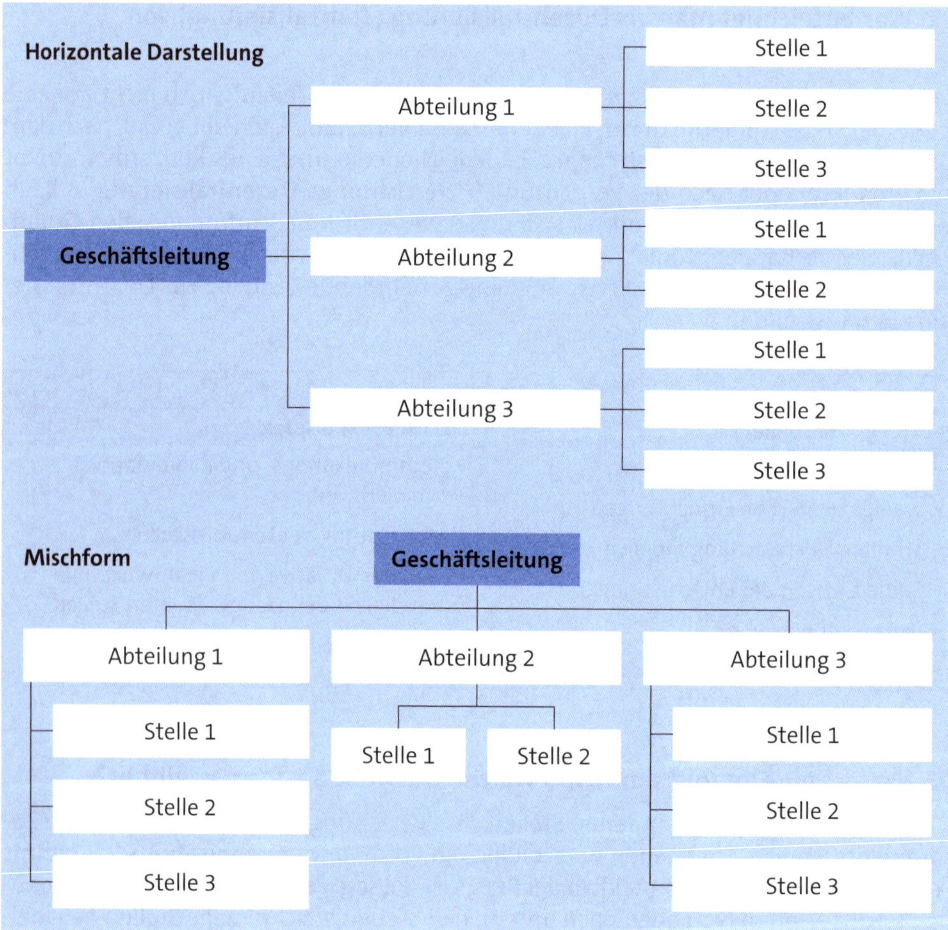


Das Organigramm zeigt u. a.:

- die Unterstellungsverhältnisse
- die Art der Stellen (Stabsstelle, Ausführungsstelle, Instanz)
- die Zusammensetzung der Bereiche und Abteilungen
- die Kostenstellennummer
- den aktuellen Namen des Stelleninhabers.

Das Organigramm kann

- **funktional** (nach Verantwortungsbereichen → Aufbauorganisation) oder
- **operational** (nach Arbeitsabläufen → Ablauforganisation) aufgebaut sein.

### 04. Was sind Leitungssysteme und welche Organisationsformen gibt es?

Leitungssysteme (auch „Weisungssysteme" oder „Organisationssysteme" genannt) sind dadurch gekennzeichnet, in welcher Form Weisungen von oben nach unten erfolgen.

| Leitungssysteme (Organisationsformen) | |
|---|---|
| **Einliniensysteme** | **Mehrliniensysteme** |
| ► Linienorganisation<br>► Stablinienorganisation<br>► Funktionalorganisation<br>► Spezielle Organisationsformen nach dem Objektprinzip:<br>- Spartenorganisation (Divisionalisierung)<br>- Projektorganisation<br>- Produktorganisation | ► Funktionsmeistersystem (nach Taylor)<br>► Matrixorganisation (Objekt- und Funktionssystem)<br>► Tensororganisation (Erweiterung der Matrixorganisation)<br>► Teamorganisation (Mischform) |

- **Bei der Einlinienorganisation** hat jeder Mitarbeiter nur einen Vorgesetzten; es führt nur eine Linie von der obersten Instanz bis hinunter zum Mitarbeiter und umgekehrt. Vom Prinzip her sind damit gleichrangige Instanzen gehalten, bei Sachfragen über ihre gemeinsame, übergeordnete Instanz zu kommunizieren.

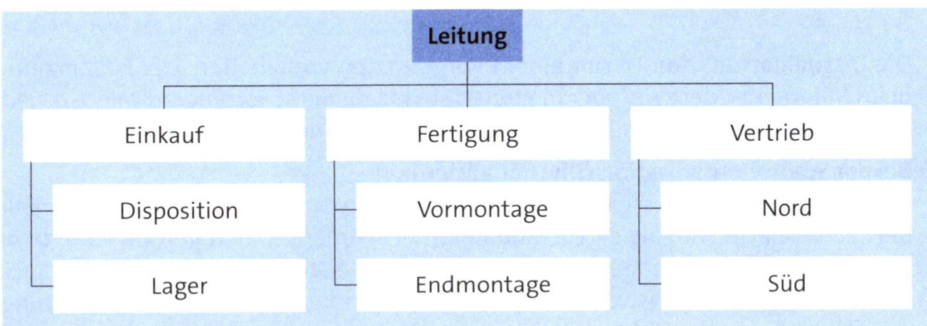


- **Die Stablinienorganisation**
  ist eine Variante des Einliniensystems. Bestimmten Linienstellen werden Stabsstellen ergänzend zugeordnet.

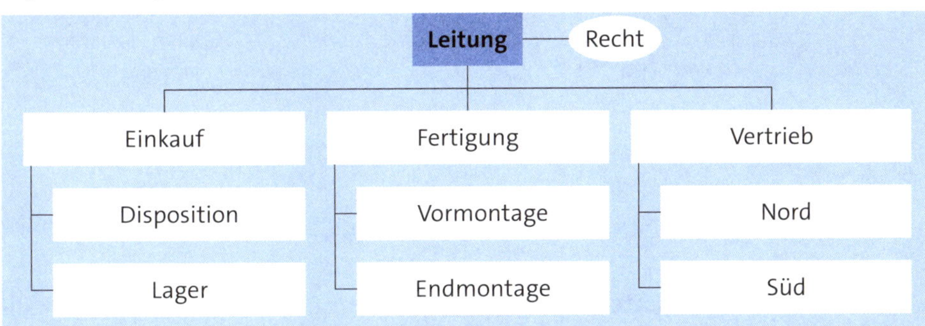

**Stabsstellen sind Stellen ohne eigene fachliche und disziplinarische Weisungsbefugnis**. Sie haben die Aufgabe, als Spezialisten die Linienstellen zu unterstützen. Meist sind Stabsstellen den oberen Instanzen zugeordnet. Stabsstellen sind in der Praxis im Bereich Recht, Patentwesen, Unternehmensbeteiligungen, Unternehmensplanung und Personalgrundsatzfragen zu finden.

- **Das Mehrliniensystem**
  basiert auf dem Funktionsmeistersystem des Amerikaners Taylor (1911) und ist heute höchstens noch in betrieblichen Teilbereichen anzutreffen. Der Mitarbeiter hat zwei oder mehrere Fachvorgesetzte, von denen er **fachliche** Weisungen erhält.

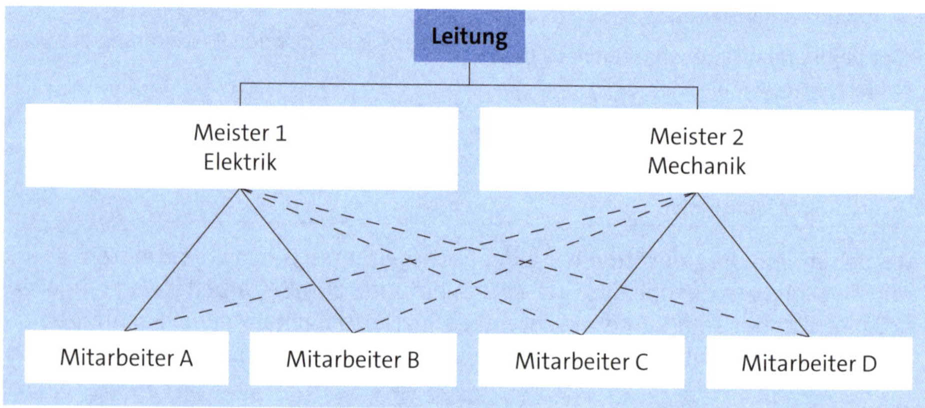


**Die Disziplinarfunktion ist nur einem Vorgesetzten vorbehalten**. Der Rollenkonflikt beim Mitarbeiter, der zwei oder mehreren Herren dient, ist vorprogrammiert, da jeder Fachvorgesetzte ein Verhalten des Mitarbeiters in seinem Sinne erwartet.

- **Bei der Spartenorganisation (Divisionalisierung)**
  wird das Unternehmen nach Produktbereichen (sog. Sparten oder Divisionen) gegliedert. Jede Sparte wird als eigenständige Unternehmenseinheit geführt. Die für das Spartengeschäft nur indirekt zuständigen Dienstleistungsbereiche wie z. B. Recht, Personal oder Rechnungswesen sind bei der Spartenorganisation oft als **verrichtungsorientierte Zentralbereiche** vertreten.

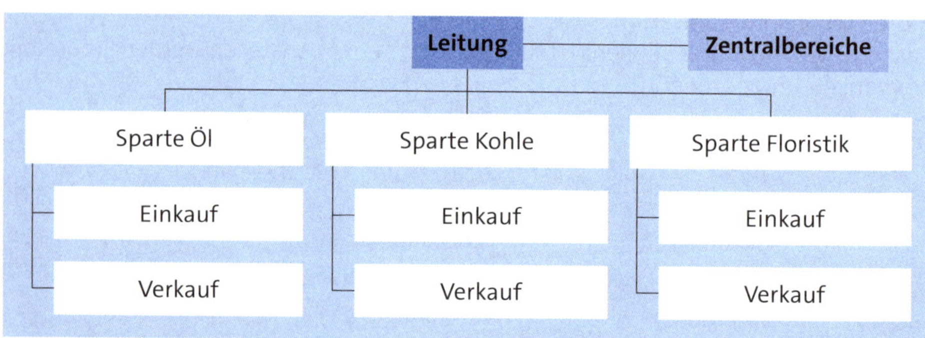


- **Die Projektorganisation**
  **ist eine Variante der Spartenorganisation** (vgl. oben). Das Unternehmen oder Teilbereiche des Unternehmens ist/sind nach Projekten gegliedert. Diese Organisations-

form ist häufig im Großanlagenbau (Kraftwerke, Staudämme, Wasseraufbereitungsanlagen, Straßenbau, Industriegroßbauten) anzutreffen.

Die Projektorganisation ist abzugrenzen von der Organisation von Projektmanagement.

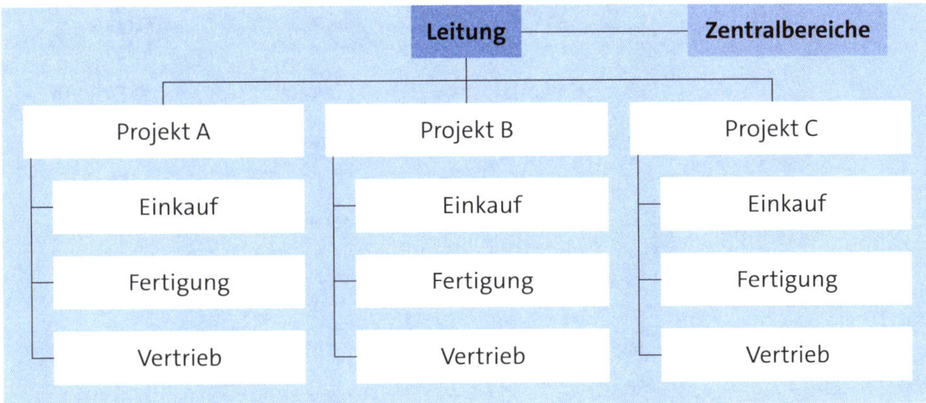


- **Die Produktorganisation**
  **ist eine Variante der Spartenorganisation** bzw. der Projektorganisation; sie kann als Einliniensystem oder – bei Vollkompetenz der Produktmanager – als Matrixorganisation ausgestaltet sein.

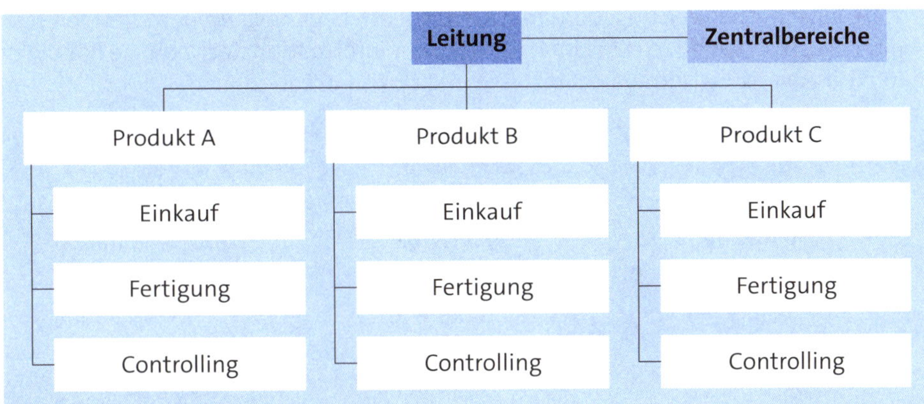


- **Die Matrixorganisation**
  ist eine Weiterentwicklung der Spartenorganisation und gehört zur Kategorie Mehrliniensystem. Das Unternehmen wird in Objekte und Funktionen gegliedert. Kennzeichnend ist: Für die Spartenleiter und die Leiter der Funktionsbereiche besteht bei Entscheidungen Einigungszwang. Beide sind gleichberechtigt. Damit soll einem Objekt- oder Funktionsegoismus vorgebeugt werden. Für die nachgeordneten Stellen kann dies u. U. bedeuten, dass sie zwei unterschiedliche Anweisungen erhalten (Problem des Mehrliniensystems).

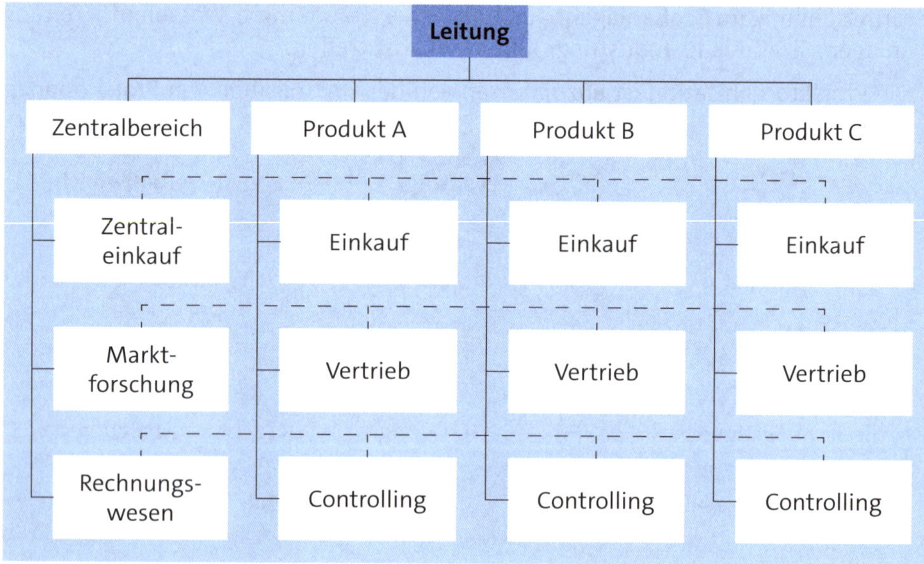


- **Teamorganisation:**
  Hier liegt die disziplinarische Verantwortung für Mitarbeiter bei dem jeweiligen Linienvorgesetzten (vgl. Linienorganisation). Um eine verbesserte Objektorientierung (oder Verrichtungsorientierung) zu erreichen, werden überschneidende Teams gebildet. Die fachliche Weisungsbefugnis für das Team liegt bei dem betreffenden Teamleiter. Beispiel (verkürzt): Ein Unternehmen der Informationstechnologie hat die drei Funktionsbereiche Hardware, Software und Dokumentation.

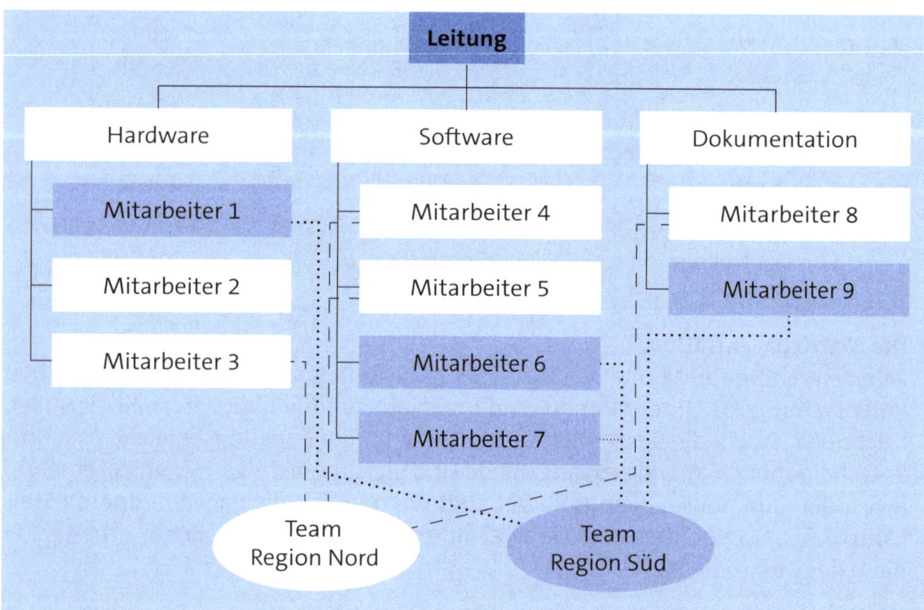

Um eine bessere Marktorientierung und Ausrichtung auf bestimmte Großkunden (oder Regionen) zu realisieren, werden z. B. zwei Teams gebildet: Team „Region NRW“ und Team „Region Süd“. Die Zusammensetzung und zeitliche Dauer der Teams kann flexibel sein.

## 05. Was sind ergebnisorientierte Organisationseinheiten?

Zur Verantwortung einer Leitungsstelle gehört i. d. R., dass der Stelleninhaber für die Kosten seines Bereichs verantwortlich zeichnet. Meistens ist dies so geregelt, dass z. B. einem Meisterbereich ein bestimmter Kostenrahmen (= Budget) zugewiesen wird; der Meister ist gehalten, diesen Kostenrahmen nicht zu überschreiten. Die Kosten sind dabei nach Kostenarten (Personalkosten, Sachkosten, Umlagen) gegliedert.

- Die Unternehmensleitung steuert also bestimmte Kostenstellen nach dem sog. **Costcenter-Prinzip.**

  Das Costcenter-Prinzip hat erhebliche Nachteile: Es besteht oft kein Anreiz, die Kosten zu unterschreiten; außerdem geht der Zusammenhang zwischen Kosten und Leistungen der Abteilung verloren.

- Um diese Nachteile zu vermeiden werden heute zunehmend bestimmte Organisationseinheiten in der Produktion und im Vertrieb als geschlossene Einheit gefasst, die nur über die Ergebnissteuerung geführt werden.

  Dieses Prinzip nennt man „Ergebnisorientierung“ oder **„Profitcenter-Prinzip“**.

  Der Leiter eines Profitcenters ist der Geschäftsführung „nur noch“ hinsichtlich des erwirtschafteten Ergebnisses verantwortlich. Welche Maßnahmen er dazu ergreift, sprich welche Kosten er dabei produziert, ist zweitrangig. Das angestrebte Ergebnis wird im Wege der Zielvorgabe oder der Zielvereinbarung (= Management by Objectives) festgeschrieben. Der Gewinn, sprich Profit, ist der Saldo von Leistungen - Kosten bzw. Umsatz - Kosten.

**Beispiel**

**Vereinfachtes Beispiel**
Der Meisterbereich Montage 1 wird ergebnisorientiert geführt: Die geplanten Gesamtkosten für das Geschäftsjahr ergeben sich aus der Summe von 700 T€ Personalkosten, 1,4 Mio. € Sachkosten und 400 T€ Umlagen. Da der Meisterbereich nicht direkt an den Kunden verkauft, wurde ein innerbetrieblicher Verrechnungspreis pro Leistungseinheit kalkuliert: Im vorliegenden Fall liegt die Planzahl bei 5.750 Montageeinheiten zu einem Verrechnungspreis von 480 €. Unterstellt man, das dieser Meisterbereich exakt im Plan liegen würde, so ergäbe sich folgende Ergebnisrechnung:

**Profitcenter „Montage"**

| | | |
|---|---|---|
| | Leistungen (5.750 • 480 €) | 2.760,00 T€ |
| - | Personalkosten | - 700,00 T€ |
| - | Sachkosten | - 1.400,00 T€ |
| - | Umlage | - 400,00 T€ |
| = | **Ergebnis** | **260,00 T€** |

## 2.2.3 Entwicklung der Aufbauorganisation

### 01. Was versteht man unter der Aufgabenanalyse?

Die Gesamtaufgabe des Unternehmens (z. B. Herstellung und Vertrieb von Elektrogeräten) wird in

- **Hauptaufgaben**, z. B. - Montage, Vertrieb, Verwaltung, Einkauf, Lager
- **Teilaufgaben 1. Ordnung** - Marketing, Verkauf, Versand usw.
- **Teilaufgaben 2. Ordnung,**
- **Teilaufgaben 3. Ordnung usw.**

zerlegt.

**Gliederungsbreite und Gliederungstiefe** sind folglich abhängig von der Gesamtaufgabe, der Größe des Betriebes, dem Wirtschaftszweig usw. und haben sich am Prinzip der Wirtschaftlichkeit zu orientieren. In einem Industriebetrieb wird z. B. die Aufgabe „Produktion", in einem Handelsbetrieb die Aufgabe „Einkauf/Verkauf" im Vordergrund stehen.

### 02. Was versteht man unter der Aufgabensynthese?

Im Rahmen der Aufgabenanalyse wurde die Gesamtaufgabe nach unterschiedlichen Gliederungskriterien in Teilaufgaben zerlegt (vgl. oben). Diese Teilaufgaben werden nun in geeigneter Form in sog. organisatorische Einheiten zusammengefasst (z. B. Hauptabteilung, Abteilung, Gruppe, Stelle). Diesen Vorgang der Zusammenfassung von Teilaufgaben zu Orga-Einheiten bezeichnet man als **Aufgabensynthese**. Den Orga-Einheiten werden dann **Aufgabenträger** (Einzelperson, Personengruppe, Kombination Mensch/Maschine) zugeordnet.

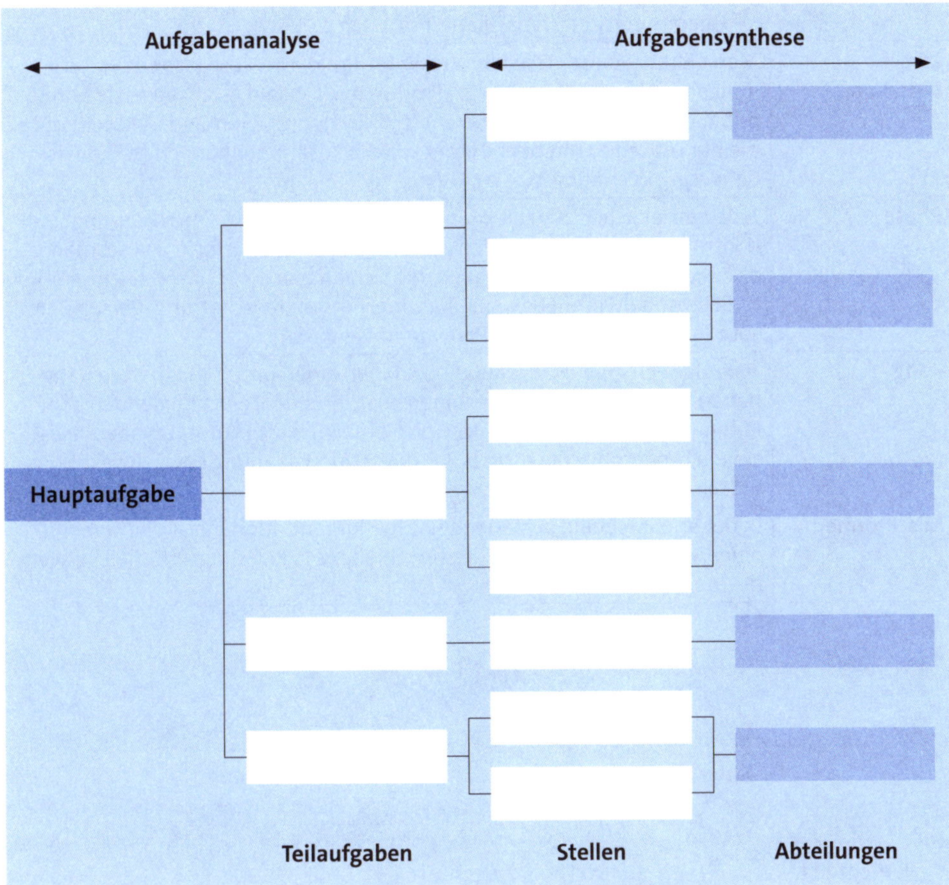


## 03. Welche Gliederungskriterien gibt es?

Die Aufgabenanalyse (und die spätere Einrichtung von Stellen; vgl. Organigramme, unter >> 2.2.2) kann nach folgenden **Gliederungskriterien** vorgenommen werden:

| **Gliederungskriterien: Gliederung nach der/dem ...** | |
|---|---|
| **Verrichtung (Funktion)** | Die Aufgabe wird in Teilfunktionen zerlegt, die zur Erfüllung dieser Aufgabe notwendig sind, z. B. Stanzen, Entgraten, Polieren, Lackieren. |
| **Objekt** | ► Objekte der Gliederung können z. B. sein:<br>► Produkte (Maschine Typ A, Maschine Typ B)<br>► Regionen (Nord, Süd; Nielsen-Gebiet 1, 2, 3 usw.; Hinweis: Nielsen Regionalstrukturen sind Handelspanel, die von der A. C. Nielsen Company erstmals in den USA entwickelt wurden)<br>► Personen (Arbeiter, Angestellte)<br>► Begriffe (z. B. Steuerarten beim Finanzamt) |

| Gliederungskriterien: Gliederung nach der/dem ... | |
|---|---|
| **Zweck-beziehung** | Man geht bei diesem Gliederungskriterium davon aus, dass es zur Erfüllung der Gesamtaufgabe (z. B. „Produktion“) Teilaufgaben gibt, die unmittelbar dem Betriebszweck dienen (z. B. Fertigung, Montage) und solche, die nur mittelbar mit dem Betriebszweck zusammenhängen (z. B. Personalwesen, Rechnungswesen, DV). |
| **Phase** | Jede betriebliche Tätigkeit kann den Phasen „Planung, Durchführung und Kontrolle“ zugeordnet werden. Bei dieser Gliederungsform zerlegt man also die Aufgabe in Teilaufgaben, die sich an den o. g. Phasen orientieren (z. B. Personalwesen: Personalplanung, Personalbeschaffung, Personaleinsatz, Personalentwicklung, Personalfreisetzung). |
| **Rang** | Teilaufgaben einer Hauptaufgabe können einen unterschiedlichen Rang haben. Eine Teilaufgabe kann einen ausführenden, entscheidenden oder leitenden Charakter haben. Als Beispiel sei hier die Hauptaufgabe „Investitionen“ angeführt. Sie kann z. B. in Investitionsplanung sowie Investitionsentscheidung gegliedert werden. |
| **Mischformen** | In der Praxis ist eine bestehende Aufbauorganisation meist das Ergebnis einer Aufgabenanalyse, bei der verschiedene Gliederungskriterien verwendet werden. |

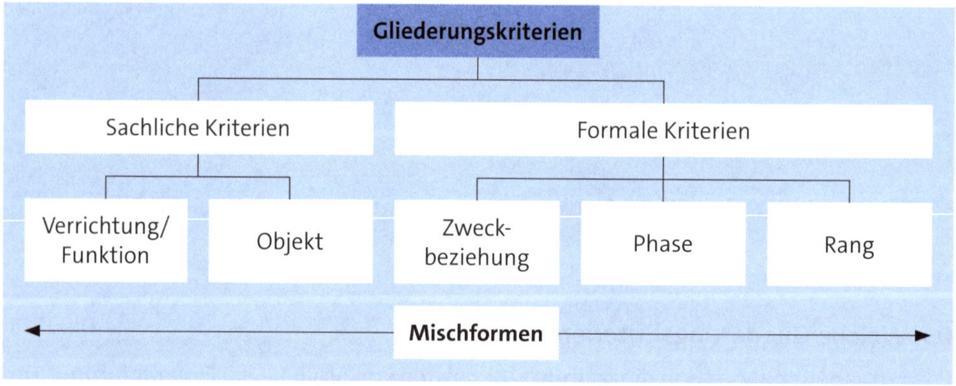


## 04. Wie erfolgt die Stellenbildung?

Eine **Stelle ist die kleinste betriebliche Orga-Einheit.** Die Anzahl der Teilaufgaben muss nicht notwendigerweise identisch mit der Anzahl der Stellen sein. Je nach Größe des Betriebes kann eine Teilaufgabe die Bildung mehrerer Stellen erfordern, oder mehrere Teilaufgaben werden in einer Stelle zusammengefasst.

Man unterscheidet zwischen:

- **Leitungsstellen** (= Anordnungsrechte und -pflichten)
- **Ausführungsstellen** (= keine Leitungsbefugnis).

## 05. Wie erfolgt die Bildung von Gruppen und Abteilungen?

Die in einem Betrieb gebildeten Stellen werden zu Bereichen zusammengefasst. In der Praxis ist die Zusammenfassung zu **Gruppen, Abteilungen, Hauptabteilungen, Ressorts** usw. üblich.

## 06. Welchen Inhalt hat eine Stellenbeschreibung? Welchen Zweck verfolgt sie?

Die Stellenbeschreibung (auch Aufgaben- oder Funktionsbeschreibung genannt) enthält die Hauptaufgaben der Stelle, die Eingliederung in das Unternehmen und i. d. R. die Befugnisse der Stelle. In der Praxis hat sich keine eindeutige Festlegung der inhaltlichen Punkte einer Stellenbeschreibung herausgebildet. Oft wird das Anforderungsprofil ebenfalls mit dargestellt. Üblich ist folgender Inhalt:

| | Stellenbeschreibung |
|---|---|
| I. | **Beschreibung der Aufgaben:**<br>1. Stellenbezeichnung<br>2. Unterstellung<br>An wen berichtet der Stelleninhaber?<br>3. Überstellung<br>Welche Personalverantwortung hat der Stelleninhaber?<br>4. Stellvertretung<br>► Wer vertritt den Stelleninhaber? (passive Stellvertretung)<br>► Wen muss der Stelleninhaber vertreten? (aktive Stellvertretung)<br>5. Ziel der Stelle<br>6. Hauptaufgaben und Kompetenzen<br>7. Einzelaufträge<br>8. Besondere Befugnisse |
| II. | **Anforderungsprofil:**<br><br>**Fachliche Anforderungen:**<br>► Ausbildung, Weiterbildung<br>► Berufspraxis<br>► Besondere Kenntnisse<br><br>**Persönliche Anforderungen:**<br>► Kommunikationsfähigkeit<br>► Führungsfähigkeit<br>► Analysefähigkeit |

Wichtig ist, dass die Stellenbeschreibung **sachbezogen, also vom Stelleninhaber unabhängig ist**, und darauf geachtet wird, dass sie wirklich nur die wichtigsten Zuständigkeiten nennt (Problem: Pflegeaufwand, Aktualisierung). Oft enthält die Stellenbeschreibung zusätzlich das Anforderungsprofil.

Stellenbeschreibungen werden als Instrument der Organisation sowie als personalpolitisches Instrument für vielfältige Zwecke eingesetzt, z. B.:

- Kompetenzabgrenzung
- Personalauswahl
- Personalentwicklung
- Organisationsentwicklung
- Stellenbewertung
- Lohnpolitik/Gehaltsfindung
- Mitarbeiterbeurteilung
- Feststellung des Leitenden-Status
- interne und externe Stellenausschreibung.

### 07. Welche Vor- und Nachteile können mit der Stellenbeschreibung verbunden sein?

Die unterschriebene Stellenbeschreibung kann fester Bestandteil des Arbeitsvertrages werden. Dies kann Vor- und Nachteile mit sich bringen:

| Stellenbeschreibung | |
|---|---|
| **Vorteile – Beispiele** | **Nachteile – Beispiele** |
| ► klar umrissener Handlungs- und Entscheidungsspielraum (Aufgaben, Kompetenzen, Verantwortlichkeiten)<br>► Vermeidung von Kompetenzkonflikten<br>► präzise Stellenausschreibung, Stellenbesetzung und Personalentwicklung<br>► leichtere Einarbeitung neuer Mitarbeiter (Stelleninhaber) | ► Fixierung (nur) auf beschriebene Tätigkeiten<br>► flexible Kooperationsformen werden erschwert<br>► hoher Zeit- und Organisationsaufwand<br>► Kosten der Einführung, regelmäßigen Überarbeitung und Aktualisierung<br>► Förderung von Überorganisation und Bereichsdenken (Bereichsegoismus) |

## 2.2.4 Aufgaben der Unternehmensplanung

### 01. Welche betriebliche Kernfunktion erfüllt die industrielle Produktion?

Die Produktion ist das Bindeglied zwischen den betrieblichen Funktionen Beschaffung und Absatz. Im Prozess der betrieblichen Leistungserstellung erfüllt sie die Funktion der Transformation: Der zu beschaffende Input wird transformiert in den am Markt anzubietenden Output:

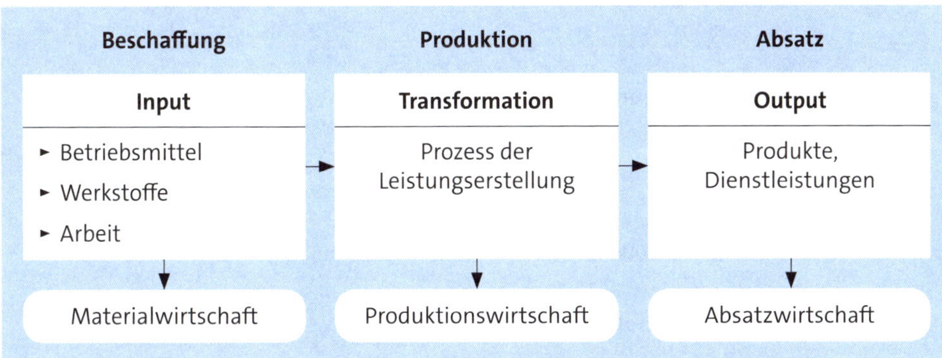


### 02. Welcher Unterschied besteht zwischen Produktion und Fertigung?

- **Produktion** umfasst **alle Arten** der betrieblichen Leistungserstellung. Produktion erstreckt sich somit auf die betriebliche Erstellung von **materiellen** (Sachgüter/Energie) und **immateriellen** Gütern (Dienstleistungen/Rechte).
- **Fertigung** meint nur die Seite der **industriellen** Leistungserstellung, d. h. der materiellen, absatzreifen Güter und Eigenerzeugnisse.

Der Unterschied zwischen diesen Begriffen muss hier vernachlässigt werden, da er im Rahmenplan ebenfalls keine Berücksichtigung findet.

## 03. Welche Hauptaufgaben bearbeitet die Produktionswirtschaft? Welche „Nebenaufgaben" muss sie dabei berücksichtigen? Wie lässt sich der Zusammenhang der einzelnen Planungsgrundlagen grafisch darstellen?

Die Hauptaufgaben der Produktionswirtschaft sind – entsprechend dem Management-Regelkreis:

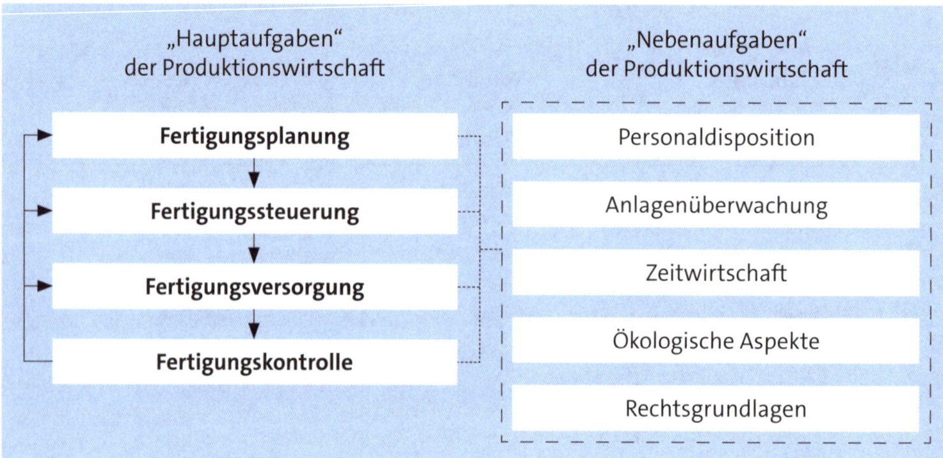


## 04. Wie ergibt sich der Produktionsplan (das Produktvolumen) im Rahmen der Unternehmens-Gesamtplanung?

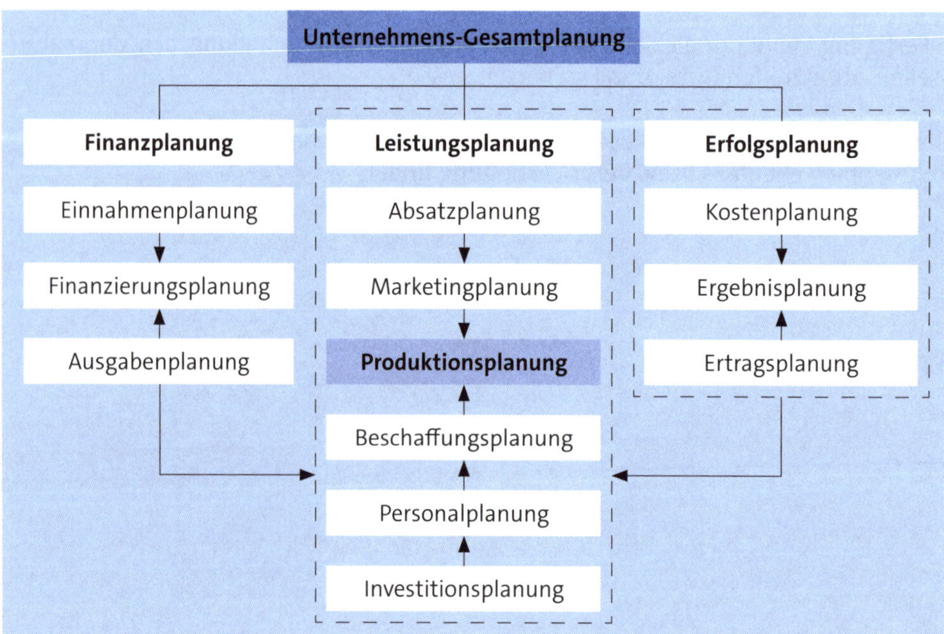

## 05. Welche Teilpläne sind innerhalb der Fertigungsplanung zu bearbeiten?

**Fertigungsplanung** ist die Gesamtheit der auf die Realisierung produktionswirtschaftlicher Ziele gerichteten Entscheidungen zur betrieblichen Leistungserstellung; sie wird i. d. R. in folgende Teilpläne gegliedert:

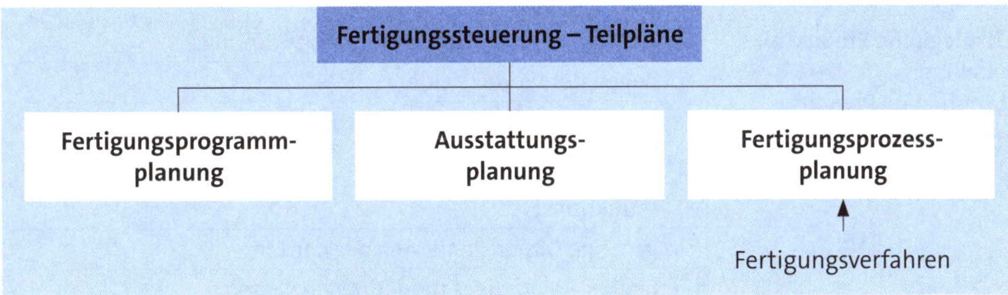


## 06. Mit welchen Fragestellungen und Entscheidungen muss sich die Fertigungsprogrammplanung beschäftigen?

Die Fertigungsprogrammplanung beschäftigt sich vor allem mit den Fragen:

- welche Erzeugnisse,
- in welchen Mengen,
- zu welchen Terminen,
- mit welchen Verfahren,
- bei welchen Kapazitäten,
- mit welchem Personal

sollen gefertigt werden?

Wichtige Merkmale der Fertigungsprogrammplanung sind:

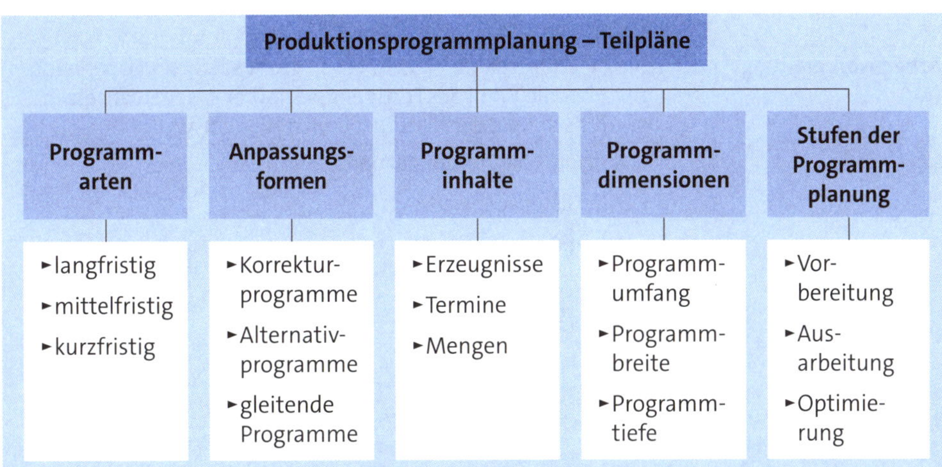

**07. Die Fertigungsprogrammplanung wird in langfristige, mittelfristige und kurzfristige Programmpläne aufgeteilt. Welchen Inhalt haben diese unterschiedlichen Teilpläne?**

| (Produktions-)Fertigungsplanung | |
|---|---|
| **Fristigkeit** | **Aufgaben/Inhalte** |
| **Strategische Produktionsplanung**<br>Langfristige Planung:<br>4 - 10 Jahre | Schafft den Rahmen für die operative Planung. |
| | Festlegen der Produktfelder (SGF) |
| | Generelle Strukturierung des Produktionssystems:<br>► Produktionsorganisation<br>► Produktionstyp |
| | Langfristige Dimensionierung der Kapazität |
| | Genereller Ablauf der Produktionsprozesse |
| **Mittelfristige (taktische) Programmplanung**<br>1 - 3 Jahre | ► Entwurf/Konstruktion des Produktes<br>► Eigen-/Fremdfertigung (Make-or-Buy-Analyse; MoB)<br>► Altersstruktur, Lebenszyklus |
| **Operative Produktionsplanung**<br>Kurzfristige Planung:<br>1 Monat - 1 Jahr | Setzt die strategische Produktionsplanung in konkrete Produktionsabläufe um. Dabei sollen die vorhandenen Leistungspotenziale (Betriebsmittel, Personal usw.) ausgeschöpft und angepasst werden. |
| | Festlegen der Mengen je Produkt:<br>► Losgrößenfestlegung<br>► Auslastung der Kapazitäten<br>► Fertigungsfolgen |
| | Bereitstellen der Produktionsfaktoren:<br>► RHB-Stoffe<br>► Betriebsmittel<br>► Personal |
| | Terminplanung |
| **Arbeitsvorbereitung (AV)** | Die AV entlastet die Werkstatt von grundsätzlichen Überlegungen über die Wahl des Fertigungsverfahrens, der einzusetzenden Maschinen, der Materialbereitstellung usw. |
| | ► Auftragsvorbereitung, -koordination<br>► Stücklistenvorbereitung<br>► Arbeitszeitermittlung<br>► Datenverwaltung<br>► Arbeitspläne |

## 08. Wie lässt sich der Werdegang eines Produktes beschreiben?

| | |
|---|---|
| **Produktforschung** | Entwicklung der Produktidee |
| **Produktentwicklung** | Befragung zukünftiger Nutzer |
| **Produktgestaltung** | Konstruktion, Name, Design, Verpackung gestalten |
| **Produkterprobung** | Erprobung des Produkts im Feld |
| **Produktionserprobung** | Ermittlung der Fähigkeitsindizes (Prozess-FMEA) |
| **Produktkontrolle** | Produkt-FMEA |

## 09. Was ist der Inhalt der Produktpolitik?

Die Produktpolitik hat die Aufgabe, **bestehende Produkte zu verbessern**, sei es im Hinblick auf die technischen Eigenschaften oder sei es im Hinblick auf die Erweiterung der Verwendungsmöglichkeiten. Ferner sollen **neue Produkte** entwickelt werden. Ein Unternehmen kann nur dann auf Dauer bestehen, wenn es rechtzeitig Produkte für morgen plant und Erzeugnisse entwickelt, die zukünftigen Anforderungen entsprechen.

## 10. Welche Produkteigenschaften bestimmen über den Verkaufserfolg?

Im Einzelnen können folgende Produkteigenschaften für den Verkaufserfolg entscheidend sein:

- Verfügbarkeit
- Qualität
- Service
- Image
- Preis
- Verpackung
- Marke
- Nutzen
- Erhältlichkeit
- Lebensdauer
- Form
- Umwelteigenschaften.

## 11. Welche Formen der Produktpolitik gibt es?

| | | |
|---|---|---|
| **1.** | **Produktinnovation** | Neuentwicklung und Einführung |
| | **1.1 Produktdifferenzierung** | Erweiterung innerhalb einer **bestehenden** Produktgruppe (mehrere Varianten einer Produktlinie) |
| | **1.2 Produktdiversifikation** | Erweiterung durch **neue** Produktlinie |
| | 1.2.1 horizontale Diversifikation | auf gleicher Wirtschaftsstufe medial (= neu, artverwandt) oder lateral (= neu, artfremd) |
| | 1.2.2 vertikale Diversifikation | auf vor- oder nachgelagerte Wirtschaftsstufe<br>→ Produktionsprogramm wird größer. |
| **2.** | **Produktvariation** | Veränderung/Verbesserung **bestehender** Produkte |
| **3.** | **Produktelimination** | Herausnahme von Produkten/Produktgruppen<br>→ Produktionsprogramm wird kleiner. |

## 12. Was ist eine Erzeugnisstruktur?

Nach DIN EN ISO 10209 ist die Erzeugnisstruktur die Gesamtheit der Beziehungen zwischen Gruppen und Teilen eines Erzeugnisses, die nach bestimmten Gesichtspunkten festgelegt sind.

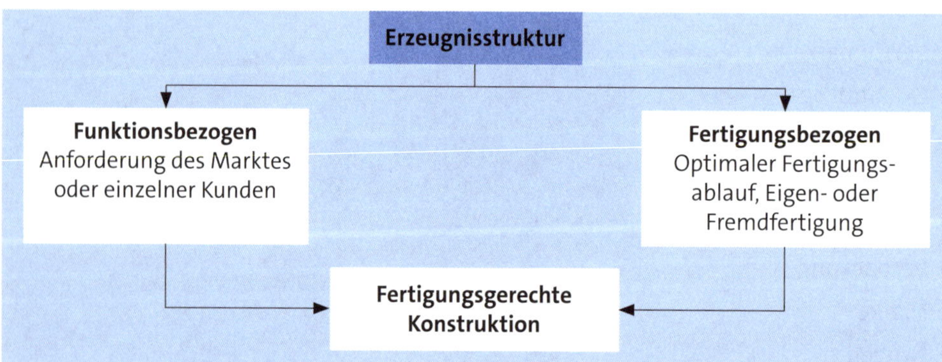


## 13. Wozu ist eine Erzeugnisgliederung erforderlich?

- **Wirtschaftlichkeit** der Montageprozesse
- **Verbesserung der Kalkulation** für ähnliche Erzeugnisse auf der Grundlage vorhandener, vergleichbarer Baugruppen
- Grundlage der Klassifizierung von Baugruppen zur **Erhöhung der Mehrfachverwendung**
- Verbesserung der **Terminplanung** hinsichtlich der Angebotstermine und der Durchlaufzeiten.

Durch das Aufgliedern von Erzeugnissen in Baugruppen, Einzelteile und Material ergeben sich verschiedene **Gliederungsebenen**. In Abhängigkeit der entsprechenden Bedingungen können die einzelnen Komponenten eines Erzeugnisses den unterschiedlichen Erzeugnisebenen zugeordnet werden.

## 14. Wie sieht eine typische Erzeugnisgliederung aus?

| | | |
|---|---|---|
| 0. Gliederungsebene | **Erzeugnis** | **Bsp.:** Handbohrmaschine |
| 1. Gliederungsebene | **Hauptbaugruppe** | **Bsp.:** Elektromotor |
| 2. Gliederungsebene | **Baugruppe** | **Bsp.:** Netzkabel |
| 3. Gliederungsebene | **Unterbaugruppe** | **Bsp.:** Schalter |
| 4. Gliederungsebene | **Einzelteil** | **Bsp.:** Aderendhülse |
| 5. Gliederungsebene | **Material** | **Bsp.:** Blech (Halbzeug) |

Die Anzahl der Gliederungsebenen sowie deren Bezeichnung und die Arten der Gliederung sind in den Unternehmen unterschiedlich.

## 15. Welche einheitlichen Definitionen beschreibt die DIN EN ISO 10209?

Die DIN EN ISO 10209 gibt folgende Definitionen:

| | |
|---|---|
| **Erzeugnis** | *„Ein Erzeugnis ist ein durch Fertigung entstandener gebrauchsfähiger bzw. verkaufsfähiger Gegenstand."* Synonym für Erzeugnis stehen auch die Begriffe Produkt, Ware, Gut u. a. Sie alle kennzeichnen materielle Güter sowie auch immaterielle Güter (Dienstleistungen). |
| **Gruppe** | *„Eine (Bau-)Gruppe ist ein aus zwei oder mehr Teilen oder Gruppen niedrigerer Ordnung bestehender Gegenstand."* Diese Gruppe kann sowohl montiert sein, als auch aus losen Teile bestehen, die z. B. in einen Beutel verpackt werden. |
| **Teil** | *„Ein (Einzel-)Teil ist ein Gegenstand, für dessen weitere Aufgliederung aus Sicht des Anwenders dieses Begriffes kein Bedürfnis entsteht."* Ein Einzelteil ist nicht zerstörungsfrei zerlegbar. |
| **Rohstoff** | *„Der Rohstoff ist das Ausgangsmaterial, aus dem ein Einzelteil erstellt wird."* Er wird unterteilt in Grundstoff, Rohmaterial und Halbzeug. Die DIN zählt auch Vorarbeits- und Umarbeitsteile sowie Rohteile zu den Rohstoffen. |
| **Grundstoff** | *„Der Grundstoff ist ein Material ohne definierte Form, das gefördert, abgebaut, angebaut oder gezüchtet wird und als Ausgangssubstanz für Rohmaterial dient."* |
| **Rohmaterial** | *„Das Rohmaterial ist ein aufbereiteter Grundstoff in geformtem Zustand, der zur Weiterbearbeitung oder als Ausgangssubstanz für Hilfs- und Betriebsstoffe dient."* |
| **Halbzeug** | *„Halbzeug ist der Sammelbegriff für Gegenstände mit bestimmter Form, bei denen mindestens noch ein Maß unbestimmt ist."* Es wird insbesondere durch erste, technologische Bearbeitungsstufen wie Walzen, Pressen, Schmieden, Weben usw. hergestellt. Beispiele: Stangenmaterial, Bleche, Seile, Tuche. |

| | |
|---|---|
| **Rohteil** | *„Ein Rohteil ist ein zur Herstellung eines bestimmten Gegenstandes spanlos gefertigtes Teil, das noch einer Bearbeitung bedarf."* Beispiele: Guss- und Pressteile, Schmiederohlinge. |
| **Vorarbeitsteil** | *„Ein vorgearbeitetes Teil ist ein Gegenstand, der aus fertigungstechnischen Gründen in einem definierten Zwischenzustand vorliegt."* |
| **Umarbeitsteil** | *„Ein Umarbeitsteil ist ein Gegenstand, der aus einem Fertigteil durch weitere Bearbeitung entsteht."* |
| **Wiederholteil** | *„Ein Wiederholteil ist ein Gegenstand, der in verschiedenen Gruppen verwendet wird."* Diese Teile haben eine sog. **Mehrfachverwendung.** In diesem Zusammenhang kann man bei Gruppen mit Mehrfachverwendung von **Wiederhol(bau)gruppen** sprechen. |
| **Variante** | *„Varianten sind Gegenstände ähnlicher Form oder Funktion mit einem i. d. R. hohen Anteil identischer Gruppen oder Teile."* Sie stellen Ausführungsunterschiede eines Erzeugnisses dar, die aus konstruktiven Unterschieden in den untergeordneten Gliederungsebenen resultieren. Es werden **Muss-**Varianten (veränderte Basisversionen) und **Kann-**Varianten (erweiterbare Basisversionen) unterschieden. |

## 16. Was ist innerhalb der Erzeugnisgliederung unter einem logischen Ordnungssystem zu verstehen?

Es handelt sich hier um ein Zuordnungssystem, welches unter dem Begriff **Zeichnungsnummernsystem** bekannt ist.

- **Ziele:**
  - **eindeutige** Identifizierung der Teile, Baugruppen, Erzeugnisse und Varianten über ein (alpha)numerisches Nummernsystem
  - einfache Zuordnung zu Baugruppen höherer Ordnung bzw. zum Erzeugnis durch den logischen Aufbau des Systems
  - Schaffung eines **durchgängigen** Ordnungssystems, von der Entwicklung über den Einkauf und die Fertigung bis zum Versand
  - einfache Ablage, Verwaltung und Recherche der zugehörigen Dokumentationen (Zeichnungen, Arbeitspläne u. Ä.).
- Der **Aufbau** eines Zeichnungsnummernsystems ist unternehmensbezogen unterschiedlich. Auch die Bezeichnung unterscheidet sich dementsprechend. Andere Begriffe für **Zeichnungsnummer** sind beispielsweise:
  - Artikelnummer
  - Identifikationsnummer
  - Identnummer
  - **Teilenummer** und **Sachnummer** (beide auch für Baugruppen).

**Beispiel**

**Zeichnungsnummernaufbau „Handbohrmaschine Version 12"**

| | | | |
|---|---|---|---|
| Ebene 0 | **Erzeugnis** | Handbohrmaschine | Z. Nr. ***12***.00.00.00.00-00 |
| Ebene 1 | **Hauptbaugruppe** | Elektromotor | Z. Nr. 12.***01***.00.00.00-00 |
| Ebene 2 | **Baugruppe** | Netzkabel | Z. Nr. 12.02.***02***.00.00-00 |
| Ebene 3 | **Unterbaugruppe** | Schalter | Z. Nr. 12.02.01.***03***.00-00 |
| Ebene 5 | **Einzelteil** | Aderendhülse | Z. Nr. 12.02.02.01.***04***-00 |

↑ Änderungskennzeichen

Ein völlig **ungeeignetes System** in diesem Sinne **ist die Vergabe von fortlaufenden Zählnummern**, die beim Anlegen eines Teiles, einer Baugruppe oder eines Erzeugnisses im Konstruktions- oder PPMS-System automatisch vergeben werden. Eine strukturelle Zuordnung ist in keinem Fall erkennbar und möglich.

**Beispiel**

| | | |
|---|---|---|
| Handbohrmaschine | Sachnummer | 625897-01 |
| Netzkabel | Sachnummer | 398524-00 |
| Aderendhülse | Sachnummer | 469870-08 |

Sollte eine strukturelle Ablage der **Konstruktionsunterlagen** erforderlich werden, wäre ein **zusätzliches** logisches System nach o. g. Beispiel erforderlich.

### 17. Was ist der Inhalt technischer Zeichnungen?

In technischen Zeichnungen wird das Erzeugnis nach DIN-Zeichnungsnormen oder anderen Symbolen unter Angabe von Maßen, Toleranzen, der Oberflächengüte und -behandlung, der Werkstoffe und Werkstoffbehandlungen **grafisch** dargestellt.

### 18. Welche Arten von technischen Zeichnungen werden unterschieden?

- **Zusammenstellungszeichnungen** zeigen die Größenverhältnisse, die Lage und das Zusammenwirken der verschiedenen Teile.
- **Gruppenzeichnungen** zeigen die verschiedenen Teilkomplexe auf.
- **Einzelteilzeichnungen** enthalten die vollständigen und genauen Angaben für die Fertigung des einzelnen Erzeugnisses.

## 19. Was ist eine Stückliste?

Die technische Zeichnung ist für die kaufmännischen Abteilungen wie Einkauf, Materialwirtschaft, Kostenrechnung keine ausreichende Grundlage. Sie wird daher durch die Stückliste ergänzt.

**Die Stückliste ist die Aufstellung der benötigten Werkstoffe** eines Erzeugnisses oder Erzeugnisteiles auf der Grundlage der Zeichnungen. Sie gibt **in tabellarischer Form** einen vollständigen **Überblick** über **alle Teile** unter Angabe der Zeichnungs- oder DIN-Nummer, des Werkstoffes sowie der Häufigkeit des Vorkommens in einem Erzeugnis. Die Stückliste ist i. d. R. nach dem Aufbau des Erzeugnisses, d. h. nach technischen Funktionen, gegliedert. Die Grundform einer Stückliste enthält drei Bestandteile:

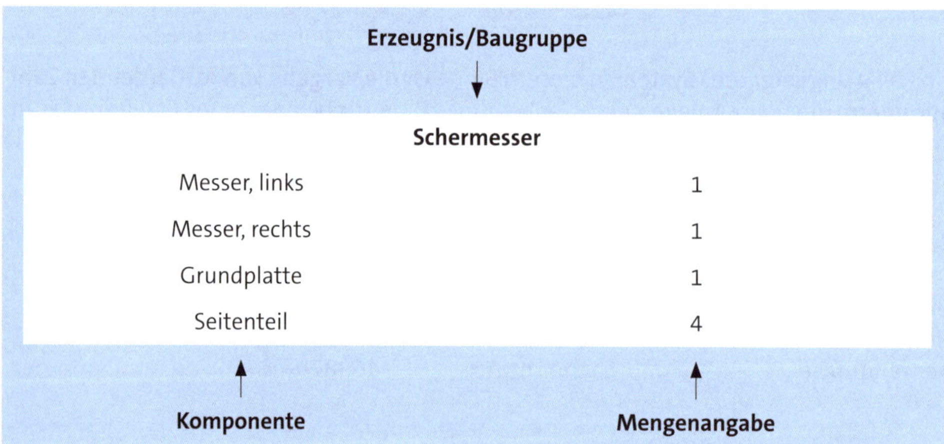


## 20. Welche Arten von Stücklisten werden unterschieden?

- **Stücklisten** (1)

  Im Hinblick auf den **Aufbau** unterscheidet man:

  - **Baukastenstückliste**
    Sie ist in der Zusammenstellungszeichnung enthalten und zeigt, aus welchen Teilen sich ein Erzeugnis zusammensetzt. Die Mengenangaben beziehen sich auf eine Einheit des zusammengesetzten Produkts.
  - **Strukturstücklisten**
    geben Aufschluss über den Produktionsaufbau und zeigen, auf welcher Produktionsstufe das jeweilige Teil innerhalb des Produkts vorkommt.
  - **Mengenstücklisten**
    In ihr sind alle Teile aufgelistet, aus denen ein Produkt besteht und zwar mit der Menge, mit der sie jeweils insgesamt in eine Einheit eines Erzeugnisses eingehen.
  - **Variantenstücklisten**
    werden eingesetzt, um geringfügig unterschiedliche Produkte in wirtschaftlicher Form aufzulisten (als: Baukasten-, Struktur- oder Mengenstückliste).

- **Stücklisten** (2)

  Im Hinblick auf die **Anwendung** im Betrieb unterscheidet man:

  - **Konstruktionsstückliste**
    Sie gibt Aufschluss über alle zu einem Erzeugnis gehörenden Gegenstände.
  - **Fertigungsstückliste**
    Sie zeigt, welche Erzeugnisse im eigenen Betrieb gefertigt werden müssen und welche von Zulieferern beschafft werden müssen.
  - **Einkaufsstücklisten**
    zeigen, welche Teile die Beschaffungsabteilung einkaufen muss.
  - **Terminstückliste**
    Sie zeigt, zu welchem Termin bestimmte Gegenstände beschafft werden müssen.

## 21. Welchen Inhalt haben Teilebereitstellungsliste und Teileverwendungsnachweis?

- **Teilebereitstellungsliste** regelt Ort, Menge und Reihefolge der Teilebereitstellung.
- **Teileverwendungsnachweis** gibt Auskunft darüber, in welchem Erzeugnis ein bestimmtes Teil vorkommt.

## 22. Welche Aufgaben hat die Produktionssteuerung?

Die Produktionssteuerung (auch: Fertigungssteuerung) hat operativen Charakter. **Sie ist der Übergang von der Produktionsplanung zur Produktionsdurchführung.** Im Gegensatz zur Planung befasst sich die Steuerung unmittelbar mit der Vorbereitung, Lenkung und Überwachung der Produktionsdurchführung.

Die Produktionssteuerung ist vom Charakter her ein geschlossener Regelkreis, der die Elemente Produktionsplanung (das **Soll**) mit der Produktionsdurchführung (das Ist) im Wege der Produktionskontrolle (der **Soll-Ist-Vergleich**) miteinander verbindet. Immer dann, wenn die Produktionsdurchführung vom Plan abweicht (Termine, Qualitäten, Mengen usw.) – wenn also Störungen im Prozess erkennbar sind – müssen über Korrekturmaßnahmen die Störungen beseitigt und (möglichst) zukünftig vermieden werden; mitunter kommt es aufgrund von Soll-Ist-Abweichungen auch zu Änderungen in der (ursprünglichen) Planung:

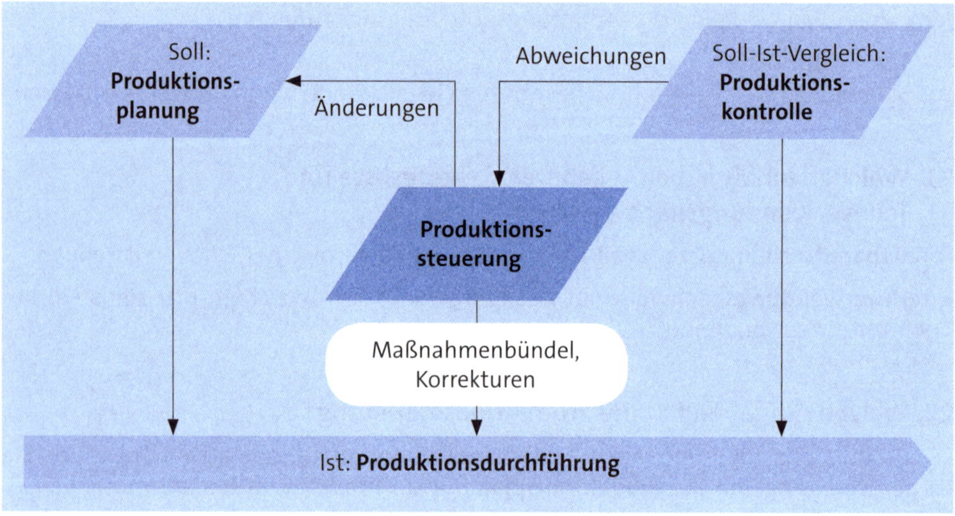


## 23. Welche Ziele hat die Produktionssteuerung?

Die **Ziele der Produktionssteuerung** leiten sich aus den Unternehmenszielen ab und sind auf ihre Vereinbarkeit mit diesen zu gestalten:

- **Minimierung** der Rüstkosten und der Durchlaufzeiten
- **Maximierung** der Materialausnutzung des Nutzungsgrades der Betriebsmittel
- **Optimierung** der Lagerbestände und der Nutzung vorhandener Fertigungskapazitäten
- **Einhaltung** der Termin- und Qualitätsvorgaben
- **Humanisierung** der Arbeit
- **Gewährleistung** der Sicherheit am Arbeitsplatz
- **Ergonomie** der Fertigung.

Die optimale Realisierung dieser Ziele verschafft Wettbewerbsvorteile am Absatzmarkt und gehört daher zu den **Erfolgsfaktoren der industriellen Fertigung**.

### 24. Welche Zielkonflikte können innerhalb des Zielbündels der Produktionssteuerung bestehen?

Die Ziele der Produktionssteuerung sind nicht immer indifferent oder komplementär; zum Teil gibt es konkurrierende Beziehungen (**Zielkonflikte**), z. B.:

| **Zielkonflikte** | | |
|---|---|---|
| kurze Durchlaufzeiten | ↔ | kontinuierliche Auslastung der Kapazitäten |
| kontinuierliche Kapazitätsauslastung | ↔ | Einhaltung der Termine |
| optimale Lagerbestandsführung | ↔ | hohe Lieferbereitschaft |
| Minimierung der Fertigungskosten | ↔ | Ergonomie der Fertigung |

## 2.2.5 Grundlagen der Ablaufplanung

### 01. Was ist das Ziel der Fertigungsablaufplanung?

Das Ziel der Fertigungsablaufplanung die **Minimierung der Fertigungskosten** durch:

- Bestmögliches Zusammenwirken von Mensch, Betriebsmitteln und Werkstoffen
- wirtschaftlichster Betriebsmittel-Einsatz
- Wahl bestgeeigneter Fertigungsverfahren
- Wahl geringster Fertigungs-Durchlaufzeiten
- Problemlosigkeit der Arbeitsdurchführung.

### 02. Wie unterscheiden sich strategische und operative Fertigungsablaufplanung?

- Gegenstand der **strategischen Fertigungsablaufplanung**
  ist die Wahl geeigneter Fertigungsverfahren und die Planung zur Bereitstellung der benötigten Produktionsmittel.
- Gegenstand der **operativen Fertigungsablaufplanung**
  ist die konkrete, kurzfristige und auf einen Werkauftrag bezogene Planung und Steuerung der Arbeitsabläufe, Arbeitsinhalte, der Transporte und des Belegwesens. Für die kurzfristige Fertigungsablaufplanung verwendet man in der Praxis den Begriff „Arbeitsplan".

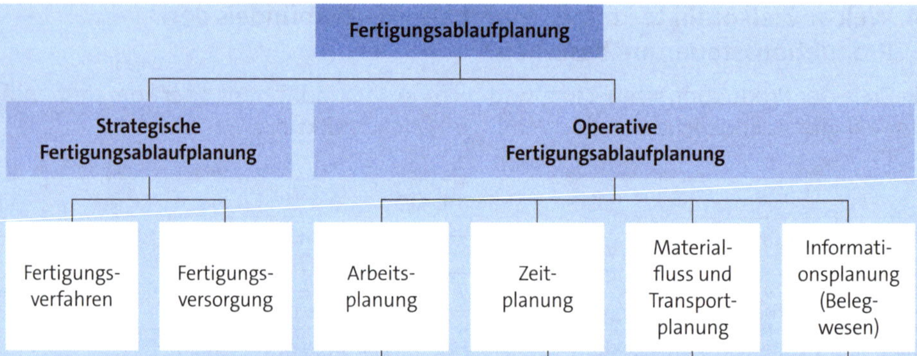


| | Arbeitsplanung | Zeitplanung | Materialfluss-, Transport- und Informationsplanung |
|---|---|---|---|
| **Grundlagen:** | ▸ Zeichnungen<br>▸ Stücklisten<br>▸ Ausstattung<br>▸ geplante Menge | ▸ Arbeitspläne<br>▸ Arbeitsfolgepläne | ▸ Arbeitspläne<br>▸ Arbeitsfolgepläne<br>▸ Maschinenbelegungspläne |
| **Aufgaben:** | Ermitteln von<br>▸ Kostenstellen<br>▸ Arbeitsvorgängen<br>▸ Betriebsmitteln<br>▸ Lohngruppen<br>▸ Rüst-/Stückzeiten | Ermitteln des Zeitbedarfs für alle Vorgänge – insbesondere:<br>▸ Entwicklungszeit<br>▸ Konstruktionszeit<br>▸ Durchlaufzeit<br>▸ Montagezeit | Beachten der Gestaltungsfaktoren – insbesondere:<br>▸ Fertigungsverfahren<br>▸ Eigenschaften und Beschaffenheit der Fördergüter<br>▸ vorhandene Fördermittel |
| **Dokumente, z. B.:** | ▸ Arbeitspläne<br>▸ Arbeitsfolgepläne | ▸ Fristenpläne<br>▸ Listen | ▸ Materialflussbogen<br>▸ Layoutzeichnungen |
| **Erforderlich für:** | ▸ Materialbereitstellung<br>▸ Lieferzeitermittlung<br>▸ Wahl des innerbetrieblichen Transportweges<br>▸ Angebotskalkulation<br>▸ Personalplanung<br>▸ Arbeitsbegleitpapiere | ▸ Terminplanung | Verbesserung der<br>▸ Ergonomie<br>▸ Wirtschaftlichkeit |

## 03. Welche Fragen müssen im Rahmen der Arbeitsplanung beantwortet werden?

Die Arbeitsplanung legt kurzfristig und konkret für jedes Teil, Halbfabrikat und Enderzeugnis fest,

- in welcher Weise? → Arbeitsgänge
- in welcher Reihenfolge? → Arbeitsablauf (Arbeitsfolgeplanung)
- auf welchen Maschinen? → Arbeitsplätze
- mit welchen Hilfsmitteln? → Werkzeuge/Vorrichtungen
- in welcher Zeit? → Bearbeitungszeit (Durchlaufzeit)

gefertigt werden soll.

## 04. Welche Konzepte der verfahrensorientierten Rationalisierung sind einsetzbar?

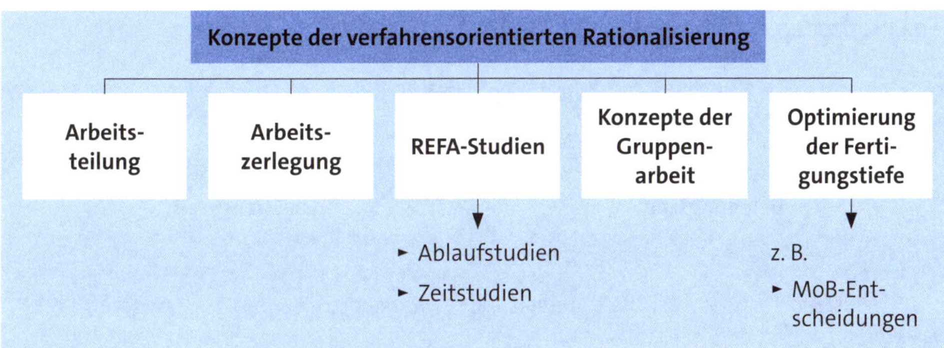


| Arbeitsteilung und Arbeitszerlegung (1) | |
|---|---|
| **Arbeitsteilung** (Mengenteilung) | Bei der Arbeitsteilung wird der zu erledigende (gleiche) Arbeitsgang auf mehrere Mitarbeiter verteilt, weil er die Leistungsfähigkeit einer Person übersteigt. Jeder Mitarbeiter verrichtet die gleiche Arbeit. |
| | Beispiel: Drei Mitarbeiter beschaffen Montageteile für zehn Montagestraßen. |
| **Arbeitszerlegung** (Artteilung) | Bei der Arbeitszerlegung wird die zu erledigende Gesamtaufgabe zerlegt in unterschiedliche Teilaufgaben; jeder Mitarbeiter erledigt eine bestimmte (unterschiedliche) Teilaufgabe. |
| | Beispiel: Gesamtaufgabe = Montage eines Rasenmähers, bestehend aus 12 Teilen;<br>Teilaufgabe 1 = Montieren der Räder an die Bodenplatte;<br>Teilaufgabe 2 = Montage des Motors usw. |

| Arbeitsteilung und Arbeitszerlegung (2) | |
|---|---|
| **Vorteile**, z. B.: | ► Geschwindigkeit (Spezialisierung der Verrichtung) aufgrund stets gleicher Tätigkeit (Zeitersparnis)<br>► Kostenreduktion: Einsatz ungelernter und angelernter Arbeiter |
| **Nachteile**, z. B.: | ► Monotonie der Arbeit<br>► sinkende Motivation<br>► einseitige Beanspruchung der Muskulatur<br>► Sinnentleerung |

## 05. Aus welchen Elementen setzt sich die Durchlaufzeit zusammen?

**Die Durchlaufzeit ist die Zeitdauer, die sich bei der Produktion eines Gutes zwischen Beginn und Auslieferung eines Auftrages ergibt.**

Für einen betrieblichen Fertigungsauftrag setzt sich also die Durchlaufzeit aus folgenden Einzelzeiten zusammen:

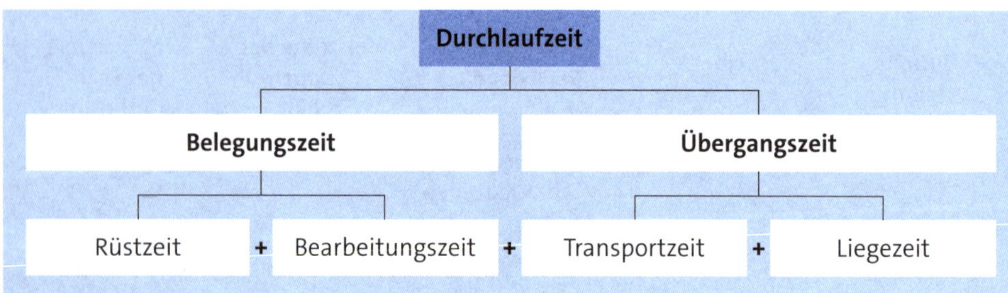


Der Durchlaufzeitfaktor ist das Verhältnis der Durchlaufzeit zur Durchführungszeit (= Belegungszeit):

$$\text{Durchlaufzeitfaktor} = \frac{\text{Durchlaufzeit}}{\text{Durchführungszeit (= Belegungszeit)}}$$

z. B.

$$= \frac{400\ \text{min}}{100\ \text{min}} = 4$$

d. h. also, die Belegungszeit beträgt hier ein Viertel der gesamten Durchlaufzeit. Die restliche Zeit (= 3/4) entfällt auf Übergangszeiten wie Transport- und Liegezeiten.

- Die **Rüstzeit** ist das Vor- und Nachbereiten einer Maschine oder eines Arbeitsplatzes; z. B. Einspannen des Bohrers in das Bohrfutter, Demontage des Bohrfutters, Ablage des Bohrers.
- Die **Bearbeitungszeit** ergibt sich aus der Multiplikation von Auftragsmenge mal Stückzeit mal Leistungsgrad.

Bearbeitungszeit = Auftragsmenge • Stückzeit • Leistungsgrad

- Die **Transportzeit** ist der Zeitbedarf für die Ortsveränderung des Werkstücks. Es gilt:

Transportzeit = Förderzeit + Transportwartezeit

- Die **Liegezeit** ergibt sich aus den Puffern, die daraus resultieren, dass ein Auftrag nicht sofort begonnen wird bzw. transportiert wird. Ursachen dafür sind:
  - nicht alle Einzelvorgänge können exakt geplant werden
  - es gibt kurzzeitige Störungen
  - es gibt notwendige (geplante) Puffer zwischen einzelnen Arbeitsvorgängen (sog. Arbeitspuffer).

## 06. Wie ist die Auftragszeit nach REFA gegliedert?

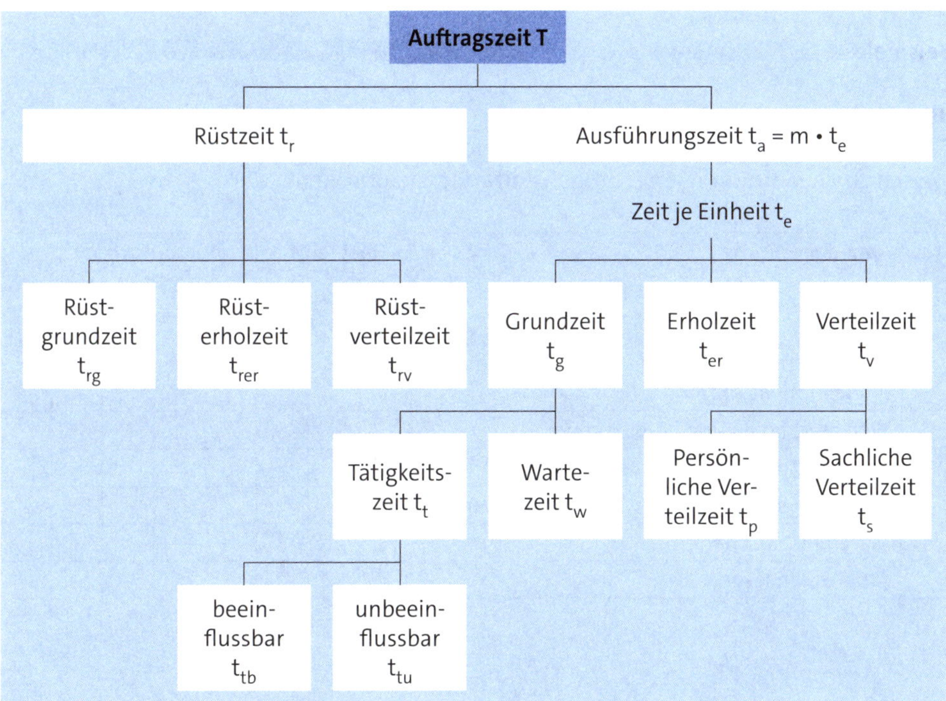

Dabei gelten folgende **Definitionen und Begriffe nach REFA** (REFA: Verband für Arbeitsstudien und Betriebsorganisation e. V.):

**Menge m** Anzahl der zu fertigenden Einheiten (Losgröße des Auftrags)

**Zeit je Einheit $t_e$** Stückzeit (wird meist gebildet aus der Grundzeit $t_g$ und prozentualen Zuschlägen für $t_{er}$ und $t_v$ bezogen auf $t_g$)

**Rüstzeit $t_r$** Ist die Zeit, während das Betriebsmittel gerüstet (vorbereitet) wird, z. B. Arbeitsplatz einrichten, Maschine einstellen, Werkzeuge bereitstellen und Herstellen des ursprünglichen Zustandes nach Auftragsausführung; i. d. R. einmalig je Auftrag.

**Grundzeit $t_g$** Ist die Zeit, die zum Ausführen einer Mengeneinheit durch den Menschen erforderlich ist, z. B. Rohling einlegen, Maschine einschalten, Rohling bearbeiten usw.

**Erholzeit $t_{er}$** Ist die Zeit, die für das Erholen des Menschen erforderlich ist, z. B. planmäßige Pausen.

**Verteilzeit $t_v$** Ist die Zeit, die zusätzlich zur planmäßigen Ausführung erforderlich ist:

- sachliche Verteilzeit: zusätzliche Tätigkeit, störungsbedingtes Unterbrechen; z. B. unvorhergesehene Störung an der Maschine.
- persönliche Verteilzeit: persönlich bedingtes Unterbrechen; z. B. Übelkeit, Erschöpfung

## Beispiele

### Beispiel 1

Bei der Durchführung eines Auftrags fallen folgende Ablaufabschnitte an; sie sind sachlogisch zu gliedern und den richtigen Zeitarten zuzuordnen:

| Nr. | Ablaufabschnitte | Rüstzeit $t_r$ | | | Ausführungszeit $t_e$ | | | | |
|---|---|---|---|---|---|---|---|---|---|
| | | $t_{rg}$ | $t_{rv}$ | $t_{rer}$ | $t_g$ | | $t_{er}$ | $t_v$ | |
| | | | | | $t_t$ | $t_w$ | | $t_p$ | $t_s$ |
| | 1 min ausruhen – nach Fehlerbehebung an der Justiereinrichtung | | | | | | | | |
| | Werkzeug holen und bereitlegen | | | | | | | | |
| | Bohren ohne Überwachung | | | | | | | | |
| | Justiereinrichtung klemmt; Fehler beheben | | | | | | | | |
| | Maschine einschalten | | | | | | | | |
| | Arbeitsplan lesen | | | | | | | | |

| Nr. | Ablaufabschnitte | Rüstzeit $t_r$ | | | Ausführungszeit $t_e$ | | | | |
|---|---|---|---|---|---|---|---|---|---|
| | | $t_{rg}$ | $t_{rv}$ | $t_{rer}$ | $t_g$ | | $t_{er}$ | $t_v$ | |
| | | | | | $t_t$ | $t_w$ | | $t_p$ | $t_s$ |
| | Werkzeug einspannen | | | | | | | | |
| | 1. Werkstück aufnehmen und spannen | | | | | | | | |
| | Maschine nachjustieren | | | | | | | | |
| | Bohrvorgang und Überwachung des Bohrvorgangs | | | | | | | | |
| | Maschine einrichten | | | | | | | | |
| | Vor der 2. Werkstückbearbeitung zur Toilette gehen | | | | | | | | |
| | Nach Bearbeitung der Werkstücke Arbeitskarte ausfüllen und abzeichnen | | | | | | | | |
| | Nachjustierung erfolglos; neues Werkzeug holen und einspannen | | | | | | | | |
| | 1. Werkstück ablegen | | | | | | | | |
| | 9:15 Planmäßige Pause, 15 min | | | | | | | | |
| | Werkzeug ausspannen und ablegen | | | | | | | | |
| | 1. Werkstück abspannen | | | | | | | | |
| | 2. Werkstück aufnehmen und spannen | | | | | | | | |
| | Von der Toilette zurück kommen | | | | | | | | |
| | 1. Werkstück prüfen | | | | | | | | |

Lösung:

| Nr. | Ablaufabschnitte | Rüstzeit $t_r$ | | | Ausführungszeit $t_e$ | | | | |
|---|---|---|---|---|---|---|---|---|---|
| | | $t_{rg}$ | $t_{rv}$ | $t_{rer}$ | $t_g$ | | $t_{er}$ | $t_v$ | |
| | | | | | $t_t$ | $t_w$ | | $t_p$ | $t_s$ |
| 1 | Arbeitsplan lesen | • | | | | | | | |
| 2 | Werkzeug holen und bereitlegen | • | | | | | | | |
| 3 | Maschine einrichten | • | | | | | | | |
| 4 | Justiereinrichtung klemmt; Fehler beheben | | • | | | | | | |
| 5 | 1 min ausruhen – nach Fehlerbehebung an der Justiereinrichtung | | • | | | | | | |
| 6 | Werkzeug einspannen | • | | | | | | | |
| 7 | 1. Werkstück aufnahmen und spannen | | | | • | | | | |
| 8 | Maschine einschalten | | | | • | | | | |

| Nr. | Ablaufabschnitte | Rüstzeit $t_r$ | | | Ausführungszeit $t_e$ | | | | |
|---|---|---|---|---|---|---|---|---|---|
| | | $t_{rg}$ | $t_{rv}$ | $t_{rer}$ | $t_g$ | | $t_{er}$ | $t_v$ | |
| | | | | | $t_t$ | $t_w$ | | $t_p$ | $t_s$ |
| 9 | Bohrvorgang und Überwachung des Bohrvorgangs | | | | • | | | | |
| 10 | Bohren ohne Überwachung | | | | | • | | | |
| 11 | 1. Werkstück abspannen | | | | • | | | | |
| 12 | 1. Werkstück prüfen | | | | • | | | | |
| 13 | 1. Werkstücke ablegen | | | | • | | | | |
| 14 | Maschine nachjustieren | • | | | | | | | |
| 15 | Nachjustierung erfolglos; neues Werkzeug holen und einspannen | | • | | | | | | |
| 16 | Vor der 2. Werkstückbearbeitung zur Toilette gehen | | | | | | | • | |
| 17 | Von der Toilette zurück kommen | | | | | | | • | |
| 18 | 2. Werkstück aufnehmen und spannen | | | | • | | | | |
| ... | ... | | | | | | | | |
| ... | 9:15 Planmäßige Pause, 15 min | | | | | | • | | |
| ... | Nach Bearbeitung der Werkstücke Arbeitskarte ausfüllen und abzeichnen | • | | | | | | | |
| ... | Werkzeug ausspannen und ablegen | • | | | | | | | |

**Beispiel 2**

Zu ermitteln ist die Auftragszeit T für den Auftrag „Drehen von 20 Anlasserritzeln" nach folgenden Angaben:

| Lfd. Nr. | Vorgangsstufen | Sollzeit in min |
|---|---|---|
| 1 | Zeichnung lesen | 4,0 |
| 2 | Werkzeugstahl einspannen | 1,5 |
| 3 | Maschine einrichten | 2,0 |
| 4 | Rohling einspannen | 0,5 |
| 5 | Maschine einschalten | 0,2 |
| 6 | Ritzel drehen | 4,5 |
| 7 | Maschine ausschalten | 0,2 |
| 8 | Ritzel ausspannen und ablegen | 0,4 |
| 9 | Werkzeugstahl ausspannen und ablegen | 0,5 |
| 10 | Maschine endreinigen | 3,0 |
| Verteilzeitzuschlag für Rüsten: 20 % | | |
| Verteilzeitzuschlag für Ausführungszeit: 10 % | | |

Lösung:

| **Vorgangsstufen** | | **Sollzeit in min** | **Rüstzeit** | | | **Ausführungszeit** | | |
|---|---|---|---|---|---|---|---|---|
| | | | $t_{rg}$ | $t_{rv}$ | $t_{rer}$ | $t_g$ | $t_v$ | $t_{er}$ |
| 1 | Zeichnung lesen | 4,0 | 4,0 | | | | | |
| 2 | Werkzeugstahl einspannen | 1,5 | 1,5 | | | | | |
| 3 | Maschine einrichten | 2,0 | 2,0 | | | | | |
| 4 | Rohling einspannen | 0,5 | | | | 0,5 | | |
| 5 | Maschine einschalten | 0,2 | | | | 0,2 | | |
| 6 | Ritzel drehen | 4,5 | | | | 4,5 | | |
| 7 | Maschine ausschalten | 0,2 | | | | 0,2 | | |
| 8 | Ritzel ausspannen und ablegen | 0,4 | | | | 0,4 | | |
| 9 | Werkzeugstahl ausspannen und ablegen | 0,5 | 0,5 | | | | | |
| 10 | Maschine endreinigen | 3,0 | 3,0 | | | | | |
| Summe $t_{rg}$ bzw. $t_g$ | | | 11,0 | | | 5,8 | | |
| Verteilzeitzuschlag: 20 % bzw. 10 % | | | | 2,2 | | | 0,58 | |
| Summe $t_r$ bzw. $t_e$ | | | | 13,2 | | | 6,38 | |
| $T = t_r + t_a = t_r + 20 \cdot t_e = 13{,}2\text{ min} + 20 \cdot 6{,}38\text{ min} = 140{,}8\text{ min}$ | | | | | | | | |

**Beispiel 3**

Zu berechnen ist die Auftragszeit T nach folgenden Angaben:

| | |
|---|---|
| Anzahl der zu fertigenden Einheiten | 100 E |
| Einspannen des Rohlings | 0,20 min/E |
| Maschinenlaufzeit | 1,50 min/E |
| Erholzeit | 5 % |
| Verteilzeit | 15 % |
| Rüstzeit | 20 min |

Lösung:

$$
\begin{aligned}
T &= t_r + m \cdot t_e \\
&= t_r + m\,(t_g + t_{er} + t_v) \\
&= t_r + m\,(t_{g1} + t_{g2} + t_{er} + t_v)
\end{aligned}
$$

mit: $t_{g1}$ Rohling einspannen  $t_{g2}$ Maschinenlaufzeit

$= 20\text{ min} + 100\,(1{,}7 + 0{,}05 \cdot 1{,}7 + 0{,}15 \cdot 1{,}7)$

$= 224\text{ min}/100\text{ E}$

## 07. Nach welchen Merkmalen werden Fertigungsverfahren unterschieden?

**Fertigungsverfahren – Überblick**

nach der **Fertigungstechnik**
- Handarbeit
- Mechanisierung
- Automation

hinsichtlich der **Fertigungstypen**
- Einzelfertigung
- Mehrfachfertigung
- Serienfertigung
- Sortenfertigung
- Massenfertigung

hinsichtlich der **Fertigungsorganisation**
- Werkstattfertigung
- Fließfertigung
  - Reihenfertigung
  - Fließbandfertigung
- Gruppenfertigung
  - Fertigungsinseln
  - Boxenfertigung
  - Sternfertigung
  - Bearbeitungszeiten
  - flexible Fertigungszellen
  - teilautonome Gruppen
- Baustellenfertigung

nach **DIN 8580**
- Urformen
- Umformen
- Trennen
- Fügen
- Beschichten
- Stoffeigenschaft ändern

| Fertigungstechnik | |
|---|---|
| **Handarbeit** | Bei der reinen Handarbeit werden keine Werkzeuge eingesetzt; in der industriellen Fertigung kaum vorhanden. |
| **Mechanisierung** | Einsatz menschlicher Arbeitskraft in Verbindung mit Maschinen. |
| **Automation** | Es erfolgt eine selbsttätige Steuerung von Arbeitsvorgängen. Man unterscheidet zwischen<br>► **vollautomatischer** Fertigung, bei der menschliches Eingreifen nur noch zur Überwachung notwendig ist und<br>► **halbautomatischer** Fertigung, bei der sich die menschliche Tätigkeit auf Ein- und Ausspannen sowie das wieder in Gang bringen des Automaten erstreckt, während die Arbeit selbst automatisch erfolgt. |

## 08. Welche charakteristischen Merkmale haben die einzelnen Formen der Fertigungsorganisation (Detaildarstellung)?

1. Bei der **Werkstattfertigung** (auch: **Werkstättenfertigung**) wird der Weg der Werkstücke vom Standort der Arbeitsplätze und der Maschinen bestimmt. Als Werkstattfertigung werden daher die Verfahren bezeichnet, bei denen die zur Herstellung oder zur Be- bzw. Verarbeitung erforderlichen Maschinen an einem Ort, der Werkstatt, zusammengefasst sind. Die Werkstücke werden von Maschine zu Maschine transportiert. Dabei kann die gesamte Fertigung in einer **einzigen Werkstatt** erfolgen oder **auf verschiedene Spezialwerkstätten** verteilt werden. Die Werkstattfertigung ist dort zweckmäßig, wo eine Anordnung der Maschinen nicht nach dem Arbeitsablauf erfolgen kann und eine genaue zeitliche Abstimmung der einzelnen Arbeitsgänge nicht möglich ist, weil die Zahl der Erzeugnisse mit unterschiedlichen Fertigungsgängen sehr groß ist. Bei der Werkstattfertigung sind **längere Transportwege** meist unvermeidlich. Gelegentlich müssen einzelne Werkstücke auch mehrmals zwischen den gleichen Werkstätten hin- und her transportiert werden. Werkstattfertigungen haben oftmals auch eine längere Produktionsdauer, sodass meist **Zwischenlagerungen für Halberzeugnisse** notwendig werden.

**Werkstattfertigung – Fertigung nach dem Verrichtungsprinzip**

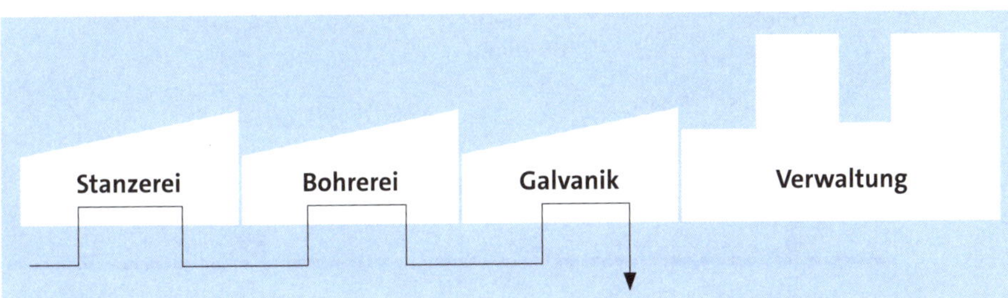


Voraussetzungen:

- Einsatz von Universalmaschinen
- hohe Qualifikation der Mitarbeiter, flexibler Einsatz
- optimale Maschinenbelegung.

| Werkstattfertigung | |
|---|---|
| **Vorteile** | **Nachteile** |
| ► geeignet für Einzelfertigung und Kleinserien<br>► flexible Anpassung an Kundenwünsche<br>► Anpassung an Marktveränderungen<br>► geringere Investitionskosten<br>► hohe Qualifikation der Mitarbeiter | ► relativ hohe Fertigungskosten<br>► lange Transportwege<br>► Zwischenläger erforderlich<br>► hoher Facharbeiterlohn<br>► aufwendige Arbeitsvorbereitung<br>► aufwendige Kalkulation (Preisgestaltung) |

2. Die **Fließfertigung** ist eine örtlich fortschreitende, **zeitlich bestimmte, lückenlose Folge von Arbeitsgängen**. Bei der Fließfertigung ist der Standort der Maschinen vom Gang der Werkstücke abhängig und die **Anordnung der Maschinen und Arbeitsplätze wird nach dem Fertigungsablauf** vorgenommen, wobei sich der Durchfluss des Materials vom Rohstoff bis zum Fertigprodukt von Fertigungsstufe zu Fertigungsstufe ohne Unterbrechung vollzieht. Die Arbeitsgänge erfolgen pausenlos und sind zeitlich genau aufeinander abgestimmt, sodass eine **Verkürzung der Durchlaufzeiten** erfolgen kann.

**Sonderformen der Fließfertigung:**

2.1 Bei der **Reihenfertigung** werden die Maschinen und Arbeitsplätze dem gemeinsamen Arbeitsablauf aller Produkte entsprechend angeordnet. Eine zeitliche Abstimmung der einzelnen Arbeitsvorgänge ist wegen der unterschiedlichen Bearbeitungsdauer nur begrenzt erreichbar. Deshalb sind Pufferlager zwischen den Arbeitsplätzen notwendig, um Zeitschwankungen während der Bearbeitung auszugleichen.

**Reihenfertigung: Anordnung der Maschinen und Arbeitsplätze in der durch den Fertigungsprozess bestimmten Reihenfolge**

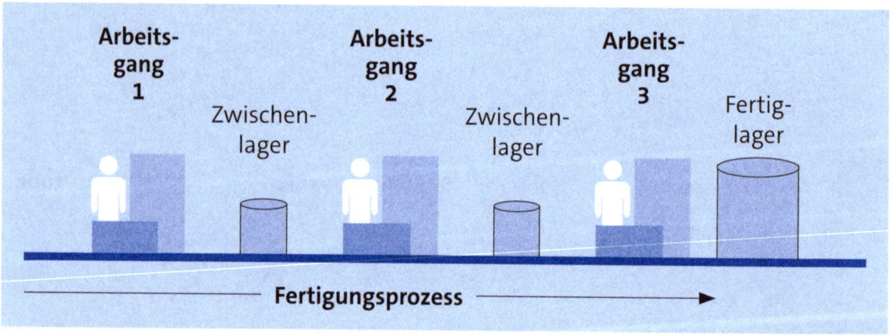


| Reihenfertigung | |
|---|---|
| **Vorteile** | **Nachteile** |
| ► geeignet für größere Serien<br>► Verkürzung der Durchlaufzeit<br>► Spezialisierung der Tätigkeiten<br>► verbesserte Maschinenauslastung<br>► verbesserter Materialfluss | ► Flexibilität der Fertigung nimmt ab<br>► höhere Investitionskosten für Maschinen<br>► Anfälligkeit bei Störungen<br>► höhere Lagerkosten (Zwischenläger)<br>► repetitive Teilarbeit |

2.2 Die **Fließbandfertigung** ist eine Sonderform der Fließfertigung – **mit vorgegebener Taktzeit**. Die Voraussetzungen sind:

- große Stückzahlen
- weitgehende Zerlegung der Arbeitsgänge
- Fertigungsschritte müssen abstimmbar sein.

**Fließbandfertigung: Taktgebundene Fließbandarbeit mit genauer Taktabstimmung ohne Zwischenlager**

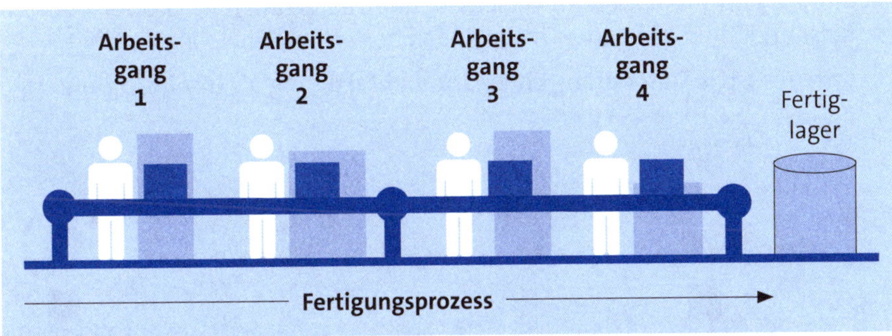


| Fließbandfertigung | |
|---|---|
| **Vorteile** | **Nachteile** |
| ▸ verbesserte Produktivität<br>▸ weniger Einarbeitungskosten<br>▸ geringere Durchlaufzeit<br>▸ vereinfachte Planung und Kontrolle | ▸ feste Taktzeiten und Monotonie der Arbeit: Ermüdung der Arbeiter<br>▸ Störanfälligkeit der Arbeitssysteme<br>▸ erhöhte Investitionskosten<br>▸ abnehmende Flexibilität des Fertigungssystems |

Nach REFA ist die **Taktzeit** die Zeitspanne, in der jeweils eine Mengeneinheit fertiggestellt wird:

$$\text{Solltaktzeit} = \frac{\text{Arbeitszeit je Schicht} \cdot \text{Bandwirkungsfaktor}}{\text{Soll-Menge je Schicht}}$$

Der Bandwirkungsfaktor berücksichtigt Störungen der Anlage, die das gesamte Fließsystem beeinträchtigen. Er ist deshalb immer kleiner als 1,0. Die ideale Taktabstimmung wird in der Praxis nur selten erreicht. Entscheidend ist eine optimale Abstimmung der einzelnen Bearbeitungs- und Wartezeiten.

**Beispiel**

Die Arbeitszeit einer Schicht beträgt 480 Minuten, die Soll-Ausbringung 80 Stück und der Bandwirkungsfaktor 0,9.

$$\text{Solltaktzeit} = \frac{\text{Arbeitszeit je Schicht} \cdot \text{Bandwirkungsfaktor}}{\text{Soll-Menge je Schicht}}$$

$$= \frac{480\ \text{min} \cdot 0{,}9}{80\ \text{Stk.}} = 5{,}4\ \text{min/Stk.}$$

3. Die **Gruppenfertigung** ist eine **Zwischenform zwischen Fließfertigung und Werkstattfertigung**, die die Nachteile der Werkstattfertigung zu vermeiden sucht. Bei diesem Verfahren werden verschiedene Arbeitsgänge zu Gruppen zusammengefasst und innerhalb jeder Gruppe nach dem Fließprinzip angeordnet.

**Schematische Darstellung einer Gruppenfertigung als Inselfertigung**

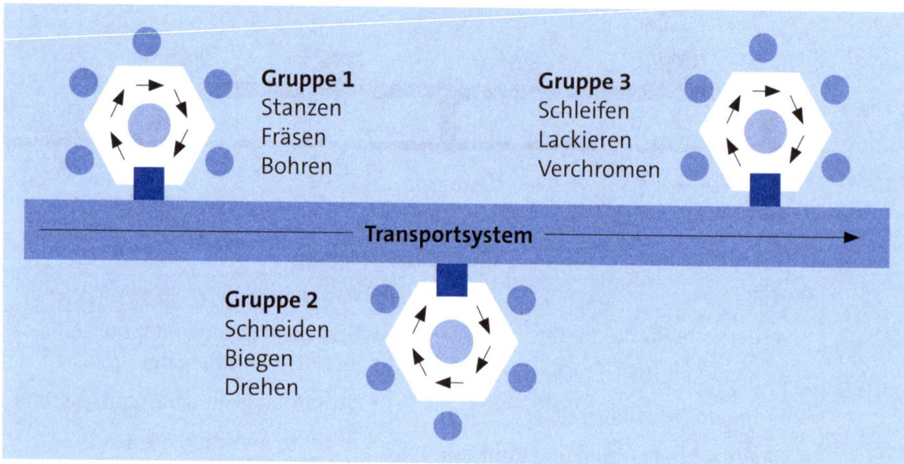


| Gruppenfertigung | |
|---|---|
| **Vorteile** | **Nachteile** |
| ▸ Eigenverantwortung der Gruppe<br>▸ Motivation der Mitarbeiter<br>▸ Abwechslung durch Rotation<br>▸ Einsatz des Gruppenakkords | ▸ Verantwortungsdiffusion: Zuordnung der Leistung zu einer Einzelperson ist nicht mehr möglich<br>▸ setzt intensive Vorbereitung voraus: Ausbildung, Teamentwicklung, Gruppendynamik |

**Sonderformen der Gruppenfertigung:**

3.1 **Fertigungsinseln:** Bestimmte Arbeitspakete (z. B. Motorblock) werden – ähnlich der ursprünglichen Werkstattfertigung – gebündelt. Dazu werden die notwendigen Maschinen und Werkzeuge zu sogenannten Inseln zusammengefügt. Erst nach Abschluss mehrerer Arbeitsgänge verlässt das (Zwischen-)Erzeugnis die Fertigungsinsel.

3.2 Bei der **Boxen-Fertigung** werden bestimmte Fertigungs- oder Montageschritte von einer oder mehreren Personen – ähnlich der Fertigungsinsel – räumlich zusammengefasst. Typischerweise wird die Boxen-Fertigung bzw. -Montage bei der Erzeugung von Modulen/Baugruppen eingesetzt (z. B. in der Automobilproduktion).

3.3 Die **Stern-Fertigung** ist eine räumliche Besonderheit der Fertigungsinsel bzw. der Boxen-Fertigung, bei der die verschiedenen Werkzeuge und Anlagen nicht insel- oder boxförmig, sondern im Layout eines Sterns angeordnet werden.

3.4 **Bearbeitungszentren:** Nicht nur die Bearbeitungsmaschine arbeitet computergesteuert, sondern auch der Wechsel der Arbeitsstücke sowie der Werkzeuge erfolgt automatisch. Es lassen sich damit komplexe Teile in Kleinserien bei relativ hoher Fertigungselastizität herstellen. Die Überwachung mehrerer Bearbeitungszentren kann von einem Mitarbeiter oder einer Gruppe durchgeführt werden.

3.5 **Flexible Fertigungszellen** haben zusätzlich zum Automatisierungsgrad der Bearbeitungszentren eine automatische Zu- und Abführung der Werkstücke in Verbindung mit einem Pufferlager. Diese Systeme können auch in Pausenzeiten der Belegschaft weiterlaufen.

3.6 **Teilautonome Arbeitsgruppen** sind ein mehrstufiges Modell, das den Mitgliedern Entscheidungsfreiräume ganz oder teilweise zugesteht; u. a.:

- selbstständige Verrichtung, Einteilung und Verteilung von Aufgaben (inklusive Anwesenheitsplanung: Qualifizierung, Urlaub, Zeitausgleich usw.)
- selbstständige Einrichtung, Wartung, teilweise Reparatur der Maschinen und Werkzeuge
- selbstständige (Qualitäts-)Kontrolle der Arbeitsergebnisse.

4. Bei der **Baustellenfertigung** ist der **Arbeitsgegenstand** entweder völlig **ortsgebunden** oder kann zumindest während der Bauzeit nicht bewegt werden. Die Materialien, Maschinen und Arbeitskräfte werden an der jeweiligen Baustelle eingesetzt. Die Baustellenfertigung ist in der Regel bei Großprojekten im Hoch- und Tiefbau, bei Brücken, Schiffen, Flugzeugen sowie dem Bau von Fabrikanlagen anzutreffen.

| **Baustellenfertigung** | |
|---|---|
| **Vorteile** | **Nachteile** |
| ▸ Einsatz von Normteilen<br>▸ Einsatz vorgefertigter Teile<br>▸ rationelle Fertigung durch Standards<br>▸ internationale Arbeitsteilung (z. B. Airbus) | ▸ Kosten: Errichtung/Abbau der Baustelle<br>▸ Transportkosten für Stoffe, Mitarbeiter und Betriebsmittel (Logistikaufwand) |

### 09. Was bezeichnet man als Fertigungssegmentierung?

Segmentierung ist die Zerlegung eines Ganzen in Teilen. Die Fertigungssegmentierung ist die Zerlegung (Gliederung) des Fertigungsprozesses in Teilprozesse nach dem Verrichtungs- oder dem Objektprinzip. Zur Optimierung des gesamten Prozesses ist es von Bedeutung, die Teilprozesse zu optimieren und sie nach dem Fließprinzip zu verknüpfen. Die Fertigungssegmentierung kann auch dazu führen, dass ganze Teile der Herstellung ausgelagert werden: Verlagerung eigener Betriebsteile in das Ausland, Vergabe an Zulieferer (Prinzip der verlängerten Werkbank; Entscheidungen über Make-or-Buy).

**Beispiel**

**Automobilbau (verkürztes Beispiel)**
Zerlegung des Gesamtprozesses in Teilprozesse: Rahmen, Motorblock, Zusatzaggregate. Vollautomatisierte Fertigung der Motorteile auf Fertigungsstraßen; Montage des Motorblocks in Fertigungsinseln usw.

### 10. Welche zusätzlichen Gesichtspunkte müssen bei der Gestaltung von Ablaufstrukturen der Fertigung berücksichtigt werden?

Bei der Ablaufstrukturierung des Fertigungsprozesses sind laufend **Überlegungen der Optimierung** zu beachten:

- **Zentralisierungen/Dezentralisierungen in der Aufbaustruktur** führen zu Vor-/Nachteilen in der Ablauforganisation, z. B.: Die Verlagerung eines Profitcenters in das Ausland stellt erhöhte Anforderungen an die Logistik der Komponenten an den Ort der zentralen Montage.
- **Entscheidungen über die Segmentierung der Fertigung** verlangen einen erhöhten Aufwand bei der Synchronisation externer und interner Stellen, z. B.: Materialbereitstellung just in time, einheitliche Qualitätsstandards der beteiligten Stellen, erhöhter Informations- und Datenfluss.

### 11. Welche Maschinenkonzepte bilden die Bausteine der automatisierten Fertigung?

In Abhängigkeit von der Komplexität der Prozesse und dem Grad der Automatisierung werden grundsätzlich folgende Maschinenkonzepte unterschieden:

1. **Einstufige Maschinenkonzepte:**

   Das Werkstück wird an einer Station bearbeitet; Beispiele:

   - NC-/CNC-Einzelmaschinen
   - Bearbeitungszentren
   - flexible Fertigungszellen.

2. **Mehrstufige Maschinenkonzepte:**

   Das Werkstück wird an mehreren Stationen bearbeitet; Beispiele:

   - flexible Fertigungssysteme
   - flexible Transferstraßen.

In Bezug auf Losgröße und Produktivität sowie Flexibilität und Varianz der Teile lassen sich die genannten **Maschinenkonzepte** in einem **Stufenmodell** darstellen:

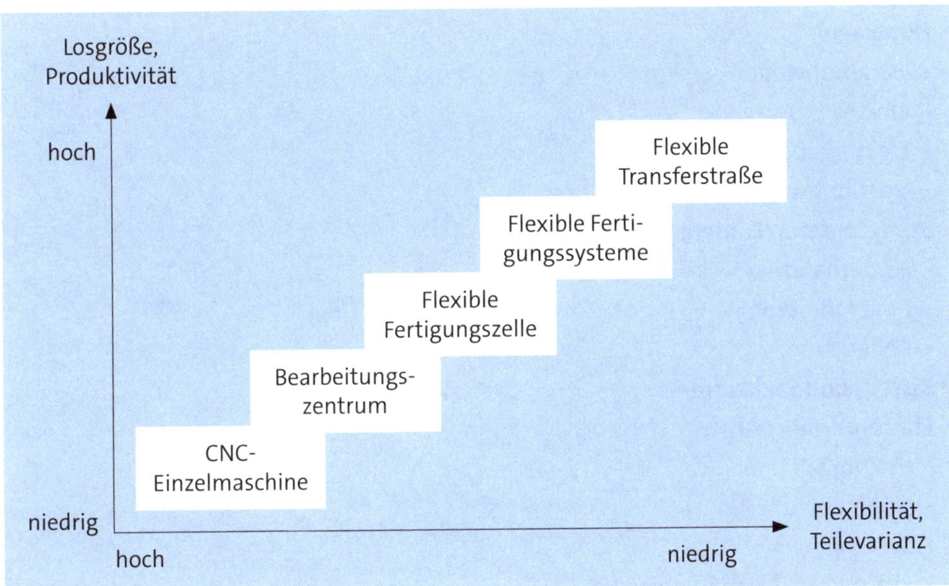


## 12. Welche Faktoren sind bei der Planung des Materialflusses zu berücksichtigen?

- **Räumliche Einflussfaktoren**, z. B.:
  - der Standort des Betriebes und die Infrastruktur der Betriebsumgebung
  - (Straße, Schiene, Kanäle usw.)
  - die Lage und Bauweise der Betriebsgebäude (Anordnung, Zahl der Geschosse usw.)
  - die Art der Betriebseinrichtungen und der Beförderungsmittel (innerbetriebliche Logistik).
- **Fertigungstechnische Einflussfaktoren**, z. B.:
  - Art der Fertigungsverfahren (vgl. oben, Frage 07.)
  - Fertigungsprinzipien (Flussprinzip, Verrichtungsprinzip).

- **Fördertechnische Einflussfaktoren**, z. B.:
  - Art der Fördersysteme:
    - ortsgebundene/mobile
    - flurgebundene/flurfrei.

## 13. Welche Transportmittel des innerbetrieblichen Transportes sind zu unterscheiden?

- **Hubwagen**:
  - Handhubwagen
  - Elektrohubwagen
  - Elektrogabelhubwagen
  - Hochhubwagen (bis ca. 3 m).
- **Stetigförderer/Förderanlagen:**
  - Förderband
  - Rollenförderer
  - Rollenbahn.
- **Kisten- und Sackkarre**
- **Flurförderfahrzeuge**:
  - Hochregalstapler (ca. 7,5 bis 12 m)
  - Hubstapler
  - Schlepper
  - fahrerlose Kommissioniersysteme.
- **Hebezeuge:**
  - Kräne
  - Aufzüge
  - Hebebühnen.

## 14. Welche Arten von Arbeitssystemen lassen sich unterscheiden?

INFO

Zum Begriff „Arbeitssystem" vgl. >> 2.1.3 Frage 07. und 08.

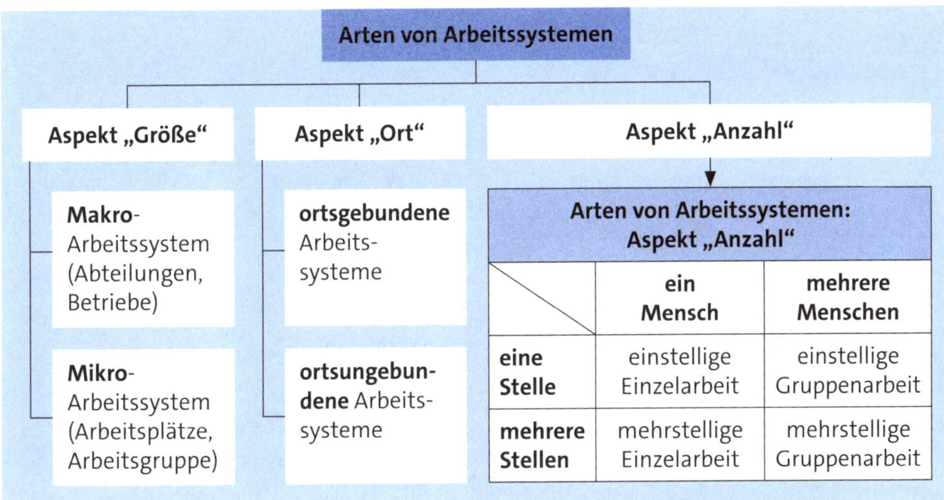


## 2.2.6 Elemente des Arbeitsplanes

### 01. Welche Elemente enthält der Arbeitsplan?

Das Ergebnis der Arbeitsplanung mündet in den **Arbeitsplan**, der gemeinsam mit den Zeichnungen und Stücklisten die Grundlage der Fertigung bildet. Die nachfolgende Abbildung zeigt schematisch den **Ablauf der Arbeitsplanung** bzw. die **Erstellung des Arbeitsplanes**:

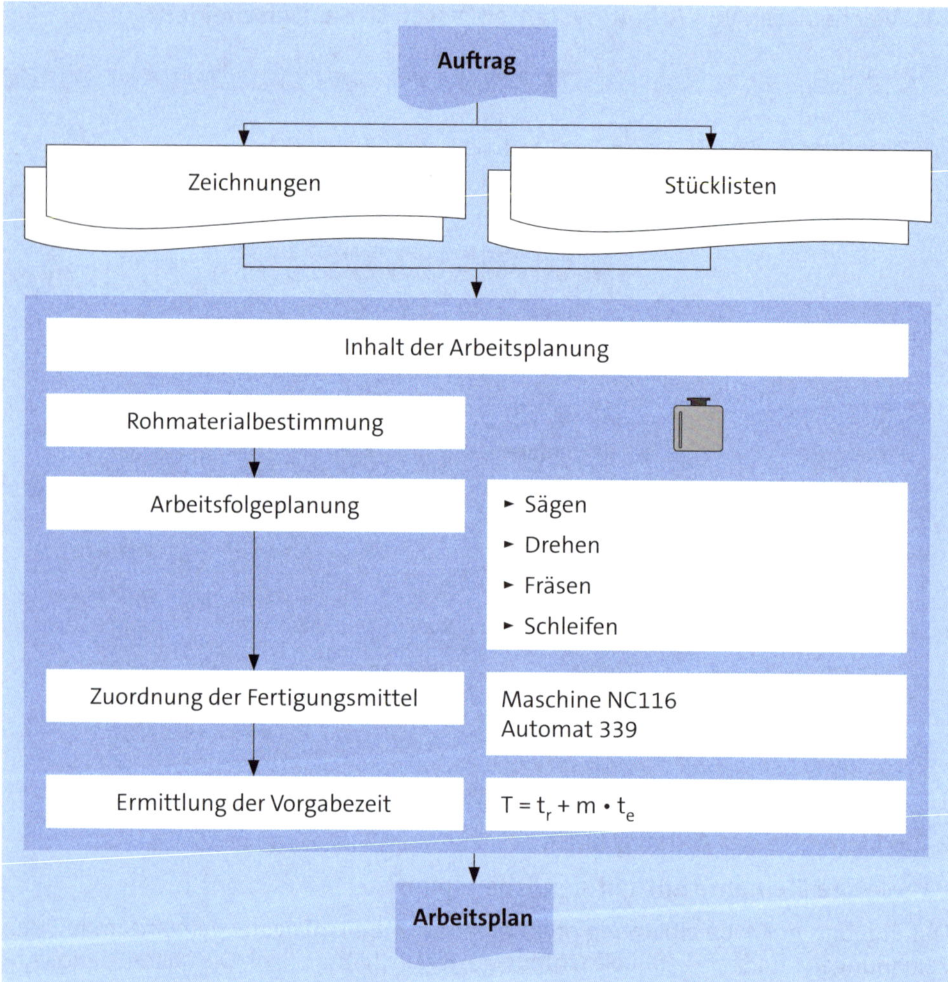


Kopfdaten

Materialdaten

Fertigungsdaten

| | | | | | |
|---|---|---|---|---|---|
| **Arbeitsplan** | Nr. | *BZ34* | **Auftrags-Nr.** | | *90.02.3874* |
| **Erzeugnis** | Sach-Nr. | *BZ129.5* | | | |
| **Material** | Sach-Nr. | *MA12.34* | | | |
| | Mengeneinheit | *Stück* | | | |
| | | | | Zeiten [Minuten] | |
| Kostenstelle | Arbeitsgang-Nr. | Betriebsmittel | Lohngruppe | Rüstzeit | Bearbeitungszeit |
| 4712 | 1 | BO-54 | 7 | 5 | 120 |
| 4718 | 2 | FR-68 | 4 | 12 | 40 |
| 3419 | 3 | DR-45 | 5 | 8 | 75 |
| ... | ... | ... | ... | ... | ... |

## 2.2.7 Aspekte zur Gestaltung des Arbeitsvorganges

### 01. Welche Aspekte sind bei der Arbeitsplatzgestaltung zu berücksichtigen?

| | **Beispiele** | **Fundstelle** |
|---|---|---|
| **Arbeitsbedingungen** | Umgebung, Entlohnungsart, Arbeitssicherheit, Ergonomie, Organisation, Betriebsklima, Technologie, wirtschaftliche Faktoren (z. B. Wettbewerb) | >> 4.2.2 Frage 02. |
| **Arbeitsmethoden** | Prinzipien zur Durchführung der Arbeit, z. B. ergonomische, wirtschaftliche (Wie? Womit?) | |
| **Arbeitsweisen** | Individuelle Arbeitsweise des Mitarbeiters, z. B. schnell, flüssige Bewegung. | >> 2.1.3 |
| **Arbeitsverfahren** | Technologie der Arbeitsaufgabe: Formgebung, spanlose/spangebende usw. | |
| **Arbeitsplatztypen** | ortsgebunden (stationär) und ortsveränderlich | >> 2.2.5 |
| **Qualitätsangaben** | Sie sind für den Auftrag/den Kunden und zur Selbstkontrolle der Mitarbeiter erforderlich. | |

## 2.2.8 Aufgaben der Bedarfsplanung

### 01. Welche Zielsetzung hat die Personalplanung?

**Planung** ist die gedankliche Vorwegnahme von Entscheidungen. Sie zeichnet sich aus durch

- Zukunftsorientierung,
- Systematik und die
- Gestaltung von Maßnahmen.

Somit ist **Personalplanung** der Teil der Personalarbeit, in dem

- systematisch
- vorausschauend, zukunftsorientiert
- alle wesentlichen, „den Faktor Arbeit betreffenden" Entscheidungen vorbereitet werden.

Die Fragestellung heißt: Welche zukünftigen Erfordernisse ergeben sich – abgeleitet aus den Unternehmenszielen – für den Personalsektor. Personalplanung hilft, notwendige Maßnahmen frühzeitig vorzubereiten und damit deren Qualität zu verbessern und Konfliktpotenziale zu mildern.

Aus dem Charakter der Personalplanung ergibt sich deren **Zielsetzung**: Dem Unternehmen ist vorausschauend das Personal

- in der erforderlichen Anzahl (**Quantität**),
- mit den erforderlichen Qualifikationen (**Qualität**),

- zum richtigen **Zeitpunkt** und
- am richtigen **Ort**

zur Verfügung zu stellen.

## 02. Welche Aufgaben muss die Personalplanung erfüllen?

Zu den wichtigsten Aufgaben der Personalplanung gehören:

- die Planung des Personal**bedarfs** (quantitativ und qualitativ)
- die Planung der Personal**beschaffung** (intern und extern)
- die Planung der Personal**anpassung** (z. B. Freisetzung und/oder Beschaffung und/ oder Personalentwicklung)
- die Planung des Personal**einsatzes**
- die Planung der Personal**kosten**.

Dabei werden die Personalbedarfsplanung und die Personalkostenplanung als Hauptsäulen der Personalplanung angesehen.

## 03. Welche Einflussfaktoren bestimmen das Ergebnis der Personalplanung?

Man unterscheidet interne und externe Determinanten der Personalplanung. Zu den wichtigsten gehören:

| **Determinanten der Personalplanung** | | | |
|---|---|---|---|
| **Externe Faktoren** | | **Interne Faktoren** | |
| ► Marktentwicklung<br>► Technologie<br>► Arbeitsmarkt<br>► Sozialgesetze usw. | ► Tarifentwicklung<br>► Personalzusatzkosten<br>► Alterspyramide | ► Unternehmensziele<br>► Investitionen<br>► Fluktuation<br>► interne Altersstruktur<br>► Fehlzeiten usw. | ► Fertigungspläne<br>► Rationalisierungen<br>► Personal-Ist-Bestand<br>► Arbeitszeitsysteme<br>► Personalkostenstruktur |

## 04. In welchen Schritten und nach welchem Berechnungsschema wird die Ermittlung des Nettopersonalbedarfs durchgeführt?

Die Ermittlung des Nettopersonalbedarfs vollzieht sich generell in drei Arbeitsschritten:

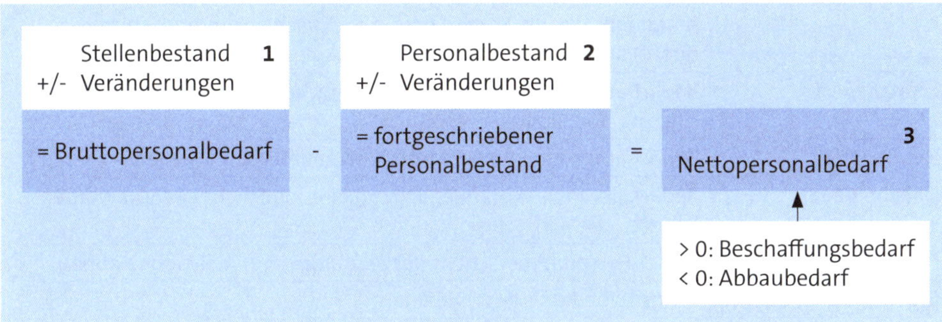


**1. Schritt:** Ermittlung des Bruttopersonalbedarfs (**Aspekt „Stellen"**):
Der gegenwärtige Stellenbestand wird aufgrund der zu erwartenden Stellenzu- und -abgänge hochgerechnet auf den Beginn der Planungsperiode. Anschließend wird der Stellenbedarf der Planungsperiode ermittelt.

**2. Schritt:** Ermittlung des fortgeschriebenen Personalbestandes (**Aspekt „Mitarbeiter"**):
Analog zu Schritt 1 wird der Mitarbeiterbestand hochgerechnet aufgrund der zu erwartenden Personalzu- und -abgänge.

**3. Schritt:** Ermittlung des Nettopersonalbedarfs (= „Saldo"):
Vom Bruttopersonalbedarf wird der fortgeschriebene Personalbestand subtrahiert.
Man erhält so den Nettopersonalbedarf (= Personalbedarf i. e. S.).

Man verwendet folgendes Berechnungsschema, das hier durch ein einfaches Zahlenbeispiel ergänzt wurde:

| **Berechnungsschema zur Ermittlung des Nettopersonalbedarfs** | | | |
|---|---|---|---|
| **Lfd. Nr.** | | **Berechnungsgröße** | **Zahlenbeispiel** |
| 1 | | Stellenbestand | 28 |
| 2 | + | Stellenzugänge (geplant) | 2 |
| 3 | - | Stellenabgänge (geplant) | - 5 |
| 4 | | Bruttopersonalbedarf | 25 |
| 5 | | Personalbestand | 27 |
| 6 | + | Personalzugänge (sicher) | 4 |
| 7 | - | Personalabgänge (sicher) | - 2 |
| 8 | - | Personalabgänge (geschätzt) | - 1 |
| 9 | | Fortgeschriebener Personalbestand | 28 |
| 10 | | **Nettopersonalbedarf (Zeile 4 - 9)** | **- 3** |

Im dargestellten Beispiel ist also ein Personalabbau von drei Mitarbeitern (Vollzeit-„Köpfe") erforderlich.

## 05. Welche Arten des Personalbedarfs unterscheidet man?

| | |
|---|---|
| **Einsatzbedarf** | Erforderlicher Bedarf um die Planungsziele/Kundenaufträge erfüllen zu können. |
| **Reservebedarf** | Zusätzlicher Bedarf aufgrund der Fehlzeiten der Mitarbeiter, z. B. Krankheit, Urlaub. Er wird häufig als Zuschlagsquote (Fehlzeitenquote) auf den Einsatzbedarf berücksichtigt. |
| **Ersatzbedarf** | Bedarf aufgrund ausscheidender Mitarbeiter, z. B. Kündigung, Versetzung, Tod, Rente. |
| **Neubedarf** | Bedarf aufgrund neu geplanter und genehmigter Stellen. |
| **Nachholbedarf** | Bedarf, der in der vorangegangenen Periode nicht gedeckt werden konnte. |
| **Freistellungsbedarf** | Ist der Personalüberschuss der Planungsperiode (Personalabbau). |
| **Bruttopersonalbedarf** | = Einsatzbedarf + Reservebedarf |

## 06. Welche Verfahren werden zur Ermittlung des Bruttopersonalbedarfs eingesetzt?

| | |
|---|---|
| **Globale Bedarfsprognose** | ► Schätzverfahren<br>► Kennzahlenmethode: globale Kennzahlen |
| **Differenzierte Bedarfsprognose** | ► Stellenplanmethode<br>► Verfahren der Personalbemessung<br>► Kennzahlenmethode: differenzierte Kennzahlen |

- **Schätzverfahren** sind relativ ungenau, trotzdem – gerade in Klein- und Mittelbetrieben – sehr verbreitet. Die Ermittlung des Personalbedarfs erfolgt aufgrund subjektiver Einschätzung einzelner Personen. In der Praxis werden meist Experten und/oder die kostenstellenverantwortlichen Führungskräfte gefragt, wieviele Mitarbeiter mit welchen Qualifikationen für eine bestimmte Planungsperiode gebraucht werden. Die Antworten werden zusammengefasst, einer Plausibilitätsprüfung unterworfen und dann in das Datengerüst der Unternehmensplanung eingestellt.
- **Die Kennzahlenmethode** kann sowohl als globales Verfahren aufgrund globaler Kennzahlen sowie als differenziertes Verfahren aufgrund differenzierter Kennzahlen durchgeführt werden. Bei der Kennzahlenmethode versucht man, Datenrelationen, die sich in der Vergangenheit als relativ stabil erwiesen haben, zur Prognose zu nutzen; infrage kommen z. B. Kennzahlen wie
  - Umsatz : Anzahl der Mitarbeiter
  - Absatz : Anzahl der Mitarbeiter
  - Umsatz : Personalgesamtkosten
  - Arbeitseinheiten : geleistete Arbeitsstunden.

- **Verfahren der Personalbemessung**:
  Hier wird auf Erfahrungswerte oder arbeitswissenschaftliche Ergebnisse zurückgegriffen (REFA, MTM, Work-Factor). Zu ermitteln ist die Arbeitsmenge, die dann mit dem Zeitbedarf pro Mengeneinheit multipliziert wird (Zähler = Kapazitätsbedarf). Im Nenner der Relation wird die übliche Arbeitszeit pro Mitarbeiter eingesetzt (= Kapazitätsbestand):

  $$\text{Personalbedarf} = \frac{\text{Kapazitätsbedarf}}{\text{Kapazitätsbestand}}$$

  bzw. in erweiterter Form (mit Störzeitfaktor, z. B. 1,08 und Ausfallfaktor - Urlaub + Krankheit, z. B. 0,8)

  $$\text{Personalbedarf} = \frac{\text{Kapazitätsbedarf} \cdot \text{Störzeitfaktor}}{\text{Kapazitätsbestand} \cdot \text{Ausfallfaktor}}$$

  $$= \frac{10.000 \text{ Std.} \cdot 1{,}08}{7{,}5 \text{ Std./Tag} \cdot 20 \text{ Tg.} \cdot 0{,}92} = 78{,}3 \text{ Mitarbeiter}$$

  d. h.: für einen Zeitraum von einem Monat (mit 20 Tagen) werden 90 Mitarbeiter bei einem 7,5-Std-Tag und einer Störzeit von 8 % sowie einem Ausfallfaktor von 8 % benötigt.

  Nach REFA führt dies zu folgender Berechnung:

  $$\text{Personalbedarf} = \frac{\text{Arbeitsmenge} \cdot \text{Zeitbedarf/Einheit}}{\text{Arbeitszeit pro Mitarbeiter}}$$

  $$\text{Personalbedarf} = \frac{\text{Rüstzeit} + (\text{Einheiten} \cdot \text{Ausführungszeit/E})}{\text{Arbeitszeit pro Mitarbeiter} \cdot \text{Leistungsgrad}}$$

**TIPP**

Häufig Gegenstand der Prüfung.

---

- **Stellenplanmethode:**
  Bei diesem Verfahren werden Stellenbesetzungspläne herangezoen, die sämtliche Stellen einer bestimmten Abteilung enthalten bis hin zur untersten Ebene – inkl. personenbezogener Daten über die derzeitigen Stelleninhaber (z. B. Eintrittsdatum, Vollmachten, Alter). Der Kostenstellenverantwortliche überprüft den Stellenbesetzungsplan i. V. m. den Vorgaben der Geschäftsleitung zur Unternehmensplanung für die kommende Periode (Absatz, Umsatz, Produktion, Investitionen) und ermittelt durch Schätzung die erforderlichen personellen und ggf. organisatorischen Änderungen. Der weitere Verfahrensablauf vollzieht sich wie im oben dargestellten Schätzverfahren.

### 07. Welche Verfahren setzt man zur Ermittlung des Personalbestandes ein?

- Abgangs-/Zugangstabelle
- Verfahren der Beschäftigungszeiträume
- Statistiken und Analysen zur Bestandsentwicklung:
  - Statistik der Personalbestände
  - Alterstatistik
  - Fluktuationsstatistik.

### 08. Wie wird die Abgangs-/Zugangsrechnung durchgeführt?

Bei der Methode der Abgangs-/Zugangsrechnung werden die Arten der Ab- und Zugänge möglichst stark differenziert. Die Aufstellung kann sich auf Mitarbeitergruppen oder Organisationseinheiten beziehen. Dabei sind die einzelnen Positionen mit einer unterschiedlichen Eintrittswahrscheinlichkeit behaftet. Man kann daher die einzelnen Werte der Tabelle noch differenzieren in

- feststehende Ereignisse und
- wahrscheinliche Ereignisse.

### 09. Welche Grundsätze und Regelungen sind bei der Gestaltung von Schichtplänen zu berücksichtigen?

Bei Schichtarbeit wird in aufeinanderfolgenden Phasen gearbeitet; je Arbeitsphase ist eine andere Belegschaft eingesetzt. Schichtarbeit ist erforderlich aufgrund der Notwendigkeit der Arbeitsbereitschaft am Markt/gegenüber dem Kunden (Feuerwehr, Polizei, Krankenhäuser) oder aufgrund der generellen Entwicklung in der industriellen Fertigung: Kapitalintensive Anlagen sollen wirtschaftlich genutzt werden. Dies führt zu einem immer stärkeren **Auseinanderdriften von individueller täglicher Arbeitszeit** (i. d. R. zwischen 7 bis 8 Stunden) und **der Betriebsmittelnutzungszeit** (in Extremen 24 Stunden). Bei der Gestaltung von Schichtplänen sind folgende **Einflussfaktoren** zu berücksichtigen:

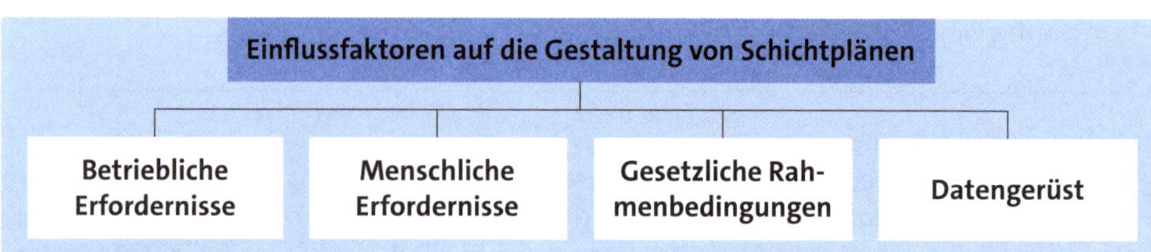


- **Betriebliche Erfordernisse**, z. B.:
  - maximale Nutzung der technischen **Kapazität** der Betriebsmittel (Maximierung der Betriebsmittelnutzungszeit)
  - Reduktion der **Kosten** für den Einsatz der Betriebsmittel und die Lage der Schichtzeiten (AfA-Kosten, Zuschläge für Nachtarbeit usw.)

- **verfahrenstechnologische** Erfordernisse (hohe Anfahrkosten für Anlagen, Einhalten thermischer Zustände der Anlagen z. B. in der Chemie und der Stahlerzeugung)
- Notwendigkeit, gegenüber dem Markt/dem Kunden das **Leistungsangebot** über acht Stunden täglich hinaus aufrecht zu erhalten (Wachdienste, Handel, Verkehr, Gesundheitswesen, Instandhaltung usw.).

► **Erfordernisse aus der Sicht der Mitarbeiter**, z. B.:

- **ergonomische** Gestaltung der Arbeitsplätze und -zeiten
- **biologische** Erfordernisse:
  - verminderte, körperliche und geistige Leistungsfähigkeit in der Nacht (Biorhythmus)
  - ausreichender Wechsel von Arbeit, Erholung, Schlaf, Freizeit
- Notwendigkeit, **soziale Isolierung** durch Schichtarbeit zu vermeiden (Familie, Ehepartner, Freunde, soziale Kontakte)
- Gestaltung eines **Schichtwechselzyklusses**, der den gen. menschlichen Erfordernissen Rechnung trägt (z. B. Vermeidung von Wechselschichten, die psychisch und physisch besonders belastend sind)

► **Gesetzliche Rahmenbedingungen**, z. B.:

- **Mitbestimmung** des Betriebsrates bei der Lage der Arbeitszeit (§ 87 BetrVG)
- Einhaltung der **Schutzgesetze**, z. B.: ArbZG, JArbSchG, MuSchG
- Beispiele:
  - Verbot der Nachtarbeit in bestimmten Fällen
  - die Regelarbeitszeit beträgt 8 Stunden; sie kann auf 10 Stunden täglich ausgedehnt werden, wenn innerhalb von sechs Kalendermonaten oder 24 Wochen im Durchschnitt 8 Stunden nicht überschritten werden (§ 3 ArbZG)
  - Nachtzeit ist die Zeit von von 23:00 - 6:00 Uhr; Nachtarbeit ist jede Arbeit, die mehr als zwei Stunden der Nachtzeit umfasst (§ 2 ArbZG).

► Bei der **Berechnung** konkreter Schichtmodelle und Schichteinsatzpläne ist folgendes **Datengerüst** zu berücksichtigen:

- Anzahl
  - der Arbeitsplätze
  - der Schichten
  - der Mitarbeiter (Voll-/Teilzeit)
- Besetzungsstärke je Arbeitsplatz/je Betriebsmittel
- Arbeitszeit der Mitarbeiter (einzelvertraglich oder nach Tarif)
- Abwesenheitsquote
- Urlaub und sonstige Ausfallzeiten.

- Im Allgemeinen unterscheidet man folgende **zeitliche Lagen** bei **der Schichtgestaltung**:

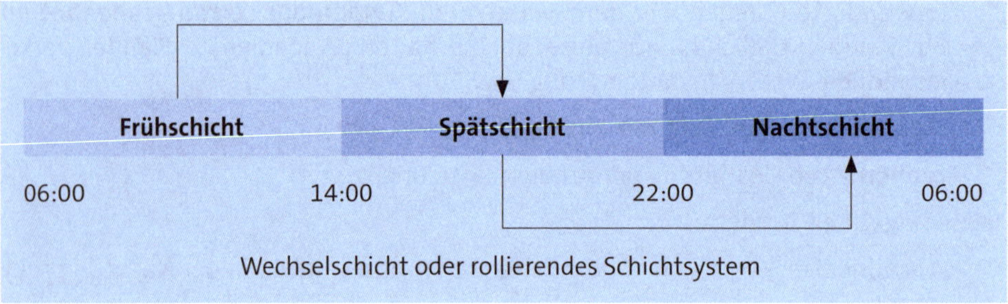


## 10. Welche Arten von Arbeitsverhältnissen kann der Unternehmer wählen, wenn der zukünftige Personalbedarf nur vorübergehend ist?

- befristetes Arbeitsverhältnis mit sachlichem Grund
- befristetes Arbeitsverhältnis ohne sachlichen Grund
- Leiharbeitsverhältnis (AÜG).

## 11. Welche Aufgabe hat die Betriebsmittelplanung?

Aufgabe der Betriebsmittelplanung ist die Planung:

- des Betriebsmittel**bedarfs**
- der Betriebsmittel**beschaffung** (Auswahl der Lieferanten; Finanzierung durch Kauf, Miete oder Leasing; Beschaffungszeitpunkte usw.)
- des Betriebsmittel**einsatzes**
- der **Einsatzbereitschaft** der Betriebsmittel (Instandhaltung, Instandsetzung).

## 12. Welche Fragen müssen bei der qualitativen Betriebsmittelplanung beantwortet werden?

Fragestellungen, Beispiele:

- Handgesteuerte oder teil- bzw. vollautomatische Maschinen?
- Bearbeitungszentren und/oder flexible Fertigungszellen/-systeme/-Transferstraßen?
- Größendegression der Anlagen (Senkung der Kosten bei Vollauslastung)?
- Spezialisierungsgrad der Anlagen (Spezialmaschine/Universalanlage)?
- Grad der Umrüstbarkeit der Anlagen?
- Aufteilung des Raum- und Flächenbedarfs in Fertigungsflächen, Lagerflächen, Verkehrsflächen, Sozialflächen und Büroflächen?

### 13. Welche Aufgaben hat die Materialplanung?

Aufgabe der Materialplanung ist die Planung

- des **Materialbedarfs** (z. B. Methoden der Bedarfsermittlung, Werkstoffarten)
- der **Materialbeschaffung**, vor allem:
  - Lieferantenauswahl
  - Beschaffungszeitpunkte
  - Bereitstellungsprinzipien (Bedarfsfall, Vorratshaltung, JIT usw.)
  - Bereitstellungssysteme/Logistik (Bring-/Holsysteme).

## 2.2.9 Produktionsplanung, Auftragsdisposition und deren Instrumente

### 01. Was ist die Auftragsdisposition?

Die Auftragdisposition veranlasst die Durchführung der einzelnen Aufträge zu bestimmten Terminen und gibt den Anstoß für die termingerechte kurzfristige Bereitstellung von Menschen, Material und Betriebsmitteln, Ermittlung und Überwachung der Kapazitäten und Termine (= Fertigungsversorgung).

### 02. Welche Aufgaben hat die Terminplanung? Welche Techniken werden eingesetzt?

Die Terminplanung (auch: Terminierung, Terminermittlung, Timing) ermittelt die Anfangs- und Endtermine der einzelnen Aufträge, die in der betreffenden Planungsperiode fertiggestellt werden müssen. Man unterscheidet:

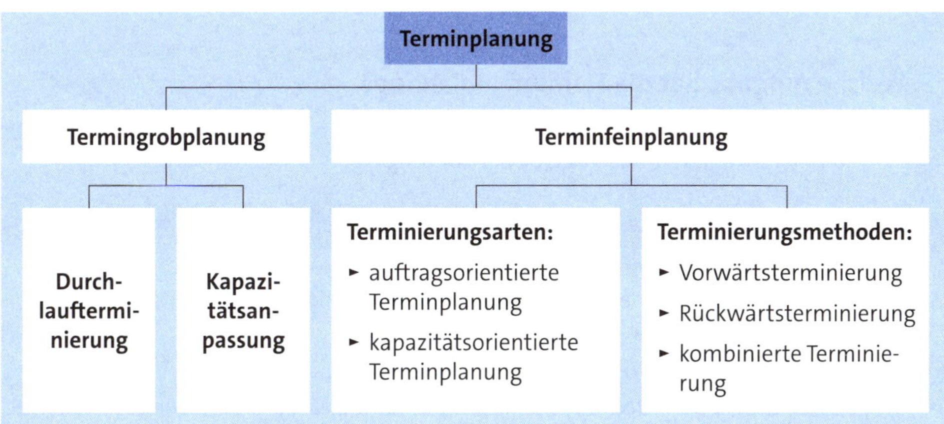

- **Kapazitätsanpassung:**
  Erkennt man im Rahmen der Grobplanung, dass die vorhandenen Kapazitäten nicht ausreichen oder unzureichend ausgelastet sind, muss eine Kapazitätsanpassung erfolgen.
- Bei der **auftragsorientierten Terminermittlung** wird nur der einzelne Auftrag betrachtet.
- Bei der **kapazitätsorientierten Terminplanung** werden konkurrierende Aufträge betrachtet. Im Wege der Kapazitätsanpassung müssen Kapazitätsbedarf und -bestand kurzfristig aufeinander abgestimmt werden.

## 03. Welches Ziel hat die Termingrobplanung?

Die Termingrobplanung wird im Allgemeinen bei größeren Aufträgen bzw. Großprojekten durchgeführt.

Sie hat das **Ziel**, Ecktermine der Produktion grob zu bestimmen und die kontinuierliche Auslastung der Kapazitäten sicher zu stellen. Zur Terminermittlung werden bestimmte Techniken eingesetzt.

## 04. Welche Einzelaufgaben hat die Termingrobplanung?

1. **Durchlaufterminierung:**
   Terminierung der Projekte/Teilprojekte zu den vorhandenen Ressourcen – ohne Berücksichtigung der Kapazitätsgrenzen.
2. **Kapazitätsanpassung:**
   Einbeziehung der Kapazitätsgrenzen in die Durchlaufterminierung; ggf. Kapazitätsabstimmung.

## 05. Welche Aufgabe hat die Terminfeinplanung?

Aufgabe der Terminfeinplanung ist die Ermittlung der frühesten und spätesten Anfangs- und Endtermine der Aufträge bzw. Arbeitsgänge.

Im Allgemeinen erfolgt die Terminfeinplanung in zwei Schritten:

1. **Auftragsorientierte** Terminplanung:
   Ermittlung der Ecktermine der Aufträge **ohne Berücksichtigung der Kapazitätsgrenzen** auf der Basis der Durchlaufzeiten.
2. **Kapazitätsorientierte** Terminplanung:
   Im zweiten Schritt werden die vorhandenen Kapazitäten des Betriebes beachtet; es kann dabei im Wege der Kapazitätsabstimmung zu Terminverschiebungen kommen. In jedem Fall orientiert sich die Terminplanung an den Kundenterminen und der optimalen Kapazitätsauslastung (Zielkonflikt).

## 06. Welche Methoden der Terminfeinplanung werden eingesetzt?

- **Vorwärtsterminierung** (auch: progressive Terminierung):
  Ausgangsbasis der Zeitplanung ist der **Starttermin** des Auftrags: Die Arbeitsvorgänge (110, 120, 130, ...) werden entsprechend dem festgelegten Ablauf fortschreitend abgearbeitet.

  **Vorteile:**

  - Terminsicherheit
  - einfache Methode.

  **Nachteile:**

  - keine Möglichkeit der Verkürzung der Durchlaufzeit
  - ggf. Kapazitätsengpässe → Verschiebung des Endtermins
  - ggf. höhere Lagerkosten.

| Vorgang | geplanter Start | Dauer in Tagen | geplantes Ende |
|---|---|---|---|
| 100 | 23.03. | 63 | 25.05. |
| 110 | 23.03. | 28 | 20.04. |
| 120 | 23.03. | 21 | 13.04. |
| 130 | 26.05. | 28 | 23.06. |

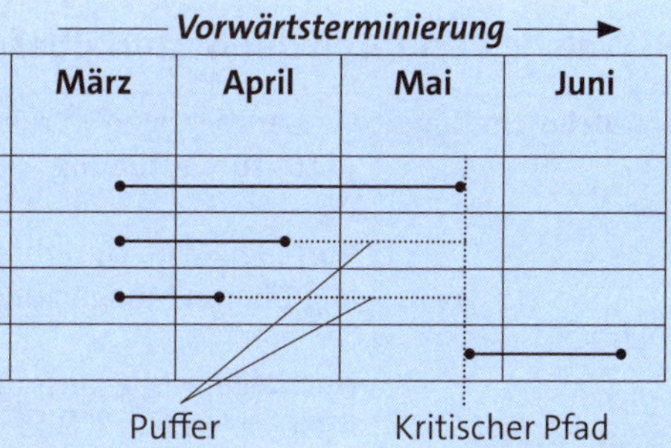


- **Rückwärtsterminierung** (auch: retrograde Terminierung):
  Ausgangspunkt für die Zeitplanung ist der späteste Endtermin des Auftrags: Ausgehend vom spätesten Endtermin des letzten Vorgangs werden die Einzelvorgänge rückschreitend den Betriebsmitteln zugewiesen. Sollte der so ermittelte Starttermin in der Vergangenheit liegen, muss über Methoden der Durchlaufzeitverkürzung eine Korrektur erfolgen.

| Vorgang | geplanter Start | Dauer in Tagen | geplantes Ende |
|---|---|---|---|
| 100 | 23.03. | 63 | 25.05. |
| 110 | 23.03. | 28 | 20.04. |
| 120 | 23.03. | 21 | 13.04. |
| 130 | 26.05. | 28 | 23.06. |

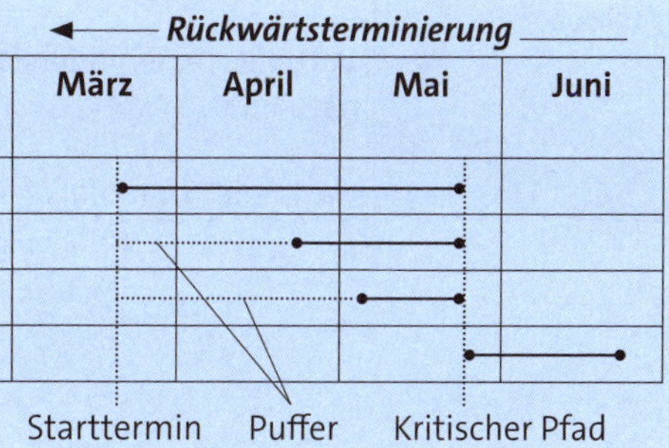

- **Kombinierte Terminierung:**
  Ausgehend von einem Starttermin wird in der Vorwärtsrechnung der früheste Anfangs- und Endtermin je Vorgang ermittelt. In der Rückwärtsrechnung wird der späteste Anfangs- und Endtermin je Vorgang berechnet. Aus dem Vergleich von frühesten und spätesten Anfangs- und Endterminen können die Pufferzeiten sowie der kritische Pfad ermittelt werden. Das Verfahren der kombinierten Terminierung ist aus der Netzplantechnik bekannt.

## 07. Welche Darstellungstechniken werden bei der Terminplanung eingesetzt?

- Listungstechnik (Darstellung in Listen)
- Balkendiagramme
- Netzpläne.

## 08. Welche Verfahren der Materialbeschaffung gibt es?

| | |
|---|---|
| **Vorratsbeschaffung** | Größere Mengen werden auf Lager genommen und stehen dort auf Abruf zur Verfügung.<br><br>**Vorteile:** Keine Unterbrechungen in der Produktion, günstiger Einkauf in größeren Mengen und zu einem günstigen Zeitpunkt.<br><br>**Nachteile:** Hohe Zins- und Lagerkosten (Kapitalbindung), ggf. Qualitätsprobleme und Überalterung. |
| **Einzelbeschaffung** | Die Beschaffung erfolgt im Bedarfsfall (geeignet für Einzelfertigung).<br><br>**Vorteile:** Geringe Lagerdauer und -kosten.<br><br>**Nachteile:** Ständiges Warten auf den Wareneingang, Problem der Verzögerung der Anlieferung. |
| **Just-in-Time (fertigungs-synchron)** | Die Anlieferung des Materials erfolgt zeitgleich, wenn es in der Produktion benötigt wird.<br><br>**Vorteile:** Keine/geringe Lagerhaltung und Durchlaufzeiten, ständige Aktualität.<br><br>**Nachteile:** Störanfällig, Abstimmung mit dem Lieferanten. |

## 09. Welche Ziele, Aufgaben und Funktionen hat die Materialdisposition?

- **Begriff:**
  Unter Materialdisposition sind alle Tätigkeiten zu verstehen, die benötigt werden um ein Unternehmen mit den Objekten der Materialwirtschaft nach Art und Menge termingerecht zu versorgen.
- **Aufgaben:**
  - optimale Kombination der Materialwirtschaftszielsetzungen „hohe Lieferbereitschaft und niedrige Lagerhaltungskosten“
  - Art, Menge und Zeitpunkt des Bedarfs feststellen und unter Berücksichtigung der Lagerbestände in Bestellmengen und -termine umsetzen.
- **Ziele:**
  - Gewährleistung einer hohen Lieferbereitschaft
  - Minimierung der Lagerhaltungskosten.
- **Funktionen:**
  - **Bedarfsermittlung:** Ermittlung einer Menge an Material, die zu einem bestimmten Termin für eine bestimmte Periode benötigt wird
  - **Bestandsrechnung:** durch Vergleich des Bruttobedarfs mit dem verfügbaren Bestand wird ermittelt, welcher Bedarf (Nettobedarf) zugekauft werden muss
  - **Bestellmengenrechnung:** der Nettobedarf wird kostenoptimiert auf eine gewisse Anzahl von Bestellungen verteilt.

## 10. Wie unterscheiden sich Primär-, Sekundär- und Tertiärbedarf?

Der Primär-, Sekundär- und Tertiärbedarf sind zentrale Begriffe der **plangesteuerten Bedarfsermittlung**. Es gibt folgende Zusammenhänge:

| Bedarfsarten (1) | | | |
|---|---|---|---|
| | **Primärbedarf** | **Sekundärbedarf** | **Tertiärbedarf** |
| **Begriff, Inhalt** | Bedarf des Marktes an verkaufsfertigen Erzeugnissen | Bedarf an Rohstoffen, Baugruppen und Ersatzteilen, der zur Deckung des Primärbedarfs erforderlich ist. | Bedarf an Hilfs- und Betriebsstoffen sowie Verschleißwerkzeugen, der bei der Fertigung notwendig ist. |
| **Basis der Bedarfsermittlung** | Kunden-, Lageraufträge | Aus dem Primärbedarf abgeleiteter Bedarf | Ergibt sich aufgrund von Vergangenheitswerten |

## 11. Welche Materialbedarfsarten werden unterschieden?

### Bedarfsarten (2)

| | | |
|---|---|---|
| | Sekundärbedarf | Bedarf an Rohstoffen, Baugruppen, Ersatzteilen – abgeleitet aus dem Primärbedarf |
| + | Zusatzbedarf | Ungeplanter Bedarf aufgrund von Mehrbedarf für<br>► Wartung und Reparatur<br>► Nebenbedarf für Sonderzwecke (Versuche usw.)<br>► Minderlieferung wegen Ausschuss, Schwund usw. |
| = | **Bruttobedarf** | Bedarf der sich aus Sekundär- und Zusatzbedarf ergibt. |
| - | Lagerbestände | Bestände, die auf Lager tatsächlich vorhanden sind. |
| - | Bestellbestände | Bestellungen, die in Kürze eintreffen werden. |
| + | Vormerkbestände | Bestände, die für andere Aufträge vorgemerkt sind. |
| + | Sicherheitsbestand | (= eiserner Bestand) Bestand, der ständig auf Lager gehalten wird. |
| = | **Nettobedarf** | Bedarf, der von den beschaffenden Stellen zugekauft werden muss, um den Primärbedarf zu decken. |

## 12. Von welchen Faktoren ist die Wiederbeschaffungszeit abhängig?

Die Wiederbeschaffungszeit von Materialien ist von folgenden Faktoren abhängig:

- **Bedarfsrechnungszeit** = Zeit, die benötigt wird, den Bedarf unter Zuhilfenahme der jeweiligen Bedarfsrechnungsverfahren zu bestimmen.
- **Bestellabwicklungszeit** = Zeit, die der Einkauf benötigt, um eine rechtsverbindliche Bestellung an den Lieferanten zu übermitteln.
- **Übermittlungszeit zum Lieferanten** = Zeit, die benötigt wird, um die Bestellung dem Lieferanten zu übermitteln.
- **Lieferzeit** = Zeit, die der Lieferant benötigt, um die Ware vom Eintreffen der Bestellung zum Versand zu bringen.
- **Ein-, Ab- und Auslagerungszeit** = Zeit, die benötigt wird, um die angelieferte Ware der weiteren Verarbeitung zuzuführen.

## 13. Welche Arten der Inventur sind zu beachten, welche Verfahren der Inventurvereinfachung sind zulässig und welche Grundsätze der ordnungsmäßiger Buchführung sind dabei einzuhalten?

| | |
|---|---|
| **Körperliche Inventur** | Körperliche Vermögensgegenstände werden mengenmäßig erfasst und anschließend in Euro bewertet (z. B. technische Anlagen, Betriebs- und Geschäftsausstattung, Maschinen). |
| **Buchinventur** | Buchinventur ist die Erfassung aller nicht-körperlichen Vermögensgegenstände, Forderungen, Bankguthaben, Arten von Schulden; sie werden wertmäßig aufgrund buchhalterischer Aufzeichnungen und Belege (Kontoauszüge, Saldenbestätigung durch Kunden oder Lieferanten usw.) ermittelt. |
| **Stichtags-inventur** | (Zeitnahe Inventur R 5.3 (1) EStR). Mengenmäßige Bestandsaufnahme der Vorräte, die zeitnah zum Abschlussstichtag in einer Frist von zehn Tagen vor oder nach dem Abschlussstichtag erfolgen muss (meist der 31.12.) |
| **Verlegte (Stichtags-) Inventur** | (Zeitverschobene Inventur R 5.3 (2) EStR). Körperliche Bestandsaufnahme erfolgt innerhalb einer Frist von drei Monaten vor und zwei Monaten nach dem Abschlussstichtag.<br>▸ Bestandsaufnahme zunächst mengenmäßig<br>▸ Hochrechnung der Bestände erfolgt wertmäßig auf den Abschlussstichtag. |
| **Permanente Inventur** | ▸ Laufende Inventur anhand von Lagerkarteien<br>▸ Es entfällt die körperliche Bestandsaufnahme zum Abschlussstichtag.<br>▸ Voraussetzung ist, dass mindestens einmal im Geschäftsjahr eine körperliche Bestandsaufnahme zur Überprüfung der Lagerkartei erfolgt. |
| **Stichproben-inventur** | Mithilfe statistischer Methoden: Sicherheitsgrad 95 %; Schätzfehler nicht größer als 1 %. |

Die Grundsätze ordnungsgemäßer Buchführung (GoB) sind:

| | |
|---|---|
| **Verständlichkeit** | Jeder sachverständige Dritte muss sich zurechtfinden. |
| **Kopien** | Von abgesandten Handelsbriefen muss der Kaufmann Kopien anfertigen. |
| **Sprache** | Handelsbücher und Aufzeichnungen müssen in lebender Sprache abgefasst sein (z. B. nicht in Latein). |
| **Vollständigkeit** | Alle Kontierungen und Aufzeichnungen müssen vollständig, richtig, zeitgerecht und geordnet sein; d. h.: keine fiktiven Konten, kein Weglassen, keine falsche zeitliche Erfassung, Belegnummerierung. |
| **Änderungen** | Korrekturen nur mit Stornobuchungen (kein Radieren oder Überschreiben). |
| **GoBS** IT-gestützte Systeme | Vorgeschrieben sind: Beschreibung der Software, jederzeitiger und sicherer Zugriff, Schutz vor unbefugtem Zugriff. |
| **Aufbewahrung** | ▸ 10 Jahre: Handelsbücher, Inventare, Bilanzen, GuV-Rechnungen, Buchungsbelege<br>▸ 6 Jahre: Handelsbriefe.<br>Fristbeginn ist der Schluss des Kalenderjahres, in dem die Unterlagen entstanden sind. |

| | |
|---|---|
| **Belegprinzip** | Keine Buchung ohne Beleg (Fremd-, Eigen-, Notbelege). |
| **Behandlung der Belege** | (1) Vorbereitung: Ordnen, prüfen, vorkontieren; (2) Buchen; (3) Ablage; (4) Aufbewahrung. |

Neben den allgemeinen Regeln der Grundsätze der ordnungsgemäßen Buchführung HGB (GoB) gelten ab 2015 strengere Regeln für das Steuerrecht als **Grundsätze zur ordnungsgemäßen Führung und Aufbewahrung von Büchern, Aufzeichnungen und Unterlagen in elektronischer Form sowie Datenzugriff** (**GoBD**).

Wichtige Neuerungen der GoBD sind:

- **Unveränderbarkeit von Buchhaltungsaufzeichnungen**

  Sicherstellung, dass bei nachträglichen Veränderungen der Daten die Erkenntlichkeit der Veränderungen gewährleistet wird.

- **Bankkontoauszüge sind zu konkretisieren**

  Wenn bei der Buchung von Geschäftsvorfällen lediglich auf die Nummer des Kontoauszugs Bezug genommen wird, ohne diesen Vorgang näher zu konkretisieren (z. B. durch das Datum), verstößt dies gegen den Grundsatz der Nachvollziehbarkeit und Zuordnung von Belegen.

- **Keine Buchung ohne Beleg**

  Der bekannte Grundsatz „Keine Buchung ohne Beleg" wird erstmals von der Finanzverwaltung bezüglich des Mindestinhalts sogar tabellenmäßig gefordert: Unbare Geschäftsvorfälle sind innerhalb von 10 Tagen zu erfassen. Die Journalfunktion wird sehr detailliert festgeschrieben.

- **Internes Kontrollsystem (IKS) des Unternehmers**

  - Hier ist im Einzelnen vom Steuerpflichtigen anlassbezogen zu prüfen, ob das eingesetzte DV-System tatsächlich dem dokumentierten System entspricht.
  - Diese verschärfte Prüfungspflicht des Unternehmers gilt auch, wenn er die Aufzeichnungsaufgaben an einen Steuerberater oder an ein Rechenzentrum ausgelagert hat.

- **Datensicherheit**

  Nachweis durch den Unternehmer, welche Maßnahmen er zur Gewährleistung der Datensicherheit ergriffen und wie er sie im Einzelnen eingesetzt hat.

- **Aufbewahrung der elektronischen Daten**

  - Aufbewahrung der nach den GoB erforderlichen Daten kann nur dann auch als Wiedergabe auf einem Bildträger oder auf anderen Datenträgern erfolgen, wenn sichergestellt ist, dass die Wiedergabe oder die Daten jederzeit verfügbar sind sowie unverzüglich lesbar gemacht und ausgewertet werden können.
  - Auch Handels- und Geschäftsbriefe sind in Papierform aufzubewahren, wenn die elektronische Änderung in einem Textverarbeitungsprogramm nachträglich möglich ist.

- **Datenzugriff des Finanzamts**
  - In welcher Form die Daten für die Ausübung des sog. Datenzugriffs bei Prüfungen des Finanzamts usw. zu speichern sind, wird ausführlich geregelt und steht ausdrücklich im freien Ermessen des Finanzamts.
  - Bei unmittelbarem Datenzugriff durch das Finanzamt muss der Unternehmer die Unveränderbarkeit des Datenbestands und des DV-Systems durch die Finanzbehörde gewährleisten, d. h. der Unternehmer ist dafür verantwortlich, dass das Finanzamt – versehentlich – keine Daten verändern kann.
- **Zertifikat und Testat eines DV-Systems**
  - Künftig keine Bescheinigung durch die Finanzbehörde, ob das vom Unternehmer eingesetzte DV-System den Anforderungen der GoBD entspricht.
  - Von einer Verletzung der GoBD-Grundsätze erfährt der Unternehmer erst bei einer Betriebsprüfung. Der Unternehmer kann sich gegenüber dem Finanzamt nicht auf ein ihm erteiltes Zertifikat oder Testat von Dritten (z. B. vom Verkäufer der EDV-Anlage oder dessen Wirtschaftsprüfer) bezüglich der GoBD-Konformität seiner DV-Anlage berufen.
  - Der Unternehmer trägt gegenüber dem Finanzamt also die alleinige Verantwortung.

## 14. Welche zentralen Unterschiede bestehen zwischen der deterministischen und der stochastischen Bedarfsermittlung?

| | **Verfahren der Materialbedarfsermittlung (2)** | |
|---|---|---|
| | **Stochastische Bedarfsermittlung** | **Deterministische Bedarfsermittlung** |
| **Bezugsbasis** | Verbrauchsorientiert | Auftragsorientiert<br>auch: programmgesteuert |
| | Der Bedarf wird ohne Bezug zur Produktion aufgrund von Vergangenheitswerten ermittelt. Relevant sind:<br>► Vorhersagezeitraum<br>► Vorhersagehäufigkeit<br>► Verlauf der Vergangenheitswerte | Der Bedarf wird aufgrund des Produktionsprogrammes exakt ermittelt. |
| **Vor-, Nachteile** | ► einfaches Verfahren<br>► kostengünstig<br>► kann mit Fehlern behaftet sein | ► sorgfältiges und genaues Verfahren<br>► kostenintensiv und zeitaufwendig |
| **Informationsbasis** | ► auf der Basis von Lagerstatistiken<br>► bestellt wird bei Erreichen des Lagerbestandes | 1. Produktionsprogramm:<br>► Lageraufträge<br>► Kundenaufträge<br>2. Erzeugnisstruktur<br>► Stücklisten<br>► Verwendungsnachweise<br>► Rezepturen |

| | Verfahren der Materialbedarfsermittlung (2) | |
|---|---|---|
| | **Stochastische Bedarfsermittlung** | **Deterministische Bedarfsermittlung** |
| **Anwendung** | ► Tertiär- und Zusatzbedarf – wenn deterministische Verfahren nicht anwendbar oder nicht wirtschaftlich sind | Bei allen Roh- und Hilfsstoffen lässt sich ein direkter Zusammenhang zum Primärbedarf herstellen; meist IT-gestützt. |
| **Dispositionsverfahren** | Verbrauchsgesteuerte Disposition:<br>► **Bestellpunktverfahren**<br>► **Bestellrhythmusverfahren** | Programmgesteuerte Disposition:<br>► auftragsgesteuerte Disposition<br>► plangesteuerte Disposition |
| **Methoden** | Mittelwertbildung:<br>► arithmetischer Mittelwert<br>- gewogen/ungewogen<br>► gleitender Mittelwert<br>- gewogen/ungewogen | Analytische Materialbedarfsauflösung<br>→ Stücklisten |
| | Regressionsanalyse:<br>► lineare<br>► nicht-lineare | Synthetische Materialbedarfsauflösung<br>→ Verwendungsnachweise |
| | Exponentielle Glättung:<br>► 1. Ordnung<br>► 2. Ordnung | |

## 15. Welche Dispositionsverfahren werden unterschieden?

Im Wesentlichen werden folgende Dispositionsverfahren (auch: Verfahren der Bestandsergänzung) unterschieden:

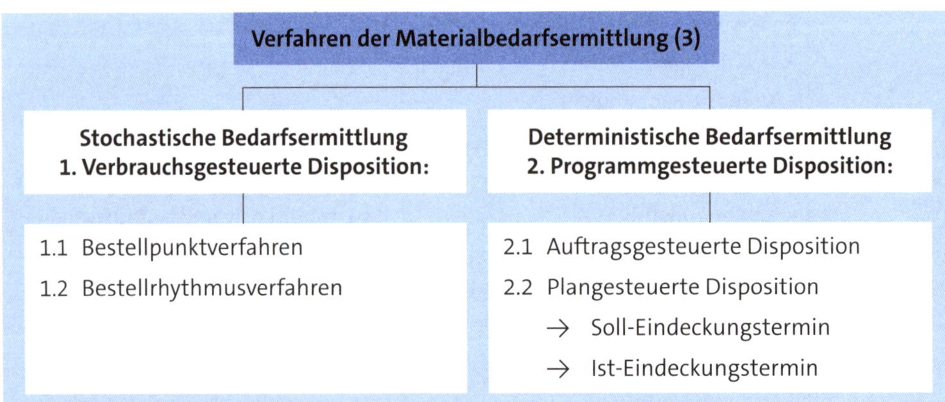


1. **Verbrauchsgesteuerte Disposition:**
   Der Bestand eines Lagers wird zu einem bestimmten Termin oder bei Erreichen eines bestimmten Lagerbestandes ergänzt. Das Verfahren ist nicht sehr aufwendig.

Die Ergebnisse sind jedoch ungenau. Es ist mit erhöhten Sicherheitsbeständen zu planen. Voraussetzung für diese Dispositionsverfahren sind eine aktuelle und richtige Fortschreibung der Lagerbuchbestände.

1.1 **Bestellpunktverfahren:**
Hierbei wird bei jedem Lagerabgang geprüft, ob ein bestimmter Bestand (Meldebestand oder Bestellpunkt) erreicht oder unterschritten ist.

Merkmale:

- feste Bestellmengen
- variable Bestelltermine.

Ermittlung des Bestellpunktes:

Bestellpunkt (Meldebestand) = (ø Verbrauch pro Zeiteinheit • Beschaffungszeit) + Sicherheitsbestand

BP = (DV • BZ) + SB

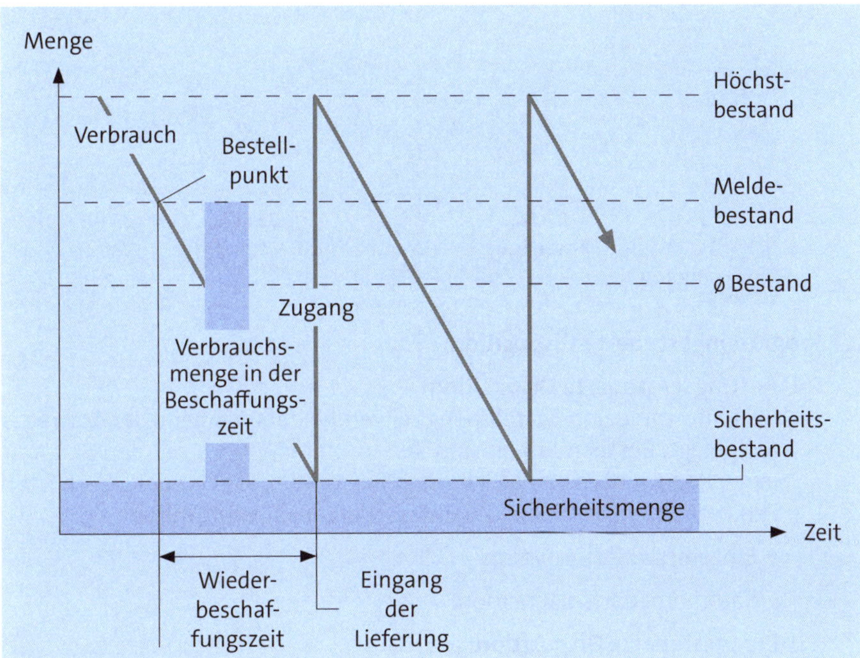


1.2 **Bestellrhythmusverfahren:**
Hierbei wird der Bestand in festen zeitlichen Kontrollen überprüft. Er wird dann auf einen vorher fixierten Höchstbestand aufgefüllt.

Merkmale:

- feste Bestelltermine
- variable Bestellmengen.

Berechnung des Höchstbestandes:

Höchstbestand = ø Verbrauch pro Zeiteinheit • (Beschaffungszeit + Überprüfungszeit) + Sicherheitsbestand

HBV = DV • (BZ + ÜZ) + SB

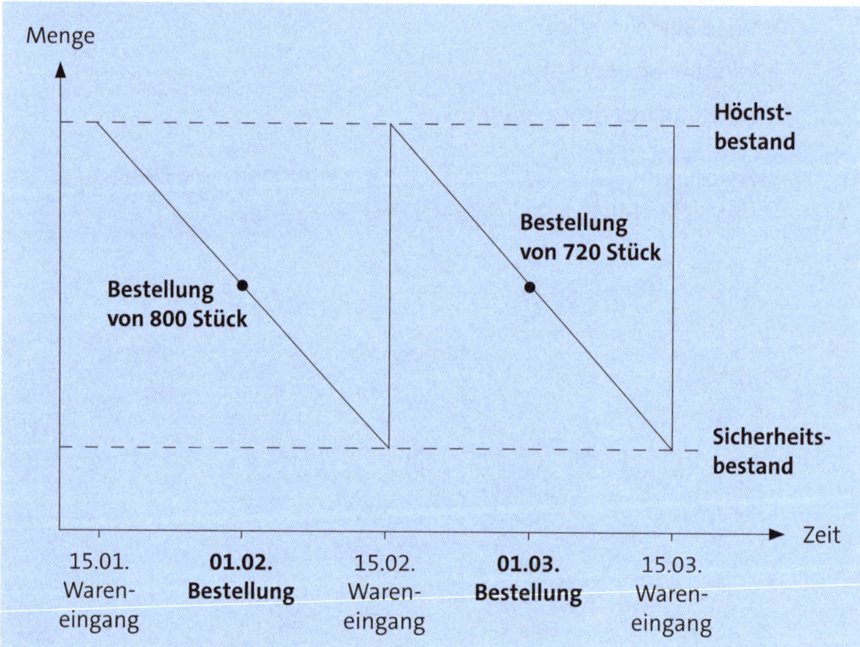


2. **Programmgesteuerte Disposition:**

2.1 **Auftragsgesteuerte Disposition:**
Bestelltermine und Bestellmengen werden entsprechend der Auftragssituation festgelegt. Bestellmengen sind fast immer identisch mit den Bedarfsmengen. In der Regel gibt es keine Sicherheitsbestände, da es weder Überbestände noch Fehlmengen geben kann. Zu unterscheiden ist weiterhin in:

- Einzelbedarfsdisposition
- Sammelbedarfsdisposition.

2.2 **Plangesteuerte Disposition:**
Ausgehend von einem periodifizierten Produktionsplan und dem deterministisch ermittelten Sekundärbedarf wird der Nettobedarf unter Berücksichtigung des verfügbaren Lagerbestandes ermittelt.

## 16. Was ist der Ist-Eindeckungstermin?

Der Ist-Eindeckungstermin ist der Tag, bis zu dem der verfügbare Lagerbestand den zu erwartenden Bedarf deckt.

## 17. Was versteht man unter dem Soll-Eindeckungstermin?

Der Soll-Eindeckungstermin ist der Tag, bis zu dem der verfügbare Lagerbestand ausreichen muss, um in der nächsten Periode zeitlich normale Bestellungen abwickeln zu können.

Soll-Eindeckungstermin = Bestelltag + WBZ + Prüf-/Einlagerungszeit + Sicherheitszeit + Dauer der Periode (in Tg.)

## 18. Wie ist der Soll-Liefertermin definiert?

Der Soll-Liefertermin ist der letztmögliche Termin, der die Lieferbereitschaft sicherzustellen in der Lage ist. Er ergibt sich aus dem Ist-Eindeckungstermin abzüglich einer Sicherheits-, Einlager- und Überprüfungszeit.

Es gilt:

Soll-Eindeckung > Ist-Eindeckung → Bestellvorgang

## 19. Welche Auswirkungen können Fehler in der Bedarfsermittlung haben?

| **Fehler in der Materialbedarfsermittlung und mögliche Folgen** | |
|---|---|
| **Vorhersagewert zu hoch** | **Vorhersagewert zu niedrig** |
| ► Bestände steigen<br>► Lagerhaltungskosten steigen<br>► Liquidität sinkt | ► Fehlmengenkosten<br>► Zusatzkäufe<br>► Kundennachfrage wird nicht befriedigt<br>► Absatzrückgang |
| **Gefährdung der Wirtschaftlichkeit** | **Gefährdung der Leistungsfähigkeit** |

## 20. Welchen Einflussfaktoren unterliegt die Bestellmenge?

**Bestellmenge, Einflussfaktoren:**

- Materialpreise
- Rabatte
- Lagerhaltungskosten

- Losgrößeneinheiten
- Beschaffungskosten
- Fehlmengenkosten
- Bestellkosten
- Finanzvolumen.

## 21. Was sind Bestellkosten?

- Bestellkosten sind Kosten, die innerhalb eines Unternehmens für die Materialbeschaffung anfallen.
- Sie sind von der Anzahl der Bestellungen abhängig und nicht von der Beschaffungsmenge.

Bei größeren Bestellmengen x sinken die Bestellkosten je Stück, erhöhen aber die Lagerkosten und umgekehrt. Bestellkosten und Lagerkosten entwickeln sich also gegenläufig. Die optimale Bestellmenge $x_{opt}$ ist grafisch dort, wo die Gesamtkostenkurve aus Bestellkosten und Lagerkosten ihr Minimum hat:

Bestellkosten = Anzahl der Bestellungen/Periode • fixe Kosten je Bestellung

$$\text{Bestellkosten pro Bestellung} = \frac{\text{Summe der Bestellkosten/Periode}}{\text{Anzahl der Bestellungen/Periode}}$$

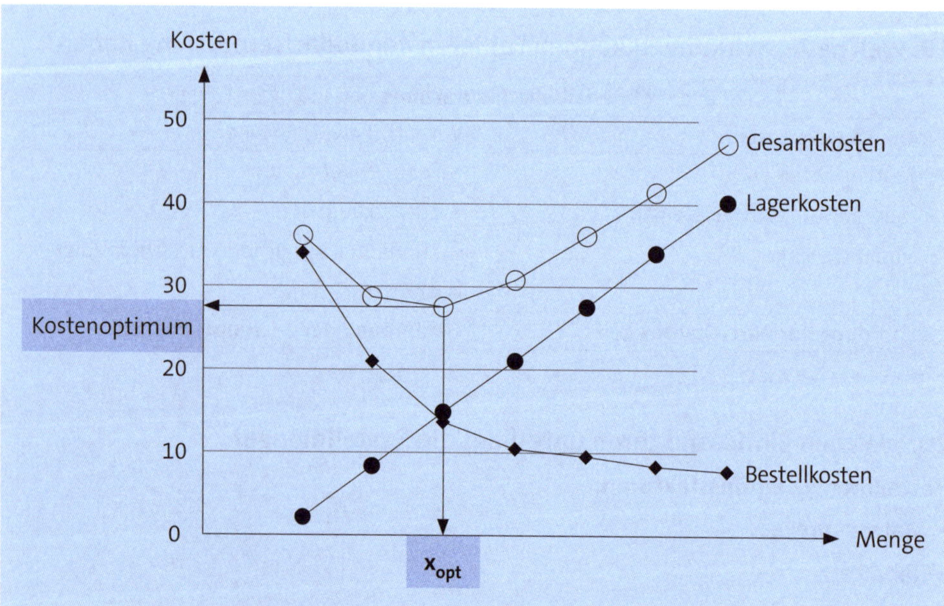

## 22. Was sind Fehlmengenkosten und welche Folgen können daraus resultieren?

Fehlmengenkosten entstehen, wenn das beschaffte Material den Bedarf der Fertigung nicht deckt, wodurch der Leistungsprozess teilweise oder ganz unterbrochen wird. Die Folgen sind:

- mögliche Preisdifferenzen
- entgangene Gewinne
- Konventionalstrafen
- Goodwill-Verluste.

## 23. Mit welchen Verfahren lässt sich die Beschaffungsmenge optimieren?

**Verfahren zur Optimierung der Beschaffungsmenge**

- **Klassische Losgrößenformel (nach Andler)**
- **Gleitendes Bestellmengenverfahren**
- **Kostenausgleichsverfahren**

## 24. Wie lautet die Formel zur Berechnung der optimalen Bestellmenge nach Andler?

$$x_{opt} = \sqrt{\frac{200 \cdot M \cdot K_B}{E \cdot L_{HS}}}$$

$x_{opt}$ = optimale Beschaffungsmenge
M = Jahresbedarfsmenge
E = Einstandspreis pro ME
$K_B$ = Bestellkosten/Bestellung
$L_{HS}$ = Lagerhaltungskostensatz

**Beispiel**

Der Jahresverbrauch beträgt 1.600 kg. Der Einkaufspreis ist 6 € je kg und der Bestellvorgang kostet jeweils 36 €. Man geht von einem Lagerhaltungskostensatz von 8 % aus. Daraus ergibt sich nach Andler eine optimale Bestellmenge x:

$$x = \sqrt{\frac{200 \cdot 1.600 \text{ kg} \cdot 36 \text{ €}}{6 \text{ €/kg} \cdot 8 \text{ \%}}} = 489{,}89 \text{ kg}$$

Aufgerundet beträgt also die optimale Bestellmenge 490 kg.

### 25. Wie lässt sich die optimale Bestellhäufigkeit errechnen?

Die optimale Bestellhäufigkeit lässt sich als Abwandlung der Andler-Formel wie folgt errechnen:

$$N_{opt} = \sqrt{\frac{M \cdot E \cdot L_{HS}}{200 \cdot K_B}}$$

$N_{opt}$ = optimale Beschaffungshäufigkeit
$M$ = Jahresbedarfsmenge
$E$ = Einstandspreis pro ME
$K_B$ = Bestellkosten/Bestellung
$L_{HS}$ = Lagerhaltungskostensatz

z. B.

$$N_{opt} = \sqrt{\frac{1.600 \text{ kg} \cdot 6 \text{ €/kg} \cdot 8 \%}{200 \cdot 36 \text{ €}}} = 3{,}26$$

Die Optimale Bestellhäufigkeit ist also (gerundet) 3.

Ferner gilt auch:

$$N_{opt} = \frac{M}{X_{opt}}$$

$M$ = Jahresbedarfsmenge
$X_{opt}$ = Optimale Bestellmenge

### 26. Wie ist die Vorgehensweise bei der Bestellmengenoptimierung unter Anwendung des gleitenden Beschaffungsmengenverfahrens?

Die Ermittlung der optimalen Bestellmenge erfolgt in einem schrittweisen Rechenprozess, indem die Summe der anfallenden Bestell- und Lagerhaltungskosten pro Mengeneinheit für jede einzelne Periode ermittelt wird. Die Kosten werden für jede Periode miteinander verglichen. In der Periode mit den geringsten Kosten wird die Rechnung abgeschlossen. Der bis dahin aufgelaufene Bedarf ist die optimale Beschaffungsmenge.

### 27. Wie ist der Sicherheitsbestand definiert?

Der Sicherheitsbestand, auch eiserner Bestand, Mindestbestand oder Reserve genannt, ist der Bestand an Materialien, der normalerweise nicht zur Fertigung herangezogen wird. Er stellt einen Puffer dar, der die Leistungsbereitschaft des Unternehmens bei Lieferschwierigkeiten oder sonstigen Ausfällen gewährleisten soll.

## 28. Welche Funktion hat der Sicherheitsbestand?

Er dient zur Absicherung von Abweichungen verursacht durch:

- Verbrauchsschwankungen
- Überschreitung der Beschaffungszeit
- quantitative Minderlieferung
- qualitative Mengeneinschränkung
- Fehler innerhalb der Bestandsführung.

## 29. Welche Folgen können aus einem zu ungenau bestimmten Sicherheitsbestand entstehen?

- Der Sicherheitsbestand ist im Verhältnis zum Verbrauch **zu hoch**:
  → es erfolgt eine unnötige Kapitalbindung.
- Der Sicherheitsbestand ist im Verhältnis zum Verbrauch **zu niedrig**:
  → es entsteht ein hohes Fehlmengenrisiko.

## 30. Wie kann der Sicherheitsbestand bestimmt werden?

- Bestimmung aufgrund subjektiver Erfahrungswerte
- Bestimmung mittels grober Näherungsrechnungen:
  - durchschnittlicher Verbrauch je Periode • Beschaffungsdauer

    Sicherheitsbestand = ø Verbrauch pro Periode • Beschaffungsdauer

  - errechneter Verbrauch in der Zeit der Beschaffung + Zuschlag für Verbrauchs- und Beschaffungsschwankungen

    Sicherheitsbestand = ø Verbrauch pro Periode + Sicherheitszuschlag

  - längste Wiederbeschaffungszeit:
    herrschende Wiederbeschaffungszeit • durchschnittlicher Verbrauch je Periode
  - arithmetisches Mittel der Lieferzeitüberschreitung je Periode • durchschnittlicher Verbrauch je Periode
- mathematisch nach dem Fehlerfortpflanzungsgesetz
- Bestimmung durch eine pauschale Sicherheitszeit
- Festlegung eines konstanten Sicherheitsbestandes
- statistische Bestimmung des Sicherheitsbestandes.

## 31. Wie ist der generelle Ablauf bei der Beschaffung (Beschaffungsprozess)?

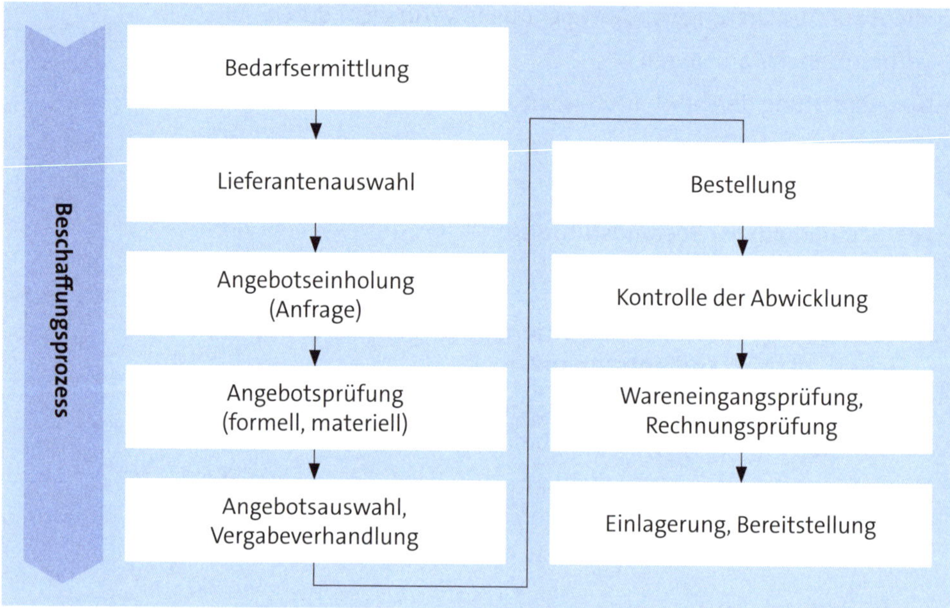


## 32. Welche Lagerkosten sind in der Regel fix und welche sind variabel?

- **Fixe Lagerkosten** z. B. Miete/Pacht, Abschreibungen, Gebäudeversicherung
- **Variable Lagerkosten** sind von der Menge der gelagerten Waren abhängig, z. B. Energiekosten, Förderkosten, Lagerzinsen, Schwund/Leckage, Hilfsmittel.

## 33. Wie unterscheiden sich der Lagerkosten- und der Lagerhaltungskostensatz?

$$\text{Lagerkostensatz} = \frac{\text{Lagerkosten}}{\text{ø Lagerbestandswert}} \cdot 100$$

$$\text{Lagerhaltungskosten} = \text{Lagerkosten} + \text{Zinskosten}$$

$$\text{Lagerhaltungskosten} = \text{ø im Lager gebundenes Kapital} \cdot \text{Lagerhaltungskostensatz}$$

$$\text{Lagerhaltungskosten} = \text{ø Lagerbestand (Menge)} \cdot \text{Einstandspreis} \cdot \text{Lagerhaltungskostensatz}$$

$$\text{Lagerhaltungskostensatz} = \text{Zinssatz des im Lager gebundenen Vorratskapitals} + \text{Lagerkostensatz}$$

Bei der Berechnung des Lagerzinssatzes ist der Kapitalmarktzins auf die Dauer der Kapitalbindung, d. h. auf die Lagerdauer zu beziehen:

$$\text{Lagerzinssatz} = \frac{\text{Kapitalmarktzinssatz} \cdot \text{durchschnittliche Lagerdauer}}{360}$$

$$\text{Lagerzinsen} = \frac{\text{durchschnittlicher Lagerbestand} \cdot \text{Lagerzinssatz}}{100}$$

Näherungsweise können die Lagerhaltungskosten auch ermittelt werden:

$$\text{Lagerhaltungskosten} = \text{durchschnittlicher Lagerbestand} \cdot \text{Lagerhaltungskosten je Stück}$$

Das durchschnittlich im Lager gebundene Kapital kann näherungsweise berechnet werden:

$$\text{durchschnittlich im Lager gebundenes Kapital} = \frac{\text{Lagerbestand}}{2} \cdot \text{Einstandspreis pro Stück}$$

### 34. Welche Kennzahlen der Lagerhaltung gibt es weiterhin?

Kennzahlen der Lagerhaltung sind z. B.:

$$\text{Flächennutzungsgrad} = \frac{\text{genutzte Lagerfläche}}{\text{vorhandene Lagerfläche}}$$

$$\text{Raumnutzungsgrad} = \frac{\text{genutzter Lagerraum}}{\text{vorhandener Lagerraum}}$$

$$\text{Höhennutzungsgrad} = \frac{\text{genutzte Lagerhöhe}}{\text{vorhandene Lagerhöhe}}$$

$$\text{Nutzungsgrad der Lagertransportmöglichkeit} = \frac{\text{transportierte Menge}}{\text{Transportkapazität}}$$

$$\text{Einsatzgrad} = \frac{\text{Einsatzzeit}}{\text{Arbeitszeit}}$$

$$\text{Ausfallgrad} = \frac{\text{Stillstandszeit}}{\text{Einsatzzeit}}$$

$$\text{durchschnittlicher Lagerbestand} = \frac{\text{Anfangsbestand} + \text{Endbestand}}{2}$$

$$\text{durchschnittlicher Lagerbestand} = \frac{\text{Jahresanfangsbestand} + 12\ \text{Monatsendbestände}}{13}$$

$$\text{durchschnittlicher Lagerbestand} = \frac{\text{optimale Bestellmenge}}{2} + \text{Sicherheitsbestand}$$

$$\text{Durchschnittsbestand/Tag} = \frac{\text{Summe der Tagesbestände}}{\text{Anzahl der Tage}}$$

$$\text{Umschlagshäufigkeit auf Mengenbasis} = \frac{\text{Jahresverbrauch}}{\text{durchschnittlicher Lagerbestand (in Stk.)}}$$

$$\text{Umschlagshäufigkeit auf Wertbasis} = \frac{\text{Jahresverbrauch}}{\text{durchschnittlicher Lagerbestand (zu EP in €)}}$$

$$\text{durchschnittliche Lagerdauer} = \frac{\text{360 (Tage)}}{\text{Umschlagshäufigkeit}}$$

$$\text{Sicherheitskoeffizient} = \frac{\text{Sicherheitsbestand}}{\text{durchschnittlicher Bestand}}$$

$$\text{Lagerreichweite} = \frac{\text{durchschnittlicher Lagerbestand}}{\text{durchschnittlicher Bedarf}}$$

$$\text{Lagerbestand in \% des Umsatzes} = \frac{\text{Lagerbestand}}{\text{Umsatz}} \cdot 100$$

$$\text{Materialumschlag} = \frac{\text{Materialverbrauch}}{\text{durchschnittlicher Materialbestand}} \cdot 100$$

## 35. Mit welchen Maßnahmen lassen sich die Lagerkosten senken?

Beispiele:

- Umschlaghäufigkeit erhöhen
- Sortiment bereinigen
- Bestand reduzieren
- Beschaffungsverfahren ändern
- Bildung von Einheiten.

## 36. Wie wird der Einstandspreis berechnet?

| | | **Beispiel:** |
|---|---|---|
| | Listeneinkaufspreis, netto | 500,00 € |
| + | 19 % USt | 95,00 € |
| = | Listeneinkaufspreis, brutto | 595,00 € |
| - | Rabatt, 5 % | 29,75 € |
| = | Zieleinkaufspreis, brutto | 565,25 € |
| - | Skonto, 3 % | 16,96 € |
| = | Bareinkaufspreis, brutto | 548,29 € |
| + | Bezugskosten (Versicherung, Fracht, Verpackung) | 300,00 € |
| = | Einstandspreis inkl. USt | 848,29 € |

# 2.3 Nutzen und Möglichkeiten der Organisationsentwicklung

## 2.3.1 Organisationsentwicklung in betrieblichen Abläufen

### 01. Was versteht man unter Organisationsentwicklung?

- **Begriff:**
  Organisationsentwicklung (OE) ist ein **langfristig** angelegter **systemorientierter Prozess** zur **Veränderung der Strukturen** eines Unternehmens und **der** darin arbeitenden **Menschen**. Der Prozess beruht auf der Lernfähigkeit aller Betroffenen durch direkte Mitwirkung und praktische Erfahrung.

  Damit gehören zur Organisationsentwicklung auch Einstellungs- und Verhaltensänderungen im Umgang mit Arbeitsanforderungen, der eigenen Leistungsfähigkeit, mit Gesundheit und Krankheit. Dies kann durch eine enge Verknüpfung der technischen, ergonomischen, arbeitsorganisatorischen und betriebsklimatischen Elemente bei der Verbesserung der Arbeitsbedingungen erfolgen.

MERKE

> Organisationsentwicklung ist ein **langfristig angelegter Entwicklungsprozess**.
>
> Er zielt ab auf die notwendige Anpassung der bestehenden Organisationsformen (**Hard facts**) sowie die Veränderung der Organisationskultur (**Soft facts**).
>
> Organisationsentwicklung wird getragen vom Gedanken der **lernenden Organisation** (gemeinsames Lernen, Erleben und Umsetzen).

- **Ziel:**
  Das Ziel besteht in einer gleichzeitigen **Verbesserung der Leistungsfähigkeit der Organisation** (Effektivität) und der **Qualität des Arbeitslebens**. Unter der Qualität des Arbeitslebens bzw. der Humanität versteht man nicht nur materielle Existenzsicherung, Gesundheitsschutz und persönliche Anerkennung, sondern auch Selbstständigkeit (angemessene Dispositionsspielräume), Beteiligung an den Entscheidungen sowie fachliche Weiterbildung und berufliche Entwicklungsmöglichkeiten.

| **Organisationsentwicklung – Vorteile ...** | |
|---|---|
| **für das Unternehmen** | **für die Mitarbeiter** |
| ► geringere Kosten | ► Aufstieg möglich |
| ► erhöhte Qualität der Produkte | ► verbesserte Aus- und Weiterbildung |
| ► verkürzte Durchlaufzeiten | ► verbesserte Lernfähigkeit |
| ► verbesserte Teamarbeit | ► verbesserte Motivation |
| ► verbesserte Wettbewerbsfähigkeit | ► verbesserte Zielorientierung |

## 02. Worin unterscheiden sich die Ansätze der klassischen Organisationslehre von denen der Organisationsentwicklung?

**Die klassische Organisationslehre** hat einen **betriebswirtschaftlichen** Ansatz und setzt an bei einer mehr formalen **Optimierung der Aufbau- und Ablaufstrukturen** (Linien-/Matrixorganisation, Gliederungsbreite/-tiefe, Zentralisation/Dezentralisation usw.), ohne i. d. R. den Mitarbeiter selbst im Mittelpunkt von Veränderungsprozessen zu sehen.

Die OE hat einen **ganzheitlichen Ansatz**: Angestrebt wird eine Anpassung der formalen Aufbau- und Ablaufstrukturen **und** der Verhaltensmuster der Mitarbeiter an Veränderungen der Umwelt (Kunden, Märkte, Produkte).

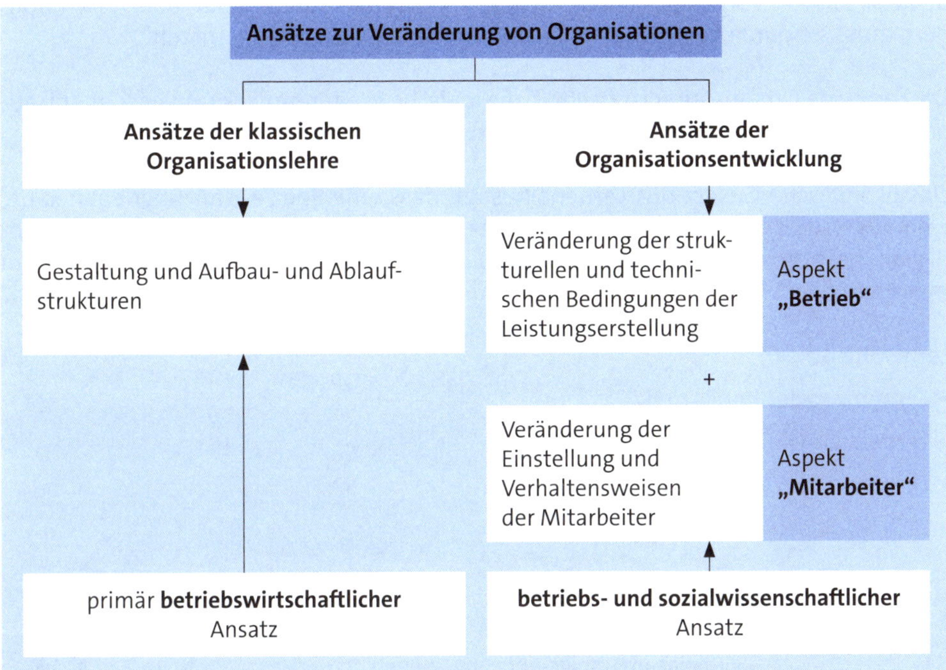


## 03. Welche Überlegungen stehen hinter dem Begriff „lernende Organisation“?

In Verbindung mit der Organisationsentwicklung (OE) wird häufig auch von der Lernenden Organisation gesprochen. Gemeint ist damit ein System, das ständig in Bewegung ist: Ereignisse werden als Anregung begriffen und für Entwicklungsprozesse genutzt, um die Wissensbasis und Handlungsspielräume an die neuen Erfordernisse anzupassen.

Eine Lernende Organisation ist durch folgende Merkmale geprägt, z. B.:

- Orientierung am Nutzen des Kunden, vom Kunden lernen
- interne Kooperations- und Konfliktlösungsfähigkeit
- Teamgeist (Lernen im Team)
- demokratischer Führungsstil und Partizipation der Mitarbeiter
- Belohnung von Engagement
- richtiger Umgang mit Fehlern (von Fehlern lernen, Fehlertoleranz).

Veränderungsprozesse sind nur möglich, nachdem Lernprozesse und Akzeptanzvorgänge stattgefunden haben. Aber auch: aus Veränderungsprozessen folgen Lernprozesse. Beide Arten von Vorgängen darf ein Unternehmen nicht dem Zufall überlassen, sondern muss sie durch geeignete Maßnahmen initiieren und unterstützen.

Die Lernende Organisation ist deshalb die logische Weiterentwicklung der Organisationsentwicklung, besser noch ein integrierter Bestandteil.

Das ökologische Gesetz des Lernens besagt, dass eine Spezies nur überleben kann, wenn ihre Lerngeschwindigkeit gleich oder größer ist als die Veränderungsgeschwindigkeit ihrer Umwelt. Dieses Gesetz lässt sich gut auf Unternehmen übertragen. Man muss schneller lernen als die Konkurrenz, um langfristig zu überleben.

Lernen heißt:

- Lernen von der Konkurrenz
- Lernen vom Kunden
- Lernen vom Kollegen.

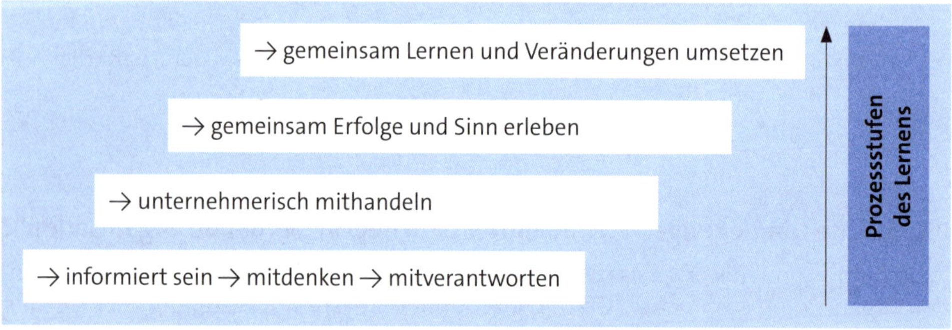

### 04. Welche Phasen hat ein Organisationszyklus?

Maßnahmen der Organisationsentwicklung müssen systematisch bearbeitet werden. Die Literatur enthält dazu eine kaum noch überschaubare Fülle an Phasenmodellen. Bei genauerer Betrachtung existieren kaum Unterschiede in den einzelnen Modellen: Mitunter variiert die **Anzahl der Phasen** sowie die **Bezeichnung pro Phase**.

Generell weist jedes der Phasenmodelle mehr oder weniger ausgeprägt den Zyklus des **Management-Regelkreises** auf:

**Ziele setzen → planen → organisieren → realisieren → kontrollieren**

Auf die Organisationsentwicklung übertragen bedeutet dies, dass OE-Prozesse sich permanent in folgenden Phasen wiederholen (= **Zyklus der OE**):

| Phase | Inhalte |
|---|---|
| **1. Situationsanalyse** | ► Beschreibung und Analyse der Ist-Situation<br>► Ermittlung der Ressourcen, Informationen und Zusammenhänge |
| ↓ | |
| **2. Organisationsanalyse** | ► Analyse der Gesamtorganisation (Stärken/Schwächen)<br>► Bewertung des Ist-Zustands |
| ↓ | |
| **3. Zielformulierung** | ► Ziele formulieren aus dem Soll-Ist-Vergleich<br>► Ziele strukturieren |
| ↓ | |
| **4. Lösungsansätze** | ► Suchen und Konkretisieren von Lösungsansätzen<br>► Lösungskataloge |
| ↓ | |
| **5. Bewertung** | ► Bewertungsverfahren und -kriterien<br>► Auswahl der optimalen Lösung |
| ↓ | |
| **6. Entscheidung** | ► Freigabe der optimalen Lösung |
| ↓ | |
| **7. Realisierung** | ► Umsetzung der Lösungen<br>► Reflexion über Prozess und Ergebnis |
| ↓ | |
| **8. Kontrolle der Ansätze im Hinblick auf die Zielformulierung** | ► Laufender Soll-Ist-Vergleich<br>► ggf. Zielkorrektur |

TIPP

Ausführlich werden die Methoden der Problemlösung und Entscheidungsfindung u. a. im 3. Prüfungsfach behandelt; vgl. dort unter >> 3.5.2 sowie >> 3.2.2.

## 05. Welche Strategieansätze der Organisationsentwicklung sind grundsätzlich denkbar?

| | |
|---|---|
| **Top-down** | „von oben nach unten“: Veränderungsansätze werden von der Spitze des Unternehmens her entwickelt und schrittweise in den nachgelagerten Ebenen mit entwickelt und umgesetzt. Das Verfahren ist autoritär, aber relativ schnell umzusetzen. |
| **Bottom-up** | Veränderungsprozesse gehen primär von der Basis aus und werden nach oben hin in Gesamtpläne verdichtet. Die Mitarbeiter können sich mit den Veränderungen gut identifizieren. Das Verfahren ist relativ langsam. |
| **Center-out** | „von Kernprozessen ausgehend“: Bei diesem Ansatz geht man von den Kernprozessen der Wertschöpfung aus und setzt dort mit den notwendigen Veränderungsprozessen an. |
| **Multiple-nucleus** | übersetzt: mehrfache Kerne/Keimzellen; sog. „Flecken-Strategie“: Veränderungsprozesse gehen von unterschiedlichen „Keimzellen“ im Unternehmen aus und werden miteinander verbunden; Keimzellen sind z. B. Abteilungen, die besonders innovativ, kritisch-kreativ sind und bestehende Strukturen und Abläufe hinterfragen. |
| **Politik der vertikalen Schnitte** | OE-Maßnahmen können bisweilen zu deutlichen Änderungen über alle Funktionen und Ebenen des Unternehmens führen. Werden derartige markante Änderungen umgesetzt, bezeichnet man dies auch als „Politik der vertikalen Schnitte“. |

## 06. Welche Unterschiede und Gemeinsamkeiten bestehen zwischen Organisations- und Personalentwicklung?

Der Begriff/Ansatz der Personalentwicklung (PE) ist umfassender als der der Aus-/Fortbildung und Weiterbildung. PE vollzieht sich innerhalb der Organisationsentwicklung und diese wiederum ist in die Unternehmensentwicklung eingebettet.

**Stufenkonzept: Zunahme der Komplexität und Vernetzung**

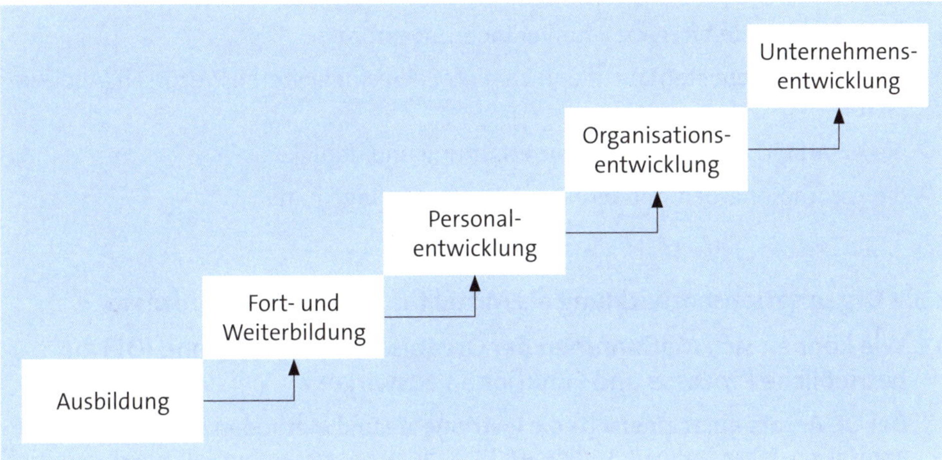


## 07. Welche Erfolgs- und Misserfolgsfaktoren des organisatorischen Wandels lassen sich nennen?

- **Erfolgsfaktoren**, z. B.:
  - Konsens zwischen Mitarbeitern und Führungskräften über die Notwendigkeit von Veränderungen
  - Konsens über die Bewertung der Umwelt
  - Führungskräfte sind Wegbereiter für Veränderungsprozesse (**Change Agent**)
  - Mitarbeiter erleben spürbar, transparent und gemeinsam den Erfolg richtig eingeleiteter Maßnahmen
  - die Informationspolitik ist geprägt von Offenheit, Feedback und Konfliktfähigkeit
  - Zielsetzungen/Visionen werden der Belegschaft klar und verständlich präsentiert
  - die Ansätze der OE sind ganzheitlich und integrativ.
- **Misserfolgsfaktoren:**
  Hier sind zunächst einmal alle oben genannten Aspekte mit umgekehrtem Vorzeichen zu nennen; weitere Beispiele für fehlende Voraussetzungen/Misserfolgsfaktoren von OE sind:
  - Nichterkennen der Probleme („blinder Fleck“) bei den Beteiligten
  - fehlende Bereitschaft zur Veränderung/mangelnder Leidensdruck
  - fehlende Kunden- und Marktorientierung
  - falsche Strategie (ausschließlicher Top-down-Ansatz)

- Mitarbeiter werden nicht wirklich eingebunden
- Blockade durch Verteidigung von Besitzständen
- unrealistische Zeitvorgaben für Veränderungsprozesse
- das Management steht nicht ehrlich hinter den eingeleiteten Prozessen (Alibi-Projekte)
- die Mitarbeiter haben keine Teamerfahrung und -fähigkeit
- die Zusammenarbeit mit dem Betriebsrat ist mangelhaft.

### 2.3.2 Organisationsentwicklung als Mittel für Veränderungsprozesse

#### 01. Wie können sich Maßnahmen der Organisationsentwicklung (OE) auf betriebliche Prozesse und Funktionen auswirken?

1. **Der OE-Ansatz nutzt einerseits die Instrumente und Methoden der klassischen Organisationslehre** (vgl. >> 2.3.1 Frage 02.), andererseits ist er von Fall zu Fall genötigt, diese **Ansätze infrage zu stellen und zu prüfen**, ob die formale Änderung von Prozesse von einer **wirklichen Änderung im Denken und Handeln der Mitarbeiter** begleitet ist.

   **Beispiel**

   OE nutzt die bekannten Methoden der klassischen Organisationslehre, z. B.:
   - Optimierung der Aufbau- und Ablaufprozesse nach Raum, Zeit und Kosten
   - Einsatz der Instrumente: Fluss-, Balken-, Block-, Arbeitsablaufdiagramme, Netzplantechnik usw.
   - Einsatz und Optimierung der Arbeitspapiere und Belege: Laufkarten, Materialentnahmescheine, Lohnzettel, Terminkarten.

   Ausführlich werden die Methoden und Instrumente der klassischen Organisationslehre im 3. Prüfungsfach behandelt (Überschneidung im Rahmenplan).

2. **Organisationsentwicklung in Reinkultur darf weder vor Hierarchien noch vor Besitzständen Halt machen. OE muss das gesamte Unternehmen erfassen.**

## 02. Welche Trends sind heute in der Organisationsentwicklung der Unternehmen erkennbar?

Die Veränderung der Märkte und der generellen Umwelt verlangt heute neue Strukturen der Aufbau-, Ablauf- und Arbeitsorganisation sowie einen Wandel im Hierarchie- und Rollenverständnis aller Führungskräfte und Mitarbeiter. In der Praxis finden sich dazu Ansätze unter folgenden Schlagworten:

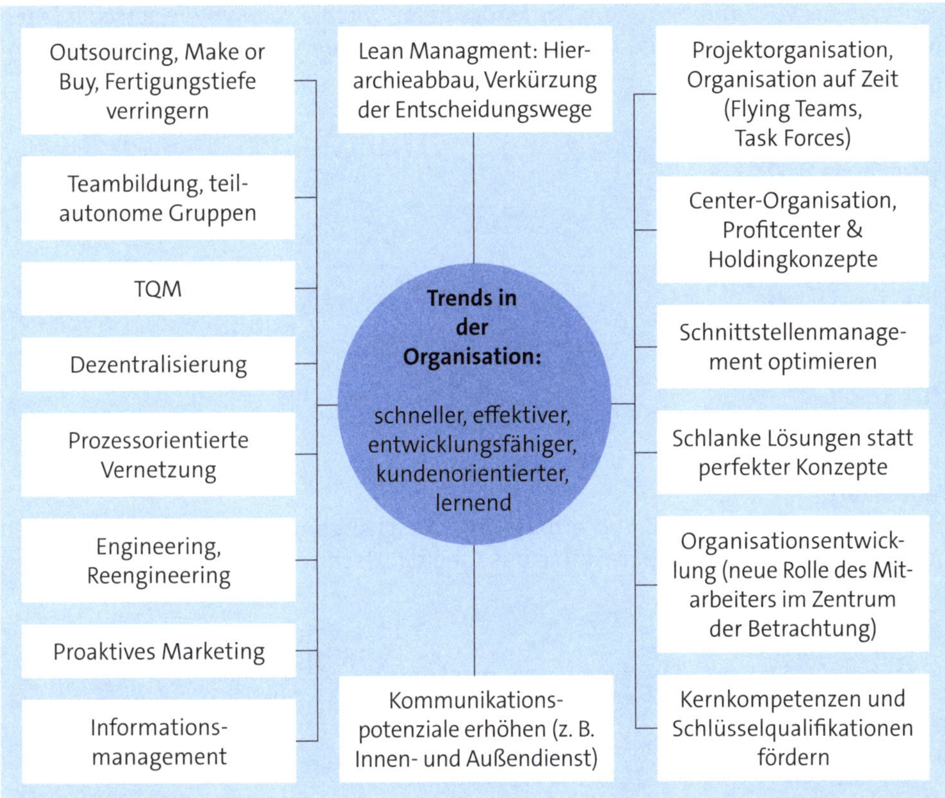


## 03. Welche Gründe können zur Notwendigkeit der Organisationsentwicklung führen?

- Veränderung der Märkte (Globalisierung)
- veränderte Technik
- neue Gesetze
- Veränderungen in der Gesellschaft (z. B. Nachfrage)
- Kooperationen, Unternehmenszusammenschlüsse.

## 04. Welche Arbeitspapiere (Prozesspapiere) müssen ggf. im Rahmen der Organisationsentwicklung überprüft werden?

Die Prozess- bzw. Arbeitspapiere müssen laufend den betrieblichen Notwendigkeiten angepasst werden. Dies kann z. B. folgende Unterlagen betreffen, die i. d. R. von der Arbeitsvorbereitung erstellt werden:

**Laufkarte**
Sie ist ein Begleitformular für ein Werkstück beim Durchlauf durch die verschiedenen Betriebsabteilungen während der Fertigung (Anwendung bei der Einzel- und Kleinserienfertigung).

| **Laufkarte** | | | | Auftrags-Nr.: | ... |
|---|---|---|---|---|---|
| Werkstück/Benennung: | ... | Stückzahl: | ... | Termin: | ... |
| | | | | | |
| Nr. | Arbeitsgang | Werkzeug Nr. | | Stückzahl | |
| ... | ... | ... | | ... | |
| | | | | | |
| | | | | | |

**Terminkarte**
In ihr werden die Start- und Endtermine der Arbeitsvorgänge festgehalten. Sie dienen bei Einzelfertigung der Überwachung des Arbeitsfortschritts.

| **Terminkarte** | | | | Auftrags-Nr.: | ... |
|---|---|---|---|---|---|
| Werkstück/Benennung: | ... | Stückzahl: | ... | Termin: | ... |
| | | | | | |
| Nr. | Arbeitsgang | Start | | Ende | |
| ... | ... | ... | | ... | |
| | | | | | |
| | | | | | |

**Materialentnahmescheine**
Sie dienen der belegmäßigen Erfassung des Materialabgangs vom Lager (Materialbuchhaltung) und informieren darüber,

- welche Kostenart verbraucht wird
- in welcher Kostenstelle der Verbrauch stattfindet
- für welchen Kostenträger der Materialverbrauch bestimmt ist
- wann und durch wen die Entnahme erfolgte.

| | | | |
|---|---|---|---|
| **Materialentnahmeschein Nr.:** | ... | Auftrags-Nr.: | ... |
| Werkstück/Bennennung: | ... | Ausgabestelle: | ... |
| | | Anforderungsstelle | ... |
| | | | |
| Nr. | Menge | Gegenstand | Buchungsvermerk |
| ... | ... | ... | ... |
| | | | |
| ausgegeben: | | empfangen: | |
| ... | | ... | |

**Lohnschein**
Formular, das für alle im Akkord ausgeführten Aufträge erstellt wird. Bestandteile sind Nummer des Arbeiters, Kostenträgernummer, Nummer der Kostenstelle; abgelieferte Stückzahl, Vorgabezeit je Stück Minutenfaktor/Geldfaktor, Lohnbetrag; Abrechnungsperiode; Unterschrift des Vorgesetzten. Der Lohnschein wird als Grundlage für die Lohnabrechnung verwendet.

| | | | |
|---|---|---|---|
| **Lohnschein:** | ... | Auftrags-Nr.: | ... |
| Personal-Nr.: | ... | Datum: | ... |
| | | Periode: | ... |
| | | | |
| Datum: | Arbeitsgang: | Stückzahl: | Unterschrift: |
| ... | ... | ... | ... |
| | | | |
| Unterschrift des Vorgesetzten: | ... | | |

## 05. Welcher gedankliche Ansatz wird mit dem Konzept „Change-Management" verbunden?

Die Märkte, die Anforderungen der Kunden und die Produkte ändern sich heute mit rasanter Geschwindigkeit. Das Unternehmen muss sich den gegebenen Veränderungen anpassen.

**Change-Management** bedeutet übersetzt „Veränderungsmanagement" und setzt sich zusammen aus den Worten „change" (verändern, wandeln oder umstellen) und „manage" (behandeln, führen, steuern). Change-Management bedeutet also, Veränderungen möglich machen und beinhaltet die systematisch-konzeptionelle, flexible Anpassung des Unternehmens an die ständigen Veränderungen der Umwelt.

### 06. Wie muss der Vorgesetzte heute seine Rolle als Change-Agent und Coach wahrnehmen?

1. Grundgedanke:
   **Führungsarbeit** – heute – **ist Personalentwicklungsarbeit**, die im Sinne von Beratung, Betreuung, Wegbereitung und Coaching für alle Mitarbeiter ohne Eitelkeit und hierarchischem Denken, dafür aber mit hohem Engagement, Situations- und Menschengefühl vorangebracht wird. Verwaltungsakteure mit hoheitlichem Denken sind heute fehl am Platze.
2. **Notwendigkeit der Fachkompetenz und des Hintergrundwissens:**
   Der Vorgesetzte hat die aufbau-, ablauf- und verfahrenstechnischen Hintergründe in seinem Unternehmen zu kennen (z. B. Ablauf der Personalplanung, Genehmigungsverfahren zur Einrichtung einer Planstelle, Organigramme).

### 07. Welche Anforderungen stellt das Change-Management an die Mitarbeiter?

Beispiele:

- Beteiligung
- Flexibilität
- Eigenverantwortung
- Teamorientierung
- Selbstorganisation
- Offenheit für neue Ideen
- Kundenorientierung.

# 2.4 Anwenden von Methoden der Entgeltfindung und der kontinuierlichen, betrieblichen Verbesserung

## 2.4.1 Formen der Entgeltfindung

### 01. Was bedeutet „relative Lohngerechtigkeit“?

Eine **absolute Lohngerechtigkeit ist nicht erreichbar**, da es keinen absolut objektiven Maßstab zur Lohnfindung gibt. Bestenfalls ist eine relative Lohngerechtigkeit realisierbar. „Relativ“ heißt vor allem, dass

- unterschiedliche Arbeitsergebnisse zu unterschiedlichem Lohn führen
- unterschiedlich hohe Arbeitsanforderungen differenziert entlohnt werden.

## 02. Welche Bestimmungsgrößen werden bei der Entgeltdifferenzierung eingesetzt?

- **Leistung des Mitarbeiters** (Leistungsgerechtigkeit): Bei gleichem Arbeitsplatz (gleichen Anforderungen) soll eine unterschiedlich hohe Leistung differenziert entlohnt werden. Dazu bedient man sich
  - der Arbeitsstudien (Stichwort: Normalleistung),
  - unterschiedlicher Verfahren der Leistungsbeurteilung oder auch
  - dem Instrument der Zielvereinbarung i. V. m. ergebnisorientierter Entlohnung,

  um die Leistung des Mitarbeiters objektiv zu messen. Im Ergebnis führt dies zu unterschiedlichen Lohnformen (Leistungslohn, Zeitlohn, erfolgsabhängige Entlohnung, Prämie, Tantieme usw.).
- **Anforderungen des Arbeitsplatzes** (Anforderungsgerechtigkeit): Mithilfe der **Arbeitsbewertung** soll die relative Schwierigkeit einer Tätigkeit erfasst werden. Über verschiedene Methoden der Arbeitsbewertung (summarisch oder analytisch; Prinzip der Reihung oder Stufung) werden die unterschiedlichen Anforderungen eines Arbeitsplatzes erfasst. Im Ergebnis führt dies zu unterschiedlichen „Lohnsätzen" (z. B. Gehaltsgruppen), und zwar je nach Schwierigkeitsgrad der zu leistenden Arbeit auf dem jeweiligen Arbeitsplatz.
- **Soziale Überlegungen** (Sozialgerechtigkeit): Neben den Kriterien Anforderung und Leistung können soziale Gesichtspunkte wie Alter, Familienstand, Betriebszugehörigkeit des Arbeitnehmers herangezogen werden.
- **Leistungsmöglichkeit** (Arbeitsumgebung): Bei gleicher Anforderung und gleicher Leistungsfähigkeit wird eine bestimmte Tätigkeit trotzdem zu unterschiedlichen Leistungsergebnissen führen, wenn die **Arbeits- und Leistungsbedingungen unterschiedlich sind**, z. B.:
  - Ausstattung des Arbeitsplatzes
  - Unternehmensorganisation
  - Führungsstil
  - Informationspolitik
  - Betriebsklima usw.

  In der Praxis ist dieser Sachverhalt bekannt. Da er sich kaum oder gar nicht quantifizieren lässt, wird er meist nur ungenügend bei der Entgeltbemessung berücksichtigt.
- **Sonstige Bestimmungsfaktoren:** Darüber hinaus gibt es weitere Faktoren, die im speziellen Fall bei der Lohnfindung eine Rolle spielen können, z. B.:
  - **Branche** (z. B. Handel oder Chemie)
  - **Region** (z. B. München oder Emden)
  - **Tarifzugehörigkeit**
  - spezielle **Gesetze**
  - **Qualifikation** (Entgeltdifferenzierung nach allgemein gültigen Bildungsabschlüssen).

## 03. Welche Entlohnungsformen lassen sich unterscheiden?

Man unterscheidet u. a. folgende Lohnformen (synonym: Entgeltformen, Vergütungsarten):

**Lohnformen**

| **Zeitlohn** | **Leistungslohn** | **Sonderformen** |
|---|---|---|
| ► „reiner" Zeitlohn | ► Akkordlohn | z. B.: |
| ► Zeitlohn mit Zulagen | - Zeit-/Geldakkord | ► Zuschläge |
| | - Einzel-/Gruppenakkord | ► Sozialzulagen |
| | ► Prämienlohn | ► Erfolgsbeteiligung |
| | ► Pensumlohn | |

- Beim **Zeitlohn** wird die im Betrieb verbrachte Zeit vergütet – unabhängig von der tatsächlich erbrachten Leistung. Ein mittelbarer Bezug zur Leistung besteht nur insofern, als ein gewisser normaler Erfolg laut Arbeitsvertrag geschuldet wird. Der Zeitlohn wird insbesondere bei

  - besonderer Bedeutung der Qualität des Arbeitsergebnisses,
  - erheblicher Unfallgefahr,
  - kontinuierlichem Arbeitsablauf,
  - nicht beeinflussbarem Arbeitstempo,
  - nicht vorherbestimmbarer Arbeit,
  - quantitativ nicht messbarer Arbeit,
  - schöpferisch-künstlerischer Arbeit

  usw. gezahlt.

  Löhne und Gehälter können als reiner Lohn gezahlt werden – oder in Verbindung mit einer Zulage und/oder einer Prämie. Bei den Zulagen kommt vor allem die (meist tariflich vorgeschriebene) **Leistungszulage** in Betracht.

  Mit der Leistungszulage können die Nachteile des Zeitlohns gemildert werden.

  Bruttolohn = Lohn je Stunde • Anzahl der Stunden

  oder

  Bruttolohn = vereinbarter Monatslohn

- Der **Akkordlohn** ist ein echter Leistungslohn. Die Höhe des Entgelts ist von der tatsächlichen Arbeitsleistung direkt abhängig.

  Im Gegensatz zum

  - Einzelakkord werden beim
  - Gruppenakkord

  die Akkordminuten aller Gruppenmitglieder in einem „Topf" gesammelt und entsprechend der Arbeitszeit und der Lohngruppe auf die Gruppenmitglieder aufgeteilt. Die Aufteilung kann z. B. über Äquivalenzziffern (auf Basis der Tariflöhne) erfolgen.

  Akkordrichtsatz = Akkordgrundlohn + Akkordzuschlag

  A. **Berechnung beim Stückgeld-Akkord:**

  $$\text{Geldakkordsatz je Stück} = \frac{\text{Akkordrichtsatz}}{\text{Normalleistung je Stunde}}$$

  Bruttolohn = Geldakkordsatz je Stück • Stückzahl

  B. **Berechnung beim Stückzeit-Akkord:**

  $$\text{Minutenfaktor} = \frac{\text{Akkordrichtsatz}}{\text{60 Minuten}}$$

  $$\text{Zeitakkordsatz} = \frac{\text{60 Minuten}}{\text{Normalleistung je Stunde}}$$

  Bruttolohn = Minutenfaktor • Zeitakkordsatz • Stückzahl

  Beide Verfahren (Stückgeld-Akkord/Stückzeit-Akkord) führen zu einem identischen Ergebnis. Bei einer Tarifänderung müssen beim Geldakkord alle Einzelakkorde neu berechnet werden. Dagegen ändern sich beim Stückzeitakkord nur die Akkordrichtsätze. Dieser Vorteil führt in der Praxis meist zur Verwendung des Stückzeit-Akkords.

- Der **Prämienlohn** besteht aus

  - einem leistungsunabhängigen Teil, dem **Grundlohn** und
  - einem leistungsabhängigen Teil, der **Prämie**.

  Der Prämienlohn kann immer dann eingesetzt werden, wenn

  - die Leistung vom Mitarbeiter (noch) beeinflussbar ist, aber
  - die Ermittlung genauer Akkordsätze nicht möglich oder unwirtschaftlich ist.

Anwendungsgebiete des Prämienlohns können sein:

- Mengenprämie
- Qualitätsprämie (= Güteprämie)
- Ersparnisprämie
- Nutzungsprämie
- Termineinhaltungsprämie
- Umsatzprämie usw.

Das Grundprinzip bei der Prämiengestaltung ist, dass der Nutzen der erbrachten Mehrleistung zwischen Arbeitgeber (Zusatzerlöse) und Arbeitnehmer (Prämie) planmäßig in einem bestimmten Verhältnis aufgeteilt wird (z. B. konstant 50:50). Die Prämie kann an quantitative oder qualitative Merkmale gebunden sein.

Je nachdem, wie der Arbeitgeber das Leistungsverhalten des Arbeitnehmers beeinflussen will, wird der Verlauf der Prämie unterschiedlich sein:

- Beim **progressiven Verlauf** soll der Arbeitnehmer zu maximaler Leistung angespornt werden. Mehrleistungen im unteren Bereich werden wenig honoriert.
- Beim **proportionalen Verlauf** besteht ein festes (lineares) Verhältnis zwischen Mehrleistung und Prämie. Der Graf dieser Prämie ist eine Gerade mit konstanter Steigung. Maßnahmen zur Steuerung der Mehrleistung sind hier nicht vorgesehen.
- Beim **degressiven Prämienverlauf** wird angestrebt, dass möglichst viele Arbeitnehmer eine Mehrleistung (im unteren Bereich) erzielen. Mehrleistungen im oberen Bereich werden zunehmend geringer honoriert – die Kurve flacht sich ab.
- Der **s-förmige Prämienverlauf** ist eine Kombination von progressivem, proportionalem und degressivem Verlauf. Der Arbeitgeber will erreichen, dass möglichst viele Arbeitskräfte eine Mehrleistung im Bereich des Wendepunktes der Kurve erzielen.

► Neben dem Zeitlohn und dem Leistungslohn gibt es vielfältige Formen von **Sondervergütungen**, z. B.:

  - Gratifikationen
  - Erfindervergütungen
  - Boni
  - Tantiemen
  - Zahlungen aus dem Betrieblichen Vorschlagswesen (BVW).

► Außerdem gibt es **Sondervergütungen zu bestimmten Anlässen** wie z. B.:

  - Weihnachten
  - Urlaub
  - Geschäftsjubiläen

- Dienstjubiläen
- Heirat
- Geburt eines Kindes usw.

## 04. Wie wirken sich Zeitlohn und Leistungslohn auf die Kalkulation, die Leistung des Mitarbeiters und auf den Verdienst aus?

| | Zeitlohn | Leistungslohn |
|---|---|---|
| **Verdienst des Mitarbeiters** | | |
| Verdienst je Stunde | konstant | der tarifliche Mindestlohn[1] ist garantiert lt. TV; bei Überschreiten der Normalleistung variiert der Lohn im Verhältnis zur Leistung |
| Verdienstrisiko | kaum vorhanden; nur bei anhaltendem Leistungsabfall besteht Gefahr der Versetzung, Zurückstufung | bei Normalleistung:<br>→ Verdienstgarantie<br>oberhalb der Normalleistung:<br>→ schwankendes Einkommen in Abhängigkeit von der Leistung |
| **Leistung des Mitarbeiters** | | |
| Vergütung der Mehrleistung | keine; ggf. werden Leistungszulagen gezahlt | direkt abhängig von der Akkord- bzw. Prämiengestaltung (linear, proportional, progressiv, degressiv) |
| Anreiz zur Mehrleistung | gering; ggf. über die Leistungsbeurteilung/Potenzialbeurteilung | Akkordlohn: → direkt<br>Prämienlohn: → indirekt |
| **Kalkulation** | | |
| Kalkulationsrisiko | Risiko für den Arbeitgeber, da kein konstantes Verhältnis von Lohn und Leistung; Minderleistungen gehen zulasten des Arbeitgebers | Akkordlohn:<br>kein Risiko, da konstante Äquivalenz zwischen Lohn und Leistung.<br><br>Prämienlohn:<br>geringes Risiko, da zwischen Lohn und Leistung ein mittelbarer Zusammenhang besteht |
| Entwicklung der Stückkosten | vgl. Text unten | |

Entwicklung der Lohnstückkosten:

A. Beim **Zeitlohn**
   - sinken die Lohnstückkosten mit steigendem Leistungsgrad und
   - steigen mit sinkendem Leistungsgrad.

[1] Der gesetzliche Mindestlohn beträgt in Deutschland aktuell 12 €/Std. (Stand 01.10.2022).

**Beispiel**

Der Stundenlohn (L) beträgt 12 € pro Stunde; die Normalleistung liegt bei 60 Stück (x). Es wird vorausgesetzt, dass die Mengenleistung pro Stunde messbar ist. Die Lohnstückkosten (L : x) entwickeln sich invers (= in umgekehrtem Verhältnis).

B. Beim **Akkordlohn**

sind die Lohnstückkosten konstant, wenn sich der Lohn proportional zur Leistungssteigerung verhält (sog. Proportionalakkord).

C. Beim **Prämienlohn**

können die Lohnstückkosten fallend, steigend oder konstant verlaufen, je nachdem wie der Prämienverlauf gestaltet wird (progressiv, degressiv oder proportional).

## 05. Welche Ziele und Aufgaben hat die Arbeitsbewertung?

Nach REFA dient die Arbeits(platz)bewertung – unter Berücksichtigung der Zeitermittlungsdaten und der Nennung von Leistungskriterien –

- der betrieblichen Lohnfindung
- der Personalorganisation
- der Arbeitsgestaltung.

Die Arbeitsbewertung beantwortet zwei Fragen:

a) Mit welchen Anforderungen wird der Mitarbeiter konfrontiert?

b) Wie hoch ist der Schwierigkeitsgrad einer Arbeit im Verhältnis zu einer anderen?

Dabei bleiben der Mitarbeiter, seine persönliche Leistungsfähigkeit, sein Schwierigkeitsempfinden und die Leistungsbeurteilung durch Vorgesetzte außer Acht. Konkret werden z. B. die Arbeiten eines Entwicklungsingenieurs und eines Einkäufers verglichen und entweder als gleich eingestuft oder als relativer Stufenabstand festgestellt. Bei der Untersuchung der Arbeitsanforderungen wird von der Gesamtaufgabe des Arbeitsplatzes ausgegangen; sie wird in Teilaufgaben zerlegt, um festzustellen, welche Tätigkeiten vorgenommen werden müssen, damit die gestellte Aufgabe erfüllt werden kann und welche Anforderungen an den Mitarbeiter damit im Einzelnen verbunden sind.

Der Umfang der Untersuchung hängt vor allem von vier Faktoren ab:

- der Vielseitigkeit der Aufgaben
- dem Grad der Arbeitsteilung
- dem Sachmitteleinsatz
- der Häufigkeit mit der diese Aufgabe anfällt.

Die Untersuchung von Aufgaben und den daraus folgenden Arbeiten ist erforderlich, weil sich daraus Konsequenzen ergeben hinsichtlich

- der Arbeitsgestaltung
- des Mitarbeitereinsatzes
- der Unterweisung
- der Mitarbeiterbeurteilung.

## 06. Welche Verfahren der Arbeitsbewertung sind üblich?

Man unterscheidet zwei grundsätzliche Arten der Arbeitsbewertung:

- die summarische Arbeitsbewertung
- die analytische Arbeitsbewertung.

Die **summarische Arbeitsbewertung** nimmt den Arbeitsinhalt als Ganzes. Alle Arbeitsplätze werden miteinander in Bezug gesetzt (en bloc). Vorteilhaft ist dabei die einfache Durchführung dieses Verfahrens. Von Nachteil ist, dass sich einzelne Ausprägungen nur ungewichtet auf den Gesamtwert auswirken. Insofern ist die summarische Arbeitsbewertung ein grobes Verfahren.

Es gibt zwei Varianten der summarischen Arbeitsbewertung:

- das Rangfolgeverfahren und
- das Katalog-/Lohngruppenverfahren.

Bei der **analytischen Arbeitsbewertung** wird die Gesamtbeanspruchung durch die Arbeit in einzelne Anforderungsarten zerlegt und jede Anforderungsart getrennt bewertet. Der Gesamtarbeitswert wird durch Addition der Einzelwerte für die verschiedenen Anforderungsarten ermittelt. Die Anforderungsarten müssen dabei so festgelegt werden, dass sie eine repräsentative Aussage über die Schwierigkeit einer Tätigkeit zulassen.

Nach REFA erfolgt die analytische Arbeitsbewertung über drei Stufen:

1. Arbeitsbeschreibung:
   Beschreiben des Arbeitssystems und gegebenenfalls dessen Arbeitssituation
2. Anforderungsanalyse:
   Ermitteln von Daten für einzelne Anforderungsarten
3. Quantifizierung der Anforderungen:
   Bewerten der Anforderungen und Errechnen der Anforderungswerte.

Die Anforderungsarten sind nicht einheitlich definiert. Zumeist wird auf das „Genfer Schema der Arbeitsschwere" zurückgegriffen, das die folgenden sechs Anforderungsarten nennt:

| | |
|---|---|
| ► Geistige Anforderungen | 1. Können |
| | 2. Belastung |
| ► Körperliche Anforderungen | 3. Können |
| | 4. Belastung |
| ► Verantwortung | 5. Belastung |
| ► Arbeitsbedingungen | 6. Belastung. |

Somit werden geistige und körperliche Arbeitsinhalte sowohl nach Können als auch nach Belastungsgraden analysiert. Verantwortung und Arbeitsbedingungen setzen im Genfer Schema kein Können voraus, hier zählt nur der Belastungsgrad. Beim Können kommt es auf den höchsten Anforderungsgrad, unabhängig von der Auftretenshäufigkeit und -dauer an. Zum Beispiel muss ein Bilanzbuchhalter ggf. nur einmal im Jahr die Bilanz erstellen, braucht dann aber das gesamte Wissen um alle Bestimmungen. Bei der Belastung kommt es auf den durchschnittlichen Grad und die Dauer an, z. B. Verantwortungsbreite und -tiefe einer Führungskraft.

**REFA** hat aus dem Genfer Schema folgendes Beschreibungssystem mit sechs Anforderungen abgeleitet:

1. Kenntnisse
2. Geschicklichkeit
3. Verantwortung
4. geistige Belastung
5. muskelmäßige Belastung
6. Umgebungseinflüsse.

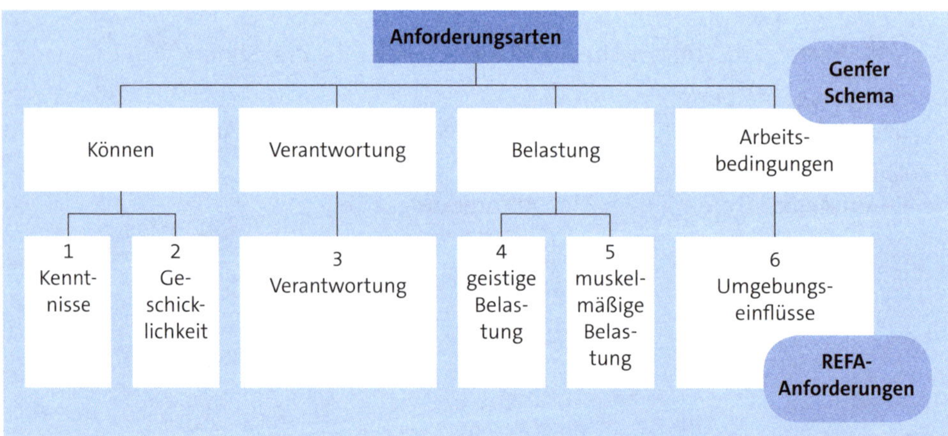

### 07. Wie wird das Rangfolgeverfahren durchgeführt?

Das Rangfolgeverfahren ist ein einfaches Verfahren ohne erheblichen Zeitaufwand. Die schwierigste Arbeit steht am oberen Ende der Treppe, die leichteste am unteren. Neu hinzukommende Arbeiten werden in den Maßstab eingeordnet. Es erfolgt keine Gewichtung der einzelnen Stufenabstände zueinander, sodass es zur Lohnfindung nur bedingt tauglich ist.

### 08. Wie wird das Katalogverfahren durchgeführt?

Beim Katalogverfahren (= Lohngruppenverfahren) wird der umgekehrte Weg beschritten: Ausgangspunkt sind immer feststehende, beschriebene Lohngruppen-Merkmale, mit denen ein Arbeitsplatz verglichen wird. Die Lohngruppen-Merkmale werden nach den Schwierigkeitsgraden der Arbeitsinhalte gebildet.

Ausschlaggebend sind die erforderliche Qualifikation und Erfahrung des Mitarbeiters. Beispiele mit Querverweisen zu anderen Branchen (sog. Brückenbeispiele) ergänzen den Katalog, um eine Vielzahl der in der Praxis vorkommenden Arbeitsinhalte abzudecken. Im Anwendungsfall dieses Verfahrens werden zuerst die Tätigkeiten des Betriebes beschrieben und mithilfe der Brückenbeispiele den Lohngruppen zugeordnet.

### 09. Wie erfolgt die Arbeitsbewertung nach dem Rangreihenverfahren?

Hier wird für jede der sechs Anforderungsarten (vgl. Genfer Schema) eine separate Rangreihe gebildet. Die Rangreihen enthalten Kriterien mit unterschiedlich hoher Bepunktung (z. B. von 100 bis 10). Jede Stelle wird mithilfe dieser Ränge bewertet, verbunden mit einem Gewichtungsfaktor – entsprechend der Bedeutung des Kriteriums für eine Stelle (z. B. 0,5; 0,4; 0,3 usw.). Die Summe der Einzelbewertungen pro Anforderungsart inkl. Gewichtung ergibt den Gesamtstellenwert.

### 10. Wie wird das Stufenwertzahlverfahren durchgeführt?

Hier wird ähnlich dem Katalogverfahren entweder eine für alle Anforderungsarten gültige oder pro Anforderungsart separate Abstufung gewählt. Der Bewertungsstufe, z. B. äußerst gering bis extrem groß, wird eine Wertzahl, z. B. von 0 bis 10 zugeordnet. Eventuell erfolgt zusätzlich eine Gewichtung pro Stelle. Aus den (gewichteten) Wertzahlen pro Anforderungsart wird der Gesamtstellenwert errechnet. Die ermittelten Gesamtwerte pro Stelle werden zur Lohnfindung entweder mit einem Lohnfaktor multipliziert oder gemäß vorgegebener Spannen in eine Lohntabelle eingeordnet.

## 11. Wie lassen sich die Verfahren der summarischen und analytischen Arbeitsbewertung im Quervergleich darstellen – unter Berücksichtigung der Prinzipien Reihung und Stufung?

Unterstellt man z. B. die Ausgangslage, dass in einem Betrieb sechs Arbeitsplätze (A, B, ..., F) bewertet werden sollen, so lässt sich folgende Übersicht der prinzipiellen Möglichkeiten der Arbeitsbewertung anfertigen:

| | **Verfahren** | |
|---|---|---|
| **Prinzip** | **Summarisch** | **Analytisch** |
| **Reihung**<br>Vergleich der Anforderungen *untereinander* | **Rangfolgeverfahren:**<br>A < B = F < D < E = C | **Rangreihenverfahren:**<br>1. Anforderungsart: Geistige Anforderungen<br>A < B = F < D < E = C<br>20 40 40 80 80 100<br>2. Anforderungsart: Körperliche Anforderungen<br>...<br>3. Anforderungsart: ... |
| **Stufung**<br>Vergleich der Anforderungen mit einem *Maßstab* | **Lohngruppenverfahren:**<br>**Maßstab**<br>A B C D E F<br>Lohngruppe 1<br>Lohngruppe 2<br>Lohngruppe 3<br>Lohngruppe 4<br>Lohngruppe 5<br>... | **Stufenwertzahlverfahren:**<br>Arbeitsplatz A: *Anforderungsart 1*<br>Arbeitsplatz A: *Anforderungsart 2*<br>Arbeitsplatz A: *Anforderungsart 3*<br>...<br>...<br>...<br>**Maßstab**<br>äußerst gering 0<br>gering 2<br>mittel 4<br>groß 6<br>sehr groß 8<br>extrem groß 10 |

## 2.4.2 Innovation und kontinuierlicher betrieblicher Verbesserungsprozess

### 01. Welcher Ansatz verbirgt sich hinter dem Begriff „KVP"?

Der **kontinuierliche Verbesserungsprozess** (KVP), der insbesondere im Automobilbau im Einsatz ist, erfordert einen neuen Typ von Mitarbeitern und Vorgesetzten:

Abgeleitet aus der japanischen Firmenkultur der **starken Einbindung der Mitarbeiter**, das heißt, ihrer Ideen und Kenntnisse vor Or", die dem Wissen jeder Führungskraft regelmäßig überlegen sind, hat der Kaizen-Gedanke (KAIZEN = „Vom Guten zum Besseren") auch in europäischen Industriebetrieben Einzug gehalten. Die Idealvorstellung ist der qualifizierte, aktive, eigenverantwortliche und kreative Mitarbeiter, der für seinen Einsatz eine differenzierte und individuelle Anerkennung und Entlohnung findet. **Fehler sind nichts Schlechtes, sondern notwendig um das Unternehmen weiter zu entwickeln.**

**KVP bedeutet, die eigene Arbeit ständig neu zu überdenken und Verbesserungen entweder sofort selbst, mit dem Team oder unter Einbindung von Vorgesetzten umzusetzen**. Gerade kleine Verbesserungen, die wenig Geld und zeitlichen Aufwand kosten, stehen im Vordergrund. In der Summe werden aus allen kleinen Verbesserungen dann doch deutliche Wettbewerbsvorteile. KVP wird entweder in **homogenen Teams** (aus demselben Arbeitsgebiet/derselben Abteilung) **oder in heterogenen** (unterschiedliche betriebliche Funktionen und/oder Hierarchien) gestaltet.

In den Zeiten der Fahrzeugbau-Krise, Anfang der 90er-Jahre, gelangte der **KVP-Workshop** zum Einsatz, bei dem ein Moderator (Facharbeiter, Angestellter oder eine Führungsnachwuchskraft) im direkten (Produktion) oder indirekten Bereich (z. B. Vertrieb, Personalwesen, Logistik usw.) Linienabschnitte oder Prozesse auf Verbesserungspotenziale hin untersuchte. **Noch während des Workshops setzen die Mitglieder eigene Ideen um**. Dienstleister (Planer, Logistiker, Instandhalter, Qualitätssicherer usw.) und Führungskräfte müssen sich im Hintergrund zur Verfügung halten, um bei Bedarf in die Workshop-Diskussion hereingerufen zu werden. Dort **schreiben sie sich erkannte Problemfelder auf** und **verpflichten sich zusammen mit einem Workshop-Teilnehmer als Paten zur Umsetzung.** Klare Verantwortlichkeiten werden namentlich auf Maßnahmenblättern festgehalten. Der Workshop-Moderator fasst am Ende die – in Geld bewerteten – Ergebnisse zusammen. Workshop-Teilnehmer präsentieren am Ende der Woche vor dem Gesamtbereich und dritten Gästen das Workshop-Resultat.

Das besondere Kennzeichen der KVP-Workshops ist die zeitweilige Umkehr der Hierarchie für die Woche: **Die Gruppe trifft Entscheidungen, die Führung setzt um.** Die Verbesserungsvorschläge dürfen sich beim KVP auf die Produktbestandteile, Prozesse und – indirekt – auf Organisationsstrukturen beziehen. Kultur- und Strategie-Änderungen dürfen nicht angeregt werden.

Kostenreduktion, Erhöhung der Produktqualität und Minimierung der Durchlaufzeiten sowie die Verbesserung der Mitarbeitermotivation sind die wichtigsten Faktoren von KVP. Vor allem letzteres soll durch eine stärkere Integration der Basis in Entscheidungsprozesse erreicht werden – eine weitgehend **optimierte Form des betrieblichen Vorschlagswesens sozusagen**. Als Initiator des neuen Denkens in den westlichen Chefetagen gilt der Japaner Masaahii Imai, der in seinem Buch „Kaizen“ beschrieb, was die „Japan AG“ so stark machte – nämlich die **uneingeschränkte Kundenorientierung** und den **Mitarbeiter im Mittelpunkt der Innovation**.

## 02. Welchen Ansatz verfolgt das „Betriebliche Vorschlagswesen“ (BVW)?

Das traditionelle Betriebliche Vorschlagswesen (BVW) beteiligt den Mitarbeiter bereits seit Jahrzehnten am Unternehmensgeschehen. Wer eine Idee zur Verbesserung betrieblicher Zustände und Abläufe hat, kann diese auf vorgefertigten Formularen beschreiben und beim BVW einreichen. Dort wird die Zweckmäßigkeit und Umsetzbarkeit gemeinsam mit Fachbereichen und dem Betriebsrat geprüft und gegebenenfalls nach einem gestaffelten Prämienkatalog in Geld oder Sachwerten vergütet.

In der Regel sind die prämienfähigen **Vorschlagstypen jedoch auf die Arbeitsumgebung begrenzt**: **Nicht prämiert werden alle Vorschläge, die in den Arbeitsbereich des Mitarbeiters fallen** sowie alle Vorschläge, die auf Strategien, Kultur, Organisation (Struktur) und Führungskräfte bezogen sind.

Aus der Gesamtheit aller grundsätzlichen Gestaltungsfelder eines Unternehmens – nämlich Produkt, Strategie, Struktur, Kultur und Prozess – kann der Mitarbeiter dann eigentlich nur modifizierende Verbesserungen am Produkt bzw. Prozess vorschlagen. Somit ist das BVW nur ein erster Schritt zur Beteiligung des Mitarbeiters und zur Verbesserung der gesamten Leistungsprozesse. Es ist wichtig, aber nicht ausreichend. Das Konzept der kontinuierlichen Verbesserung (vgl. oben) geht hier weiter.

## 03. Welche Unterschiede bestehen zwischen KVP und BVW?

**Beispiele:**

| **Betriebliches Vorschlagswesen (BVW) ⟷ Kontinuierlicher Verbesserungsvorschlag (KVP)** | | |
|---|---|---|
| | **BVW** | **KVP** |
| **Verbesserungsvorschläge** | beziehen sich nur auf fremde Arbeitsgebiete. | können sich auch auf eigene Arbeitsgebiete beziehen. |
| **Ideen** | entstehen eher spontan und nicht gesteuert; Lösung des Erstellers. | sind integraler Bestandteil des Denkens und Handelns (Pflicht!) und werden im Team bearbeitet; Lösung im Team. |
| **nach der Umsetzung** | Prämie | Anerkennung durch den Vorgesetzten (mitunter auch Aufstieg). |

### 04. Welchen Ansatz verfolgt die Wertanalyse?

Die Wertanalyse ist ein systematischer Ansatz zum Vergleich von Funktionsnutzen und Funktionskosten. Zentrales Element der wertanalytischen Untersuchung ist die Vorgehensweise in sechs Hauptschritten (**Arbeitsplan nach VDI-Richtlinie 2800**).

Vgl. dazu ausführlich im 3. Prüfungsfach, >> 3.2.2 Frage 06. (Überschneidung im Rahmenplan).

### 05. Welche Aspekte ergonomischer Arbeitsplatzgestaltung sind zu berücksichtigen?

| Aspekte ergonomischer Arbeitsplatzgestaltung | |
|---|---|
| **Anthropometrische** | Beachtung der Körpermaße, z. B. Arbeitshöhe (sitzend/stehend) Arbeitstisch/-stuhl, Griffbereich, Bildschirm. |
| **Physiologische** | Beachtung der Körperkräfte, z. B. Verbesserung des Wirkungsgrades der Muskelkraft, Vermeidung statischer Muskelarbeit, Körperhaltung, Arbeitsgeschwindigkeit. |
| **Psychologische** | Wirkung von Umwelteinflüssen, z. B. Farbgebung, Licht, Raumklima, Geräusche. |
| **Informationstechnische** | Wahrnehmung und Übertragung optischer/akustischer Signale am Arbeitsplatz, z. B.: Gestaltung der Bedienungselemente, der Anzeigeinstrumente; Kommunikationstechnik. |
| **Sicherheitstechnische** | Beachtung des Unfallschutzes, z. B. Sicherheitsfarben nach DIN 4844, Kennzeichnungsfarben nach DIN 2403. |
| **Organisatorische** | Gestaltung und Strukturierung der Arbeitsplätze, z. B. Aufbau- und Ablaufstrukturen, Maßnahmen der Arbeitsstrukturierung, Einzel-/Gruppenarbeitsplätze. |
| **Technische** | Gestaltung des Zusammenspiels von Mensch und Maschine, z. B. Grad der Mechanisierung und Automation. |

## 2.4.3 Bewertung von Verbesserungsvorschlägen

### 01. Wie ist der Ablauf bei der Bearbeitung von Verbesserungsvorschlägen im Rahmen des Betrieblichen Vorschlagswesens?

Die Regelungen des Betrieblichen Vorschlagswesens sind im Allgemeinen in einer **Betriebsvereinbarung** festgeschrieben. Das nachfolgende Diagramm zeigt den typischen Verlauf der Bearbeitung von Verbesserungsvorschlägen (VV) und die daran beteiligten Personen/Ausschüsse:

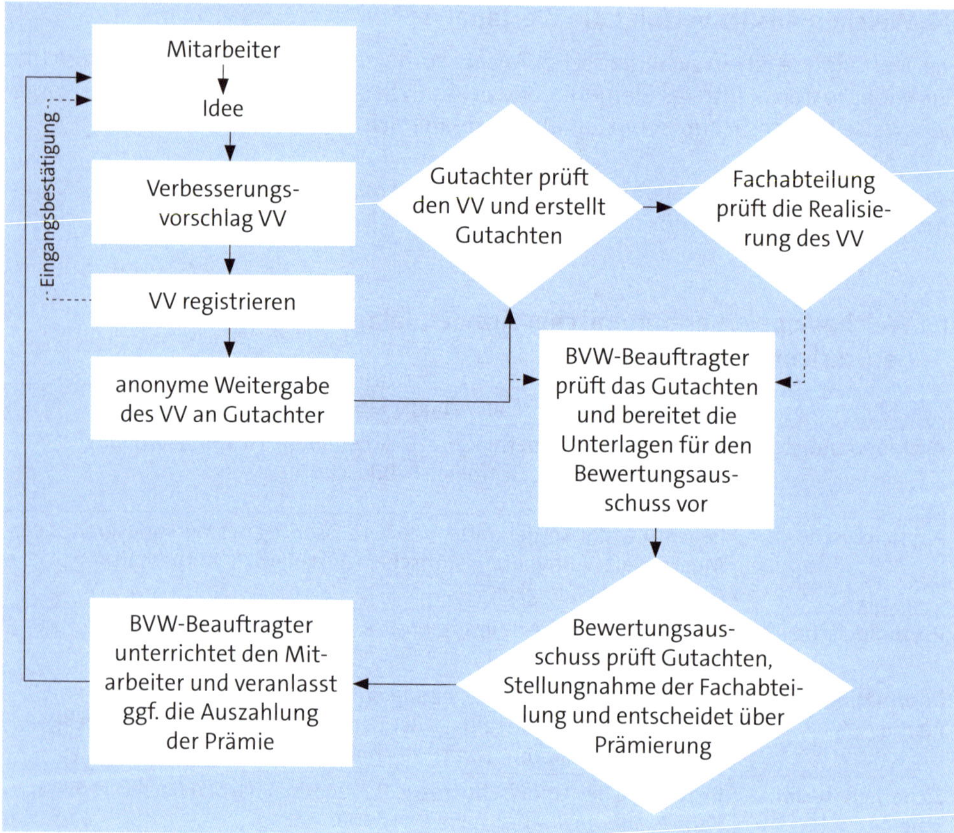


## 02. Wie werden Prämien im Rahmen des Betrieblichen Vorschlagswesens honoriert?

Jedes Unternehmen, das ein Betriebliches Vorschlagswesen einführt, wird dies nach seinen speziellen Erfordernissen und **unter Beachtung der Mitbestimmung** entwickeln. Nachfolgend wird eine mögliche Form der Gestaltung beschrieben (sinngemäßer Auszug aus der Betriebsvereinbarung eines großen Unternehmens):

- **Prämienberechtigt** sind alle Belegschaftsmitglieder
- **Nicht prämienberechtigt** sind
  - Vorschläge, die in den eigenen Aufgabenbereich fallen
  - Vorschläge, deren Lösungen bereits nachweislich gefunden wurden
  - Vorschläge des BVW-Beauftragten
  - Vorschläge von leitenden Mitarbeitern.

- **Prämienarten:**
  a) Geldprämien
  b) Zusatzprämien in Geld (bei Reduzierung der eigenen Leistungsvorgabe)
  c) Vorabprämien (wenn der Nutzen des VV nicht in angemessener Zeit ermittelt werden kann)
  d) Anerkennungsprämien
  e) Anerkennung (z. B. Teilnahme an einer jährlich stattfindenden Verlosung)
- **Arten von Verbesserungsvorschlägen** und Ermittlung der Prämie:
  a) Bei VV mit **errechenbarem Nutzen** wird die **Nettoersparnis** zugrunde gelegt:

  Nettoersparnis = Bruttoersparnis$_{\text{(z. B. im 1. Jahr)}}$ - Einführungskosten

  Ggf. wird die Nettoersparnis noch mit einem **Faktor** multipliziert, der die Stellung des Mitarbeiters berücksichtigt, z. B.:

  **Faktor 1,0 → für Auszubildende**
  **Faktor 0,9 → für Tarifangestellte**
  **Faktor 0,8 → für AT-Angestellte**

  Von dem so ermittelten Wert (= korrigierte Nettoersparnis) wird eine Prämie von 25 % ausgezahlt.

  b) Bei VV mit **nicht errechenbarem Nutzen** wird die Prämie über einen **Kriterienkatalog** ermittelt (vgl. dazu Beispiel unten):

**Verbesserungsvorschläge – Arten**

VV mit **errechenbarer** Ersparnis

| | | **Beispiel (in €)** |
|---|---|---|
| | Bruttoersparnis | 80.000 |
| - | Einführungskosten | - 35.000 |
| = | **Nettoersparnis** | **45.000** |
| • | Faktor | 0,9 |
| = | korr. Nettoersparnis | 40.500 |
| davon: | 25 % | |
| = | **Prämie** | **10.125** |

VV mit **nicht errechenbarer** Ersparnis → Kriterienkatalog

- **Kriterienkatalog bei der Ermittlung nicht berechenbarer VV** (Beispiel):

**1. Schritt:** Jeder VV ist nach folgender **Tabelle** zu bewerten („Vorschlagswert"):

| Vorschlags-wert | einfache Verbesse-rung | gute Verbesse-rung | sehr gute Verbesse-rung | wertvolle Verbesse-rung | ausge-zeichnete Verbesse-rung |
|---|---|---|---|---|---|
| Anwendung einmalig | 1 | 4 | 10 | 25 | 53 |
| Anwendung in kleinem Umfang | 1,5 | 5 | 13 | 32 | 63 |
| Anwendung in mittlerem Umfang | 2,5 | 7 | 18 | 41 | 75 |
| Anwendung in großem Umfang | 4 | 10 | 25 | **53** ← Beispiel | 90 |
| Anwendung in sehr gro-ßem Umfang | 6 | 14 | 35 | 70 | 110 |

**2. Schritt:** Für jeden VV ist die Summe der Punkte folgender Merkmale zu ermitteln („Merkmalswert"):

| Merkmalsliste | Punkte | Beispiel |
|---|---|---|
| **1. Neuartigkeit:** | | |
| Gedankengut ... | | |
| ► übernommen | 2 | |
| ► neuartig | 4 | |
| ► völlig neuartig | 7 | **7** |
| **2. Durchführbarkeit:** | | |
| Durchführbar ... | | |
| ► sofort | 4 | **4** |
| ► mit Änderungen | 2 | |
| ► mit erheblichen Änderungen | 1 | |
| **3. Einführungskosten:** | | |
| ► keine | 4 | |
| ► geringe | 3 | **3** |
| ► beträchtliche | 2 | |
| ► sehr hohe | 1 | |
| Summe | | **14** |

**3. Schritt:** Bei jedem VV ist die **Stellung des Mitarbeiters** zu berücksichtigen (vgl. oben):

**Faktor 1,0 → für Auszubildende**

**Faktor 0,9 → für Tarifangestellte** (Beispiel)

**Faktor 0,8 → für AT-Angestellte**

**4. Schritt:** Maßgeblich für die Ermittlung des Geldwertes ist der **Ecklohn** des Mitarbeiters lt. Tarif.

Im Beispiel wird ein Ecklohn von 12 € pro Stunde angenommen.

**5. Schritt: Berechnung der Prämie:**

**Prämie** = [Vorschlagswert] • [Merkmalswert] • $[\text{Faktor}_{(\text{Stellung})}]$ • [Ecklohn]

= 53 • 14 • 0,9 • 12 = **8.013,60 €**

# 2.5 Durchführen von Kostenarten-, Kostenstellen- und Kostenträgerzeitrechnungen sowie Kalkulationsverfahren

## 2.5.1 Grundlagen des Rechnungswesens

### 01. In welche Teilgebiete wird das Rechnungswesen gegliedert und wie ist die Abgrenzung?

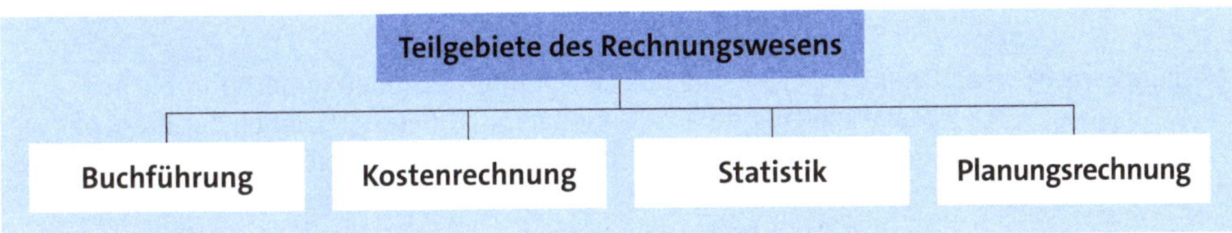


| Buchführung | |
|---|---|
| **Zeitrechnung** | Alle Aufwendungen und Erträge sowie alle Bestände der Vermögens- und Kapitalteile werden für eine bestimmte Periode erfasst (Monat, Quartal, Geschäftsjahr). |
| **Dokumentation** | Aufzeichnung aller Geschäftsvorfälle nach Belegen; die Buchführung liefert damit das Datenmaterial für die anderen Teilgebiete des Rechnungswesens. |
| **Rechenschaftslegung** | Nach Abschluss einer Periode erfolgt innerhalb der Buchführung ein Jahresabschluss (Bilanz und Gewinn- und Verlustrechnung), der die Veränderung des Vermögens und des Kapitals sowie des Unternehmenserfolges darlegt. |

| **Buchführung** | |
|---|---|
| **Gesetzliche Grundlagen** | ▸ Buchführungspflicht nach Handelsrecht (§ 238 HGB): *„Jeder Kaufmann ist verpflichtet, Bücher zu führen ...“* Ausnahme: Kleine Einzelkaufleute nach § 241a HGB sowie freiberuflich Tätige.<br>▸ Buchführungspflicht nach Steuerrecht (§§ 140, 141 AO) für Gewerbetreibende sowie Land- und Forstwirte.<br>▸ Aufbewahrungsfristen:<br>- 10 Jahre für Bücher, Inventare, Jahresabschlüsse und Buchungsbelege.<br>- 6 Jahre für empfangene Handels- und Geschäftsbriefe. |

| **Kostenrechnung (auch: Kosten- und Leistungsrechnung, KLR)** | |
|---|---|
| **Stück- und Zeitraumrechnung** | Erfasst pro Kostenträger (Stückrechnung) und pro Zeitraum (Zeitrechnung) den Werteverzehr (Kosten) und den Wertezuwachs (Leistungen), der mit der Durchführung der betrieblichen Leistungserstellung und Verwertung entstanden ist. |
| **Überwachung der Wirtschaftlichkeit** | Die Gegenüberstellung von Kosten und Leistungen ermöglicht die Ermittlung des Betriebsergebnisses und die Beurteilung der Wirtschaftlichkeit innerhalb einer Abrechnungsperiode. |

| **Statistik** | |
|---|---|
| **Auswertung** | Verdichtet Daten der Buchhaltung und der KLR und bereitet diese auf (Diagramme, Kennzahlen). |
| **Vergleichsrechnung** | Über Vergleiche mit zurückliegenden Perioden (innerbetrieblicher Zeitvergleich) oder im Vergleich mit anderen Betrieben der Branche (Betriebsvergleich) wird die betriebliche Tätigkeit überwacht (Daten für das Controlling) bzw. es werden Grundlagen für zukünftige Entscheidungen geschaffen. |

| **Planungsrechnung** |
|---|
| Aus den Istdaten der Vergangenheit werden Plandaten (Sollwerte) für die Zukunft entwickelt. Diese Plandaten haben Zielcharakter. Aus dem Vergleich der Sollwerte mit den Ist-Werten der aktuellen Periode können im Wege des Soll-Ist-Vergleichs Rückschlüsse über die Realisierung der Ziele gewonnen werden bzw. es können angemessene Korrekturentscheidungen getroffen werden. |

## 02. Wer ist zur Inventur verpflichtet? Welche gesetzlichen Bestimmungen sind zu beachten?

Nach HGB (§ 240) ist jeder Kaufmann verpflichtet, das Vermögen und die Schulden seines Unternehmens festzustellen

- bei Gründung oder Übernahme,
- für den Schluss eines jeden Geschäftsjahres und
- bei Auflösung oder Veräußerung des Unternehmens.

Dieses Verzeichnis ist das **Inventar**. Die hierzu erforderlichen Tätigkeiten nennt man **Inventur.** Sie ist eine mengen- und wertmäßige Bestandsaufnahme aller Vermögensteile und aller Schulden.

## 03. Welche Arten der Inventur sind zu beachten?

- **Körperliche Inventur**
  Körperliche Vermögensgegenstände werden mengenmäßig erfasst und anschließend in Euro bewertet (z. B. technische Anlagen, Betriebs- und Geschäftsausstattung, Maschinen, Fahrzeuge, Warenbestand).
- **Buch-Inventur**
  Die Erfassung aller nicht-körperlichen Vermögensgegenstände, Forderungen, Bankguthaben, Arten von Schulden; sie werden wertmäßig aufgrund buchhalterischer Aufzeichnungen und Belege (Kontoauszüge, Saldenbestätigung durch Kunden oder Lieferanten usw.) ermittelt.

Vgl. >> 2.2.9 Frage 13.

## 04. Welche Verfahren der Inventurvereinfachung sind zulässig?

| | | |
|---|---|---|
| 1. | **Stichtagsinventur** | (zeitnahe Inventur)<br>Mengenmäßige Bestandsaufnahme der Vorräte, die zeitnah zum Abschlussstichtag in einer Frist zehn Tage vor oder nach dem Abschlussstichtag erfolgen muss (meist der 31.12.). |
| 2. | **Verlegte (Stichtags-)Inventur** | (zeitverschobene Inventur)<br>Körperliche Bestandsaufnahme erfolgt innerhalb einer Frist von drei Monaten vor und zwei Monaten nach dem Abschlussstichtag.<br>► Bestandsaufnahme zunächst mengenmäßig,<br>► Hochrechnung der Bestände erfolgt wertmäßig auf den Abschlussstichtag. |

| | | |
|---|---|---|
| 3. | **Permanente Inventur** | ▸ Laufende Inventur anhand von Lagerkarteien.<br>▸ Es entfällt die körperliche Bestandsaufnahme zum Abschlussstichtag.<br>▸ Voraussetzung ist, dass mindestens einmal im Geschäftsjahr eine körperliche Bestandsaufnahme zur Überprüfung der Lagerkartei erfolgt. |
| 4. | **Stichprobeninventur** | mithilfe statistischer Methoden: Sicherheitsgrad 95 %; Schätzfehler nicht größer als 1 %. |

MERKE

- **Inventur** = Bestandsaufnahme
- **Inventar** = Bestandsverzeichnis
- **Bilanz** = Kurzfassung des Inventars in Kontenform

<table>
<tr><th>Inventar</th><th colspan="2">Bilanz</th></tr>
<tr><td>▸ einseitig<br>▸ Staffelform<br>▸ ausführlich</td><td colspan="2">▸ zweiseitig<br>▸ Kontenform<br>▸ zusammengefasst</td></tr>
<tr><td>Vermögensteile und Schulden (untereinander)</td><td colspan="2">Vermögensteile und Schulden (nebeneinander)</td></tr>
<tr><td>jeder Artikel wird einzeln dargestellt (unübersichtlich)</td><td colspan="2">die Artikel werden zu Bilanzpositionen zusammengefasst (übersichtlich)</td></tr>
<tr><th colspan="3">Aufbau</th></tr>
<tr><td>A Vermögen<br>- B Schulden</td><td>Aktiva:</td><td>Passiva:</td></tr>
<tr><td>= C Reinvermögen (Eigenkapital)</td><td>Vermögen</td><td>Eigenkapital<br>Schulden</td></tr>
</table>

## 05. Was ist eine Bilanz?

Die Bilanz ist die zu einem bestimmten **Zeitpunkt** zusammengefasste Gegenüberstellung der **Vermögensteile (Aktiva)** und der **Kapitalien (Passiva)** einer Unternehmung.

- Die **linke Seite der Bilanz** (Aktiv- oder Vermögensseite) zeigt, aus welchen Teilen sich das **Vermögen** zusammensetzt.
- Die **rechte Seite**, (Passiv-, Kapital- oder Schuldenseite) zeigt, aus welchen Quellen die **Mittel** zur Anschaffung der Vermögenswerte stammen.

Die **Gliederungsform** der Bilanz ist in § 266 HGB verbindlich festgelegt:

| **AKTIVSEITE** | **PASSIVSEITE** |
|---|---|
| Mittelverwendung | Mittelherkunft |
| **A. Anlagevermögen**<br>I. Immaterielle Vermögensgegenstände<br>z. B. Konzessionen, Patente, Lizenzen<br>II. Sachanlagen<br>z. B. Grundstücke, Gebäude, Maschinen, Betriebs- und Geschäftsausstattung<br>III. Finanzanlagen<br>z. B. Anteile an verbundenen Unternehmen, Beteiligungen, Wertpapiere des AV | **A. Eigenkapital**<br>I. Gezeichnetes Kapital<br>II. Kapitalrücklage<br>III. Gewinnrücklagen<br>z. B. gesetzliche, satzungsmäßige andere Gewinnrücklagen<br>IV. Gewinn-/Verlustvortrag<br>V. Jahresüberschuss/Jahresfehlbetrag<br><br>**B. Rückstellungen**<br>z. B. Pensionsrückstellungen<br>sonstige Rückstellungen<br>Steuerrückstellungen |
| **B. Umlaufvermögen**<br>I. Vorräte<br>z. B. Roh-, Hilfs- und Betriebsstoffe, Halb- und Fertigfabrikate, Waren<br>II. Forderungen<br>III. Wertpapiere<br>IV. Zahlungsmittel<br>z. B. Schecks, Kassenbestand, Bankguthaben | **C. Verbindlichkeiten**<br>z. B. Anleihen, Bankverbindlichkeiten, Verbindlichkeiten aus Lieferungen und Leistungen, sonstige Verbindlichkeiten |
| **C. Rechnungsabgrenzungsposten** | **D. Rechnungsabgrenzungsposten** |
| **D. Aktive latente Steuern** | **E. Passive latente Steuern** |
| **Bilanzsumme** | **Bilanzsumme** |

Bitte prägen Sie sich folgende Kurzfassung der Bilanz ein:

| **AKTIVA** | **PASSIVA** |
|---|---|
| Anlagevermögen | Eigenkapital |
| Umlaufvermögen | Fremdkapital |
| **Gesamtvermögen** | **Gesamtkapital** |

Da sich das Eigenkapital als Differenz zwischen Vermögen und Schulden berechnet, gilt immer folgende Bilanzgleichung:

Summe aller Aktiva = Summe aller Passiva

## 06. In der Bilanz sind vier Arten von Bestandsbewegungen möglich. Wie lassen sich diese mithilfe eines Beispiels verdeutlichen?

**Aktivtausch**

An einem Aktivtausch sind zwei oder mehr Aktivkonten beteiligt. Die Bilanzsumme bleibt unverändert.

Bei einer Barabhebung vom Bankkonto nimmt das Bankkonto ab und das Kassenkonto um den entsprechenden Betrag zu.

| AKTIVA | | Bilanz | PASSIVA |
|---|---|---|---|
| Bank<br>Kasse | –<br>+ | | |

Buchungssatz:

| | | |
|---|---|---|
| Kasse | **an** | Bank |

**Passivtausch**

Ein Passivtausch erfasst zwei oder mehr Schuldposten. Auch hier ändert sich die Bilanzsumme nicht.

Bei der Umwandlung von kurzfristigen Verbindlichkeiten in Darlehensschulden nehmen die Verbindlichkeiten um den Betrag ab, um den die Darlehensschulden zunehmen.

| AKTIVA | Bilanz | | PASSIVA |
|---|---|---|---|
| | | Verbindlichkeiten<br>Darlehen | –<br>+ |

Buchungssatz:

| | | |
|---|---|---|
| Verbindlichkeiten aus Lieferungen und Leistungen | **an** | Darlehensschulden |

**Bilanzverlängerung**
**Aktiv-Passiv-Mehrung**
Bei der Aktiv-Passiv-Mehrung (auch Bilanzverlängerung) nehmen ein Aktiv- sowie ein Passivposten um den gleichen Betrag zu. Infolgedessen erhöht sich die Bilanzsumme um diesen Betrag. Beispiel: Kauf von Rohstoffen im Wert von 10.000 € gegen Rechnung.

| AKTIVA | | Bilanz | PASSIVA |
|---|---|---|---|
| Rohstoffe | + | Verbindlichkeiten | + |

Buchungssatz:

| | | |
|---|---|---|
| Rohstoffe | **an** | Verbindlichkeiten aus Lieferungen und Leistungen |

**Bilanzverkürzung**
**Aktiv-Passiv-Minderung**
Die Bilanzsumme vermindert sich auf der Aktiv- und auf der Passivseite um den gleichen Betrag.

Bei Bezahlung einer Rechnung per Banküberweisung nimmt das Bankkonto als Aktivkonto ab und die Verbindlichkeiten aus Lieferungen und Leistungen auf der Passivseite ebenso.

Buchungssatz: Verbindlichkeiten aus Lieferungen und Leistungen an Bank.

| AKTIVA | | Bilanz | PASSIVA |
|---|---|---|---|
| Bank | – | Verbindlichkeiten | – |

Buchungssatz:

| | | |
|---|---|---|
| Verbindlichkeiten aus Lieferungen und Leistungen | **an** | Bank |

## 07. Welchen Inhalt hat die Gewinn- und Verlustrechnung einer Kapitalgesellschaft?

Die GuV-Rechnung ist im Gegensatz zur Bilanz eine **Zeitraumrechnung**, die für Kapitalgesellschaften in § 275 Abs. 2 HGB gesetzlich vorgeschrieben ist. Sie zeigt, wie der Unternehmenserfolg zustande gekommen ist (Gegenüberstellung von Aufwendungen und Erträgen).

## 08. Wie ist die GuV-Rechnung einer Kapitalgesellschaft gegliedert?

Die Gliederung nach dem **Gesamtkostenverfahren** ist nach § 275 Abs. 2 HGB zwingend vorgegeben:

| | | |
|---|---|---|
| | 1. | Umsatzerlöse |
| +/- | 2. | Bestandsveränderungen |
| + | 3. | andere aktivierte Eigenleistungen |
| + | 4. | sonstige betriebliche Erträge |
| - | 5. | Materialaufwand |
| - | 6. | Personalaufwand |
| - | 7. | Abschreibungen |
| - | 8. | sonstige betriebliche Aufwendungen |
| +/- | 9. | Erträge aus Beteiligungen |
| + | 10. | Erträge aus anderem Finanzanlagevermögen |
| + | 11. | sonstige Zinserträge |
| - | 12. | Abschreibungen auf Finanzanlagen und Wertpapiere des Umlaufvermögens |
| - | 13. | Zinsen und ähnliche Aufwendungen |
| **=** | **14.** | **Ergebnis der gewöhnlichen Geschäftstätigkeit** |
| + | 15. | außerordentliche Erträge |
| - | 16. | außerordentliche Aufwendungen |
| **=** | **17.** | **außerordentliches Ergebnis** |
| - | 18. | Steuern vom Einkommen und vom Ertrag |
| - | 19. | sonstige Steuern |
| **=** | **20.** | **Jahresüberschuss/Jahresfehlbetrag** |

## 09. Wie wird auf Erfolgskonten gebucht und wie erfolgt der Abschluss über das Gewinn- und Verlustkonto?

**Erfolgskonten sind Unterkonten des Kontos Eigenkapital.** Erfolgskonten haben daher keinen Anfangsbestand und verändern sich in gleicher Weise wie das Eigenkapitalkonto. Aufwendungen vermindern das Eigenkapital (Buchung im Soll). Erträge vermehren das Eigenkapital (Buchung im Haben).

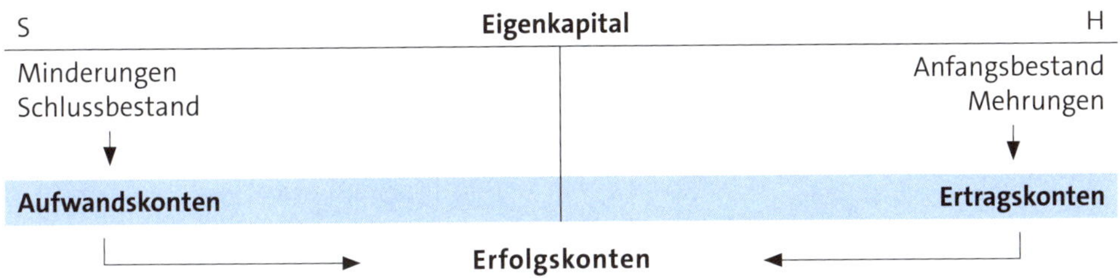


Beispiele für Erfolgskonten:

- Warenaufwendungen
- Gehälter
- Löhne
- Mietaufwendungen
- Zinsaufwendungen
- Warenverkauf (Erlöse)
- Mieteinnahmen
- Zinserträge
- Provisionserträge.

Alle Aufwandskonten werden über das Gewinn- und Verlustkonto (GuV-Konto) mit folgenden Buchungssätzen abgeschlossen:

| | | |
|---|---|---|
| GuV-Konto | **an** | Aufwandskonten |

| | | |
|---|---|---|
| Ertragskonten | **an** | GuV-Konto |

Im GuV-Konto werden die Aufwendungen auf der Sollseite und die Erträge auf der Habenseite ausgewiesen. Der Saldo des GuV-Kontos zeigt den **Erfolg des Unternehmens** (Gewinn: Aufwendungen < Erträge; Verlust: Aufwendungen > Erträge):

| S **GuV-Konto** | H |
|---|---|
| Aufwendungen | Erträge |
| **Gewinn** | |

| S **GuV-Konto** | H |
|---|---|
| Aufwendungen | Erträge |
| | **Verlust** |

Das GuV-Konto wird über das Eigenkapitalkonto abgeschlossen:

bei Gewinn:

| | | |
|---|---|---|
| GuV-Konto | **an** | Eigenkapitalkonto |

bei Verlust:

| | | |
|---|---|---|
| Eigenkapitalkonto | **an** | GuV-Konto |

| S **Eigenkapital** | H |
|---|---|
| Schlusskapital | Anfangskapital |
| | **Gewinn** |
| | ↑ |
| | *Kapitalerhöhung* |

| S **Eigenkapital** | H |
|---|---|
| **Verlust** | Anfangskapital |
| Schlusskapital | |
| ↑ | |
| *Kapitalminderung* | |

## 10. Welchen Inhalt hat der Anhang zum Jahresabschluss einer Kapitalgesellschaft?

Der Anhang ist ein eigenständiger Bestandteil des Jahresabschlusses von Kapitalgesellschaften (§§ 284 bis 288 HGB). Seine Ausweispflichten werden nur in besonderen Ausnahmefällen eingeschränkt, wenn damit ein erheblicher Nachteil für das Unternehmen oder für das Wohl der Bundesrepublik verbunden wäre (§ 286 HGB).

**Wichtige Einzelangaben** werden im Anhang verlangt. Dazu zählen:

- Bilanzierungs- und Bewertungsmethoden
- Währungsumrechnungsverfahren
- die Einbeziehung von Fremdkapitalzinsen in die Herstellungskosten
- die Entwicklung der Posten des Anlagevermögens
- eine Offenlegung wesentlicher Unternehmensverbindungen, Organbezüge und -kredite
- der Einfluss steuerlicher Vorschriften auf den Jahresabschluss
- finanzielle Verpflichtungen, die im Jahresabschluss noch keine Auswirkung haben.

Die dargestellten Informationen erhöhen die Transparenz des Jahresabschlusses. Damit erfüllt der Anhang für die GuV-Rechnung sowie für die Bilanz eine Entlastungs-, Interpretations- und Ergänzungsfunktion (Zusatzinformation bezüglich der Finanz-, Vermögens- und Ertragslage).

## 11. Welchen Inhalt hat der Lagebericht?

Der Lagebericht dient dem Zweck, Aufschlüsse über die gegenwärtigen und zukünftigen wirtschaftlichen Verhältnissen der rechnungslegenden Gesellschaft zu liefern, die dem Jahresabschluss so nicht zu entnehmen sind. Der Lagebericht ist in folgende Punkte gegliedert:

1. Geschäftsverlauf und Lage der Gesellschaft (Wirtschaftsbericht)
2. soziale Verhältnisse und Leistungen (Sozialbericht)
3. Vorgänge von besonderer Bedeutung nach Schluss des Geschäftsjahres (Nachtragsbericht)
4. voraussichtliche Entwicklung der Gesellschaft
5. aus dem Bereich Forschung und Entwicklung.

## 12. Was sind Bestandsveränderungen?

**Bestandsveränderungen** sind Änderungen in den Beständen des Vorratsvermögens (Erhöhung oder Verminderung des Bestandes an fertigen bzw. halbfertigen Erzeugnissen). Es sind folgende Situationen möglich:

- Wurde mehr hergestellt als verkauft: Herstellmenge > Absatzmenge<br>SB > AB → **Mehrbestand im Lager**
- Wurde mehr verkauft als hergestellt: Herstellmenge < Absatzmenge<br>SB < AB → **Minderbestand im Lager**

## 13. Welche Funktion haben Abschreibungen?

Durch Abschreibungen werden die rechnerischen Wertminderungen betrieblicher Vermögensgegenstände erfasst. Sie spiegeln den Verbrauch an Vermögensgegenständen des Anlagevermögens wieder. Abschreibungen werden in der Gewinn- und Verlustrechnung als Aufwand erfasst und mindern somit den Gewinn. Sie dienen der richtigen Verteilung von Aufwand auf die Perioden, in denen der Wert des angeschafften Wirtschaftsguts verzehrt wurde. Der Wertverlust wird als Absetzung für Abnutzung bezeichnet (**AfA**). Der um die Abschreibung verminderte Anschaffungswert ist der **Buchwert**.

## 14. Welche Methoden werden bei der planmäßigen Abschreibung unterschieden?

Voraussetzungen für die Abschreibungen sind:

- abnutzbare Wirtschaftsgüter des Anlagevermögens
- die der Abnutzung unterliegen
- der Erzielung von Einkünften dienen
- deren Nutzungsdauer mehr als ein Jahr beträgt.

| Methoden der planmäßigen Abschreibung | | |
|---|---|---|
| **Lineare AfA**<br>§ 7 Abs. 1 EStG | gleichmäßige Verteilung der Anschaffung- oder Herstellungskosten nach der betriebsgewöhnlichen Nutzungsdauer (ND) | $\text{Abschreibungsbetrag} = \frac{\text{Anschaffungswert}}{\text{Nutzungsdauer in Jahren}}$<br>$\text{Abschreibungssatz in \%} = \frac{100}{\text{Nutzungsdauer in Jahren}}$ |
| **Leistungs-AfA**<br>§ 7 Abs. 1 Satz 5 EStG nur für bewegliche Wirtschaftsgüter | Absetzung für außergewöhnliche technische oder wirtschaftliche Abnutzung nach der Leistung (Beispiel Maschinen oder Fuhrpark). | $\text{Abschreibungsbetrag} = \frac{\text{Anschaffungskosten} \cdot \text{Ist-Leistung p. a.}}{\text{Soll-Gesamtleistung}}$ |

## 15. Was ist Leasing?

Leasing (engl.: mieten, pachten) ist die Vermietung bzw. Verpachtung von Anlagen oder Gütern durch Hersteller oder Leasinggesellschaften für eine vereinbarte Zeit gegen Entgelt. Der Leasingnehmer wird Besitzer, aber nicht Eigentümer. Hersteller oder Leasinggesellschaft bleiben Eigentümer.

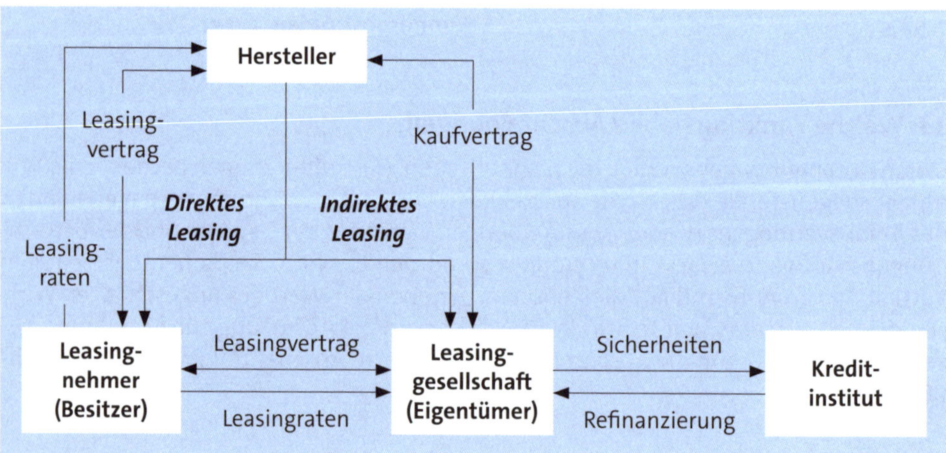

## 16. Welche Leasingarten unterscheidet man?

| Leasingarten | | |
|---|---|---|
| **Unterscheidungsmerkmal** | **Bezeichnung** | **Merkmale** |
| Wer ist Leasinggeber? | **Direktes Leasing**<br>**Indirektes Leasing** | Hersteller ist Leasinggeber.<br>Leasinggesellschaft ist Leasinggeber. |
| Anzahl der Leasingobjekte? | **Equipment-Leasing**<br><br>**Plant-Leasing** | Leasing einzelner, beweglicher Wirtschaftsgüter.<br>Leasing ortsfester, gesamter Betriebsanlagen. |
| Art der Leasingobjekte? | **KonsumgüterLeasing**<br><br>**InvestitionsgüterLeasing** | Leasing von Verbrauchsgütern für Haushalte.<br>Leasing von Anlagegütern für Produktionszwecke. |
| Anzahl der Vorbesitzer? | **First-Hand-Leasing**<br>**Second-Hand-Leasing** | Leasing neuer Wirtschaftsgüter.<br>Leasing gebrauchter Wirtschaftsgüter. |
| Art des Leasingvertrages? | **Operate Leasing**<br><br><br><br><br>**Finance Leasing** | **Unechtes Leasing:**<br>Kurzfristige Nutzungsverträge mit Kündigungsfrist; von der Laufzeit unabhängige Leasingrate; hohe Kosten.<br><br>**Echtes Leasing:**<br>Längerfristige Nutzungsüberlassung; Leasingrate abhängig von der Anzahlung und der Grundmietzeit; Leasingnehmer trägt die Gefahr des Untergangs des Leasinggegenstandes. |

## 17. Welche steuerlichen Voraussetzungen müssen beim Finance Leasing gegeben sein, damit der Leasingnehmer nicht Eigentümer wird?

Aufgrund mehrerer Erlasse des Bundesfinanzhofes gilt: Ist die Grundmietzeit zwischen 40 und 90 % der betriebsüblichen Nutzungsdauer lt. steuerlicher AfA-Tabelle (z. B. bei Pkw = 6 Jahre, bei EDV-Hardware = 3 Jahre) und wurde der Leasing-Vertrag ohne Kauf- oder Verlängerungsoption geschlossen, so ist der Leasing-Gegenstand dem Leasinggeber zuzurechnen. Für den Leasingnehmer sind die Leasingraten Betriebsausgaben und unterliegen der Umsatzsteuer mit 19 %.

### 18. Welche Vor- und Nachteile hat der Kauf im Vergleich zum Leasing?

| | **Vorteile** | **Nachteile** |
|---|---|---|
| **Kauf** | ► Käufer erwirbt das Eigentum und kann es als Sicherheit verpfänden<br>► geringere Kosten als Leasing<br>► AfA möglich<br>► sofortige Vorsteuererstattung insgesamt<br>► keine Vertragsbindung | ► hohe Liquidität erforderlich<br>► Liquidität verschlechtert sich<br>► muss aktiviert werden<br>► schwierige Anpassung an den technischen Fortschritt |
| **Leasing** | ► keine sehr hohe Belastung der Liquidität<br>► bilanzneutral: keine Veränderung der EK-Quote<br>► gleichmäßige Kosten, feste Raten<br>► Leasingraten sind steuerlicher Aufwand | ► Vorsteuererstattung erst mit den laufenden Leasingraten<br>► kein Eigentum am Objekt<br>► Kosten sind höher als bei Kauf<br>► i. d. R. kein vorzeitiger Ausstieg aus dem Vertrag möglich<br>► laufende, gleichmäßige Belastung |

## 2.5.2 Ziele und Aufgaben der Kostenrechnung

### 01. Was ist das Hauptziel der Kosten- und Leistungsrechnung (KLR)?

Die Kostenrechnung wird auch als **Kosten- und Leistungsrechnung (KLR)** bezeichnet. Ihr **Hauptziel** ist die **Erfassung aller Aufwendungen und Erträge**, die mit der Tätigkeit des Betriebes in engem Zusammenhang stehen.

In engem Zusammenhang mit der Tätigkeit eines Industriebetriebes stehen alle Aufwendungen und Erträge, die sich im Rahmen der Funktionen ergeben.

**Beschaffung** → **Produktion** → **Absatz**

- Die **betriebsbezogenen Aufwendungen** werden als **Kosten** bezeichnet (z. B. Fertigungsmaterial, Fertigungslöhne).
- Die **betriebsbezogenen Erträge** nennt man **Leistungen** (z. B. Umsatzerlöse, Mehrbestände an Erzeugnissen, Eigenverbrauch).

- **Hauptziel der KLR ist also die periodenbezogene Gegenüberstellung der Kosten und Leistungen und die Ermittlung des Betriebsergebnisses:**

| | | | | |
|---|---|---|---|---|
| **Leistungen** | > | **Kosten** | → | **Betriebsgewinn** |
| **Leistungen** | < | **Kosten** | → | **Betriebsverlust** |

## 02. Wie kann die Abgrenzung zwischen der Finanzbuchhaltung und der Betriebsbuchhaltung (KLR) vorgenommen werden?

Die interne Gliederung des betrieblichen Rechnungswesens kann folgende Struktur haben (Beispiel):

**Betriebliches Rechnungswesen**

**Finanzbuchhaltung**

- Buchhaltung
- Bilanzierung, GuV-Rechnung

**Betriebsbuchhaltung (KLR)**

- Betriebsabrechnung
  - Kostenartenrechnung
  - Kostenstellenrechnung
- Kostenträgerrechnung (Kalkulation)
  - Vor- und Nachkalkulation
  - Produkte und Prozesse
- Betriebsergebnisrechnung

**Investitions- und Wirtschaftlichkeitsrechnung**

Dabei haben die einzelnen Funktionsbereiche folgende Aufgabe:

| | |
|---|---|
| **Die Finanzbuchhaltung** | erfasst zahlenmäßig als langfristige Gesamtabrechnung die gesamte Unternehmenstätigkeit unter Zugrundelegung der Zahlungsvorgänge. Sie ist nach bestimmten Gesetzesvorschriften durchzuführen. Ihr Ziel ist die Erfolgsermittlung durch Gegenüberstellung von Aufwand und Ertrag bzw. die Gegenüberstellung von Vermögensherkunft und Vermögensverwendung. |
| **Die Betriebsbuchhaltung** | ist eine (kurzfristige) Abrechnung, die den eigentlichen betrieblichen Leistungsprozess zahlenmäßig erfassen will. Ihr Ziel ist (stark vereinfacht) die Feststellung, wer im Betrieb welche Kosten in welcher Höhe und wofür verursacht (hat). |

| | |
|---|---|
| **Bilanzierung** | ist die ordnungsgemäße Gegenüberstellung aller Vermögensteile und Schulden einer Unternehmung. |
| **Gewinn- und Verlustrechnung** | (GuV) ist die Gegenüberstellung aller Aufwendungen und Erträge zum Zwecke der Erfolgsermittlung. |
| **Die Betriebsabrechnung** | hat die Aufgabe, die Kosten nach Gruppen getrennt zu sammeln (Kostenartenrechnung) und auf die Kostenstellen zu verteilen (Kostenstellenrechnung). |
| **Mit der Kalkulation** | versucht man, Produkten oder Leistungen ihre Kosten verursachungsgerecht zuzuordnen, um damit eine Grundlage für ihren Wert oder ihren Preis zu erhalten. |
| **Die Betriebsergebnisrechnung** | ist eine kurzfristige Erfolgsrechnung, die die angefallenen Kosten und Leistungen einer Periode gegenüberstellt. |
| **Mit Investitionsrechnungen** | versucht man, die Erfolgsträchtigkeit von Investitionsobjekten zu ermitteln. Sie vergleichen die Kosten und Leistungen oder Aus- und Einzahlungen, die durch ein Investitionsobjekt verursacht werden. |
| **Wirtschaftlichkeitsrechnungen** | sind mit den Investitionsrechnungen eng verwandt; sie dienen insbesondere dem Vergleich von Verfahren und Projekten. |

## MERKE

- Die **Finanzbuchhaltung (Fibu)** bildet den Rechnungskreis I (RK I) und ermittelt das Gesamtergebnis.
- Die **Kosten- und Leistungsrechnung (KLR)** bildet den Rechnungskreis II (RK II). Sie erfasst alle Kosten und Leistungen einer Rechnungsperiode und zeigt das Betriebsergebnis.

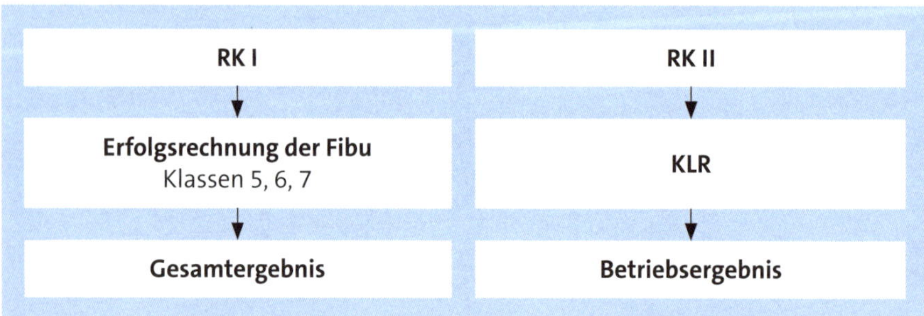

### 03. Welche Aufgaben hat die KLR?

Aus dem Hauptziel der KLR, der periodenbezogenen Ermittlung des Betriebsergebnisses, ergeben sich folgende Aufgaben:

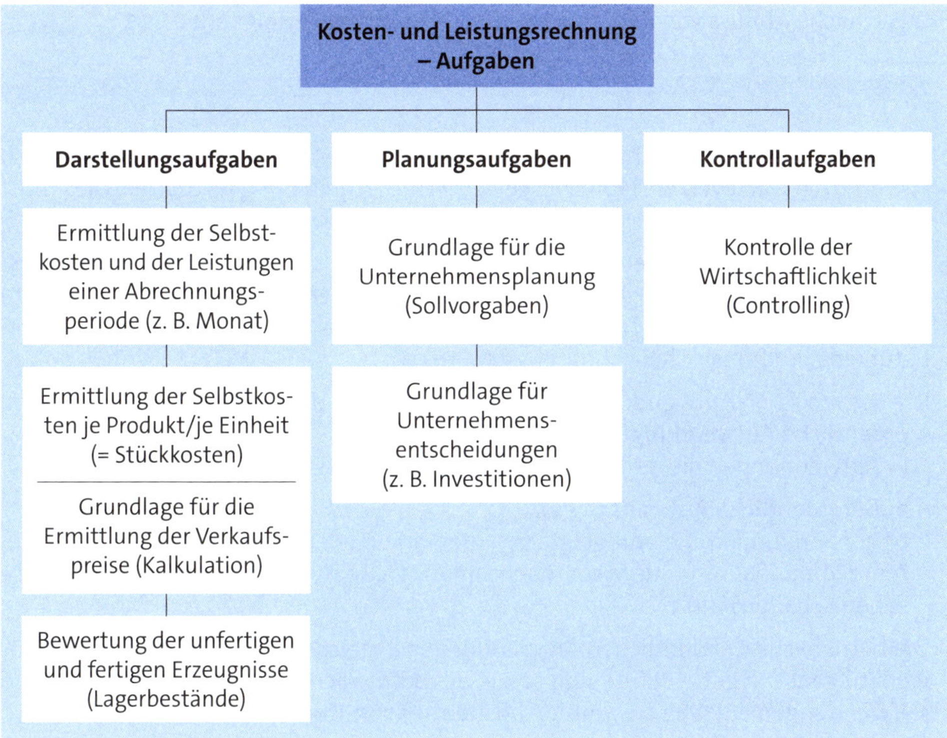


## 2.5.3 Grundbegriffe der Kosten- und Leistungsrechnung

### 01. Welche Grundbegriffe der KLR muss der Industriemeister unterscheiden können?

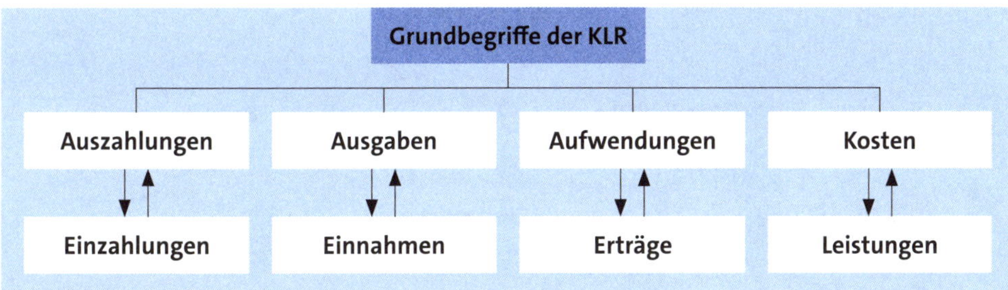


- **Auszahlungen** sind tatsächliche Abflüsse.
  **Einzahlungen** sind tatsächliche Zuflüsse von Zahlungsmitteln.
- **Einnahmen** sind Mehrungen.
  **Ausgaben** sind Minderungen des Geldvermögens.

**Beispiel**

Der Betrieb kauft am 01.10. eine Maschine mit einem Zahlungsziel von vier Wochen:

Der Kauf führt zu einer **Ausgabe am 01.10.** (Minderung des Geldvermögens). Der tatsächliche Abfluss von Zahlungsmitteln (**Auszahlung**) erfolgt **am 01.11.**

Im Gegensatz zur Finanzbuchhaltung will man in der KLR den tatsächlichen Verbrauch von Werten (= **Werteverzehr**) für Zwecke der Leistungserstellung festhalten. Dies führt dazu, dass die Begriffe der KLR und der Finanzbuchhaltung auseinander fallen:

- **Aufwendungen** sind der gesamte Werteverzehr; er ist zu unterteilen in den **betriebsfremden** Werteverzehr (= nicht durch den Betriebszweck verursacht; z. B. Spenden) und den **betrieblichen** Werteverzehr (= durch den Betriebszweck verursacht; z. B. Miete für eine Produktionshalle, Betriebssteuern).

  Die betrieblichen Aufwendungen werden noch weiter unterteilt in
  - **ordentliche Aufwendungen**
    (= Aufwendungen die üblicherweise im normalen Geschäftsbetrieb anfallen) und
  - **außerordentliche Aufwendungen**
    (= Aufwendungen, die unregelmäßig vorkommen oder ungewöhnlich hoch auftreten; z. B. periodenfremde Steuernachzahlungen, Aufwendungen für einen betrieblichen Schadensfall).

  Die betrieblichen, ordentlichen Aufwendungen bezeichnet man auch als **Zweckaufwendungen.** Die betriebsfremden sowie die betrieblich-außerordentlich bedingten Aufwendungen ergeben zusammen die **neutralen Aufwendungen**.

  Die Zweckaufwendungen bezeichnet man als **Grundkosten**, da sie den größten Teil des betrieblich veranlassten Werteverzehrs darstellen. Da sie unverändert aus der Finanzbuchhaltung (Kontenklasse 4) in die KLR übernommen werden, heißen sie auch **aufwandsgleiche Kosten** (Aufwand = tatsächlicher, betrieblicher Werteverzehr = Kosten).

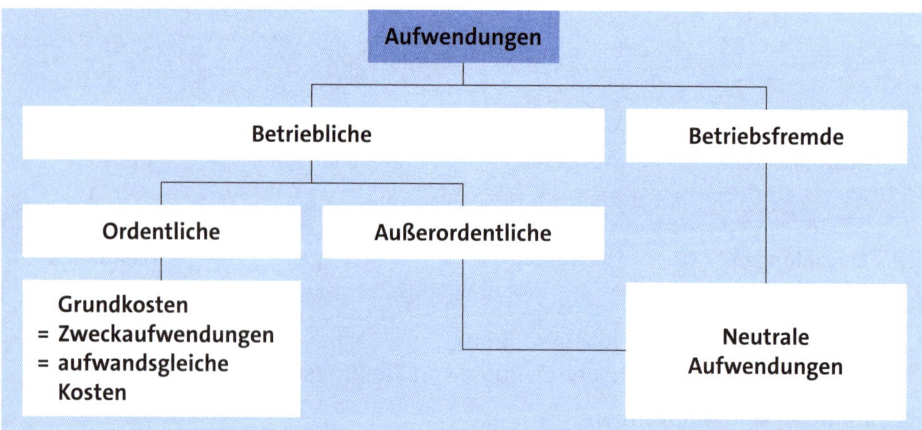

- Die Erträge werden analog zu den Aufwendungen gegliedert:
  **Erträge** sind der gesamte Wertezuwachs in einem Betrieb. Betrieblich bedingte, ordentliche Erträge sind **Leistungen**. Betriebsfremde Erträge sowie betrieblich bedingte, außerordentliche Erträge sind **neutrale Erträge**:

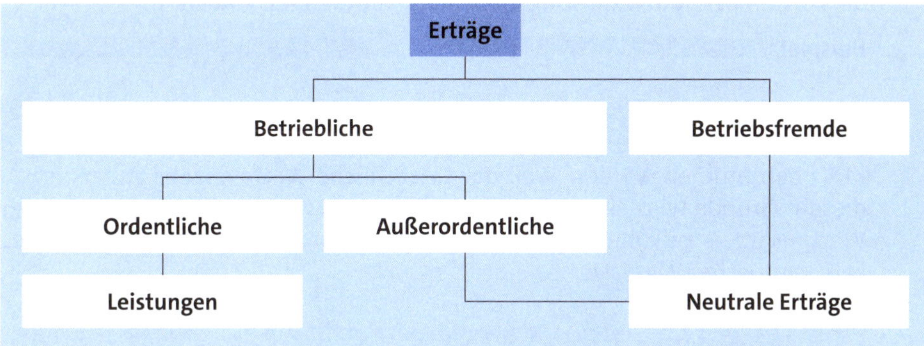


- **Kosten** sind der tatsächliche Werteverzehr für Zwecke der Leistungserstellung. Ein Teil der Kosten kann unmittelbar aus der Finanzbuchhaltung übernommen werden; Aufwand und Kosten sind hier gleich; dies ist der sog. Zweckaufwand = **Grundkosten** (vgl. oben).

  Für die Erfassung des tatsächlichen Werteverzehrs reicht dies jedoch nicht aus:

  1. **Zusatzkosten:**
     Es gibt auch Kosten, denen kein Aufwand gegenübersteht (der Werteverzehr führt nicht zu Ausgaben). Sie heißen daher **aufwandslose Kosten** und zählen zur Kategorie der **Zusatzkosten**.

     **Beispiele**

     - **Kalkulatorischer Unternehmerlohn**
       Bei einem Einzelunternehmen erbringt der Inhaber durch seine Tätigkeit im Betrieb eine Leistung. Dieser Leistung steht jedoch keine Lohnzahlung (= Kosten) gegenüber. Damit trotzdem die Äquivalenz von Kosten und Leistungen gesichert ist, wird kalkulatorisch der Werteverzehr der Unternehmertätigkeit berechnet und in die KLR als kalkulatorischer Unternehmerlohn eingestellt.
     - **Kalkulatorische Zinsen**
       Wenn eine Personengesellschaft Fremdkapital von der Bank erhält, zahlt sie dafür Zinsen (= Kosten). Wenn der Inhaber Eigenkapital in das Unternehmen einbringt, muss auch hier der Werteverzehr erfasst werden, obwohl keine Aufwendungen vorliegen: Man erfasst also **rein rechnerisch** (kalkulatorisch) die Verzinsung des Eigenkapitals in der KLR, obwohl keine Aufwendungen dem gegenüberstehen.

2. **Anderskosten:**
   Bei den Anderskosten liegen zwar Aufwendungen vor, jedoch entsprechen die Zahlen der Finanzbuchhaltung nicht dem tatsächlichen Werteverzehr und müssen deshalb anders in der KLR berücksichtigt werden. Man nennt sie daher Anderskosten bzw. **aufwandsungleiche Kosten (Aufwand ≠ Kosten)**.

**Beispiel**

In der Finanzbuchhaltung wurde der Aufwand für den Werteverzehr der Anlagen (bilanzielle Abschreibung) gebucht. Diese Zahlen können jedoch z. B. nicht in die KLR übernommen werden, **weil der tatsächliche Werteverzehr anders ist**. Aus diesem Grunde wird ein anderer Berechnungsansatz gewählt (kalkulatorischer Wertansatz → kalkulatorische Abschreibung). Analog berücksichtigt man z. B. kalkulatorische Wagnisse.

Die nachfolgende Übersicht gibt die Gesamtkosten im Sinne der KLR wieder:

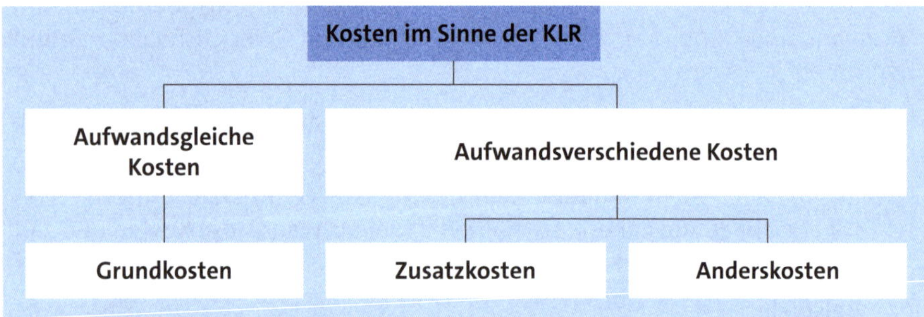


In Verbindung mit den oben dargestellten Ausführungen über Aufwendungen ergibt sich folgendes Bild:

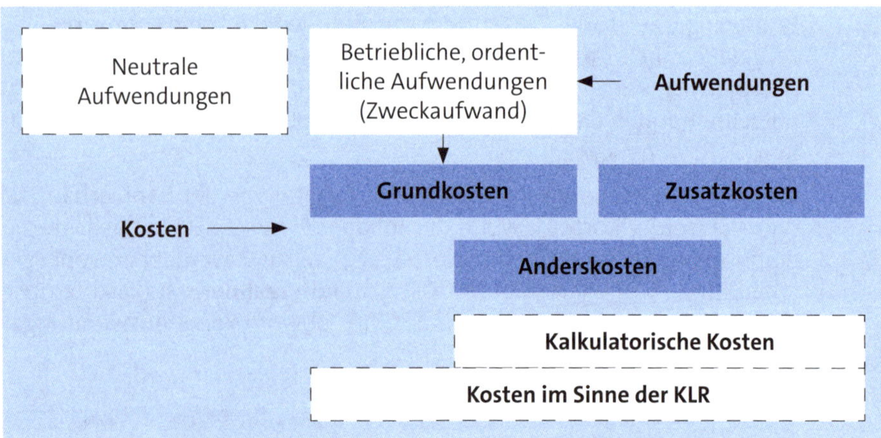

Leistungen sind betriebsbedingte Erträge. Dies sind in erster Linie die Erträge aus **Absatzleistungen** sowie der **Mehrbestand an Erzeugnissen** (= Fertigung auf Lager). Daneben kann es z. B. vorkommen, dass der Vorgesetzte den Bau einer Vorrichtung für Montagezwecke durch eigene Leute veranlasst; diese Vorrichtung verbleibt im Betrieb und wird nicht verkauft: Es liegt also ein betrieblich bedingter Werteverzehr (= Kosten, z. B. Material- und Lohnkosten) vor, dem jedoch keine Umsatzerlöse gegenüberstehen. Von daher wird diese **innerbetriebliche Leistungserstellung** als kalkulatorische Leistungserstellung in die KLR eingestellt (vgl. dazu analog oben, kalkulatorischer Unternehmerlohn).

In Verbindung mit der oben dargestellten Abbildung Aufwendungen ergibt sich folgende Struktur der **Leistungen**:

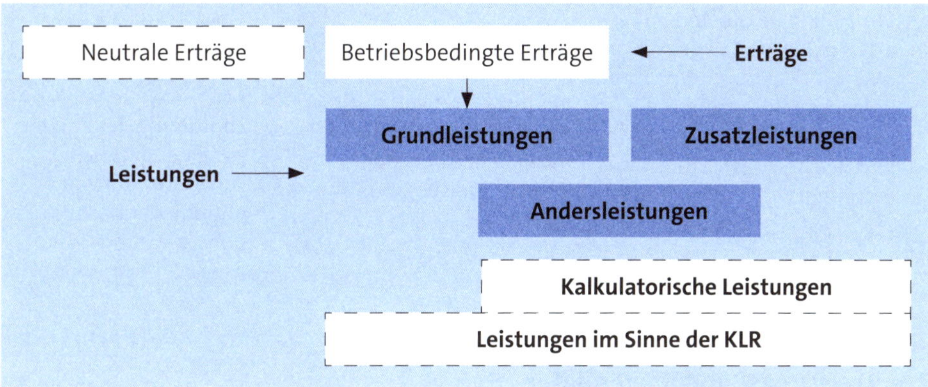


## 02. Wie setzt sich das Unternehmensergebnis (Gesamtergebnis) zusammen?

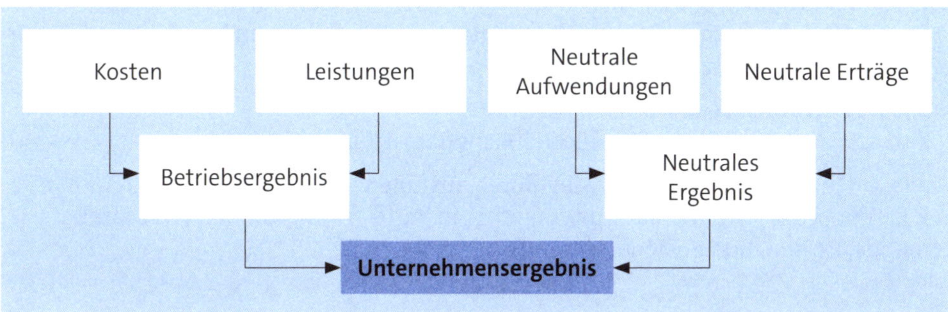

## 2.5.4 Aufbau der Kosten- und Leistungsrechnung (KLR)

### 01. Welche Stufen/Teilgebiete umfasst die KLR?

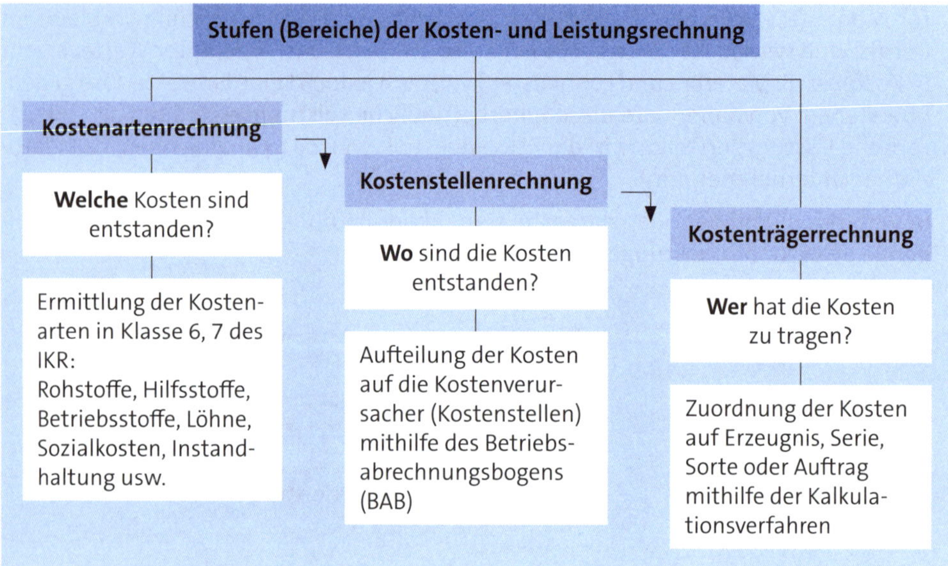


## 2.5.5 Leistungs- und Kostendaten

### 01. Was muss der Vorgesetzte bei der Erfassung von Kostendaten sowie bei der Verwendung von Belegen und Datensätzen beachten?

Die Finanzbuchhaltung und die KLR können ihren Aufgaben nur dann gerecht werden, wenn am Ort der Datenentstehung die Kosten richtig erfasst und weitergeleitet werden. Für den Vorgesetzten heißt das:

- **alle Kosten erfassen**;
  also z. B. auch Kosten der innerbetrieblichen Leistungserstellung.
- **alle Kostenbelege richtig und vollständig ausfüllen und weiterleiten**;
  z. B. Lohnscheine, Materialentnahmescheine (Auftrags-Nr., Kunden-Nr., Materialart/-menge, Datum, Kostenstelle, Unterschrift usw.).

## 2.5.6 Kostenarten-, Kostenstellen-, Kostenträgerzeit- und Kostenträgerstückrechnung

### 01. Welche Aufgabe hat die Kostenartenrechnung?

Die Kostenartenrechnung hat die Aufgabe, alle Kosten zu erfassen und in Gruppen systematisch zu ordnen.

Die Fragestellung lautet: **Welche Kosten sind entstanden?**

## 02. Nach welchen Merkmalen können Kostenarten gegliedert werden?

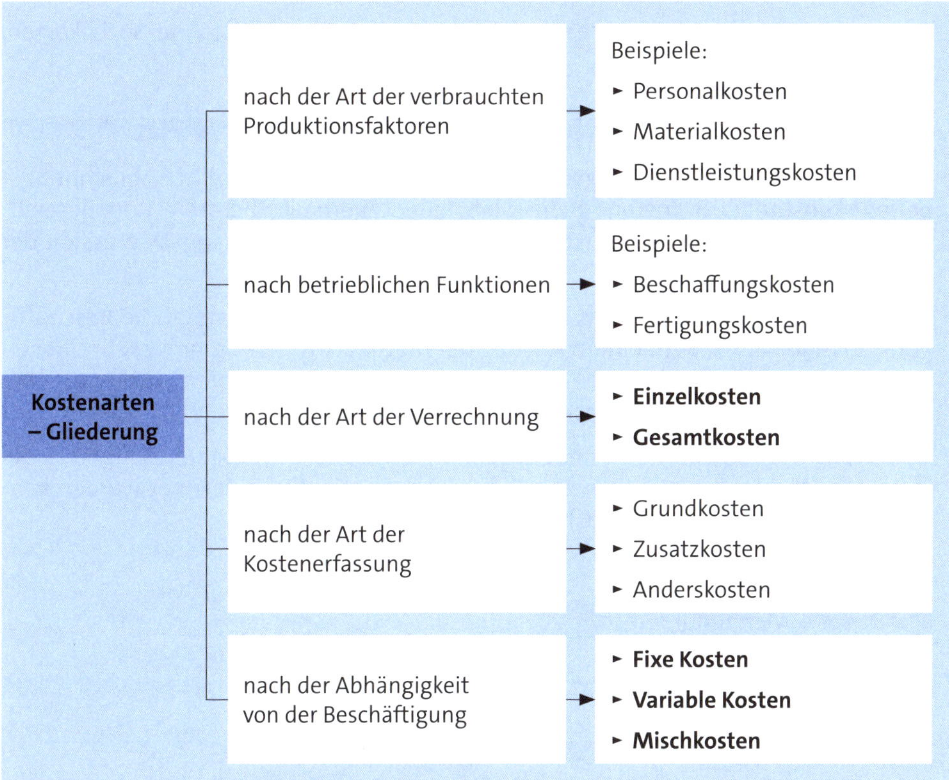


Der Unterschied zwischen Grundkosten und Zusatzkosten wurde bereits behandelt (vgl. >> 2.5.3 Frage 01.). Für den Vorgesetzten ist es wichtig, Einzel- und Gemeinkosten sowie fixe und variablen Kosten zu unterscheiden:

- **Einzelkosten können** dem einzelnen Kostenträger (Produkt, Auftrag) **direkt zugerechnet** werden, z. B.:

| **Einzelkosten, z. B.** | **Zurechnung, z. B. über** |
|---|---|
| Fertigungsmaterial | Materialentnahmescheine, Stückliste |
| Fertigungslöhne | Lohnzettel/-listen, Auftragszettel |
| Sondereinzelkosten | Auftragszettel, Eingangsrechnung |

- **Gemeinkosten** fallen für das Unternehmen insgesamt an und **können** daher **nicht direkt** einem bestimmten Kostenträger **zugerechnet werden**. Man erfasst die Gemeinkosten zunächst als Kostenart auf bestimmten Konten der Finanzbuchhaltung. Anschließend werden die Gemeinkosten über bestimmte **Verteilungsschlüssel** auf die Hauptkostenstellen umgelegt (vgl. unten: Betriebsabrechnungsbogen; BAB) und später den Kostenträgern prozentual zugeordnet.

**Beispiele**

Gemeinkostenmaterial, Steuern, Versicherungen, Gehälter, Hilfslöhne, Sozialkosten, kalkulatorische Kosten

- **Fixe Kosten sind beschäftigungsunabhängig** und für eine bestimmte Abrechnungsperiode konstant (z. B. Kosten für die Miete einer Lagerhalle). Bei steigender Beschäftigung führt dies zu einem Sinken der fixen Kosten pro Stück (sog. **Degression der fixen Stückkosten**).
- **Variable Kosten verändern sich mit dem Beschäftigungsgrad**; steigt die Beschäftigung so führt dies z. B. zu einem Anstieg der Materialkosten und umgekehrt. Bei einem proportionalen Verlauf der variablen Kosten sind die variablen Stückkosten bei Änderungen des Beschäftigungsgrades konstant.

  Diesen Sachverhalt nutzt man, indem bei unterschiedlichem Beschäftigungsgrad die variablen Stückkosten aus dem sog. **Differenzenquotienten** berechnet werden können (bei linearem Kostenverlauf):

$$k_v = \frac{\Delta K}{\Delta x} = \frac{\text{Kostendifferenz}}{\text{Mengendifferenz}} = \frac{K_2 - K_1}{x_2 - x_1}$$

**Beispiel**

| | $t_0$ | $t_1$ |
|---|---|---|
| **Produktionsmenge** | 2.000 Stk. | 1.500 Stk. |
| **Gesamtkosten** | 700.000 € | 520.000 € |

$$k_v = \frac{\Delta K}{\Delta x} = \frac{700.000\ € - 520.000\ €}{2.000\ \text{Stk.} - 1.500\ \text{Stk.}} = 360\ €/\text{Stk.}$$

**ACHTUNG**

Bitte nicht verwechseln mit der kritischen Menge (Grenzstückzahl).

Beim Differenzenquotienten ist die **Reihenfolge der Indices gleich**.

Die Abbildung auf der nächsten Seite zeigt **schematisch den Verlauf der fixen und variablen Kosten** sowie **der jeweiligen Stückkosten** bei Veränderungen der Beschäftigung.

- **Mischkosten** sind solche Kosten, die fixe und variable Bestandteile haben (z. B. Kommunikationskosten: Grundgebühr + Gesprächseinheiten nach Verbrauch; ebenso: Stromkosten).

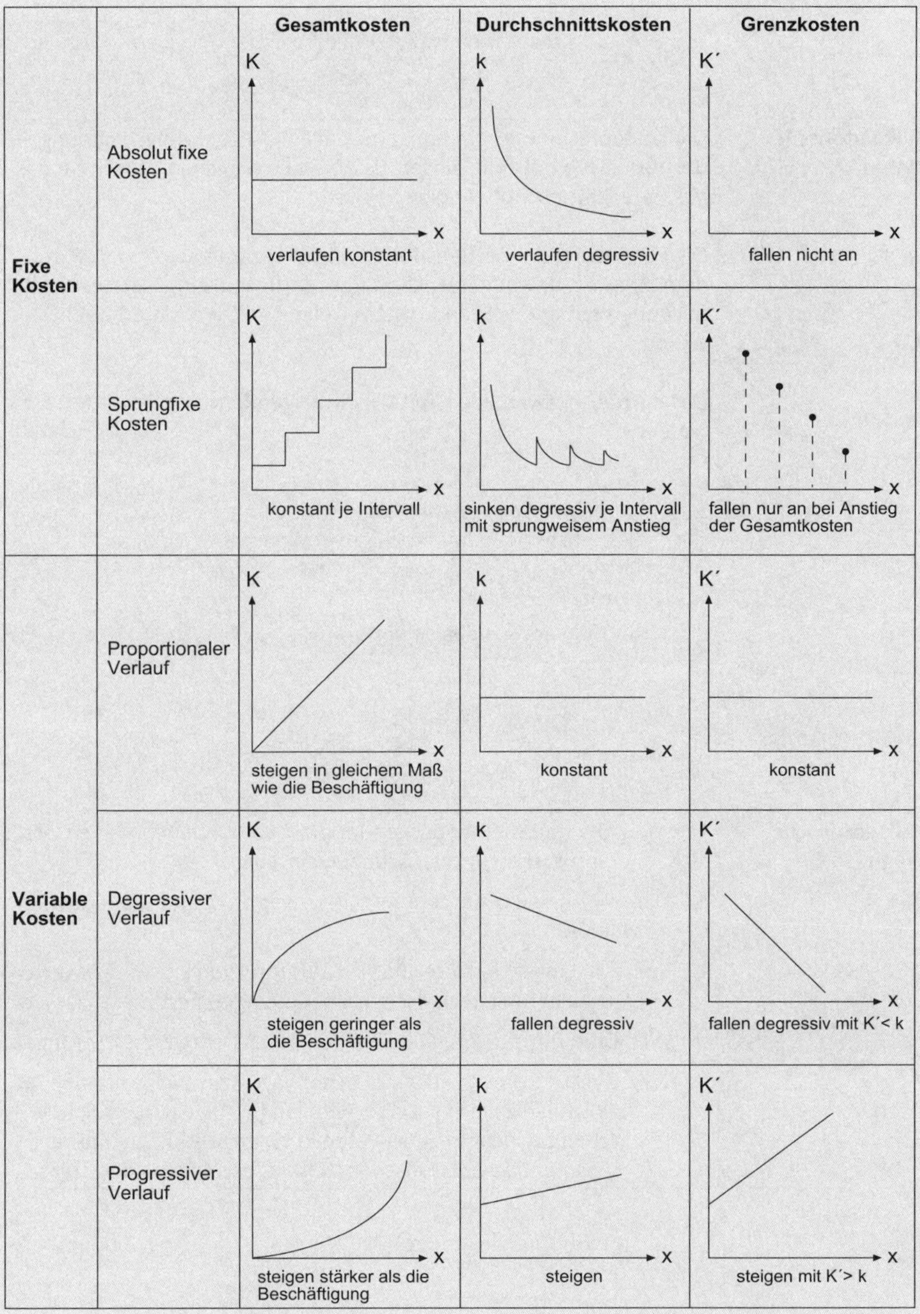

## 03. Wie werden die kalkulatorischen Kosten ermittelt?

| | |
|---|---|
| **Kalkulatorische Abschreibung (AfA)** | ▸ Fibu: Ausgangspunkt ist der Anschaffungswert (AW)<br>▸ KLR: Ausgangspunkt ist der Wiederbeschaffungswert (WB)<br><br>$\text{kalk. AfA} = \frac{\text{Anschaffungswert (Wiederbeschaffungswert) - Restwert}}{\text{Nutzungsdauer}}$ |
| **Kalkulatorische Zinsen** | Die Kostenrechnung verrechnet im Gegensatz zur Erfolgsrechnung, in die nur die Fremdkapitalzinsen als Aufwand eingehen, Zinsen für das gesamte, betriebsnotwendige Kapital.<br><br>Die Verzinsung des betriebsnotwendigen Kapitals erfolgt i. d. R. zu dem Zinssatz, den der Eigenkapitalgeber für sein eingesetztes Kapital bei anderweitiger Verwendung am freien Kapitalmarkt erhalten würde.<br><br>Das **betriebsnotwendige Kapital** kann folgendermaßen ermittelt werden:<br><br>Betriebsnotwendiges Anlagevermögen<br>+ Betriebsnotwendiges Umlaufvermögen<br>= Betriebsnotwendiges Vermögen<br>- Abzugskapital<br>**= Betriebsnotwendiges Kapital**<br><br>$\text{kalk. Zinsen} = \frac{\text{(Anschaffungswert + Restwert)}}{2} \cdot \frac{\text{Zinssatz}}{100}$ |
| **Kalkulatorische Wagnisse** | Die mit jeder unternehmerischen Tätigkeit verbundenen Risiken lassen sich im Wesentlichen in zwei Gruppen einteilen:<br>1. Das allgemeine Unternehmerrisiko (-wagnis) ist aus dem Gewinn abzudecken.<br>2. Spezielle Einzelwagnisse, die sich aufgrund von Erfahrungswerten oder versicherungstechnischen Überlegungen bestimmen lassen.<br>2.1 Deckung auftretender Schäden durch Dritte (Versicherungen).<br>2.2 Deckung durch kalkulatorische Wagniszuschläge als eine Art Selbstversicherung. Dabei wird langfristig ein Ausgleich zwischen tatsächlich eingetretenen Wagnisverlusten und verrechneten kalkulatorischen Wagniszuschlägen angestrebt. |

| | |
|---|---|
| **Kalkulatorischer Unternehmerlohn** | Während bei Kapitalgesellschaften das Gehalt der Geschäftsführung als Aufwand in der Erfolgsrechnung verbucht wird, muss die Arbeit des Unternehmers bei Einzelunternehmungen oder Personengesellschaften aus dem Gewinn gedeckt werden. In der Kostenrechnung ist jedoch das Entgelt für die Arbeitsleistung des Unternehmers als Kostenfaktor zu berücksichtigen. Maßstab für die Höhe ist i. d. R. das Gehalt eines leitenden Angestellten in vergleichbarer Funktion. |
| **Kalkulatorische Miete** | Werden eigene Räume des Gesellschafters oder des Einzelunternehmers für betriebliche Zwecke zur Verfügung gestellt, sollte dafür eine kalkulatorische Miete in ortsüblicher Höhe angesetzt werden. |

**Hinweis** zur Tabelle: „kalkulatorische Wagnisse“
Für die Einzelwagnisse werden folgende Bezugsgrößen gewählt:

| Einzelwagnis | Beschreibung – Beispiele | Bezugsbasis |
|---|---|---|
| **Anlagenwagnis** | Ausfälle von Maschinen aufgrund vorzeitiger Abnutzung, vorzeitiger Überalterung | Anschaffungskosten |
| **Beständewagnis** | Senkung des Marktpreises, Überalterung, Schwund, Verderb | Bezugskosten |
| **Entwicklungswagnis** | Fehlentwicklung | Entwicklungskosten |
| **Fertigungswagnis** | Mehrkosten durch Ausschuss, Nacharbeit, Fehler | Herstellkosten |
| **Vertriebswagnis** | Forderungsausfälle, Währungsrisiken | Umsatz zu Selbstkosten |
| **Gewährleistungswagnis** | Preisnachlässe aufgrund von Mängeln, Zusatzleistungen, Ersatzlieferungen | |
| **Berechnung$_{\text{allgemein}}$** | $\text{Wagniskostenzuschlag} = \frac{\text{„Verlust“}}{\text{Bezugsbasis}} \cdot 100$ | |

## 04. Welche Aufgabe erfüllt die Kostenstellenrechnung?

Die **Kostenstellenrechnung** ist nach der Kostenartenrechnung **die zweite Stufe** innerhalb der Kostenrechnung. Sie hat die Aufgabe, die Gemeinkosten **verursachergerecht auf die Kostenstellen zu verteilen**, die jeweiligen Zuschlagssätze zu ermitteln und den Kostenverbrauch zu überwachen.

Der BAB erfüllt im Einzelnen folgende Aufgaben:

- Verteilung der Gemeinkosten auf die Kostenstellen
- innerbetriebliche Leistungsverrechnung
- Ermittlung der Ist-Gemeinkostenzuschlagssätze für die Kalkulation
- Berechnung der Abweichungen der Ist-Gemeinkostenzuschlagssätze von den Normal-Gemeinkostenzuschlagssätzen (Kostenüber- bzw. Kostenunterdeckung)

- kostenstellenbezogene Kostenkontrolle
- Basis für Wirtschaftlichkeits- und Verfahrensvergleiche.

## 05. Was ist eine Kostenstelle?

Kostenstellen sind nach bestimmten Grundsätzen abgegrenzte Bereiche des Gesamtunternehmens, in denen die dort entstandenen Kostenarten verursachungsgerecht gesammelt werden.

## 06. Welchen Kostenstellen werden verrechnungstechnisch unterschieden?

- **Hauptkostenstellen** sind Kostenstellen, an denen unmittelbar am Erzeugnis gearbeitet wird, z. B.: Lackiererei, Montage.
- **Hilfskostenstellen** sind nicht direkt an der Produktion beteiligt, z. B.: Arbeitsvorbereitung, Konstruktion.
- **Allgemeine Kostenstellen** können den Funktionsbereichen nicht unmittelbar zugeordnet werden, z. B.: Werkschutz, Fuhrpark.

## 07. Nach welchen Merkmalen können Kostenstellen gebildet werden?

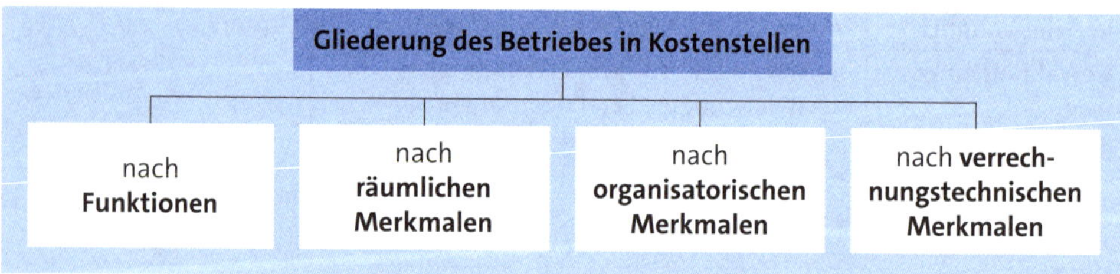


## 08. Welche Prinzipien gelten bei der Bildung von Kostenstellen?

Die Kostenstellenrechnung muss ihrer besonderen Kontrollfunktion gerecht werden: Die Kostenabweichungen müssen dort ermittelt werden, wo sie tatsächlich entstehen. Aus diesem Grunde müssen drei Prinzipien (auch: Gliederungsgrundsätze) bei der Bildung von Kostenstellen eingehalten werden:

1. Es müssen genaue Maßstäbe als Bezugsgröße zur Kostenverursachung festgelegt werden. Als Bezugsgrößen kommen z. B. infrage: Der Fertigungslohn, die Fertigungszeit, die Erzeugniseinheit. Die Bezugsgröße sollte zur Leistung der Kostenstelle proportional sein.
2. Jede Kostenstelle ist ein eigenständiger Verantwortungsbereich.
3. Kostenbelege müssen je Kostenstelle problemlos gebucht werden können.

## 09. Welche Kostenbereiche werden im Betriebsabrechnungsbogen gebildet?

Meist werden folgende Kostenbereiche im Betriebsabrechnungsbogen (BAB) eines Industrieunternehmens gebildet:

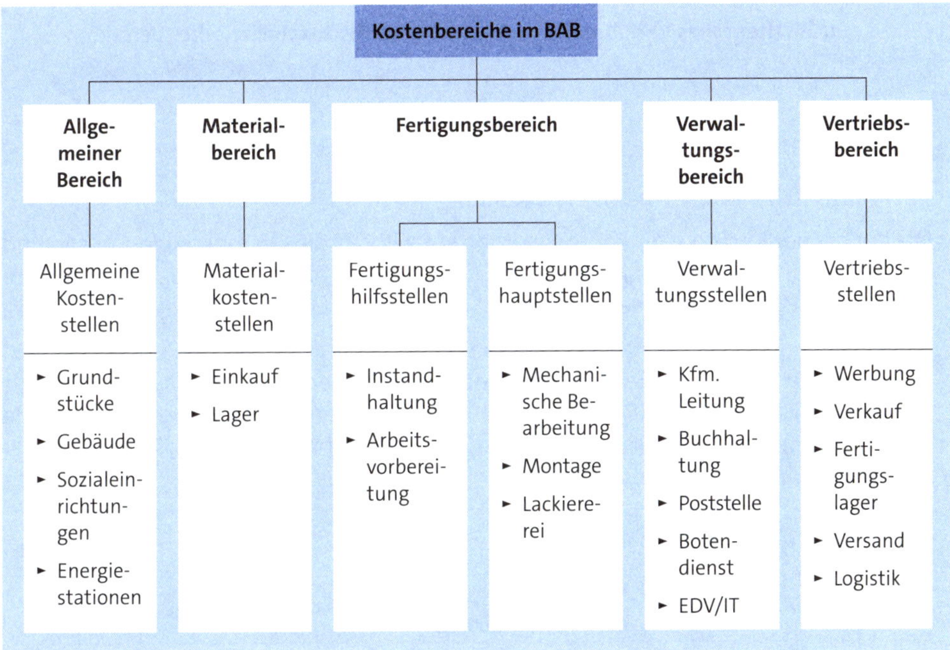


| | |
|---|---|
| **Allgemeiner Bereich** | Er enthält die Kostenstellen, die keiner der vier Funktionen (Material, Fertigung, Verwaltung, Vertrieb) zugeordnet werden können. |
| **Hauptkostenstellen** | Hier wird direkt an der Produktherstellung gearbeitet. |
| **Unterkostenstellen** | Sie werden in großen Betrieben gebildet und sind eine weitere Unterteilung von Hauptkostenstellen. |
| **Hilfskostenstellen** | Sie leisten nur einen mittelbaren Beitrag zur Produktion und dienen z. B. der Vorbereitung und Aufrechterhaltung der Fertigung. |
| **Nebenkostenstellen** | Gelegentlich werden Nebenkostenstellen geführt: Sie erfassen z. B. Kosten von Neben-/Ergänzungsprodukten, z. B.: Abfallverwertung; Wäscherei in einem Waschmittelwerk; Verkauf von Sägespänen bei der Holzverarbeitung. |

## 10. Welche Aufgabe hat der Betriebsabrechnungsbogen (BAB)?

Der BAB ist die tabellarische Form der Kostenstellenrechnung. Er wird monatlich oder jährlich erstellt und ist **nach Kostenstellen** und **nach Kostenarten** gegliedert. Im BAB werden die Gemeinkosten nach Belegen oder nach geeigneten Verteilungsschlüsseln auf die Kostenstellen verteilt. Anschließend erfolgt die Berechnung der Zuschlagssätze als Grundlage für die Kostenträgerstück- bzw. Kostenträgerzeitrechnung.

## 11. Wie erfolgt die Verteilung der Kostenarten auf die Kostenstellen?

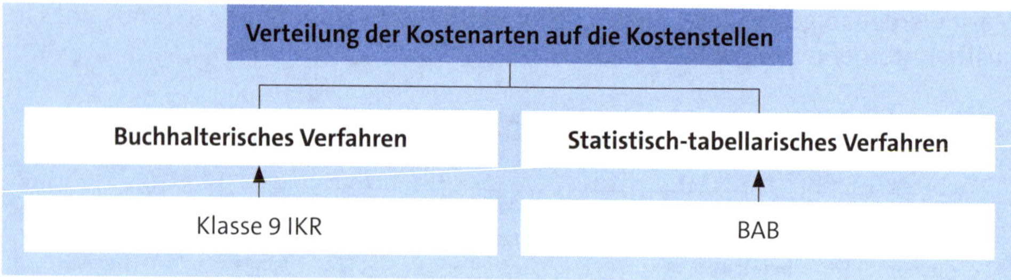


- **Buchhalterische** (kontenmäßige) **Aufteilung**:

  Die Kosten der Kostenartenkonten werden verteilt auf die Kostenstellen-Konten und weiterhin auf die Kostenträgerkonten. Unter Berücksichtigung der Lagerzu- und -abgänge und der Umsatzerlöse erfolgt eine Saldierung auf dem Konto Betriebsergebnis.

  Unterstellt man vereinfacht, dass es keine Lagerbestände an fertigen und unfertigen Erzeugnissen gibt, d. h. alle in der Periode hergestellten Erzeugnisse auch verkauft wurden, weist daher lt. IKR das Konto 9900 Betriebsergebnis auf der Sollseite alle Kosten der Herstellung, des Vertriebs und der Verwaltung (Klasse 6/7) und auf der Habenseite die Umsatzerlöse/Leistungen (Klasse 5) aus.

| Klasse 6/7<br>**Kosten** | Klasse 5<br>**Leistungen** |
|---|---|
| Klasse 9<br>**Betriebsergebnis** | |

- **Statistisch-tabellarisches** Verfahren unter Verwendung des BAB:

  Im BAB werden die Gemeinkosten der Kostenartenrechnung auf die im Unternehmen eingerichteten Kostenstellen verteilt:

## 12. Wie erfolgt die Verrechnung der Kostenarten auf die Kostenstellen im Betriebsabrechnungsbogen (BAB)?

A. **Einzelkosten** aus der Kostenartenrechnung werden direkt dem Kostenträger zugerechnet; sie müssen nicht im BAB aufgeführt sein. Achtung: Häufig werden die Einzelkosten trotzdem zu Informationszwecken in den BAB übernommen, da sie Basis für die Berechnung der Gemeinkostenzuschläge sind.

B. **Bereich 1 des BAB:**
**Kostenstellen-Einzelkosten** werden aufgrund von Belegen den Kostenstellen direkt zugerechnet, z. B. Hilfs-, Betriebsstoffe, Hilfslöhne, Gehälter, kalkulatorische Abschreibung, Ersatzteile.

C. **Bereich 2 des BAB:**
**Kostenstellen-Gemeinkosten** werden nach verursachungsgerechten Verteilungsschlüsseln auf die Kostenstellen umgelegt, z. B. Raumkosten, Steuer, Versicherungsprämien.

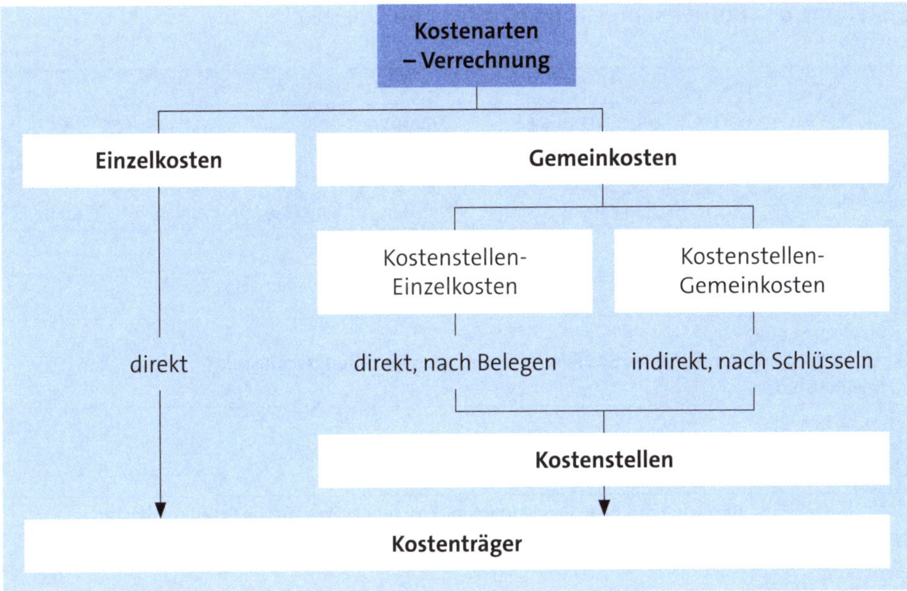


Die Reihenfolge der Verrechnung nach dem Stufenleitersystem (auch Treppenverfahren) ist dabei zu beachten:

1. Umlage der Allgemeinen Kostenstelle auf die Hilfs- und Hauptkostenstellen
2. Umlage der Hilfskostenstellen (= Vorkostenstellen) auf die Hauptkostenstellen
3. Es werden die Summen der Hauptkostenstellen (= Stellenendkosten) ermittelt.

D. **Bereich 3 des BAB:**
Durch Gegenüberstellung der Einzelkosten und der Summe der Gemeinkosten je Kostenstelle werden die Zuschlagssätze für die Kostenträgerrechnung ermittelt;

**Beispiel**

$$\text{Materialgemeinkostenzuschlag} = \frac{\text{Materialgemeinkosten}}{\text{Materialeinzelkosten}} \cdot 100$$

$$\text{MGKZ} = \frac{\text{MGK}}{\text{MEK}} \cdot 100$$

Erstellung des Betriebsabrechnungsbogens im Überblick:

| | **Kostenstellen** | | | | | |
|---|---|---|---|---|---|---|
| | Allgemeiner Bereich | Material-bereich | Fertigungsbereich | | Verwaltungs-bereich | Vertriebs-bereich |
| **Kostenarten** | Allgemeine Kostenstellen | Material-kostenstellen | Fertigungs-hilfsstellen | Fertigungs-hauptstellen | Verwaltungs-stellen | Vertriebs-stellen |
| Verrechnung der Kostenstellen-Einzelkosten | **Bereich 1 des BAB: Verrechnung nach Belegen** | | | | | |
| Verrechnung der Kostenstellen-Gemeinkosten | **Bereich 2 des BAB: Verrechnung nach Verteilungsschlüsseln** | | | | | |
| Summe der Hauptkosten-stellen | | ... | ... | ... | ... | ... |
| | **Bereich 3 des BAB: Ermittlung der Zuschlagssätze für die Erzeugniskosten** | | | | | |
| | | (MGK • 100) : MEK | (FGK • 100) : FEK | | (VwGK • 100) : HKU | (VtrGK • 100) : HKU |

## 13. Welche Erfassungsgrundlagen bzw. Verteilungsschlüssel sind für die Verrechnung der Gemeinkosten auf die Kostenstellen geeignet?

**Beispiel**

| **Gemeinkosten** | **Verrechnung** | | **Verrechnungsgrundlage – Beispiele** |
|---|---|---|---|
| | **direkt** | **indirekt** | |
| Hilfslöhne | x | | Lohnbelege, Lohnlisten |
| Gehälter | x | | Gehaltslisten |
| Hilfsstoffe | x | | Entnahmescheine |
| Betriebsstoffe | x | | Entnahmescheine |
| Fremdleistungen | x | | Eingangsrechnungen |
| Kalkulatorische Abschreibungen | x | | Anlagenkartei/-datei |
| Kalkulatorische Zinsen | x | | Anschaffungswerte, Kapitalbindung |
| Raumkosten | | x | Flächennutzung in $m^2$ |
| Gesetzliche Sozialleistungen | x | | Lohn-/Gehaltslisten |
| Freiwillige Sozialleistungen | | | Anzahl der Mitarbeiter je Kostenstelle |
| Heizung | | x | Raumgröße in $m^3$ |
| Elektrische Energie | | x | Anzahl der Verbraucher, kWh |
| Sachversicherungen | | x | Anlagendatei, Anlagenwerte |
| Steuern | | x | Kapitalbindung |

## 14. Wie ist der Betriebsabrechnungsbogen (BAB) als Hilfsmittel der Kostenstellenrechnung strukturiert?

Die inhaltlichen und rechnerischen Zusammenhänge werden anhand eines einfachen BAB dargestellt (vier Kostenstellen, ohne Hilfskostenstellen, ohne allgemeine Kostenstellen; die im BAB eingezeichneten Pfeile verdeutlichen die Berechnung des Zahlenmaterials):

**Beispiel**

### Allgemeines Beispiel

| Gemeinkostenarten | Zahlen der Buchhaltung (in €) | Verteilungsschlüssel | Kostenstellen | | | |
|---|---|---|---|---|---|---|
| | | | **I** | **II** | **III** | **IV** |
| | | | **Material** | **Fertigung** | **Verwaltung** | **Vertrieb** |
| **Hilfsstoffe** | 18.398 | Mat.entn.scheine | 1.850 | 16.350 | 0 | 198 |
| **Hilfslöhne** | 41.730 | Lohnlisten | 14.150 | 26.580 | 520 | 480 |
| **AfA** | 63.460 | Anlagendatei | 6.210 | 43.450 | 6.380 | 7.420 |
| **...** | ... | | ... | ... | ... | ... |
| **...** | ... | | ... | ... | ... | ... |
| ***Summe*** | 245.396 | **aufgeschlüsselt:** | **23.903** | **142.700** | **60.610** | **18.183** |
| | | | MGK | FGK | VwGK | VtGK |
| | | **Zuschlagsgrundlage:** | MEK | FEK | HKU | |
| | | | 217.300 | 170.000 | • 363.660 | 363.660 |
| | | **Zuschlagssätze:** | *11,00 %* | *83,94 %* | *16,67 %* | *5,00 %* |

| | | |
|---|---|---|
| | MEK | 217.300 |
| + | MGK | 23.903 |
| + | FEK | 170.000 |
| + | FGK | 142.700 |
| - | BV | - 190.243 |
| = | HKU | **363.660** |

**Beispiel**

**Einfacher BAB**

In einer Rechnungsperiode liefert die KLR nachfolgende Gemeinkosten, die entsprechend den angegebenen Schlüsseln zu verteilen sind; es existieren vier Hauptkostenstellen: Material, Fertigung, Verwaltung und Vertrieb:

| Gemeinkosten | € | Verteilungsschlüssel |
|---|---|---|
| Gemeinkostenmaterial | 9.600 | 3 : 6 : 2 : 1 |
| Hilfslöhne | 36.000 | 2 : 14 : 5 : 3 |
| Sozialkosten | 6.600 | 1 : 3 : 1,5 : 0,5 |
| Steuern | 23.100 | 1 : 3 : 5 : 2 |
| Sonstige Kosten | 7.000 | 2 : 4 : 5 : 3 |
| Abschreibung (AfA) | 8.400 | 2 : 12 : 6 : 1 |

Die Verteilung der Gemeinkosten auf die Kostenstellen erfolgt beim einfachen BAB in folgenden Schritten:

1. Erstellen des BAB-Schemas
2. Verteilung der Gemeinkosten nach den vorgegebenen Schlüsseln
3. Addition der Kosten der Hauptkostenstellen
4. Probe: Die Summe aller Gemeinkosten aus der Buchhaltung ist gleich der Summe aller Kosten der Hauptkostenstellen.

| Einfacher BAB | | | | | | |
|---|---|---|---|---|---|---|
| **Gemeinkosten** | **Zahlen der Buchhaltung** | **Verteilungsschlüssel** | **Material** | **Fertigung** | **Verwaltung** | **Vertrieb** |
| GKM | 9.600 | 3 : 6 : 2 : 1 | 2.400 | 4.800 | 1.600 | 800 |
| Hilfslöhne | 36.000 | 2 : 14 : 5 : 3 | 3.000 | 21.000 | 7.500 | 4.500 |
| Sozialkosten | 6.600 | 1 : 3 : 1,5 : 0,5 | 1.100 | 3.300 | 1.650 | 550 |
| Steuern | 23.100 | 1 : 3 : 5 : 2 | 2.100 | 6.300 | 10.500 | 4.200 |
| Sonstige Kosten | 7.000 | 2 : 4 : 5 : 3 | 1.000 | 2.000 | 2.500 | 1.500 |
| AfA | 8.400 | 2 : 12 : 6 : 1 | 800 | 4.800 | 2.400 | 400 |
| **Summen** | **90.700** | | **10.400** | **42.200** | **26.150** | **11.950** |

**Beispiel**

**Mehrstufiger BAB**

In einer Rechnungsperiode liefert die KLR nachfolgende Gemeinkosten, die entsprechend den angegebenen Schlüsseln zu verteilen sind; es existieren die Kostenstellen: Allgemeine Kostenstelle, Materialstelle, Fertigungshilfsstelle, Fertigungsstelle A und B,

Verwaltungsstelle und Vertriebsstelle. Die Umlage der Allgemeinen Kostenstelle ist nach dem Schlüssel 6 : 15 : 10 : 8 : 6 : 5 durchzuführen; die Fertigungshilfsstelle ist auf die Fertigungsstellen A und B im Verhältnis 6 : 4 zu verteilen.

| Gemeinkosten | € | Verteilungsschlüssel |
|---|---|---|
| Gemeinkostenmaterial (GKM) | 50.000 | 1 : 3 : 8 : 4 : 0 : 0 : 0 |
| Gehälter | 200.000 | 2 : 4 : 3 : 3 : 2 : 8 : 3 |
| Sozialkosten | 45.000 | 2 : 4 : 3 : 3 : 2 : 8 : 3 |
| Steuern | 60.000 | 1 : 2 : 3 : 2 : 1 : 2 : 1 |
| Abschreibung (AfA) | 160.000 | 2 : 4 : 6 : 7 : 2 : 3 : 1 |

Die Verteilung der Gemeinkosten auf die Kostenstellen erfolgt beim mehrstufigen BAB in folgenden Schritten:

1. Erstellen des BAB-Schemas
2. Verteilung der Gemeinkosten nach den vorgegebenen Schlüsseln
3. Umlage der Allgemeinen Kostenstelle
4. Umlage der Hilfskostenstelle
5. Addition der Kosten der Hauptkostenstellen
6. Probe: Die Summe aller Gemeinkosten aus der KLR ist gleich der Summe aller Kosten der Hauptkostenstellen.

| Mehrstufiger BAB | | | | | | | | |
|---|---|---|---|---|---|---|---|---|
| Gemeinkosten | Zahlen der KLR | Allgemeine Kostenstelle | Hilfskostenstelle | Material | Fertigungsstellen | | Verwaltung | Vertrieb |
| | | | | | A | B | | |
| GKM | 50.000 | 3.125 | 9.375 | 25.000 | 12.500 | - | - | - |
| Gehälter | 200.000 | 16.000 | 32.000 | 24.000 | 24.000 | 16.000 | 64.000 | 24.000 |
| Sozialkosten | 45.000 | 3.600 | 7.200 | 5.400 | 5.400 | 3.600 | 14.400 | 5.400 |
| Steuer | 60.000 | 5.000 | 10.000 | 15.000 | 10.000 | 5.000 | 10.000 | 5.000 |
| AfA | 160.000 | 12.800 | 25.600 | 38.400 | 44.800 | 12.800 | 19.200 | 6.400 |
| Summe | 515.000 | 40.525 | 84.175 | | | | | |
| Umlage der Allg. Kostenstelle | | | → 4.863 | 12.157,50 | 8.105 | 6.484 | 4.863 | 4.052,50 |
| Summe | | | 89.038 | | | | | |
| Umlage der Fertigungshilfsstelle | | | | | → 53.422,80 | 35.615,20 | | |
| Summe | | | | 119.957,50 | 152.227,80 | 79.499,20 | 112.463 | 44.852,50 |

## 15. Wie werden die Zuschlagssätze für die Kalkulation ermittelt?

Bei der differenzierten Zuschlagskalkulation (auch: selektive Zuschlagskalkulation) werden die Gemeinkosten nach Bereichen getrennt erfasst und die Zuschlagssätze differenziert ermittelt:

$$\text{Materialgemeinkostenzuschlag} = \frac{\text{Materialgemeinkosten}}{\text{Materialeinzelkosten}} \cdot 100$$

$$\text{MGKZ} = \frac{\text{MGK}}{\text{MEK}} \cdot 100$$

$$\text{Fertigungsgemeinkostenzuschlag} = \frac{\text{Fertigungsgemeinkosten}}{\text{Fertigungseinzelkosten}} \cdot 100$$

$$\text{FGKZ} = \frac{\text{FGK}}{\text{FEK}} \cdot 100$$

$$\text{Verwaltungsgemeinkostenzuschlag} = \frac{\text{Verwaltungsgemeinkosten}}{\text{Herstellkosten des Umsatzes}} \cdot 100$$

$$\text{VwGKZ} = \frac{\text{VwGK}}{\text{HKU}} \cdot 100$$

$$\text{Vertriebsgemeinkostenzuschlag} = \frac{\text{Vertriebsgemeinkosten}}{\text{Herstellkosten des Umsatzes}} \cdot 100$$

$$\text{VtrGKZ} = \frac{\text{VtrGK}}{\text{HKU}} \cdot 100$$

Dabei sind die Herstellkosten des Umsatzes:

| | |
|---|---|
| | Materialeinzelkosten |
| + | Materialgemeinkosten |
| + | Fertigungseinzelkosten |
| + | Fertigungsgemeinkosten |
| = | Herstellkosten der Erzeugung |
| - | Bestandsveränderungen (+ Minderbestand/- Mehrbestand) |
| **=** | **Herstellkosten des Umsatzes** |

Sind keine Bestandsveränderungen zu berücksichtigen – sind also alle in der Periode hergestellten Erzeugnisse verkauft worden – so gilt:

Herstellkosten der Erzeugung = Herstellkosten des Umsatzes

## 16. Wie können innerbetriebliche Leistungen verrechnet werden?

Findet ein Leistungsaustausch zwischen Kostenstellen statt, so ist eine Verrechnung der innerbetrieblichen Leistungen notwendig. Die innerbetriebliche Leistungsverrechnung (IBL) kann in folgender Weise durchgeführt werden:

**Innerbetriebliche Leistungsverrechnung**

1. **Einseitige Leistungsverrechnung**
   - Kostenartenverfahren
   - Kostenstellenumlageverfahren
   - Kostenstellenausgleichsverfahren
   - Kostenträgerverfahren
2. **Gegenseitige Leistungsverrechnung**
   - Verrechnungspreisverfahren
   - Mathematisches Verfahren

1. **Einseitige Leistungsverrechnung:**
   Hier wird vorausgesetzt, dass die leistende Kostenstelle keine Leistung von der empfangenden Kostenstelle erhält (Leistungen fließen nur in eine Richtung). Daher ist die richtige Reihung der Kostenstellen im BAB zu beachten.

| | |
|---|---|
| **Kostenarten-verfahren** | Das Verfahren ist einfach aber ungenau und nur anwendbar, wenn die innerbetrieblichen Leistungen in Hauptkostenstellen erbracht werden: Nur die Einzelkosten der Eigenleistungen werden erfasst und auf die leistungsempfangenden Kostenstellen als Gemeinkosten verrechnet. Die Gemeinkosten der leistenden Kostenstelle werden nicht weiterverrechnet, sondern verbleiben an dieser Stelle. |

| | |
|---|---|
| **Kostenstellen-umlage-verfahren** | Im Gegensatz zum Kostenartenverfahren werden die gesamten primären Gemeinkosten der Hilfskostenstellen erfasst und als sekundäre Gemeinkosten auf die Hauptkostenstellen weiterverrechnet. |
| | **Anbauverfahren:**<br>Hilfskostenstellen werden nur über die Hauptkostenstellen abgerechnet.<br>$\text{innerbetrieblicher Verrechnungssatz} = \frac{\text{primäre Kosten}}{\text{Gesamtleistung - Abgabe an Hilfskostenstellen}}$ |
| | **Stufenleiterverfahren**<br>Näherungsmethode zur schrittweisen Berechnung der innerbetrieblichen Verrechnungssätze. Dabei werden bei jeder abzurechnenden Hilfskostenstelle die empfangenen Leistungen der Hilfskostenstellen, die noch nicht abgerechnet sind, vernachlässigt.<br>$\text{Kosten pro LE} = \frac{\text{primäre Kosten + empfangene LE} \cdot \text{Kosten dieser LE}}{\text{abgegebene Leistungen}}$ |
| **Kostenstellen-ausgleichs-verfahren** | Ebenso wie beim Kostenartenverfahren werden den leistungsempfangenden Kostenstellen die Einzelkosten unmittelbar belastet. Es werden allerdings auch die Gemeinkosten auf die empfangenden Kostenstellen verrechnet. Da diese aber schon in den Gemeinkosten der leistenden Stellen verbucht sind, müssen sie bei den leistenden Stellen abgesetzt (Gutschrift) und den empfangenden Stellen zugeschrieben (Belastung) werden. |
| **Kostenträger-verfahren** | Innerbetriebliche Leistungen werden als Kostenträger behandelt und wie Absatzleistungen abgerechnet. Die entstandenen Kosten werden, wenn die Leistungen in der gleichen Periode verbraucht werden, den empfangenen Stellen belastet und den leistenden Stellen gutgeschrieben. |

2. **Gegenseitige Leistungsverrechnung:**
   **Verrechnungspreis-Verfahren:**
   Vor allem in größeren Unternehmen, deren Betriebe und Kostenstellen in stärkerem Maße Leistungen untereinander austauschen, werden zur Abrechnung des Leistungsaustausches im voraus innerbetriebliche Verrechnungspreise gebildet, die dann für einen längeren Zeitraum gelten (fester Verrechnungspreis). Nachteil der Festpreisbildung: Die Abrechnung führt auf den Hilfskostenstellen zu Kostenüber-/Kostenunterdeckungen. Die Festpreisbildung kann sich orientieren an Marktpreisen, Plankosten oder Normalkosten.

   **Mathematisches Verfahren** (auch: **Gleichungsverfahren**):
   Zur Lösung des Problems der Leistungsverrechnung wird ein Gleichungssystem aufgestellt, das in der Praxis mit Unterstützung der EDV bearbeitet wird.

## 17. Was ist der Unterschied zwischen Istgemeinkosten und Normalgemeinkosten?

- **Istgemeinkosten** sind die in einer Periode tatsächlich anfallenden Kosten; sie dienen zur Ermittlung der Ist-Zuschlagssätze.
- **Normalgemeinkosten** sind statistische Mittelwerte der Kosten zurückliegender Perioden; sie dienen zur Ermittlung der Normal-Zuschlagssätze. Dies bewirkt eine Vereinfachung im Rechnungswesen. Kurzfristige Kostenschwankungen werden damit ausgeschaltet.

## 18. Wie wird die Kostenüber- bzw. Kostenunterdeckung ermittelt?

Am Ende einer Abrechnungsperiode werden die Normalgemeinkosten (auf der Basis von Normal-Zuschlagssätzen) mit den Istgemeinkosten (auf der Basis der Ist-Gemeinkostenzuschläge) verglichen.

MERKE

Es gilt im Rahmen der **Kostenkontrolle:**

Normalgemeinkosten > Istgemeinkosten → Kostenüberdeckung

Normalgemeinkosten < Istgemeinkosten → Kostenunterdeckung

Berechnung der Normalgemeinkosten:

1. Normalmaterialgemeinkosten = Istkosten/Material • Normalzuschlag

2. Normalfertigungsgemeinkosten = Istkosten/Fertigung • Normalzuschlag

3. Normalverwaltungsgemeinkosten = Normalkosten/Herstellung • Normalzuschlag

4. Normalvertriebsgemeinkosten = Normalkosten/Herstellung • Normalzuschlag

Berechnung der Istgemeinkosten:

1. Istmaterialgemeinkosten = Istkosten/Material • Istzuschlag

2. Istfertigungsgemeinkosten = Istkosten/Fertigung • Istzuschlag

3. Istverwaltungsgemeinkosten = Istkosten/Herstellung • Istzuschlag

4. Istvertriebsgemeinkosten = Istkosten/Herstellung • Istzuschlag

### 19. Welche Aufgabe erfüllt die Kostenträgerrechnung?

Die Kostenträgerrechnung hat die Aufgabe zu ermitteln, **wofür die Kosten angefallen sind**, d. h. **für welche Kostenträger** (= Produkte oder Aufträge). Sie wird in zwei Bereiche unterteilt:

**Kostenträgerrechnung – Gliederung**

- Kostenträgerzeitrechnung
- Kostenträgerstückrechnung

- Die **Kostenträgerzeitrechnung** (= kurzfristige Ergebnisrechnung) überwacht laufend die Wirtschaftlichkeit des Unternehmens: Sie stellt die Kosten und Leistungen (Erlöse) **einer Abrechnungsperiode** (i. d. R. ein Monat) gegenüber – insgesamt und getrennt nach Kostenträgern. Sie ist damit die Grundlage zur Berechnung der Herstellkosten, der Selbstkosten und des Betriebsergebnisses einer Abrechnungsperiode. Außerdem kann der Anteil der verschiedenen Erzeugnisgruppen an den Gesamtkosten und am Gesamtergebnis ermittelt werden.

  Bei der Gegenüberstellung von Kosten und Erlösen tritt ein Problem auf: Die Erlöse beziehen sich auf die **verkaufte Menge**, während sich die Kosten auf die **hergestellte Menge** beziehen. Das heißt also, **das Mengengerüst von hergestellter und verkaufter Menge ist nicht gleich** (Stichwort: **Bestandsveränderungen**). Um dieses Problem zu lösen, gibt es zwei Verfahren zur Ermittlung des Betriebsergebnisses:

  1. Die Erlöse werden an das Mengengerüst der Kosten angepasst (**Gesamtkostenverfahren**).
  2. Die Kosten werden an das Mengengerüst der Erlöse angepasst (**Umsatzkostenverfahren**).

**Kostenträgerzeitrechnung – Verfahren**

| **Gesamtkostenverfahren** | **Umsatzkostenverfahren** |
|---|---|
| Erlöse | Erlöse |
| ± Bestandsveränderungen zu Herstellkosten | - Herstellkosten der „umgesetzten" Produkte |
| - Kosten (gesamte primäre Kosten) | - Vertriebs- und Verwaltungskosten |
| = **Betriebsergebnis** | = **Betriebsergebnis** |

- Die **Kostenträgerstückrechnung** ermittelt die **Selbstkosten je Kostenträgereinheit**. Sie kann als Vor-, Zwischen- oder Nachkalkulation aufgestellt werden:

## 20. Welche Arten der Kalkulation gibt es?

**Aufgaben der Kalkulation**

- **Vorkalkulation (Angebotskalkulation)**
  - Ermittlung der Angebotspreise auf Normalkostenbasis
  - Prüfung, ob Auftrag angenommen wird (DB-Rechnung)
- **Nachkalkulation**
  - Kontrolle der Kosten: Normalkosten ↓↑ Istkosten
- **Zwischenkalkulation**
  - Lfd. Ermittlung der Istkosten und Vergleich mit den Sollkosten (mitlaufende Kalkulation)

Je nach Produktionsverfahren werden verschiedene Kalkulationsverfahren angewendet (das Produktionsverfahren bestimmt das Kalkulationsverfahren), z. B.:

**Kalkulationsverfahren – ausgewählte Beispiele**

| **Zuschlagskalkulation** | **Divisionskalkulation** |
|---|---|
| ► Summarische Zuschlagskalkulation | ► Einstufige Divisionskalkulation |
| ► Differenzierte Zuschlagskalkulation | ► Mehrstufige Divisionskalkulation |
| ► Zuschlagskalkulation mit Maschinenstundensätzen | ► Divisionskalkulation mit Äquivalenzziffern |

## 2.5.7 Kalkulationsverfahren

### 01. Wie ist das Verfahren bei der Divisionskalkulation?

- **Einstufige Divisionskalkulation:**

  **Voraussetzungen:**

  - Massenfertigung; Einproduktunternehmen
  - einstufige Fertigung
  - keine Kostenstellen
  - keine Aufteilung in Einzel- und Gemeinkosten
  - produzierte Menge = abgesetzte Menge; $x_P = x_A$

  **Berechnung:**

  Die Stückkosten (k) ergeben sich aus der Division der Gesamtkosten (K) durch die in der Abrechnungsperiode produzierte (und abgesetzte) Menge (x).

$$\text{Stückkosten} = \frac{\text{Gesamtkosten}}{\text{Ausbringungsmenge}}$$

$$k = \frac{K}{x} \text{ €/Stk.}$$

**Beispiel**

Ein Einproduktunternehmen produziert und verkauft im Monat Januar 1.200 Stück bei 360.000 € Gesamtkosten. Die Stückkosten betragen:

$$k = \frac{K}{x} \text{ €/Stk.} = \frac{360.000 \text{ €}}{1.200 \text{ Stück}} = 300 \text{ €/Stk.}$$

- **Mehrstufige Divisionskalkulation:**

  **Voraussetzungen:**

  - Massenfertigung; Einproduktunternehmen
  - zwei oder mehrstufige Fertigung
  - produzierte Menge ≠ abgesetzte Menge; $x_P \neq x_A$
  - Aufteilung der Gesamtkosten (K) in Herstellkosten ($K_H$) sowie Vertriebskosten ($K_{Vertr.}$) und Verwaltungskosten ($K_{Verw.}$)
  - die Herstellkosten werden auf die produzierte Menge ($x_P$) bezogen, die Vertriebs- und Verwaltungskosten auf die abgesetzte Menge ($x_A$).

**Berechnung:**

Bei einer zweistufigen Fertigung ergibt sich folgende Berechnung:

$$\text{Stückkosten} = \frac{\text{Herstellkosten}}{\text{produzierte Menge}} + \frac{\text{Vertriebs- und Verwaltungskosten}}{\text{abgesetzte Menge}}$$

$$\text{Stückkosten} = \frac{K_H}{x_P} + \frac{K_{Vertr.} + K_{Verw.}}{x_A}$$

**Beispiel**

Ein Betrieb produziert im Monat Januar 1.200 Stück, von denen 1.000 verkauft werden. Die Herstellkosten betragen 240.000 €, die Vertriebs- und Verwaltungskosten 120.000 €. Die Stückkosten sind:

$$\text{Stückkosten} = \frac{240.000\text{ €}}{1.200\text{ Stk.}} + \frac{120.000\text{ €}}{1.000\text{ Stk.}} = 200\text{ €/Stk.} + 120\text{ €/Stk.} = 320\text{ €/Stk.}$$

Analog geht man bei einer **n-stufigen Fertigung** vor: Die Kosten je Fertigungsstufe werden auf die entsprechenden Stückzahlen bezogen:

$$\text{Stückkosten} = \frac{K_{H1}}{x_{P1}} + \frac{K_{H2}}{x_{P2}} + \ldots + \frac{K_{Hn}}{x_{Pn}} + \frac{K_{Vertr.} + K_{Verw.}}{x_A}$$

- **Divisionskalkulation mit Äquivalenzziffern:**

**Voraussetzungen:**

- Sortenfertigung (gleichartige, aber nicht gleichwertige Produkte)
- die Stückkosten der einzelnen Sorten stehen langfristig in einem konstanten Verhältnis; man geht aus von einer Einheitssorte (Bezugsbasis), die die Äquivalenzziffer 1 erhält; alle anderen Sorten erhalten Äquivalenzziffern im Verhältnis zur Einheitssorte; sind z. B. die Stückkosten einer Sorte um 40 % höher als die der Einheitssorte, so erhält sie die Äquivalenzziffer 1,4 usw.
- produzierte Menge = abgesetzte Menge; $x_P = x_A$

**Beispiel**

In einer Ziegelei werden drei Sorten hergestellt. Die Gesamtkosten betragen in der Abrechnungsperiode 104.400 Stück. Die produzierten Mengen sind: 30.000, 15.000, 20.000 Stück. Das Verhältnis der Kosten beträgt 1 : 1,4 : 1,8.

| Sorte | produzierte Menge (in Stk.) | Äquivalenzziffer | Recheneinheiten | Stückkosten (in €/Stk.) | Gesamtkosten |
|---|---|---|---|---|---|
| | (1) | (2) | (3) | (4) | (5) |
| I | 30.000 | 1 | 30.000 | 1,20 | 36.000 |
| II | 15.000 | 1,4 | 21.000 | 1,68 | 25.200 |
| III | 20.000 | 1,8 | 36.000 | 2,16 | 43.200 |
| ∑ | | | 87.000 | | 104.400 |

**Erläuterung des Rechenweges:**

1. Schritt: Ermittlung der Äquivalenzziffern bezogen auf die Einheitssorte.

2. Schritt: Die Multiplikation der Menge je Sorte mit der Äquivalenzziffer ergibt die Recheneinheit je Sorte (= Umrechnung der Mengen auf die Einheitssorte).

3. Schritt: Die Division der Gesamtkosten durch die Summe der Recheneinheiten (RE) ergibt die **Stückkosten der Einheitssorte**: 104.400 € : 87.000 RE = 1,20 €/Stk.

$$\text{Kosten je Recheneinheit} = \frac{\text{Summe Gesamtkosten}}{\text{Summe der Recheneinheiten}}$$

4. Schritt: Die Multiplikation der Stückkosten der Einheitssorte mit der Äquivalenzziffer je Sorte ergibt die Stückkosten je Sorte: 1,20 • 1,4 = 1,68

Spalte [5] zeigt die anteiligen Gesamtkosten je Sorte. Die Summe muss den gesamten Produktionskosten entsprechen (rechnerische Probe der Verteilung).

## 02. Wie ist das Verfahren bei der Zuschlagskalkulation?

**Summarische Zuschlagskalkulation:**
**Voraussetzungen:**

- Die summarische Zuschlagskalkulation (auch: einfache/kumulative Zuschlagskalkulation) ist ein einfaches Verfahren, das bei Serien- oder Einzelfertigung angewendet wird.
- Die Gesamtkosten werden in Einzel- und Gemeinkosten getrennt. Dabei werden die Einzelkosten der Kostenartenrechnung entnommen und dem Kostenträger direkt zugeordnet.
- Die Gemeinkosten werden als eine Summe (summarisch; en bloc) erfasst und den Einzelkosten in einem Zuschlagssatz zugerechnet.
- Es gibt nur eine Basis zur Berechnung des Zuschlagssatzes: entweder das Fertigungsmaterial oder die Fertigungslöhne oder die Summe (Fertigungsmaterial + Fertigungslöhne).

**Beispiel**

In dem nachfolgenden Fallbeispiel wird angenommen, dass Möbel in Einzelfertigung hergestellt werden. Die verwendeten Einzel- und Gemeinkosten wurden in der zurückliegenden Abrechnungsperiode ermittelt und sollen als Grundlage zur Feststellung des Gemeinkostenzuschlages dienen:

**Fall A:**

$$\text{Gemeinkostenzuschlag} = \frac{\text{Gemeinkosten}}{\text{Fertigungsmaterial}} \cdot 100$$

z. B.:

$$\text{Gemeinkostenzuschlag} = \frac{120.000\text{ €}}{340.000\text{ €}} \cdot 100 = 35{,}29\ \%$$

**Fall B:**

$$\text{Gemeinkostenzuschlag} = \frac{\text{Gemeinkosten}}{\text{Fertigungslöhne}} \cdot 100$$

z. B.:

$$\text{Gemeinkostenzuschlag} = \frac{120.000\text{ €}}{260.000\text{ €}} \cdot 100 = 46{,}15\ \%$$

**Fall C:**

$$\text{Gemeinkostenzuschlag} = \frac{\text{Gemeinkosten}}{\text{Fertigungsmaterial} + \text{Fertigungslöhne}} \cdot 100$$

z. B.:

$$\text{Gemeinkostenzuschlag} = \frac{120.000\text{ €}}{340.000\text{ €} + 260.000\text{ €}} \cdot 100 = 20{,}0\ \%$$

Es ergeben sich also unterschiedliche Zuschlagssätze – je nach Wahl der Bezugsbasis:

| Fall | Zuschlagsbasis | Gemeinkostensatz |
|---|---|---|
| A | Fertigungsmaterial | 35,29 % |
| B | Fertigungslöhne | 46,15 % |
| C | Fertigungsmaterial + Fertigungslöhne | 20,00 % |

In der Praxis wird man die summarische Zuschlagskalkulation nur dann einsetzen, wenn relativ wenig Gemeinkosten anfallen; im vorliegenden Fall darf das unterstellt werden.

Als Basis für die Berechnung des Zuschlagssatzes wird man **die Einzelkosten** nehmen, **bei denen der stärkste Zusammenhang zwischen Einzel- und Gemeinkosten gegeben ist** (z. B. proportionaler Zusammenhang zwischen Fertigungsmaterial und Gemeinkosten).

### Beispiel

Das Unternehmen hat einen Auftrag zur Anfertigung einer Schrankwand erhalten. An Fertigungsmaterial werden 3.400 € und an Fertigungslöhnen 2.200 € anfallen. Es sollen die Selbstkosten dieses Auftrages alternativ unter Verwendung der unterschiedlichen Zuschlagssätze (siehe oben) ermittelt werden (Kostenangaben in €).

**Fall A:**

| | | | |
|---|---|---|---|
| | Fertigungsmaterial | | 3.400,00 |
| + | Fertigungslöhne | | 2.200,00 |
| = | Einzelkosten | | 5.600,00 |
| + | Gemeinkosten | 35,29 % | 1.199,86 |
| = | Selbstkosten des Auftrags | | 6.799,86 |

**Fall B:**

| | | | |
|---|---|---|---|
| | Fertigungsmaterial | | 3.400,00 |
| + | Fertigungslöhne | | 2.200,00 |
| = | Einzelkosten | | 5.600,00 |
| + | Gemeinkosten | 46,15 % | 1.015,30 |
| = | Selbstkosten des Auftrags | | 6.615,30 |

**Fall C:**

| | | | |
|---|---|---|---|
| | Fertigungsmaterial | | 3.400,00 |
| + | Fertigungslöhne | | 2.200,00 |
| = | Einzelkosten | | 5.600,00 |
| + | Gemeinkosten | 20,00 % | 1.120,00 |
| = | Selbstkosten des Auftrags | | 6.720,00 |

**Ergebnisbewertung:**
Man erkennt an diesem Beispiel, dass die Selbstkosten bei Verwendung alternativer Zuschlagssätze ungefähr im Intervall (6.600 ; 6.800) streuen – ein Ergebnis, das durchaus befriedigend ist. Die Ursache für die verhältnismäßig geringe Streuung ist in den relativ geringen Gemeinkosten zu sehen.

**Bei höheren Gemeinkosten** (im Verhältnis zu den Einzelkosten) wäre die beschriebene Streuung größer und könnte zu der Überlegung führen, dass eine summarische Zuschlagskalkulation betriebswirtschaftlich nicht mehr zu empfehlen wäre, sondern **ein Wechsel auf die differenzierte Zuschlagskalkulation vorgenommen werden muss**.

**Differenzierte Zuschlagskalkulation:**
Die differenzierte Zuschlagskalkulation (auch: selektive Zuschlagskalkulation) liefert i. d. R. genauere Ergebnisse als die summarische Zuschlagskalkulation. Voraussetzung dafür ist eine Kostenstellenrechnung. Die Gemeinkosten werden nach Bereichen getrennt erfasst und die Zuschlagssätze differenziert ermittelt:

| Bereich | Gemeinkosten | Zuschlagsbasis |
|---|---|---|
| Materialbereich | Materialgemeinkosten | Materialeinzelkosten |
| Fertigungsbereich | Fertigungsgemeinkosten | Fertigungseinzelkosten |
| Verwaltungsbereich | Verwaltungsgemeinkosten | Herstellkosten des Umsatzes |
| Vertriebsbereich | Vertriebsgemeinkosten | |

Demzufolge werden die differenzierten Zuschlagssätze folgendermaßen ermittelt:

$$\text{Materialgemeinkostenzuschlag} = \frac{\text{Materialgemeinkosten}}{\text{Materialeinzelkosten}} \cdot 100$$

$$\text{Fertigungsgemeinkostenzuschlag} = \frac{\text{Fertigungsgemeinkosten}}{\text{Fertigungseinzelkosten}} \cdot 100$$

$$\text{Verwaltungsgemeinkostenzuschlag} = \frac{\text{Verwaltungsgemeinkosten}}{\text{Herstellkosten des Umsatzes}} \cdot 100$$

$$\text{Vertriebsgemeinkostenzuschlag} = \frac{\text{Vertriebsgemeinkosten}}{\text{Herstellkosten des Umsatzes}} \cdot 100$$

Für die differenzierte Zuschlagskalkulation wird bei dem Gesamtkostenverfahren folgendes **Schema verwendet:**

| **Differenzierte Zuschlagskalkulation – Gesamtkostenverfahren** | | | | |
|---|---|---|---|---|
| **Zeile** | | **Kostenart** | **Abkürzung** | **Berechnung (Z = Zeile)** |
| 1 | | Materialeinzelkosten | MEK | direkt |
| 2 | + | Materialgemeinkosten | MGK | Z 1 • MGK-Zuschlag |
| 3 | = | Materialkosten | MK | Z 1 + Z 2 |
| 4 | | Fertigungseinzelkosten | FEK | direkt |
| 5 | + | Fertigungsgemeinkosten | FGK | Z 4 • FGK-Zuschlag |
| 6 | + | Sondereinzelkosten der Fertigung | SEKF | direkt |
| 7 | = | Fertigungskosten | FK | ∑ Z 4 bis 6 |
| 8 | = | Herstellkosten der Fertigung/Erzeugung | HKF | Z 3 + Z 7 |
| 9 | - | Bestandsmehrung, fertige/unfertige Erzeugnisse | BV+ | direkt |
| 10 | + | Bestandsminderung, fertige/unfertige Erzeugnisse | BV- | direkt |
| 11 | = | Herstellkosten des Umsatzes | HKU | ∑ Z 8 bis 10 |
| 12 | + | Verwaltungsgemeinkosten | VwGK | Z 11 • VwGK-Zuschlag |
| 13 | + | Vertriebsgemeinkosten | VtGK | Z 11 • VtGK-Zuschlag |
| 14 | + | Sondereinzelkosten des Vertriebs | SEKV | direkt |
| 15 | = | Selbstkosten des Umsatzes | SKU | ∑ Z 11 bis 14 |

**Hinweise zur Berechnung:**

Zeile 6: **Sondereinzelkosten der Fertigung** fallen nicht bei jedem Auftrag an, z. B. Einzelkosten für eine spezielle Konstruktionszeichnung.

Zeile 9 - 10: **Bestandsmehrungen** an fertigen/unfertigen Erzeugnissen haben zum Umsatz nicht beigetragen, sie sind zu subtrahieren (werden auf Lager genommen).

**Bestandsminderungen** an fertigen/unfertigen Erzeugnissen haben zum Umsatz beigetragen, sie sind zu addieren (werden vom Lager genommen und verkauft).

Zeile 14: **Sondereinzelkosten des Vertriebs** (analog zu Zeile 6) fallen nicht generell an und werden dem Auftrag als Einzelkosten zugerechnet, z. B. Kosten für Spezialverpackung.

**Beispiel**

Wir kehren noch einmal zurück zu der Möbelfirma (vgl. Beispiel „summarische Zuschlagskalkulation"): Das Unternehmen will den vorliegenden Auftrag über die Schrankwand nun mithilfe der differenzierten Zuschlagskalkulation berechnen.

Folgende Daten liegen aus der zurückliegenden Abrechnungsperiode vor:

| | |
|---|---|
| Fertigungsmaterial | 340.000 € |
| Fertigungslöhne | 260.000 € |

Aus dem BAB ergaben sich folgende Gemeinkosten:

| | |
|---|---|
| Materialgemeinkosten | 60.000 € |
| Fertigungsgemeinkosten | 30.000 € |
| Verwaltungsgemeinkosten | 10.000 € |
| Vertriebsgemeinkosten | 20.000 € |

Für den Auftrag werden 3.400 € Fertigungsmaterial und 2.200 € Fertigungslöhne anfallen. Bestandsveränderungen sowie Sondereinzelkosten liegen nicht vor. Zu kalkulieren sind die Selbstkosten des Auftrags.

**1. Schritt: Ermittlung der Zuschlagssätze für Material und Lohn**

$$\text{MGK-Zuschlag} = \frac{\text{MGK} \cdot 100}{\text{MEK}} = \frac{60.000 \cdot 100}{340.000} = 17{,}65\ \%$$

$$\text{FGK-Zuschlag} = \frac{\text{FGK} \cdot 100}{\text{FEK}} = \frac{30.000 \cdot 100}{260.000} = 11{,}54\ \%$$

**2. Schritt: Ermittlung der Herstellkosten des Umsatzes als Grundlage für die Berechnung des Verwaltungs- und des Vertriebsgemeinkostensatzes**

| | | |
|---|---|---|
| | Materialeinzelkosten | 340.000,00 |
| + | Materialgemeinkosten | 60.000,00 |
| + | Fertigungseinzelkosten | 260.000,00 |
| + | Fertigungsgemeinkosten | 30.000,00 |
| **=** | **Herstellkosten des Umsatzes** | **690.000,00** |

$$\text{VwGK-Zuschlag} = \frac{\text{VwGK} \cdot 100}{\text{HKU}} = \frac{10.000 \cdot 100}{690.000} = 1{,}45\ \%$$

$$\text{VtGK-Zuschlag} = \frac{\text{VtGK} \cdot 100}{\text{HKU}} = \frac{20.000 \cdot 100}{690.000} = 2{,}90\ \%$$

**3. Schritt: Kalkulation der Selbstkosten des Auftrages mithilfe des Schemas:**

| | | | |
|---|---|---|---|
| | **Materialeinzelkosten** | | 3.400,00 |
| + | Materialgemeinkosten | 17,65 % | 600,10 |
| = | **Materialkosten** | | 4.000,10 |
| | Fertigungseinzelkosten | | 2.200,00 |
| + | Fertigungsgemeinkosten | 11,54 % | 253,88 |
| = | **Fertigungskosten** | | 2.453,88 |
| | **Herstellkosten der Fertigung** | | 6.453,98 |
| = | Herstellkosten des Umsatzes | | 6.453,98 |
| + | Verwaltungsgemeinkosten | 1,45 % | 93,58 |
| + | Vertriebsgemeinkosten | 2,90 % | 187,17 |
| = | **Selbstkosten (des Auftrags)** | | **6.734,73** |

**Bewertung des Ergebnisses:**
Man kann an diesem Beispiel erkennen, dass die Selbstkosten auf Basis der differenzierten Zuschlagskalkulation nur wenig von denen auf Basis der summarischen Zuschlagskalkulation abweichen. Die Ursache ist darin zu sehen, dass wir im vorliegenden Fall einen Kleinbetrieb mit nur sehr geringen Gemeinkosten haben. Es lässt sich zeigen, dass bei hohen Gemeinkosten die differenzierte Zuschlagskalkulation eindeutig zu besseren Ergebnissen als die summarische Zuschlagskalkulation führt.

### 2.5.8 Maschinenstundensatzrechnung in der Vollkostenrechnung

#### 01. Wie wird die Kalkulation mit Maschinenstundensätzen durchgeführt?

Die Kalkulation mit Maschinenstundensätzen ist eine **Verfeinerung der differenzierten Zuschlagskalkulation:**

In dem oben dargestellten Schema der differenzierten Zuschlagskalkulation wurden in Zeile 5 die Fertigungsgemeinkosten als Zuschlag auf Basis der Fertigungseinzelkosten berechnet:

Bisher:

| | |
|---|---|
| | Fertigungseinzelkosten (z. B. Fertigungslöhne) |
| + | Fertigungsgemeinkosten |
| = | **Fertigungskosten** |

Bei dieser Berechnungsweise **wird übersehen, dass die Fertigungsgemeinkosten bei einem hohen Automatisierungsgrad nur noch wenig von den Fertigungslöhnen beeinflusst sind**, sondern vielmehr vom Maschineneinsatz verursacht werden. Von daher sind die Fertigungslöhne bei zunehmender Automatisierung nicht mehr als Zuschlagsgrundlage geeignet.

Man löst dieses Problem dadurch, indem die **Fertigungsgemeinkosten aufgeteilt werden** in maschinenabhängige und maschinenunabhängige Fertigungsgemeinkosten.

- Die **maschinenunabhängigen Fertigungsgemeinkosten** bezeichnet man als „Restgemeinkosten"; als Zuschlagsgrundlage werden die **Fertigungslöhne** genommen.
- Bei den **maschinenabhängigen Fertigungsgemeinkosten** werden als Zuschlagsgrundlage die Maschinenlaufstunden verwendet. Es gilt:

$$\text{Maschinenstundensatz} = \frac{\text{maschinenabhängige Fertigungsgemeinkosten}}{\text{Maschinenlaufstunden}}$$

Das bisher verwendete Kalkulationsschema (vgl. Zeile 2) modifiziert sich. Es gilt:

Neu:

| | |
|---|---|
| | Fertigungslöhne |
| + | Restgemeinkosten (in Prozent der Fertigungslöhne) |
| + | Maschinenkosten (Laufzeit des Auftrages • Maschinenstundensatz) |
| = | **Fertigungskosten** |

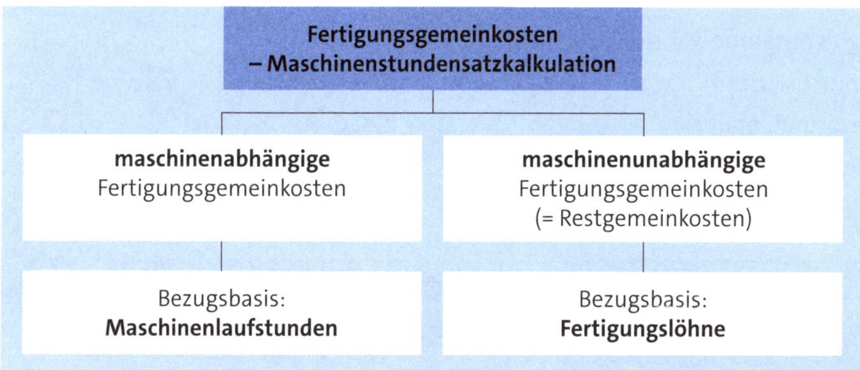


**Maschinenabhängige Fertigungsgemeinkosten** sind z. B.:

- kalkulatorische Abschreibung (AfA; Absetzung für Abnutzung)
- kalkulatorische Zinsen
- Energiekosten
- Raumkosten
- Instandhaltung
- Werkzeuge.

**Beispiel**

**Zuschlagskalkulation mit Maschinenstundensatz**
Auf einer NC-Maschine wird ein Werkstück bearbeitet. Die Bearbeitungsdauer beträgt 86 Minuten; der Materialverbrauch liegt bei 160 €. Der anteilige Fertigungslohn für die Bearbeitung beträgt 40 € (Einrichten, Nacharbeit). Es sind Materialgemeinkosten von 80 % und Restgemeinkosten von 60 % zu berücksichtigen. Zu kalkulieren sind die Herstellkosten der Fertigung.

**1. Schritt: Berechnung des Maschinenstundensatzes**

Zur Berechnung des Maschinenstundensatzes wird auf folgende Daten der vergangenen Abrechnungsperiode zurückgegriffen:

| | |
|---|---|
| ► Anschaffungskosten der NC-Maschine: | 100.000 € |
| ► Wiederbeschaffungskosten der NC-Maschine: | 120.000 € |
| ► Nutzungsdauer der NC-Maschine: | 10 Jahre |
| ► kalkulatorische Abschreibung: | linear |
| ► kalkulatorische Zinsen: | 6 % vom halben Anschaffungswert |
| ► Instandhaltungskosten: | 2.000 € p. a. |
| ► Raumkosten: | |
| - Raumbedarf: | 20 m² |
| - Verrechnungssatz je m²: | 10 €/m²/Monat |
| ► Energiekosten: | |
| - Energieentnahme der NC-Maschine: | 11 kWh |
| - Verbrauchskosten: | 0,12 €/kWh |
| - Jahresgrundgebühr: | 220 € |
| ► Werkzeugkosten: | 6.000 € p. a., Festbetrag |
| ► Laufzeit der NC-Maschine: | 1.800 Std. p. a. |

| Berechnung der maschinenabhängigen Kosten | |
|---|---|
| **1.** | $\text{Kalkulatorische AfA} = \frac{\text{Anschaffungswert (Wiederbeschaffungswert) - Restwert}^1}{\text{Nutzungsdauer}}$ |
| **2.** | $\text{Kalkulatorische Zinsen} = \frac{(\text{Anschaffungswert + Restwert})^1}{2} \cdot \frac{\text{Zinssatz}}{100}$ |

[1] Beachten Sie:
- AW-Restwert (wird nicht abgeschrieben)
- Kalk. Zinsen: + Restwert (Mittelwertberechnung).

| Berechnung der maschinenabhängigen Kosten | | |
|---|---|---|
| **3.** | Raumkosten/Miete = Raumkosten • Verrechnungssatz pro $m^2$ pro Monat • 12 Monate | |
| **4.** | Energiekosten = Grundgebühr + Verbrauch<br>Verbrauch = Energiebedarf • Kosten je Energieeinheit | |
| **5.** | **Instandhaltungskosten** | meist Festbetrag |
| **6.** | **Werkzeugkosten** | meist Festbetrag |
| **7.** | **Betriebsstoffkosten** | meist Festbetrag |
| **Summe** | | **= maschinenabhängige Gemeinkosten** |

$$\text{Maschinenstundensatz} = \frac{\text{Maschinenabhängige Fertigungsgemeinkosten p. a.}}{\text{Maschinenlaufzeit pro Jahr}}$$

### Achtung

Alle Kostenpositionen auf den gleichen Zeitraum beziehen (z. B. Monat oder Jahr).

**Berechnung:**

1.

$$\text{Kalkulatorische Zinsen} = \frac{\text{Anschaffungskosten}}{2} \cdot \frac{\text{Zinssatz}}{100}$$

vgl. S. 350

$$= \frac{100.000}{2} \cdot \frac{6}{100} = 3.000\ €$$

2.

$$\text{Kalkulatorische Abschreibung} = \frac{\text{Wiederbeschaffungskosten}}{\text{Nutzungsdauer}}$$

vgl. S. 350

$$= \frac{120.000}{10} = 12.000\ €$$

3.

Raumkosten = Raumbedarf • Verrechnungssatz/$m^2$/Monat • 12 Monate

= 20 $m^2$ • 10 €/$m^2$/Mon. • 12 Mon. = 2.400 €

4.

Energiekosten = Energieverbrauch/Std. • €/kWh • Laufleistung p. a. + Grundgebühr

= 11 kWh • 0,12 €/kWh • 1.800 Std. p. a. + 220 € = 2.596 €

5.

Instandhaltungskosten = Festbetrag p. a. = 2.000 €

6. Werkzeugkosten = Festbetrag p. a. = 6.000 €

Daraus ergibt sich folgender Maschinenstundensatz:

| Lfd. Nr. | maschinenabhängige Fertigungsgemeinkosten | € p. a. |
|---|---|---|
| 1 | kalkulatorische Zinsen | 3.000 |
| 2 | kalkulatorische Abschreibung | 12.000 |
| 3 | Raumkosten | 2.400 |
| 4 | Energiekosten | 2.596 |
| 5 | Instandhaltungskosten | 2.000 |
| 6 | Werkzeugkosten | 6.000 |
| | ∑ | 27.996 |
| | **Maschinenstundensatz = 27.996 € : 1.800 Std. =** | **15,55 €/Std.** |

**2. Schritt: Kalkulation der Herstellkosten der Fertigung**

| | | | |
|---|---|---|---|
| | Materialeinzelkosten | | 160,00 |
| + | Materialgemeinkosten | 80 % | 128,00 |
| = | **Materialkosten** | | **288,00** |
| | Fertigungslöhne | | 40,00 |
| + | Restgemeinkosten | 60 % | 24,00 |
| + | Maschinenkosten | 86 min. • 15,55 €/Std. : 60 min. | 22,29 |
| = | **Fertigungskosten** | | **86,29** |
| | **Herstellkosten der Fertigung** | | **374,29** |

## 2.5.9 Zusammenhänge zwischen Erlösen, Kosten und Beschäftigungsgrad

### 01. Was versteht man unter dem Beschäftigungsgrad?

- Der **Beschäftigungsgrad** (= Kapazitätsausnutzungsgrad) ist das Verhältnis von tatsächlicher Nutzung der Kapazität zur verfügbaren Kapazität:

$$\text{Beschäftigungsgrad} = \frac{\text{genutzte Kapazität}}{\text{verfügbare Kapazität}} \cdot 100$$

oder

$$\text{Beschäftigungsgrad} = \frac{\text{Istleistung}}{\text{Kapazität}} \cdot 100$$

- Als **Kapazität** bezeichnet man (vereinfacht) das Leistungsvermögen eines Unternehmens.

## 02. Wie verändern sich fixe und variable Gesamtkosten und Stückkosten in Abhängigkeit vom Beschäftigungsgrad?

Bitte wiederholen Sie an dieser Stelle ggf. die Ausführungen oben, >> 2.5.6 Frage 02. (Überschneidung im Rahmenplan).

## 03. Wie lässt sich der Zusammenhang von Erlösen, Kosten und alternativen Beschäftigungsgraden darstellen (Break-even-Analyse)?

- Der **Break-even-Punkt** (= Gewinnschwelle) ist die Beschäftigung, bei der das Betriebsergebnis gleich Null ist. Die Erlöse sind gleich den Kosten (Hinweis: Die Break-even-Analyse erstreckt sich nur auf eine Produktart).
- **Rechnerisch gilt im Break-even-Point:**

$$\begin{aligned}&\text{Erlöse} = \text{Kosten}\\&U = K\\&U = \text{Menge} \cdot \text{Preis} = x \cdot p\\&K = \text{fixe Kosten} + \text{variable Kosten} = K_f + K_v\\&K_v = \text{Stückzahl} \cdot \text{variable Kosten/Stk.} = x \cdot k_v\end{aligned}$$

Daraus ergibt sich für die kritische Menge (= die Beschäftigung, bei der das Betriebsergebnis B gleich Null ist):

$$\begin{aligned}B &= U - K\\&= x \cdot p - (K_f + K_v)\\&= x \cdot p - K_f - K_v\\&= x \cdot p - K_f - x \cdot k_v\\&= x\,(p - k_v) - K_f\end{aligned}$$

Da im Break-even-Punkt B = 0 ist, gilt weiterhin:

$$K_f = x\,(p - k_v)$$

$$x = \frac{K_f}{p - k_v}$$

**Da die Differenz aus Preis und variablen Stückkosten der Deckungsbeitrag pro Stück ist ($DB_{Stk.}$) gilt:**

$$x = \frac{K_f}{DB_{Stk.}} = \frac{K_f}{db} = \frac{K_f}{p - k_v}$$

In Worten: **Im Break-even-Punkt ist die Beschäftigung (kritische Menge) gleich dem Quotienten aus fixen Gesamtkosten Kf und dem Deckungsbeitrag pro Stück db.**

MERKE

Man berechnet also die Break-even-Menge, indem man die fixen Kosten $K_f$ durch die Differenz von Verkaufspreis p und variablen Stückkosten $k_v$ dividiert. Dies ist eine häufige Aufgabenstellung in der Prüfung.

Sind die variablen Stückkosten nicht vorgegeben, so können sie mithilfe des Differenzenquotienten berechnet werden (vgl. >> 2.5.6 Frage 02.).

---

**Beispiele**

**Fall 1**
Ein Unternehmen verkauft in einer Abrechnungsperiode 50.000 Stück zu einem Preis von 40 € pro Stück bei fixen Gesamtkosten von 400.000 € und variablen Stückkosten von 30 €.

**Fall 2**
In der nächsten Abrechnungsperiode muss das Unternehmen einen Beschäftigungsrückgang von 30 % hinnehmen und verkauft nur noch 35.000 Stück bei sonst unveränderter Situation.

Zu ermitteln ist jeweils das Betriebsergebnis im Fall 1 und 2. Bei welcher Beschäftigung ist das Betriebsergebnis (B) gleich Null?

**Fall 1**

$$B = x\,(p - k_v) - K_f \quad = 50.000\,(40 - 30) - 400.000 = 100.000\ €$$

**Fall 2**

$$B = x\,(p - k_v) - K_f \quad = 35.000\,(40 - 30) - 400.000 = -\,50.000\ €$$

Kommentar:
**Im vorliegenden Fall führt ein Beschäftigungsrückgang um 30 % zu einem Rückgang des Betriebsergebnisses in Höhe von 150 % und damit zu einem Verlust von 50.000 €.**

Kritische Menge (Gewinnschwelle):

$$x = \frac{K_f}{p - k_v} = \frac{400.000}{40 - 30} = 40.000\ \text{Stück}$$

Kommentar:
**Das Unternehmen erreicht den Break-even-Punkt bei einer Beschäftigung von 40.000 Stück. Oberhalb dieser Ausbringungsmenge ist das Betriebsergebnis positiv (Gewinnzone), unterhalb ist es negativ (Verlustzone).**

- **Grafisch gilt im Break-even-Punkt** (bei linearen Kurvenverläufen)**:**
  - Das Lot vom Schnittpunkt der Erlösgeraden mit der Gesamtkostengeraden auf die x-Achse zeigt die kritische Menge (= Beschäftigung im Break-even-Punkt), bei der das Betriebsergebnis gleich Null ist (B = 0 bzw. U = K), in diesem Fall bei x = 40.000 Stück.
  - Oberhalb dieses Beschäftigungsgrades wird die Gewinnzone erreicht; unterhalb liegt die Verlustzone.
  - Die fixen Gesamtkosten verlaufen für alle Beschäftigungsgrade parallel zur x-Achse (= konstanten Verlauf); hier bei $K_f$ = 400.000 €.

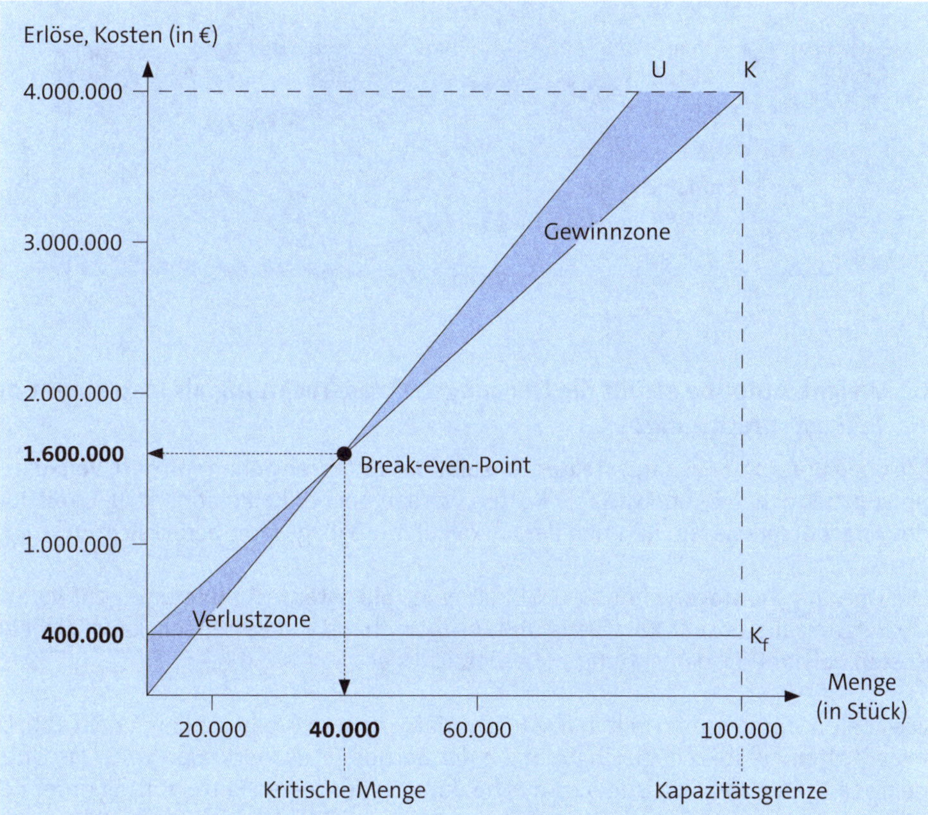


- **Fazit** zur Break-even-Analyse:
  **Die Gewinnschwellen-Analyse ist ein Instrument, mit dem leicht festgestellt werden kann, welche Absatzmenge ein Unternehmen pro Periode mindestens erzielen muss (= kritische Menge), um ein negatives Betriebsergebnis zu vermeiden.**

## 2.5.10 Grundzüge der Deckungsbeitragsrechnung

### 01. Was bezeichnet man als Deckungsbeitrag?

- Der **Deckungsbeitrag** (DB) gibt an,
  welchen Beitrag ein Kostenträger bzw. eine Mengeneinheit **zur Deckung der fixen Kosten beiträgt.**
- **Mathematisch** erhält man den Deckungsbeitrag (DB), wenn man **von den Erlösen eines Kostenträgers dessen variablen Kosten subtrahiert:**

  Deckungsbeitrag = Erlöse - variable Kosten

- **Grafisch** lässt sich der DB folgendermaßen veranschaulichen:

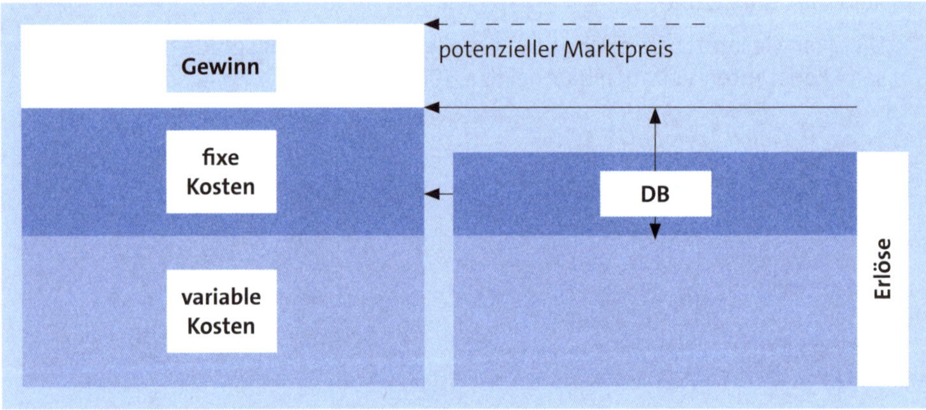


### 02. Welche Aufgabe erfüllt die Deckungsbeitragsrechnung als Instrument der Teilkostenrechnung?

Die oben unter >>2.5.6 dargestellten Kalkulationsverfahren gehen von dem **Vollkostenprinzip** aus, d. h. fixe und variable Kosten werden bei der Kalkulation (z. B. Ermittlung des Angebotspreises im Rahmen der Vorkalkulation) insgesamt berücksichtigt.

Die Deckungsbeitragsrechnung (DBR) ist eine **Teilkostenrechnung** und geht von der Überlegung aus, dass es **kurzfristig** und vorübergehend von Vorteil sein kann, **nicht alle Kosten** bei der Preisberechnung zu berücksichtigen.

Die Kosten werden unterteilt in fixe und variable Kosten (Voraussetzung der DBR). Die fixen Kosten entstehen, gleichgültig, ob der Betrieb produziert oder ruht. Das Unternehmen kann also kurzfristig die Entscheidung treffen, einen Einzelauftrag unter dem Marktpreis anzunehmen, wenn der Auftrag einen positiven DB liefert, d. h. die variablen Kosten dieses Auftrags abgedeckt werden und zusätzlich ein Beitrag zur „Deckung der fixen Kosten entsteht".

- **Langfristig** gilt jedoch: **Nur die Vollkostenrechnung kann als dauerhafte Grundlage der Kostenkontrolle und der Kalkulation der Preise genommen werden.**
- Die DBR kann als **Stückrechnung** (Kostenträgerstückrechnung) erfolgen:

| **Kalkulation einer Mengeneinheit (€/Stk.)** | | | |
|---|---|---|---|
| | Verkaufspreis je Stück | $p$ | 54,00 |
| - | variable Stückkosten | $k_v$ | 28,00 |
| **=** | **DB pro Stück** | **db** | **26,00** |
| - | fixe Kosten pro Stück | $k_f$ | 16,00 |
| = | Betriebsergebnis pro Stück | $BE_{Stk.}$ | 10,00 |

Dabei gilt **im Break-even-Punkt:**

$$x = \frac{K_f}{DB_{Stk.}} = \frac{K_f}{db}$$

oder

als **Periodenrechnung** (Kostenträgerzeitrechnung) durchgeführt werden (Beispiel: 2-Produkt-Unternehmen):

| **DBR als Periodenrechnung (Beispiel: 2-Produkt-Unternehmen)** | | | | | |
|---|---|---|---|---|---|
| **Produkt 1** | | | **Produkt 2** | | |
| Erlöse | $x_1 \cdot p_1$ | 100.000,00 | Erlöse | $x_2 \cdot p_2$ | 200.000,00 |
| - variable Kosten | $K_{v1}$ | - 40.000,00 | - variable Kosten | $K_{v2}$ | - 120.000,00 |
| **= Deckungsbeitrag** | **$DB_1$** | **60.000,00** | **= Deckungsbeitrag** | **$DB_2$** | **80.000,00** |
| Gesamtdeckungsbeitrag, GDB | | 140.000,00 | | | |
| - fixe Gesamtkosten, $\sum K_f$ | | - 70.000,00 | | | |
| **= Gesamt-Betriebsergebnis, BE** | | **70.000,00** | | | |

## 03. Wie bestimmt sich die kurzfristige Preisuntergrenze (PUG)?

**kurzfristige Preisuntergrenze (PUG) bei Unterbeschäftigung ohne Engpass:**
Kurzfristig müssen mindestens die variablen Kosten ($K_v$) eines Produkts über seinen Preis (p) gedeckt sein. Der Verkaufspreis (die kurzfristige Preisuntergrenze) entspricht also gerade den variablen Stückkosten.

Es gilt:

$$p = \text{variable Stückkosten} = k_v$$

**Beispiel**

| | | |
|---|---|---|
| Verkaufspreis p | = | 8,00 € |
| variable Stückkosten $k_v$ | = | 55 % von p = 4,40 € |
| Daraus folgt: $PUG_{kurzfristig}$ | = | 4,40 € |

### 04. Wie bestimmt sich die langfristige Preisuntergrenze (PUG)?

Langfristig müssen über den Preis (p) die variablen und die direkt zurechenbaren fixen Kosten (oder zumindest Teile der fixen Kosten) eines Produkts gedeckt sein.

Es gilt:

$$p = \frac{k_v + K_f}{x}$$

oder

$$p = \frac{k_v + \text{Teile von } K_f}{x}$$

## 2.5.11 Statische Investitionsrechnung

### 01. Welcher grundsätzliche Unterschied besteht zwischen den Kennzahlen „Produktivität, Wirtschaftlichkeit und Rentabilität"?

INFO

Die Darstellung der Unterschiede zwischen diesen Kennzahlen erscheint hier notwendig, weil die Abgrenzung und Anwendung in der Praxis nicht immer „sauber" ist.

| | | |
|---|---|---|
| **A.** | **Produktivität** | $$\text{Produktivität} = \frac{\text{Mengengröße}}{\text{Mengengröße}}$$ |
| | | Die Produktivität ist eine **Mengenkennziffer.** Sie zeigt die **mengenmäßige Ergiebigkeit eines Faktoreinsatzes** (z. B. Anzahl der Maschinenstunden, Anzahl der Mitarbeiterstunden, Menge des verbrauchten Rohstoffes) zur erzeugten Menge (in Stückzahlen, in Einheiten u. Ä.). Als Einzelwert hat die Produktivität keine Aussagekraft; dies wird erst im Vergleich mit innerbetrieblichen Ergebnissen (z. B. der Vorperiode) oder im zwischenbetrieblichen Vergleich erreicht. |

Wichtige **Teilproduktivitäten** sind:

| | | |
|---|---|---|
| **A.1** | **Arbeits-produktivität** | $$\text{Arbeitsproduktivität} = \frac{\text{erzeugte Menge (Stk., E)}}{\text{Arbeitsstunden}}$$ |
| **A.2** | **Material-produktivität** | $$\text{Materialproduktivität} = \frac{\text{erzeugte Menge (Stk., E)}}{\text{Materialeinsatz (t, kg, u. Ä.)}}$$ |
| **A.3** | **Maschinen-produktivität** | $$\text{Maschinenproduktivität} = \frac{\text{erzeugte Menge (Stk., E)}}{\text{Maschinenstunden}}$$ |

| | | |
|---|---|---|
| **B.** | **Wirtschaftlichkeit** | $$\text{Wirtschaftlichkeit} = \frac{\text{Leistungen}}{\text{Kosten}}$$ oder $$\text{Wirtschaftlichkeit} = \frac{\text{Ertrag}}{\text{Aufwand}}$$ |
| | | Die Wirtschaftlichkeit ist eine **Wertkennziffer**. Sie misst die Einhaltung des ökonomischen Prinzips und ist der Quotient aus Leistungen und Kosten oder Ertrag und Aufwand. |

| | | |
|---|---|---|
| **C.** | **Rentabilität** | $$\text{Rentabilität} = \frac{\text{Periodenerfolg}}{\text{gewählte Größe X}} \cdot 100$$ |
| | | Die Rentabilität (auch: Rendite) ist eine **Wertkennziffer** und misst die **Ergiebigkeit des Kapitaleinsatzes** (oder des Umsatzes) zum Periodenerfolg. Als Größen für den Periodenerfolg werden verwendet: Gewinn, Return (Gewinn + Fremdkapitalzinsen), Cashflow. |

Es werden vor allem folgende Rentabilitätszahlen betrachtet:

| | | |
|---|---|---|
| **C.1** | **Eigenkapital-rentabilität** | $$\text{Eigenkapitalrentabilität} = \frac{\text{Gewinn}}{\text{Eigenkapital}} \cdot 100$$ |
| | | Zeigt die Beziehung von Gewinn (= Jahresüberschuss) zu Eigenkapital = Grundkapital + offene Rücklagen). |
| **C.2** | **Gesamtkapital-rentabilität** | $$\text{Gesamtkapitalrentabilität} = \frac{\text{Gewinn + Fremdkapitalzinsen}}{\text{Gesamtkapital}} \cdot 100$$ |
| | | Zeigt die Beziehung von Gewinn und Fremdkapitalzinsen zu Gesamtkapital; die Verzinsung des Gesamtkapitals zeigt die Leistungsfähigkeit des Unternehmens (vgl. Leverage-Effekt). Aus dieser Größe lässt sich durch Erweiterung des Quotienten mit dem Faktor Umsatz der Return on Investment (ROI) ableiten. |
| **C.3** | **Umsatzrentabilität** | $$\text{Umsatzrentabilität} = \frac{\text{Gewinn}}{\text{Umsatzerlöse}} \cdot 100$$ |
| | | Zeigt die relative Erfolgssituation des Unternehmens: Niedrige Umsatzrenditen bedeuten i. d. R. eine ungünstige wirtschaftliche Entwicklung (siehe: Branchenvergleich und Zeitvergleich über mehrere Jahre). |
| **C.4** | **ROI Return on Investment** | $$\text{ROI} = \frac{\text{Return}^{1} \cdot 100}{\text{Umsatz}} \cdot \frac{\text{Umsatz}}{\text{Investiertes Kapital}}$$ $$\text{ROI} = \text{Umsatzrendite} \cdot \text{Kapitalumschlag}$$ |
| | | Rein rechnerisch ist der ROI (Return on Investment) identisch mit der Gesamtkapitalrentabilität. Die Aufspaltung in zwei Kennzahlen erlaubt eine verbesserte Analyse der Ursachen für Verbesserungen/Verschlechterungen der Gesamtkapitalrendite (vgl. Kennzahlensystem nach Du Pont). |

1 Return = Gewinn + FK-Zinsen

## 02. Welches Schema hat das Kennzahlensystem nach Du Pont (ROI)?

Die Gesamtkapitalrentabilität ist definiert als:

$$\text{Gesamtkapitalrentabilität} = \frac{\text{Gewinn} + \text{Fremdkapitalzinsen}}{\text{Gesamtkapital}} \cdot 100$$

$$\text{Gesamtkapitalrentabilität} = \frac{\text{Return}^{1}}{\text{Gesamtkapital}} \cdot 100$$

$$\text{Gesamtkapitalrentabilität} = \frac{R}{GK} \cdot 100$$

Durch die Erweiterung des Quotienten [R • 100 : GK] mit der Größe Umsatz (U) entsteht eine differenzierte Berechnungsgröße, die sich aus den Faktoren [Umsatzrendite] und [Kapitalumschlag] zusammensetzt:

$$ROI = \frac{R \cdot 100 \cdot U}{GK \cdot U} \quad \rightarrow \quad ROI = \frac{R \cdot 100}{U} \cdot \frac{U}{GK}$$

$$\text{Return on Investment (ROI)} = \frac{\text{Return} \cdot 100}{\text{Umsatz}} \cdot \frac{\text{Umsatz} \cdot 100}{\text{Kapitaleinsatz}}$$

$$\text{Return on Investment (ROI)} = \text{Umsatzrendite} \cdot \text{Kapitalumschlag}$$

Das Kennzahlensystem ROI ist vom amerikanischen Chemieunternehmen Du Pont entwickelt worden. Es ermöglicht – im Gegensatz zur Kennzahl Gesamtkapitalrentabilität – die Aussage, ob Veränderungen in der Verzinsung des eingesetzten Kapitals auf einer Veränderung der Umsatzrendite oder des Kapitalumschlags beruhen.

[1] Return (R) = Gewinn + FK-Zinsen

Der ROI lässt sich auf folgendes Schema erweitern (Kennzahlensystem nach Du Pont):

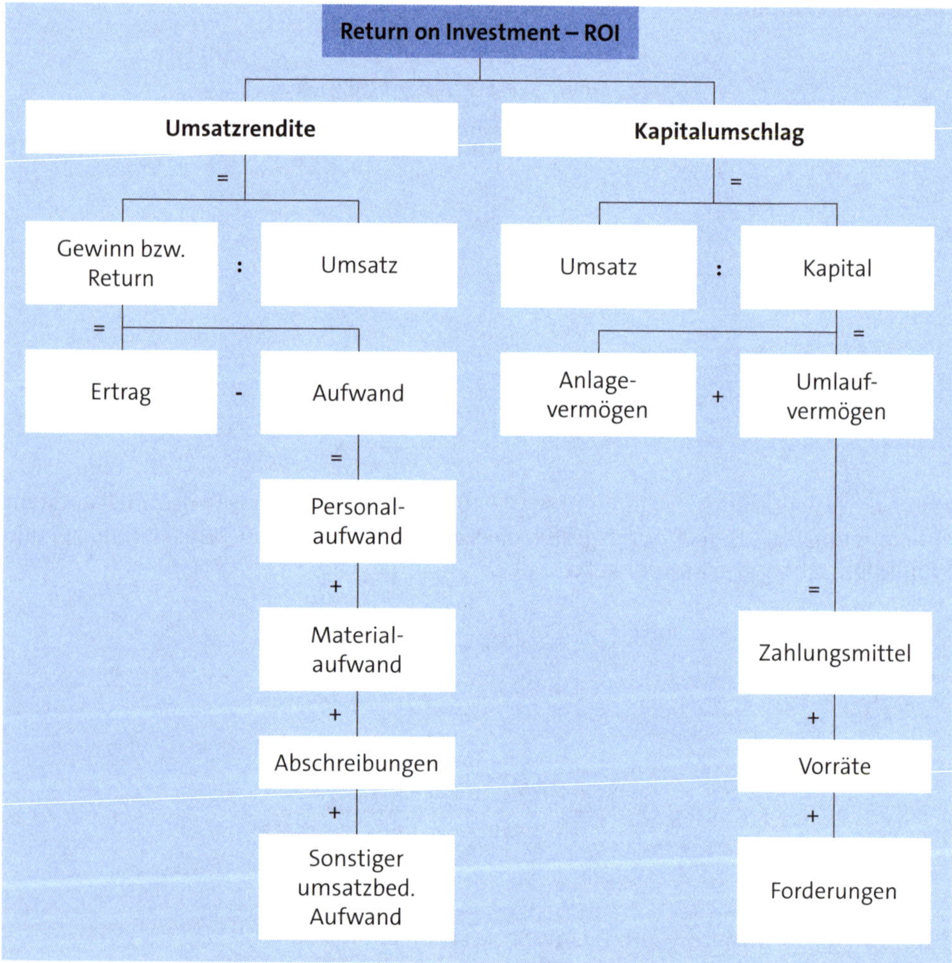


Aus dem Kennzahlensystem von Du Pont lassen sich Maßnahmen zur Verbesserung des ROI ableiten; die nachfolgenden Beispiele gelten unter der Voraussetzung, dass alle anderen Größen jeweils unverändert bleiben:

Der ROI steigt, wenn

- die Umsatzrendite steigt
- der Kapitalumschlag steigt
- der Kapitaleinsatz sich verringert
- die Forderungsbestände sinken
- der Gewinn steigt
- der Aufwand sinkt
- die Verbindlichkeiten steigen.

### 03. Welchen Zweck hat die Kostenvergleichsrechnung?

Die Kostenvergleichsrechnung hat den Zweck, die wirtschaftliche Zweckmäßigkeit von Inves-titionen zu überprüfen. Es werden die Kosten von zwei oder mehreren Investitionsobjekten/Verfahren gegenübergestellt und verglichen. Dasjenige Investitionsobjekt/Verfahren ist vorteilhafter, bei dem die Kosten geringer sind. Die Kostenvergleichsrechnung gehört zu den sog. **statischen Verfahren der Investitionsrechnung**.

### 04. Wie wird die Kostenvergleichsrechnung durchgeführt?

Ist die genutzte Kapazität (nicht die technische Kapazität) von zwei Anlagen gleich groß, wird ein Vergleich der Kosten pro Abrechnungsperiode oder pro Stück durchgeführt; es werden **alle relevanten Kosten**, die nicht identisch sind, **gegenübergestellt**.

Werden die Anlagen in unterschiedlicher Höhe genutzt, müssen die **Stückkosten** miteinander **verglichen werden**.

Relevant sind folgende Kostenkomponenten:

1. **Betriebskosten** (Material, Personal, Energie, Raumkosten) – unterschieden in:

   $K_f$ fixe Kosten
   $K_v$ variable Kosten
   $k_v$ variable Kosten pro Stück bzw. pro Leistungseinheit

2. **Kalkulatorische Zinsen**:

   Sie werden auf das während der Nutzungsdauer durchschnittlich gebundene Kapital bezogen.

   $$Z = \frac{AW + RW}{2} \cdot i$$

   AW = Anschaffungswert
   RW = Restwert
   i = Kalkulationszins in Dezimalform

3. **Kalkulatorische Abschreibung**:

   Der Kapitalverzehr wird auf ein Jahr bezogen (lineare AfA).

   $$AfA = \frac{AW - RW}{n}$$

   n = Nutzungsdauer in Jahren

## 05. Welche Varianten der Kostenvergleichsrechnung sind vorherrschend?

| Kostenvergleichsrechnung | | |
|---|---|---|
| **Varianten** | **Situation** | **Auswahlentscheidung** |
| **Variante 1** | **Kostenvergleich identischer Anlagen:** Die **Kapazität** der betrachteten Anlagen ist **gleich**. | Kostenvergleich pro Periode |
| **Variante 2** | **Kostenvergleich nicht identischer Anlagen:** Die **Kapazität** der betrachteten Anlagen ist **verschieden**. Es wird eine Maximalkapazitätsausnutzung unterstellt. | Kostenvergleich pro Leistungseinheit |
| **Variante 3** | **Kritische Menge:** Die **Kapazität** der betrachteten Anlagen ist **verschieden**; der zukünftige Leistungsgrad ist ungewiss. | Bestimmung der kritischen Menge durch Vergleich der Gesamtkosten, die in fixe und variable Kosten zerlegt werden. |
| **Variante 4** | **Kostenvergleich bei der Ersatzinvestition** einer Anlage unter Beachtung des Restwertes der alten Anlage. | $\text{Kosten}_{\text{Neuanlage}} < \text{Kosten}_{\text{Altanlage}}$<br>▸ Bruttomethode<br>▸ Nettomethode |

### Beispiele

**Beispiel zu Variante 1:** Zwei identische Anlagen, ohne Restwert (in €)

| **Kalkulationsangaben** | | **Abk.** | **Anlage I** | **Anlage II** |
|---|---|---|---|---|
| Anschaffungswert (in €) | | AW | 50.000 | 80.000 |
| Leistung, Einheiten pro Jahr | | E | 40.000 | 40.000 |
| Nutzungsdauer | | n | 5 | 8 |
| kalkulatorischer Zinssatz | | p | 8 % | |
| | | i | 0,08 | |
| Restwert | | RW | 0 | |
| **Betriebskosten** | | | | |
| Lohnkosten | | | 8.000 | 6.000 |
| Instandhaltung | | | 3.500 | 2.000 |
| Energie und Materialkosten | | | 2.500 | 2.000 |
| Raumkosten | | | 1.000 | 1.200 |
| Kalkulatorische AfA:<br>Anlage 1: (50.000 - 0) : 5<br>Anlage 2: (80.000 - 0) : 8 | $\frac{AW - RW}{n}$ | | 10.000 | 10.000 |
| Kalkulatorische Zinsen:<br>Anlage 1: (50.000 + 0) : 2 • 0,08<br>Anlage 2: (80.000 + 0) : 2 • 0,08 | $\frac{AW + RW}{2} \cdot i$ | | 2.000 | 3.200 |
| **Gesamtkosten** | | | **27.000** | **24.400** |
| **Kostenvorteil** | | | | **2.600** |

Ergebnis: **Anlage II ist vorteilhafter**. Dabei muss in der Praxis beachtet werden, dass bei geringen Kostenunterschieden der Investitionsalternativen kein „Automatismus" der Entscheidung gilt. Ggf. muss die Kostenvergleichsrechnung erneut unter Best-case- und Worst-case-Bedingungen durchgeführt werden, denn das Ergebnis der Rechnung ist nur so zuverlässig wie die Prämissen (K, n, RW, Kapazität) Gültigkeit haben.

**Beispiel zu Variante 2:**
Zwei Anlagen mit unterschiedlicher Kapazität mit Restwert (in €); der Restwert > 0 reduziert die kalkulatorische AfA und erhöht die kalkulatorischen Zinsen; zu Übungszwecken werden ansonsten die gleichen Daten wie im Beispiel zu Variante 1 unterstellt.

| **Kalkulationsangaben** | | **Abk.** | **Anlage I** | **Anlage II** |
|---|---|---|---|---|
| | Anschaffungswert (in €) | AW | 50.000 | 80.000 |
| | Leistung, Einheiten pro Jahr | E | 40.000 | 50.000 |
| | Nutzungsdauer | n | 5 | 8 |
| | kalkulatorischer Zinssatz | p | 8 % | |
| | | i | 0,08 | |
| | Restwert | RW | 5.000 | 10.000 |
| **Betriebskosten** | | | | |
| | Lohnkosten | | 8.000 | 6.000 |
| | Instandhaltung | | 3.500 | 2.000 |
| | Energie und Materialkosten | | 2.500 | 2.000 |
| | Raumkosten | | 1.000 | 1.200 |
| | Kalkulatorische AfA:<br>Anlage I: (50.000 - 5.000) : 5<br>Anlage II: (80.000 - 10.000) : 8 | $\frac{AW - RW}{n}$ | 9.000 | 8.750 |
| | Kalkulatorische Zinsen:<br>Anlage I: (50.000 + 5.000) : 2 • 0,08<br>Anlage II: (80.000 + 10.000) : 2 • 0,08 | $\frac{AW + RW}{2} \cdot i$ | 2.200 | 3.600 |
| **Gesamtkosten** | | | **26.200** | **23.550** |
| **Kosten pro Einheit** | | | **0,66** | **0,47** |
| **Kostenvorteil pro Einheit** | | | | **0,19** |

Ergebnis: Anlage II ist vorteilhafter.

**Beispiel zu Variante 3:**
Vergleich von zwei Produktionsverfahren und Berechnung der Grenzstückzahl; Fragestellung: Welches Produktionsverfahren ist bei gegebener Losgröße kostengünstiger bzw. bei welcher Menge (Grenzstückzahl) sind beide Verfahren kostengleich?

| | | Verfahren I | Verfahren II |
|---|---|---|---|
| Rüsten | Vorgabezeit | 0,5 Std. | 6,5 Std. |
| | Stundensatz | 20 € | 42 € |
| Fertigen | Vorgabezeit | 2,2 min/E | 0,8 min/E |
| | Stundensatz | 24 € | 48 € |

1. Schritt: Errechnen der variablen Stückkosten:

Verfahren I:
60 min - 24 €
2,2 min - $k_{vI}$

→ $k_{vI} = 24 \cdot 2{,}2 : 60$
$= 0{,}88$ €

Verfahren II:
analog
→ $k_{vII} = 0{,}64$ €

2. Schritt: Die Kosten für beide Verfahren werden gleichgesetzt; mit x wird die Stückzahl bezeichnet:

$0{,}5 \cdot 20 + x \cdot 0{,}88 = 6{,}5 \cdot 42 + x \cdot 0{,}64$
→ $x =$ rd. 1.096 Stück

In Worten: Bei rd. 1.096 Stück (= Grenzstückzahl) sind die Kosten beider Verfahren gleich. Oberhalb der Grenzstückzahl ist Verfahren II wirtschaftlicher (Vorteil der variablen Stückkosten), unterhalb der Grenzstückzahl ist Verfahren I günstiger (Vorteil der geringeren Fixkosten).

Allgemein gilt:

- rechnerisch:

$$\text{Grenzstückzahl} = \frac{\text{Fixkosten}_{II} - \text{Fixkosten}_{I}}{\text{var. Stückkosten}_{I} - \text{var. Stückkosten}_{II}}$$

$$x = \frac{K_{fII} - K_{fI}}{k_{vI} - k_{vII}} \quad \text{bzw.} \quad \frac{K_{fI} - K_{fII}}{k_{vII} - k_{vI}}$$

- grafisch:

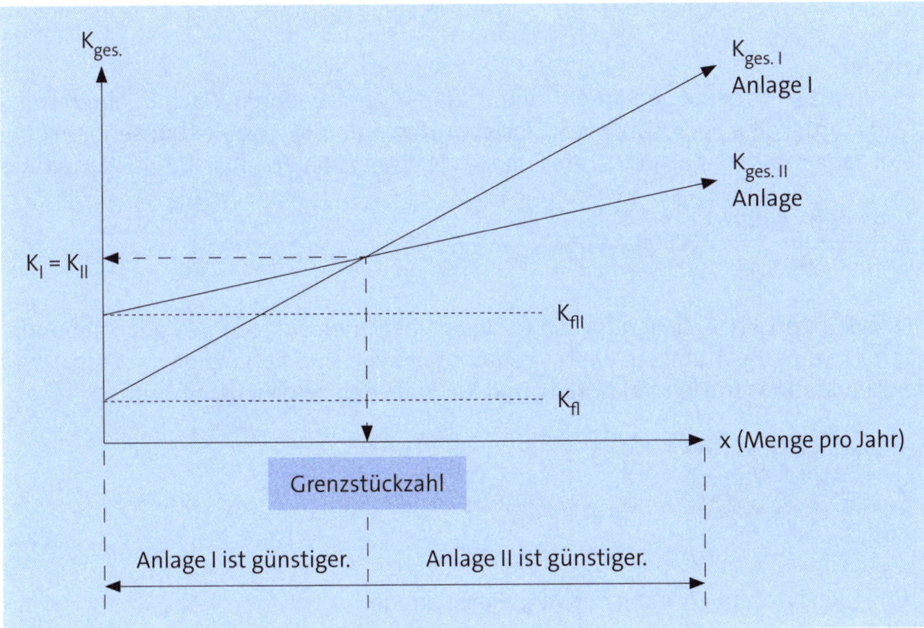


**Beispiel zu Verfahren 4:** Kostenvergleich bei Ersatzinvestition
Während der laufenden Nutzung einer Anlage (Altanlage) wird die Fragestellung untersucht, ob es günstiger ist, die Altanlage weiterhin zu nutzen oder durch eine Neuanlage zu ersetzen und wann der optimale Ersatzzeitpunkt vorliegt. Es gibt zwei Berechnungsvarianten:

- **Bruttomethode:**
  Die Kapital- und Betriebskosten der Altanlage werden mit den Kapital- und Betriebskosten der Neuanlage verglichen.
- **Nettomethode:**
  Es werden nur die Betriebskosten der Altanlage mit den Kapital- und Betriebskosten der Neuanlage verglichen. Diese Methode wird in jüngster Zeit favorisiert.

Ist davon auszugehen, dass für die Altanlage ein Liquidationserlös L erzielt werden kann, so ist er bei dem Kostenvergleich zu berücksichtigen. Begründung: Der Liquidationserlös sinkt mit zunehmender Nutzungsdauer. Man „belastet“ also im Kostenvergleich die Altanlage mit der Differenz des Liquidationserlöses am Beginn und am Ende der Vergleichsperiode bezogen auf die Restnutzungsdauer:

$$L = \frac{RW_A - RW_E}{RND}$$

$RW_A$ = Restwert am Anfang der Vergleichsperiode
$RW_E$ = Restwert am Ende der Vergleichsperiode

RND = Restnutzungsdauer
L = durchschnittliche Verringerung des Liquidationserlöses (ø Restwertminderung)

**Beispiel**
Die Altanlage hat eine geplante Nutzungsdauer von 10 Jahren. Nach 6 Jahren soll die Vorteilhaftigkeit einer Ersatzinvestition geprüft werden. Der Liquidationserlös am Ende des 6. Jahres wird mit 20.000 €, am Ende der Nutzungsdauer mit 6.000 € angenommen:

$$L = \frac{20.000 - 6.000}{4} = 3.500\ €$$

Die kalkulatorischen Zinsen für die Altanlage beziehen sich auf das noch gebundene Kapital, wenn die Altanlage weiter genutzt wird. Sie sind abhängig vom Zinssatz und den Liquidationserlösen am Anfang und am Ende des Vergleichszeitraums:

$$Z = \frac{RW_A + RW_E}{2} \cdot i$$

$RW_A$ = Restwert am Anfang der Vergleichsperiode
$RW_E$ = Restwert am Ende der Vergleichsperiode
i = Kalkulationszins in Dezimalform

**Beispiel** (vgl. oben): Es wird ein Zinssatz von 8 % unterstellt.

$$Z = \frac{20.000 + 6.000}{2} \cdot 0{,}08 = 1.040\ €$$

Das nachfolgende Beispiel zeigt einen Gesamtkostenvergleich bei alternativer Ersatzinvestition (**Bruttomethode**):

| Kalkulationsangaben | Abk. | Altanlage | Neuanlage |
|---|---|---|---|
| Anschaffungswert (in €) | AW | 150.000 | 200.000 |
| Leistung, Einheiten pro Jahr | E | 5.000 | |
| Nutzungsdauer | n | 8 | |
| kalkulatorischer Zinssatz | p | 8 % | |
| Restwert am Anfang der Vergleichsperiode | $RW_A$ | 31.000 | – |
| Restwert am Ende der Vergleichsperiode | $RW_E$ | 10.000 | 20.000 |

| | | | |
|---|---|---|---|
| **Betriebskosten** | | | |
| Lohnkosten | | 40.000 | 40.000 |
| Energie und Materialkosten | | 30.000 | 25.000 |
| Sonstige variable Kosten | | 15.000 | 12.000 |
| Fixkosten ohne AfA und Zinsen | | 20.000 | 18.000 |
| **Zwischensumme** | | **105.000** | **95.000** |
| Ø Restwertminderung | (31.000 - 10.000) : 3 | 7.000 | – |
| Kalkulatorische AfA: | (200.000 - 20.000) : 8 | – | 22.500 |
| Kalkulatorische Zinsen: | Altanlage:<br>(31.000 + 10.000) : 2 • 0,08 | 1.640 | – |
| | Neuanlage:<br>(200.000 + 20.000) : 2 • 0,08 | – | 8.800 |
| **Gesamtkosten** | | **113.640** | **126.300** |
| **Kostenvorteil** | | **12.660** | |

Ergebnis: **Es ist zurzeit vorteilhafter, die Altanlage weiter zu nutzen.**

## 06. Wie wird die Gewinnvergleichsrechnung durchgeführt?

Die Gewinnvergleichsrechnung ergänzt die Kostenvergleichsrechnung um die Größe „Erlöse" und ist damit aussagefähiger. Zu wählen ist diejenige Investition, die den größten durchschnittlichen Gewinn erzielt. Bei gleichen Erlösen pro Leistungseinheit für beide Investitionsobjekte kommt sie selbstverständlich zur gleichen Bewertung wie die Kostenvergleichsrechnung. Die Gewinnvergleichsrechnung setzt voraus, dass die erzielbaren Erlöse je Investitionsalternative über den gesamten Planungszeitraum ermittelt werden können.

Der Gewinn ergibt sich als Differenz zwischen den Kosten und den Umsatzerlösen:

$$G = U - K$$

$$G = x \cdot p - K_f - x \cdot k_v$$

U = Umsatz
K = Gesamtkosten
$K_f$ = Fixkosten
$k_v$ = variable Stückkosten
x = Menge
p = Verkaufspreis

- Bei einer **Einzelinvestition** gilt:
  Die Vorteilhaftigkeit ist gegeben, wenn der Gewinn positiv ist bzw. ein bestimmter Mindestgewinn erreicht wird:

  $G > 0$ bzw. $G \geq$ Mindestgewinn

- Beim **Vergleich von zwei oder mehreren Investitionsobjekten** gilt:
  Es wird die Investition mit dem größeren Gewinn gewählt.

  $G_I > G_{II}$ → Anlage I ist vorteilhafter.

  $G_{II} > G_I$ → Anlage II ist vorteilhafter.

**Beispiel**

| **Kalkulationsangaben** | | | **Anlage I** | **Anlage II** |
|---|---|---|---|---|
| | Anschaffungswert | | 50.000 | 80.000 |
| | Leistung, Einheiten pro Jahr | | 4.000 | 4.500 |
| | Nutzungsdauer | | 5 | 7 |
| | kalkulatorischer Zinssatz | | 8 % | |
| | Restwert | | 5.000 | 10.000 |
| | Verkaufspreis pro Stück | | 21 | 24 |
| **Betriebskosten** | | | | |
| | Kalkulatorische AfA | (50.000 - 5.000) : 5 | 9.000 | |
| | | (80.000 - 10.000) : 7 | | 10.000 |
| | Kalkulatorische Zinsen | (50.000 + 5.000) : 2 • 0,08 | 2.200 | |
| | | (80.000 + 10.000) : 2 • 0,08 | | 3.600 |
| | Sonstige Fixkosten/Jahr | | 15.000 | 18.000 |
| | Variable Kosten/Jahr | | 40.000 | 50.000 |
| **Gesamtkosten/Jahr** | | | **66.200** | **81.600** |
| **Umsatzerlöse/Jahr** | | 4.000 • 21 | **84.000** | |
| | | 4.500 • 24 | | **108.000** |
| **Gewinn/Jahr** | | | **17.800** | **26.400** |
| **Gewinnvorteil/Jahr** | | | | **8.600** |

Ergebnis: **Anlage II hat den größeren Gewinn und ist damit vorteilhafter.**

- Bei der **Lösung eines Ersatzproblems** (optimaler Ersatzzeitpunkt) werden die Erlöse der alten Anlage denen der neuen gegenübergestellt (vgl. Kostenvergleichsrechnung; Berücksichtigung der Restwertminderung der alten Anlage).

## 07. Welchen Aussagewert hat die Rentabilitätsvergleichsrechnung?

Die Rentabilitätsrechnung baut auf den Ergebnissen der Kostenvergleichs- bzw. Gewinnvergleichsrechnung auf und **berücksichtigt dabei den erforderlichen Kapitaleinsatz alternativer Investitionsobjekte**. Während also die Kostenvergleichsrechnung (nur) eine **relative Vorteilhaftigkeit** beim Vergleich alternativer Investitionsobjekte bietet, ermöglicht die **Rentabilitätsvergleichsrechnung** die Ermittlung der absoluten Vorteilhaftigkeit.

Die Rentabilitätsrechnung vergleicht die durchschnittliche jährliche Verzinsung des eingesetzten Kapitals alternativer Investitionsobjekte. Es gilt:

$$\text{Rentabilität} = \frac{\text{Return}}{\text{ø Kapitaleinsatz}} \cdot 100$$

- Die **Rentabilität R kann unterschiedlich definiert werden**, z. B.
  - als Rentabilität des Eigenkapitals, des Fremdkapitals, des Gesamtkapitals und als Umsatzrentabilität

  oder

  - als Return on Investment, ROI.
- Die Größe „Return“ (Kapitalrückfluss) kann je nach Besonderheit des Betriebes oder des Sachverhaltes unterschiedlich definiert sein, z. B. als [Gewinn], [Gewinn + Abschreibungen], [Cashflow], [Erträge - Kosten].
- Bei Verwendung der Größe „Gewinn“ wird nach vorherrschender Meinung der „Gewinn vor Zinsen“ verwendet (keine Verminderung des Gewinns um die kalkulatorischen Zinsen):

$$\text{Rentabilität} = \frac{\text{Gewinn (vor Zinsen)}}{\text{ø Kapitaleinsatz}} \cdot 100$$

- Der durchschnittliche Kapitaleinsatz wird i. d. R. wie folgt ermittelt:

| **Berechnung des ø Kapitaleinsatzes** | |
|---|---|
| **Vermögenswert** | **Wertansatz** |
| Nicht abnutzbare Anlagegüter | Anschaffungswert |
| Umlaufvermögen | Anschaffungswert |
| Abnutzbare Anlagegüter | $\frac{\text{Anschaffungswert + Restwert}}{2}$ oder: $\frac{\text{Wiederbeschaffungswert + Restwert}}{2}$ |

- Bei einer **Einzelinvestition** gilt:
  Die Vorteilhaftigkeit ist gegeben, wenn die Rentabilität R eine bestimmte Mindestverzinsung erreicht oder überschreitet.

  $R \geq$ Mindestverzinsung

- Beim **Vergleich von zwei oder mehreren Investitionsobjekten** gilt:
  Es wird die Investition mit der höheren Rentabilität gewählt. Auf Objekte, deren Rendite die geforderte Mindestverzinsung nicht erreicht, sollte verzichtet werden.

  $R_I > R_{II} \rightarrow$ Anlage I ist vorteilhafter.

  $R_{II} > R_I \rightarrow$ Anlage II ist vorteilhafter.

**Beispiel**

Es werden zwei Anlagen miteinander verglichen; es liegen folgende Zahlen vor (in €):

| | Anlage I | Anlage II |
|---|---|---|
| Anschaffungskosten | 100.000 | 200.000 |
| Wiederbeschaffungswert | 151.336 | 200.000 |
| Restwert | 0 | 20.000 |
| Abschreibungen | 21.182 | 20.000 |
| Periodengewinn vor Steuern | 13.905 | 21.525 |

$$R_I = \frac{13.905}{75.668} \cdot 100 = 18,38\ \%$$

$$R_{II} = \frac{21.525}{110.000} \cdot 100 = 19,57\ \%$$

Als „Return" wird hier der Periodengewinn der Anlage genommen; der „Ø Kapitaleinsatz" ist gleich „Wiederbeschaffungswert plus Restwert : 2" (Vergleichbarkeit des Kapitaleinsatzes).

Daraus folgt: $R_I < R_{II}$, d. h. die Anlage II ist vorteilhafter.

## 08. Welchen Aussagewert hat die Amortisationsvergleichsrechnung?

Die **Amortisationsvergleichsrechnung (auch: Kapitalrückflussmethode, Payback-Methode/Payoff-Methode)** gehört ebenfalls zu den statischen Verfahren der Investitionsrechnung und baut auch auf den Ergebnissen der Kostenvergleichs- bzw. Gewinnvergleichsrechnung auf.

Die Vorteilhaftigkeit einer Investition wird an der Kapitalrückflusszeit $t_w$ gemessen (= Amortisationszeit = die Zeit, in der das eingesetzte Kapital wieder in das Unternehmen zurückgeflossen ist). Je geringer die Kapitalrückflusszeit ist, desto vorteilhafter wird das Investitionsvorhaben beurteilt.

- Bei einer **Einzelinvestition** gilt:
  Die Vorteilhaftigkeit ist gegeben, wenn die Amortisationszeit $t_w$ einen bestimmten Zeitwert t* nicht überschreitet:

  $$t_w \leq t^*$$

- Beim **Vergleich von zwei oder mehreren Investitionsobjekten** gilt:
  Es wird die Investition mit der geringeren Kapitalrückflusszeit gewählt. Auf Objekte, deren Amortisationsdauer den geforderten Zeitwert t* überschreitet, sollte verzichtet werden.

  $t_{wI} < t_{wII}$ → Anlage I ist vorteilhafter.

  $t_{wII} < t_{wI}$ → Anlage II ist vorteilhafter.

- Man unterscheidet zwei Berechnungsmethoden:

  **1. Durchschnittmethode:**

  $$\text{Kapitalrückflusszeit (Jahre)} = \frac{\text{Kapitaleinsatz}}{\text{ø Return}}$$

  - Als Kapitaleinsatz wird i. d. R. der Anschaffungswert AW vermindert um den Restwert RW verwendet.
  - In der Regel wird als Größe für den ø Return die Summe aus [Ø Gewinn + jährliche Abschreibungen] genommen.

  Es gilt also:

  $$\text{Kapitalrückflusszeit (Jahre)} = \frac{\text{Anschaffungswert - Restwert}}{\text{ø Gewinn + Abschreibungen p. a.}}$$

  $$t_w = \frac{AW - RW}{G + AfA}$$

**Beispiel**

**Vergleich von zwei Investitionsobjekten**
Es wird noch einmal das Zahlengerüst aus dem Beispiel „Rentabilitätsvergleich" genommen.

$$t_{wI} = \frac{100.000 - 0}{13.905 + 21.182} = 2{,}85 \text{ Jahre}$$

$$t_{wII} = \frac{200.000 - 20.000}{21.525 + 20.000} = 4{,}33 \text{ Jahre}$$

Ergebnis: $t_{wI} < t_{wII}$, d. h. aus der Sicht der Kapitalrücklaufzeit ist die Anlage I vorteilhafter (bitte betrachten Sie oben nochmals den Rentabilitätsvergleich der beiden Anlagen).

2. **Kumulationsmethode:**
Die geschätzten jährlichen Zahlungsströme werden solange aufaddiert, bis der Kapitaleinsatz erreicht ist. Die Kumulationsrechnung ist genauer, da sie nicht mit einem repräsentativen Mittelwert rechnet, sondern die geschätzten Rückflüsse den einzelnen Jahren gesondert zuordnet.

**Beispiel**

Für eine **Einzelinvestition** soll gelten: AW = 80.000; RW = 0; n = 5
Es werden folgende Rückflüsse pro Jahr geschätzt:

| **Jahr** | $t_1$ | $t_2$ | $t_3$ | $t_4$ | $t_5$ |
|---|---|---|---|---|---|
| **Kapitalrückfluss** | 10.000 | 25.000 | 45.000 | 70.000 | 100.000 |
| **Kapitalrückfluss, kumuliert** | 10.000 | 35.000 | **80.000** | 150.000 | 250.000 |

Nach der Kumulationsmethode ergibt sich:

$$t_w = t_3$$

Nach der Durchschnittsmethode ist der durchschnittliche Kapitaleinsatz 50.000 (= 250.000 : 5). Daraus ergibt sich:

$$t_w = \frac{80.000}{50.000} = 1{,}6 \text{ Jahre}$$

Dies bedeutet: Wenn die Kapitalrückflüsse eine ungleichmäßige Verteilung innerhalb des Nutzungszeitraums aufweisen, kann die Durchschnittsmethode zu Fehlentscheidungen führen.

## 2.5.12 Zweck und Ergebnis betrieblicher Budgets

### 01. Welche Zielsetzung ist mit der Budgetierung verbunden?

- **Begriff:**
  Der Begriff „Budget" kommt aus dem Französischen und bedeutet übersetzt „Haushaltsplan, Voranschlag". Im Controlling kann **Budgetierung** gleichgesetzt werden mit **Planung**. Für den Meister bedeutet das, in seinem Bereich ein Gerüst von Zahlen zu erstellen (Planung), die für ihn Gradmesser des Erfolges sind.
- **Arten:**
  Unter >> 2.2.2 Frage 05. wurde bereits dargestellt, dass in der betrieblichen Praxis vor allem zwei Arten von Budgets geläufig sind (bitte den Abschnitt ggf. noch einmal nachlesen):

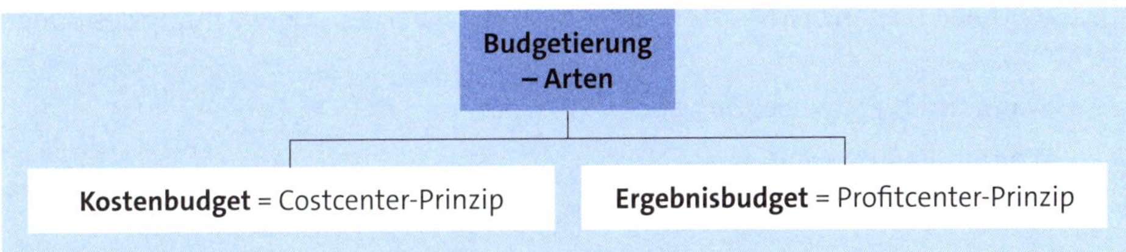


Allgemein enthält ein Budget Planzahlen für Kosten, Leistungen und Erfolge. Aber: Für die Struktur von Budgets gibt keine allgemein gültigen Regeln; das Budget kann differieren

- in **zeitlicher** Hinsicht, z. B.:
  Monats-, Quartals-, Jahresbudget
- in **sachlicher** Hinsicht:
  Kostenbudget/Ergebnisbudget, auf einen Bereich bezogen oder eine einzelne Kostenstelle usw.

Welche Daten letztendlich in einem bestimmten Budget zusammengestellt werden, hängt von der betrieblichen Funktion (z. B. Lager, Fertigung, Montage, Logistik usw.) und dem Verantwortungsbereich des Vorgesetzten ab.

Für den Meister ist insbesondere die Budgetierung und Kontrolle folgender Kosten/Daten relevant:

- Materialkosten
- Kosten der Anlagen
- Energiekosten
- Instandhaltungskosten

- Kosten des Umweltschutzes
- Lohnkosten
- Werkzeugkosten
- Beschäftigungsgrad
- Sondereinzelkosten der Fertigung
- Qualitätskosten:
  - Prüfkosten
  - Fehlerverhütungskosten
  - Fehlerkosten.

► **Analyse des Soll-Ist-Vergleichs und Maßnahmen (Controlling):**
Der Vergleich der Plandaten (Soll) mit den tatsächlich realisierten Daten (Ist), zeigt, ob das unternehmerische Ziel erreicht wurde. Der Soll-Ist-Vergleich wird meist in absoluten und in relativen Zahlen (in Prozent vom Plan) durchgeführt. Größere Abweichungen zeigen an, ob ggf. „Kurskorrekturen" vorzunehmen sind.

**Controlling ist also die Aufstellung geeigneter Plandaten, die Analyse der Soll-Ist-Abweichungen und die Durchführung evtl. Korrekturmaßnahmen.**

Die zentralen Fragen des Meisters (des Controllers) bei der Überwachung des Budgets lauten:

→ **Wann** trat die Abweichung auf?

→ **Wo** trat die Abweichung auf?

→ **In welcher Ausmaß** trat die Abweichung auf?

**Beispiel**

**Analyse eines Kostenbudgets**
Das nachfolgende Beispiel zeigt die Budgetierung einer Kostenstelle für das kommende Planjahr (Kostenbudget; vereinfachte Darstellung; Angaben in T€):

| | **Budget: Kostenstelle ...** | **Plan 20..** |
|---|---|---|
| | Materialkosten | 300 |
| + | Personalkosten | 288 |
| + | Sondereinzelkosten | 84 |
| + | Sachkosten | 36 |
| + | Umlage | 60 |
| = | **Gesamtkosten** | **768** |

Bei einer gleichmäßigen Verteilung über das Gesamtjahr kann das **Jahresbudget** in ein **Monatsbudget** aufgesplittet werden (vereinfacht: Division durch 12), sodass im Verlauf des kommenden Jahres die Monatsergebnisse im Ist mit den Plandaten verglichen werden können; aufwendige Budgetkontrollen nehmen folgende Vergleiche vor:

- Soll-Ist, monatlich
- Soll-Ist, aufgelaufen (z. B. kumulierte Werte von Jan. bis Mai)
- Ist-Ist, monatlich
- Ist-Ist, kumuliert.

Nachfolgend ein vereinfachtes **Beispiel eines Soll-Ist-Vergleiches** des oben dargestellten Budgets.

Anfang April des lfd. Jahres erhält der Meister X den folgenden Report seiner Kostenstelle über die zurückliegenden drei Monate Jan. bis März (Abweichung absolut: Ist - Soll; Abweichung in Prozent = [Ist - Soll] : Soll • 100):

| **Kostenstelle ...** | **Plan (Soll)** | | **Ist** | | | | **Soll-Ist-Vergleich (Jan. - März aufgel.)** | |
|---|---|---|---|---|---|---|---|---|
| Kostenart | p. a. | ∑aufgel. | Jan. | Feb. | März | ∑aufgel. | absolut | in % |
| Materialkosten | 300 | 75 | 25 | 32 | 28 | 85 | 10 | 13,33 |
| Personalkosten | 288 | 72 | 24 | 25 | 26 | 75 | 3 | 4,17 |
| Sonder.e.kosten | 84 | 21 | 4 | 4 | 2 | 10 | - 11 | - 52,38 |
| Sachkosten | 36 | 9 | 3 | 2 | 2 | 7 | - 2 | - 22,22 |
| Umlage | 60 | 15 | 5 | 5 | 5 | 15 | 0 | 0 |
| Gesamtkosten | 768 | 192 | | | | 192 | 0 | |

**Abweichungsanalyse** und Beispiele für **Korrekturmaßnahmen zur Budgeteinhaltung**; dabei werden die Schlüsselfragen des Controllings eingesetzt (vgl. oben: Wo? Wann? In welchem Ausmaß?):

| **Abweichung** | **Mögliche Ursache – Beispiel** | **Korrekturmaßnahme – Beispiel** |
|---|---|---|
| 1. Materialkosten um 10 T€ bzw. rd. 13 % überschritten | ► Preisanstieg: | - Lieferantenwechsel<br>- Änderung des Bestellverfahrens (Menge, Zeitpunkt)<br>- Verhandlung mit dem Lieferanten<br>- ggf. Wechsel des Materials |
| | ► Mengenanstieg: | - erhöhter Materialverbrauch (Störungen beim Fertigungsprozess: menschbedingt, maschinenbedingt)<br>- Mängel in der Materialausnutzung |
| | ► Anstieg der Gemeinkosten: | - z. B. Materialgemeinkosten, kalkulatorische Kosten |
| | ► zu geringer Planansatz: | - ggf. Korrektur des Planansatzes |

| Abweichung | Mögliche Ursache – Beispiel | Korrekturmaßnahme – Beispiel |
|---|---|---|
| 2. Personalkosten um 3 T€ bzw. rd. 4 % überschritten | ► Anstieg der Fertigungslöhne:<br>- außerplanmäßige Lohnerhöhung (Tarif oder Einzelmaßnahme) | - Analyse der Lohnkosten/Lohnstruktur; ggf. Rationalisierung, Verbesserung der Produktivität, Verbesserung des Ausbildungsniveaus usw |
| | ► Anstieg der Sozialkosten (KV, RV, AV, PV, freiwillige Sozialkosten): | - ggf. längerfristige Korrektur im Bereich der betrieblichen Sozialleistungen oder Rationalisierung |
| | ► Verschiebungen im Personaleinsatz: | - ggf. „zu teure Mitarbeiter" eingesetzt, Korrekturen im Mitarbeitereinsatz |
| | ► zu geringer Planansatz: | - ggf. Korrektur des Planansatzes |
| 3. Unterschreitung der Sondereinzelkosten und der Sachkosten: | ► ggf. zeitliche Verschiebung der Ausgaben | - weiterhin beobachten und ggf. Feinanalyse der betreffenden Kostenar |
| | ► zu geringer Planansatz: | - ggf. Korrektur des Planansatzes |

Insgesamt zeigt die Analyse einen **klaren Handlungsbedarf im Bereich der Materialkosten**; die Abweichung im Bereich der Personalkosten ist weder absolut noch relativ besonders kritisch; die Entwicklung sollte aufmerksam beobachtet werden.

Neben den oben dargestellten Möglichkeiten der Kostenabweichung sind weitere Ursachen generell denkbar, z. B.:

- Abweichungen im Beschäftigungsgrad (Änderung der fixen Stückkosten)
- erhöhte Kosten durch fehlende/falsche Planung und Durchführung der Instandhaltung
- erhöhte Personalkosten pro Stück durch hohen Krankenstand
- Veränderung der Rüstzeiten, Vorgabezeiten usw.

# 3. Anwendung von Methoden der Information, Kommunikation und Planung

INFO

**Prüfungsanforderungen**

Nachweis folgender Fähigkeiten:

- Der Teilnehmer soll nachweisen, dass er in der Lage ist, Projekte und Prozesse zu analysieren, zu planen und transparent zu machen.
- Er soll Daten aufbereiten, technische Unterlagen erstellen sowie entsprechende Planungstechniken einsetzen können.
- Er soll in der Lage sein, angemessene Präsentationstechniken anzuwenden.

**Qualifikationsschwerpunkte (Überblick)**

3.1 Erfassen, Analysieren und Aufbereiten von Prozess- und Produktionsdaten mittels EDV-Systemen und Bewerten visualisierter Daten

3.2 Bewerten von Planungstechniken und Analysemethoden sowie deren Anwendungsmöglichkeiten

3.3 Anwenden von Präsentationstechniken

3.4 Erstellen von technischen Unterlagen, Entwürfen, Statistiken, Tabellen und Diagrammen

3.5 Anwenden von Projektmanagementmethoden

3.6 Auswählen und Anwenden von Informations- und Kommunikationsformen einschließlich des Einsatzes entsprechender Informations- und Kommunikationsmittel

# 3.1 Erfassen, Analysieren und Aufbereiten von Prozess- und Produktionsdaten

## 3.1.1 Informationstechnologie

### 01. Was ist ein Prozess?

a) Allgemeine Definition: Ein Prozess ist **eine strukturierte Abfolge von Ereignissen** zwischen einer Ausgangssituation und einer Ergebnissituation.
Eine sehr allgemeine Definition lautet: Ein Prozess ist **ein bestimmter Ablauf/ein bestimmtes Verfahren** mit gesetzmäßigem Geschehen.

b) Engere Definition im Rahmen der Industriebetrieblehre:
Im Sinne der Fertigungstheorie ist ein Prozess **das effiziente Zusammenwirken der Produktionsfaktoren** (Werkstoffe, Betriebsmittel, menschliche Arbeit) zur Herstellung einer bestimmten Leistung/eines bestimmten Produktes.

c) Man unterscheidet generell folgende **Prozessarten:**

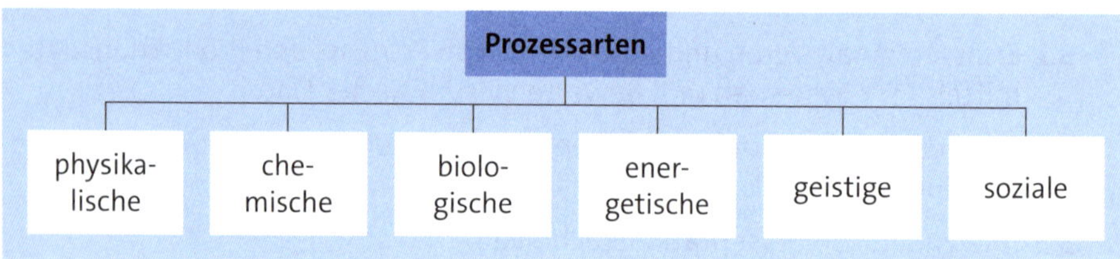

**Beispiel**

Beispiel für einen Prozess an einem Halbautomaten, an dem Anlasserritzel gefräst werden (vereinfachte Darstellung):

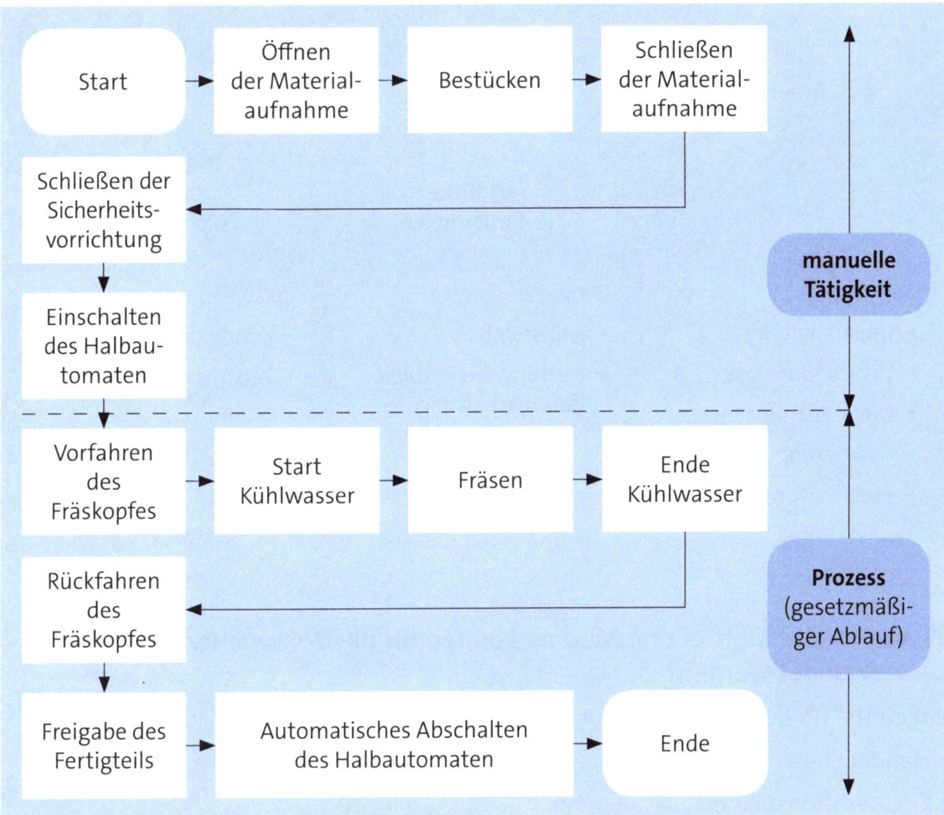


## 02. Warum müssen Prozesse dokumentiert werden?

INFO

Ein Dokument ist ein offizielles Schriftstück, das Ereignisse festhält und zusammenstellt.

Für die Dokumentation betrieblicher und fertigungstechnischer Prozesse gibt es eine Reihe von Gründen:

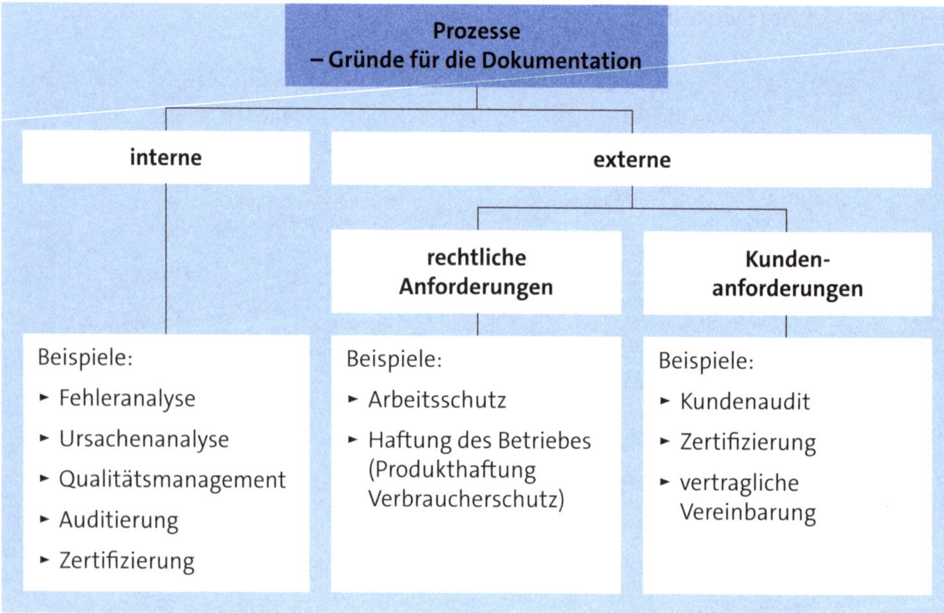


### 03. Welche Hilfsmittel und Medien können für die Dokumentation verwendet werden?

Hilfsmittel für die Dokumentation sind u. a.:

- Handbücher
- Organisationspläne
- Datenflusspläne
- Dateibeschreibungen
- Listen
- Programmbeschreibungen
- Kommunikationsnetze
- Prüflisten
- Arbeitsanweisungen
- Stellenbeschreibungen
- Struktogramme
- Formulare
- Dateiinhalte

- Algorithmen (logische Zusammenhänge)
- Checklisten
- Quellenprogramme/Quellcodes.

### 04. Welche Anforderungen werden an die Archivierung von Konstruktions- und Schaltungsunterlagen gestellt?

Im Wesentlichen sind dies folgende Anforderungen:

- **Vollständigkeit** Es muss sichergestellt sein, dass **alle relevanten Unterlagen** archiviert sind.
- **Konsistenz (Aktualität)** Es muss sichergestellt sein, dass von allen Dokumenten der letzte **(aktuelle) Revisionsstand** archiviert ist.
- **Verfügbarkeit (Zugreifbarkeit)** Die Dokumentation muss so archiviert sein, dass die Unterlagen auch nach einer langen Zeit **noch lesbar** sind. Auch bei einer Langzeitarchivierung in digitaler Form ist daher dafür Sorge zu tragen, dass die **Systeme und Programme** zur Verarbeitung der entsprechenden Datenformate noch **zur Verfügung stehen** oder jeweils eine Portierung auf das Nachfolgesystem erfolgt.

### 05. Wie sollte der Zugriff auf die Dokumentation erfolgen können?

Der Zugriff auf die Dokumentation sollte **nach Möglichkeit zentral** erfolgen können. Dies erleichtert die Forderung, dass stets mit aktuellen (konsistenten) Dokumenten gearbeitet wird. Die Konsistenz wird bei modernen Systemen automatisch sichergestellt: Ein Dokument kann nur einmal mit Vollzugriff, d. h. editierbar, geöffnet werden; andere Nutzer können gleichzeitig nur eine schreibgeschützte Kopie öffnen und erhalten eine entsprechende Meldung.

In gleicher Weise erfolgt das Revisionsmanagement in solchen Systemen automatisch: „Wer hat was wann geändert?“ Moderne Systeme verwenden darüber hinaus (Web-) Browser-Technologien, sodass der Zugriff nicht nur innerhalb eines Firmennetzwerks möglich ist, sondern mit der entsprechenden Berechtigung über das Internet jederzeit und von jedem Ort erfolgen kann.

### 06. In welcher Form können Konstruktions- und Schaltungsunterlagen archiviert werden?

<table>
<tr><td rowspan="2">1.</td><td rowspan="2">Papierdokumente, einzelne Datenträger</td><td>Dokumente werden in Papierform (Schaltpläne, Zeichnungen) oder auf einzelnen Datenträgern (Disketten, Magnetbänder z. B. für Programme) eingelagert (früher üblich).</td></tr>
<tr><td>Nachteile sind neben dem hohen Platzbedarf und einer teilweise schlechten Haltbarkeit (Verblassen von Kopien, Datenverlust bei Magnetbändern) vor allem der hohe Aufwand beim Zugriff und bei der Sicherstellung der Konsistenz und Aktualität.</td></tr>
</table>

| | | |
|---|---|---|
| **2.** | **Mikrofilme** | Mikroverfilmung der Dokumente bzw. der Ausdrucke (z. B. Programmlistings). Dies hat die gleichen Nachteile wie unter (1); es wird lediglich der Platzbedarf reduziert und die Langzeitstabilität ist gewährleistet. |
| **3.** | **Digital bzw. digitalisiert** | Digital bzw. digitalisiert im jeweiligen Format auf speziellen Festplattenlaufwerken oder Servern. |
| | | **Vorteile:** Geringer Platzbedarf und hohe Langzeitstabilität – bei Verwendung redundanter Hardware (z. B. gespiegelten Festplatten) und entsprechenden Datensicherungssystemen. Über entsprechende Zugriffsberechtigungen ist innerhalb des Firmennetzwerks ein zentraler Zugriff möglich. |
| **4.** | **Dokumentenmanagementsysteme** | Vorteile wie unter (3), weiterhin: Vollautomatisches Revisionsmanagement, Sicherstellung der Konsistenz über entsprechende Zugriffsverwaltung, Retrieval (Suche nach Dokumenten) und – bei den modernen Systemen – zentraler Zugriff. |

## 07. Welchen unterschiedlichen Zweck verfolgt die interne sowie die externe technische Dokumentation?

- **Interne technische Dokumentation:**
  - Inhalt: Erfassen der Produktentwicklung, der Konstruktionsunterlagen, Probeläufe, Entsorgung usw.
  - Zweck: Rückgriff bei neuen Produktvarianten, Dokumentation aufgrund gesetzlicher Vorgaben (CE-Kennzeichnung, ProdSG, Produkthaftung, Umwelthaftung, Auditierung, Zertifizierung).
- **Externe technische Dokumentation:**
  - Inhalt: Bedienungsanleitung, Handbücher, Wartung
  - Zweck: Fehlervermeidung in der Anwendung beim Kunden, Förderung des Absatzes, Umsetzen der technischen Details in die Sprache des Kunden.

## 08. Welche Prozessarten werden in der Betriebswirtschaftslehre unterschieden?

**Prozessarten – Unterscheidung nach ...**

dem **Inhalt**
- Geschäftsprozesse
- Projektprozesse
- Logistikprozesse
- Fertigungsprozesse

der **Bedeutung**
- Kernprozesse
- Supportprozesse

der **Hierarchie**
- Hauptprozesse
- Teilprozesse

- **Geschäftsprozesse** sind eine Folge von Aktivitäten zum Zwecke der Leistungserstellung, deren Wert (Beitrag zur Wertschöpfung) messbar ist. Es werden Geschäftsobjekte bearbeitet, z. B. Kundenauftrag, Produkt, Kundenreklamation.
- **Kernprozesse** (auch: Hauptprozesse, Schlüsselprozesse) erbringen einen unmittelbaren Beitrag zur Wertschöpfung und haben direkten Bezug zum Kunden. Beispiele: Produktionsprozesse, Absatzprozesse.
- **Supportprozesse** (auch: Unterstützungsprozesse, Serviceprozesse) erbringen einen **mittelbaren Beitrag** zur Wertschöpfung und haben **keinen direkten Bezug zum Kunden**. Beispiele: Informationsprozesse, Personalprozesse, Beschaffungsprozesse, Führungsprozesse, EDV-Prozesse, Administrationsprozesse.

Zusammengehörige **Teilprozesse** werden kostenstellenübergreifend zu **Hauptprozessen** zusammengefasst (Beispiele):

| Teilprozesse | Hauptprozesse |
|---|---|
| ► Material disponieren<br>► Material bestellen<br>► Material annehmen, prüfen und lagern | **Material beschaffen** |
| ► Fertigung planen<br>► Fertigung veranlassen<br>► Fertigung steuern<br>► Teile/Baugruppen zwischenlagern<br>► Baugruppen montieren<br>► Versand vorbereiten<br>► Versand ausführen (Transport) | **Fertigungsaufträge ausführen** |
| ► Fertigungsauftrag fakturieren<br>► Rechnung versenden<br>► Zahlungseingang überprüfen<br>► außergerichtliches Mahnwesen steuern<br>► ggf. gerichtliche Mahnung veranlassen | **Debitorenbuchhaltung steuern** |

## 09. Welche Einsatzgebiete lassen sich heute für die IT-gestützte Informationsverarbeitung nennen?

Beispiele:

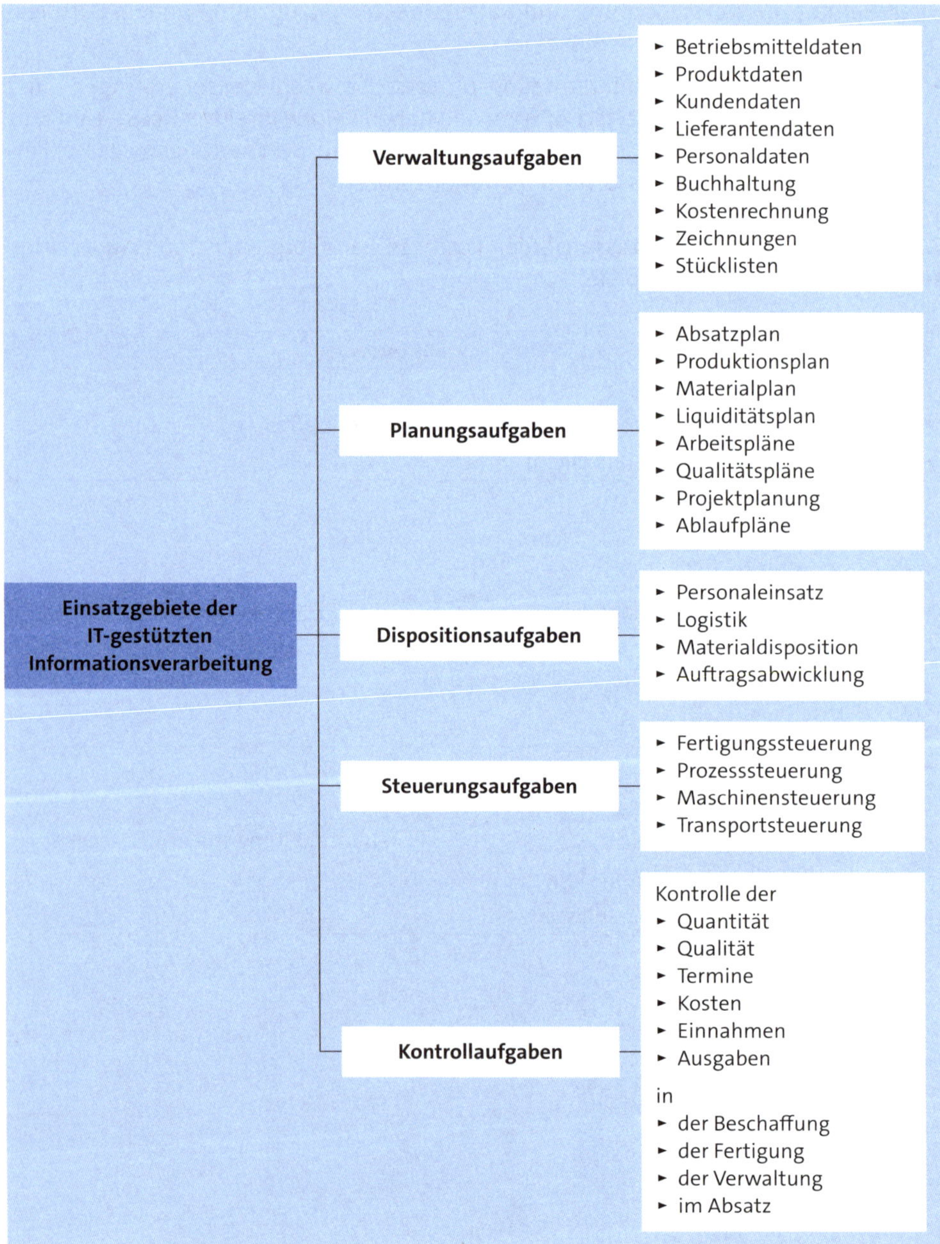

## 10. Welchen Nutzen kann die IT-gestützte Informationsverarbeitung aus betrieblicher Sicht bieten?

Beispiele:

- Automatisierung sich wiederholender Prozesse
- Vereinfachung von Tätigkeiten und Abläufen (Rationalisierung)
- Beschleunigung der Informationsverarbeitung
- Verbesserung der Arbeitsproduktivität
- Reduzierung der Kosten
- Möglichkeit der Personalreduktion
- exakte Dokumentation und Reproduktion von Daten (z. B. Zeichnungen, Stücklisten).

## 11. Wie ist ein Computersystem aufgebaut?

1. **Hardware**
   = alle gegenständlichen Einrichtungen sowie alle fest geschalteten Funktionen; die Hardware-Komponenten sind:

   - **Gehäuse:**
     Befestigung der eingebauten Komponenten; Abschirmung gegen äußere Einflüsse (Störstrahlung, statische Elektrizität) und um die im Rechner entstehenden hochfrequenten Störungen nicht nach außen dringen zu lassen.
   - **Netzteil:**
     stellt Spannungen für die Komponenten zur Verfügung.
   - **Motherboard** (Hauptplatine):
     ist zentraler Bestandteil des PCs und dient zur Verdrahtung und Befestigung von CPU, Speicher, Steuerungselektronik, Bussystem, diversen Steckkarten und Schnittstellen.
   - **CPU (= Central Processing Unit):**
     „Hirn" eines Rechners; führt arithmetische und logische Operationen durch; greift dabei auf die übrigen Komponenten zu; häufig verwendete Daten werden im Cache gespeichert.
   - **Cache** (frz. verstecken):
     schneller Pufferspeicher zwischen CPU und Motherboard; er führt zu schnelleren Programmen, wenn das gleiche Datum (Wert) zu dicht aufeinanderfolgenden Zeitpunkten wieder verwendet wird.
   - **Bussystem:**
     die einzelnen Baugruppen sind durch ein Bussystem miteinander verbunden, um Kommunikation und Datenaustausch zwischen den Komponenten zu ermöglichen.
   - **Arbeitsspeicher** (Hauptspeicher/Main memory; = „Kurzzeitgedächtnis"):
     hier abgelegte Daten sind schnell verfügbar, gehen aber beim Ausschalten verloren (temporäre Daten).

- **Plattenspeicher** (= „Langzeitgedächtnis“):
  dient zur permanenten oder temporären Abspeicherung größerer Datenmengen; die Daten sind auch nach Abschalten des Rechners noch vorhanden (persistente Daten); der Zugriff ist wesentlich langsamer als der Zugriff auf den Arbeitsspeicher.
- **Platinen, Controller, Steckkarten:**
  sind z. B. Grafikkarte, Netzwerkkarte, Soundkarte, internes Modem usw.
- **Schnittstellen:**
  - USB
  - HDMI
  - WLAN
  - Thunderbolt
- **Laufwerke:**
  - CD-ROM (= read-only-memory)
  - DVD-ROM
  - Festplatte

  usw.
- **Peripherie:**
  - Eingabegeräte (z. B. Tastatur, Maus, Mikrofon usw.)
  - Ausgabegeräte (z. B. Drucker, Monitor, Plotter usw.)
  - Dialoggeräte.

2. **Software**
   = alle nichtgegenständliche Bestandteile eines Computersystems (z. B. Betriebssystem, Programme, Daten).
   - **Das Betriebssystem** (z. B. Windows, Unix, ...) dient der Verwaltung der Betriebsmittel eines Rechners; ist die Schnittstelle zwischen Benutzer und Hardware.
     - Betriebsmittel, physische: Drucker, Festplatten, Maus usw.
     - Betriebsmittel, logische: Dateien, Prozesse, Verzeichnisse usw.
   - **Programme:**
     Der Benutzer verwendet Programme, um Aufgaben zu lösen, Daten zu verarbeiten bzw. Informationen aus Daten zu erhalten (z. B. Tabellenkalkulation, Textverarbeitung, Grafik- und Videobearbeitung, Webbrowser usw.).

## 12. Nach welchen Gesichtspunkten lassen sich Hardware-Komponenten beurteilen?

Beispiele:

- Preis
- Verarbeitungsbreite (Bits pro Sekunde)
- Verarbeitungsleistung (MIPS = Millionen Instruktionen pro Sekunde)
- Kapazität des Arbeitsspeichers
- Anzahl der Prozessoren; Art des Prozessors
- Anzahl der Schnittstellen
- Kompatibilität.

## 13. Wie erfolgt die Nutzung grafischer Oberflächen?

Die Benutzung grafischer Oberflächen wird als bekannt vorausgesetzt; daher folgen nur einige Hinweise:

- Mithilfe der **Maus** können in der **Menüleiste** Fenster geöffnet (Öffnen, Schließen, Kopieren, Ersetzen, Positionieren usw.) und die jeweiligen Prozeduren ausgewählt werden.
- Es werden Piktogramme, sog. **Icons**, verwendet, die meist benutzerorientiert gestaltet sind (Papierkorb usw.).
- Je nach eingesetzter Software kann die Maus unterschiedlich genutzt werden:
  - „einmal klicken“ → auswählen
  - „doppelt klicken“ → aktivieren/starten
  - „klicken und halten“ → bewegen (sog. Drag-and-Drop-Funktion).

## 14. Wie arbeitet man mit einem Tabellenkalkulationsprogramm?

Wenn man ein Tabellenkalkulationsprogramm aufruft (z. B. Excel) erhält man zunächst ein leeres Arbeitsblatt mit n Spalten (A, B, C, ...) und n Zeilen (1, 2, 3, ...). Damit ist jede Zelle durch ihre Koordinaten genau bestimmt (z. B. Zelle „A5“).

Mit einem Mausklick wird die Zelle aktiviert und kann mit Inhalt gefüllt werden (Text, Zahlen, Formeln). Die Returntaste beendet die Eingabe. Weitere Befehle/Prozeduren sind: Gestaltung der Zahlenformate für bestimmte Zellbereiche (Dezimalzahlen, Prozent-Zahlen, Währungsangaben usw.), Bildung von Spalten- oder Reihensummen, Wiederholungen von Rechenoperationen, Übertragung von Dateninhalten/Rechenoperationen von einem Zellbereich in einen anderen usw.

Die gewonnenen Ergebnisse der Tabellenkalkulation können ohne erneute Dateneingabe mithilfe des „Diagramm-Assistenten“ grafisch dargestellt werden.

**Vorteile** für den Anwender, u. a.:

- Verknüpfung von Tabellenkalkulationen mit Datenbanken und Möglichkeiten der Visualisierung
- einfache Durchführung von „Was-wäre-wenn-Betrachtungen" (bei Änderung eines Zellwertes werden automatisch die neuen Ergebnisse berechnet)
- Gestaltung/Formatierung der Arbeitsblätter nach individuellen Erfordernissen.

### 15. Wie nutzt man ein Datenverwaltungsprogramm?

Eine Datenbank ist eine Ansammlung von Daten, die mithilfe einer Datenbank-Software innerhalb einer Datenbasis verwaltet werden. Die Datenbank ermöglicht:

- die Eingabe von Daten (meist in vorgegebenen Formaten bzw. Masken)
- die Speicherung von Daten
- den Zugriff auf bestimmte Daten
- das Suchen nach Daten aufgrund spezieller Suchbegriffe
- die Speicherverwaltung der Daten.

So lassen sich z. B. aus einer Kunden-Datenbank sehr schnell Kundendaten nach Kriterien wie Postleitzahl, Umsatzzahl oder zuständiger Sachbearbeiter selektieren. Die Selektion erfolgt über verknüpfte Suchabfragen, die in einer entsprechenden Syntax formuliert werden.

Ein Datenverwaltungsprogramm muss mindestens folgenden Anforderungen genügen: Plausibilitätskontrolle bei der Eingabe, Fehlermeldung bei fehlerhafter Eingabe, keine überflüssigen Eingaben (Eingaberedundanz).

### 16. Welche Maßnahmen können zur Datensicherung ergriffen werden?

- **technische** Maßnahmen (z. B. Codierung der Daten, regelmäßige Back-ups und Firewalls)
- **bauliche** Maßnahmen (z. B. Safes, Alarmanlage und Klimaanlage)
- **organisatorische** Maßnahmen (z. B. Verfahrensanweisungen und Mitarbeiter-Ausweise)
- **personelle** Maßnahmen (z. B. kritische Mitarbeiterauswahl und Schulung der Mitarbeiter)

Technische und organisatorische Maßnahmen ergänzen sich. Keine Maßnahme ist alleine für sich ausreichend; nur die Summe der getroffenen Maßnahmen ermöglicht es, Datenschutz und auch Datensicherheit zu erzielen.

Werden personenbezogene Daten automatisiert verarbeitet, sind Maßnahmen zu treffen, die je nach der Art der zu schützenden personenbezogenen Daten geeignet sind, den Schutz zu gewährleisten.

1. **Zutrittskontrolle:**
   Unbefugten den Zutritt zu Datenverarbeitungsanlagen, mit denen personenbezogene Daten verarbeitet oder genutzt werden, zu verwehren, z. B. durch abgeschlossene Türen.
2. **Zugangskontrolle:**
   zu verhindern, dass Datenverarbeitungssysteme von Unbefugten genutzt werden können, z. B. durch Anmeldung mit Benutzerkonto.
3. **Zugriffskontrolle:**
   zu gewährleisten, dass die zur Benutzung eines Datenverarbeitungssystems Berechtigten ausschließlich auf die ihrer Zugriffsberechtigung unterliegenden Daten zugreifen können, und dass personenbezogene Daten bei der Verarbeitung, Nutzung und nach der Speicherung nicht unbefugt gelesen, kopiert, verändert oder entfernt werden können, z. B. haben nur Mitarbeiter der Personalabteilung Zugriff auf Daten der Gehaltsabrechnung.
4. **Weitergabekontrolle:**
   zu gewährleisten, dass personenbezogene Daten bei der elektronischen Übertragung oder während ihres Transports oder ihrer Speicherung auf Datenträger nicht unbefugt gelesen, kopiert, verändert oder entfernt werden können, und dass überprüft und festgestellt werden kann, an welche Stellen eine Übermittlung personenbezogener Daten durch Einrichtungen zur Datenübertragung vorgesehen ist
5. **Eingabekontrolle:**
   zu gewährleisten, dass nachträglich überprüft und festgestellt werden kann, ob und von wem personenbezogene Daten in Datenverarbeitungssysteme eingegeben, verändert oder entfernt worden sind
6. **Auftragskontrolle:**
   zu gewährleisten, dass personenbezogene Daten, die im Auftrag verarbeitet werden, nur entsprechend den Weisungen des Auftraggebers verarbeitet werden können
7. **Verfügbarkeitskontrolle:**
   zu gewährleisten, dass personenbezogene Daten gegen zufällige Zerstörung oder Verlust geschützt sind
8. **Zweckkontrolle:**
   zu gewährleisten, dass zu unterschiedlichen Zwecken erhobene Daten getrennt verarbeitet werden können.

## 17. Welche Ursachen für einen Datenverlust sind denkbar?

- irrtümliches Löschen
- irrtümliches Überschreiben
- defekte Datenträger
- Verlust von Datenträgern.

## 18. Wozu dienen Passwörter?

Ein Passwort ist ein geheimes Kennwort, das nicht schriftlich aufbewahrt werden sollte. In Verbindung mit ihrer Benutzeridentität können sich autorisierte Benutzer mit einem Passwort ausweisen. Um Zugang zu einem System zu erhalten, wird deswegen häufig nach der Identifizierung, z. B. mittels einer Codekarte oder eines Benutzernamens, ein Passwort abgefragt. Dies soll verhindern, dass Unbefugte in das System eindringen können. Passwörter sollten mindestens acht Stellen haben und alphanumerisch sein.

## 19. Was versteht man unter Archivierung?

Bei der Archivierung werden Daten von der Festplatte eines Computers auf einen anderen Datenträger wie USB-Speicher oder beschreibbare CDs übertragen, katalogisiert und komprimiert und dann von der Festplatte gelöscht. Durch die Archivierung wird Speicherplatz wieder frei.

## 20. Was bezeichnet man als Back-up?

Kein Speichermedium bietet eine hundertprozentige Datensicherheit. Aus diesem Grunde sollte insbesondere für wichtige Daten auf zusätzlichen Datenträgern eine Sicherheitskopie angelegt werden. Hierzu gibt es spezielle Back-up-Software, die die Daten auf externe Datenträger wie USB-Speicher, beschreibbare CDs oder auch weitere Festplatten kopiert. Oder online in einer Daten Cloud speichert. Im Wesentlichen gibt es zwei Back-up-Verfahren:

- **Vollständiges Back-up:** Beim vollständigen Back-up werden alle Daten der Festplatten auf das Sicherungsmedium übertragen. Der Vorteil dieses Verfahrens besteht darin, dass jederzeit der letzte Stand des Computers wiederherstellbar ist. Der Nachteil ist, dass es sehr lange dauert und sehr viel Speicherplatz benötigt wird, um eine vollständige Sicherungskopie anzulegen, insbesondere, weil es unwahrscheinlich ist, dass alle Daten seit der letzten Sicherung verändert wurden.
- **Inkrementelles Back-up:** Basierend auf einer vollständigen Sicherung werden hierbei nur die Daten gespeichert, die sich seit dem letzten Back-up verändert haben. Der Vorteil dieser Methode liegt darin, dass sie relativ schnell durchgeführt werden kann und mit relativ geringem Speicherplatz auf den Sicherungsmedien auskommt. Der Nachteil des inkrementellen Back-ups liegt darin, dass im Falle eines Ausfalls der Festplatte nicht ein Back-up zur Rekonstruktion ausreicht, sondern die letzte Vollsiche-

rung mit allen anschließend erfolgten inkrementellen Back-ups aufgespielt werden muss. Ist darüber hinaus ein Sicherungsmedium defekt, sind die darauf aufbauenden Sicherungen eventuell nicht mehr verwendbar. Aus diesen Gründen sollte man auch beim inkrementellen Back-up von Zeit zu Zeit ein vollständiges Back-up fahren.

### 21. Was bezeichnet man als Generationsprinzip?

Das Generations- oder auch Großvater-Vater-Sohn-Prinzip ist ein Rotationsprinzip, bei dem die jeweils benötigten Datenträger zyklisch wiederverwendet werden. Ein Satz von Sicherungsmedien enthält Kopien der sich täglich verändernden Dateien, das inkrementelle Back-up. Auf diesem sind immer die aktuellen, also jüngsten Daten gesichert, sodass dieser Satz als Sohn-Generation bezeichnet wird. Jeder Datenträger dieser Generation kann wöchentlich wieder verwendet werden. Um ständig den kompletten Datensatz vorliegen zu haben, ist einmal wöchentlich ein vollständiges Back-up auf einem zusätzlichen Datenträger erforderlich. Das kann z. B. freitagabends oder am Wochenende angelegt werden. Die nächste Gruppe Sicherungsmedien enthält diese einmal wöchentlich angelegten Vollsicherungen und wird als Vater-Generation bezeichnet. Im monatlichen Turnus rotieren auch diese Bänder und werden also wieder überschrieben. Die als Großvater-Generation bezeichnete Gruppe enthält monatliche Vollsicherungen. Aus dieser Generation werden in regelmäßigen Abständen Datenträger herausgenommen und dauerhaft aufbewahrt (z. B. quartalsweise oder halbjährlich).

### 22. Was ist Mirroring?

Mit dem Begriff Mirroring bezeichnet man ein Datensicherungsverfahren zur Spiegelung von Datenbeständen. Anwendung findet ein solches Spiegelfestplattensystem z. B. in Datei-Servern eines Netzwerks. Hierbei speichert eine Spiegelfestplatte parallel zur Hauptfestplatte den exakt gleichen Inhalt noch einmal. Diese Form der Datensicherung hat den Vorteil, dass bei einem Zwischenfall die Daten sofort und vollständig bereitstehen und zudem kein eigentlicher Sicherungslauf gefahren werden muss, da die Daten praktisch zeitgleich mit dem eigentlichen Programmlauf gesichert werden.

Eine andere Möglichkeit des Mirroring besteht darin, dass zum Beispiel die kompletten Daten der Festplatten von PCs in einem Netzwerk in jeweils unterschiedliche Verzeichnisse eines Datei-Servers gespiegelt werden. Auch hierbei liegt der Vorteil darin, dass bei einem Zwischenfall die Daten aktuell und vollständig verfügbar sind und Datensicherungen nicht extra gefahren werden müssen.

Eine weitere Form des Mirroring ist das Server-Mirroring. Auch hierbei wird durch Redundanz, in dem Fall von Servern, die Ausfallsicherheit erhöht. Das Prinzip des Server-Mirrorings ist dasselbe wie das des Festplatten-Mirrorings.

## 23. Welches Ziel verfolgt ein Raid-System?

Der Begriff Raid steht für **Redundant Array of Independent Disks**. Ziel dieses Datensicherungsverfahrens ist, Daten so über mehrere Festplattenlaufwerke zu verteilen, dass sie auch nach dem Ausfall eines Laufwerks aus den restlichen Informationen der anderen Laufwerke wieder rekonstruiert werden können. Man unterscheidet Raid-Systeme nach verschiedenen **Raid-Leveln**. Jeder Level hat seine spezifischen Vor- und Nachteile, was sich auf die Zugriffsgeschwindigkeit und Datensicherheit auswirkt.

## 24. Was sind Computerviren?

Computerviren sind Programme, die Schäden anrichten sollen. Bei den Schäden handelt es sich in erster Linie um den Verlust oder die Verfälschung von Daten oder Programmen. Die heute sehr verbreiteten PC-Computer sind am häufigsten Angriffsziel von Computerviren. Der Angriff beginnt mit dem Einschleichen in ein Computersystem. Beispiele hierfür sind Datei-Downloads aus dem Internet, das Öffnen eines E-Mail-Anhangs oder das Laden eines Word-Dokumentes. In beiden Fällen können die neuen Daten infiziert sein, d. h. einen Virus haben. Dieser vermehrt sich nun auf dem Computer, indem der Virus Teile seines Programmcodes unbemerkt in andere Programme einbindet. Dieser Vorgang kann sich beliebig oft wiederholen.

Ein Virus durchläuft drei Phasen:

1. die Infektion,
2. die Vermehrung und
3. die Schadensverursachung.

## 25. Welche verschiedenen Arten von Viren gibt es?

- **Programmviren:**
  Programmviren infizieren ausführbare Dateien (zu erkennen an der Dateierweiterung EXE oder COM). Programmviren verbreiten sich auf zwei unterschiedliche Weisen. Die einen hängen einen Virus direkt an die Datei an (am Anfang oder am Ende der Datei), die anderen überschreiben Teile des Dateicodes. Im ersten Fall ändert sich die Länge des Dateicodes. Anhand der veränderten Dateilänge kann ein solcher Virus einfach gefunden und die Datei desinfiziert werden. Im anderen Fall bleibt durch das Überschreiben die Dateilänge meist unverändert. Aufgrund dessen, dass alte Daten überschrieben wurden, sind diese nicht mehr zu rekonstruieren. Die Datei ist somit auch nicht mehr zu desinfizieren.

  Eine Variante der Programmviren stellen die Companionviren dar. Da beim Aufruf von Programmen aus einem Verzeichnis immer die COM-Dateien vor den EXE-Dateien gestartet werden, legt ein Companionvirus im selben Verzeichnis eine versteckte COM-Datei an. Diese wird beim Programmaufruf gestartet, führt den Virus aus und verzweigt dann in die EXE-Datei um das eigentliche Programm auszuführen.

- **Bootviren:**
  Jede formatierte Festplatte, nicht nur unter DOS oder Windows, besitzt einen Bereich, der sich Master Boot Record (MBR) nennt. Nach dem Einschalten des Rechners wird dieser erste Speicher-Sektor aufgerufen und in den Arbeitsspeicher geladen, er enthält Informationen über die Festplattengröße, die Partitionen und lädt dann die Systemdateien des Betriebssystems. Bootviren befallen diesen Startbereich und können sich so beim Rechnerstart in den Arbeitsspeicher einnisten, das Betriebssystem manipulieren und sich weiterverbreiten. Sie bleiben dort aktiv, bis der Rechner wieder ausgeschaltet wird. Ein Bootvirus kann sich nur verbreiten, wenn beim Rechnerstart eine infizierte bootfähige CD-ROM im Laufwerk liegt. Bootviren haben nur noch eine geringe Bedeutung, da der MBR doch immer recht klein ist und nicht vollständig vom Virus belegt werden kann. Außerdem sind die Möglichkeiten zum Schutz vor Bootviren verbessert worden und andere Schädlingsarten sind wesentlich effektiver.
- **Makroviren:**
  Makroviren nutzen die Makrosprachen moderner Anwendungsprogramme wie Winword oder Excel und befallen Dokumente, Tabellen und Datenbanken. Häufig wird der Virus direkt schon beim Laden des Dokumentes aktiviert. Makroviren gehören heute zu den am meisten verbreiteten Viren.

## 26. Wie funktionieren Anti-Viren-Programme?

Anti-Viren-Programme verwenden verschiedene Techniken, um Viren auf die Spur zu kommen. Darüber hinaus versuchen sie auch, nach dem Entdecken eines Virus, den entstandenen Schaden wieder zu beheben. Der Einsatz von Anti-Viren-Programmen kann unterschiedlich organisiert sein. Sie können resident geladen sein und auf Servern eines Netzwerkes oder im Arbeitsspeicher eines einzelnen Rechners als Wächter im Hintergrund arbeiten oder müssen extra gestartet werden (z. B. nach jedem Rechnerstart).

Die im Folgenden aufgeführten Techniken werden von Anti-Viren-Programmen meist kombiniert verwendet.

- **Scanner:**
  Der Scanner ist das klassische Anti-Viren-Programm. Er arbeitet nach einem Muster- (Pattern-) Prinzip. Zu jedem bekannten Virus werden Zeichenfolgen erstellt, über die ein Virus identifiziert werden kann. Beim Durchsuchen (Scannen) von Datenträgern nach befallenen Dateien wird jede Datei auf bekannte Zeichenfolgen von Viren hin überprüft. Scanner sind jedoch nur in der Lage, bekannte Viren zu finden. Aus diesem Grunde ist es wichtig, dass die Viren-Pattern der Scanner ständig auf den neuesten Stand gebracht werden.
- **Prüfsummenverfahren:**
  Prüfsummenverfahren versuchen, Veränderungen an Dateien zu entdecken. Die Prüfsumme einer Datei kann aus verschiedenen Dateiinformationen, wie z. B. Dateigröße, Erstellungsdatum und Prüfsumme des Inhalts, berechnet werden. Ist eine Datei von einem Virus befallen, so ist in den meisten Fällen auch eine der Dateiinformationen verändert worden, sodass ein Vergleich der Datei-Prüfsummen die Veränderung der Datei anzeigt. Dieses Verfahren ist jedoch nur bei Programmdateien anwendbar. Bei

Systemdateien oder Dokumenten, die häufig verändert werden, ist das Prüfsummenverfahren unbrauchbar.

- **Heuristische Suche:**
  Heuristische Suchverfahren analysieren Programmcodes auf virentypische Befehlsfolgen. So ist es zum Beispiel für normale Programme untypisch, dass Teile ihres Programmcodes in andere Programme eingebunden werden. Nach diesem virentypischen Verhalten sucht die Anti-Viren-Software und gibt Alarm, wenn solche Befehlsfolgen entdeckt werden. Der Vorteil dieses Verfahrens liegt darin, dass damit auch unbekannte Viren ausfindig gemacht werden können.

## 27. Welche Schäden können durch Computerviren entstehen?

- Datenverlust
- manipulierte Daten
- materieller und personeller Aufwand beim Suchen und Entfernen von Viren
- Kosten für Abwehrmaßnahmen
- Belegung von Platz im Hauptspeicher und auf Datenträgern.

## 28. Was versteht man programmtechnisch unter einem „Trojanischen Pferd"?

Trojanische Pferde oder auch kurz „Trojaner" sind Programme, die gezielt auf fremde Computer gebracht werden und zur Gruppe der „Malware" (Schadsoftware) gehören. Sie sind oft als nützliche oder harmlose Programme mit vertrauenerweckendem Namen getarnt und führen dem Anwender nicht bekannte Funktionen aus. Sie können auf vielfältigen Wegen dorthin gelangen, über Datenträger wie USB-Sticks oder CDs, über Netzwerkverbindungen (Tauschbörsen, E-Mail-Anhang, Softwaredownload-Seiten etc.), manchmal vom Benutzer sogar gewollt.

Ein Trojanisches Pferd ist also ein Programm, das mehr tut, als der Programmbenutzer erlauben würde. Es erfüllt nicht nur seine normalen Programmaufgaben, sondern hat darüber hinaus die Funktion, unbemerkt Schadsoftware zu installieren. Diese wird dann oftmals nachgeladen, also nach der Programm- und Trojaner-Installation unbemerkt aus dem Internet geholt und installiert. Solche Schadprogramme koppeln sich dann oftmals vom Hauptprogramm ab und laufen eigenständig auf dem Computer. Das bedeutet, dass sie sich durch Beenden oder Löschen des Hauptprogramms nicht deaktivieren lassen. Vielmehr werden sie bei jedem Neustart mitgeladen und führen dann Funktionen aus, die dem kriminellen Programmierer des Trojaners meist einen finanziellen Vorteil verschaffen sollen und können.

Funktionen, die durch einen Trojaner in Gang gesetzt werden können, sind unter anderem: Keylogging (also das Mitschreiben aller Tastatureingaben inkl. Passwörter und anschließendes Weiterleiten an den Programmierer), Umgehung der Firewall zum Senden ausspionierter Daten, Abschalten des Virenscanners zum Selbstschutz des Trojaners, Sammeln und Versenden von sensiblen Angaben wie Konto- oder Zugangsdaten zu geschützten Websites, Fernsteuern des Computersystems zum massenweisen Versenden von Spam-Mails, Nutzung der Rechnerkapazitäten zur Ablage illegaler Dateien, Verbreitung von Makroviren, Angriffe auf Firmen-Server. Die Möglichkeiten sind also sehr vielfältig und nur durch die Fantasie des Entwicklers begrenzt.

Schützen kann man sich vor einem Trojanerbefall dadurch, dass man nur Software von bekannten und vertrauenswürdigen Quellen installiert und/oder die Software durch einen Virenscanner oder andere geeignete Werkzeuge checkt. Trojaner verbreiten sich nicht selbsttätig, es wird immer ein Anwender, der den Trojaner startet, benötigt.

## 29. Was verbirgt sich hinter dem Begriff „Firewall"?

Eine Firewall schützt ein internes Netzwerk vor dem Eindringen unberechtigter Benutzer von außen. Zu diesem Zweck erfolgt der Datenverkehr zwischen einem unsicheren fremden Netz (z. B. Internet) und dem eigenen sicheren Netz (z. B. Intranet bzw. LAN) ausschließlich über ein solches Firewall-System.

Mithilfe von Hard- und Software werden die Daten, die eine Firewall von außen passieren sollen, auf unterschiedlichen Protokollebenen bezüglich Zugangsberechtigung und erlaubter Dienste überprüft. Alle nicht explizit freigeschalteten Verbindungen werden nicht zugelassen. Darüber hinaus werden alle sicherheitsrelevanten Ereignisse protokolliert und bei möglichen Sicherheitsverstößen wird der Administrator alarmiert. Eine Firewall verfolgt die Strategie: Alles was nicht ausdrücklich erlaubt ist, ist verboten!

Beim Einsatz von Firewallsystemen können verschiedene Konzepte und Architekturen Verwendung finden. Um einen möglichst hohen Zugangsschutz zu erzielen, werden mehrere Konzepte miteinander verzahnt eingesetzt. Zu den Konzepten gehören in erster Linie Packet Filter und Application Level Gateways:

- **Packet Filter:**
  Ein Packet Filter analysiert und kontrolliert Datenpakete auf unterschiedlichen Ebenen nach Daten wie Absender- und Zieladresse und weiteren Protokollinformationen. In Abhängigkeit von Zulassungsregeln werden Dienste und Verbindungen erlaubt oder nicht zugelassen. Packet Filter stellen einen sehr preiswerten, jedoch nicht besonders großen Schutz vor Angriffen von außen dar. Dies gilt zum Beispiel für das IP-Address-Spoofing, bei dem vertrauenswürdige Absenderadressen vorgetäuscht werden.
- **Application Level Gateways:**
  Ein Application Level Gateway trennt das externe und interne Netz physikalisch und logisch. Es läuft auf einem sog. Bastionsrechner. Dieser ist der einzige Rechner, der von außen (z. B. aus dem Internet) erreicht werden kann. Beim Zugang auf den Bastionsrechner muss sich ein Benutzer zuerst identifizieren und authentifizieren. Anschließend überträgt beim Zugriff auf einen speziellen Dienst eine Software die Datenpakete von der einen Seite des Application Level Gateways zur anderen. Ein solches Programm heißt Proxy und muss für jeden gewünschten Dienst (z. B. FTP, Telnet, HTTP) des Internets implementiert sein.

## 30. Welche gesetzlichen Bestimmungen sind bezüglich Software-Lizenzen zu berücksichtigen?

Beim Kauf von Standardsoftware erwirbt der Käufer i. d. R. nicht das Programm, sondern nur ein Nutzungsrecht mit der Verpflichtung, die Geschäftsbedingungen des Verkäufers einzuhalten. Es ist daher untersagt, gekaufte Softwareprogramme einem Dritte zu überlassen. Die Nutzung des Programms beschränkt sich ausschließlich auf den Käufer selbst und wird über eine Identnummer nachgewiesen. Eine gewisse Ausnahme davon gibt es nur beim Erwerb eines Softwareprogramms durch ein Unternehmen, das mit dem Käufer eine Gruppenlizenz vereinbart: Der Erwerber ist hier berechtigt, das Programm im Unternehmen an mehreren Arbeitsplätzen bzw. Betriebsteilen einzusetzen.

Der Rechtsschutz von Computerprogrammen ist in §§ 69a ff. UrhG besonders geregelt.

## 31. Was versteht man unter Organisationsstrukturen in der Informatik?

In mittleren und großen Unternehmen würde es zu einem Wildwuchs der EDV-Anwendungen kommen, wenn die Informationsverarbeitung nicht nach strikten Regeln gestaltet wäre. Die Einhaltung dieser Strukturen und Zuständigkeiten sollte jeder Mitarbeiter verstehen und beachten. Dazu einige ausgewählte Beispiele:

- zentrale oder dezentrale Gestaltung der EDV
- Regelung der Zuständigkeiten:
  - Dateneingabe, -ablage, -zugriffsmöglichkeiten, -sicherung, -schutz
  - Dokumentation
  - Zugangsmöglichkeiten/-beschränkungen
  - Mitbestimmungsrechte des Betriebsrates
  - Normierung der Benutzeroberfläche, des Dokumenten-Layouts, der Formulare
  - Aktualisierung der Software
- Schulung der Mitarbeiter durch den Hersteller (bei Individual-Software) oder durch externe Bildungsanbieter oder durch interne Mitarbeiter der EDV.

Die typische Gliederung in großen Unternehmen kann folgende Struktur der IT/EDV mit den jeweilgen Einzelaufgaben haben:

| | |
|---|---|
| **PC-Support** | ► Wartung der Arbeitsplatzrechner<br>► Einrichten von Softwareupdates und neuer Betriebssystemversionen |
| **Rechenzentrum** | ► Planung der Kapazitäten<br>► Planung der Personalbeschaffung<br>► Planung der Hard- und Softwarebeschaffung<br>► Überwachung des IT-Betriebs, der Datenbestände<br>► Datenschutz und -sicherung<br>► Abwehr von Systemangriffen<br>► Entwicklung von Webdiensten |

| | |
|---|---|
| **Netz-Management** | Wartung und Pflege der Rechnernetze |
| **Anwendungs-entwicklung** | ► Bereitstellung neuer Anwendungssysteme<br>► Anpassung existierender Anwendungssysteme |
| **User-Help-Desk** | Hilfe für Anwender vor Ort |

Dabei gibt es folgende **Einrichtungen und Maßnahmen:**

- **IT-Outsourcing** ist die Auslagerung von IT-Funktionen oder Geschäftsprozessen an externe Dienstleister. Dabei gibt es zwei Varianten: Die gemieteten Infrastrukturen werden nur von einem Kunden genutzt (klassisches IT-Outsourcing). Mehrere Kunden teilen sich eine gemeinsame Infrastruktur (Cloud Computing).
- Im traditionellen **Lizenzmodell** sind die IT-Infrastruktur, die Entwicklung von Lösungen und die Software eine komplexe und teure Investition, die mit Risiken behaftet ist. Der Kunde erwirbt die Software und erhält die Lizenz und damit das Recht zur Nutzung der Software.

  Dagegen ist **Software as a Service** (SaaS) ein Teilbereich des Cloud Computings und sieht vor, dass die Software und die IT-Infrastruktur bei einem externen Anbieter angesiedelt ist und vom Kunden als Service genutzt werden. Für die Nutzung zahlt der Kunde eine nutzungsabhängige Gebühr. Der Anbieter übernimmt die komplette IT-Administration sowie Wartungsarbeiten und Updates.

## 32. Welche Bedeutung haben Support und Hotline?

- **Support** bedeutet übersetzt „Hilfe, Unterstützung“. Sie wird vom Hersteller bei Hard- bzw. Softwarelieferungen in unterschiedlicher Weise gewährt:
  - Support im Rahmen der gesetzlichen Gewährleistungsfrist (2 Jahre; vgl. Schuldrechtsreform)
  - Support als kostenlose Serviceleistung
  - Support als bezahlte Leistung im Rahmen eines Vertrages.

  Der Support kann über folgende Kommunikationsformen/-medien erfolgen: E-Mail, Telefon, Smartphone, Internet, Download.
- Die **Hotline** ist eine besondere Form des Supports: Der Kunde hat die Möglichkeit, einen Experten des Herstellers direkt per Telefon um Unterstützung zu bitten, um eine sofortige Problemlösung zu erreichen. Die Abrechnung erfolgt z. B. pauschal innerhalb bestimmter Grenzen, nach Telefoneinheiten oder über eine 0180-er Telefonnummer.

## 33. Welche Gesichtspunkte sind bei der Organisation eines PC-Arbeitsplatzes zu berücksichtigen?

Der Vorgesetzte sollte bei sich selbst und seinen Mitarbeitern darauf achten, dass die grundlegenden Bestimmungen über PC-Arbeitsplätze eingehalten werden. Werden diese Vorschriften nicht beachtet, kann es schnell zu den bekannten körperlichen Beeinträchtigungen kommen: Rücken-/Nacken-/Augen-/Kopfschmerzen, Durchblutungsstörungen, vorzeitige Ermüdung oder Verkrampfungen.

► Für **PC-Arbeitsplätze** gelten wichtige Regeln/Empfehlungen:

- **Arbeitstisch:**
  höhenverstellbar (Beine im rechten Winkel gebeugt; Unterarme waagerecht zur Tastatur; ggf. Fußstütze)
- **Arbeitsstuhl:**
  nach DIN EN 1335; verstellbar, mit Armlehnen, nur noch fünffüßige Drehstühle
- **Beleghalter:**
  zwischen 15° und 75° zur Horizontalen
- **Monitor:**
  blendfrei, flimmerfrei, vom Fenster abgewandt, dreh- und neigbar, strahlungsarm; Schrift: Zeichen scharf und deutlich, ausreichender Zeilenabstand; Helligkeit und Kontrast einstellbar
- **Maus:**
  ausreichende Arbeitsfläche, direkte Reaktion der Maus auf Bewegungen (keine Verschmutzung)
- **Tastatur:**
  ergonomisch gestaltet, mit verstellbarem Winkel
- **Raumbeleuchtung:**
  blendfrei, punktgenau.

► Die **Ergonomie der Software** kann nach folgenden Gesichtspunkten beurteilt werden: Für die Ergonomie der Software kann folgender Anforderungskatalog als Beurteilungsgrundlage dienen:

- Erfolgen Eingaben per Maus und Tastatur betriebssystemkonform?
- Entspricht die Benutzer-Oberfläche der Software den üblichen Oberflächenmerkmalen des Betriebssystems in Bezug auf Farben, Schriftarten, Schriftgrößen, Symbolen (Icons), Menüs, Meldungen etc.?
- Beinhaltet die Software eine Hilfefunktion, nach Möglichkeit sogar eine kontextsensitive Hilfe?
- Beinhalten die Bildschirmmasken bzw. -anzeigen immer nur die erforderlichen und relevanten Daten und nicht eine zu hohe Informationsflut?
- Beinhaltet eine erforderliche Dateneingabe keine Eingabe-Redundanzen, also Daten, die aus bereits vorhandenen Daten ermittelt werden können?
- Ist es in der Dialogführung möglich, jede bereits gemachte Eingabe nachträglich nochmals zu korrigieren?
- Beinhaltet die Dialogführung sinnvolle oder häufig verwendete Standardeingaben als Vorbelegung der Eingabefelder?

- Werden Dateneingaben auf Plausibilität hin überprüft?
- Sind die Fehlermeldungen der Software verständlich?
- Erhält man aufgrund einer Fehlermeldung Lösungsvorschläge?

► Die **Bildschirmarbeitsverordnung** ist dann zu beachten, wenn täglich zwei Stunden oder mehr am Bildschirmgerät gearbeitet wird (sog. Bildschirmarbeitsplatz); für gelegentliche Arbeiten am Bildschirm z. B. bei Bedienerplätzen von Maschinen gilt dies nicht. Die BildScharbV wurde 2015 in die ArbStättV integriert. Die Anforderungen sind:

- Der Vorgesetzte hat die **Arbeitsbedingungen zu beurteilen** im Hinblick auf mögliche Gefährdungen des Sehvermögens sowie körperlicher/psychischer Belastungen
- Die Vorschriften über die **Gestaltung des PC-Arbeitsplatzes** sind zu beachten (s. o.).
- Regelmäßige **Pausen oder Unterbrechungen** durch andere Arbeiten sind vorgeschrieben.
- **Augenuntersuchungen** sind verpflichtend: vor Beginn und alle 5 Jahre; bei Personen über 45 Jahre: alle 3 Jahre.
- Eine **Bildschirmbrille** ist vorgeschrieben, falls ärztlich angezeigt.

## 34. Welche Aufgaben hat der IT-Administrator?

► Rechner warten

► User über ihre Bedienungsfehler aufklären

► neue User einweisen und über das System informieren

► Auswahl, Beschaffung und Einrichtung der IT-Strukturen

► Aufbau und Unterhalt von Daten- und Kommunikationsnetzen

► Sicherheit, Pflege und Verfügbarkeit der Daten

► Schulung und Betreuung der Endanwender.

## 35. Welche Phasen sind bei der Auswahl und Einführung von IT-Systemen einzuhalten?

► **Ist-Analyse:**
Es wird der aktuelle Zustand des Bereiches, für den ein neues IT-System ausgewählt werden soll, analysiert und dokumentiert. Für die Software-Auswahl ist auch eine Aufnahme der vorhandenen Hardware erforderlich. Zur Erfassung des Ist-Zustandes können Datenflusspläne, Programmablaufpläne, Struktogramme und Case-Tools (Computer Aided Software Engineering) eingesetzt werden.

► **Schwachstellen-Analyse:**
Es werden aktuelle Probleme bei der Anwendung und im Prozessablauf ermittelt und dokumentiert.

- **Soll-Konzept:**
  Basierend auf der Ist- und Schwachstellenanalyse werden Anforderungen erstellt. Die Anforderungen sollten nach Prioritäten geordnet werden, um mögliche spätere Kompromisse oder Abstriche (Kosten/Nutzen) schnell vornehmen zu können. Das Soll-Konzept umfasst das Organisationskonzept (Arbeitsprozesse; Art, Menge und Fluss der Daten), das technische Konzept (technische Lösungen, Komponenten, Kommunikationserfordernisse, Sicherheitskonzept) und das Dokumentationskonzept (Datenspeicherung, -verwaltung und -sicherung). Innerhalb des Pflichtenhefts werden beschrieben: Schnittstellen, Datenstrukturen, Datenschutz/Datensicherung, Software, Hardware, Anforderungen an Lieferanten usw.
- **Ausschreibung:**
  Es werden mögliche Anbieter ausgesucht und angeschrieben. Aufgrund des notwendigen Aufwandes zur Auswertung von Angeboten, sollte die Anzahl der Anbieter nicht zu groß gewählt werden.

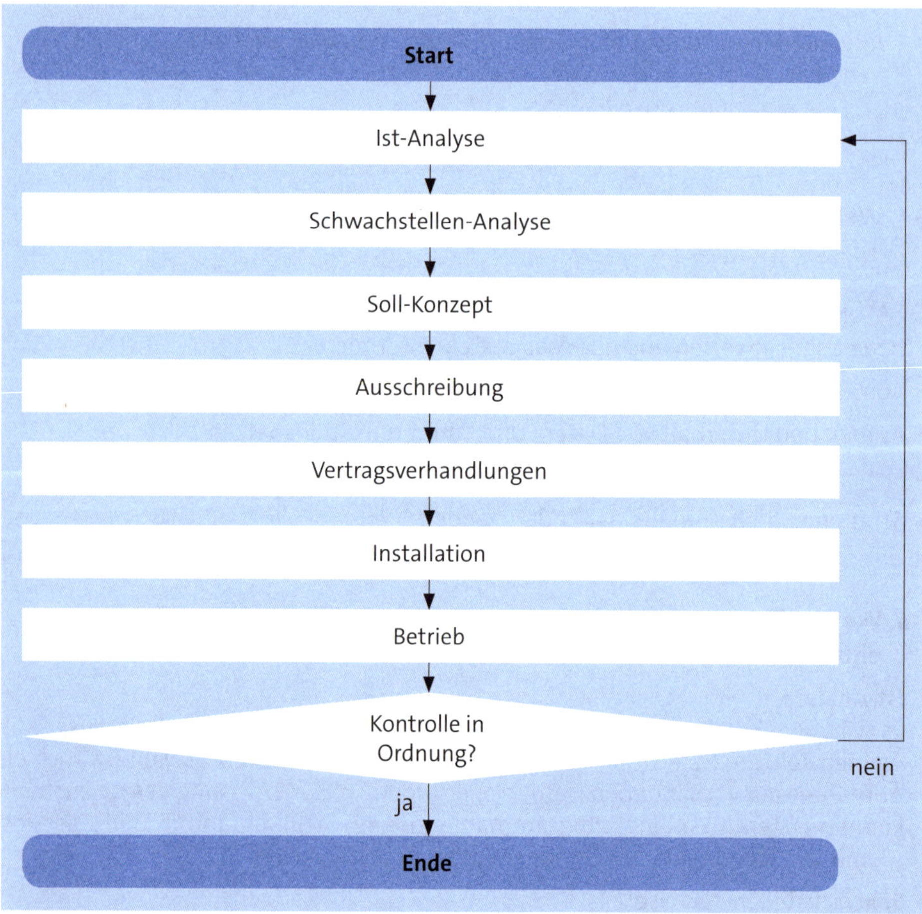


- **Angebotsgespräche:**
  Können Fragen, die sich bei der Auswertung der Angebote ergeben haben, ggf. auch vor Ort geklärt werden?

- **Vertragsverhandlungen:**
  Hierzu gehört die Festlegung des endgültigen Pflichtenheftes für den Anbieter, die Preisverhandlung und der Vertragsabschluss.
- **Installation:**
  Je nach Vertrag wird die Installation vom Anbieter oder durch die eigene IT-Abteilung des Unternehmens durchgeführt. Im letzteren Fall ist sicherlich die Unterstützung des Anbieters oder des Software-Herstellers (Support-Leistung) hilfreich.
- **Betrieb:**
  Es sollte ein Benutzer-Service eingerichtet werden, der Anwenderschulungen durchführt und für Fragen zur Software im betrieblichen Alltagsgeschäft zur Verfügung steht. Darüber hinaus müssen vermutlich von Zeit zu Zeit Software-Updates installiert werden.

## 36. Welche Kriterien sind bei der Auswahl von IT-Systemen grundsätzlich zu berücksichtigen?

Je nach betrieblicher Situation können folgende Aspekte bei der Auswahl von IT-Systemen eine Rolle spielen:

1. **Kosten:**

   **Direkte Kosten**, z. B.:

   - Beratungskosten bei der Vertragsanbahnung
   - Preis/Anschaffungskosten (kalkulatorische AfA)
   - Lizenzkosten
   - Installationskosten
   - Kosten der Neu-/Umorganisation (Veränderung der Strukturen/Abläufe)
   - Schulungskosten
   - Wartung, Updates.

   **Indirekte Kosten**, z. B.:

   - Außerplanmäßige Reparaturen
   - Folgekosten bei Ausfall der neuen IT-Systeme.
2. Informationen über den **Hersteller** (Lieferanten), z. B.:
   - Werden bereits Systeme desselben Herstellers eingesetzt?
   - Wie sind die Erfahrungen?
   - Welche Referenzen hat der Hersteller?
   - Marktposition?
   - Gewährleistung, Kulanz?
   - Standort, Anfahrt (Zeiten, Kosten)?
   - Welche Serviceleistungen bietet der Hersteller (z. B. Support-Hotline)?

3. Informationen über das **IT-System**, z. B.:
   - **Reifegrad** der Software:
     Ist es die Version 1.0 oder handelt es sich um eine seit Längerem verkaufte Software?
   - **Verfügbarkeit** der Software:
     Ist sie direkt verfügbar, gibt es Lieferzeiten zu berücksichtigen oder muss sie sogar noch entwickelt werden?
   - **Software-Ergonomie**
   - **Dokumentation**
   - **Schulungsangebot**
   - **Pflege** der Software:
     Werden Updates angeboten? Wenn ja, zu welchem Preis?
   - **Hardware-Voraussetzungen:**
     Ist für den Einsatz der Software die aktuelle Hardware ausreichend oder muss neue angeschafft werden?
   - **Software-Kompatibilität:**
     Ist die Software bezüglich Schnittstellen oder Datenformate kompatibel zur vorhandenen Software?
   - **Leistungsumfang:**
     Deckt die Software die betrieblichen Anforderungen bzw. das Pflichtenheft ab?
   - **Netzwerkfähigkeit**?
   - **Bearbeitungsgeschwindigkeit:**
     Ist die Geschwindigkeit während der Bearbeitung (z. B. Laden, Drucken, neue Vorgänge anlegen etc.) für die Anwender akzeptabel?
   - **Datenschutz/Datensicherheit:**
     Werden diesbezügliche, betriebliche Anforderungen von der Software erfüllt?

## 37. Was ist ein Lastenheft?

Die DIN 69901 und VDA 6.1 definiert das **Lastenheft** als Beschreibung der „Gesamtheit der Forderungen an die Lieferungen und Leistungen eines Auftragnehmers“, z. B. Vorgaben, Kompatibiltät, Schnittstellen, Datenformate.

## 38. Was ist ein technisches Pflichtenheft?

Nach DIN 69901 und VDA 6.1 sind in einem **Pflichtenheft** die vom „Auftraggeber erarbeiteten Realisierungsvorgaben“ niedergelegt. Es geht hierbei um die Beschreibung der „Umsetzung des vom Auftraggeber vorgegebenen Lastenhefts“, z. B. Endtermin, Meilensteine, zu liefernde Geräte.

## 39. Worin unterscheiden sich Lastenheft und Pflichtenheft?

| Lastenheft | | Pflichtenheft |
|---|---|---|
| ▸ Wird vom Auftraggeber erstellt.<br>▸ Bildet die Grundlage für die vom Auftragnehmer zu erbringende Leistung.<br>▸ Enthält alle Forderungen einschließlich aller Randbedingungen. | → | ▸ Wird vom Auftragnehmer erstellt auf der Grundlage des Lastenheftes.<br>▸ Enthält die Detaillierung der Anwenderforderungen aus dem Lastenheft und die Beschreibung, wie sie durch den Auftragnehmer realisiert werden soll. |

## 40. Wofür werden Lastenhefte und Pflichtenhefte erstellt?

Der **Kunde** erstellt ein **Lastenheft** für die Entwicklung eines von ihm gewünschten **Erzeugnisses**. Der ausgewählte **Auftragnehmer** erstellt auf dieser Basis das **Pflichtenheft** zur Realisierung des **Erzeugnisses**. Daraus ergeben sich für den Auftragnehmer notwendige Investitionen für eine Montageanlage.

Der **Auftragnehmer** erstellt entsprechend seinen Anforderungen ein **Lastenheft** für die benötigte **Montageanlage**. Er wird zum **Auftraggeber** (Kunde) gegenüber dem Hersteller (der Montageanlage, der EDV-Konfiguration), der als **Auftragnehmer** (Lieferant) wiederum das **Pflichtenheft** für die Montageanlage (die EDV-Konfiguration usw.) daraus ableitet.

## 41. Was sind wesentliche Inhalte eines Pflichtenheftes?

- detaillierte Beschreibung der Produktanforderungen
- Beschreibung der technischen Randbedingungen und der Schnittstellen
- Produktstruktur
- Beschreibung von Softwareanforderungen
- Abnahme- und Inbetriebnahmebedingungen
- zulässige Fehlerhäufigkeiten (ppm) für definierte Einlaufabschnitte (Vorserie, Serienanlauf, Serie).

## 42. Wie ist der weitere Ablauf nach Erstellung des Pflichtenheftes?

Die Erarbeitung des Pflichtenheftes erfolgt in enger Zusammenarbeit mit dem Auftraggeber. Das Pflichtenheft wird nach seiner Erstellung einer **internen Prüfung** unterzogen und sozusagen intern freigegeben. Abschließend erfolgt die Abnahme und **Freigabe** des Pflichtenheftes **durch den Auftraggeber**. Erst dann ist es verbindlich und bildet die offizielle Grundlage für den weiteren Ablauf.

### 43. Was versteht man unter „Freeware“, „Shareware“ und „Open-Source-Software“?

- **Freeware** kann ohne Lizenzkosten genutzt werden.
- **Shareware** kann unter gewissen Einschränkungen unentgeltlich genutzt und getestet werden; zur uneingeschränkten Nutzung ist die Lizenz zu erwerben.
- **Open-Source-Software** meist kostenlose Nutzung; außerdem ist der Quellcode frei verfügbar.

## 3.1.2 Prozessaufbereitung

### 01. Wie lässt sich die Prozessanalyse unter IT-technischen Gesichtspunkten gestalten?

INFO

Die Beurteilung von Prozessen (allgemein: Arbeitsabläufen) wird als **Prozessanalyse** bezeichnet.

---

Bei der Prozessanalyse geht man (vereinfacht dargestellt) in folgenden Schritten vor:

1. Der Gesamtprozess wird in **Teilprozesse** zerlegt, damit er überschaubar wird.
2. Je Teilprozess werden die **charakteristischen Merkmale** identifiziert (Menge, Qualität, Termine, Zeiten, Kosten).
3. Je Merkmal wird eine – möglichst IT-gestützte – **Erfassung** der relevanten Daten festgelegt.
4. Bei der Durchführung des Prozesses werden die relevanten Daten erhoben, gespeichert, geordnet und ausgewertet.

Die „höchstentwickelte Form“ der Prozessanalyse und -steuerung existiert als sog. computerintegrierte Fertigung (CIM). Vor Einführung eines solchen Systems müssen Aufwand und Nutzen sorgfältig abgewogen werden.

- CIM (= Computer Integrated Manufacturing) bedeutet computerintegrierte Fertigung. In dieser höchsten Automationsstufe sind alle Fertigungs- und Materialbereiche untereinander sowie mit der Verwaltung durch ein einheitliches Computersystem verbunden, dem eine zentrale Datenbank angeschlossen ist. Jeder berechtigte Benutzer kann die von ihm benötigten Daten aus der Datenbank abrufen und verwerten. CIM umfasst folglich ein Informationsnetz, das die durchgängige Nutzung von einmal gewonnenen Datenbeständen ohne erneute Erfassung zulässt. CIM ist kein fertiges Konzept, sondern es besteht aus einzelnen Bausteinen, die miteinander zu einem Ganzen kombiniert werden. Die CIM-Bausteine sind im Einzelnen:
- CAD (= Computer Aided Design = Computergestützte Konstruktion) bedeutet computergestütztes Konstruieren.

- CAP (= Computer Aided Planning = Computergestützte Arbeits- und Montageplanung):
  CAP-Systeme helfen bei der Erstellung von Arbeitsplänen, Prüfplänen, Programmen zur Maschinensteuerung und Testprogrammen für Prüfmaschinen.
- CAM (Computer Aided Manufacturing = Computergestützte Fertigungsdurchführung) bedeutet computerunterstützte Fertigung durch CNC-Maschinen und Industrieroboter. Mit CAM können viele Funktionen der Fertigung automatisiert werden. Dazu zählen u. a. die Werkstückbearbeitung, die Maschinenbe- und -entstückung, die Teile- und Baugruppenmontage, der Transport und die Fertigungszwischenlagerung. Es werden Daten benötigt über die Konstruktionsmerkmale, den Bedarf an Material, Betriebsmitteln und Personal, den Arbeitsablauf, die Termine, die Maschinenbelegung und die Fertigungsmenge.
- CAQ (= Computer Aided Quality Assurance = Computergestützte Qualitätssicherung): Auch im Rahmen der Qualitätskontrolle lässt sich der Computer einsetzen. Zu diesem Zweck werden CAQ-Systeme entwickelt. Sie helfen bei der Prüfplanung, Prüfprogrammierung und Qualitätsanalyse.
- CAE (= Computer Aided Engineering = Computergestütztes Ingenieurwesen in der Konstruktion) umfasst alle mit der Konstruktion verbundenen Berechnungen und Untersuchungen, die am Bildschirm durch Simulation dargestellt werden (z. B. Verbindung von Baugruppen, Belastungsberechnungen), wie z. B. die Finite-Elemente-Methode).
- PPS (= Produktionsplanung und -steuerung) umfasst die computergestützte Planung, Steuerung und Überwachung von Produktionsabläufen hinsichtlich Terminen, Mengen, Kapazitäten und Material.
- Unter BDE (= Betriebsdatenerfassung) versteht man die Erfassung von Fertigungs- und Betriebsdaten direkt an ihrem Entstehungsort. Diese Form der dezentralen Datenerfassung wird i. d. R. von den Mitarbeitern im Produktionsprozess selbst vorgenommen (manuell oder automatisch).

In diesem Zusammenhang ist noch erwähnenswert, das für die Steuerungsart von Maschinen folgende Abkürzungen verwendet werden:

- CNC = Computer Numeric Control
  Computerausgeführte Steuerung von Maschinen und Robotern
- NC = Numeric Control
  Numerische Steuerung von Werkzeugmaschinen
- SPS = Speicherprogrammierbare Steuerung.

CIM ist kein fertiges Konzept: Jedes Unternehmen muss – in Abhängigkeit von Größe, Produktprogramm, Art der Fertigung usw. – entscheiden, welche der CIM-Bausteine eingesetzt und verknüpft werden. Der Implementierungsaufwand ist beträchtlich. Für die Einsatzbereiche der CAX (Bausteine: CAQ, CAP usw.) gibt es eine hierarchische Struktur; i. d. R. werden CAE und CIM als Oberbegriffe verwendet:

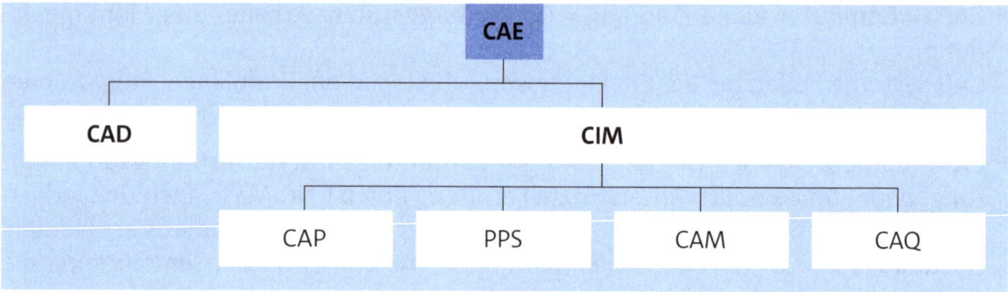


## 02. Was versteht man unter statistischer Prozesskontrolle?

Die statistische Prozesskontrolle dient zur Überwachung der Wirksamkeit der Fertigungsanlagen durch prozessbegleitende Fehlererkennung. Sie basiert auf der Anwendung von Qualitätsregelkarten. Ihr Einsatz erfolgt vorrangig in der Großserienfertigung. Durch rechtzeitige Eingriffe in den Prozess bei Überschreitung der Prozesseingriffsgrenzen erfolgt eine systematische Prozessverbesserung (vgl. >> 5.4.2).

Die Kernelemente der SPC sind:

- Qualitätsregelkarte
- Warngrenzen (UWG, OWG, erhöhte Aufmerksamkeit)
- Eingriffsgrenzen (UEG, OEG, Maßnahmen der Korrektur)
- Toleranzgrenzen (UTG, OTG, Bauteile sind Ausschuss).

### 3.1.3 Daten eines Prozesses

## 01. Wie können die Daten eines Prozesses erfasst, verarbeitet und visualisiert werden?

- **Erfassung, z. B.:**
  - Barcodekarten, Magnetkarten, Stempelkarten
  - Aktoren: Laserstrahl, Taster, Transistoren
  - Sensoren: Klopfsensor, Thermometer, chemische Elemente
  - manuelle Erfassung
  - RFiD (engl.: Radio-Frequency identification, ist eine Technik zum berührungslosen Indentifizieren von Objekten mittels Radiowellen; wird z. B. auch in Supermärkten verwendet).
- **Verarbeitung, z. B.:**
  - **direkte, mechanische, chemische oder physikalische Reaktion** auf Prozessdaten (z. B.: ein Bimetall reagiert auf Temperaturveränderungen: wird eine bestimmte Temperatur erreicht, wird der Stromkreis geöffnet oder geschlossen)

- **indirekte Verarbeitung** über ein Relais (z. B. Regelung einer Heizungsanlage über Außenfühler).

- **Visualisierung, z. B.:**
  Die erfassten Daten eines Prozesses, die Form der Verarbeitung sowie Edv-bezogene Zusammenhänge werden **als Text, Formel oder Grafik dargestellt** (Plotter, Drucker, Charts, Monitoring).

## 02. Welche Aspekte enthält die Abnahme einer Maschine?

Die Abnahme der Maschine umfasst eine Vielzahl von Einzelpunkten (in der Praxis empfiehlt sich eine Checkliste), z. B.:

| **Checkliste zur Abnahme der Maschine Nr. ... (Beispiel)** | | | |
|---|---|---|---|
| | **Inhalt** | **Datum** | **Bemerkungen** |
| 1. | Beginn, Ende der Abnahme | | |
| 2. | Teilnehmer der Abnahme | | |
| 3. | Sind alle vertraglichen Anforderungen enthalten? | | |
| 4. | Erfüllt die Maschine alle Leistungsanforderungen? | | |
| 5. | Ist die Dokumentation vollständig und aussagefähig? | | |
| 6. | Liefert der Probelauf die erforderliche Präzision der Werkstücke?<br>► Ergebnis der Messprotokolle?<br>► vereinbarte Prüfverfahren? | | |
| 7. | Wurden alle Sicherheitsteile der Maschine einer gesonderten Prüfung unterzogen? Mit welchem Ergebnis? | | |
| 8. | Ist die beigefügte Konformitätserklärung sachgerecht? | | |
| 9. | Ist die CE-Kennzeichnung vorhanden? | | |
| 10. | Wurde eine Gefährdungsbeurteilung durchgeführt? | | |
| 11. | Ist der Maschinenbetrieb sicher? Sind ergänzende Schutzmaßnahmen erforderlich? | | |
| 12. | Welche Mängel wurden an der Maschine festgestellt? | | |
| 13. | Welche Nachbesserungen müssen an der Maschine durchgeführt werden? | | |
| 14. | Unterschriften, Übergabe, Dokumente | | |
| ... | ... | | |

Über die Abnahme der Anlage ist ein **Protokoll** anzufertigen.

### 03. Was sind Aktoren?

Aktoren (auch: Aktuatoren) sind das Stellglied in der Steuerungs- und Regelungstechnik. Sie sind das wandlerbezogene Gegenstück zu Sensoren und setzen Signale in (meist) mechanische Arbeit um (z. B. Ventil öffnen/schließen).

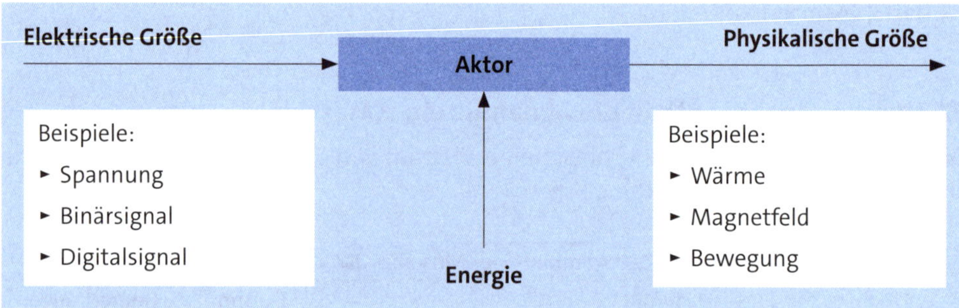


In der Robotik wird gleichbedeutend auch der Begriff Effektor verwendet.

### 04. Was sind Sensoren?

Sensoren liefern Informationen zur Steuerung und Regelung von Prozessen. Sie erfassen nichtelektrische Größen (Länge, Abstand, Zeit, Dehnung usw.) und wandeln sie (meist) in elektrische Größen um (Spannung, Widerstand, Kapazität usw.).

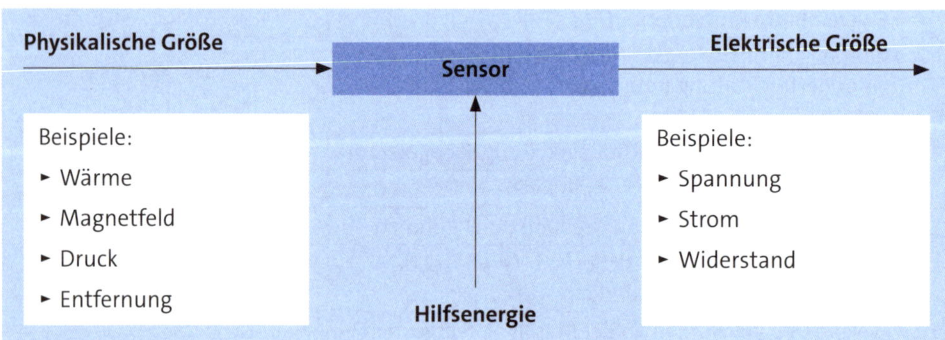


## 3.1.4 Betriebssysteme zur Prozessverarbeitung

### 01. Welche Funktion hat ein Betriebssystem?

Ein Betriebssystem verwaltet die Betriebsmittel (Ressourcen) eines Computers und stellt diese den einzelnen Prozessen, die diese Betriebsmittel anfordern, zur Verfügung. Zur Verfügung stellen bedeutet, dass den Prozessen Betriebsmittel zugewiesen und auch wieder entzogen werden. Die Ressourcen eines Computers sind Rechenzeit (CPU-Zeit), Hauptspeicher, Festspeicher, Eingabegeräte (z. B. Tastatur, Maus und Scanner), Ausgabegeräte (z. B. Monitor und Drucker) und sonstige Peripheriegeräte (z. B. Soundkarte). Da die oft gleichzeitig ablaufenden Prozesse bzw. Tasks eines Computers dieselben Ressourcen in Anspruch nehmen wollen (z. B. CPU und Arbeitsspeicher), ist es Aufgabe des Betriebssystems zu entscheiden, wer für welchen Zeitraum auf die einzelnen Ressourcen zugreifen darf. Dabei versucht das Betriebssystem, unter Berücksichtigung von Prioritäten, die Ressourcen gleichmäßig und möglichst effizient zu verteilen.

Neben der Ressourcenverwaltung ist das Betriebssystem für die Steuerung des Ablaufs der Anwendungs-Software und die Steuerung der Peripheriegeräte über sog. Geräte-Treiber zuständig.

Beim Wechsel auf ein anderes Betriebssystem ist insbesondere zu prüfen:

- Lauffähigkeit der derzeitigen und zukünftigen Programme unter dem neuen Betriebssystem?
- Ist die derzeitige Hardware für das neue Betriebssystem ausreichend dimensioniert (Arbeitsspeicher, Rechnergeschwindigkeit) und kompatibel zur EDV-Architektur im Unternehmen?
- Mit welchem Aufwand und in welcher Zeit sind die erforderlichen Mitarbeiterschulungen durchführbar?

### 02. Wie lässt sich der Begriff Multi-User erklären?

Multi-User bedeutet übersetzt **Mehrbenutzer**. Der Begriff tritt in Verbindung mit Betriebssystemen und Netzwerken auf. Ein Multi-User-Betriebssystem eignet sich für den Einsatz in einem Netzwerk und ist in der Lage, mehrere Benutzer gleichzeitig zu verwalten. Von einem Multi-User-Betrieb spricht man, wenn mehrere Anwender von ihren jeweiligen Arbeitsplatzrechnern über ein Netzwerk auf gemeinsame Datenbestände zugreifen wollen.

### 03. Was versteht man unter Multitasking?

Mit Multitasking bezeichnet man die **gleichzeitige Ausführung mehrerer Programme** (Tasks) auf einem Rechnersystem. Ein Beispiel hierzu: Während man in einer Datenbank auf die Ergebnisse von Suchabfragen wartet, kann man über die Textverarbeitung ein Dokument ausdrucken und gleichzeitig im Internet surfen.

Voraussetzung für Multitasking ist ein multitaskingfähiges Betriebssystem. Zu berücksichtigen ist natürlich auch, dass sich die Geschwindigkeit eines Rechnersystems beim Ausführen der einzelnen Tasks mit steigender Anzahl der gleichzeitig aktiven Tasks reduziert.

### 04. Was sind Hilfsprogramme?

Hilfsprogramme sind Dienstprogramme zur Abwicklung häufig vorkommender anwendungsneutraler Aufgaben bei der Benutzung des EDV-Systems, dazu zählen Editoren, Sortier-, Misch- und Kopierprogramme, Diagnose-, Test- und Dokumentationsprogramme.

### 05. Was bezeichnet man als „Echtzeitverarbeitung“?

Bei der Echtzeitverarbeitung (Real time processing) werden die Daten vom Betriebssystem in einem engen zeitlichen Zusammenhang zur realen Entstehung verarbeitet (im Gegensatz zur Stapelverarbeitung; Batch processing); findet Anwendung hauptsächlich bei der Steuerung von technischen Prozessen.

### 06. Welche grundlegenden Funktionen weisen die Betriebssysteme DOS, WINDOWS, UNIX, OS/2 und Mac OS X auf?

- **DOS = Disk Operating System** ist ein Betriebssystem der älteren Generation. Der Anwender kommuniziert mit dem Betriebssystem über Texteingaben (= textorientiertes Betriebssystem); ist nur als Single-User-System einsetzbar, schwerfällig und kann die heutigen EDV-Anforderungen (z. B. bei anspruchvoller Software) nicht mehr erfüllen.
- **WINDOWS** ist ein Multi-User- und Multi-Tasking-System und hat eine grafische Benutzeroberfläche (Menüleisten, Fenstertechnik). Die Festplatte enthält Verzeichnisse (Ordner) und Dateien (z. B. Programme, Dokumente).

  Die Weiterentwicklungen von WINDOWS sind WINDOWS XP, Vista, Windows 7, Windows 8 und Windows 10; die Programme wurden für Netzwerke entwickelt und erlauben den Zugriff auf andere Rechner.
- **UNIX** ist ein textorientiertes Betriebssystem und wurde ursprünglich für Großrechner entwickelt. Es ist ein Multi-User- und Multi-Tasking-System. Aufgrund seiner hohen Anpassungsfähigkeit an unterschiedlichste Hard- und Softwareerfordernisse ist der Einsatz auf PC-Systemen wieder angestiegen.
- **OS/2** wurde von IBM entwickelt, ist WINDOWS sehr ähnlich, aber deutlich weniger verbreitet.
- **Mac OS X** ist ein sehr leistungsfähiges Betriebssystem von Apple.

## 3.1.5 Einteilung von Software

### 01. Was versteht man unter dem Begriff „Anwendungs-Software“?

Als Anwendungs-Software bezeichnet man Programme, die von einem **Anwender** (Benutzer) zur Lösung seiner speziellen Aufgaben mittels eines Computers **eingesetzt werden**. Will ein Benutzer einen Brief schreiben, so steht ihm dafür als Anwendungs-Software ein Textverarbeitungsprogramm zur Verfügung. Sollen Adressdaten verwaltet werden, so kann ein Datenbankprogramm als Anwendungs-Software gewählt werden.

### 02. Wozu dient Standard-Software?

Unter Standard-Software versteht man Programme, die einen **festen Leistungsumfang** haben und die aufgrund ihrer allgemeinen Ausrichtung möglichst viele Anwender ansprechen sollen. Daher handelt es sich bei den Anwendungen der Standard-Software sehr häufig um Standard-Anwendungen wie z. B. Textverarbeitung, Tabellenkalkulation, Datenbankverwaltung etc. Da Standard-Software in hohen Stückzahlen produziert und verkauft werden kann, sind die Preise entsprechend gering.

### 03. Wo findet Individual-Software Anwendung?

Wie der Name sagt, handelt es sich hierbei um **speziell auf den einzelnen Anwender** zugeschnittene Software. Die Software wird meist nach den Wünschen des Anwenders entwickelt, sodass dieser auch den genauen Leistungsumfang vorgibt. In der Regel kommt eine solche Individual-Software auch nur bei einem Anwender zum Einsatz. Beispiel für den Einsatz von Individual-Software ist der Bereich der Betriebsdatenerfassung. Da eine Individual-Software für einen Anwender entwickelt wird, sind die Kosten entsprechend hoch.

## 3.1.6 Interpretation von Diagrammen

### 01. Was ist bei der Interpretation von Diagrammen zu beachten?

**Hinweis:**
Das Thema **Diagramme** wird – entsprechend dem Rahmenplan – ausführlich behandelt unter >> 3.4.3. Wir beschränken uns an dieser Stelle auf einige Hinweise zur Interpretation von Diagrammen.

1. Bei Diagrammen mit ungenauen Bezeichnungen und Angaben kann es zu **Fehlinterpretationen** kommen, z. B.:
   - Titel: Was soll im Diagramm dargestellt werden/sein?
   - Maßstab:

     Welcher Maßstab wurde gewählt?
     - auf der Ordinate (= senkrechte y-Achse)?
     - auf der Abszisse (= waagerechte x-Achse)?
     - natürliche Zahlen, Dezimalzahlen, Prozentzahlen, Logarithmen, Indexzahlen, Schrittfolge im Maßstab.

     Sind die **Proportionen der Achsen** zueinander so gewählt, dass keine Verzerrung entsteht?

     Sind die **Maßeinheiten** vorhanden, richtig gewählt und einheitlich (z. B. kg, t, €, T€ usw.)?
   - Fläche: Existieren **Gitterlinien**, sodass Zahlenwerte aus dem Diagramm exakt ablesbar sind?

- Diagrammart:

  Entspricht die Art des Diagramms dem darzustellenden Problem, z. B.:
  - Anteile → Kreisdiagramm, Struktogramm
  - Zeitreihe → Liniendiagramm
  - Häufigkeit → Säulendiagramm, Stabliniendiagramm.

2. Diagramme müssen durch die Art ihrer Darstellung die **beabsichtigte Aussage** dem Betrachter deutlich mitteilen. Mitunter sind Diagramme mit zu vielen Effekten überfrachtet, sodass der Aussagewert leidet (z. B. Schattierung, Rasterung, Schriftarten, 3-D-Darstellung).
3. Kreisdiagramme sind z. T. sehr effektvoll. Für den Betrachter lassen sich jedoch die **Proportionen** der Kreissegmente nur schwer **abschätzen**.
4. Der Betrachter sollte den Hintergrund des Datenmaterials kennen, z. B.:
   - Wann wurde das Datenmaterial erfasst?
   - Wie erfolgte die Erfassung (manuelle Messung, Sensoren u. Ä.)
   - Sind Urlistendaten dargestellt oder wurde das Datenmaterial bereits verdichtet (z. B. durch die Bildung von Merkmalsklassen)?
   - Welcher Prozess liegt zugrunde?

**Beispiel**

Die nachfolgend dargestellten Diagramme (Abb. 1 bis 3) zeigen denselben Sachverhalt und basieren auf demselben Datengerüst. Die Abbildungen sind zum Teil mit Fehlern behaftet, sodass der Betrachter zu Fehlinterpretationen kommen kann:

1. In Abbildung 2, unten, fehlt die Maßeinheit an der Abszisse, bei Abb. 1 und 3 fehlt die Maßeinheit an der Ordinate (vermutlich Prozent?); außerdem ist der Titel nicht aussagefähig (Ausschussquote: Wann? Bei welchem Prozess?).
2. Bei Abbildung 1 ist der Maßstab der Abszisse zu groß gewählt, sodass der Eindruck entstehen kann, dass kaum Schwankungen des Merkmals zu verzeichnen sind. Ein umgekehrtes Bild ergibt sich beim 3. Diagramm. Hier wurde der Maßstab der Abszisse zu klein gewählt im Verhältnis zur Ordinate.
3. Weiterhin wäre zu klären, welche Diagrammart den Sachverhalt deutlicher ausweist? Abbildung 2 hat z. B. den Vorteil, dass der Betrachter aufgrund der waagerechten Darstellung der Säulen und der senkrechten Gitterlinien die einzelnen Messwerte exakt aus dem Diagramm ablesen kann.
4. Für alle drei Diagramme stellt sich die Frage, warum der Ersteller der Abbildungen darauf verzichtet hat, das Datengerüst in Form einer Tabelle mit anzugeben?

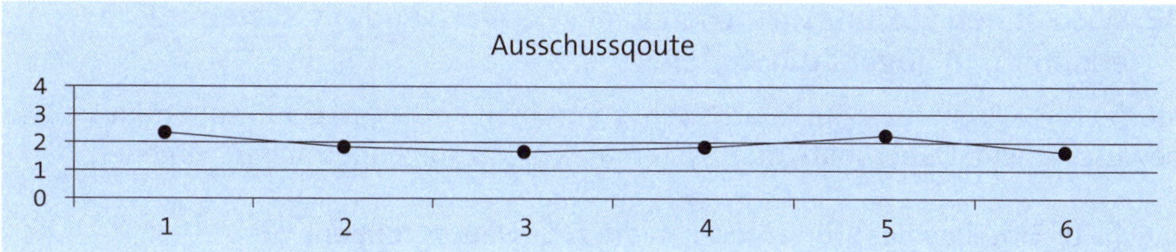


Abb.: 1

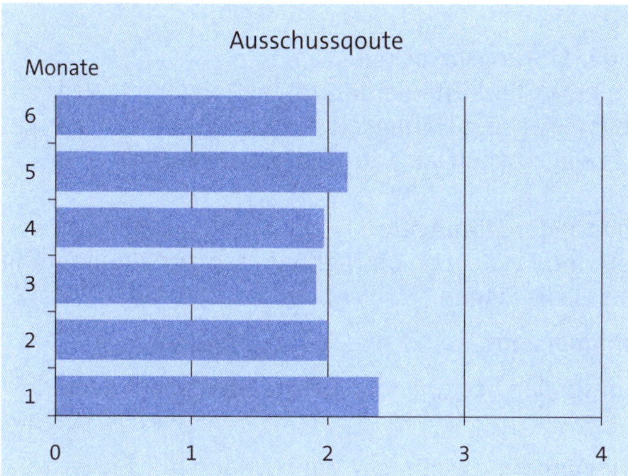


Abb.: 2

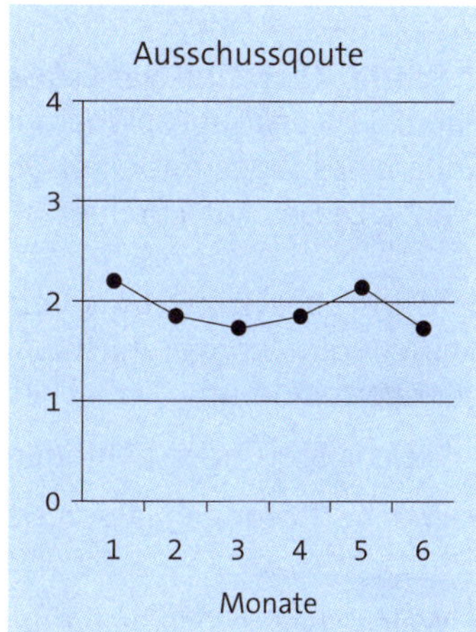


Abb.: 3

# 3.2 Planungstechniken und Analysemethoden sowie deren Anwendungsmöglichkeiten

## 3.2.1 Persönliche und sachliche Voraussetzungen zum optimalen Arbeiten

### 01. Welche fünf Hauptbereiche, aus denen sich für eine Führungskraft Störungsursachen in der Zeitverwendung ergeben können, sind zu unterscheiden?

Störfaktoren,

- die in der **eigenen Person** liegen (z. B. fehlende Motivation)
- die aus dem **privaten Umfeld** kommen (z. B. häufige private Anrufe)
- die von **Mitarbeitern** ausgehen (z. B. Kollegen, die im Großraumbüro privat Dinge besprechen)
- aus der Betriebs**organisation** (z. B. bearbeiten mehrere Kollegen dieselbe Aufgabe)
- durch **Nicht-Beherrschen der Zeitmanagement-Techniken** (z. B. wird jede Tätigkeit als gleich wichtig eingeordnet).

## 02. Wie können Störungsursachen in der Zeitverwendung systematisch erkannt und abgebaut werden?

Störfaktoren kann man nur bearbeiten, wenn man sie kennt, d. h. wenn man sie sich bewusst macht. Dabei sollte man systematisch, z. B. folgendermaßen vorgehen:

1. Schritt: **Einteilen der Störfaktoren in die zwei Hauptgruppen:**

- außen (Organisation, Chef, Mitarbeiter, ...)
- innen (eigene Person: Motivation, Unlust, Hektik, ...)

2. Schritt: **Quantitatives Erfassen der Störungsursachen:**
Parallel zu den Tagesplänen: Auf einer „Checkliste der Störungen" werden jeweils am Ende eines Tages mit einer Strichliste Art und Häufigkeit der Störungen sichtbar gemacht. Dieses Aufschreiben sollte zwei Wochen lang durchgeführt werden.

3. Schritt: **Beseitigen oder Vermindern der Störungen:**
Analysieren der Störungsursachen und Festlegen von Maßnahmen zur Eliminierung oder Verminderung. Dabei helfen z. B. die Fragen:

- Welche Störungen behindern am meisten?
- Welche Störungen lassen sich (unter den bestehenden Umständen) nicht beeinflussen?
- Welche lassen sich beeinflussen, mindern, beseitigen? Wie? Wodurch?

## 03. Welche Techniken sind geeignet um die Zeitverwendung durch Setzen von Prioritäten zu verbessern und wie werden sie angewendet?

INFO

Prioritäten setzen durch

- Eisenhower-Prinzip
- Pareto-Prinzip
- ABC-Analyse
- „Nein"-Sagen
- 4-Entlastungsfragen
- Einsparen gefühlsmäßiger und geistiger Energie.

---

- **Das Eisenhower-Prinzip** ist ein einfaches, pragmatisches Hilfsmittel, um schnell Prioritäten zu setzen. Man unterscheidet bei einem Vorgang zwischen der
  - Dringlichkeit (Zeit-/Terminaspekt) und der
  - Wichtigkeit (Bedeutung der Sache)

in den Ausprägungen „hoch" und „niedrig". Ergebnis ist eine 4-Felder-Matrix, die eine einfache aber wirksame Handlungsorientierung bietet:

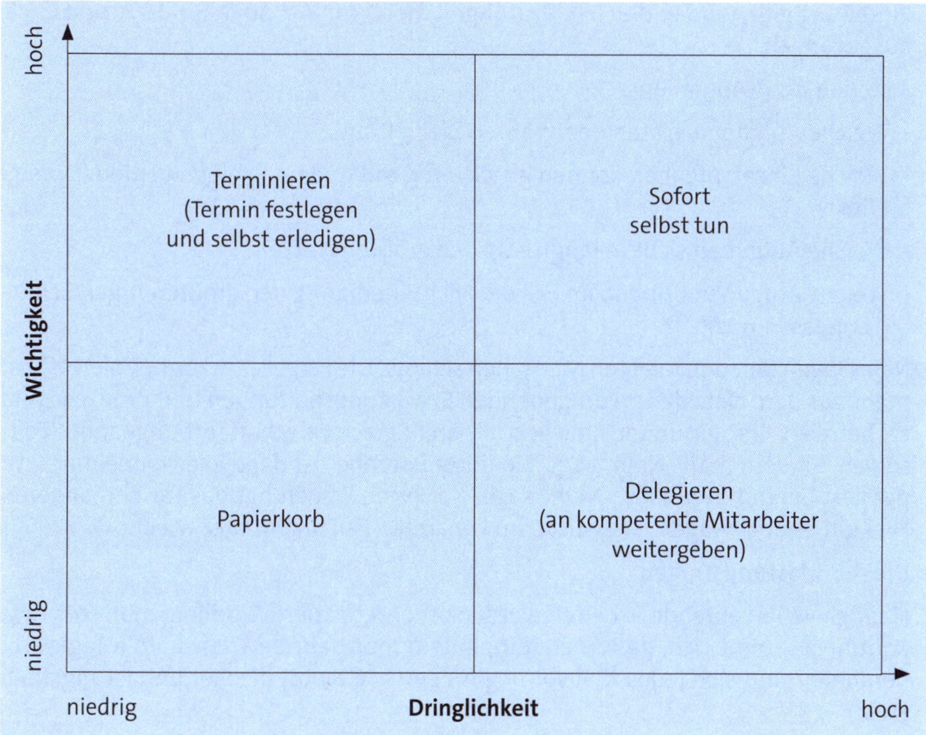


Die Vorfahrtsregel lautet: **Wichtigkeit geht vor Dringlichkeit!**

- **Das Pareto-Prinzip** (Ursache-Wirkungs-Diagramm)
  (benannt nach dem italienischen Volkswirt und Soziologen Vilfredo Pareto, 1848-1923) besagt, dass wichtige Dinge normalerweise einen kleinen Anteil innerhalb einer Gesamtmenge ausmachen. Diese Regel hat sich in den verschiedensten Lebensbereichen als sog. 80:20-Regel bestätigt:

  20 % der Kunden bringen 80 % des Umsatzes
  20 % der Fehler bringen 80 % des Ausschusses.

  Überträgt man diese Regel auf die persönliche Arbeitssituation, so heißt das:

  20 % der Arbeitsenergie bringen (bereits) 80 % des Arbeitsergebnisses

  bzw.

  die restlichen 80 % bringen nur noch 20 % der Gesamtleistung.

- Die **ABC-Analyse**
  Das Pareto-Prinzip ist ein relativ grobes Verfahren zur Strukturierung der Aufgaben nach dem Kriterium Wichtigkeit. Der ABC-Analyse liegt die Erfahrung zugrunde, dass

  15 % aller Aufgaben 80 % zur Zielerreichung beitragen = A-Aufgaben

  35 % aller Aufgaben (nur) 15 % zur Zielerreichung beitragen = B-Aufgaben

50 % aller Aufgaben (nur) 5 % zur Zielerreichung beitragen = C- Aufgaben.

Obwohl es in der Fachliteratur unterschiedliche Angaben zu den Werten der A/B/C-Einteilung gibt, wird in den IHK-Prüfungen meist von A = 80 %, B = 15 % und C = 5 % ausgegangen.

Kriterien für A-Aufgaben, z. B.:

- Welche Aufgaben leisten den größten Zielbeitrag?
- Welche Einzelaufgaben können gleichzeitig mit anderen gelöst werden (Synergieeffekt)?
- Welche Aufgaben sichern langfristig den größten Nutzen?
- Welche Aufgaben bringen im Fall der Nichterledigung den größten Ärger/Schaden („Engpass-Prinzip")?

► **Nein-Sagen** fällt den meisten Menschen schwer. Die Folgen: Sie können sich oft nicht mehr aus dem Netz der sie umgebenden Erwartungshaltungen und Wünsche anderer befreien. Ein „gesunder" und vertretbarer Egoismus schafft oft ungeahnte Zeitreserven – indem man „Nein" sagt. Ein guter Ratgeber ist dabei die Überlegung: „Was passiert bei mir, wenn ich „Nein" sage?" „Welche Folgen hat das für den anderen?" Hier gilt es abzuwägen – bewusst, im konkreten Fall und immer wieder.

► **Die 4-Entlastungsfragen**

Häufig wiederkehrende Arbeiten werden oft unreflektiert versehen; man spricht von Routine. Es lohnt sich, das zu ändern, indem man sehr bewusst an die Tagesarbeit herangeht und sich jedes Mal vor Beginn einer Aktivität die vier Entlastungsfragen stellt:

| | |
|---|---|
| (1) Warum gerade ich? | Fazit: Delegieren! |
| (2) Warum gerade jetzt? | Fazit: Auf Termin legen! |
| (3) Warum so? | Fazit: Vereinfachen, „schlanke" Lösung, rationalisieren! |
| (4) Warum überhaupt? | Fazit: Weglassen, beseitigen! |

► **Einsparen gefühlsmäßiger und geistiger Energie:**

Nicht jede Diskussion ist es wert, dass man sich zu 100 % engagiert. Nicht jeder Ärger ist so bedeutsam, dass man seinen Gefühlshaushalt völlig durcheinander bringt usw.

## 04. Mit welchen Techniken lassen sich Arbeitsvorgänge rationalisieren und wie werden sie angewendet?

INFO

Arbeit rationalisieren durch

- 6-Info-Kanäle
- 3-Körbe-System
- Schreibtischmanagement
- Telefonmanagement
- Terminplanung, Arbeitsplanung
- Zielplanung.

---

- **Die 6 Informationskanäle:**
  Was auf den Schreibtisch kommt, ist unterschiedlich wichtig und unterschiedlich dringend. Die „6-Info-Kanäle" kann man nutzen um die Papiermenge zu beherrschen:

  Kanal 1: Lesen und vernichten
  Kanal 2: Lesen und weiterleiten
  Kanal 3: Lesen und delegieren
  Kanal 4: Wiedervorlage
  Kanal 5: Laufende Vorgänge
  Kanal 6: Sofort selbst erledigen

- **Das 3-Körbe-System:**
  Der Schreibtisch hat drei Körbe:

  - den Eingangskorb
  - den Ausgangskorb
  - den Papierkorb.

TIPP

- Jedes Schriftstück kommt in den Eingangskorb.
- Jeder Vorgang wird nur einmal in die Hand genommen.
- Auf dem Schreibtisch liegt nur der Vorgang, an dem man gerade arbeitet.
- Eingangskorb, Ausgangskorb und Schreibtisch sind jeden Abend leer.
- „Der Papierkorb ist der Freund des Menschen."

---

- **Schreibtischmanagement:**
  Es gibt Menschen, die gehören zu den „Volltischlern". Ihr Schreibtisch gleicht einer Fundgrube, getreu nach dem Motto: „Nur ein kleines Hirn braucht Ordnung, ein Genie hat den Überblick über das ganze Chaos."

  Andere wiederum räumen ihren Schreibtisch ganz leer, um damit z. B. ihre Besucher zu beeindrucken. Das Chaos und die Fülle in den Schubladen kann der Besucher natürlich nicht sehen. Beide Formen sind natürlich Extreme und treffen nur für einen geringen Teil der „Schreibtischarbeiter" zu.

  Tipps für eine „unsichtbare" Schreibtischeinteilung, z. B. so:
  - Eingangs-, Ausgangs-, Papierkorb sind rechts (in der Nähe der Tür)
  - das Telefon steht links
  - links ist ein Korb mit Notizen für Telefon-Gesprächsblöcke
  - links ist ein Korb mit den heute zu bearbeitenden Vorgängen
  - man arbeitet immer von links nach rechts
  - der Schreibtisch ist jeden Abend leer.
- **Telefonmanagement:**
  Für ein rationelles Telefonieren sind z. B. folgende Überlegungen hilfreich:
  - Wann telefoniere ich?
  - Wie plane ich das Telefonat?
  - Wen will ich anrufen?
  - Wie bereite ich mich vor?
  - Welche Gesprächsregeln gelten für das Telefonieren?
  - Wann und wie schirme ich mich vor Telefonaten ab?
- **Terminplanung:**
  Die drei Schritte der Arbeits- und Terminplanung lauten:

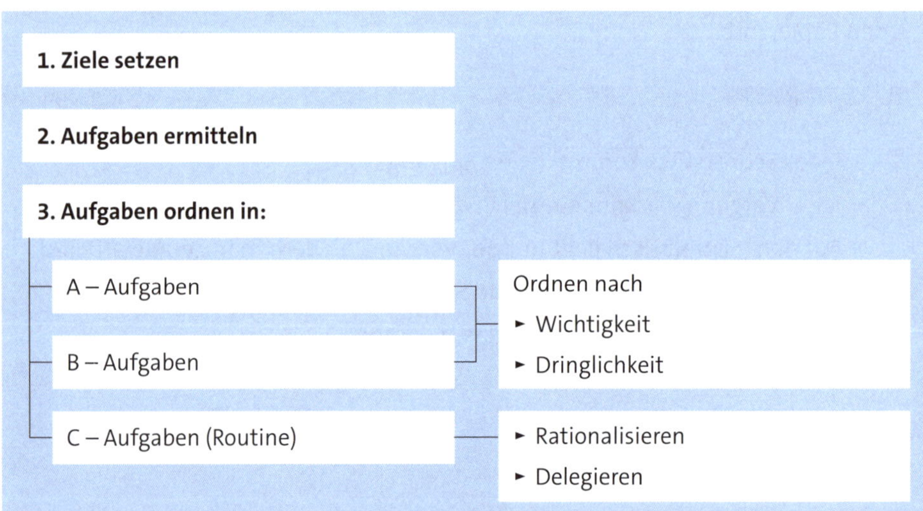

Die Prinzipien der Arbeits- und Terminplanung sind:

- Immer **schriftlich planen** und
- nicht den ganzen Tag verplanen (**50:50 Regel**).

## 05. Warum muss der Meister in seinem Arbeitsbereich eine systematische Kontrolle durchführen?

**Hinweis:** Ausführlich wird das Thema Kontrolle behandelt im 4. Prüfungsfach unter >> 4.5.4.

Kontrolle ist ein wichtiges Element innerhalb der Führungsaufgaben des Meisters. Es ist sehr eng mit den Themen Anerkennung, Kritik und Beurteilung verknüpft. In allen Fällen muss ein brauchbarer **Maßstab** vorliegen und es sind **Formen der Rückmeldung** (Feedback-Maßnahmen).

MERKE

Kontrolle ist der Vergleich eines Ist-Zustandes mit einem Soll-Zustand und ggf. die Ableitung erforderlicher (Korrektur-)Maßnahmen.

Systematisch kontrollieren heißt:

- die unterschiedlichen **Formen der Kontrolle** richtig anwenden (Eigen-/Fremdkontrolle, Voll-/Stichprobenkontrolle, Ergebnis-/Tätigkeitskontrolle, End-/Fortschrittskontrolle usw.)
- den **Zeitpunkt der Kontrolle** richtig wählen (zu unterschiedlichen Tageszeiten, Wochentagen usw.)
- klare **Maßstäbe** vereinbaren oder setzen, die als Sollvorgabe gelten
- alle unterstellten Funktionen **gleichgewichtig und gleichmäßig** beobachten und bewerten. Ein häufig anzutreffendes Phänomen in der Praxis ist die ungleichgewichtige und ungleichmäßige Kontrolle der unterstellten Funktionen:

  **Beispiel**

  Meister X hat 20 Mitarbeiter. Ihm sind folgende Funktionen unterstellt: Montagegruppe Elektrik, Montagegruppe Mechanik, Lager, Verpackung. Aufgrund seiner Ausbildung und Vorerfahrung kennt Meister X die Aufgabenbereiche Mechanik, Lager und Verpackung bis ins Detail. Im Bereich Elektronik ist er fachlich unsicher. Von daher besteht die Neigung vieler Vorgesetzter, den Arbeitsbereich besonders intensiv zu kontrollieren, in dem sie „sich zu Hause fühlen". Mitunter hat dies fatale Folgen: Fehler in den weniger kontrollierten Bereichen werden nicht bemerkt, die besonders kontrollierten Mitarbeiter sind frustriert.

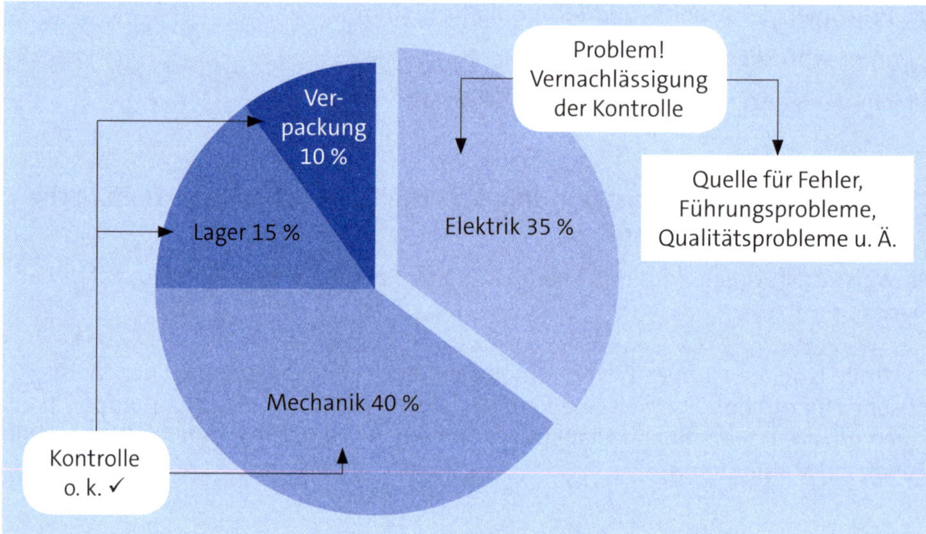


## 06. Welche Gesichtspunkte sind bei der Gestaltung des eigenen Arbeitsplatzes zu beachten?

Dazu einige **Beispiele** (vgl. dazu ausführlich im 2. Prüfungsfach unter >> 2.2.7 und im 4. Prüfungsfach unter >> 4.2.2):

- Sind alle **Arbeitsgeräte** und -mittel **vorhanden und funktionsfähig**?
- Herrscht die notwendige **Ordnung und Sauberkeit**, die eine sichere **Aufbewahrung** der Arbeitsmittel sicher stellt und das **Auffinden** ermöglicht?
- Wer ist für **Wartung, Pflege** und **Inventarisierung** der Arbeitsmittel zuständig?
- Ist der Büroraum beim Verlassen gesichert?
- Entsprechen die **Luft- und Lichtverhältnisse** den Vorschriften?
- Sind der Bürostuhl und der Schreibtisch **ergonomisch** angeordnet und gestaltet? (Rückenprobleme und Ermüdung)
- Sind die **technischen Hilfsmittel** am Arbeitsplatz ausreichend vorhanden und werden sie sinnvoll genutzt?
  (Ablagesystem, Schreibgeräte, Terminplaner, Pinnwand, Schichtpläne, Plantafeln, Kommunikationsgeräte wie Fax, Telefon, Pieper, Handy, Kopierer, manuelle oder Edv-gestützte Planungssysteme usw.)

## 07. Wie lässt sich die Arbeit mithilfe von Ablagesystemen und der PC-Technik erleichtern?

- Permante, organisierte und effektive **Ablage** stellt sicher, dass der Arbeitsplatz nicht in Papier ertrinkt (vgl. dazu oben, Frage 04., „3-Körbe-System" und die „6-Info-Kanäle"). Weiterhin sind neben der betrieblich bedingten Ablage die gesetzlichen Aufbewahrungsfristen zu beachten. Es ist zu prüfen, welche Formen der Ablage jeweils zweckmäßig sind, z. B.:
  **Zentrale oder dezentrale Ablage; stehende/liegende/hängende Ablage, im Original, als Kopie, als Mikroverfilmung, als gescanntes Dokument (CD, Streamer, externe Festplatte); sortiert nach Vorgängen/Objekten/Verrichtungen; Dokumentation der Ablage; Ablage im Zusammenhang mit Zertifizierung.**
- **PC-Technik:**
  Die PC-Technik ist heute soweit entwickelt, dass für fast jede Fragestellung und Anwendung eine geeignete Softwareunterstützung von den Herstellern angeboten wird. Bei der Nutzung derartiger Programme sollte im Betrieb darauf geachtet werden, **dass die PC-Welt von der Hardware und insbesondere von der Software einheitlich ist, untereinander vernetzt ist und – soweit erforderlich – einen Zugang zum Host hat** (Vermeidung von Wildwuchs in der betrieblichen PC-Landschaft sowie der Mehrfacheingabe von Daten, Pflege und Sicherung der Daten und der Programme, keine Insellösungen). Beispiele für IT-gestützte Programme:
  - Terminplanung und automatische Wiedervorlage mithilfe akustischer Signale
  - Textverarbeitung, Dokumentenvorlagen (Fax, Protokoll, Bericht usw.; z. B. Word)
  - Präsentationstechnik (Folienvorlagen, Visualisierung)
  - Tabellenkalkulation (z. B. Excel, Open Access)
  - Software für Projektmanagement (z. B. MS Project)
  - Grafikprogramme für Aufbau- und Ablauforganisation, Netzplantechnik, Flussdiagramme, Meilensteindiagramme, Balkendiagramme (z. B. MS Visio)
  - elektronische Wörterbücher und Übersetzungsprogramme
  - elektronische Ablage und Dokumentation
  - Adressverzeichnisse, Telefonbücher, Notizzettel
  - Hard- und Software zur Speicherung von Daten (Scanner, CD-Brenner, externes Laufwerk)
  - Schnittstellen für Kommunikation per Internet und Intranet
  - sog. Kombiprogramme mit einer Vielzahl von Anwendungen (z. B. MS-Office).

### 3.2.2 Methoden der Problemlösung und Entscheidungsfindung

#### 01. Was ist ein Problem?

Ein Problem ist ein Hindernis, das der Realisierung einer Zielsetzung entgegensteht.

**Beispiel**

Eine neue Maschine soll erstmalig in Betrieb genommen werden (Ziel). Bei den Vorbereitungen stellt sich heraus, dass die Energieversorgung nicht ausreichend ist.

#### 02. Welche Formen betrieblicher Probleme mit welchen Auswirkungen sind denkbar?

Beispiele:

| Formen betrieblicher Probleme | Auswirkungen |
|---|---|
| Ist das Problem einmalig oder wiederkehrend? | → generelle Lösung oder Lösung für den Einzelfall |
| Was ist das Problem? (Problemsachverhalt) | |
| ▸ Besteht ein Informationsmangel? | → Informationssuche |
| ▸ Besteht ein Ressourcenmangel? | → Suche nach weiteren Ressourcen oder Ersetzen einer Ressourcenart durch eine andere (z. B. der Faktor Arbeit wird durch den Faktor Kapital ersetzt) |
| ▸ Besteht eine Mangel in der Planung? | → Ungenügende Vorstellung über die Art des Vorgehens |
| ▸ Liegt zwischen den Beteiligten ein Sachkonflikt oder ein Beziehungskonflikt vor? | → Streit, Kampf, Demotivation usw. |

## 03. In welchen logisch aufeinanderfolgenden Schritten ist ein Problem generell zu lösen?

Man unterscheidet fünf logisch aufeinanderfolgende Schritte und bezeichnet dieses System als **Problemlösungszyklus**:

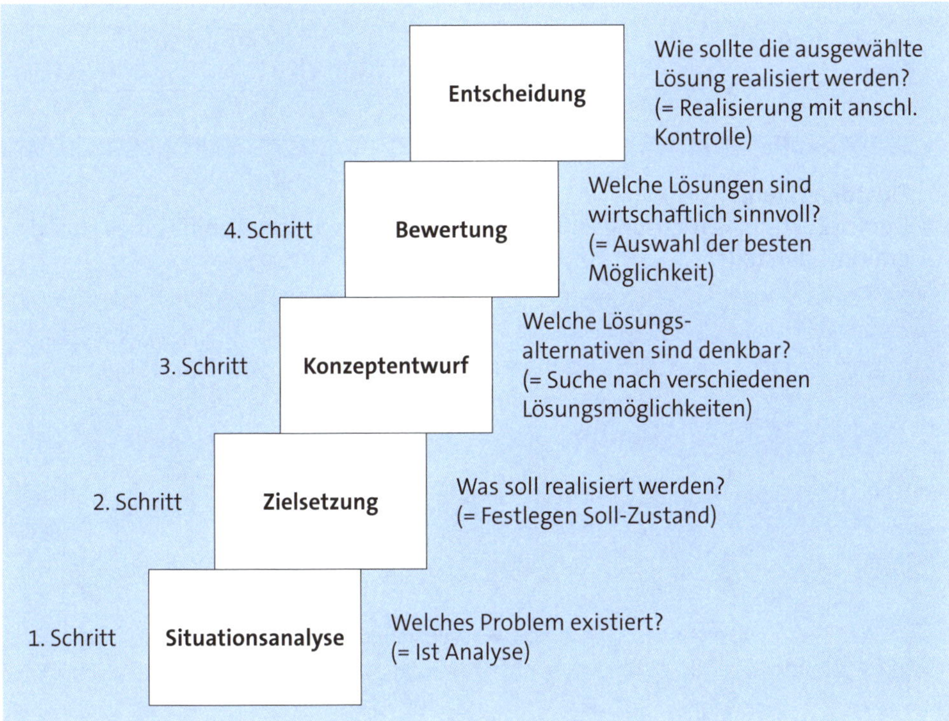


Vgl. dazu auch unten, >> 3.5.2 Frage 02.

## 04. Welche Methoden der Situationsbeschreibung sind denkbar?

Voraussetzung für die **Analyse** einer Situation (vgl. oben: 1. Schritt im Problemlösungszyklus) ist eine genaue, die Realität wiedergebende **Beschreibung** des gegenwärtig herrschenden Zustandes. Dafür sind folgende Methoden geeignet:

1. **Soll-Ist-Analyse:**
   Beschreibung eines Vergleichs zwischen dem tatsächlichen und dem gewünschten (geplanten) Zustand: Man bezeichnet diesen Vergleich als **Soll-Ist-Analyse**.

   **Beispiel**

   **Problem: Absatzrückgang beim Produkt Rasenmäher**
   Bei einem Hersteller von motorisierten Gartengeräten soll eine neue Generation von Rasenmähern entwickelt werden, da die Konkurrenz deutliche Marktvorteile gewonnen hat. Nachfolgend ein Auszug aus der Soll-Ist-Analyse zur Entwicklung einer neuen Serie:

| Gegenstand der Betrachtung | Ist (Rasenmäher/alt) | Soll (Rasenmäher/neu) |
|---|---|---|
| ▸ Gehäuse: | aus Blech | aus Kunststoff |
| ▸ Gewicht: | 18 kg | 12 kg |
| ▸ Antrieb: | Benzinmotor | Elektro- und Benzinmotor |
| ▸ Schnittbreite: | 40 cm | 30, 40 und 50 cm |
| usw. | | |

2. **Flussdiagramm:**
Der Ist-Zustand verrichtungsorientierter Abläufe lässt sich mithilfe eines Flussdiagramms darstellen:

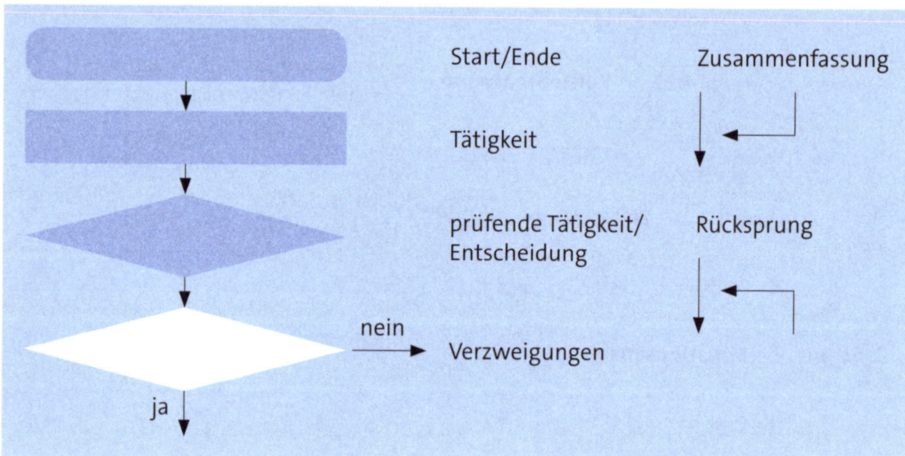


Dabei wird die einmal gewählte Logik – „Ja-Verzweigung: senkrecht", „Nein-Verzweigung: waagerecht" – im ganzen Diagramm beibehalten. Es werden die feststehenden Symbole nach DIN 66001 verwendet, die hier auszugsweise wiedergegeben sind (siehe oben).

Weitere Merkmale sind:

- Beginn und Ende des Vorgangs werden mit „Start" und „Ende" (Ellipse) gekennzeichnet.
- „Ja-Verzweigungen" (= senkrecht); „Nein-Verzweigungen" (= waagerecht).
- Vorgangsstufen werden mit Richtungspfeilen verknüpft.
- Bei den Vorgangsstufen wird zwischen „Tätigkeit" (= Rechteck) und „prüfender Tätigkeit" (= Entscheidungsraute) unterschieden.

3. **Stärken-Schwächen-Analyse:**
Mithilfe der Stärken-Schwächen-Analyse beschreibt und bewertet man (subjektiv) den Vergleich zwischen relevanten Merkmalen des eigenen Unternehmens und denen eines Wettbewerbers (Wettbewerber = Marktführer oder Wettbewerber =

Branchendurchschnitt). Die grafisch-verbale Darstellung wird in folgenden Schritten erarbeitet:

1. Festlegung der relevanten Merkmale
2. Auswahl des Wettbewerbers
3. Erhebung der Ist-Daten
4. Skalierung zur Vornahme der Bewertung (ggf. Bewertung der Merkmale)
5. Interpretation der Ergebnisse
6. Beschreibung der Maßnahmen.

| **Stärken-Schwächen-Analyse** | | | | | | | | |
|---|---|---|---|---|---|---|---|---|
| **Subjektive Bewertung** | | | | | | | | |
| **Bewertungs-merkmale** | Gewich-tungsfaktor | **gering** 1 | 2 | **mittel** 3 | 4 | **hoch** 5 | eigene Firma | Wettbe-werber |
| Technik | 20 | | | ○ | ● | | 80 | 60 |
| F + E | 10 | | | ● | | ○ | 30 | 50 |
| Finanzkraft | 10 | | | | ● | ○ | 40 | 50 |
| Marktanteil | 20 | | | ● | ○ | | 60 | 80 |
| Standort | 10 | | ● | | ○ | | 20 | 40 |
| Kosten-struktur | 30 | | | ○ | ● | | 120 | 90 |
| Personal | 30 | | | | ● ○ | | 120 | 120 |
| usw. | | | | | | | | |
| | | | | | | | 470 | 490 |
| **Legende:**<br>eigene Firma: ●<br>Wettbewerber ○ | | | | | | | | |

## 05. Welche Methoden der Problemanalyse sind denkbar?

Methoden der Problemanalyse sind z. B.

- **Ishikawa-Diagramm (= Ursache-Wirkungs-Diagramm, „Fischgräten-Diagramm“, „7 M-Methode“):**
  Die Problemursachen werden nach Bereichen kategorisiert und in einer Grafik veranschaulicht. Die Einzelschritte sind:
  1. Problem definieren
  2. vier bis acht Ursachenbereiche unterscheiden, z. B.:
     - Mensch
     - Maschine
     - Material

   - Methode
   - Umwelt (bzw. Mitwelt)
   - Messtechnik
   - Management
   - sonstige Einflüsse
3. mögliche Ursachen je Bereich erkunden
4. grafisch darstellen.

**Beispiel**

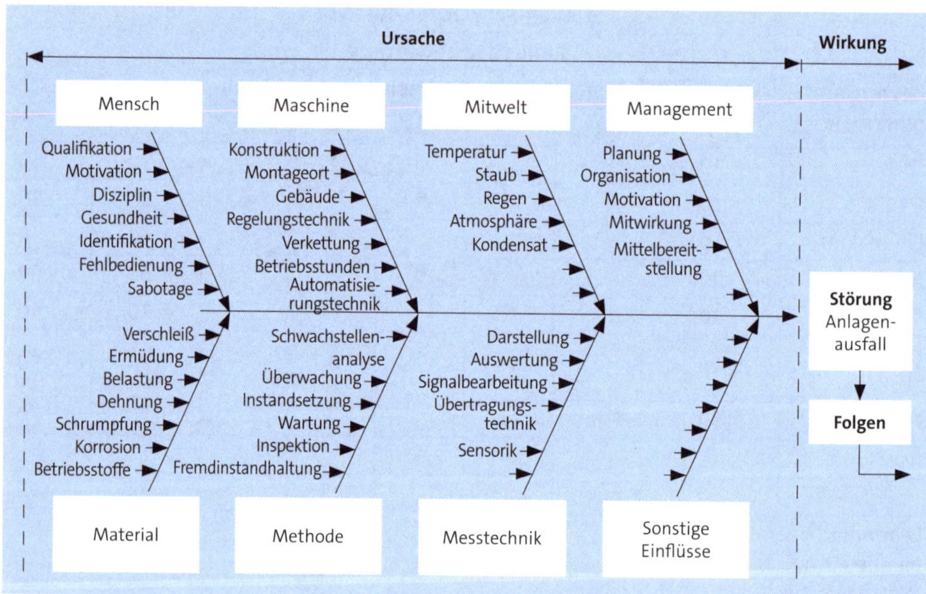


- **ABC-Analyse:**
  Die ABC-Analyse ist eine analytische Methode, um Schwerpunkte zu bilden und anhand dieser Prioritäten zu setzen.

  Das Ziel der ABC-Analyse ist:
  - Wesentliches vom Unwesentlichen zu unterscheiden
  - Ermittlung von Schwerpunkten
  - Konzentration auf Schwerpunkte von wirtschaftlicher Bedeutung
  - Ansatzpunkte für Rationalisierungsmaßnahmen ermitteln
  - Festlegung von Prioritäten
  - Maßstab für die wirtschaftliche Bedeutung finden
  - Vorgänge mit geringer Bedeutung vermindern oder vereinfachen helfen.

Wie geht man bei der ABC-Analyse vor?

1. Mengen und Werte werden ermittelt und kumuliert
2. Ordnung in Tabellen nach abfallenden Werten
3. Bildung von drei Gruppen:

   A: hochwertig

   B: mittelwertig

   C: geringwertig.

TIPP

Ein Berechnungsbeispiel finden Sie im Übungsteil dieses Buches, S. 852.

**06. Welche Methoden der Ideenfindung lassen sich einsetzen?**

Am bekanntesten sind folgende Techniken:

- Analytische Techniken

  Beispiele:
  - Wertanalyse
  - Morphologische Analyse
  - Entscheidungsmatrix
  - Checkliste
  - Soll-Profile
  - Input-Output-Methode
  - PERT (spezielle Netzplantechnik)
  - Arbeitsvereinfachung (Rationalisierung)
- Kreative Techniken

  Beispiele:
  - Brainstorming
  - Synektik
  - Bionik
  - Gordon-Methode
  - Delphi-Methode
  - Methode 635.

Dazu ausgewählte Beispiele (in Anlehnung an den Rahmenplan):

- **Wertanalyse:**
  Die Wertanalyse (WA) basiert auf folgender Grundüberlegung: Ein Produkt erfüllt bestimmte Funktionen und hat damit für den Verbraucher einen bestimmten Wert/Nutzen.

  Beispiel: Ein Feuerzeug erfüllt u. a. die Funktion Feuer, Wärme oder Licht zu spenden.

  Jede Funktion eines Produktes verursacht in der Herstellung spezifische Kosten. Die Wertanalyse verfolgt nun das **Ziel, den vom Verbraucher erwarteten Wert eines Produkts mit den geringsten Kosten herzustellen**.

  Anders als die traditionellen Kostensenkungsprogramme, bei denen eine isolierte Senkung der Kosten die Erlössituation verbessern sollte, geht es bei der WA um die gezielte Betrachtung der Funktionen und die Frage, wie Kosten reduziert werden können, ohne den Funktionswert zu mindern. Oder anders ausgedrückt: Es geht bei der WA um die **Maximierung der Differenz zwischen Funktionswert und den dafür erforderlichen Kosten**.

  Der Ablauf der Wertanalyse erfolgt nach DIN in sechs Hauptschritten mit jeweils speziellen Unterschritten (**Arbeitsplan nach VDI-Richtlinie 2800**):

  1. Projekt vorbereiten:
     - Moderator, Koordinator und Team benennen
     - Grobziel, Rahmenbedingungen und Projektorganisation festlegen
     - Projektablauf planen
  2. Objektsituation analysieren:
     - Informationen über Objekt, Umfeld, Kosten sowie Funktionen beschaffen
     - lösungsbedingte Vorgaben ermitteln
     - den jeweiligen Funktionen die Funktionskosten zuordnen
  3. Soll-Zustand beschreiben:
     - alle Informationen auswerten
     - alle Soll-Funktionen und lösungsbedingende Vorgaben festlegen
     - kostenzielenden Soll-Funktionen zuordnen
  4. Lösungsideen entwickeln:
     - vorhandene Ideen sammeln
     - neue Ideen entwickeln
  5. Lösungen festlegen:
     - Bewertungskriterien festschreiben
     - Lösungsideen bewerten
     - Lösungsansätze darstellen und bewerten
     - Lösungen ausarbeiten und bewerten

- Entscheidungsvorlage aufbereiten
- Entscheidung herbeiführen

6. Lösungen verwirklichen:
   - Umsetzung im Detail planen
   - Realisierung beginnen und kontrollieren
   - Projekt abschließen.

Die Stärken des Instrumentes Wertanalyse liegen u. a. in der praktisch universellen Einsetzbarkeit sowie im Zwang zur Systematik. Schwächen ergeben sich aus der durch die Systematik produzierten „Quasi-Objektivität", aus der Möglichkeit zur Manipulation (z. B. durch die Auswahl der Nutzkriterien und durch deren Gewichtung) sowie aus dem relativ hohen Arbeits- und Zeitaufwand, der bei sorgfältiger Anwendung besteht.

- **Brainstorming:**
  Vgl. dazu und zu weiteren Techniken der Kreativität im 4. Prüfungsfach, unter >> 4.5.1.

## 07. Was ist eine Mind-Map?

INFO

Eine Mind-Map (auch: Gedankenkarte, Gedächtniskarte) ist eine Technik, die man z. B. zur Erschließung und visuellen Darstellung eines Themengebiets und zum Planen bzw. für Mitschriften einsetzen kann.

Eine Mind-Map wird per Hand auf unliniertem Papier im Querformat erstellt (es gibt für Mind-Mapping mittlerweile auch Software). In der Mitte wird das zentrale Thema formuliert oder als Bild dargestellt. Daran anschließend können die Hauptthemen in Fettdruck mit dicken Linien dargestellt werden. Es schließen sich Unterthemen in Kleinbuchstaben mit dünnen Linien an. Man kann dies etwa mit den Haupt - und Unterkapiteln eines Buches vergleichen (Baumstruktur). Jede Verzweigung wird von ihrem Mittelpunkt aus gelesen. Unterschiedliche bzw. gleiche Farben dienen der Hervorhebung von Zusammenhängen. Der Wert liegt in der Anlehnung an die Arbeitsweise des Gehirns (Verknüpfung von Bild und Struktur): Das Gehirn lernt nicht in linearen Aufzählungen und es assoziiert. Daher wird hier auf eine große Textfülle verzichtet und nur mit Schlüsselbegriffen gearbeitet. Die Mind-Map ist dann fertig, wenn der/die Ersteller es beschließt/en.

- Eine Mind-Map ist leicht erstellbar.
- Eine Mind-Map prägt sich sehr gut ein.

## 08. Welche Methoden der Entscheidungsfindung sind denkbar?

Mögliche Methoden sind:

- Entscheidungstabellentechnik
- Entscheidungsbaumtechnik
- Delphi-Methode
- Szenario-Technik
- Verfahren der Investitionsrechnung
- Verfahren der Risikoabwägung.
- **Nutzwertanalyse:**

  Bei der Nutzwertanalyse wird ein Gegenstand hinsichtlich einer Reihe von Merkmalen untersucht. Für die Ausgestaltung des Gegenstandes (= Ziel) gibt es mehrere Varianten. Jede Variante erhält einen in Zahlen ausgedrückten Wert. Die Skalierung kann nominal, ordinal oder kardinal erfolgen. Hauptgruppen der Bewertung sind i. d. R.:

  - wirtschaftliche Merkmale
  - technische Merkmale
  - rechtliche Merkmale
  - soziale Merkmale.

  Eine Erweiterung der Bewertung kann dadurch vorgenommen werden, indem jedes Merkmal eine Gewichtung erfährt, die seiner Bedeutung bei der Problemlösung gerecht wird (vgl. dazu in Analogie die Vorgehensweise bei der analytischen Arbeitsbewertung).

**Beispiel**

Eine Druckerei steht vor der Notwendigkeit, ihre Kapazität zu erweitern. Die Entscheidung soll unter drei Maschinentypen (Offsetdruck) getroffen werden:

| **Nutzwertanalyse** | **Maschine 1** | | | **Maschine 2** | | | **Maschine 3** | | |
|---|---|---|---|---|---|---|---|---|---|
| **Merkmale** | **hoch** | **mittel** | **gering** | **hoch** | **mittel** | **gering** | **hoch** | **mittel** | **gering** |
| | **30** | **20** | **10** | **30** | **20** | **10** | **30** | **20** | **10** |
| **1. Technische Merkmale:** | | | | | | | | | |
| ► Papierlaufbreite | 30 | | | | 20 | | | 20 | |
| ► Oberflächenbeschaffenheit | | 20 | | | 20 | | | | 10 |
| ► Bogenführung | | | 10 | 30 | | | 30 | | |
| ► Falztechnik | | 20 | | 30 | | | | | 10 |
| ► Papierstapelanlage | | | 10 | | | 10 | | 20 | |
| ► elektronische Voreinstellung | | 20 | | | | 10 | 30 | | |
| usw. | | | | | | | | | |
| **2. Wirtschaftliche Merkmale:** | | | | | | | | | |
| ► Preis | | 20 | | 30 | | | | | 10 |
| ► Lieferkonditionen | | 20 | | | 20 | | 30 | | |
| usw. | | | | | | | | | |
| **3. Rechtliche Merkmale:** | | | | | | | | | |
| ... | | | | | | | | | |
| **4. Soziale Merkmale:** | | | | | | | | | |
| ... | | | | | | | | | |
| **Summen:** | 150 | 220 | 90 | 180 | 200 | 50 | 120 | 260 | 110 |
| **Insgesamt:** | | **460** | | | **430** | | | **490** | |

Nach der Nutzwertanalyse fällt die Entscheidung für Maschine 3.

- **Muss-/Kann-Ziele** (Muss-/Wunsch-Ziele):

  Ziele sind der Maßstab für zukünftiges Handeln. Im Rahmen der Entscheidungsfindung kann man Ziele einteilen in Muss-Ziele (unbedingt erforderlich) und Kann-Ziele (Charakter von „sollte"/„gewünscht"). Man kann dieses Verfahren z. B. einsetzen bei der Gestaltung des Anforderungsprofils im Rahmen der Bewerberauswahl.

**Beispiel**

Der Bewerber für eine bestimmte Meisterposition muss/sollte folgende Eignungsmerkmale erfüllen:

| Anforderungsprofil | „Muss“<br>notwendig | „Kann“<br>erwünscht |
|---|---|---|
| **1. Fachliche Anforderungen:** | | |
| ▸ Lehre, Metallberuf | x | |
| ▸ mindestens 5 Jahre Praxis | x | |
| ▸ Erfahrung in SPS | | x |
| ▸ AEVO | x | |
| ▸ Abschluss: Geprüfter Industriemeister | x | |
| ▸ Führungserfahrung | | x |
| usw. | | |
| **2. Persönliche Anforderungen:** | | |
| ▸ Engagiert | x | |
| ▸ flexibel, belastbar | x | |
| usw. | | |

### 09. Was ist die Methode des „Paarweisen Vergleichs“?

Mit dieser Methode lassen sich Merkmale/Eigenschaften eines Produkts aus Kunden- bzw. Herstellersicht bewerten. Man geht dabei in folgenden Schritten vor:

1. Zunächst werden die relevanten Merkmale gesammelt. Dabei sind viele Kunden/Mitarbeiter gefragt. Die relevanten Merkmale werden senkrecht und in gleicher Reihenfolge waagerecht in einer Matrix (siehe unten) eingetragen.
2. Es werden Zahlenwerte bei dem Paarvergleich in die Matrix eingetragen:

   0 = weniger (wenn das Merkmal in der Zeile eine geringere Priorität hat als in der Spalte)

   1 = gleichgewichtig (wenn Zeile und Spalte das gleiche Gewicht haben)

   2 = wichtiger (wenn das Merkmal in der Zeile ein höheres Gewicht hat als in der Spalte)

   Die Entscheidung über die Zahlenwerte ist subjektiv – in Abhängigkeit von den Beteiligten. Die Diagonale von links oben nach rechts unten (= Schnittpunkt je Merkmale der Senkrechten mit der Waagerechten werden mit „X“ oder „Raster“ gekennzeichnet; sie haben logischerweise keinen Wert).

ACHTUNG

Beachten Sie die Logik: Wenn z. B. Haltbarkeit in der Zeile eine 2 im Verhältnis zum Preis bekommt, muss Preis in der Zeile im Verhältnis zur Haltbarkeit eine 0 bekommen. Die entsprechenden Felder müssen in der Summe immer 2 ergeben.

**Beispiel**

| | **Preis** | **Qualität** | **Haltbarkeit** | **Ergonomie** | **Design** | **∑** |
|---|---|---|---|---|---|---|
| **Preis** | | 1 | 0 | 2 | 0 | |
| **Qualität** | 1 | | 0 | 2 | 1 | |
| **Haltbarkeit** | 2 | 2 | | 2 | 0 | |
| **Ergonomie** | 0 | 0 | 0 | | 0 | |
| **Design** | 2 | 1 | 2 | 2 | | |
| **Summe** | **5** | **4** | **2** | **8** | **1** | **20** |

3. Im Anschluss daran lässt sich eine Pareto-Analyse (Rangfolge und Prozent-Angabe) ableiten und darstellen. Aufbereitung für die Pareto-Darstellung:

**Beispiel**

| | **Ergonomie** | **Preis** | **Qualität** | **Haltbarkeit** | **Design** |
|---|---|---|---|---|---|
| **Rangfolge** | 1 | 2 | 3 | 4 | 5 |
| **in %** | **40** | **25** | **20** | **10** | **5** |
| **in % kumuliert** | **40** | **65** | **85** | **95** | **100** |

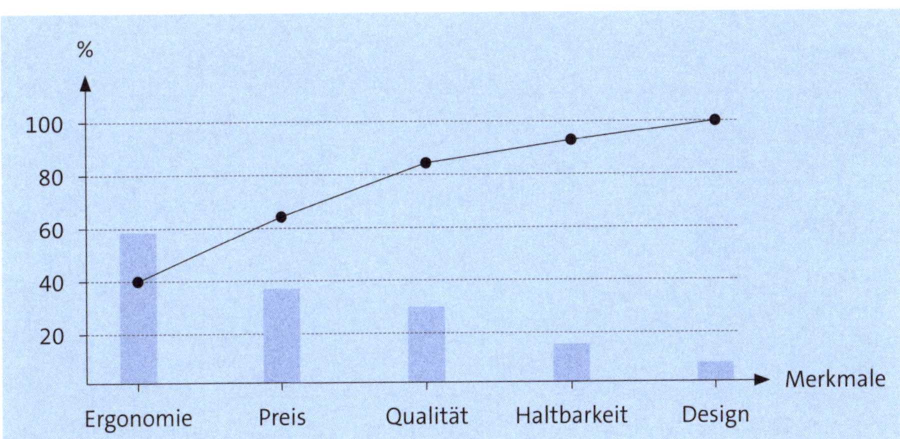

## 10. Wie kann mithilfe der Portfolio-Matrix eine Auswahl/Entscheidung erfolgen?

Die Portfolio-Matrix ist ein Instrument der strategischen Analyse. Man geht in folgenden Schritten vor:

1. Man wählt bei einem Betrachtungsobjekt (z. B. Lieferant, Standort) zwei relevante Merkmale aus (z. B. Preis/Leistung oder Kosten/Attraktivität).
2. Es wird eine Skalierung für die x-Achse und die y-Achse festgelegt (im einfachen Fall: niedrig/hoch oder umgekehrt; bitte die Anordnung beachten).
3. Es entsteht eine 4-Felder-Matrix, in dem die betrachteten Objekt (z. B. Lieferanten, Standorte) eingetragen werden können. Das rechte, obere Feld zeigt das Optimum.

Es folgen zwei Varianten einer Portfolio-Matrix:

a) zur Lieferantenauswahl

b) zur Standortauswahl.

**Variante a):**
Merkmal 1: Preis
Merkmal 2: Leistung

Lieferant 1 schneidet am besten ab (geringer Preis, hohe Leistung).

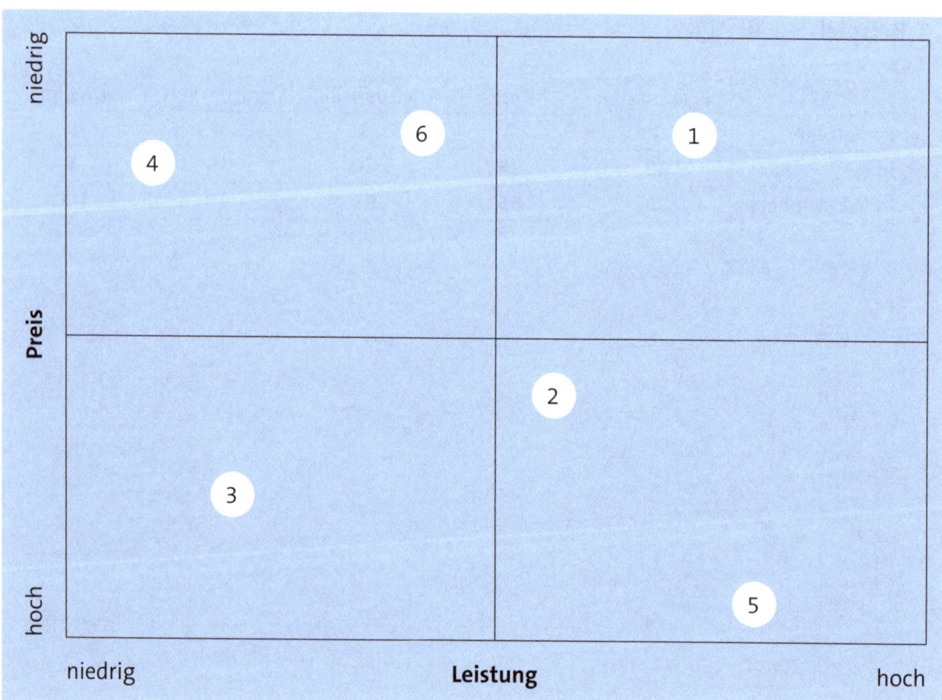

**Variante b):**
Merkmal 1: Attraktivität
Merkmal 2: Kosten

Standort 5 schneidet am besten ab (niedrige Kosten, hohe Attraktivität).

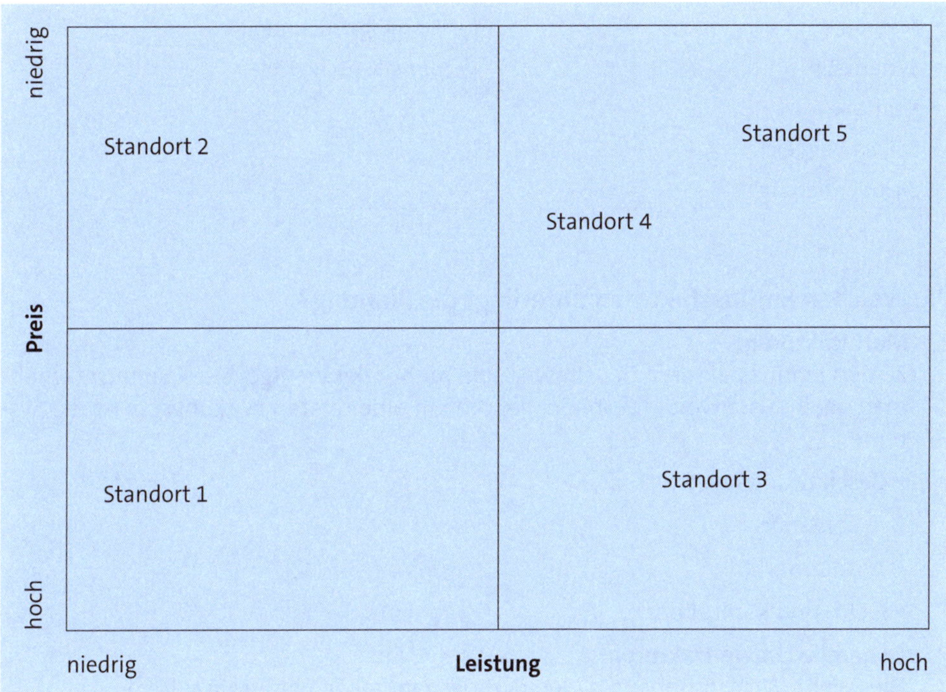


## 3.2.3 Arten der Planung

### 01. Was versteht man unter „Planung" und was unter „Analyse"?

- **Planung** wird verstanden als die gedankliche Vorwegnahme von Entscheidungen unter Unsicherheit bei unvollständiger Information. Sie beruht auf Annahmen über den Eintritt zukünftiger Ereignisse und soll dazu dienen, alle Aktivitäten eines Unternehmens (einer Organisation) zu bündeln und klar am formulierten Ziel auszurichten. Planung hat somit den Charakter der
  - Zukunftsbezogenheit
  - Systematik
  - Gestaltung
  - Abhängigkeit von Informationen.
- **Analyse** ist das Erkennen von Strukturen, Gesetzmäßigkeiten, Quasi-Gesetzmäßigkeiten und Zusammenhängen in real existierenden Daten durch subjektive Wahrnehmung und Bewertung.

## 02. Welche Chancen und Risiken können mit der Planung verbunden sein?

| Planung | |
|---|---|
| **Chancen – Beispiele** | **Risiken – Beispiele** |
| ► Koordinierung | ► unrealistische Annahmen |
| ► Integration | ► hoher Planungsaufwand |
| ► Methodik | ► Planungsfrustration |
| ► Systematik | ► unrealistische Ziele |
| ► Kontrolle | |
| ► Soll-Ist-Vergleich | |
| ► Zielorientierung | |

## 03. Welchen Einflussfaktoren unterliegt die Planung?

1. **Marktfaktoren:**
   Zu den Einflussfaktoren der Umwelt, die mehr oder weniger stark vom Unternehmen beeinflusst werden können, gehören in einer ersten Wirkungsebene die Systeme:
   - Beschaffungsmarkt
   - Arbeitsmarkt
   - Absatzmarkt
   - Geld- und Kapitalmarkt.
2. **Generelle Umweltfaktoren:**
   Die zweite Wirkungsebene bilden die sog. generellen Einflussfaktoren:
   - Technologie
   - Wirtschaft
   - Kultur
   - Politik und Recht
   - Sozialpsychologie

   usw.
3. **Interne Faktoren:**
   Die internen Einflussgrößen und damit zugleich die internen Stärken und Schwächen des Unternehmens (vgl. dazu oben, „Stärken-/Schwächen-Analyse") sind im Wesentlichen:
   - Materielle Ressourcen
   - Personelle Ressourcen
   - Technologien
   - Entwicklungsstand des Unternehmens

- interne Kommunikation und Organisation
- Standort
- Organisations- und Führungskultur
- Kostensituation
- Produktivität

usw.

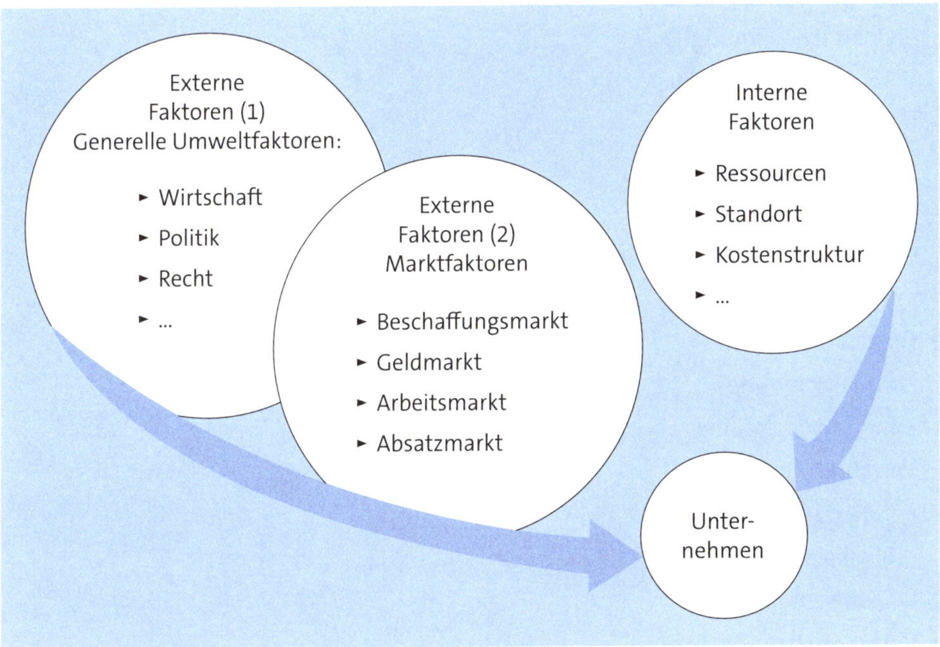


## 04. Welche vier Ebenen der Planung lassen sich unterscheiden?

| | |
|---|---|
| **1. Generelle Zielplanung** | Festlegung der **Leitlinien**, der Unternehmenskonzeption |
| **2. Strategische Planung** | Festlegung von Geschäftsfeldern, von langfristigen Produktprogrammen; Ermittlung der **Unternehmenspotenziale** |
| **3. Operative Planung** | Festlegung der **kurzfristigen** Programmpläne in den einzelnen Funktionsbereichen (z. B. Personalplanung) |
| **4. Ergebnis- und Finanzplanung** | Abbild der oben genannten Planungsebenen in monetären Strukturen (z. B. **betriebswirtschaftliche Kennziffern** (Umsatz, Ergebnis, Rendite u. Ä.) zur Beschreibung der Planungszustände) |

### 05. Nach welchen Merkmalen lassen sich die Planungsarten differenzieren?

Gliederungsaspekte der Planung:

- Zeitraum
  - langfristig
  - mittelfristig
  - kurzfristig
- Hierarchie
  - Operative Planung
  - Strategische Planung
- Inhalt
  - Grundsatzplanung
  - Zielplanung
  - Strategieplanung
  - Maßnahmenplanung
- Gegenstand
  - Projektplanung
  - Funktionsplanung
- Verfahren I
  - Rollende Planung
  - Blockplanung
  - Gemischte Planung
- Verfahren II
  - Top-down
  - Bottom-up
  - Down-up (Gegenstrom)
- Detailierungsgrad
  - Grobplanung
  - Feinplanung
- Datensituation
  - bei Unsicherheit
  - bei Sicherheit.

## 06. Wie lässt sich das Phasenmodell für globale bzw. für spezielle Teilprozesse darstellen?

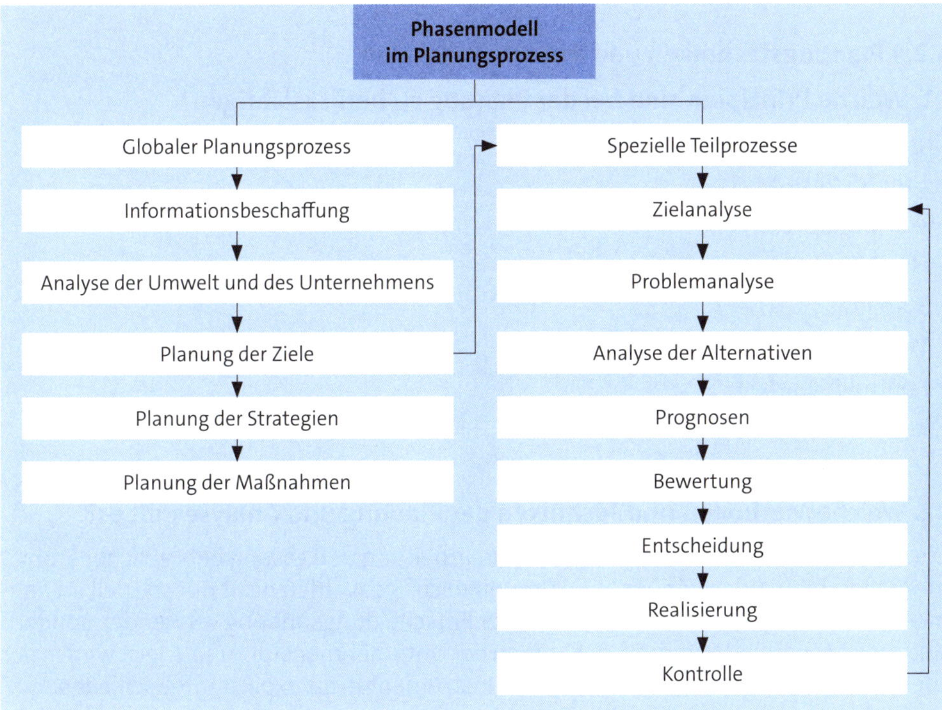


## 07. Welche Wechselwirkung besteht zwischen der strategischen und der operativen Planung?

Die strategische Planung kann von der operativen Planung über Kriterien wie

- Fristigkeit,
- Abstraktionsniveau und
- Vollständigkeit der Planung

abgegrenzt werden.

- Demzufolge betrachtet die **strategische Planung** überwiegend globale Ziele wie Standortwahl, Organisationsstruktur, Produktprogramme, Geschäftsfelder. Es geht darum, so früh wie möglich und so gut wie möglich die Voraussetzungen für den zukünftigen Unternehmenserfolg zu schaffen – also **Erfolgspotenziale zu bilden und zu erhalten**. Typischer Planungszeitruam 3 - 5 Jahre.
- Gegenstand der **operativen Planung** ist die Festlegung mehr oder weniger kurzfristiger Planungen der einzelnen Funktionsbereiche. Die operative Unternehmensführung orientiert sich also an der kurzfristigen Erfolgsrealisierung mit den zentralen Steuerungsgrößen **Liquidität und Erfolg**. Typischer Planungszeitraum einige Wochen bis zu einem Jahr.

- Häufig wird noch von der **taktischen Planung** als der mittelfristigen Planung gesprochen. Typischer Planungszeitraum 1 - 3 Jahre.

### 3.2.4 Planungstechniken und Analysemethoden

#### 01. Welche Prinzipien sind bei der Planung zu berücksichtigen?

Grundsätze der Planung

- Langfristigkeit
- Vollständigkeit
- Flexibilität
- Stabilität
- Verbindlichkeit
- Kontrollierbarkeit
- Realisierbarkeit.

#### 02. Welche Methoden und Techniken der Planung und Analyse gibt es?

Die Methoden und Techniken, die bei der Bearbeitung und Lösung betrieblicher Probleme eingesetzt werden können, sind umfangreich. Sie werden nicht nur speziell im Rahmen der Planung, der Organisation und der Entscheidungsfindung verwendet, sondern sind meist generelle Verfahren im Rahmen der Unternehmensführung. Meist wird in der Literatur zwischen Methode, Technik und Instrument nicht explizit unterschieden.

| **Instrumente, Techniken und Methoden der Analyse, Planung und/oder Kontrolle im Überblick** | |
|---|---|
| **Bezeichnung** | **Kurzbeschreibung – Beispiele** |
| **1. Quantitative Instrumente** | |
| **Kennzahlen** | **Statistische Kennzahlen:**<br>► Verhältniszahlen<br>► Gliederungszahlen<br>► Beziehungszahlen<br>► Wertziffern und Indexzahlen<br>**Kennzahlen der Betriebswirtschaft:**<br>► Finanzierungsanalyse<br>► Investitionsanalyse<br>► Finanzanalyse<br>► Ergebnisanalyse<br>► Rentabilitätskennzahlen<br>► Materialbeschaffung<br>► Lagerwirtschaft<br>► Absatzwirtschaft<br>► Personalwirtschaft |

| Instrumente, Techniken und Methoden der Analyse, Planung und/oder Kontrolle im Überblick | |
|---|---|
| **Bezeichnung** | **Kurzbeschreibung – Beispiele** |
| **Kostenanalysen, Kostenvergleiche** | ▸ Make-or-Buy-Analyse (MoB)<br>▸ Break-even-Analyse<br>▸ Kritische Menge (Kritische Werte-Rechnung) |
| **Verfahren der Investitionsrechnung** | ▸ Statische Verfahren<br>▸ Dynamische Verfahren |
| **ABC-Analyse** | Technik zur wertmäßigen Klassifizierung von Objekten (Wertanteil: Mengenanteil) → Erkennen von Prioritäten. |
| **XYZ-Analyse** | Entscheidungshilfe für die Festlegung der Beschaffungsart (X-Güter: gleichförmiger Bedarfsverlauf usw.). |
| **Wertanalyse** | Verfahren zur Kostenreduzierung durch Gegenüberstellung von Funktionswert zu Funktionskosten (streng nach DIN bzw. VDI). |
| **Ursachenanalysen** | Beispiele: Kommunikationsanalysen, Ursache-Wirkungsdiagramme (z. B. Ishikawa) |
| **FMEA** | Fehler-Möglichkeits- und Einflussanalyse:<br>Maßnahme zur Risikoerkennung und -bewertung; entstammt ursprünglich der technischen Qualitätssicherung. |
| **Nutzwertanalyse** | Screening-Modelle, Scoring-Modelle |
| **Stärken-Schwächen-Analyse** | Es werden relevante Leistungsmerkmale des eigenen Unternehmens erfasst (z. B. Marketing, F & E, Mitarbeiter) und mithilfe einer Skalierung bewertet. |
| **Marktanalyse** | Ist die systematische Untersuchung der relevanten Märkte – einmalig oder fallweise. Erfasst werden Strukturgrößen wie z. B. Gliederung des Marktes, Marktanteile, Verbraucherverhalten. |
| **Konkurrenzanalyse** | Analog zur Stärken-Schwächen-Analyse werden relevante Wettbewerber mithilfe geeigneter Merkmale untersucht und bewertet, z. B. Qualität, Technologie, Preis. |
| **Kundenzufriedenheitsanalyse** | Mithilfe geeigneter Merkmale, die meist gewichtet sind, erfolgt eine Kundenbefragung mit anschließender IT-gestützter Auswertung; Beobachtungsmerkmale sind z. B.: Erreichbarkeit des Ansprechpartners für den Kunden, Qualität, Termineinhaltung, Beratungsumfang. |
| **Wertschöpfungsanalysen** | Betreffen den Innenbereich des Unternehmens: Die gesamte Wertschöpfungskette wird analysiert, um strategische Erfolgspotenziale aufzudecken, z. B. Verringerung der Fertigungstiefe, Angliederung/Ausgliederung von Fertigungsstufen. |
| **Benchmarking** | Benchmarking: Lernen von den Besten; Vergleich des eigenen Unternehmens mit dem Branchenprimus (kann quantitativ und/oder qualitativ durchgeführt werden); vgl. auch: Konkurrenzanalyse. |
| **Früherkennungssysteme** | Strategisches Instrument zum Erkennen relevanter Signale des internen und externen Umfeldes mithilfe geeigneter Faktoren, z. B. Reklamationen, Ausschuss/Konjunktur, soziale Entwicklung. |
| **Planungstechniken** | Netzplantechnik, Diagrammtechniken |

| Instrumente, Techniken und Methoden der Analyse, Planung und/oder Kontrolle im Überblick | |
|---|---|
| **Bezeichnung** | **Kurzbeschreibung – Beispiele** |
| **Phasenmodelle zur Optimierung der Aufbau und Ablaufstrukturen** | 3-Phasen-Modell<br>5-Phasen-Modell<br>6-Stufen-Modell nach REFA |
| **2. Qualitative Instrumente** | |
| **Problemlösungs- und Kreativitätstechniken** | Brainstorming, Synektik, Bionik, Morphologischer Kasten |
| **Delphi-Modelle** | Qualitative Prognosetechnik: Interne/externe Experten werden anonym und schriftlich befragt im Hinblick auf Entwicklungen bzw. Problemlösungen. Die Durchführung erfolgt in mehreren Phasen. |
| **Produktlebenszyklus** | Darstellung des idealtypischen Verlaufs eines Produktes und Ableitung von Erkenntnissen über Umsatz- und Gewinnentwicklung in den einzelnen Phasen. |
| **Erfahrungskurve** | Erkenntnis der Kostendegression bei ansteigenden Stückzahlen. |
| **Portfolio-Methode (BCG-Matrix)** | Portfolio: Wertpapierdepot. Aus der Verbindung der Ansätze [Produktlebenszyklus + Erfahrungskurve] wird eine 4-Felder-Matrix entwickelt, aus der sich Normstrategien für die Produktpolitik ableiten lassen. |
| **Potenzialanalyse** | Als Potenzialanalyse im Rahmen der Prozessgestaltung bezeichnet man die Diagnose, welche Ressourcen im Basisgeschäft gebunden sind und welche ggf. für strategische Aktionen noch (oder nicht mehr) zur Verfügung stehen. |

## 03. Welche Gestaltungsprinzipien gelten für Netzpläne und was können Netzpläne leisten?

Netzpläne stammen aus den USA der 50er-Jahre, als die NASA die Apollo-Projekte zur Mondlandung vorbereitete. Heute werden Netzpläne bei allen größeren Projekten (z. B. Fabrik-, Brückenbau, AIRBUS-Entwicklung) angewendet, allerdings meist softwaregestützt, z. B. mit MS Project. Sie sind anderen Darstellungstechniken dann vorzuziehen, wenn

- komplexe Aufgaben,
- vernetzte Abläufe,
- viele Terminvorgänge sowie
- häufige Änderungsnotwendigkeiten vorliegen.

Unter der Netzplantechnik versteht man ein Verfahren zur Planung und Steuerung von Abläufen auf der Grundlage der Grafentheorie; Einzelheiten enthält die DIN 69 900.

In der betrieblichen Praxis werden überwiegend zwei Darstellungsarten eingesetzt:

- Vorgangspfeiltechnik
- Vorgangsknotentechnik.

Netzpläne können manuell oder maschinell erstellt und verwaltet werden. Maschinelle Unterstützung sollte zur Durchlaufterminierung immer dann eingesetzt werden, wenn die Anzahl der Vorgänge 60 bis 100 übersteigt („Nutzenschwelle").

Bei der Vorgangsknotentechnik sieht die grafisch/verbale Darstellung folgendermaßen aus:

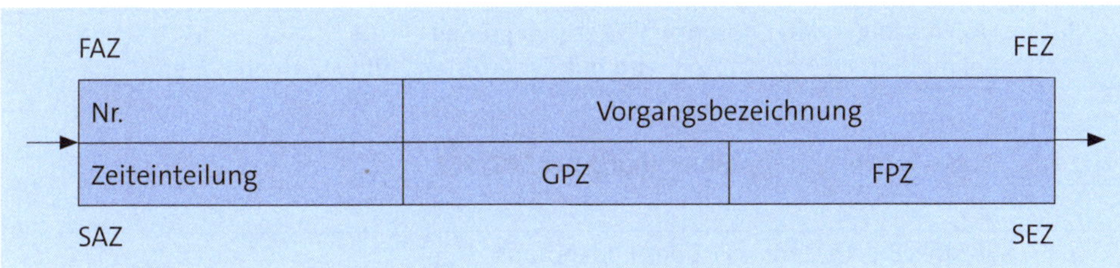


Nr = laufende Nr. in der Vorgangsliste
FAZ = früheste Anfangszeit
FEZ = früheste Endzeit
SAZ = späteste Anfangszeit
SEZ = späteste Endzeit
GPZ = Gesamtpufferzeit
FPZ = freie Pufferzeit

## 04. Welche Reihenfolge empfiehlt sich bei der Erarbeitung eines Netzplanes?

1. Erstellen des Projektstrukturplans
2. Erstellen der Vorgangsliste
3. Erstellen der Grafenstruktur (ohne Zeiten)
4. Bearbeiten der Zeiten:
   - Vorwärtsrechnung
   - Rückwärtsrechnung
   - Pufferzeiten
   - kritischer Weg.

## 05. Wie erfolgt die Vorwärts- und Rückwärtsrechnung beim Netzplan sowie die Ermittlung der Pufferzeiten?

| 1. | Vorwärtsrechnung = Berechnung der Gesamtdauer (FAZ/FEZ) |
|---|---|
| | → |
| ↓ | FAZ des 1. Knotens = 0 |
| ↓ | FEZ = FAZ + Knotenzeit |
| ↓ | FAZ des folgenden Knotens = FEZ des Vorgängers;<br>bei mehreren Folge-Knoten wird mit der **größten Zeit** weitergerechnet. |

| 2. | Rückwärtsrechnung = Berechnung der SAZ/SEZ |
|---|---|
| | ← |
| ↓ | SEZ des Endknotens = FEZ des Endknotens |
| ↓ | SAZ = SEZ - Knotenzeit |
| ↓ | SEZ des folgenden Knotens = SAZ des Ausgangsknotens;<br>bei mehreren Folge-Knoten wird mit der **kleinsten Zeit** weitergerechnet |

| GPZ | = Gesamtpufferzeit |
|---|---|
| | = SAZ - FAZ oder |
| | = SEZ - FEZ |

Zeitpuffer **innerhalb** des Knotens

| FPZ | = Freie Pufferzeit |
|---|---|
| | **Beispiel:**<br>$FPZ_A = FAZ_B - FEZ_A$ |

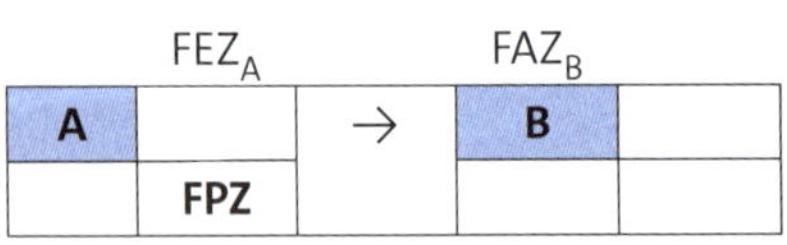


Zeitpuffer **zwischen** den Knoten

Dabei sind A und B zwei hintereinander liegende Knoten.

- Der **Gesamtpuffer** GPZ eines Vorgangs ist die Zeitspanne, die ein Vorgang (Knoten) gegenüber seinem frühesten Beginn verschoben werden kann, ohne das Projektende zu gefährden.
- Die **Freie Pufferzeit** FPZ ist die Zeit, die den frühestmöglichen Beginn (bzw. Ende) des Nachfolgers nicht gefährdet.
- **Kritischer Weg:**
  Alle Vorgänge, bei denen die GPZ = 0 ist, (bei denen also FAZ und SAZ identisch sind) werden als kritisch bezeichnet. Die Verbindung dieser Vorgänge im Netzplan ist der kritische Weg. Bei diesen Vorgängen führt eine Verlängerung der Bearbeitungszeit zu einer Verlängerung der Gesamtzeit des Projekts.

  Vgl. dazu im Übungsteil die Aufgabe 6: Netzplan, S. 772.

### 06. Wie ist die Berechnungsweise bei der PERT-Methode?

Die PERT-Methode (= Programm Evaluation and Review Technique) ist ein **Schätzverfahren** zur Ermittlung des **Zeitbedarfs**, z. B. bei der Personalplanung oder im Rahmen der Netzplantechnik.

Man benötigt dazu drei Angaben, die in der Praxis von Fachleuten (Schätzer, REFA-Fachleute) ermittelt werden:

- optimistische Zeitgröße, z. B. 30 Tage
- pessimistische Zeitgröße, z. B. 80 Tage
- Normalzeit, z. B. 40 Tage.

Die Formel zur Berechnung des Zeitbedarfs ist eine **Mittelwertberechnung, bei der die Normalzeit überproportional berücksichtigt**, indem sie den Faktor 4 erhält; da insgesamt 6 Werte addiert werden, ergibt sich der Mittelwert aus der Division durch 6:

$$\text{Zeitbedarf} = \frac{\text{optimistische Zeit} + \text{pessimistische Zeit} + 4 \cdot \text{Normalzeit}}{6}$$

$$= \frac{30 + 80 + 160}{6} = 45 \text{ Tage}$$

### 07. Wie kann ein Projektablauf grafisch mithilfe der Balkendiagrammtechnik geplant werden?

**Gantt-Diagramm** (einfache Balkendiagrammtechnik): Die Vorgänge werden entsprechend ihrer Dauer als Balken oder Strich abgebildet.

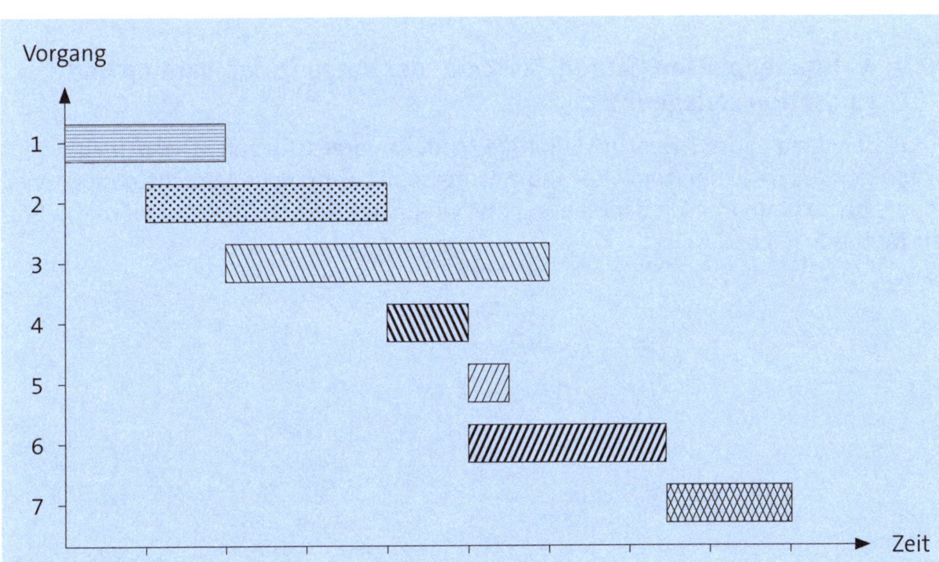

**Plannet-Diagramm** (Weiterentwicklung der Gantt-Technik): Zusätzlich werden die Abhängigkeiten sowie die Pufferzeiten ausgewiesen.

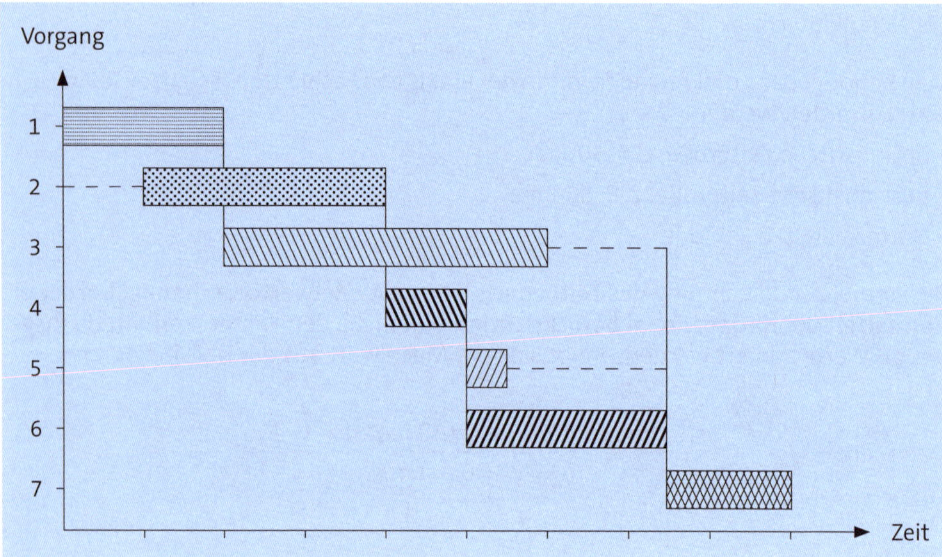


**ACHTUNG**

In Prüfungsaufgaben mit Abhängigkeiten zwischen Vorgängen („Vorgänger") ist die Plannet-Technik anzuwenden.

## 08. In welche Teilphasen (Stufen) lässt sich der Vorgang der Planung und Organisation zerlegen?

Es werden dazu in der Literatur vielfältige Modelle vorgeschlagen. Grundsätzlich gibt es von der gedanklichen Logik her kaum Unterschiede; manche Modelle nennen vier, andere bis zu neun Phasen der Planung und Organisation. Sehr bekannt ist die „6-Stufen-Methode nach REFA":

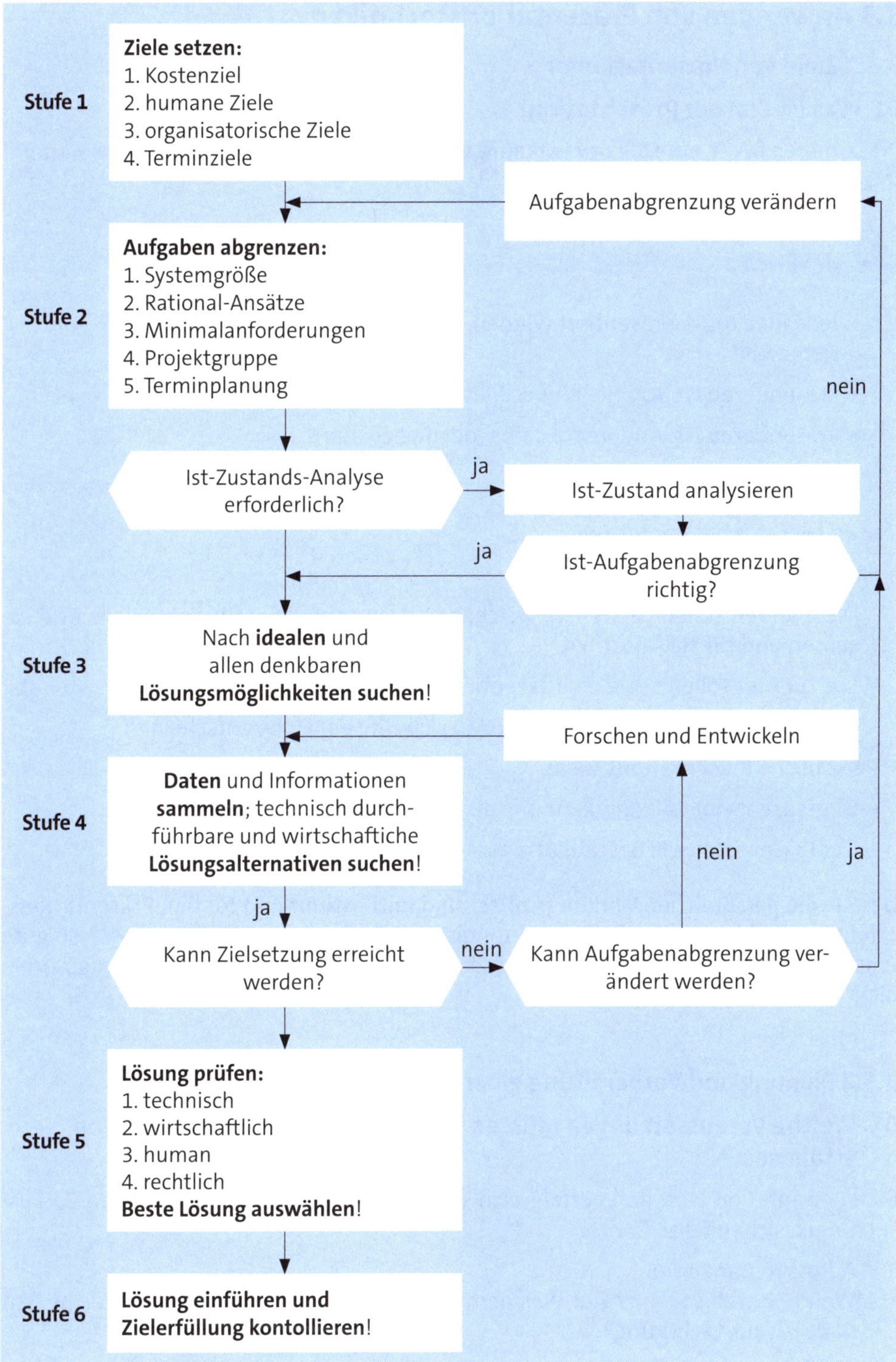
Stufe 1
Ziele setzen:
1. Kostenziel
2. humane Ziele
3. organisatorische Ziele
4. Terminziele
Aufgabenabgrenzung verändern
Stufe 2
Aufgaben abgrenzen:
1. Systemgröße
2. Rational-Ansätze
3. Minimalanforderungen
4. Projektgruppe
5. Terminplanung
nein
Ist-Zustands-Analyse erforderlich?
ja
Ist-Zustand analysieren
ja
Ist-Aufgabenabgrenzung richtig?
Stufe 3
Nach idealen und allen denkbaren Lösungsmöglichkeiten suchen!
Forschen und Entwickeln
Stufe 4
Daten und Informationen sammeln; technisch durchführbare und wirtschaftiche Lösungsalternativen suchen!
nein
ja
ja
Kann Zielsetzung erreicht werden?
nein
Kann Aufgabenabgrenzung verändert werden?
Stufe 5
Lösung prüfen:
1. technisch
2. wirtschaftlich
3. human
4. rechtlich
Beste Lösung auswählen!
Stufe 6
Lösung einführen und Zielerfüllung kontollieren!

# 3.3 Anwenden von Präsentationstechniken

## 3.3.1 Ziele von Präsentationen

### 01. Was ist Ziel der Präsentation?

Präsentieren heißt, **eine Idee zu verkaufen**. Der Begriff „Idee" ist dabei gleichbedeutend mit „Konzept, Angebot, Entwurf, Vorschlag" usw.

MERKE

- Jede Idee muss präsentiert werden, wenn der Urheber seine Idee auch realisieren will.
- Präsentieren ist also nicht nur: Weitergabe von Informationen.
- Präsentieren ist: Andere für seine Ideen begeistern.

Der Präsentator hat immer zwei Ziele:

- **Sachliche Präsentations-Ziele:**
  - Die anderen sollen verstehen, welchen Nutzen seine Idee für potenzielle Interessenten und für sie selbst hat.
  - Die Zuhörer sollen seine Idee akzeptieren.
  - Die Adressaten der Präsentation sollen sich für seine Idee entscheiden.
- **Persönliche Präsentations-Ziele:**
  - Der Präsentator will Anerkennung als Fachmann.
  - Der Präsentator will Bestätigung als Mensch.

**Gerade die persönlichen Wirkungsmittel sind mitbestimmend für den Präsentationserfolg**. Jeder, der eine Idee präsentiert, präsentiert auch sich selbst. Eine noch so gute Präsentationstechnik hilft nicht, wenn die Zuhörer unterschwellig spüren, dass man nicht hinter seiner Idee steht.

## 3.3.2 Planung und Vorbereitung einer Präsentation

### 01. Welche Voraussetzungen müssen für eine erfolgreiche Präsentation erfüllt sein?

Eine Präsentation wird dann erfolgreich sein, wenn der Präsentator folgende Voraussetzungen sicherstellt:

1. **Adressatenanalyse:**
   Wen habe ich vor mir? Auf welchem Niveau kann ich präsentieren? Welche Zeit habe ich zur Verfügung?
2. **Fachlich gut vorbereitet sein:**
   Stichwortmanuskript o. k.? Raum und Medien vorbereitet? Funktioniert die Technik?

3. **Mental gut vorbereitet sein:**
   ausgeschlafen, positive Stimmung, munter, agil, innerlich „aufgeräumt“
4. **In der Präsentationstechnik geübt sein:**
   Vorher: üben, üben, ... Helfer suchen! (Kollegen, Familie); Vortragsweise, Wortwahl
5. **Visualisierungsmittel vorbereiten:**
   Overheadprojektor/Folien, Flipchart, Wandtafel, Pinnwand

MERKE

Eine Präsentation ohne Visualisierung ist keine Präsentation, sondern ein Vortrag.

---

## 02. Welche Grundlagen der Sprech- und Redetechnik sollte der Präsentator beherrschen?

- **Atmung:**
  Der Präsentator benötigt neben der **Erhaltungsatmung** noch die **Darbietungsatmung**, also eine Sprechatmung, die die Stimme und die Laute bildet. Zur Erhaltung der Sprechatmung macht der Präsentator an geeigneter Stelle Atempausen.
- **Artikulation:**
  Mit Artikulation bezeichnet man die Aussprache, genauer gesagt, die Bildung von Lauten. Dahinter steht die Aufforderung an den Präsentator, die einzelnen Laute eines Wortes deutlich auszusprechen, d. h. mit Zunge und Lippen richtig zu formen, damit das gesprochene Wort einwandfrei verstanden werden kann, z. B.:
  - Endungen nicht verschlucken („*en*“ statt „...*n*“)
  - Vokale richtig formen, z. B.:
    - ein „*i*“ ist ein „*i*“ und kein „*ü*“
    - ein „*er*“ ist ein „*er*“ und kein „*är*“
    - ein „*pf*“ ist ein „*pf*“ und kein „*f*“
    - ein „*ä*“ ist ein „*ä*“ und kein „*e*“.
- **Resonanz:**
  Resonanz bedeutet „das Mitschwingen eines Körpers, der von Schwingungen eines anderen Körpers getroffen wird“. Allgemein bedeutet Resonanz den Anklang, den eine Sache findet.

  Empfehlungen:

  a) Machen Sie Ihren Körper zum Resonanzboden Ihrer Stimme. **Sprechen Sie mit der Bruststimme** (von innen heraus) statt mit der Kopfstimme.

  b) Suchen Sie sich Zuhörer für eine **Probepräsentation** und erproben Sie die Wirkung Ihrer Sprechtechnik, Ihrer Person und des Inhalts.

- **Sprechgestaltung:**
  - **Lautstärke und Sprechtempo:**
    Je mehr Zuhörer anwesend sind, um so deutlicher, lauter und langsamer sollte die Sprechweise sein.
  - **Sprechpausen:**
    Der Zuhörer muss Gelegenheit haben, die vom Präsentator entwickelten Gedanken nachzuvollziehen und sie zu ordnen. „Phonetische Rülpser" wie „eh, ähh, ehmm" usw. sind zu vermeiden.
  - **Satzbildung:**
    Die Devise muss lauten: Hauptsätze benutzen („kkp = kurz, konkret und präzise!")
  - **Überflüssiges:**
    Redundanzen (= überflüssige Wiederholungen) sowie vage, unbestimmte Äußerungen (vielleicht, evtl., könnte, würde usw.) sind zu vermeiden.
  - **Angewohnheiten:**
    Ebenso unwirksam sind modische Redewendungen und „Wortlieblinge", z. B.: *„Dies ist der erste Schritt in die richtige Richtung und wir bearbeiten daher schon heute die Probleme von morgen!"*
  - **Fragetechnik:**
    Wer fragt, der führt! Daher: Geeignete Fragetechniken einsetzen.
    - offene oder geschlossene Fragen
    - W-Fragen: was, wer, wann, wie, wieso, wo, worüber, womit usw.
  - **Hörerbezug:**
    - Die Sprache der Zuhörer benutzen,
    - Bilder und Vergleiche benutzen (*„Der Zahn der Zeit nagt bereits ..."*),
    - Unangemessene Verwendung von Fremdworten vermeiden (*„Die konzertierte Führungs- und Organisationsproblematik geht einher mit einer permanenten und synchronisierten Identifikationskontingenz."*).
- **Redeangst, Lampenfieber**, Schwierigkeiten bei **improvisierten Präsentationen**:
  Insbesondere das übersteigerte Lampenfieber hat häufig seine Ursachen in einem Mangel an Gelegenheiten, eine Rede zu halten. Gelegentlich ist es auch die eigene mangelnde Kompetenz oder ganz allgemein ein Minderwertigkeitskomplex (den man meint zu haben), der Unsicherheit hervorruft.

  Zu den Begleiterscheinungen zählen beim Lampenfieber Nervosität, Zittern der Hände, Schweißausbrüche, ein Druck in der Magengegend und mögliche andere körperliche Beschwerden. Das Lampenfieber **meistern** gelingt am besten über folgende Techniken und Maßnahmen:

  Bewusste und langsam durchgeführte Tiefvollatmung, sich auch kleinere Fehler erlauben, sich auf die Präsentation freuen und die eigene persönliche Schwachstelle durch Übung mildern (zu leises Sprechen, fehlende Körpersprache).

- **Körpersprache:**
  Die Körpersprache sollte das gesprochene Wort unterstützen. Dazu einige Empfehlungen:
  - Die Intensität der Körpersprache (Gestik, Mimik) sollte der Situation angemessen sein (kleiner/großer Teilnehmerkreis usw.).
  - Der Augenkontakt zu den Teilnehmern sollte vorhanden sein (gleichmäßige Blickanteile).
  - Arme und Hände zeigen eine offene Körperhaltung und signalisieren Zuwendung und Interesse.
  - Die Füße stehen fest auf dem Boden (kein Kippeln usw.).
  - Das Gesicht ist entspannt; die Mimik entspricht dem Gesprächsverlauf (fragend, erstaunt, zustimmend, ...). Mehr lächeln!
  - Nicht wirksam:
    - Hände auf dem Rücken („Oberlehrerhaltung“)
    - Hände vor dem Körper („Fußballspieler beim Elfmeter“)
    - Arme vor der Brust verschränkt
    - Hände **ständig** im Gesicht, an der Nase, in den Hosentaschen usw.

TIPP

Medien und Hilfsmittel vorbereiten und **erproben**; den Einsatz der Technik üben!

---

## 03. Welche Grundregeln gelten für die Visualisierung?

1. Für die Präsentation gilt eine **im Volksmund bekannte Regel** in abgewandelter Form: *„Reden ist Silber, Zeigen ist Gold!“*
2. In der Lerntheorie gilt im Allgemeinen:

   Der Mensch behält
   - 20 % durch Hören
   - 30 % durch Sehen
   - 50 % durch Hören und Sehen

   Für den Präsentator heißt dies: Das gesprochene Wort wird nicht nur durch Körpersprache unterstützt, sondern auch durch **geeignete Visualisierung**.
3. Einsatz geeigneter Hilfsmittel und Medien, wie z. B.:
   - Leinwand, Flipchart
   - Wandtafel, Whiteboard
   - PC, Beamer
   - Weiterhin: TV/Monitor, Fotografie/Projektor; Computer based Learning, Internet/Intranet usw.

**TIPP**

Medien und Hilfsmittel vorbereiten und **erproben**; den Einsatz der Technik üben!

4. **Gestaltungselemente der Visualisierung** richtig einsetzen, u. a.:

**Text:**

- gut lesbar
- richtige Schriftgröße (mind. Schriftgrad 16), möglichst serifenlose Schriftart wählen, z. B. Arial, Helvetica oder Verdana
- ggf. unterschiedliche Schriftgrößen
- Blöcke bilden, gliedern
- nicht überfrachten (z. B. bei der Transparentfolie: ca. 5 Zeilen)
- ggf. farbliche Markierung (sparsam!).

**Freie Grafiken**, Symbole, Diagramme und optische Pointierungen gezielt einsetzen:

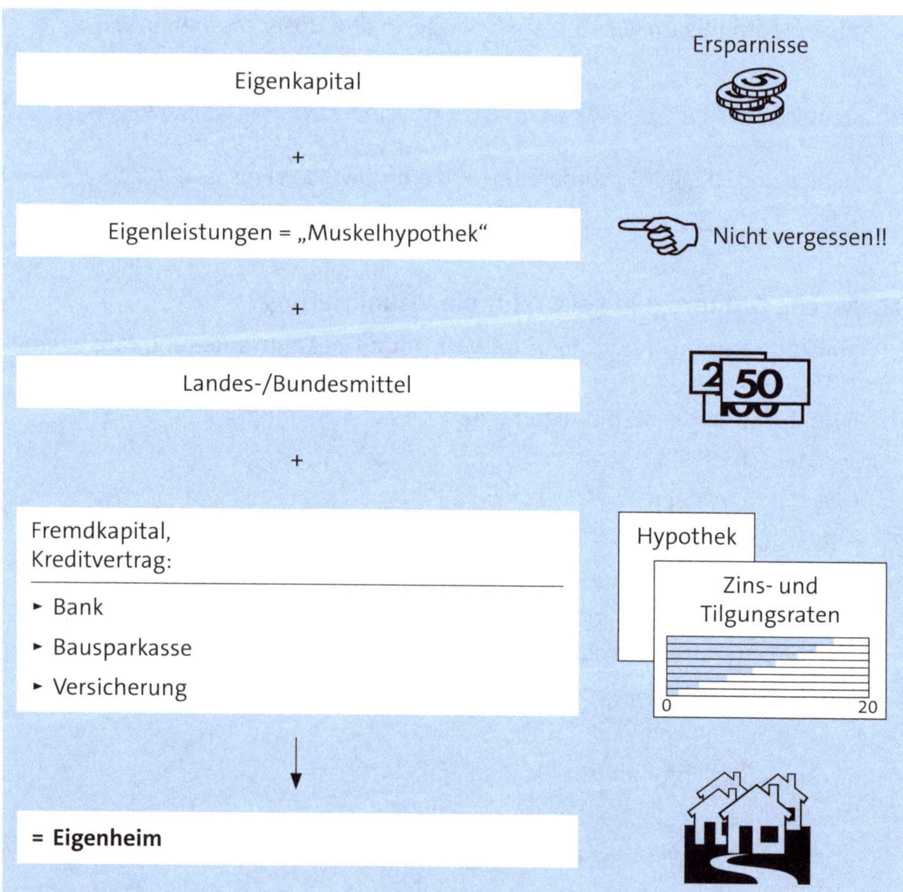

## 04. Welche Einzelaspekte sind bei der Vorbereitung der Präsentation zu berücksichtigen?

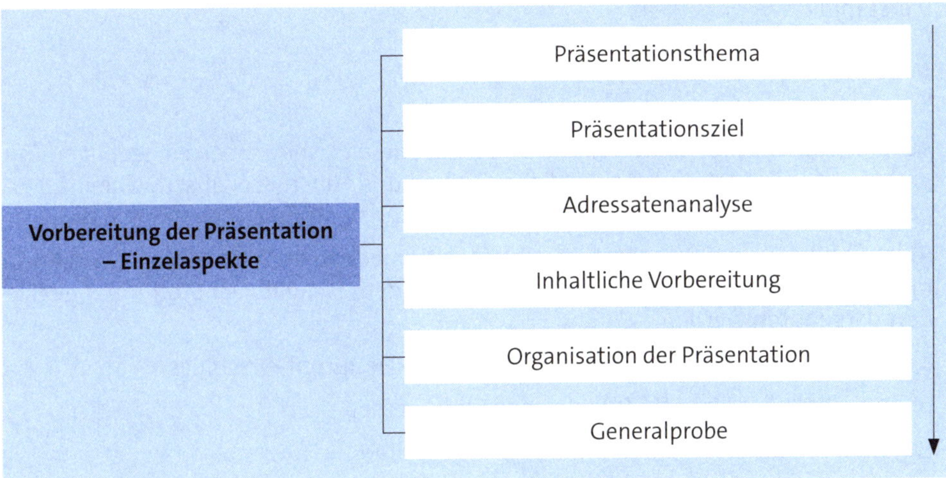


- **Ziel der Präsentation:**
  Die **exakte, möglichst messbare Zielformulierung** ist eigentlich eine Banalität; trotzdem wird sie häufig vernachlässigt. Hilfreich sind folgende Schlüsselfragen:
  - Was soll das **Resultat** der Präsentation sein?
  - Was sollen die Teilnehmer anschließend **denken** und/oder **tun**?
  - Worüber soll **informiert** werden?
  - Welcher **Nutzen** soll angeboten werden?
- **Adressatenanalyse:**
  Hilfreich ist die „SIE-Formel“:
  - **S** ituation: Wie viel Personen? Welches Alter? Welches Geschlecht? Welche Sprache?
  - **I** nteresse: Was erwarten die Zuhörer? Welche Einstellungen bringen Sie mit? Gemeinsamkeiten und Interessen?
  - **E** igenschaften: Bildung? Ausbildung? Beruf? Vorwissen? Welche Medien passen? Kulturelle Besonderheiten?
- **Inhaltliche Vorbereitung der Präsentation:**
  Die Stoffauswahl, die Bewertung und die Verdichtung einzelner Themenpunkte erfolgt in Verbindung mit der Zielsetzung und der Adressatenanalyse. Empfehlungen dazu: Der Stoffinhalt und -umfang lässt sich über die „SAGE-FORMEL“ gestalten:
  **S** ammeln
  **A** uswählen
  **G** ewichten
  **E** inteilen

Die nächste Fragestellung, die innerhalb der Vorbereitung zu bearbeiten ist, heißt: „Wie präsentiere ich?" Eine Gedankenbrücke dazu liefert die „VLAK-Formel":

**V** erständlich
**L** ebendig
**A** nschaulich
**K** ompetent

Auf die Möglichkeiten der **Visualisierung** wurde bereits weiter oben eingegangen. Zur Vorbereitung gehört, die notwendigen Medien und Hilfsmittel auszuwählen, zu erproben und bereitzulegen (Flipchart, Folien, Unterlage für die Teilnehmer usw.).

**Ablauflogik:** Für die Präsentation gibt es verschiedene Möglichkeiten, seine Argumente logisch miteinander zu verknüpfen; in jedem Fall gilt: Der Stoff muss **gegliedert** dargeboten werden.

a) Generell gilt folgender Ablauf: Einleitung → Hauptteil → Schluss

b) Innerhalb des Hauptteils kann gegliedert werden nach:

- Ist → Fakten → Soll → Gründe → Maßnahmen + Nutzen ...
- Ist → Fakten → Soll/Pro-Argumente → Soll/Contra-Argumente → Bewertung ...

Im Allgemeinen ist es falsch, ein Wort-für-Wort-Manuskript zu erstellen. Besser ist es, **ein Stichwort-Manuskript als gut gegliedertes Drehbuch mit Regieanweisungen** zu gestalten:

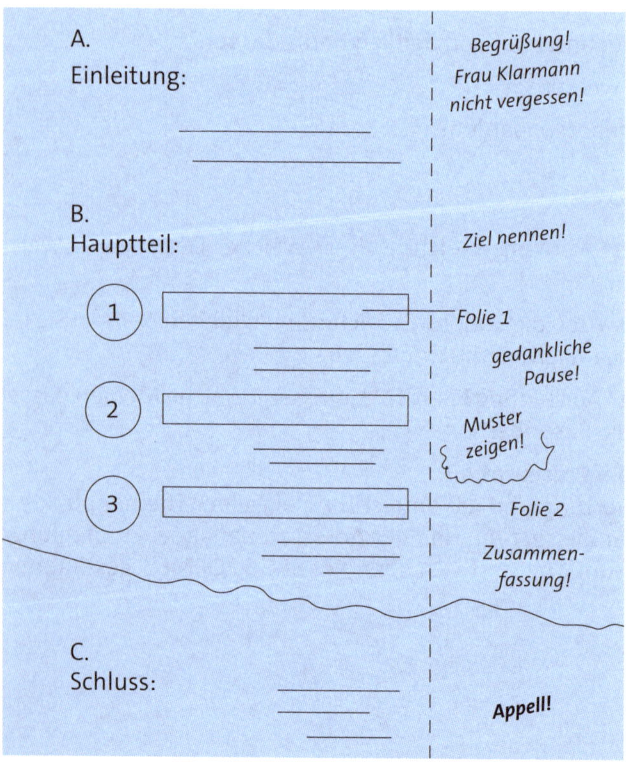

- **Der linke Teil** enthält das Themengerüst (sortiert nach Muss- und Kann-Themen).
- **Der rechte Teil** erinnert an Hilfsmittel, Medieneinsatz und besondere Aktivitäten (rhetorische Frage, Appell, Zusammenfassung).
- Mit einem **Textmarker** können besondere Punkte hervorgehoben werden. Sehr geeignet sind Karteikarten in DIN-A5-Format.

► **Organisation der Präsentation:**

- Ist der **Ort** geeignet (ggf. Anreiseweg, gut zu finden usw.)?
- Ist der **Raum** rechtzeitig reserviert, groß genug (Teilnehmer, Medien)?
- Sind **Zeitpunkt und Dauer** richtig gewählt?
  (weniger geeignet z. B.: Freitagnachmittags, Anreise zu einer Zeit mit hoher Verkehrsdichte u. Ä.)
- Müssen **Pausen/Getränke** eingeplant werden?
- Sind die **Medien und Materialen** rechtzeitig fertig und im Raum vorhanden?
- Müssen **Unterlagen für die Teilnehmer** vorbereitet werden (sog. Handouts)?
- Ist der Präsentator persönlich vorbereitet?
  - Gut gelaunt?
  - Ausgeschlafen?
  - Hat er sich mit der Räumlichkeit vertraut gemacht?
  - Sind die Medien störungsfrei einsetzbar? (Ersatzbirne für Beamer verfügbar, ausreichend Flipchartpapier, Stifte nicht ausgetrocknet usw.)

Die organisatorische Seite erledigt der Präsentator am besten mithilfe einer **Checkliste**.

► **Generalprobe:**
Eine Präsentation, die auf dem Papier tadellos aussieht, kann trotzdem weniger erfolgreich verlaufen. Die Gründe können sein:

- Die Ausführungen fließen noch nicht in freier Rede. Dies muss geübt werden! Der Präsentator muss den Inhalt seiner Aussagen „im Schlaf können“, damit er auch bei unvorhergesehenen Unterbrechungen den roten Faden wieder findet und er seine volle Konzentration der Sprechtechnik und den Zuhörern widmen kann.
- Die Verzahnung von Sprache und Visualisierung muss geübt werden. Die Regel heißt: *„Erst sprechen, dann schreiben oder umgekehrt; nicht gleichzeitig.“*
- Erst im Echtbetrieb lassen sich Schwachstellen erkennen (zu wenig Licht, Bestuhlung nicht geeignet, Medien nicht richtig platziert, Schriftgröße der Folien ungeeignet u. Ä.).
- Es tauchen noch Schwachstellen in der persönlichen Wirkung auf (Sprache, Körpersprache).

Aus diesen Gründen sollte kein Präsentator auf die Generalprobe verzichten: Mithilfe von z. B. Kollegen aus dem Betrieb wird unter Echtbedingungen die Präsentation simuliert.

Diese Helfer geben Feedback und wirksame Verbesserungsmöglichkeiten; u. U. ist auch der Einsatz von Tonbandgerät oder Videoaufzeichnung sinnvoll.

### 3.3.3 Durchführung einer Präsentation

Jede erfolgreiche Präsentation ruht auf zwei Ebenen:

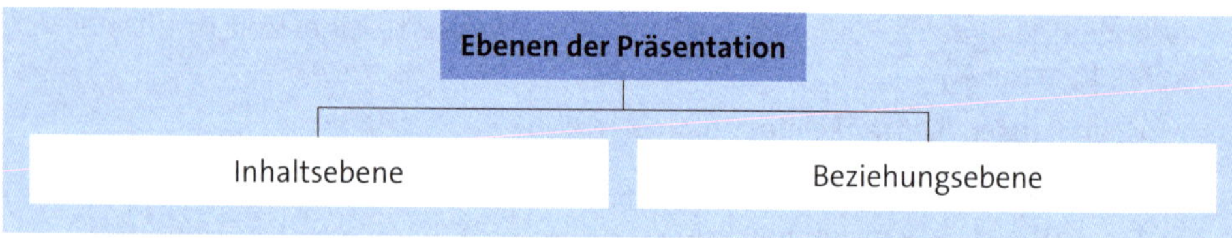


Die äußere Ebene bildet der Inhalt, das Thema; die innere Ebene wird durch die Beziehung zum Zuhörer gebildet. Daher sind folgende Punkte bei der Durchführung einer Präsentation zu beachten:

1. **Vor dem Beginn:** Spannungspause und Blickkontakt aufnehmen; erst zu sprechen beginnen, wenn sich alle Teilnehmer zugewandt haben. Den Beginn der Präsentation signalisieren!
2. **Sich persönlich vorstellen:** Name, Funktion, Bezug zum Thema (kkp).
3. **Thema und Ziel** nennen sowie **Gliederung** aufzeigen.
4. **Zusammenfassung** geben.
5. Präsentation **richtig abschließen**.

Es empfiehlt sich vor dem Beginn, die Teilnehmer persönlich zu begrüßen; dies schafft Kontakt. Überprüfen, ob das Outfit passend ist. Die Kleidung sollte dem Anlass und der Zielgruppe entsprechen.

Anschließend hat der Präsentator Gelegenheit, seine Sprech- und Visualisierungstechnik unter Beweis zu stellen (vgl. dazu » 3.3.2). Der **Schluss einer Präsentation** hat besonderen Stellenwert. Der Präsentator sollte hierzu eine geeignete Formulierung eingeübt haben. Generell lautet die Aussage am Schluss immer: *„Zum Handeln, zum Denken, zum Überdenken auffordern!“*

Die Aussage, *„ich danke für Ihre Aufmerksamkeit"* ist zwar nicht falsch, wirkt aber müde und abgegriffen. Nachfolgend zwei Beispiele für eine richtige und eine falsche Schlussaussage:

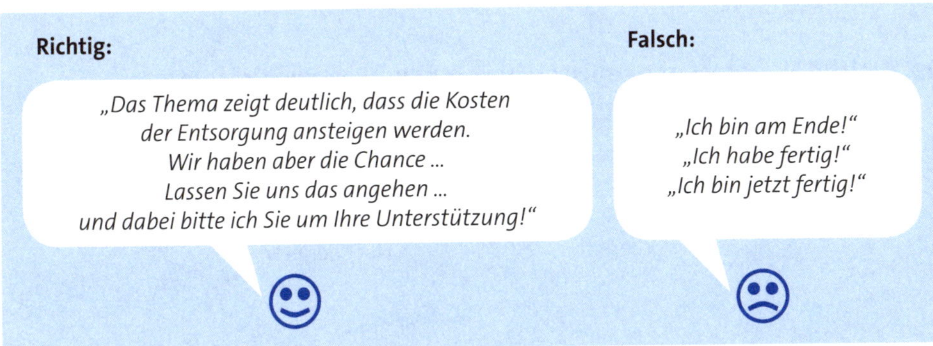


- Häufig zu beobachtende **Fehler bei der Durchführung** der Präsentation sind z. B.:
  - Nichteinhalten der Zeit
  - mit dem Rücken zum Zuhörer
  - Hände in den Taschen
  - steife Körperhaltung
  - wörtliches Ablesen vom Manuskript
  - „Folienfilm" (zu viel, zu schnell)
  - Fremdmaterialien verwenden ohne Quellenangabe
  - fehlende Gestik, Lächeln fehlt.

## 3.3.4 Nachbereitung einer Präsentation

### 01. Wie ist eine Präsentation nachzubereiten?

Die Nachbereitung der Präsentation umfasst eine Reihe von Anschlussarbeiten. Außerdem steht sie im Zeichen der „Verbesserung zukünftiger Präsentationen". Im Einzelnen sind folgende Fragen zu beantworten bzw. Arbeiten durchzuführen:

- War die Präsentation wirksam? Ist das Ziel erreicht worden?
- Was kann bei zukünftigen Präsentationen wirksamer gestaltet werden?

Hier hilft die Bitte an die Teilnehmer, ein unmittelbares Feedback zu geben. Feedback erfolgt immer als „Ich-Botschaft" und muss sich an der Sache orientieren (vgl. dazu die Ausführungen zum Thema „Anerkennung und Kritik" unter >> 4.5.4).

Inhalt eines Feedback-Bogens, z. B.:

- persönliche Wirkung (Sprache, Körpersprache)
- Verständlichkeit, Gliederung, Visualisierung

- Hörerorientierung
- Organisation
- Fachkompetenz.

### 02. Welche Hauptaspekte müssen bei einer wirksamen Präsentation beachtet werden?

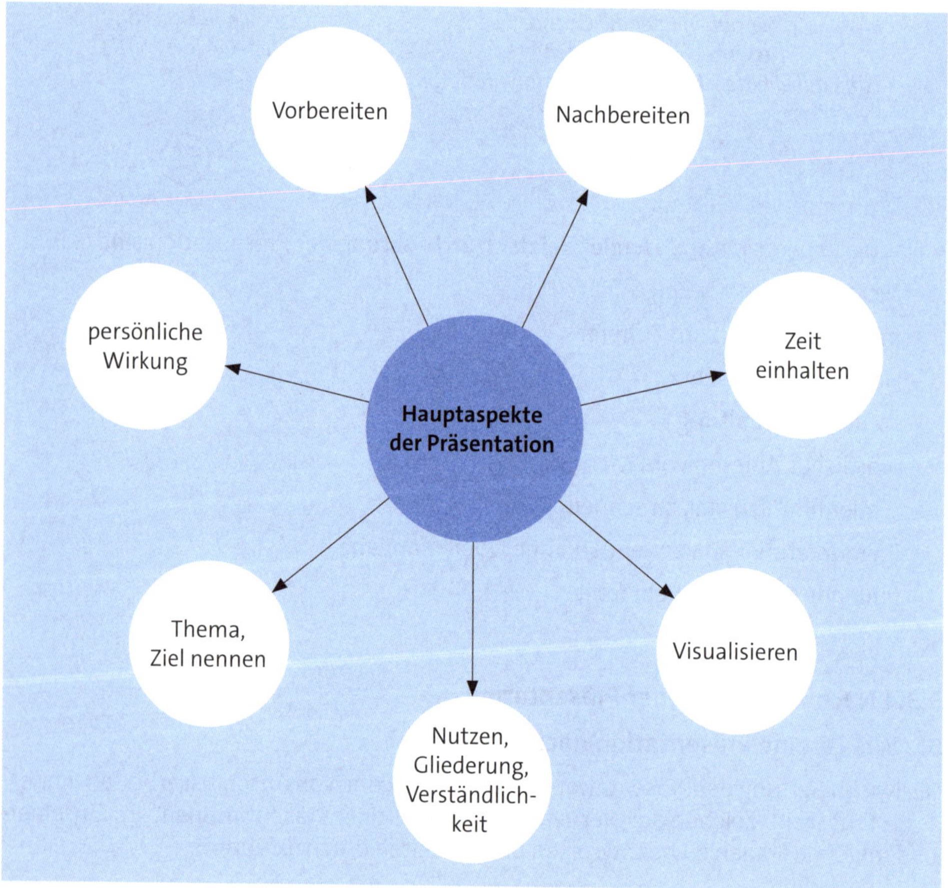


## 3.4 Erstellen von technischen Unterlagen, Entwürfen, Statistiken, Tabellen und Diagrammen

TIPP

Vgl. zu diesem Thema auch das 5. Prüfungsfach, >> 5.4.

## 3.4.1 Technische Unterlagen

### 01. Welche technischen Unterlagen muss der Industriemeister kennen und anwenden können?

**Technische Unterlagen – Beispiele**

| **Anleitungen** | **Stücklisten** | **Technische Zeichnungen (Entwürfe)** | **Normen, Richtlinien** |
|---|---|---|---|
| ► Bedienungsanleitung<br>► Montageanleitung<br>► Reparaturanleitung<br>► Wartungsanleitung | ► Mengenstückliste<br>► Strukturstückliste<br>► Baukastenstücklisten<br>► Variantenstückliste | ► Zusammenstellungszeichnung<br>► Gruppenzeichnung<br>► Einzelteilzeichnung | Beispiele:<br>► DIN EN ISO 3040<br>► DIN EN ISO 128 |

- **Bedienungsanleitungen** enthalten z. B.
  - Beschreibungen zur Bedienung des Betriebsmittels
  - Anleitungen zur Störungserkennung und -behebung
  - Wartungsmaßnahmen und -intervalle
  - Überwachungs- und Sicherheitsmaßnahmen
- **Montageanleitungen** enthalten z. B.
  - Anleitungen zur Durchführung der Montage:
  - Reihenfolge von Einzelteil > Baugruppe > Fertigteil
  - erforderliche Werkzeuge und Hilfsmittel/-vorrichtungen
- **Reparaturanleitungen** enthalten z. B.
  - Anleitungen zur Fehlerbehebung/Reparatur
  - Hinweise auf Störungsquellen und deren Behebung
- **Wartungsanleitungen** enthalten z. B.
  - Wartungsarbeiten, Wartungsintervalle
  - Schmierplan, Schmierstoffe, Füllstellen, Füllmengen.

### 02. Was ist eine Stückliste?

Die technische Zeichnung ist für die kaufmännischen Abteilungen wie Einkauf, Materialwirtschaft, Kostenrechnung keine ausreichende Grundlage. Sie wird daher durch die Stückliste ergänzt. Vgl. dazu ausführlich » 2.2.4 Frage 19.

| 1<br>Pos. | 2<br>Menge | 3<br>Einheit | 4<br>Benennung | 5<br>Normblatt / Zeichnungsnr. / Werkstoff / Halbzeug | 6<br>Bemerkung |
|---|---|---|---|---|---|
| 1 | 1 | Stck. | Lagergehäuse | Zg. XNK 1 / EN-GJL-250 / Modell-Nr. 8180 | |
| 2 | 1 | Stck. | Kurbelgehäuse | Zg. XNK 2 / EN-GJL-250 / Modell-Nr. 8181 | |
| 3 | 1 | Stck. | Lagergehäuse | Zg. XNK 3 / EN-GJL-250 / Modell-Nr. 8182 | |
| 4 | 1 | Stck. | Kolben | Zg. XNK 4 / GK-AlMg5 / Modell-Nr. 5120 | |
| 5 | 1 | Stck. | Zylinder | Zg. XNK 5 / EN-GJL-300 / Modell-Nr. 8183 | |
| 6 | 1 | Stck. | Zylinderkopf | Zg. XNK 6 / E295 / ⌀105x20 DIN EN 10060 | |
| 7 | 1 | Stck. | Kolbenbolzen | Zg. XNK 7 / 16MnCr5 / ⌀15x65 DIN EN 10060 | |
| 8 | 1 | Stck. | Kurbelwellenteil | Zg. XNK 8/ 42CrMo4 / vorgeschmiedet | vergütet |
| 9 | 1 | Stck. | Kurbelwellenbolzen | Zg. XNK 9 / 16MnCr5 / ⌀15x45 DIN EN 10060 | |
| 10 | 1 | Stck. | Kurbelwellenteil | Zg. XNK 10 / 42CrMo4 / vorgeschmiedet | vergütet |
| 11 | 1 | Stck. | Schubstange | Zg. XNK 11 / 42CrMo4 / Gesenk-Nr. 43 | |
| 12 | 1 | Stck. | Ansaugrohr | Zg. XNK 12 / C-Cu / Rohr 8x0,75 DIN EN 10278 | |
| 13 | 1 | Stck. | Kolbenring | Zg. XNK 13 | Bestellteil |
| 14 | 1 | Stck. | Lagerbuchse | Zg. XNK 14 / G-CuSn14 / ⌀20x30 | |
| 15 | 1 | Stck. | Schutzkappe | Zg. XNK 15 / C-Cu / Bl0,5x⌀120 DIN EN 10278 | |
| 16 | 1 | Stck. | Kegelventil (Einlass) | Zg. XNK 16 | Bestellteil |
| 17 | 1 | Stck. | Kegelventil (Auslass) | Zg. XNK 17 | Bestellteil |
| 18 | 1 | Stck. | Dichtring ⌀70x62x0,5 | C-Cu / Bl0,5x⌀70 | |
| 19 | 1 | Stck. | Sicherungsring | DIN 472-15x1 | |
| 20 | 1 | Stck. | Zylinderrollenlager NU202 | DIN 5412 | Bestellteil |
| 21 | 1 | Stck. | Passfeder A 4x4x25 | DIN 6885-A - 4x4x25 | |
| 22 | 8 | Stck. | Zylinderschraube | DIN EN ISO 4762-M6x15-8.8 | |
| 23 | 1 | Stck. | Nadellager ohne Innenring | INA NK 14/20 | Bestellteil |
| 24 | 2 | Stck. | Verschlussschraube | DIN 906-M8x1-5.8 | |
| 25 | 1 | Stck. | Rillenkugellager 4202 | DIN 625 | Bestellteil |
| 26 | 1 | Stck. | Verschlussdeckel | DIN 443-36-Fe P01-phr | |
| 27 | 1 | Stck. | Sicherungsring | DIN 472-36x1,5 | |
| 28 | | | | | |

| | Datum | Name | Benennung |
|---|---|---|---|
| Bearb. | 27.06.2014 | Liebelt | Luftkompressor XNK |
| Gepr. | | | |
| Norm | | | |

RIRA GmbH

| Zust. | Änderung | Datum | Name | Ursprung | Ersatz für | Erstellt mit: SOLIDWORKS |
|---|---|---|---|---|---|---|

## 03. Was sind Entwürfe und Skizze?

- Ein **Entwurf** ist die Fassung eines Konzeptes, Textes oder einer Zeichnung, über deren endgültige Ausführung noch nicht entschieden wurde.
- **Skizzen** sind Entwürfe technischer Zeichnungen. Sie sollten vollständig sein, sind jedoch noch mit Ungenauigkeit im Maßstab behaftet.

## 04. Was ist der Inhalt technischer Zeichnungen?

In technischen Zeichnungen wird das Erzeugnis nach DIN-Zeichnungsnormen oder anderen Symbolen unter Angabe von Maßen, Toleranzen, der Oberflächengüte und -behandlung, der Werkstoffe und Werkstoffbehandlungen **grafisch** dargestellt.

## 05. Welche Arten von technischen Zeichnungen werden unterschieden?

a) **Zusammenstellungszeichnungen** (auch: **Zusammenbauzeichnung; ZSB-Zeichnung**): sie zeigen die Größenverhältnisse, die Lage und das Zusammenwirken der verschiedenen Teile (Abbildung auf der nächsten Seite).

b) **Gruppenzeichnungen:** sie zeigen die verschiedenen Teilkomplexe auf.

c) **Einzelteilzeichnungen:** sie enthalten die vollständigen und genauen Angaben für die Fertigung des einzelnen Erzeugnisses.

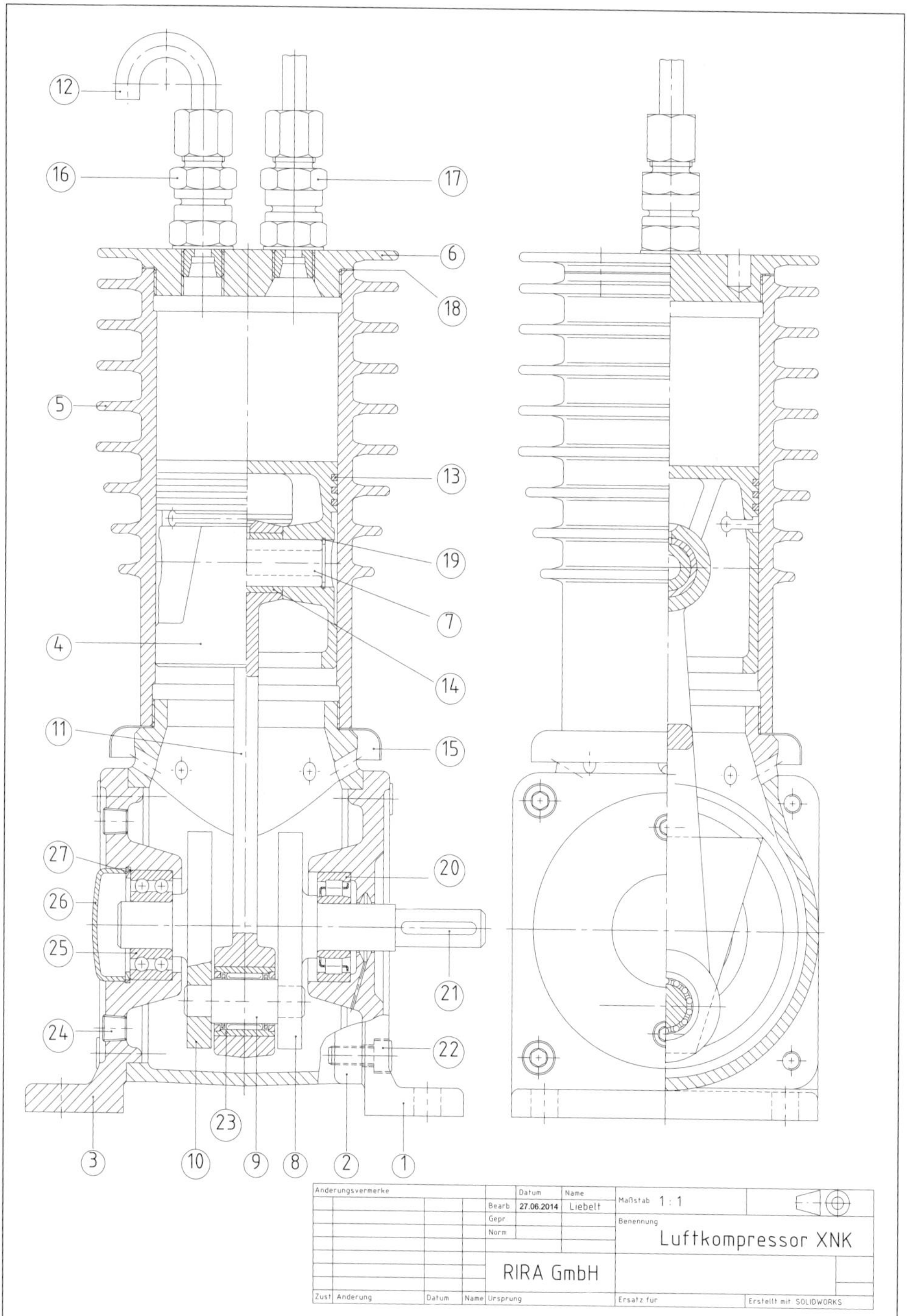
12
16
17
6
18
5
13
19
7
4
14
11
15
27
20
26
25
21
24
22
23
3
10
9
8
2
1
Änderungsvermerke
Datum
Name
Bearb.
27.06.2014
Liebelt
Gepr.
Norm
Maßstab 1 : 1
Benennung
Luftkompressor XNK
RIRA GmbH
Zust.
Änderung
Datum
Name
Ursprung
Ersatz für
Erstellt mit SOLIDWORKS

## 06. Wie werden Skizzen angefertigt?

- **Vorgehensweise:**
  1. Formen und Umrisse zunächst mit dünnen Linien
  2. Nachzeichnen mit dicken Linien und Maße eintragen
  3. Maßtoleranzen und Oberflächenzeichen eintragen
  4. Schnittflächen mit Schraffuren kennzeichnen
- **Hilfsmittel**, z. B.:
  - Transparentpapier, Bleistift, Tusche, Zirkel, Lineal, Dreieck
  - Zeichenplatte, Zeichentisch, Zeichenschiene, Schablonenlineale
  - Papierbögen im Format DIN A 0 bis DIN A 4
  - CAD-Software.

## 07. Welche Zeichnungsnormen und -richtlinien müssen beachtet werden?

Dazu ausgewählte Beispiele:

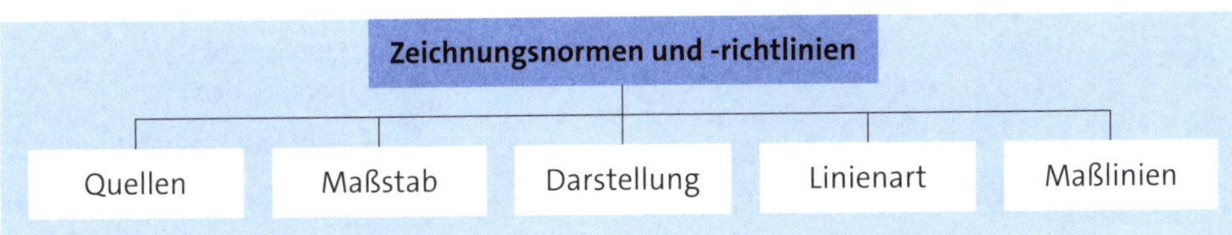


- **Quellen**, z. B.:
  - DIN-Normen
  - VDI-Richtlinien
  - Berufsgenossenschaftliche Vorschriften (DGUV)
  - VDMA-Einheitsblätter
  - VDE-Bestimmungen
  - RAL-Vereinbarungen.

  Beispiele für Normen:

| | |
|---|---|
| DIN EN ISO 3040 | Maßeintragung |
| DIN EN ISO 128 | Allgemeine Grundlagen der Darstellung (Ansichten, Schnitte) |
| DIN ISO 5455 | Maßstäbe |
| DIN ISO 5456-2 | Allgemeine Grundlagen der Darstellung (Linien) |
| DIN EN ISO 3098-2 | Schriften |
| DIN EN ISO 5457 | Formate und Gestaltung von Zeichnungsvordrucken |
| DIN EN ISO 1302 | Angabe der Oberflächenbeschaffenheit in der technischen Produktdokumentation |

- Wahl des **Maßstabs**, z. B.:

**Wahl des Maßstabs**

| natürlicher Maßstab | Vergrößerung | Verkleinerung |
| --- | --- | --- |
| 1:1 | z. B.: 2:1; 5:1; 10:1 | z. B.: 1:2; 1:5; 1:10 |

- Wahl der **Darstellung**, z. B.:

**Darstellungsformen und -techniken**

| Ansicht | Schnitt | Projektion |
| --- | --- | --- |
| ► Vorderansicht<br>► Draufsicht<br>► Seitenansicht | ► Vollschnitt<br>► Halbschnitt<br>► Teilschnitt | ► Normalprojektion<br>► axonometrische Projektion<br>► Fluchtpunkt-perspektive<br>► Explosionsdarstellung |

**Beispiele**

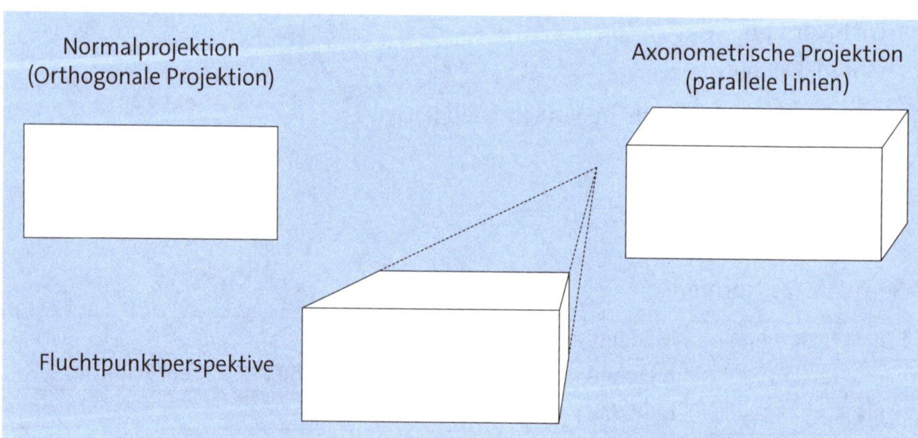


Die axonometrische Projektion wird unterschieden in die **isometrische** und die **dimetrische** Projektion.

- Wahl der **Linienart**, z. B.:

  Die Linienarten sind in der DIN EN ISO 128 dargestellt. Dazu einige Beispiele und deren Anwendung:

| | Linienart | Anwendung |
|---|---|---|
| A | Volllinie, breit | sichtbare Kanten, Umrisse, Hauptdarstellungen usw. |
| B | Volllinie, schmal | Maßlinien, Maßlinienbegrenzung, Schraffuren usw. |
| C | Freihandlinie, schmal | Begrenzung von abgebrochenen/unterbrochenen Schnitten |
| D | Zickzacklinie, schmal | Begrenzung von abgebrochenen/unterbrochenen Schnitten |
| ... | | |
| F | Strichlinie, schmal | verdeckte Kanten, Umrisse |
| | | |
| | | |
| | | |

- **Maßlinien usw.,** z. B.:

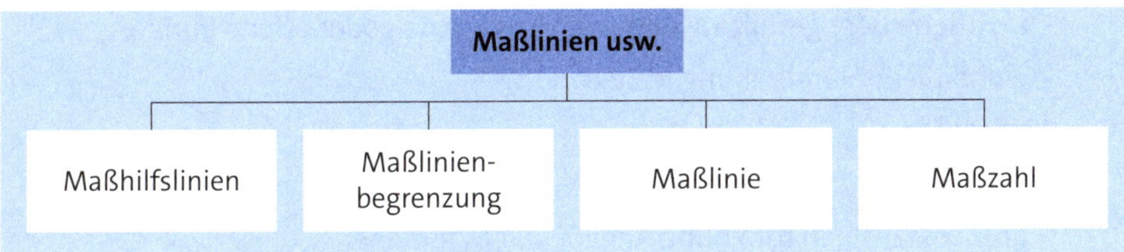


**Beispiel**

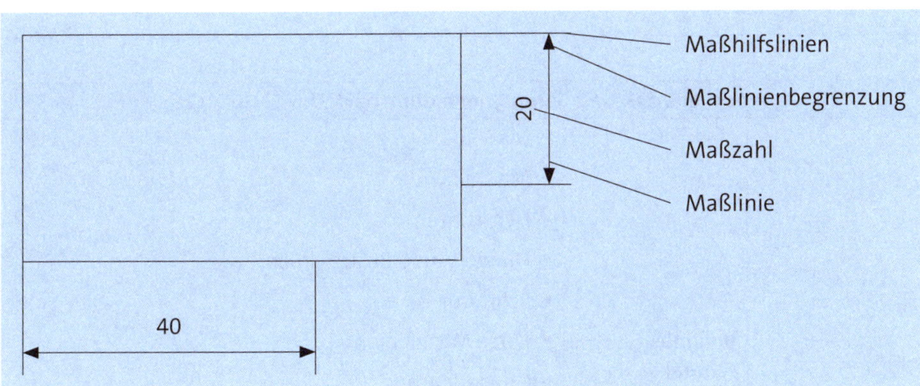

MERKE

- **Maßlinien:**
  - schmale Volllinien
  - Abstände:
    ≥ 10 mm zum Körper
    ≥ 7 mm zwischen den einzelnen Maßlinien
- **Maßhilfslinien:**
  - schmale Volllinien
  - ohne Zwischenraum zu den Kanten des Körpers
  - ragen ca. 2 mm über die Maßlinie hinaus
  - dürfen nicht von anderen Linien durchzogen/gekreuzt werden
- **Maßlinienbegrenzungen:**
  - als offene oder gefüllte Maßpfeile/Schrägstrich oder offene Punkte
  - einheitliche Handhabung je Zeichnung
- **Maßzahlen:**
  - werden über die durchgezogene Maßlinien gesetzt
  - grundsätzlich: in mm ohne Angabe der Maßeinheit
    Ausnahme: in m, dann mit Maßeinheit
  - innerhalb einer Zeichnung: kein Wechsel der Maßeinheit.

| **Linienarten und deren Anwendung nach DIN EN ISO 128** | | |
|---|---|---|
| | **Volllinie, schmal** | ► Maßlinie<br>► Maßhilfslinie<br>► Lichtkanten<br>► Hinweis- und Bezugslinien<br>► Schraffur<br>► kurze Mittellinien<br>► Gewindegrund<br>► Maßlinienbegrenzung<br>► Diagonalkreuze, die ebene Flächen kennzeichnen<br>► Biegelinien (bei Rohren und bearbeiteten Teilen)<br>► Umrahmungen (von Prüfmaßen/Form- und Lage-toleranzen und Einzelheiten) |

| Linienarten und deren Anwendung nach DIN EN ISO 128 | | |
|---|---|---|
|  | **Freihandlinie, schmal** | Darstellung von Begrenzungen unterbrochener Ansichten und Schnitten (freihand gezeichnet) |
| 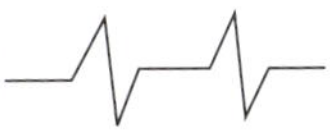 | **Zickzacklinie, schmal** | Darstellung von Begrenzungen unterbrochener Ansichten und Schnitten (mit Zeichenautomat gezeichnet) |
| ―――――― | **Volllinie, breit** | ► sichtbare Umrisse<br>► sichtbare Kante<br>► Gewindespitzen<br>► Grenze der nutzbaren Gewindelänge<br>► Formteilungslinien |
| – – – – – – – | **Strichlinie, schmal** | ► verdeckte Kanten<br>► verdeckte Umrisse |
| **– – – – – – –** | **Strichlinie, breit** | ► Kennzeichnung von Oberflächenbehandlungen |
| —.—.—.—. | **Strichpunktlinie, schmal** | ► Mittellinie<br>► Symmetrielinie<br>► Teilkreis (bei Löchern)<br>► Teilkreis (bei Verzahnung) |
| **—.—.—.—.** | **Strichpunktlinie, breit** | ► Schnittebenen<br>► Kennzeichnung von Formteilungslinien in Schnitten<br>► Kennzeichnung von begrenzten Bereichen z. B. Behandlung |
| —..—..—.. | **Strichzweipunktlinie** | ► Schwerpunktlinien<br>► Umrisse angrenzender Bauteile<br>► Endstellungen von beweglichen Bauteilen |

## 3.4.2 Statistiken und Tabellen

### 01. Was ist das Wesen und die Aufgabe der Statistik?

Mit Statistik (= lateinisch: „status“ = Zustand) bezeichnet man die Gesamtheit aller Methoden zur Untersuchung von Massenerscheinungen sowie speziell die Aufbereitung von Zahlen und Daten in Form von Tabellen und Grafiken.

Die Aufgabe der Statistik besteht darin, Bestands- und Bewegungsmassen systematisch zu gewinnen, zu verarbeiten, darzustellen und zu analysieren. Dabei sind **Bestandsmassen** diejenigen Massen, die sich auf einen Zeitpunkt beziehen, während **Bewegungsmassen** auf einen bestimmten Zeitraum entfallen.

## 02. Welchen Stellenwert hat die Betriebsstatistik?

Die Statistik ist ein Teilgebiet des Rechnungswesens und ein eigenständiges Instrument der Analyse, des Vergleichs und der Prognose. Kernfragen des betrieblichen Alltags können ohne die Methoden der Statistik nicht gelöst werden; z. B.:

- Mithilfe der **Stichprobentheorie** lässt sich von Teilgesamtheiten auf Grundgesamtheiten schließen.
- Mithilfe der **Indexlehre** können z. B. durchschnittliche Veränderungen der Preise zu einer einheitlichen Basis ermittelt werden.

## 03. In welchen Schritten erfolgt die Lösung statistischer Fragestellungen?

1. **Analyse** der Ausgangssituation
2. **Erfassen** des Zahlenmaterials
3. **Aufbereitung**, d. h. Gruppierung und Auszählung der Daten und Fakten
4. **Auswertung**, d. h. Analyse des Zahlenmaterials nach methodischen Gesichtspunkten.

## 04. Wie kann statistisches Ausgangsmaterial erfasst und aufbereitet werden?

- Die **Erfassung** des Zahlenmaterials kann
  - als Befragung,
  - als Beobachtung oder
  - als Experiment

  erfolgen. Dabei kann es sich um eine **Vollerhebung** oder um eine **Teilerhebung** (Stichprobe) handeln bzw. die Daten können **primärstatistisch** oder **sekundärstatistisch** erhoben werden.
- **Aufbereitung**:
  Das Zahlenmaterial kann erst dann ausgewertet und analysiert werden, wenn es in aufbereiteter Form vorliegt. Dazu werden die Merkmalsausprägungen geordnet – z. B. nach Geschlecht, Alter, Beruf, Region. Weitere Ordnungskriterien können sein:
  - Ordnen des Zahlenmaterials in einer Nominalskala (qualitative Merkmale; gleich/verschieden).
  - Ordnen des Zahlenmaterials in einer Kardinalskala oder einer Ordinalskala.
  - Unterscheidung in diskrete und stetige Merkmale.
  - Aufbereitung in Form einer Klassenbildung (bei stetigen Merkmalen).
  - Aufbereitung ungeordneter Reihen in geordnete Reihen.
  - Bildung absoluter und relativer Häufigkeiten (Verteilungen).

Schrittfolge bei der Lösung statistischer Fragestellungen:

**1. Analyse der Ausgangssituation**

↓

**2. Erfassen des Zahlenmaterials** ←
- Befragung, Beobachtung oder Experiment
- Vollerhebung oder Teilerhebung
- primär- oder sekundärstatistisch

↓

**3. Aufbereitung der Daten und Fakten** ←
- Nominal-, Kardinal- oder Ordinalskala
- diskrete oder stetige Merkmale
- geordnete Reihen, Klassenbildung
- Bildung von Verteilungen (absolut/relativ)

↓

**4. Auswertung** ← Analyse des Zahlenmaterials nach methodischen Gesichtspunkten

## 05. Welche Gesichtspunkte sind beim Aufbau einer statistischen Tabelle zu berücksichtigen?

- **Tabellen** bestehen aus Spalten und Zeilen. Zur besseren Übersicht können Zeilen und Spalten nummeriert werden. Die Schnittpunkte von Zeilen und Spalten nennt man Felder oder Fächer.
- Der **Tabellenkopf** ist die Erläuterung der Spalten. Er kann eine **Aufgliederung** (z. B. „Belegschaft gesamt“, „davon weibliche Belegschaft“, „davon männliche Belegschaft“), eine Ausgliederung („Belegschaft insgesamt“, „darunter weiblich“) oder eine **mehrstufige Darstellung** („Belegschaft gesamt“/„davon männlich“, „davon ledig“, „davon verheiratet“ usw.) enthalten. Es sind auch noch stärkere Untergliederungen möglich. Zu beachten ist aber, dass die notwendige Übersicht nicht verloren geht. Die nachfolgende Abbildung zeigt den schematischen Aufbau einer Tabelle:

**Tab. Nr. ... Überschrift/Titel ... ... ...**

Vorspalte

Tabellenkopf

Hauptspalten

Unterspalten

Summenspalte

Lfd. Spalten Nr.

| | | | | | |
|---|---|---|---|---|---|
| | | | | | |
| **Lfd. Nr.** | **1** | **2** | **3** | **4** | ∑ |
| 1 | | | | | |
| 2 | | | | | |
| 3 | | | | | |
| 4 | | | | | |
| 5 | | | Fach | | |
| ∑ | | | | | |

Summenzeile

Lfd. Zeilen Nr.

**Quelle/Fußnote: ... ... ...**

- **Tabellen können im Hoch- oder im Querformat** wiedergegeben werden. Das linke obere Feld (der Schnittpunkt von Vorspalte und Tabellenkopf) kann als
  - Kopf zur Vorspalte,
  - als Vorspalte zum Kopf oder
  - als Kopf zur Vorspalte/Vorspalte zum Kopf

  gestaltet sein. Im Zweifelsfall kann dieses Fach auch leer bleiben, bevor eine nicht eindeutig zutreffende Bezeichnung gewählt wird.

| **Kopf zur Vorspalte** | **Vorspalte zum Kopf** | | |
|---|---|---|---|
| | | | |
| | | | |
| | | | |

| **Vorspalte zum Kopf** / **Kopf zur Vorspalte** | | | |
|---|---|---|---|
| | | | |
| | | | |
| | | | |

- Weitere Grundregeln zur Tabellengestaltung sind:
  - Jede Tabelle sollte eine Überschrift enthalten, aus der korrekt der Titel und ggf. weitere Inhaltspunkte hervorgehen.
  - Bei einer quer dargestellten Tabelle sollte die Vorspalte links liegen.
  - Erläuterungen, die sich auf die gesamte Tabelle beziehen, werden in einer Vorbemerkung wiedergegeben.
  - Erläuterungen, die sich auf einen Teil der Tabelle beziehen, stehen in der Fußnote.
- Weitere Hinweise zur Tabellengestaltung können der DIN 55301 entnommen werden.

### 3.4.3 Diagramme

#### 01. Wie lassen sich statistische Ergebnisse grafisch darstellen?

Die grafische Darstellung statistischer Ergebnisse ist mithilfe von

- Strecken und Kurven (z. B. Linien-, Stab- bzw. Säulendiagramme),
- Flächen (z. B. Kreisdiagramme, Struktogramme),
- 3-dimensionalen Gebilden,
- Kartogrammen oder
- Bildstatistiken

möglich.

**Balkendiagramm, vertikal**

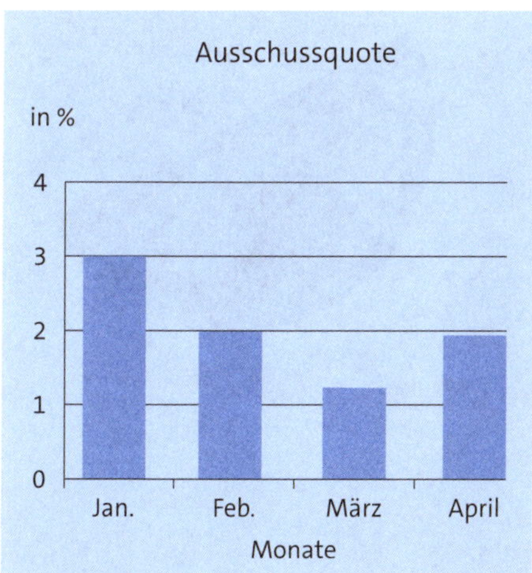


**Balkendiagramm, horizontal**

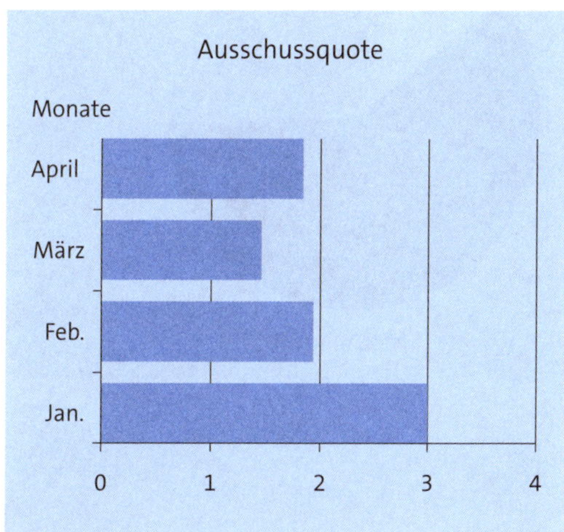


**Hinweis:** Das Balkendiagramm wird auch als Säulendiagramm bezeichnet.

**Liniendiagramm**

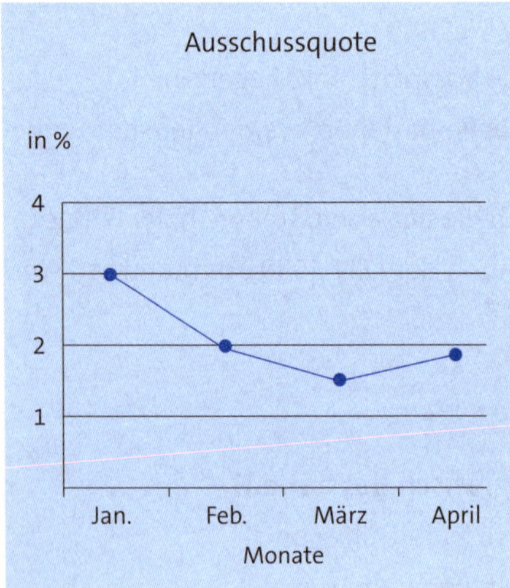


**Flächendiagramm**

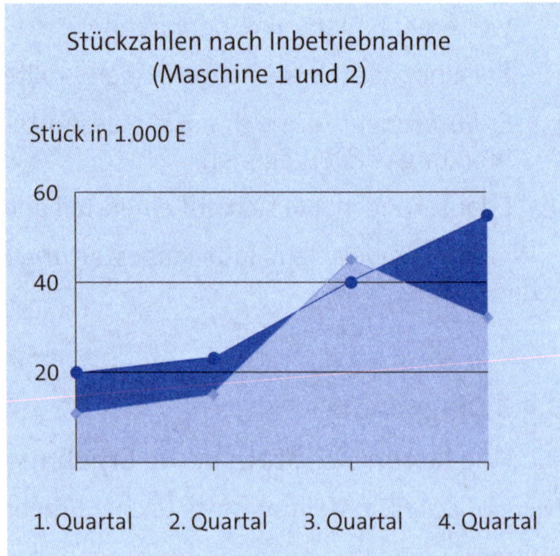


**Kreisdiagramm**
Vergleich mit explodiertem Segment

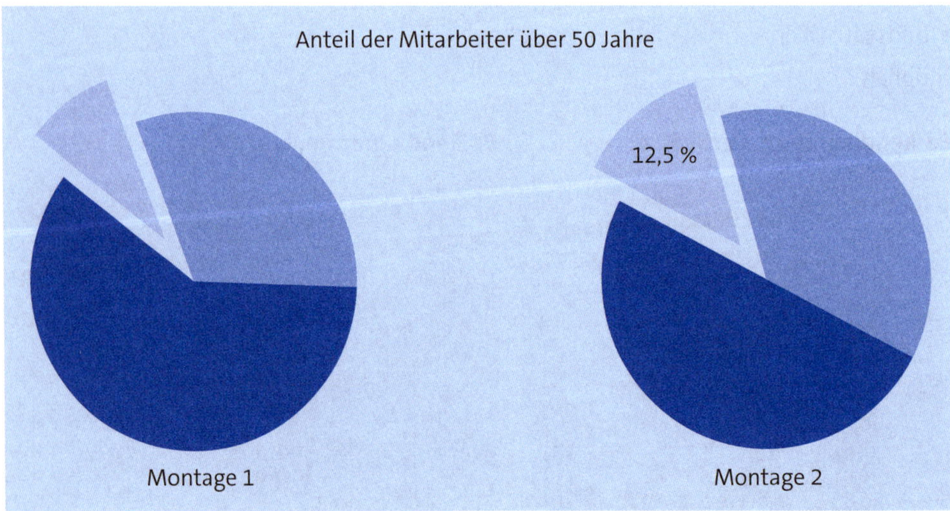

**Struktogramm**
Vergleich, mit Legende, mit Normierung auf 100 %, 3-D-Darstellung

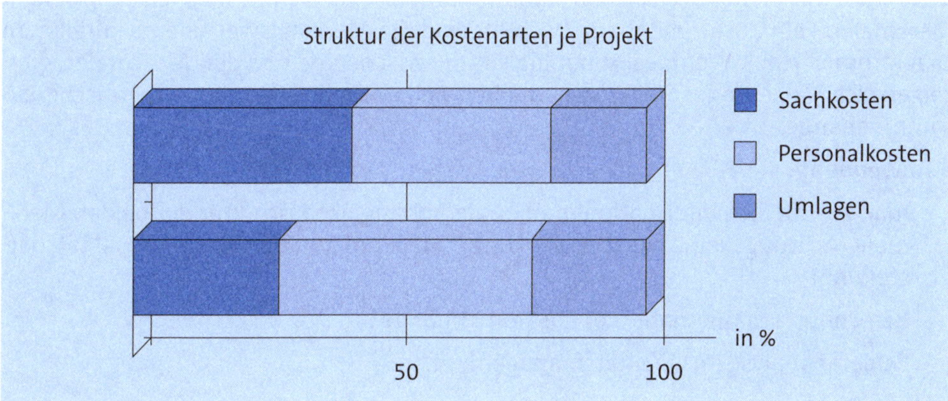


**Nomogramme** sind grafische Darstellungen funktionaler Zusammenhänge. Man verwendet sie für Zahlenrelationen, die häufig gebraucht werden. Ist die Grafik ausreichend genau dargestellt, kann ein bestimmter Zahlenwert direkt aus dem Nomogramm abgelesen werden.

**Beispiel**

**Quadratwurzel aus einem Produkt:** $\sqrt{ab} = c$

z. B.:

| a | b | c |
|---|---|---|
| 15,0 | 60,0 | 30,00 |
| 30,0 | 70,0 | 45,83 |

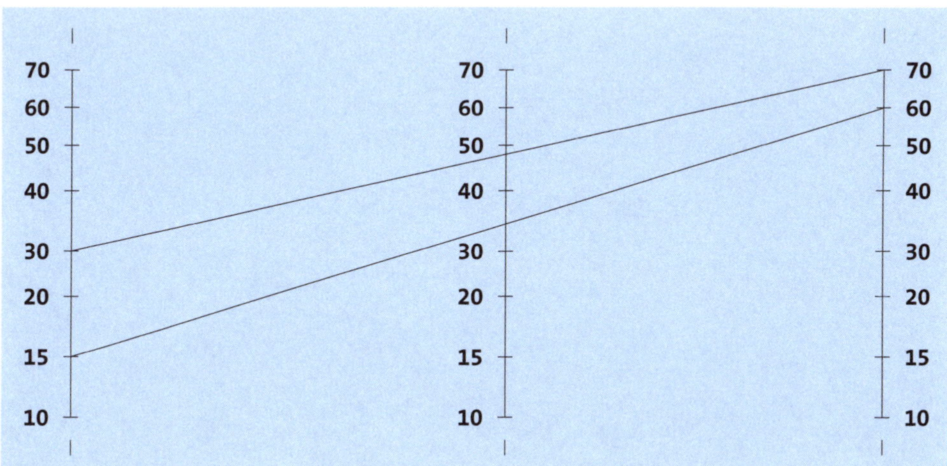

## 02. Was ist ein Streuungsdiagramm (Korrelationsdiagramm)?

Es ist die grafische Darstellung von beobachteten Wertepaaren zweier statistischer Merkmale in einem kartesischen Koordinatensystem. Wenn zwischen den beiden Merkmalen kein Zusammenhang besteht, sind die Merkmalswertepaare zufällig im Diagramm verteilt. Wenn es Abhängigkeiten zwischen den beiden Merkmalen gibt, zeigen sich Muster oder Strukturen wie beispielsweise lineare oder quadratische Zusammenhänge.

- **Anwendung:**
  - man erhofft sich Informationen über die Abhängigkeitsstruktur der beiden Merkmale (Achtung: keine Ursache-Wirkungs- Zusammenhänge, keine Kausalitätsdarstellung)
  - Berechnung mathematischer Zusammenhänge
  - Fehleranalyse im Qualitätsmanagement.
- **Vorteile:**
  - lineare Zusammenhänge
  - einfache grafische Darstellung
  - einfache Berechnung mit einem Tabellenkalkulationsprogramm, z. B. MS Excel
  - Darstellung der sog. „Ausgleichsgeraden".
- **Nachteil:**
  - in der Regel können nur zwei Einflussgrößen dargestellt werden.
- **Interpretation der Ausgleichsgeraden:**
  - Positiver Zusammenhang (Korrelation): Der Verlauf der Ausgleichsgeraden ist von links unten nach rechts oben.
  - Negativer Zusammenhang: Der Verlauf der Ausgleichsgeraden ist von links oben nach rechts unten.

**Positive Korrelation mit Darstellung der Ausgleichsgeraden**

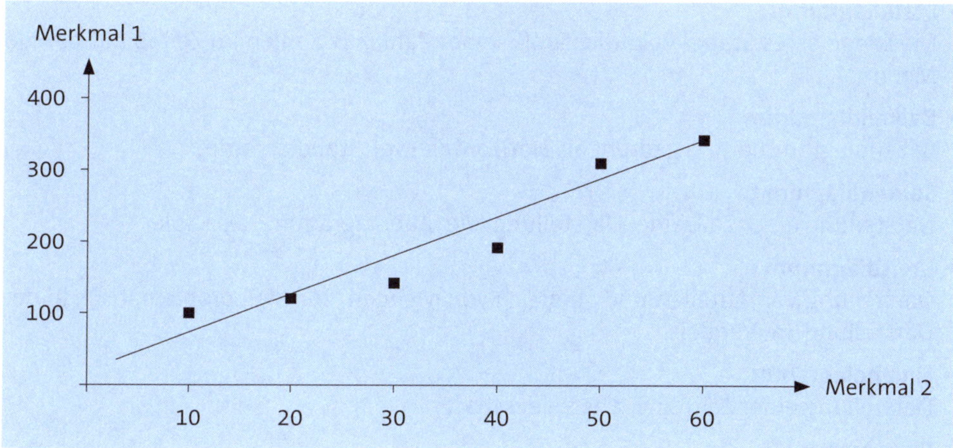


**Keine Korrelation**

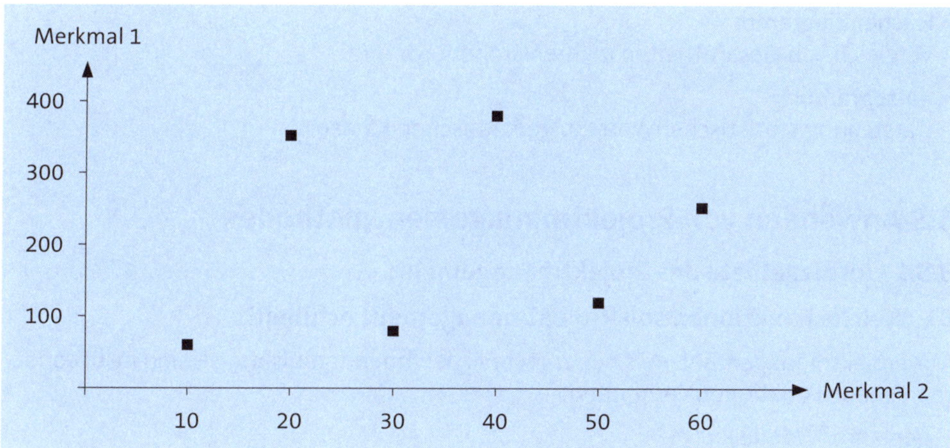


## 03. Welche Einzelaspekte sind bei der Erstellung von Diagrammen zu beachten?

1. Für die Ordinate (Senkrechte; y-Achse) und die Abszisse (Waagerechte; x-Achse) ist ein **geeigneter Maßstab** auswählen, so dass die grafische Darstellung die Entwicklung in der Realität widerspiegelt.
2. Jede **Achse** ist zu **bezeichnen**.
3. Jedes Diagramm hat eine **Überschrift** und ggf. einen **Quellenhinweis** (Darstellung nach betriebsinternen Daten der Kostenrechnung).
   - Ist die Darstellung verständlich oder ist eine Legende erforderlich?
   - Ist die Größe ausreichend, sodass das Diagramm im Rahmen einer Präsentation lesbar ist?
4. Bei Konzeptarbeiten empfiehlt es sich, die Abbildungen zu **nummerieren**.

### 04. Für welche Zwecke eignen sich welche Diagramme?

- **Stabdiagramm**
  Die Länge eines Stabes zeigt die Größe einer Zahl, z. B. Zahlen im Zeitablauf bzw. je Merkmal.
- **Balkendiagramm**
  Bakendiagramme sind gedreht als Horizontale; vgl. Stabdiagramm.
- **Säulendiagramm**
  Darstellung einer Zeitreihe; Darstellung wie Stabdiagramm – als Säule.
- **Kreisdiagramm**
  Darstellung von Anteilen und Vergleich von Mengen; zum Teil problematisch in der Darstellung/im Vergleich.
- **Liniendiagramm**
  Darstellung einer Zeitreihe, z. B. Belegschaft pro Jahr.
- **Piktogramm**
  Die strenge Form der Kurven- und Stabdiagramme wird durch Bilddarstellungen aufgelockert, z. B. Geschäftsbericht, Darstellung in der Tagespresse.
- **Flächendiagramm**
  Vergleich von Gesamtheiten in ihrer Größenordnung.
- **Kartogramm**
  Darstellung statistischer Werte in geografischen Karten.

## 3.5 Anwenden von Projektmanagementmethoden

### 3.5.1 Einsatzgebiete des Projektmanagements

### 01. Welche Funktionen soll Projektmanagement erfüllen?

Mit Projektmanagement – als neuer Technik der Innenorganisation – sind insbesondere folgende Funktionen verbunden:

- geplanter Wandel
- steigende Produktivität
- erhöhte Flexibilität
- Impulse geben
- Prozesse der Zukunftssicherung gestalten
- Krisenresistenz.

## 02. Welche zwei Hauptziele hat Projektmanagement zu erfüllen?

Die Ziele von Projektmanagement heißen immer:

- Erfüllung des Sachziels (Projektauftrag; quantitativ, qualitativ)
- Einhaltung der Budgetgrößen (Termine, Kosten).

## 03. In welchem Spannungsfeld bewegen sich Projektsteuerung und -controlling?

Projektsteuerung und Projektcontrolling vollziehen sich im Spannungsfeld eines „magischen Vierecks" (Kontrollmerkmale der Projektsteuerung) mit den Veränderlichen: Zeit, Kosten, Quantität und Qualität.

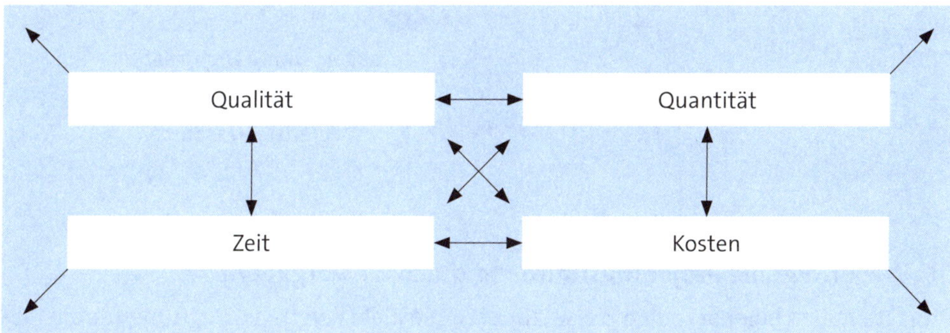


Häufig wird in der Literatur auch vom „Magischen Dreieck des Projektmanagements" gesprochen. Es sind hier die Variablen Zeit, Qualität und Kosten gemeint. Die Veränderung einer Variablen zieht immer auch die Änderung mindestens einer weiteren Variablen nach sich. Soll z. B. das Projekt schneller abgeschlossen werden, muss entweder mehr Geld ausgegeben oder die Qualitätsanforderung gesenkt werden.

## 04. Durch welche Merkmale ist ein Projekt bestimmt?

- **Projekte** sind kurzlebige, zeitlich terminierte Aufgabenkomplexe, an denen Experten aus verschiedenen Fachbereichen und Hierarchiestufen arbeiten. Management umfasst alle planenden, organisierenden, steuernden, kontrollierenden und sanktionierenden Tätigkeiten zur Auftragserfüllung.
- **Projektmanagement** ist die überlebensnotwendige Kunst, all die Aufgaben zu lösen, die den Leistungsrahmen der klassischen Organisationsformen übersteigen. Projektmanagement dient daher vorrangig der Aufgabe, trotz gegebener Organisationsstruktur die unternehmerische Flexibilität und Zukunftssicherung zu erhalten.

In der Literatur werden vor allem folgende **Merkmale** hervorgehoben:

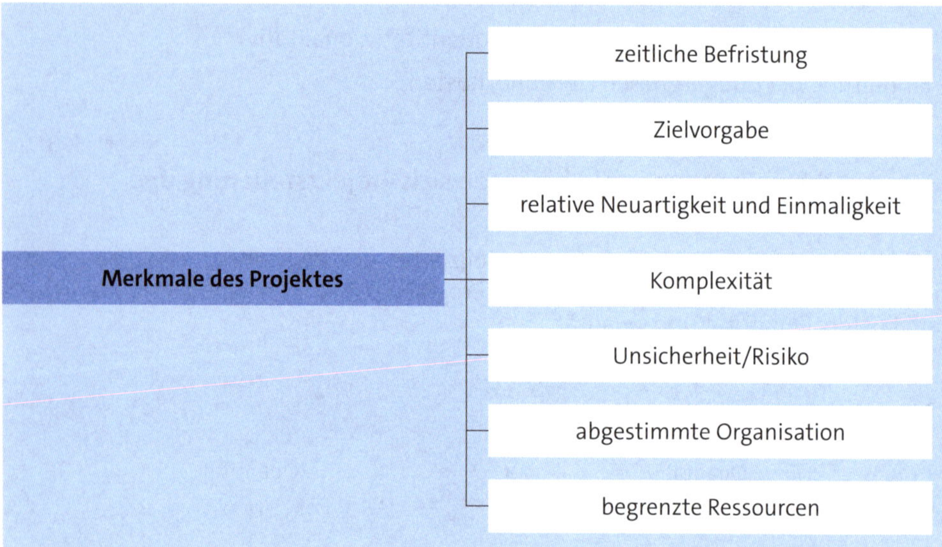


## 05. Wie erfolgt die Projektbestimmung durch Zielvorgaben?

Projekte haben eigenständige Zielsetzungen. Die Ziele liefern die Richtung für die Planung des Projekts, geben Orientierung für die Steuerung und liefern den Maßstab für die Kontrolle.

- Man unterscheidet **vier Zielfelder**; sie **konkurrieren** miteinander (vgl. oben: „Magisches Viereck/Dreieck des Projektmanagements"):

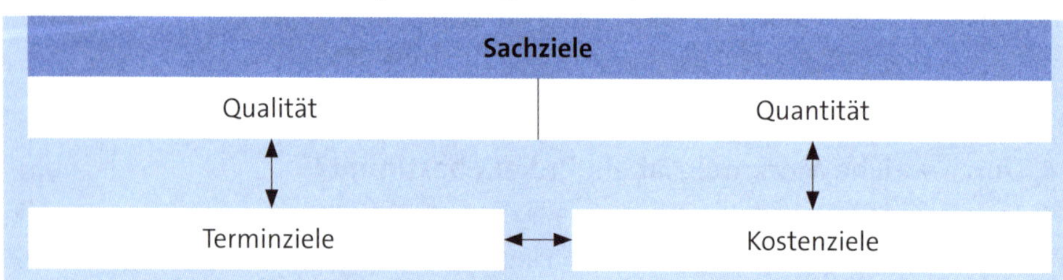


- Ziele können ihre Funktion nur erfüllen, wenn sie **operationalisiert**, d. h. **messbar**, sind. Messbar bedeutet, dass das Ziel hinsichtlich Inhalt, Ausmaß und Zeitaspekt eindeutig beschrieben ist.

**Beispiel**

| | | |
|---|---|---|
| Falsch: | Das Ziel „*Die Kosten in der Montage müssen deutlich gesenkt werden*" ist nicht operationalisiert. Was heißt „*deutlich*"? „*Bis wann?*" | |
| Richtig: | Die Kosten | → Zielinhalt |
| | müssen innerhalb von sechs Monaten | → Zeitaspekt |
| | um 15 % gesenkt werden. | → Ausmaß |

## 3.5.2 Beteiligte und ihre Rollen in einem Projekt

### 01. In welche Haupt- und Teilphasen lässt sich Projektmanagement strukturieren?

Die Phasen des Projektmanagements folgen grundsätzlich der Logik des Management-Regelkreises (Ziele setzen → planen → organisieren → realisieren → kontrollieren). Die neuere Fachliteratur unterscheidet im Detail zwischen drei bis sieben Phasen (je nach Detaillierungsgrad), wobei die Unterschiede nicht grundlegend sind. Es gibt jedoch noch keine einheitliche Terminologie. Die nachfolgende Darstellung unterscheidet drei Hauptphasen:

(1) Projekte auswählen

(2) Projekte lenken

(3) Projekte abschließen.

Hinter diesen Hauptphasen verbergen sich folgende Teilpläne und -aktivitäten (Gesamtübersicht des Phasenmodells):

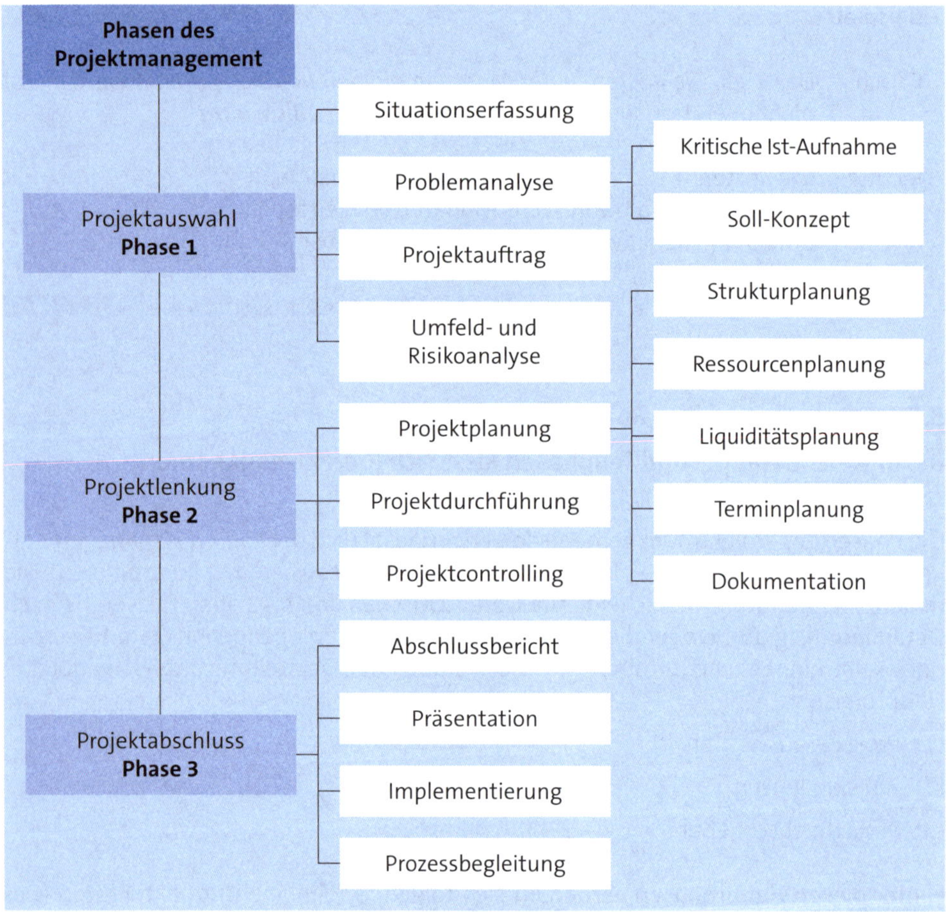


Weitere, bekannte Phasenmodelle sind nachfolgend dargestellt:

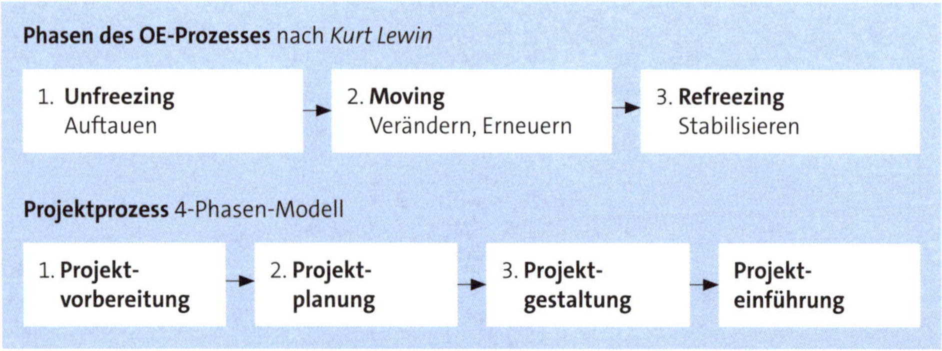

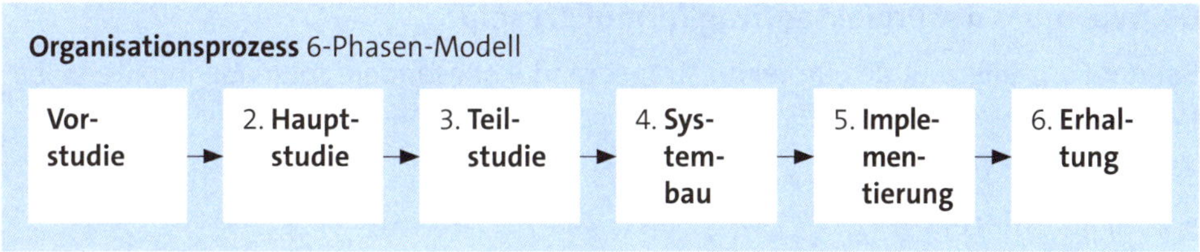


## 02. Was versteht man unter dem „Problemlösungszyklus“?

Der Problemlösungszyklus ist die **Schrittfolge** zur Realisierung der Ziele **je Projektphase**; er ist also **ein sich mehrfach wiederholender Prozess je Phase**.

Man kann das Phasenmodell des Projektmanagements auch bezeichnen als „Regelkreis im Großen“ und den Problemlösungszyklus als „Regelkreis im Kleinen“.

Man unterscheidet fünf Schrittfolgen im Problemlösungszyklus:

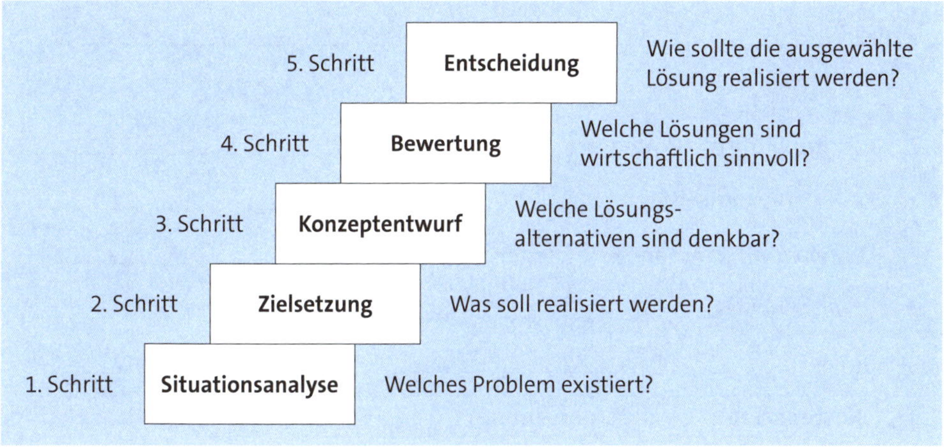


**Zusammenfassung:**

Die systematische Vorgehensweise bei der Projektbearbeitung wird also durch folgende Prinzipien gestaltet:

1. Strukturierung der Projektbearbeitung in Phasen (Phasenmodell)
2. Schritt für Schritt vorgehen, vom Ganzen zum Einzelnen, vom Groben zum Detail
3. Je Phase wiederholt sich der Kreislauf der Problemlösung (Problemlösungszyklus).

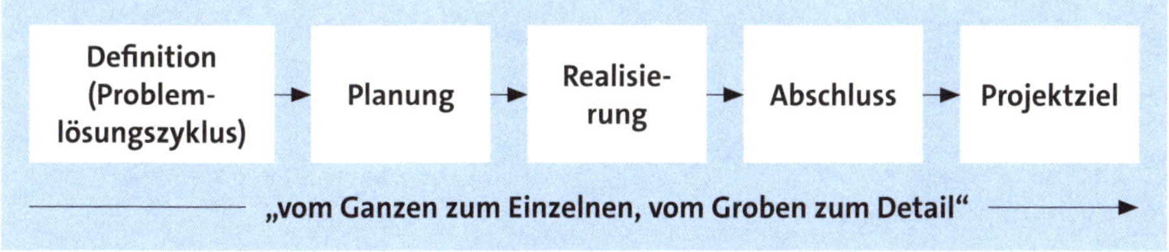

## 03. Wie muss der Projektauftrag formuliert sein?

Bei der Formulierung des Projektauftrages sind insbesondere folgende Inhalte zu berücksichtigen:

- Projektleiter benennen
- Budget festlegen
- Die zu erbringende Leistung (Zielsetzung und Aufgaben) ist genau zu bezeichnen.
- Als Auftraggeber ist in jedem Fall ein Machtpromotor (ein Mitglied der Unternehmensleitung) namentlich anzuführen.
- Die Gesamtdauer des Projektes ist zu begrenzen.
- Die Befugnisse sind zu klären: Rolle des Projektmanagers, Rolle der unterstützenden Fachbereiche; eventuell Einsatz eines Projektsteuerungs- und -koordinierungsgremiums, das den Projektleiter vom Dokumentations- und Informationssuchaufwand freihält.

**Projektauftrag**

Projekt: ______________________ Projekt-Nr.: ______________________

Projektleiter: ______________________ Projektteam: ______________________

1. Beschreibung des Problems ______________________
2. Zielsetzung, Prioritäten ______________________
3. Umfeld- und Rahmenbedingungen ______________________
4. Erwartete Wirkung ______________________
5. Budget ______________________

| **Kostenarten** | Grobplanung | Feinplanung | ....... |
|---|---|---|---|
| Personal | | | |
| Material | | | |
| Investitionen | | | |
| Fremdleistungen | | | |
| Sonstige Ausgaben | | | |
| **Summe** | | | |

6. Projektabschluss
7. Berichterstattung
8. Starttermin
9. Auftraggeber
10. Projektleiter
11. Verteiler

### 04. Wie kann Projektmanagement in die Aufbaustruktur integriert werden?

Hier ist die Aufgabe zu lösen: *„Wer macht was und ist wofür verantwortlich?“*, d. h. es ist eine zeitlich befristete und der Aufgabe/Zielsetzung angemessene Organisation von Projektmanagement zu schaffen. Für die organisatorische Eingliederung des Projektmanagers kommen in der Praxis drei grundsätzliche Formen infrage:

| Organisatorische Eingliederung des Projektmanagers | Funktion des Projektmanagers | Form des Projektmanagers | Funktion der Linie |
|---|---|---|---|
| **Stab** | Information, Beratung | Einfluss-Projektmanagement | Entscheidung |
| **Matrix** | Projektverantwortung | Matrix-Projektmanagement | disziplinarische Weisungsbefugnis |
| **Linie** | Entscheidung (Vollkompetenz) | reines Projektmanagement | Information, Beratung |

- **Einfluss-Projektmanagment:**
  Der Projektmanager hat gegenüber der Linie (nur) eine **beratende Funktion**. Die Entscheidungs- und Weisungsbefugnis verbleibt bei den Linienmanagern (Materialwirtschaft, Produktion usw.).

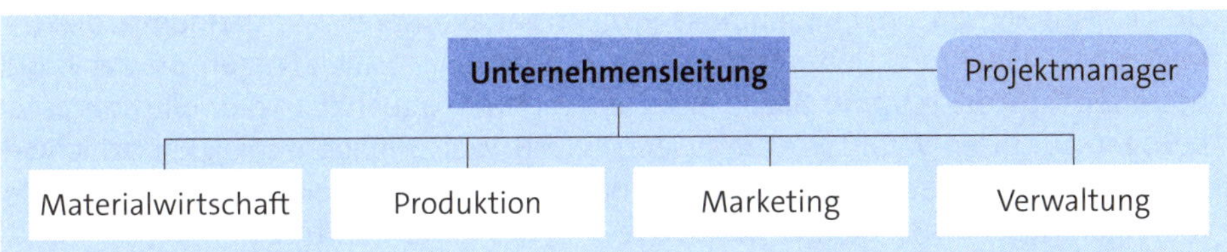


- **Reines Projektmanagement:**
  Das „Reine Projektmanagement“ ist der Gegenpol zum „Einfluss-Projektmanagement“: Der Projektmanager hat **volle Kompetenz** in allen Sach- und Ressourcenfragen **im Rahmen des Projektmanagements** und kann die Realisierung von Projektzielen ggf. auch gegen den Willen der Linienmanager durchsetzen. Dies betrifft auch den Zugriff auf Personalressourcen der Linie.

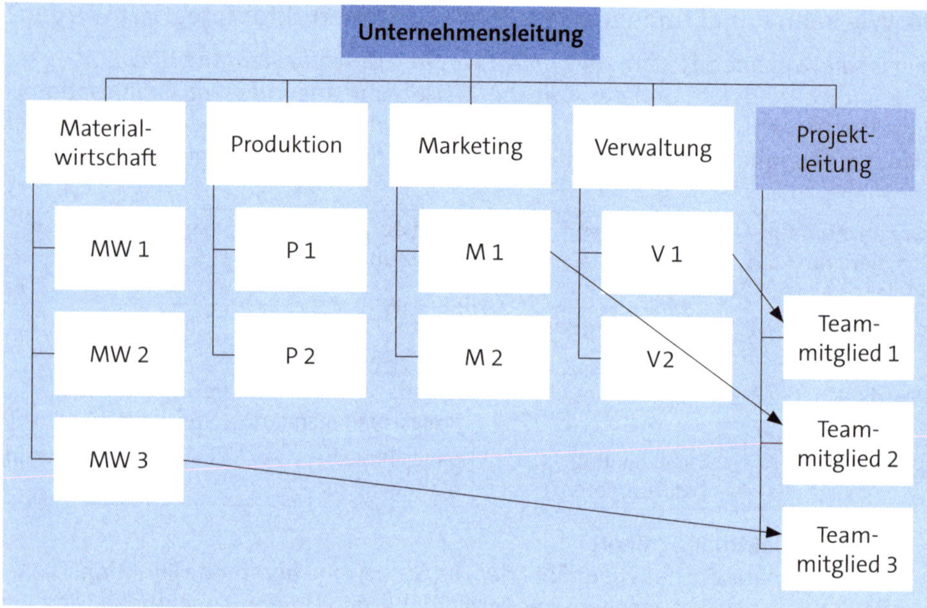


- **Matrix-Projektmanagement:**
  Dies ist eine Mischform aus „Einfluss-Projektmanagement" und „Reinem Projektmanagement": Der Projektleiter hat die volle Kompetenz in allen Fragen, die das Projekt betreffen (Kosten, Termine, Sachziele). Die Linienmanager haben die volle Kompetenz bezogen auf ihren Verantwortungsbereich (z. B. Weisungsbefugnis). Kennzeichnend für die Matrix-Organisation ist der „Einigungszwang": Projektmanager und Linienmanager müssen sich einigen bei der Lösung des Projektauftrages.

**Beispiele**

**Beispiel 1**
Im vorliegenden Fall (s. Abb.) gehören Mitarbeiter der Abteilung V1, M1 und MW3 zum Projektteam. Über die Präsenz dieser Mitarbeiter in Teamsitzungen kann nicht allein der Projektleiter entscheiden, er muss sich mit dem jeweiligen Leiter von MW3, M1 bzw. V1 verständigen.

**Beispiel 2**
Ein Teilauftrag des Projektes ist die Fragestellung, ob ein Ersatzteillager zentral oder dezentral eingerichtet werden soll; die Änderungen betreffen auch die Ressorts Marketing und Vertrieb: Hier muss sich die Projektleitung mit dem Leiter Marketing und dem Leiter Materialwirtschaft einigen.

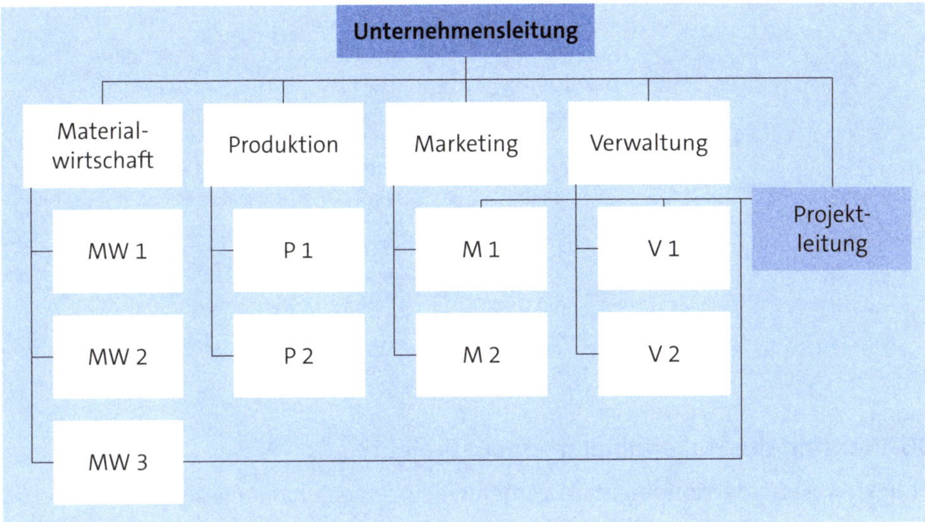


## 05. Was ist bei der Ablauforganisation von Projekten zu berücksichtigen?

Die Kernfragen lauten hier:

- Was ist wie zu regeln?
- Wie ist vorzugehen?
- Welche Teilziele werden abgesteckt?

usw., d. h. es ist der technisch und wirtschaftlich geeignete Projektablauf festzulegen. Dabei sind zwei grundsätzliche Formen denkbar:

a) **Sequenzielle** Ablaufgestaltung:
Teilprojekte bzw. Arbeitspakete werden **nacheinander**, schrittweise abgearbeitet.

Beurteilung: zeitaufwendig, aber sicherer.

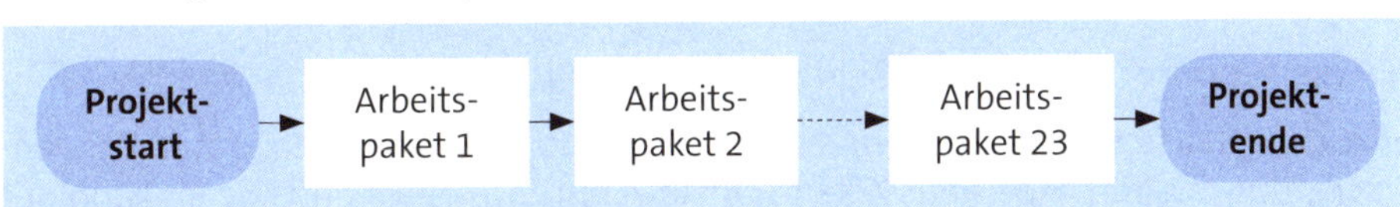


b) **Parallele (simultane)** Ablaufgestaltung:
Teilprojekte bzw. Arbeitspakete werden ganz oder teilweise gleichzeitig abgearbeitet.

Beurteilung: schneller Projektfortschritt, aber ggf. Risiken bei der Zusammenführung von Teillösungen zur Gesamtlösung.

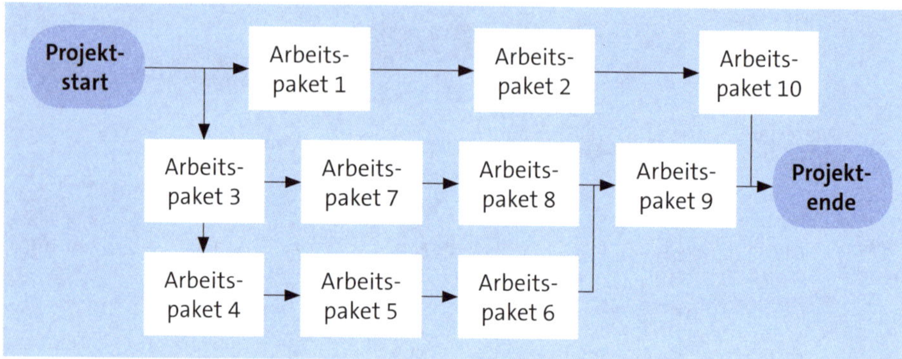


## 06. Wer sind die Stakeholder in einem Projekt?

Projekt-Stakeholder können im Allgemeinen einzelne Personen oder ganze Unternehmen sein, die von der Durchführung oder dem Ergebnis eines Projekts betroffen sind. Es ist egal, ob das Projekt negative oder positive Auswirkungen auf sie hat. Wenn sie betroffen sind, sind sie Stakeholder. Die Key-Stakeholder sind hingegen solche, die über den Einfluss und die Befugnis verfügen, um ein Projekt zu einem Erfolg oder Misserfolg zu machen. Die Ziele dieser Personen und Gruppen müssen erfüllt werden. Sie sind ausschlaggebend für das Projekt. Selbst wenn alle angeforderten Leistungen bereitgestellt und die Budgets eingehalten wurden, ist der Projektmanager gescheitert, wenn diese Personen nicht zufrieden sind.

Zu den typischen Key-Stakeholdern zählen u. a.:

- **Kunden:** Dies sind die direkten Nutzer eines Produkts oder einer Dienstleistung, ob innerhalb oder außerhalb des Unternehmens, das das Projekt durchführt.
- **Projektmanager:** Dies sind die Leiter des Projekts.
- **Mitglieder des Projektteams:** Dies ist die Gruppe, die das Projekt unter der Leitung des Projektmanagers durchführt.
- **Projektsponsor:** Dies ist der Geldgeber für das Projekt.
- **Lenkungsausschuss:** Dies ist eine beratende Gruppe, die Ratschläge zu zentralen Entscheidungen gibt. Sie umfasst den Sponsor, Führungskräfte und Key-Stakeholder des Unternehmens.
- **Führungskräfte:** Dies sind die Mitglieder der Geschäftsführung des Unternehmens, das das Projekt durchführt. Sie geben die Strategie des Unternehmens vor.
- **Ressourcenmanager:** Dies sind andere Manager mit Kontrolle über Ressourcen, die für die Durchführung des Projekts benötigt werden.

Je nach Projekt kann es noch viele weitere wichtige Stakeholder geben, z. B.: Verkäufer/Lieferanten, Auftragnehmer, Inhaber, staatliche Behörden, Medien und selbst die allgemeine Öffentlichkeit.

### 07. Welche Funktionen nimmt der Auftraggeber eines Projektes wahr?

Der Auftraggeber übernimmt hauptsächlich folgende Funktionen:

- Auswahl des Projektleiters
- klare Auftragserteilung an den Projektleiter
- Beschaffung der notwendigen Projektressourcen
- Treffen projektspezifischer Entscheidungen
- Vertretung der Projektinteressen nach außen
- Unterstützung des Projektleiters bei Problemen und Krisen.

### 08. Was ist die Rolle der Projektleitung?

Ein Projektleiter hat die Aufgabe das Projekt zu initiieren und erfolgreich zum Abschluss zu bringen. Er definiert in der Vorbereitungsphase das Ziel, Budget und Termine und plant die einzelnen Projektschritte. Das Team, das für die Durchführung des Projekts bestimmt ist, koordiniert und motiviert er.

### 09. Welche Aufgaben und Rollen übernehmen die Mitglieder des Projektteams?

Die Aufgaben der Mitglieder des Projektteams sind hauptsächlich:

- Durchführung von zugeteilten Projektaufgaben und Verantwortung der Ergebnisse
- Einbringung von fachlichem Know-how
- Teilnahme an Projektteam-Meetings
- Mitarbeit bei der Projektplanung
- Mitarbeit bei der Projektumsetzung
- Mitarbeit beim Projektcontrolling
- Information an den Projektleiter.

### 3.5.3 Methoden der Projektplanung

#### 01. Welche Bestandteile hat die Projektplanung?

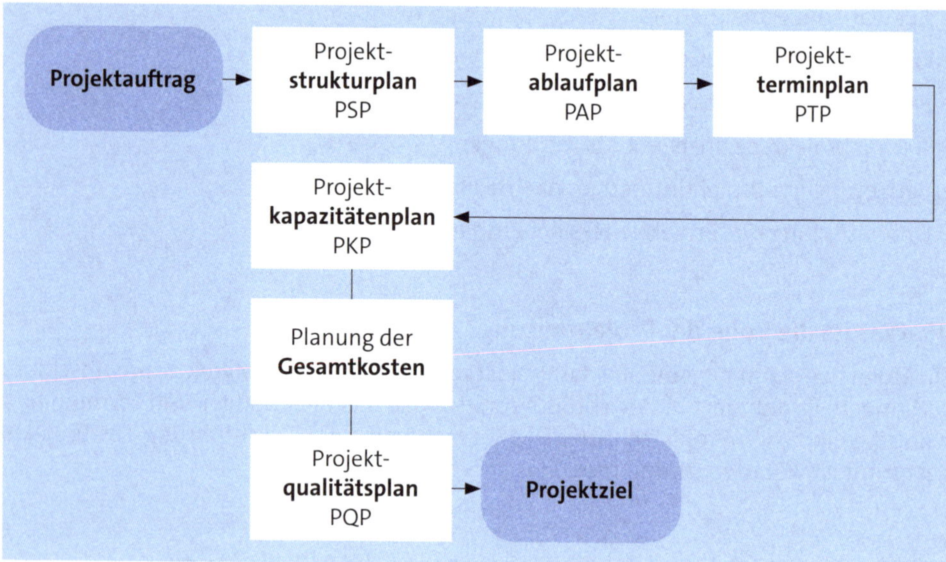


#### 02. Welchen Inhalt haben die einzelnen Teilpläne der Projektplanung?

- Zu Beginn eines Projektes wird der **Projektstrukturplan** (PSP) erstellt; er legt
  - Teilprojekte
  - Arbeitspakete und
  - Vorgänge inkl. der Leistungsbeschreibungen

  fest und ist somit der **Kern eines jeden Projektes**.

  Inhaltlich kann der Projektstrukturplan funktionsorientiert, erzeugnis(objekt)orientiert oder gemischt-orientiert sein. Der Projektstrukturplan ist an unterschiedlichen Stellen unterschiedlich tief gegliedert. Kriterien für die Detaillierung können sein:
  - Dauer
  - Kosten
  - Komplexität
  - Überschaubarkeit des Ablaufs
  - Risiko
  - organisatorische Einbettung.

Schematischer Aufbau eines Projektstrukturplanes:

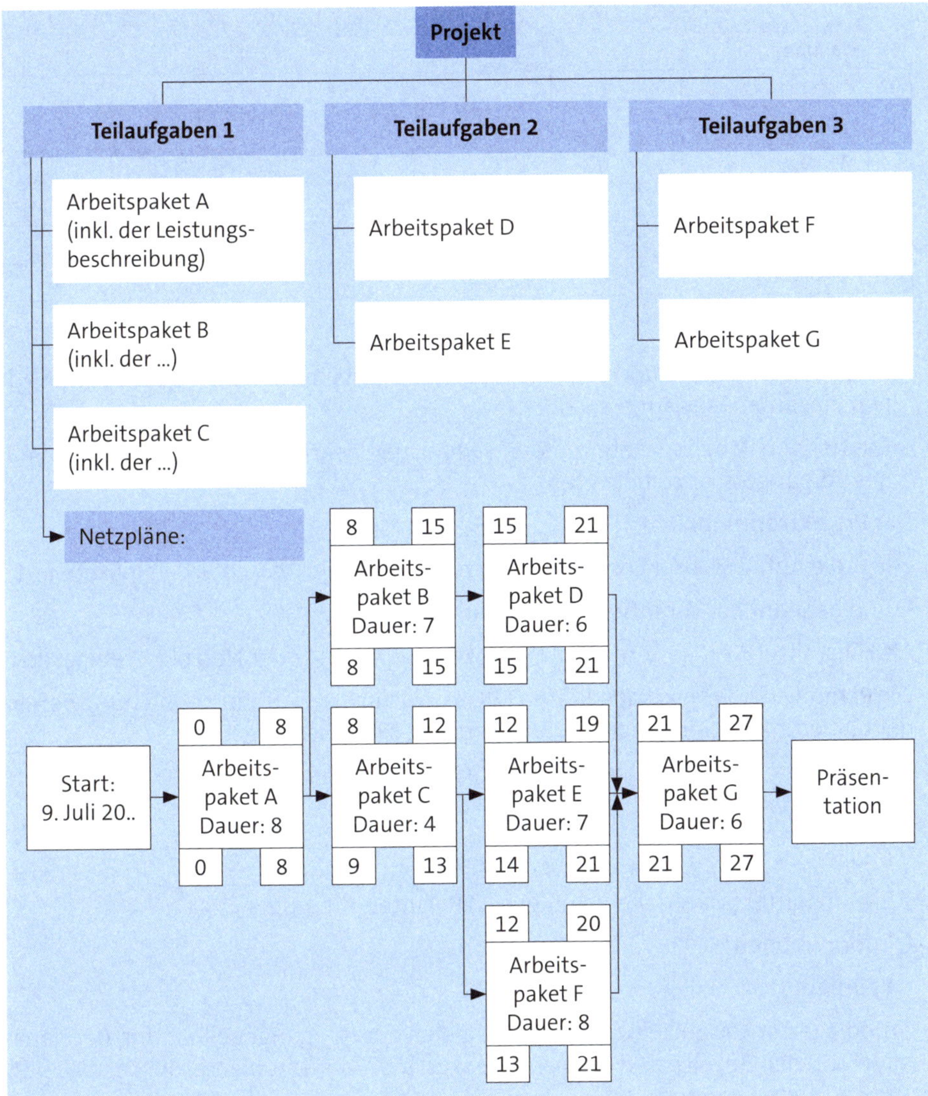


- Der **Projektablaufplan (PAP)** legt die logische Reihenfolge der Bearbeitung fest, z. B.:
  - Welche Arbeitspakete können parallel und welche sequenziell bearbeitet werden?
  - Wie ist der Zeitbedarf pro Arbeitspaket?
  - Welche Ressourcen werden pro Arbeitspaket benötigt?

Der Projektablaufplan kann als Balkendiagramm (Gantt-Diagramm, vgl. >> 3.2.4 Frage 07.) dargestellt werden:

| Arbeitspaket | | Dauer in Tagen | Vorgänger | Tag | | | | | | | | | | | | |
|---|---|---|---|---|---|---|---|---|---|---|---|---|---|---|---|---|
| | | | | 01 | 02 | 03 | 04 | 05 | 06 | 07 | 08 | 09 | 10 | 11 | 12 | 13 |
| 01 | Planung | 2 | – | ■ | ■ | | | | | | | | | | | |
| 02 | Vorbereitung | 3 | 01 | | | ■ | ■ | ■ | | | | | | | | |
| 03 | Installation | 2 | 02 | | | | | | ■ | ■ | | | | | | |
| 04 | Montage | 4 | 02 | | | | | | ■ | ■ | ■ | ■ | | | | |
| 05 | Prüfung | 2 | 04 | | | | | | | | | | ■ | ■ | | |
| 06 | Abnahme | 1 | 05 | | | | | | | | | | | | ■ | |
| 07 | Entsorgung | 1 | 06 | | | | | | | | | | | | | ■ |

**Hinweise:**

- Die Arbeitspakete 03 und 04 können parallel bearbeitet werden (mit Beachtung des gemeinsamen Vorgängers 02).
- Die übrigen Arbeitspakete müssen sequenziell bearbeitet werden (der Abschluss des Vorgängers ist zu beachten).

► Der **Projektterminplan** (PTP)

- legt die Anfangs- und Endtermine einzelner Teilprojekte und Arbeitspakete fest
- und benennt die Verantwortlichen und Beteiligten.

Als Hilfsmittel werden Terminlisten, Balkendiagramme oder Netzpläne eingesetzt.

► Die **Planung der Projektkapazitäten** (PKP) wird auch als Ressourcenplanung bezeichnet und enthält Schätzungen über die benötigten Ressourcen:

- Qualifikation und Anzahl der Projektteam-Mitglieder
- Dauer der Strukturelemente
- Budget
- Einsatzmittel (Materialien, Anlagen, EDV-Unterstützung)
- Informationen
- Räume.

► Grundlage der **Gesamtkostenplanung** ist die vorausgegangene Planung der Kapazitäten und der Einzelkosten pro Arbeitspaket. Die Hauptprobleme, die bei dieser Planung auftreten können sind:

- Zuordnung der Kosten auf die Vorgänge (Einzelkosten/Gemeinkosten)
- Erfassungs- und Pflegeaufwand
- unvollständige Kosten-Informationen
- Kalkulationen unter Unsicherheit
- Auswirkungen von Soll-Ist-Abweichungen
- Erfassung von Änderungsaufträgen während der Projektrealisierung.

- **Projektqualitätsplanung** (PQP):

  Projektmanagement kann nur dann die angestrebten Leistungen erbringen, wenn Mengen und **Qualitäten** der einzelnen Arbeitspakete **geplant, kontrolliert und gesichert** werden. Qualitätsstandards müssen also soweit wie möglich messbar beschrieben werden. Dazu verwendet man z. B. DIN-Normen oder Lieferantenbewertungen (Pflichtenhefte).

### 3.5.4 Ziele und Inhalte der Projektsteuerung

#### 01. Welche Inhalte umfasst die Projektsteuerung?

Der Oberbegriff ist Projektlenkung. Er umfasst den Regelkreis der Projektplanung, -durchführung/steuerung und -kontrolle als permanenten Soll-Ist-Vergleich.

- Das **Planungs-Soll** ist die Ausgangsbasis der Projektdurchführung und -überwachung.
- Bei der **Durchführung** wird periodisch ein **Ist** realisiert. Die **Projektüberwachung** gleicht ab, ob der Ist-Zustand bereits den Soll-Zustand erfüllt.
- Ist dies nicht der Fall, erfolgt eine Abweichungsinformation an die **Projektsteuerung** (ggf. ein besonderes Gremium im Betrieb unter Einbeziehung der Geschäftsführung). Hier wird entschieden, ob die Abweichung durch weitere Maßnahmenbündel behoben werden kann oder ein Änderungsauftrag an die Projektplanung geleitet wird.
- **Änderungsaufträge** an die Projektplanung beinhalten ein erhebliches Risiko für das Gesamtprojekt (Realisierung von Teilplanungen, Gesamtkosten, Abschlusstermin).

Die nachfolgende Abbildung zeigt schematisch den dynamischen Zusammenhang von Projektplanung, -durchführung, -überwachung und -steuerung:

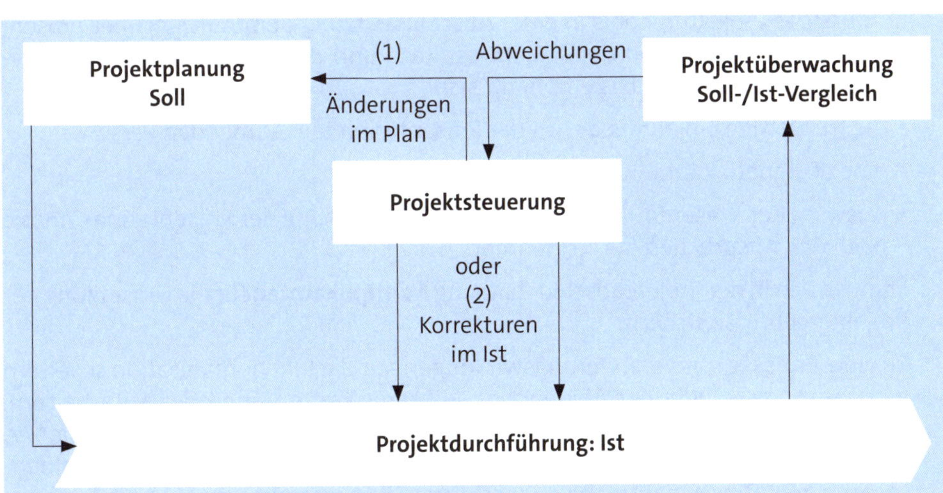

### 3.5.5 Zweck und Inhalt des Projektabschlusses

#### 01. Welche Aufgaben hat der Projektleiter am Schluss?

1. Er muss die **Abnahmebedingungen** lt. Projektauftrag und Projektqualitätsplanung (PQP) überprüfen:

| Abnahmebedingungen | eingehalten? |
|---|---|
| ► Zielvorgaben quantitativ | x |
| ► Zielvorgaben qualitativ | x |
| ► Ressourcen | x |
| ► Termine | x |
| ► Kosten | x |

2. Er muss den **Abschlussbericht** erstellen. Er besteht aus drei Hauptteilen:

   - **Dokumentation** von Projektauftrag und Projektverlauf:
     Ziele, Struktur, Daten, Termine
   - **Beschreibung** der Projektresultate:
     Ergebnisse, Leistungen, Erfahrungen, Kosten
   - **Wegweiser** zur Ergebnis-Implementierung und Akzeptanzsicherung:
     Prozessbegleiter, Projektabnahme (Unterschrift durch Auftraggeber)

   Der **Verteilerkreis** des Abschlussberichtes umfasst die Betroffenen und Beteiligten sowie evtl. im Projektverlauf hinzugekommene Personen und Fachbereiche. Keineswegs ist er nur an Mitglieder der Unternehmensleitung zu richten. Selbstverständlich kann der Umfang der einzelnen Hauptteile je nach Betroffenheitsgrad der Adressaten schwanken. Zu den direkt Beteiligten kommen alle Unterstützer des Projektes und alle von der Implementierung Betroffenen hinzu.

3. Er muss das Projektergebnis in einer **Abschlusssitzung** dem Auftraggeber präsentieren, d. h. Präsentation der Projektresultate und der geplanten Implementierungsschritte. Für die Praxis empfiehlt sich

   - die frühzeitige Einladung der an der Präsentation teilnehmenden Personen
   - eine geeignete Raum- und Zeitwahl
   - Auswahl der Präsentationsmedien und die Gestaltung der Präsentationsinhalte nach den Ansprüchen der Teilnehmer.

4. Er muss sich in der Projektabschlusssitzung **Multiplikatoren** für die Umsetzung der Projektergebnisse **sichern:**

   Zu viele Projekte mit Veränderungswirkungen auf die Innenorganisation scheitern am Desinteresse oder der Abwehr von Führungskräften und/oder Mitarbeitern. Grundsätzlich gilt die Weisheit: *„Der Mensch liebt den Fortschritt und hasst die Veränderung."* Oft liegt die Abwehrhaltung in zwar unbegründeten, jedoch dominanten Ängsten. Dieses natürliche, menschliche Phänomen kommt während der Implementierungsphase regelmäßig in reduzierter Form vor, **wenn die Betroffenen vorher Beteiligte des Projektes waren**.

5. Er muss **Feedback von den Projektteammitgliedern** einholen:

**Feedback zum Projekt „ ________________ “**

1. In welchem Projektteam waren Sie beteiligt?

______________________________________________

2. Waren Sie mit der Organisation des Projektes zufrieden?

| nicht zufrieden | | | | sehr zufrieden |
|---|---|---|---|---|
| 1 | 2 | 3 | 4 | 5 |

3. Waren Sie mit der Betreuung zufrieden?

| nicht zufrieden | | | | sehr zufrieden |
|---|---|---|---|---|
| 1 | 2 | 3 | 4 | 5 |

4. Waren Sie mit der Kommunikation zufrieden?

| nicht zufrieden | | | | sehr zufrieden |
|---|---|---|---|---|
| 1 | 2 | 3 | 4 | 5 |

...

8. Welche Verbesserungen sollten bei zukünftigen Projektdurchführungen berücksichtigt werden?

______________________________________________

6. Er muss sich bei dem **Projektteam bedanken** und die **Leistung** der Mitglieder **würdigen**:
   - Dank
   - Belohnung
   - Incentives
   - Abschlussfeier
   - Beurteilung
   - Empfehlung.

7. Er muss die **Reintegration der Projektteammitglieder** in die Linie rechtzeitig vorbereiten:

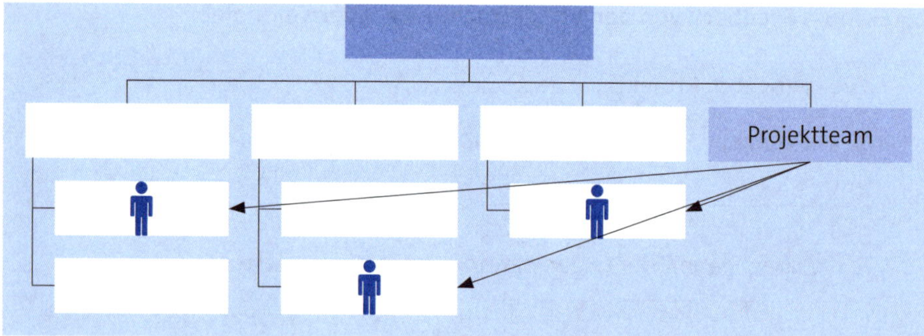


8. Er sollte dafür sorgen, dass die **positiven Erfahrungen und neues Know-how**, die im Rahmen der Projektrealisierung gemacht wurden, im Unternehmen **genutzt werden (lessons learned)**:

   Eine Führungskultur im Unternehmen, die Werte, Normen und Einstellungen wie Individualität, Beteiligung der Mitarbeiter, sachorientierte Lösung von Konflikten usw. präferiert, bietet eine gute Basis für Projektarbeit. Analog wird erfolgreiches Projektmanagement genau die Werte und Normen einer Führungskultur stärken, durch die es gestützt wird.

Zusammenfassung: Empfehlung für den Verlauf des Projektabschlusses

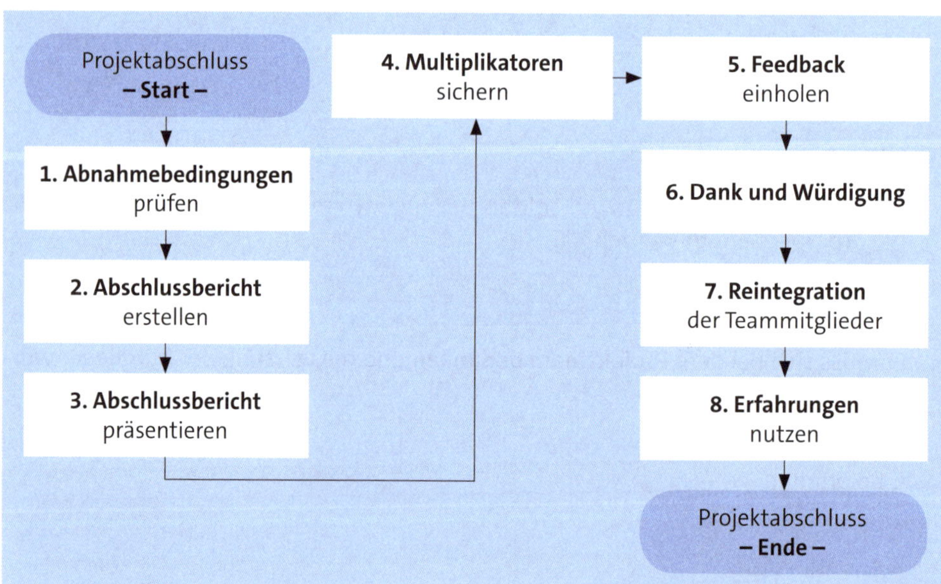

### 02. Warum ist eine Projektdokumentation (PDO) erforderlich?

**Beispiele:**

- Teilprojekte und Ergebnisse sind bei einem einheitlichen Ablagesystem gut wiederauffindbar.
- Lessons Learned: Die Dokumentation des Projekts erleichtert „die Manöverkritik" und vermeidet die Wiederholung von Fehlern bei zukünftigen Projekten (Lerntransfer).
- PDO ist ein Teil des Qualitätsmanagements innerhalb des Projektmanagements.
- PDO erleichtert die Übergabe/Stellvertretung der Projektleitung bei Krankheit des Stelleninhabers oder bei einem generellen Wechsel.
- PDO erleichtert
  - die Abwehr fremder Rechtsansprüche (Beweismittel),
  - die Einarbeitung neuer Mitarbeiter (Teammitglieder) und
  - die Vorbereitung für die Zertifizierung.

## 3.5.6 Agiles Projektmanagement

### 01. Was bedeutet Agilität?

Agilität bezeichnet – vereinfacht gesagt – die Fähigkeit eines Unternehmens, sich ohne größere Probleme auf neue Anforderungen einzustellen. Dabei spielt Geschwindigkeit eine wesentliche Rolle, denn Anpassungsfähigkeit allein macht noch kein agiles Unternehmen aus. Agile Unternehmen schaffen es, sich in kürzester Zeit an neue Gegebenheiten anzupassen. Ziel ist es, proaktiv, statt nur reaktiv auf Veränderungen einzugehen.

Damit Agilität in einem Unternehmen funktioniert, benötigt es:

- agile Werte
- agile Prinzipien
- agile Praktiken
- agile Methoden.

Mit einem agilen Mindset stehen Herz (Werte und Prinzipien) und Kopf (agiler Kernzyklus) im ständigen Austausch und verstärken einander. Umgekehrt hilft das empirische Management, die agilen Werte kontinuierlich zu fördern, sodass auf beiden Ebenen, Kopf und Herz, Lernen stattfindet.

### 02. Welche Methoden werden für das agile Projektmanagement angewendet?

Agiles Projektmanagement bezeichnet Vorgehensweisen, bei denen das Projektteam über hohe Toleranzen bezüglich Qualität, Umfang, Zeit und Kosten verfügt und eine sehr hohe Mitwirkung des Auftraggebers bei der Erstellung des Werks erforderlich ist. Charakteristisch für agiles Projektmanagement ist die Fokussierung auf das zu liefernde Werk und die Akzeptanz durch die Anwender. Hingegen werden geschäftliche Anforderungen, wie z. B. die Termintreue, Kostentreue oder Erfüllung eines spezifizierten Leistungsumfangs weniger oder nicht berücksichtigt.

### 03. Was bezeichnet ein Framework?

Ein Framework beschreibt eine lose und oft unvollständige Struktur im Projektmanagement. Sie stellt jedoch einen Großteil des erforderlichen Prozesses bereit und gibt die Möglichkeit zur Klassifikation und Segmentierung verschiedener Bestandteile eines Projekts. Dem jeweiligen Anwender wird innerhalb des Frameworks ein Raum für eine Vielzahl an Praktiken und Tools überlassen, an denen er sich den Umständen und Vorlieben entsprechend bedienen kann.

### 04. Was bedeutet Scrum im Projektmanagement?

Scrum ist ein Framework (siehe Frage 03.) für eine bestimmte Art des Projektmanagements. Es zeichnet sich durch schlanke Prozesse, schrittweise Entwicklung und regelmäßige Feedbackschleifen aus. Ursprünglich wurde es vor allem in der Softwareentwicklung eingesetzt, mittlerweile findet es aber in vielen weiteren Branchen Anwendung.

### 05. Was bezeichnet die Scrumban Methode?

Scrumban ist eine Projektmanagement-Methode, die zwei verbreitete agile Strategien kombiniert: Scrum und Kanban.

Scrumban wurde ursprünglich entwickelt, um Teams den Übergang von Scrum zu Kanban oder umgekehrt zu erleichtern. Wenn Teams bereits Erfahrung mit einer Strategie haben, kann diese Vorgehensweise helfen, schrittweise auf die andere Methode umzusteigen.

Obwohl Scrumban ursprünglich dazu gedacht war, Teams bei der Umstellung zu helfen, funktioniert diese Kombination der beiden Strategien für viele Teams in der Praxis bereits sehr gut. Am besten wird Scrumban eingesetzt, wenn Teams bereits einige Merkmale von Scrum oder Kanban kennen.

### 06. Was bezeichnen Artefakte im Projektmanagement?

Artefakte sind Leitsysteme im Produktentstehungsprozess und stellen allen am Projektmanagement Beteiligten den gleichen Informationsstand zur Verfügung. Auf diese Weise helfen sie, den Sprint-Prozess und die Qualität der Ergebnisse zu optimieren.

### 07. Was ist der Unterschied zwischen dem Projektleiter und dem Product Owner?

Der Projektleiter managt die Realisierung des Produktes, indem er stets die Faktoren Zeit, Budget und Qualität im Blick behält. Der Product Owner arbeitet eng mit dem

Entwicklungsteam und dem Scrum Master zusammen. Er kümmert sich um ein Produkt und achtet darauf, dass die Produktvision erfüllt wird.

#### 08. Welche Aufgabe hat ein sog. Scrum Master?

Ein Scrum Master hilft dabei, die Zusammenarbeit so zu optimieren, dass der durch das Scrum-Team generierte Wert optimiert und maximiert wird. Dies passiert unter anderem auch dadurch, dass Hindernisse (sog. Impediments) beseitigt werden und ggf. diese bis ins obere Management eskaliert werden.

## 3.6 Informations-/Kommunikationsformen und -mittel

### 3.6.1 Kommunikation und Information

#### 01. Warum ist ein optimaler, innerbetrieblicher Informationsfluss notwendig?

Information und Kommunikation sind heute für den Unternehmenserfolg unerlässlich. Information ist eine der Grundvoraussetzungen für Leistung und Leistungsbereitschaft. Information schafft Motivation, bedeutet Anerkennung und verhindert Gerüchte. Anders gesagt:

- Mitarbeiten kann nur, wer mitdenken kann.
- Mitdenken kann nur, wer informiert ist.
- Nur informierte Mitarbeiter sind wirklich gute Mitarbeiter.

Dieser Tatsache hat bereits das Betriebsverfassungsgesetz Rechnung getragen, indem es nicht nur dem Betriebsrat Informationsrechte einräumt, sondern schwarz auf weiß die individuelle und kollektive Mitarbeiterinformation festschreibt (vgl. u. a. §§ 81, 82 BetrVG). Für die Führungskraft ist heute unbestritten, dass Information Chefsache ist. Information gehört zu den tragenden Führungsinstrumenten.

#### 02. Welche Gefahren und Grenzen der innerbetrieblichen Kommunikation lassen sich aufzeigen?

- Die Fülle an Informationen nimmt permanent zu (Informationsflut). Dieser Zustand wird sich wohl kaum umkehren (lassen). Der Einzelne ist dazu aufgefordert, den richtigen (d. h. effektiven und effizienten) Umgang mit der Information zu lernen (vgl. Zeitmanagement, z. B. Umgang mit Papier und Telefon, >> 3.2.1).
- Informationen werden in Computern gespeichert und vernetzt. Die Gefahr des Informations- und damit auch Machtmissbrauchs wächst und muss durch Zugriffssicherungen sowie Mitarbeiteraufklärung begrenzt werden (vgl. >> 3.1.1).

#### 03. Was ist Kommunikation?

Zielorientiert führen kann nur, wer die Grundlagen einer wirksamen Kommunikation beherrscht. Das Gespräch mit dem Mitarbeiter ist das zentrale Instrument in Führungssituationen.

**Kommunikation** ist die Übermittlung von verbalen (sprachlichen) und nonverbalen (nicht-sprachlichen) Reizen vom Sender zum Empfänger.

## 04. Welche Formen der Kommunikation gibt es?

**Formen der Kommunikation**

- **Verbale Kommunikation**
  - Sprechverhalten
  - aktives Zuhören
  - Feedback
- **Nonverbale Kommunikation**
  - Körperhaltung
  - Mimik
  - Gestik

- Unter **verbaler Kommunikation** versteht man den sprachlichen Inhalt von Nachrichten. Von Bedeutung sind hier Wortschatz und Wortwahl, Satzbauregeln, Regeln für das Zusammenfügen von Wörtern (Grammatik) sowie Regeln für den Einsatz von Sprache (Pragmatik; z. B. aktive oder passive Verben).

  Der Sender hat immer die höhere Verantwortung für das Gelingen der Kommunikation; er muss sich hinsichtlich Wortwahl und Satzbau der Gesprächssituation/dem Empfängerkreis anpassen.

  **TIPP**

  Vgl. dazu auch >> 3.3.

- Unter **nonverbaler Kommunikation** versteht man alle Verhaltensäußerungen außer dem sprachlichen Informationsgehalt einer Nachricht (Körperhaltung, Mimik, Gestik, aber auch Stimmmodulation).

  Eigentlich ist der oft verwendete Begriff Körpersprache irreführend: Obwohl es in der Interpretation bestimmter Körperhaltungen z. T. ein erhebliches Maß an Übereinstimmung gibt (z. B. hochgezogene Augenbrauen, verschränkte Arme) unterliegen doch die Signale des Körpers einem weniger eindeutigen Regelwerk als das gesprochene Wort. Man unterscheidet folgende Aspekte der Körpersprache:

**Körpersprache**

- **Mitteilungen:**
  - willkürliche
  - unwillkürliche
- **Gestik**: ✌ *„Ich habe gesiegt!"*
- **Mimik**: ☹ *„Ich bin traurig!"*
- **Körperhaltung**: *„Ich bin unsicher!"*

## 3.6.2 Schriftliche Kommunikation

### 01. Welche Formen schriftlicher betrieblicher Kommunikation muss der Vorgesetzte kennen und umsetzen können?

| Bericht |
|---|
| Im Bericht will man zuverlässige Informationen über Ereignisse oder/und Sachverhalte niederlegen, die in der Vergangenheit liegen. Es gilt:<br>► **Tatsachen** möglichst vollständig sammeln und auflisten (was?).<br>► **Anlass, Zweck und Empfänger** eines Berichtes festhalten (warum? wofür? für wen?).<br>► Den richtigen **Aufbau** festlegen; dabei ist zu unterscheiden zwischen:<br>- Vorgangsbericht (Arbeitsunfall)<br>- Protokoll (Sitzung)<br>- Rechenschaftsbericht.<br>► Herkunft der Informationen nennen (Augenzeuge, Betroffener, Teilnehmer).<br>► Es werden nur **Fakten** genannt. Die Wertung und Meinungsbildung wird dem Leser überlassen.<br>► Als Zeitform wird die **Vergangenheit** gewählt, weil über bereits Vergangenes berichtet wird. |

| Protokoll | |
|---|---|
| Das Protokoll ist eine **Sonderform des Berichtes**. Dabei ist gegenüber dem Bericht zu unterscheiden: | |
| **Zweck** | ► Niederschrift über das Ereignis<br>► Gedächtnisstütze für Teilnehmer<br>► Information für Abwesende |
| **Formen** | ► **Ergebnisprotokoll** (es enthält lediglich die Ergebnisse einer Verhandlung oder eines Gesprächs)<br>► **Verlaufsprotokoll** (es enthält eine lückenlose Wiedergabe des Verlaufs einer Sitzung oder eines Gesprächs); dazu gehören dann die einzelnen Diskussionsbeiträge und die Ergebnisse |
| **Schema** | ► Überschrift: Protokoll über ..........................................<br>(Art/Gegenstand der Sitzung; Planung der Überstunden, des Jahresurlaubs der Mitarbeiter, Sonderschichten, etc.)<br>► Ort, Tag, Uhrzeit: am ...<br>von ...<br>bis ... Uhr<br>► Anwesende, Entschuldigte, ggf. Gäste: ... |

| **Protokoll** | | | |
|---|---|---|---|
| **Beispiel** | **Protokoll**<br><br><br>Teilnehmer: | **Schichtwechselgespräch**<br>**vom 27.06.20..**<br>von 6:00 - 6:30 Uhr, Halle 3<br>Muhrjahn, MTV<br>Kurz, MTK<br>Mende, MGL<br>Krause, PL3 | <br><br><br>Verteiler: GL1, GL3 |
| | Protokoll:<br>Leitung: | Kurz, MTK<br>Mende, MGL | |
| | **Tagesordnung:** | | |
| | TOP 1: | ................................ | |
| | TOP 2: | ................................ | |
| | Ergebnis: | ................................<br>................................ | |
| | Unterschriften | ................................ | |

| **Aktennotiz** | |
|---|---|
| Eine weitere **Sonderform des Berichts** ist die Aktennotiz, auch als Hausmitteilung oder Vermerk bekannt. In der Regel werden in der Aktennotiz wichtige Vorgänge (Ereignisse, Ergebnisse von Gesprächen, Dokumentation von Entscheidungen, Qualifizierungsergebnis) in schriftlicher Form für den hausinternen Gebrauch festgehalten. Die Aktennotiz wird ebenfalls übersichtlich gegliedert. Die Sprache ist dabei knapp – bis hin zum Telegrammstil. Folgendes Schema ist üblich: | |
| **Schema** | ► Empfänger: .......................... <br>► Datum (ggf. Uhrzeit): .......................... <br>► Anlass: .......................... <br>► Gegenstand: .......................... <br>**z. B. Telefonat, persönliches Gespräch, Vorfall**<br>► Information, Verlauf, Ergebnis: .......................... <br>► Unterschrift: .......................... |
| **Beispiel** | ***Interne Mitteilung***<br>von: Krause, Pl 3 Kopie: Dr. Jensen, GL<br>an: Muhrjahn, MTV<br>am: 27.06. 20..<br>**Zustand der Verpackungsmaschinen Halle 3**<br><br>Beim Rundgang in Halle 3, Fr., 16:20 Uhr musste ich feststellen, dass<br>........................................ Ich bitte, ....................................................<br>*G. Krause* |

## 02. Welche Protokollarten unterscheidet man?

- **Wortprotokoll** Wiedergabe der Dikussionsbeiträge
- **Verlaufsprotokoll** detaillierter Verlauf der Besprechung
- **Kurzprotokoll** gestraffter Verlauf der Besprechung
- **Ergebnisprotokoll** Darstellung der Ergebnisse
- **Abnahmeprotokoll** schriftliche Dokumentation der Abnahme einer Leistung (z. B. einer Anlage/Maschine).

## 03. Welche Vor- und Nachteile bieten betriebliche Kommunikationsmedien wie z. B. Telefax, Telefonie, E-Mail und Briefversand?

<table>
<tr><th colspan="4">Betriebliche Kommunikationsmedien</th></tr>
<tr><th>Medium</th><th>Vorteile/Chancen – Beispiel</th><th colspan="2">Nachteile/Risiken – Beispiel</th></tr>
<tr><td>Brief, extern</td><td>► Verwendung von Anlagen unterschiedlicher Formate<br>► keine Kenntnisse der Datenaufbereitung erforderlich<br>► ausführliche Darstellung möglich</td><td>► kostenaufwendig:<br>► Porto: 0,80 € bis 1,55 €; Verpackung<br>► Transportzeit: 2 - 3 Tage</td><td rowspan="3">Einwegkommunikation</td></tr>
<tr><td>Telefax (nur noch selten im Einsatz)</td><td>► Verwendung vorhandener Vorlagen<br>► Geschwindigkeit der Übertragung<br>► Rückmeldung über Versand (G3)<br>► einfaches Handling (Gerät immer arbeitsbereit)<br>► keine Zusatzkosten</td><td>► Qualität der Nachricht beim Empfänger eingeschränkt<br>► bei Thermopapier: befristete Haltbarkeit</td></tr>
<tr><td>E-Mail</td><td>► schnelle Übertragungszeit<br>► Verknüpfung mit Anhängen<br>► Versenden an viele Absender ohne Mehraufwand<br>► automatische Dokumentation</td><td>► separates Schreiben der Nachricht (i. d. R.)<br>► Handling von PC und Netz erforderlich<br>► Probleme der Datensicherheit</td></tr>
<tr><td>Telefonie</td><td>► direkter Dialog mit Aktion und Reaktion möglich (Zweiwegkommunikation)<br>► direkter Kontakt (Stimmungen, Sprache, Befindlichkeiten)</td><td colspan="2">► keine automatische Dokumentation<br>► Anwesenheit des Empfängers erforderlich<br>► (gemildert durch Anrufbeantworter)</td></tr>
</table>

### 04. Welche weiteren Aspekte betrieblicher Kommunikation muss der Vorgesetzte kennen und umsetzen können?

INFO

Der Rahmenplan sieht abschließend die Behandlung folgender Themenpunkte vor:

- Wichtige Regeln zur Gestaltung, zum Aufbau und zur Formulierung von Texten/Grafiken (Verständlichkeit, Klarheit, Anschaulichkeit, Prägnanz)
- Anwendung und Einsatzmöglichkeiten schriftlicher Kommunikation und deren Hilfsmittel (Personalcomputer, Smartphones)
- Entwerfen einer Rede/eines Kurzvortrages (Kurzvortrag, Referat; Vorbereitung, Aufbau, Stilmittel, Darbietung)
- Adressatengerechte Visualisierung von Ergebnissen aus Einzel- und Gruppenarbeiten (Text, Grafik, Schaubild, Diagramme, Farben, Formen)

Diese Themenpunkte werden unter >> 3.3 ausführlich behandelt; vgl. außerdem im 4. Prüfungsfach unter >> 4.5. Deshalb wird an dieser Stelle der Stoff nicht erneut dargestellt. Lediglich der Aspekt „mit Formularen arbeiten“ wird abschließend behandelt.

**Mit Formularen arbeiten:**
Formulare sollen und können die Verständigung zwischen Mitarbeitern, Vorgesetzten und anderen Abteilungen erleichtern und vereinfachen, manchmal vereinheitlichen. Sie kommen gerade auch dem weniger sprachgewandten Mitarbeiter entgegen, da er nur noch vorbereitete Fragen, und zwar immer an der gleichen Stelle, beantworten muss und das oft auch nur in Stichworten.

Für den Betrieb und seine nachgeordneten Abteilungen vereinfachen Formulare die Verwaltungsarbeit, weil damit viele Betroffene auf gleiche Weise erfasst werden. Das Bestreben, dies in möglichst kurzer und platzsparender Form zu tun, bedeutet, dass die Sprache in Formularen meist stark verkürzt ist durch Abkürzungen, Fachausdrücke, Verzicht auf Nebensätze u. a. Den Vorteil des Platzgewinns bezahlt man möglicherweise mit dem Nachteil einer mangelnden Verständlichkeit. Formulare sollten zentral dokumentiert, von Zeit zu Zeit aktualisiert werden und adressatengerecht gestaltet sein (Der Nutzer entscheidet über die Zweckmäßigkeit eines Formulars, nicht der Konzeptor!).

## 3.6.3 Mündliche Kommunikation

### 01. Welche Vorteile biete die mündliche Kommunikation?

Die mündliche Kommunikation bezeichnet man auch oft als Face-to-Face-Kommunikation. Naturgemäß spiegelt sie die älteste Form der Kommunikation wider und bringt viele Vorteile. Die Kommunikation z. B. in Gesprächen ist immer synchron, findet also zeitgleich statt.

**Vorteile** mündlicher Kommunikation:

- schneller, direkter Austausch bei wechselseitigem Informationsfluss
- Möglichkeit der Nutzung von nonverbalen Elementen wie Mimik, Gestik, Intonation etwa zum Hervorheben/Abschwächen
- Reaktion des Gesprächspartners ist sofort erkennbar
- Deutlichkeit von emotionalen Komponenten (etwa bei Personalgesprächen)
- vor Corona: Körperkontakt zur Verdeutlichung möglich (Händeschütteln).

Die Vorteile der mündlichen Kommunikation liegen hauptsächlich im interaktiven synchronen Austausch.

## 02. Was beschreibt die Rhetorik?

Rhetorik bedeutet einfach übersetzt: Redekunst. Das Ziel ist es also, Zuhörer oder Gesprächspartner zu überzeugen und dafür zu sorgen, dass diese gerne zuhören und die gesagten Inhalte auch im Gedächtnis behalten. Vereinfacht gesagt, bedeutet Rhetorik damit nichts anderes, als wirksam zu überzeugen. Auch wenn es natürlich viele verschiedene Tipps und Regeln zur Rhetorik gibt, sind hier beispielhaft einige grundlegende genannt:

- Senden Sie klare und wahrhafte Botschaften an die Zuhörer.
- Beschränken Sie die Länge der Rede.
- Planen Sie einen Spannungsbogen in der Rede ein.
- Formulieren Sie jederzeit verständlich für die Zuhörer.
- Setzen Sie Ihre Persönlichkeit ein, denn eine Rede soll immer auch individuell sein.

## 03. Welche Stilmittel sollten eingesetzt werden?

Es existiert eine Vielzahl von rhetorischen Stilmitteln, welche den Zuhörer im Sinne des Vortragenden beeinflussen sollen. Einige davon sind nachfolgend aufgeführt:

- **Alliteration:** gleiche Anfangsbuchstaben bei aufeinander folgenden Wörtern, z. B. bei „Wind und Wetter“ oder bei „Nacht und Nebel“
- **Anapher:** Wiederholung gleicher Wörter am Satzbeginn, z. B. „Firma XY repariert, Firma XY tauscht aus“
- **Antithese:** Gegenüberstellung von gegensätzlichen Begriffen/Gedanken, z. B. „Hochmut kommt vor dem Fall“
- **Correctio:** Berichtigung eines zu schwachen/unzutreffenden Ausdrucks, z. B. „Dies ist eine wirklich gute, nein, die beste Maschine, die es gibt.“

- **Euphemismus:** Beschönigung, z. B. statt „billig“ wird „preisgünstig“ oder statt „schlecht“ wird „nicht optimal“ als Ausdruck gewählt.
- **Hyperbel:** starke Übertreibung, z. B. „ein Meer von Tränen“
- **Ironie:** offensichtlich unwahre Behauptung, mit der das Gegenteil ausgedrückt wird, z. B. „Sie wollten sicher Prüfungsbester werden?“ Als Aussage zu einem Teilnehmer, welcher klar durchgefallen ist.
- **Klimax:** Steigerung, z. B. „Gut, Besser, Firma XY“
- **Litotes:** Verneinung des Gegenteils, z. B. „Das war gar nicht schlecht.“
- **Metapher:** Vergleich ohne „wie“, als Bedeutungsübertragung, z. B. „Die Sonne lacht.“
- **Neologismus:** Wortneuschöpfung, z. B. Cyberkrieg
- **Oxymoron:** Verbindung zweier Begriffe mit gegensätzlicher Bedeutung, z. B. „Geliebter Feind“
- **Paradoxon:** Aussage mit krassem Widerspruch, z. B. „Weniger ist mehr.“
- **Parallelismus:** Wiederholung einer syntaktischen Struktur, z. B. „Reden ist Silber, Schweigen ist Gold.“
- **Rhetorische Frage:** Frage, bei der die Antwort schon bekannt ist, z. B. „Wer soll denn das alles noch verstehen?“
- **Vergleich:** Verknüpfung zweier Bedeutungsbereiche durch Hervorhebung des Gemeinsamen, z. B. „Dieses Verfahren ist schnell wie der Blitz.“

### 3.6.4 Zielgruppengerechtes Auswählen und Verdichten von Informationen

#### 01. Was bedeutet das Verdichten von Informationen?

Informationsverdichtung bezeichnet die Zusammenfassung von Einzelinformationen entsprechend den Anforderungen des jeweiligen Informationsträgers. Die Verdichtung von Informationen ist die wichtigste Form der entscheidungsorientierten Informationsbereitstellung (Informationsbeschaffung und -aufbereitung) von Führungsinformationen und gehört z. B. zu den wesentlichen Controllingaufgaben. Die Informationsverdichtung ist durch einen Umformungsprozess gekennzeichnet, bei dem Einzelinformationen unter Verwendung von Algorithmen zu einer Gesamtinformation verarbeitet werden, in der die ursprüngliche Information zwar untergeht, ihre eigentliche Substanz jedoch erhalten bleibt. Die quantitative Verdichtung erfolgt mit dem Ziel, den Umfang der bereitzustellenden Einzelinformationen so zu reduzieren, dass komplexe Sachverhalte in verkürzter Form abgebildet werden können, wie z. B. für die Kennzahlenbildung.

#### 02. Wie können die Teilnehmer aktiviert werden?

Im Rahmen von Vorträgen oder Schulungen ist es häufig notwendig, die Teilnehmer zum Mitmachen anzuregen. Sie müssen also aus der reinen „Konsumentenhaltung“ (viele Teilnehmer lassen sich gern berieseln, werden aber selbst nicht aktiv) herausgeholt werden. Um dies zu erreichen, werden häufig verschiedene aktivierende Methoden angewandt, um den Teilnehmern die Gelegenheit zu geben, sich selbst mehr in den Fortbildungsprozess einzubringen und dadurch den Lernprozess zu fördern.

Übungen zur Teilnehmeraktivierung haben dabei folgende Ziele: Sie

- lockern Training, Seminar und Unterricht auf.
- bringen den Kreislauf in Gang.
- bringen Teilnehmer in einen guten Zustand.
- fördern die Atmosphäre in der Gruppe durch Lachen, Spaß und gemeinsames Erleben.
- fokussieren die Aufmerksamkeit der Teilnehmer nach einer Pause wieder auf eine gemeinsame Tätigkeit.
- vermitteln nebenbei für das Lernen förderliche Suggestionen, wie z. B.: „Hier ist es in Ordnung, nicht perfekt zu sein" oder „Hier darf man auch mal Fehler machen".

Um eine Akzeptanz bei den Teilnehmern zu erreichen, empfiehlt es sich, zu Beginn den Einsatz dieser Aktivierungsübungen kurz zu begründen und bei der Auswahl geeigneter Übungen sorgfältig vorzugehen. Dies bedeutet mit eher „harmlosen" Übungen zu beginnen und je nach Resonanz der Gruppe den Spaßfaktor schrittweise zu steigern. Umso besser es gelingt, einen Bezug der Übung zum Thema oder zur folgenden Lernaktivität („*... für folgendes Thema benötigen wir viel Aufmerksamkeit und Konzentration, dazu vorab eine kleine Übung ...*") herzustellen, desto größer ist normalerweise auch die Akzeptanz.

## 03. Was beschreiben die Gestaltungselemente?

Als Gestaltungselemente und -prinzipien bezeichnet man ganz allgemein Form, Raum, Farbe und Licht sowie die Komposition. Es gibt selbstverständlich sehr viele unterschiedliche Gestaltungselemente, je nach verwendetem Medium. Hier einige Tipps für die Gestaltung von Texten und Präsentationen:

- nur die wichtigsten Kernaussagen visualisieren
- einfache und verständliche Formulierungen verwenden
- nicht in langen Sätzen, sondern in Stichwörtern formulieren
- so groß schreiben, dass es auch in der letzten Reihe lesbar bleibt
- maximal zwei verschiedene Schriftarten verwenden
- höchstens drei verschiedene Farben einsetzen
- auf maximal sieben Inhaltspunkte (pro Seite/Folie) beschränken.

# 4. Zusammenarbeit im Betrieb

INFO

**Prüfungsanforderungen**

Nachweis folgender Fähigkeiten:

- Der Teilnehmer soll nachweisen, dass er in der Lage ist, Zusammenhänge des Sozialverhaltens zu erkennen, deren Auswirkungen auf die Zusammenarbeit zu beurteilen und durch angemessene Maßnahmen auf eine zielorientierte und effiziente Zusammenarbeit hinzuwirken.
- Er soll in der Lage sein, die Leistungsbereitschaft der Mitarbeiter zu fördern sowie betriebliche Probleme und soziale Konflikte zu lösen.
- Er soll Führungsgrundsätze berücksichtigen und angemessene Führungstechniken anwenden.

**Qualifikationsschwerpunkte (Überblick)**

4.1 Beurteilen und Fördern der beruflichen Entwicklung des Einzelnen unter Beachtung des bisherigen Berufsweges und unter Berücksichtigung persönlicher und sozialer Gegebenheiten

4.2 Beurteilen und Berücksichtigen des Einflusses von Arbeitsorganisation und Arbeitsplatz auf das Sozialverhalten und das Betriebsklima sowie Ergreifen von Maßnahmen zur Verbesserung

4.3 Beurteilen von Einflüssen der Gruppenstruktur auf das Gruppenverhalten und die Zusammenarbeit sowie Entwickeln und Umsetzen von Alternativen

4.4 Auseinandersetzen mit eigenem und fremden Führungsverhalten, Umsetzen von Führungsgrundsätzen

4.5 Anwenden von Führungsmethoden und -techniken einschließlich Vereinbarungen entsprechender Handlungsspielräume, um Leistungsbereitschaft und Zusammenarbeit der Mitarbeiter zu fördern

4.6 Förderung der Kommunikation und Kooperation durch Anwenden von Methoden zur Lösung betrieblicher Probleme und sozialer Konflikte

# 4.1 Beurteilen und Fördern der beruflichen Entwicklung des Einzelnen

## 4.1.1 Zusammenhang von Lebenslauf, beruflicher Entwicklung und Persönlichkeitsentwicklung

Jeder Mensch entwickelt sich im Laufe seines Lebens **anlage- und umweltbedingt** zu einer unverwechselbaren Person/Persönlichkeit (Wesensart, Charakter, Denk- und Verhaltensweisen).

Als **Persönlichkeit** bezeichnet man

a) grundsätzlich: → alle für einen Menschen charakteristischen Eigenschaften

b) speziell: → einen Menschen mit herausragender Position in der Gesellschaft.

Zwischen dem Lebenslauf, der beruflichen Entwicklung und der Persönlichkeitsentwicklung bestehen Zusammenhänge; dazu zwei Beispiele:

| Lebenslauf eines Managers | | Persönlichkeit |
|---|---|---|
| ▸ geb. 1970 in der damaligen DDR<br>▸ Flucht in die Bundesrepublik<br>▸ häufiger Schulwechsel<br>▸ Abitur<br>▸ Bundeswehr<br>▸ Heirat, 1. Kind<br>▸ Dozent, Erwachsenenbildung<br>▸ Leitungsfunktionen in Industrie und Handel (Personalentwicklung, Controlling, Personalleitung)<br>▸ selbstständiger Unternehmensberater | → | ▸ ehrgeizig<br>▸ aktiv<br>▸ zielstrebig<br>▸ risikofreudig<br>▸ leistungsorientiert<br>▸ eher dominant/weniger Teamarbeiter |

Man kann daraus folgende, vorsichtige Schlussfolgerung ziehen: Neben der genetisch bedingten Veranlagung prägten einige Stationen des persönlichen und beruflichen Werdegangs besonders nachhaltig die Persönlichkeitsentwicklung dieses Managers:

- Flucht/Schulwechsel: → Einzelkämpfer, sich behaupten müssen
- hohe Selbstständigkeit in den beruflichen Stationen; breites Wissensspektrum: → selbstständiger Unternehmensberater.

| Lebenslauf eines Chorleiters | | Persönlichkeit |
|---|---|---|
| ► 1968 in Erfurt geboren<br>► aufgewachsen in musikalischer Umgebung<br>► Abitur<br>► Ausbildung im Fach Klavier und Mitglied der Dresdener Kapelknaben, Orgelspiel und erste Dirigate<br>► Studium der Musik in Weimar, Diplom und Staatsexamen<br>► Lehrer an einer Kreismusikschule<br>► Kreismusikschuldirektor und Intendant des Preußischen Kammerorchesters | → | ???<br><br>**Bitte entwickeln Sie eigene Vorstellungen davon, welche Persönlichkeit sich vermutlich hinter diesem Lebenslauf verbirgt!** |

### 4.1.2 Entwicklung des Sozialverhaltens des Menschen

#### 01. Welche Bereiche und Phasen menschlicher Entwicklung haben Einfluss auf das Sozialverhalten?

Menschen entwickeln sich im Laufe ihres Lebens. Diese Entwicklung vollzieht sich in mehreren

- **Bereichen:**

  A. **Organischer** Bereich: → Entwicklung der Organe und der Körperfunktionen

  B. Bereich des **Wissens:** → Entwicklung der kognitiven Fähigkeiten

  C. Bereich der **Fähigkeiten** zur Handhabung von Werkzeugen, Maschinen usw. → Psychomotorik

  D. Bereich des **Verhaltens**: → affektiver Bereich.

  Für die Entwicklung des **Sozialverhaltens** sind **insbesondere folgende Fragen von Bedeutung:**

  - Wie setzt sich jemand mit seiner Umwelt auseinander?
  - Welche Normen übernimmt er, welche lehnt er ab?
  - Ist er in der Lage, Verhaltensmuster zu entwickeln, die ihn in Einklang mit anderen bringen, ohne dass er dabei seine berechtigten Wünsche ständig zurückstellt?
  - Ist er in der Lage, über sein Verhalten und das anderer nachzudenken (zu reflektieren), um dabei schrittweise zu – für ihn und andere – erfolgreichen Verhaltensmustern zu gelangen (**soziales Lernen**)?

- **Phasen menschlicher Entwicklung:**
  Der Mensch entwickelt sich permanent weiter – es ist ein kontinuierlicher Prozess. Nun haben sich Wissenschaften wie u. a. die Psychologie und die Soziologie darum bemüht, **Erklärungsmodelle** für menschliche Verhaltensweisen aufzustellen. Diese

Modelle – es gibt davon eine ganze Reihe – haben den Vorteil, dass sie zum Verständnis beitragen. **Sie ordnen und strukturieren menschliche Verhaltensmuster nach verschiedenen Phänomenen.** Die Beschäftigung mit solchen Modellen kann z. B. dem Meister helfen, Ursachen für bestimmte Reaktionen besser zu verstehen.

**Ein derartiges Modell ist die Gliederung der menschlichen Entwicklung in verschiedene Phasen.** Dabei orientiert man sich einerseits an unterschiedlichen **Altersabschnitten** und versucht diesen, in der Realität nachgewiesene **Verhaltensmuster** zu zuordnen.

Die nachfolgende Abbildung zeigt einen vereinfachten Ausschnitt aus diesem Phasenmodell, wie es von der Wissenschaft schrittweise verfeinert wurde:

| Phasen / Bereiche | Pubertät: ca. 13 - 18 Jahre | Heranwachsender: 18 - 21 J. | Erwachsener: ab 21 J. |
|---|---|---|---|
| **Werteorientierung** | Kritik; Dinge infrage stellen; Wechsel von Leitbildern | Entwicklung eigener Maßstäbe und Leitmotive | Eigene Maßstäbe, Gewohnheiten und Erfahrungen verfolgen |
| **Sozialverhalten** | Lösung von den Eltern; Suche nach neuer Gruppenzugehörigkeit; Geltungsbedürfnis; Drang nach Anerkennung und Bestätigung; gelegentlich extrem und intolerant | Entstehen eines eigenen Rollenverhaltens; Suche nach Freundschaft, Liebe und sozialen Kontakten | Streben nach stabilen Sozialbindungen; hohe Bedeutung des Arbeitslebens und der Familie |
| **Körperliche Entwicklung** | Längenwachstum, Ausbildung der Geschlechtsreife; ungelenke Bewegungen; allmähliche Proportionierung der körperlichen Gestalt | Abschließende Entwicklung der Innenorgane | Bis zum 30.- 40. Lebensjahr: Höhepunkt der Muskelkraft; danach: Abnahme der Muskelkraft und Nachlassen der Sinnesorgane |
| **Emotionaler Bereich** | Schwankende Gefühlswelt; instabile Emotionen; Drang nach Erlebnissen | Wachsende Selbstsicherheit; zunehmend emotionale Stabilität | Im Allgemeinen emotional stabil und ausgewogen |
| **Gedächtnis** | Noch schwankend in der Sicherheit und Ausdauer; später zunehmende Verbesserung der Gedächtnisleistung | Abschluss der Funktionssicherheit | Nachlassendes Lerntempo; nachlassendes Ultrakurzzeitgedächtnis; verstärkter Rückgriff auf das Langzeitgedächtnis |

Bei der Beschäftigung mit solchen Modellen muss man berücksichtigen, dass sie keine exakten Gesetzmäßigkeiten wie in den Naturwissenschaften darstellen, sondern **Quasigesetze** sind, die in einer Mehrzahl von Fällen zutreffen – jedoch nicht immer. Die menschliche Entwicklung ist komplex und eben nicht einfach erklärbar:

- Der Einzelfall kann von den Grundzügen des Modells abweichen.
- Es gibt Früh- und Spätentwickler.
- Es existieren fördernde und hemmende Entwicklungsfaktoren.
- Die Entwicklung der Geschlechter (Jungen/Mädchen) verläuft unterschiedlich (Jungen entwickeln sich meist zwei Jahre später als Mädchen).

## 02. Welche Bedeutung haben Anlagen und Umwelteinflüsse für die menschliche Entwicklung?

Man könnte fast sagen, die Frage ob die Anlagen oder die Umwelt für die Prägung eines Menschen verantwortlich sind, ist so alt wie der Stammtisch und das Kaffeekränzchen. Menschen stellen sich diese Frage sehr häufig. Gesicherte Erkenntnis ist heute:

- Beide Faktoren sind erforderlich und prägen die Entwicklung eines Menschen.
- Nur wenn eine bestimmte Anlage vorhanden ist, kann sie sich überhaupt über die Umwelt ausprägen.
- Auch eine noch so günstige Veranlagung kann sich nicht entwickeln (wird zu keinem Ergebnis führen), wenn sie nicht auf günstige Umweltbedingungen trifft.

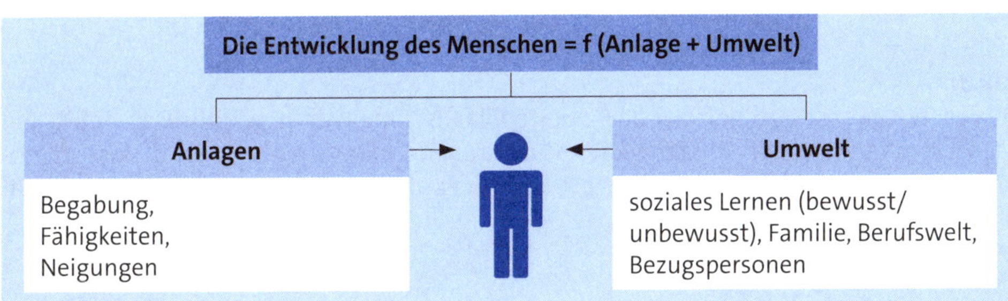


Sehr anschaulich wurde dieses Thema von Ralf Horn behandelt in: *„Ausbildung der Ausbilder, Fernsehkurs im Medienverbund TR Verlagsunion 1973 , Heft 5."* Trotz der Jahreszahl 1973 ist die Aussage nicht veraltet: Die nachfolgende Abbildung (nach Horn, Ralf) zeigt drei mögliche Fälle menschlicher Prägung durch Anlage und Umwelt (die Höhe der Gläser bedeutet die Anlage von Mensch 1 und Mensch 2):

**Fall 1:**
Eine **günstige Umwelt** sorgt dafür, dass sich die **Anlagen voll entwickeln**. Beide Gläser (Mensch 1 und Mensch 2) sind gefüllt. Der genetisch bedingte **Unterschied bleibt** bestehen.

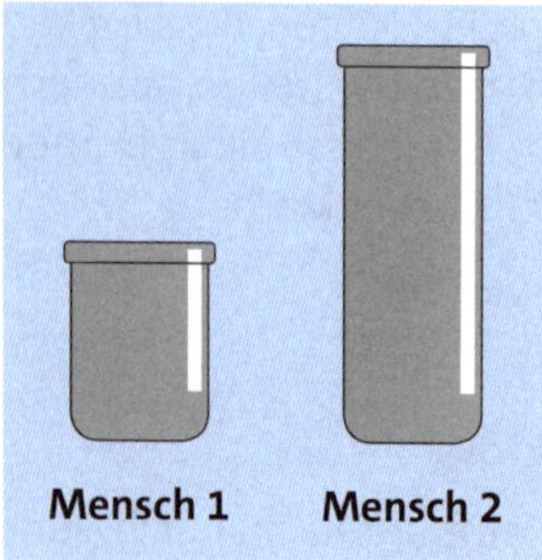


**Fall 2:**
Eine ungünstige Umwelt verhindert, dass sich die Anlagen voll entwickeln. Beide Gläser sind nur teilweise gefüllt. Der genetisch bedingte **Unterschied bleibt** bestehen – allerdings auf einem niedrigen Level.

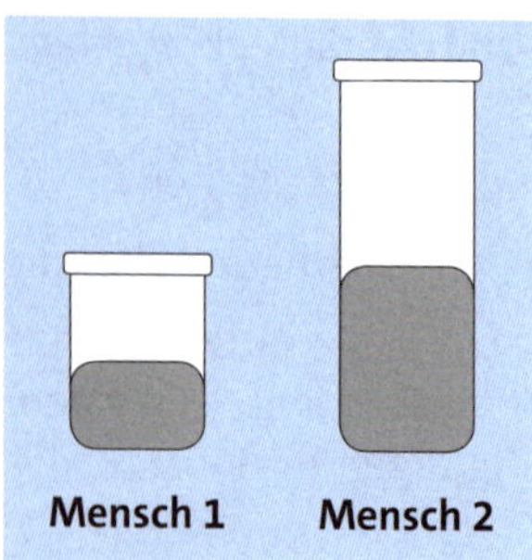


**Fall 3:**
Das erste Glas ist voll gefüllt; das zweite Glas ist nur wenig gefüllt. Das heißt: Ein Mensch mit geringeren Anlagen kann durchaus mehr leisten als jemand, dessen größere Anlagen sich nicht voll entwickeln konnten aufgrund einer ungünstigen Umwelt.

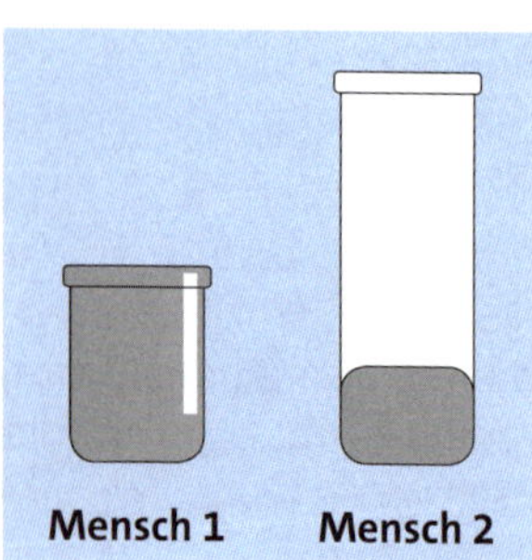

## 03. Welche entwicklungsfördernden und -hemmenden Faktoren sind zu berücksichtigen?

Der Meister hat es in seinem Verantwortungsbereich mit Jugendlichen und Erwachsenen zu tun. Von daher sind vor allem entwicklungsfördernde und -hemmende Faktoren für die Phase der **Pubertät** und des **Erwachsenenalters** von Bedeutung. Dazu Beispiele:

- **Fördernde Faktoren:**
  - positive Prägung durch die Familie (Kontakt, Hilfestellung, sich Zeit nehmen für die Fragen und Lernprozesse des Jugendlichen, Bildungsniveau und Berufswelt der Eltern)
  - positive Kontakte zu Gleichaltrigen, Anregungen, soziales Lernen
  - Förderung in der Schule und zu Beginn des Berufslebens
  - fachlich und persönlicher Erfolg in der Berufswelt, Anerkennung durch andere
  - Anregungen in der Freizeit, die sinnvoll und neigungsorientiert genutzt werden kann
  - Entwicklung eines positiven sozialen Netzes (Freundeskreis, Hobbys, Nachbarn, gegenseitige Hilfe und Anerkennung).
- **Hemmende Faktoren:**
  Grundsätzlich lassen sich alle oben genannten Faktoren negativ umkehren. Zusätzlich gibt es spezielle negative Umwelteinflüsse für die menschliche Entwicklung:
  - Erkrankungen des betreffenden Menschen, insbesondere bei langfristiger Nachwirkung
  - Erkrankungen oder Todesfälle innerhalb der Familie
  - Störungen oder Verlust sozialer Bindungen (Familie, Freunde)
  - Mangel an Anerkennung im gesellschaftlichen Umfeld
  - häufige Misserfolgserlebnisse in Schule und Beruf (z. B. durch permanente Über- oder Unterforderung)
  - Arbeitslosgkeit
  - mangelnde Fähigkeit/Bereitschaft, soziale Bindungen einzugehen.

## 04. Was ist Lernen? Was ist soziales Lernen?

- **Lernen ist jede Veränderung des Verhaltens und der Einstellung**, die sich als Reaktion auf Reize der Umwelt ergibt.

**Beispiel**

Das Kind verbrennt sich an der Herdplatte den Finger. Die Mutter erklärt, dass die Herdplatte heiß ist, wenn die rote Lampe Restwärme anzeigt. Das Kind ändert sein Verhalten: Es fasst nicht mehr an die Herdplatte, wenn die rote Lampe brennt.

- **Soziales Lernen ist die Aneignung von Verhaltensnormen und Wissensbeständen**, die ein Mensch braucht, um in der Gesellschaft zu existieren.

**Beispiel**

Ein Stadtmensch zieht in ein Dorf. Im Laufe der Zeit ändert er sein Verhalten in Bezug auf die Mitbewohner des Dorfes: Er gibt dem Drängen nach, doch endlich dem örtlichen Schützenverein beizutreten; er sorgt peinlich genau dafür, dass der Vorgarten gepflegt aussieht; jeden Freitag wird die Straße gekehrt usw. Dies wird von den Dorfbewohnern erwartet und belohnt mit einem freundlichen *„Na, mal wieder fleißig?!“*

## 05. Welche Phasen des Lernprozesses sind beim sozialen Lernen zu berücksichtigen?

In der Lerntheorie kennt man zwei Grundrichtungen:

a) **Aneignung von Wissensinhalten:**
Lernen findet z. B. durch *„Versuch und Irrtum“* statt; bekannt geworden sind hier die *„4-Stufen-Methode des Lernen“* (vgl. AEVO) und die *„6 Lernstufen nach H. Roth“*.

b) **Aneignung von Werten und Verhaltensmustern:**
Im Bereich des sozialen Lernens, d. h. der Veränderung von Verhalten und Einstellungen eines Menschen, hat sich die Ansicht durchgesetzt, dass **Lernen die Folge von Konsequenzen ist.** Dazu drei grundsätzliche Erkenntnisse:

1. Der Mensch tut das, womit er Erfolg hat/was ihm angenehm ist.
**Mehrmaliger Erfolg führt also zu einer Stabilisierung des Verhaltens.**

2. Der Mensch vermeidet das, womit er Misserfolg hat/was ihm unangenehm ist.
**Mehrmaliger Misserfolg führt zu einer Änderung des Verhaltens.**

3. Erfolg ist das, was der einzelne Mensch als angenehm empfindet.
**Angenehm ist alles, was zur Befriedigung von Bedürfnissen führt** (vgl. *Maslow*).

**Beispiel**

Aktion: Ein Mitarbeiter kommt häufiger zu spät zu einer Besprechung. Dieses Verhalten ist unerwünscht; es ist dem Mitarbeiter aber angenehm (hat keine Lust zur Besprechung).

Reaktion 1: Der Vorgesetzte unternimmt nichts. Folge: Der Mitarbeiter kommt weiterhin zu spät. Das unerwünschte Verhalten ist erfolgreich/wird als angenehm empfunden und stabilisiert sich daher.

Reaktion 2: Der Vorgesetzte kritisiert das Fehlverhalten des Mitarbeiters. Wenn nun

a) pünktliches Erscheinen belohnt wird („ist angenehm" → Stabilisierung) oder

b) bei weiterem unpünktlichen Erscheinen eine „Strafe" droht (erneute, aber scharfe Kritik o. Ä.; „ist unangenehm" → Vermeidung/Misserfolg), so kann unerwünschtes Verhalten geändert werden.

### 06. Was versteht man unter „Habitualisierung"?

**Habitus bedeutet Gewohnheit**. Mit Habitualisierung bezeichnet man also den Vorgang, dass ein bestimmtes Verhalten zur Gewohnheit wird; es wird verinnerlicht. Vorgesetzte müssen insbesondere die Qualifikationen verinnerlichen, die eine zentrale Bedeutung im Führungsprozess besitzen.

**Beispiel**

Es reicht nicht aus, die Phasen eines Kritikgespräches „kopfmäßig" (kognitiv) zu lernen. Das wissensmäßige Erlernen ist nur der erste Schritt. Hinzukommen muss die permanente Übung mit ggf. notwendigen Korrekturen, bis sich das Verhaltensmuster „einschleift", verinnerlicht wird und dann im Laufe der Zeit auch ohne Anstrengung (unbewusst) abrufbar ist. Verdeutlichen kann man sich die Verinnerlichung motorischer Vorgänge, wenn man sich daran erinnert, wie lange es gedauert hat, bis ein „Führerscheinneuling" ohne Anstrengung fehlerfrei Auto fahren konnte.

### 07. Wie kann der Meister auf Einstellungen und Verhaltensweisen Einfluss nehmen?

1. Der Meister kann unterschiedliche **Arten des Lernens** (der Mitarbeiter) gezielt fördern:
   - Lernen durch Einsicht
   - Lernen durch Nachahmung (der Meister ist ein Vorbild)
   - Lernen durch Versuch und Irrtum (den Mitarbeiter selbst darauf kommen lassen, allerdings nur bei ungefährlichen Vorgängen).
2. Der Meister kann/muss
   - erwünschtes Verhalten stabilisieren (Anerkennung, Sinn der Arbeit, Folgen bei Fehlverhalten)
   - unerwünschtes Verhalten für den Mitarbeiter „unangenehm machen" (vgl. oben: Kritik, Sanktion, Einsicht erzeugen, Vereinbarungen treffen).

### 4.1.3 Kooperation und Integration im Betrieb

#### 01. Wie lässt sich die Integration jugendlicher Mitarbeiter fördern?

Zu den Jugendlichen zählen nach dem Gesetz die 15- bis unter 18-Jährigen. Ihre Entwicklung ist noch nicht abgeschlossen, wie wir oben unter >>4.1.2 Frage 01., behandelt haben. Der Meister hat Jugendliche zu führen und zu betreuen als Auszubildende, Anzulernende, Praktikanten, jugendliche Facharbeiter u. Ä. Der Meister sollte bei Jugendlichen verstärkt auf folgende Punkte achten und dies ggf. auch dem Stammpersonal verdeutlichen:

- Die körperliche Reife (Größenwachstum) kann mitunter dazu führen, dass die Körperkraft oder die sonstige Leistungsfähigkeit des Jugendlichen überschätzt wird. Also: **keine Überforderung, keine Überbelastung.**
- Bei Jugendlichen sind besondere **Schutzbestimmungen** einzuhalten (vgl.: BBiG, ArbZG, JArbSchG; z. B. Zeiten für den Besuch der Berufsschule, Pausenzeiten, Gestaltung des Arbeitsplatzes).
- Jugendliche befinden sich **noch in einem Reife- und Lernprozess**. Daher: Geduld, ggf. auch mehrmals erklären, keine sofortige Fehlerfreiheit erwarten, ermuntern usw.
- Der Jugendliche befindet sich in der Phase des **Übergangs von Schule zum Berufsleben**. Er muss sich an den 8-Stunden-Tag gewöhnen, Disziplin in der Aufgabenerfüllung erlernen usw.
- Bei Jugendlichen können verstärkt **Motivationsprobleme** auftreten: Stimmungsschwankungen, mangelnde Zukunftsaussichten auf dem Arbeitsmarkt, Misserfolge beim Erlernen von Fähigkeiten oder in der Berufsschule, familiäre/private Probleme u. Ä. Daher: Mut machen, Erfolge erleben lassen, Unterstützung geben, Sinn in der Arbeit vermitteln, häufiger Rückmeldung geben als bei Erwachsenen, richtige Verhaltensweisen stabilisieren.

#### 02. Wie kann der Meister die Zusammenarbeit von Männer und Frauen fördern?

Zunächst einige Fakten zu diesem Thema:

- **Mehr als ein Drittel** aller Erwerbstätigen in der BRD sind Frauen. In der ehemaligen DDR war der Anteil der erwerbstätigen Frauen und Männer in etwa gleich groß.
- Die **Gleichberechtigung** von Frauen und Männern sowie die Verpflichtung zur Gleichbehandlung ist **gesetzlich** mehrfach **verankert:**

| | |
|---|---|
| - Grundgesetz: | GG, Art. 3, Abs. II |
| - Allgemeines Gleichbehandlungsgesetz: | AGG |
| - Betriebsverfassungsgesetz: | BetrVG, § 75 |
| - EG-Vertrag: | Art. 141 (Gleiches Entgelt ...) |
| - 45. EG-Richtlinie: | Art. 2 (Chancengleichheit ...). |

Der Meister kann die Zusammenarbeit von Frauen und Männern fördern, indem er folgende Erkenntnisse berücksichtigt und diese auch in seinem Verantwortungsbereich nachdrücklich vermittelt:

- **Abbau von Vorurteilen**, z. B.:
  *„Frauen sind weniger leistungsfähig!“, „Frauen sind häufiger krank!“* Derartige und ähnliche Vorurteile werden weder durch die Praxis noch durch wissenschaftliche Untersuchungen bestätigt. Nach Auskunft der AOK sind die Fehltage von Frauen geringer als die bei Männern, wenn man die schwangerschaftsbedingten Krankheitstage vernachlässigt.

  **Richtig sind vielmehr folgende Fakten**, die der Meister kennen und in seinem Führungsverhalten berücksichtigen sollte – dabei sind die nachfolgenden Aussagen zu verstehen im Sinne von „im Allgemeinen“, „in der Regel“ **bzw.** „im Durchschnitt“:

  - Frauen haben eine **geringere Körperkraft** als Männer; ihre **Geschicklichkeit** bei **feinmotorischen Arbeiten** ist meist höher. Es gibt Untersuchungen, die die Vermutung stützen, dass Frauen sich schneller erholen und psychisch auf Dauer stärker belastbar sind; die Gründe werden in einem anderen Stoffwechsel sowie in einem veränderten Hormonhaushalt als bei Männern gesehen.

  - Die allgemeine Intelligenz von Frauen und Männern ist gleich. In den Punkten Einfühlungsvermögen **und** sprachliche Fähigkeiten schneiden Frauen etwas besser – bei den Segmenten Abstraktion, mathematisch/physikalische Vorgänge etwas schlechter ab als ihre männlichen Kollegen.

  - Unterschiede zwischen Frauen und Männern ergeben sich auch aus der **gesellschaftlichen Rollenzuweisung** der Frau und der biologischen Tatsache, dass Frauen die Kinder gebären.

  - Interessant ist: Neuere Untersuchungen gehen davon aus, dass Frauen eine **stärkere moderatorische Kompetenz** haben. Sie sind in ihrem Verhalten weniger auf Rivalität und Dominanz angelegt als ihre männlichen Kollegen. Dies hat in der Führung und Zusammenarbeit den Vorteil, dass betriebliche Themen mit mehr Einfühlungsvermögen und einer **stärkeren Bereitschaft zum tragfähigen Kompromiss** angegangen werden (unterschiedlicher kommunikativer Stil).

  - Frauen legen tendenziell mehr Wert auf äußere Erscheinung, freundliche und korrekte Umgangsformen, ansprechende Arbeitsräume und auf Wertschätzungen im Alltag (Begrüßen, zuhören, Aufmerksamkeit und Interesse zeigen).

  - Nicht vergessen werden darf auch die Tatsache, dass in der Zusammenarbeit zwischen Männern und Frauen auch die **geschlechterspezifische, natürliche Spannungssituation** eine Rolle spielt. Befragungen aus dem Berufsalltag zeigen immer wieder das Bild, dass Mann und Frau lieber in Arbeitsgruppen tätig sind, in denen beide Geschlechter vertreten sind. **Das Betriebsklima ist nachweislich besser,** wenn Frauen und Männer zusammenarbeiten und in Teams gleichermaßen vertreten sind.

  - Man weiß heute, dass ein **emotionaler Rückhalt in der Familie** eine wesentliche Voraussetzung für Leistung ist. Frauen verfügen über wichtige soziale Kompetenzen, die sie in der Familienarbeit erworben haben.

Diese Erkenntnisse sollte der Meister nutzen in der Führung seiner Mitarbeiter und Mitarbeiterinnen – aber auch bei der Zusammensetzung von Arbeitsgruppen.

## 03. In welcher Form sollte der Meister die Stellung älterer Mitarbeiter im Betrieb berücksichtigen?

Auch hier zunächst einige Fakten zu diesem Thema:

- **Bevölkerungsentwicklung:**
  - Seit einigen Jahren nehmen aufgrund der demografischen Entwicklung in Deutschland mehr über 50-Jährige am Erwerbsleben teil als unter 30-Jährige.

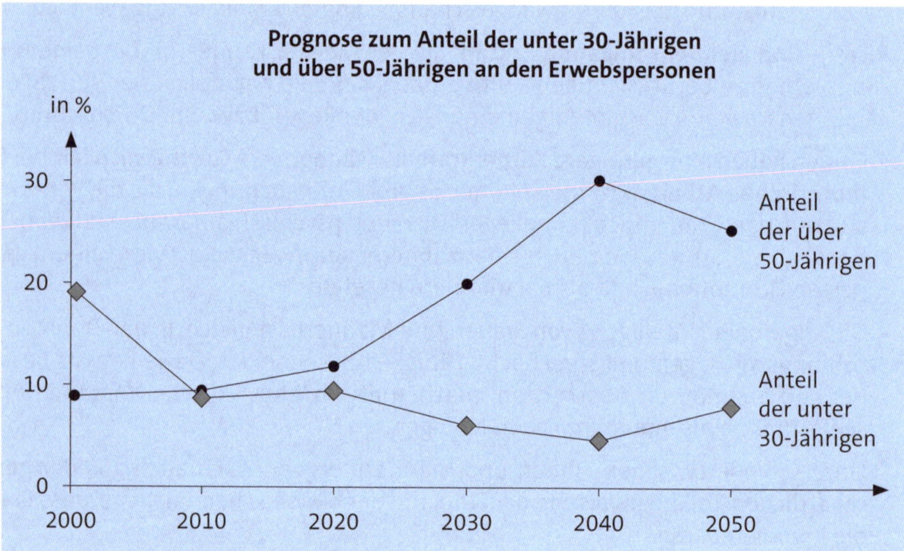


  - Wer zu den älteren Mitarbeitern im Betrieb gehört, lässt sich nicht eindeutig festlegen, **da der Alterungsprozess bei jedem Menschen individuell verläuft.** Befragungen bei Mitarbeitern kommen zu Altersangaben wie „ab 55 Jahre". Die OECD zählt zu den älteren Mitarbeitern alle diejenigen, die in der zweiten Hälfte ihres Berufslebens stehen.

- Mit dem Alter **verringern sich tendenziell** u. a.:
  - die **geistige Wendigkeit** und Umstellungsfähigkeit, die **Wahrnehmungsgeschwindigkeit** sowie die Geschwindigkeit in der Informationsverarbeitung und damit das Reaktionsvermögen, besonders bei komplexer Aufgabenstellung
  - die Abstraktionsfähigkeit, das **Kurzzeitgedächtnis, die Lernfähigkeit, die Muskelkraft**
  - die Widerstandsfähigkeit gegenüber hoher psychischer und physischer Dauerbelastung, gegenüber wechselnden Belastungen und negativen Umwelteinflüssen
  - die Leistungsfähigkeit der Sinnesorgane, wie Sehvermögen, Gehör und Tastsinn.

- **Mit dem Alter wachsen** in der Regel u. a.:
  - die Arbeits- und Berufs**erfahrung, die Urteilsfähigkeit, das Auffassungsvermögen**
  - **die Selbstständigkeit** und Fähigkeit zu dispositivem Denken

- die Fähigkeit, mit Menschen umzugehen und mit Menschen zusammenzuarbeiten **(Sozialkompetenz)**
- **die Gesprächsfähigkeit,** die Treffsicherheit bei Zuordnungs- und Konstruktionsaufgaben
- die Geübtheit in geistigen und körperlichen Fähigkeiten
- **Verantwortungsbewusstsein und Zuverlässigkeit**
- **Ausgeglichenheit und Kontinuität**
- **menschliche Reife** und positive Einstellung zur Arbeit
- **das Streben nach Sicherheit**.

**Konsequenzen für die Führungspraxis:**
Auf die Beschäftigung älterer Menschen kann nicht verzichtet werden. Ihr Leistungsbild ist gegenüber jüngeren Mitarbeitern nicht grundsätzlich geringwertiger, sondern in vielen Bereichen nur qualitativ anders. Für den Betriebserfolg sind die Qualitäten älterer Mitarbeiter ebenso wichtig wie die der jüngeren, für die Zusammenarbeit im Betrieb sind sie förderlich. Bei der Zusammenarbeit mit Älteren ist es wichtig, dass ihnen die **Angst vor der Verdrängung vom Arbeitsplatz genommen wird**. Über die heutige Praxis der Betriebe, Mitarbeiter in immer früherem Lebensalter in Pension zu schicken wird angesichts der Bevölkerungsentwicklung nachzudenken sein. Ein weiterer spezieller Punkt bei älteren Mitarbeitern ist der Umgang mit neuen Technologien: Ältere fühlen sich hier den Jüngeren oft unterlegen und befürchten auch Machtverlust. Der Meister sollte hier negativen Haltungen entgegenwirken: *„Ältere können von Jüngeren lernen und umgekehrt!“*

## 04. Wie lässt sich die Integration behinderter Menschen fördern?

**Zunächst ein Hinweis auf die rechtlichen Grundlagen für behinderte Menschen:**
Das Schwerbehindertengesetz wurde in das **SGB IX** integriert (§§ 68 - 160). Zentrale Änderungen sind: statt von „Schwerbehinderten“ wird jetzt von „schwerbehinderten Menschen“ gesprochen; statt „Pflichtsatz“ heißt es jetzt „Pflichtquote“; neu ist das ausdrückliche Benachteiligungsverbot für schwerbehinderte Menschen; die Bezeichnung „Hauptfürsorgestelle“ wird ersetzt durch „Integrationsamt“. Die Ausgleichsabgabe je unbesetztem Pflichtplatz und Monat wurde heraufgesetzt. Menschen sind schwerbehindert, wenn bei ihnen ein Grad der Behinderung von wenigstens 50 % vorliegt (§ 2 SGB IX).

Schwerbehinderte Menschen genießen einen besonderen Schutz im beruflichen und gesellschaftlichen Leben: Leistungen zur Teilhabe am Arbeitsleben, Prävention, besonderer Kündigungsschutz, Zusatzurlaub usw. (vgl. SGB IX, §§ 1 - 160).

Dem Industriemeister werden folgende **Empfehlungen** zur Integration behinderter Menschen gegeben:

- Die Beschäftigung behinderter Menschen kann im Einzelfall nicht nur Probleme der Anpassung bereiten, sondern birgt auch **unternehmerische Potenziale**: Behinderte

Menschen sind bei richtiger Einarbeitung hoch motiviert und betriebstreu. Sie sind bei richtiger Arbeitsplatzgestaltung und Einarbeitung zu hohen Leistungen fähig.

- Die Anpassung von Arbeitsplätzen, die Qualifizierung behinderter Menschen, die finanzielle Förderung der Eingliederung, die gesellschaftlich meist negative Bewertung von Behinderungen – all dies sind Herausforderungen, für die dem Meister i. d. R. die Erfahrung fehlt. Er sollte hier **professionelle Hilfe in Anspruch nehmen** und dabei soziale wie betriebswirtschaftliche Notwendigkeiten gleichermaßen einfordern: Arbeitsagentur, Integrationsamt, Krankenkasse, Berufsgenossenschaft, Rentenversicherung.

  Mittlerweile etablieren sich in Deutschland sog. **Integrationsfachdienste**; sie arbeiten zum Beispiel mit Instrumenten wie **Job Carving** und **Job Stripping**. Dahinter verbirgt sich die Vervollständigung von Arbeitsplätzen bzw. das Herauslösen von Teilaufgaben – ausgerichtet an der Leistungsmöglichkeit des behinderten Menschen.

- Bei der Zusammenarbeit mit behinderten Menschen, sollte der Meister darauf achten, dass Spott oder unangemessenes Mitleid fehl am Platz sind. **Personen mit Behinderung wollen weitgehend wie „Mitarbeiter ohne Behinderung" behandelt und in ihrer Leistungsfähigkeit anerkannt werden.**

## 05. Wie lässt sich die Integration ausländischer Mitarbeiter fördern?

Ausländische Arbeitnehmer leisten einen unverzichtbaren Beitrag zu Wachstum und Wohlstand in Deutschland.

- **Konsequenzen für die Führungspraxis:**
  - Die **sprachliche Barriere** ist oft ein Hindernis: **Empfehlung:** betriebsinterne Sprachkurse, Förderung der Privatinitiative zum Erlernen der deutschen Sprache, Nutzen der vielfältigen Förderungsangebote der Bundesagentur für Arbeit u. Ä.
  - **Dolmetscher** im Betrieb und die **Übersetzung** wichtiger betriebstechnischer Informationen sowie der Unfallverhütungsvorschriften sollten selbstverständlich sein;
  - eine fremdsprachige Rubrik in der Werkszeitung könnte zur wirksamen Integration ein Übriges tun;
  - Veränderte Essgewohnheiten aufgrund der Kultur/des Glaubens können Schwierigkeiten bereiten; Empfehlung: Verständnis, Rücksicht, spezielles Angebot in der Kantine.
  - Weiterhin: sich mit der Kultur ausländischer Mitarbeiter vertraut machen und dies auch in der Arbeitsgruppe vermitteln; ausländischen Mitarbeitern betriebliche und gesetzliche Regelungen erläutern und Einsicht in die Einhaltung der Bestimmungen vermitteln;
  - Gleichbehandlung aller Mitarbeiter, auch der ausländischen.

# 4.2 Einflüsse von Arbeitsorganisation und Arbeitsplatz auf das Sozialverhalten und das Betriebsklima

## 4.2.1 Unternehmensphilosophie und Unternehmenskultur

### 01. Was bezeichnet man als Unternehmensphilosophie?

**Philosophie** [griech.-lat.] ist die Frage nach den Ursprüngen, den grundsätzlichen Zusammenhängen und der Zukunft der Welt. Im Rahmen der Unternehmensphilosophie setzt sich ein Unternehmen mit den Wertvorstellungen der Umwelt auseinander und versucht seine Rolle zu definieren:

Wer wollen wir sein? Wer wollen wir nicht sein? Was soll unser Handeln bewirken?

**Die Unternehmensphilosophie hat Soll-Charakter.**

Auf diese Weise wird ein **System von Leitmaximen (oberste Leitsätze für das Unternehmensverhalten)** entwickelt, in denen das Verhältnis der Eigentümer bzw. der Unternehmensführung zu Mitarbeitern, Aktionären, Kunden und Lieferanten sowie zur Gesellschaft zum Ausdruck kommt. Definiert werden können z. B.:

- das Bekenntnis zur Wirtschaftsordnung und zur gesellschaftlichen Funktion der Unternehmen
- die Einstellung zu Wachstum, Wettbewerb und technischem Fortschritt
- die Rolle des Gewinns für Unternehmen und Gesellschaft
- die Verantwortung gegenüber den Mitarbeitern und Aktionären
- die Spielregeln und Verhaltensnormen im Rahmen der Tätigkeit des Unternehmens.

**Beispiele**

**Leitmaxime (auch: Unternehmensgrundsätze):**

*„Unser Denken und Handeln soll von Offenheit gegenüber Konzepten und von der Bereitschaft zum Dialog getragen sein."*

*„Wir erwarten von jeder Führungskraft und jedem Mitarbeiter, aber auch von jedem Geschäftspartner, Achtung vor der Persönlichkeit des Einzelnen."*

### 02. Was bezeichnet man als Unternehmenskultur?

**Kultur** [lat.] ist die Gesamtheit der von einem Volk geschaffenen Werke und Werte. Kultur ist kein Ausgangspunkt, sondern das Ergebnis von Lernprozessen über Generationen hinweg. Als Unternehmenskultur lässt sich daher die Gesamtheit der in einem Unternehmen **tatsächlich gelebten Werte und Normen bezeichnen.**

**Die Unternehmenskultur hat Ist-Charakter.**

Die Unternehmenskultur kann sich zeigen in Sprache, Helden und ihre Merkmale, Geschichten und Legenden, Riten, Rituale (z. B. Aufnahme, Entlassung, Begräbnis), Begrüßung und Aufnahme von Außenstehenden, Architektur, Präsentation, Kleidung, Sportarten u. Ä.

### 03. Was bezeichnet man als Unternehmensleitbild?

Das Unternehmensleitbild ist eine Teilmenge der Unternehmensphilosophie und hat ebenfalls Soll-Charakter. Das Leitbild entsteht aus dem Versuch, die komplexen Inhalte der Unternehmensphilosophie in einen charakteristischen Leitgedanken zu formulieren.

**Das Unternehmensleitbild hat ebenfalls Soll-Charakter und ist der Versuch, die Unternehmensphilosophie in einen charakteristischen Leitgedanken zu bündeln.**

**Beispiele**

**Unternehmensleitbilder:**

- *„Wir möchten das kundenfreundlichste Unternehmen der Branche sein."*
- *„Vorsprung durch Technik"*
- *„Gut ist uns nicht gut genug."*
- *„Nichts ist unmöglich."*

### 04. Was bezeichnet man als Corporate Identity (CI)?

Corporate Identity-Politik hat zum Ziel, dem Unternehmen auf der Basis der Unternehmensphilosophie eine **bestimmte spezifische Identität** zu verschaffen. Corporate Identity ist damit die Summe aller durch das Unternehmen beeinflußbaren Faktoren, die die Einheit von Erscheinung, Worten und Taten gewährleisten sollen.

Auf diese Weise will man

- sich **am Markt** eindeutig (unverwechselbar) **positionieren** (externe Zielrichtung: Erscheinungsbild, Image)
- die **Mitarbeiter** möglichst gut in das Unternehmen **integrieren** (interne Zielrichtung: Führungsrahmen).

Man unterscheidet folgende Elemente der CI-Politik:

**Corporate-Identity-Politik**

| **Corporate Design** | **Corporate Communication** | **Corporate Behaviour** |
|---|---|---|
| ↓ Erscheinungsbild | ↓ Kommunikation | ↓ Verhalten |
| ▸ Farben<br>▸ Schriftzüge<br>▸ Logo<br>▸ Architektur<br>▸ Design<br>▸ Produkte<br>▸ Verpackung<br>▸ Kleidung<br>▸ Uniformen | ▸ Anzeigen<br>▸ Plakate<br>▸ Prospekte<br>▸ Slogans<br>▸ Broschüren<br>▸ Zeitschriften<br>▸ Transportmittel<br>▸ Messen | ▸ Mitarbeiterführung<br>▸ Öffentlichkeitsarbeit<br>▸ Umgangston<br>▸ Werte<br>▸ Kultur<br>▸ Personalpolitik<br>▸ Pressearbeit |

## 05. Aus welchen Gründen ist Corporate Identity entstanden?

In vielen Bereichen sind die Produkte untereinander austauschbar, die erzielte Wirkung ist ähnlich, der Preisunterschied gering. Der Verbraucher ist also im gewissen Sinne hilflos. Er kann weder bei technischen Geräten noch bei Gebrauchsartikeln des täglichen Bedarfs Kriterien finden, an denen er sich entscheiden könnte, sodass der Kauf mehr oder weniger zufällig erfolgt. Diese Situation ist für Hersteller und Händler einerseits unbefriedigend, andererseits mit zusätzlichen Kosten und einem zusätzlichen Beratungsbedarf verbunden. Mit CI will man gegenüber dem Absatzmarkt eindeutige Präferenzstrukturen schaffen.

### 06. Wie lässt sich der Zusammenhang zwischen Unternehmensphilosophie, Unternehmensleitbild, Unternehmenskultur und Corporate Identity grafisch darstellen?

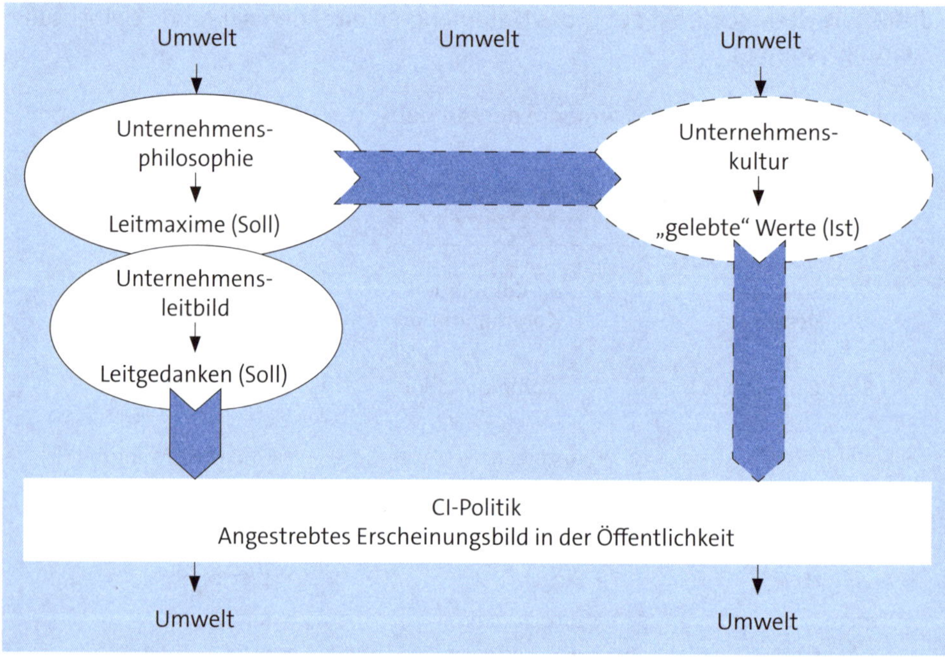


### 07. Wie kann der Meister die Gegebenheiten der Unternehmensphilosophie und der Unternehmenskultur umsetzen?

Philosophie und Kultur eines Unternehmens muss praktiziert und von den Führungskräften vorgelebt werden. Der Industriemeister hat die Aufgabe, sich mit den Entscheidungsmustern sowie den Werten und Normen seines Betriebes aktiv auseinander zu setzen und sie seinen Mitarbeitern zu vermitteln. Auf diese Weise wird eine positive Unternehmenskultur gestützt, entwickelt sich weiter und kann zum Erfolgsfaktor für die Bestandssicherung des Betriebes werden.

## 4.2.2 Wechselwirkungen zwischen industrieller Arbeit und Verhalten des Menschen

### 01. Welche Faktoren bestimmen das Ergebnis menschlicher Arbeit?

Die Ergiebigkeit menschlicher Arbeit (das Leistungsergebnis) ist abhängig von dem Zusammenwirken drei zentraler Faktoren:

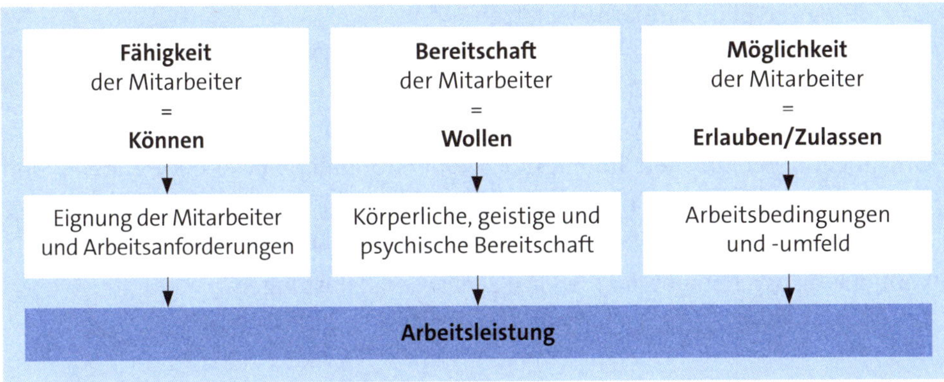


### 02. Wie wirken sich die Arbeitsbedingungen industrieller Arbeitsplätze auf die Arbeitsmotivation und die Arbeitsleistung aus? Welche Aspekte muss der Meister hier berücksichtigen?

Die Entwicklungen in der industriellen Fertigung waren und sind z. T. noch stark begleitet von hoher **Arbeitsteilung** und **Spezialisierung** – verbunden mit Gefahren, die den menschlichen Organismus negativ belasten können:

- Muskelverspannungen, Kopfschmerzen, Entzündungen aufgrund einseitiger Belastungen der Muskeln und des Skeletts
- psychosomatische Erkrankungen durch Stress in den Arbeitsabläufen
- Schädigungen der Augen, Ohren und anderer Organe durch Lärm, Staub, Hitze usw.

Abgesehen von der **Schädigung des menschlichen Organismus** beeinträchtigen diese Entwicklungen die unternehmerische Zielsetzung nach hoher Qualität und hoher Leistung und können damit das **Betriebsergebnis senken**. Eine der Gegenbewegungen zu diesem Trend trägt die Überschrift: „Ergonomische und humane Gestaltung" der Arbeitsplätze, der Maschinen und Werkzeuge, der Anlagen und Geräte, der Arbeitsmaterialien, der Arbeitsinhalte usw.

- **Ergonomie** ist die Lehre von der Erforschung der menschlichen Arbeit; untersucht werden die Eigenarten und Fähigkeiten des menschlichen Organismus (z. B.: Wann führt dauerndes Heben von Lasten zu gesundheitlichen Schäden?). Die Ergebnisse dienen dem Bestreben, die Arbeit dem Menschen anzupassen und die menschlichen Fähigkeiten wirtschaftlich einzusetzen.
- **Humanisierung der Arbeit** ist die umfassende Bezeichnung für alle Maßnahmen, die auf die Verbesserung der Arbeitsinhalte und der Arbeitsbedingungen gerichtet sind.

Im Zusammenhang mit der Gestaltung der Arbeitsplätze, der Arbeitsmittel und der Arbeitsumgebung sind die Unfallverhütungs- und Arbeitsschutzvorschriften der Berufsgenossenschaften sowie zahlreiche gesetzliche Auflagen zu beachten, z. B.:

- Gestaltung der Maschinen und Werkzeuge
- Elektrische Anlagen und Geräte (GS-Zeichen; Geprüfte Sicherheit)

- Gestaltung von Bildschirmarbeitsplätzen (z. B. Augenuntersuchung; keine Überbeanspruchung der Augen, des Rückens, der Nerven; vgl. Bildschirmarbeitsverordnung)
- Arbeitsmaterialien (z. B. Heben und Tragen von Lasten)
- Umgang mit gefährlichen Stoffen (z. B. Gefahrstoffdatenblätter der Hersteller und Lieferanten; ggf. Einhaltung arbeitsmedizinischer Vorsorgeuntersuchungen)
- präventive Vermeidung von Berufskrankheiten (vgl. Arbeitsschutz)
- Vermeidung psychomentaler (nervlich-seelischer) Belastungen
- Ausgabe persönlicher Schutzausrüstungen (PSA).

Die Arbeitsgestaltung umfasst drei Bereiche:

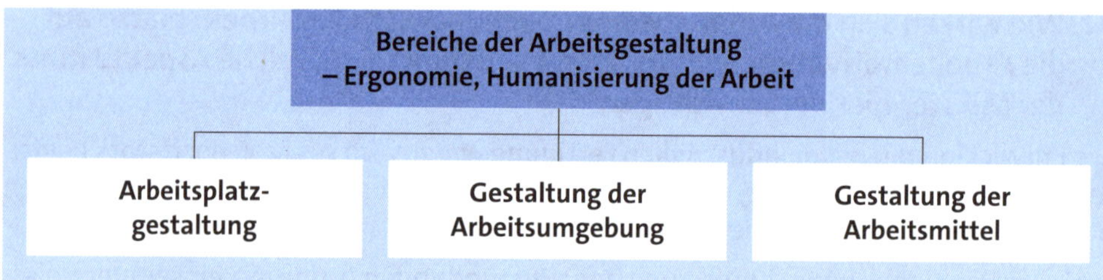


- Bei der **Arbeitsplatzgestaltung** sind u. a. zu berücksichtigen:
  - die Körpermaße des Mitarbeiters
  - der Raumbedarf - im Sitzen und im Stehen
  - die Arbeitsflächen, -sitze und -stühle
  - der Greifraum und der Sehbereich.

  Die Kriterien der Arbeitsplatzgestaltung sind im Einzelfall umzusetzen auf die unterschiedlichen **Arten von Arbeitsplätzen** – wie:
  - Maschinenplätze
  - Handarbeitsplätze (Werkbank)
  - Steuerstände
  - Zusammenbauplätze (Montage)
  - Büroarbeitsplätze
  - Transportarbeiten.

  Im konkreten Fall muss der Meister z. B. auf folgende **Punkte der Arbeitsplatzgestaltung** achten:
  - ausreichende Bewegungsfläche (mindestens 1,5 $m^2$; nicht unter 1 m Breite)
  - Beachtung der Mindestflächen, des Mindestluftraums, Mindestraumhöhe von 2,5 m
  - Anordnung der Arbeitsplätze, sodass sozialer Kontakt möglich ist (psychische Erfordernisse, Sicherheitsaspekt bei Unfallgefährdung)

- Vermeidung einseitiger Belastungen (dauerndes Stehen, einseitige Sitzhaltung, körperliche Zwangshaltungen)
- Vermeidung von Stoßverletzungen (z. B. scharfe Kanten)
- keine Leitungen und Kabel auf Verkehrswegen (Stolpergefahr).

Der Meister kann sich auf diesen Gebieten sachkundig machen durch die Lektüre der einschlägigen Rechtsvorschriften bzw. er kann ggf. im Betrieb fachkompetente Beratung einholen (z. B. Betriebsarzt, Gewerbeaufsicht, Berufsgenossenschaft, Feuerwehr, Sicherheitsingenieur, Krankenkasse).

► Bei der **Gestaltung der Arbeitsumgebung** sind zu berücksichtigen:

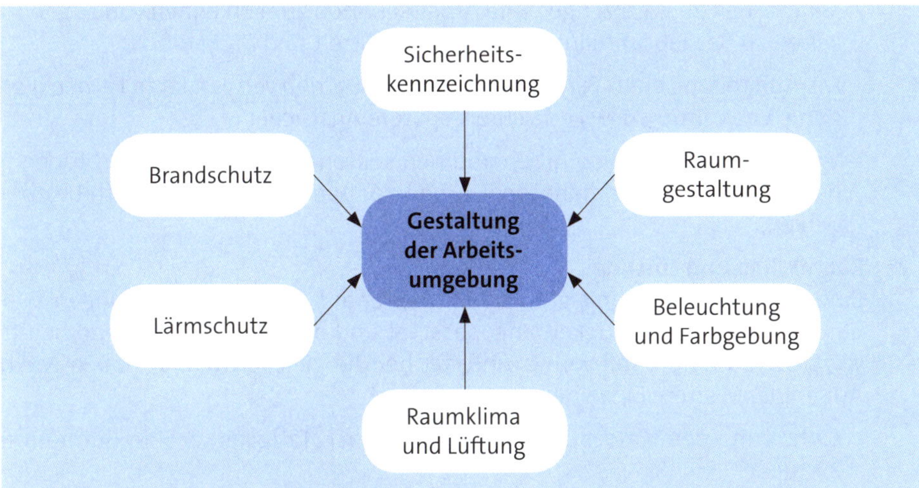


a) Wichtige Aspekte der **Raumgestaltung** sind:
   - sicher begehbare Böden (Stichworte: leicht zu reinigen, keine Rutsch- oder Stolpergefahr)
   - ausreichende Wärmedämmung
   - Glaswände aus bruchsicherem Werkstoff
   - Schutz gegen direkte Sonneneinstrahlung
   - Türen mit Glasflächen müssen bruchsicheres Glas haben (Drahtfadenglas oder Sicherheitsglas)
   - Pendeltüren müssen durchsichtig sein oder Glasausschnitte haben.

b) **Beleuchtung:**
   Die richtige Beleuchtung und Farbgebung ist wichtig für die Sicherheit und die Leistungsfähigkeit der Mitarbeiter, u. a.:
   - Tageslicht oder angemessene Beleuchtung in Abhängigkeit von der Tätigkeit oder der Funktion des Raumes z. B.
     - Lagerräume 50 Lux
     - Kantine 200 Lux
     - Großraumbüro 1.000 Lux

- bei älteren Mitarbeitern ggf. stärkere Beleuchtung
- regelmäßige Kontrolle der Beleuchtungskörper (Verschmutzung, Ausfall einzelner Lampen usw.).

c) Richtige **Farbgebung** ist keine Spielerei in Sachen Geschmack, sondern erfüllt wichtige Funktionen:

Ordnung, Orientierung, Leitfunktion, Konzentration, Leistungsbereitschaft, betriebliches Image, Hinweis auf Gefahrenstellen, Kennzeichnung von Transportwegen, Rettungs-/Fluchtwege, Kennzeichnung von Etagen oder Gebäudebereichen; im Einzelnen:

- Kennfarben an Werkzeugen und Arbeitsgeräten zum Erkennen von Zugehörigkeiten zu Betriebsabteilungen verhindern Streit und Diebstahl
- Die Aufstellung eines Farbplanes für die im Betrieb verwendeten Farben (Fertigung, Verwaltung usw.) erleichtert spätere Anstriche
- Wände und Decken von Arbeitsräumen sollten eher in ruhigen Farbtönen gehalten sein; bei sehr monotoner Arbeit können Farbakzente jedoch belebend wirken.

d) **Raumklima und Lüftung:**
Eine gute Arbeitsleistung ist vom Mitarbeiter auf Dauer nur zu erbringen, wenn das Raumklima der Tätigkeit angepasst ist und der Raum ausreichend belüftet wird. Die Raumluft soll vom Grundsatz her die gleiche Qualität haben wie die Außenluft. Weitere Einzelheiten:

- Einhaltung der Mindesttemperaturen je nach Tätigkeit; z. B. in Büroräumen 20 °C
- in allen Räumen keine höhere Temperatur als 26 °C
- Zum Austausch der Innenluft ist eine bestimmte Luftbewegung erforderlich, die aber nicht als Zugluft empfunden werden darf.
- regelmäßige Wartung von Klimaanlagen (z. B. Filter, Luftbefeuchter, Vermeidung von Keimbildung in den Rohrleitungen)
- Das Einheitsklima einer Klimaanlage kann in der Belegschaft zu Problemen führen.

e) **Lärmschutz:**
Lärm belastet, vermindert die Konzentration, macht krank und kann zur Schwerhörigkeit führen; weitere Einzelaspekte:

Die akustische Verständigung wird durch Lärm behindert. Schreckreaktionen können zu Unfällen führen. Die neue Lärm- und Vibrationsschutzverordnung legt fest:

- untere Auslöseschwelle LEX, 8 h = 80 dB(A) Tages-Lärmexpositionspegel bzw.
- Spitzenschalldruckpegel Lc, peak = 135 dB(C),
- obere Auslöseschwelle LEX, 8 h = 85 dB(A) bzw. Lc, peak = 137 dB(C)

- die kritische Grenze liegt bei 85 dB(A)
- Ab 85 dB(A) sind Gehörschutzmittel zu verwenden; außerdem besteht die Verpflichtung zu Gehörvorsorgeuntersuchungen. Ab 80 dB(A) ist geeigneter Gehörschutz zur Verfügung zu stellen.

Beim Neukauf von Anlagen sollten nur lärmarme Maschinen eingesetzt werden (Einsatz von Schallschutzhauben). Die Kontrolle, ob die Gehörschutzmittel getragen werden, ist unerlässlich.

f) **Brandschutz:**
Gewissenhafte Einhaltung der Brandschutzbestimmungen vermeidet, dass es zu längeren Produktionsstörungen kommen kann. Außerdem dokumentiert der Arbeitgeber damit u. a., wie wichtig ihm Leben, Gesundheit und Eigentum seiner Mitarbeiter ist (Fürsorgegedanke). Zum Brandschutz gehören Maßnahmen wie:

- Sichtbares Anbringen/Aufstellen von Feuerlöschern und Erstellen eines Alarmplanes („*Was ist zu tun, wenn ...?*“)
- Zu empfehlen sind gelegentliche Übungen mit der Belegschaft
- Hinweise auf Rauchverbot und besondere Gefahrenquellen
- Unterweisung im Umgang mit Feuerlöschern

g) **Sicherheitskennzeichnung:**
Auf Gefahrenstellen und Gebote muss mit genormten Sicherheitsschildern hingewiesen werden. Die Verwendung einer Farbfestlegung hat sich dabei bewährt:

- ► Rot = Gefahr, Verbot, Brandschutz
- ► Blau = Gebot
- ► Gelb = Warnung, Vorsicht
- ► Grün = Hilfe, Rettung.

Der Meister sollte darauf achten, dass

- Verkehrs-/Transportwege mit gelb-schwarzer Markierung versehen sind
- kleinere Baustellen o. Ä. eine rot-weiße Markierung haben
- Rettungswege grüne Hinweisschilder erhalten
- auf Brandschutzmittel in Rot hingewiesen wird.

► Bei der **Gestaltung der Arbeitsmittel** ist zu berücksichtigen:
Handwerkzeuge sollen ergonomisch geformte Griffmulden haben (Sicherheit und Kraftübertragung). Elektrowerkzeuge müssen ausreichend isoliert sein; Fußpedalen zur Bedienung von Anlagen müssen eine ausreichende Trittbreite haben und eine rutschfreie Oberfläche (z. B. Riffelung) aufweisen; Druckknöpfe und Drehknöpfe müssen durch farbliche Kennzeichnung leicht erkennbar sein und dürfen keine Ecken, Kanten oder Grate besitzen.

### 03. Wie wirken sich die Arbeitsanforderungen industrieller Arbeitsplätze auf die Arbeitsmotivation und die Arbeitsleistung aus? Welche Aspekte muss der Meister hier berücksichtigen?

Unter **Anforderungen** versteht man die Leistungsvoraussetzungen eines Stelleninhabers zur Erledigung einer bestimmten Aufgabe. Man unterscheidet dabei fachliche und persönliche Voraussetzungen. Bei der Zuweisung von Aufgaben muss der Meister das **Anforderungsprofil** einer Stelle mit dem **Eignungsprofil** des Mitarbeiters vergleichen. Zu prüfen ist z. B., ob Defizite durch gründliche Einweisung ausgeglichen werden können oder nicht. Über- und Unterforderung sind zu vermeiden.

**Stellenbeschreibung**

Stellenbezeichnung:
Tarifgruppe:
Vollmachten, Kompetenzen:
Ziele der Stelle:
Aufgaben:
1. ______
2. ______
3. ______
...

**Anforderungsprofil**

1. Fachliche Voraussetzungen:
______
2. Persönliche Voraussetzungen
______

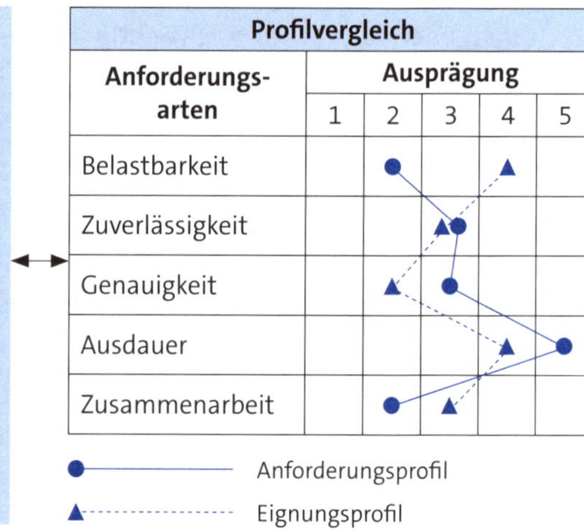


Maßvolles Fordern im Sinne von „Fördern heißt fordern" ist geeignet, die Qualifikation und Motivation der Mitarbeiter zu verbessern. Geeignete Maßnahmen der Arbeitsstrukturierung sind u. a. **Job Rotation, Job Enrichment, Job Enlargement.**

### 04. Wie kann durch Motivation das Leistungsverhalten des Mitarbeiters gefördert werden?

Von Motivation spricht man dann, wenn in konkreten Situationen aus dem Zusammenwirken verschieden aktivierter Motive ein bestimmtes Verhalten bewirkt wird. Das menschliche Verhalten wird jedoch nicht nur allein durch eine Summe von Motiven bestimmt. Wesentlich hinzu kommen als Antrieb die persönlichen Fähigkeiten und Fertigkeiten. Eine entscheidende Rolle für das menschliche Verhalten spielt auch die gegebene Situation. Bei konstanter Situation (beispielsweise am Arbeitsplatz) kann man sagen, dass sich **das Verhalten aus dem Zusammenwirken von Motivation mal Fähigkeiten plus Fertigkeiten ergibt.** Das Leistungsverhalten des Einzelnen kann durch Verbesserung der Fähigkeiten und Fertigkeiten bei hoher Motivation verbessert werden.

## 05. Wie unterscheidet sich die Manipulation von der Motivation?

Als Abgrenzung zur Motivation ist die Manipulation die bewusste Verhaltensbeeinflussung von Mitarbeitern durch den Vorgesetzten mit unlauteren und/oder egoistischen Zielen der Führungskraft.

## 06. Welche Aussagen liefert die Motivationstheorie von Maslow?

Maslow hat die menschlichen Bedürfnisse strukturiert und in eine hierarchische Ordnung gefasst; seine „Bedürfnispyramide" – unterteilt in **Wachstumsbedürfnisse** und **Defizitbedürfnisse** – war die Grundlage für eine Reihe von Theorien über Bedürfnisse und Motivation (z. B. ERG-Theorie; Zwei-Faktoren-Theorie nach Herzberg mit der Unterscheidung in Motivatoren und Hygienefaktoren) sowie den Motivationsbestrebungen in der Praxis:

Stufe 1: als Basis: physiologische Grundbedürfnisse wie Selbsterhaltung, Essen, Trinken usw.

Stufe 2: aufbauend: Sicherheitsbedürfnisse, längerfristige Sicherung der Befriedigung der Grundbedürfnisse; hier: Mindesteinkommen, Pension, Versicherung usw.

Stufe 3: soziale Bedürfnisse wie Gruppeneinordnung, Kommunikation, Harmonie usw.

Stufe 4: Statusbedürfnisse wie Aufstieg, Titel, Anerkennung, Kompetenzen, Gruppenstellung

Stufe 5: Bedürfnis nach Bestätigung, Liebe, Kreativität, Persönlichkeitsentfaltung.

Hieraus können Hauptmotive der Arbeitnehmer abgeleitet werden:

- Geldmotiv
- Kontaktmotiv
- Statusmotiv
- Sicherheitsmotiv
- Kompetenzmotiv
- Leistungsmotiv.

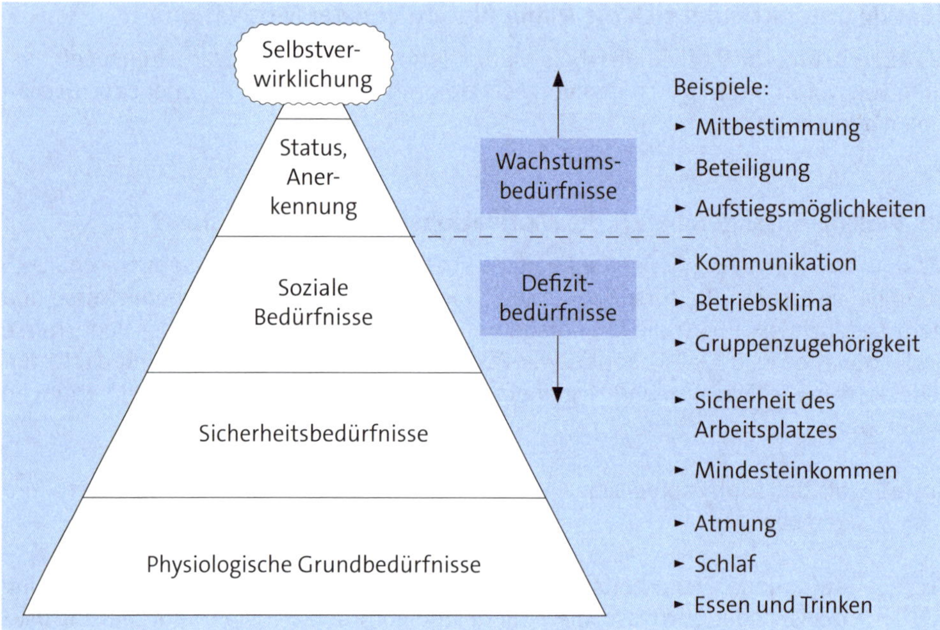


## 07. Was kennzeichnet die 2-Faktoren-Theorie nach Herzberg?

Die Ergebnisse von Untersuchungen des amerikanischen Psychologen *Frederick Herzberg* wurden auch für den deutschen Sprachraum bestätigt. Nach *Herzberg* hat der Mensch ein zweidimensionales Bedürfnissystem:

Er hat

- **Entlastungsbedürfnisse** und
- **Entfaltungsbedürfnisse**.

Das heißt, er möchte alles vermeiden, was die Mühsal des Lebens ausmacht. Die zivilisatorischen Errungenschaften nimmt er als selbstverständlich hin. Sie sind für ihn **kein Grund zu besonderer Zufriedenheit.**

Dazu gehören auch die äußeren Arbeitsbedingungen wie z. B.

- die Organisationsstruktur
- das Entgelt
- das Führungsklima
- die zwischenmenschlichen Beziehungen
- die Arbeitsbedingungen.

Diese Faktoren werden nach *Herzberg* **Hygienefaktoren** genannt. Mit Hygienefaktoren kann man Mitarbeiter nicht zu einer besonderen Leistung motivieren. Sie sind aber für die positive Grundstimmung bei der Arbeit unerlässlich und bewirken, dass sich der Mitarbeiter gut in den Betrieb eingebettet fühlt. **Die Hygienefaktoren bilden somit die Grundlage für ein gesundes Betriebsklima**.

Für die Entfaltungsbedürfnisse bedeutet das, dass der einzelne Mitarbeiter sich als Person entfalten möchte. Werden diese Bedürfnisse befriedigt, entsteht echte und andauernde Zufriedenheit. Dazu gehört u. a. die Arbeit (an sich) wie z. B.

- das Gefühl, etwas zu schaffen
- Verantwortung
- sachliche Anerkennung
- Vorwärtskommen.

Diese Faktoren werden nach *Herzberg* **Motivatoren** genannt. Motivatoren sind mit Erwartungsspannung und Erfolgserlebnissen verknüpft. Sie regen zur Eigenaktivität an und führen zu echter **Leistungsmotivation**.

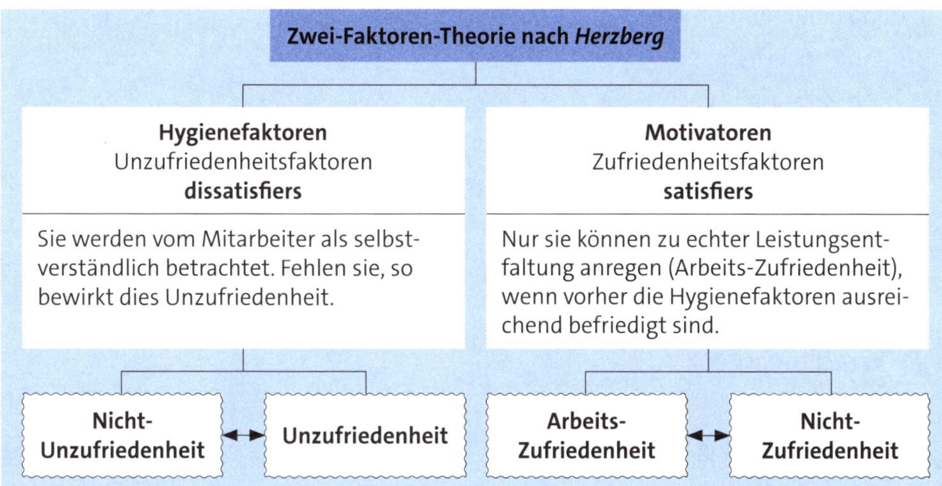


Für den Vorgesetzten bedeutet das, einerseits dazu beizutragen, dass die Entlastungsbedürfnisse befriedigt werden, andererseits seine Führungsfähigkeiten so einzusetzen, dass die Entfaltungsbedürfnisse Anreize erfahren.

### 08. Welche Bedeutung hat „Information" im Führungsprozess?

Information ist eine der Grundvoraussetzungen für Leistung und Leistungsbereitschaft. Sie schafft Motivation, bedeutet Anerkennung und verhindert Gerüchte, Frustration sowie zeitliche Verzögerungen. Information ist Chefsache und gehört zu den tragenden Führungsinstrumenten: **Nur informierte Mitarbeiter sind wirklich gute Mitarbeiter.**

Die Information der Mitarbeiter muss umfassend, aktuell, unverzerrt und verständlich sein.

### 4.2.3 Gestaltung der Arbeitsorganisation und der Arbeitsbedingungen

#### 01. Welche Maßnahmen der Arbeitsstrukturierung kann der Meister gezielt einsetzen?

- **Begriff:**
  Unter Arbeitsstrukturierung versteht man die zeitliche, örtliche und logische Anordnung/Zuordnung von Arbeitsvorgängen nach grundlegenden Prinzipien.

  Es gibt folgende Möglichkeiten, die auszuführende Arbeit anzuordnen und zu gliedern:

- **Arten:**
  - nach dem **Umfang der Delegation:**
    Aufteilung in ausführende und entscheidende Tätigkeit; >> 4.3.
  - nach dem **Interaktionsspielraum**, den die Mitarbeiter haben:
    Einzelarbeitsplatz, Gruppenarbeitsplatz, Teamarbeit
  - nach der **Arbeitsfeldvergrößerung/-verkleinerung:**
    - Job Enlargement
    - Job Enrichment
    - Job Rotation
    - teilautonome Gruppe
  - Prinzipien der **Art- und Mengenteilung:**
    - Arbeitsteilung
    - Arbeitszerlegung
    - Flussprinzip
    - Verrichtungsprinzip
    - Objektprinzip
  - Prinzip der **Bildung von Einheiten:**
    - soziale Einheiten
    - funktionale Einheiten.

**Beispiel**

Bei der Bildung von Fertigungsinseln sind z. B. folgende Prinzipien anzutreffen: Anstieg des Delegationsumfangs, falls es sich um eine Form der teilautonomen Gruppe handelt. Der Interaktionsspielraum ist hoch. Man bildet funktionale Einheiten und kann dabei soziale Faktoren (Wer kommt mit wem gut zurecht?) berücksichtigen.

## 02. Welche neueren Formen der Arbeitsorganisation lassen sich von traditionellen Ansätzen unterscheiden?

**Formen der Arbeitsorganisation**

**Traditionelle Ansätze**

→ Job Rotation
Job Enrichment
Job Enlargement
→ Problemlösegruppen
Lernstattgruppen
→ Werkstattgruppen:
- Fertigungsinseln
- Boxenfertigung
- Sternfertigung

**Neuere Ansätze**
in Verbindung mit Lean Production

- Teamarbeit
- (Teil-)Autonome Gruppen

## 03. Welche charakteristischen Merkmale weist die Teamarbeit auf?

Bereits die Werkstatt-Organisation der ersten Automobil-Hersteller und selbst die Handwerkszünfte des Mittelalters kannten bereits Gruppenarbeits-Modelle. Die heutigen Konzepte der Team- und Gruppenarbeit stammen aus den Vereinigten Staaten der 70er-Jahre.

Zur Unterscheidung:

- Teamarbeit bildet die **Außenstruktur** von Gruppen.
- Teilautonome Arbeitsgruppen sind spezifische, **teaminterne Struktur-Lösungen**.

Teams sind Gruppen, die sich vor allem nach außen hin abgrenzen (Außenskelett). Die Arbeitsteilung im Inneren bleibt offen. Zumeist wird allerdings in der Praxis der Qualifikationsbedarf erhöht, da die Mitarbeiter mehrere Arbeitsplätze zu beherrschen haben (Stellvertretung, Rotation). Im Extremfall tut jeder jeden Arbeitsgang im Teambereich. Dabei wird i. d. R. das Lohnniveau für alle Team-Mitglieder gehoben, bis hin zur Höhe des am höchstem bewerteten Arbeitsplatzes im Teambereich. Da die Menschen natürlicherweise unterschiedlich beweglich, groß, schnell, geschicklich und qualifiziert sind, ist Rotation nur dort sinnvoll, wo das Gesamtergebnis nicht beeinträchtigt wird.

Oberster Zweck der Teamarbeit sind die Ermöglichung von Kommunikation vor Ort und die Verkürzung von Entscheidungsprozessen.

Die Arbeit in Gruppen (Teamarbeit) kann mit Vorteilen und Risiken verbunden sein, z. B.:

| **Arbeit in Gruppen** | |
|---|---|
| **Vorteile – Beispiele** | **Risiken – Beispiele** |
| ► Das Know-how der Mitglieder wird genutzt.<br>► Das Risiko von Fehlentscheidungen wird gemindert.<br>► Die Zusammenarbeit wird verbessert (Sozialkompetenz).<br>► Es erfolgt ein Wissenstransfer unter den Mitgliedern. | ► Hang zum „Mittelmaß“ (durchschnittliche Ergebnisse)<br>► Die Gruppe scheut Risiken (erbringt „faule Kompromisse“).<br>► Die Gruppe vermeidet Konflikte.<br>► Die Gruppe „verwässert“ die Verteilung der Verantwortung (Verantwortungsdiffusion). |

## 04. Welche Zielsetzung steht hinter den Maßnahmen betrieblicher Sozialpolitik?

Betriebliche Sozialpolitik verfolgt heute (ebenso wie andere Einzelpolitiken der Personalarbeit)

- wirtschaftliche und
- soziale Ziele.

Die Motivation der Unternehmer, Maßnahmen betrieblicher Sozialpolitik zu gestalten, ist unterschiedlich; es muss von einem Motivbündel bzw. Zielbündel ausgegangen werden. Im Einzelnen lassen sich u. a. folgende Ziele der betrieblichen Sozialpolitik nennen:

- höhere Arbeitsmotivation und Leistungsverbesserung
- Stabilisierung der Leistungskraft der Mitarbeiter
- Erarbeiten von Vorteilen am Arbeitsmarkt **(Beitrittsfunktion)**
- stärkere Bindung der Mitarbeiter an das Unternehmen **(Bindungsfunktion)**
- Förderung der Mitarbeiter **(Entwicklungsfunktion)**
- Wahrnehmung von Steuer- und Finanzvorteilen
- Ausgleich sozialer Härten
- ethische Motivation (Fürsorgegedanke)
- Verbesserung des Unternehmensimage.

### 05. Welche Bedeutung hat betriebliche Sozialpolitik heute – aus Sicht der Arbeitgeber, der Arbeitnehmer sowie für die Gesellschaft?

Die Gestaltung betrieblicher Sozialpolitik vollzieht sich im Spannungsfeld von Unternehmen, Mitarbeitern und Gesellschaft.

- Im **Verhältnis Unternehmen/Gesellschaft** ist betriebliche Sozialpolitik
  - eine Ergänzung der staatlichen Sozialpolitik
  - abhängig von den Einzelpolitiken des Staates wie z. B. Steuerpolitik, Strukturpolitik, Familienpolitik, Rentendiskussion
  - eingebettet in den gesellschaftlichen und politischen Wandel (z. B. Wertewandel, gesetzliche Rahmenbedingungen)
  - abhängig von der allgemeinen wirtschaftlichen und konjunkturellen Lage.
- Im **Verhältnis Unternehmen/Mitarbeite**r ist betriebliche Sozialpolitik
  - eingebunden im Spannungsverhältnis von „Werteorientierung der Mitarbeiter" und „Ertragslage des Unternehmens"
  - getragen vom Leitgedanken des „Ausgleichs zwischen wirtschaftlichen und sozialen Zielen"
  - eine langfristige Form der Bildung von Unternehmenskultur und Vertrauensbasis zwischen Arbeitnehmer und Arbeitgeber.

Maßnahmen der betrieblichen Sozialpolitik hatten in der Vergangenheit die Tendenz zur Stagnation und Verkrustung. Die oben beschriebenen Funktionen (z. B. Ausgleichsfunktion, Motivationsfunktion) können auf Dauer nur realisiert werden, wenn zukünftig

- betriebliche Sozialpolitik bezahlbar bleibt und
- die Maßnahmen vom Mitarbeiter als „Wert" angenommen werden und damit eine Anreizwirkung entfalten können.

Ein Ansatz zur Lösung dieses Dilemmas kann in der Einführung von „Cafeteria-Modellen" gesehen werden. Der „betrieblichen Sozialpolitik per Gießkanne" wird damit der Rücken gekehrt.

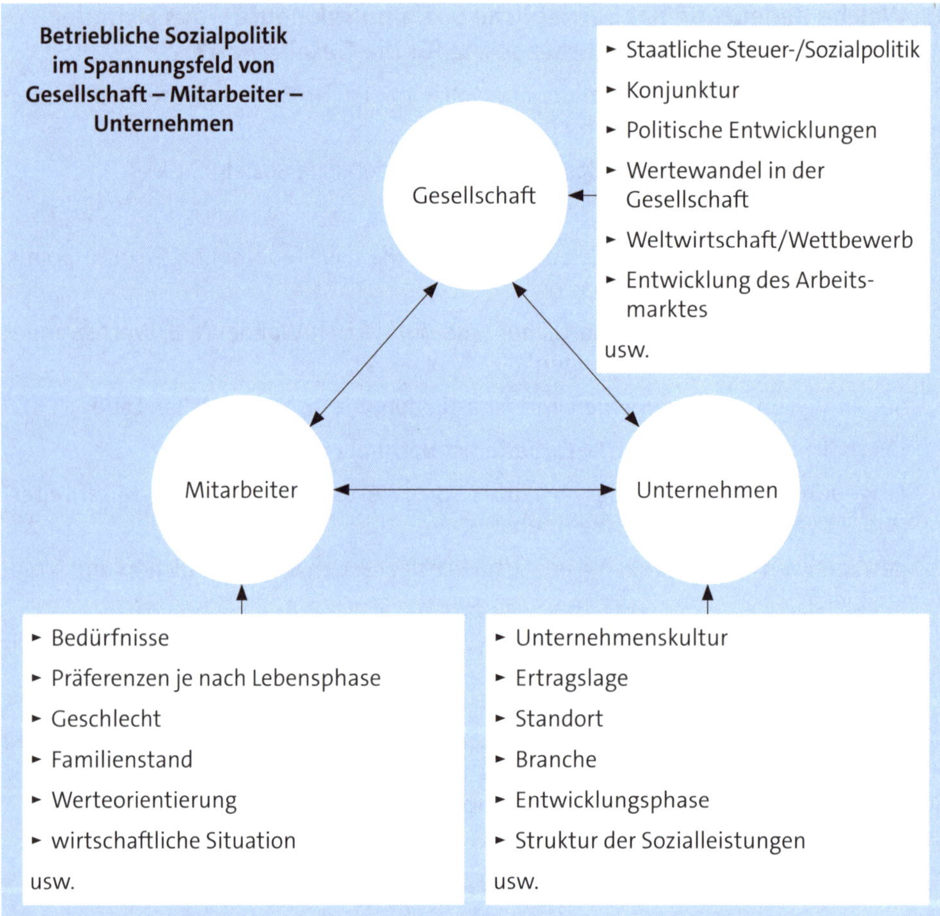


## 06. Wie ist die betriebliche Sozialpolitik strukturiert?

Die betriebliche Sozialpolitik ruht auf vier Säulen:

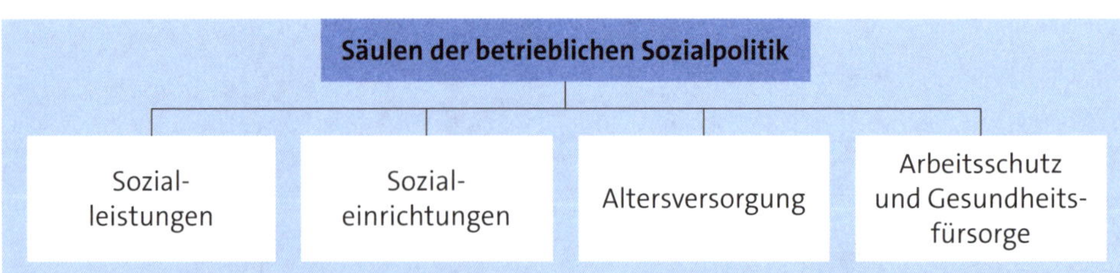


- Betriebliche **Sozialleistungen** kann der Mitarbeiter **direkt** in Anspruch nehmen, z. B.:
  - Arbeitskleidung
  - Arbeitgeberbeiträge zur Sozialversicherung

- Darlehen für den Wohnungsbau
- Beihilfen bei Heirat, Geburten, im Todesfall
- erweiterte Lohnfortzahlung
- Fahrgeldzuschuss.

► Bei betrieblichen **Sozialeinrichtungen** entsteht die Wirkung für die Mitarbeiter **indirekt**, ist nicht personengebunden und i. d. R. **mit einer organisatorisch-räumlichen Einrichtung verbunden**; z. B.:

- Mitarbeiterzeitschriften
- Erholungszentrum
- Kantine
- Psychologischer Dienst
- Werkswohnungen.

### 07. Welche Arten der betrieblichen Altersversorgung gibt es?

Man unterscheidet vier Arten der betrieblichen Altersversorgung:

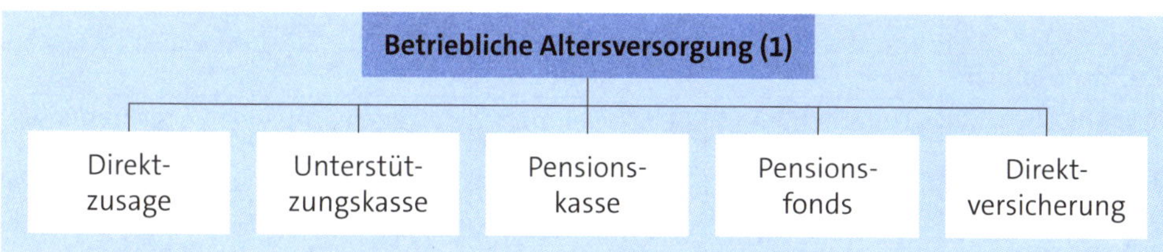


► Bei der **Direktzusage** erhalten die Arbeitnehmer einen Rechtsanspruch auf Versorgungsleistungen direkt gegenüber dem Arbeitgeber – vorausgesetzt, dass dieser entsprechende Rückstellungen in der Steuerbilanz vorgenommen hat (sonst nach Vereinbarung). Träger der Leistung ist das Unternehmen selbst. Eine Eigenbeteiligung der Arbeitnehmer ist ausgeschlossen.

► Die **Unterstützungskasse** gewährt unter bestimmten Voraussetzungen neben Renten meist auch Beihilfen unterschiedlichster Art. Es besteht kein Rechtsanspruch auf die Versorgungsleistung. Unterstützungskassen sind jedoch an den Grundsatz von Treu und Glauben gebunden, sodass eine Kürzung oder Beendigung der Leistungen nur bei Vorliegen sachlicher Gründe erfolgen kann. Träger der Unterstützungskasse ist das Unternehmen; dabei ist die Unterstützungskasse eine rechtlich selbstständige Einrichtung (e. V., GmbH).

► Die **Pensionskassen** (einzelner oder mehrerer Unternehmen) haben eine eigene Rechtspersönlichkeit (Versicherungsverein auf Gegenseitigkeit) und gewähren einen Rechtsanspruch auf die Versorgungsleistung. Die Pensionskassen unterliegen der Versicherungsaufsicht. Die Finanzierung der Beiträge erfolgt durch das Unternehmen. Eigenleistungen der Mitarbeiter sind jedoch möglich.

- **Pensionsfonds:**
  Der Pensionsfonds ähnelt der Pensionskasse: es handelt sich ebenfalls um ein rechtlich eigenständiges Versorgungswerk. Im Gegensatz zur Pensionskasse hat der **Pensionsfonds** jedoch größere Freiheiten bei der Anlage der Gelder: Das gesamte Kapital kann in Fonds angelegt werden (hohe Renditen, hohes Risiko möglich).
- Bei der **Direktversicherung** schließt der Arbeitgeber bei einer privaten Versicherungsgesellschaft einen Versicherungsvertrag (z. B. Lebensversicherung in Form einer Einzel- oder einer Gruppenversicherung) zugunsten des Arbeitnehmers ab. Die Leistungen werden ganz oder teilweise vom Arbeitgeber finanziert. Möglich ist jedoch auch eine Eigenbeteiligung der Mitarbeiter in Form einer Gehaltsumwandlung innerhalb der steuerlichen Höchstgrenzen. Die Gehaltsumwandlung bringt für den Arbeitnehmer den Vorteil der Pauschalversteuerung. Der Mitarbeiter erwirbt einen Rechtsanspruch.

Im Überblick:

| Betriebliche Altersversorgung (2) | | | | |
|---|---|---|---|---|
| | Arten | | | |
| **Merkmale** | **Direktzusage** | **Unterstützungskasse** | **Pensionskasse (ähnlich: Pensionsfonds)** | **Direktversicherung** |
| **Rechtsanspruch** | ja | nein | ja | |
| **Träger** | Unternehmen | Unternehmen + rechtlich selbstständige Einrichtung (e. V., GmbH) | eigene Rechtspersönlichkeit | Versicherungsunternehmen |
| **Eigenbeteiligung der Arbeitnehmer** | nein | | möglich | |
| **Versicherungsaufsicht** | nein | | ja | |
| **Insolvenzsicherung** | ja | | | i. d. R.: ja |

## 08. Welche Mitbestimmungsrechte hat der Betriebsrat in Fragen der betrieblichen Sozialpolitik?

Bei der Mitbestimmung des Betriebsrates in Fragen der betrieblichen Sozialpolitik ist zu unterscheiden zwischen

- obligatorischer und
- freiwilliger Mitbestimmung.

- Nach § 87 Abs. 1 Nr. 8 BetrVG hat der Betriebsrat ein **obligatorisches Mitbestimmungsrecht** bei der Errichtung von Sozialeinrichtungen – und zwar bei der
  - Form, z. B. Rechtsform,
  - Ausgestaltung, z. B. Satzung, Organisation, Richtlinien und
  - Verwaltung, z. B. Leistungspläne, Durchführung von Einzelmaßnahmen.

  Dazu gehören z. B. Unterstützungskassen und Pensionskassen; sie sind demnach regelmäßig mitbestimmungspflichtige Sozialeinrichtungen. Die Errichtung einer Sozialeinrichtung kann vom Betriebsrat nicht erzwungen werden. Ob der Arbeitgeber beispielsweise eine betriebliche Altersversorgung einführt, ist folglich nicht mitbestimmungspflichtig.

  Das Mitbestimmungsrecht erstreckt sich **nicht**
  - auf die Höhe der finanziellen Zuwendungen an die Sozialeinrichtung und ebenso nicht
  - auf freiwillig gewährte (z. B. widerrufliche) Zuwendungen.
- **Freiwillige Mitbestimmung** bei sozialen Einrichtungen: Der Betriebsrat kann, wie bereits erwähnt, den Arbeitgeber nicht dazu zwingen, Investitionsmittel für Sozialeinrichtungen im freiwilligen Bereich zur Verfügung zu stellen. **Schafft der Arbeitgeber jedoch solche Einrichtungen, erwächst dem Betriebsrat ein Mitbestimmungsrecht.** Ist darüber eine Betriebsvereinbarung nach § 88 Nr. 2 BetrVG geschlossen worden, kann der Betrieb diese Einrichtung nicht einseitig aufheben; vielmehr ist eine Kündigung der Betriebsvereinbarung erforderlich. Im Falle des § 88 Nr. 2 BetrVG besteht jedoch **keine Nachwirkung** der Betriebsvereinbarung.

### 09. Welcher Maßstab ist bei der Überprüfung und Anpassung der betrieblichen Sozialpolitik anzulegen?

Die Ansätze zur Überprüfung der betrieblichen Sozialpolitik sind:

- Überprüfung der Bedeutung, des Nutzens und der Kosten der Einzelmaßnahmen
- Abbau überflüssiger Maßnahmen
- Setzen neuer Akzente.

Dabei sind folgende Fragestellungen maßgebend:

- Welche Leistungen sind – gemessen am Nutzen – zu hoch?
- Welche Leistungen sind in Zeiten schlechter Ertragslage rückführbar?
  (z. B. Widerrufsvorbehalt, Verringerung der monetären Leistung bei Sozialeinrichtungen)
- Sind die Leistungen an die Ertragslage gekoppelt, sodass eine Rückführung in Zeiten sinkender Betriebsgewinne für die Mitarbeiter nachvollziehbar ist?
- Welche Außen- und Innenwirkung entfalten bestimmte Maßnahmen der Sozialpolitik?
- Sind die gewährten Leistungen noch zeitgemäß?
- Werden die Leistungen und die Modalitäten der Verteilung als gerecht empfunden?

## 10. Was bezeichnet man als Betriebsklima?

Das Betriebsklima ist **Ausdruck für die soziale Atmosphäre**, die von den Mitarbeitern empfunden wird. Das Betriebsklima umfasst Faktoren, die mit der sozialen Struktur eines Betriebes zu tun haben, also zum Teil auch „außerhalb" des arbeitenden Menschen liegen, jedoch auf ihn einwirken, aber auch von ihm z. T. wiederum beeinflusst werden.

**Faktoren des Betriebsklimas sind u. a.:**
eine gute Betriebsorganisation, die Kommunikation der Mitarbeiter mit ihren Vorgesetzten und der Mitarbeiter untereinander; ferner Möglichkeiten der Mitbestimmung, direkte und indirekte Anerkennung, Gruppenbeziehungen, die Art der erlebten Führung durch den Vorgesetzten, letztendlich auch der Ton – wie man miteinander umgeht.

Ein schlechtes Betriebsklima kann zahlreiche negative Konsequenzen haben, z. B.:

- Sinken der Leistung/der Produktivität
- Häufung von Fehlern (abnehmende Qualität)
- Erhöhung von Fehlzeiten und Krankenstand
- Anzahl und Bedeutung von Konflikten nimmt zu.

## 11. Was bezeichnet man als soziales Verhalten?

Das Sozialverhalten ist die **Reaktion** eines Menschen **auf die Aktion** eines anderen, die dann bei diesem wiederum zu einer Reaktion führt usw. Dabei agieren und reagieren Menschen über unterschiedliche Möglichkeiten (z. B. Sprache, Gesten, Gesichtsausdruck).

**Beispiel**

| | | |
|---|---|---|
| Mitarbeiter: | *„Finde ich gar nicht gut, wenn Huber mit seinem Material ständig den Durchgang versperrt."* | (Aktion) |
| Meister: | *„Gut, das Sie das ansprechen. Ich werde mit Huber reden."* | (Reaktion 1) |
| Mitarbeiter: | *„Wollen wir hoffen, dass das etwas nützt."* | (Reaktion 2) |

## 12. Welche Maßnahmen kann der Vorgesetzte zur Verbesserung des Sozialverhaltens der Mitarbeiter umsetzen?

Dazu einige Beispiele:

a) **Antipathie/Sympathie:**
Antipathie als Abneigung von Personen oder gegen bestimmte Verhaltensweisen ist ein Grundtatbestand menschlichen Lebens. In einer Reihe von Fällen beruht An-

tipathie auf mangelnder Kenntnis über den anderen (Antipathie als Ausdruck von Angst). Hier kann der Meister durch die **Verstärkung von Kontakten** helfen (man lernt sich kennen, man kann den anderen besser einschätzen und erkennt ggf. auch sympathische Seiten beim anderen).

Nicht jeder Mitarbeiter kann und muss dem anderen sympathisch sein. Trotzdem lässt sich in vielen Fällen eine Basis für eine effiziente Zusammenarbeit finden: Der Meister kann hier Hilfestellung für den Umgang miteinander geben; Kontrakte/Vereinbarungen schließen, sich trotz aller Unterschiede respektieren, sich in die „Schuhe des anderen stellen".

b) **Aggression:**
Aggression ist eine Verhaltensweise, die auf die Verletzung (körperlich und/oder seelisch) des anderen zielt. Aggression kann auf Frustration und/oder anlagebedingter Aggressivität beruhen.

Zum Teil hat der Meister die Möglichkeit, die Ursachen mit den Beteiligten aufzuarbeiten, die Folgen aggressiven Verhaltens erkennen zu lassen und eine Verhaltensänderung über Einsicht zu erreichen.

c) **Mobbing:**
Der Begriff Mobbing, der sich von dem englischen Wort „to mob" = pöbeln, sich auf jemand stürzen, ableitet, ist die heute gebräuchliche Umschreibung eines Zustandes, der in vielen Betrieben festzustellen ist: Einzelne Mitarbeiter werden von Kollegen oder Vorgesetzten systematisch verfolgt, schikaniert, ausgegrenzt; Tricks, Intrigen und Gemeinheiten vergiften das Arbeitsleben. **Mobbing umschreibt eine negative kommunikative Handlung gegen eine Person über einen längeren Zeitraum**, die von einer oder mehreren Personen ausgeht.

Mobbing ist in fünf Spielarten anzutreffen:

- Angriffe auf die Möglichkeit, sich mitzuteilen: mündliche und schriftliche Drohungen, ständige Unterbrechungen des Opfers, ständige Kritik an der Arbeit oder am Privatleben
- Angriffe auf soziale Beziehungen: das Opfer wird nicht mehr angesprochen oder wie Luft behandelt, die Kollegen lassen sich nicht ansprechen
- Schädigung des sozialen Ansehens: Gerüchte werden verbreitet, das Opfer wird lächerlich gemacht oder verdächtigt, psychisch krank zu sein; seine Entscheidungen werden infrage gestellt, er wird belästigt
- Angriffe auf die Qualität der Berufs- und Lebenssituation: das Opfer bekommt gar keine, sinnlose oder seine Qualifikation übersteigende Aufgaben
- Angriffe auf die Gesundheit: Androhung körperlicher Gewalt am Arbeitsplatz.

Wer den täglichen Kränkungen und Gemeinheiten längere Zeit ausgesetzt ist, wird oft seelisch krank und kann die erwarteten Leistungen nicht mehr erbringen. Sobald der Meister Kenntnis über zwischenmenschliche Probleme seiner Mitarbeiter erfährt, sollte er diese ernst nehmen und der Sache auf den Grund gehen. Wegzuhören und zu erwarten, dass die Mitarbeiter diese Sache unter sich ausmachen, führt meist zu sinkenden Leistungen, weil immer mehr Mitarbeiter in diese Mobbing-Probleme verwickelt werden und sich dann psychosomatische Stresssymptome, wie Niedergeschlagenheit, Schlafprobleme, Migräne oder Magenbeschwerden häufen. Die Ursachen für Mobbing sind im Wesentlichen in der Organisation, der Aufgabengestaltung und der Leitung der Arbeit begründet; in wirtschaftlich schwierigen Zeiten erhöht sich die Anfälligkeit für Mobbing dann, wenn Arbeitsplätze in Gefahr sind, weil der Kleinkrieg am Arbeitsplatz zunimmt.

#### 13. Mit welchen Maßnahmen kann der Vorgesetzte selbst zu einer Verbesserung des Betriebsklimas beitragen?

Geeignete Maßnahmen, z. B.: Mitarbeiter zeitnah und aufgabenbezogen informieren, Gleichbehandlungsgrundsatz beachten, Konflikte ausgewogen bearbeiten, gute Leistungen anerkennen, Zusammenhalt und Kollegialität unterstützen, Mitarbeiterpotenziale erkennen und fördern, die Belange der Mitarbeiter berücksichtigen – soweit sachlich vertretbar.

## 4.3 Einflüsse der Gruppenstruktur auf das Gruppenverhalten und die Zusammenarbeit

### 4.3.1 Wirkungen von Gruppen und Beziehungen in Gruppen

#### 01. Welche Merkmale sind für eine soziale Gruppe charakteristisch?

Eine soziale Gruppe sind mehrere Individuen mit einer bestimmten Ausprägung sozialer Integration. In diesem Sinne hat eine Gruppe folgende Merkmale:

- direkte Kontakte zwischen den Gruppenmitgliedern (Interaktion)
- physische Nähe
- Wir-Gefühl (Gruppenbewusstsein)
- gemeinsame Ziele, Werte, Normen
- Rollendifferenzierung, Statusverteilung
- gegenseitige Beeinflussung
- relativ langfristiges Überdauern des Zusammenseins.

#### 02. Wie entstehen formelle und informelle Gruppen innerhalb und außerhalb des Betriebes?

- **Formelle Gruppen** werden im Hinblick auf die Realisierung betrieblicher Ziele geplant und zusammen gesetzt.
- **Informelle Gruppen** bilden sich aufgrund menschlicher Bedürfnisse meist ungeplant und spontan.

Im Einzelnen:

**Gruppen**

| **Formelle Gruppen** | **Informelle Gruppen** |
|---|---|
| ► rational organisiert<br>► bewusst geplant und eingesetzt<br>► Verhaltensnormen extern vorgegeben<br>► über längere Zeit oder befristet<br>► Effizienz steht im Vordergrund | ► spontan, meist ungeplant<br>► innerhalb oder neben formellen Gruppen<br>► eigenständige Ziele oder Normen<br>► i. d. R. abweichend von der formellen Gruppe<br>► aufgrund der Bedürfnisse der Mitglieder |
| Beispiele:<br>► Abteilungen, Stäbe<br>► Projektgruppen<br>► Arbeitsgruppen, Montagegruppen | Beispiele:<br>► Fahrgemeinschaften, Sportgruppen<br>► Hobbygruppen<br>► Gesprächsgruppen (Mittagessen/Kantine) |

### 03. Wie kann sich die Existenz informeller Gruppen auf das betriebliche Geschehen auswirken?

- **Positive Folgen** können z. B. sein:
  - informelle Gruppen schließen Lücken, die bei der Regelung von Arbeitsabläufen oft nicht vermieden werden können
  - schnelle, unbürokratische Kommunikation innerhalb und zwischen Abteilungen
  - Befriedigung von Bedürfnissen, die die formelle Gruppe nicht leistet (z. B. Anerkennung, Kontakt, Information/spezielle Information, gegenseitige Hilfe).
- **Negative Folgen** können z. B. sein:
  - von den Organisationszielen abweichende Gruppenziele und -normen
  - Verbreitung von Gerüchten über informelle Kanäle
  - Isolierung unbeliebter Mitarbeiter.

### 04. Welchen Sachverhalt kennzeichnet man mit den soziologischen Grundbegriffen Rolle, Status und Norm?

- Die **(soziale) Rolle** ist zum einen
  - die Summe der Erwartungen, die dem Inhaber einer Position entgegengebracht werden und zum anderen
  - ein gleichmäßiges und regelmäßiges Verhaltensmuster, das mit einer Position verbunden wird.

  Grundsätzlich erwartet die Gruppe, dass eine Rolle in etwa einem Status/einer Position entspricht. Wer seine Rolle nicht spielt – sprich dem Verhaltensmuster seiner Position nicht gerecht wird – muss mit dem Verlust dieser Position rechnen.
- **Status** bezeichnet den Platz (die Stellung), den ein Individuum in einem sozialen System einnimmt und an den bestimmte Rollenerwartungen geknüpft werden. Der formelle Status ergibt sich aus der Betriebshierarchie und ist oft mit Statussymbolen verbunden (weißer Kittel, eigener Parkplatz, eigene Toilette, Reisen in der Business-Class). Der informelle Status bildet sich ungeplant in der Gruppe heraus (z. B. Status Außenseiter).
- **(Gruppen) Normen** sind inhaltlich festgelegte, relativ konstante und verbindliche Regeln für das Verhalten **der** Gruppe und das Verhalten **in der** Gruppe. Normen sind also Ausdruck für die Erwartungen einer Gruppe, wie in bestimmten Situationen zu handeln ist. Diese Erwartungen bedeuten zum einen Zwang, zum anderen aber auch Entlastung (in schwierigen Situationen hält die Gruppennorm Verhaltensmuster bereit). Das Einhalten bzw. das Verletzen von Normen wird von der Gruppe mit positiven bzw. negativen Sanktionen belegt (Lob, Anerkennung, Zuwendung bzw. Missachtung, Schneiden sowie auch Mobbing).

## 4.3.2 Veränderung von Gruppenstruktur und -verhalten

### 01. Was versteht man unter Gruppendynamik und Gruppendruck?

- Mit **Gruppendynamik** bezeichnet man die Kräfte, durch die Veränderungen innerhalb einer Gruppe verursacht werden (z. B. Prozesse der Meinungs- und Entscheidungsbildung); andererseits meint dieser Begriff auch die Kräfte, die von einer Gruppe nach außen hin wirken (z. B. Ausübung von Macht nach außen aufgrund eines starken Wir-Gefühls). Daneben wird dieser Begriff zur Beschreibung von Trainingsmaßnahmen verwendet, die soziale Fertigkeiten fördern sollen (z. B. Selbsterfahrungsgruppen).
- **Gruppendruck:** Abweichende Ansichten, Argumente oder Arbeitsweisen werden offen oder latent durch den Erwartungsdruck anderer maßgeblicher Gruppenmitglieder unterdrückt – obwohl der Einzelne bewusst oder unbewusst eine andere Überzeugung hat. Ein bestimmtes Arbeitsverhalten kann dadurch verhindert, gezielt gesteuert oder auch positiv beeinflusst werden (Beispiel: Eine betriebliche Arbeitsgruppe veranlasst zwei Gruppenmitglieder zur Nachahmung eines bestimmten Arbeitsverhaltens.).

## 02. Welche Gruppengröße ist „ideal"?

Die ideale **Gruppengröße** ist abhängig von:

- der Aufgabenstellung
- der zur Verfügung stehenden Zeit
- den Arbeitsbedingungen
- der sozialen Kompetenz der Gruppenmitglieder.

Es gibt keine allgemein gültige Faustregel für die effektivste Gruppengröße. Trotzdem bestätigt die betriebliche Erfahrung, dass eine arbeitsfähige Kleingruppe aus **mindestens 3 - 5 Mitgliedern** bestehen sollte. Die kritische Größe liegt im Allgemeinen bei 20 - 25 Gruppenmitgliedern. Sie ist dann erreicht, wenn keine persönlichen Kontakte mehr möglich sind und sich allmählich Untergruppen bilden.

## 03. Nach welchen (soziologischen) Regeln bilden sich Gruppen?

1. **Interaktionsregel**
   Im Allgemeinen gilt: Je häufiger Interaktionen zwischen den Gruppenmitgliedern stattfindet, umso mehr werden Kontakt, Wir-Gefühl und oft sogar Zuneigung/Freundschaft gefördert. Die räumliche Nähe beginnt an Bedeutung zu gewinnen.
2. **Angleichungsregel**
   Mit längerem Bestehen einer Gruppe gleichen sich Ansichten und Verhaltensweisen der Einzelnen an. Die Gruppen-Normen stehen im Vordergrund.
3. **Distanzierungsregel**
   Sie besagt, dass eine Gruppe sich nach außen hin abgrenzt – bis hin zur Feindseligkeit gegenüber anderen Gruppen (vgl. dazu die Verhaltensweisen von sog. Fußballfan-Gruppen). Zwischen dem Wir-Gefühl (Solidarität) und der Distanzierung besteht oft eine Wechselwirkung. Wir-Gefühl entsteht über die Abgrenzung zu anderen (z. B. „*Wir nach dem Kriege, wir wussten noch ..., aber heute - die junge Generation ...*").

## 04. Welche (soziologischen) Erkenntnisse gibt es über Gruppenbeziehungen?

- **Beziehungen zu anderen Gruppen:**
  können sich positiv oder negativ gestalten. Die Unterschiede hinsichtlich der Normen und Verhaltensmuster können gravierend oder gering sein - bis hin zu Gemeinsamkeiten. Von Bedeutung ist auch die Stellung einer Gruppe innerhalb des Gesamtbetriebes (z. B. Gruppe der Leitenden). Im Allgemeinen beurteilen Menschen **das Verhalten der eigenen Gruppenmitglieder positiver als das fremder Gruppenmitglieder** (vgl. auch oben, Distanzierung). Auch die Leistung der Fremdgruppe wird im Allgemeinen geringer bewertet (z. B. Mitarbeiter der Personalabteilung Angestellte versus Personalabteilung Arbeiter). Bedrohung der eigenen Sicherheit kann zu feindseligem Verhalten gegenüber der anderen Gruppe oder einzelnen Mitgliedern dieser Gruppe führen.

- **Beziehungen innerhalb der Gruppe:**
  Innerhalb einer Gruppe, die über längere Zeit existiert, entwickelt sich **neben der formellen Rangordnung** (z. B. Vorgesetzter – Mitarbeiter) **eine informelle Rangordnung** (z. B. informeller Führer). Die informelle Rangordnung ist geeignet, die formelle Rangordnung zu stören.

- **Störungen innerhalb der Gruppe:**
  Massive Störungen in der Gruppe (z. B. erkennbar an: häufige Beschwerden über andere Gruppenmitglieder, verbale Aggressionen, Cliquenbildung, Absonderung, Streit, Fehlzeiten) sollten vom Vorgesetzten bewusst wahrgenommen werden. Er muss die Störungsursache diagnostizieren und entgegenwirken. Zunehmende Störungen und nachlassender Zusammenhalt können zum **Zerfall einer Gruppe** führen.

## 05. Welche besonderen Rollen werden zum Teil von einzelnen Gruppenmitgliedern wahrgenommen? Welcher Führungsstil ist jeweils angebracht?

Dazu einige Beispiele:

| Rollenverhalten in Gruppen | | |
|---|---|---|
| | **Rolle** | **Empfohlener Führungsstil** |
| **Star** | Der „Star“ ist meist der informelle Führer der Gruppe und hat einen hohen Anteil an der Gruppenleistung. | Fördernder Führungsstil, Anerkennung, tragende Rolle des Gruppen„Stars“ nutzen und einbinden in die eigene Führungsarbeit, Vorbildfunktion des Vorgesetzten ist wichtig. |
| **Freche** | Der „Freche“: Es handelt sich hier meist um extrovertierte Menschen mit Verhaltenstendenzen wie Provozieren, Aufwiegeln, Quertreiben, unangemessenen Herrschaftsansprüchen (Besserwisser, Angeber, Wichtigtuer usw.). | Sorgfältig beobachten, Grenzen setzen, mitunter auch Strenge und vor allem Konsequenz zeigen; Humor und Geduld nicht verlieren. |
| **Intriganten** | hintergehen andere. | Negatives Verhalten offen im Dialog ansprechen, bremsen und unterbinden, auch Sanktionen „androhen“. |
| **Problembeladene** | machen sich zu viele Gedanken; haben private Sorgen u. Ä. | Ermutigen, unterstützen, Hilfe zur Selbsthilfe leisten, (auch kleine) Erfolge ermöglichen, Verständnis zeigen (Mitfühlen aber nicht mitleiden). |
| **Drückeberger** | scheuen die Arbeit; setzen sich nicht ein. | Fordern, Anspornen und Erfolge erleben lassen; zu viel Milde wird meist ausgenutzt. |

| Rollenverhalten in Gruppen | | |
|---|---|---|
| | **Rolle** | **Empfohlener Führungsstil** |
| **Neulinge** | sind erst seit kurzen Mitglied in der Gruppe. | Maßnahmen zur Integration, schrittweise einarbeiten, Orientierung geben durch klares Führungsverhalten, in der Anfangsphase mehr Aufmerksamkeit widmen und betreuen. |
| **Außenseiter** | sind nicht in die Gruppe integriert. | Versuchen, den Außenseiter mit Augenmaß und viel Geduld zu integrieren, es gibt keine Patentrezepte, mitunter ist das vorsichtige Aufspüren der Ursachen hilfreich. |

Im Überblick: Empfohlener Führungsstil bei unterschiedlichen Rollen in Gruppen

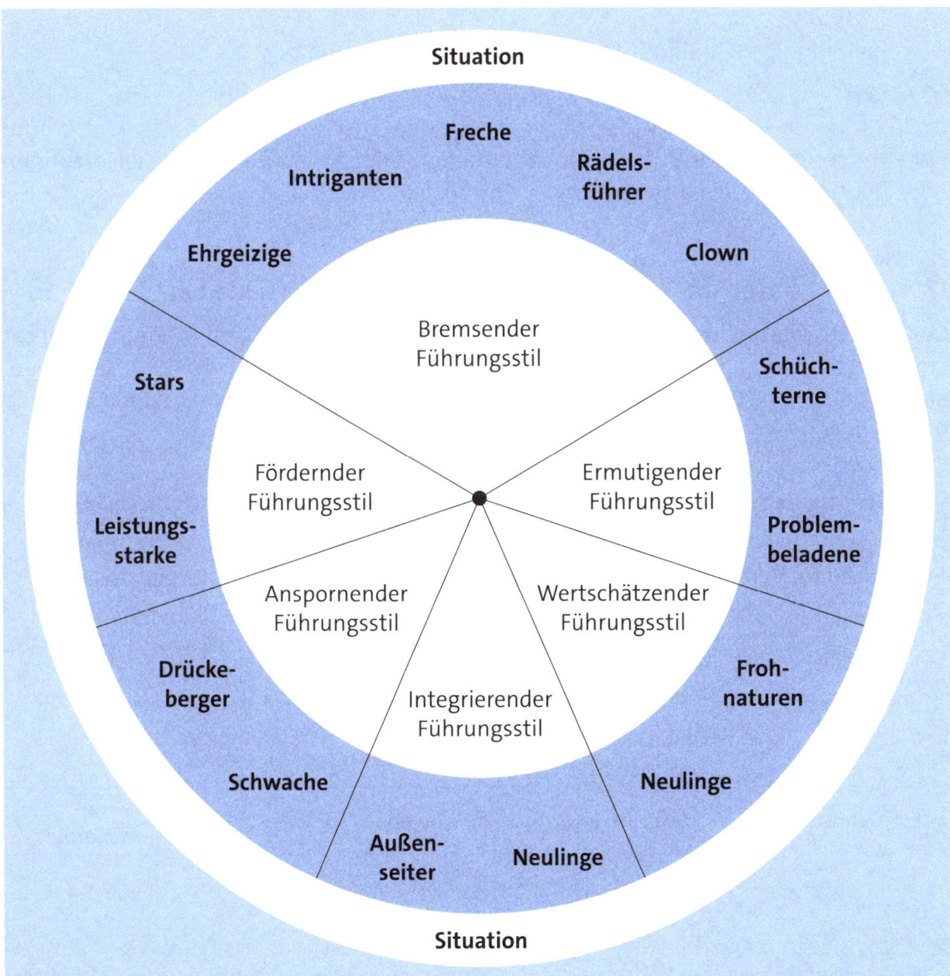

## 06. Was sind teilautonome Gruppen?

- **Begriff:**
  Autonom heißt, unabhängig von Weisungen sein; nach eigenem Ermessen handeln können.
- **Teilautonome Gruppen:**
  Sie sind zum Teil weisungsungebunden, bleiben aber Bestandteil des Betriebes (im Gegensatz zu autonomen Gruppen).

  Teilautonome Gruppen sind von daher ein Team-Modell, das den Mitgliedern Entscheidungsfreiräume innerhalb bestimmter Bandbreiten zugesteht.
- **Beispiele** für den Grad der Teilautonomie:
  - selbstständige Verrichtung, Einteilung und Verteilung von Aufgaben (inklusive Anwesenheitsplanung: Qualifizierung, Urlaub, Zeitausgleich usw.)
  - selbstständige Einrichtung, Wartung, teilweise Reparatur der Maschinen und Werkzeuge
  - selbstständige (Qualitäts-)Kontrolle der Arbeitsergebnisse.
- **Zweck:**
  Teilautonome Gruppen dienen vornehmlich der Entscheidungsfindung vor Ort und der Steigerung der Motivation. Daneben sollen selbstverständlich die Zielsetzungen der Teamarbeit realisiert werden.

## 07. Welche Phasen der Teamentwicklung werden unterschieden?

Wenn eine Arbeits- oder Projektgruppe gebildet wird, so benötigen Menschen immer eine hinreichende Entwicklungszeit, um zu einer effizienten Zusammenarbeit zu gelangen. Der amerikanische Psychologe Tuckmann teilt den Prozess der Gruppenbildung in vier Phasen[1] ein:

| **Der Gruppenentwicklungsprozess – Phasen der Teamentwicklung nach Tuckmann** | | | |
|---|---|---|---|
| **Forming** | **Storming** | **Norming** | **Performing** |
| ► Kontaktaufnahme<br>► Kennenlernen<br>► Höflichkeit<br>► Unsicherheiten | ► Machtkämpfe<br>► Egoismen<br>► Frustrationen<br>► Konflikte<br>► Status-demonstrationen | ► Lernprozesse<br>► Spielregeln<br>► Vertrauen und Offenheit<br>► sachliche Auseinandersetzung | ► Reifephase<br>► Entwicklung zu einem leistungsfähigen Team |
| **Formende Phase** | **Stürmische Phase** | **Regelungsphase** | **Phase der Zusammenarbeit** |

[1] Teilweise wird noch eine fünfte Phase genannt: Auflösung der Gruppe (Adjourning) nach Erledigung der Aufgabe.

Der Vorgesetzte und Moderator muss diese Entwicklungsphasen kennen; die Prozesse sind bei jeder Gruppenbildung mehr oder weniger ausgeprägt und gehören zur Normalität. Der Zeitaufwand bis die Gruppe sich gefunden hat ist notwendig und muss eingeplant werden.

Es kann in der Praxis auch vorkommen, dass Gruppen die Phasen 1 bis 2 nicht überwinden und sehr ineffizient arbeiten; ggf. muss dann die Gruppe neu gebildet werden, wenn die Voraussetzungen einer Teamarbeit nicht gegeben sind.

## 4.4 Eigenes und fremdes Führungsverhalten, Umsetzen von Führungsgrundsätzen

### 4.4.1 Rolle des Industriemeisters

### 01. Was heißt „Mitarbeiter führen“?

- **Begriff:**

MERKE

Führen heißt, das Verhalten der Mitarbeiter zielorientiert beeinflussen, sodass die betrieblichen Ziele erreicht werden – unter Beachtung der Ziele der Mitarbeiter.

- **Ziel** der Führungsarbeit ist:
  a) betrieblicher Aspekt (Zielerfolg)
     - Leistung zu erzeugen,
     - Leistung zu erhalten und
     - Leistung zu steigern.
  b) Mitarbeiteraspekt (Individualerfolg)
     - Erwartungen und Wünsche der Mitarbeiter zu berücksichtigen in Abhängigkeit von den betrieblichen Möglichkeiten
     - Mitarbeiter zu motivieren.

### 02. Welche Grundsätze sind bei zielorientierter Führung zu beachten?

a) Die Leistung der Mitarbeiter muss sich stets **zielorientiert** entfalten, d. h. Führung hat die Aufgabe, alle Kräfte des Unternehmens zu bündeln und auf den Markt zu konzentrieren (Führung → Ziele → zielorientierte Aufgabenerfüllung → Leistung → Wertschöpfung → Zielerreichung).

b) Die Ziele des Unternehmens werden aus der **Wechselwirkung von Betrieb und Markt/Kunde** gewonnen. Sie werden „heruntergebrochen“ in Zwischen- und Unterziele für nachgelagerte Führungsebenen (z. B. Meisterbereich).

c) Führung bildet dabei die Funktion der **Klammer, der Koordination und der Orientierung**.

d) Führung muss dabei den Spagat zwischen der Beachtung ökonomischer und sozialer Ziele herbeiführen:

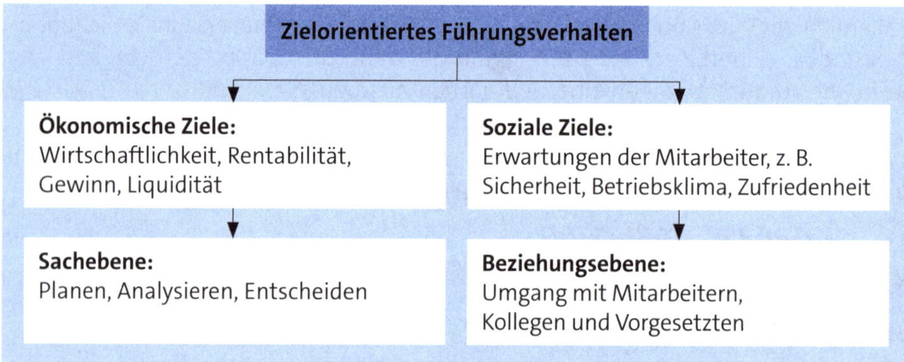


e) Zielorientierte Führung schafft durch **geeignete Maßnahmen/Instrumente** die Voraussetzungen für Leistung: Fähigkeit, Bereitschaft, Möglichkeit.

f) Zielorientierte Führung orientiert sich am **Management-Regelkreis:**

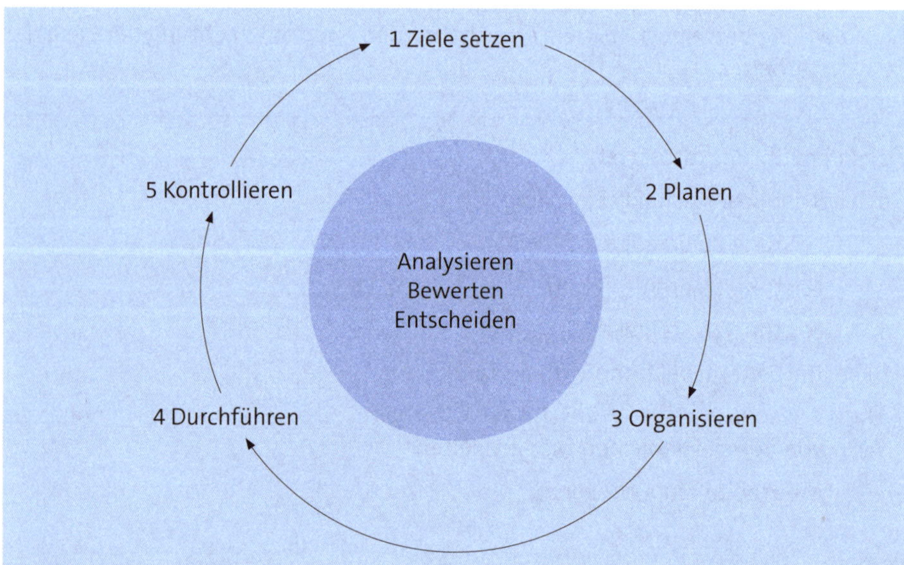


g) Ziele müssen **messbar** sein, d. h. sie müssen eine Festlegung enthalten in den Punkten:

| Zielelement | Beispiel |
|---|---|
| ▸ Inhalt: | *„die Anzahl der Schichtmitarbeiter verringern“* |
| ▸ Ausmaß: | *„um 6 Personen“* |
| ▸ Zeit: | *„bis zum Ende dieses Quartals“* |

Ziele sollten nach der **„SMART-Regel“** gestaltet sein:

**S** spezifisch
**M** messbar
**A** attraktiv (bzw. akzeptiert)
**R** realistisch
**T** terminiert

Die beiden nachfolgenden Grafiken zeigen bildlich die vorstehend beschriebenen Zusammenhänge:

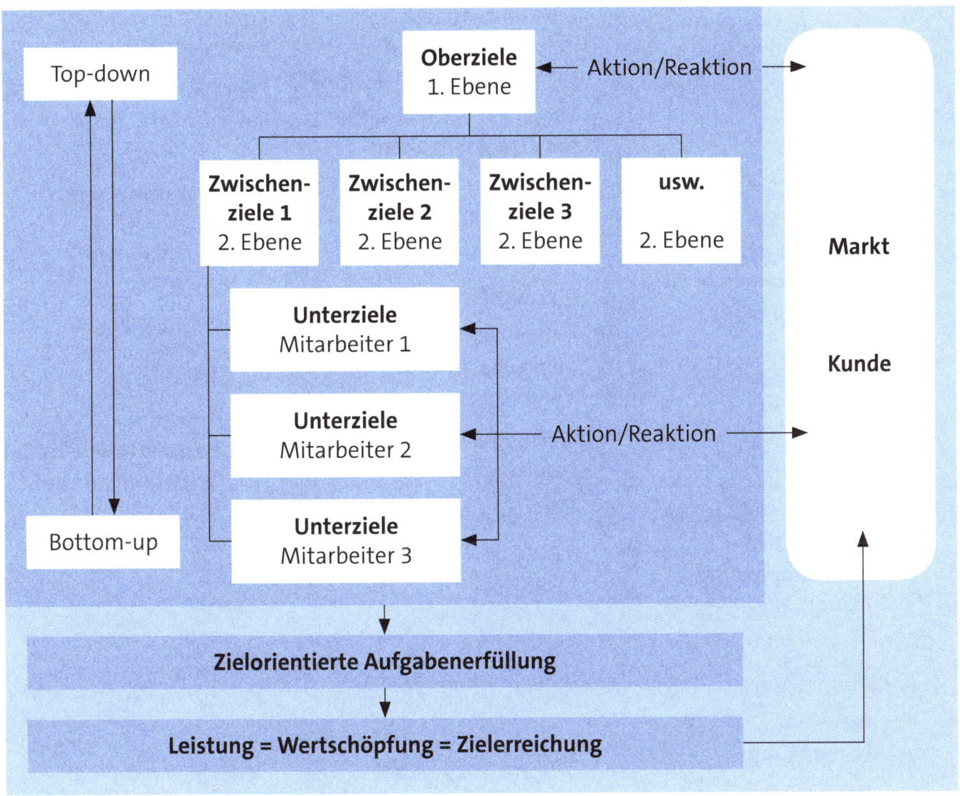


MERKE

**Das heißt also: Konzentration auf zielorientierte Leistung!**

Dies bedeutet:

- Zielvereinbarungs-/Zielerreichungsgespräche
- keine Widersprüche zwischen Zielen, Organisation, Ressourcenzuteilung, Mitarbeiterforderung/-eignung.

**Zielorientierte Aufgabenerfüllung – Vorraussetzungen**

**Fähigkeiten der Mitarbeiter – Können –**

**Fähigkeiten** der Mitarbeiter
- erkennen
- beurteilen
- fördern
- richtig einsetzen

**Verhalten** der Mitarbeiter gezielt beeinflussen durch
- Anerkennung
- Kritik
- Delegation
- Grad der Zielerreichung

Maßnahmen der **Personalanpassung** durchführen:
- Personalabbau
- Personaleinsatz
- Personalbeschaffung
- Personalentwicklung

**Bereitschaft der Mitarbeiter – Wollen –**

**Motive** der Mitarbeiter erkennen und mit den Unternehmenszielen in Einklang bringen (soweit wie möglich)

**Am Erfolg teilhaben lassen:**
- Anerkennung
- Geld
- Erfolgsbeteiligung
- Beteiligen an Entscheidungen

**Werteorientierte Anreize** schaffen:
- Leistung lohnt sich
- gute Leistung wird bemerkt

**Möglichkeit der Mitarbeiter – Erlauben –**

**Klare Strukturen** und Prozesse ohne bürokratische Hemmnisse

**Freiräume** schaffen – soweit wie möglich

**Ressourcenzuteilung** entsprechend den Zielen vornehmen

**Arbeitsbedingungen/-mittel** müssen geeignet sein

**Maßstab des Handelns** und der Beurteilung ist der Grad der Zielerreichung

TIPP

Bitte prägen Sie sich den Zusammenhang dieser beiden Abbildungen ein. Sie zeigen die zentralen Aufgaben des Industriemeisters vor dem Hintergrund der Unternehmenszielsetzung (= Wertschöpfung).

## 03. Zu welchen Ergebnissen sind der „Eigenschaftsansatz“ und der „Verhaltensansatz“ in der Führungsstillehre gekommen?

- Der **Eigenschaftsansatz** geht aus von den **Eigenschaften des Führers** (z. B. Antrieb, Energie, Durchsetzungsfähigkeit usw.). Es wurde daraus eine **Typologie der Führungskraft** entwickelt:
  - autokratischer Führer
  - demokratischer Führer
  - laissez faire Führer.

  Andere Erklärungsansätze nennen unter der Überschrift „Tradierte Führungsstile“ (= überlieferte Führungsstile):
  - patriarchalisch (= väterlich)
  - charismatisch (= Persönlichkeit mit besonderer Ausstrahlung)
  - autokratisch (= selbstbestimmend)
  - bürokratisch (= nach Regeln).

  Der Eigenschaftsansatz impliziert, dass Führungserfolg von den Eigenschaften des Führers abhängt. Der Eigenschaftsansatz konnte empirisch nicht bestätigt werden.
- Der **Verhaltensansatz** basiert in seiner Erklärungsrichtung auf den **Verhaltensmustern der Führungskraft** innerhalb des Führungsprozesses. Im Mittelpunkt stehen z. B. Fragen: *„Wie kann Führungsverhalten beschrieben werden?“*. Ergebnis dieser Forschungen sind die Führungsstile und Führungsmodelle mit ihren unterschiedlichen Orientierungsprinzipien, wie sie in der nachfolgenden Darstellung abgebildet sind:

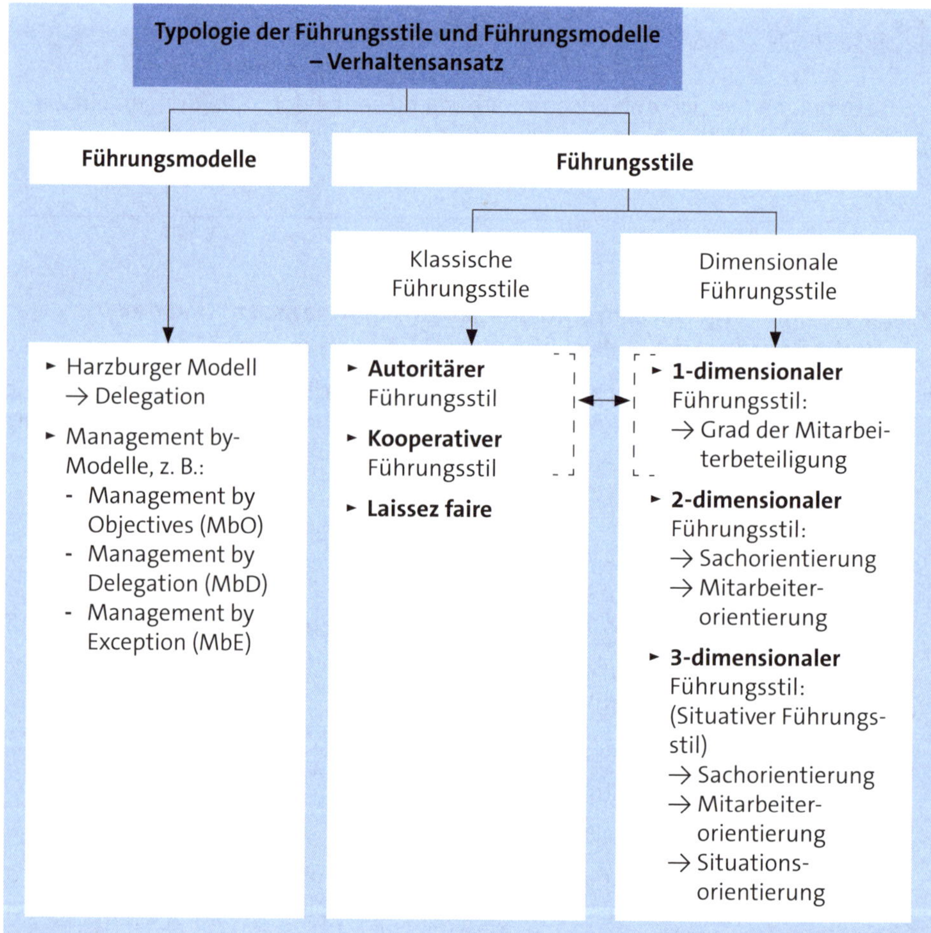


- Die **klassischen Führungsstile** können mit den 1-dimensionalen gleichgesetzt werden. Das Orientierungsprinzip (Unterscheidungs-) ist der **Grad der Mitarbeiterbeteiligung**.

  Ein Führungsstil ist eindimensional, wenn zur Beschreibung und Beurteilung von Führungsverhalten nur ein Kriterium herangezogen wird. Daher gehören „Klassische Führungsstile" typologisch zu den eindimensionalen. Bei den zwei- und mehrdimensionalen Führungsstilen ist der Erklärungsansatz von zwei oder mehr Kriterien (= Orientierungsprinzipien) geprägt.

- Das **2-dimensionale Verhaltensmodell** wählt „Sache" und „Mensch" als Orientierungsprinzipien (Grid-Konzept).
- Das **3-dimensionale Verhaltensmodell** wählt „Mitarbeiter", „Vorgesetzter" und „betriebliche Situation" als Orientierungsprinzipien.
- Die **managementorientierten Führungsmodelle** wählen ein spezifisches Führungsinstrument bzw. ein Element des Management-Regelkreises zum tragenden Kern eines mehr oder weniger geschlossenen Verhaltensmodells.

**Beispiele**

| | | |
|---|---|---|
| ▸ MbO: Management by Objectives | „Kern": | Ziele vereinbaren |
| ▸ MbD: Management by Delegation | „Kern": | Verantwortung delegieren |
| ▸ Harzburger Modell | „Kern": | Allgemeine Führungsanweisung mit dem Kernprinzip Delegation. |

## 04. Wie lässt sich das Grid-Konzept erklären?

Aus der Reihe der mehrdimensionalen Führungsstile hat der Ansatz von Blake/Mouton in der Praxis starke Bedeutung gefunden: Er zeigt, dass sich Führung grundsätzlich an den beiden Werten „Mensch/Person" bzw. „Aufgabe/Sache" orientieren kann. Daraus ergibt sich ein zweidimensionaler Erklärungsansatz:

- Ordinate des Koordinatensystems: Mitarbeiter
- Abszisse des Koordinatensystems: Sache.

Teilt man beide Achsen des Koordinatensystems in jeweils neun Intensitätsgrade ein, so ergeben sich insgesamt 81 Ausprägungen des Führungsstils bzw. 81 Variationen von Sachorientierung und Menschorientierung. Die Koordinaten 1.1 („Überlebenstyp") bis 9.9 („Team") zeigen die fünf dominanten Führungsstile, die sich aus dem Verhaltensgitter ableiten lassen.

Kurz gesagt: Das Managerial Grid spiegelt die Überzeugung wider, dass der 9.9-Stil (hohe Sach- und Mensch-Orientierung) der effektivste ist.

Das zweidimensionale Verhaltensgitter (Managerial Grid) nach *Blake/Mouton* hat folgende Struktur:

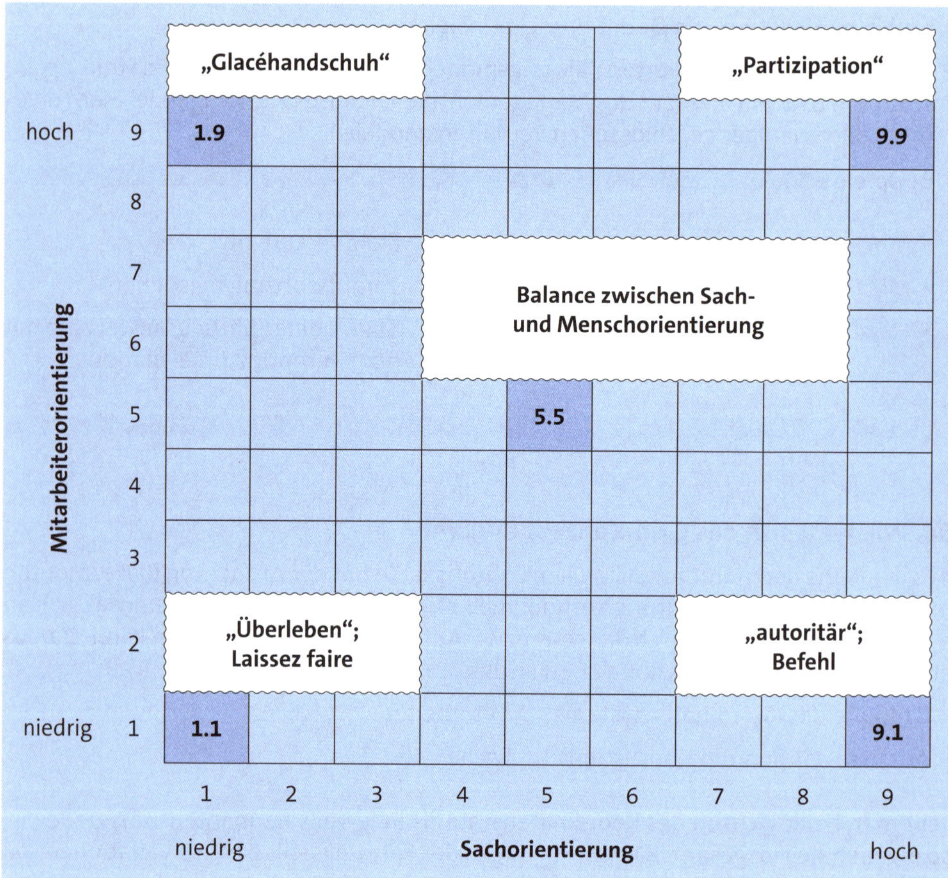


## 05. Was versteht man unter dem situativen Führungsstil?

Die Erklärungsansätze „1-dimensionaler und 2-dimensionaler Führungsstil“ haben Lücken und führen zu Problemen:

- Zwischen Führungsstil und Führungsergebnis besteht nicht unbedingt ein lineares Ursache-Wirkungs-Verhältnis.
- Führungsstil und Mitarbeiter„typus“ stehen miteinander in Wechselbeziehung. Andere Mitarbeiter können (müssen) zu einem veränderten Führungsverhalten bei ein und demselben Vorgesetzten führen.
- Die äußeren Bedingungen (die Führungssituation), unter denen sich Führung vollzieht, verändern sich und beeinflussen den Führungserfolg.

Diese Einschränkungen haben dazu geführt, dass heute Führung als das Zusammenwirken mehrerer Faktoren (im Regelfall werden drei genannt) betrachtet wird, die insgesamt ein „Spannungsfeld der Führung" ergeben:

- dem Führenden
- dem Mitarbeiter/der Gruppe
- der spezifischen Führungssituation.

Man bezeichnet diesen Ansatz als **situatives Führen**. Es ist Aufgabe der Führungskraft, die jeweils spezifische **Führungssituation** (Führungskultur, Zeitaspekte, Besonderheit der Aufgabe usw.) zu erfassen, die Wahl und Ausgestaltung der **Führungsmittel** auf die jeweilige Persönlichkeit des Mitarbeiters abzustellen (Erfahrung, Persönlichkeit, Motivstruktur, Reifegrad usw.) und dabei die Vorzüge/Stärken der eigenen **Persönlichkeit** (Entschlusskraft, Sensibilität, Systematik o. Ä.) einzubringen.

**Aspekt Mitarbeiter:**

- Mitarbeiter mit geringer Reife sind von Ihnen zu unterweisen und zu kontrollieren.
- Mitarbeiter mit hoher Reife lassen Sie selbstständig und eigenverantwortlich arbeiten.

**Aspekt Situation:**

- Bei Notsituationen (Zeitdruck) ist ein autoritärer Führungsstil passender.
- Bei kreativen Aufgabenstellungen (ohne Zeitdruck) ist ein kooperativer Führungsstil passender.

### 06. Nach welchen Grundsätzen wird kooperativ geführt und welche Vorteile bietet dieser Führungsstil?

- **Grundsätze und charakteristische Merkmale des kooperativen Führungsstils:** Kooperieren heißt, **zur Zusammenarbeit bereit sein**. Der kooperative Führungsstil bedeutet „Führen durch Zusammenarbeit". Charakteristisch sind folgende Grundsätze und Merkmale:
  - Die betrieblichen **Aktivitäten werden** zwischen dem Vorgesetzten und den Mitarbeitern **abgestimmt.**
  - Der kooperative Führungsstil ist **zielorientiert** (Ziele des Unternehmens und Erwartungen der Mitarbeiter).
  - Der Vorgesetzte bezieht die Mitarbeiter in den **Entscheidungsprozess mit ein**.
  - Die Zusammenarbeit ist geprägt von **Kontakt, Vertrauen, Einsicht und Verantwortung**.
  - Formale **Machtausübung** tritt in den **Hintergrund**.
  - Es gilt das Prinzip der **Delegation**.

- Fehler werden **nicht bestraft**, sondern es werden die Ursachen analysiert und behoben. Der Vorgesetzte gibt dabei Hilfestellung.
- Es werden die **Vorteile der Gruppenarbeit** genutzt.

► **Vorteile,** z. B.:

- ausgewogene Entscheidungen auf Gruppenbasis
- Kompetenzen der Mitarbeiter werden genutzt
- Entlastung der Vorgesetzten
- Motivation und Förderung der Mitarbeiter.

### 4.4.2 Führung im Verantwortungsbereich des Industriemeisters

#### 01. Welche Stellung und Funktion hat der Industriemeister im Prozess der betrieblichen Wertschöpfung?

Industriemeister stehen in der betrieblichen **Stellung zwischen** Unternehmensleitung und dem oberen Management einerseits und ausführenden Mitarbeitern andererseits. Industriemeister tragen daher eine besondere Verantwortung: Aus der **Schnittstellenposition** zwischen der oberen Führungsebene und der Ausführungsebene können konfliktträchtige Situationen entstehen, die hohe Anforderungen an den Meister stellen (Stichworte: „Zwischen-den-Stühlen-sitzen"; Gratwanderung zwischen „weißer Kittel" und „Blaumann").

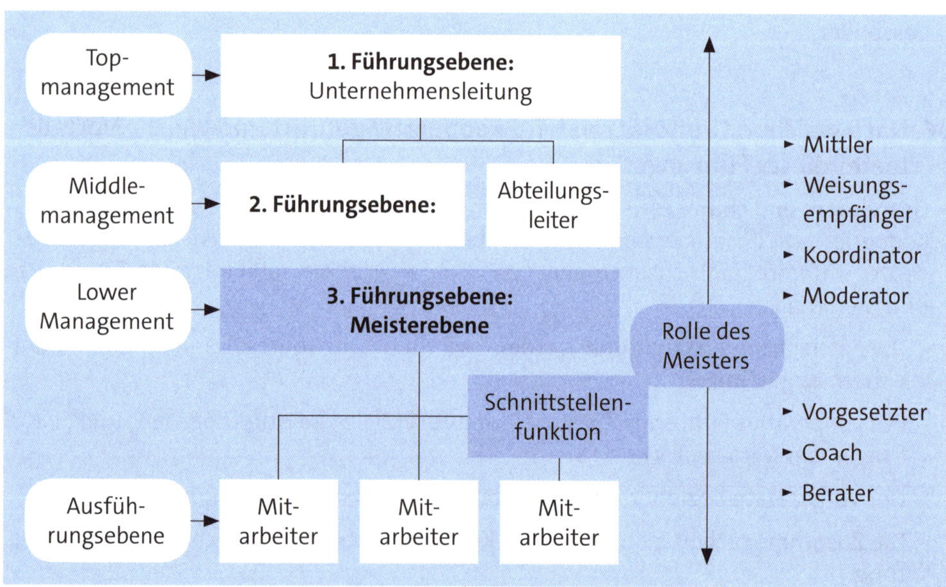

## 02. Welche Konsequenzen ergeben sich daraus für Rolle, Aufgaben und Verantwortung des Meisters?

Der Meister hat einerseits die von der Unternehmensleitung vorgegebenen Ziele und die damit verbundenen Aufgaben wahrzunehmen und gleichzeitig – im Rahmen dieser Ziele – die Erwartungen der Mitarbeiter zu berücksichtigen.

- Daraus erwächst seine **Rolle** als
  - Vorgesetzter
  - Koordinator
  - Mittler
  - Coach und Berater seiner Mitarbeiter.

TIPP

Vgl. dazu auch ausführlich unter >> 4.6.

- **Aufgaben:**

  Die Führungsaufgaben des Meisters umfassen das gesamte Spektrum der Managementfunktionen und lassen sich grob einteilen in:
  - fachspezifische,
  - organisatorische und
  - personelle Aufgaben.

  Im Betriebsalltag heißt das u. a. konkret:
  - Die Arbeit planen, vorbereiten und an Mitarbeiter verteilen.
  - Mitarbeiter anweisen und unterweisen.
  - Die Durchführung der Arbeiten steuern und überwachen.
  - Die Leistungsbereitschaft und Leistungsfähigkeit der Mitarbeiter fördern.
  - Den Gruppenzusammenhalt fördern.
  - Mitarbeiter beurteilen.
  - Mitarbeiter ihren Fähigkeiten entsprechend einsetzen.
  - Mitarbeiter über die Ziele des Unternehmens informieren.
  - Sich für die Belange und Anliegen der Mitarbeiter einsetzen.
- **Verantwortung:**

  Schlechte Mitarbeiterführung hat negative Folgen: Mitarbeiterverhalten ist stets auch eine Reaktion auf Führungsverhalten. In diesem Sinne ist der Industriemeister (mit)verantwortlich für negative Entwicklungen – wie z. B.:
  - Fluktuation
  - mangelhafte Koordination

- geringere Produktivität
- geringere Aktivität der Mitarbeiter
- Unzufriedenheit der Mitarbeiter
- Flucht der Mitarbeiter in die Krankheit
- seelische Probleme der Mitarbeiter (z. B. Depressionen, Alkoholismus)
- Einengung der Entscheidungsfreiheit der Mitarbeiter
- mangelnde Befriedigung zwischenmenschlicher Bedürfnisse
- mangelnder Wille zur Zusammenarbeit
- schlechtes Betriebsklima
- mangelnde/keine Identifikation der Mitarbeiter mit den betrieblichen Zielen
- Verunsicherung der Mitarbeiter
- nachlassendes Qualitätsbewusstsein
- Vernachlässigung von Umweltschutz, Arbeitssicherheit u. Ä.

### 03. Welche Bedeutung haben Macht und Autorität für den Führungserfolg?

- **Macht** ist eine Form der Einflussnahme, bei der eine Person oder Gruppe die Möglichkeit hat, Verhaltensänderungen bei anderen **auch gegen deren Willen durchzusetzen.**
- **Autorität** wird als eine Form der Macht bezeichnet, **die sich rechtfertigt;** Autorität setzt also ein gewisses Maß an Zustimmung des zu Beeinflussenden voraus. Autorität kann
  - beruhen auf der Übernahme eines Amtes/einer Position und/oder
  - in der Person begründet sein und/oder
  - sich aus der fachlichen Kompetenz ergeben.
- **Echte Autorität** wird in der Praxis erlebt als Mischform von Amts-, Personal- und Fachautorität – mit unterschiedlichem Gewicht der einzelnen Komponenten. Echte Autorität drückt sich im Wesentlichen aus durch Konsequenz im Handeln, situationsgerechtes Reagieren, Durchsetzungsstärke und der Fähigkeit zur Kommunikation – auf der Basis innerer Sicherheit und Stabilität. Führungskräfte mit echter Autorität sind sich selbst treu, sind konsequent und damit kalkulierbar.

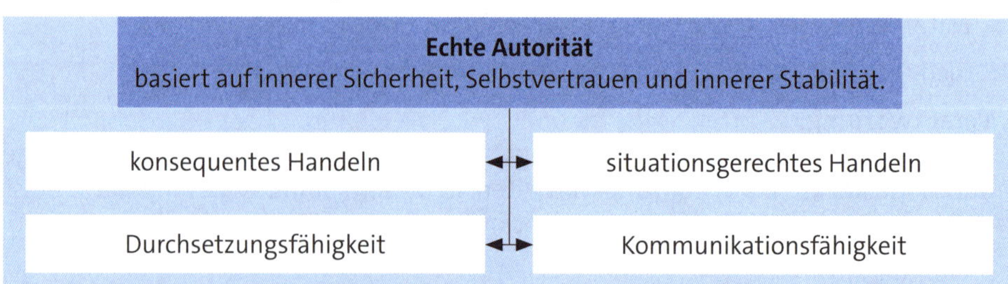

- **Falsche Autorität,** die langfristig auch zum Führungs**misserfolg** führt, zeigt sich im Fehlen von personaler oder fachlicher Autorität („das Amt macht den Mann" und nicht – richtigerweise – „der Mann macht das Amt") oder im Fehlen jeglicher Autorität.

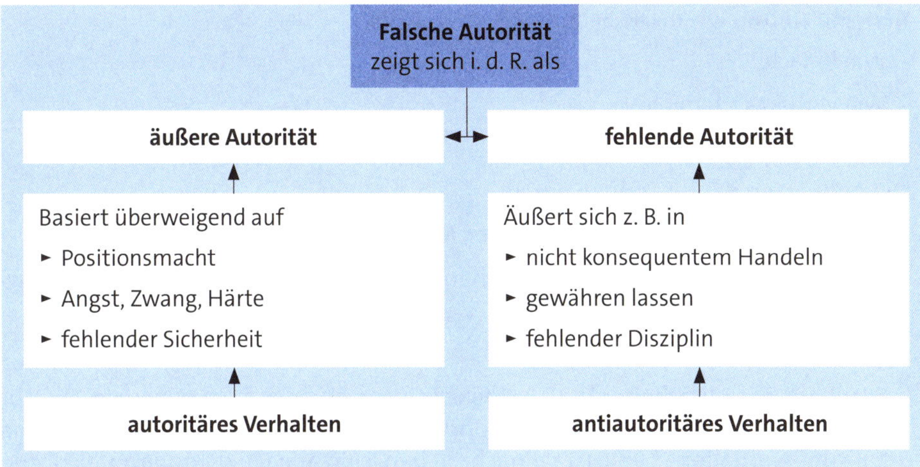


Der Mitarbeiter erlebt falsche Autorität

- als Ausübung von (lediglich) Macht mit den Wirkungen Zwang, Angst, unbegründete Härte oder
- als Führungslosigkeit, Weichheit, Inkonsequenz, Maßstabslosigkeit, Ziellosigkeit.

## 04. Wie kann sich der Meister zu einem Vorgesetzten mit „echter Autorität" entwickeln?

Echte Autorität (vgl. oben) ist das Zusammenspiel von Amts-, Personal- und Fachautorität. Der Weg dahin ist für jede Führungskraft mit folgenden Anstrengungen verbunden:

1. **Fachkompetenz:**
   Sich fachlich fit halten, sich weiterbilden, lernbereit sein, das Fachgebiet beherrschen.
2. **Methodenkompetenz:**
   Erlernen der notwendigen Methoden der Problemlösung, der Moderation, der Visualisierung, der Konfliktbearbeitung usw.
3. **Sozialkompetenz:**
   Beherrschen/Erlernen der Fähigkeit, mit anderen in einer Gemeinschaft zielorientiert, konstruktiv und aktiv zu arbeiten und dafür die Verantwortung zu übernehmen.
4. **Persönlichkeitsmerkmale:**
   Erkennen der eigenen Persönlichkeit und der Wirkung auf andere; Förderung der positiven Eigenschaften/Korrektur negativer Entwicklungen.

### 05. Welche Ansätze gibt es, um seine eigene Persönlichkeit und seinen eigenen Führungsstil zu erkennen und zu verbessern?

- Jede Führungskraft, die ernsthaft gewillt ist, Führung als Lernprozess zu begreifen, sollte die Bereitschaft und Fähigkeit entwickeln, ihren eigenen Führungsstil zu erkennen und zu trainieren. Die Schlüsselfragen lauten:
  - Wie bin ich?
  - Wie verhalte ich mich?
  - Wie wirke ich?
- Die Antworten darauf können durch
  - **Fremdbeobachtung** (z. B. Vorgesetzter, Mentor, Trainer),
  - **Eigenbeobachtung** (Eigenanalyse anhand eines Fragebogens oder durch Selbstaufschreibung)

  oder durch
  - **Feedback der Mitarbeiter** (z. B. Feedback-Gespräch oder auch generelle Mitarbeiterbefragung) gewonnen werden. Führungskräfte, die sich die Wirksamkeit ihres Führungsverhaltens bewusst gemacht haben, sind auch in der Lage, ihre Führung
  - **durch Training** zu verbessern.
- Führungskräfte sollten also
  - den eigenen Führungsstil erkennen,
  - sich bewusst machen, an welchen Prinzipien und Normen sie sich in ihrem Führungsverhalten orientieren,
  - reflektieren, welche positiven und negativen Wirkungen ihr Führungsstil entfaltet,
  - bereit sein, den eigenen Führungsstil kritisch aus der Sicht Eigenbild und Fremdbild zu betrachten sowie Stärken herauszubilden und Schwachstellen zu mildern.

### 06. Welchen Erwartungen der Unternehmensleitung und der Mitarbeiter muss der Industriemeister gerecht werden?

Eine Reihe von Konflikten erwachsen dem Industriemeister aus der zum Teil entgegengesetzten Erwartungshaltung der Mitarbeiter und der Unternehmensleitung an ihn. Dabei ist der Meister einerseits Geführter andererseits Führender.

Bei widersprüchlichen oder zum Teil auch unvereinbaren Forderungen von Unternehmensleitung und Mitarbeitern (z. B. Überstunden contra freier Samstag oder Dienst contra Urlaub, unerfüllbare Lohn-/Gehaltsvorstellungen, Höhergruppierungen außer der Reihe) muss der Meister seinen eignen Weg finden:

- **Der Industriemeister muss u. a.**
  - Spannungen aushalten können (Konfliktfähigkeit)
  - seinen Standpunkt klar, sachlich und überzeugend vertreten

- nach oben und nach unten Lösungsmöglichkeiten anbieten, ohne sich dabei auf unsinnige „Sieg-und-Niederlage-Strategien" zurückzuziehen
- die Mitarbeiter einbeziehen (Motto: „Mache die Betroffenen zu Beteiligten!")
- mit eigenem gutem Beispiel vorangehen.

► Im Detail sind die **Erwartungen der Mitarbeiter** an den Meister außerordentlich umfangreich. Er soll z. B.:

- fachlich qualifiziert sein und Zusagen einhalten,
- klare Unterweisungen geben können,
- über Sicherheit am Arbeitsplatz aufklären,
- gerecht sein (z. B. Arbeitsverteilung, Kritik, Anerkennung, Lohn) und
- über Menschenkenntnis, Einfühlungsvermögen und Urteilsvermögen verfügen

sowie die Bereitschaft

- zu kooperativer Arbeitsweise,
- zur Übertragung von Verantwortung,
- zum Informationsaustausch,
- Probleme anzusprechen und
- den Mitarbeitern Vertrauen entgegenbringen und ihre Belange ernst nehmen,

entwickeln.

► **Die Unternehmensleitung erwartet** vom Meister vor allem:

- die Ziele und Aufgaben des Unternehmens wahrzunehmen, zu verfolgen und durchzusetzen
- kostenbewusstes Denken und Handeln verwirklichen
- organisatorische Fähigkeiten und entsprechende Flexibilität
- Menschenkenntnis und die Fähigkeit, Mitarbeiter nach deren Können einzusetzen.
- korrekte Behandlung der Mitarbeiter
- Motivation der Mitarbeiter
- Schaffung eines günstigen Betriebsklimas
- persönliche Ausstrahlungskraft, Entscheidungsfreude im Rahmen des Entscheidungsspielraumes, Verantwortungsbewusstsein.

# 4.5 Führungsmethoden und -techniken zur Förderung der Leistungsbereitschaft und Zusammenarbeit der Mitarbeiter

## 4.5.1 Motivation

### 01. Was ist Motivation?

Das **Motiv ist der Beweggrund für ein bestimmtes Handeln und Denken.** Typisch menschliche Motive sind: Befriedigung existenzieller Bedürfnisse wie Durst, Hunger; Befriedigung sozialer Bedürfnisse wie Kontakt zu anderen, Befriedigung von Machtbedürfnissen.

INFO

Einzelheiten dazu wurden bereits unter >>4.2.2 Frage 06. ff. (Stichwort: *„Maslow/ Herzberg“*) behandelt.

**Mitarbeiter motivieren** bedeutet demnach, den Mitarbeitern konkrete Beweggründe für ein bestimmtes Handeln oder Denken geben, ihnen also **Handlungsanreize liefern.**

Vereinfacht gesagt kann man auch formulieren:

**Mitarbeiter motivieren heißt, Mitarbeiter durch Anreize zu veranlassen, das zu tun, was sie tun sollen.**

**Man unterscheidet zwei Arten der Motivation:**

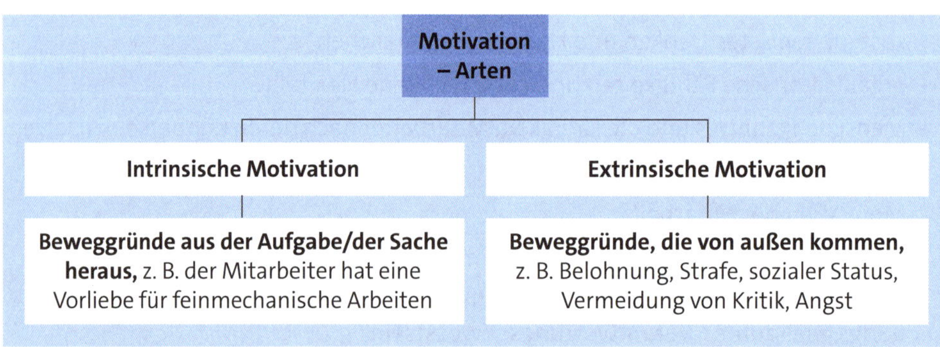


### 02. Was ist Kreativität?

Als Kreativität bezeichnet man die Fähigkeit eines Menschen, **neue Problemlösungen hervor zu bringen.** Voraussetzung dafür ist die Fähigkeit/Bereitschaft, **von alten Denkweisen abzurücken** und zwischen bestehenden Erkenntnissen neue Verbindungen herzustellen. Man unterscheidet zwei Arten der Kreativität:

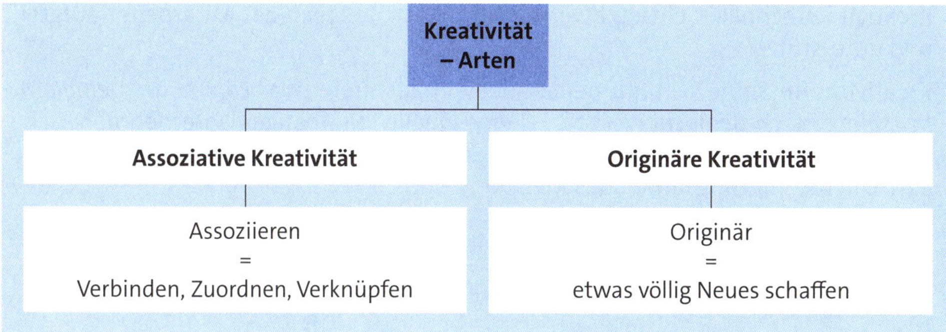


**Beispiele**

- **Assoziative Kreativität:**
  Der Mitarbeiter verbessert den Ablauf bei der Motormontage und stützt sich dabei auf seine bisherige Erfahrung und betriebliche Erkenntnisse.
- **Originäre Kreativität:**
  Der Mitarbeiter einer Druckerei entwickelt ein völlig neues Verfahren, um bei der Bearbeitung und dem Transport von Papierbögen die elektromagnetische Aufladung des Papiers zu verringern.

## 03. Welche Bedeutung haben Motivation und Kreativität für das Leistungsergebnis des Mitarbeiters?

Die Leistung eines Mitarbeiters, also sein Arbeitsergebnis in mengen- und qualitätsmäßiger Hinsicht, ergibt sich aus dem Zusammenwirken von drei Faktoren:

- der Leistungsbereitschaft → dem **Wollen**
- der Leistungsfähigkeit → dem **Können**
- der Leistungsmöglichkeit → dem **Erlauben**.
- **Die Leistungsbereitschaft eines Mitarbeiters kann also durch Maßnahmen der Motivation verbessert werden.** Der Industriemeister kann durch gezielte Anreizmaßnahmen auf ein erwünschtes Verhalten der Mitarbeiter hinwirken. Dazu einige Beispiele:

| Erwünschtes Verhalten | Anreize/Motivation – Beispiel |
|---|---|
| ► Pünktlichkeit | Anerkennung, Lob, Prämie |
| ► Sorgfalt in der Arbeitsausführung | Anerkennung, Lob, Prämie |
| ► Übernahme neuer Aufgaben | Bestätigen, ermuntern, unterstützen |

- **Die Leistungsfähigkeit eines Mitarbeiters kann durch kreativitätsfördernde Maßnahmen verbessert werden.** Der Industriemeister kann durch gezielte Maßnahmen zur Förderung der Kreativität die Leistungsfähigkeit des Mitarbeiters erhöhen, indem er

Kreativitätstechniken einsetzt, vermittelt und neue Ideen der Mitarbeiter aufgreift und unterstützt.

Kreativität im Sinne sich mit neuen Ideen engagieren, *„Was könnte an meinem Arbeitsplatz besser gemacht werden"* ist eine Quelle langfristiger Unternehmenssicherung. Kreative Mitarbeiter zu gewinnen, zu fördern und zu erhalten muss ein Leitgedanke in der Führungsarbeit des Meisters sein.

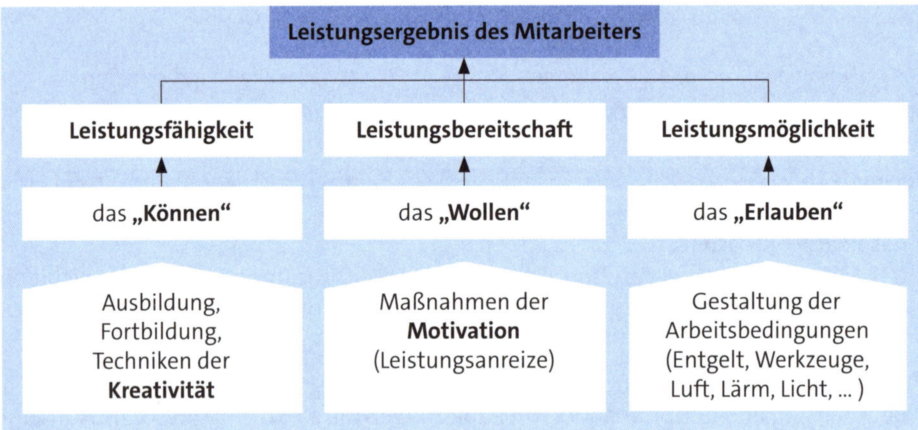


## 04. Welche kreativitätsfördernden Techniken und Maßnahmen kann der Industriemeister zur Verbesserung der Mitarbeiterleistung einsetzen?

► Beispiele für **Maßnahmen zur Förderung der Kreativität:**

- Einführung des betrieblichen Vorschlagswesens (BVW)
- kreativitätsfördernder Führungsstil: kooperativ, anerkennend, wertschätzend
- Einrichtung von Qualitätszirkeln
- Verbesserung der Teamarbeit
- Einrichtung teilautonomer Gruppen
- Prozess der kontinuierlichen Verbesserung (KVP).

► Beispiele für **Techniken zur Förderung der Kreativität:**

Begriff: Kreative Techniken sind gekennzeichnet durch folgende Eigenschaften:

- spontane Reaktionen von Kopf und Bauch (Verstand und Gefühl)
- Betrachtung des Problems aus verschiedenen Blickwinkeln
- Herstellen von Analogien
- Assoziieren/Zuordnen.

Aus der Fülle der Kreativitätstechniken werden hier einige Beispiele genannt:

- **Ideenzettel:**
  Die Teilnehmer sammeln gezielt Informationen und Erfahrungen zum Thema.
- **Brainstorming/Brainwriting** (= „Gedankensturm"):
  Brainstorming bedeutet, einen freien, unzensierten Ideenfluss erzeugen. Dabei werden die Ideen gesammelt, geordnet, bewertet und später in Gruppenarbeit eingehender bearbeitet.
- **Synektik:**
  Durch geeignete Fragestellungen werden Analogien gebildet. Durch Verfremdung des Problems will man zu neuen Lösungsansätzen kommen. Beispiel: *„Wie würde ich mich als Kolben in einem Dieselmotor fühlen?"*
- **Bionik:**
  Ist die Übertragung von Gesetzen aus der Natur auf Problemlösungen. Beispiel: „Echo-Schall-System der Fledermaus → Entwicklung des Radarsystems".
- **Morphologischer Kasten:**
  Die Hauptfelder eines Problems werden in einer Matrix mit x Spalten und y Zeilen dargestellt. Zum Beispiel erhält man bei einer „4 x 4-Matrix" 16 grundsätzliche Lösungsfelder.
- **Wertanalyse:**
  Die Wertanalyse (WA) basiert auf folgender Grundüberlegung: Ein Produkt erfüllt bestimmte Funktionen und hat damit für den Verbraucher einen bestimmten Wert/Nutzen. Beispiel: Ein Feuerzeug erfüllt u. a. die Funktion Feuer, Wärme oder Licht zu spenden. Jede Funktion eines Produktes verursacht in der Herstellung spezifische Kosten. Die Wertanalyse verfolgt nun das Ziel, den vom Verbraucher erwarteten Wert eines Produkts mit den geringsten Kosten herzustellen. Die Vorgehensweise ist stark normiert und orientiert sich an quantifizierten Zielen (vgl. VDI 2800).
- **Assoziieren:**
  Einem Vorgang/einem Begriff werden einzeln oder in Gruppenarbeit weitere Vorgänge/Begriffe zugeordnet; z. B.: „Lampe": Licht, Schirm, Strom, Birne, Schalter, Fuß, Hitze.

### 4.5.2 Mitarbeitereinsatz und Delegation

#### 01. Welche Kriterien muss der Meister bei einem effizienten Mitarbeitereinsatz berücksichtigen?

Der Meister kann den Personaleinsatz seiner Mitarbeiter nicht dem Zufall überlassen; er muss ihn **planen** – kurzfristig und auch mittelfristig. Seine Hauptverantwortung besteht darin, **eine Gesamtaufgabe zu erfüllen - mit der ihm zur Verfügung stehenden Gruppe.** Außerdem wird er seine **Mitarbeiter entsprechend ihrer Eignung einsetzen.** Dies vermeidet Über- und Unterforderung, verbessert die Motivation und beugt Fehlzeiten und Fluktuation vor.

Der effiziente **Mitarbeitereinsatz** muss sich an folgenden **Kriterien** orientieren:

a) **Quantitative Zuordnung:**
die täglich und wöchentlich anfallenden Arbeiten; **das Arbeitsvolumen im Verhältnis zur Anzahl der Mitarbeiter**

b) **Qualitative Zuordnung:**
   - die Anforderungen der einzelnen Arbeitsplätze **(Stellenbeschreibung und Anforderungsprofil)**
   - Eignung und Neigung der Mitarbeiter – „das Können und das Wollen" **(Eignungsprofil, Mitarbeiterbeurteilung)**
   - Beim Eignungsprofil sind speziell zu prüfen:
     - **Allgemeine und persönliche Merkmale:**
       Alter, Geschlecht, Familienstand, körperliche Merkmale (Größe, Kraft, Motorik, Hören, Sehen, physische und psychische Belastbarkeit), Arbeitstempo, Selbstständigkeit, Teamfähigkeit, Sozialverhalten, Verhalten gegenüber Vorgesetzten
     - **Fachliche Merkmale:**
       Aus- und Fortbildung, Erfahrung, Wissen, Können

c) **Zeitlich-organisatorische Zuordnung:**
   - Zu welchen Terminen in welchen Arbeitsgruppen werden Mitarbeiter benötigt?
   - Müssen für den Einsatz Vorbereitungen geplant werden?

d) **Rechtliche Rahmenbedingungen:**
   - Einschränkungen des Weisungsrechts durch Betriebsvereinbarungen, Tarif oder Gesetz.
   - Bei Versetzungen/Umsetzungen bleibt die Vergütungsseite unberührt.
   - Enthält der Arbeitsvertrag eine Versetzungsklausel?
   - Grundsätzlich gilt: Je genauer die Tätigkeit des Mitarbeiters im Arbeitsvertrag vereinbart wurde, umso geringer ist der Spielraum für die Zuweisung anderer Tätigkeiten.
   - Die Mitbestimmung des Betriebsrates bei Versetzungen ist zu beachten (Ausnahme: betriebliche Notfallsituation).

Diese Merkmale sind nicht für jeden Arbeitsplatz gleich wichtig. Es empfiehlt sich daher, die **Kriterien je Arbeitsplatz zu gewichten** (z. B. Ausprägung: gering, mittel, hoch). Die ausgewogene und planmäßige Berücksichtigung dieser Merkmale bildet die Basis für einen optimalen Personaleinsatz nach dem Motto: *„Der richtige Mann am richtigen Platz!"*

Dem Meister stehen beim flexiblen Einsatz seiner Mitarbeiter Instrumente zur Verfügung, die er unterschiedlich kombinieren kann, z. B.:

- flexible Handhabung der **Arbeitszeiten**, wie z. B. Überstunden, kurzfristige Schichtänderungen u. Ä.
- **Leiharbeitnehmer**
- **Umsetzungen**
- **Versetzungen**.

Als Führungskraft kann er Maßnahmen des Personaleinsatzes gegenüber den Mitarbeitern anordnen; er hat das **Weisungsrecht.** Seine Grenzen findet das Weisungsrecht

- in den **individualrechtlichen Bestimmungen** des jeweiligen Arbeitsvertrages
- in den **kollektivrechtlichen Bestimmungen** (z. B. Mitbestimmung des Betriebsrates in den Fällen des § 87 BetrVG, Mitbestimmung bei Versetzungen, § 95 Abs. 3 BetrVG)
- in der Frage, wie die geplante Maßnahme unter dem **Aspekt der Führung** zu bewerten ist.

### 02. Wie wird richtig delegiert?

Delegation wird in der Praxis nicht immer richtig gehandhabt. Oft genug wird dem Mitarbeiter **lediglich Arbeit übertragen** – ohne klare Zielsetzung und ohne Entscheidungsrahmen (Kompetenz). Richtig delegieren heißt, dem Mitarbeiter ein (möglichst messbares und damit überprüfbares)

- **Ziel** zu setzen sowie ihm
- die **Aufgabe** und
- die **Kompetenz** zu übertragen.

MERKE

Der Begriff „Kompetenz" hat einen doppelten Wortsinn:

a) Kompetenz im Sinne von Befähigung/eine Sache beherrschen (z. B. Führungskompetenz)

b) Kompetenz im Sinne von Befugnis/eine Sache entscheiden dürfen (z. B. die Kompetenz/Vollmacht zur Unterschrift).

Aus der Verbindung dieser **drei Bausteine der Delegation** erwächst für den Mitarbeiter die **Handlungsverantwortung** – nämlich seine Verantwortung für die Aufgabenerledigung im Sinne der Zielsetzung sowie die Nutzung der Kompetenz innerhalb des abgesteckten Rahmens. **Verantwortung übernehmen heißt, für die Folgen einer Handlung einstehen**.

**Die Führungsverantwortung bleibt immer beim Vorgesetzten**: Er trägt als Führungskraft immer die Verantwortung für Auswahl, Einarbeitung, Aus- und Fortbildung, Einsatz, Unterweisung, Kontrolle usw. des Mitarbeiters (**Voraussetzungen der Delegation**).

Diese Unterscheidung von Führungs- und Handlungsverantwortung ist insbesondere immer dann wichtig, wenn Aufgaben schlecht erfüllt wurden und die Frage zu beantworten ist: *„Wer trägt für die Schlechterfüllung die Verantwortung? Der Vorgesetzte oder der Mitarbeiter?“*

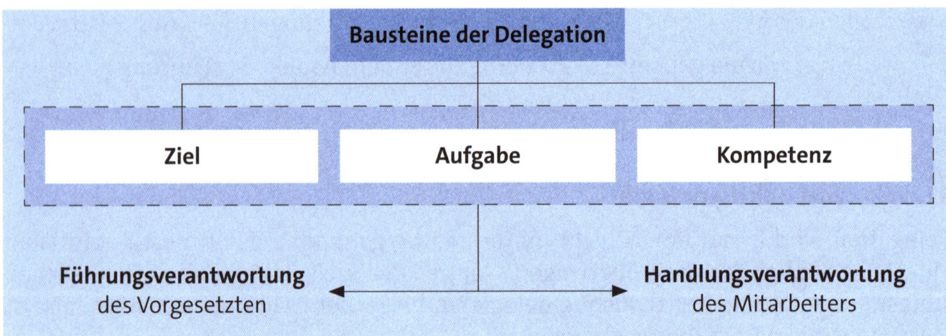


## 03. Welche Ziele werden mit der Delegation verbunden?

Ziele der Delegation, z. B.

**Beim Vorgesetzten**

- Entlastung
- Prioritäten setzen
- Know-how der Mitarbeiter nutzen.

**Beim Mitarbeiter**

- Förderung der Fähigkeiten (*„Fördern heißt fordern!“*)
- Motivation/Arbeitszufriedenheit
- Spezialisierung.

## 04. Welche Grundsätze müssen bei der Delegation eingehalten werden?

1. Ziel, Aufgabe und Kompetenz müssen sich entsprechen (**Äquivalenzprinzip** der Delegation).
2. Der Vorgesetzte muss die nötigen **Voraussetzungen** schaffen:
   - bei sich selbst: Bereitschaft zur Delegation, Vertrauen in die Leistung des Mitarbeiters
   - beim Mitarbeiter: das Wollen (Motivation) + das Können (Beherrschen der Arbeit)
   - beim Betrieb: organisatorische Voraussetzungen (Werkzeuge, Hilfsmittel, Informationen, dass der Mitarbeiter für diese Aufgabe zuständig ist).
3. **Keine Rückdelegation** zulassen.
4. **Nicht Hineinregieren in** den Delegationsbereich der unterstellten Mitarbeiter.
5. Festlegen, **welche Aufgaben delegiert werden können** und welche nicht.
   Hinweis: Führungsaufgaben können i. d. R. nicht delegiert werden.
6. **Hintergrund** der Aufgabenstellung erklären. Genaue Arbeitsanweisungen geben.
7. Formen der Kontrolle festlegen/vereinbaren (z. B. Zwischenkontrollen).
8. Die richtige Fehlerkultur praktizieren:
   Fehler können vorkommen. Aus Fehlern lernt man. Einmal gemachte Fehler sind zu vermeiden.

## 05. Welche Handlungsspielräume kann der Meister seinen Mitarbeitern bei der Delegation einräumen?

Das Maß/den Umfang der Delegation kann der Meister unterschiedlich gestalten: Betrachtet man die Bausteine der Delegation (vgl. oben), so ergeben sich für ihn folgende Möglichkeiten, das Maß der Delegation eng zu gestalten oder weit zu fassen. Dementsprechend gering oder umfangreich sind die sich daraus ergebenden Handlungsspielräume für die Mitarbeiter:

a) Der Meister kann das Ziel

| | |
|---|---|
| ► vorgeben: | → einseitige Festlegung: **Zielvorgabe, Arbeitsanweisung** |
| ► mit dem Mitarbeiter vereinbaren: | → Zielfestlegung im Dialog: **Zielvereinbarung** |
| b) Er kann den Umfang und die Art der delegierten Aufgabe unterschiedlich gestalten: | → **Art + Umfang** der Aufgabe: leicht/schwer bzw. klein/groß |
| c) Er kann den Umfang der Kompetenzen weit fassen oder begrenzen | → **Kompetenzumfang:** gering/umfassend |

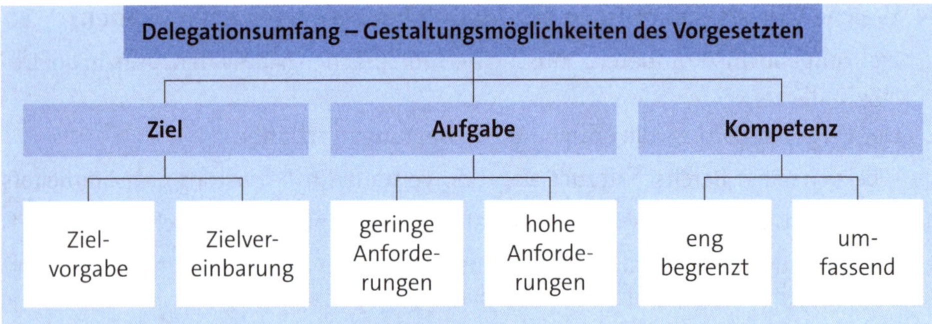


Welchen Handlungsspielraum der Vorgesetzte dem Mitarbeiter einräumt, muss im Einzelfall entschieden werden und hängt ab

- von der Erfahrung, der Kompetenz und der Bereitschaft des Mitarbeiters und
- von der betrieblichen Situation und der Bedeutung der Aufgabe (wichtig/weniger wichtig; dringlich/weniger dringlich; Folgen bei fehlerhafter Ausführung).

### 4.5.3 Qualifizierungsbedarf und Qualifizierungsmaßnahmen

INFO

Es bestehen bei diesem Themenfeld inhaltlich starke Überschneidungen zu den Fachgebieten der AEVO („*Planung und Durchführung der Ausbildung*").

---

#### 01. Welche Aufgaben hat der Meister im Zusammenhang mit der Qualifizierung seiner Mitarbeiter?

- **Grundsätze:**
  - *„Die Förderung der Mitarbeiter ist die zentrale Aufgabe aller Führungskräfte!"*
  - *„Unterlassene Fortbildung und Potenzialunterdrückung ist eine Pflichtverletzung gegenüber dem Unternehmen!"*
- Der Industriemeister hat die **Aufgabe**,
  - zu ermitteln, **wo und bei welchen Mitarbeitern** Qualifizierungsbedarf besteht, (Bedarfsermittlung)
  - zu entscheiden, welche Maßnahmen **er veranlassen kann** bzw. **muss** (Versetzung, Teilnahme an Schulungen, Kurse und Lehrgänge, Umschulungsmaßnahmen, Aufgabenerweiterung usw.),

- zu planen, **welche Unterstützung er selbst geben muss** (sorgfältige Einarbeitung, methodisch erfahrene Unterweisung, Lernstattmodelle innerhalb der Arbeitsgruppe, Kenntnis inner- und überbetrieblicher Aus- und Weiterbildungsmaßnahmen, Coaching der Mitarbeiter, Prägen durch Vorbildfunktion, usw.) und **welche Verantwortung der Mitarbeiter übernehmen muss.**

## 02. Wie ist der Qualifizierungsbedarf zu ermitteln?

1. Schritt:
Zunächst muss der Meister den **quantitativen Personalbedarf** ermitteln, d. h., **wie viele Mitarbeiter** werden für die kommende Planungsperiode an welchem Ort benötigt.

Überwiegend steht hier zunächst der Bedarf aus betrieblicher Sicht im Vordergrund. Daneben ist der Bedarf aus der Sicht der Mitarbeiter zu berücksichtigen (Erwartungen, Wünsche, Karriereziele).

2. Schritt:
Anschließend ist pro Stelle und pro Stelleninhaber der Vergleich zwischen dem Anforderungsprofil und dem Eignungsprofil zu ziehen. Aus dieser Profilvergleichsanalyse sind die ggf. vorhandenen Defizite abzuleiten und als Bildungsziele zu formulieren (= **qualitativer Personalbedarf**).

Die Bedarfsermittlung hat immer von den folgenden beiden Eckpfeiler auszugehen:

- den „Stellen-Daten“ und
- den „Mitarbeiter-Daten“.

Für die Ermittlung des Qualifizierungsbedarfs gibt es eine Vielzahl von **Instrumenten** und **Informationsquellen:**

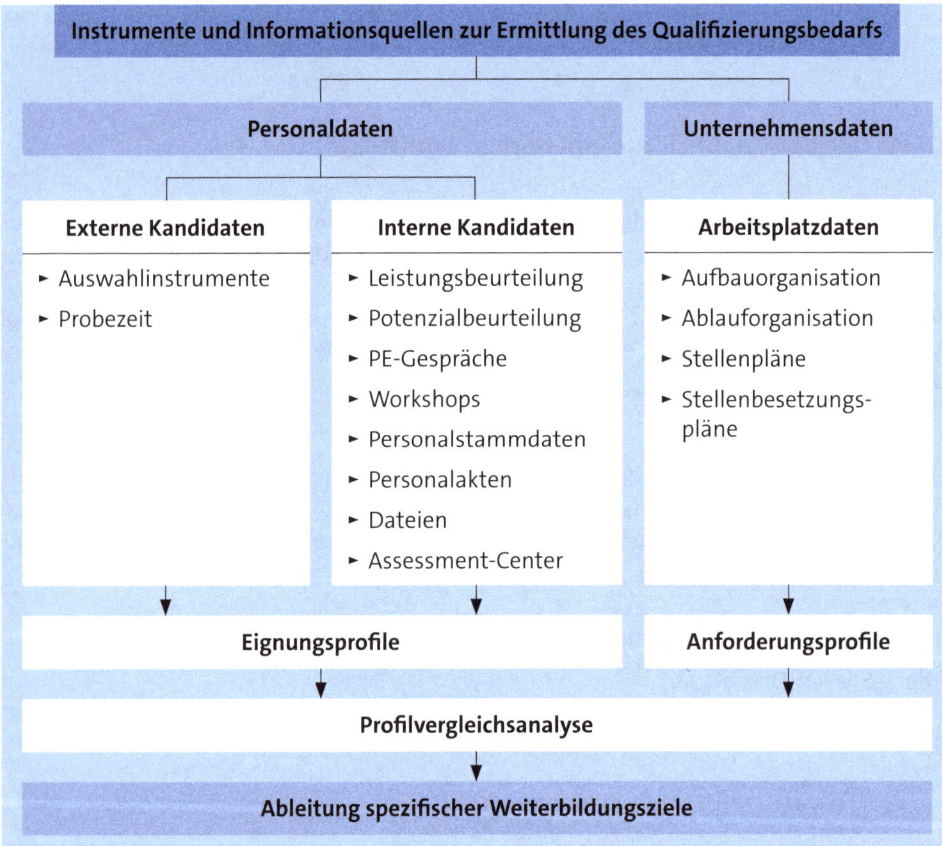


Der konkrete Qualifizierungsbedarf kann mithilfe folgender Maßnahmen ermittelt werden bzw. sich aufgrund spezieller Situationen ergeben:

- freie Abfrage im Gespräch
- strukturierter Fragenkatalog
- Bildungsworkshop
- Personalentwicklungskonzept
- Fördergespräche
- gesetzliche Bestimmungen
- Profilvergleichsanalysen (Anforderungs- und Eignungsprofile; siehe Abb. oben)
- Assessment-Center
- Investitionsprogramme.

## 03. Welche Ziele und Arten von Qualifizierungsmaßnahmen lassen sich unterscheiden?

**Qualifizierungsmaßnahmen – Arten**

- nach dem **Lernziel**
  - affektive Lernziele
  - kognitive Lernziele
  - psychomotorische Lernziele
- nach der betrieblichen **Zielsetzung**
  - Erhaltung
  - Erweiterung
  - Anpassung
  - Aufstieg
- nach dem **Kompetenzfeld**
  - Fachkompetenz
  - Sozialkompetenz
  - Methodenkompetenz
- nach dem **Ort**
  - intern
  - extern
- nach der **Nähe zum Arbeitsfeld**
  - on the job
  - between the job
  - off the job
  - out of the job
  - near the job
- nach dem **Träger**
  - selbstständige Maßnahme des Mitarbeiters
  - Maßnahmen des Betriebes
- nach der **Organisationsform**
  - Vollzeit
  - Teilzeit
  - Lehrgänge
  - Seminare
  - mit/ohne öffentlich-rechtlichem Abschluss

- **Die Erhaltungsqualifizierung** will mögliche Verluste von Kenntnissen und Fertigkeiten ausgleichen (z. B. Auffrischung von CNC-Kenntnissen, SPS-Kenntnissen, die über längere Zeit nicht eingesetzt werden konnten).
- **Die Erweiterungsqualifizierung** soll zusätzliche Berufsfähigkeiten vermitteln (z. B. Erwerb von „Elektronikzertifikaten" eines gelernten Elektrotechnikers).
- **Die Anpassungsfortbildung** hat zum Ziel eine Angleichung an veränderte Anforderungen am Arbeitsplatz sicherzustellen (z. B. Erwerb von Kenntnissen zur Maschinenbedienung beim Hersteller, wenn eine neue Maschinengeneration in Betrieb genommen wird).
- **Die Aufstiegsfortbildung** soll auf die Übernahme höherwertiger Aufgaben oder Führungsaufgaben vorbereiten (z. B. Beförderung zum Teamsprecher, zum Vorarbeiter, zum Einrichter usw.).

### 04. Warum spielt die Arbeitsunterweisung im Rahmen der Mitarbeiterqualifizierung eine zentrale Rolle?

Die Arbeitsunterweisung ist eine spezifische Maßnahme der Mitarbeiterqualifikation – **am Arbeitsplatz, durch den Vorgesetzten**. Sie ist die **gesteuerte Weitergabe** von Erfahrungen des Meisters an den Mitarbeiter.

- Bewährte Methode der Unterweisung ist die **4-Stufen-Methode:**
  1. Vorbereiten
  2. Vormachen
  3. Nachmachen lassen
  4. Üben lassen.
- **Vorteile/Bedeutung der Unterweisung:**
  - kostengünstig
  - praxisnah
  - flexible Anpassung der Lerninhalte und -zeiten
  - unmittelbare Kontrolle des Lernfortschritts
  - der Meister wird zum Coach
  - Förderung der Zusammenarbeit zwischen Meister und Mitarbeiter.

### 05. Welche Vorteile hat die innerbetriebliche Ausbildung für ein Unternehmen?

Vorteile sind z. B.:

- Man kennt die Auszubildenden (weniger Risiko und Kosten bei der Auswahl und Einarbeitung).
- Die Auszubildenden kennen den Betrieb (z. B. Regelungen, Lohnstruktur, Kollegen).
- Die innerbetriebliche Ausbildung führt zu einem Imagegewinn in der Region.
- Der Fachkräftenachwuchs wird langfristig gesichert.
- Die Personalplanung wird erleichtert.

### 4.5.4 Mitarbeiterbeurteilung und Arbeitszeugnis

#### 01. Was ist Kontrolle? Welche Einzelaspekte enthält die Arbeitskontrolle?

Kontrolle ist ein wichtiges Element innerhalb der Führungsaufgaben des Meisters. Es ist sehr eng mit den Themen Anerkennung, Kritik und Beurteilung verknüpft. In allen Fällen muss ein brauchbarer **Maßstab** vorliegen und es sind **Formen der Rückmeldung** (Feedback-Maßnahmen) notwendig.

MERKE

Kontrolle ist der Vergleich eines Ist-Zustandes mit einem Soll-Zustand und ggf. die Ableitung erforderlicher (Korrektur-)Maßnahmen.

Insofern besteht der Vorgang der Kontrolle aus vier Schritten:

1. **Soll-Wert** festlegen/vereinbaren:
   Es muss ein **Soll-Wert**, d. h. ein Maßstab existieren; z. B. *„Erledigung der Arbeit bis Do, 16:00 Uhr“* oder *„Beherrschen der Maschine X innerhalb der Einarbeitungszeit von zwei Wochen“*.
2. **Ist-Wert** ermitteln:
   Kontrolle setzt weiterhin voraus, dass ein **Ist-Wert** ermittelt wurde, d. h. der Meister muss das reale Leistungsverhalten des Mitarbeiters erfassen – und zwar möglichst wertfrei.

   Kontrolle umschließt notwendigerweise die Festlegung **korrigierender Maßnahmen aufgrund der Ursachen-Analyse**.
3. **Ursachen** analysieren
4. **Maßnahmen** treffen.

#### 02. Warum ist Kontrolle notwendig?

Kontrolle ist erforderlich,

- um die **Zielerreichung** zu gewährleisten bzw. um eine Abweichung vom Ziel festzustellen,
- um dem Mitarbeiter ein **Feedback** über sein Leistungsverhalten zu geben und
- um Ursachen für Abweichungen zu ermitteln und zu beheben.

#### 03. Welches Kontrollverfahren hat welche Wirkung?

- **Selbstkontrolle:**
  - hohe Motivationswirkung
  - wenn das Ergebnis dem Vorgesetzten nicht mitgeteilt wird: Korrektur kann nicht oder zu spät erfolgen.

- **Fremdkontrolle:**
  - hoher Sicherheitsgrad
  - kann motivationshemmend wirken.
- **Vollkontrolle:**
  - totale Sicherheit
  - wirkt demotivierend
  - Abweichungen sind sofort korrigierbar
  - hoher Aufwand
  - widerspricht dem Delegierungsprinzip.
- **Stichprobenkontrolle:**
  - Abweichungen sind sofort korrigierbar
  - bewirkt unter Umständen Misstrauen.
- **Ergebniskontrolle:**
  - hohe Motivationswirkung
  - bei Abweichungen kann nicht mehr korrigiert werden
  - kein Hinweis, mit welchen Mitteln das Ergebnis erreicht wurde.
- **Zwischen- oder Tätigkeitskontrolle:**
  - laufende Einwirkungsmöglichkeiten
  - zeitaufwendig
  - i. d. R. geringe Motivationsbeeinträchtigung.

Empfehlung:
Langfristig gesehen ist es besser, das **Maß der Eigenkontrolle** durch den Mitarbeiter zu **erweitern** und sich verstärkt auf die **Kontrolle von Ergebnissen** zu konzentrieren. Dies setzt bei Mitarbeiter einen hohen Ausbildungstand sowie einen gut entwickelten Reifegrad voraus; vgl. dazu die Ausführungen unter dem Stichwort „Delegation“.

### 04. Welche Grundsätze sollten für ein angemessenes Kontrollverhalten berücksichtigt werden?

- Alles was delegiert wurde, muss auch kontrolliert werden!
- Aber: Das Maß der Kontrolle ist der Situation anzupassen!
- Regel **„O-S-K-A-R“**:

  **O** ffen
  **S** achlich
  **K** lar, kritisch
  **A** bgesprochen
  **R** ücksichtsvoll.

## 05. Was ist Anerkennung und welche Bedeutung hat sie als Führungsmittel?

Anerkennung ist die **Bestätigung positiver (erwünschter) Verhaltensweisen**. Da jeder Mensch nach Erfolg und Anerkennung durch seine Mitmenschen strebt, verschafft die Anerkennung dem Mitarbeiter ein Erfolgsgefühl und bewirkt eine Stabilisierung positiver Verhaltensmuster. Wichtig ist: Anerkennung und Kritik müssen sich die Waage halten; besser noch: häufiger richtiges Verhalten bestätigen, als (nur) falsches kritisieren.

Zur Unterscheidung:

**Anerkennung** bezieht sich auf die **Leistung**:

- *„Dieses Werkstück ist passgenau angefertigt. Danke!"*

Nur in seltenen Fällen ist Lob angebracht.

**Lob** ist die Bestätigung der (ganzen) **Person**:

- *„Sie sind ein sehr guter Fachmann!"*

MERKE

- Mehrmaliger Erfolg führt zur Stabilisierung des Verhaltens.
- Mehrmaliger Misserfolg führt zu einer Änderung des Verhaltens.

## 06. Welche Grundsätze sind bei der Anerkennung einzuhalten?

- **Auch** (scheinbare) **Selbstverständlichkeiten** bedürfen der Anerkennung. Der Grundsatz *„Wenn ich nichts sage, war das schon o. k."* ist falsch.
- Die beste Anerkennung kommt **aus der Arbeit selbst**. Arbeit und Leistung müssen **wichtig** sein und **Sinn** geben.
- Anerkennung muss **verdient** sein.
- Anerkennung soll
  - anlassbezogen
  - sachlich
  - konstruktiv
  - zeitnah
  - eindeutig
  - konkret sein.

- Anerkennung muss sich an einem klaren Maßstab orientieren. (Was ist erwünscht/ was ist unerwünscht?)
- Das **Maß der Anerkennung** muss sich am Zielerfolg und dessen Bedeutung orientieren (wichtige/weniger wichtige Aufgabe).
- Anerkennung **unter vier Augen** ist i. d. R. besser als Anerkennung vor der Gruppe.
- Anerkennung und Kritik sollten sich auf lange Sicht die **Waage** halten.

## 07. Welche Formen der Anerkennung sind denkbar?

Dazu einige Beispiele:

- **Nonverbal** (ohne Worte): Kopfnicken, Zustimmung signalisieren, Daumen nach oben, *„Hm, hm, ...“*
- **Verbal:**
  - a) in **einzelnen Worten:**
    *„Ja!“, „Prima!“, „Klasse!“, „Freut mich!“*
  - b) in **(ganzen) Sätzen:**
    *„Klasse, dass wir den Termin noch halten können!“*
    *„Scheint gut geklappt zu haben?“*
- unter **vier Augen**/vor der **Gruppe** (vgl. dazu oben)
- Anerkennung der **Einzel**leistung/der **Gruppen**leistung
- Anerkennung **verbunden mit einer materiellen/immateriellen Zuwendung:** Prämie, Geschenk, Sonderzahlung; Beförderung, Erweiterung des Aufgabengebietes u. Ä.

## 08. Was ist Kritik und welches Ziel wird damit verfolgt?

Kritik ist der Hinweis/das Besprechen **eines bestimmten fehlerhaften/unerwünschten Verhaltens**. Hauptziel der Kritik ist die **Überwindung des fehlerhaften Verhaltens des Mitarbeiters für die Zukunft.**

Um dieses Hauptziel zu erreichen, werden zwei **Unterziele** verfolgt:

- **Die Ursachen** des fehlerhaften Verhaltens werden im gemeinsamen 4-Augen-Gespräch sachlich und nüchtern besprochen. Dabei ist mit – oft heftigen – emotionalen Reaktionen auf beiden Seiten zu rechnen. Der Mitarbeiter wird zur Akzeptanz der Kritik nur dann bereit sein, wenn seine Gefühle vom Vorgesetzten ausreichend berücksichtigt werden und das Gespräch in einem allgemein ruhigen Rahmen verläuft.
- **Bewusst werden** und **Einsicht** in das fehlerhafte Verhalten aufseiten des Mitarbeiters zu erreichen, ist das nächste Unterziel. Die besonders schwierige Führungsaufgabe im Kritikgespräch besteht in der Bewältigung der Affekte und der Erzielung von Einsicht in die notwendige Verhaltensänderung.

## 09. Welche Grundsätze müssen bei der Kritik eingehalten werden?

1. **Der Maßstab** für das kritisierte Verhalten **muss o. k. sein**, d. h.
   - Er muss **existieren:** z. B.: Gleitzeitregelung aufgrund einer Betriebsvereinbarung
   - Er muss **bekannt** sein: z. B.: dem Mitarbeiter wurde die Gleitzeitregelung ausgehändigt
   - Er muss **akzeptiert** sein: z. B.: der Mitarbeiter erkennt die Notwendigkeit dieser Regelungen
   - Die **Abweichung** ist eindeutig: z. B.: der Mitarbeiter verstößt nachweisbar gegen die Gleitzeitregelung (Zeugen, Zeiterfassungsgerät).
2. Kritik muss **mit Augenmaß** erfolgen (sachlich, angemessen, konstruktiv, zukunftsorientiert).
3. Das Kritikgespräch muss vorbereitet und strukturiert geführt werden.
4. Nicht belehren, sondern Einsicht erzeugen (fragen statt behaupten!).
5. Kritik
   - an der Sache/nicht an der Person
   - sprachlich einwandfrei (keine Beschimpfung)
   - nicht vor anderen
   - nicht über Dritte
   - nicht bei Abwesenheit des Kritisierten
   - nicht per Telefon.
6. Die Wirkung des negativen Verhaltens aufzeigen.
7. Bei der Sache bleiben, nicht abschweifen! Keine ausufernde Kritik! Keine Nebenkriegsschauplätze.

## 10. Welche Formen der Kritik sind denkbar?

Hier gelten analog die Ausführungen unter Frage 08. (bitte nochmals lesen). Zusätzlich ist wichtig:

- Nicht jede unerwünschte Verhaltensweise erfordert eine ausführliche Kritik in Verbindung mit einem Kritikgespräch. Oft wird die **Verhaltenskorrektur mit** einfachen Mitteln erreicht:

  *„Bitte noch einmal überarbeiten!“; „Am Werkstück X ist die Toleranz zu groß!“; „An Ihrer Maschine fehlt die Sicherheitsvorrichtung. Bitte sofort korrigieren!“*

- Sprachliche bzw. arbeitsrechtliche **Sonderformen** der Kritik sind: Ermahnung, Abmahnung, Verweis, Betriebsbuße (aufgrund einer Arbeitsordnung).

## 11. Wie sollte das Kritikgespräch geführt werden?

1. Phase: Der Vorgesetzte: **Kontakt/Begrüßung, Sachverhalt**
Sachlich-nüchterne, präzise Beschreibung des Gesprächs- und Kritikanlasses durch den Vorgesetzten. Dabei soll er auf eine klare, prägnante und ruhige Sprache achten.

2. Phase: Der Mitarbeiter: **Seine Sicht der Dinge**
Der Mitarbeiter kommt zu Wort. Auch wenn die Sachlage scheinbar klar ist, der Mitarbeiter muss zu Wort kommen. Nur so lassen sich Vorverurteilungen und damit Beziehungsstörungen vermeiden. Diese Phase darf nicht vorschnell zu Ende kommen. Erst wenn die Argumente und Gefühle vom Mitarbeiter bekannt gemacht wurden, ist fortzufahren.

3. Phase: **Vorgesetzter/Mitarbeiter: Ursachen erforschen**
Gemeinsam die Ursachen des Fehlverhaltens feststellen - liegen sie in der Person des Mitarbeiters oder der des Vorgesetzten, oder in der betrieblichen Situation usw.

4. Phase: **Vorgesetzter/Mitarbeiter: Lösungen/Vereinbarungen für die Zukunft**
Wege zur zukünftigen Vermeidung des Fehlverhaltens vereinbaren. Erst jetzt erreicht das Gespräch seine produktive, zukunftsgerichtete Stufe. Auch hier gilt es, die Vorschläge des Mitarbeiters mit einzubeziehen.

## 12. Warum sind Mitarbeiterbeurteilungen notwendig? Welche Ziele werden damit verbunden?

- **Aus betrieblicher Sicht** hat die Mitarbeiterbeurteilung folgende Ziele/Notwendigkeiten:
  - Die Beurteilung soll zur **Objektivierung** beitragen. Durch systematische Beurteilungssysteme, Leistungsstandards, aus Festlegung von Leistungsmerkmalen und deren Ausprägung soll **ein klarer Maßstab** gewonnen werden, der die Vergleichbarkeit von Mitarbeiterleistungen ermöglicht.
  - Aufgrund von Mitarbeiterbeurteilungen sind Führungskräfte gehalten, sich mit Führungssituationen und Führungsergebnissen auseinander zu setzen. Dies kann **zur Verbesserung ihrer Führungsqualifikation** beitragen.
  - Die Beurteilung von Mitarbeitern kann dazu beitragen, **Potenziale zu erkennen und sie zu nutzen.**
  - **Leistungsdefizite können erkannt werden** und durch individuelle und der Situation angemessene Fördermaßnahmen beseitigt werden. **Die Erhaltung und Steigerung der Mitarbeiterleistung ist dadurch tendenziell besser möglich.**
  - Beurteilungen sind häufig **Grundlage für** Entlohnungen, Beförderungen, Versetzungen, Eingruppierungen, Laufbahnüberlegungen, Disziplinarmaßnahmen.

- Nach **§ 82 BetrVG** kann der Mitarbeiter eine Beurteilung verlangen (Hinweis: auch wenn kein Betriebsrat existiert; sog. individualrechtliche Norm des BetrVG).

► **Aus der Sicht der Mitarbeiter** hat die Beurteilung folgende Ziele/Notwendigkeiten:

- Neben der Kritik als der mehr spontanen Reaktion des Vorgesetzten auf das Verhalten seiner Mitarbeiter gibt der Vorgesetzte in der Beurteilung eine Aussage über die Leistung der Mitarbeiter während eines größeren Zeitraums (z. B. 1 Jahr).

  Die Beurteilung kann damit **Leistungsanreize** schaffen, sie bietet **Orientierungsmöglichkeiten** zur Veränderung und sie kann bei starken Leistungsdefiziten dem Mitarbeiter deutliche Hinweise geben, bevor es ggf. zu arbeitsrechtlichen Maßnahmen kommen muss (Abmahnungen, Kündigung).

- Sozusagen als Spiegelfunktion erhält der Mitarbeiter die Information, wie er in diesem Unternehmen gesehen wird.
- Ein systematisches Beurteilungsverfahren ist ein gewisser Schutz vor subjektiver und willkürlicher Bewertung durch den Vorgesetzten.
- Verbesserung der eigenen Einschätzung durch **Fremdeinschätzung** und damit besseres Erkennen von Stärken und Schwächen im Verhalten.
- Verbesserte **Einschätzung realer Aufstiegsmöglichkeit**en; dadurch werden tendenziell überzogene Erwartungen und ggf. spätere Enttäuschungen vermieden.

### 13. Welche Arten/Formen bzw. Anlässe der Beurteilung lassen sich unterscheiden?

► **Planmäßige** (regelmäßige) **Beurteilungen** sind erforderlich:

- vor Ablauf der Probezeit
- vor Beginn des Kündigungsschutzes (6-Monats-Frist; § 1 KSchG)
- im Rahmen der jährlichen Gehaltsüberprüfung
- in bestimmten Zeitabständen (z. B. alle zwei Jahre – entsprechend dem Zeitraster im Beurteilungssystem).

► **Außerplanmäßige Beurteilungen** (im Einzelfall) können erforderlich werden:

- bei Versetzungen, Beförderungen oder Wechsel des Arbeitsplatzes
- bei Wechsel des Vorgesetzten
- bei Beförderungen
- in Verbindung mit Fortbildungsmaßnahmen
- auf besonderen Wunsch des Vorgesetzten oder des Mitarbeiters
- bei außerplanmäßiger Entgeltanpassung
- beim Austritt des Mitarbeiters.

**Personalbeurteilung – Arten (auch: Anlässe)**

| Form | Inhalt | Regelmäßigkeit | Kriterien | Merkmalsdifferenzierung | Personalumfang |
|---|---|---|---|---|---|
| ► freie<br>► gebundene<br>► teilweise gebundene | ► Potenzialbeurteilung<br>► Leistungsbeurteilung | ► planmäßig<br>► außerplanmäßig | ► quantitative<br>► qualitative | ► summarisch<br>► analytisch | ► Einzelbeurteilung<br>► Gesamtbeurteilung |

## 14. Welche Phasen sind bei einem Beurteilungsvorgang einzuhalten?

Ein wirksamer Beurteilungsvorgang setzt die Trennung folgender Phasen voraus:

- **Phase 1: Beobachtung**
  = gleichmäßige Wahrnehmung der regelmäßigen Arbeitsleistung und des regelmäßigen Arbeitsverhaltens
- **Phase 2: Beschreibung**
  = möglichst wertfreie Wiedergabe und Systematisierung der Einzelbeobachtungen im Hinblick auf das vorliegende Beurteilungsschema
- **Phase 3: Bewertung**
  = Anlegen eines geeigneten Maßstabs an die systematisch beschriebenen Beobachtungen
- **Phase 4: Beurteilungsgespräch**
  = Zweier-Gespräch zwischen dem Vorgesetzten und dem Mitarbeiter über die durchgeführte Beurteilung
- **Phase 5: Gesprächsauswertung**
  = Initiierung erforderlicher Maßnahmen (Verhaltensänderung, Schulung, Aufstieg usw.).

1 Beobachtung
2 Beschreibung
3 Bewertung
4 Beurteilungsgespräch
5 Auswertung

| Strukturierter Beurteilungsbogen (Beispiel) | | | | | | |
|---|---|---|---|---|---|---|
| **Merkmale** | **Gewichtung** | **entspricht selten den Erwartungen** | **entspricht im Allgemeinen den Erwartungen** | **entspricht voll den Erwartungen** | **liegt über den Erwartungen** | **liegt weit über den Erwartungen** |
| | | **1** | **2** | **3** | **4** | **5** |
| Arbeitsquantität | | | | | | |
| Arbeitsqualität | | | | | | |
| Fachkenntnisse | | | | | | |
| Arbeitskenntnisse | | | | | | |
| Zusammenarbeit | | | | | | |
| ... | | | | | | |

## 15. Welche Elemente enthält ein strukturiertes Beurteilungssystem?

Jedes Beurteilungssystem/-verfahren enthält **mindestens drei Elemente** – unabhängig davon, in welchem Betrieb oder für welchen Mitarbeiterkreis es eingesetzt wird:

| Beurteilungsverfahren | | Merkmalsausprägungen/Bewertungsstufen | | | |
|---|---|---|---|---|---|
| **Merkmalsgruppen** | **Gewichtung** | 1 | 2 | 3 | 4 |
| **Merkmal 1** | | | | | |
| | | | | | |
| Merkmal 2 | | | | | |
| | | | | | |
| ... | | | | | |

## 16. Welche Beurteilungsfehler sind in der Praxis anzutreffen?

| Beurteilungsfehler (1) – Fehleinschätzungen in der Wahrnehmung | |
|---|---|
| **Halo-Effekt** | Beim Halo-Effekt wird von einer Eigenschaft auf andere Merkmale geschlossen. |
| **Nikolaus-Effekt** | Beim Nikolaus-Effekt basiert die Beurteilung speziell auf Verhaltensweisen, die erst in jüngster Zeit beobachtbar waren bzw. stattgefunden haben. |
| **Selektions-Effekt** | Beim Selektions-Effekt erkennt der Vorgesetzte nur bestimmte Verhaltensweisen, die ihm relevant erscheinen. |

| Beurteilungsfehler (1) – Fehleinschätzungen in der Wahrnehmung | |
|---|---|
| **Vorurteile** | Zum Beispiel *„Mitarbeiter mit langen Haaren und nachlässiger Kleidung sind auch in der Leistung schlampig."* |
| **Primacy-Effekt** | Die zuerst erhaltenen Informationen und Eindrücke werden in der Beurteilung sehr viel stärker berücksichtigt als spätere Verhaltensweisen; |
| **Kleber-Effekt** | Mitarbeiter, die über einen längeren Zeitraum nicht befördert wurden, werden unbewusst unterschätzt und entsprechend schlechter beurteilt. |
| **Hierarchie-Effekt** | Mitarbeiter einer höheren Hierarchieebene werden besser beurteilt als Mitarbeiter der darunter liegenden Ebenen. |
| **Lorbeer-Effekt** | In der Vergangenheit erreichte Leistungen (Lorbeeren) werden unangemessen stark berücksichtigt, obwohl sie sich in der jüngeren Vergangenheit nicht mehr bestätigt haben. |
| **Erster Eindruck** | Voreilige Schlussfolgerungen werden nicht weiter überprüft. |

<table>
<tr><th colspan="2">Beurteilungsfehler (2) – Fehlerquellen im Maßstab</th></tr>
<tr><td>Tendenz zur Mitte</td><td>Der Vorgesetzte scheut sich, die Extremwerte einer Skalierung anzuwenden.
<table>
<tr><td>1<br>sehr gut</td><td>2</td><td>3</td><td>4</td><td>5</td><td>6</td><td>7<br>nicht ausrei-<br>chend</td></tr>
<tr><td></td><td></td><td></td><td></td><td></td><td></td><td></td></tr>
</table></td></tr>
<tr><td>Tendenz zur Milde</td><td>Der Vorgesetzte scheut sich, unzureichende Leistung mit „schlecht" zu bewerten.
<table>
<tr><td>1<br>sehr gut</td><td>2</td><td>3</td><td>4</td><td>5</td><td>6</td><td>7<br>nicht ausrei-<br>chend</td></tr>
<tr><td></td><td></td><td></td><td></td><td></td><td></td><td></td></tr>
</table></td></tr>
<tr><td>Tendenz zur Strenge</td><td>Der Vorgesetzte legt als Maßstab der Bewertung ein zu hohes Niveau an.
<table>
<tr><td>1<br>sehr gut</td><td>2</td><td>3</td><td>4</td><td>5</td><td>6</td><td>7<br>nicht ausrei-<br>chend</td></tr>
<tr><td></td><td></td><td></td><td></td><td></td><td></td><td></td></tr>
</table></td></tr>
<tr><td>Sympathie-fehler</td><td>Je nach dem, ob der Vorgesetzte den Mitarbeiter als sympathisch oder unsympathisch empfindet, wird seine Bewertung positiv oder negativ beeinflusst.</td></tr>
<tr><td>unangemes-sene Sub-jektivität</td><td>Der Vorgesetzte bewertet willkürlich bzw. legt unangemessen (nur) seinen eigenen (subjektiven) Maßstab zugrunde.</td></tr>
<tr><td>Wegloben</td><td>Der Mitarbeiter wird überzogen positiv beurteilt.</td></tr>
</table>

### 17. Wie ist ein Beurteilungsgespräch vorzubereiten?

Beurteilungsgespräche müssen, wenn sie erfolgreich verlaufen sollen, **sorgfältig vorbereitet werden**. Dazu empfiehlt sich für den Vorgesetzten, folgende Überlegungen anzustellen bzw. Maßnahmen zu treffen:

- Dem Mitarbeiter rechtzeitig den **Gesprächstermin** mitteilen und ihn bitten, sich ebenfalls vorzubereiten.
- Den **äußeren Rahmen** gewährleisten: Keine Störungen, ausreichend Zeit, keine Hektik, geeignete Räumlichkeit, unter 4-Augen usw.
- **Sammeln und Strukturieren der Informationen:**
  - Wann war die letzte Leistungsbeurteilung?
  - Mit welchem Ergebnis?
  - Was ist seitdem geschehen?
  - Welche positiven Aspekte?
  - Welche negativen Aspekte?
  - Sind dazu Unterlagen erforderlich?
- **Was ist das Gesprächsziel?** Mit welchen Argumenten? Was wird der Mitarbeiter vorbringen?

### 18. Wie ist das Beurteilungsgespräch durchzuführen?

Für ein erfolgreich verlaufendes Beurteilungsgespräch gibt es kein Patentrezept. Trotzdem ist es sinnvoll, dieses Gespräch in Phasen einzuteilen, das heißt, das Gespräch zu strukturieren und dabei eine Reihe von Hinweisen zu beachten, die sich in der Praxis bewährt haben:

1. **Eröffnung:**
   - sich auf den Gesprächspartner einstellen, eine zwanglose Atmosphäre schaffen
   - die Gesprächsbereitschaft des Mitarbeiters gewinnen, evtl. Hemmungen beseitigen
   - ggf. Verständnis für die Beurteilungssituation wecken.
2. Konkrete Erörterung der **positiven Gesichtspunkte**:
   - nicht nach der Reihenfolge der Kriterien im Beurteilungsraster vorgehen
   - ggf. positive Veränderungen gegenüber der letzten Beurteilung hervorheben
   - Bewertungen konkret belegen
   - nur wesentliche Punkte ansprechen (weder Peanuts noch olle Kamellen)
   - den Sachverhalt beurteilen, nicht die Person.
3. Konkrete Erörterung der **negativen Gesichtspunkte:**
   - analog wie Punkt 2
   - negative Punkte zukunftsorientiert darstellen (Förderungscharakter).

4. Bewertung der Fakten durch den **Mitarbeiter:**
   - den Mitarbeiter zu Wort kommen lassen, interessierter und aufmerksamer Zuhörer sein
   - aktives Zuhören, durch offene Fragen ggf. zu weiteren Äußerungen anregen
   - asymmetrische Gesprächsführung, d. h. in der Regel dem Mitarbeiter den größeren Anteil an Zeit/Worten überlassen
   - evtl. noch einmal einzelne Beurteilungspunkte genauer begründen
   - zeigen, dass die Argumente ernst genommen werden
   - eigene Fehler und betriebliche Pannen offen besprechen
   - i. d. R. keine Gehaltsfragen diskutieren (keine Vermengung); falls notwendig, abtrennen und zu einem späteren Zeitpunkt fortführen.
5. **Vorgesetzter und Mitarbeiter** diskutieren alternative Strategien und Maßnahmen zur Vermeidung zukünftiger Fehler:
   - Hilfestellung nach dem Prinzip „Hilfe zur Selbsthilfe" („ihn selbst darauf kommen lassen")
   - ggf. konkrete Hinweise und Unterstützung (betriebliche Fortbildung, Fachleute usw.)
   - kein unangemessenes Eindringen in den Privatbereich
   - sich Notizen machen; den Mitarbeiter anregen, sich ebenfalls Notizen zu machen.
6. **Positiver Gesprächsabschluss mit Aktionsplan:**
   - wesentliche Gesichtspunkte zusammenfassen
   - Gemeinsamkeiten und Unterschiede klarstellen
   - ggf. zeigen, dass die Beurteilung überdacht wird
   - gemeinsam festlegen:
   - Was unternimmt der Mitarbeiter?
   - Was unternimmt der Vorgesetzte?
   - ggf. Folgegespräch vereinbaren: Wann? Welche Hauptaufgaben/Ziele?
   - Zuversicht über den Erfolg von Leistungskorrekturen vermitteln
   - Dank für das Gespräch.

## 19. Welche inhaltlichen Aspekte sind bei der Erstellung eines qualifizierten Zeugnisses zu beachten?

Das Arbeitsrecht unterscheidet zwei **Zeugnisarten:**

**Arbeitszeugnis – Arten**

| **Einfaches Zeugnis** (Arbeitsbescheinigung) | **Qualifiziertes Zeugnis** |
|---|---|
| ► Personaldaten<br>► Tätigkeit als ...<br>► Tätigkeit von ... bis ... | ► Personaldaten<br>► Tätigkeit als ...<br>► Tätigkeit von ... bis ...<br>► Leistung<br>► Führung |

Das heißt also, dass das qualifizierte Zeugnis zusätzlich Angaben über die Führung und Leistung des Mitarbeiters enthält.

In der Praxis reicht für den Meister diese Unterscheidung noch nicht aus. Er muss bei dem Entwurf eines **qualifizierten Zeugnisses** inhaltlich insgesamt folgende **Einzelpunkte** beachten:

1. **Formale Aspekte:**
   DIN-A4-Firmenbogen, fehlerfreie Rechtschreibung, keine Streichungen, keine Beschmutzung
2. **Überschrift:**
   Zeugnis, Zwischenzeugnis, Berufsausbildungszeugnis, Praktikumszeugnis
3. **Persönliche Angaben des Mitarbeiters; Stellenbezeichnung:**
   Name, Vorname (ggf. Geburtsname), Geburtsdatum, akademischer Titel, Positionsbezeichnung
4. **Dauer der Tätigkeit:**
   von ... bis ... (das Enddatum kann auch in der Schlussformulierung genannt werden)
5. **Tätigkeitsinhalte:**
   Komplexität, Umfang der Aufgaben, Anteil von Sach- und Führungsaufgaben, Vollmachten wie Prokura, Handlungsvollmacht
6. **Führung und Leistung:**
   - **Leistung:**
     Leistungsbereitschaft, Leistungsfähigkeit, Führungsfähigkeit (bei Vorgesetzten), besondere Leistungen, besonderen Eigenschaften wie Belastbarkeit, hohe Motivation, Arbeitseinsatz, besonderen Fähigkeiten

Anwenden der Formulierungsskala („*Zeugniscode*"):

- sehr gut: „... *stets zur vollsten Zufriedenheit* ..."
- gut: „... *stets zur vollen Zufriedenheit* ..."
- befriedigend: „... *zur vollen Zufriedenheit* ..."
- ausreichend: „... *zur Zufriedenheit* ..."
- mangelhaft: „... *im Großen und Ganzen zur Zufriedenheit* ..."
- ungenügend: „... *hat sich bemüht* ..."

Der Gebrauch von Spezialformulierungen ist in der Rechtsprechung umstritten und sollte vermieden werden:

„... *war sehr tüchtig und wusste sich zu verkaufen* ..." = war unangenehm, unbequem, u. Ä.

Bei negativer Beurteilung ist es weit verbreitet,

- unwichtige Eigenschaften und Merkmale unangemessen hervorzuheben sowie
- wichtige Aspekte zu verschweigen (weil negativ) - insbesondere Eigenschaften und Verhaltensweise, die bei einer bestimmten Tätigkeit von besonderem Interesse sind.

► **Führung:**
Sozialverhalten des Mitarbeiters, Verhalten zu Vorgesetzten

sehr gut: „... *war stets vorbildlich* ..."

gut: „... *war vorbildlich* ..."; „... *war ohne Beanstandungen* ..."

ungenügend: „... *wurde als umgänglicher Kollege geschätzt* ..."

7. **Grund der Beendigung:**
Der Grund der Beendigung ist nur auf Verlangen des Mitarbeiters in das Zeugnis aufzunehmen:
   - ► überwiegend positiv, ggf. aber mit „Macken": „... *auf eigenen Wunsch* ..."
   - ► überwiegend negativ: „... *in beiderseitigem Einvernehmen* ..."
   - ► vorgeschobener Grund oder echter Grund: „... *aus organisatorischen Gründen/aus Gründen der Reorganisation* ..."

8. **Schlussformulierung (sog. Dankes-Bedauern-Zukunfts-Formel):**
Bei der Schlussformulierung sind folgende Gestaltungen üblich:
   - ► Standard: „*Wir wünschen Frau ... alles Gute für Ihre berufliche Entwicklung.*"
   - ► Mögliche Steigerungen:
     „... *wünschen wir Herrn ... Erfolg bei seinem weiteren beruflichen Werdegang und danken ihm für die geleistete Arbeit.*"

     „... *bedauern seinen Entschluss ... (außerordentlich)* ..."

     „... *würden ihn jederzeit wieder einstellen* ..."

     „... *wünschen ihm auch zukünftig den Erfolg in seiner Arbeit, den er in unserem Unternehmen realisieren konnte* ..."

     „... *verlässt unser Unternehmen, um sich einer neuen beruflichen Aufgabe zu widmen* ...".

9. **Ausstellungsdatum:**
   Muss mit dem Beendigungstermin übereinstimmen oder zwei bis drei Tage vorher.

10. **Unterschrift(en):**
    Von ein oder zwei Zeichnungsberechtigten; rechts unterschreibt der unmittelbare Vorgesetzte oder dessen Fachvorgesetzter; links unterschreibt der nächst höhere Fachvorgesetzte oder ein Mitarbeiter der Personalabteilung.

## 20. Welche Grundsätze sind bei der Zeugniserstellung zu beachten?

a) **Arbeitsrechtliche Bestimmungen:**
   Der bisherige Arbeitgeber muss das Zeugnis **wahrheitsgemäß und wohlwollend** abfassen. Im Zweifelsfall gilt *„Wahrheit vor Wohlwollen"*.

b) **Umfang des Zeugnisses:**
   Die Gesamtlänge des Zeugnisses muss der Position und der Dauer entsprechen (z. B. Facharbeiter/drei Jahre: → ca. ½ bis max. 1 Seite).

c) **Zeugnissprache:**
   - konkrete Beschreibungen:
     nicht: *„... hat sich immer engagiert ..."*, sondern: *„Sein besonderes Engagement stellte er beim Projekt ... unter Beweis ..."*
   - Aktiv-Form statt Passiv-Form:
     nicht: *„... wurde er ..."*; sondern: *„... er hat ..."*, *„...ihm gelang es ..."*
   - offen und ehrlich; Verzicht auf „Geheimsprache"
   - knapp, verständlich, vollständig.

Das Erstellen von Zeugnissen bedarf einiger Übung; hier sollte sich der Meister Unterstützung von der Personalabteilung holen. Empfehlenswert sind auch neuere Formen der Zeugniserstellung: Mit dem Betriebsrat werden Textbausteine mit abgestuften Beurteilungsbeschreibungen vereinbart, die dann auf den konkreten Sachverhalt des zu beurteilenden Mitarbeiters bezogen werden; dies bedeutet: Standardisierung + Rationalisierung + Einzelfallbeschreibung + Vollständigkeit + Fehlervermeidung.

## 21. Was sind personelle Maßnahmen?

Personelle Maßnahmen sind **alle Handlungen einer Führungskraft, die seine Mitarbeiter direkt betreffen.** Der Meister trägt hier die Hauptverantwortung für die Führung der ihm unterstellten Mannschaft. Er muss seine Mitarbeiter z. B.:

- einarbeiten
- fördern und beraten
- beurteilen
- informieren

- beschaffen und auswählen
- richtig einsetzen
- kontrollieren
- gerecht entlohnen
- ggf. auch entlassen.

## 22. Mit welchen Stellen im Betrieb muss der Industriemeister bei personellen Maßnahmen zusammenarbeiten? Warum ist diese Zusammenarbeit erforderlich?

Bei personellen Maßnahmen muss der Industriemeister mit den im Betrieb zuständigen Stellen zusammenarbeiten: Er muss u. a. die **Fachkompetenz** dieser Abteilungen **nutzen,** personelle Maßnahmen veranlassen und abstimmen, Beteiligte **informieren und beraten** sowie die **Rechte des Betriebsrates** berücksichtigen. Vielfach wird der Meister (nur) Auslöser personeller Maßnahmen sein; die eigentliche Hauptarbeit übernimmt dann weiterführend z. B. die Personalabteilung, die ihn mit ihrem Know-how entlastet; Beispiele: Gehaltsüberprüfung → Schreiben der Gehaltsmitteilung, Information des Mitarbeiters, Ablage usw.

In der Fachliteratur nennt man die Stellen, die über personelle Maßnahmen zu entscheiden haben und die betriebliche Personalarbeit (mit)tragen, auch Träger der Personalarbeit. Es sind dies:

- der direkte Vorgesetzte (also der Meister)
- die nächsthöheren Vorgesetzten
- die Unternehmensleitung
- die Personalabteilung
- der Betriebsrat (soweit vorhanden)
- die zuständigen externen Stellen (z. B. die IHK in Fragen der Ausbildung).

In der Praxis ist dabei die Form der Zusammenarbeit zwischen dem Meister und den oben genannten Stellen unterschiedlich geregelt; mitunter kommt es auch bei der Frage der Kompetenzabgrenzung zu Konflikten.

In der Zusammenarbeit von Fachabteilung (der Meister) und Personalabteilung hat sich heute folgendes Prinzip durchgesetzt:

- Dort, wo **generelle Regelungen** erforderlich sind und die Fachkompetenz der Personalabteilung zwingend gebraucht wird, entscheidet vorrangig **das Personalwesen** allein, während der Meister als Fachmann der Abläufe vor Ort berät und unterstützt.

  Beispiele: Entgeltstrukturen, -abrechnung, Sozialwesen.

- **Personelle Maßnahmen im Einzelfall**, die eine genaue Regelung der speziellen Fakten vor Ort erfordern, entscheidet vorrangig der Fachvorgesetzte, also **der Meister**; natürlich im Rahmen der betrieblich geltenden Regelungen.

  Beispiele: Lohnüberprüfung, Urlaubsgewährung, Versetzung.

Heute ist in den meisten Unternehmen eine Aufgabenteilung und Kompetenzabgrenzung zwischen Personalabteilung und Fachabteilung (Meister) anzutreffen, die in etwa folgende Struktur aufweist:

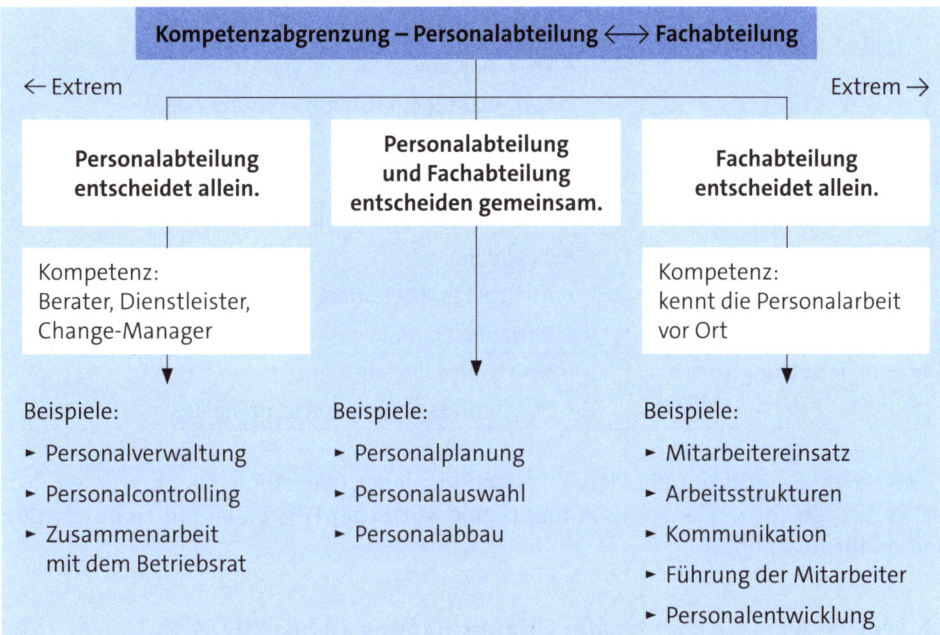


## 23. Welche Planungsmittel kann der Meister bei personellen Maßnahmen einsetzen?

Personelle Maßnahmen sind kurz-, mittel- und langfristig zu treffen. Sie sind mit Mitarbeitern und zuständigen Stellen abzustimmen. Für eine bessere Entscheidungsfindung, zur Information und Dokumentation geplanter oder realisierter personeller Maßnahmen sollte der Meister geeignete Planungsmittel nutzen. Er verbessert damit die **Qualität** seiner Entscheidungen und behält die **Übersicht** über das, was er personell beabsichtigt.

Die nachfolgende Aufzählung gibt eine **Auswahl aus der Fülle geeigneter Planungsmittel,** die in der Praxis vorhanden sein können und meist eine spezielle Ausgestaltung haben – je nach Größe und Branche des Betriebes:

| Personelle Maßnahmen | |
|---|---|
| **Planungsinhalt** | **Beispiele für Planungsmittel** |
| **Personalplanung** | ► Personalstatistiken des Betriebes, der Abteilung<br>► Urlaubspläne<br>► Vertretungspläne<br>► Formular Stellenanforderung |
| **Personalauswahl** | ► Stellenbeschreibungen<br>► Anforderungsprofile<br>► Arbeitsanweisungen<br>► Formular zur Gestaltung von Stellenanzeigen<br>► Formular für ein strukturiertes Interview<br>► Arbeitsvertragsmuster, -formular |
| **Personaleinsatz** | ► Arbeitseinsatzpläne<br>► Maschinenbelegungspläne<br>► Netzpläne<br>► Meilensteindiagramme<br>► Balkendiagramme |
| **Personalfreisetzung** | ► Beurteilungsbogen<br>► Bogen zur Erstellung eines Sozialplans |

Diese Aufzählung ist nur ein kleiner Ausschnitt. Jedem Meister ist zu empfehlen, sich die im Betrieb vorhandenen Instrumente und Mittel der Personalarbeit zu beschaffen und damit zu arbeiten.

## 24. Welche Aspekte sind bei der Urlaubsplanung zu beachten?

### 4.5.5 Einführung und Unterweisung von Mitarbeitern

#### 01. Was bezeichnet man als „Einführung neuer Mitarbeiter"?

Die Einführung neuer Mitarbeiter umfasst zum einen **formale Vorgänge** wie Übergabe der Arbeitspapiere an die Personalabteilung, Untersuchung durch den Werksarzt, Kontakt mit dem Betriebsrat und Aushändigen betrieblicher Unterlagen/Broschüren.

Daneben muss der neue Mitarbeiter mit seiner **Arbeitsumgebung, seinem Arbeitsplatz, den Kollegen und den zuständigen Vorgesetzten** bekannt gemacht werden. Diese Aufgabe ist Sache des Meisters oder seines Stellvertreters.

#### 02. Warum muss die Einführung neuer Mitarbeiter für den Meister einen hohen Stellenwert haben?

Für den neuen Mitarbeiter sind die ersten Arbeitstage von großer Bedeutung. Die Eindrücke, die er hier gewinnt, **bestimmen nachhaltig seine Einstellung zu seiner Tätigkeit und zu dem Betrieb**. Er muss das Gefühl vermittelt bekommen, dass er wichtig ist, dass man ihn erwartet und sich um ihn kümmert.

Man weiß heute, dass eine nachlässige und fehlerhafte Einführung und Einarbeitung neuer Mitarbeiter ein häufiger Kündigungsgrund ist bzw. Ursache später auftretender Konflikte.

**Im Einzelnen** lassen sich folgende Aspekte nennen, die eine sorgfältige Einführung neuer Mitarbeiter begründen:

- Die Personalanwerbung neuer Mitarbeiter ist **teuer**.
- Nur eine erfolgreiche Integration des „Neuen" in die bestehende Arbeitsgruppe führt zu einem positiven **Klima** und damit zu einer stabilen **Leistung.**
- Eine gut vorbereitete und durchgeführte Einführung vermeidet **Ängste** beim neuen Mitarbeiter und kann ihm die **Zuversicht** vermitteln, dass er den Anforderungen und Erwartungen gerecht wird.
- Nach **§ 81 BetrVG hat der Mitarbeiter ein Recht** darauf, *„über die Art seiner Tätigkeit und ihre Einordnung in den Arbeitsablauf des Betriebes"* unterrichtet zu werden. Dieses Recht gehört zu den sog. Individualrechten des Betriebsverfassungsgesetzes und gilt unabhängig davon, ob ein Betriebsrat existiert oder nicht.

## 03. Welche Grundsätze sollten bei der Einführung von Mitarbeitern gelten?

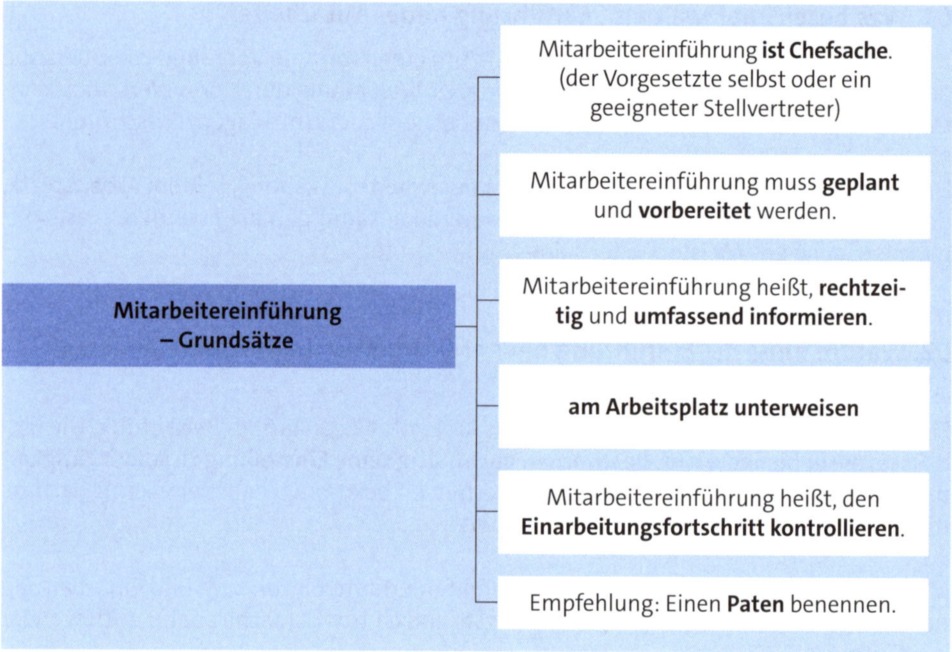


## 04. Welche Einzelschritte sind bei der Einführung und Integration neuer Mitarbeiter empfehlenswert?

1. **Vorbereiten**
   Sich persönlich auf den Neuen vorbereiten; Einführung und Einsatz planen und den Arbeitsplatz herrichten.

2. **Empfangen**
   Freundlich und persönlich begrüßen; zum Ausdruck bringen, dass man über die fachliche und persönliche Qualifikation des neuen Mitarbeiters im Bilde ist; ihm die Befangenheit nehmen, die er als Neuer empfindet.

   Die Begrüßung ist wesentlich mitbestimmend für den ersten Eindruck vom neuen Betrieb, von der neuen Arbeitsgruppe und vom neuen Vorgesetzten.

3. **Bekanntmachen**
   Den neuen Mitarbeiter mit allen Betriebsangehörigen persönlich bekannt machen, mit denen er es in erster Linie zu tun hat, auch mit Vorgesetzten und Betriebsrat - allerdings schrittweise, nicht unbedingt alle und sofort; ihm helfen, mit seinen Arbeitskollegen Kontakt zu finden; dafür sorgen, dass er alle wichtigen Betriebseinrichtungen und -gepflogenheiten kennenlernt.

4. **Informieren**
   Eine Vorstellung von der Organisation und der Arbeit des Betriebes vermitteln; die Funktion des neuen Mitarbeiters im Arbeitszusammenhang aufzeigen; ihm die wichtigsten Arbeitsregeln vermitteln.

5. **Einarbeiten, korrigieren und kontrollieren**
   Den neuen Mitarbeiter mit seiner Arbeit vertraut machen, sich in der ersten Zeit häufig um ihn kümmern, einschließlich periodischer Fortschrittskontrollen; ihm einen Kollegen als Paten zur Seite geben; Einzelheiten im Arbeitszusammenhang erklären, vormachen und tun lassen.

## 05. Was versteht man unter „Fluktuation“?

Der Begriff ist nicht einheitlich definiert:

a) Fluktuation im weiteren Sinne: = **alle Formen von Personalabgängen**.

b) Fluktuation im engeren Sinne: = **freiwillige Personalabgänge der Mitarbeiter.**

Überwiegend ist im Sprachgebrauch der Praxis die engere Begriffsfestlegung gemeint: Es geht um die Vermeidung unerwünschter Kündigungen durch Belegschaftsmitglieder, speziell um das Abwandern guter Mitarbeiter in andere Betriebe.

Als Fluktuationsquote eines Betriebsjahres wird meist folgender Quotient verwendet:

$$\text{Fluktuationsquote} = \frac{\text{Anzahl der (freiwilligen) Personalabgänge (pro Jahr)}}{\text{durchschnittlicher Personalbestand (pro Jahr)}} \cdot 100$$

## 06. Wie lassen sich die Fluktuationsursachen systematisieren?

**Fluktuationsursachen**

| **überbetrieblich** | **betrieblich** | **persönlich** |
| --- | --- | --- |
| z. B.: unattraktive Region oder Branche | z. B.: Arbeitsinhalt, (Schmutz, Lärm), Arbeitszeit (Lage, Überstunden, Schichtarbeit), Urlaubsgestaltung, Entgelt, fehlende Karriere, fehlende Kompetenzen, schlechtes Betriebsklima | z. B.: Krankheit, Wechsel des Wohnsitzes/der Familienverhältnisse, Berufswechsel/Selbstständigkeit |

Ein Gespräch mit dem ausscheidenden Mitarbeiter kann Aufschluss über die Ursachen des Weggangs geben (sog. **Austrittsinterview**). Hierbei kommt es allerdings darauf an, dass es dem Meister gelingt, eine Vertrauensbasis herzustellen, sodass der Mitarbeiter sich überhaupt äußert und dabei die wirklichen Gründe für seine Kündigung nennt. Ursachen im persönlichen Bereich sind vom Betrieb nur selten beeinflussbar.

Bei den **betrieblichen** Fluktuationsursachen gibt es folgende Spitzenreiter:

- fehlende **Karriere**
- als ungerecht empfundene **Entlohnung**
- nicht ausreichender **Freiraum**
- Unzufriedenheit mit der **Arbeit** selbst
- Unzufriedenheit mit dem **Führungsstil** und/oder der Person des Vorgesetzten.

### 07. Welche Änderungen im Verhalten eines Mitarbeiters können erste Anzeichen für eine „innere Kündigung“ sein? Welche Ursachen lassen sich nennen?

Als „innere Kündigung“ bezeichnet man den inneren Rückzug eines Mitarbeiters ohne dass eine formale Kündigung ausgesprochen wird. Die Haltung ist resignativ bis depressiv. Das Phänomen ist oft mit folgenden Verhaltenserscheinungen verbunden (die Auflistung ist beispielhaft):

- **Arbeitsverhalten** Anstieg der Fehlzeiten, übergenaues Einhalten der Vorschriften, Dienst nach Vorschrift, nachlassendes Engagement/Desinteresse, Ablehnung von Veränderungen und Weiterbildungsangeboten
- **Zusammenarbeit** Fehlendes Entgegenkommen, nachlassende Unterstützung der Kollegen, unangemessenes Verteidigen der eigenen Position.

Ursachen können z. B. sein:

- Probleme im persönlichen Umfeld (Familie, Krankheit, Finanzen u. Ä.),
- Probleme im betrieblichen Umfeld (Verhalten des Vorgesetzten: Demotivation, fehlende Information/Anerkennung, verletzendes/ungerechtes Verhalten; Organisation: unklare Strukturen, fehlende Anreize/Entwicklungsmöglichkeiten u. Ä.).

### 08. Welche Folgen kann unerwünschte Fluktuation haben?

**Folgen der Fluktuation**

- **Direkte Folgen (Kosten)**
  - Einstellungskosten
  - Einarbeitungskosten
  - Aushilfen/Mehrarbeit
  - Weiterbildungsaufwand steigt
  - Gemeinkosten der beteiligten Fachabteilungen steigen.

- **Indirekte Folgen (Kosten)**
  - erhöhte Unfallgefahr
  - erhöhter Verschleiß von Werkzeugen
  - Störungen/Unruhe in der Arbeitsgruppe
  - Störungen des Betriebsklimas.

### 09. Was bezeichnet man als „Fehlzeiten"?

**Als Fehlzeiten bezeichnet man alle Abwesenheitstage eines Mitarbeiters, an denen er normalerweise arbeiten müsste** (lt. Arbeitsvertrag, Betriebsvereinbarung, Tarifvertrag).

Man bezeichnet Fehlzeiten auch als **Ausfallzeiten** oder **Absentismus**.

### 10. Welche Arten/Ursachen von Fehlzeiten gibt es?

**Fehlzeiten – Arten/Ursachen**

| motivationsbedingt | krankheitsbedingt | sonstige Ursachen |
|---|---|---|
| z. B.: Angst (vor der Arbeit, dem Vorgesetzten, den Kollegen), Unlust, Betriebsklima, Überforderung, fehlender Sinn in der Arbeit | z. B.: physische/psychische Erkrankung, Stress, Überforderung, einseitige Belastung, Berufskrankheit | z. B.: Weiterbildung, Sonderurlaub |

### 11. Welche Möglichkeiten haben der Betrieb und der Meister, um Fluktuation und Fehlzeiten zu reduzieren?

Die Antwort auf diese Frage ergibt sich aus der Vermeidung der in Frage 06. (vgl. oben) dargestellten Ursachen. Fluktuation und Fehlzeiten sind – vereinfacht gesagt – u. a. dann geringer, wenn

- **der Meister**
  - klare Anweisungen gibt und Sinn in der Arbeit vermittelt
  - Arbeitsgruppen „richtig" zusammensetzt
  - Leistung anerkennt und zur Delegation bereit ist
  - die Verbesserung der Arbeitsbedingungen unterstützt
  - auftretende Probleme bespricht und Konflikte konstruktiv behandelt.

- **der Betrieb**
  - die Weiterbildungsvorstellungen der Mitarbeiter aufgreift
  - für transparente Aufstiegsmöglichkeiten sorgt
  - die Lohnpolitik „nachvollziehbar" gestaltet
  - die Mitarbeiter rechtzeitig und umfassend informiert
  - eine Unternehmenspolitik praktiziert, die mit den gesellschaftlichen Werten in Einklang steht (Familie, Gesundheit, Persönlichkeit, Umwelt).

## 12. Wie ist das Fehlzeitengespräch zu führen?

Das **Fehlzeitengespräch** (auch: **Rückkehrgespräch**) ist eines der Instrumente, um die Ursachen von Fehlzeiten zu analysieren und ihnen dort, wo es möglich ist, entgegen zu wirken. Der Meister sollte dabei weder den Krankenstand als unvermeidbare Entwicklung betrachten noch sollte er unterschwellig allen Arbeitnehmern pauschal eine sinkende Arbeitsmoral unterstellen.

Bei der Detailanalyse von Fehlzeiten gilt es festzustellen:

- wann, → Zeitpunkt, Zeitraum
- wo, → Arbeitsbereich/-gruppe
- bei wem, → Mitarbeiter
- in welchem Ausmaß → Häufigkeit, Dauer

traten Fehlzeiten auf und wie kann ihnen wirksam begegnet werden?

Der Meister kann dazu sog. **Rückkehrgespräche** mit Mitarbeitern führen, die länger bzw. häufiger erkrankt waren. Er sollte dabei keinen psychischen Druck ausüben, sondern dem Mitarbeiter das Gefühl vermitteln, dass Abwesenheitszeiten beachtet werden, man sich Gedanken über Abhilfen macht und dem Betrieb die Genesung des Mitarbeiters nicht gleichgültig ist.

Für die Durchführung des **Rückkehrgespräches** ist folgender **Leitfaden** hilfreich:

1. **Gesprächsvorbereitung:**
   Analyse der Fehlzeiten, ausreichend Zeit, richtiger Zeitpunkt, Gesprächsziel.
2. **Gesprächsdurchführung und -abschluss:**
   Begrüßung/Klima, Frage nach den Ursachen, Stellungnahme des Mitarbeiters, Lösungsansätze, Verhalten in der Zukunft, Unterstützungsmöglichkeiten (Betriebsarzt, Hausarzt), Gespräch positiv beenden. Der Gesprächsinhalt ist zu protokollieren.

**Sonderfälle:**
Ergibt die Fehlzeitenanalyse den Eindruck/Nachweis, dass die Abwesenheiten ganz oder teilweise vermeidbar gewesen wären, so ist die Kontrolle des zukünftigen Mitarbeiterverhaltens **besonders nachdrücklich** durchzuführen (ggf. 2. oder 3. Gespräch).

Beruht die Abwesenheit auf einem Fehlverhalten des Mitarbeiters sind **Sanktionen** erforderlich, z. B. Lohnabzug, Ermahnung, Abmahnung, Kündigung.

# 4.6 Förderung der Kommunikation und Kooperation

## 4.6.1 Betriebliche Probleme und soziale Konflikte

### 01. Was sind Konflikte und welche Konfliktarten lassen sich unterscheiden?

- Konflikte sind **der Widerstreit gegensätzlicher Auffassungen**, Gefühle oder Normen von Personen oder Personengruppen.
- Konflikte gehören zum Alltag eines Betriebes. Sie sind normal, allgegenwärtig, Bestandteil der menschlichen Natur und nicht grundsätzlich negativ. Die Wirkung von Konflikten kann grundsätzlich **destruktiv** oder **konstruktiv** sein.

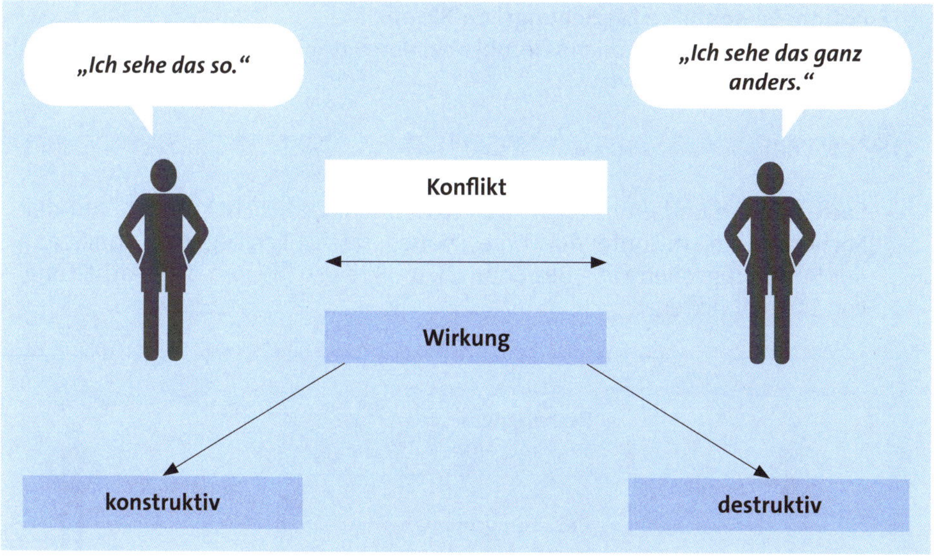


- Positive Aspekte von Konflikten können z. B. sein:
  - Fehler/Widersprüche werden erkannt und aufgedeckt.
  - Konflikte können die Quelle von Innovation und Dynamik sowie Neuentwicklung sein.
  - Sachlich erörterte Konflikte stärken die Konfliktfähigkeit der Parteien und fördern das Selbstvertrauen der handelnden Personen.
- Konflikte können **latenter Natur** (unterschwellig) oder auch **offensichtlich** sein. Sie gehören mit zur menschlichen Natur. Konflikte sind als Prozess zu sehen, der immer dann auftaucht, wenn zwei oder mehr Parteien in einer Sache/einer Auffassung nicht übereinstimmen.

- Konflikte können
  - innerhalb einer Person (innere Widersprüche; **intra**personeller Konflikt),
  - zwischen zwei Personen (**inter**personeller Konflikt),
  - zwischen einer Person (Moderator) und einer Gruppe,
  - innerhalb einer Gruppe und
  - zwischen mehreren Gruppen

  auftreten.
- Beim **Konfliktinhalt** werden drei Arten/Dimensionen unterschieden:
  - **Sachkonflikte:**
    Der Unterschied liegt in der Sache, z. B. unterschiedliche Ansichten darüber, welche Methode der Bearbeitung eines Werkstückes richtig ist.
  - **Emotionelle Konflikte (Beziehungskonflikte):**
    Es herrschen unterschiedliche Gefühle bei den Beteiligten: Antipathie, Hass, Misstrauen.

MERKE

Sachkonflikte und emotionelle Konflikte überlagern sich. Konflikte auf der Sachebene sind mitunter nur vorgeschoben; tatsächlich liegt ein Konflikt auf der Beziehungsebene vor. Beziehungskonflikte erschweren die Bearbeitung von Sachkonflikten.

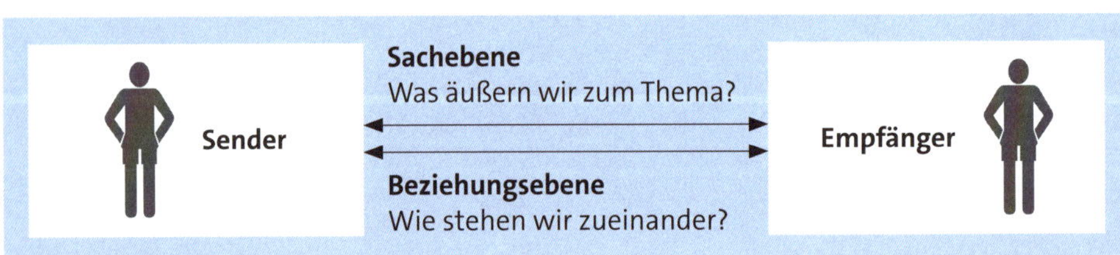


- **Wertekonflikte:**
  Der Unterschied liegt im Gegensatz von Normen; das Wertesystem der Beteiligten stimmt nicht überein.

**Beispiel**

**Verkürztes Beispiel:**
Der ältere Mitarbeiter ist der Auffassung: *„Die Alten haben grundsätzlich Vorrang – bei der Arbeitseinteilung, der Urlaubsverteilung, der Werkzeugvergabe – und überhaupt.“*

Die Mehrzahl der Konflikte tragen Elemente aller drei Dimensionen (siehe oben) in sich und es bestehen **Wechselwirkungen**.

| **Konfliktarten** | |
|---|---|
| **Wahrnehmung, Intensität** | ► Latente Konflikte sind unterschwellig.<br>► Offene Konflikte sind für die Beteiligten erkennbar. |
| **Beteiligte** | ► intrapersonell: innerhalb einer Person (innere Widersprüche)<br>► interpersonell: zwischen zwei Personen<br>► zwischen einer Person und einer Gruppe<br>► innerhalb einer Gruppe<br>► zwischen mehreren Gruppen |
| **Inhalt (Dimension)** | ► Sachkonflikte: Der Unterschied liegt in der Sache, z. B. unterschiedliche Ansichten darüber, welche Methode der Bearbeitung eines Werkstückes richtig ist.<br>► Emotionelle Konflikte (Beziehungskonflikte): Es herrschen unterschiedliche Gefühle bei den Beteiligten: Antipathie, Hass, Misstrauen.<br>► Wertekonflikte: Der Unterschied liegt im Gegensatz von Normen; das Wertesystem der Beteiligten stimmt nicht überein. |
| | **Achtung**<br>Sachkonflikte und emotionelle Konflikte überlagern sich häufig. Konflikte auf der Sachebene sind mitunter nur vorgeschoben; tatsächlich liegt ein Konflikt auf der Beziehungsebene vor. Beziehungkonflikte erschweren die Bearbeitung von Sachkonflikten. |

## 02. Wie lassen sich Konflikte bearbeiten?

- **Ziel der Konfliktbearbeitung**
  ist es, durch offenes Ansprechen eine sachliche Problemlösung zu finden, aus der Situation gestärkt hervorzugehen und den vereinbarten Konsens gemeinsam zu tragen.
- **Konfliktstrategien:**
  Dazu bietet sich nach *Blake/Mouton* (1980) an, eine gleichmäßig hohe Gewichtung zwischen den **Interessen des Gegenübers** (Harmoniestreben) und **Eigeninteressen** (Macht) vorzunehmen: Konsens zu stiften. Fließen die Interessen beider Parteien nur halb ein, dann ist das Ergebnis (nur) ein Kompromiss. Wird der Konflikt nur schwach oder gar nicht thematisiert (Flucht/Vermeidung/*„unter den Teppich kehren"*), ist nichts gewonnen. Dominiert der andere, ist ebenfalls wenig gewonnen, man gibt nach, verzichtet auf den konstruktiven Streit. Setzt man sich allein durch, ist das Resultat erzwungen und wird mit Sicherheit von der Gegenpartei nicht getragen.

  **Rein theoretisch** sind folgende **Reaktionen der Konfliktparteien** denkbar (s. Abb.); der Meister sollte die Reaktionen fördern, die für eine Konfliktbearbeitung konstruktiv sind (siehe gerasterte Felder) bzw. Bedingungen im Vorfeld von Konflikten vermeiden, die eine konstruktive Bearbeitung unmöglich werden lassen:

| | | **Konflikt** | | |
|---|---|---|---|---|
| | | **unvermeidbar** | **vermeidbar** | |
| | | **Ausgleich nicht möglich** | | **Ausgleich möglich** |
| **Reaktion** | **aktiv** | Kämpfe | Rückzug (eine Partei gibt auf) | **Problemlösung** |
| | | **Vermittlung, Schlichtung** | Isolation | **tragfähiger Kompromiss** |
| | **passiv** | zufälliges Ergebnis | Ignorieren des anderen | (friedliche Koexistenz) |

- **Konfliktgespräch:**

  Bei der Behandlung von Konflikten gilt für den Meister grundsätzlich:
  **Nicht Partei ergreifen, sondern die Konfliktbewältigung moderieren!**

  Dazu sollte er in folgenden Schritten vorgehen:

  - **Was?** Den Sachverhalt (ruhig) ermitteln.
  - **Warum?** Ursachen und Zusammenhänge erforschen.
    Sich ein Urteil bilden, aber keines fällen.
  - **Wie?** Wege und Maßnahmen zur Behebung festlegen/vereinbaren.
  - **Bis wann?**
  - **Von wem?** Maßnahmen ausführen und kontrollieren.

  Die Bearbeitung von Sachkonflikten ist auch über Anweisungen oder einseitige Regelungen (mit Begründung) durch den Meister möglich; z. B. Festlegung von Arbeitsplänen.

  Bei Beziehungs- und Wertekonflikten führt dies nicht zum Ziel. Hier ist es als Vorstufe zur Konfliktregelung wirksam, dem anderen zu sagen, wie man die Dinge sieht oder empfindet. Man zeigt damit dem anderen seine eigene Haltung, ohne ihn zu bevormunden.

  In der Psychologie bezeichnet man dies **als „Ich-Botschaften“:**

  - *„Ich sehe es so“*
  - *„Ich empfinde es so“*
  - *„Auf mich wirkt das ...“*
  - *„Mich ärgert, wenn Sie ...“*.

  Destruktiv sind Formulierungen wie:

  - *„Sie haben immer ...“*
  - *„Können Sie nicht endlich mal ...“*
  - *„Kapieren Sie eigentlich gar nichts?“*

  Abgesehen vom Tonfall wird hier der andere auf Verteidigungsposition gehen, seinerseits seine „verbalen Waffen aufrüsten und zurückschießen“, da er diese Aussagen als Bevormundung empfindet; sein Selbstwertgefühl ist gefährdet.

- **Wechselwirkung zwischen Sachebene und Beziehungsebene:**

  In vielen Fällen des Alltags beruht der Konflikt nicht in dem vermeintlichen Unterschied in der Sache, sondern in einer Störung der Beziehung:

  *„Der andere sieht mich falsch, hat mich verletzt, hat mich geärgert ...“*

  Der Meister muss hier zunächst die Beziehungsebene wieder tragfähig herstellen, bevor das eigentliche Sachthema erörtert wird. Sachkonflikte sind häufig Beziehungskonflikte (vgl. oben).

### 03. Welche Grundsätze gelten für die Behandlung von Beschwerden?

**Konfliktsignale** äußern sich häufig in Form von **Beschwerden**. Sie erfolgen aus einem Gefühl der Verärgerung oder aus berechtigtem, sachlichen Interesse.

Nach dem Betriebsverfassungsgesetz hat jeder Arbeitnehmer grundsätzlich ein Beschwerderecht (vgl. § 84 BetrVG; bitte lesen).

Für die Behandlung und den Umgang mit Beschwerden gibt es einige Hinweise, die der Industriemeister beachten sollte:

a) **Anhören:**
   - jede Beschwerde ernst nehmen
   - den Beschwerdeführer ausreden lassen
   - nicht sofort dazu Stellung nehmen
   - die eigenen Kompetenzen abschätzen.

b) **Prüfen:**
   - durch sachliche Fragen die Ursachen feststellen, die zur Beschwerde führen
   - die Zusammenhänge klären
   - die Ansichten anderer Beteiligter hören.

c) **Aktiv werden:**
   - Maßnahmen ergreifen, die eine Abhilfe ermöglichen bzw. Lösungsvorschläge weiterleiten
   - wenn eine Abhilfe nicht möglich ist – die Gründe erklären und helfen, die Situation zu erleichtern.
   - sollte eine Beschwerde ungerechtfertigt sein – Einsicht erzeugen.

d) **Kontrollieren:**
   - ob das Handeln/die Maßnahme wirkt,
   - ob der Anlass, der zur Beschwerde geführt hat, ausgeräumt ist,
   - ob der Beschwerdeführer zufriedengestellt ist und
   - wie solche oder ähnliche Vorfälle künftig vermieden werden können.

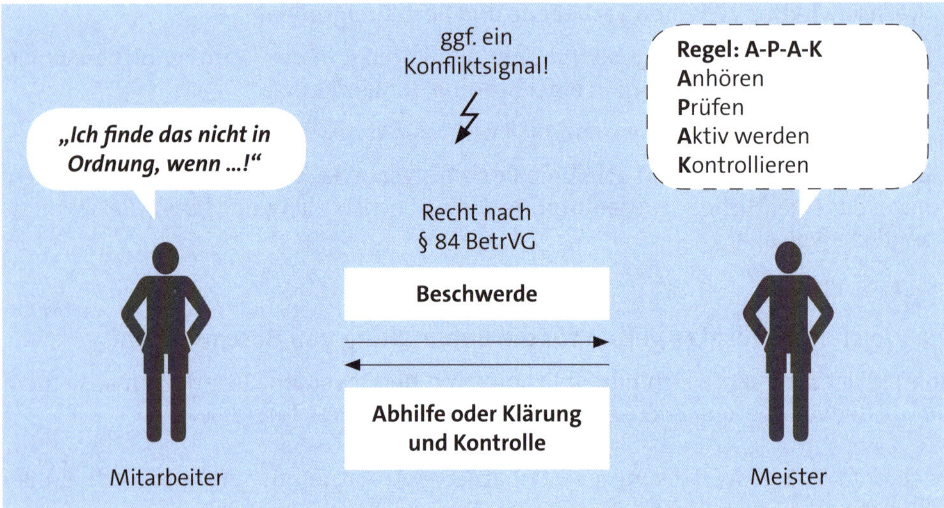


## 4.6.2 Mitarbeitergespräche und betriebliche Besprechungen

### 01. Was versteht man unter „Kommunikation“?

Kommunikation ist die Übermittlung von Reizen/Signalen vom Sender zum Empfänger. Man unterscheidet:

- die **verbale Kommunikation** (verbal = in Worten) (Unterhaltung, Bitte, Information, Anweisung, Dienstgespräch, Fachgespräch, Lehrgespräch, Diskussion, Debatte, Aussprache, vertrauliches Gespräch) und
- die **nonverbale** Kommunikation (nonverbal = ohne Worte) (Blickkontakt, Mimik, Gestik, Körperhaltung, Körperkontakt).

### 02. Welche Arten von Mitarbeitergesprächen sind für den Industriemeister von zentraler Bedeutung?

Grundsätzlich **gehört das Gespräch** mit dem einzelnen Mitarbeiter oder der Gruppe **zu den zentralen Führungsinstrumenten.** Mitarbeiter führen heißt, ihr Verhalten gezielt beeinflussen und dies bedeutet, mit ihnen verbal oder nonverbal kommunizieren.

MERKE

Der sprachlose Vorgesetzte führt nicht!

Für den Meister gibt es unterschiedliche Anlässe, mit den Mitarbeitern Gespräche zu führen. Diese sog. **Gesprächsarten** sind je nach Anlass und Einzelfall gezielt zur Förderung der Kommunikation und der Zusammenarbeit einzusetzen. Innerhalb der Fülle der Gesprächsarten sind vor allem folgende für die Prüfung relevant (vgl. Rahmenplan: 3.5.4, 3.6.3, 4.5.4, 4.5.5):

- Einstellungsgespräch
- Beurteilungsgespräch
- Anerkennungsgespräch
- Kritikgespräch
- Konfliktgespräch
- Fehlzeitengespräch
- Gruppengespräch.

### 03. Welche Vorbereitungen und Rahmenbedingungen sind für einen erfolgreichen Gesprächsverlauf zu beachten?

Obwohl jedes Gespräch je nach Anlass Besonderheiten aufweist, gibt es doch allgemein gültige Regeln, die der Meister bei jedem Mitarbeitergespräch einhalten sollte (vgl. dazu auch >> 4.5.4):

1. **Vorbereitung/Rahmenbedingungen:**
   - Ziel festlegen, Fakten sammeln, ggf. Termin vereinbaren, Notizen anfertigen
   - geeigneten Gesprächsort und -termin wählen, Gesprächsdauer planen.
2. **Gesprächsdurchführung/innere Bedingungen:**
   Vertrauen, Offenheit, Takt, Rücksichtnahme, Zuhören, Aufgeschlossenheit, persönliche Verfassung, Vorurteilsfreiheit, Fachkompetenz, Ausdrucksfähigkeit, sich Zeit nehmen;

   Zu vermeiden sind: Ablenkung, Zerstreutheit, Ermüdung, Überforderung, Misstrauen, Ängstlichkeit, Kontaktarmut, Vorurteile, Verallgemeinerungen i. S. von „immer, stets, niemals“ usw.

Einzelempfehlungen:

- Bei jedem Mitarbeitergespräch sollte die **Fragetechnik** gezielt eingesetzt werden:

  *„Wer fragt, der führt!“*

  *„Fragen statt behaupten!“*

  *„Fragen stellen und den anderen darauf kommen lassen!“*

  - **Offene Fragen** ermutigen den Gesprächspartner, über einen Beitrag nachzudenken und darüber zu sprechen, z. B.:
    - *„Was halten Sie davon?“*
    - *„Wie denken Sie darüber?“*
  - **Geschlossene Fragen** sind nur mit *„ja“* oder *„nein“* zu beantworten und können ein Gespräch ersticken.

- **Die wiederholenden Fragen** i. S. einer Wiederholung der Argumente des Gesprächspartners zeigen die Technik des „aktiven Zuhörens" und können z. B. lauten:
    - *„Sie meinen also, dass ..."*
    - *„Sie haben also die Erfahrung gemacht, dass ..."*
    - *„Sie sind also der Überzeugung, dass ..."*
    - *„Habe ich Sie richtig verstanden, wenn ..."*
- **Mit richtungsweisenden Fragen** werden im Gespräch Akzente gesetzt und der Gesprächsverlauf gesteuert, z. B.:
    - *„Sie sagten, Ihnen gefällt besonders ..."*
    - *„Dann stimmen Sie also zu, dass ..."*
    - *„Was würden Sie sagen, wenn ..."*

## 04. Welches Gesprächsverhalten ist ziel- und adressatengerecht?

Der Meister kann Mitarbeitergespräche nur dann erfolgreich durchführen, wenn er sich

- **zielorientiert** (Beachtung des Gesprächszieles) und
- **adressatenorientiert** (sich auf den Mitarbeiter einstellen) verhält.

Dazu einige Leitgedanken:

- Sich auf den anderen einstellen!

  seine Gedanken, seine Wünsche, Erfahrungen, seine früheren „Verletzungen"
- Widerstände sind keine Kampfansagen, sondern Hinweise auf mögliche Konflikte!
- Worte und Erfahrungswelt des anderen benutzen!
  Für die Ohren des anderen argumentieren!
  seine Arbeitswelt, seine Sprache, seine Bedürfnisse
- Das Gesprächsziel schriftlich formulieren!
  Die Zielerreichung überprüfen und festhalten!
  Den anderen beim Wort nehmen!

## 05. Welche Fragen sind geeignet, um bei schwierigen Gesprächen zu Beginn eine „Kontaktbrücke" herzustellen?

Geeignete Fragen sind z. B.:

- *„Wie fühlen Sie sich?"*
- *„Meinen Sie, dass Ihre Arbeit ausreichend anerkannt wird?"*
- *„Wie empfinden Sie die Zusammenarbeit in der Abteilung?"*
- *„Haben Sie Vorschläge zur Verbesserung der Arbeitsweise?"*
- *„Was behindert Sie in Ihrer Arbeitsleistung?"*
- *„Gibt es seit unserem letzten Gespräch etwas Neues?"*

Weniger geeignet sind „Floskeln“ wie z. B.:
- *„Womit kann ich Ihnen helfen?“*
- *„Was kann ich für Sie tun?“*
- *„Wie geht es Ihnen?“*

## 06. Welche Besprechungsarten stehen für den Industriemeister im Mittelpunkt?

**Besprechungen – Arten, Anlässe**

| **Dienst- oder Arbeitsbesprechung** | **Problemlösungs-/Entscheidungskonferenz** |
|---|---|
| ► Delegation von Aufgaben<br>► Vereinbaren von Zielen<br>► Information über betriebliche Vorgänge | ► Erarbeiten von betrieblichen Vorgängen<br>► Treffen/Diskussion von Entscheidungen |

## 07. In welche Phasen ist eine Besprechung typischerweise gegliedert?

Begrüßung/Eröffnung → Thema und Gliederung darstellen → Diskussion → Entscheidungen/Aktionen/Vereinbaren von Maßnahmen

## 08. Welche Vorbereitungen und Rahmenbedingungen sind für erfolgreiche Besprechungen erforderlich?

Besprechungen/Konferenzen sind nur dann erfolgreich, wenn sie **inhaltlich, personell** und **technisch** sorgfältig vorbereitet sind sowie richtig durchgeführt und nachbereitet werden.

Die nachfolgende **Checkliste** bietet dazu Hilfestellung:

| Checkliste | Vorbereiten einer Besprechung | Erledigt? |
|---|---|---|
| A. | **Inhaltliche** Vorbereitung, z. B.: | |
| | Ist die Besprechung notwendig? | x |
| | Ist es eine Informations-, Koordinations- oder Entscheidungskonferenz? | x |
| | Was ist Ziel der Besprechung? | x |
| | Ist das Ziel messbar formuliert und damit überprüfbar? | x |
| | Ist das Problem konkret formuliert? | x |

| Checkliste | Vorbereiten einer Besprechung | Erledigt? |
|---|---|---|
| B. | **Personelle** Vorbereitung, z. B.: | |
| | Wer kann/will zu dem Problem etwas beitragen? | x |
| | Wer ist ein schwieriger Teilnehmer? | x |
| | Wer muss wann informiert werden? | x |
| | Wer muss welche Vorarbeiten leisten? | x |
| | Haben alle Teilnehmer zugesagt? | x |
| C. | **Technische** Vorbereitung, z. B.: | |
| | Ort, Datum, Beginn und Ende der Besprechung | x |
| | Art der Besprechung, Tagesordnung | x |
| | Aufgabenverteilung: Leiter, Protokoll, Gäste ... | x |
| | erforderliche Unterlagen | x |
| | Raum reservieren | x |
| | Visualisierungstechnik auswählen und prüfen | x |
| | **Durchführung einer Besprechung** | |
| | ► Tagesordnung und Ablauf bekanntgeben<br>► Regeln vereinbaren<br>► Besprechung moderieren<br>► Beginn und Ende einhalten<br>► Ergebnisse im Protokoll festhalten (To-do-Liste) | |
| | **Nachbereitung einer Besprechung** | |
| | ► Protokoll versenden<br>► Durchführung der To-do-Liste überprüfen<br>► Probleme bearbeiten | |

## 09. Welche Verhaltensregeln im Unternehmen sind zu beachten?

Eine geordnete Zusammenarbeit von Menschen im Unternehmen ist nur möglich, wenn Regeln der Zusammenarbeit **existieren und** den Mitarbeitern **bekannt sind**. Der Meister muss auf die Einhaltung dieser Bestimmungen einwirken. Je größer ein Unternehmen ist, desto höher ist die Notwendigkeit, Fragen der Ordnung und des Verhaltens im Betrieb zu regeln.

In vielen Betrieben sind folgende Sachverhalte geregelt:

- Vereinbarungen über die Arbeitszeit (z. B. Flexibilisierungsmodelle)
- Regelung von Überstunden
- Vorschriften über **S**icherheit, **O**rdnung und **S**auberkeit am Arbeitsplatz (z. B. durch zusätzliche Schilder „S-O-S“)
- Umgang mit Werkzeugen

- Maßnahmen zum Unfallschutz
- Unterschriftsregelungen
- Grundsätze der Führung und Zusammenarbeit
- Arbeitsordnungen (früher: Betriebsordnung) sind Betriebsvereinbarungen, die Regelungen des Arbeitsschutzes, der Berufsgenossenschaften usw. enthalten. Bei Verstößen kann gegenüber dem Mitarbeiter ein Bußgeld verhängt werden.

### 10. Welche Maßnahmen zur Einhaltung der Verhaltensregeln im Betrieb kann der Industriemeister anwenden?

Der Industriemeister hat die Aufgabe, seine Mitarbeiter über alle Fragen der Ordnung und des Verhaltens im Betrieb **zu informieren** und dabei **Einsicht zu erzeugen**, warum diese Regelungen existieren. Im Einzelfall kann dazu auch gehören, dass er sich bei der Betriebsleitung dafür einsetzt, dass überholte Regeln abgeschafft oder überarbeitet werden.

Dem Meister stehen gegenüber dem Mitarbeiter folgende disziplinarische und arbeitsrechtliche **Instrumente/Maßnahmen** zur Verfügung, die er je nach Sachverhalt wirksam einsetzen muss:

- Unterweisung, Sicherheitsbelehrung
- Ermahnung
- Abmahnung
- schriftliches Festhalten von Arbeitsverstößen
- sofortige Ablösung am Arbeitsplatz
- Bußgeld (auf der Basis einer Arbeitsordnung)
- Versetzung
- ggf. Lohnabzug
- Kündigung.

### 11. Welche Prinzipien sollten bei der Umsetzung von Verhaltensregelungen im Betrieb eingehalten werden?

1. Konsequente Handhabung und Umsetzung!
   (sonst wird die Ausnahme zur Regel)
2. Gleiches Recht und gleiche Pflichten für alle!
3. Appell und Einsicht sind wirksamer als Drohungen!
4. Anwendung einheitlicher Maßstäbe!
5. Nicht Unmögliches verlangen!

## 12. Welche Arten betrieblicher Arbeitsgruppen lassen sich unterscheiden?

Betriebliche Arbeitsgruppen unterscheiden sich hinsichtlich ihrer **Größe**, **Zielsetzung** und **Struktur**. Möglich ist folgende Differenzierung; sie enthält Überschneidungen:

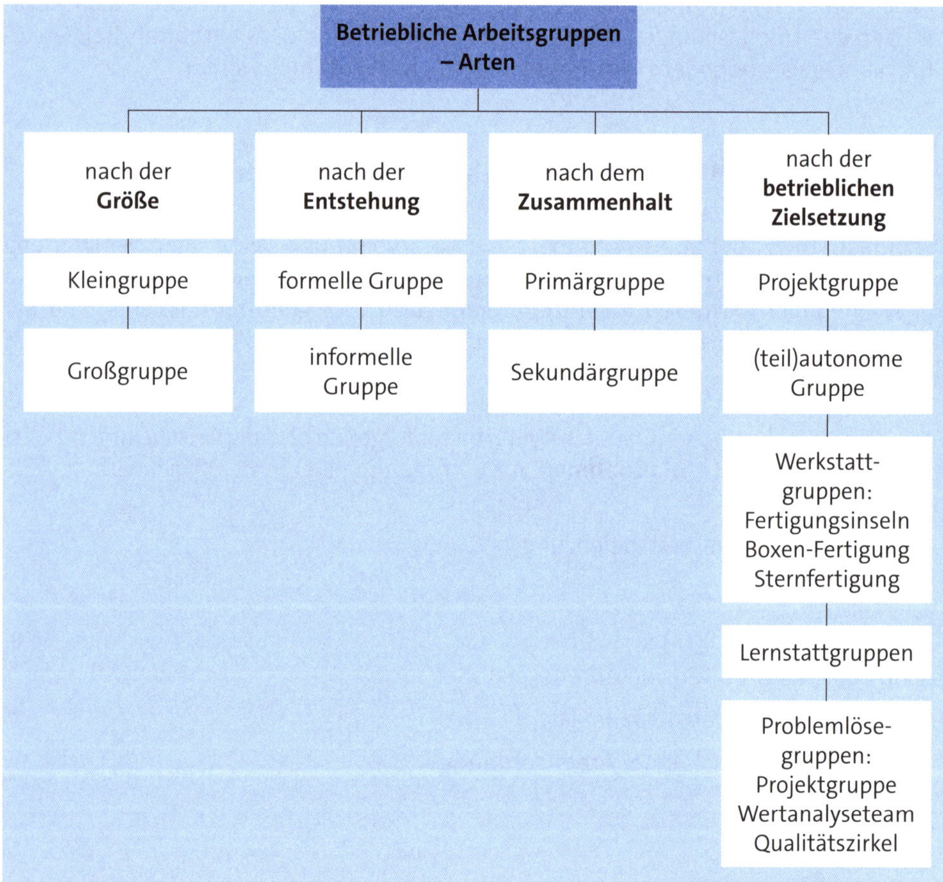


## 13. Welche Grundsätze sind bei der Zusammensetzung betrieblicher Arbeitsgruppen zu beachten?

Zunächst ist die Frage zu stellen, wann ist Gruppenarbeit erfolgreich? Wie lässt sich der Erfolg von Gruppenarbeit definieren?

Die Antwort lautet:

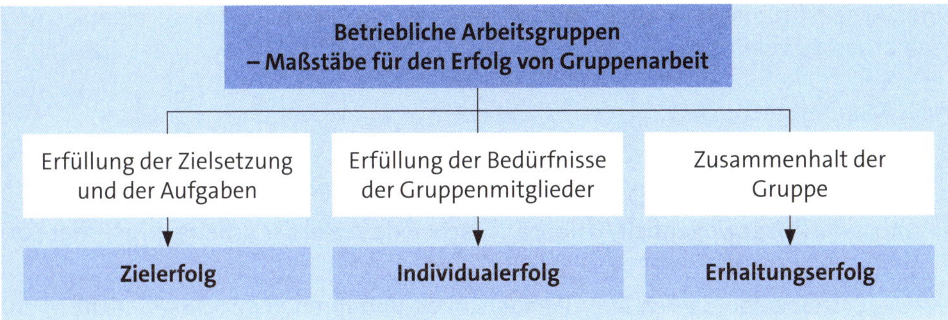


Damit also betriebliche Arbeitsgruppen erfolgreich sein können, müssen

1. die **Ziele** messbar formuliert sowie die **Aufgabenstellung** klar umrissen sein, z. B.
   - Kompetenz der Gruppe
   - Kompetenz der Gruppenmitglieder
   - ausgewogene fachliche Qualifikation der Gruppenmitglieder im Hinblick auf die Gesamtaufgabe (Alter, Geschlecht, Erfahrungshintergrund)
   - laufende Information über Veränderungen im Betriebsgeschehen.
2. die **Bedürfnisse der Gruppenmitglieder** berücksichtigt werden, z. B.
   - Sympathie/Antipathie
   - bestehende informelle Strukturen berücksichtigen und nutzen
   - gegenseitiger Respekt und Anerkennung.
3. Maßnahmen zum inneren **Zusammenhalt der Gruppe** gesteuert werden, z. B.
   - Größe der Gruppe (i. d. R. zwischen 6 und 12 Mitarbeiter)
   - Solidarität untereinander
   - Bekanntheit und Akzeptanz der Gruppe im Betrieb (Teamsprecher)
   - Arbeitsstrukturierung (Mehrfachqualifikation, Rotation, Springer)
   - Förderung der Lernbereitschaft und der Teamfähigkeit.

### 14. Welches Sozialverhalten der Gruppenmitglieder ist für eine effiziente Zusammenarbeit erforderlich?

Vorab zur Klarstellung:

- **Effektiv** heißt, die richtigen Dinge tun! (Hebelwirkung)
- **Effizient** heißt, die Dinge richtig tun! (Qualität)

Eine formell gebildete Arbeitsgruppe ist nicht grundsätzlich aus dem Stand heraus effizient in ihrer Zusammenarbeit. **Teamarbeit entwickelt sich nicht von allein, sondern muss gefördert und erarbeitet werden.** Neben den notwendigen **Rahmenbedingungen** der Teamarbeit (Ziel, Aufgabe, Kompetenz, Arbeitsbedingungen) müssen die Mitglieder einer Arbeitsgruppe **Verhaltensweisen** beherrschen/erlernen, um zu einer echten Teamarbeit zu gelangen:

Jedes Teammitglied ...

a) muss nach dem **Grundsatz** handeln:
*„Nicht jeder für sich allein, sondern alle gemeinsam und gleichberechtigt!"*

b) muss die **Ausgewogenheit/Balance** zwischen dem Ziel der Arbeitsgruppe, der Einzelperson und der Gesamtgruppe anstreben!

Die Einzelperson darf in ihrer Persönlichkeit und ihren Bedürfnissen nicht in der Gruppe untergehen. Störungen in der Gruppenarbeit, die ein Einzelner empfindet, müssen respektiert und geklärt werden.

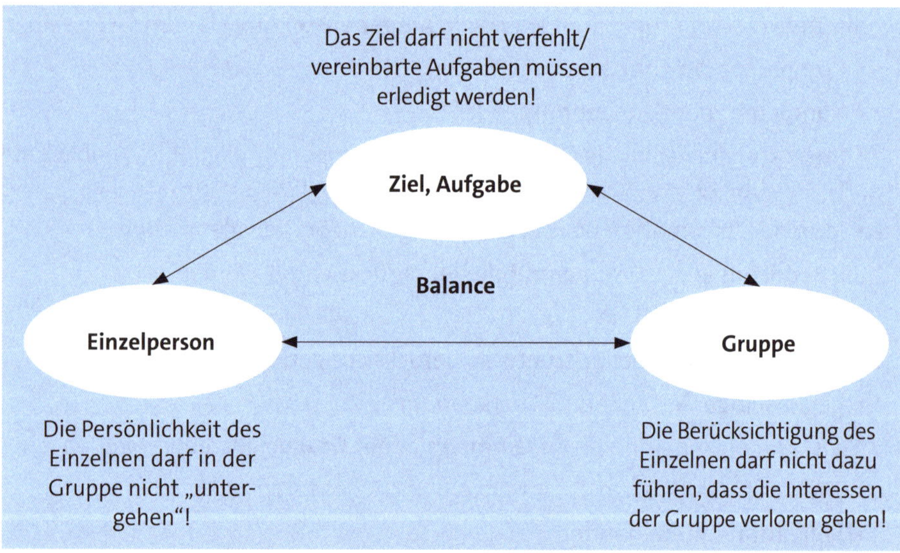


c) respektiert das andere Gruppenmitglied im Sinne von *„Ich bin o. k., du bist o. k.!"*

d) erarbeitet mit den anderen schrittweise **Regeln** der Zusammenarbeit und der Kommunikation, die eingehalten werden, solange sie gelten.

**Beispiele**

- Vereinbarte Termine und Zusagen werden eingehalten!
- Jeder hat das Recht, auszureden!
- Jede Meinung ist gleichberechtigt!
- Kritik wird konstruktiv und in der Ich-Form vorgebracht!

e) verfügt über/erlernt die Bereitschaft/Fähigkeit, notwendige **Veränderungen mitzutragen.**

## 15. Welche unterschiedlichen Rollen muss der Industriemeister bei der Führung von Arbeitsgruppen berücksichtigen?

Der Meister ist wie jeder andere Vorgesetzte verantwortlich für die Erreichung der Ziele seiner Abteilung. An dieser grundlegenden Verantwortung hat auch die Veränderung des Führungsstils und der neueren Formen von Gruppenarbeit nichts geändert.

a) In dieser Rolle ist der Meister **Vorgesetzter** und gegenüber der Gruppe weisungs- und kontrollberechtigt. *„Die Gruppe braucht einen Chef!“*

   Die zunehmende Demokratisierung der Arbeitsprozesse und Arbeitsstrukturen verbunden mit einer verstärkten Delegation von Aufgaben und Kompetenzen (z. B. teilautonome Gruppen) hat dazu geführt, dass der Meister auch andere Rollen wahrnehmen muss: An den Meister werden z. B. bei Opel Eisenach weniger fachliche und leitende Aufgabenansprüche gestellt. Dafür muss er stärker als früher über **soziale Kompetenz** verfügen:

b) Er dient als **Trainer und Coach** seinen Teams (z. B. Verbesserung der Kommunikationsfähigkeit, Vermittlung von Besprechungstechniken, Optimierung der Arbeitsabläufe).

c) Er **koordiniert** die Zusammenarbeit zwischen den einzelnen Teams und den benachbarten betrieblichen Abteilungen (z. B. Fragen der Aufgabenverteilung, der Materialversorgung, Terminkoordination).

d) Er ist **Moderator** (= „Steuermann“) der Prozesse in der Gruppe und zwischen den Gruppen (z. B. Bewältigung von Konflikten und Veränderungsprozessen).

e) Für den einzelnen Mitarbeiter im Team sollte der Meister auch die Rolle eines **Beraters** wahrnehmen (z. B. persönliche Probleme, falls gewünscht; Fragen der Fortbildung und Karriere).

f) Da die „Personaldecke“ heute in allen Betrieben äußerst knapp ist, kann es in Einzelfällen sogar vorkommen, dass der Meister bei personellen Engpässen kurzzeitig „zurück ins Glied muss“, d. h. er muss für begrenzte Zeit im Produktionsablauf aushelfen. Wir können diese Rolle als „Springerfunktion“ bezeichnen.

**Fazit:**
Der Meister im heutigen Leistungsprozess hat unterschiedliche Rollen gleichzeitig wahrzunehmen. Hinsichtlich der Sozialkompetenz und der moderatorischen Kompetenz sind die Anforderungen an ihn gestiegen.

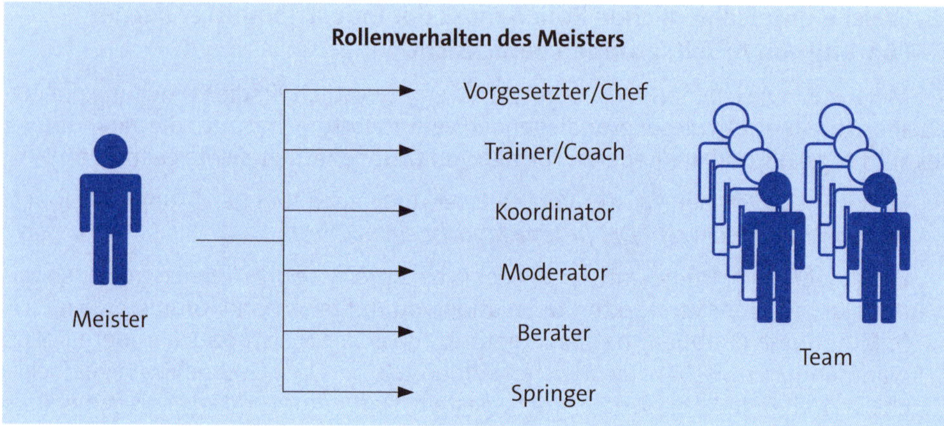


## 16. Was versteht man unter „Gruppendynamik“?

Mit Gruppendynamik bezeichnet man die **Kräfte innerhalb einer Gruppe, durch die Veränderungen verursacht werden.** Veränderungen können z. B. sein: verstärkter Gruppenzusammenhalt, Feindseligkeit zu anderen Gruppen, Isolierung einzelner Gruppenmitglieder, Entwicklung gemeinsamer Normen, Lernprozesse, Entwicklung einer informellen Rangordnung mit positiver oder negativer Wirkung.

## 17. Wie kann der Meister gruppendynamische Prozesse bewusst wahrnehmen und dabei versuchen, die Teamentwicklung zu stärken?

Gruppendynamische Prozesse können negative oder positive Wirkungen entfalten (Zusammenhalt oder innerer Zerfall einer Gruppe).

Der Meister muss positive Entwicklungen erkennen und fördern und negativen Tendenzen entgegenwirken. Negativ sind alle Entwicklungen zu bewerten, die die Erreichung der Ziele stören oder verhindern: Nichterreichen der betrieblichen Ziele, Stören der persönlichen Bedürfnisse der Gruppenmitglieder (vgl. dazu oben, » 4.6.2 Frage 13.).

**Gruppendynamische Prozesse** (Veränderungsprozesse) **kann der Meister über folgende Signale** der Mitarbeiter/der Gruppe diagnostizieren und damit bewusst in eine positive Richtung steuern:

- **Kontakt**
  - zwischen den einzelnen Gruppenmitgliedern
  - zu anderen Gruppen
- **Sympathie/Antipathie**
  - zwischen den einzelnen Gruppenmitgliedern
  - zu anderen Gruppen

- **Aktivität**
  - zwischen den einzelnen Gruppenmitgliedern
  - zu anderen Gruppen
- Entwicklung eines **informellen Führers** in der Gruppe
- **Beschwerden**
- **Konflikte**
- Veränderung
  - der **Gruppenleistung**
  - der **Leistung** einzelner Gruppenmitglieder
  - der Kommunikation (Art, Häufigkeit, Intensität)
- Entwicklung eigener **Gruppennormen** (konstruktive/destruktive)
- **Wettbewerb** untereinander (in der Gruppen/innerhalb von Gruppen)

  Bei der Führung von Gruppen haben sich folgende Prinzipien bewährt:
  - Nicht gegen die Gruppe arbeiten, sondern mit ihr.
  - **Die positiven Kräfte nutzen** (wie z. B. Gruppenzusammenhalt), **den negativen entgegenwirken** (wie z. B. Bildung informeller Normen, die sich destruktiv auswirken).

## 18. Was versteht man unter „Moderation"?

Moderation kommt aus dem Lateinischen (= **moderatio**) und bedeutet, das *„rechte Maß finden, Harmonie herstellen"*. Im betrieblichen Alltag bezeichnet man damit eine **Technik,** die hilft,

- Einzelgespräche,
- Besprechungen und
- Gruppenarbeiten (Lern- und Arbeitsgruppen)

**so zu steuern, dass das Ziel erreicht wird.**

## 19. Welche Aufgaben hat der Moderator?

Das Problem bei der Moderation liegt darin, dass die traditionellen Strukturen der Gruppenführung noch nachhaltig wirksam sind. Die Mitarbeiter sind es gewohnt, Anweisungen zu erhalten; die Vorgesetzten verstehen sich i. d. R. als Leiter einer Gruppe mit hierarchischer Kompetenz und Anweisungsbefugnissen.

Bei der Moderation von Gruppengesprächen müssen diese traditionellen Rollen abgelegt werden:

- **Der Vorgesetzte als Moderator einer Besprechung steuert mit Methodenkompetenz den Prozess der Problemlösung in der Gruppe und nicht den Inhalt!**
- **Der Moderator ist der erste Diener der Gruppe!**

Der Meister als Moderator ist **kein** „Oberlehrer“, der alles besser weiß, sondern er ist **primus inter pares** (Erster unter Gleichen). Er beherrscht das „Wie“ der Kommunikation und kann Methoden der Problemlösung und der Visualisierung von Gesprächsergebnissen anwenden. In fachlicher Hinsicht muss er nicht alle Details beherrschen, sondern einen Überblick über Gesamtzusammenhänge haben.

Eine der schwierigsten Aufgaben für den Moderator ist die Fähigkeit zu erlangen, **seine eigenen Vorstellungen** zur Problemlösung denen der Gruppe **unterzuordnen**, sich selbst zurück zu nehmen und ein erforderliches Maß an **Neutralität** aufzubringen. Dies verlangt ein Umdenken im Rollenverständnis des Meisters.

Der Moderator hat somit folgende **Aufgaben:**

1. **Er steuert den Prozess und sorgt für eine Balance** zwischen Individuum, Gruppe und Thema!

   Ablauf der Besprechung, Kommunikation innerhalb der Gruppe, roter Faden der Problembearbeitung, Anregungen, Zusammenfassen, kein Abschweifen vom Thema, verschafft allen Gruppenmitgliedern Gehör.
2. **Er bestimmt das Ziel** und den Einsatz der **Methodik** und der **Techniken!**
   Die Gruppe bestimmt vorrangig die Inhalte und Lösungsansätze.
3. Er sorgt dafür, dass **Spannungen und Konflikte thematisiert** werden!
   Sachliche Behandlung.
4. **Er spielt sich nicht (inhaltlich) in den Vordergrund!**
   Zuhören, ausreden lassen, kein Besserwisser, Geduld haben.

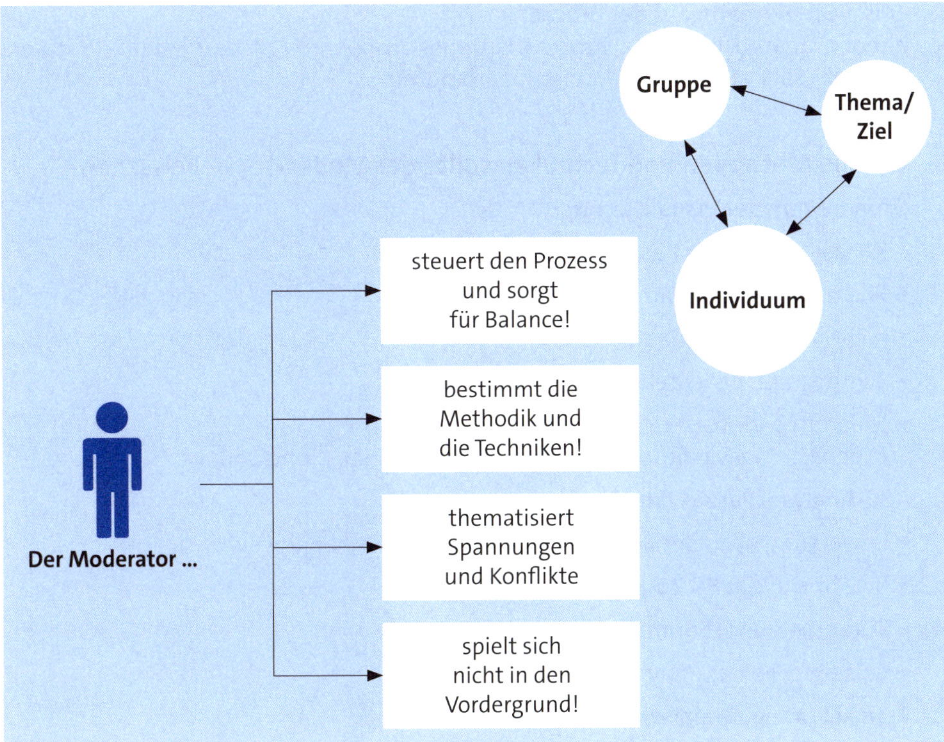


### 20. Welche Stellung und Rolle (= Funktion) hat der Moderator?

Moderation ist ein Handwerk und die Kunst zur Verbesserung der Kommunikation in betrieblichen Gruppenarbeiten.

Der Moderator hat von daher folgende **Stellung und Rolle (= Funktion)** innerhalb der Arbeits-/Besprechungsgruppe:

1. Er ist der erste **Diener** der Gruppe:
   Vorbereitung der Gruppenarbeit, Rahmenbedingungen schaffen
2. Er ist **Partner** der Gruppe:
   sich einfühlen, zusammenfassen, auf alle eingehen
3. Er ist „Geburtshelfer" der Problemlösung:
   zielorientierte Fragen vorbereiten, Hilfestellung bei der Formulierung, durch Fragen die „Gruppe selbst darauf kommen lassen" (Mäeutik = Hebammentechnik)
4. Er ist **Transformator und Change Agent:**
   Prozessbegleiter, Helfer bei Lernprozessen, Überwindung von Stockungen in der Gruppenarbeit
5. Er ist **„Gärtner" und Förderer:**
   „bereitet den Boden für die Problemlösung vor": ermuntern, ermutigen, Wissen bereitstellen, die Fähigkeiten der Gruppenmitglieder fördern

6. Er ist **„Steuermann auf der Brücke“:**
   hat den Überblick (Thema, Prozess, Gruppe, Gruppenmitglieder), setzt Prioritäten, erkennt „Sackgassen“ der Problembearbeitung.

## 21. Welche Methoden und Techniken sollte der Moderator beherrschen?

1. **Grundregeln der Visualisierung:**
   - Konzentration auf das Wesentliche
   - Bilder, Worte, Diagramme
   - nicht mit Text überladen
   - Schriftgröße beachten
   - Hilfsmittel einsetzen:
     Flipchart, Tageslichtprojektor, Wandtafel, Beamer, Pinnwand.
2. **ABC-Analyse/Pareto Prinzip:**
   - Bewertung nach der Bedeutung (A = wichtig, B = weniger wichtig, ...)
   - basiert auf der 80:20-Regel nach Pareto
   - Voraussetzung: Sammlung von Daten
   - Beispiele: Fehleranalyse, Qualitätsprobleme.
3. **Brainstorming, Brainwriting:**
   vgl. dazu >>4.5.1 Frage 04.
4. **Methode 635:**
   Bei dieser Methode erhalten sechs Teilnehmer ein gleich großes Blatt Papier. Es wird mit drei Spalten und sechs Zeilen in 18 Kästchen aufgeteilt (**sechs** Teilnehmer, je **drei** Ideen, **fünfmal** weiterreichen). Jeder Teilnehmer entwirft drei Lösungsvorschläge und gibt danach sein Blatt weiter. Der Nachbar liest das Blatt durch, lässt sich durch die Vorschläge anregen, ergänzt wiederum drei Ideen und gibt sein Blatt weiter. Das Weiterreichen erfolgt 5-mal.

   Mit dieser Methode entstehen innerhalb von 30 Minuten maximal 108 Ideen:
   **6** Teilnehmer • **3** Ideen • **6** Zeilen.
5. **Metaplan-Technik** (teilweise auch als Brainwriting bezeichnet):
   - **Äußerungsphase:**
     - bis zu 20 Teilnehmer
     - Ideen auf Karten
     - je Karte nur eine Idee
     - alle Ideen werden dokumentiert – keine Idee geht verloren
     - Dauer: 5-10 Minuten
     - während der Ideensammlung: kein Kommentar, keine Bewertung
     - es gibt keine Tabus, keine Grenzen, keine Normen.

- Nach der Äußerungsphase kommt die **Ordnungsphase** (Klumpen bilden):
  Die Ideen werden geordnet/gruppiert (dabei gilt: der Urheber entscheidet bei Nicht-Einigung in der Gruppe, in welche Ordnung seine Idee gehört; eventuell Karte doppeln).
- Nach der Ordnungsphase folgt die **Bewertungsphase**:
  Die Ideen werden in der Gruppe bewertet (erst jetzt wird „Unsinniges“, Unrealistisches usw. beiseite gelegt). Alle Ideen werden besprochen, die Inhalte sind dann jedem einzelnen Gruppenmitglied bekannt.
- **Vertiefungsphase:**
  In der Regel werden danach die interessierenden Themenfelder (sprich „Klumpen“) in Gruppenarbeiten im Detail **strukturiert** und inhaltlich aufbereitet.
- **Schlussphase/Aktionsphase:**
  In der Schlussphase werden die gewonnenen Ergebnisse in Aktionen umformuliert, um so Eingang in die Praxis zu finden: Wer? Macht was? Wie? Bis wann?

6. **Mindmapping:**
   Dies ist eine Technik, um Informationen und Problemstellungen auf eine übersichtliche Art zu strukturieren und zu dokumentieren; ist geeignet für die Analyse von Problemen, aber auch die Gliederung von Lösungswegen. Das Problem wird in Hauptäste und Zweige zerlegt und grafisch veranschaulicht:

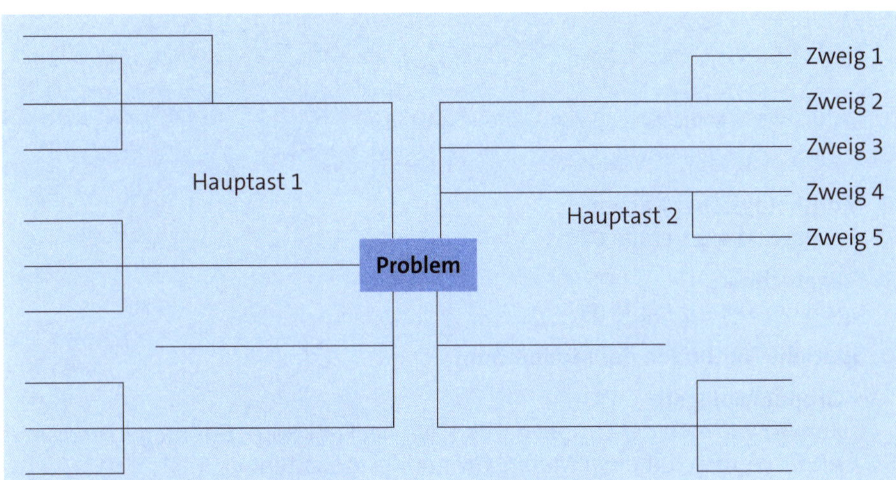


7. **Ishikawa-Diagramm (= Ursache-Wirkungs-Diagramm)**
   Die Problemursachen werden nach Bereichen kategorisiert und in einer Grafik veranschaulicht. Die Einzelschritte sind:
   - Problem definieren
   - 4 - 7 Ursachenbereiche unterscheiden:
     - Mensch
     - Maschine
     - Material

- Methode
- Mitwelt bzw. Milieu
- Management
- Messung

► mögliche Ursachen je Bereich erkunden

► grafisch darstellen

Verkürzte Darstellung:

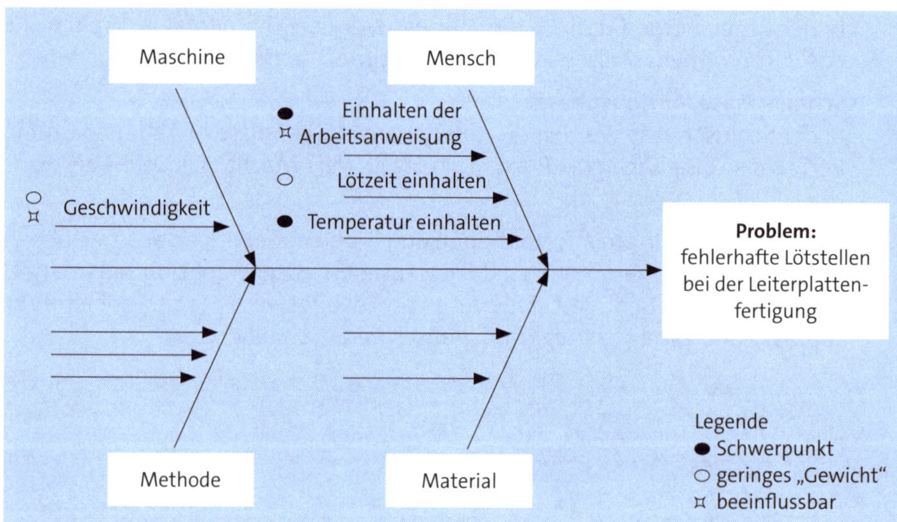


8. **Morphologischer Kasten:**
   Vgl. dazu >> 4.5.1 Frage 04.
9. **Fragetechnik:**
   Vgl. dazu >> 4.6.2 Frage 03.
10. **Spezielle Methoden der Moderation:**

► **Gruppenspiegel:**
Zum Anwärmen der Gruppenarbeit: Name, Funktion, *„Das mag ich/das mag ich nicht"* werden auf einer Metaplanwand festgehalten.

► **Erwartungsabfrage:**
Zum Einstieg, zum Abbau von Vorbehalten und Ängsten, z. B. über folgende Fragen auf der Metaplanwand:

*„Was soll passieren?"*
*„Was darf nicht passieren?"*
*„Ich erwarte von dieser Sitzung ..."*

► **Themenspeicher:**
Gefundene Ideen werden gesondert festgehalten; ebenso: noch zu bearbeitende Felder.

- **Punktabfrage:**
  Die Teilnehmer bewerten Fragen oder Lösungsansätze mit Punkten; z. B. kann jeder Teilnehmer bei acht Lösungen drei bis vier Punkte zur Vergabe erhalten.
- **Fadenkreuz:**
  Der Moderator unterteilt eine bestimmte Fragestellung in vier Felder; z. B. Soll, Ist, Widerstände, Lösungsansätze.
- **Maßnahmenplan:**
  Die gefundenen Lösungen werden als Einzelmaßnahme festgehalten mit den Spalten: Maßnahmen-Nr., Wer?, Mit wem?, Bis wann?
- **Stimmungsbarometer:**
  Auf einem Flipchart wird die Stimmungslage der Gruppe festgehalten, z. B. am Ende einer Sitzung.
- **Blitzlicht:**
  Wird z .B. bei Störungen der Gruppenarbeit eingesetzt; erfolgt ohne Visualisierung. Die Gruppe verlässt das Sachthema und wechselt auf die Beziehungsebene. Jeder sagt so viel oder so wenig wie er möchte. Die Beiträge werden nicht kommentiert.

### 22. In welchen Phasen erfolgt der Ablauf der Moderation?

**1. Phase: Begrüßung, Kennenlernen,** Anwärmen

**2. Phase: Problemorientierung,** zielführende Schlüsselfragen

**3. Phase: Problembearbeitung**

**4. Phase: Ergebnisorientierung**

**5. Phase: Abschluss,** Präsentation

**6. Phase: Protokoll,** Dokumentation der gewonnenen Ergebnisse

# 5. Berücksichtigung naturwissenschaftlicher und technischer Gesetzmäßigkeiten

INFO

**Prüfungsanforderungen**

Nachweis folgender Fähigkeiten:

- Der Teilnehmer soll nachweisen, dass er in der Lage ist, einschlägige naturwissenschaftliche und technische Gesetzmäßigkeiten zur Lösung technischer Probleme einzubeziehen.
- Er soll mathematische, physikalische, chemische und technische Kenntnisse und Fertigkeiten zur Lösung von Aufgaben aus der betrieblichen Praxis anwenden.

**Qualifikationsschwerpunkte (Überblick)**

5.1 Berücksichtigen der Auswirkungen naturwissenschaftlicher und technischer Gesetzmäßigkeiten auf Materialien, Maschinen und Prozesse sowie auf Mensch und Umwelt, z. B. bei Oxidations- und Reduktionsvorgängen, thermischen Einflüssen, galvanischen Prozessen, mechanischen Bewegungsvorgängen, elektrotechnischen, hydraulischen und pneumatischen Antriebs- und Steuerungsvorgängen

5.2 Verwenden unterschiedlicher Energieformen im Betrieb sowie Beachten der damit zusammenhängenden Auswirkungen auf Mensch und Umwelt

5.3 Berechnen betriebs- und fertigungstechnischer Größen bei Belastungen und Bewegungen

5.4 Anwenden von statistischen Verfahren und Durchführen von einfachen statistischen Berechnungen sowie ihre grafische Darstellung

# 5.1 Auswirkungen naturwissenschaftlicher und technischer Gesetzmäßigkeiten auf Materialien, Maschinen und Prozesse sowie auf Mensch und Umwelt

## 5.1.1 Chemische Reaktionen in Arbeitsprozessen, Maschinen und Materialien

### 01. Welche Eigenschaften haben Sauerstoff und Wasserstoff? Wie werden sie verwendet und hergestellt?

| | $O_2$ Sauerstoff | $H_2$ Wasserstoff |
|---|---|---|
| | **Beispiele** | |
| **Eigenschaften** | ► gasförmig<br>► farb-, geruch-, geschmacklos<br>► ist Bestandteil der Luft<br>► tritt chemisch gebunden als Bestandteil des Wassers und fast aller Gesteine auf<br>► reaktionsfreudig<br>► unterhält die Verbrennung, verbrennt aber nicht selbst<br>► bildet mit anderen Elementen Oxide | ► gasförmig<br>► farb-, geruch-, geschmacklos<br>► ist das leichteste Gas mit der geringsten Dichte<br>► reaktionsträge; in Wasser wenig löslich<br>► hochentzündlich bzw. explosiv; Wasserstoff-Sauerstoff-Gemische reagieren bei Entzündung explosionsartig (Knallgas)<br>► bildet mit anderen Elementen Hydride |
| **Herstellung** | ► durch fraktionierte Destillation verflüssigter Luft (Stickstoff wird abgegeben, Sauerstoff bleibt übrig)<br>► Elektrolyse des Wassers:<br>$2H_2O \rightarrow 2H_2 + O_2$ | ► durch Elektrolyse verdünnter Alkalilauge oder Schwefelsäure entsteht Wasserstoff als Nebenprodukt<br>► Vergasung von Kohle mit Wasserdampf |
| **Verwendung** | ► beim autogenen Schweißen<br>► in Atemgeräten<br>► als Bestandteil von Raketentreibstoffen<br>► zur Stahlherstellung | ► beim Raketenantrieb<br>► in Wasserstoffmotoren (Energieträger der Zukunft)<br>► beim autogenen Schweißen und Schneiden<br>► bei Hydrierungsreaktionen (z. B. Fetthärtung)<br>► zur Kühlung von Generatoren in Kraftwerken |

## 02. Was ist trockene Luft?

Trockene Luft ist ein **Gasgemisch**, das Sauerstoff, Kohlendioxid, Stickstoff und Edelgase enthält. Unsere Erde ist von einer lebenswichtigen Lufthülle umgeben, die schädliche Strahlen absorbiert und extreme Temperaturen verhindert. Die Gase der Luft, die in der Industrie als Rohstoffe verwendet werden, lassen sich durch **fraktionierte Destillation** trennen. Luft setzt sich aus folgenden Bestandteilen zusammen:

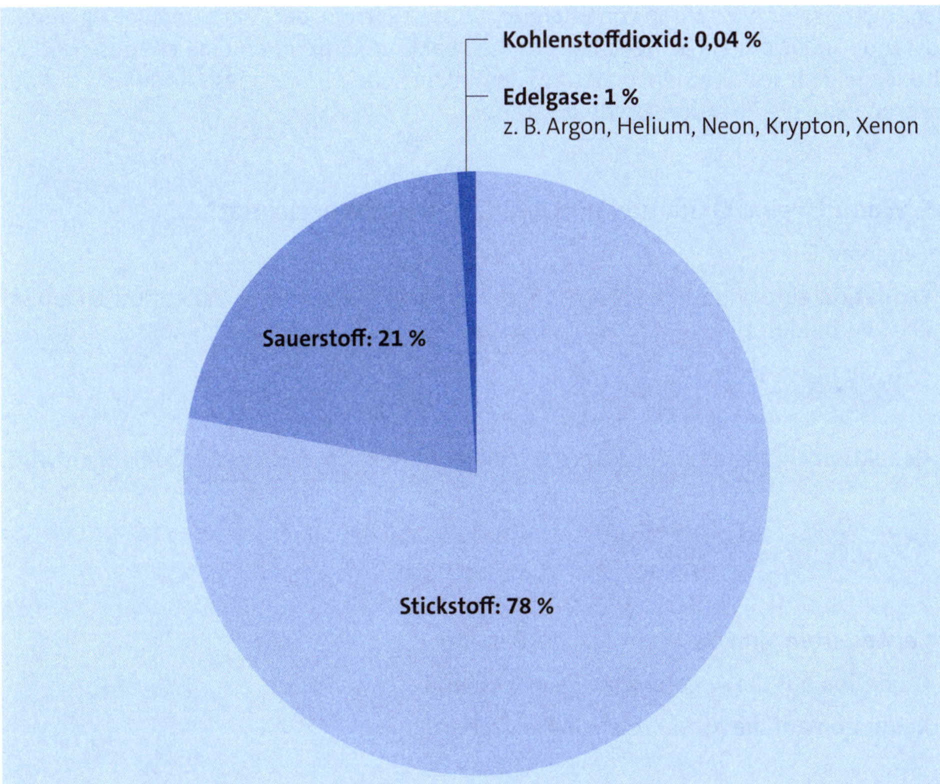


## 03. Wie wird Luft verflüssigt und wozu wird flüssige Luft verwendet?

Flüssige Luft wird hergestellt, indem man sie komprimiert und die dabei frei werdende Wärme abführt. Bei der nachfolgenden Expansion kühlt sich die Luft ab. Durch mehrfache Wiederholung mithilfe von Vorkühlung wird Luft bei etwa -190 °C flüssig. Frisch hergestellte flüssige Luft ist zunächst farblos, später blau, da der farblose Stickstoff bevorzugt verdampft und sich der blaue Sauerstoff im Rückstand anreichert. Flüssige Luft wird z. B. zur Kühlung, aber auch zur Gewinnung von Sauerstoff, Stickstoff und Edelgasen verwendet.

## 04. Was sind chemische Reaktionen?

Unter chemischen Reaktionen werden allgemein **stoffliche Prozesse** verstanden, bei denen **chemische Bindungen** (Spaltungen oder Neuausbildungen) **umgebaut werden**. Dabei **entstehen neue Stoffe mit neuen Eigenschaften**, aber keine neuen Elemente. Diese neuen Stoffe werden Reaktionsprodukte genannt.

Chemische Reaktionen sind stets mit physikalischen Vorgängen verbunden, z. B. mit der Abgabe oder Aufnahme von Energie (z. B. als Wärme), der Änderung des Aggregatzustandes oder der Farbe. Jede chemische Reaktion kann durch eine chemische Gleichung ausgedrückt werden, in der auf der linken Seite die Ausgangsstoffe und auf der rechten Seite die Reaktionsprodukte stehen.

## 05. Wodurch sind Oxidation und Reduktion gekennzeichnet?

Im **engeren Sinn** ist

- **Oxidation** eine chemische Reaktion, bei der sich ein Stoff mit Sauerstoff zu einem Oxid verbindet, z. B.:

$$2\,Mg + O_2 \rightarrow 2\,MgO$$

- **Reduktion** eine chemische Reaktion, bei der einem Oxid Sauerstoff entzogen wird, z. B.:

$$2\,Ag_2O \rightarrow 4\,Ag + O_2$$

Im **erweiterten Sinn** beziehen sich die Begriffe

- **Oxidation** auf die Abgabe von Elektronen und
- **Reduktion** auf die Aufnahme von Elektronen.

## 06. Was ist eine Redoxreaktion?

- Als **Redoxreaktion** (im engeren Sinn) wird eine Reaktion bezeichnet, bei der **Reduktion und Oxidation gleichzeitig** ablaufen bzw. gekoppelt sind.

**Beispiel**

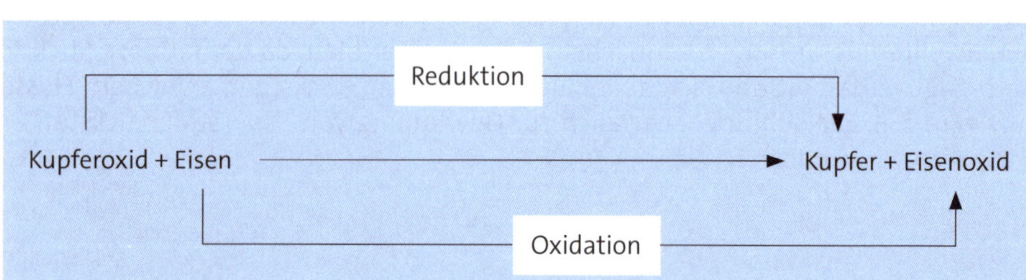

Hierbei wird Kupferoxid zu Kupfer reduziert und Eisen nimmt Sauerstoff auf; es oxidiert.

- **Redoxreaktionen** (im erweiterten Sinn) sind Reaktionen, bei denen zwischen Teilchen der Ausgangsstoffe Elektronen übertragen werden. Oxidation und Reduktion werden hier als **Reaktionen mit Elektronenübergang** verstanden.

## 07. Was sind Oxidationsmittel und Reduktionsmittel?

Wenn man das o. g. Beispiel der Reaktion von Kupferoxid und Eisen genauer beschreibt, so ist festzustellen, dass

- **Kupferoxid Sauerstoff abgibt** und dadurch die Oxidation des Eisens ermöglicht. Das Kupferoxid ist das **Oxidationsmittel**, es wird selbst reduziert.
- **Eisen Sauerstoff aufnimmt** und dadurch die Reduktion des Kupferoxids ermöglicht. Das Eisen reduziert das Kupferoxid, es ist das **Reduktionsmittel** und wird selbst oxidiert.

Im erweiterten Sinn gibt das Reduktionsmittel Elektronen ab und das Oxidationsmittel nimmt Elektronen auf. Ob ein Stoff als Reduktions- oder als Oxidationsmittel wirkt, kann nur im Verhältnis zu einem bestimmten Reaktionspartner bestimmt werden.

## 08. Was bezeichnet man als Spannungsreihe der Metalle und was bedeutet Redoxpotenzial?

Ein Maß für das Reduktions- bzw. Oxidationsvermögen eines Stoffes ist sein Redoxpotenzial. Eine nach dem Wert des Redoxpotenzials geordnete Reihe ist die **Spannungsreihe**. Je höher das Redoxpotenzial ist, um so größer ist die Oxidationskraft eines Stoffes.

Da die Metalle so geordnet sind, dass die links stehenden die jeweils rechts davon stehenden Metalle ausfällen, bezeichnet man die Spannungsreihe auch als **Fällungsreihe**.

→ **Fällungsreaktion:**
Beim Vermischen von Lösungen zweier leicht löslicher Salze entsteht ein schwer lösliches Salz, das als Niederschlag aus der Lösung ausfällt.

| unedel | Li | Ca | Mg | Zn | Fe | Pb | [H] | Cu | C | Ag | Hg | Au | edel |
|---|---|---|---|---|---|---|---|---|---|---|---|---|---|
| Normalpotenzial | -3,04 | -2,87 | -2,36 | -0,76 | -0,44 | -0,13 | 0 | 0,34 | 0,74 | 0,8 | 0,85 | 1,42 | in Volt |

Der Wasserstoff wurde als Bezugsgröße mit in die Spannungsreihe aufgenommen. Ihm wird ein Standardpotenzial von 0 Volt zugeordnet. Alle links vom Wasserstoff stehenden Metalle wirken ihm gegenüber als Reduktionsmittel.

## 09. Was bezeichnet man als „galvanisches Element"?

Durch Kopplung von zwei verschiedenen Metallen in ihren Salzlösungen entsteht eine Redox-reaktion, bei der elektrischer Strom erzeugt wird.

**Beispiel**

$$Zn + Cu^{2+} \rightarrow Zn^{2+} + Cu$$

Je weiter die Metalle in der Spannungsreihe auseinander liegen, um so höher ist die Spannung des galvanischen Elements. Man erhält also hohe Spannungen, wenn man edle Metalle zusammen mit sehr unedlen verwendet.

Diese chemische Spannungsquelle wird in der Praxis beispielsweise in Batterien und Akkumulatoren genutzt. So hat z. B. ein galvanisches Element aus der Verbindung von Kohlenstoff (+ 0,74 V) und Zink (- 0,76 V) die Spannung von 1,5 V (0,74 V - (- 0,76 V) = 1,5 V).

## 10. Was ist eine elektrochemische Reaktion?

Elektrochemische Reaktionen sind solche chemischen Reaktionen, **die unter Aufnahme oder Abgabe von elektrischer Energie ablaufen.** Es findet dabei eine wechselseitige Umwandlung von (in den Stoffen vorhandener) chemischer und elektrischer Energie statt.

## 11. Was sind exotherme und endotherme Reaktionen?

Damit Stoffe eine chemische Reaktion eingehen können, müssen sie meist zuvor aktiviert werden, d. h., es muss Energie (z. B. thermische) zugeführt werden. Diese Startenergie nennt man Aktivierungsenergie.

Wird nun bei einer Reaktion

- **Wärme frei,** so heißt diese Reaktion **exotherm**. Dabei wird mehr Energie frei, als an Aktivierungsenergie zugeführt werden muss, z. B. Verbrennen von Holz.
- **Wärme zugeführt,** so heißt diese Reaktion **endotherm**. Diese Reaktionen laufen nur bei ständiger Energiezufuhr ab, z. B. Auflösen einer Brausetablette in Wasser.

## 12. Wie entsteht Korrosion?

Korrosion ist die Zerstörung eines Metalls von der Oberfläche her durch chemische Reaktionen, die durch Luft, Wasser, Säuren oder aggressive Gase verursacht werden. Eine häufige Form ist die **Sauerstoffkorrosion**, z. B. das Rosten von Eisen: Auf der (beschädigten) Eisenoberfläche bildet sich im Kontakt mit feuchter Luft eine lockere Rostschicht, die porös und bröckelig ist. Wasser und Sauerstoff können diese Schicht durchdringen und tiefere Schichten angreifen; dadurch setzt sich das Rosten fort (Flächenkorrosion, Lochkorrosion). Zunächst bildet das Eisen in Verbindung mit Luftsauerstoff und Wasser das schwer lösliche Eisen(II)-hydroxid:

$$2\,Fe + O_2 + 2\,H_2O \quad \rightarrow \quad 2\,Fe(OH)_2$$

Dieses Eisen(II)-hydroxid bildet unter weiterem Sauerstoffeinfluss den eigentlichen Rost; rotbraunes Eisen(III)-oxidhydroxid:

$$4\,Fe(OH)_2 + O_2 \quad \rightarrow \quad 4\,FeO(OH) + 2\,H_2O$$

Folgen der Korrosion:

- Materialabtrag
- Schwächung der Querschnittsfläche
- Schwächung der Festigkeit (Bruchgefahr).

## 13. Welchen Vorgang bezeichnet man als elektrochemische Korrosion?

Wenn zwei verschiedene Metalle zusammentreffen und an deren Berührungsstelle eine Elektrolytlösung (z. B. Wasser oder Salzlösung) gelangt, tritt eine **elektrochemische Korrosion** ein: Die beiden sich berührenden Metalle bilden zusammen mit der Elektrolytlösung ein **Lokalelement (galvanische Zelle)**. Es wird dabei das jeweils edlere Metall (Kathode) auf Kosten des unedleren Metalls (Anode) vor Korrosion geschützt, indem das unedlere Metall durch Oxidation zerstört wird.

## 14. Wie können Metalle vor Korrosion geschützt werden?

Alle Maßnahmen des Korrosionsschutzes zielen auf Verhinderung der Korrosion von metallischen Werkstoffen ab. Bereits bei der Auswahl der Werkstoffe kann die Korrosion beeinflusst werden, indem möglichst elektrochemisch ähnliche Metalle verwendet werden. Da die Zerstörung der Metalle i. d. R. von der Oberfläche her erfolgt, muss diese besonders wirksam geschützt werden. Dadurch wird der Kontakt des Metalls mit Wasser, Luft, Säuren und Gasen verhindert.

Es gibt verschiedene Möglichkeiten des Korrosionsschutzes:

| Korrosionsschutz | |
|---|---|
| **Metallische Überzüge** | ▸ Tauchen<br>▸ Metallspritzen<br>▸ Plattieren<br>▸ Galvanisieren |
| **Nichtmetallische Überzüge** | ▸ Anstriche<br>▸ Fetten und Ölen<br>▸ Emaillieren<br>▸ Kunststoffbeschichten |
| **Chemische Schutzschichten** | ▸ Phosphatieren<br>▸ Eloxieren<br>▸ Passivieren |
| **Legieren** | Herstellen von Werkstoffen aus Mischungen verschiedener Metalle |
| **Schutzanoden** | Herstellen einer leitenden Verbindung zwischen dem zu schützenden Metall und einem unedleren Metall (z. B. Tanklager, Schiffswände, Brücken) |

## 5.1.2 Auswirkungen der industriellen Nutzung von Wasser, Säuren, Basen und Salzen auf Menschen und Umwelt

### 01. Welche Bedeutung hat Wasser?

Wasser ($H_2O$) ist die **wichtigste Verbindung auf der Erde**. Täglich werden große Mengen Wasser in der Industrie und in den Haushalten verbraucht.

Wasser ist eine farblose, geschmacklose Flüssigkeit, die als natürliches Wasser stets verunreinigt vorkommt. Trinkwasser ist aufbereitetes natürliches Wasser, das klar, farb- und geruchlos sowie frei von krankheitserregenden Bakterien sein soll.

Wasser hat eine **sehr große Wärmekapazität**. Es benötigt beim Erwärmen sehr viel Energie und gibt beim Abkühlen auch viel Energie wieder ab. Für das Klima auf der Erde ist das eine entscheidende Eigenschaft. Annähernd ausgeglichene Temperaturen auf der Erde, die Leben erst ermöglichen, entstehen durch das große Wärmespeichervermögen der Ozeane. Alle Stoffe, die einen vergleichbaren Molekülaufbau wie Wasser haben, besitzen sehr viel niedrigere Schmelz- und Siedetemperaturen. Nur dadurch, dass Wasser in einem sehr großen Bereich (0 °C - 100 °C) flüssig ist, konnte sich einst Leben darin entwickeln.

## 02. Wie lassen sich die besonderen Eigenschaften des Wassers erklären?

Die Eigenschaften des Wassers entstehen aufgrund der Eigenschaften der Wassermoleküle. Durch eine Elektronenpaarbindung sind im Wassermolekül jeweils zwei Wasserstoffatome mit einem Sauerstoffatom verbunden. Dabei zieht das Sauerstoffatom die bindenden Elektronen etwas stärker an; es entsteht dort ein Überschuss an negativer Ladung. Entsprechend bilden sich an den Wasserstoffatomen Pluspole. Diese Ladungen gleichen sich aufgrund der gewinkelten Bauweise des Wassermoleküls nicht aus. Die Moleküle mit positiven und negativen Polen heißen **Dipolmoleküle**.

Zwischen den Dipolmolekülen wirken sehr starke Anziehungskräfte; deshalb schließen sich Wassermoleküle zu großen Molekülgruppen zusammen. Diese starke Anziehung zwischen den Wassermolekülen wird als **Wasserstoffbrückenbindung** bezeichnet; sie ist die Ursache für die besonderen Eigenschaften des Wassers:

- große Wärmekapazität
- hohe Siede- und Schmelztemperatur
- Dichteanomalie.

## 03. Was bezeichnet man als Dichteanomalie des Wassers?

Beim Gefrieren von Wasser entsteht durch die Wassermoleküle ein streng geordnetes, weiträumig aufgebautes Eisgitter, das ein größeres Volumen einnimmt als flüssiges Wasser. Diese Volumenzunahme von gefrorenem Wasser erzeugt eine große Sprengkraft (geplatzte Wasserrohre, Verwitterung ganzer Gebirge). Flüssiges Wasser hat bei 4 °C die größte Dichte und ist bei dieser Temperatur somit am schwersten. Deshalb schwimmt auch Eis auf Wasser. Das Wasser am Grund eines Sees hat auch im Winter noch 4 °C und ermöglicht es so den Wassertieren zu überleben.

## 04. Was ist „hartes Wasser“?

Sind im Wasser viele **Calcium- und Magnesiumsalze (Härtebildner) gelöst,** spricht man von „hartem Wasser“:

Regenwasser enthält immer etwas Kohlenstoffdioxid aus der Luft und löst so neben anderen Salzen auf dem Weg durch den Boden auch Kalk (z. B. Kalkgebirge, kalk- und gipshaltige Böden):

$$CaCO_3 + CO_2 + H_2O \rightarrow Ca^{2+} + 2HCO_3^-$$

Aus schwer löslichem **Calciumcarbonat** entsteht das gut lösliche **Calciumhydrogencarbonat**, das jetzt in Wasser gelöst vorliegt (Grundwasser). Wird dieses harte Wasser erwärmt, zerfällt das Calciumhydrogencarbonat wieder in Kalk, Kohlendioxid und Wasser:

$$Ca^{2+} + 2HCO_3^- \rightarrow CaCO_3 + CO_2 + H_2O$$

Die Ablagerungen des Kalkes als Kesselstein sind unerwünscht. Sie stören die Funktionsfähigkeit von Wasserleitungen, Rohren, Kesseln und Heizstäben. Da die angesetzte Kalkschicht auch Wärme schlecht leitet, verbrauchen verkalkte Geräte mehr Energie.

## 05. Was bezeichnet man als Carbonathärte?

Die **Carbonathärte** wird auch als **vorübergehende Härte** bezeichnet. Sie ist durch Kochen weitgehend entfernbar. Wird hartes Wasser gekocht, so setzt sich Kalk ab; das Wasser wird weicher, da ein Teil der gelösten Salze entfernt wird.

## 06. Was versteht man unter Nichtcarbonathärte und Gesamthärte?

Die auch nach dem Abkochen noch vorhandene Resthärte wird als **Nichtcarbonathärte** oder **bleibende Härte** bezeichnet. Sie ist auch nach dem Abtrennen von Kalk noch vorhanden und lässt sich nicht durch Kochen entfernen. Sie wird verursacht durch gelöste Salze (z. B. Calciumsulfat, Magnesiumsulfat), die nach dem Abkochen an Säuren gebunden bleiben.

Die Gesamthärte des Wassers setzt sich wie folgt zusammen:

| | | | | |
|---|---|---|---|---|
| Gesamthärte = | Carbonathärte<br>(vorübergehende Härte) | + | Nichtcarbonathärte<br>(bleibende Härte) |

Wasser, das aus Urgesteinen oder anderen wenig verwitterten Silikaten entspringt, ist ebenso wie Regenwasser oder Kondenswasser industrieller Anlagen „weich"; es enthält weniger Calcium- und Magnesiumsalze.

## 07. Wie kann die Wasserhärte gemessen werden?

In der Neufassung des **Waschmittel- und Reinigungsgesetzes** von 2007 wurden u. a. die **Härtebereiche** an europäische Standards **angepasst.** Darin wird die Angabe Millimol Gesamthärte je Liter (mmol/l) durch **Millimol Calciumcarbonat je Liter** ersetzt.

Bei den neuen Härtebereichen werden die (früheren) Bereiche 3 und 4 zum Härtebereich „hart" zusammengefasst und die bisherigen Ziffern „1, 2, 3 und 4" durch die Beschreibungen „weich", „mittel" und „hart" ersetzt.

Neue Härtebereiche:

| Härtebereich | Härtegrad in Millimol Calciumcarbonat je Liter | Härtegrad in °dH |
|---|---|---|
| weich | < 1,5 | < 8,4 |
| mittel | 1,5 bis 2,5 | 8,4 bis 14 |
| hart | > 2,5 | > 14 |

### 08. Warum ist hartes Wasser bei der Verwendung unerwünscht?

- Es bilden sich unlösliche Ablagerungen (Kesselstein), welche isolierend wirken.
- Beim Waschvorgang wird mehr Seife bzw. Waschmittel benötigt.
- Die Strömungsverhältnisse in Rohrleitungssystemen verschlechtern sich.

### 09. Welche Möglichkeiten gibt es, Wasser zu enthärten?

Für die technische Verwendung von Wasser wird möglichst weiches Wasser benötigt. Dazu ist es erforderlich, das vorhandene Wasser zu enthärten oder zu entsalzen:

- Durch **Erhitzen:**
  Dabei wird nur die Carbonathärte beseitigt, die Nichtcarbonathärte ist weiter vorhanden.
- Durch **Hinzufügen Niederschlag bildender Chemikalien**, z. B. Soda, Phosphate:
  Die Niederschläge werden filtriert (über Kies, Sand, Ton, Aktivkohle, Keramik) oder man lässt sie in Klärbecken absetzen.
- Durch **Ionenaustauscher:**
  Hier werden die im Wasser gelösten Ionen (z. B. Calcium durch andere Ionen, z. B. Natrium) ersetzt. Das Wasser durchfließt ein Rohr, das mit Ionenaustauscher-Kunstharzen (Natriumwofatit, Natriumpermutit) gefüllt ist.
- Durch Zusatz von **Komplexbildnern** oder löslichen Ionen-Austausch-Chemikalien werden die Härtebildner (Calcium, Magnesium) gebunden und somit dem Wasser entzogen.

### 10. Wie gewinnt man Trinkwasser?

Das vorhandene Grundwasser reicht oft zur Trinkwassergewinnung nicht aus. Deshalb muss zusätzlich aus Flüssen und Seen Trinkwasser aufbereitet werden. Dazu wird dieses **Oberflächenwasser aufwendig gereinigt:**

1. **Gewinnung des Uferfiltrats:**
   In Flussnähe wird Wasser aus einem Brunnen entnommen.
2. **Versprühen des Uferfiltrats:**
   Dieses Uferfiltrat wird nach entsprechender Vorbehandlung in einem Wasserschutzgebiet in die Luft versprüht. Dabei löst sich im Wasser viel Sauerstoff.
3. **Versickern im Boden:**
   Wenn das Wasser wieder versickert, bleibt ein großer Teil der Verunreinigungen im Boden hängen. Dieser Weg des Wassers durch den Boden kann bis zu einem halben Jahr dauern. Mithilfe des im Wasser gelösten Sauerstoffs bauen Kleinstlebewesen im Boden weitere Verschmutzungen ab.
4. **Wassergewinnung und Filtration:**
   Wenn später das Wasser aus Brunnen wieder an die Oberfläche befördert wird, läuft es nochmals durch Reinigungsfilter; es wird „filtriert“. Dadurch ist es möglich,

Schwebestoffe und Mikroorganismen zu entfernen. Geringe Silberanteile in den Filterstoffen wirken gegen Bakterien.

5. **Desinfektion:**
   Das so gewonnene Trinkwasser wird vor seinem Weg durch viele Kilometer Rohrleitungen noch desinfiziert; es werden dadurch Keime und Bakterien abgetötet. Diese Desinfektion kann z. B. durch Einblasen von Chlorgas, durch Bestrahlung mit ultraviolettem Licht oder durch Zusatz von Ozon (Entfernung von Restozon notwendig) erfolgen.

## 11. Wie sind gewerbliche und industrielle Abwässer zu behandeln?

Im Verlauf von Produktionsprozessen entstehen verschiedenste gewerbliche und industrielle Abwässer. Beispielsweise sind Abwässer der lebensmittelverarbeitenden Industrie häufig mit **organischen Schmutzstoffen** belastet. Dagegen sind die Abwässer von metallverarbeitenden Betrieben oft mit **stark toxischen anorganischen Stoffen** wie Metall- oder Cyanid-Ionen vergiftet. Diese Abwässer können z. B. durch Oxidation, Reduktion, Fällung oder Filtration entgiftet werden.

Insgesamt verursacht die Industrie wesentlich mehr Abwässer als die privaten Haushalte. Da die Abwassergebühren ständig steigen und zahlreiche Gesetze zum Schutz der Gewässer den Firmen umfangreiche Auflagen erteilen (Wasserhaushaltsgesetz, Klärschlammverordnung, Abwasserabgabengesetz, Mindestanforderungen an das Einleiten von Abwasser in Gewässer), ergreifen viele Betriebe inzwischen eigene Maßnahmen, um die Abwassermengen und schädlichen Inhaltsstoffe zu reduzieren. Das wird z. B. durch Maßnahmen erreicht, wie:

- betriebsinterne Abwasserreinigung
- Rückführung gereinigten Wassers in den Produktionskreislauf
- Umstellung der Produktion auf abwasser-, schadstoff- und abfallarme Verfahren.

## 12. Was sind Säuren und Basen?

Auf der Grundlage der Ionentheorie von **Arrhenius** werden Säuren und Basen folgendermaßen erklärt:

- **Säuren** sind chemische Verbindungen, die in wässriger Lösung in positiv geladene Wasserstoffionen $H^+$ und negativ geladene Säurerestionen dissoziieren.

**Beispiel**

$$H_2SO_4 \rightleftarrows 2\,H^+ + SO_4^{2-}$$

Säuremolekül ⇄ Wasserstoffion + Säurerestion

Es gibt

- **sauerstofffreie** Säuren, wie z. B. Chlorwasserstoff (HCl) oder Schwefelwasserstoff ($H_2S$) und
- **sauerstoffhaltige** Säuren, wie z. B. Schwefelsäure ($H_2SO_4$) oder Salpetersäure ($HNO_3$).

Die sauerstoffhaltigen Säuren entstehen durch Reaktion von Nichtmetalloxiden mit Wasser:

| | | |
|---|---|---|
| Nichtmetalloxid + Wasser<br>**Säureanhydrid** | → | Säure |
| z. B.: $SO_3 + H_2O$ | → | $H_2SO_4$ |

Dabei können Nichtmetalle, die mit mehreren Wertigkeiten auftreten, mehrere Säuren bilden.

► **Basen** sind chemische Verbindungen, die mit Säuren Salze bilden. Die typischen Eigenschaften von Basen werden von den Hydroxidionen $OH^-$ verursacht. Alle Metalle können Basen (Metallhydroxide) bilden.

Basen entstehen aus folgenden Reaktionen:

1.

| | | |
|---|---|---|
| unedles Metall + Wasser | → | Base + Wasserstoff<br>**Metallhydroxid** |
| z. B.: $2Na + 2H_2O$ | → | $2NaOH + H_2$ |

2.

| | | |
|---|---|---|
| Metalloxid + Wasser<br>**Basenanhydrid** | → | Base |
| z. B.: $CaO + H_2O$ | → | $Ca(OH)_2$ |

Basen dissoziieren in der Schmelze und in wässriger Lösung in positive Metallionen und negative Hydroxidionen. Die wässrigen Lösungen von Basen werden im Allgemeinen auch als **Laugen** bezeichnet.

Bekannte Basen und deren Laugen sind z. B.:

| | | | |
|---|---|---|---|
| - Natriumhydroxid (Ätznatron) | NaOH | → | Natronlauge |
| - Kaliumhydroxid (Ätzkali) | KOH | → | Kalilauge |
| - Calciumhydroxid (Ätzkalk) | $Ca(OH)_2$ | → | Kalkwasser |

Im Überblick:

| **Metall** | **Metalloxid** | **Metallhydroxid** |
|---|---|---|

↓

und **Wasser** ergibt

↓

**Lauge**

### 13. Welche typischen Eigenschaften haben Säuren?

Die typischen Eigenschaften der Säuren werden von hydratisierten Wasserstoffionen (Hydroniumionen $H_3O^+$) hervorgerufen. Alle Säuren sind potenzielle Elektrolyte.

Erst in wässriger Lösung werden unter dem Einfluss der Dipolmoleküle des Wassers Wasserstoffionen abgespalten, die sofort zu Hydroniumionen ($H_3O^+$) hydratisiert werden (vgl. oben, Hydratation):

$$H^+ + H_2O \rightarrow H_3O^+$$

(Wasserstoffionen $H^+$ sind in wässriger Lösung nicht existenzfähig. Dennoch wird der Einfachheit halber häufig von „Wasserstoffionen“ gesprochen.)

**Beispiele**

**Potenzielle Elektrolyte**

Chlorwasserstoff HCl
- → bei Zimmertemperatur gasförmig
- → beim Lösen in Wasser entsteht Salzsäure

Schwefelsäure $H_2SO_4$ (100%ige)
- → enthält keine Ionen; ist nicht elektrisch leitfähig
- → erst beim Lösen in Wasser tritt die elektrolytische Dissoziation ein

## 14. Wie wird die Säure-Base-Reaktion als Abgabe und Aufnahme von Protonen erklärt?

Eine zweite Definition der Säuren und Basen nach dem dänischen Chemiker **Brönsted** erklärt die Säure-Base-Reaktion als Abgabe und Aufnahme von Protonen. Danach sind

- **Säuren:** Stoffe, die Protonen abgeben können und
- **Basen:** Stoffe, die Protonen aufnehmen können.

In diesem Sinne werden

- **Säuren** als **Protonendonatoren** (donator = Geber) und
- **Basen** als **Protonenakzeptoren** (acceptor = Empfänger)

bezeichnet.

Es entsteht so eine Analogie zu den Redoxreaktionen, bei denen eine Abgabe und Aufnahme von **Elektronen** stattfindet. Wie jedem Reduktionsmittel ein Oxidationsmittel entspricht, gibt es nach **Brönsted** zu jeder Säure eine entsprechende Base, die als „korrespondierendes Säure-Base-Paar“ bezeichnet wird. Allgemein gilt: Je leichter eine Säure (Base) ihr Proton abgibt (aufnimmt), desto stärker ist sie.

Stoffe, die sowohl als Säure als auch als Base auftreten können, werden **Ampholyte** genannt (z. B. Wasser, Ethanol, Eisessig). Säuren und Basen werden nach **Brönsted** unter dem Oberbegriff **Protolyte** zusammengefasst. Die auf einem Protonenübergang beruhenden Reaktionen werden allgemein als **protolytische Reaktionen** bzw. kurz **Protolysen** bezeichnet.

## 15. Was sind Salze?

Nach der Ionentheorie von *Arrhenius* sind **Salze** Verbindungen, die in der Schmelze und in wässrigen Lösungen **in positiv geladene Metallionen und negativ geladene Säurerestionen dissoziieren**.

**Beispiele**

| | | |
|---|---|---|
| Salz | $\rightleftarrows$ | Basekation + Säureanion |
| $K_2CO_3$ | $\rightleftarrows$ | $2K^+ + CO_3^{2-}$ |
| $Al_2(SO_4)_3$ | $\rightleftarrows$ | $2Al^{3+} + 3SO_4^{2-}$ |

Salze liegen schon im Kristallgitter in Form von Ionen vor. Sie sind **echte Elektrolyte**. An die Stelle von Metallionen kann auch das Ammoniumion $NH^{4+}$ treten.

## 16. Welche Möglichkeiten der Salzbildung gibt es?

1. **Neutralisation**

| | | |
|---|---|---|
| Base + Säure | → | Salz + Wasser |
| $2\,KOH + H_2SO_4$ | → | $K_2SO_4 + 2\,H_2O$ |

Es entstehen Salze, wenn äquivalente Mengen einer starken Säure und einer starken Lauge miteinander gemischt werden. Die entstehende Lösung reagiert dann weder sauer noch basisch, sondern neutral. Diese Reaktion nennt man **Neutralisation**.

2. **Neutralisation unter Beteiligung von Anhydriden**

a)

| | | |
|---|---|---|
| Metalloxid + Säure<br>**Basenanhydrid** | → | Salz + Wasser |
| $CuO + H_2SO_4$ | → | $CuSO_4 + H_2O$ |

b)

| | | |
|---|---|---|
| Base + Nichtmetalloxid<br>**Säureanhydrid** | → | Salz + Wasser |
| $Ca(OH)_2 + CO_2$ | → | $CaCO_3 + H_2O$ |

c)

| | | |
|---|---|---|
| Metalloxid + Nichtmetalloxid<br>**Basenanhydrid Säureanhydrid** | → | Salz |
| $CaO + SiO_2$ | → | $CaSiO_3$ |

3.

| | | |
|---|---|---|
| **Metall + Säure** | → | **Salz + Wasserstoff** |
| $Zn + 2\,HCl$ | → | $ZnCl_2 + H_2$ |

4.

| | | |
|---|---|---|
| **Metall + Nichtmetall** | → | **Salz** |
| $2\,Na + Cl_2$ | → | $2\,NaCl$ |

## 17. Was sagt der ph-Wert aus?

Der ph-Wert sagt aus, wie stark alkalisch oder sauer Wasser oder eine Lösung reagiert. Stoffe mit dem ph-Wert 7 reagieren weder sauer noch alkalisch, sondern neutral.

Zur Angabe des ph-Wertes verwendet man eine Skala mit Zahlenwerten zwischen 0 und 14. Diese Werte beruhen auf einer Umrechnung des negativen dekadischen Logarithmus der Konzentration der Wasserstoffionen in eine reelle Zahl (ph = -log c(H+)) und sind damit übersichtlicher und besser vergleichbar:

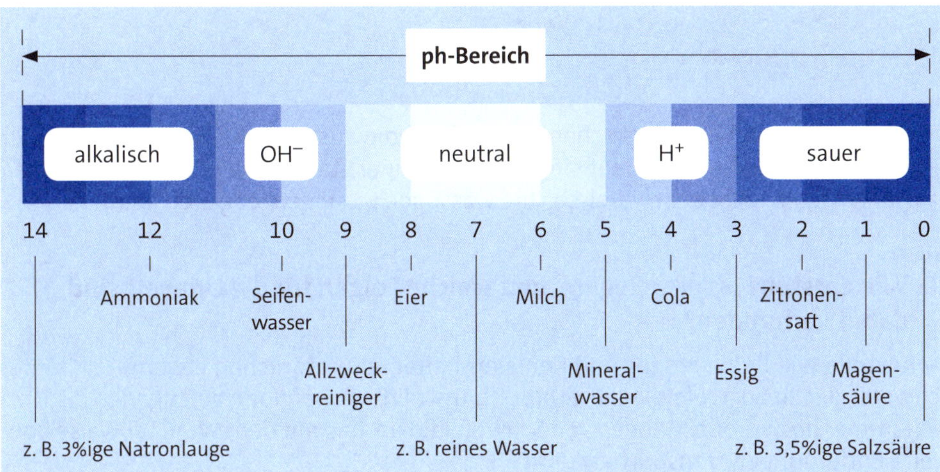


## 18. Was ist ein Indikator?

Indikatoren sind Verbindungen, die bei Anwesenheit einer Säure oder einer Base ihre Farbe ändern können und damit anzeigen, ob eine Lösung sauer, alkalisch oder neutral ist. Dieser Farbumschlag entsteht durch Veränderung der chemischen Struktur des Indikators (Aufnahme oder Abgabe eines Protons analog korrespondierendes Säure-Base-Paar). Indikatoren gibt es in Form einer Lösung oder eines getränkten Papiers. pH-Messgeräte zeigen den Wert von 0 - 14 direkt an.

**Beispiele**

Die gebräuchlichsten Indikatoren sind:

- **Lackmus** nimmt bei Anwesenheit einer Säure ein Proton auf und färbt sich rot; gibt in einer Base ein Proton ab und färbt sich blau.
- **Phenolphthalein** bleibt farblos in neutralen und sauren Lösungen; färbt sich rot in basischen Lösungen.
- **Methylorange** färbt sich rot in sauren Lösungen, gelb in neutralen und basischen Lösungen.

Die Umschlagsbereiche der jeweiligen Indikatoren sind in entsprechenden Tabellen der Fachliteratur zu finden.

## 19. Welchen Vorgang bezeichnet man als Hydrolyse?

Die Hydrolyse ist nach *Arrhenius* eine Zerlegung von Salzen mithilfe von Wasser in Säure und Base. Die Hydrolyse ist die Umkehrung der Neutralisation:

$$\text{Säure} + \text{Base} \underset{\textbf{Neutralisation}}{\overset{\textbf{Hydrolyse}}{\rightleftarrows}} \text{Salz} + \text{Wasser}$$

Die Hydrolyse findet nur bei solchen Salzen statt, die aus einer schwachen Säure oder einer schwachen Base aufgebaut sind. Salze aus einer starken Säure und einer starken Base unterliegen nicht der Hydrolyse. Ihre wässrigen Lösungen reagieren neutral.

## 20. Wie entsteht „saurer Regen“ und welche Folgen für die Umwelt sind damit verbunden?

Brennstoffe wie Erdöl, Erdgas und Kohle enthalten als natürlichen Bestandteil immer Schwefel, der zu Schwefeldioxid verbrennt. Trotz Entschwefelung gelangen in die Umwelt immer noch große Mengen von Schwefeldioxid, das mit dem Wind teilweise über weite Entfernungen transportiert wird.

In der Luft wird das farblose, stechend riechende Gas oxidiert und verbindet sich mit der Luftfeuchtigkeit zu Säure. Diese Schwefelsäure ist Mitverursacher des sauren Regens und stellt eine Gefahr für Mensch und Umwelt dar. Die Natur wird von diesen Stoffen belastet, indem z. B. der Boden sauer wird und viele Pflanzen geschädigt werden. Beim Menschen wirkt Schwefeldioxid vor allem in Kombination mit Staub auf die Atemwege (Reizungen, Entzündungen).

Auch Fassaden, Betonbauten und Kunstdenkmäler werden angegriffen. Die aggressiven Säuren zersetzen die Baustoffe und führen zum Verfall der Bauwerke. Ebenso wird die Rostbildung von Eisen und Stahl beschleunigt; es entstehen erhebliche Schäden durch Korrosion. Regen in Gegenden, die von Schadstoffen unbelastet sind, hat einen ph-Wert von 5,6, ist also sehr schwach sauer. Dieser natürliche Wert hat sich, verursacht durch säurebildende Emissionen, in Nordamerika bis ph = 4,1 und in Mitteleuropa bis ph = 4,3 verändert.

## 21. Was ist Natronlauge und wozu kann sie verwendet werden?

Eine besonders wichtige Lauge in der Industrie ist die Natronlauge, die wässrige Lösung von Natriumhydroxid (NaOH, auch Ätznatron). Das NaOH kommt als eine feste, kristalline und stark ätzende Substanz in Form von Schuppen, Stangen oder Plätzchen in den Handel. Sie ist leicht löslich und muss immer verschlossen aufbewahrt werden. Konzentrierte Natronlauge greift Metalle, aber auch Glas durch Herauslösen von Kieselsäure stark an und sollte i. d. R. vor Gebrauch frisch hergestellt werden. Lösungen auf Vorrat werden in Kunststoffgefäßen aufbewahrt. Natronlauge wird in der Industrie vielfältig verwendet:

- zur Herstellung von Zellstoff für Papier und Verbandmaterial
- zur Reinigung von Pfandflaschen
- zur Herstellung von Aluminium und Seifen
- in Backbetrieben: Laugengebäck wird kurz vor dem Backen in 3%ige Natronlauge getaucht.

## 22. Welche Bedeutung hat Salz in der Industrie?

Salz (Natriumchlorid) gibt es je nach Anwendung in verschiedenen Formen:

- Steinsalz (Industriesalz): natürlicher Rohstoff
- Speisesalz (Tafelsalz, Siedesalz): Gewinnung durch Eindampfen gereinigter Steinsalzlösungen
- Gewerbesalz: zur Herstellung von Kältemischungen, Streusalz im Winter
- Viehsalz: hat durch ca. 10 % Eisenoxidanteil eine braunrote Farbe (denaturiertes Salz).

Über 75 % der gesamten Salzproduktion wird als Industriesalz verwendet. Als ein sehr preiswerter Rohstoff ist Salz die Basis zur Herstellung verschiedenster Produkte:

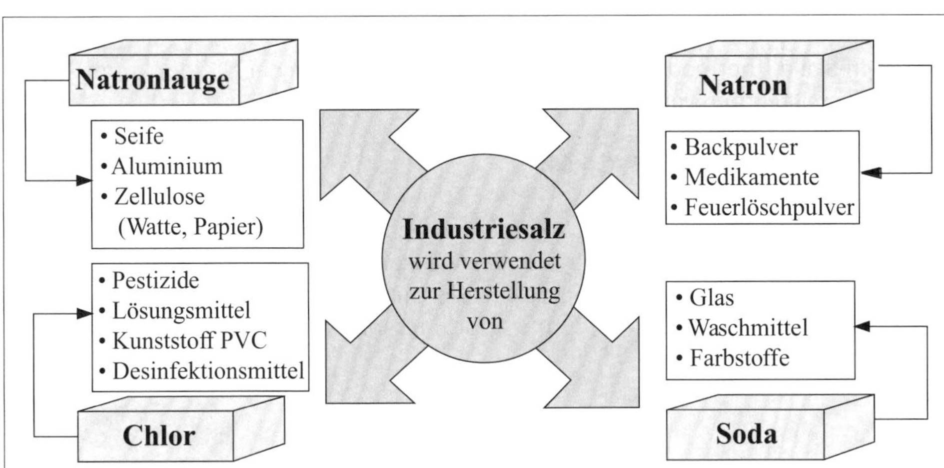

Außer Natriumchlorid wird in der Industrie Kaliumchlorid KCl als Ausgangsstoff für die Herstellung mineralischer Düngemittel verwendet. Es kommt als Kalisalz vor.

Calciumcarbonat $CaCO_3$, das als Marmor, Kalkstein oder Kreide vorkommt, wird als Baumaterial und als Ausgangsstoff für das Kalkbrennen verwendet (z. B. Herstellung von Mörtel und Zement).

### 5.1.3 Auswirkungen des Temperatureinflusses auf Materialien und Arbeitsprozesse

#### 01. Wie wird die Zustandsgröße „Temperatur" erklärt?

Die Temperatur beschreibt den Wärmezustand eines Körpers; sie kennzeichnet die mittlere kinetische Energie seiner Teilchen. Man unterscheidet zwischen **Kelvin-Temperatur** und **Celsius-Temperatur:**

| | **Kelvin-Temperatur** | **Celsius-Temperatur** |
|---|---|---|
| Formelzeichen<br>Einheit | T<br>1 K (Kelvin) | $\vartheta$<br>1 °C (Grad Celsius) |

**Temperaturdifferenzen** werden in Kelvin (K) gemessen, z. B.:
100 °C - 20 °C = 80 K
173 K - 93 K = 80 K

Der Nullpunkt der Kelvin-Skala wird auch als **absoluter Nullpunkt** bezeichnet. Um die Einheit der Temperatur festzulegen, wird das „ideale Gas" benutzt (Gasthermometer). Das ideale Gas ist ein Modell, bei dem u. a. folgende Annahmen gemacht werden:

- Die Moleküle des idealen Gases nehmen kein Volumen ein.
- Die Moleküle des idealen Gases üben keine Anziehungskraft aufeinander aus.

Die Kelvin-Skala (thermodynamische Skala) entsteht, indem der Nullpunkt um 273,15 Skalenteile nach unten verschoben wird (absoluter Nullpunkt).

Demnach entspricht: -273,15 °C = 0 K

Mithilfe des idealen Gases wird der Volumenzuwachs des Gases zwischen Schmelztemperatur des Eises und Siedetemperatur des Wassers in 100 gleiche Teile geteilt. Dies wäre mit Flüssigkeiten nicht möglich, da sie sich nicht gleichmäßig ausdehnen. Jedem dieser 100 gleichen Teile wird die Temperaturdifferenz 1 Kelvin (K) zugeordnet.

## 02. Wie werden Temperaturen gemessen?

Die Messung von Temperaturen erfolgt mit Thermometern, wobei gesetzmäßige Zusammenhänge zwischen Temperaturänderungen und Änderung einer anderen physikalischen Größe ausgenutzt werden. In unterschiedlichen Temperaturbereichen werden verschiedene Messver-fahren angewendet:

| Temperaturmessverfahren | | | |
|---|---|---|---|
| Flüssigkeitsthermometer mit Quecksilber | - 30 °C | bis | 280 °C |
| Flüssigkeitsthermometer mit Quecksilber und Gasfüllung | - 30 °C | bis | 750 °C |
| Flüssigkeitsthermometer mit Alkohol | - 110 °C | bis | 50 °C |
| Metalldehnungsthermometer, z. B. Bimetallthermometer | - 20 °C | bis | 500 °C |
| Widerstandsthermometer | - 250 °C | bis | 1.000 °C |
| Glühfarben | 500 °C | bis | 3.000 °C |
| Gasthermometer | - 272 °C | bis | 2.800 °C |

## 03. Wie erklärt sich die Längenänderung fester Körper bei einer Änderung der Temperatur?

Wenn sich die Temperatur ändert, ändern Körper im Allgemeinen auch ihr Volumen. Bei Temperaturerhöhung dehnen sich die meisten Körper aus: Je höher die Temperatur eines Körpers ist, desto heftiger bewegen sich die Teilchen, die dadurch auch jeweils mehr Raum für sich beanspruchen. Damit nimmt auch der gesamte Körper ein größeres Volumen ein.

Besonders bei Körpern mit großer Länge wie Schienen, Trägern, Drähten, Stäben und Rohren bewirkt eine Erhöhung der Temperatur vor allem eine **Längenausdehnung**.

Für die Zunahme der Länge bei einer Temperaturerhöhung von 0 °C (Länge $l_0$) auf die Temperatur $\vartheta$ (Länge l) wird die Bezeichnung $\Delta l$ geschrieben. Die Längenänderung $\Delta l$ ist der Temperaturänderung $\Delta \vartheta$ proportional:

$$\Delta l = \alpha \cdot l_0 \cdot \Delta \vartheta$$

Den Proportionalitätsfaktor $\alpha$ nennt man den **Längenausdehnungskoeffizient**. Zur Ermittlung von $\alpha$ wurde die Länge $l_0$ bei 0 °C zugrunde gelegt:

$$\alpha = \frac{\Delta l}{l_0 \cdot \Delta \vartheta}$$

$\alpha$ gibt die relative Längenänderung $\Delta l / l_0$ bei einer Temperaturänderung um 1 K an.

Die Einheit des Längenausdehnungskoeffizienten ist somit:

$$\frac{1}{K} = K^{-1}$$

Jeder Stoff hat einen ganz bestimmten Ausdehnungskoeffizienten; $\alpha$ ist also materialabhängig. Die jeweiligen Werte für die Längenausdehnungskoeffizienten der Stoffe kann man in entsprechenden Tabellen der Fachliteratur finden. Der Längenausdehnungskoeffizient $\alpha$ ist zwar gering temperaturabhängig; im Bereich von 0 °C - 100 °C gelten die Tabellenwerte aber mit genügender Genauigkeit. In anderen Temperaturbereichen ändern sich die Ausdehnungskoeffizienten für feste Stoffe. Bei Abkühlung ist $\Delta \vartheta$ negativ. Für Produkte, die extremen Temperaturänderungen standhalten müssen, verwendet man Stoffe mit besonders geringen Ausdehnungskoeffizienten wie z. B. besondere Legierungen oder auch Quarzglas.

### 04. Wie erklärt sich die Volumenänderung fester Körper bei Änderung der Temperatur?

Mit der Änderung der Abmessungen eines Körpers ist eine Änderung seines Volumens verbunden. Für die Volumenänderung $\Delta V$ eines festen Körpers mit dem Ausgangsvolumen $V_0$ gilt bei einer Temperaturerhöhung um $\Delta \vartheta$:

$$\Delta V = \gamma \cdot V_0 \cdot \Delta \vartheta$$

Die Volumenänderung $\Delta V$ ist der Temperaturänderung $\Delta \vartheta$ proportional. Hierbei ist $\gamma$ der **Raumausdehnungskoeffizient**. Zwischen ihm und dem Längenausdehnungskoeffizient besteht der Zusammenhang:

$$\gamma = 3\,\alpha$$

Es ist deshalb nicht erforderlich, die Raumausdehnungskoeffizienten der festen Stoffe zu tabellieren.

Auch bei Hohlkörpern nimmt das Innenvolumen bei Erwärmung zu. Der Hohlkörper dehnt sich innen genausoviel aus wie ein fester Körper aus demselben Material, der diesen Innenraum ausfüllt.

## 05. Wie dehnen sich Flüssigkeiten aus?

Die Ausdehnung bei Flüssigkeiten erfolgt wie bei festen Stoffen nach allen Richtungen, ist aber wesentlich stärker. Bei Flüssigkeiten ist der Raumausdehnungskoeffizient $\gamma$ stoffabhängig und gering temperaturabhängig. Bei Abkühlung ist $\Delta\,\vartheta$ negativ. Die Raumausdehnungskoeffizienten von Flüssigkeiten sind ebenfalls in den entsprechenden Tabellen zu finden.

Wasser bildet eine Ausnahme: Es dehnt sich beim Abkühlen im Temperaturbereich von 4 °C bis 0 °C aus und hat in diesem Bereich einen negativen Ausdehnungskoeffizienten (Anomalie des Wassers; vgl. dazu >> 5.1.2 Frage 03.).

Vergleich der Ausdehnung verschiedener Stoffe bei Erwärmung um die gleiche Temperaturdifferenz:

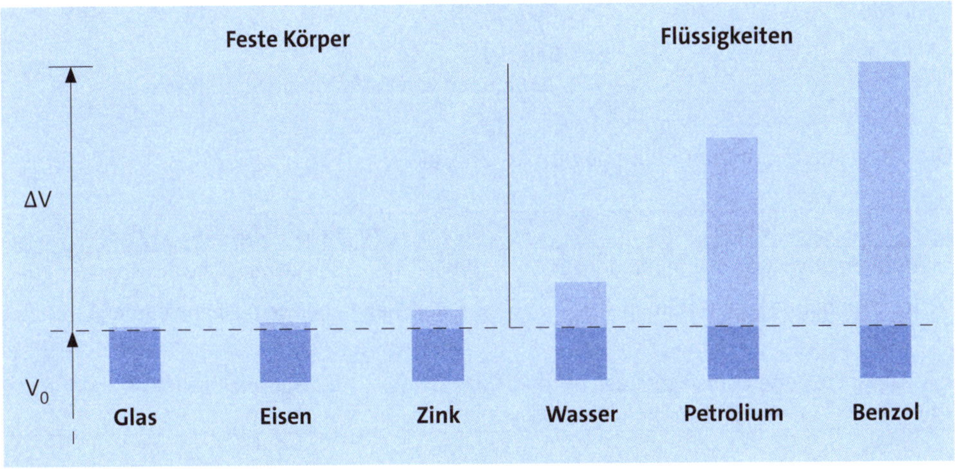


## 06. Wie verhalten sich Gase bei Temperaturänderung?

Die Ausdehnung der Gase bei Erwärmung ist bedeutend stärker als bei festen und flüssigen Stoffen. Alle Gase dehnen sich bei konstantem Druck bei Erwärmung um 1 K um 1/273 des Volumens aus, das sie bei 0 °C einnehmen. Gase verhalten sich nach folgenden Gesetzen:

| | | | |
|---|---|---|---|
| 1. | **Allgemeines Gasgesetz** | $\frac{p \cdot V}{T} = \text{konstant}$ oder $\frac{p_1 \cdot V_1}{T_1} = \frac{p_2 \cdot V_2}{T_2}$ | Dabei ist:<br>p Druck<br>V Volumen<br>T Temperatur |

| | | |
|---|---|---|
| 2. | **Bei konstantem Druck p**<br>(isobare Zustandsänderung) | $V \sim T$ $\frac{V}{T} = \text{konstant}$<br>**Beispiel**<br>Ausdehnung des Dampfes bei der Dampfmaschine |
| 3. | **Bei konstantem Volumen V**<br>(isochore Zustandsänderung) | $p \sim T$ $\frac{p}{T} = \text{konstant}$<br>**Beispiel**<br>Erwärmen eines Gases in einem geschlossenen Behälter |
| 4. | **Bei konstanter Temperatur T**<br>(isotherme Zustandsänderung) | $p \sim \frac{1}{V}$ $p \cdot V = \text{konstant}$<br>**Beispiel**<br>Verbrennen von Kraftstoff im Strahltriebwerk |

Die Gasgesetze haben nur eine begrenzte Gültigkeit:

| Reale Gase | Ideales Gas (gedachtes Gas) |
|---|---|
| ▸ Teilchen üben Kräfte aufeinander aus.<br>▸ Teilchen haben Eigenvolumen.<br>↓<br>Gasgesetze gelten umso genauer, je höher die Temperatur und je niedriger der Druck ist. | ▸ Teilchen üben keine Kräfte aufeinander aus.<br>▸ Teilchen haben kein Eigenvolumen.<br>↓<br>Gasgesetze gelten |

Beispiele für die **Verflüssigungstemperatur** verschiedener Gase bei normalem Druck ($p_0$ = 1013 mbar):

| | | | |
|---|---|---|---|
| **Helium** | 4,0 K | → | -269,0 °C |
| **Wasserstoff** | 21,0 K | → | -252,0 °C |
| **Neon** | 27,0 K | → | -246,0 °C |
| **Stickstoff** | 77,0 K | → | -196,0 °C |

| | | | |
|---|---|---|---|
| **Sauerstoff** | 91,0 K | → | -182,0 °C |
| **Kohlendioxid** | 194,0 K | → | -79,0 °C |
| **Propan** | 228,0 K | → | -45,0 °C |
| **Butan** | 272,5 K | → | -0,5 °C |

Der Raumausdehnungskoeffizient ist bei allen Gasen fast gleich. Bei Erwärmung unter konstantem Druck gilt für alle Gase der **genäherte Raumausdehnungskoeffizient des idealen Gases:**

$$\gamma = 0{,}003661\ K^{-1} = \frac{1}{273{,}15\ K}$$

Für Edelgase, Wasserstoff und Sauerstoff kann dieser Wert verwendet werden; bei anderen Gasen ergeben sich Abweichungen (siehe entsprechende Tabellen der Fachliteratur).

## 07. Wann treten Wärmespannungen auf und wie wirken sie sich aus?

Wärmespannungen treten auf, wenn ein fester Körper am Ausdehnen bzw. Zusammenziehen gehindert wird. Dadurch können sehr große Kräfte auftreten, die zu Zerstörungen führen, aber auch positiv genutzt werden können.

**Beispiele**

1. Manche Brücken sind z. B. nur auf einer Seite fest gelagert und haben auf der anderen Seite ein Rollenlager. Das ermöglicht, dass sich die Länge der Brücke bei Temperaturschwankungen ändern kann, ohne dass gefährliche Spannungen entstehen.
2. Lange gerade Rohrleitungen erhalten Ausgleichsbögen, um die durch Temperaturänderungen bedingten Spannungen auszugleichen.
3. Eisenbeton vereinigt in sich die günstigen Festigkeitseigenschaften von Eisen und Beton. Eisenbeton lässt sich nur deswegen herstellen, weil seine beiden Stoffe nahezu gleiche Ausdehnungskoeffizienten haben (Reines Eisen: $11{,}7 \cdot 10^{-6}/K$; Beton: $12 \cdot 10^{-6}/K$).
4. Durch festes Verbinden zweier Blechstreifen z. B. aus Messing und Eisen entsteht ein **Bimetallstreifen**. Beim Erwärmen biegt er sich von der Seite, an der sich das Metall mit dem größeren Ausdehnungskoeffizienten befindet, weg zur anderen Seite. In technischen Geräten wird diese Eigenschaft genutzt, z. B. beim Bimetallthermometer, Bimetallregler, Bimetallschalter (Thermostat).
5. Beim Gießen von Metall muss auf eine gleichmäßige Wanddicke geachtet werden, damit das Werkstück gleichmäßig abkühlen kann. Bei unregelmäßiger Abkühlung würden erhebliche Spannungen und Hohlstellen (Lunker) am zuletzt abgekühlten Teil entstehen.

## 08. Was bezeichnet man als Wärmemenge?

Als Wärmemenge bezeichnet man die Wärmeenergie, die zwischen zwei oder mehreren Körpern ausgetauscht wird und zu einer Änderung der inneren Energie dieser Körper führt.

Meist ist die Änderung der inneren Energie mit einer Änderung der Temperatur verbunden, sie kann aber auch in einer Änderung des Aggregatzustandes sichtbar werden oder mit chemischen Prozessen verknüpft sein. Die Wärmemenge berechnet sich wie folgt:

$$Q = c \cdot m \cdot \Delta \vartheta$$

[Q] = J bzw. KJ

Dabei ist:

Q Wärmemenge in KJ
c spezifische Wärmekapazität in $\frac{KJ}{Kg \cdot K}$
m Masse in Kg
$\Delta \vartheta$ Temperaturunterschied in K

MERKE

Dabei gilt der **I. Hauptsatz der Wärmelehre:** Die einem Körper zugeführte Wärmemenge Q ist gleich der Summe aus Änderung der inneren Energie des Körpers $\Delta E_i$ und der von ihm abgegebenen mechanischen Arbeit W.

$$Q = \Delta E_i + W$$

---

Ein Wärmeaustausch findet statt, wenn Körper verschiedener Temperaturen miteinander in Kontakt gebracht oder vermischt werden. Wenn dabei keine Wärme an die Umgebung abgegeben wird, nimmt der kältere Körper genau so viel Wärme auf, wie der wärmere Körper abgibt.

abgegebene Wärme $Q_{ab}$ = aufgenommene Wärme $Q_{auf}$

## 09. Wie breitet sich Wärme aus?

Wärme kann auf verschiedene Art und Weise übertragen werden. Für alle Arten des Wärmetransports gilt der Grundsatz, dass die natürliche Transportrichtung der Wärmeenergie von der höheren zur niedrigeren Temperatur verläuft.

Arten der Wärmeausbreitung:

| **Wärmeströmung** | **Wärmeleitung** | **Wärmestrahlung** |
|---|---|---|
| Wärmeströmung (Konvektion; Wärmemitführung) entsteht, indem stoffliche Teilchen ihre Lage verändern und dabei Wärme mit sich führen. | Der Körper bleibt in Ruhe. Seine sich schneller bewegenden Teilchen übertragen durch Stoß Energie an benachbarte Teilchen.<br>Metalle sind gute Leiter. Glas und Gase sind schlechte Leiter. | Es besteht kein direkter Kontakt zwischen dem wärmenden und dem kälteren Körper. Der warme Körper sendet elektromagnetische Wellen aus. |
| **Anwendungsbeispiele** | | |
| ► Erwärmung von Wohnungen (Öfen)<br>► Zentralheizung<br>► Winde, Meeresströmungen | ► Kupferdraht<br>► Kühlrippen<br>► Isolierstoffe<br>► Kleidung | ► Sonnenstrahlung (Solarkonstante 1,395 kW/m²)<br>► Infrarotstrahlen<br>► Sonnendach |
| 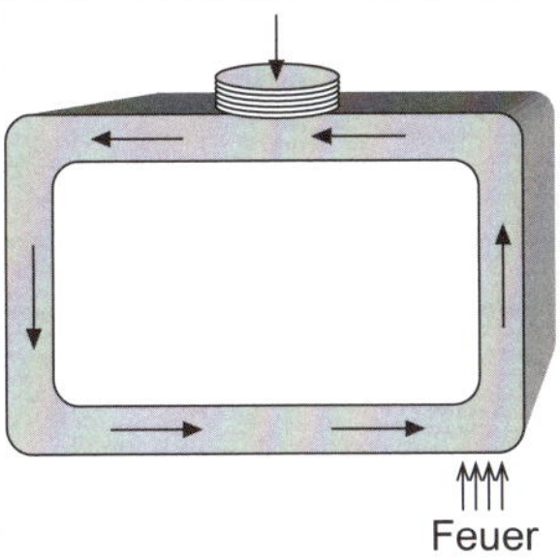 | Stoffe:<br>Zunahme der Wärmeleitung:<br>Glas<br>↓<br>Blei<br>↓<br>Eisen<br>↓<br>Zink<br>↓<br>Messing<br>↓<br>Kupfer | 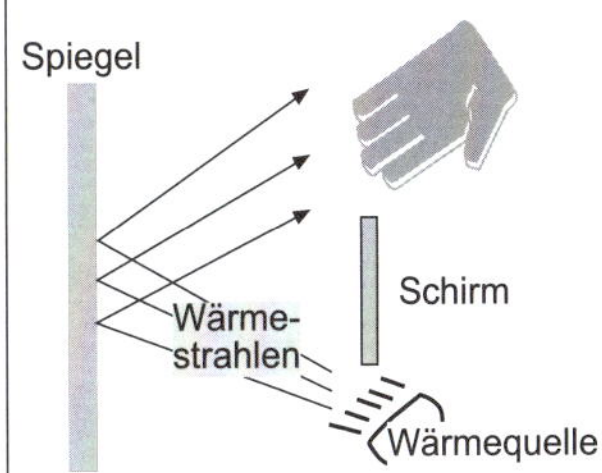 |

## 10. Was sagen die Wärmekapazität und die spezifische Wärmekapazität aus?

Die zur Temperaturerhöhung eines Körpers um 1 K erforderliche Wärmemenge nennt man **Wärmekapazität** C.

$$C = \frac{Q}{\Delta \vartheta}$$

$$[c] = \frac{J}{K}$$

Die **spezifische Wärmekapazität** ist eine stoff- und temperaturabhängige Materialkonstante und gibt an, welche Wärmemenge in J (bzw. kJ) benötigt wird, um 1 g (bzw. 1 kg) eines Stoffes um 1 K zu erwärmen.

$$c = \frac{Q}{m \cdot \Delta \vartheta}$$

$$[c] = \frac{J}{g \cdot K} \text{ bzw. } \frac{KJ}{kg \cdot K}$$

Die Wärmeeinheit 1 Joule ist eine sehr kleine Einheit. Deshalb verwendet man in der Praxis meist die größeren Einheiten 1 KJ = 1.000 J = $10^3$ J und 1 MJ = $10^6$ J. In manchen Bereichen der Technik verwendet man auch die Einheit Kilowattstunde: 1 KWh = $3{,}6 \cdot 10^6$ J = $3{,}6 \cdot 10^6$ Ws.

**Beispiele**

**Spezifische Wärmekapazität**

| **Stoff** | **c in KJ/kg • K** |
|---|---|
| Wasser | 4,19 |
| Eis | 2,09 |
| Luft | 1,01 |
| Eisen | 0,45 |
| Blei | 0,13 |

Wasser besitzt mit c = 4,19 KJ/kg • K die größte spezifische Wärmekapazität aller Flüssigkeiten. Es eignet sich deshalb gut als Kühlmittel und Energiespeicher und beeinflusst deshalb auch entscheidend unser Klima.

## 11. Wie wird die Wärmeleitfähigkeit von Stoffen gemessen?

Die einem Körper zugeführte Wärme wird verschieden schnell weitergeleitet. Die Wärme wird unmittelbar von Molekül zu Molekül weitergegeben, ohne dass sich die Moleküle selbst dabei fortbewegen. Gute Wärmeleiter sind Metalle und Diamanten; schlechte Wärmeleiter sind Holz, Glas, Porzellan, Beton, Kunststoffe, Wasser und alle Gase. Die Wärmeleitfähigkeit $\lambda$ ist eine Materialkonstante und in den entsprechenden Tabellen zu finden.

- Die **Wärmeleitfähigkeit** $\lambda$ eines Stoffes gibt die Wärme in Joule an, die bei einem Temperaturunterschied von 1 K durch einen Querschnitt von 1 $m^2$ bei 1 m Schichtdicke in 1 s hindurch tritt; ihre Einheit ist W/m • K.
- Den Quotienten aus Wärme und Zeit (Q/t) bezeichnet man als den **Wärmestrom** $\phi$. Seine Einheit ist Watt (W).

- Zwischen der Wärmeleitung und der elektrischen Leitung besteht eine formale Analogie: Der elektrische Widerstand und der **Wärmewiderstand** hängen von Länge, Querschnittsfläche und Material des Leiters ab. Der Wärmewiderstand $R_{th}$ ist der Quotient aus Temperaturunterschied $\Delta \vartheta$ und Verlustleistung $P_v$:

$$R_{th} = \frac{\Delta \vartheta}{P_v}$$

$$[R_{th}] = \frac{K}{W}$$

Der Wärmewiderstand kann sich aus mehreren Einzelwiderständen in Parallel- oder Reihenschaltung zusammensetzen. Die Berechnung des Gesamtwiderstandes erfolgt nach den in der Elektrik geltenden Gleichungen (z. B. Wärmewiderstand zwischen einem Kühlkörper und der Umgebung, zwischen einem Kühlkörper und dem Gehäuse, zwischen dem Gehäuse und einer Sperrschicht).

## 12. Wie nutzt man die unterschiedlichen Eigenschaften der Stoffe bei der Wärmeausbreitung für Maßnahmen der Wärmedämmung?

Die Übertragung von Wärmeenergie ist nicht immer von Vorteil; sie ist häufig sogar unerwünscht und erfordert eine Wärmedämmung. Unter **Wärmedämmung** werden alle Maßnahmen gefasst, die unerwünschte Wärmeleitung, Konvektion und Wärmestrahlung minimieren.

Die unterschiedliche Wärmeleitfähigkeit $\lambda$ (Lambda) der Stoffe wird bei der Auswahl der Dämmstoffe ausgenutzt. So eignen sich zur **Verringerung von Wärmeleitung** besonders solche Materialien, die teilweise oder ganz aus schlechten Wärmeleitern bestehen. Dämmwolle und Styropor sowie doppelt verglaste Fenster wirken z. B. durch viele Lufteinschlüsse gut isolierend. Zur **Verminderung unerwünschter Konvektion** (Wärmeströmung) müssen z. B. Fenster und Türen gut abgedichtet werden. Die **Wärmestrahlung** kann durch Auswahl geeigneter Oberflächen verringert werden; so absorbieren (verschlucken) dunkle Oberflächen einen großen Teil der auffallenden Strahlung und helle, besonders glänzende Oberflächen, werfen sie zurück. Deshalb werden z. B. Kühltransporter häufig weiß glänzend beschichtet.

Um in der Technik das Wärmedämmverhalten zu beschreiben, nutzt man den K-Wert: Er gibt an, wie viel Energie pro Sekunde durch eine Fläche von 1 $m^2$ strömt bei einer Temperaturdifferenz zwischen beiden Seiten von 1 K.

## 13. Wie ändert sich die Zustandsform eines Stoffes bei Wärmezufuhr?

Stoffe können in verschiedenen **Aggregatzuständen** vorkommen:

- fest
- flüssig
- gasförmig.

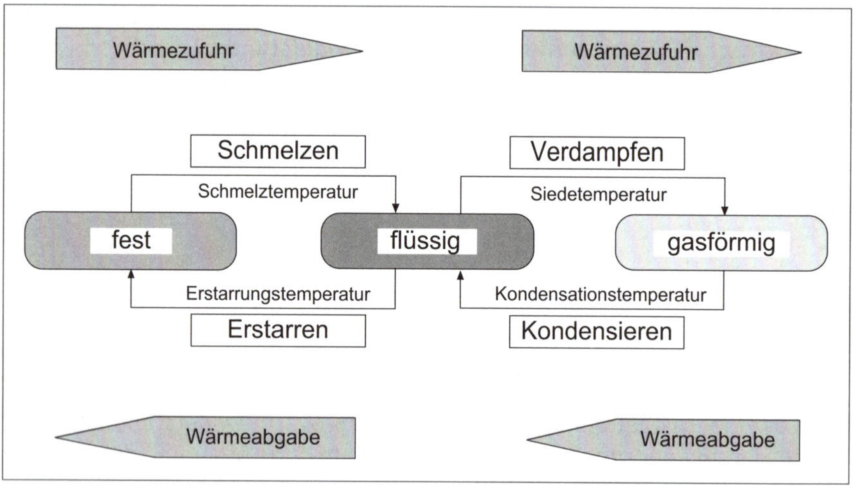


Dabei ist:

- **Schmelzen** ist der Übergang eines Stoffes vom festen in den flüssigen Aggregatzustand. Damit ein fester Körper schmilzt, muss ihm Energie zugeführt werden. Zuerst steigt die Temperatur des festen Körpers. Wenn dann die Schmelztemperatur $\vartheta_s$ erreicht ist **(Schmelzpunkt)**, beginnt der Körper zu schmelzen. Solange bis der gesamte Stoff geschmolzen ist, bleibt seine Temperatur konstant; danach steigt sie weiter an.

  **Schmelzwärme** $Q_s$ heißt diejenige Energie, die einem auf die Schmelztemperatur erhitzten Körper zugeführt werden muss, um ihn vollständig zu schmelzen.

  Die **spezifische Schmelzwärme** $q_s$ eines Stoffes gibt an, wie viel Energie Q erforderlich ist, um 1 kg des Stoffes (m) zu schmelzen:

  $$q_s = \frac{Q}{m}$$

  $$[q_s] = \frac{J}{g} \text{ bzw. } \frac{KJ}{kg}$$

  Die spezifische Schmelzwärme ist ein Materialwert und in entsprechenden Tabellen der Fachliteratur zu finden. Beim Erstarren wird die Schmelzwärme wieder frei; sie wird dann als **Erstarrungswärme** bezeichnet.

- **Verdampfen** ist der Übergang vom flüssigen in den gasförmigen Aggregatzustand. Führt man einem flüssigen Körper Wärme zu, so verdampft er in allen seinen Teilen bei einer bestimmten Temperatur. Diese Temperatur heißt **Siedetemperatur** und hängt vom Druck ab. Um eine Flüssigkeit vollständig zu verdampfen, muss die **Verdampfungswärme** $Q_v$ zugeführt werden.

Der Quotient aus der Verdampfungswärme $Q_v$ und der Masse der Flüssigkeit m ist ein Materialwert und heißt **spezifische Verdampfungswärme** $q_v$:

$$q_v = \frac{Q_v}{m}$$

$$[q_v] = \frac{J}{g} \text{ bzw. } \frac{KJ}{kg}$$

- **Verdunsten:**
  Den Übergang eines Stoffes in den gasförmigen Zustand an der Oberfläche der Flüssigkeit unterhalb der Siedetemperatur nennt man **Verdunsten**.
- **Kondensieren:**
  Wird einem gasförmigen Körper Wärme entzogen, so **kondensiert** er in allen seinen Teilen bei einer bestimmten Temperatur, der **Kondensationstemperatur**. Sie hängt vom Druck ab. Beim Kondensieren wird **Kondensationswärme** frei; sie ist gleich der Verdampfungswärme.

## 14. Wie unterscheiden sich Brennwert und Heizwert?

Natürliche Brennstoffe (Kohle, Erdöl, Erdgas) besitzen chemische Energie, die beim Verbrennen in Wärmeenergie umgewandelt wird. In den Brennstoffen ist immer Feuchtigkeit enthalten und es entsteht Wasser durch Verbrennen von Wasserstoff. Diese Feuchtigkeit geht während der Verbrennung in dampfförmigen Zustand über. Wird der Dampf nachträglich in Wasser umgewandelt, so wird Kondensationswärme frei und steht zur Verfügung.

Dementsprechend unterscheidet man:

- Brennwert $Q_o$ = Anteile Wasser nach der Verbrennung in flüssiger Form
- Heizwert $Q_u$ = Anteile Wasser nach der Verbrennung als Dampf (ist für technische Prozesse von Bedeutung).

| Spezifischer Brennwert $H_o$ | Spezifischer Heizwert $H_u$ |
|---|---|
| Für **feste und flüssige** Brennstoffe gilt: | |
| $H_o$ ist der Quotient aus Brennwert und Masse des Brennstoffs: | $H_u$ ist der Quotient aus Heizwert und Masse des Brennstoffs: |
| $H_o = \frac{Q_o}{m}$<br>$[H_o]$ = KJ/kg | $H_u = \frac{Q_u}{m}$<br>$[H_u]$ = KJ/kg |
| Für **Gase** bezieht man Brennwert und Heizwert auf das Volumen im Normzustand: | |
| $H_o = \frac{Q_o}{V}$<br>$[H_o] = KJ/m^3$ | $H_u = \frac{Q_u}{V}$<br>$[H_u] = KJ/m^3$ |

Typische Energiewerte der gängigsten Brennwerte:

| | Heizwert MJ (Mega-Joule)/kg bzw. $m^3$ | Brennwert MJ (Mega-Joule)/kg bzw. $m^3$ |
|---|---|---|
| Holz | 14 - 16 | 15 - 17 |
| Heizöl/EL | 40 | 43 |
| Erdgas | 35 - 45 | 40 - 50 |

(Je nach Holz- bzw. Gasart schwanken die Werte.)

### 5.1.4 Bewegungs-, Antriebs- und Steuerungsvorgänge an Maschinen

#### 01. Was ist Bewegung und wie wird sie dargestellt?

- **Bewegung:**
  Bewegung ist jede Veränderung des Ortes oder der Lage eines Körpers gegenüber einem Bezugspunkt oder einem Bezugssystem.
- **Ruhe:**
  Der Körper verändert seinen Ort und seine Lage gegenüber dem Bezugspunkt **nicht**.

Es gibt zwei Teilgebiete der Physik, die Bewegungen beschreiben:

- **Kinematik**: Sie beschreibt Bewegungen, ohne dabei die Ursachen für Änderungen des Bewegungszustandes zu berücksichtigen und
- **Dynamik**: Sie beschreibt Änderungen des Bewegungszustandes im Zusammenhang mit ihren Ursachen, den Kräften.

Die Bewegungslehre (Kinematik) unterscheidet Bewegungen:

- nach der Form der Bahnkurve des bewegten Körpers (**Bewegungsformen**)
- nach der zeitlichen Änderung der Geschwindigkeit (**Bewegungsarten**).

Für die Untersuchung einer Bewegung genügt es häufig, die Bewegung eines einzigen Punktes des Körpers zu beschreiben. Dazu denkt man sich die gesamte Masse des Körpers in diesem Punkt, dem **Massepunkt** (als einem Modell) vereinigt und vernachlässigt Form und Volumen. Meist wählt man den Schwerpunkt als Massepunkt. Alle Punkte, die auf der Bahn der fortschreitenden Bewegung eines Körpers liegen, bilden zusammen die **Bahnkurve**.

Es lassen sich folgende **Bewegungsformen** unterscheiden:

- **Geradlinige Bewegung** (Translation): Ein Körper bewegt sich entlang einer geraden Bahnkurve.
- **Kreisbewegung** (Rotation): Die Bahnkurve ist ein Kreis; ein starrer Körper bewegt sich um eine im Bezugssystem feste Achse.
- **Mechanische Schwingung:** Die Bewegung erfolgt periodisch zwischen zwei Umkehrpunkten.

Folgende vektorielle Größen sind in der Bewegungslehre von Bedeutung:

- der Weg s, die Geschwindigkeit v, die Beschleunigung a (s in m | v in m/s | a in $m/s^2$)
- die Winkelgeschwindigkeit ω, die Winkelbeschleunigung α (ω in 1/s | α in $1/s^2$).

Die Beschreibung einer Bewegung kann allgemein in Form von Gleichungen oder Diagrammen erfolgen. Bei allen Translationsarten ist die Beziehung zwischen Geschwindigkeit, Weg und Zeit aus dem Geschwindigkeits-Zeit-Diagramm (v,t-Kurve) zu erkennen. Es werden außerdem das Weg-Zeit-Diagramm (s, t-Kurve) und das Beschleunigungs-Zeit-Diagramm (a, t-Kurve) benutzt, um die Beziehungen zwischen diesen Größen zu veranschaulichen.

## 02. Was sagen Geschwindigkeit und Beschleunigung aus und wie werden sie berechnet?

Bei der **gleichförmigen Bewegung** eines Massepunktes werden in beliebig wählbaren, gleichen Zeitabschnitten gleiche Wege auf gerader Bahn zurückgelegt: Der Graph im Weg-Zeit-Diagramm ist daher eine Gerade.

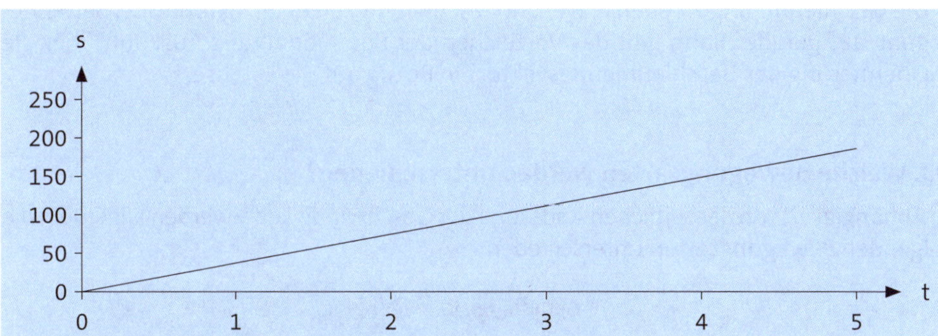


- Die **Geschwindigkeit v bei gleichförmiger Bewegung** ist der Quotient aus dem zurückgelegten Weg s und der dabei abgelaufenen Zeit t:

$$v = \frac{s}{t}$$

$$[v] = \frac{m}{s}; \quad \frac{km}{h}$$

Die verallgemeinerte Gleichung für die Geschwindigkeit lautet:

$$v = \frac{\Delta s}{\Delta t}$$

Dabei ist:
$\Delta s = s_1 - s_2$ Änderung der Ortskoordinate
$\Delta t = t_1 - t_2$ Zeitdauer dieser Änderung

Dabei braucht nicht mehr vorausgesetzt zu werden, dass sich der Massepunkt zurzeit $t = 0$ an der Stelle $s = 0$ befindet. Die Größe s wird jetzt nicht mehr als Weg, sondern als Ortskoordinate betrachtet.

- Bei **ungleichförmigen Bewegungen wird die Beschleunigung** als Größe eingeführt, um den zeitlichen Ablauf der Geschwindigkeitsänderung zu erfassen. Wenn in gleichen Zeitabschnitten jeweils gleichgroße Änderungen der Geschwindigkeit stattfinden, ist die Beschleunigung a der Quotient aus der Geschwindigkeitsänderung $\Delta v$ und deren Zeitdauer $\Delta t$:

$$a = \frac{\Delta v}{\Delta t}$$

$$[a] = \frac{m}{s^2}$$

Dabei bedeutet:
$a > 0$ eine Zunahme der Geschwindigkeit
$a < 0$ eine Abnahme der Geschwindigkeit

Die Beschleunigung ist ebenso wie die Geschwindigkeit eine Vektorgröße. Bei Bewegung auf gerader Bahn gibt das Vorzeichen der Beschleunigung Auskunft über die Orientierung des Beschleunigungsvektors in Bezug auf die s-Achse.

## 03. Welche Bewegungsarten werden unterschieden?

In Abhängigkeit von der zeitlichen Änderung der Geschwindigkeit v werden allgemein die folgenden **Bewegungsarten** unterschieden:

1.

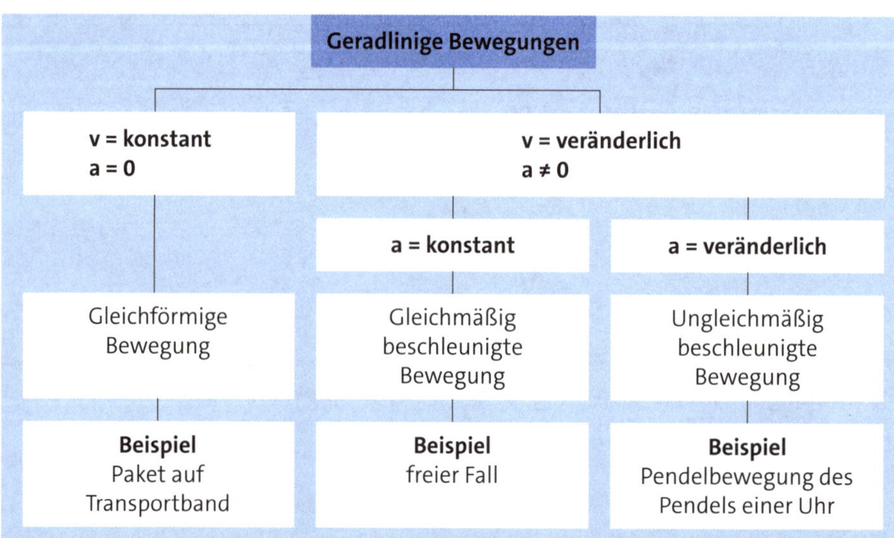

| | | | |
|---|---|---|---|
| 2. | **Fall und Wurf; zusammengesetzte Bewegungen:** | | |
| 2.1 | **Freier Fall** | Der **freie Fall** ist ein Sonderfall der geradlinigen, gleichmäßig beschleunigten Bewegung ohne Anfangsgeschwindigkeit. Bei ihm ist die Beschleunigung gleich der Fallbeschleunigung (auch Erdbeschleunigung). Der Luftwiderstand ist dabei nicht berücksichtigt. | |
| | | **Weg-Zeit-Gesetz:**<br>$s = \frac{g}{2} \cdot t^2$<br>**Geschwindigkeit-Zeit-Gesetz:**<br>$v = g \cdot t$<br>**Geschwindigkeit-Weg-Gesetz:**<br>$v = \sqrt{2 \cdot g \cdot s}$ | Dabei ist:<br>$v$ = Fallgeschwindigkeit nach Ablauf der Zeit t, in $\frac{m}{s}$<br>$g$ = Fallbeschleunigung<br>$g$ = 9,81 $m/s^2$<br>$s$ = Weg (Fallhöhe), in m<br>$t$ = Zeit, die für den Fall benötigt wird, in s |
| 2.2 | **Zusammengesetzte Bewegungen** | **Zusammengesetzte Bewegungen** sind Bewegungen, die aus mehreren Teilbewegungen zusammengesetzt sind. Da Beschleunigung, Geschwindigkeit und Weg vektorielle Größen sind, können sie nach den Gesetzen der vektoriellen Addition zusammengesetzt werden.<br><br>**Beispiele**<br>Gehende Personen in einem bewegten Fahrzeug; Fähre in einem Fluss; schräger Wurf; eine Person läuft auf einer fahrenden Rolltreppe. | |
| | | Der **Wurf** ist eine zusammengesetzte Bewegung aus<br>► einer geradlinigen, gleichförmigen Bewegung ($v_0$ = konstant) und<br>► aus dem freien Fall ($v_y = -g \cdot t$).<br><br>Es werden unterschieden:<br>► senkrechter Wurf (nach oben/unten)<br>► waagerechter Wurf<br>► schräger Wurf. | |

| | | Weg-Zeit-Gesetz | Geschwindigkeit-Zeit-Gesetz |
|---|---|---|---|
| **Senkrechter Wurf nach oben** |  | $s_y = -\frac{1}{2} \cdot g \cdot t^2 + v_0 \cdot t$<br>$s_x = 0$ | $v_y = -g \cdot t + v_0$<br>$v_x = 0$ |

| | | Weg-Zeit-Gesetz | Geschwindigkeit-Zeit-Gesetz |
|---|---|---|---|
| **Senkrechter Wurf nach unten** | 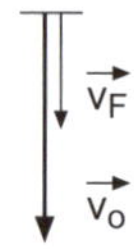  | $s_y = -\frac{1}{2} \cdot g \cdot t^2 - v_0 \cdot t$<br>$s_x = 0$ | $v_y = -g \cdot t - v_0$<br>$v_x = 0$ |
| **Waagerechter Wurf** | 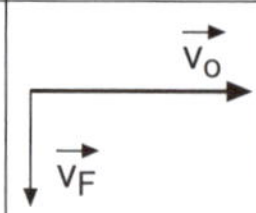  | $s_y = -\frac{1}{2} \cdot g \cdot t^2$<br>$s_x = v_0 \cdot t$ | $v_y = -g \cdot t$<br>$v_x = v_0$ |
| **Schräger Wurf** | 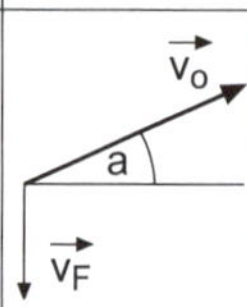  | $s_y = -\frac{1}{2} \cdot g \cdot t^2 + v_0 \cdot t \cdot \sin\alpha$<br>$s_x = v_0 \cdot t \cdot \cos\alpha$ | $v_y = -g \cdot t + v_0 \cdot \sin\alpha$<br>$v_x = v_0 \cdot \cos\alpha$ |

3.

**Drehbewegung und Kreisbewegung**

| Drehbewegung | Gleichförmige Kreisbewegung |
|---|---|
| Ein starrer Körper rotiert um eine feste Achse.<br><br>**Beispiel**<br>Werkzeug am Revolverkopf | Eine Punktmasse bewegt sich auf einer Kreisbahn.<br><br>**Beispiel**<br>Schwerpunkt einer Gondel am Riesenrad |
| Die Bahngeschwindigkeit ist für alle Teile des Körpers unterschiedlich.<br>Die Radialkraft ist für alle Teile des Körpers unterschiedlich. | Nur eine Bahngeschwindigkeit ist für die Punktmasse abgebbar.<br>Nur eine Radialkraft ist für die Punktmasse abgebbar. |

Die für die Rotationsbewegung geltenden Gesetze sind denen der Translationsbewegung analog: Die Gleichungen der Rotation ergeben sich aus denen der Translation, wenn jeweils ersetzt wird:

| Analogien | | |
|---|---|---|
| **Translation** | | **Rotation** |
| Weg s | → | Drehwinkel $\varphi$ (wird im Bogenmaß gemessen; $\varphi = s/r$ rad) |
| Geschwindigkeit v | → | Winkelgeschwindigkeit $\omega$ |
| Beschleunigung a | → | Winkelbeschleunigung $\alpha$ |

Folgende Berechnungen sind vor allem von Interesse:

| | |
|---|---|
| **Drehzahl n** | Zahl der Umdrehungen N im Zeitraum Δ t; auch als Drehfrequenz bezeichnet. $$n = \frac{N}{\Delta t}$$ $[n] = min^{-1}; \frac{U}{min}$ |
| **Umfangsgeschwindigkeit $v_U$** | $$v_u = \frac{s}{t}$$ Bei bekannter Drehzahl n ist die Umfangsgeschwindigkeit (auch: Umlaufgeschwindigkeit): $$v_u = d \cdot \pi \cdot n$$ $[v_U] = \frac{m}{min}$ In der Fertigung wird $v_U$ meist als **Schnittgewindigkeit** in m/s angegeben. |
| **Winkelgeschwindigkeit** | Änderung des Drehwinkels Δ φ pro Zeiteinheit Δ t $$\omega = \frac{\Delta \varphi}{\Delta t}$$ $[\omega] = \frac{1}{s}$ Bei bekannter Drehzahl n ist: $$\omega = 2 \cdot \pi \cdot n$$ $\omega = 2 \cdot \pi \cdot n$ Die Beziehung zwischen Umfangsgeschwindigkeit und Winkelgeschwindigkeit ist: $$v_u = \omega \cdot r$$ mit r = Radius |

### 04. Was ist Fliehkraft?

In einem rotierenden Bezugssystem tritt durch die Trägheit der bewegten Masse eine radial gerichtete Zentrifugalkraft oder **Fliehkraft** auf. Bei einer Kreisbewegung errechnet sich die Fliehkraft folgendermaßen:

$$F_z = \frac{m \cdot v^2}{r} = m \cdot r \cdot \omega^2$$

$F_z$ Fliehkraft in N
m Masse in kg
r Radius in m
$\omega$ Winkelgeschwindigkeit in 1/s
v Umfangsgeschwindigkeit m/s

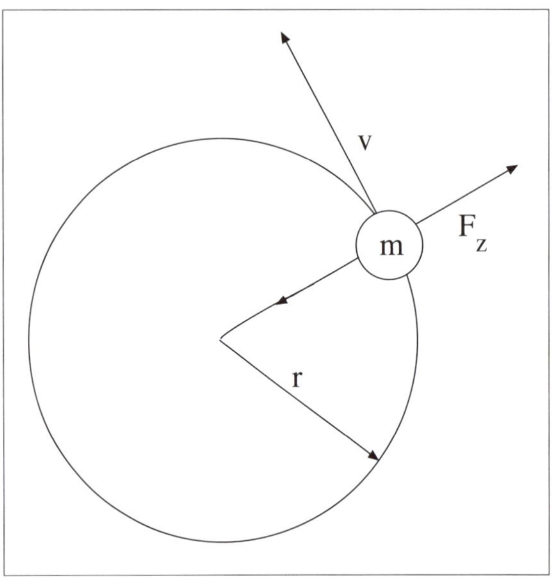


### 05. Wie lautet die Grundgleichung der Dynamik?

Grundgleichung der Dynamik:

$$F = m \cdot a$$

$$[F] = \text{Newton (N)} = \text{kg} \cdot \frac{\text{m}}{\text{s}^2}$$

Dabei ist 1 N die Kraft, die einer Masse von 1 kg eine Beschleunigung von 1 $m/s^2$ erteilt.

## 06. Was ist Arbeit?

Werden die an einem Körper wirkenden Kräfte zusammen mit dem Weg betrachtet, den der Körper dabei zurücklegt, führt dies zur Größe **Arbeit:**

Unter **Arbeit** W versteht man das Produkt aus Kraft und Weg:

$$W = F \cdot s$$

[W] = Joule; 1 J = 1 Nm = 1 Ws

Demnach ist 1 Joule die Arbeit, die verrichtet wird, wenn ein Körper mit der Gewichtskraft 1 N (z. B. eine Tafel Schokolade) um 1 m angehoben wird. Folgende **Arten der Arbeit** werden unterschieden:

- **Hubarbeit**
  F = konstant; v = konstant
  z. B.: ein Kran, der ein Bauteil anhebt
- **Reibungsarbeit**
  F = konstant; v = konstant
  z. B.: horizontal bewegter Schlitten
- **Federspannarbeit**
  auch: Verformungsarbeit; $F \sim s$; elastische Verformung
  z. B.: Spannen eines Expanders
- **Beschleunigungsarbeit**
  F = konstant; $v \neq$ konstant
  z. B.: Anfahren eines Fahrzeugs.

## 07. Was ist Leistung?

Durch die **Leistung** P wird erfasst, in welcher Zeit t eine bestimmte Arbeit verrichtet wird:

$$\text{Leistung} = \frac{\text{Arbeit}}{\text{benötigte Zeit}} = \frac{W}{t}$$

$[P] = \text{Watt}; 1\ W = 1\ \frac{J}{s} = 1\ \frac{Nm}{s}$

Wenn in gleichen Zeitabschnitten $\Delta t = t_2 - t_1$ stets die gleiche Arbeit W verrichtet wird, dann ist die Leistung P erklärt als

$$P = \frac{W}{t}$$

In diesem Fall ist die **Leistung konstant**.

Allgemein wird bei Vorgängen in der Natur und in der Technik (Maschinen, Fahrzeuge u. Ä.) die Arbeit (zeitlich) ungleichmäßig verrichtet. Dann ist die **Leistung nicht konstant**:

- Die mittlere Leistung, auch **Durchschnittsleistung** $P_D$, für das Zeitintervall $\Delta t$ ist dann der Quotient:

$$P_D = \frac{W}{\Delta t}$$

- Die **Momentanleistung** $P_M$ muss mittels Differenzialquotient bestimmt werden:

$$P_M = \frac{dW}{dt}$$

Umgeformt ergibt sich für die **Momentanleistung:**

Momentanleistung = Momentankraft • Momentangeschwindigkeit

$$P = F \cdot v$$

## 08. Was bezeichnet man als Wirkungsgrad?

Jede Maschine nimmt eine größere Leistung auf, als sie abgibt, da in ihr Verluste auftreten (Reibung, Luftwiderstand, Erwärmung usw.).

- Unter dem **Wirkungsgrad** $\eta$ (eta) versteht man das Verhältnis der abgegebenen bzw. nutzbaren Leistung $P_{ab}$ zur zugeführten Leistung $P_{zu}$:

$$\eta = \frac{P_{ab}}{P_{zu}}$$

Es ist häufig zweckmäßiger, den Wirkungsgrad nicht als Verhältnis zweier Leistungen, sondern als Verhältnis zweier Arbeiten auszudrücken: Dann ist der Wirkungsgrad

$$\eta = \frac{\text{Nutzarbeit}}{\text{Gesamtarbeit}} = \frac{W_{ab}}{W_{zu}}$$

Da die von einer Maschine abgegebene Arbeit $W_{ab}$ stets kleiner ist als die zugeführte Arbeit $W_{zu}$, ist der Wirkungsgrad $\eta$ jeder Maschine immer kleiner als 1 $[0 < \eta < 1]$. Der Wirkungsgrad hat keine Einheit. Er wird als Dezimalbruch oder in Prozent angegeben.

- Bei mehrfacher Energieumsetzung bzw. -übertragung ist der Gesamtwirkungsgrad das Produkt der einzelnen Wirkungsgrade:

$$\eta = \eta_1 \cdot \eta_2 \cdot ... \cdot \eta_n$$

## 09. Was versteht man unter Energie und warum unterscheidet man potenzielle Energie und kinetische Energie?

**Energie** E erfasst die Fähigkeit eines Körpers bzw. eines physikalischen Systems, Arbeit zu verrichten. Sie ist eine Zustandsgröße. Zwischen mechanischer Arbeit und Energie besteht der Zusammenhang: $\Delta E = W$. Die Energie wird in den gleichen Einheiten gemessen wie die Arbeit (J; Nm; Ws).

In der Mechanik wird unterschieden zwischen **potenzieller Energie** (auch Lageenergie) und **kinetischer Energie** (Energie der Bewegung).

Die **potenzielle Energie** $E_{pot}$ ist diejenige Energie, die ein ruhender Körper infolge von Krafteinwirkung (Arbeit) innerhalb eines Bezugssystems besitzt. Wird an einem Körper z. B. Hubarbeit verrichtet, steckt diese dann in Form von potenzieller Energie in dem Körper. Diese Energie entspricht nicht der gesamten potenziellen Energie, sondern nur dem Zuwachs an potenzieller Energie beim Heben um die Strecke h (Ausgangspunkt kann willkürlich gewählt werden). Wird der Körper um die Höhe h gesenkt, gibt er diese bestimmte Energie $E_{pot}$ ab. Durchfällt ein Körper die Höhe h, so wandelt sich seine potenzielle Energie $E_{pot}$ in kinetische Energie $E_{kin}$ gleicher Größe um.

Auch die zur Verformung elastischer Körper aufzuwendende Verformungsarbeit $W_F$ wird im Körper als potenzielle Energie gespeichert und als Spannungsarbeit bzw. Spannungsenergie bezeichnet:

$$E_{pot} = \frac{Ds^2}{2}$$

Dabei ist:

$E_{pot}$ potenzielle Energie (Spannenergie)
D Federkonstante k
s Federweg

Die Rückstellkraft bei Federschwingungen hat ihre Ursache in der Elastizität. Nach dem Hookeschen Gesetz ist die verformende Kraft proportional der Verformung. Deshalb sind elastische Schwingungen harmonisch. Die Federkonstante k ist eine Richtgröße und berechnet sich $k = F/\Delta l$, wobei F die Kraft ist, die die Längenänderung $\Delta l$ verursacht.

**Kinetische Energie** oder Energie der Bewegung ist dann in einem Körper vorhanden, wenn an ihm Arbeit verrichtet wird (Beschleunigungsarbeit). Die kinetische Energie berechnet sich nach der Gleichung:

$$E_{kin} = \frac{1}{2} m \cdot v^2$$

Dabei ist:
$E_{kin}$ kinetische Energie
m Masse des Körpers
v Geschwindigkeit des Körpers

Eine Geschwindigkeitsänderung von $v_1$ auf $v_2$ hat demzufolge eine Änderung der kinetischen Energie zur Folge:

$$\Delta E_{kin} = \frac{1}{2} m(v_2^2 - v_1^2)$$

## 10. Was sagt der „Satz von der Erhaltung der mechanischen Energie" aus?

Entsprechend dem **allgemeinen Energieerhaltungssatz** kann Energie nicht erzeugt oder vernichtet, sondern nur übertragen oder umgewandelt werden: $\sum E$ = konstant. Bezogen auf das Teilgebiet der Mechanik bedeutet das:

MERKE

In einem abgeschlossenen mechanischen System bleibt die Summe der mechanischen Energie (potenzielle und kinetische Energie) konstant:

$$E_{pot} + E_{kin} = \text{konstant}$$

## 11. Wie werden Reibungskräfte erklärt und berechnet?

In der Praxis gibt es keine rein mechanischen Vorgänge; bei Bewegungen treten Energieumwandlungen auf: Ein Teil der mechanischen Energie wird infolge der Reibung in Wärmeenergie umgewandelt.

Als **Reibung** wird ein Vorgang bezeichnet, bei dem zwischen einander berührenden und sich gegeneinander bewegenden Körpern Kräfte auftreten, die **Reibungskräfte**. Die am bewegten Körper auftretende Reibungskraft $F_R$ ist der Bewegungskraft (Antriebskraft $F_A$) entgegengerichtet: Bei gleichförmiger Bewegung ist

$$F_R + F_A = 0$$

Die Reibungskraft $F_R$ ist proportional der zwischen den Körpern wirkenden Normalkraft $F_N$.

Die Reibungszahl μ (mü) beschreibt die Abhängigkeit von der Art und Beschaffenheit der Berührungsflächen. Es wird unterschieden zwischen **Haftreibung, Gleitreibung** und **Rollreibung:**

- **Haftreibung** tritt auf, wenn ein Körper, der auf einem anderen Körper ruht, in Gleitbewegung versetzt werden soll. Haftreibung ist vorhanden, wenn die Antriebskraft $F_A$ die Haftreibungskraft $F_{HR}$ nicht übersteigt:

  $$F_H = \mu_{HR} \cdot F_N$$

  Dabei ist:
  $\mu_{HR}$ Haftreibungszahl
  $F_N$ Normalkraft (mit der der Körper senkrecht auf die Unterlage drückt)

  Beispiel: Schuhe auf Straßenbelag

- **Gleitreibung:**
  Wenn ein fester Körper auf einer Unterlage gleitet bzw. rutscht, wird diese Bewegung durch **Gleitreibung** behindert:

  $$F_{GR} = \mu_{GR} \cdot F_N$$

  Dabei ist:
  $\mu_{GR}$ Gleitreibungszahl
  $F_N$ Normalkraft

  Beispiel: gleitende Maschinenteile

  Reibung verursacht neben Alterung, Verschleiß, Korrosion u. Ä. Schäden an Maschinenteilen. Zur Verminderung der Reibung dienen Schmierstoffe (Öle, Fette u. Ä.), die Unebenheiten zwischen gleitenden Körpern ausgleichen und die Gleiteigenschaften verbessern.

- **Rollreibung:**
  Wenn ein Körper auf einem anderen rollt, tritt Rollreibung auf:

  $$F_{RR} = \mu_{RR} = \frac{F_N}{r}$$

  Dabei ist:
  $\mu_{RR}$ Rollreibungszahl
  $r$ Radius des rollenden Körpers

  Beispiel: Kugellager

- **Allgemein gilt:**

  $$F_{RR} < F_{GR} < F_{HR}$$

### 5.1.5 Einsatz von elektrotechnischen Steuerungen in Arbeitsprozessen

#### 01. Wie entsteht Luftdruck und wie wird er gemessen?

Gase sind kompressibel, d. h., sie lassen sich zusammenpressen. Durch das fast völlige Fehlen von Kohäsion sind sie unbestimmt an Gestalt und Volumen und füllen daher jedes mögliche Volumen, das man ihnen bietet. Jedes Gas steht unter einem bestimmten Druck, der sich nach allen Seiten gleichmäßig fortpflanzt. Für den Druck eines Gases gilt das **Gesetz von Boyle-Mariotte:**

- Das Volumen eines eingeschlossenen Gases ist bei gleichbleibender Temperatur dem Kehrwert des Druckes proportional:

  $$V \sim \frac{1}{p}$$

  bzw.

  bei einem eingeschlossenen Gas gleichbleibender Temperatur sind Druck p und Dichte $\rho$ einander proportional:

  $$p \sim \rho$$

  Es gilt:

  $$\frac{p_1}{p_2} = \frac{V_2}{V_1}$$

  bzw.

  $$p \cdot V = \text{konstant}$$

  Dabei ist:
  $p_1$ Anfangsdruck des Gases
  $p_2$ Enddruck des Gases
  $V_1$ Anfangsvolumen des Gases
  $V_2$ Endvolumen des Gases

  Bei kleiner werdendem Druck steigt das Volumen stark an, bei wachsendem Druck nimmt es ab. Hierbei ist immer mit dem absoluten Druck zu rechnen, nicht mit dem Überdruck.

- Unter dem **Überdruck** $p_Ü$ wird die Differenz zwischen dem Innendruck p und dem äußeren Luftdruck $p_L$ verstanden:

  $$p_Ü = p - p_L$$

  [p] = Pa (Pascal)

  1 Pa = 1 $N/m^2$
  1 hPa = 1 mbar

Zum Messen des Gasdruckes dienen Manometer (offenes Manometer, geschlossenes Manometer, Metallmanometer).

Die als „absoluter Druck" bezeichnete Größe wird gegenüber dem Vakuum gemessen. Dieser Luftdruck, auch Schweredruck, entsteht durch das Eigengewicht der Lufthülle und wird mit zunehmendem Abstand von der Erdoberfläche kleiner; er nimmt exponentiell mit der Höhe ab. Der Luftdruck wird mit Barometern gemessen (Dosenbarometer, Quecksilberbarometer).

## 02. Wie wird die Wirkung des Luftdrucks in der Technik genutzt?

Aufgrund der oben beschriebenen Zusammenhänge findet Druckluft Anwendung in der Pneumatik: Mittels Luftdruck, der in einer entsprechenden Anlage (Kompressor, Druckluftspeicher) erzeugt und dann weitergeleitet wird, können Antriebs- und Steuerungssysteme betrieben werden. Die Luft wird durch den Kompressor verdichtet, dadurch kann wieder Druckluft an ein System abgegeben werden. Für pneumatische Systeme wird der Druck in bar (als Überdruck) angegeben.

## 03. Was sind Kolbendruck und Schweredruck?

Flüssigkeiten besitzen – aufgrund der Verschiebbarkeit der Moleküle – keine eigene Gestalt; ihr Volumen und ihre Form werden durch das Gefäß bestimmt. Flüssigkeiten sind im Gegensatz zu Gasen inkompressibel; sie lassen sich nicht (bzw. kaum und nur bei sehr großem Druck) zusammenpressen.

- **Kolbendruck:**
  Wenn von außen ein Druck auf eine eingeschlossene Flüssigkeit (oder ein eingeschlossenes Gas) über einen Kolben ausgeübt wird, entsteht der **Kolbendruck** p. Er ist im Behälter an allen Stellen gleich.

$$p = \frac{F}{A}$$

Dabei ist:
p Kolbendruck
F Druckkraft ($F \perp$ zu A)
A Fläche

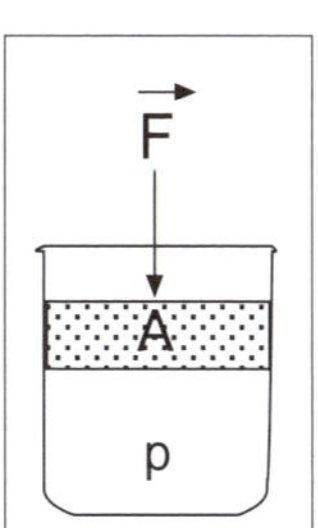

- Der **Schweredruck** ist der Druck, der durch die eigene Gewichtskraft der Flüssigkeit (oder des Gases) entsteht. Der Schweredruck p nimmt in einer Flüssigkeit linear mit der Tiefe h zu. Er ist von der Dichte ρ der Flüssigkeit abhängig:

$$p = \rho \cdot g \cdot h$$

## 04. Wie wird in hydraulischen Anlagen die Druckausbreitung von Flüssigkeiten genutzt?

Hydraulische Anlagen (hydraulische Bremsanlage, hydraulische Presse u. Ä.) nutzen die gleichmäßige und allseitige Ausbreitung des Druckes in Flüssigkeiten zur Übertragung und Umformung von Kräften. Zum Beispiel wirkt bei einer **hydraulischen Presse** auf alle Kolben der gleiche Druck. Auf die verschieden großen Kolbenflächen übt er aber unterschiedliche Kräfte aus:

- Die Kräfte verhalten sich wie die Kolbenflächen bzw. wie die Quadrate der Kolbendurchmesser:

$$p = \frac{F_1}{A_2} = \frac{F_1}{A_2} \quad = \quad \frac{F_1}{F_2} = \frac{A_1}{A_2} = \frac{{d_1}^2}{{d_2}^2}$$

Dabei ist:
$F_1$ = Kraft am Arbeitskolben
$F_2$ = Kraft am Druckkolben
$A_1$ = Fläche am Arbeitskolben
$A_2$ = Fläche am Druckkolben
$[P] = Pa; \frac{N}{m^2}; bar$
$10^5$ Pa = 1 bar

- Für das **Übersetzungsverhältnis** i gilt:

$$i = \frac{F_1}{F_2} = \frac{A_1}{A_2} = \frac{{d_1}^2}{{d_2}^2} = \frac{s_2}{s_1}$$

$s_1$ Weg des Arbeitskolbens
$s_2$ Weg des Druckkolbens

Die Druckausbreitung in einer eingeschlossenen Flüssigkeit (bzw. einem eingeschlossenen Gas) erfolgt nach allen Seiten gleichmäßig und ist an allen Stellen gleich (**Pascalsches Gesetz**). In verbundenen Gefäßen können durch Erzeugen eines Kolbendrucks Kräfte übertragen und dabei ihr Betrag und/oder ihre Richtung geändert werden.

## 05. Wie wirkt die Auftriebskraft?

Taucht man einen Körper in eine Flüssigkeit, verliert er scheinbar einen Teil seiner Gewichtskraft. Diese Kraft, die der Gewichtskraft des Körpers entgegen gerichtet ist, nennt man **Auftriebskraft** $F_A$. Die Ursache liegt darin, dass auf den Körper von oben ein kleinerer Schweredruck wirkt als von unten. Die nach oben gerichtete Auftriebskraft $F_A$ ist dem Betrag nach gleich der Gewichtskraft $F_G$ der vom Körper verdrängten Flüssigkeit:

$$F_A = F_G$$

Diese Gesetzmäßigkeit bezeichnet man als **Archimedisches Prinzip**. Je nach der Größe des Auftriebs gibt es drei Möglichkeiten:

1. $F_G < F_A$
   → Der Körper steigt zur Oberfläche, taucht nur teilweise ein und schwimmt.
2. $F_G = F_A$
   → Der Körper taucht vollkommen ein und schwebt.
3. $F_G > F_A$
   → Der Körper sinkt.

## 06. Was versteht man unter Strömungen und wie wird das Strömungsverhalten von Flüssigkeiten in der Hydraulik genutzt?

Unter einer **Strömung** versteht man die **Bewegung von Flüssigkeiten** (oder Gasen). Ursache von Strömungen sind u. a. Schwerkraft und Druckdifferenzen. Jedes Teilchen einer Strömung hat zu einem bestimmten Zeitpunkt eine in Betrag und Richtung bestimmte Geschwindigkeit. Zur Kennzeichnung der Geschwindigkeitsrichtung der Teilchen verwendet man **Stromlinien;** ein Modell zur Darstellung von stationären Strömungen. Die grafische Darstellung einer Strömung mittels Stromlinien heißt **Stromlinienbild**. Wenn die Bahnen der Teilchen mit den Stromlinien übereinstimmen, d. h., wenn die Stromlinien für eine längere Zeit ihre Form behalten, wird die Strömung als **stationäre Strömung** bezeichnet.

Wenn eine Flüssigkeit ein Rohr mit unterschiedlichen Querschnittsfunktionen durchströmt, muss durch jeden Querschnitt des Rohres in der gleichen Zeit t das gleiche Volumen V hindurchtreten, da die Flüssigkeit so gut wie nicht kompressibel ist. Durch kleinere Querschnitte strömt deshalb die Flüssigkeit schneller und umgekehrt.

Es gilt die **Kontinuitätsgleichung** für inkompressible Flüssigkeiten (auch Durchflussgesetz):

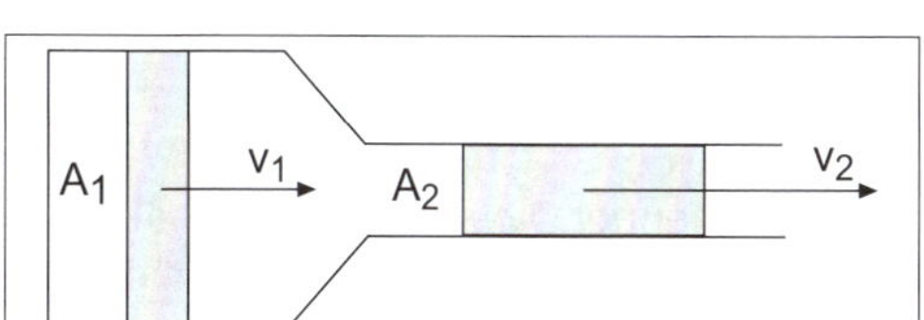

$$A_1 \cdot v_1 = A_2 \cdot v_2$$

$$A \cdot v = \text{konstant}$$

$$A \sim \frac{1}{v}$$

Dabei ist:
A durchströmte Querschnittsfläche
v Strömungsgeschwindigkeit

- Das Produkt $A \cdot v$ (Querschnitt und Strömungsgeschwindigkeit) wird als **Volumenstrom** Q bezeichnet;
  $[Q] = \frac{m^3}{s}$

  $$Q = A \cdot v$$

  $[Q] = \frac{m^3}{s}$

  Mithilfe dieser Größen lässt sich für hydraulische Systeme z. B. eine Kolbenkraft F oder die Kolbengeschwindigkeit v errechnen:

  $$F = p \cdot A$$

  $$Q = v_1 \cdot A_1 = v_2 \cdot A_2$$

  In stationären Strömungen bestehen gesetzmäßige **Zusammenhänge zwischen der Geschwindigkeit** der strömenden Flüssigkeit (oder des Gases), **dem Druck** und **der Dichte** des Stoffes.

- Der **statische Druck** $p_s$:
  Er ist der rechtwinklig zur Strömungsrichtung gemessene Druck; er nimmt mit zunehmender Strömungsgeschwindigkeit ab.

- Der **Schweredruck** p:
  Er ist eine Folge der Gravitation.

  $$p = \rho \cdot g \cdot h$$

  mit: $\rho$ = Dichte; h = Höhe

- Der **dynamische Druck** (auch Staudruck) $p_w$:
  Er ist eine Folge der Trägheit und nimmt mit zunehmender Dichte und mit zunehmender Strömungsgeschwindigkeit zu. Seine Druckkraft wirkt nur in Strömungsrichtung.

$$p_W = \frac{1}{2} \rho \cdot v^2$$

mit: ρ = Dichte; v = Strömungsgeschwindigkeit

- Für den **Gesamtdruck** $p_0$ gilt die **Bernoulli'sche Gleichung:**

$$p_0 = p_s + p + p_W$$

Der Gesamtdruck ist die Summe aus statischem Druck, Schweredruck und Staudruck.

## 07. Wie kann die Druckmessung in Strömungen erfolgen?

- Der **statische Druck** wird mit einem rechtwinklig zur Strömungsrichtung angebrachten Manometer gemessen.
- Der **Gesamtdruck** wird mit einem in Strömungsrichtung angebrachten Manometer gemessen. Der Gesamtdruck ist um den Staudruck größer als der statische Druck.
- Der **Staudruck:** Die Differenz aus Gesamtdruck und statischem Druck misst man mit einer Kombination der entsprechenden Geräte (Prandtl'sches Staurohr) und nutzt diese besonders zur Bestimmung der Strömungsgeschwindigkeit in Gasen.
- Die **Differenz zweier statischer Drücke** wird vor allem verwendet zur Bestimmung der Strömungsgeschwindigkeit in Flüssigkeiten (Venturi-Rohr). Dadurch ist es möglich, an zwei Stellen mit unterschiedlichem Querschnitt die statischen Drücke und deren Differenz zu messen, woraus die Strömungsgeschwindigkeit berechnet werden kann.

## 08. Was ist elektrischer Strom und woraus besteht ein elektrischer Stromkreis?

Elektrische Leitungsvorgänge ermöglichen (wie strömende Gase oder Flüssigkeiten) die Übertragung und Umwandlung von Energie. Damit können vielfältigste Vorgänge in Technik, Wissenschaft und Alltag elektrisch gesteuert und geregelt werden. Die Bewegung von Flüssigkeiten oder Gasen in Rohren bezeichnet man als Strömung. Analog dazu bilden bewegte Ladungsträger einen elektrischen Strom. Dazu wird in einem Leiter (einem leitenden Stoff) ein elektrisches Feld erzeugt. Im Raum um den stromdurchflossenen Leiter besteht ein magnetisches Feld.

Man unterscheidet:

- **Leiter:** Der Ladungstransport ist möglich, da frei bewegliche Ladungsträger vorhanden sind (z. B. Metall, Elektrolytlösung).
- **Halbleiter:** Es können Ladungsträger freigesetzt werden (Kristalle mit kovalenter Bindung, z. B. Silizium, Germanium).
- **Nichtleiter:** Der Ladungstransport ist nur in geringem Maße möglich, da sehr wenig frei bewegliche Ladungsträger vorhanden sind (z. B. Glas, Kunststoff).

Elektrischer Strom ist die gerichtete Bewegung von Ladungsträgern in einem elektrischen Feld. Dabei wird die Energie des elektrischen Feldes in kinetische Energie der Ladungsträger umgewandelt (und in damit verbundene magnetische Feldenergie).

| Energieform | Wirkungsart | Beispiele für Energiewandler |
|---|---|---|
| thermische Energie | Wärmewirkung | Tauchsieder, Kochplatte |
| Lichtenergie | Lichtemission | Leuchtdiode, Leuchtstofflampe, Glühlampe |
| mechanische Energie | magnetische Wirkung | Elektromotor, Elektromagnet |
| chemische Energie | chemische Wirkung | Akkumulator, Elektrolyse |

- Die **elektrische Stromstärke** I gibt an, wie viel elektrische Ladung Q in einer bestimmten Zeit t durch einen Leiterquerschnitt transportiert wird:

  $$I = \frac{Q}{t}$$

  [I] = A (Ampere)

- Die **elektrische Spannung** U ist die Ursache jedes elektrischen Stromes; sie besteht zwischen den Polen einer Spannungsquelle. Die elektrische Spannung U lässt sich über die Verschiebungsarbeit W an Ladungsträgern in elektrischen Feldern berechnen:

  $$U = \frac{W}{Q}$$

  [U] = V (Volt)

  Dabei ist:
  U Spannung
  W Verschiebungsarbeit
  Q elektrische Ladung

- Ein **elektrischer Stromkreis** besteht aus:
  - Spannungsquelle(n)
  - Leitung
  - Verbraucher(n).

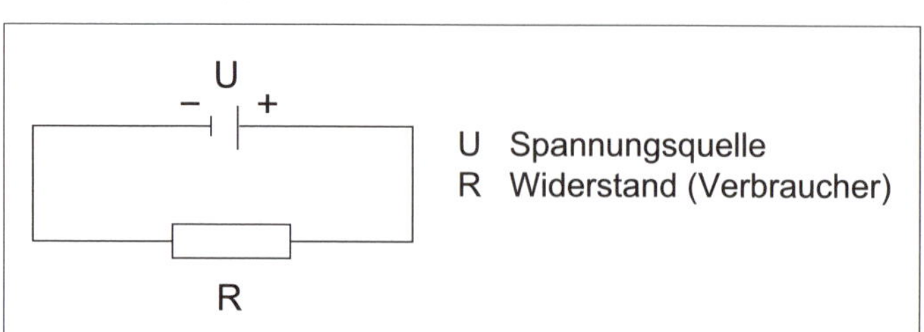

Am Minuspol besteht ein Elektronenüberschuss, am Pluspol besteht ein Elektronenmangel; beides wird durch die Spannungsquelle erzeugt und aufrecht erhalten. Die Elektronen fließen außerhalb der Spannungsquelle vom Elektronenüberschuss zum Elektronenmangel, vom Minuspol zum Pluspol. Die **technische Stromrichtung ist eine Festlegung** und bezeichnet die allgemein gebräuchliche Stromrichtung vom Pluspol zum Minuspol.

In den Verbrauchern verlieren die Ladungsträger Energie: Diese Energie wird in andere Energieformen umgewandelt (z. B. Wärme, Licht, mechanische Arbeit).

## 09. Was sagt das Ohmsche Gesetz aus?

In einem Stromkreis ist die Stromstärke der Spannung proportional. Mithilfe eines Proportionalitätsfaktors kann die Gleichung

$$I = G \cdot U$$

bzw.

$$G = \frac{I}{U}$$

$$[G] = \frac{A}{V} = S$$

gebildet werden. Der Proportionalitätsfaktor G bezeichnet den **Leitwert** des Verbrauchers; er gibt Auskunft über die Eigenschaft eines elektrischen Bauelements, einen größeren oder geringeren Stromfluss zu ermöglichen.

Der Kehrwert des Leitwertes ist der **elektrische Widerstand** R, der die Eigenschaft eines Leiters kennzeichnet, dem elektrischen Strom einen Widerstand entgegen zu setzen:

$$R = \frac{1}{G} = \frac{U}{I}$$

$$[R] = \frac{V}{A} = \Omega$$

Der Widerstand R bestimmt also die Stärke des Stromes, der bei einer bestimmten Spannung durch den Stromkreis fließt. Die Stromstärke ist bei konstanter Spannung dem Widerstand umgekehrt proportional. Dieser Zusammenhang (R = U/I) wird als **Ohm'sches Gesetz** bezeichnet. Verbraucher, für die dieses Gesetz gilt (lineare I; U-Kennlinie) werden als **Ohm'sche Widerstände** bezeichnet.

## 10. Wie unterscheiden sich Gleichstrom und Wechselstrom?

- **Gleichstrom:**
  - Die Ladungsträger bewegen sich ständig in **eine** bestimmte Richtung.
  - Ein Stromkreis mit einer **Gleichspannungsquelle** (Akku, Dynamo) ist ein **Gleichstromkreis**.
- **Wechselstrom:**
  - Wechselstrom ist eine elektromagnetische Schwingung (die Größe des elektromagnetischen Feldes ändert sich zeitlich periodisch).
  - Kenngrößen: Wechselspannung u und Wechselstromstärke i als periodische Funktion der Zeit t: $u = f_1(t)$; $i = f_2(t)$
  - Unterschied zum Gleichstromkreis: Für die Kennzeichnung der Momentangrößen des Wechselstromkreises werden kleine Buchstaben verwendet.
  - Ein **Wechselstromkreis** ist ein Stromkreis mit einer **Wechselspannungsquelle**.
  - Mit einem Wechselstromgenerator wird durch elektromagnetische Induktion Wechselspannung erzeugt.
  - Die **Wechselstromfrequenz** f gibt die pro Zeiteinheit durchlaufende Anzahl von Schwingungen (Perioden) an:

$$f = \frac{n}{t}$$

Dabei ist:
f Wechselstromfrequenz in Hertz [Hz]
n Anzahl der Schwingungen von i bzw. u
t Zeit, in der die Schwingungen ablaufen, in Sekunden

Im europäischen Stromnetz beträgt die Frequenz 50 Hertz (Hz). Das bedeutet 50 Schwingungen pro Sekunde.

## 11. Was ist Drehstrom und wie wird die Wirkleistung berechnet?

Drehstrom (Dreiphasen-Wechselstrom) ist eine Form des Wechselstroms bei der drei Wechselströme um 120° phasenverschoben verkettet sind. Ihre Stränge können durch eine Sternschaltung (gemeinsamer Mittelpunkt) oder eine Dreiecksschaltung (Anfang eines Strangs ist mit dem Ende eines anderen Strangs verbunden) verkettet sein. Bei der Berechnung ist ein Verkettungsfaktor $\sqrt{3}$ und bei Vorhandensein einer induktiven Belastung (Spulen) der Leistungsfaktor $\cos \varphi$ einzubeziehen. Für die Wirkleistung P beim Drehstrom gilt:

$$P = \sqrt{3} \cdot U \cdot I \cdot \cos \varphi$$

| | |
|---|---|
| P | Wirkleistung in W |
| U | Spannung in V |
| I | Stromstärke in A |
| $\cos \varphi$ | Leistungsfaktor |

Der Leistungsfaktor $\cos \varphi$ bezeichnet den Zusammenhang von Wirkleistung und Scheinleistung. Bei z. B. 7 KW Wirkleistung und 10 KVA Scheinleistung beträgt der Leistungsfaktor $\cos \varphi = 0{,}7$.

## 12. Welche Gesetzmäßigkeiten gelten für Stromkreise mit mehreren Widerständen?

Stromkreise aus mehreren Widerständen können entweder **in Reihe** (unverzweigter Stromkreis) oder **parallel** (verzweigter Stromkreis) geschaltet sein:

- **Unverzweigter Stromkreis** (Reihenschaltung):

  Die Energiewandler (Verbraucher) liegen in Reihe.

  Es gilt:

  $U = U_1 + U_2$

  $I = I_1 = I_2$

  $R = R_1 + R_2$

  $U_1 : U_2 = R_1 : R_2$

  **Reihenschaltung: Beispiel mit zwei Widerständen**

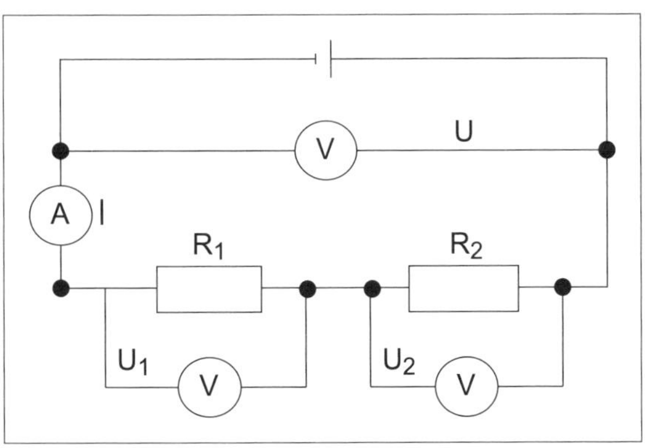


- **Verzweigter Stromkreis** (Parallelschaltung):

  Die Energiewandler (Verbraucher) liegen parallel.

  Es gilt:

  $U = U_1 = U_2$

  $I = I_1 + I_2$

  $1 : R = 1 : R_1 + 1 : R_2 + \ldots + 1 : R_n$

  $I_1 : I_2 = R_2 : R_1$

**Parallelschaltung: Beispiel mit zwei Widerständen**

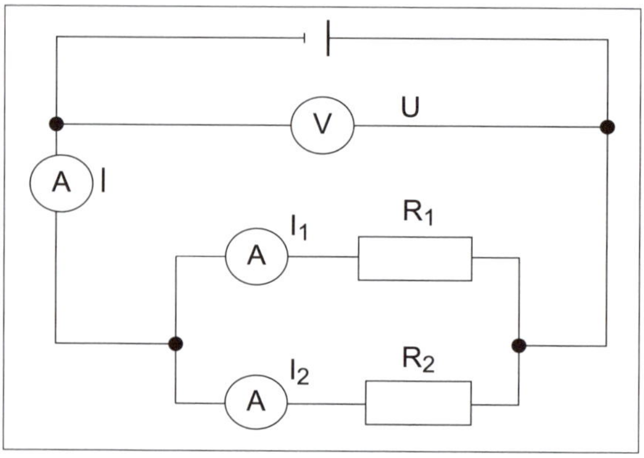


Nur bei zwei parallel geschalteten Widerständen gilt:

$$R = \frac{R_1 \cdot R_2}{R_1 + R_2}$$

## 13. Was ist elektrische Leistung?

Wenn Strom benutzt wird, entnimmt man dem Stromnetz keine Ladung, sondern Energie, die sich in Wärme, Licht oder mechanische Arbeit umsetzt. Das Maß für die Arbeitsfähigkeit von Ladung ist die Spannung $U = W/Q$. Wird diese Gleichung nach der Arbeit W aufgelöst, so folgt mit $I = Q/t$:

$$W = U \cdot Q$$

$$W = U \cdot I \cdot t$$

$[W] = J$

- Die **elektrische Arbeit** W ist das Produkt aus Spannung U, Stromstärke I und Zeit t (gilt nur für Gleichstrom).
- **Elektrische Leistung:**

  Häufig ist auf elektrischen Geräten die **Leistung** P angegeben. Die elektrische Leistung P ergibt sich aus dem bekannten Quotienten:

$$P = \frac{W}{t} = \frac{U \cdot I \cdot t}{t} U \cdot I$$

$$[P] = \frac{Ws}{s} = W$$

$1\ kW = 10^3\ W; 1\ MW = 10^6\ W$

Einen inneren Zusammenhang zwischen allen Energieformen erkennt man in der Tatsache, dass Arbeit und Leistung im elektrischen Stromkreis mit den gleichen Einheiten verwendet werden wie in der Mechanik und Thermodynamik.

Als elektrische Arbeits- und Energieeinheit ist die Kilowattstunde kWh gebräuchlich. Sie ist das Produkt der Leistungseinheit 1 kW und der Zeiteinheit 1 h.

## 14. Was ist der Leiterwiderstand?

Nicht nur die an einem Stromkreis angeschlossenen Verbraucher, sondern auch die Leitungen selbst haben einen Widerstand. Dieser Leiterwiderstand R wird bestimmt durch seinen spezifischen Widerstand, seine Gesamtlänge l und seinen Querschnitt A:

$$R = \frac{\varrho \cdot l}{A}$$

$\varrho$ spez. elektrischer Widerstand in $\Omega \cdot mm^2/m$
R Widerstand in $\Omega$
l Leiterlänge in m
A Leiterquerschnitt in $mm^2$

Darüber hinaus wirken sich Temperaturänderungen auf den Widerstand aus. Leiter, deren Widerstand mit der Temperaturerhöhung ansteigt, also den Strom schlechter leitet, werden **Kaltleiter** genannt. Solche deren Widerstand sich mit der Temperatursenkung erhöht, also den Strom schlechter leitet, werden **Heißleiter** genannt. Metalle sind Kaltleiter, Halbleiter sind Heißleiter.

## 15. Wie können Strom und Spannung gemessen werden?

- **Elektrischer Strom:**
  - Messung mit **Amperemeter**; es werden verwendet:
    - Drehspulmesswerke (für Gleichstrom; Nutzung auch für Wechselstrom möglich bei Vorschalten eines Gleichrichters)
    - Dreheisenmesswerke (für Gleich- und Wechselstrom).
  - Zur Messung der Stromstärke wird die Kraftwirkung des Magnetfeldes gemessen, das den Strom umgibt.
  - Strommesser müssen **im Hauptstromkreis in Reihe** mit einem Verbraucher geschaltet sein.
  - Damit die zu messende Größe nicht durch den Innenwiderstand $R_i$ des Strommessers beeinflusst wird, erfolgt die Messbereichserweiterung durch Parallelschalten kleiner Widerstände im Gerät, der Ersatzwiderstand des Strommessers sinkt.

- **Elektrische Spannung:**
  - Messung mit **Voltmeter**; es werden Drehspulmesswerke, Dreheisenmesswerke und statische Spannungsmesser verwendet.
  - Zur Messung der elektrischen Spannung werden genutzt:
    - die Kraftwirkung zwischen ruhenden elektrischen Ladungen (statische Spannungsmessung)
    - die magnetische Wirkung des elektrischen Stromes sowie die Proportionalität zwischen Spannung und Stromstärke.
  - Damit der Messstrom (durch das Messgerät) den tatsächlich zu messenden Strom nicht verfälscht, erweitert man den Messbereich eines Spannungsmessers durch Vorschalten großer Widerstände im Gerät, der Ersatzwiderstand des Spannungsmessers steigt: $R_i >> R$.

Elektrische Messgeräte werden aus sicherheitstechnischen und wirtschaftlichen Gründen nicht für hohe Stromstärken und hohe Spannungen gebaut. Wenn die zu messenden Größen (Spannungen und Stromstärken) die für die Messgeräte zulässigen Höchstgrenzen überschreiten, müssen die zu messenden Spannungen und Stromstärken geteilt werden: Unter Anwendung der Gesetze im unverzweigten und verzweigten Stromkreis (Maschensatz, Knotenpunktsatz) **wird der Messbereich der Messgeräte erweitert** durch Zuschalten entsprechender Widerstände.

## 16. Welche Funktion haben Sicherungen?

Um Schäden an Geräten oder auch Brände durch überhitzte Zuleitungen zu verhindern, ist

- ein genaues Beachten der Betriebsspannung,
- das Einhalten der vorgeschriebenen Leitungsquerschnitte, der Kabelarten und des Kabelaufbaus (DIN-Vorschriften) sowie
- der Einsatz von Sicherungen zur Kontrolle des Stromkreises

notwendig.

**Sicherungen** können im Stromkreis selbsttätig Kontrollaufgaben übernehmen. Kommt es zu einer Grenzwertüberschreitung, unterbrechen sie den Stromfluss. Sie werden als Leitungsschutzschalter bezeichnet, da ihre primäre Aufgabe ist, die Leitung vor Überlastung zu schützen.

Man unterscheidet:

- **Schmelzsicherungen:**
  Sie bestehen aus einer Porzellanpatrone mit einem dünnen Schmelzdraht, der bei einer bestimmten Stromstärke durchschmilzt. Ist das der Fall, muss die Schmelzsicherung ersetzt werden. Schmelzeinsätze gibt es für verschiedene Stromstärken und

mit verschiedenem Auslöseverhalten (superflink, flink, mittelträge, träge, superträge; siehe dazu die entsprechenden DIN VDE).

- **Überstromschalter:**
  Sie arbeiten nach dem Prinzip der magnetischen Sicherung und werden auch als Sicherungsautomaten bezeichnet. Bei Grenzwertüberschreitung des Stromes wird mittels eines Elektromagneten ein Schalter betätigt und der Stromfluss unterbrochen. Nach Beseitigen der Störung kann der Stromkreis durch einen Schalter wieder geschlossen werden. Anwendungsbereiche und Baugrößen von Überstrom-Schutzschaltern sind in den DIN VDE aufgeführt.

### 17. Welche Schutzmaßnahmen müssen beim Umgang mit elektrischen Anlagen beachtet werden?

Die Arbeit an elektrischen Anlagen darf grundsätzlich nur von geschultem Fachpersonal ausgeführt werden. Beim Betreiben elektrischer Anlagen und Betriebsmittel ist die Einhaltung der entsprechenden Sicherheitsbestimmungen und Vorschriften zu gewährleisten (z. B. DIN VDE bzw. DGUV-V 3):

1. Es gelten z. B. die **Regeln für das Arbeiten in elektrischen Anlagen** (vgl. DIN VDE):
   - die 5 Sicherheitsregeln vor Beginn der Arbeiten
   - Maßnahmen vor dem Wiedereinschalten nach beendeter Arbeit
   - Erste Hilfe bei Unfällen durch elektrischen Strom.
2. Es ist der **Schutz gegen gefährliche Körperströme** entsprechend der DIN VDE zu beachten:
   - Schutz sowohl gegen direktes als auch bei indirektem Berühren durch:
     Schutzkleinspannung bzw. Funktionskleinspannung
   - Schutz gegen direktes Berühren durch:
     Isolierung aktiver Teile, Abdeckungen und Umhüllungen, Hindernisse (z. B. Barrieren, Schranken), Abstand, Fehlerstrom-Schutzeinrichtungen
   - Schutz bei indirektem Berühren durch:
     Hauptpotenzialausgleich, nicht leitende Räume, Schutzisolierung, Schutztrennung, Schutzmaßnahmen im TN-, TT-, und IT-Netz.

**Schutzklassen**

Alle elektrischen Betriebsmittel werden durch drei Schutzklassen (Schutzklasse I bis III, Schutzklasse 0 ist in Deutschland nicht zugelassen) gekennzeichnet:

- **Schutzklasse I**

  Hier sind Geräte (mit leitfähigem Gehäuse, z. B. aus Metall) und Anlagenteile mit einem Schutzleiteranschluss ausgerüstet. Dieser wird an den Schutzleiter (Erdung) der stationären Installation angeschlossen, z. B. über einen „Schuko-Stecker“. Im Fehlerfall, beim Versagen der Basisisolierung, wird der Stromkreis abgeschaltet, sodass keine gefährliche Berührungsspannung bestehen bleibt. Funktioniert nur mit Hauptpotentialausgleich und Überstromschutzeinrichtung (Sicherung) oder FI-Schutz (Fehlerstromschutzschalter). Zu erkennen z. B. am Schuko-Stecker, am grün-gelben Schutzleiterdraht oder am Symbol:

- **Schutzklasse II**

  Eine doppelte bzw. verstärkte Isolierung macht Isolationsfehler praktisch unmöglich. Ein Schutzleiter kann nicht angeschlossen werden. Viele Hausgeräte (Küchenmaschinen, Rasierapparate etc.), aber auch Werkzeuge, wie z. B. Handbohrmaschinen und Betriebsmittel (z. B. Lichtschalter) sind heute schutzisoliert, oft erkennbar am flachen sogenannten „Europastecker“, am fehlenden Schutzleiterkontakt und am Symbol:

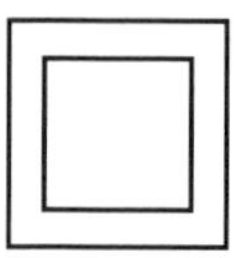

- **Schutzklasse III**

  Geräte, die mit Schutzkleinspannung (max. 50 V AC bzw. 120 V DC) oder mit Schutztransformatoren (z. B. Rasiersteckdosen in Badezimmern) sicher getrennt betrieben werden. Sie sind z. B. zu erkennen am Transformator, an der niedrigen Spannung und am Symbol:

## 18. Wie sind die „5 Sicherheitsregeln“ anzuwenden?

Die Arbeiten an aktiven Teilen können erst beginnen, wenn der spannungsfreie Zustand hergestellt ist. Der spannungsfreie Zustand gilt als hergestellt, wenn die „5 Sicherheitsregeln“ angewendet sind.

**Die 5 Sicherheitsregeln sind:**

- Freischalten
- Gegen Wiedereinschalten sichern
- Spannungsfreiheit feststellen
- Erden und Kurzschließen
- Benachbarte Teile, die unter Spannung stehen, abdecken oder abschranken.

# 5.2 Energieformen im Betrieb sowie Auswirkungen auf Mensch und Umwelt

## 5.2.1 Energieformen

### 01. Was bezeichnet man als Kraft?

Die Kraft F gibt an, wie stark Körper aufeinander wirken. Die Kraft kann eine **Verformung** (statische Kraftwirkung) und/oder eine **Änderung des Bewegungszustandes** (dynamische Kraftwirkung) hervorrufen.

### 02. Was sind Kraftmaschinen?

**Kraftmaschinen wandeln Energie um in eine für den Menschen nutzbare Form**. Meist erfolgt eine Umwandlung in mechanische Energie, um Körper zu verformen oder ihren Bewegungszustand zu verändern. Als **Arbeitsmedien** werden dafür genutzt: Wasserkraft, Windkraft, Sonneneinstrahlung, Erdwärme, Muskelkraft von Mensch und Tier, Gezeitenströmung, fossile Brennstoffe usw. Die **Endenergie** (= Energie am Ort der Verwendung = Ergebnis der Energieumwandlung) besteht aus **Nutzenergie** und **ungenutzte Energie**; bei jeder Energieumformung ist der Anteil der genutzten Energie < 100 % (Wirkungsgrad). **Primärenergie** ist die ursprüngliche Energieart (z. B. Steinkohle, Kernbrennstoff, Erdöl; **Sekundärenergie** ist umgewandelte Primärenergie (z. B. Strom, Koks, Fernwärme).

Die wichtigsten **Kraftmaschinen** sind:

- **Verbrennungskraftmaschinen** (chemische Energie → Bewegungsenergie), z. B. Gasturbine, Dieselmotor, Ottomotor
- **Elektromotoren** (elektrische Energie → Bewegungsenergie), z. B. als Antrieb für Pumpen, Hebewerkzeuge, Transportsysteme
- **Hydraulische und pneumatische Kraftmaschinen** (Strömungs-/Druckenergie → mechanische Energie), z. B. Hebe-/Schubvorrichtungen.

Energieumwandlungen durch Kraftmaschinen sind z. B.:

| Energieform | Kraftmaschine<br>= Energieumwandler | | Endenergie |
|---|---|---|---|
| Windkraft<br>↓<br>**Kinetische Energie** | **Windmühle** | → | Nutzenergie<br>(= kinetische Energie)<br>+<br>ungenutzte Energie<br>(= thermische Energie, z. B. Reibung) |
| Windkraft<br>↓<br>**Kinetische Energie** | **Windkraftanlage** | → | Nutzenergie<br>(= elektrische Energie)<br>+<br>ungenutzte Energie |

| Energieform | Kraftmaschine = Energieumwandler | | Endenergie |
|---|---|---|---|
| Strom/Spannung ↓ **Elektrische Energie** | **Elektromotor** | → | Nutzenergie (= mechanische Energie) + ungenutzte Energie |
| Uran/Kernspaltung ↓ **Chemische Energie** | **Kernkraftwerk** | → | Nutzenergie (= thermische Energie und elektrische Energie) + ungenutzte Energie |
| Oxidation von Brennstoffen (Verbrennung) ↓ **Chemische Energie** | **Kraftwerk** | → | Nutzenergie (= thermische Energie und/ oder elektrische Energie) + ungenutzte Energie |

### 5.2.2 Energieumwandlung in Kraftmaschinen bei unterschiedlichen Energieformen

#### 01. Welche grundsätzlichen Vorgänge erfolgen bei der Dampferzeugung?

- **Wasser** wird aus einer Quelle entnommen (Fluss, Brunnen, öffentliches Versorgungsnetz usw.) und **aufbereitet** (z. B. Enthärtung).
- Das Wasser wird **vorgewärmt** und in den Dampferzeuger geleitet.
- Im **Dampferzeuger** (Dampfkessel = geschlossenes Gefäß) wird **Wasser** durch heiße **Feuerungsgase** erhitzt. Die für die Feuerung notwendige Verbrennungsluft wird ebenfalls vorgewärmt.
- Das Wasser verdampft: Es entsteht **Sattdampf**, der sich über dem siedenden Wasser bildet. Der Siedepunkt des Wassers ist abhängig vom Druckzustand im Inneren des Kessels.
- Der eingeschlossene Dampf hat **Druckenergie**, die umgewandelt werden kann.
- Bei weiter entwickelten Geräten wird der Sattdampf in einen **Überhitzer** geleitet: Es entsteht **Heißdampf** von mehreren 100 °C bei hohem Druckzustand.

Zur Unterscheidung:

- **Nassdampf:** Der Dampf enthält noch kleine Wasserteilchen.
- **Sattdampf:** Die Flüssigkeit ist völlig verdampft.
- **Heißdampf:** Wird dem Sattdampf weitere Wärme zugeführt (bei gleichbleibendem Druck), so entsteht Heißdampf bzw. **überhitzter Dampf**; er beträgt z. B. bei der Dampflokomotive 300 - 400 °C.

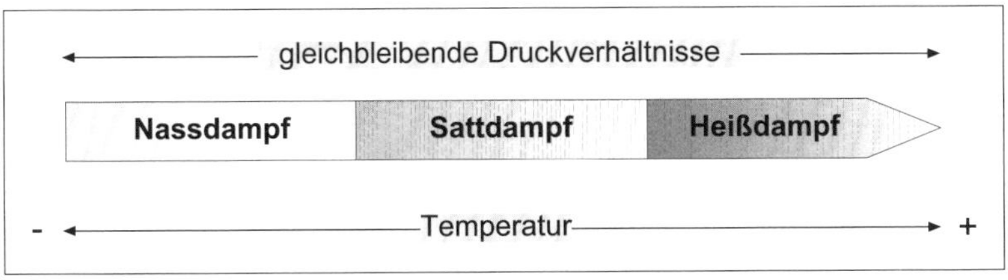


## 02. Aus welchen Teilen besteht eine Dampferzeugungsanlage?

Dampferzeugungsanlagen bestehen aus folgenden Teilen:

- Feuerung
- Dampferzeuger (Dampfkessel)
- Rauchgasabführung
- Dampferzeugerhilfsanlagen und Zusatzaggregate:
  - Wasservorwärmer
  - Wasseraufbereitungsanlage
  - Sicherheitsventile
  - Luftvorwärmer
  - Druckmanometer.

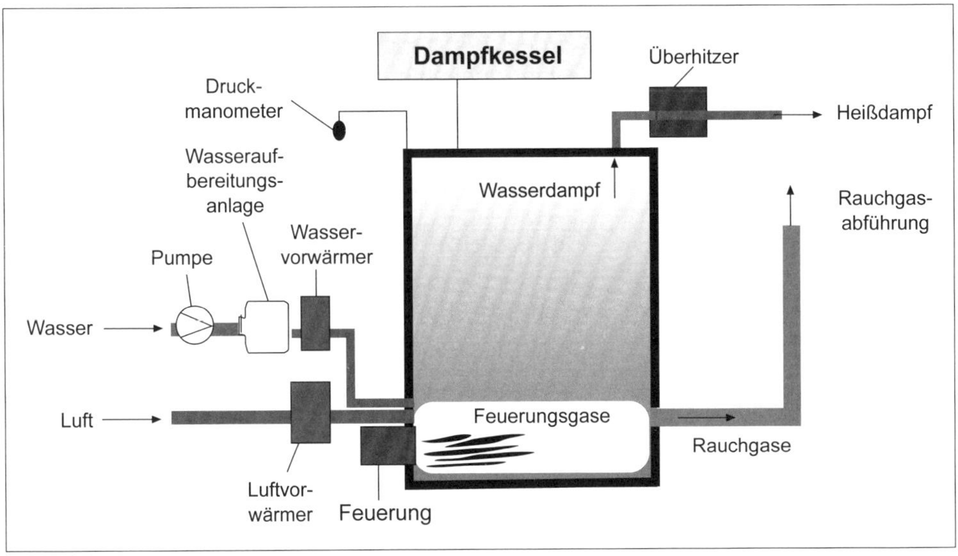

### 03. Welche Stoffe können zur Befeuerung von Dampferzeugungsanlagen eingesetzt werden?

- **Feste** Brennstoffe: Steinkohle, Braunkohle, Holz, Torf
- **Flüssige** Brennstoffe: Erdöl, Pflanzenöl
- **Gasförmige** Brennstoffe: Stadtgas, Erdgas.

Bei der Verwendung **fester Brennstoffe** ist die **Befeuerung mit einem Rost ausgestattet**: Der Brennstoff kann mithilfe einer Fördereinrichtung in großen Mengen auf den Rost befördert werden. Die Rückstände (Asche) fallen durch den Rost und können entsorgt werden. Ein hoher Schornstein erbringt den für die Verbrennung notwendigen Zug. In Großanlagen wird der natürliche Zug des Schornsteins durch Gebläse- oder Sauganlagen erhöht. Bei der Verwendung **flüssiger Brennstoffe** gelangt das Öl zusammen mit der Verbrennungsluft über eine Düse fein zerstäubt in den Verbrennungsraum. **Gasfeuerungsanlagen** arbeiten z. B. mit atmosphärischen Brennern.

## 5.2.3 Alternative Anlagen zur Energieerzeugung

### 01. Wie kann die Energie der Sonne (Solarenergie) genutzt werden?

1. Die Sonnenenergie kann **direkt** – ohne Umwandlung in eine andere Energieform – genutzt werden: Man bezeichnet dies als **passive Maßnahme**. Die Architektur eines Gebäude wird dabei so gestaltet, dass die direkte Sonneneinstrahlung zur Erwärmung der Räume genutzt wird (sog. **Solararchitektur**; z. B. Integration von großzügigen Glasflächen in Gebäudeteile mit einem Neigungswinkel zur Sonne, Optimierung der Lage des Baukörpers in Abhängigkeit von Himmelsrichtung, Wind, Sonne und Regen, Kombination von Sonneneinflutung und Techniken der Verschattung).
2. Als **aktive Nutzung** der Sonnenenergie bezeichnet man die Umwandlung der Solarenergie in Strom oder Wärme durch geeignete Technik.

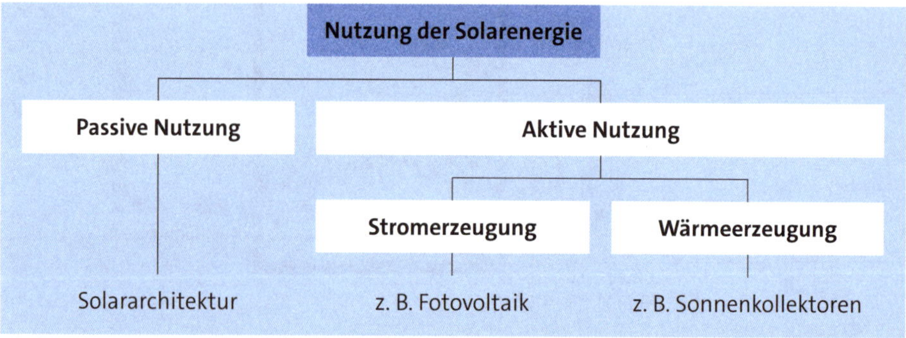

## 02. Wie wird die Solarenergie zur Wärmeerzeugung/ Warmwasseraufbereitung genutzt?

Ablauf der Wärmeerzeugung durch thermische Solaranlagen (= **Solarthermie**):

- Eine Trägerflüssigkeit (meist Wasser versetzt mit Frostschutzmittel) wird in Kollektoren (auf dem Dach des Gebäudes) erhitzt.
- Die erhitzte Trägerflüssigkeit wird in einem geschlossenen Heizkreislauf zum Brauchwasserspeicher gepumpt. Dies erfolgt über eine temperaturgesteuerte Umwälzpumpe.
- Die Trägerflüssigkeit erwärmt im Speicher mithilfe von Rohrschlangen das für den Verbrauch vorgesehene Wasser.
- Aus dem Brauchwasserspeicher wird Warmwasser entnommen und je nach Verbrauch entsprechend kaltes Wasser wieder zugeführt.
- Je nach Witterung und Tageszeit wird über eine entsprechende Regelungstechnik die konventionelle Heizung zur Brauchwasseraufbereitung zugeschaltet.

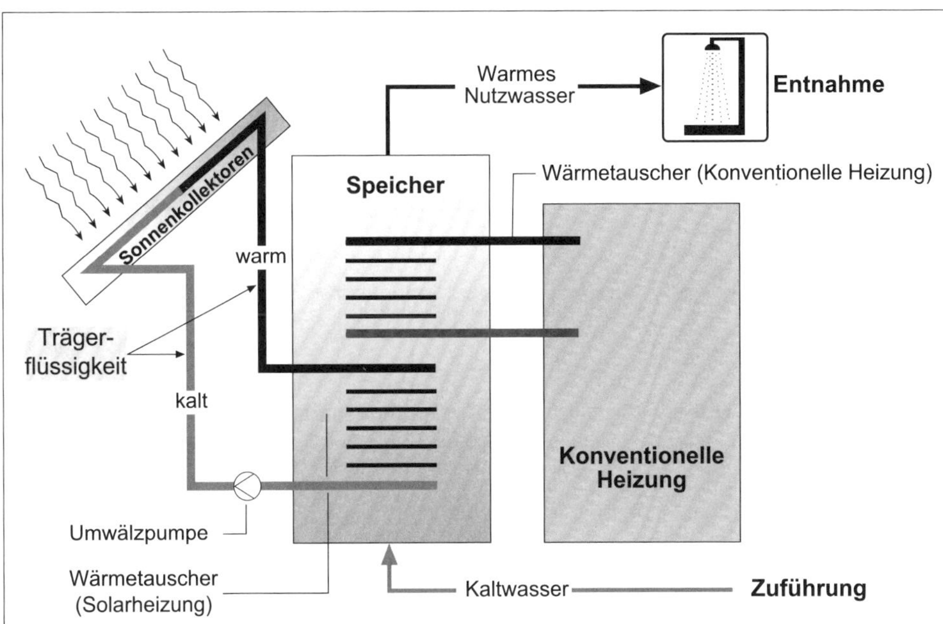


## 03. Wie wird die Solarenergie zur Stromerzeugung genutzt?

Ablauf der Stromerzeugung durch Fotovoltaikmodule:

- Die in der Sonnenstrahlung enthaltene Energie verursacht in Halbleitern, wie z. B. Silicium, **ein Fließen von Elektronen** (sog. Fotoeffekt bzw. fotovoltaischer Effekt), d. h. elektrischem Strom. Auf diese Weise wird Solarenergie in elektrische Energie umgewandelt. Solarzellen werden zu mehreren Fotovoltaikmodulen kombiniert.

- Der auf diese Weise erzeugte **Gleichstrom** wird über Wechselrichter in **Wechselstrom** umgewandelt. Er kann in Akkumulatoren gespeichert oder ins öffentliche Stromnetz eingespeist werden. Die **Stromerzeugung durch Solarenergie spielt** derzeit in Deutschland noch **eine untergeordnete Rolle.**

### 04. Welche Bedeutung hat Windenergie?

Windkraft ist eine der Energiearten, die vom Menschen bereits lange genutzt werden. Die bis Mitte des 19. Jahrhunderts weit verbreiteten Windmühlen wurden von Verbrennungsmotoren verdrängt. Im Zuge der Ölkrise 1973 erlebte die Nutzung der Windenergie eine Renaissance. Seit 1989 werden in Deutschland private Windkraftanlagen (WKA) staatlich gefördert.

### 05. Wie wird die Windkraft zur Stromerzeugung genutzt?

Die Bewegungsenergie der Luft versetzt einen **Rotor** in Drehbewegungen und wird auf eine Antriebswelle übertragen. Der angeschlossene **Generator** erzeugt dadurch Strom. Durchgesetzt haben sich heute schnelllaufende **Rotoren** mit **horizontaler Achse.** Sie haben einen höheren Wirkungsgrad als **Rotoren mit vertikaler Achse**, werden jedoch elektrisch oder hydraulisch der Windrichtung nachgeführt, um die Leistungsaufnahme zu optimieren. Rotoren mit zwei Blättern erreichen eine höhere Drehzahl und damit eine höhere Leistung, sind jedoch aerodynamisch ungünstiger als Rotoren mit drei Blättern. Bei kleineren WKA wird auf die kostenintensive Verstellung und Ausrichtung der Rotorblätter verzichtet.

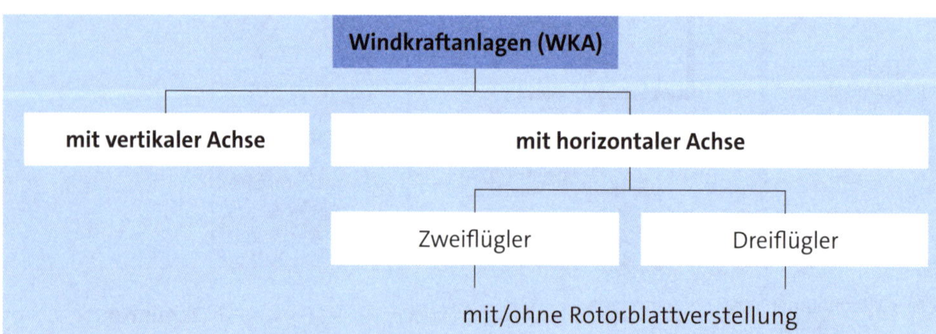


WKA erreichen heute einen Wirkungsgrad von rund 50 %. Wirtschaftlich ist die Investition nur in Regionen mit einer über das Jahr gemittelten Windgeschwindigkeit von ≥ 4 m/s. Bei der Errichtung von WKA müssen neben der durchschnittlichen Windgeschwindigkeit die Bau- und Naturschutzvorschriften des Bundes und der Kommunen beachtet werden. Windkraftanlagen zählen zu den umweltfreundlichen Arten der Energieerzeugung. Vergessen werden darf dabei jedoch nicht der Ressourcenverbrauch bei der Produktion von WKA und die spätere Entsorgung. Außerdem verursachen die Rotorblätter Geräusche; manche Menschen empfinden **Windparks** als Störung des Landschaftsbildes, teilweise sogar als bedrohlich.

## 06. Wie erfolgt die Energieversorgung und -verteilung im Industriebetrieb?

Der Industriebetrieb benötigt unterschiedlichste Energiearten zur Herstellung und Veredlung seiner Produkte.

Der Anteil der Energieträger am Primärenergieverbrauch in Prozent betrug in Deutschland im Jahr 2021 im Vergleich zu 2013 und 1995:

| Anteil am Primärenergieverbrauch | | | | | | |
|---|---|---|---|---|---|---|
| **Energie-träger** | **Steinkohle** | **Braunkohle** | **Mineralöl** | **Erdgas** | **Kern-energie** | **Erneuer-bare** |
| **1995** | 14,4 | 12,2 | 39,9 | 19,6 | 11,8 | 2,1 |
| **2013** | 12,8 | 11,7 | 33,4 | 22,3 | 7,6 | 12,1 |
| **2021** | 9,0 | 8,8 | 32,0 | 27,0 | 6,0 | 17,2 |

Quelle: Arbeitsgemeinschaft Energiebilanzen

Man kann daran erkennen, dass der Anteil der erneuerbaren Energieträger (dies sind überwiegend die regenerativen Energieträger wie Wind- und Solarenergie) deutlich gestiegen ist. Dieser Anteil soll nach dem Willen der Bundesregierung noch weiter erhöht werden, um den Rückgang des Anteils der Kernenergie aufzufangen (Energiewende).

Die folgende Abbildung zeigt schematisch die Versorgung des Industriebetriebes mit Energiearten unterschiedlichster Art und die Verteilung der Energie über die verschiedenen Leitungssysteme an die Verwender.

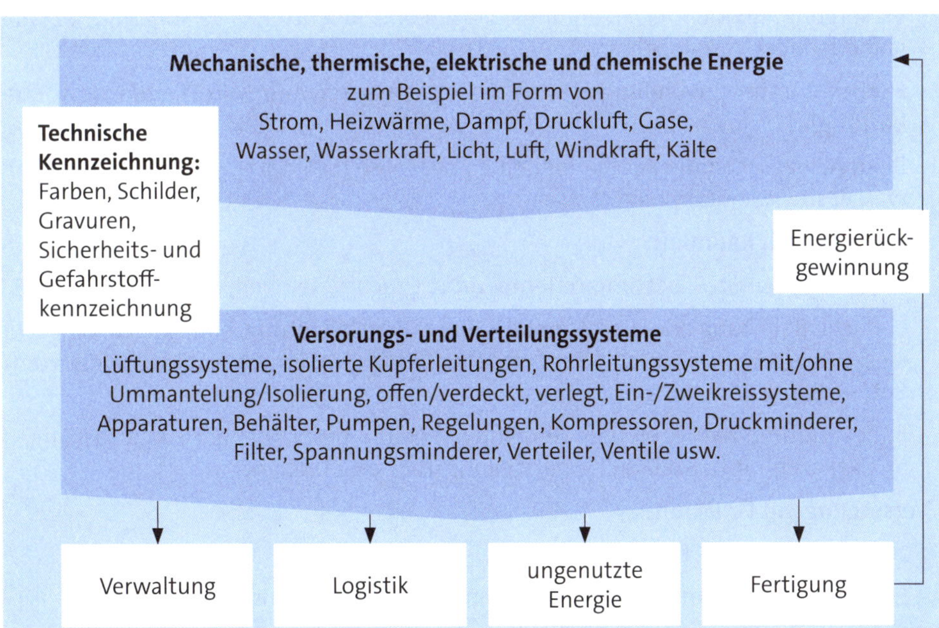

Der Einsatz von Anlagen und Energiearten mit **hohem Wirkungskrad**, die **effiziente Nutzung der Energie** sowie der Möglichkeiten ihrer **Rückgewinnung** sind in Deutschland bereits Realität.

## 07. Welche Anforderungen bestehen an Versorgungsnetze in Industriebetrieben?

- **Elektroenergieversorgung:**
  - Elektroenergie ist kaum speicherbar und leitungsgebunden (Stromnetz).
  - Auch kurzfristige Leistungsspitzen müssen i. d. R. abgedeckt werden.
  - Störungen müssen i. d. R. kompensiert werden können (Ersatzstromaggregate).
  - Es gibt Niederspannungs-, Mittelspannungs-, Hochspannungs- und Höchstspannungssysteme.
  - Übertragungsmittel der Stromverteilung: Leitungsnetze, Transformatoren, Kabel, Umspannungs- und Übergabestationen usw.
  - Das Versorgungsnetz umfasst z. B.: Einphasenwechselspannung (230 V), Dreiphasenwechselspannung (400V/Drehstrom), Spannungen für besondere Anlagen/Sondermaschinen (≥ 440 V/660 V).
  - Sicherheitsvorschriften sind zu beachten (z. B. VDE, DIN, DGUV-V 3).
- **Wasserversorgung:**
  - Trinkwasser muss u. a. keimarm, kühl, geruchlos, geschmacklich einwandfrei sein.
  - Versorgung: über Einzelversorgungsanlagen oder öffentliches Versorgungsnetz (direkt oder über Vorratsbehälter).
  - Für bestimmte Verwendungszwecke muss das Wasser aufbereitet werden (z. B. Enthärtung).
  - Beim Abwasser ist die Beschaffenheit zu beachten (Schmutz-, Regen-, Kühl-, Sickerwasser sowie kontaminiertes Wasser).
- **Versorgung mit Raumluft:**
  - Anforderungen: z. B. bestimmte Temperatur, Feuchte, Reinheit, Bewegung
  - einfache Belüftung oder vollautomatische: z. B. freie Lüftung, einfache Lüftungsanlagen, Anlagen mit kombinierter Luftbehandlung (Anwärmen/Kühlen, Befeuchten/Entfeuchten), Klimaanlagen
  - In bestimmten Betrieben oder Abteilungen gelten besonders hohe Anforderungen an die Raumluft (z. B. EDV, Chipherstellung, Lackierbetrieb).
- **Versorgung mit Druckluft:**
  - zentrale/dezentrale Erzeugung und Speicherung
  - Erzeugung über Kompressoren (Verdichter): z. B. Kolben-/Turboverdichter

- Anforderungen an Druckluftverteilungsnetze: z. B. Vermeidung von deutlichem Druckabfall, Einhaltung der Druckluftqualität (Wassergehalt, Reinheit)
- Leitungsverlegung: meist Ringleitungssystem mit Stichleitungen zu den Entnahmestellen.

► **Gasversorgung:**

- Versorgung i. d. R. über das Leitungsnetz des örtlichen Energieversorgungsunternehmens (EVU)
- innerbetriebliche Verteilung über eine Anschlussleitung an das Netz des EVU (Erdverlegung oder oberirdisch) und Weiterleitung an die Verbraucher (Betriebe, Öfen, Brenner, Heizsysteme, Verwaltungs- und Sozialräume)
- Hilfsaggregate/Armaturen: Druckregel- und Messanlagen, Übergabestationen
- Das innerbetriebliche Gasversorgungsnetz muss in regelmäßigen Abständen überprüft werden (lt. DVGW Regelwerk): Dichtigkeit, Korrosion, Funktion der Armaturen.

## 08. Warum unterliegen Maschinen und Anlagen einem Verschleiß?

Anlagen unterliegen während ihrer gesamten Nutzungsdauer einem ständigen Verschleiß. Bewegliche Teile und sich berührende Teile werden im Laufe der Zeit in unterschiedlichem Maße abgenutzt.

Im Allgemeinen nimmt die Stör- und Reparaturanfälligkeit einer Anlage mit zunehmendem Alter progressiv zu und führt zu einem bestimmten Zeitpunkt zur völligen Unbrauchbarkeit. Der Verschleiß tritt aber sehr häufig auch bei nur geringer oder keiner Nutzung ein: Auch ein Stillstand der Anlage kann zur technischen Funktionsuntüchtigkeit führen (Rost, mangelnde Pflege, Dickflüssigkeit von Ölen/Fetten usw.). Die Störanfälligkeit steigt meist mit der Kompliziertheit der Anlagen.

## 09. Welche Folgen können mit Betriebsmittelstörungen verbunden sein?

Betriebsmittelstörungen – insbesondere längerfristige – können zu nicht unerheblichen Folgen führen:

► nicht vorhandene Betriebsbereitschaft der Anlagen

► Rückgang der Kapazitätsauslastung/Verschlechterung der Kostensituation

► Unfallursachen

► Terminverzögerungen/Verärgerung des Kunden mit der evtl. Folge von Konventionalstrafen

► Werkzeugschäden durch übermäßigen Verschleiß

► Einbußen in der Qualität

► Verlust von Aufträgen/Kunden.

## 10. Wer ist im Betrieb für die Anlagenüberwachung zuständig?

Die Anlagenüberwachung kann vom **Technischen Dienst** verantwortlich übernommen werden (zentrale Organisation der Anlagenüberwachung). Er kann dabei Fremdleistungen heranziehen oder die gesamte Instandhaltung selbst durchführen (**Make-or-Buy-Überlegung**).

Bei dezentraler Organisation der Anlagenüberwachung übernehmen **die Mitarbeiter in der Fertigung** die erforderlichen Arbeiten. Der Vorteil liegt in der Einbindung/Motivation der unmittelbar Betroffenen und der Chance zur laufenden Weiterqualifizierung.

In der Praxis existiert häufig eine Mischform: Instandsetzung und Inspektion übernimmt der technische Dienst; Wartung und Pflege werden vom Mitarbeiter der Fertigung durchgeführt. Eine Ausnahme bildet dabei selbstverständlich die Kontrolle, Wartung und ggf. Instandsetzung elektrischer Anlagen wegen des Gefährdungspotenzials und der existierenden Sicherheitsvorschriften; hier ist ausschließlich Fachpersonal einzusetzen.

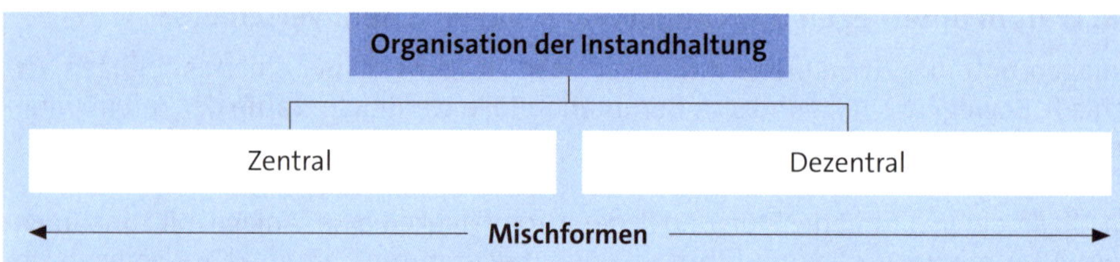


## 11. Welche Strategien der Instandhaltung gibt es?

Die Tatsache, dass maschinelle Anlagen einem permanenten Verschleiß unterliegen, begründet die Notwendigkeit der Instandhaltung. Im Mittelpunkt steht die Frage der **Instandhaltungsstrategie:**

Grundsätzlich möglich ist eine

- **Präventivstrategie** (= vorbeugender Austausch von Verschleißteilen) oder
- eine **störungsbedingte Instandhaltung** (= Austausch der Teile bei Funktionsuntüchtigkeit).

Die jeweils notwendige Strategie der Instandhaltung ergibt sich aus der Art der Anlagen, ihrem Alter, dem Nutzungsgrad, der betrieblichen Erfahrung usw.

**In den meisten Betrieben ist heute eine vorbeugende Instandhaltung üblich,** die zu festgelegten Intervallen durchgeführt wird, sich auf eine Wartung und Kontrolle der Funktionsfähigkeit der gesamten Anlage erstreckt und besondere Verschleißteile vorsorglich ersetzt.

Im Überblick:

| Instandhaltungsmethoden (auch: Strategien, Konzepte) | |
|---|---|
| **Ausfallbedingte Instandhaltung** | **Instandsetzung nach Ausfall** (Feuerwehrstrategie):<br>Eine Instandsetzung nach Ausfall ist meist die ungünstigste Variante, da sofort nach Eintreten der Störung Ausfallzeiten und Kosten entstehen. Der Austausch der Verschleißteile erfolgt immer zu spät. Sollte nur dann angewendet werden, wenn die Funktion der Maschine/Anlage aus der Erfahrung her unkritisch ist.<br><br>**Vorteile:**<br>► die Lebensdauer der Bauteile wird vollständig genutzt<br>► es entstehen keine Kosten für Kontrollmaßnahmen und Wartung<br><br>**Nachteile:**<br>► ungeplante Ausfallzeiten<br>► Personaleinsatz und Ausweichen der Produktion nicht planbar<br>► Instandsetzung unter Termindruck (Qualitätsproblem) |
| **Zustandsabhängige Instandhaltung** | Es erfolgt eine **vorbeugende Instandhaltungsstrategie,** die sich exakt am konkreten **Abnutzungsgrad des Instandhaltungsobjekts** orientiert. Sie lässt sich mithilfe von Einrichtungen zur Anlagenüberwachung und -diagnose für kritische Stellen durchführen (Anwendung der technischen Diagnostik, Condition Monitoring). |
| **Zeitabhängige, periodische Instandhaltung** | **Vorbeugende Instandhaltung mit den Varianten:**<br>► Präventiver Austausch einzelner Bauteile, wenn sich z. B. Verschleißgeräusche Ermüdungserscheinungen oder Spielvergrößerungen zeigen.<br>► Vorbeugender Austausch von Bauteilen und Baugruppen basierend auf Erfahrungen, Schadensanalysen oder aufgrund von Herstellervorgaben bzw. gesetzlichen Auflagen u. Ä.; Nachteil: Austausch erfolgt zu früh oder ggf. zu spät. |

## 12. Wie gliedert sich die Instandhaltung? → DIN 31051

**Instandhaltung** (IH; Oberbegriff) umfasst alle Maßnahmen der Störungsvorbeugung und der Störungsbeseitigung. Nach der DIN 31051 versteht man darunter *„... alle Maßnahmen zur Bewahrung und Wiederherstellung des Soll-Zustandes sowie zur Feststellung und Beurteilung des Ist-Zustandes von technischen Mitteln eines Systems."* Die Instandhaltung wird in drei Teilbereiche gegliedert:

**Maßnahmen der Instandhaltung nach DIN 31051**

| Inspektion | Wartung | Instandhaltung | Verbesserung |
|---|---|---|---|
| Tätigkeiten:<br>► Planen<br>► Messen<br>► Prüfen<br>► Diagnostizieren | Tätigkeiten:<br>► Reinigen<br>► Schmieren<br>► Nachstellen<br>► Nachfüllen | Tätigkeiten:<br>► Austauschen<br>► Ausbessern<br>► Reparieren<br>► Funktionsprüfung | Tätigkeiten:<br>► Verschleißfestigkeit erhöhen<br>► Bauteilsubstitution |

| | |
|---|---|
| **Inspektion** | ist die **Feststellung des Ist-Zustandes von technischen Einrichtungen durch Sichten, Messen, Prüfen**. Inspektion ist die Überwachung der Anlagen durch periodisch regelmäßige Begehung und Überprüfung auf den äußeren Zustand, ihre Funktionsfähigkeit und Arbeitsweise sowie auf allgemeine Verschleißerscheinungen. Das Ergebnis wird in einem **Prüfbericht** niedergelegt. Aus dem Prüfbericht werden Prognosen über die weitere Verwendungsfähigkeit der jeweiligen Anlage abgeleitet. |
| **Wartung** | ist die **Bewahrung des Soll-Zustandes durch Reinigen, Schmieren, Auswechseln, Justieren**. Wartung umfasst routinemäßige Instandhaltungsarbeiten, die meistens vom Bedienungspersonal selbst durchgeführt werden und häufig in **Betriebsanweisungen** festgelegt sind und auf den **Wartungsplänen des Herstellers** basieren. |
| **Instandsetzung (Reparatur)** | ist die **Wiederherstellung des Soll-Zustandes durch Ausbessern und Ersetzen**. Instandsetzung umfasst die Wiederherstellung der Nutzungsfähigkeit einer Anlage durch Austausch bzw. Nacharbeit von Bauteilen oder Aggregaten. |
| **Verbesserung** | ist die Steigerung der Funktionssicherheit, ohne die geforderte Funktion zu verändern. |
| **Störung** | ist eine **unbeabsichtigte Unterbrechung oder Beeinträchtigung der Funktionserfüllung einer Betrachtungseinheit**. |
| **Schaden** | ist der **Zustand nach Überschreiten eines bestimmten (festzulegenden) Grenzwertes, der eine unzulässige Beeinträchtigung der Funktionsfähigkeit bedingt**. |
| **Ausfall** | ist die **unbeabsichtigte Unterbrechung der Funktionsfähigkeit einer Betrachtungseinheit**. Von Bedeutung sind Dauer und Häufigkeit der Ausfallzeit. |

## 13. Wie erfolgt die Planung der Instandhaltung?

Die Planung der Instandhaltung muss sich an den **Kostenverläufen** orientieren. Sie muss sowohl **Schadensfolgekosten** durch Abschalten, Stillstand und Wiederanlauf als auch **Zusatzkosten** durch Verlagerung der Produktion auf andere Anlagen, Überstundenlöhne und andere Zusatzkosten berücksichtigen. Diesen Kosten sind die **Vorbeugekosten** durch entsprechende Wartung gegen-überzustellen.

Es müssen ferner die Ausfallursachen analysiert werden (**Schwachstellenanalyse**); sie müssen sich in einem Ablaufplan niederschlagen: Hier werden die für jede Anlage notwendigen **Überwachungszeiten** und der Umfang der auszuführenden Tätigkeiten festgelegt. Diese Zeiten müssen mit den Produktionsterminen und der jeweiligen Kapazitätsauslastung abgestimmt sein.

Spezielle **Wartungspläne** legen den Umfang der einzelnen Maßnahmen je Anlage fest, bestimmen die Termine und gewährleisten damit die notwendige Kontrolle. Parallel zum Ablauf der Instandhaltung müssen das erforderliche Instandhaltungsmaterial, die Personaldisposition der Mitarbeiter der Instandhaltung sowie die Betriebsmittel geplant werden. **Die Instandhaltungsplanung ist also eng mit der Betriebsmittelplanung verknüpft.** Die nachfolgende Abbildung zeigt die notwendigen Arbeiten im Rahmen der Instandhaltungsplanung:

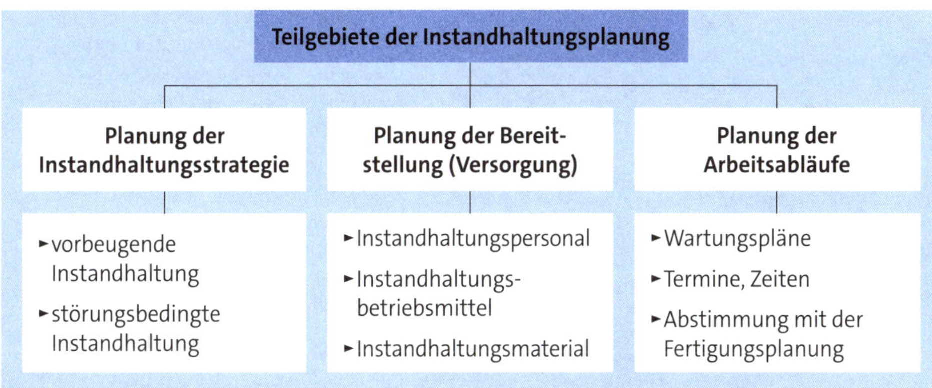


Die Versorgung der Instandhaltung mit den erforderlichen Ressourcen ist planerisch zu gewährleisten:

1. Die **Personalbereitstellung** für IH-Aufgaben ist mit der Personaleinsatzplanung der Fertigung abzustimmen; das IH-Personal in nach erforderlicher Quantität und Qualifikation auszuwählen (z. B. notwendige spezifische Qualifikationen für bestimmte Anlagen, Qualifikation als Elektrofachkraft).
2. IH-Betriebsmittel und -material sind rechtzeitig zu disponieren bzw. der Lagerbestand von Ersatzteilen ist zu prüfen. Beschaffung und Transport der IH-Materialien/-Betriebsmittel sind in die Beschaffungslogistik zu integrieren.

## 14. Welche Möglichkeiten gibt es, den Energieverbrauch planmäßig zu steuern und ggf. zu senken?

Die permanente Beachtung und Steuerung des Energieverbrauchs ist heute aus **ökologischer** und **ökonomischer Sicht** eine Selbstverständlichkeit. Eine wichtige Voraussetzung ist dazu, dass **der Verbrauch** der unterschiedlichen Energiearten im Betrieb **mengen- und wertmäßig erfasst und dokumentiert wird**.

Die nachfolgende **Übersicht** zeigt Beispiele zur Steuerung und Senkung des Energieverbrauchs bzw. der Energiekosten:

**Maßnahmen zur Steuerung des Energieverbrauchs**

- **Auswahl** von Anlagen und Energiearten mit einem hohen **Wirkungsgrad**
  Zum Beispiel:
  - fachgerechte Dimensionierung der Feuerungsanlage und des Kamins
  - Wahl der Energieart
- Planmäßige **Instandhaltung** der Energieversorger (**Erhaltung des Wirkungsgrades**)
  Zum Beispiel:
  - regelmäßige Wartung
  - Austausch von Verschleißteilen
  - Einstellung der Energieanlage
- **Vermeidung technisch bedingter Energieverluste**
  Zum Beispiel:
  - Maßnahmen zur Wärmerückgewinnung (aus Abwasser, Kühlwasser, Lüftung)
  - Vermeidung von Energieverlusten beim Transport (Isolierung der Rohrleitungen und Behälter usw.)
  - Vermeidung von Druckverlust/Substanzverlust
  - Vermeidung einer diskontinuierlichen Energieabnahme
  - Wärmeschutz für Gebäude
- Nutzung der **Energiesparmöglichkeiten**
  Zum Beispiel:
  - bei Wasser, Strom, Wärme usw.
- Nutzung **regenerativer Energien** in Verbindung mit staatlicher **Förderung**
  Zum Beispiel:
  - Solarenergie, Wärmepumpe, Wärmetauscher
- Vermeidung verhaltensbedingter Energieverluste (**Verschwendung**)
  Zum Beispiel:
  - bewusster Umgang der Mitarbeiter mit Energiequellen
  - Nutzung der technischen Möglichkeiten (Aquastopp, Temperaturregelung, Ausschalten, sachgerechte Lüftung, Nutzung automatischer Regelungstechnik)
  - Verbesserungsvorschläge
  - Ökobilanz

## 15. Welche Schutzvorschriften für Energieversorgungsanlagen und Energieträger sind bei der Planung und Inbetriebnahme zu berücksichtigen?

TIPP

Vgl. dazu auch im 1. Prüfungsfach, >> 1.4 f. (Arbeitsschutz- und arbeitssicherheitsrechtliche Vorschriften).

---

Dazu ausgewählte, zentrale Beispiele und Hinweise auf Gesetze des Arbeitsschutzes und Arbeitssicherheitsvorschriften, die der Industriemeister bei der Planung und Inbetriebnahme von Energieversorgungsanlagen berücksichtigen muss:

1. **Generelle Schutzvorschriften:**

- DGUV Vorschrift 1 – Allgemeine Vorschrift zur Unfallverhütung (**Grundsätze zur Prävention**)
- ArbSchG
  - § 1 – *„... dient dazu, Sicherheit und Gesundheitsschutz der Beschäftigten bei der Arbeit ... zu sichern und zu verbessern.“*
  - § 2 – *„Maßnahmen des Arbeitsschutzes ... sind ... Verhütung von Unfällen ..., arbeitsbedingte Gesundheitsgefahren ... Maßnahmen der menschengerechten Gestaltung der Arbeit.“*
  - §§ 3 ff. – Allgemeine Grundsätze, Grundpflichten und besondere Pflichten des Arbeitgebers
  - § 5 – Gefährdungsanalyse
  - § 10 – Erste Hilfe i. V. m. DGUV Vorschrift 1, BGR V A1 und DIN 13169, 13175 (Verbandkasten)
- BImSchG – Luftreinhaltung
- WHG – Wasserhaushaltsgesetz
- KrWG – Kreislaufwirtschaftsgesetz
- ProdSG – Das Produktsicherheitsgesetz ist seit 2011 in Kraft
- GefStoffV – Verordnung zum Schutz vor Gefahrstoffen
- VerpackV – Verpackungsverordnung
- BetrSichV – Betriebssicherheitsverordnung
- ArbStättV – Anforderungen an Arbeitsstätten nach § 3 Abs. 1 der Verordnung

  Inhaltsübersicht

  1 Allgemeine Anforderungen

  2 Maßnahmen zum Schutz vor besonderen Gefahren

  3 Arbeitsbedingungen

| | |
|---|---|
| | 4 Sanitärräume Pausen- und Bereitschaftsräume, Erste-Hilfe-Räume, Unterkünfte |
| | 5 Ergänzende Anforderungen an besondere Arbeitsstätten |
| ► TA Lärm | Technische Anleitung zum Schutz gegen Lärm i. V. m. BGV B3 Lärm |
| ► TA Luft | Emissions-/Immissionsgrenzwerte |
| ► TA Abfall | Bestimmungen zur Abfallbehandlung |
| ► PSA-R | PSA-Richtlinie (Persönliche Schutzausrüstung). |

2. **Gesetzliche Vorschriften zum Umgang mit elektrischem Strom:**

| | |
|---|---|
| ► VDE 0100 | Bestimmungen für das Errichten von **Starkstromanlagen bis 1.000 V** (VDE = Verband der Elektrotechnik Elektronik Informationstechnik e. V.) |
| ► DGUV Vorschrift 3 § 2/3 | **Elektrofachkraft:** Der Unternehmer hat dafür zu sorgen, dass elektrische Anlagen und Betriebsmittel nur von einer Elektrofachkraft oder unter Leitung und Aufsicht einer Elektrofachkraft errichtet, geändert und instand gehalten werden. Die fachliche Qualifikation als Elektrofachkraft wird im Regelfall durch den Abschluss einer Ausbildung als Elektroingenieur, Elektrotechniker, Elektromeister oder Elektrogeselle nachgewiesen. |

3. **Gesetzliche Vorschriften zur (Trink-)Wasserversorgung:**

| | |
|---|---|
| ► DIN 1988-200 | Bau und Betrieb von Wasserversorgungsanlagen |
| ► DIN 2000 | Anforderungen an die Trinkwasserqualität |
| ► TrinkwV | Anforderungen an Trinkwasser; die neue Bezeichnung für „Brauchwasser" lautet „Nutzwasser" entsprechend der TrinkwV vom 21.05.2001 |
| ► WHG | Regelungen zur Entnahme, Verwendung und Einleitung von Wasser. |

4. **Gesetzliche Vorschriften zur Lüftungs- und Klimatechnik:**

| | |
|---|---|
| ► DIN 1946 | Blatt 1-5: Grundregeln für lüftungstechnische Anlagen |
| ► DIN 1945 | Raumlufttechnik. |

5. **Gesetzliche Vorschriften zur Versorgung mit Druckluft:**

| | |
|---|---|
| ► VDI | Richtlinie 2045 Bl. 2: Anforderungen an die Versorgung mit Druckluft. |

6. **Gesetzliche Vorschriften zur Gasversorgung:**

| | |
|---|---|
| ► DVGW | Arbeitsblatt G 260: Technische Regeln zur Gasversorgung (DVGW = Deutscher Verein des Gas- und Wasserfaches e. V.) |
| ► DVGW | Arbeitsblatt G 600: Technische Regeln für Gasinstallation |

- DVGW — Regelwerk: Prüfung der Gasanlagen in regelmäßigen Abständen durch Fachpersonal
- DVGW — Fachpersonal nach DVGW:
  Versicherte Personen, die aufgrund ihrer fachlichen Ausbildung, praktischen Tätigkeit und Erfahrung ausreichende Kenntnisse auf dem Gebiet der ihnen übertragenen Arbeitsaufgabe haben (z. B. für Gas- und Wasseranlagen).
- Ex-RL — Richtlinien für die Vermeidung der Gefahren durch explosionsfähige Atmosphäre
- EnWG — Energiewirtschaftsgesetz: Bestimmungen über leitungsgebundene Energieanlagen.

7. **Spezielle Vorschriften** des Arbeitsschutzes, die auf Energieversorgungsanlagen und Energieträger anzuwenden sind:
   - Bundes-Immissionsschutzgesetz (BImSchG), u. a.:
     Errichtung und Betrieb von Anlagen; speziell:
     - Verordnung über Kleinfeuerungsanlagen
     - Verordnung über Großfeuerungsanlagen
     - Verordnung über genehmigungsbedürftige Anlagen.
   - Sondervorschriften für **Überwachungsbedürftige Anlagen** u. a.:
     - Dampfkesselverordnung
     - Druckbehälter-Verordnung
     - Verordnung über Gashochdruckleitungen
     - Verordnung über elektrische Anlagen in explosionsgefährdeten Räumen
     - Verordnung über brennbare Flüssigkeiten.

## 5.3 Berechnen betriebs- und fertigungstechnischer Größen bei Belastungen und Bewegungen

### 5.3.1 Kreisförmige und geradlinige Bewegungsabläufe

TIPP

Die Fragen zum Thema „Kreisförmige und geradlinige Bewegungsabläufe“ werden unter >> 5.1.4 abgehandelt.

## 5.3.2 Mechanische Beanspruchungen

### 01. Was sind mechanische Spannungen?

Voraussetzung für einen Umformvorgang ist das Wirken äußerer Kräfte und/oder Momente. Bei den unterschiedlichsten Umformvorgängen (mechanische Beanspruchung von Werkstoffen) entstehen unterschiedlichste Spannungszustände:

- **Lastspannungen** sind nach Art und Richtung der Beanspruchung definiert: Zug, Druck, Biegung, Scherung und Torsion.
- **Eigenspannungen** sind Spannungen in einem Bauteil nach inhomogener plastischer Verformung. Die inneren Kräfte und Momente stehen dabei im Gleichgewicht. Eigenspannung entsteht beim Urformen, Umformen, Fügen, Trennen, Wärmebehandeln und Beschichten.

  Je nach Art und Lage im Bauteil können Eigenspannungen die Festigkeit herabsetzen oder erhöhen (z. B. erhöhte Dauerfestigkeit bei Druckspannungen in Oberflächenbereichen).

Aus der in beliebiger Richtung wirkenden Kraft F ergibt sich die Komponente

$F_n$ → in der normalen Richtung und
$F_t$ → in tangentialer Richtung.

Bei gleichmäßiger Verteilung über die Gesamtfläche A ergibt sich die

**Normalspannung**

$\delta = \frac{F_n}{A}$ und die

**Tangentialspannung** (Schubspannung)

$\tau = \frac{F_t}{A}$

Die Einheit einer mechanischen Spannung ist das Pascal (Pa):

$[\delta] = [\tau] = \frac{N}{m^2} = Pa$

Aus Sicherheitsgründen werden die Körper nicht bis zur Belastungsgrenze beansprucht. In Abhängigkeit von den materialabhängigen Größen Streckgrenze ($R_c$) und Zugfestigkeit ($R_m$) sowie einer Sicherheitszahl **v** (nü) wird

- die **zulässige Zugspannung** $\delta_{zzul}$ wie folgt errechnet:

| | | | |
|---|---|---|---|
| $\delta_{zzul} = \frac{R_c}{v}$ | für Stahl | $R_c$ | Streckgrenze |
| $\delta_{zzul} = \frac{R_m}{v}$ | für Gusseisen | $R_m$ | Zugfestigkeit |

- die **zulässige Zugspannung** $F_{zul}$ ist:

| | | | |
|---|---|---|---|
| $F_{zul} = \delta_{zzul} \cdot S$ | | S | Querschnittsfläche |

- analog gilt für die **zulässige Druckspannung** $\delta_{dzul}$

| | | | |
|---|---|---|---|
| $\delta_{dzul} = \frac{\delta_{dF}}{v}$ | für Stahl | $\delta_{dF}$ | Quetschgrenze |
| $\delta_{dzul} = \frac{4 \cdot R_m}{v}$ | für Gusseisen | $R_m$ | Zugfestigkeit |

- und die **zulässige Druckkraft** $F_{zul}$

| | | | |
|---|---|---|---|
| $F_{zul} = \delta_{dzul} \cdot S$ | | S | Querschnittsfläche. |

Diese Spannungen führen zu folgenden Formänderungen:

**Formänderungen**

| bei einem **Normalspannungszustand** | bei einem **Schubspannungszustand** |
|---|---|
| Die Wirkung der Normalspannung δ führt zur Änderung von Abmessungen in Längsrichtung und auch zu Querschnittsänderungen. | Die Schubspannung τ wirkt als Änderung von Winkeln. Abmessungen und Querschnitte bleiben erhalten. |

## 02. Was sagt das Hookesche Gesetz aus?

- **Dehnung**:
  Ein fester Körper wird nur in einer Richtung auf Zug oder Druck beansprucht; er wird gestaucht oder gedehnt. Die **Zug**- oder **Druckkraft** verursacht eine Längenänderung $\Delta l$, deren Größe außer von den Abmessungen auch vom Material und von der Kraft abhängig ist.

  Es gilt das **Hookesche Gesetz:**

  → Spannung und Dehnung sind einander proportional.

$$\frac{F}{A} = E \frac{\Delta l}{L_0}$$

→ Der **Elastizitätsmodul** E ist das Verhältnis der erforderlichen Spannung $\delta$ zur relativen Längenänderung $\Delta$ l/l (Dehnung $\varepsilon$):

$$E = \frac{\delta}{\varepsilon}$$

bzw.

$$\delta = \varepsilon \cdot E$$

Der Elastizitätsmodul ist eine Materialkonstante und gilt nur innerhalb des **Elastizitätsbereiches** bzw. bis zu der Proportionalitätsgrenze $\delta_p$; $\delta_p$ ist die Größe, bis zu der Spannung und Dehnung proportional bleiben (E = konstant).

→ Kraft und Längenänderung sind proportional:

$$F \sim \Delta l$$

Für die **Längenänderung** $\Delta$ l ergibt sich

$$\Delta l = l \frac{\delta}{E}$$

→ Die **Volumenänderung** ist

$$\Delta V = p \cdot \frac{V}{K}$$

mit $$p = \frac{F_n}{A}$$

Dabei ist:
K Kompressionsmodul (Verhältnis von Druck und relativer Volumenänderung)
$F_n$ Normalkraft in N
A Fläche in $mm^2$
p Flächenpressung $= \frac{N}{mm^2}$

$$F_n = F \cdot \sin \alpha$$

Im technischen Gebrauch wird der Druck auch als **Flächenpressung** bezeichnet.

→ Bei **Druckkräften** ergibt sich eine Verkürzung: Spannung $\delta$ und Längenänderung $\Delta$ l sind negativ.

Zugspannung: $\delta > 0$

Druckspannung: $\delta < 0$

→ Außer der Längenänderung ändert sich durch eine mechanische Spannung auch die **Abmessung des Körpers quer zur Kraft**:

$$\frac{\Delta d}{d} = -\mu \frac{\Delta l}{l}$$

Dabei ist:

| | |
|---|---|
| d | Querabmessung |
| Δ d | Änderung der Querabmessung |
| l | Länge |
| Δ l | Längenänderung |
| μ | Poisson-Zahl |

Die Poisson-Zahl μ ist eine Materialkonstante und gibt das Verhältnis von relativer Änderung der Querabmessung zu relativer Längenänderung an. Die Zahlenwerte für die Poisson-Zahl liegen für alle Stoffe zwischen 0 und 0,5.

### 03. Was ist ein Spannungs-Dehnungs-Diagramm?

Es handelt sich hierbei um die grafische Aufzeichnung der Ergebnisse eines Zugversuches an definierten Probestäben (Prüfstäbe). Dabei werden die registrierten Kräfte auf den Ausgangsquerschnitt und die Verlängerungen der Stäbe auf die Anfangsmesslängen bezogen: Man erhält ein Spannungs-Dehnungs-Bild.

Außer dem Elastizitätsmodul E (s. oben) erhält man so

- die **Streckgrenze** $R_e$ als Grenzspannung zwischen elastischer und plastischer Verformung,
- die **Zugfestigkeit** $R_m$ als die höchste erreichbare Spannung,
- die **Bruchdehnung** A als die auf die Ausgangslänge bezogene Längenänderung und
- die **Brucheinschnürung** Z als Verhältnis der Querschnittsänderung an der Bruchstelle zum ursprünglichen Querschnitt.

## 5.3.3 Zug, Druck, Torsion, Biegung, Abscherung und Flächenpressung

### 01. Wie entsteht Scherung und wie wird sie berechnet?

Wenn die Kraft (Tangentialkraft) parallel zu zwei gegenüberliegenden Flächen eines Körpers wirkt, werden beide Flächen gegeneinander verschoben. Stellt man sich ein Modell vor, so entsteht die Verformung durch Verschiebung einzelner Schichten gegeneinander:

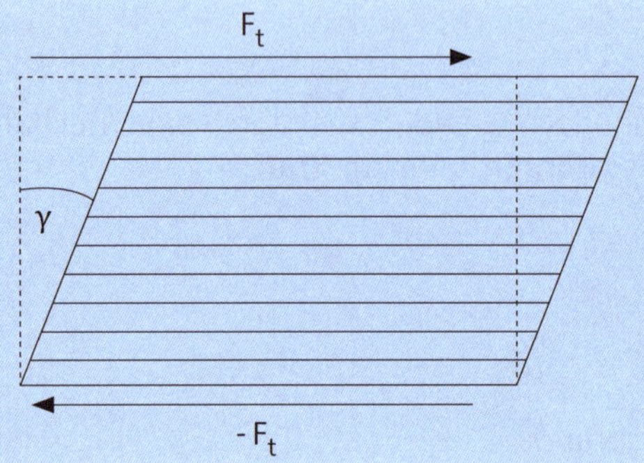


Dabei ist:
$F_t$ Tangentialkraft parallel zu A
A Fläche (mitunter wird für die Scherfläche der Buchstabe S verwendet)
τ Schubspannung
γ Scherwinkel
G Schubmodul

Diese Verformung wird **Schub** genannt. Ist der Abstand zwischen den Wirkungslinien der verschiedenen Kräfte $F_t$ und $-F_t$ sehr klein, spricht man von **Scherung** (z. B. bei Bolzen- oder Stiftverbindungen).

Die Schubspannung ($\tau = F_t / A$) erzeugt den Scherwinkel γ.

$$\tau = \frac{F}{A} = G \cdot \gamma$$

$$[G] = \frac{N}{m^2} = Pa$$

$$[\gamma] = rad$$

Dabei ist G der **Schubmodul**, auch als Scherungs-, Gleit- oder Torsionsmodul bezeichnet. Der Schubmodul G ist ebenso wie der Elastizitätsmodul E und die Poisson-Zahl μ in entsprechenden Tabellen zu finden.

## 02. Was ist Torsion?

Die **Torsion** (auch: Drillung) eines Zylinders (Radius r, Länge l) stellt einen Sonderfall des Schubs dar. Wenn durch tangentiale Kräfte am Zylinder ein Drehmoment M in Richtung der Zylinderachse erzeugt wird, werden dadurch die beiden Querschnitte um den Winkel φ gegeneinander verdreht. Durch Umrechnung aus $\gamma = l/G \cdot \delta_t$ kann die Beziehung

$$M_t = \frac{\pi}{2} G \frac{r^4}{l} \cdot \varphi$$

mit $M_t$ Torsionsmoment abgeleitet werden (als spezielle Form des Hookeschen Gesetzes). Dabei ist eine starke Abhängigkeit der Torsion vom Radius des Zylinderquerschnitts festzustellen (4. Potenz).

Die Torsion spielt eine große Rolle bei der **Übertragung von Drehmomenten** durch Wellen im Maschinenbau; bei jeder drehenden Welle tritt eine **Drehspannung** $\tau_t$ bzw. Torsion auf.

Das **Drehmoment** M ist ein Kraftmoment, das eine Rotation herbeiführt. Die Drehwirkung der Kraft F hängt vom Abstand r ihrer Wirkungslinie von der Drehachse ab (die Wirkungslinie bildet mit r einen rechten Winkel):

$$M = F \cdot r \cdot \sin \alpha$$

Dabei ist:
F angreifende Kraft
r Abstand des Angriffspunktes von der Drehachse
$\alpha$ Winkel zwischen Kraftrichtung und Abstand

Greifen an einem Körper mehrere Kräfte an, so werden die Drehmomente addiert.

## 03. Was versteht man unter der Zugspannung?

Die Zugspannung entsteht durch eine senkrechte Zugbeanspruchung auf die Fläche A eines Materials. Sie wird mit dem griechischen Buchstaben Sigma mit einem tiefgestellten Z bezeichnet. Das Z steht dabei für „Zug". Die Messeinheit ist Pascal, dies entspricht einem Newton pro Quadratmeter ($1 \text{ Pa} = 1 \text{ N/m}^2$).

## 04. Was ist die Druckspannung?

Die Druckbeanspruchung ist das Gegenstück zur Zugbeanspruchung. Dabei wirken die Druckkräfte zueinander, das Werkstück wird zwischen zwei Körpern zusammengepresst und dadurch wird Druckspannung im Material erzeugt

## 05. Was bezeichnet die Biegebeanspruchung?

Als Biegung bezeichnet man eine mechanische Veränderung der Geometrie von schlanken Bauteilen (Balken oder Bögen) oder von dünnen Bauteilen (Schalen oder Platten). Typisch für Biegungen sind Krümmungsänderungen der Mittellinie oder -fläche gegenüber der Krümmung, die das Bauteil im unbeanspruchten Zustand hatte, durch statische und dynamische Beanspruchungen. Derartige Krümmungen führen zu Biegemomenten und somit zu Biegespannungen.

### 06. Was beschreibt die Flächenpressung?

Flächenpressung ist die Kraft pro Kontaktfläche zwischen zwei Festkörpern, also eine Druckspannung. Werden zwei Festkörper mit einer Kraft F aufeinandergedrückt, so stellt sich in der Berührungsfläche zwischen den Körpern eine Normallastverteilung ein, die als Flächenpressung bezeichnet wird. Sie wird üblicherweise in der Einheit Pascal angegeben ($1 \text{ Pa} = 1 \text{ N/m}^2$ bzw. $1 \text{ MPa} = 1 \text{ N/mm}^2$).

Die Flächenpressung ist – anders als der Druck – nicht konstant, d. h. sie hat – wie eine Spannung – eine Richtung und ist über die Kontaktfläche nicht gleichmäßig. Neben der Höhe der Kraft F und den Materialeigenschaften sind die Oberflächenkonturen der beteiligten Körper für die Lastverteilung über der Kontaktfläche und für die Größe und Form der Kontaktfläche ausschlaggebend. Flächenpressung tritt z. B. auf zwischen dem Kopf einer Schraube und dem zu verschraubenden Teil oder zwischen den Zahnflanken von Zahnrädern.

## 5.4 Statistische Verfahren, einfache statistische Berechnungen sowie deren grafische Darstellung

### 5.4.1 Erhebung und Veranschaulichung von Daten

TIPP

Die Grundlagen der Statistik (Wesen, Aufgaben, Bedeutung, Datenerfassung und -aufbereitung, grafische und tabellarische Darstellungsformen) wurden lt. Rahmenplan bereits behandelt im 3. Prüfungsfach unter >> 3.1.6, >> 3.4.2 und >> 3.4.3. Bitte ggf. noch einmal kurz wiederholen.

### 01. Wie unterscheiden sich die beschreibende und die beurteilende Statistik (Einsatzbereiche statistischer Methoden)?

- **Beschreibende Statistik** (deskriptive Statistik)
  - Ordnen von Daten
  - Darstellen von Daten (Tabellen, Diagramme)
  - Berechnung von Parametern (Mittelwerte, Streuungsmaße)

- **Beurteilende Statistik**
  - Schließen von Stichproben auf die Grundgesamtheit
  - Formulieren und Prüfen von Hypothesen
  - Schätzen von Parametern.

## 02. Welche Begriffe werden in der Fachsprache der Statistik verwendet?

Dazu eine Auswahl häufig verwendeter Begriffe:

| Begriffe | | Beispiele |
|---|---|---|
| **Grund-gesamtheit** | Als Grundgesamtheit (= statistische Masse) bezeichnet man die Gesamtheit der statistisch erfassten gleichartigen Elemente. | alle gefertigten Teile für Auftrag X, z. B. 3.500 Schrauben M8 x 40 |
| **Bestands-massen** | sind diejenigen Massen, die sich auf einen Zeitpunkt beziehen. | 01.07. des Jahres |
| **Bewegungs-massen** | Bewegungsmassen beziehen sich auf einen bestimmten Zeitraum. | 01.01. bis 30.06. d. J. |
| **Abgrenzung der Grund-gesamtheit** | Je nach Fragestellung ist die Grundgesamtheit abzugrenzen; vorherrschend sind folgende Abgrenzungsmerkmale: | |
| | ► sachliche Abgrenzung<br>► örtliche Abgrenzung<br>► zeitliche Abgrenzung | ► Baugruppe Y<br>► Montage I<br>► im Monat Januar |
| **Merkmal** | Als Merkmal bezeichnet man die Eigenschaft, nach der in einer statistischen Erfassung gefragt wird. | ► Alter<br>► gute Teile/schlechte Teile |
| **Merkmals-ausprägungen** | nennt man die Werte, die ein bestimmtes-Merkmal haben kann. | ► gut/schlecht<br>► männlich/weiblich<br>► 48, 50, 55 usw. |
| **Diskrete Merkmale** | können nur einen Wert annehmen. | ► Anzahl der Kinder,<br>► Anzahl fehlerhafte Stücke |
| **Stetige Merkmale** | können jeden Wert annehmen. | ► Körpergröße<br>► Durchmesser einer Welle |
| **Qualitative Merkmale** | erfassen Eigenschaften/Qualitäten eines Merkmalsträgers | ► Geschlecht eines Mitarbeiters: weiblich/männlich<br>► Ergebnis der Leistungs-beurteilung: 2 - 4 - 6 - 8 usw. |
| **Quantitative Merkmale** | sind Merkmale, deren Ausprägungen in Zahlen angegeben werden – mit Benennung der Maßeinheit. | ► 60 Stück<br>► 7 kg<br>► 20 € |

| Begriffe | | Beispiele |
|---|---|---|
| **Ordinalskala** | Erfolgt eine Festlegung der Rangfolge der Merkmalsausprägungen, so spricht man von Ordinalskalen ... | ► gut<br>► schlecht<br>► unbrauchbar |
| **Nominal-skalen** | ... ansonsten von Nominalskalen. | ► männlich/weiblich<br>► gelb/rot/grün |
| **Häufigkeit** | Anzahl der Messwerte einer Messreihe zu einem bestimmten Messwert $x_i$ | |

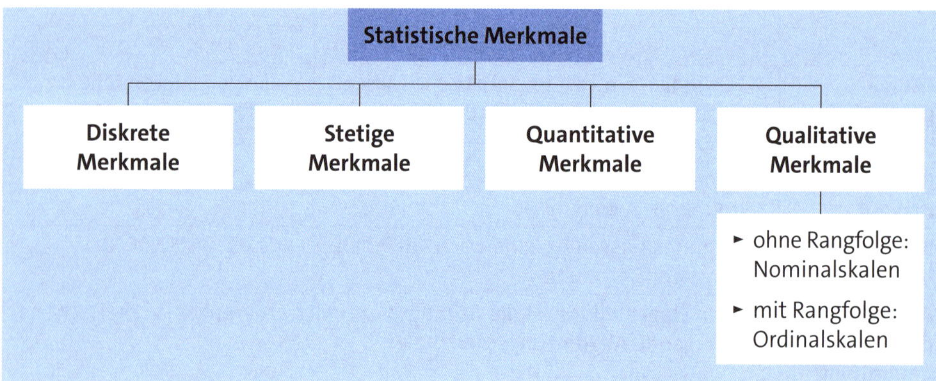


## 03. Zur Wiederholung: In welchen Schritten erfolgt die Lösung statistischer Fragestellungen?

Die Lösung statischer Fragestellungen erfolgt generell in vier Schritten:

1. **Analyse der Ausgangssituation**
2. **Erfassen** des Zahlenmaterials
3. **Aufbereitung**, d. h. Gruppierung und Auszählung der Daten und Fakten
4. **Auswertung**, d. h. Analyse des Zahlenmaterials nach methodischen Gesichtspunkten.

## 04. Zur Wiederholung: Wie wird das statistische Zahlenmaterial aufbereitet?

Das Zahlenmaterial kann erst dann ausgewertet und analysiert werden, wenn es in aufbereiteter Form vorliegt. Dazu werden die Merkmalsausprägungen **geordnet** – z. B. nach Geschlecht, Alter, Beruf, Region, gut/schlecht, Länge, Materialart usw.

**Grundsätzliche Ordnungsprinzipien** im Rahmen der Aufbereitung sind:

a) **Ordnen** des Zahlenmaterials **in einer Nominalskala** (qualitative Merkmale; $x_i$ = gut, $x_i$ = schlecht).

b) **Ordnen** des Zahlenmaterials **in einer Kardinalskala** ( $x_1 = 1$, $x_2 = 5$, $x_3 = 7$ ...) oder einer **Ordinalskala** ($x_i$ = nicht ausreichend, $x_i$ = ausreichend, $x_i$ = befriedigend, $x_i$ = gut, ...).

c) Unterscheidung in **diskrete** und **stetige Merkmale**.

d) Ggf. Aufbereitung in Form einer **Klassenbildung** (bei stetigen Merkmalen; $x_i \leq 0$, $0 > x_i \leq 10$, $10 < x_i \leq 20$, ...).

e) Aufbereitung ungeordneter Reihen **in geordnete Reihen**.

f) Bildung absoluter und relativer Häufigkeiten (**Verteilungen**).

## 05. In welchen Arbeitsschritten geht die technische Statistik vor (Grundmodelle)?

### 1. Schritt: Formulierung des Problems

**Beispiel**

In einem Stahl erzeugenden Unternehmen soll der angelieferte Koks auf seine Dichte hin überprüft werden. Der beauftragte Mitarbeiter erhält die Aufgabe, **die durchschnittliche Dichte** des gelieferten Kokses **zu bestimmen.**

### 2. Schritt: Planung des Experiments

**Beispiel**

Da die Dichte der einzelnen Koksbrocken unterschiedlich ist, müsste der Mitarbeiter – genau genommen – alle Koksbrocken untersuchen und ihre Dichte bestimmen. Diese Vorgehensweise ist jedoch aus Kosten- und Zeitgründen nicht akzeptabel. Man wählt daher in der Praxis folgenden Weg: Der Mitarbeiter soll **eine hinreichend große Anzahl von Koksbrocken zufällig auswählen und deren Dichte bestimmen (= Stichprobe).**

### 3. Schritt: Durchführung des Experiments

**Beispiel**

Der Mitarbeiter verfährt wie geplant. Diesen Vorgang des **Auswählens und Messens** der Koksbrocken nennt man in der Statistik ein **Zufallsexperiment** (kurz: Experiment). Die erhaltenen Messwerte werden als **Stichprobe aus der Grundgesamtheit** bezeichnet. Die Anzahl der ausgewählten und gemessenen Werte ist der **Umfang der Stichprobe**.

**4. Schritt: Aufbereitung des experimentellen Ergebnisses und Berechnung von Maßzahlen**

**Beispiel**

Bei umfangreichen Untersuchungen mit vielen Zahlenwerten ist es erforderlich, **die Ergebnisse tabellarisch und ggf. auch grafisch aufzubereiten** (vgl. dazu die Ausführungen im 3. Prüfungsfach unter >> 3.4.3 f). Außerdem werden **Maßzahlen** berechnet; diese sog. **Lageparameter** charakterisieren das Ergebnis einer statistischen Reihe. Vorwiegend berechnet man zwei Maßzahlen: das **arithmetische Mittel x und die Standardabweichung s.** Wir nehmen an, dass der Mitarbeiter im vorliegenden Fall eine durchschnittliche Dichte der Koksbrocken von 1,41 $g/cm^3$ und eine Standardabweichung von 0,02 $g/cm^3$ (gerundet) ermittelt.

**5. Schritt: Schluss von der Stichprobe auf die Grundgesamtheit**

**Beispiel**

Der Mitarbeiter kann den Schluss ziehen, dass die durchschnittliche Dichte der Koksbrocken in der Grundgesamtheit etwa den Wert 1,41 $g/cm^3$ hat; er kann weiterhin schließen, dass die tatsächliche (unbekannte) Dichte der Grundgesamtheit **mit 99,7%iger Wahrscheinlichkeit im Intervall**

$$[-3s + \bar{x}; \bar{x} + 3s]$$

$$= [-3 \cdot 0{,}02 + 1{,}41; 1{,}41 + 3 \cdot 0{,}02]$$

$$= [1{,}35; 1{,}47]$$

liegt. Dieser Schluss ist möglich aufgrund der Aussagen, die aus der Normalverteilung abgeleitet werden können (zur Normalverteilung von Messfehlern vgl. >> 5.4.2).

Es stellt sich weiterhin die Frage, ob das Ergebnis noch weiter verbessert werden könnte, ob also der Mitarbeiter durch eine weitere Stichprobe zu einem Intervall gelangen könnte, in dem die Werte näher beieinander liegen. Die Antwort lautet ja! Der Mitarbeiter könnte den Stichprobenumfang vergrößern (statt z. B. 10 Messwerte werden 30 ermittelt und die durchschnittliche Dichte $\bar{x}$ und die Standardabweichung s ermittelt). Es lässt sich mathematisch zeigen, dass mit größerem Stichprobenumfang die Genauigkeit der Schlüsse ansteigt. Gleichzeitig steigen damit aber auch der Zeitaufwand und die Kosten der Untersuchung. Genau diese Frage (Stichprobenumfang, Zeitaufwand, Kosten, statistische Genauigkeit) ist im 2. Schritt (vgl. vorstehend) zu klären. Man wird versuchen, bei gegebenem Aufwand an Zeit und Kosten den Informationsgehalt der Untersuchung zu maximieren. Festzuhalten bleibt aber: einen vollkommen sicheren Schluss von einer Stichprobe auf die Grundgesamtheit gibt es nicht.

Abschließend hat der Mitarbeiter zu entscheiden, ob das Ergebnis seiner Stichprobe die Entscheidung zulässt, den angelieferten Koks anzunehmen oder abzulehnen. Im vorliegenden Fall hängt dies davon ab, ob der Sollwert der Dichte (festgelegt oder mit dem Lieferanten vereinbart) innerhalb des Intervalls liegt oder nicht.

### 06. Wie erfolgt die Erfassung und Verarbeitung technischer Messwerte?

Die Erfassung und Verarbeitung technischer Messwerte kann unterschiedlich komplex sein; folgende Arbeitsweisen werden unterschieden:

1. Die Erfassung der Daten erfolgt über eine **einfache Messeinrichtung** (z. B. Thermometer, Druckmesser); die **Prozesssteuerung** bzw. ggf. notwendige Eingriffe in den Prozess erfolgen **manuell**.

   **Beispiel**

   An einer Anlage wird die Temperatur mithilfe eines Thermometers gemessen; wird ein bestimmter Temperaturgrenzwert überschritten, erfolgt eine manuell eingeleitete Kühlung der Anlage durch den Mitarbeiter.

2. Die Messwerte werden durch die Messeinrichtung erfasst, **innerhalb der Messeinrichtung verarbeitet** und der **Prozess wird automatisch gesteuert** (z. B. über Prozessrechner).

   **Beispiel**

   An der Anlage (vgl. oben) wird die Temperatur laufend von einem Prozessrechner erfasst. Bei Erreichen des Grenzwertes erfolgt ein Warnsignal und die Kühlung der Anlage wird ausgelöst.

3. **Elementare Messwertverarbeitung:**
   Die Verarbeitung der Messwerte erfolgt auf der Basis einfacher mathematischer Operationen (z. B. Summen-/Differenzenbildung in Verbindung mit elektrischer oder pneumatischer Analogtechnik).

4. **Höhere Messwertverarbeitung:**
   Die Verarbeitung der Messwerte erfolgt auf der Basis komplexer mathematischer Operationen (z. B. Integral-/Differenzialrechnung in Verbindung mit Digitalrechnern).

Hinsichtlich der **Form** der Datenverdichtung wird weiterhin unterschieden:

5. **Signalanalyse:**
   Es wird der Verlauf von Messsignalen untersucht (z. B. Verlauf von Schwingungen).

6. **Messdatenverarbeitung:**
   Aufbereitung, Verknüpfung, Prüfung und Verdichtung von Messdaten.

**Unterschiede in der Erfassung und Verarbeitung technischer Messwerte**

| Art der Messeinrichtung | Art der mathematischen Operationen | Art der Informationsverarbeitung |
|---|---|---|
| ► einfache Messeinrichtung und manuelle Prozesssteuerung<br>► Verarbeitung innerhalb der Messeinrichtung und automatische Prozesssteuerung | ► elementare Messwertverarbeitung<br>► höhere Messwertverarbeitung | ► Signalanalyse<br>► Messdatenverarbeitung |

## 07. Lassen sich Fehler bei der Erfassung von Messwerten vermeiden?

In der Praxis ist jede Messung von Daten (vgl. oben, Frage 05., das Beispiel „Dichte der Koksbrocken") **mit Fehlern behaftet.** Man unterscheidet zwischen **systematischen** und **zufälligen** Fehlern:

- **Systematische Fehler** sind **Fehler in der Messeinrichtung**, die sich gleichmäßig auf alle Messungen auswirken. Sie lassen sich durch eine verbesserte Messtechnik beheben.

  **Beispiel**

  fehlerhafter Messstab, nicht ausreichende Justierung einer Waage usw.

- **Zufällige Fehler** entstehen durch unkontrollierbare Einflüsse während der Messung; sie sind bei jeder Messung verschieden und unvermeidbar.

  **Beispiel**

  Bei der Untersuchung von Wellen in der Eingangskontrolle stellt man fest, dass von 50 Stück drei fehlerhaft sind; die Wiederholung der Stichprobe kommt zu einem anderen Ergebnis, obwohl die Messverfahren gesichert sind und die Versuchsdurchführung nicht geändert wurde.

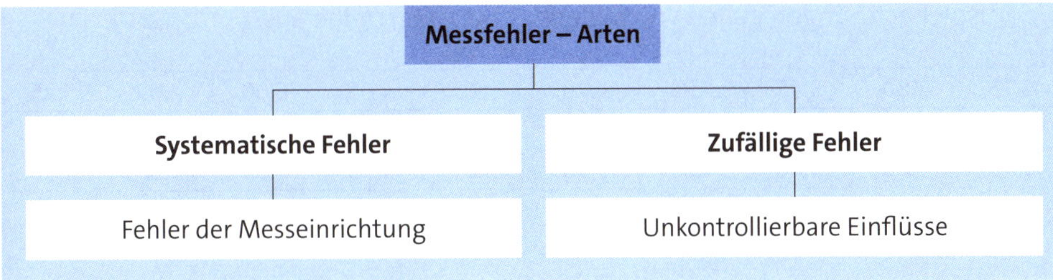


## 5.4.2 Statistische Berechnungen

### 01. Wie erfolgt die Aufbereitung von Messstichproben?

Mithilfe der Stichprobentheorie lässt sich von Teilgesamtheiten (z. B. einer Stichprobe) auf Grundgesamtheiten schließen. Die Verdichtung der Daten erfolgt durch die Berechnung von **Maßzahlen**. Entsprechend dem Rahmenplan werden hier folgende **Parameter** behandelt:

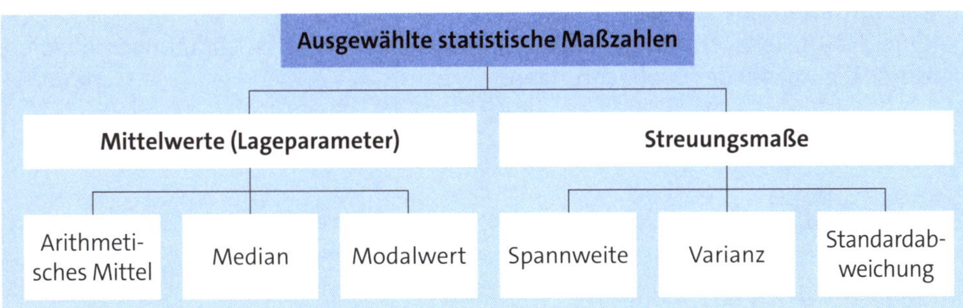


Bei der nachfolgenden Darstellung und Berechnung werden folgende allgemein üblichen Symb ole und Zeichen verwendet (im Allgemeinen benutzt man bei der Kennzeichnung von Maßzahlen der Grundgesamtheit griechische und bei der Kennzeichnung von Maßzahlen der Stichprobe lateinische Buchstaben):

$x_i$ alle Messwerte/Merkmalsausprägungen der Urliste/Stichprobe (i = 1, ..., n)
$x_j$ die verschiedenen Messwerte/Merkmalsausprägungen der Urliste/Stichprobe (j = 1, ..., r)
$\mu$ Mittelwert der Grundgesamtheit
N Umfang der Grundgesamtheit
$\sigma^2$ Varianz der Grundgesamtheit
$\sigma$ Standardabweichung der Grundgesamtheit
$M_z$ Median (Zentralwert)
$M_o$ Modalwert (Modus; häufigster Wert)
$\bar{x}$ Mittelwert der Stichprobe
n Umfang der Stichprobe
$s^2$ Varianz der Stichprobe
s Standardabweichung der Stichprobe
R Spannweite
$\sum$ Summenzeichen

Die Beispielrechnungen gehen von folgender Messwertreihe aus: (i = 1, ... 30):

| | | | | | | | | | |
|---|---|---|---|---|---|---|---|---|---|
| 4,35 | 4,80 | 3,75 | 4,95 | 4,20 | 5,10 | 4,65 | 6,00 | 4,05 | 5,25 |
| 5,10 | 4,50 | 3,15 | 5,25 | 4,65 | 3,45 | 5,85 | 4,50 | 5,55 | 4,80 |
| 6,45 | 4,05 | 3,00 | 4,20 | 5,10 | 3,15 | 5,40 | 4,65 | 5,10 | 4,50 |

Zu berechnen sind folgende Parameter der Messreihe:

- das arithmetische Mittel
- der Median
- der Modalwert
- die Spannweite
- die Varianz
- die Standardabweichung.

**A. Berechnung von Maßzahlen der Grundgesamtheit:**

a) **Das arithmetische Mittel** μ
einer Häufigkeitsverteilung ist die Summe aller Merkmalsausprägungen dividiert durch die Anzahl der Beobachtungen:

- μ, **ungewogen:**

$$\mu = \frac{\sum x_i}{N}$$

i = 1, 2, ..., N

- μ, **gewogen:**

$$\mu = \frac{\sum N_j x_j}{N}$$

j = 1, 2, ..., r (r = Anzahl der verschiedenen Merkmalsausprägungen)

**Beispiel**

| | | | | | | | | | | |
|---|---|---|---|---|---|---|---|---|---|---|
| 4,35 | 4,80 | 3,75 | 4,95 | 4,20 | 5,10 | 4,65 | 6,00 | 4,05 | 5,25 | 47,10 |
| 5,10 | 4,50 | 3,15 | 5,25 | 4,65 | 3,45 | 5,85 | 4,50 | 5,55 | 4,80 | 46,80 |
| 6,45 | 4,05 | 3,00 | 4,20 | 5,10 | 3,15 | 5,40 | 4,65 | 5,10 | 4,50 | 45,60 |
| | | | | | | | | | | $\sum$ = **139,50** |

$$\mu = \frac{\text{Summe der einzelnen Werte}}{\text{Anzahl der Werte}} = \frac{139{,}5}{30} = 4{,}65$$

b) **Median $M_z$ (= Zentralwert):**
Ordnet man die Werte einer Urliste der Größe nach, so ist der Median dadurch gekennzeichnet, dass 50 % der Merkmalsausprägungen kleiner/gleich und 50 % der Merkmalsausprägungen größer/gleich dem Zentralwert $M_z$ sind. Der Median teilt also die der Größe nach geordneten Werte in zwei gleiche Hälften:

- **bei N = gerade**
ist der Median das arithmetische Mittel der in der Mitte stehenden Werte:

$$M_z = \frac{1}{2} \cdot (x_{N/2} + x_{N/2+1})$$

**Beispiel**

Da N = 30 ist, wird das arithmetischen Mittel aus dem 15. und 16. Wert der (geordneten) Häufigkeitstabelle gebildet:

| | | | | | | | | | |
|---|---|---|---|---|---|---|---|---|---|
| xj | 3,00 | 3,15 | 3,45 | 3,75 | 4,05 | 4,20 | 4,35 | 4,50 | **4,65** | *∑Nj* |
| Nj | 1 | 2 | 1 | 1 | 2 | 2 | 1 | 3 | 3 | *16* |
| xj | 4,80 | 4,95 | 5,10 | 5,25 | 5,40 | 5,55 | 5,85 | 6,00 | 6,45 | |
| Nj | 2 | 1 | 4 | 2 | 1 | 1 | 1 | 1 | 1 | *14* |
| *∑Nj* | | | | | | | | | | *30* |
| *j = 1, ..., 18* | | | | | | | | | | |

$$M_z = \frac{1}{2} \cdot (x_{15} + x_{16}) = \frac{4{,}65 + 4{,}65}{2} = \mathbf{4{,}65}$$

- **bei N = ungerade**
ist der Median der in der Mitte stehende Wert der geordneten Urliste:

$$M_z = x_{(n+1)/2}$$

**Beispiel**

Angenommen, man würde die vorliegende Messreihe von 30 Werten um den Wert $x_{31} = 6{,}55$ ergänzen, so erhält man als Median den Wert $x_{16}$:

$$M_z = x_{(31+1)/2} = x_{16} = 4{,}65$$

Da es sich beim Median um einen **relativ groben Lageparameter** zur Charakterisierung einer Verteilung handelt, sollte er **nur bei einer kleinen Messreihe** ermittelt werden. Im vorliegenden Fall von 30 Urlistenwerten ist er eher nicht zu empfehlen.

c) Als **Modalwert** $M_o$ (= dichtester Wert = Modus) bezeichnet man innerhalb einer Häufigkeitsverteilung die Merkmalsausprägung mit **der größten Häufigkeit** (soweit vorhanden):

| | | | | | | | | | |
|---|---|---|---|---|---|---|---|---|---|
| xj | 3,00 | 3,15 | 3,45 | 3,75 | 4,05 | 4,20 | 4,35 | 4,50 | 4,65 | *∑Nj* |
| Nj | 1 | 2 | 1 | 1 | 2 | 2 | 1 | 3 | 3 | *16* |
| xj | 4,80 | 4,95 | **5,10** | 5,25 | 5,40 | 5,55 | 5,85 | 6,00 | 6,45 | |
| Nj | 2 | 1 | **4** | 2 | 1 | 1 | 1 | 1 | 1 | *14* |
| *∑Nj* | | | ↑ | | | | | | | *30* |
| *j = 1, ..., 18* | | | | | | | | | | |

**Beispiel**

Aus der vorliegenden Häufigkeitstabelle lässt sich der Modalwert direkt ablesen: Es ist die Merkmalsausprägung mit der maximalen Häufigkeit.

$N_j = 4$
$M_o = 5{,}10$

Mittelwerte, die die Lage einer Verteilung beschreiben, reichen allein nicht aus, um eine Häufigkeitsverteilung zu charakterisieren. Es wird nicht die Frage beantwortet, wie weit oder wie eng sich die Merkmalsausprägungen um den Mittelwert gruppieren.

Man berechnet daher sog. **Streuungsmaße,** die kleine Werte annehmen, wenn die Merkmalsbeträge stark um den Mittelwert konzentriert sind bzw. große Werte bei weiter Streuung um den Mittelwert.

d) Die **Spannweite** R (= Range) ist das **einfachste Streuungsmaß**. Sie wird als die **Differenz zwischen dem größten und dem kleinsten Wert** definiert. Die Aussagekraft der Spannweite ist sehr gering und sollte daher nur für eine kleine Anzahl von Messwerten berechnet werden (im vorliegenden Beispiel also eher nicht geeignet).

$$R = x_{max} - x_{min}$$

oder bei geordneter Urliste:

$$R = x_N - x_1$$

**Beispiel**

$R = x_{30} - x_1 = 6{,}45 - 3{,}00 = 3{,}45$

e) **Mittlere quadratische Abweichung** $\sigma^2$ (= Varianz):

Bei der Varianz $\sigma^2$ wird das jeweilige Quadrat der Abweichungen zwischen der Merkmalsausprägung $x_i$ und dem Mittelwert x berechnet. Durch den Vorgang des Quadrierens erreicht man, dass große Abweichungen stärker und kleine Abweichungen weniger berücksichtigt werden. Die Summe der Quadrate wird durch N dividiert.

- $\sigma^2$, **ungewogen:**

$$\sigma^2 = \frac{\sum (x_i - \mu)^2}{N}$$

i = 1, 2, ..., N

- $\sigma^2$, **gewogen:**

$$\sigma^2 = \frac{\sum (x_j - \mu)^2 \bullet N_j}{N}$$

j = 1, 2, ..., r

Durch Umrechnung gelangt man zu folgender Formel; damit lässt sich die Varianz leichter berechnen:

$$\sigma^2 = \frac{1}{N} \sum N_j x_j^2 - \mu^2$$

Bei einer hohen Zahl von Messwerten empfiehlt sich eine Arbeitstabelle zur Berechnung der Varianz:

| $x_j$ | $N_j$ | $x_j^2$ | $N_j x_j^2$ | $x_j - \mu$ | $(x_j - \mu)^2$ | $(x_j - \mu)^2 N_j$ |
|---|---|---|---|---|---|---|
| 3,00 | 1 | 9,00 | 9,00 | - 1,65 | 2,72 | 2,72 |
| 3,15 | 2 | 9,92 | 19,84 | - 1,50 | 2,25 | 4,50 |
| 3,45 | 1 | 11,90 | 11,90 | - 1,20 | 1,44 | 1,44 |
| 3,75 | 1 | 14,06 | 14,06 | - 0,90 | 0,81 | 0,81 |
| 4,05 | 2 | 16,40 | 32,80 | - 0,60 | 0,36 | 0,72 |
| 4,20 | 2 | 17,64 | 35,28 | - 0,45 | 0,20 | 0,40 |
| 4,35 | 1 | 18,92 | 18,92 | - 0,30 | 0,09 | 0,09 |
| 4,50 | 3 | 20,25 | 60,75 | - 0,15 | 0,02 | 0,06 |
| 4,65 | 3 | 21,62 | 64,87 | 0,00 | 0,00 | 0,00 |
| 4,80 | 2 | 23,04 | 46,08 | 0,15 | 0,02 | 0,04 |
| 4,95 | 1 | 24,50 | 24,50 | 0,30 | 0,09 | 0,09 |
| 5,10 | 4 | 26,01 | 104,04 | 0,45 | 0,20 | 0,80 |
| 5,25 | 2 | 27,56 | 55,12 | 0,60 | 0,36 | 0,72 |
| 5,40 | 1 | 29,16 | 29,16 | 0,75 | 0,56 | 0,56 |

| $x_j$ | $N_j$ | $x_j^2$ | $N_j x_j^2$ | $x_j - \mu$ | $(x_j - \mu)^2$ | $(x_j - \mu)^2 N_j$ |
|---|---|---|---|---|---|---|
| 5,55 | 1 | 30,80 | 30,80 | 0,90 | 0,81 | 0,81 |
| 5,85 | 1 | 34,22 | 34,22 | 1,20 | 1,44 | 1,44 |
| 6,00 | 1 | 36,00 | 36,00 | 1,35 | 1,82 | 1,82 |
| 6,45 | 1 | 41,60 | 41,60 | 1,80 | 3,24 | 3,24 |
| $\sum$ | 39 | | 668,97 | | | 20,26 |

**Beispiel**

$$\sigma^2 = \frac{\sum (x_j - \mu)^2 \cdot N_j}{N} = \frac{20{,}26}{30} = 0{,}68 \text{ (gerundet)}$$

bzw.

$$\sigma^2 = \frac{1}{N} \sum N_j x_j^2 - \mu^2 = \frac{668{,}97}{30} - 21{,}6225 = 0{,}68 \text{ (gerundet)}$$

f) Die **Standardabweichung** $\sigma$ (kurz: Streuung) bzw. s (Standardabweichung der Stichprobe) ist die positive Wurzel aus der Varianz; sie ist das wichtigste Streuungsmaß:

$$s = \sqrt{\frac{\sum_{i=1}^{n} (x_i - \mu)^2}{n - 1}}$$

$$\sigma = \sqrt{\sigma^2}$$

**Beispiel**

$\sigma = \sqrt{0{,}68} = 0{,}82$

Die Standardabweichung sagt aus, wie groß der Bereich ist, in dem die einzelnen Zahlen verteilt sind. Sie gibt an, wie weit die einzelnen Messwerte im Durchschnitt vom Mittelwert (Erwartungswert) entfernt sind:

- Die Standardabweichung ist niemals negativ.
- Sie kann sehr deutlich steigen, wenn Werte, die weiter von den übrigen entfernt sind, mit in die Berechnung einbezogen werden.
- Die Einheit der Messwerte und der Standardabweichung ist identisch.

TIPP

In den Prüfungsaufgaben der IHK müssen Sie häufig die Standardabweichung berechnen. Dies ist mithilfe eines modernen Taschenrechners problemlos möglich. Wichtig ist, dass Sie sich im Vorfeld mit der Eingabe der Werte und der Berechnungsfunktion Ihres Rechners vertraut machen. Da sich dies je nach Hersteller und Modell deutlich unterscheidet, ist hierzu ein Blick in die Bedienungsanleitung hilfreich.

**B. Berechnung von Maßzahlen der Stichprobe:**

Die oben dargestellten Formeln zur Berechnung der Maßzahlen sind – bis auf die Berechnung der Varianz analog; zur Kennzeichnung von Stichprobenparametern wird $\bar{x}$ statt $\mu$, n statt N, $s^2$ statt $\sigma^2$ und s statt $\sigma$ verwendet; somit modifizieren sich die Formeln für den Mittelwert zu:

$$\bar{x} = \frac{\sum x_i}{n}$$

bzw.

$$\bar{x} = \frac{\sum x_j n_j}{n}$$

Bei der Berechnung der **Varianz einer Stichprobe** wird – genau genommen – keine mittlere quadratische Abweichung berechnet, sondern man verwendet die Formel

$$s^2 = \frac{\sum (x_i - \bar{x})^2}{n - 1}$$

Man dividiert also die Summe der Quadrate durch den um Eins verminderten Stichprobenumfang (= sog. **empirische Varianz**). Für die Standardabweichung s gilt Entsprechendes. Es lässt sich mathematisch zeigen, dass diese Berechnungsweise notwendig ist, wenn von der Varianz der Stichprobe auf die Varianz der Grundgesamtheit geschlossen werden soll.

TIPP

**Für die Praxis**

Funktionsrechner und Statistik-Software verwenden häufig den Faktor $1/_{n-1}$ anstatt $1/_n$. Bitte beachten Sie dies bei der Berechnung von Varianzen, die nicht aus einer Stichprobe stammen.

## 02. Welche Prüfmethoden werden im Rahmen der Qualitätskontrolle eingesetzt?

Bei der Qualitätskontrolle bedient man sich vor allem der drei folgenden Methoden, die wiederum verschiedene Unterarten verzeichnen:

- Statistische Qualitätskontrolle
- (Einfache) Methoden der Betriebspraxis
- Computergestützte Qualitätssicherung (CAQ).

## 03. Wie erfolgt die statistische Qualitätskontrolle unter der Annahme der Normalverteilung?

Untersucht man eine große Anzahl von Einheiten eines gefertigten Produktes hinsichtlich der geforderten Qualitätseigenschaften (Stichprobe aus einem Los), so lässt sich mathematisch zeigen, dass die „schlechten Werte" in einer bestimmten Verteilungsform vom Mittelwert (dem Sollwert) abweichen: Es entsteht bei hinreichend großer Anzahl von Prüfungen das Bild einer Gauss'schen Normalverteilung (sog. symmetrische Glockenkurve):

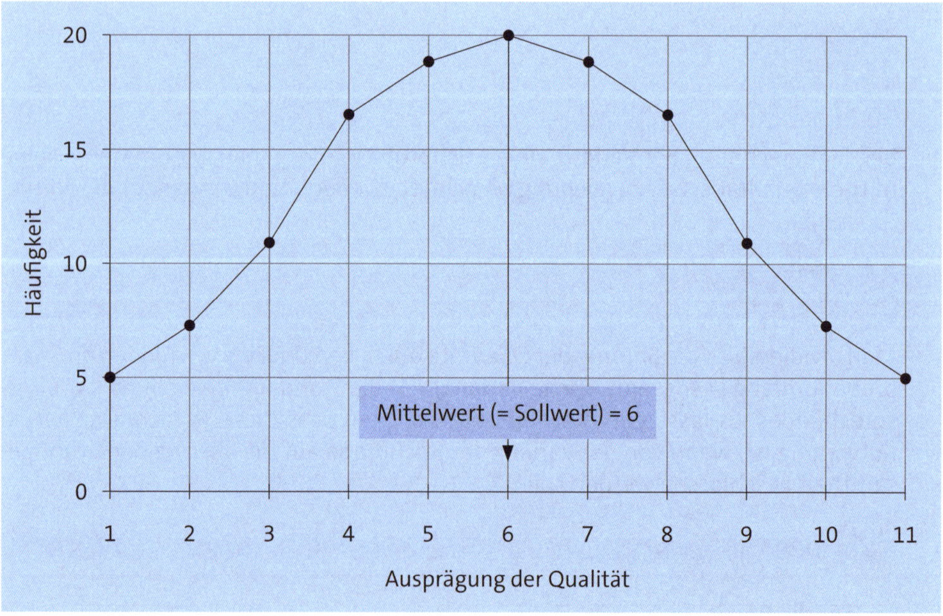

Es lässt sich nun mathematisch zeigen, dass – bei Vorliegen einer Normalverteilung der Qualitätseigenschaften –

- ungefähr **68,0 %** (68,26 %) aller Ausprägungen im Bereich [Mittelwert +/- 1 • Standardabweichung] streuen
- ungefähr **95,0 %** (95,44 %) aller Ausprägungen im Bereich [Mittelwert +/- 2 • Standardabweichung] streuen
- ungefähr **99,7 %** (99,73 %) aller Ausprägungen im Bereich [Mittelwert +/- 3 • Standardabweichung] streuen.

Diese Wahrscheinlichkeit nennt man

- **Vertrauenswahrscheinlichkeit** oder
- **statistische Sicherheit.**

Das Intervall um den Stichprobenparameter nennt man **Vertrauensbereich** oder **Konfidenzintervall.**

Die nachfolgende Abbildung zeigt den dargestellten Zusammenhang:

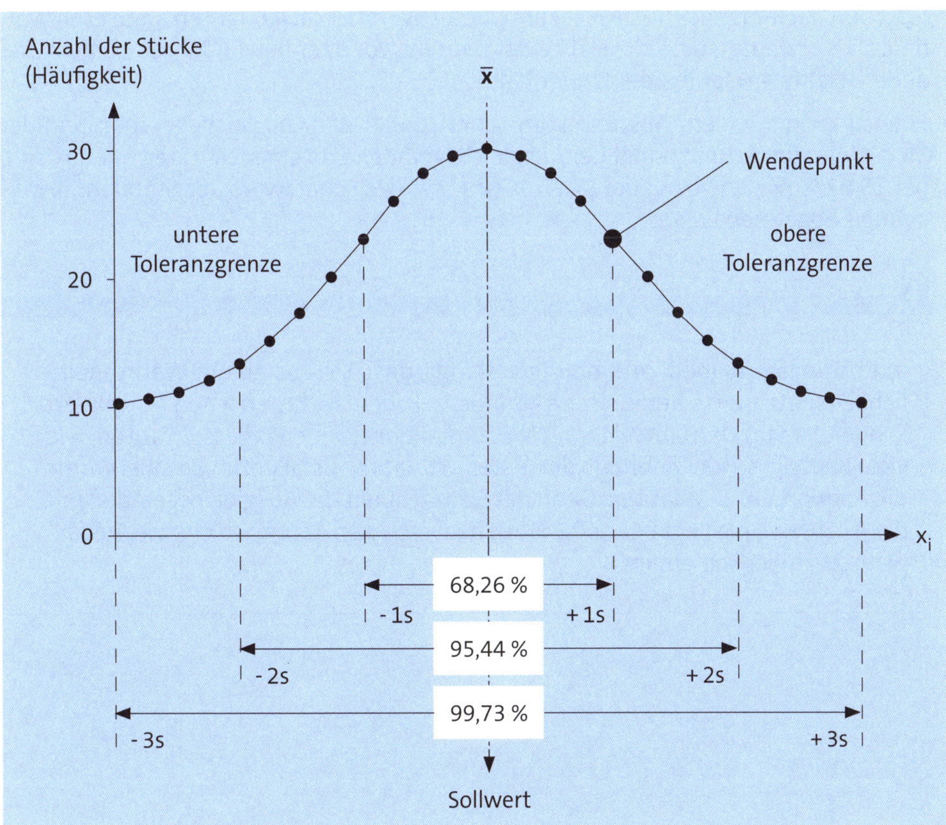

Diese Erkenntnis der Gauss'schen Normalverteilung (bei einer großen Anzahl von Untersuchungseinheiten) macht man sich bei der statistischen Qualitätskontrolle zu Nutze: Man zieht eine zufällig entnommene Stichprobe aus der produzierten Losgröße und schließt (vereinfacht gesagt) von der Zahl der „schlechten Stücke in der Stichprobe auf die Zahl der schlechten Stücke in der Grundgesamtheit" (gesamte Losgröße).

**Wahrscheinlichkeitsnetz**

Mit einem Wahrscheinlichkeitsnetz können die Daten eines statistischen Merkmals daraufhin untersucht werden, ob ihnen eine bestimmte Wahrscheinlichkeitsverteilung zugrunde liegt. Es ist mit einem Koordinatennetz versehen, in dem auf der y-Achse die Quantile (Lagemaße) der Verteilung in logarithmischer Form, dagegen auf der x-Achse die dazugehörigen Funktionswerte der Verteilung in linearisierter Form aufgetragen sind. Beim Eintragen der Wertepaare (Quantil, Verteilung) erhält man so eine Gerade.

- Falls die eingetragenen Messwerte annähernd auf einer Geraden liegen (wie im nachfolgenden Beispiel), so kann davon ausgegangen werden, dass die Messwerte näherungsweise normalverteilt sind.
- Es lässt sich aus dem Schnittpunkt der Ausgleichsgeraden mit der 50 %-Linie des Wahrscheinlichkeitsnetzes der Schätzwert für den arithmetischen Mittelwert $\overline{x}$ ablesen. Im nachfolgenden Beispiel kann dieser Wert bei ca. 4,6 Jahren abgelesen werden. Dies bedeutet, dass die Hälfte der Bauteile vor oder bei 4,6 Jahren ausfällt, die andere Hälfte 4,6 Jahre oder länger hält.
- Ebenso kann aus dem Abstand vom Schnittpunkt der Ausgleichsgeraden und der 50 %-Linie zum Schnittpunkt der Ausgleichsgeraden und einer eingezeichneten Linie bei 15,87 % ($\overline{x}$ - 1 s) bzw. bei 84,13 % ($\overline{x}$ + 1 s) der Schätzwert der Standardabweichung s abgelesen werden.

**INFO**

In Prüfungsaufgaben wird häufig verlangt, dass Sie aus einem Wahrscheinlichkeitsnetz Werte herauslesen können, z. B. den arithmetischen Mittelwert $\overline{x}$ oder die Standardabweichung s. Ebenso könnte eine Frage z. B. lauten, wie viele Bauteile schon innerhalb der ersten vier Jahre ausfallen. Im Beispiel würde die Antwort ca. 22 % lauten. Denn der Schnittpunkt der Ausgleichsgeraden mit der 4-Jahres-Linie liegt bei ca. 22 % auf der vertikalen Achse, welche die Ausfallwahrscheinlichkeit angibt.

## Wahrscheinlichkeitsnetz Normalverteilung

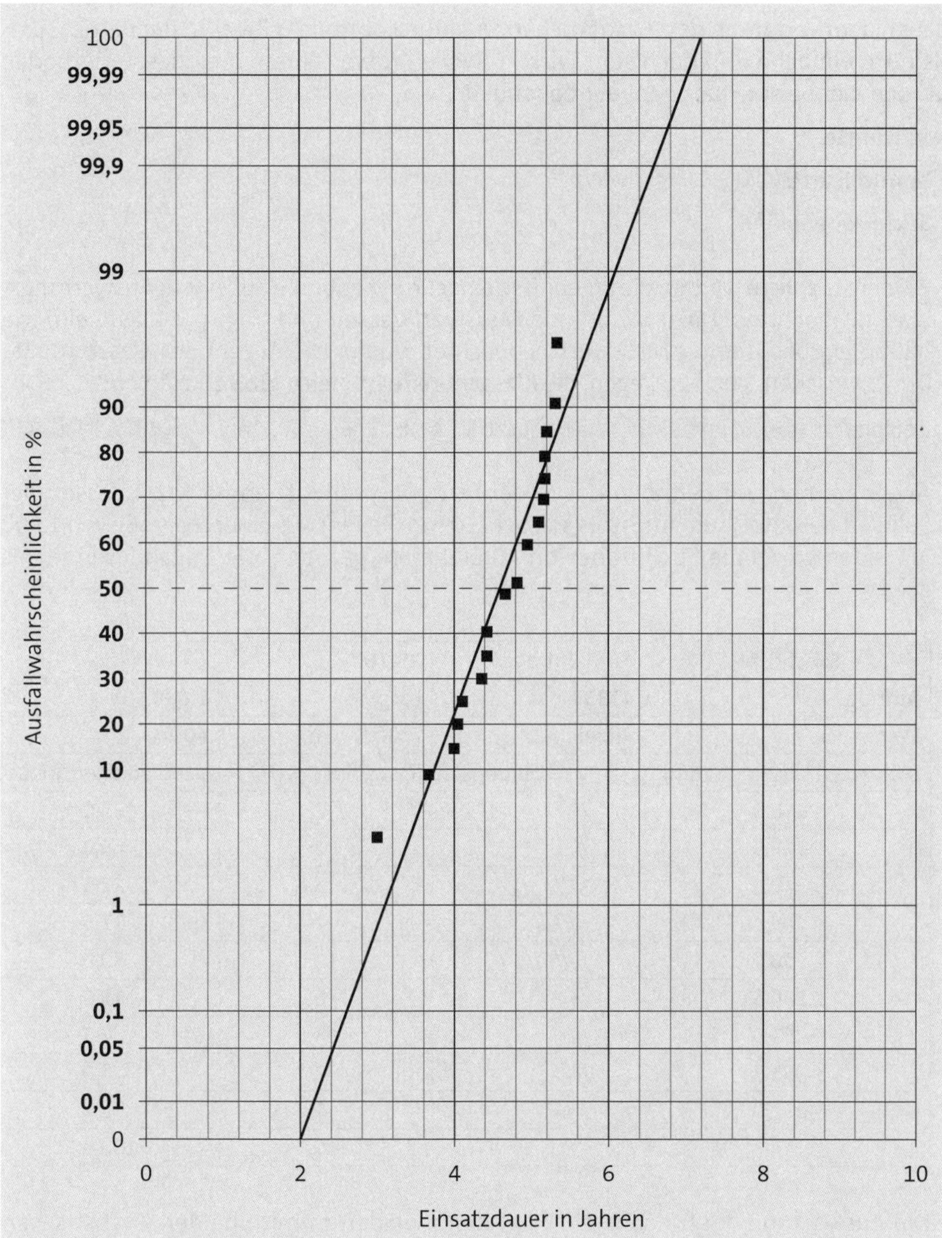

## 04. Welche (einfachen) Prüfmethoden werden außerdem in der Qualitätskontrolle eingesetzt?

Neben dem Verfahren der „Statistischen Qualitätskontrolle" gibt es in der Betriebspraxis noch einfache und doch sehr wirkungsvolle Prüfverfahren; drei dieser Methoden werden hier beispielhaft genauer behandelt:

- **Strichliste**
- **Kontrollkarte** (QRK)
- **Stichprobenpläne**.

- Bei der **Strichliste** werden die Ergebnisse einer Prüfstichprobe auf einem Auswertungsblatt festgehalten: Dazu bildet man **Messwertklassen** und trägt pro Klasse ein, wie häufig ein bestimmter Messwert beobachtet wurde. Die Anzahl der Klassen sollte i. d. R. zwischen 5 und 20 liegen; die **Klassenbreite ist gleich groß** zu wählen.

**Beispiel**

Angenommen, wir befinden uns in der Fertigung von Ritzeln für Kfz-Anlasser. Der Sollwert des Ritzeldurchmessers soll bei 250 mm liegen. Aus einer Losgröße von 1.000 Einheiten wird eine Stichprobe von 40 Einheiten gezogen, die folgendes Ergebnis zeigt:

| **Strichliste** | Aufnahme am: | **25.10.** | |
|---|---|---|---|
| Auftrag: | **47333** | Losgröße: | **1.000** |
| Werkstück: | **Ritzel** | Prüfmenge: | **40** |
| Messwertklassen (in mm) | Häufigkeiten, absolut | | Häufigkeiten, in % |
| ≤ 248,0 | // | 2 | 5,0 |
| ≤ 248,5 | // | 2 | 5,0 |
| ≤ 249,0 | ///// | 5 | 12,5 |
| ≤ 249,5 | ///// // | 7 | 17,5 |
| ≤ 250,0 | ///// ///// // | 12 | 30,0 |
| ≤ 250,5 | ///// / | 6 | 15,0 |
| ≤ 251,0 | /// | 3 | 7,5 |
| ≤ 251,5 | // | 2 | 5,0 |
| ≤ 252,0 | / | 1 | 2,5 |
| $\sum$ | | 40 | 100,0 |

Die Auswertung der Strichliste erfolgt dann wiederum mithilfe der „Statistischen Qualitätskontrolle" (vgl. Frage 03.).

- **Kontrollkarten** (auch: Qualitätsregelkarten QRK bzw. kurz: Regelkarten; auch: „Statistische Prozessregelung“) werden in der industriellen Fertigung dafür benutzt, die Ergebnisse aufeinanderfolgender Prüfstichproben festzuhalten. Durch die Verwendung von Kontrollkarten **lassen sich Veränderungen des Qualitätsstandards im Zeitablauf beobachten**; z. B. kann frühzeitig erkannt werden, ob Toleranzen bestimmte Grenzwerte über- oder unterschreiten. Es gibt eine Vielzahl unterschiedlicher Qualitätsregelkarten (je nach Prüfmerkmal, Qualitätsanforderung und Messtechnik). Häufige Verwendung finden sog. zweispurige QRK, die gleichzeitig einen Lageparameter (Mittelwert oder Median) und einen Streuungsparameter (z. B. Standardabweichung oder Range) anzeigen (sog. $\overline{x}$/s-Regelkarte bzw. $\overline{x}$/R-Regelkarte).

**Beispiel**

**Die nachfolgende Abbildung zeigt den Ausschnitt einer Kontrollkarte:**

1. Der **Fertigungsprozess ist sicher,** wenn die Prüfwerte innerhalb der oberen und unteren Warngrenze liegen.
2. Werden die **Warngrenzen** überschritten, ist der Prozess „nicht mehr sicher“, aber „fähig“.
3. Werden die **Eingriffgrenzen** erreicht, muss der Prozess wieder sicher gemacht werden (z. B. neues Werkzeug, Neujustierung, Fehlerquelle beheben).
4. Erfolgt beim Erreichen der Eingriffsgrenzen **keine Korrekturmaßnahme**, so ist damit zu rechnen, dass es zur Produktion von „Nicht-in-Ordnung-Teilen“ (**NIO-Teile**) kommt.

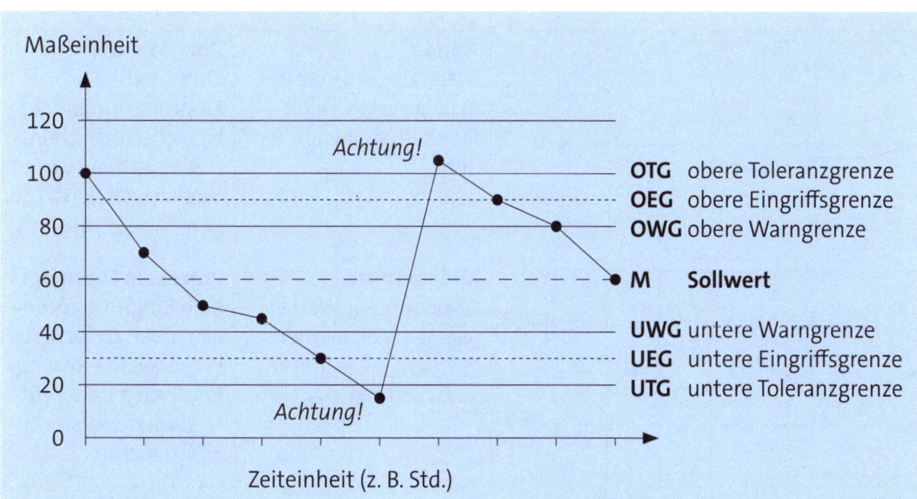

## 05. Wie sind Regelkarten zu interpretieren?

| **Prozessverlauf**<br>Grafische Darstellung | **Bezeichnung**<br>Erläuterung | **Bewertung**<br>Maßnahmen |
|---|---|---|
| 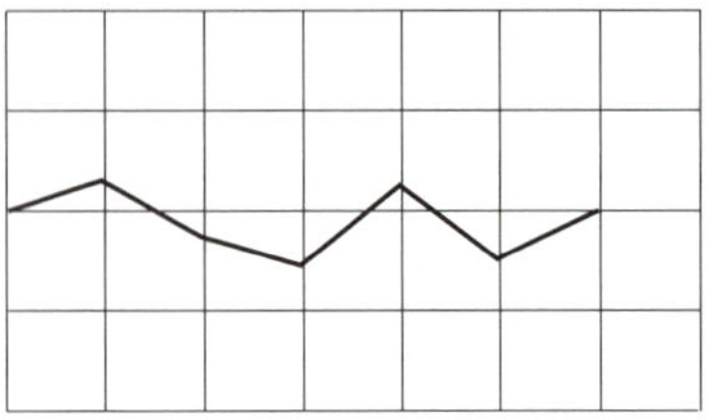 OEG<br>M<br>UEG | **Natürlicher Verlauf**<br>2/3 der Werte liegen innerhalb des Bereichs ± s; OEG bzw. UEG werden nicht überschritten. | **Prozess in Ordnung!**<br>Kein Eingriff erforderlich. |
| 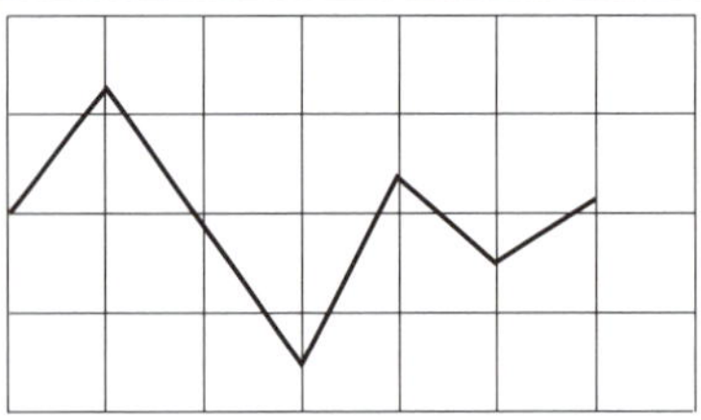 OEG<br>M<br>UEG | **Überschreiten der Grenzen**<br>Die obere und/oder untere Eingriffsgrenze ist überschritten. | **Prozess nicht in Ordnung!**<br>Eingriff erforderlich; Ursachen ermitteln. |
|  OEG<br>M<br>UEG | **Run**<br>Mehr als sechs Werte liegen in Folge über/unter M. | **Prozess noch in Ordnung!**<br>Verschärfte Kontrolle; Verlauf deutet auf systematischen Fehler hin, z. B. Werkzeugverschleiß. |
| 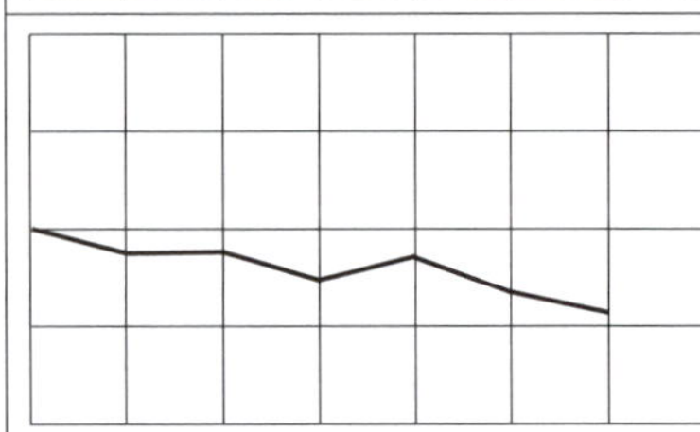 OEG<br>M<br>UEG | **Trend**<br>Mehr als sechs Werte in Folge zeigen eine fallende/steigende Tendenz. | **Prozess nicht in Ordnung!**<br>Eingriff erforderlich; Ursachen ermitteln, z. B. Verschleiß der Werkzeuge, Vorrichtungen, Messgeräte. |
| 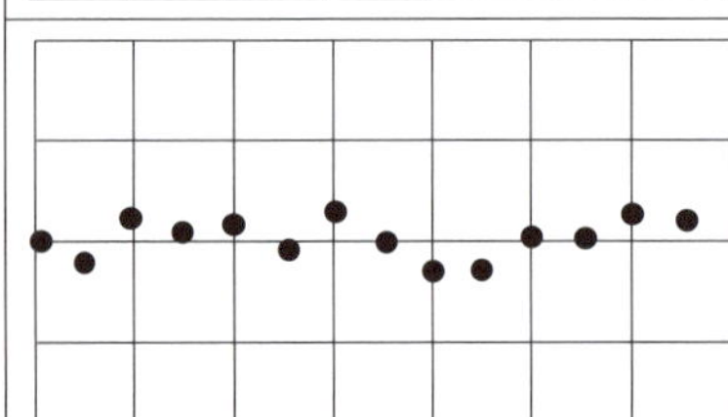 OEG<br>M<br>UEG | **Middle Third**<br>15 oder mehr Werte liegen in Folge innerhalb von ± s (= im mittleren Drittel). | **Prozess in Ordnung!**<br>Kein Eingriff erforderlich; aber: Ursachen für Prozessverbesserung ergründen bzw. Prüfergebnisse verstärkt kontrollieren. |
| 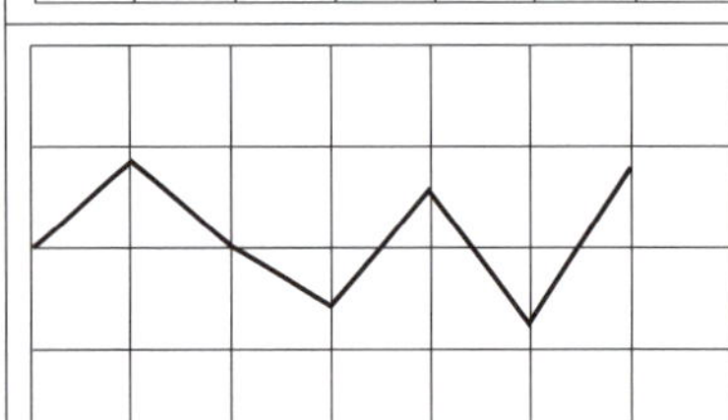 OEG<br>M<br>UEG | **Perioden**<br>Die Werte wechseln periodisch um den Wert M; es liegen mehr als 2/3 der Werte außerhalb des mittleren Drittels zwischen OEG und UEG. | **Prozess nicht in Ordnung!**<br>Eingriff erforderlich; es ist ein systematischer Fehler zu vermuten. |

## 06. Wie wird der Fehleranteil im Prüflos und in der Grundgesamtheit berechnet?

Aus einem Losumfang (Grundgesamtheit) von N wird eine hinreichend große Stichprobe mit dem Umfang n zufällig entnommen. Man erhält in der Stichprobe $n_f$ fehlerhafte Stücke (= Überschreitung des zulässigen Toleranzbereichs):

- Der **Anteil der fehlerhaften Stücke $\Delta x_f$ der Stichprobe** ist

$$\Delta x_f = \frac{n_f}{n} \quad \text{oder in Prozent:} \quad = \frac{n_f}{n} \cdot 100$$

**Beispiel**

Es werden aus einem Losumfang von 4.000 Wellen 10 % überprüft. Die Messung ergibt 20 unbrauchbare Teile.

Es ergibt sich bei n = 400 und $n_f$ = 20

$$\Delta x_f = \frac{n_f}{n} = \frac{20}{400} = 0{,}05 \text{ bzw. } 5\,\%$$

Bei hinreichend großem Stichprobenumfang und zufällig entnommenen Messwerten kann angenommen werden, dass der Anteil der fehlerhaften Stücke in der Grundgesamtheit $N_f$ wahrscheinlich dem Anteil in der Stichprobe entspricht (Schluss von der Stichprobe auf die Grundgesamtheit); es wird also gleichgesetzt:

$$\frac{n_f}{n} \cdot 100 = \frac{N_f}{N} \cdot 100$$

Das heißt, es kann angenommen werden, dass die Zahl der fehlerhaften Wellen in der Grundgesamtheit 200 Stück beträgt (5 % von 4.000).

- Bezeichnet man die Anzahl der fehlerhaften Stücke als „NIO-Teile“ (= „Nicht-in-Ordnung-Teile“) so lässt sich in Worten folgender Schluss von der Stichprobe auf die Grundgesamtheit formulieren:

$$\frac{\text{NIO-Teile der Stichprobe } (\bar{x})}{\text{Stichprobenumfang } (n)} \rightarrow \frac{\text{NIO-Teile der Grundgesamtheit } (\mu)}{\text{Losumfang } (N)}$$

**Beispiel**

$$\frac{\overline{x}}{n} = \frac{\mu}{N}$$

$$\mu = \frac{\overline{x}}{\frac{n}{N}} = \frac{\overline{x} \cdot N}{n} = \frac{20}{\frac{400}{4.000}} = \frac{20 \cdot 4.000}{400} = 200$$

## 07. Was bezeichnet man als „Maschinenfähigkeit" bzw. „Prozessfähigkeit" und mit welchen Kennwerten werden sie beschrieben?

- Die „Fähigkeit" C einer Maschine/eines Prozesses ist ein Maß für die Güte – bezogen auf die Spezifikationsgrenzen. Eine Maschine/ein Prozess wird demnach als „fähig" bezeichnet, wenn die Einzelergebnisse **innerhalb der Spezifikationsgrenzen** liegen.

  C = **Streuungskennwert**

- Eine Maschine/ein Prozess wird als „beherrscht" bezeichnet, wenn die Ergebnismittelwerte in der Mittellage liegen.

  $C_k$ = **Lagekennwert**

In der Praxis wird nicht immer zwischen Kennwerten der Streuung und der Beherrschung unterschieden; man verwendet meist generell den Ausdruck „Fähigkeitskennwert" und unterscheidet durch den Index m bzw. p Maschinen- bzw. Prozessfähigkeiten sowie durch den Zusatz k die Kennzeichnung der Lage.

- Die Untersuchung der **Maschinenfähigkeit** $C_m$, $C_{mk}$ ist eine Kurzzeituntersuchung.
- Die Untersuchung der **Prozessfähigkeit** $C_p$, $C_{pk}$ ist eine Langzeituntersuchung.
- Beide Untersuchungen verwenden die gleichen Berechnungsformeln; es werden jedoch andere Formelzeichen verwendet; es gilt:

| | **Maschinenfähigkeit, MFU** | **Prozessfähigkeit, PFU** |
|---|---|---|
| **Ziel** | Erfassung des **kurzzeitigen** Streuverhaltens/des Bearbeitungsergebnisses einer Fertigungsmaschine **unter gleichen Randbedingungen** | Erfassung des **langfristigen** Streuverhaltens-/des Bearbeitungsergebnisses einer Fertigungsmaschine **unter realen Prozessbedingungen** |

| | **Maschinenfähigkeit, MFU** | | **Prozessfähigkeit, PFU** | |
|---|---|---|---|---|
| **Rahmenbedingungen** | ► betriebswarme Maschine<br>► eine Rohteilcharge<br>► keine oder minimierte Einflüsse<br>► Abnahme i. d. R. beim Maschinenhersteller | | ► reale Prozessbedingungen<br>► reales Umfeld<br>► Abnahme beim Maschinenhersteller gefordert und vor Ort verifiziert | |
| **Vorgehensweise** | ► 50 Teile hintereinander gefertigt<br>► Teile beschriften und sichern<br>► Merkmale messen und auswerten<br>► Fähigkeitindizes bestimmen | | ► über einen definierten Zeitraum sind ca. 25 Stichproben zu je 5 Teilen zu entnehmen<br>► Teile beschriften und sichern<br>► Merkmale messen<br>► evtl. Störeinflüsse in der Regelkarte eintragen<br>► Fähigkeitindizes bestimmen | |
| **Typische Grenzwerte** | **Streuung, $C_m$** | **Lage, $C_{mk}$** | **Streuung, $C_p$** | **Lage, $C_{pk}$** |
| | **$C_m \geq 2{,}00$** | **$C_{mk} \geq 1{,}66$** | **$C_p \geq 1{,}33$** | **$C_{pk} \geq 1{,}33$** |

ACHTUNG

Einige Tabellenwerke enthalten zum Teil veraltete Grenzwerte!

**Beispiel**

**Anschauungsbeispiel**
zur Unterscheidung des Streuungskennwertes $C_m$, $C_p$ und des Lagekennwertes $C_{mk}$, $C_{pk}$:

Die Breite eines Garagentores sei stellvertretend für geforderte Toleranz: T = OTG - UTG. Die Breite des Pkws soll die Standardabweichung s darstellen; die gefahrene Spur des Pkws entspricht dem Mittelwert $\overline{x}$.

- **Beurteilung der Streuung/Fähigkeit des Prozesses:**
  Je kleiner s im Verhältnis zu T ist, desto größer wird der Fähigkeitskennwert C.

  Beispiel: *„Bei C = 1 muss der Pkw sehr genau in die Garage gefahren werden, wenn keine Schrammen entstehen sollen.“*

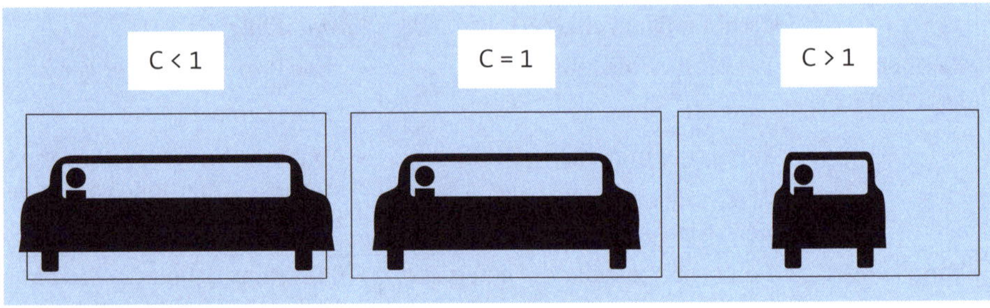


- **Beurteilung der Qualitätslage/Beherrschung des Prozesses:**
  Ist der Mittelwert $\overline{x}$ optimal (Spur des Pkws), so ist $C = C_k$; bei einer Verschiebung des Mittelwertes (in Richtung OTG bzw. UTG) wird $C_k$ kleiner, man läuft also Gefahr, die linke oder rechte Seite des Garagentores zu berühren.

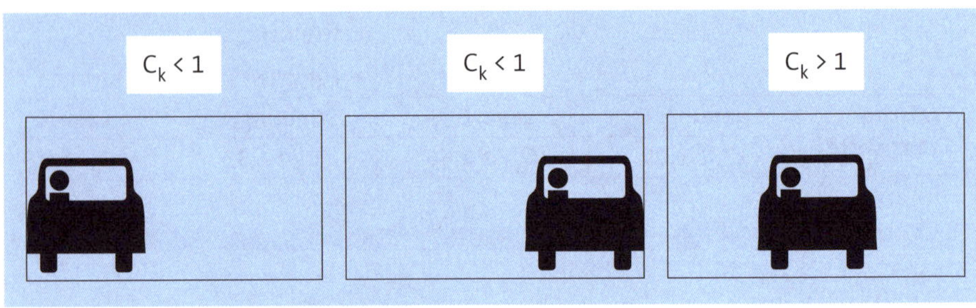


## 08. Welchen Voraussetzungen müssen für die Ermittlung von Fähigkeitskennwerten vorliegen?

Die Merkmalswerte müssen **normalverteilt** sein. Der Prozess muss demnach **frei von systematischen Fehlern** sein; Schwankungen in den Messergebnissen sind also **nur noch zufallsbedingt**.

Häufig hat man heute durch die stetig anwachsende Komplexität der Prozesse und Maschinen nicht unbedingt normalverteilte Prozesse. Um trotzdem die C-Kennzahlen berechnen zu können wird überwiegend eine Statistik-Software verwendet.

## 09. Wie werden Fähigkeitswerte ermittelt?

1. **Mittelwert** $\overline{x}$ und **Standardabweichung** s der Stichprobe werden berechnet.
2. Der **Toleranzbereich** T (= OTG - UTG) wird ermittelt; er ist der Bauteilzeichnung zu entnehmen.

3. Der **Streuungskennwert** $C_m$ bzw. $C_p$ wird berechnet, indem der Toleranzwert T durch die 6-fache Standardabweichung (+/- 3s, also 6s) dividiert wird. Dies ergibt sich aus der Forderung, dass mit 99,73%iger Wahrscheinlichkeit die Stichprobenteile innerhalb der geforderten Toleranzgrenzen liegen sollen.

$$C_m = \frac{T}{6s} = \frac{OTG - UTG}{6s}$$

bzw.

$$C_p = \frac{T}{6s}$$

4. Der **Lagekennwert** $C_{mk}$ bzw. $C_{pk}$ wird berechnet, indem $Z_{krit}$ durch die 3-fache Standardabweichung s dividiert wird:

$$C_{mk} = \frac{Z_{krit}}{3s}$$

bzw.

$$C_{pk} = \frac{Z_{krit}}{3s}$$

Dabei ist $Z_{krit}$ der kleinste Abstand zwischen dem Mittelwert und der oberen bzw. unteren Toleranzgrenze; d. h. es gilt:

$$Z_{krit} = \min(OTG - \bar{x}; \bar{x} - UTG)!$$

also:

$$Z_{krit} = OTG - \bar{x}$$

bzw.

$$Z_{krit} = \bar{x} - UTG$$

## 10. Welche Grenzwerte gelten für Fähigkeitskennzahlen?

In der Industrie – insbesondere in der Automobilindustrie – gelten bei der Beurteilung der Fähigkeitskennzahlen folgende Grenzwerte:

| **Maschinenfähigkeit, MFU** | | **Prozessfähigkeit, PFU** | |
|---|---|---|---|
| Erfassung des **kurzzeitigen** Streuverhaltens/ des Bearbeitungsergebnisses einer Fertigungsmaschine **unter gleichen Randbedingungen** | | Erfassung des **langfristigen** Streuverhaltens-/ des Bearbeitungsergebnisses einer Fertigungsmaschine **unter realen Prozessbedingungen** | |
| **Streuung, $C_m$** | **Lage, $C_{mk}$** | **Streuung, $C_p$** | **Lage, $C_{pk}$** |
| $C_m \geq 2{,}00$ | $C_{mk} \geq 1{,}67$ | $C_p \geq 1{,}33$ | $C_{pk} \geq 1{,}33$ |

**ACHTUNG**

Einige Tabellenwerke enthalten zum Teil veraltete Grenzwerte! Es werden hier die aktuell gültigen Grenzwerte der Automobilindustrie verwendet.

### Beispiele

**Beispiel 1**

Die Stichprobe aus einem Los von Stahlteilen ergibt eine mittlere Zugfestigkeit von $\bar{x} = 400\ N/mm^2$ und eine Standardabweichung von $s = 14\ N/mm^2$. Es ist eine Toleranz von $160\ N/mm^2$ vorgegeben. Zu ermitteln ist, ob die eingesetzte Maschine „fähig" ist; dazu ist der Maschinenfähigkeitskennwert $C_m$ zu berechnen:

$$C_m = \frac{T}{6s} = \frac{160\ N/mm^2}{6 \cdot 14\ N/mm^2} = 1{,}9048$$

Die Maschine ist nicht fähig, da $C_m < 2{,}00$

**Beispiel 2**

Für ein Fertigungsmaß gilt: $100 \pm 0{,}1 \quad \rightarrow T = 0{,}2$

Aus der Stichprobe ist bekannt: $s = 0{,}015$, $\bar{x} = 99{,}92$

Zu ermitteln sind $C_m$, $C_{mk}$:

$$C_m = \frac{T}{6s} = \frac{0{,}2}{0{,}09} = 2{,}22$$

Da $C_m \geq 2{,}0$ gilt: Die Maschine ist fähig; die Streuung liegt innerhalb der Toleranzgrenzen.

$$C_{mk} = \frac{Z_{krit}}{3s}$$

$$OTG - \bar{x} = 100{,}1 - 99{,}92 = 0{,}18$$

$$\bar{x} - MTG = 99{,}92 - 99{,}9 = 0{,}02$$

$$Z_{krit} = \min(OTG - \bar{x};\ \bar{x} - MTG)$$

$$\rightarrow Z_{krit} = 0{,}02$$

$$= \frac{0{,}02}{0{,}045}$$

$$= 0{,}44$$

Da $C_{mk}$ < 1,66 gilt: Die Maschine ist nicht beherrscht; die Qualitätslage ist zu weit vom Mittelwert versetzt; die Einstellung der Maschine muss korrigiert werden.

## 11. Wie wird eine Annahme-Stichprobenprüfung durchgeführt?

**Stichprobenpläne** werden sehr häufig eingesetzt, wenn fremd beschaffte Teile geprüft werden. Der Stichprobenplan wird üblicherweise zwischen Käufer und Verkäufer **fest vereinbart. Dazu werden drei Größen eindeutig festgelegt:**

| Festlegung von drei Kenngrößen im Stichprobenplan | | |
|---|---|---|
| **Losgröße (N)** | **Stichprobengröße (n)** | **Annahmezahl (c)** |
| bis 150 | 13 | 0 |
| 151 bis 1.200 | 50 | 1 |
| 1.201 bis 3.200 | 80 | 2 |
| 3.201 bis 10.000 | 125 | 3 |
| usw. | usw. | usw. |

Solange die Annahmezahl c ≤ dem angegebenen Grenzwert ist, wird die Lieferung angenommen. Man spricht davon, dass die Lieferung die „Annehmbare Qualitätslage“ (AQL = Acceptable Quality Level) erfüllt. Zum Beispiel dürfen bei einer Lieferung von 2.000 Einheiten maximal zwei fehlerhafte Einheiten in der Stichprobe mit n = 80 sein (vgl. Tabelle oben).

In der Praxis werden sog. **Leittabellen** verwendet, die entsprechende Stichprobenanweisungen enthalten; die relevanten Parameter sind: Losgröße N, Prüfschärfe (normal/verschärft), Annahmezahl c, Rückweisezahl d, AQL-Wert (z. B. 0,40).

## Beispiele

### Beispiel 1

Das Unternehmen erhält regelmäßig Bauteile in Lösgrößen von N = 250. Mit dem Lieferanten wurde eine Annahme-Stichprobenprüfung als Einfach-Stichprobe bei Prüfniveau II und einem AQL-Wert von 0,40 vereinbart (vgl. DIN ISO 2859-1).

1. **Ermittlung des Kennbuchstabens für den Stichprobenumfang;** nachfolgend ist ein Ausschnitt aus Tabelle I dargestellt:

| Losumfang N | | | Besondere Prüfniveaus | | | | Allgemeine Prüfniveaus | | |
|---|---|---|---|---|---|---|---|---|---|
| | | | S-1 | S-2 | S-3 | S-4 | I | II | III |
| ... | ... | ... | | | | | | | |
| 51 | bis | 90 | B | B | C | C | C | E | F |
| 91 | bis | 150 | B | B | C | D | D | F | G |
| 151 | bis | 280 | B | C | D | E | E | **G** | H |
| 281 | bis | 500 | B | C | D | E | F | H | J |
| 501 | bis | 1200 | C | C | E | F | G | J | K |
| ... | ... | ... | | | | | | | |

**DIN ISO 2859-1**

Für einen Losumfang von N = 250 und einem allgemeinen Prüfniveau II wird der Kennbuchstabe G ermittelt.

2. **Ermittlung des Stichprobenumfangs n und der Annahmezahl c** bei AQL 0,40 aus Tabelle II-A (Einfach-Stichproben für normale Prüfung; vgl. unten, Ausschnitt aus der Leittabelle):

**Tabelle II-A Einfachstichprobenanweisung für normale Prüfung**

| Kenn-buch-stabe | n | Annehmbare Qualitätsgrenzlage (normale Prüfung) AQL | | | | | | | | | |
|---|---|---|---|---|---|---|---|---|---|---|---|
| ... | ... | ... | 0,10 | 0,15 | 0,25 | 0,40 | 0,65 | 1,00 | 1,50 | 2,50 | ... |
| ... | ... | ... | c d | c d | c d | c d | c d | c d | c d | c d | ... |
| ... | ... | ... | ... | ... | ... | ... | ... | ... | ... | ... | ... |
| D | 8 | ... | | | | | | ↓ | 0 1 | ↑ | ... |
| E | 13 | ... | | | | | ↓ | 0 1 | ↑ | ↓ | ... |
| F | 20 | ... | | | | ↓ | 0 1 | ↑ | ↓ | 1 2 | ... |
| G | 32 | ... | | | ↓ | **0 1** | ↑ | ↓ | 1 2 | 2 3 | ... |
| H | 50 | ... | | ↓ | 0 1 | ↑ | ↓ | 1 2 | 2 3 | 3 4 | ... |
| J | 80 | ... | ↓ | 0 1 | ↑ | ↓ | 1 2 | 2 3 | 3 4 | 5 6 | ... |
| ... | ... | ... | ... | ... | ... | ... | ... | ... | ... | ... | ... |

**DIN ISO 2859-1**

Ergebnis:
Bei G/Tabelle II-A ist n = 32, c = 0 und d = 1.

Das ergibt die Prüfanweisung: Bei regelmäßigen Losgrößen von N = 250, Prüfniveau II und normaler Prüfung darf die Stichprobe vom Umfang n = 32 keine fehlerhaften Teile enthalten; ist c ≥ 1, wird die Lieferung zurückgewiesen.

**Beispiel 2**
Es wird für den o. g. Sachverhalt unterstellt, dass die achte und neunte Lieferung zurückgewiesen werden muss, da c ≥ 1. Die zehnte Lieferung ist verschärft zu prüfen. Wie verändert sich unter diesen Bedingungen die Prüfanweisung?

Es wird Tabelle II-B herangezogen (verschärfte Prüfung):

**Tabelle II-B Einfachstichprobenanweisung für verschärfte Prüfung**

| Kern-buch-stabe | n | Annehmbare Qualitätsgrenzlage (normale Prüfung) AQL | | | | | | | | | |
|---|---|---|---|---|---|---|---|---|---|---|---|
| ... | ... | ... | 0,10 | 0,15 | 0,25 | 0,40 | 0,65 | 1,00 | 1,50 | 2,50 | ... |
| ... | ... | ... | c d | c d | c d | c d | c d | c d | c d | c d | ... |
| ... | ... | ... | ... | ... | ... | ... | ... | ... | ... | ... | ... |
| D | 8 | ... | | | | | | | ↓ | 0 1 | ... |
| E | 13 | ... | | | | | | ↓ | 0 1 | | ... |
| F | 20 | ... | | | | | ↓ | 0 1 | | ↓ | ... |
| G | 32 | ... | | | | ↓ | 0 1 | | ↓ | 1 2 | ... |
| H | 50 | ... | | | ↓ | **0 1** | | ↓ | 1 2 | 2 3 | ... |
| J | 80 | ... | ↓ | ↓ | 0 1 | ↓ | ↓ | 1 2 | 2 3 | 3 4 | ... |
| ... | ... | ... | ... | ... | ... | ... | ... | ... | ... | ... | ... |

**DIN ISO 2859-1**

Ergebnis:
Der Stichprobenumfang muss von n = 32 auf n = 50 erhöht werden; die Tabelle II-B zeigt: c = 0 und d ≥ 1, d. h. die Stichprobe bei verschärfter Prüfung vom Umfang n = 50 darf keine fehlerhaften Teile enthalten.

## Klausurtypische Aufgaben

Die neue Rechtsverordnung „Geprüfter Industriemeister/Geprüfte Industriemeisterin" vom 12. Dezember 1997 (geändert durch Verordnung vom Juli 2010) sieht für die schriftliche Prüfung im **Prüfungsteil Fachrichtungsübergreifende Basisqualifikationen** je eine Aufsichtsarbeit (Klausur) in folgenden Fächern vor:

1. Rechtsbewusstes Handeln
2. Betriebswirtschaftliches Handeln
3. Anwendung von Methoden der Information, Kommunikation und Planung
4. Zusammenarbeit im Betrieb
5. Berücksichtigung naturwissenschaftlicher und technischer Gesetzmäßigkeiten.

Ab S. 843 finden Sie eine Musterprüfung für jedes Fach (mit Lösungen ab S. 1041).

# 1. Prüfungsfach: Rechtsbewusstes Handeln

## 1.1 Arbeitsrechtliche Vorschriften und Bestimmungen bei der Gestaltung individueller Arbeitsverhältnisse und bei Fehlverhalten von Mitarbeitern

### Aufgabe 1: Rechtsgrundlagen des Arbeitsvertrages

Nennen Sie sechs Rechtsgrundlagen, die bei der Gestaltung von Arbeitsverträgen zu berücksichtigen sind.

**Lösung s. Seite 863**

### Aufgabe 2: Arbeitsvertrag und Formvorschriften

a) Ist die Wirksamkeit eines Arbeitsvertrages an eine bestimmte Form gebunden?

Nennen Sie die generelle Regelung und vier Ausnahmen.

b) Welche Inhalte muss ein Arbeitsvertrag haben?

**Lösung s. Seite 863**

### Aufgabe 3: Anfechtung des Arbeitsvertrages, Elternzeit, Mutterschutz

a) Die Schwangere Luise Herrlich verschweigt auf Befragen des Arbeitgebers ihre Schwangerschaft im Rahmen des Einstellungsgesprächs. Man schließt einen Arbeitsvertrag. Als der Arbeitgeber nach einem Monat von der Schwangerschaft erfährt, ficht er den Arbeitsvertrag an und beruft sich auf § 123 BGB. Zu Recht?

b) Heinrich muss vier Wochen nach Arbeitsantritt eine längere Haftstrafe antreten, von der er bei der Einstellung wusste, aber nicht danach gefragt wurde. Was kann der Arbeitgeber tun?

c) Sein Kollege Huber beantragt Elternzeit wegen der Geburt seines Kindes. Kann der Arbeitgeber kündigen?

**Lösung s. Seite 864**

### Aufgabe 4: Mängel des Arbeitsvertrages

Mit welchen rechtlichen Mängeln kann ein vereinbarter Arbeitsvertrag ggf. behaftet sein? Geben Sie drei Beispiele.

**Lösung s. Seite 865**

### Aufgabe 5: Abmahnung

a) Die Mitarbeiterin Frau Ortrud Spät, Abt. PLM, Personalnummer 34008 hat eine Regelarbeitszeit von 8:00 - 16:30 Uhr täglich. Im Oktober diesen Jahres kam sie an mehreren Tagen zu spät und wurde deshalb von ihrem Vorgesetzten, Herrn Huber, am 03.11. mündlich ermahnt. Trotzdem kommt Frau Ortrud Spät auch im November unpünktlich zur Arbeit. Die elektronische Zeiterfassung weist folgende Zeiten des Arbeitsbeginns aus:

8:07 Uhr am 02.11.
8:18 Uhr am 09.11
8:22 Uhr am 11.11.
8:13 Uhr am 13.11.
8:09 Uhr am 16.11.

Herr Huber führt am 17.11. erneut ein Gespräch mit Ortrud Spät. Sie erklärt, dass sie an den genannten Tagen leider verschlafen hätte. Huber teilt ihr mit, dass das Folgen haben werde und bittet Sie eine Abmahnung zu verfassen. Außerdem möchte er bei dieser Gelegenheit gleich einmal wissen, was denn eine rechtlich einwandfreie Abmahnung enthalten müsse.

b) Welche Möglichkeiten hat ein Arbeitnehmer, gegen eine ungerechtfertigte Abmahnung vorzugehen?

**Lösung s. Seite 865**

## Aufgabe 6: Arbeitsordnung, Arbeitsunfähigkeitsbescheinigung (AU-Bescheinigung)

a) Nennen Sie sechs typische Inhalte einer Arbeitsordnung.

b) Die Geschäftsleitung ist verärgert, da ihr der Krankenstand zu hoch erscheint. In einem Rundschreiben teilt sie mit, dass ab sofort jeder Mitarbeiter seine AU-Bescheinigung bereits am ersten Tage der Erkrankung nachzuweisen habe. Zu Recht?

**Lösung s. Seite 866**

## Aufgabe 7: Direktionsrecht (Weisungsrecht)

Nenne Sie sechs Sachverhalte, die der Arbeitgeber aufgrund seines Direktionsrechts inhaltlich näher bestimmen kann.

**Lösung s. Seite 867**

## Aufgabe 8: Urlaub

a) A hat mit seinem Arbeitgeber im Arbeitsvertrag einen Jahresurlaub von 21 Werktagen vereinbart, der Tarifvertrag sieht 25 Werktage vor, während in der Betriebsvereinbarung 28 Werktage geregelt sind. Welchen Urlaubsanspruch hat A?

b) Martin und Kemer (beide sind Montagehilfsarbeiter und ledig) wollen gleichzeitig in der 1. und 2. Juni-Woche nach Lanzarote fliegen. Der Meister ordnet an, dass nur einer der beiden in Urlaub gehen kann und begründet dies mit der schwachen Personaldecke im Sommer.

Zu Recht? (Ein Betriebsrat existiert nicht.)

c) Wie ist die Frage b) zu beantworten, wenn das Unternehmen einen Betriebsrat hat?

d) Nachdem der Streit beigelegt ist, bucht Kemer seinen Urlaub nach Lanzarote (1. und 2. Juni-Woche) und Martin leistet eine Anzahlung für eine Segeltour auf der Mecklenburgischen Seenplatte Ende Juni. Im Mai erfasst eine schwere Grippe-Welle das

Unternehmen und führt in der Montage zu einer hohen Anzahl von Erkrankungen. Der Sonderauftrag des Großkunden Horezky ist gefährdet. Der Meister teilt daher Martin und Kemer mit, dass sie ihren Urlaub verlegen müssen – voraussichtlich auf Ende Juli. Wie ist die Rechtslage?

e) N kündigt sein seit mehreren Jahren bestehendes Arbeitsverhältnis zum 31.05. des Jahres. Der Arbeitsvertrag enthält keine Angaben zur Höhe des Urlaubs. Ermitteln Sie den Urlaubsanspruch und nennen Sie die Rechtsgrundlage. Wie ist die Frage zu beantworten, wenn N. zum 31.08. ausscheidet?

f) Unterscheiden Sie das Urlaubsgeld vom Urlaubsentgelt.

g) Der Student hat eine Aushilfstätigkeit von drei Monaten. Die Arbeitszeit ist von Montag bis Samstag. Wie hoch ist der Urlaubsanspruch?

**Lösung s. Seite 867**

## Aufgabe 9: Entgeltfortzahlung

a) Luise Herbst ist bei der Stahl GmbH mit 10 Stunden pro Woche bei einem Stundenlohn von 15 € beschäftigt. Im letzten Monat war sie an zwei Arbeitstagen arbeitsunfähig erkrankt. Die Bescheinigung des behandelnden Arztes liegt dem Arbeitgeber vor. Luise Herbst verlangt Fortzahlung des Entgelts für die Zeit der Arbeitsunfähigkeit.

   Die Stahl GmbH lehnt ihre Forderung ab mit dem Hinweis, dass für geringfügig Beschäftigte keine Entgeltfortzahlung zu leisten sei. Beurteilen Sie die Rechtslage.

b) Ihr Kollege Hans B. Kerner ist Montagehilfsarbeiter und erkrankt im April für drei Wochen an einer Magen-Darm-Grippe mit üblen Begleiterscheinungen. In der zweiten Mai-Woche kommt er wieder zur Arbeit – noch etwas wackelig auf den Beinen. Leider hat er seine AU-Bescheinigung für die erste Mai-Woche „verschlampt" – wie er sich ausdrückt. Erst im Juni findet Hans B. Kerner die zerknitterte AU-Bescheinigung zu Hause im Rahmen einer groß angelegten Aufräumaktion und reicht sie beim Arbeitgeber nach.

   Hat Hans B. Kerner für die erste Mai-Woche Anspruch auf Fortzahlung des Entgelts?

c) Wie ist der Fall in Frage b) zu beantworten, wenn die Wohnung von Hans B. Kerner infolge einer defekten Elektroinstallation des Vermieters ausbrennt und dabei die AU-Bescheinigung verloren geht?

d) Am 27.06. überfällt Hans B. Kerner während der Arbeitszeit eine plötzliche Übelkeit. Er meldet sich beim Meister ab und ist für zwei Stunden bei seiner Hausärztin Frau Dr. Grausam. Hat er Anspruch auf Fortzahlung des Entgelts?

e) Die Studentin Martina Hellwig ist im Juli für sechs Wochen als Aushilfe in der Packerei angestellt. Nach fünf Tagen ihrer Arbeitstätigkeit verstaucht sie sich den Hüftknochen aufgrund eines übermäßig langen Disco-Besuchs und verlangt Entgeltfortzahlung. Zu Recht?

**Lösung s. Seite 868**

## Aufgabe 10: Beendigung des Arbeitsverhältnisses

a) Nennen Sie fünf Gründe, aus denen das Arbeitsverhältnis endet.

b) Nennen Sie fünf Pflichten des Arbeitgebers bei der Beendigung von Arbeitsverhältnissen.

**Lösung s. Seite 868**

## Aufgabe 11: Aufhebungsvertrag

a) Entwerfen Sie ein Muster für einen Aufhebungsvertrag.

b) Nennen Sie zwei Vorteile eines Aufhebungsvertrages aus der Sicht des Arbeitgebers.

**Lösung s. Seite 869**

## Aufgabe 12: Kündigungsschutz, soziale Auswahl

a) Der Arbeitgeber kündigt dem langjährig beschäftigten Schwerbehinderten Karl Kaufmann am 08.02. zum 31.02. aus betrieblichen Gründen. Ist die Kündigung wirksam?

b) Was können wichtige Gründe für eine fristlose (außerordentliche) Kündigung durch den Arbeitgeber sein? Nennen Sie vier Beispiele.

c) Welche Kündigungsarten kennen Sie?

d) Geben Sie einen Überblick über die Kündigungsfristen bei ordentlicher Kündigung.

e) Ein Lagerhilfsarbeiter wird am 02.02. d. J. eingestellt. Am 24.06. wird ihm zum 08.07. gekündigt. Der Arbeiter pocht auf das Kündigungsschutzgesetz. Mit Recht?

f) Stellen Sie den Ablauf dar, der bei einer ordentlichen Kündigung zur Beendigung eines Arbeitsverhältnisses führen kann.

g) Der Metall GmbH in Wegberg, die Rasenmäher für den einfachen und gehobenen Bedarf fertigt, geht es wirtschaftlich schlecht: Aufgrund der Ansiedlung eines Wettbewerbers aus Thüringen hat der Absatz des Typs „Elegance“ hohe Einbußen hinnehmen müssen. Die Geschäftsleitung hat mit dem Betriebsrat verhandelt und erreicht, dass ein betriebsbedingter Personalabbau in der Fertigung um drei Mitarbeiter realisiert werden kann. Eine Weiterbeschäftigung an anderer Stelle im Betrieb ist nicht möglich. Der Betriebsleiter übergibt Ihnen folgende Personalliste und bittet Sie, die drei infrage kommenden Mitarbeiter zu notieren und dabei gleich die entsprechende Kündigungsfrist zu vermerken (die Standardverträge der Metall GmbH sehen eine einheitliche Kündigungsfrist von vier Wochen zum 15. oder zum Ende des Monats vor):

| Mitarbeiter/in | Alter (Jahre) | Betriebszugehörigkeit (Jahre) | Qualifikation | Vermerke |
|---|---|---|---|---|
| Louise Mertens | 19 | 1 | Facharbeiterin | ledig |
| Rainer Gropp | 45 | 8 | Facharbeiter | schwerbehindert |
| Gerd Grausam | 26 | 4 | Facharbeiter | verheiratet, 3 Kinder |

| Mitarbeiter/in | Alter (Jahre) | Betriebszugehörigkeit (Jahre) | Qualifikation | Vermerke |
|---|---|---|---|---|
| Martina Herrlich | 28 | 1 | angelernt | schwanger |
| Georg Huber | 39 | 5 | Facharbeiter | verheiratet, 1 Kind |
| Jens Kern | 35 | 4 | Einrichter für NC-Technik | verheiratet |
| Hans B. Kerner | 42 | 2 | Facharbeiter | verheiratet |
| Arabella Kieser | 24 | 1 | angelernt | Elternzeit beantragt |

**Lösung s. Seite 870**

## Aufgabe 13: Kündigung von Langzeitkranken

Die in Ihrem Betrieb seit vier Jahren tätige, ältere Frau Z. ist langzeitkrank. Welche Fragen haben Sie zu prüfen, wenn Sie eine Kündigung in Betracht ziehen? Nennen Sie die Tatbestände nach Maßgabe der geltenden BAG-Rechtsprechung.

**Lösung s. Seite 872**

## Aufgabe 14: Rechte und Pflichten des Arbeitgebers und des Arbeitnehmers, JArbSchG

Mit der 17-jährigen Bärbel Lempe wurden folgende Arbeitszeiten vereinbart:

| | | |
|---|---|---|
| Mo - Fr | 9:00 - 18:00 Uhr | (Pausen: 20 Min. + 30 Min.) |
| Samstag | frei | |

Werden die gesetzlichen Bestimmungen eingehalten?

**Lösung s. Seite 873**

## Aufgabe 15: Verdachtskündigung

Neben der Kündigung wegen eines erwiesenen Tatbestandes gibt es die Kündigung aufgrund von Verdachtsmomenten.

a) Was versteht man unter einer Verdachtskündigung? Geben Sie eine Erläuterung.

b) Nennen Sie fünf Tatbestände, die bei einer Verdachtskündigung vorliegen müssen.

c) Nennen Sie die möglichen Rechtsfolgen, die sich aus einem Freispruch des Beschuldigten im betreffenden Strafverfahren ergeben.

**Lösung s. Seite 873**

## Aufgabe 16: Kündigungsschutzklage

Herr Martin ist Mitarbeiter der Arbeitsvorbereitung. Wegen wiederholter nachweisbarer Verspätungen erhält er am 20.06. eine Abmahnung. Trotzdem kommt es in der Folgezeit erneut zu Verspätungen. Herr Martin erhält am 26.07. eine zweite Abmahnung von der Personalabteilung. Nachdem er am 27.07. erneut zu spät kommt, platzt dem zuständigen Vorgesetzten der Kragen. Auf sein Verlagen hin wird von der Personalabteilung die Abmahnung zurückgenommen und das Kündigungsverfahren mit Anhörung des Betriebsrates eingeleitet. Der Betriebsrat äußert sich innerhalb der Wochenfrist nicht. Als Herr Martin daraufhin die fristgerechte Kündigung erhält, reicht er Klage ein.

Hat die Klage Aussicht auf Erfolg? Begründen Sie Ihre Antwort.

**Lösung s. Seite 873**

## Aufgabe 17: Kündigungszugang

Die Kündigung ist eine einseitige empfangsbedürftige Willenserklärung. Wirksamkeitsvoraussetzung ist u. a., dass die Kündigung zugegangen ist.

Nennen Sie fünf Möglichkeiten, die der Arbeitgeber hat, um die Kündigung zuzustellen und beschreiben Sie die jeweils damit verbundenen Vor- und Nachteile.

**Lösung s. Seite 874**

## Aufgabe 18: Fristlose Kündigung eines Ausbildungsverhältnisses

Der Auszubildende B. Kerner lässt nach Ablauf der Probezeit ganz erheblich in seinen Leistungen nach – sowohl in der Berufsschule als auch im Betrieb. Weiterhin sind häufige Verspätungen an der Tagesordnung. Da mündliche Ermahnungen nicht helfen, spricht der Ausbildende eine Abmahnung aus. Kerner zeigt sich jedoch in seinem Verhalten unbeeindruckt von diesen Maßnahmen. Zwei Wochen nach Erteilung der Abmahnung kündigt der Betrieb das Ausbildungsverhältnis fristlos.

a) Erläutern Sie die Grundsätze, die bei einer außerordentlichen Kündigung von Ausbildungsverhältnissen zu berücksichtigen sind und nehmen Sie zum vorliegenden Fall Stellung.

b) Was kann Kerner gegen die fristlose Kündigung unternehmen?

**Lösung s. Seite 874**

## Aufgabe 19: Ausbildungsverhältnisse

In der kommenden Woche haben Sie wieder eine Unterweisung der Ausbildungsbeauftragten Ihres Betriebes.

a) Bereiten Sie eine Präsentation vor, in der Sie die unterschiedlichen Möglichkeiten der Beendigung von Ausbildungsverhältnissen erläutern.

b) Erklären Sie den Ausbildungsbeauftragten die Rechtssituation in dem folgenden Fall:

   Der Auszubildende Herb legt am 10.06. d. J. seine Prüfung zum Mechatroniker mit Erfolg ab. Im Ausbildungsvertrag ist als Ende der Ausbildung der 30.06. d. J. genannt. In den zurückliegenden Wochen hat Herb im Betrieb bereits bewiesen, dass er die Arbeiten eines Facharbeiters beherrscht. Herb unterrichtet noch am 10.06. den Betrieb davon, dass er bestanden hat. In den folgenden Wochen arbeitet er wie bisher weiter im Betrieb. Zur Freude seines Meisters leistet er fachkundige Arbeit. Ärger taucht erst auf, als Herb Ende des Monats auf seine Gehaltsabrechnung schaut und feststellen muss, dass ihm für den gesamten Monat Juni „nur" seine Ausbildungsvergütung gezahlt wurde. Herb ist verärgert und droht mit Klage.

Kann er den Lohn eines Facharbeiters verlangen? Ab welchem Zeitpunkt?

c) Die Auszubildende Monika S. teilt ihrem Ausbildungsbetrieb einen Monat vor Abschluss ihrer Ausbildung mit, dass sie schwanger ist. Monika S. erwartet, dass sie in ein unbefristetes Arbeitsverhältnis übernommen wird, da Schwangere unkündbar sind. Zu Recht?

**Lösung s. Seite 875**

## Aufgabe 20: Tarifgebundenheit

Die X-GmbH ist Mitglied des entsprechenden Arbeitgeberverbandes. Der Mitarbeiter Huber ist nicht Mitglied der entsprechenden Gewerkschaft. Sein Arbeitsvertrag enthält keine Klausel, nach der er Ansprüche auf tarifliche Leistungen einfordern kann. Trotzdem begehrt er von der X-GmbH tarifliche Leistungen und beruft sich dabei auf den Grundsatz der arbeitsrechtlichen Gleichbehandlung.

Nehmen Sie zum Sachverhalt der Tarifgebundenheit bei Inhaltsnormen ausführlich Stellung.

**Lösung s. Seite 876**

## Aufgabe 21: Verrechnung tariflicher Leistungen

Frau Luise Bracker schließt mit ihrem neuen Arbeitgeber einen Arbeitsvertrag, in dem u. a. 30 Tage Urlaub und ein Bruttogehalt von 2.000 € monatlich vereinbart werden. Der betreffende Tarifvertrag, an den beide Parteien gebunden sind, legt 26 Tage Urlaub fest sowie ein Tarifgehalt von 2.400 €. Die Öffnungsklausel im Tarifvertrag lässt ausdrücklich zu, dass andere Vereinbarungen getroffen werden können, wenn sie für den Arbeitnehmer günstiger sind. Frau Bracker stimmt der vertraglichen Regelung ausdrücklich zu, da ihr ein Mehr an Urlaubstagen wichtiger ist als das Gehalt.

Nach sieben Monaten Tätigkeit bei ihrem neuen Arbeitgeber erfährt Luise Bracker von ihrem neuen Freund, einem Gewerkschaftssekretär, dass ihr Verzicht auf Gehalt zugunsten von Urlaub wohl nichtig sei. Frau Bracker fordert daher von ihrer Firma für die Zukunft ein Gehalt in Höhe von 2.400 € sowie die entsprechende Nachzahlung für den zurückliegenden Zeitraum. Die Firma weigert sich und verweist auf die einzelvertragliche Vereinbarung.

Nehmen Sie Stellung zum Sachverhalt.

**Lösung s. Seite 876**

## Aufgabe 22: Arbeitskampfrecht

Das Arbeitskampfrecht ist in seinen wesentlichen Grundzügen durch die Rechtsprechung des BAG (Bundesarbeitsgericht) ausgestaltet worden.

a) Nennen Sie vier Grundsätze, die bei einem rechtmäßigen Arbeitskampf lt. BAG-Rechtsprechung von den Parteien zu berücksichtigen sind.

b) Skizzieren Sie den Ablauf eines Arbeitskampfes vom Scheitern der Tarifverhandlungen bis hin zum Abschluss eines neuen Tarifvertrages.

**Lösung s. Seite 877**

## Aufgabe 23: Betriebsvereinbarung

Nennen Sie sechs Regelungstatbestände/Inhalte, die typischerweise in Betriebsvereinbarungen abgeschlossen werden.

**Lösung s. Seite 877**

### 1.2 Vorschriften des Betriebsverfassungsgesetzes

## Aufgabe 1: Bedeutung des Betriebsverfassungsgesetzes

Charakterisieren Sie in Stichworten Wesen und Bedeutung des Betriebsverfassungsgesetzes.

**Lösung s. Seite 878**

## Aufgabe 2: Gebot der vertrauensvollen Zusammenarbeit

Erläutern Sie das Gebot der vertrauensvollen Zusammenarbeit. Nennen Sie sechs weitere Grundsätze für die Zusammenarbeit im Betrieb.

**Lösung s. Seite 878**

## Aufgabe 3: Wahl des Betriebsrates

Sie sind 36 Jahre, seit acht Monaten bei der Metall GmbH (360 Mitarbeiter) und haben sich gut eingearbeitet. Dazu beigetragen hat auch die kooperative Zusammenarbeit mit dem Betriebsrat. Sie planen, sich als Kandidat für die nächste Betriebsratswahl aufstellen zu lassen. Beantworten Sie folgende Fragen:

a) Zu welchem Zeitpunkt finden Betriebsratswahlen statt?

b) Sind Sie wählbar?

c) Wie hoch ist die Anzahl der Betriebsratsmitglieder bei der Metall GmbH?

**Lösung s. Seite 879**

## Aufgabe 4: Die Einigungsstelle

Erläutern Sie Funktion und Arbeitsweise der Einigungsstelle.

**Lösung s. Seite 879**

## Aufgabe 5: Wirtschaftsausschuss

Erläutern Sie Aufgaben und Funktion des Wirtschaftsausschusses.

**Lösung s. Seite 880**

## Aufgabe 6: Beteiligungsrechte des Betriebsrates (Übersicht)

Erläutern Sie die Beteiligungsrechte des Betriebsrates. Unterscheiden Sie dabei personelle, soziale, wirtschaftliche und arbeitsorganisatorische Angelegenheiten und differenzieren Sie zwischen Mitwirkung und Mitbestimmung.

**Lösung s. Seite 880**

## Aufgabe 7: Beteiligungsrechte (Einzelfragen)

Sie sind inzwischen Betriebsratsmitglied bei der Metall GmbH und bereiten sich auf die nächste Besprechung mit der Geschäftsleitung vor. Es geht um verschiedene Regelungstatbestände, die demnächst im Unternehmen zu Veränderungen führen werden. Beantworten Sie für die nachfolgenden Sachverhalte, welches Beteiligungsrecht der Betriebsrat hat und nennen Sie die jeweilige Rechtsnorm:

1. Einführung einer Arbeitsordnung
2. Behandlung von Arbeitnehmerbeschwerden über den Fuhrparkleiter
3. Bau einer neuen Montagehalle
4. Untersuchung der Unfälle im Versand in Zusammenarbeit mit der zuständigen BG
5. Entwicklung eines Personalfragebogens
6. Einführung eines Schichtssystems an den CAD-Arbeitsplätzen
7. Überwachung des Fertigteillagers mithilfe einer Videoanlage wegen der häufenden Diebstähle
8. Umstellung der alten Stempelkarten auf ein elektronisches Zeiterfassungssystem
9. Überprüfung der Vorgabezeiten im Fertigungsbereich 2
10. Einführung der Gruppenarbeit in der Montage
11. Auswahlrichtlinien über die Einstellung von Auszubildenden
12. Einstellung von Aushilfskräften
13. Einführung einer einheitlichen Arbeitskleidung
14. Einführung einer Zielvereinbarung für Vorgesetzte.

**Lösung s. Seite 882**

## Aufgabe 8: Lohnpolitik und Mitbestimmung

Nennen Sie vier Gestaltungsbereiche der betrieblichen Lohnpolitik, in denen der Betriebsrat ein Mitbestimmungsrecht hat.

**Lösung s. Seite 882**

## Aufgabe 9: Abbau von Sozialleistungen

Bei anhaltend schlechter Ertragslage wird in Betrieben häufig über den Abbau betrieblicher Sozialleistungen nachgedacht.

a) Welche Wirkung entsteht tendenziell bei den Mitarbeitern, wenn

- Erfolgsbeteiligungen und
- betriebliche Weiterbildungseinrichtungen

abgebaut werden sollen?

b) Welche Beteiligungsrechte hat der Betriebsrat in beiden Fällen?

**Lösung s. Seite 883**

## Aufgabe 10: Beurteilung und Mitbestimmung

In der letzten Woche war Ihr Mitarbeiter Ali Kaya bei Ihnen mit der Bitte ihn zu beurteilen, da er jetzt seit über zwei Jahren in Ihrer Gruppe arbeitet. Sie haben diese Bitte freundlich, aber bestimmt abgelehnt mit dem Hinweis, der Betrieb habe kein Beurteilungssystem und im Übrigen gebe es auch keinen Betriebsrat. Zu Recht? Begründen Sie Ihre Antwort.

**Lösung s. Seite 884**

## Aufgabe 11: Mitbestimmung bei personellen Einzelmaßnahmen

Die Geschäftsleitung möchte von Ihnen wissen, ob in den nachfolgenden zwei Fällen die Mitbestimmung des Betriebsrates nach § 99 BetrVG anzuwenden ist:

a) Umwandlung eines befristeten Arbeitsverhältnisses in ein unbefristetes,

b) Übergang eines Probearbeitsverhältnisses in ein unbefristetes Arbeitsverhältnis (entsprechend der Vereinbarung mit dem Arbeitnehmer und gleichlautender Mitteilung an den Betriebsrat zum Zeitpunkt des Abschlusses des Probearbeitsverhältnisses).

**Lösung s. Seite 884**

## Aufgabe 12: Vorläufige personelle Maßnahme

Ihr Betrieb möchte für ein neues Projekt einen Verfahrensingenieur einstellen. Der Betriebsrat verweigert seine Zustimmung zu der geplanten Einstellung, da er meint, dass die innerbetriebliche Ausschreibung unterblieben ist. Erläutern Sie, was der Arbeitgeber tun kann. Die Sache ist dringend.

**Lösung s. Seite 884**

## Aufgabe 13: Versetzung und Mitbestimmung

Als zuständiger Meister betreuen Sie die beiden Tochtergesellschaften in Krefeld und Erkelenz. Beide Tochtergesellschaften sind rechtlich selbstständig, haben 80 bzw. 120 Mitarbeiter; es existiert in beiden Gesellschaften ein Betriebsrat. Sie haben die Aufgabe, die Versetzung von zwei Montagemitarbeitern von Krefeld nach Erkelenz durchzuführen. Welche kollektivrechtlichen Schritte müssen Sie einleiten?

**Lösung s. Seite 885**

## Aufgabe 14: Befristung

a) Herr Müller erhält nach Abschluss seiner Ausbildung schriftlich einen befristeten Arbeitsvertrag. Ist die Befristung zulässig?

b) Herr Meier erhält nach einem befristen Arbeitsvertrag von 12 Monaten im Anschluss daran einen neuen befristeten Vertrag über weitere 12 Monate. Im neuen Arbeitsvertrag wurde der Lohn angehoben. Ist die 2. Befristung zulässig?

**Lösung s. Seite 885**

## Aufgabe 15: Personalplanung und Mitbestimmung (1)

Erläutern Sie drei Beteiligungsrechte, die der Betriebsrat im Rahmen der Personalplanung hat.

**Lösung s. Seite 885**

## Aufgabe 16: Personalplanung und Mitbestimmung (2)

Sie sind für die Personalplanung der gewerblichen Mitarbeiter zuständig. Dazu gehört auch, dass Sie in diesen Fragen den Kontakt zum Betriebsrat halten. Den schriftlichen Planungsansatz für 20.. haben Sie bereits erstellt. Der Betriebsrat hat in der kommenden Woche eine Sitzung. Sie erhalten von ihm folgendes Schreiben:

Von: Betriebsrat
an: Personalleitung, Herrn Neu
am: 23.10.20..

Betr.: Personalplanung 20..

Wir bitten Sie den Betriebsrat in der BR-Sitzung am 29.10.20.. über die Personalplanung zu informieren. Im Detail erwarten wir Aussagen zu folgenden Sachverhalten:

TOP 1: Unterrichtung über den Personalbedarf 20.. hinsichtlich der Auszubildenden, Arbeiter, Angestellten (inkl. der außertariflichen Angestellten)

TOP 2: Unterrichtung über die sich aus der Personalplanung ergebenden Maßnahmen (Entlassungen, Bildungsmaßnahmen usw.)

TOP 3: Überlassung geeigneter Informationsunterlagen (Stellenbesetzungspläne, Krankenstände usw.)

TOP 4: Nachweis, dass das vom BR vorgelegte Konzept zur Systematik der Personalplanung umgesetzt wurde.

Beurteilen Sie, ob dem Betriebsrat die in TOP 1 - 4 genannten Rechte zustehen.

**Lösung s. Seite 886**

## Aufgabe 17: Personalentwicklung und Mitbestimmung

a) Nennen Sie fünf Beteiligungsrechte des Betriebsrates in Fragen der Berufsbildung.

b) Neben den Fragen der Berufsbildung, in denen dem Betriebsrat ein Beteiligungsrecht zusteht, gibt es weitere Mitwirkungs- und Mitbestimmungsrechte in Fragen der Personalentwicklung, die dem Betriebsrat zustehen aufgrund der thematischen Verflechtung der Personalentwicklung mit anderen Teilbereichen des Personalwesens. Geben Sie hierzu fünf Beispiele.

**Lösung s. Seite 886**

## Aufgabe 18: Ausschluss eines Betriebsratsmitglieds

Das Betriebsratsmitglied Hurtig plaudert in einem Interview in der regionalen Presse über vertrauliche Betriebsvorgänge. Hat der Arbeitgeber daraufhin die Möglichkeit, den Ausschluss von Hurtig aus dem Betriebsrat zu bewirken?

**Lösung s. Seite 887**

## 1.3 Rechtliche Bestimmungen der Sozialversicherung, der Entgeltfindung sowie der Arbeitsförderung

### Aufgabe 1: Rentenarten

Die Leistungen der gesetzlichen Rentenversicherung bestehen u. a. in der Gewährung von Renten. Nennen Sie jeweils drei Beispiele für spezielle Rentenarten.

**Lösung s. Seite 887**

### Aufgabe 2: Arbeitsunfall

a) Entscheiden Sie in den nachfolgenden Fällen, ob ein Arbeitsunfall vorliegt. Geben Sie eine kurze Begründung je Fall. Nennen Sie außerdem die generellen vier Voraussetzungen, die erfüllt sein müssen um Ansprüche aus der Unfallversicherung herzuleiten. Welche Leistungen können im Versicherungsfall zum Tragen kommen?

- **Fall 1:** Der Mitarbeiter sägt nach Feierabend Brennholz und sägt sich dabei in den linken Daumen (offene Knochenfraktur).
- **Fall 2:** Der Mitarbeiter erstellt im Lager weisungsgemäß eine Versandpalette. Dabei sägt er sich in den linken Daumen (offene Knochenfraktur).
- **Fall 3:** Der Mitarbeiter erstellt im Lager weisungsgemäß eine Versandpalette. Ihm wird dabei körperlich unwohl, er fällt und gerät mit seinem linken Daumen in die Säge (offene Knochenfraktur).

b) Hansi ist ein erfahrener Gabelstaplerfahrer im Lager der Speditionsfirma Trans-Europa-Express. Am Montagmorgen – gleich nach Arbeitsbeginn – fährt er mit voller Wucht gegen ein Hochregallager, obwohl im Lager keine Behinderung erkennbar ist (vorgeschriebene Breite der Transportwege; freie Sicht usw.). Einige Paletten fallen herunter und verletzen Hansi schwer. Die von der Polizei angeordnete Blutprobe ergibt eine Alkoholkonzentration von 2,2 ‰. Hansi wird sofort in das nahegelegene St. Hubertinus-Krankenhaus in Rath-Anhoven eingeliefert und kann erst nach fünf Wochen die Arbeit wieder aufnehmen.

Handelt es sich im vorliegenden Fall um einen Arbeitsunfall? Hat Hansi Anspruch auf Entgeltfortzahlung? Geben Sie jeweils eine begründete Stellungnahme.

c) Meister Hartig sieht, dass eine Fördereinrichtung nicht richtig arbeitet und eine latente Unfallgefahr besteht. Er weist Huber an, vorerst eine andere Aufgabe zu übernehmen und entfernt sich in Richtung Instandhaltung. Huber teilt die Meinung seines Meisters nicht und arbeitet noch weiter an der Fördereinrichtung. Dabei erleidet er eine Schürfwunde und wird vom Betriebsarzt arbeitsunfähig geschrieben.

Liegt ein Arbeitsunfall vor? Kann die Berufsgenossenschaft Meister Hartig in Regress nehmen?

**Lösung s. Seite 888**

## Aufgabe 3: Arbeitsförderung

Nennen Sie jeweils vier Beispiele für Leistungen der Arbeitsförderung an Arbeitgeber bzw. Arbeitnehmer.

**Lösung s. Seite 889**

## Aufgabe 4: Arbeitslosengeld, Abfindung, Sperrzeit

Bei der Metall GmbH, Mönchengladbach, ist ein drastischer Umsatzrückgang zu verzeichnen und ein nachhaltiger Personalabbau wird erforderlich. Der 55-jährige Hubert Gramlich aus Wegberg, der seit vier Jahren in der Montage beschäftigt ist, schließt mit der Firma einen Aufhebungsvertrag unter Einhaltung der ordentlichen Kündigungsfrist. Beantworten Sie die nachfolgenden Fragen mit ausführlicher Begründung.

a) Muss Gramlich wegen des Aufhebungsvertrages mit einer Sperrzeit rechnen?

b) Für welche Zeitdauer kann Gramlich Arbeitslosengeld beanspruchen?

c) Trotz intensiver privater Jobsuche findet Gramlich in den ersten sechs Monaten kein neues Beschäftigungsverhältnis. Schließlich vermittelt ihm die Arbeitsagentur Mönchengladbach ein Bewerbungsgespräch bei der KALLE TECH OHG im Großraum Aachen. Der Personalleiter bietet Herrn Gramlich eine Tätigkeit in der Vormontage an: Arbeitsbeginn ist der 1. des folgenden Monats, bei täglich sechs Arbeitsstunden, allerdings verbunden mit einer Einkommenseinbuße von 15 % brutto; außerdem hat Gramlich nachgerechnet, dass er für Hin- und Rückfahrt ca. zwei Stunden und 20 Minuten täglich brauchen würde – wegen der schwierigen Verkehrsanbindung.

   Ist die Beschäftigung bei der KALLE TECH OHG für Hubert Gramlich zumutbar?

**Lösung s. Seite 889**

### 1.4 Arbeitsschutz- und arbeitssicherheitsrechtliche Vorschriften

## Aufgabe 1: Arbeitsschutz (Grundlagen)

In der nächsten Unterweisung für Auszubildende werden Sie das Thema Arbeitsschutz behandeln. Beantworten Sie dazu folgende Fragen:

a) Wer ist im Betrieb für den Arbeitsschutz verantwortlich?

b) Nennen Sie fünf Gesetze bzw. Verordnungen, die Bestimmungen zum Arbeitsschutz enthalten.

c) Welche Verpflichtungen hat der Arbeitgeber im Rahmen des Arbeitsschutzes?

d) Wer ist betrieblicher Beauftragter für den Arbeitsschutz? Nennen Sie drei Beispiele.

e) Welche Behörden bzw. Einrichtungen sind für die Aufsicht über den betrieblichen Arbeitsschutz zuständig?

f) Welche Rechte bzw. Pflichten hat der Betriebsrat im Rahmen des Arbeitsschutzes?

g) Mit welchen Maßnahmen muss der Arbeitgeber bei einem Verstoß gegen den betrieblichen Arbeitsschutz rechnen? Nennen Sie vier Beispiele.

**Lösung s. Seite 890**

## Aufgabe 2: Mutterschutz und Urlaub

Die Mitarbeiterin A ist schwanger und kündigt ihr Arbeitsverhältnis zum Ende der Schutzfrist nach § 6 MuSchG. Das Kind wird im Mai d. J. geboren. Da Frau A ihr Kind gut versorgt weiß, möchte sie möglichst bald wieder arbeiten und fragt bei ihrem früheren Arbeitgeber nach. Dieser stellt sie zum 01.10. des Jahres wieder ein. Im November d. J. beantragt Frau A Urlaub. Der Urlaubsantrag wird vom Arbeitgeber abgelehnt mit dem Hinweis, dass die Wartezeit nach dem BUrlG noch nicht erfüllt sei. Zulässig?

**Lösung s. Seite 891**

## Aufgabe 3: Mutterschutz

a) Welche Beschäftigungsverbote gelten für werdende Mütter bzw. Frauen nach der Entbindung? Geben Sie fünf Beispiele.

b) Erläutern Sie das relative und das absolute Beschäftigungsverbot nach dem Mutterschutzgesetz.

**Lösung s. Seite 891**

## Aufgabe 4: Schutz besonderer Personengruppen (Überblick)

Bestimmte Personengruppen genießen im Arbeitsrecht einen besonderen Schutz (z. B. Kündigungsschutz), da sie nach Meinung des Gesetzgebers aufgrund ihrer persönlichen Umstände anderen Arbeitnehmern gegenüber benachteiligt sind.

Nennen Sie acht dieser Personengruppen sowie die entsprechenden Schutzgesetze.

**Lösung s. Seite 891**

## Aufgabe 5: Zusatzurlaub für schwerbehinderte Menschen

Nach § 125 SGB IX haben schwerbehinderte Menschen Anspruch auf Zusatzurlaub. Entscheiden Sie in den nachfolgenden Fällen, ob der Anspruch auf Zusatzurlaub für das Jahr 2022 begründet ist und wenn ja, in welcher Höhe. Gehen Sie bei Ihrer Beantwortung von einer 5-Tage-Woche aus.

a) Der Arbeitnehmer X erhält am 15.11.2022 den Bescheid des Versorgungsamtes über seine Schwerbehinderung in Höhe von 50 v. H.

b) Der Schwerbehinderte Y (Behinderung 50 v. H.) wird zum 01.07.2022 eingestellt.

c) Wie ist der Fall a) zu beantworten, wenn im Jahre 2022 an sechs Tagen in der Woche gearbeitet wird?

d) Der Arbeitnehmer Z erhält im Januar 2022 seine Anerkennung als Schwerbehinderter – rückwirkend für das Jahr 2021. Er beantragt im Zusammenhang mit dem noch ausstehenden, restlichen Jahresurlaub für 2021 die Gewährung von fünf Tagen Zusatzurlaub.

**Lösung s. Seite 892**

## Aufgabe 6: Kündigung eines schwerbehinderten Menschen

Herbert S. ist schwerbehindert. Am 01.04. d. J. tritt S. seine Stelle als Aufsicht in einer Messwartenstation an. Die Probezeit beträgt sechs Monate – bei einer Kündigungsfrist von einem Monat zum Monatsende während dieser Zeit. Am 25.05. d. J. kündigt der Betrieb zum 30.06. d. J. – nach ordnungsgemäßer Anhörung des Betriebsrates.

Herbert S. ist erbost. Er meint, die Kündigung sei rechtswidrig, weil sie ohne Einschaltung des Integrationsamtes erfolgte.

Nehmen Sie zum Argument von Herbert S. Stellung und begründen Sie Ihre Antwort.

**Lösung s. Seite 892**

## Aufgabe 7: Jugendarbeitsschutz und Berufsschule

Hubertus Clausius ist 17 Jahre und bei der Spedition Transeuropa-Express als Arbeiter im Lager beschäftigt. Er ist berufschulpflichtig. Die Vergütung ist auf Stundenlohnbasis vereinbart.

Am Montag besucht Hubertus wie immer die Berufsschule um 8:00 Uhr. Zur Freude aller Schüler eröffnet die Schulleitung nach der zweiten Schulstunde, um 9:30 Uhr, dass der weitere Unterricht heute ausfallen müsse, da die Lehrkraft erkrankt sei. Ursprünglich wäre bis 14:30 Uhr Unterricht gewesen. Hubertus entschließt sich, in der nahegelegenen Freizeitanlage erst einmal auszuspannen, da das Wochenende infolge eines Diskothekenbesuchs recht anstrengend war. Seine Firma rechne heute ja sowieso nicht mehr mit ihm.

Umso erstaunter ist er, als er bei der folgenden Monatsabrechnung erkennen muss, dass ihm der Arbeitgeber die am Montag versäumte Arbeitszeit vom Lohn abgezogen hat. Er beschwert sich bei Ihnen und verlangt den ausstehenden Lohn. Zu Recht?

**Lösung s. Seite 892**

## Aufgabe 8: Gesundheitliche Betreuung Jugendlicher

Jugendliche, die in das Berufsleben eintreten, dürfen nur beschäftigt werden, wenn die vorgeschriebenen Untersuchungen durchgeführt wurden. Stellen Sie dar, wann bestimmte Untersuchungen vorgeschrieben sind.

**Lösung s. Seite 892**

## Aufgabe 9: Altersteilzeit

Das Gesetz zur Förderung eines gleitenden Übergangs in den Ruhestand, kurz Altersteilzeitgesetz genannt (AltTzG), trat 1996 in Kraft.

a) Beschreiben Sie fünf Kerninhalte des Gesetzes.

b) Beschreiben Sie, inwieweit die Inanspruchnahme von Altersteilzeit Auswirkungen auf die Personalbedarfsplanung haben kann.

**Lösung s. Seite 893**

## Aufgabe 10: Teilzeit

Ihr Unternehmen ist seit mehreren Jahren in Röbel ansässig und fertigt erfolgreich Bild- und Tonträger mit ca. 250 Mitarbeitern. Sie sind als Meister verantwortlich für die Produktion (ca. 70 Mitarbeiter).

a) Ihr Mitarbeiter G. Knopp bereitet Ihnen Sorgen: Er ist 54 Jahre und seit einiger Zeit ihr Stellvertreter. Laut Entscheidung der Geschäftsleitung wurden Sie beide vor einigen Monaten als leitende Mitarbeiter eingestuft. Herr Knopp hat Ihnen zunächst in einem vertraulichen Gespräch mitgeteilt, dass er in Zukunft kürzer treten möchte; seine Gesundheit mache ihm zu schaffen und außerdem wolle er sich mehr um sein Haus kümmern. Vorgestern erhielten Sie den schriftlichen Antrag von Herrn Knopp über die Verkürzung seiner Arbeitszeit von 40 auf 30 Stunden pro Woche. Die Geschäftsleitung lehnt den Antrag von Herrn Knopp ab mit der Begründung, dass die Umsetzung von Teilzeitarbeit für Leitende die Arbeitsorganisation im Betrieb wesentlich beeinträchtigen würde.

   Beurteilen Sie die Entscheidung der Geschäftsleitung unter Hinweis auf zutreffende Gesetzesnormen.

b) In Ihrer Fertigungsgruppe 2 wurden erhebliche Rationalisierungsinvestitionen getätigt, sodass sich ein Personalüberhang ergeben hat. Die Geschäftsleitung möchte Entlassungen vermeiden. Stattdessen werden Sie gebeten, mit vier Mitarbeitern nachdrückliche Gespräche zu führen mit dem Ziel einer Teilzeitvereinbarung. Der Mitarbeiter Hans B. Kerner lehnt jede Form einer Teilzeitvereinbarung ab, weil er eine Einkommenseinbuße nicht verkraften könne. Was ist zu tun?

c) Frau Johanna Mischberger hat seit sechs Monaten einen Teilzeitarbeitsvertrag über 50 % der Regelarbeitszeit. Da Ihr Mann arbeitslos wurde, möchte sie umgehend wieder eine Vollzeittätigkeit in Ihrer Gruppe übernehmen. *„Wir kommen sonst mit unserem Geld nicht hin"* – so ihre Begründung. Welche Entscheidung werden Sie Frau Mischberger mitteilen.

**Lösung s. Seite 893**

## Aufgabe 11: JArbSchG

Die Personaleinsatzplanung jugendlicher Arbeitnehmer/Auszubildender ist durch gesetzliche Vorgaben eingeschränkt. Nennen Sie dazu fünf Beispiele.

**Lösung s. Seite 894**

### 1.5 Vorschriften des Umweltrechts

## Aufgabe 1: Umweltrecht (Rechtsgrundlagen)

Nennen Sie vier Rechtsgrundlagen des Umweltrechts und beschreiben Sie kurz, welche Zielsetzungen mit diesen Gesetzen bzw. Verordnungen verbunden sind.

**Lösung s. Seite 894**

## Aufgabe 2: Aufgaben des Immissionsschutzbeauftragten

Der Immissionsschutzbeauftragte Ihres Betriebes führt an, dass er Überschreitungen von vorgeschriebenen Grenzwerten der zuständigen Behörde anzeigen will. Beurteilen Sie diese Aussage.

**Lösung s. Seite 895**

## Aufgabe 3: Umweltmanagement/Firmenjubiläum

Ihr Unternehmen feiert demnächst ein Firmenjubiläum. Es sind mehrere hundert Gäste eingeladen. Beschreiben Sie einige Prinzipien für eine ökologische Durchführung der Feier.

**Lösung s. Seite 895**

## Aufgabe 4: Kooperationsprinzip

Im Umweltrecht ist u. a. der Begriff „Kooperationsprinzip" festgeschrieben. Beschreiben Sie allgemein, wer mit wem kooperieren soll und geben Sie zwei Beispiele für die praktische Umsetzung.

**Lösung s. Seite 895**

## Aufgabe 5: Betriebsbeauftragte

Nennen Sie vier Betriebsbeauftragte für Umweltschutz, die die Gesetzgebung benennt. Geben Sie jeweils das zugrunde liegende Gesetz an.

**Lösung s. Seite 896**

## Aufgabe 6: Elektro- und Elektronikgerätegesetz (ElektroG)

Im März 2005 wurde das Elektro- und Elektronikgerätegesetz (ElektroG) verabschiedet. Beschreiben Sie kurz den Inhalt des Gesetzes.

**Lösung s. Seite 896**

## Aufgabe 7: Umweltschutz und Produktlebenszyklus

Im Rahmen der Marketingstrategie verfolgt Ihr Unternehmen die Verlängerung des Produkt-lebenszyklusses der Marke „Rasenmäher Elegance-Modell". Erläutern Sie die Gestaltung der Lebensdauer eines Produktes aus umweltpolitischer Sicht. Nennen Sie zwei Nachteile, die damit verbunden sein können.

**Lösung s. Seite 896**

## Aufgabe 8: Umwelt gefährdendes Handeln Ihrer Mitarbeiter

Sie sind seit drei Monaten leitender Mitarbeiter in einem Logistikzentrum. Ihnen fällt auf, dass Ihre Mitarbeiter umweltgefährdend arbeiten. Was können Sie tun um diesen Verhaltensweisen entgegenzuwirken? Nennen Sie fünf Handlungsempfehlungen.

**Lösung s. Seite 896**

### 1.6 Wirtschaftsrechtliche Vorschriften und Bestimmungen

## Aufgabe 1: Produkthaftungsgesetz

Die Metall GmbH fertigt u. a. den Rasenmäher „Glattschnitt", den sie an Baumärkte vertreibt. Im letzten Monat kam es zu Reklamationen in den Baumärkten: Kunden beschwerten sich über die Feststellvorrichtung. Aufgrund einer fehlerhaften Montage kam es bei einigen Kunden zu Quetschverletzungen, die ärztlich behandelt werden mussten.

a) Können die Kunden Schadensersatzansprüche gegen die Metall GmbH durchsetzen?

b) Welche Gewährleistungspflicht besteht im Rahmen des Kaufvertrages?

c) Welcher Unterschied besteht zwischen der Vertragshaftung (nach BGB) und der Produkthaftung?

**Lösung s. Seite 897**

## Aufgabe 2: Datenschutzkontrolle der Betriebsratsarbeit

An der letzten Betriebsratssitzung hat Ihr Chef zeitweise als Gast teilgenommen und die Grundzüge der neuen Personalplanung erläutert. Dabei kam es zu einer unterschiedlichen Auffassung darüber, ob die Arbeit des Betriebsrates der Datenschutzkontrolle unterliegt. Ihr Chef bejaht diese Fragestellung – ebenso der Datenschutzbeauftragte – und bittet Sie dazu ein kurzes Argumentationspapier zu erstellen.

**Lösung s. Seite 898**

## Aufgabe 3: Datenschutz

Personenbezogene Daten müssen besonders geschützt werden.

a) Nennen Sie vier Risiken, die mit der elektronischen Verarbeitung personenbezogener Daten verbunden sein können.

b) Geben Sie beispielhaft vier organisatorische und vier technische Maßnahmen an, die geeignet sind derartige Risiken zu vermeiden.

c) Welche Daten darf der Arbeitgeber über angestellte Mitarbeiter speichern? Geben Sie eine Beschreibung und drei Beispiele an.

**Lösung s. Seite 898**

# 2. Prüfungsfach: Betriebswirtschaftliches Handeln

## 2.1 Ökonomische Handlungsprinzipien von Unternehmen

### Aufgabe 1: GmbH

Die Metall GmbH mit Sitz in Unterfeldhaus bei Düsseldorf fertigt Präzisionswerkzeugteile für den Weltmarkt. Aufgrund der guten Geschäftsentwicklung stehen Überlegungen an, ein Zweigwerk in der Nähe von München zu errichten. Die neue Firma soll die Rechtsform einer GmbH erhalten.

a) Welche Gründungsvoraussetzungen sind zu erfüllen?

b) Welche Argumente sprechen für die Rechtsform der GmbH?

c) Welche Organe hat eine GmbH und welche Aufgaben bestehen jeweils?

d) Im Zuge der Gründungsüberlegungen soll der Gesellschaftsvertrag vorbereitet werden. Grundsätzlich haben die Gesellschafter einer GmbH das Recht, eine Vollausschüttung des Gewinns zu verlangen.

   Erläutern Sie, ob die Möglichkeit besteht, im Gesellschaftsvertrag eine abweichende Regelung für die Gewinnausschüttung festzulegen.

   Hat die Art der Gewinnverwendung bei der GmbH Auswirkungen auf die Höhe der Besteuerung? Begründen Sie Ihre Antwort.

**Lösung s. Seite 899**

### Aufgabe 2: Funktionen des Industriebetriebes

Vor zwei Tagen fand ein Führungskräftetreffen statt. Gegenstand der Sitzung war u. a. die Unternehmensgesamtplanung für das kommende Jahr. Im Verlauf des Meetings kam es zu einer Kontroverse über die Bedeutung der einzelnen betrieblichen Funktionen im innerbetrieblichen Leistungsprozess. Nehmen Sie Stellung zu folgenden Fragen:

a) Warum ist der Bereich Produktionsplanung eng mit dem Funktionsbereich Absatz verbunden?

b) Warum wird die Personalwirtschaft auch als betriebliche Querschnittsfunktion bezeichnet?

c) Warum kann der Industriebetrieb als soziotechnisches System bezeichnet werden?

**Lösung s. Seite 899**

### Aufgabe 3: Arbeitssystem, Art-/Mengenteilung, Taktzeit, Arbeitsproduktivität, Leistungsgrad

Ihre Firma stellt Rasenmäher der Marke „Glattschnitt“ und „Luxus“ her. Das Modell „Glattschnitt“ wird in einer beheizten Halle an zwei Montagebändern (ohne Taktzeit) von jeweils fünf Mitarbeitern (Arbeitsgruppe) im Akkord gefertigt. Mitarbeiter 1 und

2 heben Motor und Rahmenteile auf die Werkbank und übernehmen eine Vorjustierung. Mitarbeiter 3 und 4 erledigen die Endmontage; dabei stehen Akkuschrauber und Drehmomentschlüssel zur Verfügung. Mitarbeiter 5 führt die Endkontrolle und die Verpackung durch. Der Ablauf beim Montageband 2 ist analog. Alle Teile werden zugekauft. Die Arbeitsgruppe kann über einen Tätigkeitswechsel innerhalb der Gruppe selbst entscheiden. Die Fertigungsdaten werden zu Wochenbeginn vom Meister mitgeteilt.

a) Beschreiben Sie die Elemente des Arbeitssystems anhand der Fertigung des Modells „Glattschnitt".

b) Welche Vorteile kann eine einheitliche Beschreibung von Arbeitssystemen bieten?

c) Welche Art- und Mengenteilung liegt bei der Montage des Modells „Glattschnitt" vor?

d) Es wird überlegt, den Montageablauf bei „Glattschnitt" zu ändern? Welche Vorteile stehen welchen Nachteilen bei der Artteilung bzw. der Mengenteilung gegenüber?

   Nennen Sie jeweils zwei Argumente.

e) Ihr neuer Betriebsleiter (frisch von der Fachhochschule) kommt mit dem Thema Taktzeit: Er ist der Meinung, dass man bei der Montage von „Glattschnitt" die Taktzeit einführen sollte, um ... In der nächsten Arbeitsbesprechung soll das Thema auf den Tisch. Beantworten Sie daher folgende Fragen:

   1. Was versteht man unter der Taktzeit?
   2. Welche Ziele können mit der Einführung einer Taktzeit realisiert werden?
   3. Warum ist bei der Montage von „Glattschnitt" die Einführung der Taktzeit ohne zusätzliche Voraussetzungen nicht möglich?

f) *„In der nächsten Woche wollen wir bei Ihnen mal Produktivität und Leistungsgrad Ihrer Mitarbeiter unter die Lupe nehmen"*, meint der REFA-Fachmann Klarich als Sie mit ihm und dem Betriebsleiter beim Mittagessen zusammensitzen.

   Erläutern Sie die von Klarich verwendeten Begriffe anhand eines Zahlenbeispiels.

**Lösung s. Seite 900**

## Aufgabe 4: Investitionsformen

Für das kommende Jahr stehen in Ihrem Betrieb folgende Investitionen an:

1. Bau einer neuen, zusätzlichen Fertigungsstraße
2. Anschaffung von zwei Lkw gleichen Bautyps wie bisher aufgrund der Beendigung der Nutzungsdauer
3. Finanzielle Beteiligung an einem Zulieferbetrieb zur Verbesserung und Typisierung der Materialversorgung

Tragen Sie die genannten Investitionsformen in die nachfolgende Tabelle ein (Markierung mit einem „X"):

| | neue, zusätzliche Fertigungsstraße | Lkw (Ende der Nutzungsdauer) | Finanzielle Beteiligung an |
|---|---|---|---|
| Sachinvestition | | | |
| Finanzinvestition | | | |
| immaterielle Investition | | | |
| Nettoinvestition | | | |
| Ersatzinvestition | | | |
| Rationalisierungsinvestition | | | |

**Lösung s. Seite 902**

## Aufgabe 5: Kapazität, Beschäftigungsgrad, Nettobedarf

Im Herbst letzten Jahres wurde eine neue Lackieranlage angeschafft. Eine Überprüfung der Kapazitätsauslastung ergab einen durchschnittlichen Beschäftigungsgrad der letzten drei Monate von 60 %. Die Kapazität der Anlage liegt monatlich bei einem 1-Schicht-Betrieb bei 160 Betriebsstunden.

a) Wie viele Betriebsstunden wurden auf der Lackieranlage in den letzten drei Monaten durchschnittlich gefahren? Welche Maßnahmen sind zu Verbesserung der Kapazitätsauslastung denkbar?

b) Der Betriebsleiter kommt freudig erregt zu Ihnen: *„Wir haben den Auftrag von Kunert bekommen: 1.000 Blechteile, grundiert. Wir müssen morgen damit beginnen. Rechnen Sie mal schnell aus, ob wir mit der Grundierung hinkommen oder ob wir noch bestellen müssen."* Sie wissen, dass pro Blechteil 0,5 l Grundierung gebraucht werden und mit einem Farbverlust von rund 10 % zu rechnen ist. Laut EDV-Auszug sind von der Grundierung noch 300 l auf Lager und 150 l bestellt (mit Liefertermin morgen); außerdem sind 100 l reserviert für zwei andere Aufträge, die morgen erledigt werden; ein Sicherheitsbestand von 200 l muss grundsätzlich eingehalten werden.

**Lösung s. Seite 902**

## Aufgabe 6: Kapazitätsbestand

In einem Monat müssen in einer Fertigungskostenstelle 1.600 Stück gefertigt werden. Für die Kapazitätsplanung liegen folgende Angaben vor:

| | |
|---|---|
| Personalbestand: | 25 Mitarbeiter |
| Vorgabezeit: | 150 min/Stück |
| Arbeitstage: | 22 Tage |
| Arbeitszeit: | 7,5 Std./Tag |
| Ausfallzeiten: | 12 % Urlaub |
| | 5 % sonstige Fehlzeiten |

a) Berechnen Sie den Kapazitätsbestand in Stunden.

b) Berechnen Sie den Kapazitätsbedarf in Stunden.

c) Ermitteln Sie den Zusatzbedarf-

d) Ermitteln Sie die erforderliche Mehrarbeit lt Sachverhalt pro Mitarbeiter/Tag bei einem Zeitgrad von 115 %.

**Lösung s. Seite 903**

## 2.2 Grundsätze der betrieblichen Aufbau- und Ablauforganisation

### Aufgabe 1: Organisationsformen

Vergleichen Sie in einer Gegenüberstellung die klassischen Organisationsstrukturen hinsichtlich folgender Merkmale: Einlinien-/Mehrlinienorganisation, Kompetenzgrad, Verrichtungs-/Objektorientierung.

**Lösung s. Seite 903**

### Aufgabe 2: Unterschiede und Gemeinsamkeiten der Aufbau- und Ablauforganisation

Charakterisieren Sie stichwortartig die Unterschiede und Gemeinsamkeiten der Aufbau- und Ablauforganisation.

**Lösung s. Seite 904**

### Aufgabe 3: Zentralisierung, Dezentralisierung

Die ROHR AG ist ein Unternehmen mit mehreren Sparten und hat ca. 5.000 Mitarbeiter. Der Sitz der Holding ist Köln. Daneben gibt es sechs Tochtergesellschaften (GmbH) an den Standorten Hamburg, Köln, Hannover, Berlin, Frankfurt a. M. und München. Eine der Sparten betreibt Heizungsbau für Klein- und Großkunden. Gegenwärtig wird über eine Veränderung der Aufbaugestaltung des Einkaufs von Sanitär- und Heizungsartikeln sowie der Lagerhaltung dieser Artikel nachgedacht.

a) Nennen Sie fünf Argumente, die für eine Dezentralisierung der Lagerhaltung sprechen.

b) Geben Sie vier Überlegungen an, die für eine teilweise Zentralisierung des Einkaufs sprechen.

c) Erklären Sie die nachfolgenden drei Zentralisierungsarten am Beispiel der ROHR AG:
   - Verrichtungszentralisierung
   - Objektzentralisierung
   - regionale Zentralisierung.

**Lösung s. Seite 904**

## Aufgabe 4: Aufgabenanalyse, Arbeitsanalyse

Erläutern Sie den Unterschied zwischen der Aufgabenanalyse und der Arbeitsanalyse anhand eines selbst gewählten Beispiels – in Worten oder mithilfe einer Skizze.

**Lösung s. Seite 905**

## Aufgabe 5: Spartenorganisation

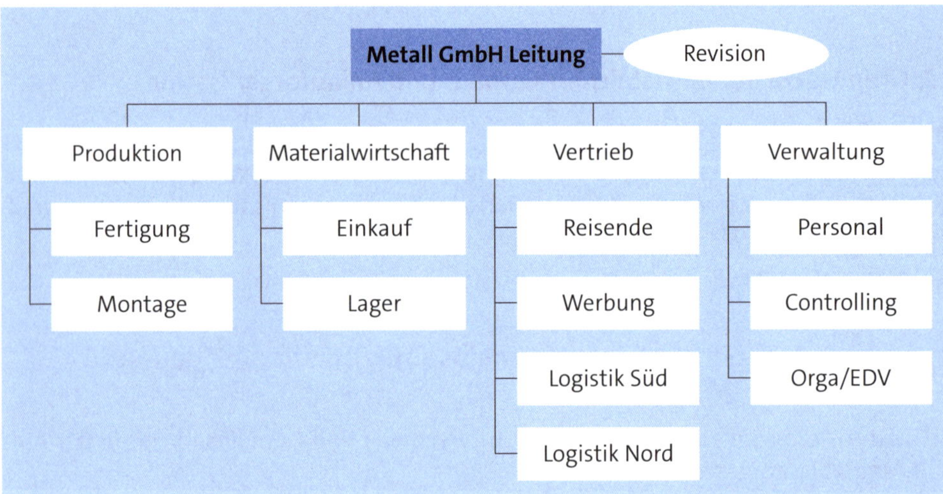


Die Metall GmbH stellt Elektroartikel her und vertreibt sie in Deutschland. Der Umsatz beträgt zurzeit 260 Mio. € – mit steigender Tendenz – bei ca. 900 Mitarbeitern. Der Firmensitz ist in Essen. Es gibt keine Filialen. Bei der Geschäftsführung bestehen Überlegungen zur Neustrukturierung der Aufbauorganisation. Derzeit existiert eine Stablinienorganisation entsprechend der oben dargestellten Abbildung.

a) Zeigen Sie jeweils an zwei Beispielen, nach welchen Gliederungsprinzipien die Aufbauorganisation der Metall GmbH strukturiert ist.

b) Entwerfen Sie für die Geschäftsleitung eine neue Organisation. Dabei bestehen folgende Auflagen:

- Die Produktpalette wird zukünftig in zwei Sparten gegliedert.
- Jede Sparte hat die Bereiche Materialwirtschaft, Vertrieb und Controlling.
- Die Revision bleibt als Stabsstelle bestehen.
- Die Abteilungen „Logistik Nord" und „Logistik Süd" werden zusammengefasst als Zent-ralbereich „Logistik".
- Die Stellen „Personal" und „Organisation/EDV" werden als Zentralbereiche ausgewiesen.

c) Ergänzen Sie Ihre Vorlage durch eine kurze Bewertung der Spartenorganisation.

**Lösung s. Seite 906**

## Aufgabe 6: Profitcenter (ergebnisorientierte Organisationseinheit)

Ihr Betriebsleiter hat wieder eine neue Idee: Er möchte die Effektivität Ihrer Abteilung verbessern und schlägt vor, aus der Kostenstelle „neue Lackieranlage" ein Profitcenter zu machen. Von der Geschäftsführung hat er bereits die Zustimmung, dass Sie pro Betriebsstunde (Lackieranlage) innerbetrieblich 165 € verrechnet bekommen. *„Ich finde das ausreichend, rechnen Sie es mal durch. Ich denke, wir machen dabei einen guten Schnitt"*, so seine Meinung.

a) Sie notieren auf einem Blatt die Ihnen bekannten monatlichen Kosten- und Leistungsdaten der Lackieranlage und erstellen ein Planbudget auf Monatsbasis:

- Kapazität: 150 Betriebsstunden
- durchschnittliche Auslastung der Anlage: 80 %
- Personalkosten für zwei Mitarbeiter: 6.500 €
- Sachkosten (durchschnittlich): 9.500 €
- Umlagekosten: 3.800 €
- durchschnittliche Kapitalbindung, mtl.: 12.500 €

b) Welchen innerbetrieblichen Verrechnungssatz (pro Betriebsstunde/Lackieranlage) müssen Sie durchsetzen, um bei gleicher Auslastung den von der Geschäftsleitung geforderten ROI von 12 % zu realisieren?

**Lösung s. Seite 906**

## Aufgabe 7: Auftragszeit

Sie sind Kalkulator eines mittelständischen Maschinenbauers. Für einen Kundenauftrag sollen Sie die **Auftragszeit** berechnen. Hierbei handelt es sich um eine **Kleinserie** von 200 Stück die auf einer Werkzeugmaschine zu bearbeiten ist. Der **Verteilzeitprozentsatz** beträgt 20 %. Erholungszeiten werden nicht gewährt. Ihnen stehen weiterhin folgende Eckdaten zur Verfügung:

| Tätigkeit | Sollzeit in Minuten |
|---|---|
| ► Auftrag und Zeichnung lesen | 10,0 |
| ► Werkstück einspannen und Maschine in Betrieb setzen | 1,0 |
| ► Maschinenbearbeitungszeit | 5,0 |
| ► ausspannen und lagern | 0,5 |

**Lösung s. Seite 907**

## Aufgabe 8: Personalbedarf, Personalbemessung

In Ihrem Unternehmen ist die Produktionskapazität zurzeit nicht ausgeschöpft. Aus diesem Grund nimmt die Geschäftsleitung einen Auftrag herein, von dem sie sich eine Auslastung der Kapazität verspricht. Der Auftrag soll einschichtig in rd. 22 Arbeitstagen gefertigt werden.

a) Sie sollen den Personalbedarf für diesen Auftrag ermitteln. Dazu erhalten Sie folgende Daten:

| | |
|---|---|
| Anzahl der bestellten Bauteile: | 500 Stück |
| Rüstzeit: | 140 Stunden |
| Ausführungszeit je Bauteil: | 22 Stunden |
| Monatsarbeitszeit je Mitarbeiter: | 167 Stunden (≈ 7,5 Std. • 22,27 Arbeitstage/Monat) |
| durchschnittlicher Leistungsgrad: | 115 % |

b) Welcher Personalbedarf ergibt sich, wenn mit einer durchschnittlichen Fehlzeit von 5 % gerechnet werden muss?

**Lösung s. Seite 907**

## Aufgabe 9: Verkürzung der Durchlaufzeit durch Losteilung

Sie sind in der Arbeitsvorbereitung eines großen Maschinenbauers tätig. Aufgrund von hohen Durchlaufzeiten sind in der Vergangenheit einige Kundenaufträge an Ihren Wettbewerber vergeben worden. Es ist erklärtes Ziel Ihrer Geschäftsführung, diese Zeiten erheblich zu verringern. Eine Möglichkeit hierzu ist die Losteilung.

a) Erstellen Sie eine Tabelle mit möglichen Losteilungsdivisoren für folgende Eckdaten:

- Rüstzeit: 120 min.
- Bearbeitungszeit: 700 min.

b) Berechnen Sie die Kosten, wenn für eine Belegungsstunde 65 € anfallen.

**Lösung s. Seite 908**

## Aufgabe 10: Optimale Bestellmenge (1)

In Ihrem Unternehmen werden häufig bestimmte Kleinteile in größeren Mengen benötigt. Die Disposition erfolgt verbrauchsgesteuert unter Beachtung der Bestell- und Lagerkosten. Für das Material Z wurden folgende Abhängigkeiten der Bestellkosten und der Lagerkosten von der jeweils bestellten Menge ermittelt:

| Bestellmenge | Bestellkosten in € | Lagerkosten in € |
|---|---|---|
| 100 | 200 | 200 |
| 200 | 200 | 220 |
| 300 | 200 | 250 |
| 400 | 200 | 380 |
| 500 | 200 | 900 |

Ermitteln Sie die Menge, bei der die Gesamtkosten pro Einheit ein Minimum haben.

**Lösung s. Seite 908**

## Aufgabe 11: Optimale Bestellmenge (2)

In Ihrem Unternehmen beträgt der Jahresbedarf für Keramikscheiben 2.000 Stück, die Bestell-kosten je Bestellung 50 €, der Einstandspreis je Stück 5 € sowie der Kostensatz der Lagerhaltung 20 % des durchschnittlichen Lagerbestandes. Der Disponent Herr Zahl disponiert die Keramikscheiben schon seit langem immer mit einer Stückzahl von 500 – dies sei optimal.

Überprüfen Sie die Behauptung von Herrn Zahl.

**Lösung s. Seite 909**

## Aufgabe 12: Auftragsmenge, Verbrauchsabweichung, Beschäftigungsgrad

Der PLASTE GmbH ist es gelungen, mit einem bekannten deutschen Automobilhersteller einen längerfristigen Liefervertrag über Griffschalen abzuschließen: Jeweils am letzten Tag eines Monats sind 4.000 Stück kostenfrei zu liefern. Die Fertigungsplanung ergibt, dass es für die PLASTE GmbH vorteilhafter ist, jeweils die Liefermenge von zwei Monaten in einer Losgröße herzustellen. Pro Stück werden 100 g Kunststoffgranulat benötigt. Weiterhin ist bekannt: Die ersten 100 Teile je Charge sind NIO-Teile; der zusätzliche, nicht vermeidbare Ausschuss beträgt durchschnittlich 5 %.

a) Ermitteln Sie die Auftragsmenge pro Fertigungsauftrag.

b) Wie viel Kilogramm (kg) Kunststoffgranulat müssen pro Fertigungsauftrag bereitgestellt werden?

c) Nach vier Monaten ergab die Kontrolle des Fertigungsprozesses, dass der tatsächliche Verbrauch an Kunststoffgranulat pro Fertigungsauftrag durchschnittlich 901 kg betrug.

   1. Wie hoch ist die Verbrauchsabweichung in Prozent?
   2. Nennen Sie drei mögliche Ursachen für die Verbrauchsabweichung.

d) Welche Auswirkungen hat die Entscheidung, die Liefermenge von zwei Monaten zu einer Losgröße zusammenzufassen? Stellen Sie jeweils drei Vor- und Nachteile gegenüber.

e) Die PLASTE GmbH fertigt den dargestellten Auftrag auf der Fertigungsstraße II, deren Kapazität bei 10.000 Stück/Zeiteinheit liegt.

   Ermitteln Sie den Beschäftigungsgrad der Fertigungsstraße II. Unterstellen Sie dabei eine Ist-Ausbringung von 8.500 Stück/Zeiteinheit.

**Lösung s. Seite 910**

## Aufgabe 13: Optimale Bestellmenge, Meldebestand, durchschnittlicher Lagerbestand, optimale Bestellhäufigkeit

In Ihrem Unternehmen sind die Beschaffungskosten eines häufig bezogenen Artikels zu hoch. Man möchte das Bestellwesen optimieren. Es liegen folgende Daten vor:

| | |
|---|---|
| Jahresbedarf: | 6.120 Stk. |
| Einstandspreis: | 12,50 €/Stk. |
| Lieferzeit: | 5 Tage |
| interne Prüfkontrolle: | 1 Tag |
| Sicherheitsbestand: | 680 Stk. |
| Bestellkosten: | 150 €/Bestellung |
| Lagerhaltungskostensatz: | 20 % |

a) Berechnen Sie den Meldebestand.

b) Beschreiben Sie die Bestellmengenoptimierung nach Andler.

c) Errechnen Sie die optimale Bestellmenge.

d) Errechnen Sie den durchschnittlichen Lagerbestand.

e) Wie hoch ist die optimale Bestellhäufigkeit pro Jahr?

**Lösung s. Seite 911**

## Aufgabe 14: Durchschnittlicher Lagerbestand, Lagerumschlagshäufigkeit

Zu Beginn des Jahres betrug der Lagerbestand 30.000 Stück. Am Ende der folgenden sechs Monate betrug der Lagerbestand jeweils:

| | |
|---|---|
| Januar: | 20.000 Stück |
| Februar: | 30.000 Stück |
| März: | 25.000 Stück |
| April: | 32.000 Stück |
| Mai: | 40.000 Stück |
| Juni: | 35.000 Stück |

Die Materialeinkäufe betrugen in diesem Halbjahr 210.000 Stück.

a) Berechnen Sie den durchschnittlichen Lagerbestand.

b) Berechnen Sie die Lagerumschlagshäufigkeit.

**Lösung s. Seite 912**

## Aufgabe 15: Fertigungsversorgung

Sie sind dabei, einen größeren Auftrag der Fa. Kunze zu planen. Sie benötigen dafür 800 Bleche in den Maßen 250 mm x 150 mm x 2 mm. Das Material ist nicht auf Lager und muss bestellt werden. Ihr Lieferant teilt Ihnen mit, dass er Tafelbleche in den Maßen 1.500 mm x 2.000 mm x 2 mm in fünf Werktagen liefern könne.

Wie viele Tafelbleche müssen Sie bestellen?

**Lösung s. Seite 912**

## Aufgabe 16: Organisation, Disposition, Improvisation

In der Organisationslehre unterscheidet man die Begriffe **Organisation, Disposition und Improvisation**. Geben Sie jeweils eine Erläuterung mithilfe eines Beispiels.

**Lösung s. Seite 913**

### 2.3 Nutzen und Möglichkeiten der Organisationsentwicklung

## Aufgabe 1: Management-Philosophien

Vergleichen Sie die Management-Philosophien Change-Management, Balanced-Scorecard, KVP, Kanban, Reengineering und Lean Management hinsichtlich folgender Merkmale: Zielsetzung, Kernelemente, Rolle des Vorgesetzten/der Mitarbeiter.

**Lösung s. Seite 913**

## Aufgabe 2: Outsourcing

Im Rahmen von Lean Management ist Outsourcing eine der eingesetzten Strategien. Erläutern Sie diese Strategie und nennen Sie jeweils drei Chancen und Risiken.

**Lösung s. Seite 914**

## Aufgabe 3: EFQM

Zeigen Sie in einem Schaubild Elemente und Regelkreis des EFQM-Ansatzes.

**Lösung s. Seite 914**

## Aufgabe 4: Maschinenbelegung

Ihrem Unternehmen liegen drei Aufträge (A1-A3) vor. Die Ausführung erfolgt an drei Maschinen (M1-M3) in unterschiedlicher Reihenfolge und Zeitdauer (Produktionsstufen P1-P3). Ermitteln Sie die optimale Maschinenbelegung mithilfe des Balkendiagramms (Plannet-Technik). Die Bedingungen: Es entstehen keine Umrüstzeiten. Die einzelnen Bearbeitungsvorgänge je Auftrag sind nicht teilbar.

| | P 1 | P 2 | P 3 |
|---|---|---|---|
| Auftrag 1 | 6 Std. M1 | 1 Std. M3 | 4 Std. M2 |
| Auftrag 2 | 4 Std. M3 | 3 Std. M2 | 2 Std. M1 |
| Auftrag 3 | 4 Std. M2 | 2 Std. M1 | 1 Std. M3 |

**Lösung s. Seite 915**

## Aufgabe 5: Flussdiagramm

In den Organisationsrichtlinien Ihres Betriebes heißt es u. a. zum Thema Personalbeschaffung:

*„Die Personalbeschaffung wird eingeleitet, indem der zuständige Abteilungsleiter die Personalanforderung dem zuständigen Hauptabteilungsleiter zur Unterschrift vorlegt. Dieser hat zu prüfen, ob die Stelle lt. Personalplanung genehmigt ist. Wenn ja, kann die Planung der Beschaffung erfolgen. Wenn nicht, ist die Personalanforderung an die Personalabteilung weiterzuleiten, die sie dem Vorstand zur „außerordentlichen Genehmigung" vorlegt. Lehnt der Vorstand die außerordentliche Genehmigung ab, erfolgt Ablage. Ansonsten ist zu prüfen, ob die Stelle – parallel zur externen Ausschreibung – auch intern ausgeschrieben werden muss. Nach Auswahl eines geeigneten Kandidaten kommt der Vorgang zu den Akten."*

Stellen Sie den Vorgang als Flussdiagramm dar.

**Lösung s. Seite 915**

## Aufgabe 6: Netzplan

Sie sind Teammitglied in einem Projekt. Sie erhalten die nachfolgende Vorgangsliste:

| Nr. | Vorgänger | Zeit in Tagen |
|---|---|---|
| 1 | – | 3 |
| 9 | 3/7 | 1 |
| 4 | 1 | 3 |
| 13 | 11/12 | 3 |
| 3 | 1 | 4 |
| 6 | 2 | 6 |
| 10 | 8 | 5 |
| 7 | 2 | 4 |
| 2 | 1 | 2 |
| 12 | 10 | 1 |
| 5 | 1 | 1 |
| 8 | 4/5 | 3 |
| 11 | 6/9 | 5 |

Ordnen Sie die Vorgangsliste, zeichnen Sie die Netzstruktur, berechnen Sie alle Zeiten und kennzeichnen Sie den kritischen Weg.

**Lösung s. Seite 916**

## Aufgabe 7: Arbeitsablaufdiagramm

Die Aufschreibung des Arbeitsablaufs „Materialbereitstellung in der Montage" hat sechs Einzelverrichtungen ergeben:

- Sortieren der Bauteile nach Montagebereichen
- Lagern der Bauteile in vorgesehene Behälter an den Montage-Werkbänken
- Zwischenlagern der Bauteile in der Montagehalle
- Anliefern der Bauteile aus dem Zwischenlager
- Transport der Bauteile zu den jeweiligen Montage-Teams
- Stichprobenartige Kontrolle der Bauteile vor Transport zu den Montageteams

a) Stellen Sie den Arbeitsablauf in einem verrichtungsorientierten Arbeitsablaufdiagramm dar (vgl. Matrix, unten). Die Einzelverrichtungen sind vorher sachlogisch zu ordnen.

b) Nennen Sie Möglichkeiten der Ablaufoptimierung.

| Lfd. Nr. der Verrichtung | Bearbeiten | Transport | Kontrolle | Lagern |
|---|---|---|---|---|
| | ○ | ⇨ | □ | ▽ |
| | ○ | ⇨ | □ | ▽ |
| | ○ | ⇨ | □ | ▽ |
| | ○ | ⇨ | □ | ▽ |
| | ○ | ⇨ | □ | ▽ |
| | ○ | ⇨ | □ | ▽ |

**Lösung s. Seite 916**

## Aufgabe 8: Balkendiagramm, Netzplan

Ein Anruf vom Kunden Mertens: *„Ich brauche überraschenderweise noch 100 Stück Anlasserritzel Typ M. Können Sie mir die Lieferung in zwei Tagen garantieren? Ich bitte um Rückruf in der nächsten halben Stunde."* Es ist jetzt Dienstag, 15:30 Uhr.

Laut Arbeitsplan liegen für die Fertigung von Typ M folgende Daten vor:

Rüsten 1: 1 Std.
Fräsen: 3 min/Stk.
Rüsten 2: 2 Std.
Bohren: 2,4 min/Stk.
Reinigen: 1 Std.

Für die Fertigung steht pro Vorgang nur ein Halbautomat zur Verfügung; Paralleltätigkeiten sind nicht möglich. Nach jedem Maschinenwechsel ist eine Pufferzeit von einer Stunde zu berücksichtigen. Der Arbeitstag beträgt 8 Stunden bei 1-Schicht-Betrieb. Für Verpackung und Transport rechnen Sie mit fünf Stunden. Sie könnten mit der Arbeit morgen, bei Schichtbeginn anfangen. Durchlaufend wird eine Vollzeitkraft benötigt.

a) Stellen Sie grafisch den Arbeitsablauf mithilfe eines Balkendiagramms dar.

b) Können Sie die Ausführung des Auftrags – wie gewünscht – zusagen? Geben Sie eine begründete Antwort.

c) Könnten Sie die Aufgabe auch mithilfe der Netzplantechnik lösen? Nennen Sie in Ihrer Begründung vier Gemeinsamkeiten bzw. Unterschiede der beiden Planungstechniken.

**Lösung s. Seite 917**

## 2.4 Anwenden von Methoden der Entgeltfindung und der kontinuierlichen, betrieblichen Verbesserung

### Aufgabe 1: Ergonomie, Qualitätssicherung

Der Fall „Glattschnitt“:
Die Montage des Rasenmähers Typ „Glattschnitt“ bereitet Ihnen Sorgen. Bei Ihrer Erfassung der Arbeitsplatzgestaltung in Halle II haben Sie sich Folgendes notiert: Die zugekauften Motoren und Rahmenteile werden in Gitterboxen vom Zwischenlager per Hand nach Halle II gebracht. Je zwei Mann heben jeweils den Motor und die erforderlichen Rahmenteile auf die Montagebank. Es kommt häufiger vor, dass Teile fehlen. Die Montage erfolgt mit konventionellem Werkzeug (Maulschlüssel, Schraubendreher). Die Arbeiter stehen leicht gebückt am Montageband. Die veraltete Neonbeleuchtung wirft Schatten auf das Montageband und flackert gelegentlich. Manchmal beschweren sich Kunden, dass Schrauben zu fest oder zu lose sitzen. Der letzte Mitarbeiter am Montageband kontrolliert und verpackt die Rasenmäher in Kartons. Die Kartons werden auf Europaletten gestapelt und dann mit einem Hubwagen in das überdachte Freilager gebracht. In ca. acht Meter Entfernung ist eine Hallenpendeltür durch die sehr häufig Flurförderfahrzeuge ein- und ausfahren. Auf den benachbarten Arbeitsplätzen gibt es zwei Stanzen und eine Presse für die Blechbearbeitung. Der durchschnittliche Lärmpegel liegt bei 90 db (A). Die fünf Mitarbeiter am Montageband maulen und beklagen sich über die ihrer Meinung nach stupide Arbeitsweise. Der Krankenstand liegt bei Ihnen über dem Durchschnitt. Platzmangel gibt es nicht in Halle 2.

Nennen Sie allgemein fünf Aspekte ergonomischer Arbeitsplatzgestaltung und schlagen Sie jeweils fallbezogene Lösungsansätze vor. Berücksichtigen Sie dabei Maßnahmen zur Qualitätssicherung.

**Lösung s. Seite 918**

## Aufgabe 2: Ziele der Arbeitsplatzgestaltung

Die Arbeitsplatzgestaltung versucht z. B. folgende Ziele zu realisieren:

- Bewegungsvereinfachung
- Bewegungsverdichtung
- Mechanisierung/Teilmechanisierung
- Aufgabenerweiterung
- Verbesserung
  - der Ergonomie
  - des Wirkungsgrades menschlicher Arbeit
  - der Sicherheit am Arbeitsplatz
  - der Motivation
- Vermeidung von Erkrankungen/Berufskrankheiten
- Reduzierung des Absentismus.

Wählen Sie drei Ziele aus und bilden Sie dazu jeweils Beispiele.

**Lösung s. Seite 919**

## Aufgabe 3: Zeitlohn

Ein Arbeiter erhält eine Vergütung auf Zeitlohnbasis. Die tarifliche Arbeitszeit beträgt 167 Stunden pro Monat. Der Überstunden-Zuschlag ist 50 %, der Grundlohn beträgt 22 € pro Stunde. Ermitteln Sie den Monatslohn bei 205 Arbeitsstunden für den Monat September.

**Lösung s. Seite 919**

## Aufgabe 4: Zeitakkord

Ein Facharbeiter hat derzeit einen Tariflohn von 20 €/Std. Die tarifliche Arbeitszeit beträgt 35 Std. pro Woche. Bei der Umstellung auf Akkordentlohnung wird der Akkordrichtsatz auf 24 €/Std. und die Normalleistung auf 15 Stk./Std. festgelegt.

a) Berechnen Sie den Minutenfaktor.

b) Berechnen Sie den tatsächlichen Stundenlohn des Facharbeiters bei einer Ist-Leistung pro Std. von 17 Stück.

c) In der 39. und 40. Woche betrug der Bruttoverdienst des Facharbeiters zusammen 1.904 € (ohne Überstunden). Um wie viel Prozent lag seine Ist-Leistung über der Normalleistung?

**Lösung s. Seite 920**

## Aufgabe 5: Entgeltdifferenzierung

Im Rahmen der Entgeltbemessung (Lohnfindung) kann sich der Arbeitgeber u. a. an den nachfolgenden zwei Prinzipien orientieren:

- Anforderungsgerechtigkeit und
- Leistungsgerechtigkeit.

Erklären Sie den Unterschied, indem Sie die nachfolgende Tabelle vervollständigen:

| | **Bemessungsprinzipien** | |
|---|---|---|
| | **Anforderungsgerechtigkeit** | **Leistungsgerechtigkeit** |
| **Bemessungskriterien**, z. B. | | |
| **Bemessungsobjekte** | | |
| **Bemessungsverfahren** | | |
| **Entgeltform**, z. B. | | |

**Lösung s. Seite 920**

## Aufgabe 6: Akkordlohn, Lohnstückkosten

Sie bereiten die nächste Unterweisung für Ihre vier Auszubildenden vor. Auf dem Themenplan steht der Akkordlohn. Zur Veranschaulichung wählen Sie eine Akkordentlohnung aus der Fertigung mit folgenden Eckdaten:

| | |
|---|---|
| tariflicher Mindestlohn: | 20 €/Std. |
| Akkordzuschlag: | 20 % |
| Normalleistung: | 100 Einheiten (E)/Std. |
| Akkordart: | Proportionalakkord |

a) Unter welchen Voraussetzungen ist der Akkordlohn anwendbar?

b) Zeigen Sie grafisch die Entwicklung der Lohnkosten in Abhängigkeit von der Leistung und berücksichtigen Sie dabei die o. g. Eckdaten.

   Tragen Sie außerdem in Ihre Grafik ein:

   - die Normalleistung
   - den tariflichen Mindestlohn
   - den Akkordrichtsatz bzw. den Akkordzuschlag.

c) Stellen Sie in einer zweiten Grafik die Entwicklung der Lohnstückkosten beim Proportionalakkord dar. Berücksichtigen Sie auch hier die o. g. Eckdaten.

**Lösung s. Seite 920**

## Aufgabe 7: Vor- und Nachteile beim Zeitlohn, Akkordlohn, Prämienlohn und Gruppenlohn

Nennen Sie jeweils drei Vor- und Nachteile beim

a) Zeitlohn,

b) Akkordlohn,

c) Prämienlohn und

d) Gruppenlohn.

**Lösung s. Seite 922**

## Aufgabe 8: Akkordlohn

Der Mitarbeiter hat in einer 35-Stunden-Woche die Akkordvorgabe exakt erreicht und dabei 563,50 € verdient. Sein Akkordzuschlag beträgt 15 %.

Berechnen Sie den Akkordgrundlohn des Mitarbeiters pro Stunde.

**Lösung s. Seite 923**

### 2.5 Durchführen von Kostenarten-, Kostenstellen- und Kostenträgerzeitrechnungen sowie Kalkulationsverfahren

## Aufgabe 1: Bilanz, GuV, Bilanzveränderung

Eine zentrale Aufgabe des Rechnungswesens ist die Erstellung der Bilanz.

a) Stellen Sie dar, wie eine Bilanz grundsätzlich gegliedert ist und nennen Sie dabei die wesentlichen Bilanzpositionen.

b) Nennen Sie die Merkmale der Gliederung von Aktiva und Passiva.

c) Nennen Sie die Größen, die in der GuV-Rechnung gegenübergestellt werden.

d) Jeder Geschäftsfall führt zur Veränderung von Positionen der Bilanz. Man unterscheidet folgende Arten der Bilanzveränderung: Aktiv-/Passivtausch und Aktiv-Passiv-Minderung/-Mehrung.

   Beschreiben und begründen Sie für die nachfolgenden Geschäftsfälle die Art der Bilanzveränderung:

   1. Kauf einer Anlage und Bezahlung per Bank
   2. Kauf von Vorräten auf Ziel
   3. Einzahlung eines Betrages in bar auf das Bankkonto
   4. Eine Lieferantenrechnung (auf Ziel, gebucht) wird per Banküberweisung bezahlt.

**Lösung s. Seite 923**

## Aufgabe 2: Betriebsergebnis, Unternehmensergebnis, Deckungsbeitrag

In einem Profitcenter Ihres Unternehmens liegen folgende Angaben vor:

| | |
|---|---|
| produzierte und abgesetzte Menge/Jahr: | 800.000 Einheiten |
| Fixkosten/Jahr: | 1.200.000 € |
| variable Kosten pro Einheit: | 4,50 € |
| innerbetrieblicher Verrechnungspreis: | 6,50 € |

Die anderen Betriebsteile erwirtschaften ein jährliches Betriebsergebnis von 500.000 €; außerdem fallen außerordentliche Verluste aus Anlagenverkäufen in Höhe von 30.000 € an.

a) Berechnen Sie das Unternehmensergebnis.

b) Ermitteln Sie für das Profitcenter den Deckungsbeitrag pro Einheit.

**Lösung s. Seite 924**

## Aufgabe 3: Betriebsabrechnungsbogen, Selbstkosten

Auf der Basis der nachfolgenden Angaben sind die Zuschlagssätze und die Selbstkosten zu ermitteln:

| **Gemeinkosten-arten** | **Zahlen der KLR in €** | | **I** | **II** | **III** | **IV** |
|---|---|---|---|---|---|---|
| | | **Verteilungs-schlüssel** | **Material** | **Ferti-gung** | **Verwal-tung** | **Vertrieb** |
| GKM | 9.600 | 3 : 6 : 2 : 1 | | | | |
| Hilfslöhne | 36.000 | 2 : 14 : 5 : 3 | | | | |
| Sozialkosten | 6.600 | 1 : 3 : 1,5 : 0,5 | | | | |
| Steuern | 23.100 | 1 : 3 : 5 : 2 | | | | |
| Sonstige K. | 7.000 | 2 : 4 : 5 : 3 | | | | |
| AfA | 8.400 | 2 : 12 : 6 : 1 | | | | |
| ∑ | | | | | | |
| | | | | | | |
| | | Einzelkosten | 83.200 | 40.000 | | |
| | | | | | | |
| | | Zuschlagssätze | | | | |

**Lösung s. Seite 925**

## Aufgabe 4: Zuschlagskalkulation

Auf einer NC-Maschine werden 25 Spezialwerkzeuge hergestellt. Die Bearbeitungsdauer beträgt 15 min/Stk.; für das Rüsten werden 2 Std. benötigt. Der Materialverbrauch liegt bei 160 €/Stk. Der anteilige Fertigungslohn für die Bearbeitung beträgt 200 €. Es sind Materialgemeinkosten von 30 % und Restgemeinkosten von 120 % zu berücksichtigen.

Der Maschinenstundensatz liegt bei 180 €/Std. Zu kalkulieren sind die Herstellkosten der Fertigung pro Stück.

**Lösung s. Seite 926**

## Aufgabe 5: Maschinenstundensatz

Für eine NC-Maschine existieren folgende Angaben:

| | |
|---|---|
| ► Anschaffungskosten der NC-Maschine: | 200.000 € |
| ► Wiederbeschaffungskosten der NC-Maschine: | 240.000 € |
| ► Nutzungsdauer der NC-Maschine: | 10 Jahre |
| ► kalkulatorische Abschreibung: | linear |
| ► kalkulatorische Zinsen: | 6 % vom halben Anschaffungswert |
| ► Instandhaltungskosten: | 6.000 € p. a. |
| ► Raumkosten: | 4.000 € p. a. |
| ► Energiekosten: | |
| - Energieentnahme der NC-Maschine: | 11 kWh |
| - Verbrauchskosten: | 0,12 €/kWh |
| - Jahresgrundgebühr: | 220 € |
| ► Werkzeugkosten: | 10.000 € p. a., Festbetrag |
| ► Laufzeit der NC-Maschine: | 2.000 Std. p. a. |

a) Ermitteln Sie den Maschinenstundensatz.

b) Für eine weitere neue Anlage wurde ein Maschinenstundensatz von 50 €/Std. ermittelt. Die Laufzeit der Anlage war mit 1.600 Std. pro Jahr und die Nutzungsdauer mit 10 Jahren geplant. Für die kalkulatorische AfA ergab sich ein Stundensatz von 18,75 €/Std.

   Um wie viel Prozent erhöht sich der Maschinenstundensatz, wenn aufgrund aktueller Erkenntnisse die Lebensdauer der Anlage auf sechs Jahre reduziert werden muss?

**Lösung s. Seite 926**

## Aufgabe 6: Industriekalkulation, Differenzkalkulation

Die Metallbau GmbH kann ihr neues Produkt wegen des Wettbewerbs nur zu einem Preis von 800 € anbieten. Sie kalkuliert das neue Produkt mit folgenden Angaben:

| | |
|---|---|
| Materialeinzelkosten: | 254,94 €/Stück |
| Materialgemeinkosten: | 10 % |
| Fertigungslöhne: | 90 €/Stück |
| Fertigungsgemeinkosten: | 110 % |
| Verwaltungsgemeinkosten: | 15 % |

Vertriebsgemeinkosten: 5 %
Verkaufsrabatt: 10 %
Vertreterprovision (Verkauf): 10 %

Welchen Gewinn absolut und in Prozent kann die Metallbau GmbH unter diesen Bedingungen bei dem neuen Produkt realisieren?

**Lösung s. Seite 927**

## Aufgabe 7: Deckungsbeitrag pro Stück, Break-even-Point

Sie sind kommissarischer Leiter einer Niederlassung, die hochwertige Werkzeugsätze herstellt. Die Verhandlungen mit dem Kunden Huber stehen kurz vor dem Abschluss: Er möchte bei Ihnen laufend die Ausführung „MKX24" bestellen. Aus der Buchhaltung haben Sie folgende Zahlen erhalten:

Materialkosten pro Stück: 100 €/Stk.
Lohnkosten pro Stück: 200 €/Stk.
Fixkosten pro Woche: 12.000 €
vorläufiger Verkaufspreis pro Stück: 600 €/Stk.

a) Bei welcher Stückzahl pro Woche ist die Gewinnschwelle erreicht?

b) Wie hoch ist der Deckungsbeitrag pro Stück?

**Lösung s. Seite 927**

## Aufgabe 8: Produktivität, Rentabilität, ROI

Aufgrund der Angaben aus dem Rechnungswesen ermitteln Sie für die letzten beiden Monate u. a. folgende Kennzahlen:

| Monat | Ausbringung (Stk.) | Arbeitsstunden | Gesamtkapitalrentabilität (%) |
|---|---|---|---|
| Mai | 50.000 | 2.000 | 12,5 |
| Juni | 42.000 | 1.400 | 12,5 |

a) Berechnen Sie die Veränderung der Arbeitsproduktivität in Prozent und nennen Sie zwei mögliche Ursachen für die Veränderung.

b) Erklären Sie anhand von drei Beispielen, warum sich bei einer Veränderung der Arbeitsproduktivität die Gesamtkapitalrentabilität des Unternehmens nicht zwangsläufig verändert.

c) Als Grundlage für Ihre Unternehmensplanung wird u. a. der Return on Investment (ROI) verwendet. Wie wird diese Kennzahl ermittelt?

**Lösung s. Seite 928**

## Aufgabe 9: Kapitalbindung, Kapitalrückflusszeit

Die Betriebsleitung plant, einen neuen Rasenmäher Typ „Rasant" zu fertigen. Neben einer zusätzlichen Fertigungsanlage müsste eine entsprechende Halle errichtet werden. Aus der Buchhaltung bzw. dem Ein- und Verkauf tragen Sie folgende Plandaten zusammen:

| | |
|---|---|
| Anschaffungspreis der neuen Anlage: | 200.000 € |
| ► geplanter Restwert: | 20.000 € |
| Anschaffungspreis der neuen Halle: | 60.000 € |
| ► geplanter Restwert: | 0 € |
| Transportkosten: | 15.000 € |
| Kosten der Montage und Inbetriebnahme: | 25.000 € |
| Abschreibungsdauer: | |
| ► Anlage: | 5 Jahre |
| ► Halle: | 10 Jahre |
| Materialkosten/Stk.: | 20 € |
| Fertigungskosten/Stk.: | 40 € |
| Gemeinkosten/Stk.: | 5 € |
| geplante Fertigungsmenge/Tag: | 100 Stk. |
| Fertigungstage pro Jahr: | 200 Tage |
| Verkaufspreis/Stk. | 70 € |
| Lieferantenziel: | 30 Tage |
| Lagerdauer Rohstoffe: | 20 Tage |
| Fertigungsdurchlaufzeit: | 10 Tage |
| Lagerdauer Fertigerzeugnisse: | 14 Tage |
| Kundenziel: | 14 Tage |

a) Ermitteln Sie den Kapitalbedarf für die Fertigung des neuen Rasenmähers Typ „Rasant".

b) Berechnen Sie die Kapitalrückflusszeit in Jahren.

**Lösung s. Seite 929**

## Aufgabe 10: Operative Instrumente (Kennzahlen, Controlling) und Budgetkontrolle

Aus der Buchhaltung liegen Ihnen folgende Zahlen des Produktes X vor:

| Jahr | Umsatz (€) | Absatz (Stk.) |
|---|---|---|
| Jahr 1 | 40.400 | 450 |
| Jahr 2 | 45.200 | 460 |

Aus den Berichten über die Budgetgespräche wissen Sie, dass für Jahr 2 ein Planumsatz von 48.000 € – bei einem Planabsatz von 450 Stück – festgeschrieben war.

a) Führen Sie einen innerbetrieblichen Vergleich durch. Unterscheiden Sie dabei

1. Ist-Ist-Vergleich
2. Soll-Ist-Vergleich und zeigen Sie jeweils die mengenmäßigen und wertmäßigen Veränderungen sowie die Veränderung der Erlöse pro Stück – ausgewiesen in Prozent – auf.

b) Präsentieren Sie die gewonnenen Ergebnisse der Geschäftsleitung in einer übersichtlichen Matrix bzw. einem Schaubild.

**Lösung s. Seite 930**

## Aufgabe 11: Analyse einer Geschäftsentwicklung

Sie analysieren die Geschäftsentwicklung Ihres Profitcenters. Betrachtet wird das zurückliegende Geschäftsjahr. Sie stellen fest:

- der Gewinn verzeichnet einen Rückgang um 1,5 %
- der Absatz ist dramatisch eingebrochen (um 25 %)
- der Umsatz ist annähernd konstant geblieben.

Was ist passiert? Erläutern Sie zwei Ursache-Wirkungszusammenhänge.

**Lösung s. Seite 931**

# 3. Prüfungsfach: Anwendung von Methoden der Information, Kommunikation und Planung

## 3.1 Erfassen, Analysieren und Aufbereiten von Prozess- und Produktionsdaten

### Aufgabe 1: Dokumentation von Prozessen

Warum müssen Prozesse dokumentiert werden und mit welchen Hilfsmitteln kann dies erfolgen?

Geben Sie jeweils sechs Beispiele.

**Lösung s. Seite 933**

### Aufgabe 2: Daten eines Prozesses visualisieren

Im Rahmen der Auditierung sollen zukünftig zentrale Prozesse im Betrieb visualisiert werden.

In welcher Form kann dies geschehen?

**Lösung s. Seite 933**

### Aufgabe 3: Intranet

In Ihrem Unternehmen wurde kürzlich ein Intranet eingerichtet.

Nennen Sie sechs Vorteile, die sich für die Mitarbeiter und das Unternehmen daraus ergeben können.

**Lösung s. Seite 933**

### Aufgabe 4: Übernahme bestehender Zeichnungen

Wie können bestehende Zeichnungen auf elektronischem Wege übernommen werden, um sie anschließend mit einem CAD-Programm weiterzuverarbeiten? Beschreiben Sie mögliche Vor- und Nachteile des Verfahrens.

**Lösung s. Seite 933**

### Aufgabe 5: Vorteile von CAD-Software

Welche Vorteile besitzen CAD-Programme im Vergleich zu herkömmlichem Zeichnen?

**Lösung s. Seite 934**

### Aufgabe 6: Funktionen von CAD-Software

Welche Funktionen bieten CAD-Programme einem technischen Zeichner?

**Lösung s. Seite 934**

## Aufgabe 7: CIM-Konzept

In einem Unternehmen soll CIM eingeführt werden.

Welche Kriterien müssen für die Implementierung einer neuen Datenbank berücksichtigt werden, um das CIM-Konzept im Unternehmen erfüllen zu können?

**Lösung s. Seite 934**

## Aufgabe 8: Betriebsdatenerfassung

Die Betriebsdatenerfassung soll zukünftig lückenlos erfolgen.

Nennen Sie vier Möglichkeiten der Erfassung der Betriebsdaten mit jeweils einem Vor- und Nachteil.

**Lösung s. Seite 935**

## Aufgabe 9: PPS-System

Welche Unterstützung kann ein PPS-System dem Vertrieb eines Unternehmens, das auftragsorientiert produziert, bieten?

**Lösung s. Seite 935**

## Aufgabe 10: Vergleich Standard-/Individual-Software

In Ihrer Firma soll eine neue Software zur Auftragsbearbeitung ausgewählt werden. Als grundsätzliche Fragestellung ergibt sich, ob diese Software eine Standard-Software sein kann oder ob es sinnvoller ist, eine Individual-Software entwickeln zu lassen.

Welche Vorteile sprechen bei einer Auftragsbearbeitung für eine Standard-Software und welche Vorteile sprechen für eine Individual-Software?

**Lösung s. Seite 935**

## Aufgabe 11: Änderungen an Individual-Software

Welche Voraussetzungen müssen erfüllt sein, um Änderungen von Unternehmensabläufen in der eingesetzten Individual-Software auch viele Jahre nach der Entwicklung des Programms vornehmen zu können?

**Lösung s. Seite 936**

## Aufgabe 12: Auswahl von Software und Lieferanten

Für die Anschaffung einer neuen E-Mail-Software in einem Unternehmen soll ein Anbieter ausgesucht werden, der neben dem Verkauf der Software auch Installation und Service anbieten kann. Da die Firma keine eigene IT-Abteilung unterhält, ist die Auswahl des Anbieters eine wichtige Aufgabe. Als Vorgesetzter mit entsprechenden EDV-Kenntnissen sollen sie für die Einkaufsabteilung des Unternehmens Kriterien für eine Angebotsbewertung erstellen.

Welche Kriterien sind für die Bewertung der unterschiedlichen Angebote auch in Bezug auf Installation und Service wichtig?

**Lösung s. Seite 936**

### Aufgabe 13: Höhere Programmiersprachen

Worin liegen die Vorteile von höheren Programmiersprachen?

**Lösung s. Seite 937**

### Aufgabe 14: Passwörter

Der Datenschutz in Ihrem Fertigungsbereich soll verbessert werden; dazu erhalten Sie von der Betriebsleitung den Auftrag, ein Informationsblatt zur Auswahl von Passwörtern für die Mitarbeiter zu erstellen.

Welche Ratschläge sollte das Informationsblatt enthalten? Beschreiben Sie fünf Aspekte.

**Lösung s. Seite 938**

## 3.2 Planungstechniken und Analysemethoden sowie deren Anwendungsmöglichkeiten

### Aufgabe 1: Pareto-Prinzip

Am Jahresende sind Sie dabei, Ihre persönlichen und beruflichen Ziele für das kommende Jahr zu notieren.

a) Welche Bedeutung haben Ziele für das persönliche Zeitmanagement?

b) Eines Ihrer persönlichen, beruflichen Ziele für das nächste Jahr heißt: *„Aufstieg innerhalb der Firma in eine höher bezahlte Tätigkeit mit mehr Gestaltungsfreiraum und mehr Führungsverantwortung."* Erstellen Sie eine Liste mit fünf geeigneten Aktionen zur Erreichung dieses Zieles. Erläutern Sie das Pareto-Prinzip und wenden Sie es auf Ihren Maßnahmenkatalog an.

**Lösung s. Seite 938**

### Aufgabe 2: Umgang mit anderen

Formulieren Sie als Führungskraft sechs Regeln für eine effektive Zeitverwendung im Umgang mit anderen.

**Lösung s. Seite 939**

### Aufgabe 3: Informationskanäle, Körbe-System

Nach Rückkehr von einer längeren Dienstreise finden Sie auf Ihrem Schreibtisch einen Postberg von ca. 25 cm vor. Der Postberg ist unsortiert und enthält alle Schriftstücke, wie Sie sie aus der Praxis kennen (Telefonnotizen mit Bitte um Rückruf, interne Post, externe Post, Werbung usw.).

a) Erläutern Sie das 3-Körbe-System sowie die 6 Informationskanäle und zeigen Sie, wie Sie damit die Post bearbeiten – anhand von sieben typischen Beispielen.

b) Nennen Sie sechs weitere Regeln im Umgang mit Papier.

**Lösung s. Seite 939**

## Aufgabe 4: Telefonmanagement

Formulieren Sie neun Regeln für ein effektives Telefonmanagement.

**Lösung s. Seite 940**

## Aufgabe 5: Zeitplanung

Nennen Sie fünf Vorteile der schriftlichen Zeitplanung.

**Lösung s. Seite 941**

## Aufgabe 6: Tagesplanung

Vor Ihnen liegt ein Auszug aus dem Terminkalender von Hubert Kernig, dem neuen Assistenten der Betriebsleitung, den Sie zurzeit als Mentor betreuen. Der Firmensitz ist Hilden (im Großraum Düsseldorf). Kernig ist verheiratet (ohne Kinder; seine Frau heißt Lisa) und bewohnt ein Reihenhaus im Norden von Leverkusen (ca. 30 Min. Fahrtzeit zur Arbeit). Es folgen Hinweise zu einzelnen Vorgängen/Sachverhalten:

- Herr Grundlos ist ein neuer Mitarbeiter (Techniker); es geht um die Vermittlung von Einblicken in Betriebsabläufe; dafür sind mehrere Gespräche angesetzt.
- Herr Dr. Ohnesorge ist der technische Berater einer Consulting-Firma, der auf der Durchreise ist und sein neues Konzept Transportautomatisierung vortragen möchte. Herr Dr. Ohnesorge hatte Kernig vor drei Wochen bei einem Termin versetzt.

| Terminkalender | | | |
|---|---|---|---|
| **Dienstag** | **05. September** | | **Hubert Kernig** |
| **Zeit** | **Termine** | **erledigt** | **Notizen** |
| 7:00 | | | Tel. Müller & Co./Reklamation |
| 8:00 | Besprechung mit Dr. Ohnesorge, Werk, Raum 5 | | Tel. Lisa/Geschenk Jochen |
| 9:00 | Meeting Projektgruppe K, ca. 2 bis 2,5 Std., Konferenzraum, Verwaltung | | Brief Fr. Strackmann/ Mietminderung |
| 10:00 | | | Tel. Dr. Zahl/EDV-Liste, Budgetbesprechung für kommendes Jahr |
| 11:00 | Postbesprechung mit Sekretärin Fr. Knurr, ca. 30 Min. | | Auto abholen von Inspektion |

| Terminkalender | | | |
|---|---|---|---|
| **Dienstag** | **05. September** | | **Hubert Kernig** |
| **Zeit** | **Termine** | **erledigt** | **Notizen** |
| 12:00 | Mittagessen mit Dr. Endres; neue Marketingstudie, neueste Verkaufszahlen | | |
| 13:00 | | | |
| 14:00 | Präsentation für Verkaufsleitertagung am Fr. vorbereiten | | |
| 15:00 | Einweisung von Herrn Grundlos | | |
| 16:00 | Budgetplanung für kommendes Jahr: Vorbereitung der Unterlagen für Do.-Morgen, 9:00 bis 10:30 Uhr | | |
| 17:00 | | | |
| 18:00 | | | |
| 19:00 | Privat: Einweihungsfete bei Jochen in Ratingen | | |
| 20:00 | | | |
| 21:00 | | | |

a) Nennen Sie sieben Prinzipien der Tagesplanung, gegen die Kernig verstößt und geben Sie ein Beispiel für eine kritische Terminplanung (= vorhersehbare Verzögerung bzw. Unvereinbarkeit von Vorgängen bzw. Terminkollision).

b) Gestalten Sie eine neue Tagesplanung aufgrund der Ihnen vorliegenden Informationen, und berücksichtigen Sie dabei die in Frage a) geschilderten Prinzipien. Nennen Sie beispielhaft sechs markante Veränderungen Ihrer Wahl.

c) Übertragen Sie die Termine und Vorhaben von Hubert Kernig in die 4-Felder-Matrix nach Eisenhower.

**Lösung s. Seite 941**

## Aufgabe 7: Stärken-Schwächen-Analyse

Entwerfen Sie eine Matrix, um das Stärken-Schwächen-Profil Ihres Unternehmens darzustellen. Nennen Sie dabei die relevanten Wettbewerbspositionen, wählen Sie eine geeignete Skalierung und tragen Sie ein Beispiel Ihrer Wahl ein (z. B. Vergleich Ihrer Firma mit einem Wettbewerber).

**Lösung s. Seite 944**

## Aufgabe 8: Lorenzkurve, Konzentrationskurve

a) Erläutern Sie die Lorenzkurve (Konzentrationskurve) und geben Sie dazu zwei Beispiele an.

b) Ein Unternehmen möchte die Struktur der Umsätze vergleichen. Es liegen folgende Größenklassen vor:

| Umsatzgrößenklasse von ... bis unter ... Mio. € | Anzahl der Unternehmen | Umsatz in Mio. € |
|---|---|---|
| 0 - 1 | 176 | 95 |
| 1 - 2 | 94 | 141 |
| 2 - 5 | 87 | 162 |
| 5 - 10 | 38 | 160 |
| 10 - 25 | 24 | 316 |
| 25 - 50 | 7 | 145 |
| 50 - 1.000 | 4 | 341 |
| | 430 | 1.360 |

Erstellen Sie die Konzentrationskurve!

**Lösung s. Seite 944**

## Aufgabe 9: Arbeitsplan, Schlüsselfragen

Der Arbeitsplan der Wertanalyse beruht auf einer Reihe von Fragestellungen, zu denen Antworten gefunden werden müssen.

Formulieren Sie fünf zielgerichtete Fragestellungen zur Erfassung der Funktion eines Produktes.

**Lösung s. Seite 945**

## Aufgabe 10: Wertanalyse, Funktionsarten

Ein Hersteller von Büroartikeln will das Produkt „Kugelschreiber“ einer Wertanalyse unterziehen.

Nennen Sie vier Haupt- und drei Nebenfunktionen des Produkts.

**Lösung s. Seite 946**

## Aufgabe 11: Systematik der Wertanalyse

Beschreiben Sie die Grundschritte des Arbeitsplans einer Wertanalyse.

**Lösung s. Seite 946**

## Aufgabe 12: Strategische Planung, kritischer Weg, Modus, Sukzessivplanung

Erläutern Sie folgende Begriffe:

a) Strategische Planung

b) Kritischer Weg

c) Modus

d) Sukzessivplanung

**Lösung s. Seite 947**

## Aufgabe 13: Operative Planung (Planung der Stromkosten)

Eine NC-Anlage hat eine monatliche Kapazität von 400 Stunden; die Leistungsaufnahme liegt bei 60 kWh, der geplante Verrechnungspreis beträgt 0,12 €/kWh bei einer monatlichen Zählermiete von 120 €. Auch bei Stillstand der Anlage fallen 5 % Stromkosten an.

a) Ermitteln Sie die fixen und variablen Stromkosten der NC-Anlage pro Monat bei 100 % Auslastung.

b) Welche variablen Stromkosten ergeben sich pro Monat bei einer 70%igen Auslastung?

**Lösung s. Seite 947**

### 3.3 Anwenden von Präsentationstechniken

## Aufgabe 1: Präsentation (Übung)

a) Im Rahmen Ihrer wöchentlich stattfindenden Routinebesprechung mit Ihren Vorarbeitern haben Sie die Aufgabe, in einer 4-minütigen Präsentation Ihren Mitarbeitern den Vorteil der Führung durch Zielvereinbarung zu vermitteln. Beim Hilfsmittel können Sie wählen zwischen Flipchart oder Overheadprojektor mit Folien.

b) Welche Bedeutung hat die Sprache bei der Präsentation? Präsentieren Sie Ihre Gedanken in vier Minuten mithilfe von Flipchart oder Overhead.

c) Eine Präsentation ohne Visualisierung ist von geringerer Wirksamkeit! Präsentieren Sie Ihre Gedanken zu dieser These in vier Minuten mithilfe von Flipchart oder Overhead.

Aufgabenstellung zu a) bis c):
Bereiten Sie die Präsentation inhaltlich vor und nennen Sie (kurzgefasst), welche Aspekte bei der Durchführung der Präsentation besonders zu beachten sind.

**Lösung s. Seite 947**

## Aufgabe 2: Moderation (Übung)

a) Sie leiten eine Besprechung mit Ihren Mitarbeitern. Wählen Sie selbst ein geeignetes Thema aus Ihrer betrieblichen Praxis und führen Sie die Konferenz durch. Zur Vorbereitung des Themas haben Sie 15 Min. Zeit (Einzelarbeit). Welche Aspekte sind bei der Durchführung der Moderation besonders zu beachten?

b) Nehmen Sie Stellung zu folgenden Sachverhalten bzw. Fragen:

1. Sie nehmen als Gast an der Arbeitsbesprechung Ihres Vorarbeiters Wutke teil. Wie des Öfteren, so stellen Sie auch hier wieder fest, dass seine Mitarbeiter teilweise gar nicht verstehen, was er meint. Woran könnte das liegen? Was werden Sie unternehmen?
2. Welche häufigen Todsünden werden Ihrer Meinung nach in der Praxis bei der Durchführung von Besprechungen begangen?
3. Was heißt Moderation im Zusammenhang mit Konferenzen? Welche besondere Rolle hat dabei der Moderator/Konferenzleiter?
4. Bei der Moderation eines Zweiergespräches gibt es die Methode des aktiven Zuhörens. Was halten Sie davon? Geben Sie eine Erläuterung.
5. Welche Bedeutung haben Fragetechniken für Sie bei der Moderation von Besprechungen?
6. Sollte nach Ihrer Meinung bei jeder Konferenz ein Protokoll geführt werden?

**Lösung s. Seite 947**

## Aufgabe 3: Visualisierung (1)

Für die kommende Besprechung aller Meisterbereiche haben Sie die Aufgabe übernommen, den Verlauf der Unfallhäufigkeit in der Fertigung sowie die Entwicklung der Kosten der neuen Baugruppe Z im ersten Halbjahr zu präsentieren. Aus dem Rechnungswesen erhalten Sie folgendes Zahlenmaterial:

1. Baugruppe Z:

| **Quartal** | **I** | **II.** |
|---|---|---|
| Fixe Kosten pro Stück<br>Variable Kosten pro Stück | 40<br>200 | 45<br>180 |

2. Entwicklung der Unfallzahlen in der Fertigung im 1. Halbjahr:

| **Monat** | 1 | 2 | 3 | 4 | 5 | 6 |
|---|---|---|---|---|---|---|
| **Anzahl der Unfälle** | 3 | 1 | 0 | 6 | 2 | 1 |

a) Welcher Diagrammtyp eignet sich für die jeweilige Darstellung?

b) Entwerfen Sie jeweils ein Diagramm als Folienvorlage.

**Lösung s. Seite 948**

## Aufgabe 4: Visualisierung (2)

Für zukünftige Präsentationen sollen Sie Ihre Visualisierungstechnik mithilfe von Diagrammen noch verbessern und daher eine Übersicht erstellen, welche Diagrammtypen für die Darstellung welcher Sachverhalte besonders geeignet sind:

Es soll dargestellt werden:

- die Häufigkeit von Merkmalsausprägungen
- die Veränderung eines Merkmals im Zeitablauf
- die Zusammensetzung der Belegschaft nach Altersgruppen
- den Energieverbrauch pro Halbjahr mithilfe geeigneter Symbole
- die Verteilung/die Orte der Servicestationen Ihres Unternehmens in Deutschland.

**Lösung s. Seite 950**

## Aufgabe 5: Visualisierung, Medien

Welche Medien eignen sich für die Visualisierung? Nennen Sie fünf Beispiele und gehen Sie dabei jeweils auf die Vor- und Nachteile ein.

**Lösung s. Seite 950**

## Aufgabe 6: Präsentation (1)

a) Beschreiben Sie, welche Aktivitäten Sie bei der Vorbereitung Ihrer Präsentation durchführen müssen.

b) Welche Sprech- und Redetechniken muss der Präsentator beherrschen? Nennen Sie zehn Aspekte.

**Lösung s. Seite 954**

## Aufgabe 7: Präsentation (2) und Kritikgespräch

Ihr Mitarbeiter Hubertus hat von Ihnen den Auftrag erhalten, für die nächste Abteilungsleiterbesprechung die Ausfallzeiten Ihres Meisterbereichs auszuwerten. Der Datenschutzbeauftragte ist informiert und Hubertus (und nur er) hat Zugriffsberechtigung auf die Zeitsummenkonten Ihrer Mitarbeiter; der Zugang zu den Daten ist über Passwort geschützt. In der Bedienung der Software ist nur Hubertus unterwiesen.

Hubertus ist gerade dabei, die Stammdaten aufzurufen, die erste Bildschirmmaske erscheint, als der Pförtner anruft und ihm mitteilt: *„Ihre Frau ist am Tor und muss Sie unbedingt sofort sprechen."* Etwas in Sorge macht sich Hubertus auf den Weg zum Tor.

Kurz danach betreten Sie den Raum von Hubertus, weil Sie sich nach dem Stand der Arbeiten erkundigen wollen und sehen, dass der PC eingeschaltet und das Programm „Zeiterfassung und -auswertung" aufgerufen ist.

a) Was unternehmen Sie?

b) Sie nehmen den Vorfall zum Anlass, um generell mit Ihren Mitarbeitern im nächsten Meeting über diese Angelegenheit zu sprechen. Einleitend werden Sie dazu eine 5-Minuten-Präsentation zum Thema Datenschutz halten. Beantworten Sie im Zusammenhang damit folgende Fragen:

   1. Wie bereiten Sie die Präsentation vor?
   2. Welche Gliederungspunkte enthält Ihre Präsentation?
   3. Welche Hilfsmittel/Unterlagen/Handouts bereiten Sie vor?
   4. Wie gestalten Sie Ihre Stichwortkarten?
   5. Wer kann Sie bei der anschließenden Diskussion unterstützen?

**Lösung s. Seite 954**

## 3.4 Erstellen von technischen Unterlagen, Entwürfen, Statistiken, Tabellen und Diagrammen

### Aufgabe 1: Mengenstückliste

Für ein Erzeugnis liegt folgende Struktur (Gozintograph) vor:

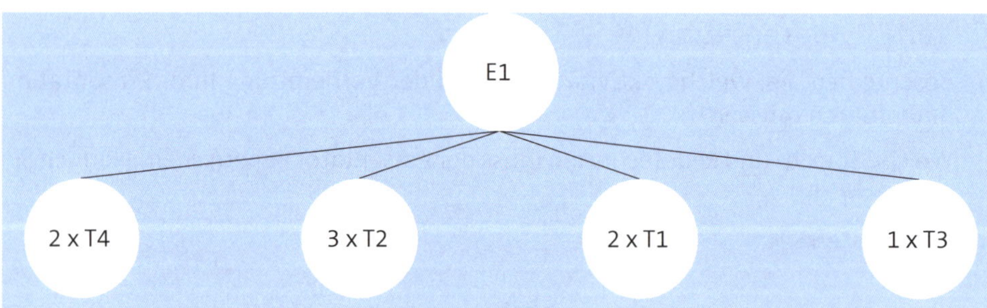


a) Erstellen Sie aus der vorgegebenen Erzeugnisstruktur eine einfache **Mengenstückliste**.

b) Errechnen Sie den **Sekundärbedarf** für alle Bauteile bei einem Primärbedarf von 1.700 Stück für das Erzeugnis E1.

**Lösung s. Seite 955**

## Aufgabe 2: Erzeugnisstruktur

Skizzieren Sie die Erzeugnisstruktur zu folgender Strukturstückliste:

| Fertigungsstufe | Bauteil | Anzahl |
|---|---|---|
| 1 | G1 | 2 |
| 2 | T1 | 1 |
| 2 | T2 | 1 |
| 1 | T3 | 1 |
| 1 | G2 | 1 |
| 2 | G3 | 2 |
| 3 | T1 | 1 |
| 3 | T2 | 2 |
| 2 | T5 | 2 |
| 1 | T4 | 2 |

**Lösung s. Seite 956**

## Aufgabe 3: Teileverwendungsnachweis

Erstellen Sie aus den unten aufgeführten Stücklisten **Teileverwendungsnachweise**.

| Erzeugnis 1 | |
|---|---|
| **Bauteil** | **Anzahl** |
| T3 | 4 |
| T4 | 3 |
| T5 | 1 |

| Erzeugnis 2 | |
|---|---|
| **Bauteil** | **Anzahl** |
| T1 | 1 |
| T2 | 3 |
| T5 | 2 |

| Erzeugnis 3 | |
|---|---|
| **Bauteil** | **Anzahl** |
| T5 | 2 |
| T3 | 1 |
| T4 | 2 |

**Lösung s. Seite 956**

## Aufgabe 4: Gliederungszahlen

Für Ihr Unternehmen liegen folgende Zahlenwerte vor:

| Jahr | Anzahl der Arbeiter | Anzahl der Angestellten | Umsatz in Mio. € |
|---|---|---|---|
| 1 | 40 | 80 | 24 |
| 2 | 30 | 70 | 20 |
| 3 | 25 | 60 | 18 |

Berechnen Sie folgende Verhältniszahlen:

a) Anteil der Arbeiter zur Gesamtbelegschaft in Prozent der Jahre 1 bis 3

b) Entwicklung des Umsatzes pro Mitarbeiter von 1 bis 3

c) Anteil der Arbeiter zu den Angestellten der Jahre 1 bis 3.

**Lösung s. Seite 957**

## Aufgabe 5: Mittelwerte (Vergleich)

Vergleichen Sie die nachfolgenden Mittelwerte hinsichtlich der Merkmale Anwendung, Vorteile und Nachteile:

- Arithmetisches Mittel
- Modus
- Median.

**Lösung s. Seite 957**

## Aufgabe 6: Analytische und synthetische Bedarfsauflösung

Ein Unternehmen produziert drei Produkte und plant die Herstellung folgender Mengen:

Produkt A: 500 Stück
Produkt B: 1.000 Stück
Produkt C: 1.500 Stück

Aus den Mengenstücklisten wurde je Materialart folgender Bedarf in der nachfolgenden Tabelle zusammengestellt:

| Produkt A | | Produkt B | | Produkt C | |
|---|---|---|---|---|---|
| **Material** | **Menge/Stk.** | **Material** | **Menge/Stk.** | **Material** | **Menge/Stk.** |
| M1 | 3 | M2 | 3 | M3 | 5 |
| M2 | 2 | M4 | 2 | M4 | 3 |
| M3 | 1 | M5 | 4 | M5 | 2 |
| M4 | 4 | M6 | 2 | M6 | 3 |

Stellen Sie den Verwendungsnachweis dar und ermitteln Sie den Materialbedarf. Dabei ist zu berücksichtigen:

- Bei der Materialart M6 existiert ein Lagerbestand von 2.000 Stück.
- Für das Produkt A muss aufgrund des Fertigungsverfahrens ein Zusatzbedarf von 10 % berücksichtigt werden.

**Lösung s. Seite 958**

## Aufgabe 7: Diagramm

Für eine Niederlassung wurden in sieben Perioden Umsatz und Gewinn ermittelt:

| | Perioden | | | | | | |
|---|---|---|---|---|---|---|---|
| | **01** | **02** | **03** | **04** | **05** | **06** | **07** |
| **Umsatz in T€** | 10.000 | 8.000 | 9.000 | 8.000 | 6.000 | 5.000 | 4.500 |
| **Gewinn in T€** | 2.000 | 1.200 | 1.080 | 800 | 480 | 500 | 540 |

a) Ermitteln Sie die Umsatzrentabilität in Prozent je Periode.

b) Stellen Sie Umsatz, Gewinn und Umsatzrentabilität in **einem** Diagramm (in einer geeigneten Diagrammform) dar.

c) Kommentieren Sie den Verlauf der Daten.

**Lösung s. Seite 958**

## 3.5 Anwenden von Projektmanagementmethoden

### Aufgabe 1: Fallbeispiel: Das Projekt der Motor OHG

Die Firma Motor OHG beschäftigt sich als mittelständisches Unternehmen mit der Herstellung von Motoren. Das Unternehmen besitzt bisher keine eigene EDV-Anlage. Die gesamte Datenverarbeitung wird von einem externen Rechenzentrum erledigt. Die Anschaffung einer eigenen EDV-Anlage wurde vor einiger Zeit von der Geschäftsleitung als strategisches Ziel definiert. Zur Realisierung dieses Zieles hat die Geschäftsleitung vor etwa einem halben Jahr die Stelle „Organisation“ neu geschaffen. Die Stelle ist bis heute zwar nur mit einem einzigem Mitarbeiter besetzt, doch wird durch die Bezeichnung „Leiter Organisation“ der strategischen Bedeutung der Stelle Rechnung getragen.

Bei der Besetzung der Stelle gab es neben Herrn Hubertus noch mehrere Bewerber. Wie Sie inzwischen erfahren haben, fiel damals die Wahl auf Herrn Hubertus wegen seiner guten EDV-Kenntnisse. Auch hat er die Geschäftsleitung beim Einstellungsgespräch durch sein Auftreten und seine Bereitschaft, an diesem strategischen Ziel mitzuarbeiten, überzeugt. Zu seinen bisherigen Tätigkeiten in der Firma Motor OHG gehörte u. a. die Koordination zwischen den einzelnen Fachabteilungen und dem externen Rechenzentrum. Dabei hat er bereits einige ausgewogene Entscheidungen getroffen. Es stellte sich allerdings im Laufe der Zeit heraus, dass sich der **Leiter Verwaltung** nicht gerade kooperativ verhält.

Herr Hubertus hat nunmehr aus eigener Initiative ein Konzept erarbeitet, wie das Ziel „Eigene EDV-Anlage“ umgesetzt werden soll. Nach diesem Konzept soll zunächst die Verwaltung und anschließend die Produktion auf die eigene EDV umgestellt werden. Die Geschäftsleitung ist mit diesem Konzept einverstanden, hat jedoch die Durchführung mit Auflagen versehen:

So darf die Unternehmensleitung nicht mit Detailentscheidungen belastet werden. Außerdem soll die laufende Aufgabenerfüllung in den Funktionsabteilungen weitgehend unberührt von der Durchführung des Projektes bleiben, da bereits wegen der knappen Personaldecke die Erfüllung der laufenden Aufgaben nur durch einen hohen Überstundenanteil der Mitarbeiter erreicht wird. Falls Neueinstellungen von zusätzlichen EDV- bzw. Organisationsmitarbeitern für die Dauer des Projektes notwendig sein sollten, sind diese zu berücksichtigen. Die Projektarbeit ist von abteilungs- bzw. ressortpolitischen Gesichtspunkten freizuhalten.

a) Begründen Sie, warum der dem Leiter der Organisation übertragene Auftrag die Kriterien für die Durchführung in Form einer Projektorganisation erfüllt.

b) Schlagen Sie die zu realisierende Form der Organisation des anstehenden Projektes vor. Begründen Sie den Vorschlag detailliert aufgrund der betriebsinternen Gegebenheiten und weisen Sie nach, dass die von der Unternehmensleitung gesetzten Restriktionen in Ihrer Organisationsform berücksichtigt wurden.

c) Legen Sie fest, wer die Projektleitung übernehmen soll und erläutern Sie anhand der Ausgangssituation, welche allgemeinen persönlichen Auswahlkriterien bei dieser Wahl erfüllt sein müssen.

d) Obwohl bei der hierarchiefreien Projektgruppe alle Mitglieder gleich sein sollen, kann es dennoch vorkommen, dass sich eine informelle Hierarchie entwickelt. Nennen Sie drei Möglichkeiten dafür.

e) Der Kostenbericht der Arbeitspakete stellt einen wichtigen Teil des Berichtswesens eines Projektes dar. Entwerfen Sie ein Formular für einen solchen Kostenbericht mit den notwendigen Informationen und ordnen Sie diese Informationen in Ihrem Formular sinnvoll an.

f) Ein neues Projekt muss vor Beginn der Arbeiten sorgfältig geplant werden. Erstellen Sie die allgemeine chronologische Vorgehensweise bei einer Projektplanung.

g) Diskutieren Sie die Aussage: *„Ein Standardstrukturplan steht im Widerspruch zu dem Begriff Projekt, aus diesem Grund sollte ein Standardstrukturplan bei der Projektplanung keine Verwendung finden."*

h) Bei der Projektstrategie werden zwei Arten als Extreme unterschieden. Nennen Sie diese.

TIPP

**Anmerkung**
Auch in den IHK-Prüfungen werden Sie es mit langen Einleitungstexten und mehreren Teilaufgaben zu tun bekommen. Markieren Sie sich daher die entscheidenden Textpassagen durch Unterstreichen oder mit einem Textmarker.

**Lösung s. Seite 959**

## Aufgabe 2: Ermittlung des Zeitbedarfs (PERT-Methode)

Im Rahmen der Durchführung des Projekts „Reorganisation des Lagers" ist der Zeitbedarf für das Teilprojekt „Bau und Logistik des neuen Zentrallagers" zu schätzen. Aufgrund ähnlicher Vorhaben der Vergangenheit liefert Ihnen Ihr REFA-Fachmann folgende Daten:

- optimistischer Zeitbedarf: 6 Monate
- pessimistischer Zeitbedarf: 12 Monate
- normaler Zeitbedarf: 8 Monate.

Schätzen Sie mithilfe der PERT-Methode den Zeitbedarf für das Teilprojekt „Bau und Logistik des neuen Zentrallagers".

**Lösung s. Seite 961**

## Aufgabe 3: Auftragszeit, Personalbemessung

Ihr Unternehmen arbeitet einschichtig bei einer 5-Tage-Woche und 7,5 Arbeitsstunden täglich. Es liegen zwei Aufträge (T1, T2 vor):

Auftragszeit $T_1$ = 32.000 min
Auftragszeit $T_2 = t_r + t_e \cdot m$
mit: $t_r$ = 300 min
$t_e$ = 12 min
m = 1.800 Stk.

Beide Aufträge sollen in einem Monat fertiggestellt sein; der Monat ist durchschnittlich mit 22 Arbeitstagen anzusetzen. Außerdem ist ein Zuschlag von 11 % für Ausfallzeiten (Urlaub, Krankheit usw.) zu berücksichtigen.

Berechnen Sie die Anzahl der Mitarbeiter (auf Vollzeitbasis), die für die Erledigung beider Aufträge (in der vorgegebenen Zeit) erforderlich sind.

**Lösung s. Seite 961**

## Aufgabe 4: Maßnahmen zum Ausgleich der Projektverzögerung

Das derzeit durchgeführte Projekt, das Sie verantwortlich leiten, gerät in Verzug. Beschreiben Sie zwei Maßnahmen der Projektsteuerung, die Sie ergreifen können, um die Projektverzögerung aufzufangen. Nennen Sie ein evtl. auftretendes Risiko.

**Lösung s. Seite 962**

### 3.6 Informations-/Kommunikationsformen und -mittel

## Aufgabe 1: Schutzmaßnahmen (1)

Welche Maßnahmen können zum Schutz von Unternehmensdaten vor möglichen Gefahrenquellen getroffen werden?

**Lösung s. Seite 962**

## Aufgabe 2: Schutzmaßnahmen (2)

In der Forschungsabteilung eines Unternehmens werden alle Forschungsberichte und -protokolle mittels EDV erfasst und verwaltet.

a) Welche Möglichkeiten haben Industriespione, um an solche geheimen Daten zu gelangen?

b) Welche technischen und organisatorischen Maßnahmen können getroffen werden, um die für das Unternehmen wertvollen Daten vor Industriespionage zu schützen?

**Lösung s. Seite 962**

## Aufgabe 3: Schutzstufenkonzept

Um technische und organisatorische Maßnahmen zur Sicherstellung des Rechts auf informationelle Selbstbestimmung bezüglich ihrer Angemessenheit bewerten zu können, ist es unter anderem erforderlich, das Schadenspotenzial (d. h. den Grad möglicher Beeinträchtigung schutzwürdiger Belange) näher zu bestimmen. Entwerfen Sie ein sog. Schutzstufenkonzept mit vier Stufen und geben Sie jeweils zwei Beispiele für personenbezogene Daten.

**Lösung s. Seite 964**

## Aufgabe 4: Virenschutzkonzept

Beschreiben Sie technische und organisatorische Maßnahmen, die im Rahmen eines Virenschutzkonzeptes realisiert werden sollen.

**Lösung s. Seite 964**

## Aufgabe 5: Kopplung zwischen Internet und Intranet

Wie können Internet und Intranet gekoppelt werden, damit Mitarbeiter innerhalb eines Unternehmens auf Informationen und Dienste des Internets zugreifen können und gleichzeitig Mitarbeiter im Außendienst oder in Heimarbeit zum Intranet des Unternehmens Zugang erhalten?

**Lösung s. Seite 965**

## Aufgabe 6: Datenschutzbeauftragter

In einem Unternehmen werden an verschiedenen Stellen personenbezogene Daten an Bildschirmarbeitsplätzen verarbeitet. Insgesamt sind 19 Mitarbeiter im Unternehmen unter anderem mit einer solchen Aufgabe betraut.

a) Welche Stelle muss in Bezug auf den Datenschutz auf jeden Fall vorhanden sein?

b) Wem ist diese Stelle im Unternehmen direkt unterstellt?

c) Welche Alternativen stehen der Unternehmensleitung bei der Besetzung dieser Stelle zur Auswahl?

d) Welche Aufgaben hat diese Stelle in Bezug auf den Datenschutz zu erfüllen?

**Lösung s. Seite 965**

## Aufgabe 7: Voraussetzungen eines Datenschutzbeauftragten

Welche Voraussetzungen sollte ein Beauftragter für den Datenschutz erfüllen?

**Lösung s. Seite 966**

## Aufgabe 8: Prüfung einer Individual-Software

Ihrem Unternehmen liegen verschiedene Angebote für eine Individual-Software vor. Die Anbieterfirmen nennen unterschiedliche Verkaufsargumente für ihre Software.

Welche Vorteile bieten die folgenden Verkaufsargumente? Wählen Sie dazu sechs der genannten Argumente aus und geben Sie eine Erläuterung:

1. einheitliche Benutzeroberfläche aller Software-Module
2. integrierte Anwendungen in allen Unternehmensbereichen
3. für alle gängigen Betriebssysteme verfügbar
4. regelmäßige Updates zur Software
5. Auslieferung im Quellcode
6. Programmierung in einer höheren Programmiersprache
7. Fernwartbarkeit der Software
8. Support-Hotline.

**Lösung s. Seite 966**

## Aufgabe 9: Projekt „Neue EDV"

Ihr Unternehmen verzeichnete in den letzten Jahren eine erfreuliche Geschäftsentwicklung. Die Zahl der Mitarbeiter ist von 140 auf fast 400 angestiegen. Aufgrund des überproportionalen Wachstums sind die im Betrieb vorhandenen EDV-Lösungen quantitativ und qualitativ zum Teil veraltet bzw. genügen nicht mehr den betrieblichen Anforderungen. Aus diesem Grunde hat die Geschäftsleitung das auf 1 ½ Jahre festgesetzte Projekt „Neue EDV" installiert, dem Sie als Mitglied angehören. Zur Unterstützung der Projektbearbeitung wurde ein externes Beratungsunternehmen aus Neubrandenburg eingeschaltet. In der nächsten Teamsitzung sollen einige grundlegenden Entscheidungen getroffen werden. Bereiten Sie sich auf diese Sitzung vor, indem Sie folgende Sachverhalte stichwortartig beantworten:

a) In den Funktionsbereichen Fertigung, Rechnungswesen, Marketing, Einkauf und Verwaltung existieren bisher unterschiedliche Betriebssysteme und Softwarelösungen; die Verarbeitung der Daten erfolgt im Stapelbetrieb.

   Formulieren Sie fünf zentrale Fragen an das EDV-Beratungsunternehmen, über die hinsichtlich der neuen EDV-Konfiguration zu beraten ist.

b) Eine der Forderungen der Geschäftsleitung besteht darin, dass die Daten in der Produktion zukünftig im Echtzeitbetrieb verarbeitet werden sollen.

   1. Welche Systemvoraussetzungen sind dafür erforderlich?
   2. Welche Nachteile sind mit einer Echtzeitverarbeitung verbunden?

c) In Zusammenarbeit mit dem Betriebsrat und der Personalabteilung sollen zukünftig die Ausfallzeiten erfasst und ausgewertet werden. Unter anderem möchte das Rechnungswesen die Anzahl der bezahlten Arbeitsstunden den geleisteten Arbeitsstunden gegenüberstellen.

   Welche Daten über die Ausfallzeiten dürfen im Betrieb unter dem Aspekt Datenschutz veröffentlicht werden und welche nicht?

d) Die PC-Einzelarbeitsplätze sollen zukünftig vernetzt werden (LAN). Welche Vorteile und welche Risiken können damit verbunden sein?

e) Nennen Sie sechs Phasen in sachlogischer Reihenfolge, die bei der Auswahl und Einführung des neuen IT-Systems einzuhalten sind.

f) Beschreiben Sie den Unterschied zwischen einem Pflichten- und einem Lastenheft.

g) Die Geschäftsleitung fordert, dass das neue IT-System geeignet sein muss, die Papierflut zu reduzieren und die Kommunikation zu beschleunigen. Nennen Sie dazu fünf Verbesserungspotenziale.

**Lösung s. Seite 967**

## Aufgabe 10: Netzwerk, Datenschutz- und Datensicherheitskonzept

Innerhalb einer Arbeitsgruppe sind mehrere PCs durch ein Netzwerk miteinander verbunden.

a) Nennen Sie fünf mögliche Risiken, die sich daraus ergeben können.

b) Wie ist ein Netzwerk zu warten? Nennen Sie vier Aufgaben der IT.

c) Zur Vermeidung möglicher Risiken soll ein Datenschutz- und Datensicherheitskonzept erstellt werden. Nennen Sie drei geeignete Maßnahmen.

**Lösung s. Seite 968**

# 4. Prüfungsfach: Zusammenarbeit im Betrieb

## 4.1 Beurteilen und Fördern der beruflichen Entwicklung des Einzelnen

### Aufgabe 1: Persönlichkeitsmerkmale

Entwickeln Sie beispielhaft einen Bogen zur Erfassung von Persönlichkeitsmerkmalen (Ist-Profil). Das Papier sollte geeignete Persönlichkeitsmerkmale und eine Skalierung enthalten.

**Lösung s. Seite 970**

### Aufgabe 2: Sozialisation und Instinkt

Erläutern Sie anhand eines Beispiels den Unterschied zwischen menschlichen Verhaltensreaktionen aufgrund des Sozialisationsprozesses und aufgrund instinktiver Verhaltensweisen.

**Lösung s. Seite 970**

### Aufgabe 3: Reife und Wachstum

Geben Sie ein anschauliches Beispiel für den Reife- und Wachstumsprozess Jugendlicher.

**Lösung s. Seite 970**

### Aufgabe 4: Selbstwertblock

Im Folgenden finden Sie zwei Beispiele aus der Erlebniswelt eines Kindes. Beurteilen Sie, wie sich das Verhalten des Vaters auf die Entwicklung des Selbstwertblocks eines Menschen auswirken kann und erläutern Sie, welche Bedeutung der Selbstwertblock für menschliche Verhaltensweisen hat.

**Fall 1:**
Ein Kind baut am Strand eine Burg. Der Vater ermutigt das Kind, lobt es und bestaunt das Ergebnis.

**Fall 2:**
Der Vater kommt missgelaunt nach Hause – wie immer – und findet keine Zeit, die Laubsägearbeit, die der 12-jährige Sohn im Werkunterricht gemacht hat, zu bestaunen.

**Lösung s. Seite 971**

### Aufgabe 5: Anlagen und Umwelteinflüsse

Sie sitzen in der Mittagspause mit Ihrem Chef, mit dem Sie sich gut verstehen, zusammen und diskutieren allgemein über Mitarbeiterführung und das Verhalten von Menschen. Ihr Chef meint in diesem Zusammenhang: *„Ein Mensch ist so, wie er nun mal geboren wird. Er hat seine Anlagen und damit muss er zurechtkommen; ändern kann er daran nichts. Seine Erbanlagen bestimmen seinen Charakter und damit sein Handeln.“*

Wie sehen Sie das? Teilen Sie die Meinung Ihres Chefs? Begründen Sie Ihre Antwort in wenigen Sätzen und geben Sie ein praktisches Beispiel.

**Lösung s. Seite 971**

## Aufgabe 6: Soziales Lernen

Der Vorgesetzte kann sein Führungsverhalten selbst positiv beeinflussen durch soziales Lernen. Erläutern Sie drei Beispiele für unterschiedliche Lernarten, die es einer Führungskraft ermöglichen, ihr Führungsverhalten zu verbessern.

**Lösung s. Seite 972**

## Aufgabe 7: Selbstwertgefühl und Abwehrmechanismen

Das Selbstwertgefühl bestimmt in weiten Strecken das Handeln von Menschen. Besteht die Gefahr, dass dieses Selbstwertgefühl angegriffen wird, „mobilisieren" Menschen Abwehrmechanismen. Formulieren Sie je ein betriebliches Beispiel für folgende Abwehrhaltungen:

- Kompensation
- Resignation
- Konversion
- Aggression.

**Lösung s. Seite 972**

## Aufgabe 8: Stärkung des Selbstwertgefühls (Selbstvertrauen)

Ein ausgeglichenes Selbstvertrauen ist u. a. die Basis für die erfolgreiche Bearbeitung von Konflikten im Betrieb.

Nennen Sie vier Führungsmaßnahmen, die geeignet sind, das Selbstvertrauen Ihrer Mitarbeiter zu stärken.

**Lösung s. Seite 972**

## Aufgabe 9: Sozialisation und imitatives Lernen

Beschreiben Sie mithilfe von Beispielen, welche Bedeutung imitatives Lernen für den Prozess der Sozialisation hat.

**Lösung s. Seite 973**

## Aufgabe 10: Verhaltensänderung

Beschreiben Sie mithilfe von Beispielen, wie der Meister beim Mitarbeiter angestrebte Verhaltensänderungen erreichen kann. Welche Handlungsempfehlungen lassen sich geben?

**Lösung s. Seite 973**

## Aufgabe 11: Lernmotivation

Welche Bedeutung hat die Lernmotivation für den Lernerfolg?

**Lösung s. Seite 973**

## Aufgabe 12: Lernwege (-kanäle)

Welche Rolle spielt die Wahl der Lernwege (-kanäle) für den Lernerfolg?

**Lösung s. Seite 974**

## Aufgabe 13: Lernen im Sinne von Konditionieren

Beschreiben Sie, was man unter „Lernen im Sinne von Konditionieren" versteht und geben Sie vier Beispiele aus dem betrieblichen Alltag.

**Lösung s. Seite 974**

## Aufgabe 14: Gewohnheitsmäßiges Verhalten

Das Ergebnis von Lernprozessen zeigt sich u. a. in der Verinnerlichung von Verhaltensmustern. Gewohnheit hat positive, aber auch negative Aspekte. Bilden Sie dazu Beispiele und beschreiben Sie, was der Meister unternehmen kann, um falsche Gewohnheiten bei seinen Mitarbeitern zu ändern.

**Lösung s. Seite 975**

# 4.2 Einflüsse von Arbeitsorganisation und Arbeitsplatz auf das Sozialverhalten und das Betriebsklima

## Aufgabe 1: Auswirkungen industrieller Arbeit

Stellen Sie die Auswirkungen industrieller Arbeit auf die Mitarbeiter stichwortartig dar und nennen Sie Maßnahmen, um die Folgen zu mildern.

**Lösung s. Seite 976**

## Aufgabe 2: Auswirkungen von Arbeitsbedingungen auf Arbeitsmotivation und -leistung

Das Ergebnis Ihrer Führungsarbeit wird im Betrieb u. a. von einer Vielzahl von Faktoren positiv oder negativ beeinflusst. Geben Sie je zwei Beispiele aus dem Bereich der Betriebsorganisation und der Arbeitsplatzgestaltung für Bedingungen, die den Führungserfolg positiv bestimmen und die Sie beeinflussen können.

**Lösung s. Seite 977**

## Aufgabe 3: Arbeitsergebnis und Einflussfaktoren

Das Arbeitsergebnis Ihrer Gruppe wird unter anderem bestimmt von

- der Leistungsfähigkeit und -bereitschaft der Mitarbeiter,
- den Leistungsanforderungen des Arbeitsplatzes und den
- Leistungsmöglichkeiten (Rahmenbedingungen), die der Betrieb gestaltet.

Geben Sie zu jedem dieser Einflussfaktoren ein betriebliches Beispiel und nennen Sie je zwei Möglichkeiten, in welcher Form Sie diese drei Faktoren positiv gestalten können, um das Arbeitsergebnis Ihrer Gruppe zu steuern und zu verbessern.

**Lösung s. Seite 977**

## Aufgabe 4: Arbeitsstrukturierung

Als Instrumente zur Förderung der Mitarbeiter kennt man u. a. Maßnahmen wie

- Job Enrichment und
- Job Enlargement.

Geben Sie je ein konkretes Beispiel aus Ihrem betrieblichen Alltag für jede dieser Fördermaßnahmen und erklären Sie dabei die begrifflichen Unterschiede.

**Lösung s. Seite 977**

## Aufgabe 5: Motivatoren, Hygienefaktoren

Die 2-Faktoren-Theorie nach Herzberg spricht von Faktoren, die zu besonderer Arbeitszufriedenheit (= Motivatoren) bzw. zu besonderer Arbeitsunzufriedenheit (= Hygienefaktoren) bei Mitarbeitern führen können.

a) Nennen Sie je drei Beispiele aus Ihrem betrieblichen Alltag für „Positiv-" bzw. „Negativ-Faktoren".

b) Welche Konsequenzen können Sie - trotz mancher Kritik an diesem Modell - aus der Theorie von Herzberg für Ihre betriebliche Führungsarbeit ziehen? Schildern Sie drei Argumente.

**Lösung s. Seite 978**

## Aufgabe 6: Motivation, Maslow

Maslow hat die menschlichen Bedürfnisse strukturiert und in eine hierarchische Ordnung gefasst. In seiner Bedürfnispyramide unterteilt er Wachstumsbedürfnisse und Defizitbedürfnisse in insgesamt fünf Stufen:

1. physiologische Grundbedürfnisse (als Basis der Bedürfnispyramide)
2. Sicherheitsbedürfnisse (längerfristige Sicherung der Befriedigung der Grundbedürfnisse)
3. soziale Bedürfnisse
4. Statusbedürfnisse
5. Bedürfnis nach Bestätigung, Liebe, Kreativität, Persönlichkeitsentfaltung u. Ä.

a) Erläutern Sie die Begriffe Motiv und Motivation.

b) Mitunter wird in der Praxis eine vereinfachte Kausalkette beim Thema Motivation unterstellt, indem man meint, „ein bestimmtes Motiv führe immer zu einer bestimmten Handlung – und das bei jedem Mitarbeiter“. Erläutern Sie drei Kritikansätze zu dieser Auffassung.

c) Leiten Sie aus den Stufen der Bedürfnispyramide beispielhaft vier Motive ab, die Sie im Allgemeinen bei der Mehrzahl Ihrer Mitarbeiter unterstellen können und geben Sie jeweils ein konkretes Beispiel für die Verhaltensweise eines Mitarbeiters, in der die jeweiligen Motive zum Ausdruck kommen.

d) Maslow selbst hat dazu aufgefordert, seine Theorie der Bedürfnispyramide nicht unkritisch zu verallgemeinern. Erläutern Sie beispielhaft zwei Argumente zur Kritik an seiner Theorie.

e) Nennen Sie beispielhaft fünf konkrete Führungsmaßnahmen, die geeignet sind die nach Maslow bekannten Bedürfnisse zu befriedigen.

**Lösung s. Seite 978**

## 4.3 Einflüsse der Gruppenstruktur auf das Gruppenverhalten und die Zusammenarbeit

### Aufgabe 1: Formelle, informelle Gruppe

Sie führen eine Arbeitsgruppe von 12 Mitarbeitern. Vier dieser Mitarbeiter treffen sich regelmäßig beim Mittagessen in der Kantine.

a) Nennen Sie vier charakteristische Merkmale einer sozialen Gruppe.

b) Soziologisch unterscheidet man die beiden, oben beschriebenen Gruppen („Arbeitsgruppe/Gruppe beim Mittagessen“). Mit welchen Fachbegriffen bezeichnet man diese beiden Gruppen? Nennen Sie je zwei charakteristische Unterschiede.

c) Welche Bedeutung kann die „Gruppe beim Mittagessen“ für Ihren Führungserfolg in der Arbeitsgruppe haben? Erläutern Sie zwei Argumente.

**Lösung s. Seite 980**

### Aufgabe 2: Soziale Rolle

Welche Bedeutung hat die soziale Rolle, die ein Mensch innerhalb einer Gruppe wahrnimmt (wahrzunehmen hat)?

**Lösung s. Seite 981**

### Aufgabe 3: Normen

Welche Bedeutung haben Normen für den Gruppenprozess?

**Lösung s. Seite 981**

## Aufgabe 4: Rollen und Aufgaben des Team-Sprechers

Welche Rollen und Aufgaben übernimmt heute typischerweise ein Teamsprecher?

**Lösung s. Seite 982**

## Aufgabe 5: Informeller Führer

Geben Sie ein Beispiel dafür, wann sich innerhalb einer formalen Gruppe ein informeller Führer herausbilden wird, wodurch die formale Leitungsfunktion des Vorgesetzten gestört werden kann.

**Lösung s. Seite 983**

## Aufgabe 6: Gruppenstörungen

Geben Sie drei Beispiele für Ursachen, die zu massiven Gruppenstörungen bis hin zum Zerfall einer Gruppe führen können.

**Lösung s. Seite 983**

## Aufgabe 7: Regeln des Verhaltens sozialer Gruppen

Das Verhalten betrieblicher Arbeitsgruppen unterliegt meist verschiedenen Mustern (sog. Regeln des Verhaltens sozialer Gruppen), die vom Vorgesetzten in seiner Führungsarbeit zu beachten sind. Beispiele für derartige Regeln sind:

- die Interaktionsregel
- die Angleichungsregel
- die Distanzierungsregel.

Erläutern Sie zwei dieser Regeln.

**Lösung s. Seite 983**

## Aufgabe 8: Rollenverhalten, Delegation

Innerhalb Ihrer Gruppe gibt es einen Mitarbeiter, Herrn Schneider, der ausgesprochen ehrgeizig ist, oft gute Argumente hat und diese auch präzise vorzutragen weiß. Der Mitarbeiter dominiert und „weiß grundsätzlich alles besser“. Die Gruppe ärgert sich mittlerweile recht massiv über sein Verhalten.

a) Was können Sie tun, um den Mitarbeiter wieder positiv in die Gruppe zu integrieren?

b) Da Herr Schneider ein schwieriger Mitarbeiter ist, bitten Sie Ihren Vorgesetzten, „mit Schneider mal ein ernstes Wort zu reden“.

Beurteilen Sie dieses Führungsverhalten.

**Lösung s. Seite 983**

## 4.4 Eigenes und fremdes Führungsverhalten, Umsetzen von Führungsgrundsätzen

### Aufgabe 1: Führungsstile

Sie haben vor einiger Zeit eine Abteilung mit vier Vorarbeitern übernommen. Der bisherige Chef der Abteilung hatte den Ruf, recht autoritär zu führen. Sie wollen das ändern und auch Ihre Vorarbeiter für einen mehr kooperativen Führungsstil gewinnen, weil sie davon überzeugt sind, das dieser langfristig effektiver ist.

Bereiten Sie für das nächste Meeting mit Ihren Vorarbeitern stichwortartig einen Vergleich der beiden Führungsstile „autoritär" und „kooperativ" vor. Verwenden Sie bei diesem Vergleich vier Merkmale. Eines dieser Merkmale kann z. B. Art der Kontrolle sein.

**Lösung s. Seite 984**

### Aufgabe 2: Autorität, Ziel der Führungsarbeit

Sie haben vor kurzem eine Arbeitsgruppe als Meister übernommen. Im Gespräch mit Ihren neuen Mitarbeitern hören Sie die Aussage: *„Der alte Chef – das war noch einer – so was gibt es heute kaum noch – eine echte Autorität, kann ich da nur sagen. Schade das er weg ist."*

a) Was meinen Sie, was Ihre Mitarbeiter unter einer echten Autorität verstehen? Geben Sie drei Beschreibungen.

b) Nennen Sie zwei mögliche Konsequenzen, die sich aus der Meinung der Mitarbeiter über ihren alten Chef für Ihr Führungsverhalten ergeben.

c) Beschreiben Sie in wenigen Sätzen, welches Ziel Ihre betriebliche Führungsarbeit haben muss.

**Lösung s. Seite 984**

### Aufgabe 3: Situatives Führen

Von Ihrem Betriebsleiter haben Sie um 15:00 Uhr einen eiligen Kundenauftrag bekommen und auch angenommen, der heute noch bis 20:00 Uhr ausgeliefert werden muss. Ihre Firma macht 35 % des Ergebnisses mit diesem Kunden. Die Sache duldet keinen Aufschub.

Die reguläre Arbeitsschicht Ihrer Gruppe endet um 18:00 Uhr. Um 15:10 Uhr treffen Sie sich mit Ihrem Meister-Stellvertreter und den zwei Vorarbeitern (alles langjährige, erfahrene Mitarbeiter) und erklären:

*„Also die Sache ist so, wir haben da noch einen Auftrag hereinbekommen. Ich finde es ja auch ärgerlich, – aber Sie kennen ja unseren Betriebsleiter. Er muss ja immer nach oben glänzen. An uns wird dabei ja nie gedacht. Wie dem auch sei, – machen Sie Ihren Leuten mal klar, dass sie bis 20:00 Uhr arbeiten müssen - auch wenn die maulen. Also, auf geht's, ich erwarte Ergebnisse. Um 19:30 Uhr komme ich mal' runter, und werd' sehen, ob die Sache geklappt hat."*

In diesem Gespräch läuft einiges falsch.

a) Beschreiben Sie jeweils in wenigen Sätzen konkret anhand der dargestellten Aussagen, was an diesem Gesprächsverhalten falsch oder zumindest ungeschickt ist und gehen Sie dabei auf

- die konkrete Situation,
- die Mitarbeiter (Meister-Stellvertreter sowie zwei Vorarbeiter),
- das Verhältnis zum Betriebsleiter sowie
- das „Kontrollverhalten" des Meisters ein.

b) Geben Sie in wenigen Sätzen ein Beispiel in wörtlicher Rede, wie Sie die Sache Ihren drei Mitarbeitern tatsächlich erklärt hätten.

c) Charakterisieren Sie kurz den Führungsstil, der in dem Gesprächsverhalten zum Ausdruck kommt. Begründen Sie Ihre Antwort mit konkreten Hinweisen aus dem Sachverhalt.

**Lösung s. Seite 985**

## Aufgabe 4: Führungsgitter (Grid)

Das Grid-Konzept ist ein Modell mit zwei Dimensionen (Faktoren) zur Erklärung von Führungsverhalten. Bewerten Sie Ihr eigenes Führungsverhalten (bzw. – wenn Sie noch keine Mitarbeiter haben – Ihr vermutliches Führungsverhalten) anhand des Grid-Konzeptes.

Geben Sie dabei je ein anschauliches Beispiel für Ihr konkretes Führungsverhalten bezogen auf die beiden Dimensionen dieses Modells.

**Lösung s. Seite 986**

## Aufgabe 5: Führungsstile, Führungsmodelle

Erläutern Sie vier Erklärungsansätze, die geeignet sind, konkretes Führungsverhalten zu charakterisieren.

**Lösung s. Seite 986**

## Aufgabe 6: MbD, MbO

Vergleichen Sie die Führungstechniken „Management by Delegation" und „Management by Objectives" anhand der Kriterien

- Voraussetzungen
- Chancen
- Risiken.

**Lösung s. Seite 988**

## Aufgabe 7: Führungsstile, Vergleich

Nennen Sie jeweils zwei Vor- und Nachteile des kooperativen, des autoritären und des Laissez-faire-Führungsstils.

**Lösung s. Seite 988**

## Aufgabe 8: Das Umfeld des Führungsprozesses

Der Erfolg der betrieblichen Führungsarbeit wird nachhaltig von einer Vielzahl von Faktoren beeinflusst, die untereinander in mehr oder weniger starker Wechselwirkung stehen. Sie werden auch als Rahmenbedingungen der Personalführung bezeichnet und lassen sich in

- interne und
- externe

Faktoren gliedern.

Innerhalb der internen Faktoren betrachtet man vor allem die Wirkungen auf den Erfolg der betrieblichen Personalführung, die

- vom Mitarbeiter und
- vom Vorgesetzten ausgehen sowie
- diejenigen, die sich aufgrund betriebsspezifischer Rahmenbedingungen ergeben.

Nennen Sie zu jedem der dargestellten Wirkungsfelder vier Beispiele für interne Faktoren, die den Erfolg der betrieblichen Führungsarbeit maßgeblich bestimmen.

**Lösung s. Seite 989**

## Aufgabe 9: Der neue Vorgesetzte

Nach bestandener Meisterprüfung werden Sie im nächsten Monat die Gruppe von Herrn Struck übernehmen, der nach langjähriger Tätigkeit in den Ruhestand geht.

a) Beschreiben Sie, wie Sie sich auf diese Aufgabe vorbereiten können.

b) Da Herr Struck in seiner Gruppe sehr beliebt war, könnte es sein, dass der Vorgesetztenwechsel Probleme mit sich bringt. Beschreiben Sie drei Verhaltensweisen der Gruppe bzw. einzelner Mitarbeiter, die als Reaktion auf diese Veränderung möglich sind, und nennen Sie jeweils Ihre eigene, angemessene Reaktion darauf.

**Lösung s. Seite 990**

## 4.5 Führungsmethoden und -techniken zur Förderung der Leistungsbereitschaft und Zusammenarbeit der Mitarbeiter

### Aufgabe 1: Führungsmittel

Führungsinstrumente (= Führungsmittel) sind Mittel und Verfahren zur Gestaltung des Führungsprozesses.

a) Geben Sie drei Beispiele für arbeitsrechtliche Führungsmittel, die der Vorgesetzte zur Gestaltung des Führungsprozesses einsetzen kann.

b) Nennen Sie jeweils zwei Beispiele für
- Anreizmittel,
- Kommunikationsmittel und
- Führungsstilmittel.

**Lösung s. Seite 991**

### Aufgabe 2: Zielvereinbarung

In einem Presseartikel lesen Sie folgende Auffassung zur Mitarbeiterführung:

*„Wir brauchen einen neuen Mitarbeitertypus. Nicht mehr der ‚NvD', der ‚Nicker vom Dienst' ist gefragt, der Arbeitsanweisungen erledigt, sondern der eigenverantwortlich handelnde, gut ausgebildete Mitarbeiter ist die Leistungssäule der Zukunft. Nicht die Arbeitsweise des Einzelnen steht im Vordergrund der Betrachtung, sondern die Arbeitsergebnisse, die im Dialog mit ihm verabschiedet wurden. Aufgabe der Führungskräfte wird es primär sein, die Voraussetzungen für die angestrebten Ziele zu schaffen."*

a) Wie nennt man die im Presseartikel angesprochene Managementtechnik (Führungstechnik)?

b) Nennen Sie vier Voraussetzungen zur Einführung dieses Führungsprinzips.

**Lösung s. Seite 992**

### Aufgabe 3: Delegationsbereiche

Sie vereinbaren mit Ihren Mitarbeitern feste Delegationsbereiche. Welche der nachfolgenden Aufgaben
- müssen Sie selbst wahrnehmen? (Vorgesetzter)
- können Sie delegieren? (Mitarbeiter)
- müssen Sie mit Ihren Mitarbeitern gemeinsam wahrnehmen? (Vorgesetzter + Mitarbeiter)

Aufgaben:

1. Entscheidungen im Aufgabengebiet des Mitarbeiters treffen.
2. Für die richtige Information des Mitarbeiters sorgen.

3. Das Arbeitsergebnis kontrollieren.
4. Die Einzelaufgabe richtig ausführen.

Kennzeichnen Sie jede Aufgabe mit „Vorgesetzter", „Mitarbeiter" bzw. „Vorgesetzter + Mitarbeiter" und geben Sie jeweils eine kurze Begründung für Ihre Entscheidung.

**Lösung s. Seite 992**

## Aufgabe 4: Motivationsprobleme und Handlungsempfehlungen

Es ist Freitag nachmittag und Sie sitzen mit Ihren drei Teamsprechern im wöchentlichen „Jour-fixe" zusammen. Zum wiederholten Mal steht die mangelnde Arbeitsmotivation einiger Mitarbeiter auf der Tagesordnung. Die Teamsprecher wollen von Ihnen konkrete Handlungsempfehlungen hören: *„Was kann man tun, um bei unmotivierten Mitarbeitern die Leistungsbereitschaft zu verbessern?"*

Bearbeiten Sie die Aufgabe stichwortartig und beschreiben Sie vier Handlungsempfehlungen.

**Lösung s. Seite 993**

## Aufgabe 5: Zielvereinbarung (MbO)

Ihr Unternehmen plant, MbO als Führungsprinzip einzuführen. Für die Informationsveranstaltung Ihrer Mitarbeiter erhalten Sie die Aufgabe, den Prozess der Zielvereinbarung prägnant zu beschreiben.

**Lösung s. Seite 993**

## Aufgabe 6: Kontrolle

Kontrolle wird oft als unangenehm empfunden – sowohl beim Vorgesetzten als auch beim Mitarbeiter. Machen Sie sich daher die Bedeutung der Kontrolle bewusst und nennen Sie acht Funktionen, die das Führungsinstrument „Kontrolle" erfüllt.

**Lösung s. Seite 993**

## Aufgabe 7: Lob, Anerkennung

Ihr Vorarbeiter tut sich sehr schwer, gute Leistungen in der Gruppe anzuerkennen. In einem persönlichen Gespräch mit ihm wollen Sie helfen: Nennen Sie vier Grundregeln für Anerkennung und gehen Sie dabei auf den Unterschied zwischen Lob und Anerkennung ein.

**Lösung s. Seite 994**

## Aufgabe 8: Gesprächsführung im Rahmen der Beurteilung

Beurteilungsgespräche sind für den Vorgesetzten eine anspruchsvolle Aufgabe. Neben der Gestaltung der Gesprächsatmosphäre sind Wortwahl und Tonart mitentscheidend für den Erfolg.

a) Geben Sie jeweils ein Beispiel in wörtlicher Rede für

1. eine positive Gesprächseröffnung
2. eine richtig formulierte Beanstandung
3. die Überleitung des Gesprächs an den Mitarbeiter

im Rahmen von Beurteilungsgesprächen.

b) Beurteilen Sie folgende Gesprächsbeobachtungen (im Rahmen von Beurteilungsgesprächen):

1. *„Sie arbeiten fehlerhaft und nachlässig."*

   *„Ihre Bereitschaft, sich engagiert in die neu gebildete Gruppe einzubringen, lässt noch sehr zu wünschen übrig."*
2. *„Sie sind doch wohl mit mir auch der Meinung, dass ...?"*

   *„Ich glaube kaum, dass Sie behaupten können, dass ...!"*
3. *„Das kann man so doch wohl nicht sehen!"*
4. Unangemessen langes Schweigen des Vorgesetzten (mit „Pokerface").

c) Beschreiben Sie acht Grundsätze für die Durchführung von Beurteilungsgesprächen.

**Lösung s. Seite 994**

## Aufgabe 9: Mitarbeiterbeurteilung

a) Nennen Sie fünf Phasen der Mitarbeiterbeurteilung.

b) Erläutern Sie zehn Beurteilungsfehler, die in der Praxis häufig gemacht werden.

c) Nennen Sie je vier Merkmale zur Beurteilung von Führungskräften bzw. gewerblichen Arbeitnehmern.

**Lösung s. Seite 995**

## Aufgabe 10: Beurteilungsgespräch

a) Am Donnerstag der nächsten Woche werden Sie das Beurteilungsgespräch mit Ihrem türkischen Mitarbeiter Ali Kaya führen. Wie bereiten Sie dieses Gespräch vor? Gehen Sie auf zehn Aspekte ein und bringen Sie diese in eine sachlogische Struktur.

b) Für ein erfolgreich verlaufendes Beurteilungsgespräch gibt es kein Patentrezept. Trotzdem **ist es sinnvoll, dieses Gespräch in Phasen einzuteilen**, d. h. das Gespräch zu strukturieren und dabei eine Reihe von Hinweisen zu beachten, die sich in der Praxis bewährt haben. Nehmen Sie dazu ausführlich Stellung.

**Lösung s. Seite 996**

## Aufgabe 11: Beurteilung und Mitbestimmung

a) In der letzten Woche war Ihr Mitarbeiter Ali Kaya bei Ihnen mit der Bitte, ihn zu beurteilen, da er jetzt seit über zwei Jahren in Ihrer Gruppe arbeitet. Sie haben diese Bitte freundlich aber bestimmt abgelehnt – mit dem Hinweis, der Betrieb habe kein Beurteilungssystem und im Übrigen gebe es auch keinen Betriebsrat. Zu Recht? Begründen Sie Ihre Antwort.

b) Sie sind u. a. Beauftragter für die Ausbildung der Industriekaufleute Ihres Betriebes. Sie erhalten die Aufgabe, das derzeit existierende Beurteilungsverfahren für Auszubildende auf den neuesten Stand zu bringen. Müssen Sie bei dieser Überarbeitung den Betriebsrat einschalten? Begründen Sie Ihre Antwort.

**Lösung s. Seite 998**

## Aufgabe 12: Einführung neuer Mitarbeiter

Der Regelkreis der Führungsarbeit umfasst die Phasen:

- Ziele setzen
- Planen
- Organisieren
- Durchführen
- Kontrollieren.

Sie führen eine Gruppe von 12 Montagemitarbeitern; darunter sind u. a. ein Vorarbeiter sowie drei „Altgediente, Erfahrene“. Ab Montag der nächsten Woche werden zwei neue Mitarbeiter die Arbeit in Ihrer Gruppe aufnehmen. Erstellen Sie ein Einarbeitungsprogramm für die „Neuen“ (konkret und situationsbezogen). Sagen Sie, was Sie tun werden und ordnen Sie die einzelnen Maßnahmen der jeweiligen „Phase des Regelkreises“ zu.

**Lösung s. Seite 999**

## Aufgabe 13: Kreativität

Die Betriebsleitung veranstaltet einmal im Monat ein Meistertreffen. Ziel dabei ist es, einen Erfahrungsaustausch unter den Meistern herbeizuführen. Außerdem steht ein aktuelles Thema auf der Tagesordnung. Für die kommende Sitzung sollen Sie ein Referat vorbereiten mit dem Thema „Bedeutung der Kreativität der Mitarbeiter für den Unternehmenserfolg und Präsentation geeigneter Maßnahmen zur Förderung der Kreativität“.

**Lösung s. Seite 999**

## Aufgabe 14: Personaleinsatzplanung

Auf der nächsten Abteilungsleitersitzung, zu der der Geschäftsführer geladen hat, sollen Sie die Notwendigkeit einer systematischen Personaleinsatzplanung präsentieren. Gehen Sie dabei auf folgende Fragestellungen ein:

a) Formulieren Sie die grundsätzliche Zielsetzung der Personaleinsatzplanung.

b) Nennen Sie ergänzend fünf Einzelziele, die mit einer systematischen Personaleinsatzplanung realisiert werden sollen.

c) Welche Maßnahmen/Instrumente stehen Ihnen innerbetrieblich bei der Personaleinsatzplanung zur Verfügung? Nennen Sie vier Beispiele.

d) Die Personaleinsatzplanung muss sich an Rahmenbedingungen wie z. B. „außerbetrieblichen Eckdaten" orientieren. Nennen Sie dazu vier konkrete Beispiele für Rahmenbedingungen.

**Lösung s. Seite 1000**

## Aufgabe 15: Nachfolgeplanung

Ihr Betrieb hat mehr als 500 Mitarbeiter. Es existiert ein Betriebsrat. Vor Ihnen liegt ein Auszug des Organigramms von Herrn Morgan, Betriebsleiter.

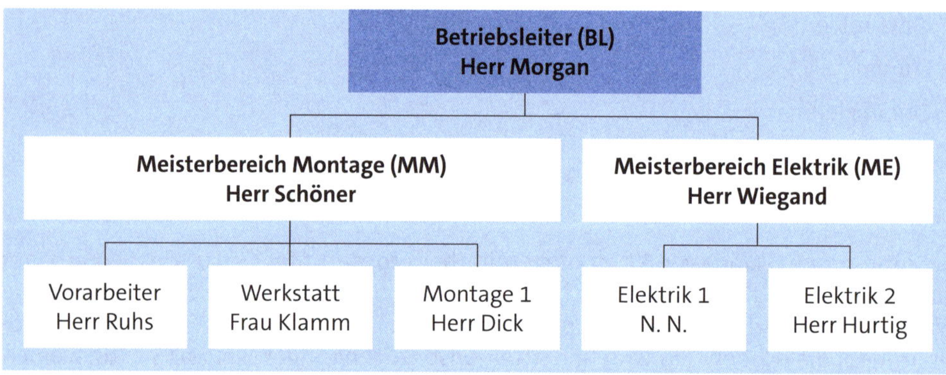


a) Für das kommende Planungsjahr ist eine positionsbezogene Nachfolgeplanung zu erstellen und in das nachfolgende Schema (Positionen/Monate) einzutragen:

| **Nachfolgeplan: BL/Morgan** | **Monate** | | | | | | | | | | | |
|---|---|---|---|---|---|---|---|---|---|---|---|---|
| **Positionen** | **J** | **F** | **M** | **A** | **M** | **J** | **J** | **A** | **S** | **O** | **N** | **D** |
| | | | | | | | | | | | | |

Dazu liegen Ihnen folgende Angaben vor:
Herr Schöner, Meisterbereich Montage wird altersbedingt zum 30.06. ausscheiden und durch Herrn Ruhs ab dem 01.09. ersetzt; zur Vorbereitung auf die neue Position wird Herr Ruhs im Juli und August ein internes Trainingsprogramm durchlaufen. In diesen beiden Monaten wird Herr Morgan den Meisterbereich Montage kommissarisch leiten.

Der Vorarbeiter Herr Ruhs wird nahtlos durch Herrn Dick ersetzt. Die Stelle von Herrn Dick wird von Juli bis September von einem Leiharbeitnehmer und daran anschließend von Herrn Schnell besetzt, der zum 30.09. seine Lehre als Mechatroniker beendet.

Frau Klamm tritt zum 01.03. ihren Elternurlaub an. Als Nachfolge ist eine befristete externe Neueinstellung geplant.

Die Stelle Elektrik 1 ist derzeit vakant; sie soll zum 01.04. mit Herrn Rohr besetzt werden, der dann vom Erziehungsurlaub zurückkehrt.

b) Beschreiben Sie am Beispiel „Frau Klamm/externe Nachfolge", sechs einzelne personelle Maßnahmen, die erforderlich sind.

c) Nennen Sie vier personelle Maßnahmen, die im Rahmen dieser Nachfolgeplanung durchzuführen sind sowie das jeweilige Beteiligungsrecht des Betriebsrates.

**Lösung s. Seite 1001**

## Aufgabe 16: Schlüsselqualifikationen

Bei der Diskussion über die Personalentwicklungsmaßnahmen der kommenden Jahre hält Ihnen der Geschäftsführer vor: *„Wir haben bisher versäumt, insbesondere Schlüsselqualifikationen zu fördern."*

a) Erläutern Sie, was man unter einer Schlüsselqualifikation versteht.

b) Nennen Sie drei Beispiele für Schlüsselqualifikationen und beschreiben Sie jeweils eine geeignete Fördermaßnahme.

**Lösung s. Seite 1002**

## Aufgabe 17: Formen von Weiterbildungsmaßnahmen

Im Rahmen der betrieblichen Fortbildung werden in der Praxis eine Fülle unterschiedlicher Methoden angewandt – z. B. Job Rotation, Projektmanagement, Fallmethode und Planspiel.

a) Nennen Sie vier Inhalte eines Rotationsplanes.

b) Erläutern Sie an einem Beispiel, warum sich Fragestellungen innerhalb eines Projektes besonders gut zur Förderung von Führungsnachwuchskräften eignen.

c) Wie unterscheidet sich die Fallmethode vom Planspiel? Beschreiben Sie beides.

**Lösung s. Seite 1003**

## Aufgabe 18: Förderung von Nachwuchskräften

Ihr Vorgesetzter bittet Sie, ein Konzept zur Förderung von Nachwuchskräften zu erstellen. Insbesondere werden Antworten auf folgende Fragen erwartet:

a) Welcher Mitarbeiterkreis ist mit Nachwuchskräften gemeint? Geben Sie eine Erläuterung.

b) Welche Schulungsmaßnahmen stehen inhaltlich bei der Nachwuchsförderung im Vordergrund? Geben Sie fünf Beispiele.

c) Nennen Sie beispielhaft sechs Methoden (PE-Instrumente), die sich besonders für die Förderung von Nachwuchskräften eignen.

d) Als ein weiteres Element dieses Konzeptes sollen Sie zusammen mit einem externen Berater ein Assessment-Center (AC) zur Auswahl und Förderung von Nachwuchskräften vorschlagen. In Gesprächen mit den Ressortleitern Ihrer Firma werden Sie als ersten Schritt relevante Schlüsselqualifikationen für dieses AC herausarbeiten.
   1. Erläutern Sie, was man unter einer Schlüsselqualifikation versteht.
   2. Nennen Sie sechs Beispiele für Schlüsselqualifikationen.
   3. Wählen Sie aufgrund Ihrer Praxiserfahrung eine Schlüsselqualifikation aus und beschreiben Sie zwei geeignete Fördermaßnahmen.

**Lösung s. Seite 1003**

## Aufgabe 19: Job Rotation

Am kommenden Montag sollen Sie Ihren Kollegen Auszüge aus der neuen Personalentwicklungskonzeption präsentieren. Unter anderem werden Sie auch über Job Rotation sprechen.

a) Beschreiben Sie den Führungskräften Ihres Hauses Job Rotation als Instrument der Personalentwicklung.

b) Beschreiben Sie vier Vorteile von Job Rotation, um die Führungskräfte von der Notwendigkeit dieses Instruments zu überzeugen.

**Lösung s. Seite 1004**

## Aufgabe 20: Weiterbildungsmaßnahmen (Überblick)

Unterscheiden Sie die Weiterbildungsmaßnahmen nach den Aspekten

- betriebliche, interne,
- betriebliche, externe sowie
- auf Eigeninitiative der Mitarbeiter

und geben Sie jeweils vier Beispiele.

**Lösung s. Seite 1005**

## Aufgabe 21: Weiterbildungskonzept (-planung)

Sie haben vor kurzem eine Arbeitsgruppe von 28 Mitarbeitern übernommen. Da Ihr Vorgänger das Thema „Personalentwicklung" sehr stiefmütterlich behandelt hat, ist eine Ihrer ersten Aufgaben, die Weiterbildung für die Gruppe zu planen.

Beschreiben Sie mindestens fünf Phasen Ihrer Vorgehensweise in sachlogischer Reihenfolge.

**Lösung s. Seite 1006**

## Aufgabe 22: Stellenbeschreibung (Arbeitsplatzbeschreibung)

Zur Vorbereitung Ihrer Weiterbildungsmaßnahmen sind Sie gehalten, die Stellenbeschreibungen für Ihre Arbeitsgruppe anzufertigen.

a) Nennen Sie beispielhaft sechs Inhalte einer Stellenbeschreibung (auch: Arbeitsplatzbeschreibung).

b) Beschreiben Sie den Unterschied zur Funktionsbeschreibung.

**Lösung s. Seite 1007**

## Aufgabe 23: Zeugnisanalyse

Bei der Analyse eines Bewerberzeugnisses fällt Ihnen auf, dass im Text keine Aussagen über die Führungsqualifikation enthalten sind. Nach eigener Darstellung ist der Bewerber derzeit als Meister in einem kleinen Familienunternehmen tätig und hat eine Personalverantwortung für 25 gewerbliche Mitarbeiter. Wie ist dieser Sachverhalt zu werten? Begründen Sie Ihre Antwort.

**Lösung s. Seite 1008**

## Aufgabe 24: Zeugniscodierung

Im Arbeitszeugnis eines Bewerbers lesen Sie u. a.: *„Herr Kernig war tüchtig und wusste sich zu verkaufen .... Seine Leistungen stellten uns voll zufrieden.“* Das Zeugnis wurde von der Personalabteilung eines großen Unternehmens verfasst und gegengezeichnet. Wie sind diese Aussagen zu werten?

**Lösung s. Seite 1008**

## Aufgabe 25: Analyse von Schulzeugnissen

Der 48-jährige Hubert Kernig ist derzeit als Meister tätig und bewirbt sich auf die Stelle des stellvertretenden Betriebsleiters. Sein Realschulzeugnis und das Zeugnis der Berufsschule zeigen überwiegend ausreichende Leistungen. Im Fach „Sport“ und im Fach „Technik“ hat er in beiden Zeugnissen die Note „gut“. Welche Schlussfolgerungen sind zulässig?

**Lösung s. Seite 1008**

## Aufgabe 26: Arbeitszeitflexibilisierung

a) Nennen Sie drei Grundmodelle der flexiblen Arbeitszeitgestaltung und geben Sie jeweils zwei Beispiele. Beschreiben Sie dabei grundsätzliche Formen des Flexibilisierungsausgleichs.

b) Die Rahmenbedingungen zur flexiblen Gestaltung der Arbeitszeit haben sich verändert. Nennen Sie jeweils zwei Veränderungstendenzen
   - im betrieblichen Sektor,
   - aus der Sicht der Mitarbeiter und
   - aus dem Bereich der gesetzgeberischen Aktivitäten.

**Lösung s. Seite 1009**

### 4.6 Förderung der Kommunikation und Kooperation

## Aufgabe 1: Direktive/non-direktive Gesprächsführung

Jedes schwierige Mitarbeitergespräch muss gut vorbereitet werden, damit es erfolgreich verläuft. Dazu gehört auch die Wahl der Steuerungstechnik. Man unterscheidet zwei grundsätzliche Arten der Gesprächssteuerung: die direktive und die non-direktive Form der Gesprächsführung.

Erläutern Sie den Unterschied und verdeutlichen Sie, in welchen Fällen Sie die direktive bzw. die non-direktive Form der Gesprächsführung für geeignet halten.

**Lösung s. Seite 1010**

## Aufgabe 2: Konferenz-/Besprechungsregeln

In den ersten Gruppenbesprechungen mit Ihrer Abteilung, die Sie vor kurzem übernommen haben, lässt sich sehr schnell feststellen, dass Ihre Mitarbeiter wenig Erfahrung haben, Gruppenbesprechungen themenzentriert und effektiv durchzuführen. Die Diskussion „geht wild durcheinander", einige Mitarbeiter kommen zu spät usw.

Entwerfen Sie zehn Regeln für effektive Besprechungen/Konferenzen, die Sie mit Ihren Mitarbeitern diskutieren werden.

**Lösung s. Seite 1011**

## Aufgabe 3: Arbeit in Gruppen, Risiken teilautonomer Gruppen

Ihre Geschäftsleitung beabsichtigt, im nächsten Jahr die Gruppenarbeit in der Fertigung zu verstärken und erhofft sich dadurch eine Verbesserung der Produktivität und der Qualität. In einem Kickoff-Meeting sollen Sie zusammen mit Ihren Meisterkollegen zu folgenden Fragestellungen referieren:

a) Welche Formen der betrieblichen Gruppenarbeit sind grundsätzlich denkbar?

b) Mit welchen Risiken für den Betrieb können speziell „teilautonome Gruppen" verbunden sein?

**Lösung s. Seite 1011**

## Aufgabe 4: Konflikte in der Kargen GmbH

**INFO**

Die folgende Aufgabe ist komplex und sehr anspruchsvoll in der Bearbeitung. Sie überschreitet von daher den Bearbeitungsumfang einer klausurtypischen Fragestellung in der Prüfung. Der Sinn dieser Aufgabenstellung liegt in dem hohen Praxisbezug und der breiteren Lernmöglichkeit zum Thema „Konflikte".

**Ausgangslage:**
Wir befinden uns in der Kargen GmbH, einem mittelständischen Hersteller eingelegter Konservenprodukte (süß-saure Gurken, Kürbis, Artischocken usw.) im Raum Mönchengladbach. Das Unternehmen ist in den zurückliegenden Jahren stark gewachsen und konnte sich erfreulich gegenüber dem Hauptkonkurrenten, der Firma Kühne, behaupten. In den letzten Monaten häuften sich jedoch die Probleme:

Es kommt zu Stockungen in der Materialversorgung; dies führt zu Stillstandszeiten der Ver-packungsanlage. Die Belegschaft in der Fertigung beschwert sich zunehmend über ungerechte Vorgabezeiten. Terminüberschreitungen bei Kundenaufträgen häufen sich. Außerdem geht in der Belegschaft das Gerücht um, die Firmenleitung wolle den Standort nach Thüringen verlegen, weil dort bessere Produktionsbedingungen angeboten würden. Insgesamt hat sich die Ertragslage der Kargen GmbH verschlechtert.

Der Meisterbereich 1 wird seit sechs Jahren von Herrn Knabe geleitet; er berichtet an Herrn Kurz, Leiter der Fertigung. Herr Knabe ist ein erfahrener Meister. Aufgrund seiner betriebswirtschaftlichen Weiterbildung machte er sich bis vor kurzem Hoffnung, Nachfolger von Herrn Kurz zu werden, der im nächsten Jahr altersbedingt seine Tätigkeit beenden wird. Vor zwei Wochen hat die Geschäftsleitung entschieden, die Stelle extern zu besetzen. Herr Knabe erfuhr davon auf Umwegen.

Herrn Knabe sind unmittelbar vier Mitarbeiter unterstellt:
Frau Balsam ist Werkstattschreiberin und „Mädchen für Alles". Sie ist gutmütig und arbeitet pflichtbewusst. Leider gibt es häufiger Zusammenstöße mit dem Vorarbeiter, Herrn Merger, der wenig Kontakt mit den Kollegen pflegt; außerdem findet er, „dass Frauen in der Fertigung nichts zu suchen haben".

Herr Knabe wird vertreten durch Herrn Kern, der vor kurzen von außen eingestellt wurde; er befindet sich noch in der Probezeit und ist der zukünftige Schwiegersohn des Inhabers. Die Mitarbeiter in der Fertigung beschweren sich zunehmend über seinen rüden Umgangston; es zeichnen sich Führungsprobleme ab. Herr Kern scheint recht isoliert im Meisterbereich zu sein. Keiner „wird mit ihm richtig warm". Herr Hurtig ist ebenfalls Vorarbeiter. Von seiner bisher zügigen Art, auftretende Probleme anzupacken, ist kaum noch etwas zu merken; er vernachlässigt seine Arbeit und wälzt Aufgaben an Frau Balsam ab. Zwischen den Herren Hurtig und Merger klappt die Vertretung bei kurzzeitigen Abwesenheiten nicht.

**Aufgabenstellung:**

a) Zeichnen Sie das Organigramm der Kargen GmbH und tragen Sie alle personenbezogenen Angaben lt. Sachverhalt ein (Darstellung der formellen Strukturen).

b) Zeichnen Sie ansatzweise ein Soziogramm, das die Beziehungen/Konflikte im Meisterbereich 1 grafisch/verbal veranschaulicht (Darstellung der informellen Strukturen).

c) Erstellen Sie eine Übersicht (Matrix) mit allen Konfliktfeldern der Kargen GmbH. Unterscheiden Sie dabei,

- welche Konflikte kurzfristig und welche langfristig gelöst werden können/müssen und
- welche Konflikte tendenziell mehr „Sachkonflikte“ und welche mehr „Beziehungskonflikte“ sind.

d) Beschreiben Sie in Stichworten, wie die vorhandenen Konflikte zu bearbeiten sind (Ansätze zur Konfliktlösung).

**Lösung s. Seite 1014**

## Aufgabe 5: Moderation

In ca. zwei Monaten werden Sie das Projekt „Qualitätsverbesserung in Montage 2“ übernehmen. Ihre erste Aufgabe ist die Unterweisung der vier Teamleiter aus den Fachabteilungen in die Techniken der Moderation. Bearbeiten Sie dazu folgende Fragestellungen:

a) Welche Ziele lassen sich mit der Moderation realisieren?

b) Welche Rolle hat der Moderator wahrzunehmen? Über welche persönlichen Eigenschaften sollte er verfügen?

c) In welchen Fällen ist Moderation einsetzbar?

d) Wie ist der Ablauf der Moderation zu strukturieren?

**Lösung s. Seite 1016**

# 5. Prüfungsfach: Berücksichtigung naturwissenschaftlicher und technischer Gesetzmäßigkeiten

## 5.1 Auswirkungen naturwissenschaftlicher und technischer Gesetzmäßigkeiten auf Materialien, Maschinen und Prozesse sowie auf Mensch und Umwelt

### Aufgabe 1: Atom und Periodensystem (1)

Wodurch ist die Stellung der Elemente im Periodensystem festgelegt?

**Lösung s. Seite 1019**

### Aufgabe 2: Atom und Periodensystem (2)

Was sind Elektronen und Neutronen?

**Lösung s. Seite 1019**

### Aufgabe 3: Chemische Reaktion

Woran erkennt man, dass es sich bei der Oxidation von Magnesium um eine chemische Reaktion handelt?

Beschreiben Sie die Reaktion in Form einer Wortgleichung und einer chemischen Gleichung.

**Lösung s. Seite 1019**

### Aufgabe 4: Dissoziation

Wie lauten die Dissoziationsgleichungen (Teilung der Verbindung) für HCl, $H_2SO_4$, NaOH, $Mg(OH)_2$?

**Lösung s. Seite 1020**

### Aufgabe 5: Elektrolyse

Welche Bedeutung hat die Elektrolyse in der technischen Anwendung?

Nennen Sie drei Beispiele.

**Lösung s. Seite 1020**

### Aufgabe 6: Korrosionsformen

Korrosionserscheinungen können in vielfältiger Art und Weise auftreten.

Nennen Sie drei Erscheinungsformen von Korrosion und beschreiben Sie deren Merkmale.

**Lösung s. Seite 1020**

## Aufgabe 7: Korrosion

Verkupfertes Eisenblech rostet schneller als Nägel oder Bleche aus verzinktem Eisen.

Beschreiben Sie die Unterschiede bei der elektrochemischen Korrosion eines verzinkten Eisenteils und eines verkupferten Eisenteils.

**Lösung s. Seite 1020**

## Aufgabe 8: Löschen von Bränden

Welche Löschmittel werden beim Brand folgender Stoffe bzw. Gegenstände eingesetzt?

Nennen Sie jeweils drei Beispiele:

a) Kleidung von Personen, Haare
b) mit Wasser mischbare Flüssigkeiten (z. B. Spiritus)
c) mit Wasser nicht mischbare Flüssigkeiten (z. B. Fett, Öl, Benzin)
d) elektrische Geräte, Leitungen, Anlagen.

**Lösung s. Seite 1022**

## Aufgabe 9: Treibhauseffekt

In der Atmosphäre ist $CO_2$ (Kohlenstoffdioxid) nur in einer äußerst geringen Konzentration vertreten. Bereits die geringste Änderung dieser Konzentration kann den Treibhauseffekt auf der Erde beeinflussen.

Beschreiben Sie, wie der Treibhauseffekt entsteht.

**Lösung s. Seite 1022**

## Aufgabe 10: Säuren und Basen

Warum sind Laugen für die Haut meist gefährlicher als verdünnte Säuren?

**Lösung s. Seite 1022**

## Aufgabe 11: Neutralisation

Erklären Sie die Neutralisation am Beispiel von Salzsäure (HCl) und Natronlauge (NaOH).

**Lösung s. Seite 1022**

## Aufgabe 12: Eigenschaften von Metallen

Durch welche Eigenschaften zeichnen sich Metalle im Gegensatz zu Nichtmetallen aus?

**Lösung s. Seite 1023**

## Aufgabe 13: Verbrennung und Schadstoffe

Welche Schadstoffe entstehen bei der Verbrennung von Benzin, Diesel und Kohle und durch welche Maßnahmen kann der Schadstoffausstoß verringert werden?

**Lösung s. Seite 1023**

## Aufgabe 14: Temperaturänderung bei Gasen

Eine Sauerstoffflasche (40 l) wurde bei einer Temperatur von 17 °C unter einem Überdruck von 15,0 MPa gefüllt.

Welches Volumen nimmt dieser Sauerstoff bei einer Temperatur von 27 °C und einem Luftdruck 100 kPa ein?

**Lösung s. Seite 1023**

## Aufgabe 15: Längenänderung fester Körper

Wie lang ist eine Freileitung aus Kupfer bei einer Temperatur von 35 °C, wenn sie bei 10 °C 300,0 m lang war? Der Längenausdehnungskoeffizient von Kupfer beträgt $\alpha = 16{,}5 \cdot 10^{-6}/K$.

**Lösung s. Seite 1024**

## Aufgabe 16: Volumenänderung fester Körper

Erläutern Sie, warum beim Gießen von Metall die Schwindung berücksichtigt werden muss.

**Lösung s. Seite 1024**

## Aufgabe 17: Beschleunigung

Ein Eisenbahnzug legt beim Anfahren aus dem Ruhezustand einen Weg von 1.120 m in 80 s gleichmäßig beschleunigt zurück.

Berechnen Sie die Endgeschwindigkeit und die Beschleunigung.

**Lösung s. Seite 1025**

## Aufgabe 18: Arbeit

Ein Hubstapler hebt mit einer Kraft von 40 kN eine Last um 2 m.

Berechnen Sie die abgegebene Arbeit in Nm und in J.

**Lösung s. Seite 1025**

## Aufgabe 19: Wirkungsgrad

Eine Kranwinde hebt eine Last von 5.000 kg in einer Minute 4,5 m hoch. Der Antriebsmotor gibt eine Leistung von 4,78 kW an die Winde ab.

Ermitteln Sie den Wirkungsgrad der Winde.

**Lösung s. Seite 1026**

## Aufgabe 20: Elektrische Arbeit (1)

Eine elektrische Heizung besitzt eine Leistung von 8 kW.

Berechnen Sie, wie lange die Heizung betrieben werden kann, bis die Arbeit 70 kWh beträgt.

**Lösung s. Seite 1026**

## Aufgabe 21: Elektrische Arbeit (2)

Ein Gleichstrommotor nimmt bei 440 V den Strom 9 A auf. Der Wirkungsgrad beträgt 0,8.

Ermitteln Sie, welche Arbeit der Motor in sechs Stunden abgibt.

**Lösung s. Seite 1027**

## Aufgabe 22: Drehstrom, Wirkleistung

Mit einer Seilwinde mit dem Wirkungsgrad 0,65 wird eine Masse von 64 kg in 0,2 min 12,5 m gehoben.

Welche Leistung braucht ein Drehstrommotor mit einem Wirkungsgrad von $\eta = 0{,}85$, einer Spannung von 400 V und einem Leistungsfaktor von $\cos \varphi = 0{,}89$, um die Seilwinde anzutreiben? Welche Stromaufnahme ist erforderlich?

**Lösung s. Seite 1027**

## Aufgabe 23: Messbereichserweiterung

Spannungen zwischen 0 V und 500 V sollen mit einem Spannungsmesser gemessen werden, der für maximal 125 V ausgelegt ist. Der Innenwiderstand des Instruments beträgt 35 kΩ.

Berechnen Sie den Vorwiderstand für die Messbereichserweiterung.

**Lösung s. Seite 1028**

## Aufgabe 24: Schweredruck

In einem Öltank steht Öl mit der Dichte 0,8 $kg/dm^3$ genau 2 m hoch.

Bestimmen Sie den Schweredruck am Boden des Tanks in bar.

**Lösung s. Seite 1029**

## Aufgabe 25: Leiterwiderstand

Welchen Leiterwiderstand hat ein 10 m langer Kupferdraht mit einem spezifischen elektrischen Widerstand von = 0,0179 $\Omega mm^2/m$ bei einem Durchmesser von 0,45 mm?

**Lösung s. Seite 1029**

## Aufgabe 26: Hydraulische Presse

In einer hydraulischen Presse mit einem Druckkolben $d_1$ = 40 mm herrscht ein Druck $p_1$ von 6 bar.

a) Welche Kraft ($F_1$) wirkt am Druckkolben?

b) Welche Kraft ($F_2$) wirkt am Arbeitskolben mit $d_2$ = 80 mm?

c) Welcher Druck $p_2$ müsste herrschen, wenn der Arbeitskolben mit 4 kN belastet würde?

**Lösung s. Seite 1029**

### 5.2 Energieformen im Betrieb sowie Auswirkungen auf Mensch und Umwelt

## Aufgabe 1: Energieträger, Energienutzung

Die Mehrzahl der Primärenergieträger, die wir heute nutzen, sind auf der Erde nur in begrenztem Umfang vorhanden. Außerdem besteht die Gefahr, dass durch die extensive Energienutzung die natürlichen Lebensgrundlagen von Menschen, Tieren und Pflanzen zerstört werden.

Beschreiben Sie drei Möglichkeiten, wie die natürlichen Lebensgrundlagen erhalten bleiben und trotzdem ausreichend Energie nutzbar gemacht werden kann.

**Lösung s. Seite 1030**

## Aufgabe 2: Primär- und Sekundärenergie

Was sind Primär- und Sekundärenergiequellen?

Erklären Sie den Unterschied und nennen Sie jeweils vier Beispiele.

**Lösung s. Seite 1031**

## 5.3 Berechnen betriebs- und fertigungstechnischer Größen bei Belastungen und Bewegungen

### Aufgabe 1: Flächenpressung

Das Gleitlager einer Maschine erfährt eine Belastung F = 200 kN. Als Lagerwerkstoff findet Weißmetall mit einer zulässigen Flächenpressung von $p_{zul}$ = 25 N/mm² Verwendung. Wirksame Lagerlänge l und Wellendurchmesser d sollen im Verhältnis l/d = 1,6 zueinander stehen.

**Hinweis:** Die Druckspannung zwischen zwei sich berührenden Körpern bezeichnet man als Flächenpressung. Bei Lagern wird als tragende Fläche die Projektion, also ein Rechteck von der Größe d • l in Rechnung gesetzt.

a) Bestimmen Sie die Maße l und d des Stirnzapfens.

b) Weisen Sie nach, dass die tatsächlich vorhandene Flächenpressung $p_{vorh}$ aufgrund der festgelegten Maße die zulässige Flächenpressung von $p_{zul}$ = 25 N/mm² nicht übersteigt.

**Lösung s. Seite 1031**

### Aufgabe 2: Druckspannung

Mit welcher Kraft darf ein zylindrischer Eisenstab (Länge $l_0$ = 0,80 m; Durchmesser $d_0$ = 3,0 cm; Elastizitätsmodul E = 200 GPa) in Längsrichtung höchstens belastet werden, damit er sich nicht mehr als 0,50 mm verkürzt? Dabei ist die Querschnittsänderung zu vernachlässigen.

**Lösung s. Seite 1032**

### Aufgabe 3: Winkelbeschleunigung

Ein Elektromotor braucht beim Anlaufen aus dem Ruhezustand sieben Sekunden, um in gleichförmig beschleunigter Drehbewegung 1.500 Umdrehungen pro Minute zu erreichen.

Berechnen Sie die Winkelbeschleunigung.

**Lösung s. Seite 1033**

### Aufgabe 4: Drehzahl

Das Rad 1 eines Getriebes dreht sich mit der Drehzahl $n_1$ = 60 min$^{-1}$. Es greift in das Rad 2 ein, welches mit dem Rad 2‘ starr verbunden ist und auf einer Welle sitzt. Rad 2‘ treibt Rad 3 (Skizze siehe unten). Die Wälzkreisdurchmesser sind gegeben: $d_1$ = 30 mm, $d_2$ = 50 mm, $d_{2'}$ = 20 mm, $d_3$ = 40 mm.

Errechnen Sie die Drehzahl des Rades 3.

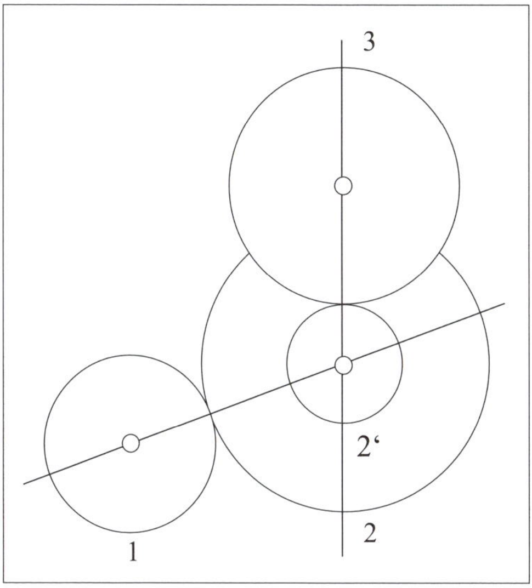


**Lösung s. Seite 1033**

## 5.4 Statistische Verfahren, einfache statistische Berechnungen sowie deren grafische Darstellung

### Aufgabe 1: Maßnahmen zur Fehlerbehebung im Rahmen der Qualitätssicherung

Im Rahmen der Qualitätssicherung müssen erkannte Fehler behoben werden. Nennen Sie sechs Beispiele für geeignete Maßnahmen zur Fehlerbehebung.

**Lösung s. Seite 1034**

### Aufgabe 2: Stichprobe (Voraussetzungen, Messfehler)

Sie haben die Aufgabe, die Fertigung von Edelstahlteilen zu überprüfen. Dazu sollen Sie eine Stichprobe aus dem Fertigungslos entnehmen.

a) Welche Voraussetzungen müssen für eine Stichprobenkontrolle erfüllt sein?

b) Die Erfassung der Stichprobendaten kann mit Fehlern behaftet sein. Unterscheiden Sie in diesem Zusammenhang systematische und zufällige Fehler und geben Sie jeweils ein Beispiel.

**Lösung s. Seite 1034**

## Aufgabe 3: Erfassung und Verarbeitung technischer Messwerte

In Ihrem Betrieb läuft zurzeit das Projekt „Planung und Implementierung der Fertigungskontrolle an der neuen biaxialen Reckanlage zur Folienherstellung". In der nächsten Teamsitzung sollen unterschiedliche Verfahren zur Erfassung und Verarbeitung der Prozessdaten diskutiert werden. Nennen Sie dazu vier Beispiele.

**Lösung s. Seite 1034**

## Aufgabe 4: Arithmetisches Mittel, Modalwert, Standardabweichung

In einer Hochdruckdampfanlage soll der Wirkungsgrad der Kessel untersucht werden. Die Stichprobe vom Umfang n = 8 führte zu folgendem Ergebnis ($x_i$ in Prozent):

| $x_i$ | 90,3 | 91,6 | 90,9 | 90,4 | 90,3 | 91,0 | 87,9 | 89,4 |
|---|---|---|---|---|---|---|---|---|

Ermitteln Sie folgende Werte der Stichprobe:

a) den durchschnittlichen Wirkungsgrad

b) die Standardabweichung

c) den häufigsten Wert

d) den absolut größten Fehler.

**Lösung s. Seite 1035**

## Aufgabe 5: Spannweite

Für die Stichprobe aus Aufgabe 4, oben soll die Spannweite ermittelt werden.

a) Berechnen Sie die Spannweite.

b) Welche Vor- und Nachteile hat der Parameter „Spannweite"?

**Lösung s. Seite 1036**

## Aufgabe 6: Häufigkeitsverteilung

Stellen Sie die Häufigkeitsverteilung der Stichprobe aus Aufgabe 4 horizontal grafisch dar.

**Lösung s. Seite 1036**

## Aufgabe 7: Normalverteilung

Sie stellen fest, dass die Häufigkeitsverteilung Ihrer Messreihe annähernd die Form einer Normalverteilung hat. Als Mittelwert erhalten Sie 20, als Standardabweichung s = 0,6.

a) Stellen Sie grafisch den Verlauf einer annähernd normalverteilten Stichprobe dar und tragen Sie die wichtigsten Parameter der Normalverteilung ein.

b) Ermitteln Sie das Intervall (= Vertrauensbereich), das mit 99,73 % eingeschlossen wird.

**Lösung s. Seite 1037**

## Aufgabe 8: Kontrollkarte (QRK = Qualitätsregelkarte)

Die nachfolgende Abbildung enthält den Ausschnitt einer Kontrollkarte:

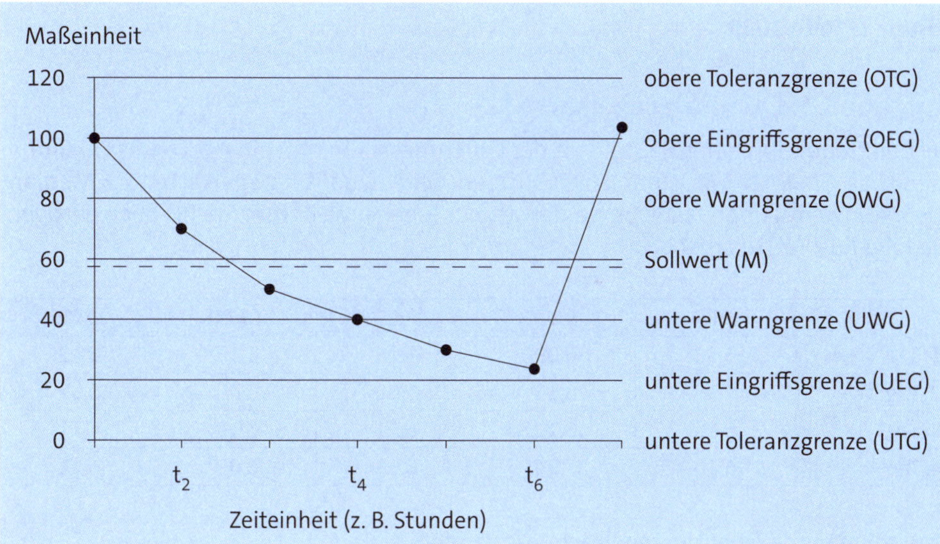


Interpretieren Sie die Kontrollkarte:

a) zum Zeitpunkt $t_4$

b) zum Zeitpunkt $t_6$

c) zum Zeitpunkt $t_7$.

**Lösung s. Seite 1037**

## Aufgabe 9: NIO-Teile

Auf einem Halbautomaten werden Anlasser gefräst. Aus einem Los von 500 Stück werden 8 % entnommen und auf die Einhaltung der Toleranz überprüft. Die Stichprobe ergibt 6 NIO-Teile.

Ermitteln Sie die Anzahl der wahrscheinlichen NIO-Teile des Loses in Prozent.

**Lösung s. Seite 1038**

## Aufgabe 10: Maschinenfähigkeitsindex

Es werden Edelstahlwellen auf einer CNC-Maschine hergestellt. Die Stichprobe vom Umfang n = 30 aus einer Losgröße von N = 2.000 ergibt einen Mittelwert von x = 430 bei einer Standardabweichung von s = 12,4. Die Toleranz T wurde bei 120 festgelegt.

Beurteilen Sie, ob die Maschine fähig ist.

**Lösung s. Seite 1038**

## Aufgabe 11: Maschinenfähigkeit, Prozessfähigkeit (Unterschiede)

Welche Einflussgrößen werden bei der Ermittlung der Maschinenfähigkeit und welche bei der Prozessfähigkeit betrachtet? Stellen Sie die Unterschiede dar.

**Lösung s. Seite 1039**

## Aufgabe 12: Qualitätsregelkarte (2)

Bei der Produktion eines Bauteils ist der Durchmesser in mm ein relevantes Qualitätsmerkmal. Es wird mit einer zweispurigen QRK (Qualitätsregelkarte; $\overline{x}$ = Median; R = Spannweite) überwacht. Es werden an vier Tagen jeweils fünf Stichproben gezogen, die folgende Werte ergeben:

| | **7:00** | **8:00** | **9:00** | **10:00** | **11:00** |
|---|---|---|---|---|---|
| **1. Tag** | 5,98 | 6,09 | 6,05 | 6,13 | 6,12 |
| **2. Tag** | 5,95 | 6,15 | 6,00 | 6,05 | 6,09 |
| **3. Tag** | 6,16 | 6,12 | 6,11 | 6,13 | 6,11 |
| **4. Tag** | 6,15 | 5,94 | 6,11 | 6,09 | 6,11 |

Es wird folgende Qualitätsregelkarte verwendet:

| | | | | | | | | |
|---|---|---|---|---|---|---|---|---|
| Median | $\overline{x}$ in mmm | 6,15 | | | | | | OEG |
| | | 6,12 | | | | | | OWG |
| | | 6,05 | | | | | | M |
| | | 5,98 | | | | | | UWG |
| | | 5,95 | | | | | | UEG |
| Spannweite | R in mm | 0,37 | | | | | | OEG |
| | | 0,32 | | | | | | OWG |
| | | 0,17 | | | | | | M |
| | | 0,06 | | | | | | UWG |
| | | 0,04 | | | | | | UEG |

a) Berechnen die Werte von $\overline{x}$ und R.

b) Tragen Sie die berechneten Werte von $\overline{x}$ und R in die dargestellte Qualitätsregelkarte ein.

c) Kommentieren Sie den Verlauf der $\overline{x}$-Spur und der R-Spur.

**Lösung s. Seite 1039**

## Aufgabe 13: Fehleranteil

Die Stichprobe einer Fertigung zeigt folgende Fehleranzahl auf der Regelkarte:

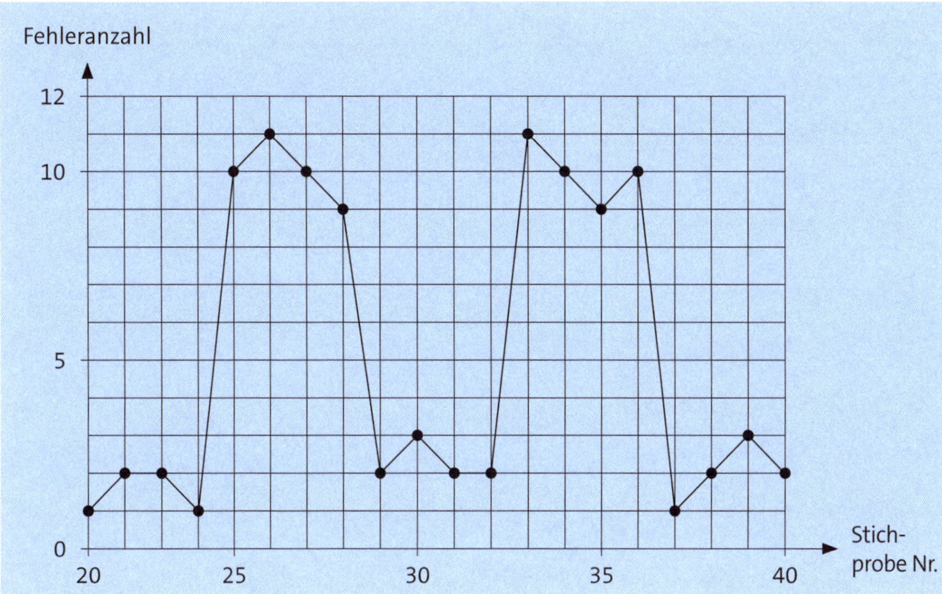


a) Ermitteln Sie den Mittelwert der Fehleranzahl der 20. bis 40. Stichprobe.

b) Ermitteln Sie den Mittelwert der Fehleranzahl der Grundgesamtheit mit N = 800 und n = 120.

c) Ermitteln Sie die Spannweite der 20. bis 40. Stichprobe.

d) Nennen Sie zwei Ursachen für die auffälligen Abweichungen der 20. bis 40. Stichprobe.

**Lösung s. Seite 1040**

# Schriftliche und mündliche Prüfung sowie Tipps zur Prüfungsvorbereitung

## 1. Prüfungsanforderungen der Industriemeister

Der Prüfung der Industriemeister liegen bundeseinheitliche Rechtsvorschriften zugrunde um sicherzustellen, dass in allen Industrie- und Handelskammern in gleicher Weise geprüft wird. Die von den Berufsbildungsausschüssen der einzelnen Industrie- und Handelskammern beschlossenen Prüfungen basieren auf dem derzeit gültigen Rahmenplan vom Januar 2005 sowie der Verordnung über die Prüfung vom 12. Dezember 1997 (geändert durch Verordnung von Juli 2010).

### 1.1 Zulassungsvoraussetzungen

1. Zur Prüfung im Prüfungsteil **Fachrichtungsübergreifende Basisqualifikationen** ist zuzulassen (§ 3 der Rechtsverordnung), wer folgendes nachweist:
   - eine mit Erfolg abgelegte Abschlussprüfung in einem anerkannten Ausbildungsberuf, die der jeweils angestrebten Fachrichtung zugeordnet werden kann, oder
   - eine mit Erfolg abgelegte Abschlussprüfung in einem sonstigen anerkannten Ausbildungsberuf und danach eine mindestens zweijährige Berufspraxis oder
   - eine mindestens vierjährige Berufspraxis.
2. Abweichend davon kann auch zugelassen werden, wer durch Vorlage von Zeugnissen oder auf andere Weise glaubhaft macht, dass er berufspraktische Qualifikationen erworben hat, die die Zulassung zur Prüfung rechtfertigen.

**Zulassungsvoraussetzungen im Prüfungsteil „Fachrichtungsübergreifende Basisqualifikationen"**

| 1. | oder 2. | oder 3. | oder 4. |
|---|---|---|---|
| Abschlussprüfung in einem anerkannten Ausbildungsberuf, die der jeweils angestrebten Fachrichtung zuzuordnen ist | Abschlussprüfung in einem sonstigen anerkannten Beruf + 2-jährige Berufspraxis[1] | 4-jährige Berufspraxis[1] | „Generalklausel": „... die berufspraktischen Qualifikationen glaubhaft nachweist ..." |

[1] Die Berufspraxis soll wesentliche Bezüge zu den Aufgaben eines Industriemeisters haben.

## 1.2 Prüfungsfächer und Gliederung der Prüfung

Die Qualifikation zum Industriemeister umfasst **drei Prüfungsteile**:[1]

1. Berufs- und arbeitspädagogische Qualifikationen
   (gemäß der Ausbilder-Eignungsverordnung; AEVO)
2. **Fachrichtungsübergreifende Basisqualifikationen**[2]
3. Handlungsspezifische Qualifikationen.

## 1.3 Ablauf der schriftlichen Prüfung im Prüfungsteil Fachrichtungsübergreifende Basisqualifikationen

Die schriftliche Prüfung besteht aus einer unter Aufsicht anzufertigenden Klausur in folgenden Prüfungsbereichen:

| Prüfungsbereich | Bearbeitungszeit |
|---|---|
| 1. Rechtsbewusstes Handeln | 90 Minuten |
| 2. Betriebswirtschaftliches Handeln | 90 Minuten |
| 3. Anwendung von Methoden der Information, Kommunikation und Planung | 90 Minuten |
| 4. Zusammenarbeit im Betrieb | 90 Minuten |
| 5. Berücksichtigung naturwissenschaftlicher und technischer Gesetzmäßigkeiten | 90 Minuten[3] |

Entsprechend der Rechtsverordnung sind die Aufgabensätze der Klausuren bundeseinheitlich und werden von Arbeitskreisen (DIHK-Bildungs-GmbH in Zusammenarbeit mit Fachexperten verschiedener Kammern) vorbereitet und vom Aufgabenerstellungsausschuss (paritätisch besetztes Gremium) verabschiedet. Pro Jahr gibt es zwei bundeseinheitliche Prüfungstermine (in der Regel: Mai und November). Der Ablauf der Prüfung ist dabei stets so, dass am 1. Prüfungstag NTG, MIKP und Rechtsbewusstes Handeln in genau dieser Reihenfolge geprüft werden (seit November 2022, vorher waren NTG und Rechtsbewusstes Handeln vertauscht) und am 2. Prüfungstag dann Betriebswirtschaftliches Handeln und abschließend ZIB.

- **Hilfsmittel:**
  Seit einiger Zeit wird Ihnen mit den Prüfungsaufgaben von der IHK eine Formelsammlung zur Verfügung gestellt. In der Regel sind auch unkommentierte Gesetzestexte (im Fach Rechtsbewusstes Handeln) und nicht programmierte Taschenrechner

---

[1] In diesem Buch werden ausschließlich die **Inhalte des 2. Prüfungsteils** behandelt.

[2] Der Inhalt der Basisqualifikationen ist mittlerweile für eine Vielzahl von Industriemeister-Fachrichtungen identisch (mit Ausnahme des 5. Faches) – so z. B. für den Industriemeister Metall, Mechatronik, Digital- und Printmedien und Elektrotechnik.

[3] Laut Verordnung „mindestens 60 Minuten". Seit Herbst 2011 beträgt jedoch auch hier die Bearbeitungszeit 90 Minuten.

zugelassen. Informieren Sie sich rechtzeitig vor der Prüfung bei Ihrer zuständigen Industrie- und Handelskammer.

- **Freistellung** (Anrechnung anderer Prüfungsleistungen):
  Der Teilnehmer kann auf Antrag von der Prüfung im Prüfungsteil **Fachrichtungsübergreifende Basisqualifikationen** in einzelnen Prüfungsbereichen freigestellt werden (vgl. § 6 der Rechtsverordnung).
- Der **Punkteschlüssel der Kammern** hat folgende Verteilung:

| Punkte | | Note |
|---|---|---|
| 100 - 92 Punkte | = | Note 1 |
| 91 - 81 Punkte | = | Note 2 |
| 80 - 67 Punkte | = | Note 3 |
| 66 - 50 Punkte | = | Note 4 |
| 49 - 30 Punkte | = | Note 5 |
| 29 - 00 Punkte | = | Note 6 |

## 1.4 Ablauf der mündlichen Ergänzungsprüfung im Prüfungsteil Fachrichtungsübergreifende Basisqualifikationen

Die Prüfungsverordnung stellt hierzu fest: *„Hat der Prüfungsteilnehmer in nicht mehr als zwei der fünf Prüfungsbereiche mangelhafte Leistungen erbracht, ist ihm darin eine mündliche Ergänzungsprüfung anzubieten. Bei einer oder mehreren ungenügenden schriftlichen Prüfungsleistungen besteht diese Möglichkeit nicht. Die Ergänzungsprüfung soll anwendungsbezogen durchgeführt werden und je Prüfungsbereich und Prüfungsteilnehmer nicht länger als 20 Minuten dauern."*

Dies bedeutet konkret, dass Sie von den fünf Prüfungsbereichen mindestens drei schriftlich bestehen müssen (= 50 Punkte oder mehr), damit sie die Möglichkeit haben, die maximal zwei Prüfungsbereiche, in denen Sie schriftlich nicht bestanden haben, mithilfe einer mündlichen Ergänzungsprüfung doch noch zu bestehen. Sie benötigen hierzu jeweils mindestens 30 Punkte (= Note 5) in beiden schriftlichen Prüfungen. Bei 29 Punkten oder weniger (= Note 6) in einem Fach wird keine mündliche Ergänzungsprüfung angeboten. In den 20 Minuten der mündlichen Ergänzungsprüfung müssen Sie die Punkte, welche ihnen in der schriftlichen Prüfung auf 50 Punkte fehlen, doppelt wettmachen, da die schriftliche Leistung doppelt gewichtet wird, die mündliche einfach (siehe hierzu auch >> 1.5 Bewerten der Prüfungsteile und Bestehen der Prüfung im Prüfungsteil Fachrichtungsübergreifende Basisqualifikationen). Dies bedeutet konkret, wenn Sie z. B. 42 Punkte schriftlich erreicht haben, benötigen sie 66 Punkte in der mündlichen Ergänzungsprüfung. Bei 35 Punkten schriftlich benötigen Sie 80 Punkte in der Ergänzungsprüfung usw.

Der Ablauf einer mündlichen Ergänzungsprüfung und die Fragen, welche hier gestellt werden, unterscheiden sich deutlich, je nachdem vor welchem Prüfungsausschuss Sie diese Prüfung ablegen werden. Daher ist es natürlich unmöglich vorherzusagen, auf welche Fragen Sie sich hierfür vorbereiten müssen. Aus der Erfahrung heraus kann jedoch gesagt werden, dass in den einzelnen Fächern folgende Thematiken immer wieder abgefragt werden und sich daher für eine grundlegende Vorbereitung gut eignen:

**Rechtsbewusstes Handeln**

- Fragen zur Sozialversicherung, z. B. welche Versicherungen gibt es, wie hoch ist der Beitrag, wie ist die Aufteilung Arbeitgeber/Arbeitnehmer bei der Beitragszahlung?
- Fragen zu den Berufsgenossenschaften (gesetzl. Unfallversicherung), z. B. Aufgaben, wer bezahlt die Beiträge, wann steigt der Beitrag?
- Im Bereich der Kündigung sollten Sie z. B. Auskunft geben können zu Kündigungsfristen, ordentlicher und fristloser Kündigung, welche Gründe kommen infrage.
- Auch gibt es häufig Fragen zum Betriebsrat, z. B. wann hat er Informations-, Mitbestimmungs-, Mitwirkungsrecht, wer darf ihn wählen, wer darf gewählt werden, aus wie vielen Mitgliedern besteht er, wie viele freigestellte Mitglieder gibt es?
- Fragen zu befristeten Arbeitsverhältnissen und AÜG, also wie lange können Sie befristen, verlängern, was gibt es bei AÜG-Arbeitsverhältnissen zu beachten?
- Urlaubsregelungen, z. B. wie lange ist der gesetzliche Anspruch, was passiert bei langer Krankheit?
- Disziplinarmaßnahmen, z. B. Abmahnungen, wann? wie viele? anschließende Kündigung?
- Einfaches und qualifiziertes Arbeitszeugnis, z. B. was steht jeweils darin, wie muss es verfasst sein, wann bekommt der Arbeitnehmer ein Zeugnis?
- Was ist ein Tarifvertrag, wer schließt ihn ab, für wen gilt er?
- Wann ist ein Streik zulässig, welches Geld erhalten die Arbeitnehmer dann? Was ist eine Aussperrung?
- Welche Verfahren verhandeln die Arbeits- und Sozialgerichte?
- Welche Regelungen gibt es im Arbeitsschutz, erläutern Sie einige, z .B. BImSchG, ArbStättV.
- Aufgaben der Gewerbeaufsicht
- Umweltrechtsverordnungen, nennen sie einige.
- Was bedeutet Vorsorge-, Verursacher-, Kooperations- und Gemeinlastprinzip im Umweltschutz?
- Welchen Zweck hat das Produkthaftungsgesetz, welchen das Bundesdatenschutzgesetz?

**Betriebswirtschaftliches Handeln**

- Unternehmensformen erklären, Kapital-/Personengesellschaft, jeweils Beispiele dazu.
- Wer ist bei der KG Voll- und wer Teilhafter? Was ist eine GmbH & Co KG?
- Was sind die Produktionsfaktoren, wie müssen sie kombiniert werden?

- Welche Arten von Investitionen gibt es? Beispiele.
- Erläutern Sie den Unterschied zwischen Aufbau- und Ablauforganisation.
- Was versteht man unter Aufgabenanalyse und Aufgabensynthese?
- Organisationsformen erklären (z. B. Matrix-/Stablinienorganigramm etc.)
- Planung erläutern (z. B. was planen Sie kurz-/mittel-/langfristig?)
- Was bedeutet Art-, was Mengenteilung?
- Aus welchen Bestandteilen setzt sich die Durchlaufzeit zusammen? Wie könnte sie am Einfachsten verkürzt werden?
- Erklären Sie die unterschiedlichen Beschaffungsarten (z. B. Einzelbeschaffung, Vorratsbeschaffung, Just-in-time-Beschaffung).
- Was sagt eine Bilanz aus, wann wird sie erstellt, von wem?
- Abschreibung, AfA erklären, welche Möglichkeiten gibt es?
- Kosten unterscheiden können (also was sind fixe/variable, Einzel-/Gemeinkosten), Kostenrechnungsarten erklären können (Kostenarten, -stellen, -träger usw.).
- Kalkulationsverfahren erklären (z. B. Divisions-, Zuschlags-, Vor- und Nachkalkulation)
- Anwendung des Maschinenstundensatzes erläutern. Wofür wird er berechnet?
- Deckungsbeitrag erklären. Wie wird er berechnet?
- Leasing erklären. Was ist es und wieso wenden es Firmen an?
- Break-even-Punkt konstruieren (z. B. aufs Flip Chart aufzeichnen).
- Amortisation und Rentabilität erklären.
- Lohnarten erklären, z. B. Zeitlohn, Akkordlohn, Prämienlohn.
- Organisationsentwicklung (z. B. Phasenmodell und Managementregelkreis) erklären.
- Unterschied KVP und BVW erläutern. Wie können Verbesserungsvorschläge bewertet werden?

**Anwendung von Methoden der Information, Kommunikation und Planung**

- Unterschied zwischen Standard- und Individualsoftware mit Beispielen erklären.
- Wie können Daten erfasst werden? Beispiele.
- Lasten-/Pflichtenheft erklären. Wer erstellt welches und was sind die Inhalte?
- Verschiedene Arten von Diagrammen beschreiben, welches wird für welche Anwendung verwendet?
- Zeitmanagementmethoden erklären, z. B. Eisenhower-Prinzip, ALPEN-Methode.
- Methoden zur Problemlösung, z. B. ABC-Analyse, Fischgräten-Diagramm erklären.
- Planung, strategisch/taktisch/operativ erklären (jeweils für welchen Zeitraum?).
- Netzplantechnik erläutern (Vorwärts-/Rückwärtsrechnung, kritischer Pfad) Balken- bzw. Gantt-Diagramm erklären.

- Vorbereitungen auf Präsentationen, z. B. was ist wichtig? Organisatorisch/inhaltlich? Was ist eine Zielgruppenanalyse? Was tun sie bei einem Blackout, was bei Nervosität, was bei anhaltenden Störungen?
- Welche technischen Unterlagen kennen Sie? Anwendungsbeispiele hierzu.
- Projekt-Merkmale? Wie läuft ein Projekt zeitlich ab? Was sind die Aufgaben des Projektleiters? Was sind Meilensteine, was tun bei Abweichungen?
- Was ist ein Projektstrukturplan? Was bedeutet Projektcontrolling?
- Das magische Dreieck des Projektmanagements erläutern.
- Mehrere Kommunikationsmittel nennen, welches verwenden Sie zu welchem Zweck?

**Zusammenarbeit im Betrieb**

- Was versteht man unter Umwelteinflüssen?
- Unterschied Unternehmenskultur und Unternehmensphilosophie erklären.
- Gruppenbildungsprozess erklären.
- Unterschied formelle/informelle Gruppen erläutern.
- Teilautonome Arbeitsgruppen beschreiben.
- Fach-, Methoden-, Sozialkompetenz erklären.
- Verschiedene Führungsstile erläutern, jeweils mit Vor- und Nachteilen.
- Wie können Mitarbeiter motiviert werden?
- Wie delegieren Sie Aufgaben richtig? Was gibt es hierbei zu beachten?
- Wie führen Sie Mitarbeitergespräche? Worauf müssen sie achten?
- Weshalb müssen Sie Mitarbeiterbeurteilungen durchführen? Welche typischen Beurteilungsfehler können ihnen dabei unterlaufen? Nennen und erläutern Sie diese.

**Berücksichtigung naturwissenschaftlicher und technischer Gesetzmäßigkeiten**
Hier steht während einer mündlichen Ergänzungsprüfung normalerweise die Theorie im Mittelpunkt, da sie (in der Regel) nur relativ wenig rechnen müssen.

- Welche Arten der Korrosion gibt es, wie entsteht Korrosion, wie kann sie verhindert werden?
- Was ist eine Reduktion, Oxidation, was eine Redoxreaktion?
- Was ist eine exotherme/endotherme Reaktion? Jeweils ein Beispiel dazu.
- Was sagt die elektrochemische Spannungsreihe aus?
- Was ist die Wasserhärte, wie können Sie den Kalk aus dem Wasser lösen?
- Welche zwei Hauptbestandteile verursachen die Wasserhärte?
- Nennen Sie Säuren und Laugen. Welchen pH-Wert haben diese jeweils in etwa?
- Was ist der pH-Wert, was sagt er aus und wie können Sie ihn messen?
- Welche Bestandteile entstehen, wenn sie eine Säure mit einer Lauge neutralisieren?
- Wie kann Wärme übertragen werden?

- Was bedeutet 1 bar Druck, also wieviel Newton wirken da auf welche Fläche?
- Umrechnen von Geschwindigkeiten, z. B. wieviel km/h sind 10 m/s?
- Welche Spannung kommt aus der Steckdose und mit welcher Frequenz?
- Wie wird Strom erzeugt? Welche Arten von Kraftwerken gibt es?
- Wie berechnet sich der Gesamtwiderstand bei einer Reihen- und Parallelschaltung von Widerständen?
- Wie wird die elektrische Leistung berechnet? Bei Drehstrom?
- Was sagt der Wirkungsgrad aus?
- Was ist potentielle Energie, was kinetische, jeweils die Formel dazu?
- Wie lautet das Hebelgesetz?
- Was geben Festigkeitsangaben bei Schrauben an, also z. B. 8.8 oder 10.9?
- Was bedeutet Zugspannung, Streckgrenze, Sicherheitszahl, plastische und elastische Verformung?
- Qualitäts-Regelkarten erklären/aufzeichnen mit UWG/OWG, UEG/OEG und USG/OSG.
- Normalverteilung (Glockenkurve aufzeichnen/erklären mit Standardabweichung)
- Was bedeutet Median, was Mittelwert, was Standardabweichung, was Modalwert, was Six Sigma? Was ist die Prozess- bzw. Maschinenfähigkeit?

INFO

Diese Aufzählung ist keinesfalls vollständig, sondern soll lediglich eine Hilfestellung sein, welche Themengebiete erfahrungsgemäß häufig abgefragt wurden und daher auch wieder drankommen könnten.

## 1.5 Bewerten der Prüfungsteile und Bestehen der Prüfung im Prüfungsteil Fachrichtungsübergreifende Basisqualifikationen

1. Die Prüfungsteile **Fachrichtungsübergreifende Basisqualifikationen** und **Handlungsspezifische Qualifikationen** sind gesondert zu bewerten.
2. Für den Prüfungsteil **Fachrichtungsübergreifende Basisqualifikationen** gilt:
   - Hat der Prüfungsteilnehmer **in nicht mehr als zwei der fünf Prüfungsbereiche eine** mangelhafte Leistung **(Note 5 = 30 - 49 Punkte)** erbracht, ist ihm darin eine mündliche Ergänzungsprüfung anzubieten (vgl. oben, >> 1.4).

     Die Bewertung der schriftlichen Prüfungsleistung und der mündlichen Ergänzungsprüfung werden zu einer Note zusammengefasst. Dabei wird die Bewertung der schriftlichen Prüfungsleistung doppelt gewichtet.

**Beispiel**

| | | |
|---|---|---|
| Ergebnis der schriftlichen Prüfung | = | 40 Punkte |
| Ergebnis der mündlichen Ergänzungsprüfung | = | 70 Punkte |
| 40 Punkte • 2 + 70 Punkte • 1 | = | 150 Punkte |
| 150 Punkte : 3 | = | 50 Punkte |
| → Gesamtnote = ausreichend | | |

- **Bei** einer oder mehreren ungenügenden Prüfungsleistungen **(Note 6), besteht nicht die Möglichkeit, die Leistung durch eine mündliche Ergänzungsprüfung zu verbessern**. Der Teilnehmer hat in diesem Fall nicht bestanden und muss die Prüfung schriftlich wiederholen.

3. Die Prüfung ist insgesamt bestanden, wenn der Prüfungsteilnehmer **in allen** Prüfungsleistungen die Note 4 oder besser erbracht hat.

## 1.6 Wiederholung der Prüfung

- Jeder nicht bestandene **Prüfungsteil** kann zweimal wiederholt werden. Dies bedeutet, Sie haben insgesamt drei Versuche für jedes Fach. Spätestens nach dem dritten Versuch müssen alle Prüfungen bestanden sein. Ansonsten verfallen auch bereits bestandene Prüfungen und Sie müssten wieder bei Null beginnen.
- Eine Befreiung von einzelnen **Prüfungsbereichen**, die zuvor bestanden wurden, ist vorgesehen. Dies bedeutet, Sie müssen nicht alle Prüfungen wiederholen, sondern nur die jeweils nicht bestandenen Prüfungen (Einzelheiten vgl. § 8 der Rechtsverordnung).

## 2. Tipps und Techniken zur Prüfungsvorbereitung

Über die Frage der optimalen Prüfungsvorbereitung lassen sich ganze Bücher schreiben. An dieser Stelle sollen nur einige Empfehlungen wieder ins Gedächtnis gerufen werden:

**Vor der Prüfung:**

- Sorgen Sie vor der Prüfung für ausreichend Schlaf. Stehen Sie rechtzeitig auf, sodass Sie ohne Stress beginnen können.
- Akzeptieren Sie eine gewisse Nervosität und beschäftigen Sie sich nicht permanent mit Ihren Stresssymptomen.
- Beginnen Sie frühzeitig mit der Vorbereitung. Portionieren Sie den Lernstoff und wiederholen Sie wichtige Lernabschnitte. Setzen Sie inhaltliche Schwerpunkte: Insbesondere sollten Sie die Gebiete des Rahmenstoffplans mit hoher Lernzieltaxonomie beherrschen. Es heißt dort u. a. **Wissen** (→ Kenntnisse), **Verstehen** (→ Zusammenhänge) und **Anwenden** (→ Handlungen). Lernen Sie nicht **bis zur letzten Minute vor der Prüfung**. Dies führt meist nur zur **Konfusion im Kopf**. Lenken Sie sich stattdessen vor der Prüfung ab und unternehmen Sie etwas, das Ihnen Freude bereitet.

**Während der Prüfung:**

- Lesen Sie jede Fragestellung konzentriert und in Ruhe durch – am besten zweimal. Beachten Sie die Fragestellung, die Punktgewichtung und die Anzahl der geforderten Argumente.

**Beispiel**

- *„Nennen Sie fünf Verfahren der Personalauswahl ...“*. Das bedeutet, dass Sie fünf (!) Argumente auflisten – am besten mit Spiegelstrichen – und ohne Erläuterung.
- *„Erläutern Sie zwei Verfahren der Produktionstechnik und geben Sie jeweils ein Beispiel“*, heißt, dass Sie zwei Verfahren nennen – jedes der Verfahren mit eigenen Worten beschreiben – (als Hinweis über den Umfang der erwarteten Antwort kann die Punktzahl nützlich sein) und zu jedem Argument ein eigenes Beispiel (keine Theorie) bilden.

- **Wenn Sie eine Fragestellung nicht verstehen**, bitten Sie die Prüfungsaufsicht um Erläuterung. Hilft Ihnen das nicht weiter, definieren Sie selbst, wie Sie die Frage verstehen; z. B.: *„Personalplanung wird hier verstanden als abgeleitete Planung innerhalb der Unternehmensgesamtplanung ...“*. Es kann auch vorkommen, dass eine Fragestellung recht allgemein gehalten ist und Sie zu der Aufgabe keinen Zugang finden. Klammern Sie sich nicht an diese Aufgabe – Sie verlieren dadurch wertvolle Prüfungszeit – sondern bearbeiten Sie die anderen Fragen, die Ihnen leichter fallen.

- Hilfreich kann mitunter auch folgendes **Lösungsraster** sein – insbesondere bei Fragen mit offenen Antwortmöglichkeiten: Sie strukturieren die Antwort nach einem allgemeinen Raster, das für viele Antworten passend ist:
  - interne/externe Betrachtung (Faktoren)
  - kurzfristig/langfristig
  - hohe/geringe Bedeutung
  - Arbeitgeber-/Arbeitnehmersicht
  - Vorteile/Nachteile
  - sachlogische Reihenfolge nach dem „Management-Regelkreis“: Ziele setzen, planen, organisieren, durchführen, kontrollieren
  - Unterschiede/Gemeinsamkeiten.
- Beachten Sie die **Bearbeitungszeit**: Wenn z. B. für ein Fach 90 Minuten zur Verfügung stehen, ergibt sich ein Verhältnis von 0,9 Min. je Punkt; beispielsweise haben Sie für eine Fragestellung mit 8 Punkten ca. sieben Minuten Zeit.
- **Speziell für die mündliche Prüfung gilt**: Üben Sie zu Hause laut die Beantwortung von Fragen. Bitten Sie Ihre Dozenten, die Prüfungssituation zu simulieren. Gehen Sie ausgeglichen in die mündliche Prüfung. Sorgen Sie für emotionale Stabilität, denn die Psyche ist die Plattform für eine angemessene Rhetorik. Kurz vor der Prüfung: Sprechen Sie sich frei z. B. durch lautes Frage und Antwort-Spiel im Auto auf dem Weg zur Prüfung. Damit werden die Stimmbänder aktiv und der Kopf übt sich in der Bildung von Argumentationsketten.
- Zum Schluss: Wenn Sie sich gezielt und rechtzeitig vorbereiten und einige dieser Tipps ausprobieren, ist ein zufriedenstellendes Prüfungsergebnis fast unvermeidbar.

**Die nachfolgenden „Musterklausuren“ liefern dazu reichlich Stoff zum Üben.**

Der Autor wünscht Ihnen viel Erfolg bei der Vorbereitung sowie in der bevorstehenden Prüfung.

# Musterklausuren

## 1. Rechtsbewusstes Handeln

**Bearbeitungszeit:** 90 Minuten
**Hilfsmittel:** Gesetzestexte, insbesondere HGB, BGB, Arbeitsgesetze, Produkthaftungsgesetz, Umweltschutzgesetz
**Gesamtpunktzahl:** 100 Punkte

### Aufgabe 1:

**8 Punkte**

Sie sind u. a. für die gewerbliche Ausbildung in Ihrer Abteilung zuständig. Sie erhalten die Aufgabe, das derzeit existierende Beurteilungsverfahren für Auszubildende auf den neuesten Stand zu bringen.

Müssen Sie bei dieser Überarbeitung den Betriebsrat einschalten? Begründen Sie Ihre Antwort.

**Lösung s. Seite 1041**

### Aufgabe 2:

**8 Punkte**

Das Betriebsratsmitglied Krause ist Mitarbeiter in Ihrer Abteilung. Krause fährt für drei Tage zur Gewerkschaftsschulung *„Neueste Rechtsprechung zum Betriebsverfassungsgesetz“* und verlangt anschließend Entgeltfortzahlung und Übernahme der Schulungskosten sowie der Spesen. Zu Recht?

**Lösung s. Seite 1041**

### Aufgabe 3:

**8 Punkte**

Der Montag Morgen fängt gut an: Das Betriebsratsmitglied Hitzig, Mitarbeiter Ihrer Abteilung, gerät mit einem Kollegen in Streit. Dieser reizt Hitzig bis aufs Blut. Plötzlich schlägt Hitzig zu. Eine Schlägerei ist im Gange. Sie können gerade noch einschreiten, um Schlimmeres zu verhindern.

Am nächsten Tag wird Hitzig nach ordnungsgemäßer Anhörung des Betriebsrates fristlos gekündigt. Noch leicht angeschlagen äußert sich Hitzig in Anwesenheit seiner Sympathisanten gegenüber dem Chef: *„Das könnte Ihnen so passen! Sie suchen ja nur nach einem Grund mich loszuwerden. Aber als Mitglied des Betriebsrats können Sie mir gar nicht kündigen!“*

Sind Sie auch dieser Auffassung? Begründen Sie Ihre Antwort.

**Lösung s. Seite 1041**

## Aufgabe 4:

**8 Punkte**

Mit Ihrem Mitarbeiter Huber gab es während Ihres Urlaubs erhebliche Schwierigkeiten. Sie wurden während Ihrer Abwesenheit vom Vorarbeiter Kernig vertreten. Am ersten Arbeitstag überreicht Ihnen Kernig das Kündigungsschreiben an Huber, das er schon vorbereitet hat. Darin heißt es:

> Sehr geehrter Herr Huber,
>
> aufgrund der Ihnen bekannten Vorfälle sehen wir uns gezwungen das Arbeitsverhältnis fristgerecht zum 31.07. zu kündigen, wenn Sie nicht ab sofort die Termine besser einhalten und pünktlich Ihre Arbeit beginnen.
>
> Mit freundlichen Grüßen

Ist dieses Kündigungsschreiben korrekt? Begründen Sie Ihre Antwort.

**Lösung s. Seite 1041**

## Aufgabe 5:

**8 Punkte**

In diesem Jahr war es besonders schwierig, geeignete Kandidaten für die drei Ausbildungsplätze in Ihrer Abteilung zu finden. Umso mehr sind Sie verärgert, als der Kandidat G. Mahnke seinen Ausbildungsvertrag noch vor Beginn der Ausbildung kündigt, weil er – wie er meint – ein besseres Lehrstellenangebot erhalten kann.

Ist die Kündigung von G. Mahnke wirksam? Begründen Sie Ihre Antwort.

**Lösung s. Seite 1041**

## Aufgabe 6:

**8 Punkte**

Ihr Betriebsleiter kündigt während Ihrer Abwesenheit das Ausbildungsverhältnis, das mit Rudi Rastlos seit zwei Monaten besteht, fristlos zum Ende der Woche.

Zu Recht? Beziehen Sie Stellung.

**Lösung s. Seite 1041**

## Aufgabe 7:

**12 Punkte**

Ihre Firma zahlte den Mitarbeitern in den letzten zehn Jahren neben dem tariflichen Urlaubsgeld einen Urlaubszuschuss in Höhe von 600 €. Aufgrund der verschlechterten Ertragslage ist geplant, diesen Urlaubszuschuss für das kommende Jahr nicht zu zahlen. Es ist unstrittig, dass es sich um eine betriebliche Übung handelt. Der Betriebsleiter erteilt Ihnen die Aufgabe zu prüfen, ob die Zahlung des Urlaubszuschusses rechtlich einwandfrei eingestellt werden kann. Im Einzelnen sollen Sie dabei auf folgende Aspekte eingehen:

- Kündigung der betrieblichen Übung,
- Abschluss einer Betriebsvereinbarung,
- sonstige Möglichkeiten.

Beziehen Sie ausführlich Stellung.

**Lösung s. Seite 1041**

## Aufgabe 8:

**26 Punkte**

Am kommenden Wochenende soll in Ihrer Abteilung Mehrarbeit durchgeführt werden, da die Kundennachfrage produktionstechnisch kaum noch bewältigt werden kann. Die regelmäßige tägliche Arbeitszeit beträgt acht Stunden bei einer 5-Tage-Woche. Der Betriebsrat lehnt den entsprechenden Antrag ab. Da sich aber genügend Freiwillige finden, wird am Wochenende gearbeitet; außerdem soll in der folgenden Woche an drei Tagen Mehrarbeit von drei Stunden täglich geleistet werden. Der Betriebsrat erhebt daraufhin Klage auf Unterlassung. Der Firmensitz ist Düsseldorf. In der Verhandlung äußert der zuständige Vertreter Ihrer Firma, dass ein Eilfall vorgelegen hätte und wichtige Liefertermine gefährdet waren.

a) Hat die Klage Aussicht auf Erfolg? Begründen Sie Ihre Antwort.

   **(10 Punkte)**

b) Welches Gericht ist sachlich und örtlich zuständig?

   **(2 Punkte)**

c) Der Mitarbeiter Mertens weigert sich, die Mehrarbeit anzutreten. *„In meinem Arbeitsvertrag steht nichts von Überstunden"*, so seine Antwort. Beurteilen Sie die Rechtslage.

   **(8 Punkte)**

d) Angenommen, Herr Mertens hätte die Überstunden geleistet, wäre dann Ihr Betrieb verpflichtet gewesen, die Mehrarbeit zu vergüten? Geben Sie eine begründete Antwort.

   **(6 Punkte)**

**Lösung s. Seite 1042**

## Aufgabe 9:

**7 Punkte**

Ein wichtiger Zulieferbetrieb Ihrer Firma wird bestreikt. Daraufhin kommt die Produktion auch bei Ihnen in der Fertigung II zum Erliegen. Beide Betriebe gehören zum Bereich der Metallindustrie NRW.

Beurteilen Sie die Vergütungsansprüche der Mitarbeiter beim Zulieferbetrieb und bei Ihnen in der Fertigung II.

**Lösung s. Seite 1042**

## Aufgabe 10:

**7 Punkte**

Ihr Betrieb möchte den Umweltschutz weiter voranbringen. Man erwägt die Einführung eines Öko-Audits. In der nächsten Besprechung mit Ihrem Betriebleiter sollen Sie über folgende Fragen Auskunft geben können?

a) Welchen Inhalt hat das Öko-Audit-System?

   **(2 Punkte)**

b) Nennen Sie zwei wirtschaftliche Vorteile, die mit der Einführung verbunden sein können.

   **(2 Punkte)**

c) Nennen Sie drei Umweltschutzgesetze bzw. -verordnungen, die von Ihnen zu beachten sind.

   **(3 Punkte)**

**Lösung s. Seite 1043**

## 2. Betriebswirtschaftliches Handeln

**Bearbeitungszeit:** 90 Minuten
**Hilfsmittel:** Taschenrechner, IHK-Formelsammlung für Industriemeister
**Gesamtpunktzahl:** 100 Punkte

### Aufgabe 1:

**20 Punkte**

Für die Fertigung eines Getriebeteiles liegt Ihnen folgende Umsatz- und Kostensituation vor:

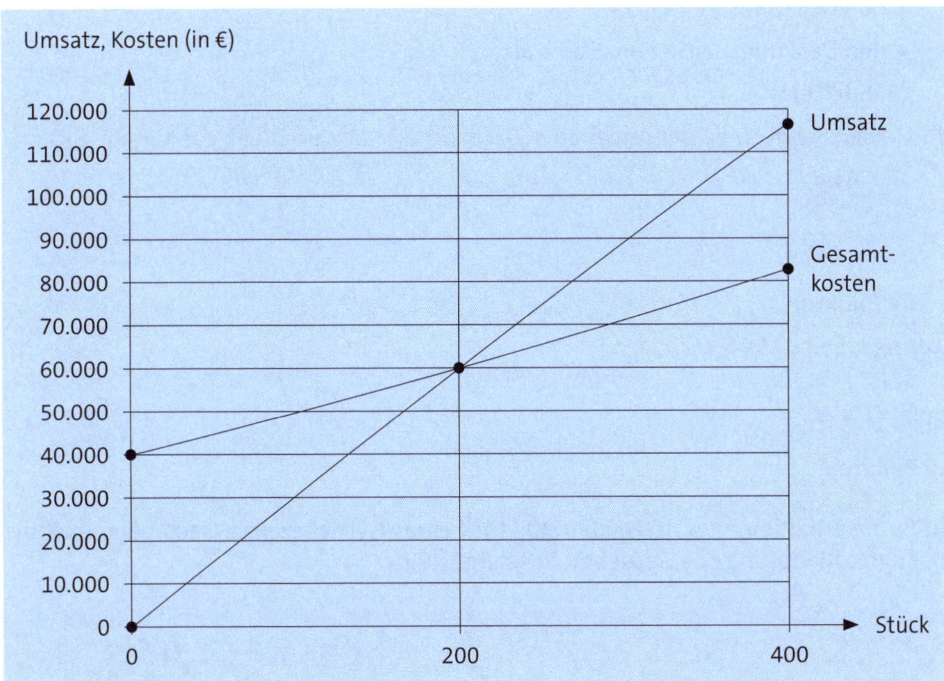


a) Ermitteln Sie im Break-even-Point
   - den Umsatz U*
   - die Stückzahl x*
   - den Gewinn G*.

   **(3 Punkte)**

b) Ermitteln bzw. berechnen Sie
- die fixen Gesamtkosten $K_f$
- den Preis p pro Getriebeteil
- die variablen Gesamtkosten $K_v$
- die variablen Stückkosten $K_{v/Stk.}$.

**(7 Punkte)**

c) Berechnen Sie für einen Auftrag von 300 Stück
- den Umsatz U
- den Gewinn G
- den Deckungsbeitrag DB
- den Deckungsbeitrag pro Stück db.

**(8 Punkte)**

d) Zeigen Sie mithilfe der Angaben lt. Sachverhalt, dass im Break-even-Point gilt:

$$x^* = \frac{K_f}{db}$$

**(2 Punkte)**

**Lösung s. Seite 1044**

## Aufgabe 2:

**10 Punkte**

Ihr Firma erhält einen Auftrag über 20 Stück eines Getriebeteiles. Nachfolgend ist die Erzeugnisgliederung des Getriebeteiles dargestellt:

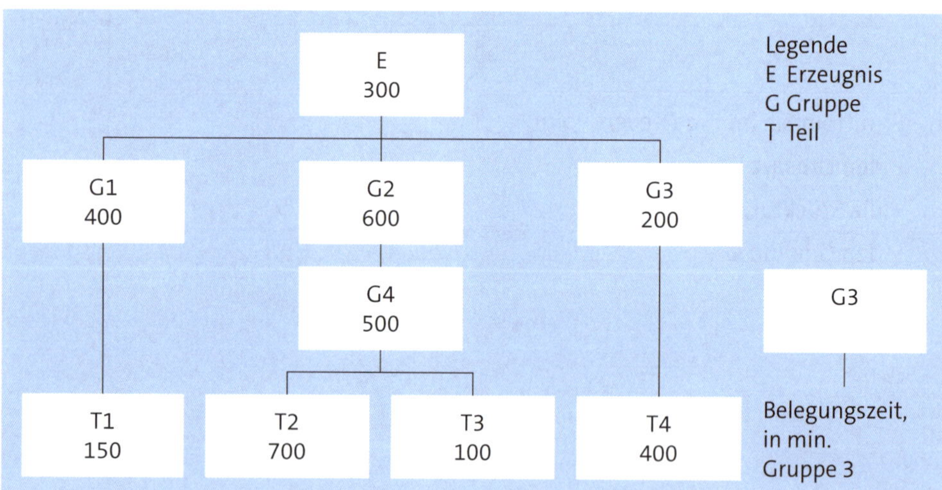

**Hinweis** zum Fertigungsablauf: Jede Fertigung erfolgt an unterschiedlichen Arbeitsplätzen. Nach jedem Fertigungsabschnitt (E, G, T) ist eine Übergangszeit (= Transport + Liegezeit) in Höhe von 20 % zur Belegungszeit zu berücksichtigen.

a) Stellen Sie grafisch oder tabellarisch dar, welche Fertigungsabschnitte auf dem kritischen Weg liegen.

**(6 Punkte)**

b) Berechnen Sie die Durchlaufzeit des Auftrages.

**(3 Punkte)**

c) Nennen Sie vier Maßnahmen, mit denen eine Verkürzung der Durchlaufzeit realisiert werden kann.

**(4 Punkte)**

**Lösung s. Seite 1046**

## Aufgabe 3:

**11 Punkte**

Die Firma Hartig GmbH hat unterhalb der Geschäftsleitung die Funktionsbereiche Einkauf, Fertigung, Vertrieb, Personal, Verwaltung, Rechnungswesen. Es werden die zwei Produkte A und B hergestellt und vertrieben. Zeichnen Sie das Organigramm

a) einer Linienorganisation (1. und 2. Leitungsebene)

**(5 Punkte)**

b) einer Spartenorganisation (1. bis 3. Leitungsebene)

**(5 Punkte)**

c) einer Matrixorganisation (1. bis 3. Leitungsebene).

**(6 Punkte)**

**Lösung s. Seite 1046**

## Aufgabe 4:

**18 Punkte**

a) An einem Anlassergehäuse sind 40 Bohrungen durchzuführen. Die Vorgabezeit je Leistungseinheit ist vier Minuten; die Rüstzeit beträgt 20 Minuten. Der Tariflohn liegt bei 20 € pro Stunde und der Akkordzuschlag bei 25 %. Zu berechnen sind:

- die gesamte Vorgabezeit für den Auftrag,
- der Akkordbruttolohn für den Auftrag,
- der Akkordbruttolohn pro Stunde sowie
- der Zeitgrad bei einer tatsächlichen Arbeitszeit für den Auftrag von 160 Minuten.

**(8 Punkte)**

b) Es liegen folgende Angaben vor:

| | | |
|---|---|---|
| Zeitlohn | = | 20 €/Stunde |
| Akkordzuschlag | = | 20 % |
| Vorgabezeit | = | 7,5 min./Stück |
| Ist-Leistung | = | 9 Stück/Std. |

Zu berechnen sind:

1. der Akkordbruttolohn pro Stunde
   - auf Zeitakkordbasis
   - auf Stückakkordbasis

   **(8 Punkte)**
2. der Leistungsgrad.

   **(2 Punkte)**

**Lösung s. Seite 1047**

## Aufgabe 5:

**9 Punkte**

Für die zurückliegende Periode liegen Ihnen aus der Bilanz sowie der Gewinn- und Verlustrechnung folgende Zahlenwerte vor:

| | |
|---|---|
| Kapital: | 600 T€ |
| Kosten: | 1.900 T€ |
| Maschinenstunden: | 46.000 Std. |
| Arbeitsstunden: | 30.000 Std. |
| Leistungen: | 2.000 T€ |
| Menge: | 35.000 Einheiten (E) |
| Gewinn: | 60.000 € |

Berechnen Sie folgende Kennzahlen:

- Maschinenproduktivität
- Kapitalrentabilität
- Wirtschaftlichkeit.

**Lösung s. Seite 1049**

## Aufgabe 6:

**12 Punkte**

Eine Werkstatt Ihres Betriebes fertigt vier Produktvarianten (x, y, w, z) auf den Maschinen I bis IV. Jede Variante durchläuft verschiedene Fertigungsstufen (A bis D) in unterschiedlicher Reihenfolge; Einzelheiten sind der folgenden Matrix zu entnehmen:

| Fertigungsstufe | | | | |
|---|---|---|---|---|
| **Produktvariante** | **A** | **B** | **C** | **D** |
| x | 4/I | 3/IV | 6/II | 4/III |
| w | 3/III | 4/II | 4/I | — |
| y | 2/II | 4/I | 1/III | — |
| z | 3/IV | 5/III | 2/I | 2/II |

Dabei gilt: z. B. 4/I = vier Stunden Fertigung auf Maschine I

Optimieren Sie den Maschinenbelegungsplan und unterstellen Sie dabei folgende Bedingungen:

- Es entstehen keine Zeiten für das Rüsten und Umrüsten.
- Die Einzeltätigkeiten sind nicht teilbar.

Verwenden Sie für die Darstellung der Maschinenbelegung das nachfolgende Balkendiagramm:

| Stunden | | | | | | | | | | | | | | | | | |
|---|---|---|---|---|---|---|---|---|---|---|---|---|---|---|---|---|---|
| **Maschine** | **1** | **2** | **3** | **4** | **5** | **6** | **7** | **8** | **9** | **10** | **11** | **12** | **13** | **14** | **15** | **16** | **17** |
| I | | | | | | | | | | | | | | | | | |
| II | | | | | | | | | | | | | | | | | |
| III | | | | | | | | | | | | | | | | | |
| IV | | | | | | | | | | | | | | | | | |

**Lösung s. Seite 1049**

## Aufgabe 7:

**12 Punkte**

Auch wenn in einem Unternehmen alle Produktionsfaktoren in ausreichendem Maße vorhanden sind, kann es aufgrund einer mangelhaften Organisation dazu führen, dass die angestrebten Ziele nicht erreicht werden. Allgemein gilt die Erfahrung: Eine schlechte Organisation (Aufbau- und Ablauforganisation) kann jedes noch so realistisch gesteckte Ziel unmöglich machen. Aus diesem Grunde müssen bei der Gestaltung des Organigramms und dem Zusammenwirken der Orga-Einheiten eine Reihe von zentralen Grundsätzen berücksichtigt werden.

Beschreiben Sie drei Grundsätze der Unternehmensorganisation und geben Sie jeweils ein Beispiel.

**Lösung s. Seite 1049**

## 3. Methoden der Information, Kommunikation und Planung

**Bearbeitungszeit:** 90 Minuten
**Hilfsmittel:** Taschenrechner
**Gesamtpunktzahl:** 100 Punkte

### Aufgabe 1:

**26 Punkte**

Zur Vorbereitung von Rationalisierungsmaßnahmen soll das Zwischenlager der Fertigung mithilfe einer ABC-Analyse überprüft werden. Aus der Buchhaltung liegen Ihnen die folgenden durchschnittlichen Verbrauchswerte je Monat je Artikelgruppe vor:

| Artikel-Gruppe | Verbrauch je Monat in Einheiten (E) | Preis je Einheit in € |
|---|---|---|
| 900 | 1.000 | 0,70 |
| 979 | 4.000 | 0,20 |
| 105 | 3.000 | 3,80 |
| 113 | 6.000 | 1,00 |
| 121 | 1.000 | 7,00 |
| 129 | 16.000 | 0,50 |
| 137 | 9.000 | 0,10 |
| 189 | 400 | 3,00 |
| 194 | 600 | 2,00 |
| 215 | 4.000 | 0,20 |

a) Erstellen Sie die ABC-Analyse für das vorliegende Datenmaterial und beschreiben Sie kurz die einzelnen Arbeitsschritte. Berechnen Sie dabei die Anteilswerte auf zwei Stellen nach dem Komma.

**(14 Punkte)**

b) Stellen Sie die Verteilung grafisch dar (Konzentrationskurve).

**(6 Punkte)**

c) Klassifizieren Sie die Artikelgruppen nach A-, B- und C-Gruppen. Schlagen Sie jeweils zwei Rationalisierungsmaßnahmen für A- und B-Gruppen bzw. C-Gruppen vor.

**(6 Punkte)**

**Lösung s. Seite 1050**

## Aufgabe 2:

**22 Punkte**

Im Fertigungsbereich II gab es seit längerem Qualitätsprobleme. Das nachfolgende Diagramm zeigt das repräsentative Ergebnis einer Stichprobe („alt") mit n = 60 vor drei Monaten:

**Qualitätsstandard: Stichprobe „alt"**

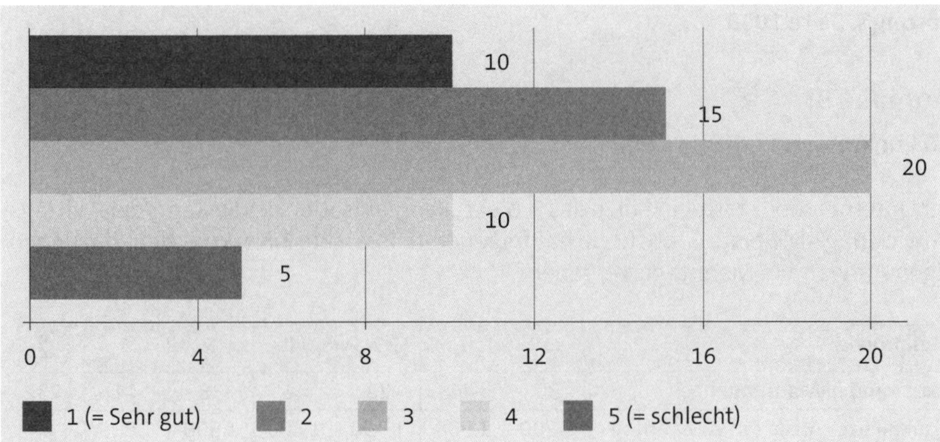


Aufgrund einer Analyse der GK-Consulting GmbH, Neustrelitz, wurden eine Reihe von Maßnahmen zur Qualitätssicherung durchgeführt. Die neuerliche Stichprobe („neu") vom Umfang n = 80 führte zu folgendem Ergebnis:

**Qualitätsstandard: Stichprobe „neu"**

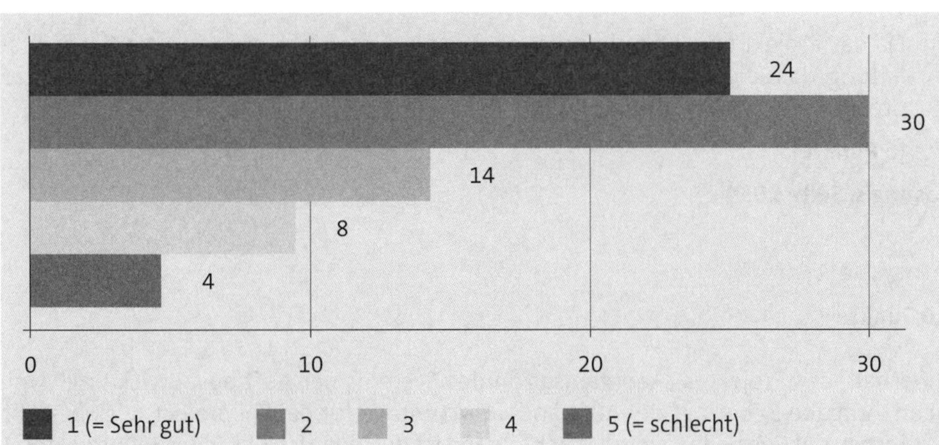

Da Sie Mitglied im Team Qualitätssicherung sind, erhalten Sie die Aufgabe, in einer Präsentation dazulegen, ob die durchgeführten Maßnahmen zu einer Qualitätsverbesserung geführt haben.

a) Stellen Sie das Ergebnis Ihrer Analyse in einem geeigneten Diagramm dar.

**(14 Punkte)**

b) Zeigen Sie alternativ eine andere, ebenfalls geeignete Diagrammform und begründen Sie, welche Darstellungsvariante (a) oder (b) Ihnen wirksamer erscheint.

**(8 Punkte)**

**Lösung s. Seite 1053**

## Aufgabe 3:

**16 Punkte**

Ihr Unternehmen startet in Kürze das Projekt „Reorganisation des Systems der Auftragsabwicklung". Die erste Grobstudie hat folgende Teilprojekte 1 bis 6 mit dem dazugehörigen Aufwand in Manntagen ergeben:

| Teilprojekt | 1 | 2 | 3 | 4 | 5 | 6 | Σ |
|---|---|---|---|---|---|---|---|
| Aufwand in Manntagen | 30 | 46 | 28 | 46 | 38 | 44 | 232 |
| kalkulierter Ansatz in €/Manntag | 1.200 | 1.500 | 1.300 | 1.400 | 1.500 | 1.700 | |

a) Ermitteln Sie die Projektkosten insgesamt.

**(4 Punkte)**

b) Die kalkulierten Projektkosten sind der Geschäftsleitung zu hoch. Sie werden aufgefordert, bis zum nächsten Meeting drei Vorschläge zur Senkung der Projektkosten zu präsentieren.

**(6 Punkte)**

c) Da das Projekt eine hohe Priorität im Unternehmen hat, erwartet die Geschäftsleitung, dass die Projektziele in jedem Fall eingehalten werden. Erläutern Sie dazu drei geeignete Maßnahmen.

**(6 Punkte)**

**Lösung s. Seite 1054**

## Aufgabe 4:

**20 Punkte**

Innerhalb des Projektes „Reorganisation des Systems der Auftragsabwicklung" (vgl. oben, Aufgabe 3) beträgt der Aufwand 46 Manntage für das Teilprojekt 4; es besteht aus insgesamt 7 Arbeitspaketen. Nachfolgend ist die Ablaufstruktur des Teilprojektes 4 abgebildet:

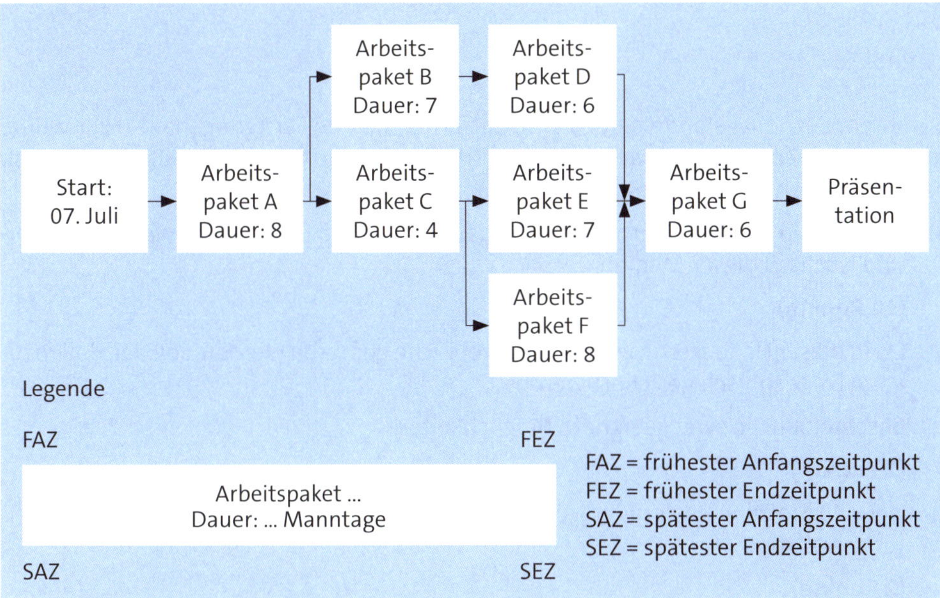


a) Entsprechend dem Projektauftrag ist vorgesehen, das Ergebnis jedes Teilprojektes vor der Geschäftsleitung zu präsentieren. Ermitteln Sie für das Teilprojekt 4 das früheste Datum der Präsentation.

**Hinweis:** An Samstagen und Sonntagen wird nicht gearbeitet. Feiertage sind nicht zu berücksichtigen. Starttermin für das Teilprojekt 4 ist Montag, der 07. Juli.

Verwenden Sie den abgebildeten Kalender.

| **Juli** | | | | | |
|---|---|---|---|---|---|
| **M** | | 07 | 14 | 21 | 28 |
| **D** | 01 | 08 | 15 | 22 | 29 |
| **M** | 02 | 09 | 16 | 23 | 30 |
| **D** | 03 | 10 | 17 | 24 | 31 |
| **F** | 04 | 11 | 18 | 25 | |
| **S** | 05 | 12 | 19 | 26 | |
| **S** | 06 | 13 | 20 | 27 | |

| **August** | | | | | |
|---|---|---|---|---|---|
| **M** | | 04 | 11 | 18 | 25 |
| **D** | | 05 | 12 | 19 | 26 |
| **M** | | 06 | 13 | 20 | 27 |
| **D** | | 07 | 14 | 21 | 28 |
| **F** | 01 | 08 | 15 | 22 | 29 |
| **S** | 02 | 09 | 16 | 23 | 30 |
| **S** | 03 | 10 | 17 | 24 | 31 |

**(8 Punkte)**

b) Benennen Sie die Arbeitspakete, die auf dem kritischen Weg liegen.

**(6 Punkte)**

c) Kurz nach Beginn der Arbeiten stellt sich heraus, dass sich das Arbeitspaket F um einen Manntag verlängert. Verändern sich dadurch der Präse ntationstermin und der kritische Weg?

Geben Sie eine begründete Antwort.

**(6 Punkte)**

**Lösung s. Seite 1055**

## Aufgabe 5:

**16 Punkte**

Auf Ihrem Betriebsgelände gibt es eine entfernt liegende Fertigungshalle. Hier wurde vor kurzem ein neues NC-Bearbeitungszentrum in Betrieb genommen, das bisher noch nicht an die zentrale Betriebsdatenerfassung angeschlossen wurde.

a) Nennen Sie vier Speichermedien zur Datensicherung und dabei jeweils einen Vor- und Nachteil dieser Medien.

**(12 Punkte)**

b) Da in dieser Halle streng vertrauliche Versuche gefahren werden, soll der Hallenzugang Dv-technisch gesichert werden.

Beschreiben Sie zwei geeignete Möglichkeiten.

**(2 Punkte)**

c) Nennen Sie zwei geeignete Prüfverfahren bei der Dateneingabe am NC-Bearbeitungszentrum.

**(2 Punkte)**

**Lösung s. Seite 1056**

## 4. Zusammenarbeit im Betrieb

**Bearbeitungszeit:** 90 Minuten
**Hilfsmittel:** Taschenrechner
**Gesamtpunktzahl:** 100 Punkte

**Ausgangssituation zu allen Aufgaben:**
Nach Abschluss Ihrer Meisterausbildung wechseln Sie zur KARGEN GmbH, einem mittelständischen Metallbaubetrieb im Großraum Düsseldorf. Ihre Firma fertigt Fahrzeugsitze nach dem Fließprinzip für Pkw und Lkw auf konventionellen Bearbeitungsmaschinen sowie CNC-Vollautomaten. Sie berichten an den Betriebsleiter, der seit 15 Jahren in der Firma ist. Ihnen sind 25 gelernte und angelernte Mitarbeiter sowie sechs Auszubildende unterstellt. Ihr Vorgänger wurde innerbetrieblich versetzt. Es existiert ein Betriebsrat. In Ihrer Führungsarbeit werden Sie von zwei Vorarbeitern unterstützt.

### Aufgabe 1:

**40 Punkte**

In den ersten Wochen arbeiten Sie sich in Ihre neue Aufgabe gründlich ein. Sie stellen dabei fest, dass das Betriebsklima nicht nur in Ihrem Verantwortungsbereich, sondern in der Firma insgesamt nicht zufriedenstellend ist.

a) In der nächsten Besprechung mit Ihren Vorarbeitern steht das Thema „Betriebsklima in der Abteilung“ an erster Stelle Ihrer Tagesordnung. Als Diskussionseinstieg werden Sie kurz präsentieren, welche negativen Auswirkungen ein schlechtes Betriebsklima auf innerbetriebliche Leistungskennzahlen haben kann.

Nennen Sie dazu zehn Einzelpunkte.

**(10 Punkte)**

b) Nach dieser grundsätzlichen Einführung wollen Sie mit Ihren Vorarbeitern diskutieren, wie man methodisch vorgehen sollte, um konkret die spezifischen Ursachen des schlechten Betriebsklimas in der KARGEN GmbH herauszufinden.

Beschreiben und beurteilen Sie fünf methodische Ansätze.

**(20 Punkte)**

c) Bevor Sie sich endgültig entscheiden, welchen methodischen Ansatz Sie wählen werden, wollen Sie generell überlegen, welche Führungsmaßnahmen des Vorgesetzten geeignet sind, das Betriebsklima positiv zu beeinflussen.

Erstellen Sie dazu eine Checkliste mit zehn geeigneten Maßnahmen und gliedern Sie diese in:

- Führungsstilmittel (wie z. B. Anerkennung)
- Kommunikationsmittel (wie z. B. Mitarbeitergespräch)
- Maßnahmen zur Gestaltung des Arbeitsplatzes (wie z. B. Kompetenzumfang).

Beachten Sie weiterhin, dass Sie auf Fragen der materiellen Ausgestaltung der Arbeitsbedingungen (Lohn, Prämien, Zulagen usw.) keinen Einfluss haben.

**(10 Punkte)**

**Lösung s. Seite 1057**

## Aufgabe 2:

**12 Punkte**

Bereits nach der ersten Arbeitswoche merken Sie, dass die Fülle Ihrer Aufgaben groß ist und Ihnen die Arbeit langsam über den Kopf wächst: Teilnahme an Besprechungen, Projektmeetings, Arbeitseinteilung der Mitarbeiter, eigene Fachaufgaben, Zusammenarbeit mit anderen Abteilungen usw.

Nennen Sie sechs Maßnahmen, die Sie in der nächsten Zeit aktiv umsetzen werden, um Ihre eigene Arbeit und die Ihrer Mitarbeiter besser zu organisieren und um mehr Zeit für Wesentliches zu gewinnen.

**Lösung s. Seite 1058**

## Aufgabe 3:

**15 Punkte**

Es ist jetzt 15:00 Uhr. Sie kommen gerade aus der Besprechung mit Ihrem Chef. Er hat Ihnen eröffnet, dass ein wichtiger Kunde Ihrer Firma personelle Unterstützung in der Fertigung braucht. Sie sollen dazu eine Arbeitsgruppe von fünf Mitarbeitern zusammenstellen. Der Betrieb des Kunden liegt in Holland und der Einsatz der Mitarbeiter ist für drei Wochen geplant. Sie wissen, dass die Aufgabe anstrengend sein wird.

Was werden Sie tun? Der Betriebsleiter erwartet morgen eine personelle Aufstellung. Gehen Sie bei Ihrer Antwort auf Kriterien für die Mitarbeiterauswahl ein.

**Lösung s. Seite 1059**

## Aufgabe 4:

**10 Punkte**

Ihr Vorarbeiter Hurtig ist für den Fertigungsbereich Pkw-Sitze zuständig. In den zurückliegenden zwei Monaten häuften sich Reklamationen des Großkunden Z und führten zu kostenintensiver Nacharbeit.

a) Formulieren Sie für Ihren Mitarbeiter Hurtig eine geeignete Zielvereinbarung, um die Qualitätsprobleme in den Griff zu bekommen; berücksichtigen Sie dabei den Aspekt der Messbarkeit von Zielen.

   **(5 Punkte)**

b) Beschreiben Sie, wie der Prozess der Zielvereinbarung generell zu gestalten ist.

**(5 Punkte)**

**Lösung s. Seite 1059**

## Aufgabe 5:

**13 Punkte**

Auf der letzten Betriebsversammlung wurde vom Betriebsrat das Thema *Fluktuation* aufgegriffen. Der Betriebsratsvorsitzender erklärte: *„Es ist ein Skandal. Die Fluktuation bei der KARGEN GmbH steigt und steigt. Und worauf ist das zurückzuführen? Ich werde es Ihnen sagen: Ursache ist einzig und allein die mangelnde Führungsfähigkeit unserer Herren Vorgesetzten. Das muss sich ändern!"*

a) Wie beurteilen Sie die Aussage des Betriebsratsvorsitzenden? Hat er Recht? Geben Sie eine begründete Antwort.

**(5 Punkte)**

b) Kann der Vorgesetzte durch seinen eigenen Führungsstil dazu beitragen, dass die Fluktuationsquote möglichst niedrig bleibt? Wie muss ein derartiges Verhalten sein? Beschreiben Sie fünf Beispiele.

**(8 Punkte)**

**Lösung s. Seite 1059**

## Aufgabe 6:

**10 Punkte**

Ihr Chef hat letzte Woche ein Seminar auf Usedom besucht. Thema war: *Alte und neue Formen der Arbeitsorganisation*. Er ist immer noch sehr begeistert von den dargestellten Methoden. Besonders fühlt er sich bestätigt, die bewährten Instrumente Job Enrichment und Job Enlargement endlich bei der KARGEN GmbH stärker einzusetzen. Sie stimmen seiner Begeisterung nur teilweise zu und machen Bedenken geltend: *„Beide Instrumente haben auch Risiken. Das sollte man bei einer Einführung berücksichtigen."* So Ihre Aussage. Ihr Chef ist nicht überzeugt. Schließlich bittet er Sie – ein wenig enttäuscht – in der nächste Besprechung die Chancen und Risiken der beiden Methoden überzeugend vorzutragen.

Beschreiben Sie jeweils zwei Chancen und Risiken, die mit der Einführung von Job Enrichment und Job Enlargement verbunden sein können.

**Lösung s. Seite 1060**

## 5. Berücksichtigung naturwissenschaftlicher und technischer Gesetzmäßigkeiten

**Bearbeitungszeit:** 90 Minuten
**Hilfsmittel:** Taschenrechner, IHK-Formelsammlung für Industriemeister
**Gesamtpunktzahl:** 100 Punkte

### Aufgabe 1:

**9 Punkte**

Säuren bilden Salze mit unedlen Metallen, mit Metalloxiden oder mit Metallhydroxiden. Vervollständigen Sie die folgenden Salzbildungsreaktionen und nennen Sie die Bezeichnung des jeweiligen Salzes:

2 HCl + Mg; 2 HCl + MgO; HCl + KOH

**Lösung s. Seite 1061**

### Aufgabe 2:

**10 Punkte**

Ein Stein fällt mit der Anfangsgeschwindigkeit $v_0$ = 0 m/s in einen 190 m tiefen Schacht. Mit welcher Geschwindigkeit und nach welcher Zeit trifft er am Boden auf?

**Lösung s. Seite 1061**

### Aufgabe 3:

**10 Punkte**

Ein Generator, der von einer Dampfturbine angetrieben wird, soll 15.000 kW an das Leitungsnetz abgeben. Sein Wirkungsgrad beträgt 95 %. Der Wirkungsgrad der Turbine beträgt 45 %. Wie viel Leistung $P_{zu}$ muss der Dampf liefern?

**Lösung s. Seite 1061**

### Aufgabe 4:

**12 Punkte**

An einem Kranhaken wird eine Last mit der Masse 850 kg angehängt und in einer Minute um 12 m angehoben. Berechnen Sie die abgegebene Leistung des Kranmotors bei einem Wirkungsgrad des Kranes von 75 % und um welche Länge das Seil des Kranes gedehnt wird, wenn die Federkonstante 3.200 N/cm beträgt.

**Lösung s. Seite 1062**

## Aufgabe 5:

**12 Punkte**

Drei Widerstände mit $R_1 = 65\ \Omega$, $R_2 = 80\ \Omega$ und $R_3 = 95\ \Omega$ sind in einer gemischten Schaltung folgendermaßen angeordnet:

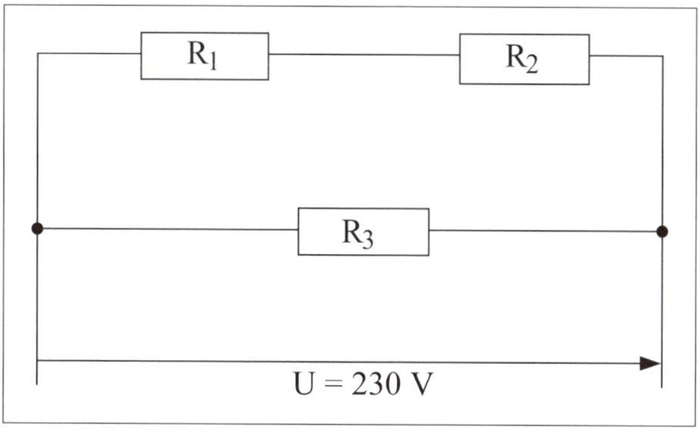


Berechnen Sie den Ersatzwiderstad $R_{ges}$ und die Teilströme $I_1$, $I_2$ und $I_3$.

**Lösung s. Seite 1063**

## Aufgabe 6:

**12 Punkte**

Eine Last F = 40.000 N wird gehoben. Dabei wird ein Befestigungsbolzen belastet.

Berechnen Sie den mindestens notwendigen Durchmesser d des Befestigungsbolzens bei einer zulässigen Zugspannung $\sigma_{zul} = 100\ N/mm^2$.

**Lösung s. Seite 1064**

## Aufgabe 7:

**19 Punkte**

Der Rotor einer Windenergieanlage dreht sich mit $n = 20\ min^{-1}$. Der Abstand zwischen dem Schwerpunkt des Rotorblattes und der Drehachse beträgt r = 10 m. Die Masse des Rotorblattes beträgt 700 kg.

a) Berechnen Sie die Winkelgeschwindigkeit $\omega$ des Rotors.

**(9 Punkte)**

b) Berechnen Sie die Fliehkraft F, die auf das Rotorblatt wirkt.

**(10 Punkte)**

**Lösung s. Seite 1064**

## Aufgabe 8:

**16 Punkte**

Der Außendurchmesser 40 ± 0,02 mm einer Welle ist ein wichtiges Qualitätsmerkmal. Hierfür fordert der Kunde einen Prozessfähigkeitsnachweis von $C_p \geq 1{,}33$.

a) Erbringen Sie den Nachweis, ob das Werkstück durch das günstigere Drehen (Standardabweichung s = 0,005 mm) oder das teurere Schleifen (Standardabweichung s = 0,004 mm) hergestellt werden soll. (Ergebnisse jeweils normalverteilt).

**(8 Punkte)**

b) Berechnen Sie den 99,73 %-Streubereich für beide Verfahren, für den Fall, dass die Prozesslage $\overline{x}$ auf die Mitte der Toleranzzone eingestellt ist

**(8 Punkte)**

**Lösung s. Seite 1065**

# 1. Prüfungsfach: Rechtsbewusstes Handeln

## 1.1 Arbeitsrechtliche Vorschriften und Bestimmungen bei der Gestaltung individueller Arbeitsverhältnisse und bei Fehlverhalten von Mitarbeitern

### Lösung zu Aufgabe 1: Rechtsgrundlagen des Arbeitsvertrages

Als Rechtsgrundlagen beim Abschluss eines Arbeitsvertrages sind grundsätzlich zu berücksichtigen:

- zwingende gesetzliche Bestimmungen (z. B. GG; BGB, speziell die §§ 611 - 630; die Schutzgesetze wie z. B. JArbSchG, MuSchG, SGB, AGG usw.)
- zwingende tarifliche Bestimmungen (z. B. Lohn- und Urlaubsregelungen)
- zwingende Bestimmungen von Betriebsvereinbarungen sowie
- Regelungen aufgrund betrieblicher Übung (sog. Gewohnheitsrecht) sowie
- die Rechtsprechung der Arbeitsgerichte.
- Abweichend von diesen nationalen Rechtsquellen kann es sein, dass das Recht eines ausländischen Staates zur Geltung kommt, wenn das Arbeitsverhältnis seinen Schwerpunkt im Ausland hat (vgl. Gesetz zur Neuregelung des Internationalen Privatrechts; speziell § 27 EGBGB = Einführungsgesetz zum BGB).

### Lösung zu Aufgabe 2: Arbeitsvertrag und Formvorschriften

a) Grundsätzlich ist der Arbeitsvertrag an keine Form gebunden. Ein Arbeitsvertrag kann daher rechtswirksam zustande kommen, wenn er

- mündlich oder fernmündlich,
- schriftlich oder
- durch schlüssiges Handeln entsteht. Die Juristen sagen „konkludentes Handeln".

Zu dieser generellen Regelung gibt es Ausnahmen:

- Die sog. Konkurrenzklausel (Wettbewerbsverbot) nach § 74 Abs. 1 HGB bedarf der Schriftform.
- Daneben schreiben sehr viele Tarifverträge vor, dass Arbeitsverträge grundsätzlich schriftlich geschlossen werden müssen. Aber: Auch in diesem Fall kommt der Arbeitsvertrag bereits durch mündliche, übereinstimmende Erklärung zustande.
- § 11 BBiG schreibt vor, dass Ausbildungsverträge schriftlich nachvollzogen werden müssen. Auch hier führt die mündliche, übereinstimmende Erklärung beider Parteien bereits zum Abschluss des Vertrages.
- Daneben ist das Gesetz über den Nachweis der für ein Arbeitsverhältnis geltenden wesentlichen Bedingungen (NachwG) zu beachten: Danach ist der Arbeitgeber spätestens einen Monat nach dem Beginn des Arbeitsverhältnisses verpflichtet die wesentlichen Vertragsbedingungen schriftlich niederzulegen; die Niederschrift ist zu unterzeichnen und dem Arbeitnehmer auszuhändigen. Diese

Pflicht entfällt, soweit dem Arbeitnehmer bereits ein schriftlicher Arbeitsvertrag vorliegt, der die geforderten Angaben enthält.

b) Aufgrund des NachwG sind folgende Angaben erforderlich:

1. der **Name** und die **Anschrift** der Vertragsparteien
2. der Zeitpunkt des **Beginns** des Arbeitsverhältnisses
3. bei befristeten Arbeitsverhältnissen: die vorhersehbare **Dauer**
4. der Arbeitsort
5. die Beschreibung der zu leistenden **Tätigkeit**
6. die Zusammensetzung und die Höhe des **Arbeitsentgelts**
7. die vereinbarte **Arbeitszeit**
8. die Dauer des jährlichen **Erholungsurlaubs**
9. die Fristen für die **Kündigung**
10. ein in allgemeiner Form gehaltener **Hinweis** auf die Tarifverträge und Betriebsvereinbarungen, die auf dieses Arbeitsverhältnis anzuwenden sind.

Bei der inhaltlichen Ausgestaltung des Arbeitsvertrages macht es in der Praxis keinen Sinn sämtliche Bestimmungen, die zu regeln sind, im Arbeitsvertrag wiederzugeben. Im Allgemeinen wählen daher die Betriebe den Weg, Vertragsmuster oder Textdateien mit alternativen Textbausteinen zu verwenden. Oft werden derartige Standardverträge unterschieden nach Arbeitnehmergruppen.

## Lösung zu Aufgabe 3: Anfechtung des Arbeitsvertrages, Elternzeit, Mutterschutz

a) Nein! Eine Frage nach dem Bestehen einer Schwangerschaft im Rahmen der Einstellungsverhandlungen ist grundsätzlich unzulässig. Wird die Frage trotzdem unzulässigerweise gestellt, ist die unwahre Beantwortung erlaubt. Von daher kann der Arbeitsvertrag nicht angefochten werden.

b) Der Arbeitgeber kann den Arbeitsvertrag anfechten nach § 123 BGB; auch ohne Befragen ist Heinrich zur Wahrheit verpflichtet, da die Haftstrafe für das Arbeitsverhältnis relevant ist (subjektive Unmöglichkeit der Leistung).

c) Nein! Huber hat Kündigungsschutz nach § 18 BEEG.

## Lösung zu Aufgabe 4: Mängel des Arbeitsvertrages

**Mängel des Arbeitsvertrages**

- **Faktisches Arbeitsverhältnis**
  - Arbeitsverhältnis ist fehlerhaft und wurde in Vollzug gesetzt.
- **Anfechtung**
  - Irrtum oder Täuschung nach §§ 119, 123 BGB, sofern für das Arbeitsverhältnis relevant.
- **Sittenwidrigkeit**
  - Ein sittenwidriger AV führt zur Gesamtnichtigkeit des Vertrages (z. B. Prostitution).
- **Wucher**
  - Wucher führt i. d. R. zur Teilnichtigkeit des AV (z. B. extrem niedriger Lohn).
- **Mangel im Inhalt**
  - Die Teilnichtigkeit führt nicht zur Gesamtnichtigkeit; die fehlerhafte Bestimmung wird durch die zutreffende Bestimmung ersetzt (§ 306 BGB, z. B. zu wenig Urlaub im AV vereinbart).

Faktisches Arbeitsverhältnis und Anfechtung: Für die Vergangenheit: Anspruch auf Lohn usw. für die Zukunft nichtig.

## Lösung zu Aufgabe 5: Abmahnung

a)

An: Frau Ortrud Spät Kopie: BR [1]
Abt.: PLM
PN: 34008

Von: PL3, Krause
am: 19.11.....

Sehr geehrte Frau Spät,
leider sind Sie trotz der am 03.11..... erfolgten mündlichen Ermahnung in diesem Monat an folgenden Tagen erst zu den aufgeführten Uhrzeiten zur Arbeit erschienen – lt. elektronischem Zeitnachweis:

8:07 Uhr am 02.11.
8:18 Uhr am 09.11.
8:22 Uhr am 11.11.
8:13 Uhr am 13.11.
8:09 Uhr am 16.11.[2]

In dem am 17.11..... mit Ihnen geführten Gespräch haben Sie erklärt, Sie hätten an den genannten Tagen verschlafen.

Es ist Ihnen bekannt, dass die Art Ihrer Tätigkeit absolute Pünktlichkeit erfordert. Durch Ihr Verhalten haben Sie gegen diese arbeitsvertragliche Verpflichtung verstoßen.[3] Wir fordern Sie daher nachdrücklich auf, zukünftig die für Sie geltenden Arbeitszeiten einzuhalten.[4] Sollten Sie erneut schuldhaft unpünktlich zur Arbeit erscheinen, sind wir zu unserem Bedauern gezwungen, das Arbeitsverhältnis zu kündigen.[5]

Wir hoffen, dass Sie aus diesem Schreiben die notwendigen Schlüsse ziehen und sich die Maßnahme der Kündigung ersparen.

Bestandteile einer rechtswirksamen Abmahnung (→ kündigungsrechtliche Voraussetzung):

zu [1] Der Betriebsrat muss bei einer Abmahnung nicht informiert werden; es existiert kein Mitbestimmungsrecht. In der Praxis erfolgt häufig eine Mitteilung an den Betriebsrat um ein evtl. Kündigungsverfahren schon im Vorfeld vorzubereiten.

zu [2] Es ist exakt anzugeben, wann genau, in welcher Form gegen welche arbeitsrechtlichen Pflichten verstoßen wurde. Der Arbeitgeber hat die Soll-Ist-Abweichung zu belegen (Zeugen, Dokumente).

zu [3] Erneute Nennung der arbeitsrechtlichen Pflicht, gegen die verstoßen wurde.

zu [4] Aufforderung zur korrekten Erfüllung.

zu [5] Androhung der Kündigung; die pauschale Formulierung „... wird Ihr Verhalten arbeitsrechtliche Konsequenzen haben ...“ ist nicht ausreichend.

b) Der Arbeitnehmer hat folgende Möglichkeiten, gegen eine ungerechtfertigte Abmahnung vorzugehen:
   - Beschwerde beim Betriebsrat nach § 84 Abs. 1 BetrVG;
   - Gegendarstellung zur Abmahnung, die der Arbeitgeber in die Personalakte aufnehmen muss;
   - Klage vor dem Arbeitsgericht auf Rücknahme der Abmahnung.

## Lösung zu Aufgabe 6: Arbeitsordnung, Arbeitsunfähigkeitsbescheinigung (AU-Bescheinigung)

a) Typische Inhalte einer Arbeitsordnung sind z. B.:
   - Fragen der Ordnung im Betrieb (Torkontrolle, Rauchverbot, Alkoholverbot u. Ä.)
   - Verhalten der Arbeitnehmer am Arbeitsplatz
   - Rechte und Pflichten aus dem Arbeitsverhältnis
   - Arbeitszeiten und Pausen
   - Entgeltformen und Entlohnungsmethoden

- gesetzliche und tarifliche Bestimmungen
- Urlaubsregelungen
- Arbeitsschutz.

b) Die Forderung der Geschäftsleitung besteht zu Recht (§ 5 EFZG; bitte lesen).

## Lösung zu Aufgabe 7: Direktionsrecht (Weisungsrecht)

Zum Beispiel Festlegung

- der Arbeitsinhalte (im Rahmen des vertraglich festgelegten Aufgabengebietes bzw. des Berufsbildes)
- der Arbeitsabläufe und Termine
- der eingesetzten Arbeitsmittel
- des Arbeitsplatzes
- von Maßnahmen des Arbeitseinsatzes

soweit anders lautende Schutzvorschriften dem nicht entgegenstehen (z. B. JArbSchG, MuSchG, tarifliche Rationalisierungsschutzabkommen, Mitbestimmungsrechte des BR).

## Lösung zu Aufgabe 8: Urlaub

a) Entsprechend dem Günstigkeitsprinzip stehen dem Arbeitnehmer 28 Tage Urlaub aufgrund der Betriebsvereinbarung zu.

b) Die Anordnung des Meisters ist zulässig (§ 7 BUrlG).

c) Der Betriebsrat hat über den Urlaubsplan mitzubestimmen (§ 87 Abs. 1 Nr. 5 BetrVG).

d) Die Anordnung des Meisters ist aufgrund dringender betrieblicher Belange berechtigt (§ 7 Abs. 1 BUrlG). Die Firma muss jedoch evtl. Stornokosten der Arbeitnehmer tragen.

e) N. hat die Wartezeit erfüllt (§ 4 BUrlG). Da der Arbeitsvertrag keine Angaben zum Urlaub enthält, richtet sich der Urlaubsanspruch nach § 5 Abs. 1c BUrlG: 5/12 von 24 Werktagen = 10 Werktage.

Wenn N. zum 31.08. ausscheidet, hat er Anspruch auf den vollen Jahresurlaub von 24 Werktagen (§ 4 BUrlG).

f) **Urlaubsgeld:** Zusätzliche Vergütung (neben dem Urlaubsentgelt) während der Urlaubszeit, um die höheren Ausgaben im Urlaub auszugleichen (nach Tarif oder aufgrund Einzelvereinbarung/betrieblicher Übung/Betriebsvereinbarung/freiwilliger Leistung).

**Urlaubsentgelt:** Entgeltfortzahlung im Urlaub, das dem durchschnittlichen Arbeitsverdienst während der letzten 13 Wochen vor dem Urlaubsbeginn entspricht.

g) Der Urlaubsanspruch beträgt sechs Werktage (Mo - Sa) = 24 Tage : 4 = 1/4 von 24 Tagen; § 3 Abs. 1 und 5 BUrlG.

## Lösung zu Aufgabe 9: Entgeltfortzahlung

a) Die Forderung der Luise Herbst auf Entgeltfortzahlung besteht zu Recht. Eine Ausnahme von der Entgeltfortzahlungspflicht für geringfügig beschäftigte Arbeitnehmer besteht nach dem EFZG nicht.

b) Zunächst kann die Firma die Fortzahlung des Entgelts für die erste Mai-Woche verweigern (§ 7 Abs. 1 EFZG). Der Mangel der Nachweispflicht wird jedoch im Juni geheilt, sodass der Arbeitgeber die Entgeltfortzahlung nachträglich leisten muss.

c) Hans B. Kerner hat Anspruch auf Fortzahlung des Entgelts für die erste Mai-Woche, da er die Verletzung der Nachweispflicht nicht zu vertreten hat (§ 7 Abs. 2 EFZG).

d) Hans B. Kerner verliert den Vergütungsanspruch nicht (§ 616 BGB).

e) Nein! Der Anspruch auf Entgeltfortzahlung entsteht erst nach vierwöchiger ununterbrochener Tätigkeit (§ 3 Abs. 3 EFZG).

## Lösung zu Aufgabe 10: Beendigung des Arbeitsverhältnisses

a)
- Tod des Arbeitnehmers
- Pensionierung (Erreichen der Altersgrenze)
- Kündigung (fristgerecht oder fristlos)
- Aufhebung des Vertrages
- Fristablauf (bei befristeten Verträgen).

b) Pflichten:
- Zeugniserteilung
- Erstellung der Urlaubsbescheinigung
- Aushändigung der Arbeitspapiere
- Freistellung für Bewerbungen
- Gewährung noch ausstehender Leistungen (z. B. Resturlaub).

## Lösung zu Aufgabe 11: Aufhebungsvertrag

a)

**Aufhebungsvertrag**

zwischen ______________________________
(im folgenden Firma genannt)

und

Herrn Franz Huber, geb. am ________, wohnhaft in ____________________

Die o. g. Parteien sind sich aufgrund der geführten Gespräche einig, dass das Arbeitsverhältnis zum ________ endet.

Die Firma zahlt die Vergütung bis zum Ablauf dieser Frist.

Die Firma hat das Recht den Mitarbeiter mit sofortiger Wirkung von der Verpflichtung zur Arbeitsleistung freizustellen. Macht sie davon Gebrauch, so ist der noch verbleibende Resturlaub mit dieser Freistellung abgegolten.

Der Mitarbeiter erhält ein qualifiziertes Zeugnis.

Für den Verlust des Arbeitsplatzes verpflichtet sich die Firma zur Zahlung einer Abfindung in Höhe von € ______________

Der Mitarbeiter verzichtet unwiderruflich auf sein Recht innerhalb von drei Wochen nach Beendigung des Arbeitsverhältnisses Kündigungsschutzklage zu erheben.

Der Mitarbeiter wurde über die steuerlichen und sozialversicherungsrechtlichen Bestimmungen bei Abfindungen informiert. Er wurde ferner darüber belehrt, dass ihm im Zusammenhang mit der Abfindungszahlung Nachteile bei der Gewährung von Arbeitslosengeld entstehen können.

gez. Firma gez. Frank Huber

b) Vorteile des Aufhebungsvertrages:

- keine Mitwirkung/Mitbestimmung des Betriebsrates oder staatlicher Einrichtungen (z. B. Integrationsamt)
- keine Gefahr einer Kündigungsschutzklage (Achtung: evtl. Sperre des ALG I).

## Lösung zu Aufgabe 12: Kündigungsschutz, soziale Auswahl

a) Nein; nach § 85 SGB IX bedarf die Kündigung eines Schwerbehinderten der vorherigen Zustimmung des Integrationsamtes; außerdem ist eine Kündigungsfrist von mindestens vier Wochen einzuhalten (§ 86 SGB IX).

b)
- nachhaltige Arbeitsverweigerung
- Diebstahl, Betrug
- Ehrverletzung und Beleidigung vor anderen
- vorsätzliche Fahrlässigkeit.

Zu beachten sind jedoch immer
- die Abwägung der Interessenslage und
- die Umstände des Einzelfalles.

c) Kündigungsarten:
- ordentliche Kündigung
- außerordentliche Kündigung
- Änderungskündigung
- Massenentlassung.

d)

**Küdigungsfristen**

- **Probezeit:** i. d. R. 3 - 6 Monate
  - im 1. Monat: 1 Woche
    im 2. und 3. Monat: 2 Wochen
- **Reguläre Kündigungsfristen**
  - 4 Wochen zum 15. oder zum Monatsende
- **Verlängerte Kündigungsfristen für den Arbeitgeber**

| Betriebszugehörigkeit (in Jahren) | Frist (zum Monatsende) |
|---|---|
| 2 | 1 Monat |
| 5 | 2 Monate |
| 8 | 3 Monate |
| 10 | 4 Monate |
| 12 | 5 Monate |
| 15 | 6 Monate |
| 20 | 7 Monate |

Bei der Berechnung längerer Kündigungsfristen ist das Alter des Arbeitnehmers nicht mehr zu beachten (vgl. § 622 BGB; so der Europäische Gerichtshof im Jan. 2010).

e) Nein! Dauer des Arbeitsverhältnisses < 6 Monate; vgl. § 1 Abs. 1 KSchG.

f)

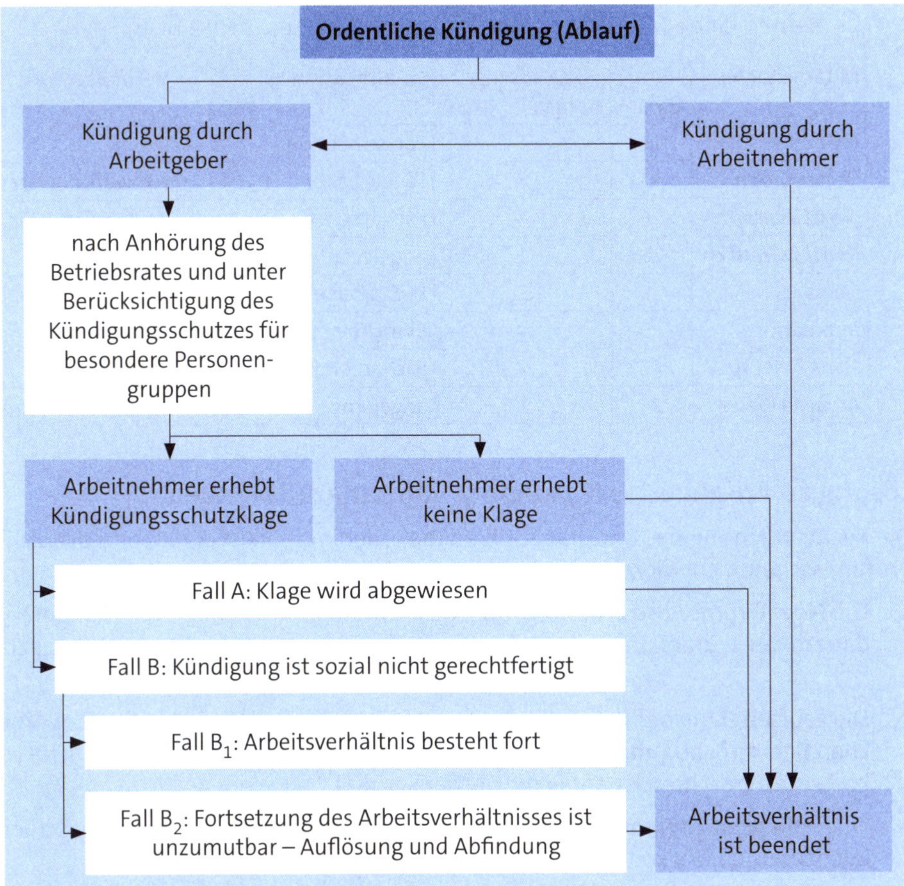


g) ► Soziale Auswahl:

Für eine betriebsbedingte Kündigung kommen nur die Mitarbeiter Mertens, Huber und Kerner infrage. Begründung:

- **Gropp, Kieser und Herrlich** haben **besonderen Kündigungsschutz** und sind nicht ordentlich kündbar.
- **Kern** wird aufgrund der „**berechtigten betrieblichen Interessen**" (Einrichter ...) nicht in die Sozialauswahl einbezogen; dies ist zulässig nach § 1 Abs. 3 KSchG[1].
- Aus den verbleibenden Mitarbeitern werden Mertens, Huber und Kerner vorgeschlagen wegen der besonderen Unterhaltsverpflichtung von Grausam.

1 Ab 01.01.2004 ist die Sozialauswahl auf vier Merkmale beschränkt: Dauer der Betriebszugehörigkeit, Lebensalter, Unterhaltspflichten und eine evtl. Schwerbehinderteneigenschaft. Leistungsträger können davon ausgenommen werden (= Gesetz zu Reformen am Arbeitsmarkt).

- Kündigungsfristen:
  - Mertens: vier Wochen zum 15. oder zum Ende des Monats (§ 622 Abs. 1 BGB)
  - Huber: zwei Monate zum Monatsende (§ 622 Abs. 2 Nr. 2 BGB)
  - Kerner: einen Monat zum Monatsende (§ 622 Abs. 2 Nr. 1 BGB).[1]

| Mitarbeiter/in | Alter (Jahre) | Betriebszugehörigkeit (Jahre) | Qualifikation | Vermerke |
|---|---|---|---|---|
| Louise Mertens | 19 | 1 | Facharbeiterin | ledig |
| ***Rainer Gropp*** | 45 | 8 | Facharbeiter | ***schwerbehindert*** |
| ***Gerd Grausam*** | 26 | 4 | Facharbeiter | ***verheiratet, 3 Kinder*** |
| ***Martina Herrlich*** | 28 | 1 | angelernt | ***schwanger*** |
| Georg Huber | 39 | 5 | Facharbeiter | verheiratet, 1 Kind |
| **Jens Kern** | 35 | 4 | **Einrichter für NC-Technik** | verheiratet |
| Hans B. Kerner | 42 | 2 | Facharbeiter | verheiratet |
| ***Arabella Kieser*** | 24 | 1 | angelernt | ***Elternzeit beantragt*** |

## Lösung zu Aufgabe 13: Kündigung von Langzeitkranken

Die Rechtsprechung des BAG hat zur krankheitsbedingten Kündigung ein **dreistufiges Prüfungsschema** entwickelt:

1. Die **Negativprognose** muss ergeben, dass entweder noch mit einem längeren Andauern der Erkrankung oder mit wiederkehrenden Kurzerkrankungen zu rechnen ist.
2. Die Fehlzeiten (in der Vergangenheit und für die Zukunft) müssen zu einer **erheblichen Beeinträchtigung der betrieblichen Interessen** führen (z. B. zusätzliche Lohnkosten; zu beachten ist dabei die Betriebsgröße).
3. Eine **Abwägung der Interessen** ist vorzunehmen (z. B. Art der Erkrankung, Dauer der Betriebszugehörigkeit).

   Weiterhin ist im vorliegenden Fall („... seit 15 Jahren tätige, ältere Frau Z ...") zu prüfen:

   - Liegt Schwerbehinderung vor?
   - Besteht besonderer Kündigungsschutz für ältere Mitarbeiter lt. Tarifvertrag?
   - Kann die Zuweisung eines anderen Arbeitsplatzes den Krankheitsverlauf positiv beeinflussen?

[1] Bei der Berechnung längerer Kündigungsfristen ist das Alter des Arbeitnehmers nicht mehr zu beachten (vgl. § 622 BGB; so der Europäische Gerichtshof im Jan. 2010).

## Lösung zu Aufgabe 14: Rechte und Pflichten des Arbeitgebers und des Arbeitnehmers, JArbSchG

Nein! Gemäß § 8 Abs. 1 JArbSchG dürfen Jugendliche nicht mehr als acht Stunden täglich und nicht mehr als 40 Stunden wöchentlich beschäftigt werden. Das wäre hier jedoch der Fall. Außerdem sind die Pausenzeiten nach § 11 Abs. 1 JArbSchG nicht eingehalten. Sie müssen mindestens 60 Minuten betragen.

## Lösung zu Aufgabe 15: Verdachtskündigung

a) In bestimmten Fällen kann eine Kündigung wegen des Verdachts einer strafbaren oder pflicht-widrigen Handlung zulässig sein, wenn der entstandene Verdacht geeignet ist, dem Arbeitsverhältnis die notwendige **Vertrauensgrundlage** zu entziehen.

b) Es müssen folgende objektive Tatbestände vorliegen:
   - Dringlichkeit des Tatverdachts
   - Erheblichkeit des Tatverdachts
   - vorherige Anhörung des Arbeitnehmers
   - Grundsatz der Verhältnismäßigkeit der Mittel
   - Beurteilungszeitpunkt (der Arbeitgeber muss alle zumutbaren Anstrengungen zur Aufklärung des Sachverhalts unternommen haben).

c) Führt das entsprechende Strafverfahren zum Freispruch des Beschuldigten, so ergibt sich aus der Fürsorgepflicht des Arbeitgebers unter bestimmten Voraussetzungen ein Anspruch des gekündigten Arbeitnehmers auf Wiedereinstellung. Im Falle eines Freispruchs ist das Arbeitsgericht an dieses Urteil gebunden. Voraussetzungen für den Wiedereinstellungsanspruch des Arbeitnehmers sind, dass
   - ein freier und geeigneter Arbeitsplatz existiert
   - der Arbeitnehmer nicht durch sein eigenes Verhalten erhebliche Verdachtsmomente schuld-haft geliefert hat
   - keine sonstigen gewichtigen Gründe gegen die Wiedereinstellung sprechen.

## Lösung zu Aufgabe 16: Kündigungsschutzklage

Ja, die Klage hat Aussicht auf Erfolg. Der Arbeitgeber hat im zweiten Fall eine weitere Abmahnung ausgesprochen und damit seine rechtlichen Möglichkeiten ausgeschöpft. Die Vertragsverletzung (= Zuspätkommen) kann nicht damit geahndet werden, indem eine erfolgte Abmahnung zurückgezogen und durch eine Kündigung ersetzt wird. Es bleibt dem Arbeitgeber nichts anderes übrig, als auf eine neue kündigungsrechtlich relevante Vertragsverletzung des Mitarbeiters zu warten und dann die Kündigung auszusprechen.

## Lösung zu Aufgabe 17: Kündigungszugang

| Kündigungszugang – Arten | | |
|---|---|---|
| | **Vorteile – Beispiele** | **Nachteile – Beispiele** |
| **Persönliche Übergabe** | ► Übergabe ist flexibel<br>► ist nachweisbar (Zeuge, Unterschrift) | ► Befangenheit des Überbringers<br>► ggf. Anweisungen an den Überbringer |
| **Übergabe durch Boten** | ► Übergabe ist flexibel<br>► ist nachweisbar (Zeuge, Unterschrift) | ► zeitintensiv<br>► Instruktion des Boten erforderlich |
| **Zustellung durch Gerichtsvollzieher** | ► uneingeschränkte Beweissicherheit<br>► zuverlässig | ► Kosten<br>► Zeitaufwand (ggf. Niederlegung)<br>► Verwaltungsaufwand |
| **Einschreiben** | ► Zeit der Übergabe beweisbar | ► Beweisprobleme hinsichtlich des Inhalts<br>► zeitlich nicht exakt zu beeinflussen<br>► daher problematisch |
| **Einschreiben/ Rückschein** | ► Nachweis der Zustellung (Rückschein) | ► Beweisprobleme hinsichtlich des Inhalts<br>► zeitlich nicht exakt zu beeinflussen<br>► Zugang erfolgt erst bei Abholung (!)<br>► sehr problematisch |

## Lösung zu Aufgabe 18: Fristlose Kündigung eines Ausbildungsverhältnisses

a) Die außerordentliche Kündigung (a. o. K.) von Ausbildungsverhältnissen ist nach § 22 Abs. 2 Nr. 1 BBiG möglich, wenn (analog zu der a. o. K. von Arbeitsverhältnissen) dem Kündigenden unter Abwägung aller Umstände des Einzelfalles die Fortführung des Ausbildungsverhältnisses nicht mehr zuzumuten ist. Bei der a. o. K. eines Ausbildungsverhältnisses kommt hinzu, dass der Ausbildende **die zusätzliche Pflicht hat alle Möglichkeiten der Erziehung und der Fürsorge auszuschöpfen** (z. B. Zusammenarbeit mit der Berufsschule, Einzelgespräche usw.), um dem Auszubildenden die Chance zu geben sein Verhalten zu bessern. Erst wenn alle Maßnahmen ausgeschöpft sind und keine Aussicht mehr besteht, dass das Ausbildungsziel erreicht wird, kann als letztes Mittel außerordentlich gekündigt werden. Gerade die Ausschöpfung aller Möglichkeiten seitens des Ausbildenden ist im vorliegenden Fall nicht erkennbar, sodass die a. o. K. unwirksam sein dürfte.

b) Nach § 111 Abs. 2 ArbGG können von der zuständigen Stelle sog. Schlichtungsausschüsse zur Beilegung von Streitigkeiten zwischen Ausbildenden und Auszubildenden gebildet werden. In der Regel sind diese in der Praxis auch vorhanden. Im vorliegenden Fall ist der Schlichtungsausschuss der betreffenden IHK zuständig. Der Auszubildende Kerner **muss** also vor Erhebung einer Klage beim Arbeitsgericht zunächst den Schlichtungsausschuss der Kammer einschalten (= unverzichtbare Prozessvoraussetzung). Die Erhebung der Klage ohne Einschaltung eines existierenden Ausschusses ist unzulässig. Eine Frist zur Einschaltung des Ausschusses existiert nicht. Eine unangemessene Dauer könnte jedoch zur Verwirkung des Rechts auf Einschaltung nach sich ziehen. Hat der Schlichtungsausschuss eine Entscheidung durch Spruch getroffen, so kann Kerner den Spruch **innerhalb einer Woche** anerkennen. Ist er mit dem Spruch des Ausschusses nicht einverstanden, so kann er binnen zwei Wochen nach ergangenem Spruch Klage beim Arbeitsgericht erheben.

## Lösung zu Aufgabe 19: Ausbildungsverhältnisse

Präsentieren heißt immer auch „visualisieren". Die Lösung ist daher in geeigneter Form optisch aufzubereiten, z. B.:

a)

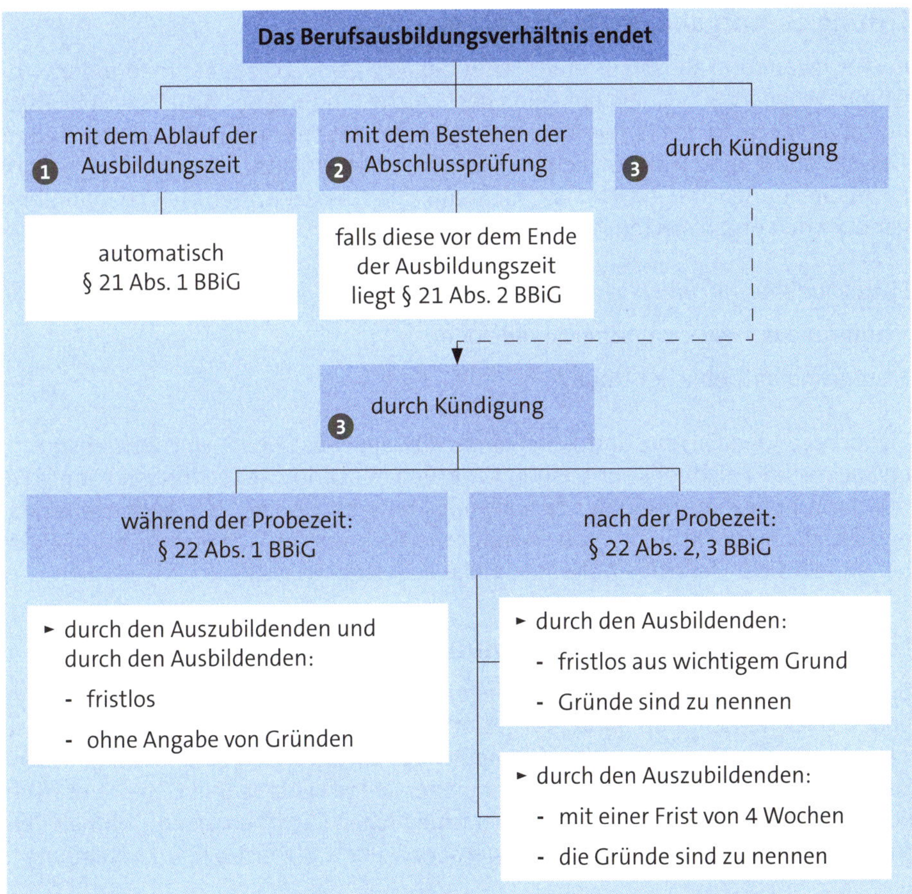

MERKE

Das Ausbildungsverhältnis endet mit dem Ablauf der Ausbildungszeit. Dieser Grundsatz gilt auch dann, wenn z. B. die Prüfung erst einige Wochen nach Ablauf der Ausbildungszeit abgelegt wird.

b) Nach § 24 BBiG ist im Fall des Auszubildenden Herb ein Arbeitsverhältnis auf unbestimmte Zeit begründet worden. Herb hat seine Arbeitskraft angeboten, der Meister hat nicht widersprochen. Da die Ausbildungszeit mit dem Bestehen der Prüfung endet, muss Herb vom 11.06. bis 30.06. anteilig den zutreffenden Tariflohn eines Facharbeiters erhalten.

c) Nein. Das Ausbildungsverhältnis ist generell befristet. Es endet i. d. R. mit dem Bestehen der Abschlussprüfung. Einen Anspruch auf Übernahme in den Betrieb hat Monika S. nicht. Daran ändert sich auch durch die Schwangerschaft nichts.

## Lösung zu Aufgabe 20: Tarifgebundenheit

Im vorliegenden Fall ist nur eine Partei des Arbeitsvertrages tarifgebunden – die X-GmbH. Wegen § 3 TVG besteht keine gesetzliche Bindung des Arbeitsverhältnisses an die Inhaltsnormen des Tarifvertrages. Also hat Huber, da er nicht in der entsprechenden Gewerkschaft organisiert ist, keine Ansprüche auf tarifliche Leistungen. Nach der BAG-Rechtsprechung kann er sich auch nicht auf den Grundsatz der Gleichbehandlung gegenüber den organisierten Arbeitnehmern berufen.

Etwas anderes gilt, wenn tarifliche Leistungen zu gewähren sind

- aufgrund einzelvertraglicher Abrede oder
- aufgrund betrieblicher Übung.

Im vorliegenden Fall existiert keine einzelvertragliche Abrede; eine Betriebsübung ist im Sachverhalt nicht erwähnt. Einen Anspruch auf tarifliche Leistungen könnte Huber nur dann herleiten, wenn der betreffende Tarifvertrag eine sog. **Außenseiterklausel** enthält, nach der die nichtorganisierten Arbeitnehmer mit den organisierten gleichzubehandeln sind. Derartige Außenseiterklauseln sind zulässig.

## Lösung zu Aufgabe 21: Verrechnung tariflicher Leistungen

Enthält der Tarifvertrag – wie im vorliegenden Fall – eine Öffnungsklausel, so können auch abweichende Vereinbarungen getroffen werden, sofern sie dem Günstigkeitsprinzip entsprechen. Dabei sind **die Leistungen nach Sachgruppen zusammenzufassen und zu vergleichen**. Im Fall von Frau Bracker dienen jedoch Urlaub und Gehalt unterschiedlichen Zwecken, gehören damit **zu unterschiedlichen Sachthemen und können demzufolge nicht miteinander verrechnet werden**. Demzufolge ist ein Einzelvergleich zwischen einzelvertraglicher und tariflicher Festlegung durchzuführen. Er führt im „Aspekt Gehalt" dazu, dass die tarifliche Regelung für die Arbeitnehmerin günstiger ist. Somit hat Frau Bracker Anspruch auf 30 Tage Urlaub (aufgrund einzelvertraglicher Regelung) und auf ein Monatsgehalt von 2.400 € (aufgrund tarifvertraglicher Regelung).

## Lösung zu Aufgabe 22: Arbeitskampfrecht

a) Das BAG hat in seiner Rechtsprechung u. a. folgende Grundsätze für einen rechtmäßigen Arbeitskampf aufgestellt:

- Die Parteien müssen **tariffähig** sein.
- Das Ziel der Arbeitskampfmaßnahme kann nur durch **Abschluss eines Tarifvertrages** erreicht werden.
- Alle denkbaren **Einigungsmöglichkeiten** wie z. B. Verhandlungen müssen vor Einleitung eines Arbeitskampfes **ausgeschöpft** werden; kurze Warnstreiks – z. B. während der Verhandlungen – sind jedoch zulässig.
- **Grundsatz der „Verhältnismäßigkeit"** und Fairness; die Maßnahmen des Arbeitskampfes und seine Ziele müssen einander entsprechen.

b)

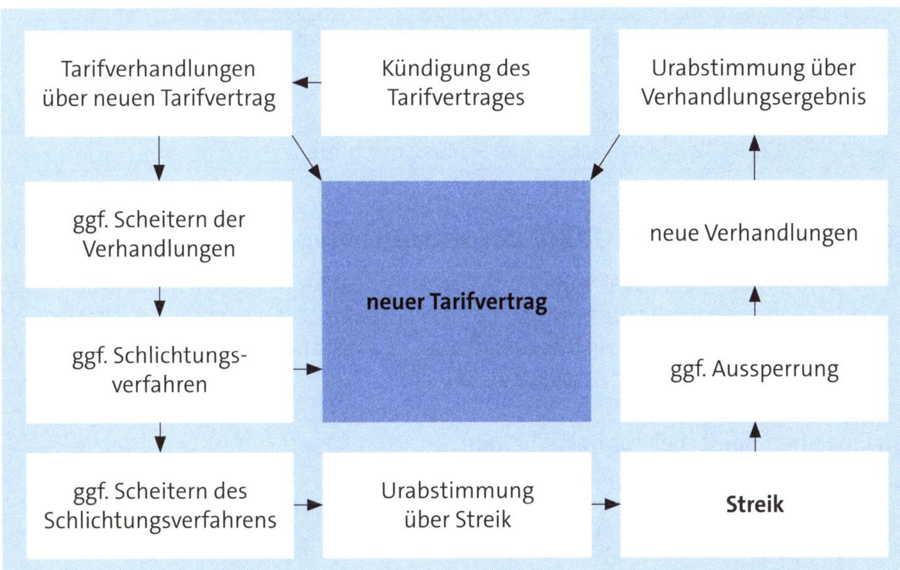


## Lösung zu Aufgabe 23: Betriebsvereinbarung

Regelungstatbestände/Inhalte von Betriebsvereinbarungen, z. B.:
Regelungen zur Arbeitszeit, Lohngestaltung, Ordnung des Betriebes, einheitliche Arbeitskleidung, Mehrarbeit, Lage und Dauer der Pausen, Gestaltung des betrieblichen Vorschlagswesens u. Ä. (vgl. dazu die in § 87 BetrVG genannten Tatbestände). Im Streitfall entscheidet die Einigungsstelle.

## 1.2 Vorschriften des Betriebsverfassungsgesetzes

## Lösung zu Aufgabe 1: Bedeutung des Betriebsverfassungsgesetzes

- Das BetrVG schränkt das Direktionsrecht des Arbeitgebers ein. Dazu werden dem Betriebsrat als dem Repräsentanten der Arbeitnehmer verschiedene Beteiligungsrechte mit unterschiedlicher Qualität eingeräumt.
- Außerdem erhalten die Arbeitnehmer in den §§ 81 - 86 unmittelbare Rechte gegenüber dem Arbeitgeber - **unabhängig davon, ob ein Betriebsrat existiert oder nicht.**
- Das Betriebsverfassungsgesetz stammt von 1952, wurde 1972 wesentlich geändert und zuletzt geändert durch Gesetz vom 10.12.2001 (Novellierung). Es enthält acht Teile:

| **Betriebsverfassungsgesetz – Inhaltsübersicht** | | |
|---|---|---|
| **Teil** | **§§** | **Inhalt** |
| 1 | 1 - 6 | Allgemeine Vorschriften |
| 2 | 7 - 59 | Betriebsrat, Betriebsversammlung, Gesamt- und Konzernbetriebsrat |
| 3 | 60 - 73 | Jugend- und Auszubildendenvertretung |
| 4 | 74 - 113 | Mitwirkung und Mitbestimmung der Arbeitnehmer |
| 5 | 114 - 118 | Besondere Vorschriften für einzelne Betriebsarten |
| 6 | 119 - 121 | Straf- und Bußgeldvorschriften |
| 7 | 122 - 124 | Änderung von Gesetzen |
| 8 | 125 - 132 | Übergangs- und Schlussvorschriften |

## Lösung zu Aufgabe 2: Gebot der vertrauensvollen Zusammenarbeit

Nach dem Willen des Gesetzgebers ist der Leitgedanke des Betriebsverfassungsgesetzes das „Gebot der vertrauensvollen Zusammenarbeit" zwischen Arbeitgeber und Betriebsrat. Dieses Gebot ist als **Generalklausel** zu verstehen, die als unmittelbares Recht auf alle anderen Normen des Gesetzes wirkt.

Im Einzelnen heißt dies für beide Seiten:

- Offenheit und Ehrlichkeit
- Ausgleich statt Konfrontation.

Nicht gemeint ist:

- Nachgeben um jeden Preis
- Aufgeben gesicherter Rechtspositionen.

Als Konsequenz daraus kann man interpretieren: Der Arbeitgeber, die Geschäftsleitung, die betriebliche Führungskraft usw. sollten gegenüber dem Betriebsrat eine positive Grundhaltung einnehmen:

- Betriebsratsarbeit ist eine betriebliche Notwendigkeit
- Betriebsratsarbeit nützt beiden Seiten.

- Die Friedenspflicht bedeutet für den Arbeitgeber: Im Streitfall mit dem Betriebsrat darf er **nicht aussperren.**
- Für den Betriebsrat bewirkt die Friedenspflicht: Er darf die Arbeitnehmer im Streitfall **nicht zum Streik aufrufen.**

  **Grundsätze für die Zusammenarbeit im Betrieb:**

  - Gebot der vertrauensvollen Zusammenarbeit
  - Friedenspflicht
  - Verbot parteipolitischer Betätigung
  - Aufgabentrennung zwischen Betriebsrat und Gewerkschaft
  - Verbot der Benachteiligung/Bevorzugung von Betriebsratsmitgliedern
  - Besonderer Kündigungsschutz für Betriebsratsmitglieder
  - Einhaltung der Grundsätze von Recht und Billigkeit.

## Lösung zu Aufgabe 3: Wahl des Betriebsrates

a) Zeitpunkt der Betriebsratswahlen:
alle vier Jahre in der Zeit vom 01. März bis 31. Mai (§ 13 BetrVG)

b) Wählbarkeit:
Wählbar sind alle Wahlberechtigten (≥ 18 Jahre), die sechs Monate dem Betrieb angehören

(§§ 7 f. BetrVG) → Sie sind wählbar.

c) Anzahl der Betriebsratsmitglieder bei der Metall GmbH:
360 Mitarbeiter → 9 Betriebsratsmitglieder (§ 9 BetrVG)

**Hinweis zu a) - c):** Aufgrund der Novellierung des Betriebsverfassungsgesetzes wurden u. a. folgende Änderungen beschlossen:

- Das Wahlverfahren wird entbürokratisiert: Die Trennung zwischen Arbeitern und Angestellten wird aufgehoben. In kleineren Betrieben (bis 50 Beschäftigte) ist es möglich, den Betriebsrat in **einer** Betriebsversammlung zu wählen.
- Frauen müssen entsprechend ihrem Anteil an der Belegschaft im Betriebsrat vertreten sein.

## Lösung zu Aufgabe 4: Die Einigungsstelle

Die Einigungsstelle (§ 76 BetrVG) ist ein Organ der Betriebsverfassung und wird auf Antrag einer Seite in den Fällen tätig, in denen der Betriebsrat ein echtes (erzwingbares) Mitbestimmungsrecht hat. Die Einigungsstelle ist nicht für die Entscheidung von Rechtsfragen, sondern grundsätzlich nur für **Regelungsstreitigkeiten** zuständig.

Zur Bildung der **Einigungsstelle** benennen Arbeitgeber und Betriebsrat jeweils eine gleiche Anzahl von Beisitzern (im Regelfall sind dies je zwei) und verständigen sich auf einen unparteiischen Vorsitzenden. Die Kosten trägt der Arbeitgeber.

Nach mündlicher Beratung entscheidet die Einigungsstelle mit Stimmenmehrheit. Bei dieser ersten Abstimmung hat sich der Vorsitzende der Stimme zu enthalten. Kommt kein Beschluss zustande so ist erneut zu beraten und abzustimmen. An der zweiten Abstimmung nimmt der Vorsitzende teil. Gesetzlich vorgeschriebenes Kriterium dabei ist der Gesichtspunkt des „billigen Ermessens", d. h. die hinreichende Berücksichtigung der betrieblichen Interessen und der sozialen Belange der Arbeitnehmer.

Der Spruch der Einigungsstelle kann auf Antrag von jeder Seite innerhalb einer Ausschlussfrist von 14 Tagen vom Arbeitsgericht im Wege des Beschlussverfahrens überprüft werden. In der Sache selbst wird das Gericht keine Entscheidung treffen.

## Lösung zu Aufgabe 5: Wirtschaftsausschuss

Der Wirtschaftsausschuss ist ebenfalls ein Organ der Betriebsverfassung und in Unternehmen mit mehr als 100 (ständig) Beschäftigten **zu bilden**. Er wird stets für das Gesamt-Unternehmen gebildet. Der Wirtschaftsausschuss besteht aus mindestens drei und höchstens sieben Mitgliedern, die dem Unternehmen (nicht unbedingt dem Betriebsrat) angehören müssen. Prinzipiell kommen daher auch leitende Angestellte infrage. Die Mitglieder werden vom Betriebsrat bzw. dem Gesamtbetriebsrat bestellt und sind in ihrer Amtszeit an die Amtszeit des Betriebsrates gekoppelt. Mindestens ein Mitglied muss dem Betriebsrat angehören. Eine jederzeitige Abberufung ist möglich. In den monatlich stattfindenden Sitzungen hat der Arbeitgeber den Wirtschaftsausschuss rechtzeitig, umfassend und unter Vorlage der erforderlichen Unterlagen zu unterrichten (vgl. dazu die nicht abschließend aufgeführten Sachverhalte in § 106 BetrVG). Der Wirtschaftsausschuss hat den Betriebsrat unverzüglich über den Sitzungsinhalt zu informieren. Bei Meinungsverschiedenheiten, ob beispielsweise die Information des Arbeitgebers den Erfordernissen entspricht, ist die Einigungsstelle zuständig.

## Lösung zu Aufgabe 6: Beteiligungsrechte des Betriebsrates (Übersicht)

Die Beteiligungsrechte des Betriebsrates sind von unterschiedlicher Qualität – von schwach bis sehr stark ausgeprägt – und lassen sich in die beiden Felder

- Mitwirkung und
- Mitbestimmung

klassifizieren.

Dabei bedeutet:

- **Mitwirkungsrecht (MWR):**
  Die Entscheidungsbefugnis des Arbeitgebers bleibt unberührt.
- **Mitbestimmungsrecht (MBR):**
  Der Arbeitgeber kann eine Maßnahme nur im gemeinsamen Entscheidungsprozess mit dem Betriebsrat regeln.

**Beteiligungsrechte des Betriebsrats**

| Mitwirkung | Mitbestimmung |
|---|---|
| Entscheidungsbefugnis des Arbeitgebers bleibt unberührt. | Keine Entscheidung des Arbeitsgebers ohne den Betriebsrat. |
| ► Informationsrecht<br>► Anhörung<br>► Beratungsrecht<br>► Einsichtsrecht<br>► Recht auf Teilnahme | ► Initiativrecht<br>► Zustimmungsrecht<br>► Widerspruchsrecht<br>► Aufhebungsanspruch<br>► Anhörungsrecht |

- **Das Informationsrecht**
  ist das schwächste Recht des Betriebsrats. Es ist jedoch die unverzichtbare Voraussetzung für die Wahrnehmung aller Rechte und oft die Vorstufe zur Mitbestimmung. Neben einzelnen Fällen der Information formuliert das Gesetz in § 80 einen allgemeinen Anspruch des Betriebsrats auf rechtzeitige und umfassende Information.
- **Das Beratungsrecht**
  ermöglicht dem Betriebsrat von sich aus Gedanken und Anregungen zu entwickeln. Der Arbeitgeber ist gehalten sich mit diesen Meinungen ernsthaft auseinander zu setzen.
- **Beim Recht auf Anhörung**
  ist der Arbeitgeber unbedingt verpflichtet vor seiner Entscheidung die Meinung des Betriebsrats einzuholen. Die Anhörung muss ordnungsgemäß sein. Im Fall der Kündigung führt eine Missachtung des Anhörungsrechts bereits aus formalrechtlichen Gründen zur Unwirksamkeit der Maßnahme.
- **Beim Vetorecht (Widerspruchsrecht)**
  kann der Betriebsrat die Maßnahme des Arbeitgebers verhindern bzw. bestimmte Rechtsfolgen einleiten (z. B. gerichtliche Ersetzung). Der Betriebsrat ist also nicht völlig gleichberechtigt am Entscheidungsprozess beteiligt, kann aber eine Sperre einlegen – aus den im Gesetz genannten Gründen.
- **Das Zustimmungsrecht**
  – auch als obligatorische Mitbestimmung bezeichnet – ist das qualitativ stärkste Recht. Der Arbeitgeber kann ohne die Zustimmung des Betriebsrats keine Entschei-

dung treffen. Bei fehlender Zustimmung kann er diese nicht gerichtlich ersetzen lassen, sondern muss den Weg über die Einigungsstelle gehen. Die Fälle der obligatorischen Mitbestimmung lassen sich im Gesetz leicht erkennen: Die jeweiligen Normen enthalten immer den Satz: *„Der Spruch der Einigungsstelle ersetzt die Einigung zwischen Arbeitgeber und Betriebsrat."*

- Schließlich ist das **Initiativrecht**
  im Mitbestimmungsrecht enthalten: Der Betriebsrat kann von sich aus in den Fällen der erzwingbaren Mitbestimmung vom Arbeitgeber die Regelung einer bestimmten Angelegenheit verlangen. Das Initiativrecht findet seine Grenzen in den Fällen, in denen es um den Kern der unternehmerischen Entscheidung geht (z. B. Produktpolitik, Standortpolitik u. Ä.).

## Lösung zu Aufgabe 7: Beteiligungsrechte (Einzelfragen)

| | Sachverhalt | | Beteiligungsrecht | §§ |
|---|---|---|---|---|
| (1) | Arbeitsordnung | → | Mitbestimmung | § 87 Abs. 1 Nr. 1 BetrVG |
| (2) | Arbeitnehmerbeschwerden | → | Mitwirkung | § 85 BetrVG |
| (3) | Bau/Montagehalle | → | Unterrichtung | § 90 Abs. 1 Nr. 1 BetrVG |
| (4) | Untersuchung der Unfälle | → | Mitwirkung | § 89 BetrVG |
| (5) | Personalfragebogen | → | Mitbestimmung | § 94 BetrVG |
| (6) | Schichtsystem | → | Mitbestimmung | § 87 Abs. 1 Nr. 2 BetrVG |
| (7) | Videoanlage | → | Mitbestimmung | § 87 Abs. 1 Nr. 6 BetrVG |
| (8) | Zeiterfassungssystem | → | Mitbestimmung | § 87 Abs. 1 Nr. 6 BetrVG |
| (9) | Vorgabezeiten | → | Mitbestimmung | § 87 Abs. 1 Nr. 10 BetrVG |
| (10) | Gruppenarbeit | → | Mitbestimmung | § 87 Abs. 1 Nr. 13 BetrVG |
| (11) | Auswahlrichtlinien | → | Mitbestimmung | § 95 BetrVG |
| (12) | Einstellung von Aushilfskräften | → | Vetorecht | § 99 BetrVG |
| (13) | Arbeitskleidung | → | Mitbestimmung | § 87 Abs. 1 Nr. 1 BetrVG |
| (14) | Zielvereinbarung | → | Mitbestimmung | § 87 Abs. 1 Nr. 10, 11 BetrVG |

## Lösung zu Aufgabe 8: Lohnpolitik und Mitbestimmung

- **Nach § 87 Abs. 1 Nr. 4 BetrVG** hat der Betriebsrat ein **Mitbestimmungsrecht** bei der Frage
  - der Zeit (z. B. Auszahlung des Gehaltes bis spätestens zum 3. Werktag des Folgemonats),
  - des Ortes (Bank oder Betrieb) und
  - der Art (bar oder bargeldlos)

  soweit
  - eine gesetzliche oder tarifliche Regelung nicht besteht oder
  - die betriebliche Regelung günstiger ist.

- **Nach § 87 Abs. 1 Nr. 10 und 11 BetrVG** erstreckt sich das **Mitbestimmungsrecht** ferner auf
  - Fragen der betrieblichen Lohngestaltung,
  - die Aufstellung und Änderung von
    - Entlohnungsgrundsätzen,
    - Entlohnungsmethoden,
  - die Festsetzung von
    - Akkord- und Prämiensätzen,
    - vergleichbaren leistungsbezogenen Entgelten sowie
  - die Durchführung der Arbeitsbewertung.
- **Nach § 87 Abs. 1 Nr. 6 BetrVG** existiert ein **Mitbestimmungsrecht** bei
  - der Einführung und Anwendung technischer Einrichtungen, die dazu geeignet sind, das Verhalten oder die Leistung der Arbeitnehmer zu überprüfen (z. B. Zeitmessschreiber, Mengenschreiber, elektronische Zeiterfassung, Stempelkarte u. Ä.). Kommt eine Einigung über diese Fragen nicht zustande, so entscheidet die Einigungsstelle verbindlich.
- **§ 77 Abs. 3 BetrVG** schränkt die Zulässigkeit von Betriebsvereinbarungen über Arbeitsentgelte und sonstige Arbeitsbedingungen ein: Derartige Fragestellungen können über Betriebsvereinbarungen nur bei Vorliegen einer tariflichen Öffnungsklausel geregelt werden.

## Lösung zu Aufgabe 9: Abbau von Sozialleistungen

a)
- **Erfolgsbeteiligungen:**
  Beim Abbau oder der Streichung von Erfolgsbeteiligungen in wirtschaftlich schwachen Zeiten kann man davon ausgehen, dass die Gründe für die Mitarbeiter nachvollziehbar sind, weil ein unmittelbarer Kausalzusammenhang besteht. Bei rechtzeitiger und klarer Information durch die Unternehmensleitung kann mit weitgehender Akzeptanz der Mitarbeiter gerechnet werden.
- **Betriebliche Weiterbildungseinrichtungen:**
  Die Reduzierung betrieblicher Weiterbildungseinrichtungen wird von den Mitarbeitern wohl überwiegend als negativ bewertet werden. Es ist damit zu rechnen, dass die allgemeine Arbeitszufriedenheit sinkt und die Leistungsmotivation nachlässt. Längerfristig kann dies zu einem Absinken der Arbeitsproduktivität führen.

b)
- Im Fall der Erfolgsbeteiligung besteht kein Mitbestimmungsrecht des Betriebsrates – allenfalls ein Mitwirkungsrecht im Wege der Information und Beratung.
- In Fragen der Berufsbildung hat der Betriebsrat nach §§ 96 - 98 BetrVG Mitwirkungs- und Mitbestimmungsrechte. Im Einzelnen:

| Beteiligungsrechte des Betriebsrates in Fragen der Berufsbildung | | | |
|---|---|---|---|
| | §§ BetrVG | Mitwirkung | Mitbestimmung |
| Beschäftigungssicherung (neu!) | § 92a | x | |
| Förderung der Berufsbildung | § 96 Abs. 1 | x | |
| Ausstattung betrieblicher Einrichtungen zur Berufsbildung | § 97 Abs. 1 | x | |
| Einführung von Maßnahmen der Berufsbildung, die zu Änderungen der Arbeitnehmertätigkeit führen | § 97 Abs. 2 | | x |
| Durchführung von Maßnahmen der Berufsbildung | § 98 Abs. 1 | | x |
| Bestellung/Abberufung von Personal der Berufsbildung | § 98 Abs. 2 | | x |
| Vorschläge für die Teilnahme bei betrieblich veranlassten Maßnahmen | § 98 Abs. 2 | | x |

## Lösung zu Aufgabe 10: Beurteilung und Mitbestimmung

Sie haben die Bitte des Mitarbeiters auf eine Beurteilung zu Unrecht abgelehnt. Die §§ 81 - 86 des BetrVG enthalten sog. **individualrechtliche Normen** des einzelnen Arbeitnehmers. **Sie haben generelle Geltung, unabhängig davon, ob ein Betriebsrat existiert oder nicht**. Dazu gehört auch das Recht des Mitarbeiters auf die Beurteilung seiner Leistung (§ 82 Abs. 2 BetrVG). Daneben besteht nach § 83 BetrVG das **Einsichtsrecht in die eigene Personalakte**. Damit hat der Mitarbeiter die Möglichkeit auch eine Beurteilung, die nicht mit ihm besprochen wurde, in Erfahrung zu bringen.

## Lösung zu Aufgabe 11: Mitbestimmung bei personellen Einzelmaßnahmen

a) Bei der Umwandlung eines befristeten Arbeitsverhältnisses in ein unbefristetes ist der Betriebsrat **erneut zu beteiligen** – er muss der Umwandlung zustimmen. Begründung: Dem Betriebsrat steht das erneute Mitbestimmungsrecht zu, da seit der Zustimmung zum vorliegenden befristeten Arbeitsverhältnis geraume Zeit vergangen ist. Es ist bei der Umwandlung erneut zu prüfen, ob z. B. den beschäftigten Mitarbeitern Nachteile durch die Umwandlung erwachsen können.

b) Der Betriebsrat ist in diesem Fall **nicht erneut zu beteiligen**, da er bereits bei der Zustimmung zum Probearbeitsverhältnis erkennen konnte, dass der Arbeitgeber den Übergang in ein unbefristetes Arbeitsverhältnis beabsichtigte.

## Lösung zu Aufgabe 12: Vorläufige personelle Maßnahme

Der Arbeitgeber kann eine vorläufige personelle Maßnahme nach § 100 BetrVG durchführen (bitte lesen).

## Lösung zu Aufgabe 13: Versetzung und Mitbestimmung

- Es liegt eine mitbestimmungspflichtige Versetzung i. S. des § 95 Abs. 3 BetrVG vor.
- Der Betriebsrat in Krefeld muss der Versetzung nach § 99 Abs. 1 BetrVG zustimmen (abgebender Betrieb; Versetzung).
- Der Betriebsrat in Erkelenz muss der Einstellung nach § 99 Abs. 1 BetrVG zustimmen (aufnehmender Betrieb; Einstellung).

## Lösung zu Aufgabe 14: Befristung

a) Die Befristung ist zulässig (sachlicher Grund nach § 14 Abs. 1 TzBfG oder auch sachgrundlos).

b) Nein. Die 2. Befristung ist nicht zulässig, da die Inhalte des neuen Arbeitsvertrages geändert wurden.

## Lösung zu Aufgabe 15: Personalplanung und Mitbestimmung (1)

Im Gegensatz zur Mitbestimmung bei personellen Einzelmaßnahmen hat der Betriebsrat im Rahmen der Personalplanung nur eingeschränkte Rechte:

- Nach **§ 92 Abs. 1 BetrVG** hat der Arbeitgeber *„den Betriebsrat über die Personalplanung, insbesondere über den gegenwärtigen und künftigen Personalbedarf sowie über die sich daraus ergebenden personellen Maßnahmen und Maßnahmen der Berufsbildung anhand von Unterlagen rechtzeitig und umfassend zu unterrichten. Er hat mit dem Betriebsrat über Art und Umfang der erforderlichen Maßnahmen und über die Vermeidung von Härten zu beraten."*
- Nach **§ 92 Abs. 2 BetrVG** kann der Betriebsrat *„dem Arbeitgeber Vorschläge für die Einführung einer Personalplanung und ihre Durchführung machen."*
- Im Einzelnen gilt also:
  - Der Betriebsrat hat **keine (erzwingbare) Mitbestimmung** bei der Personalplanung.
  - Seine Mitwirkung umfasst die Einzelrechte:
    - Unterrichtung
    - Beratung
    - Vorschlagsrecht.
  - Die Unterrichtung hat rechtzeitig, umfassend und anhand von Unterlagen zu erfolgen. Sie erstreckt sich auf die Personalplanung, auf die sich daraus ergebenden Maßnahmen (wie z. B. Einstellungen, Entlassungen und Bildungsmaßnahmen) sowie auf die Vermeidung von Härten.
  - Insbesondere ist vom Arbeitgeber der gegenwärtige und zukünftige Personalbedarf darzulegen.
  - Der Zeitpunkt der Unterrichtung ist in der Rechtsprechung streitig.

- Nach überwiegender Meinung hat der Arbeitgeber dem Betriebsrat geeignete Unterlagen zu überlassen (z. B. Stellenbesetzungspläne, Statistiken, Krankenstände usw.).
- Das Mitwirkungsrecht ist ohne Rücksicht auf die Betriebsgröße gegeben.

## Lösung zu Aufgabe 16: Personalplanung und Mitbestimmung (2)

| | | | |
|---|---|---|---|
| TOP 1: | ► Unterrichtung/Personalbedarf | ja | Unterrichtungs- und Beratungsrecht |
| | ► auch: außertarifliche Angestellte | ja | s. o. |
| | ► nicht jedoch: Leitende;<br>dies gilt auch für die Punkte TOP 2 - 4 | nein<br>nein | |
| | ► problematisch: Herr Neu ist nur für die Personalplanung der Arbeiter zuständig;<br>hier: Weiterleitung des BR-Schreibens an die zuständige Stelle. | | |
| TOP 2: | ► Unterrichtung/Maßnahmen | ja | s. o. |
| TOP 3: | ► Überlassung von Unterlagen | ja | s. o. |
| TOP 4: | ► Umsetzung des BR-Vorschlags | nein | Vorschlagsrecht: ja; jedoch keine (erzwingbare) Mitbestimmung |

## Lösung zu Aufgabe 17: Personalentwicklung und Mitbestimmung

a) ► Nach § 96 Abs. 1 BetrVG
   - hat der Arbeitgeber auf Verlangen des Betriebsrates mit diesem über Fragen der Berufsbildung **zu beraten**,
   - kann der Betriebsrat hierzu **Vorschläge machen**.

► Nach § 96 Abs. 2 BetrVG
   - haben Arbeitgeber und Betriebsrat darauf zu achten, dass den Arbeitnehmern die Teilnahme an Maßnahmen der Berufsbildung ermöglicht wird – unter Berücksichtigung der betrieblichen Notwendigkeiten,
   - haben beide in diesem Zusammenhang die **Belange älterer Arbeitnehmer zu berücksichtigen**.

► Nach § 97 BetrVG haben Arbeitgeber und Betriebsrat über
   - die Errichtung und Ausstattung betrieblicher Einrichtungen zur Berufsbildung,
   - die Einführung betrieblicher Bildungsmaßnahmen sowie
   - die Teilnahme an außerbetrieblichen Berufsbildungsmaßnahmen

**zu beraten.**

- Dies bedeutet, dass der Betriebsrat in den Fällen der §§ 96, 97 BetrVG (Maßnahmen der Berufsbildung – **allgemein** – sowie speziell **Einrichtung** und **Einführung** von Berufsbildungsmaßnahmen) grundsätzlich ein **Mitwirkungsrecht** hat.
- Nach § 98 Abs. 1 - 6 BetrVG
  - hat der Betriebsrat bei der **Durchführung** von Maßnahmen der betrieblichen Berufsbildung **mitzubestimmen**; im Streitfall entscheidet die Einigungsstelle
  - kann der Betriebsrat der Bestellung einer Person, die mit der Durchführung der betrieblichen Berufsbildung beauftragt ist (z. B. betrieblicher Ausbilder oder Leiter der Aus- und Fortbildung), **widersprechen** oder ihre Abberufung verlangen. Im Fall der Nicht-Einigung entscheidet das Arbeitsgericht auf Antrag des Betriebsrates;
  - kann der Betriebsrat Vorschläge für die Teilnahme von Arbeitnehmern machen; im Fall der Nicht-Einigung entscheidet die Einigungsstelle.
- Das heißt also, dass der Betriebsrat in den Fällen des § 98 BetrVG (Durchführung, Teilnahme, Bestellung von Personen) ein **erzwingbares Mitbestimmungsrecht** hat (vgl. § 98 Abs. 4 BetrVG: „... entscheidet die Einigungsstelle ...“).
- Der Betriebsrat hat nach § 92a BetrVG
  - ein **Initiativrecht** bei der Qualifizierung der Beschäftigten,
  - ein **Mitbestimmungsrecht** bei der Durchführung von Gruppenarbeit.

b)

| | | | |
|---|---|---|---|
| b) | ► § 87 Abs. 1 Nr. 6 BetrVG | Technische Einrichtungen<br>hier: Einführung von<br>Personalinformationssystemen | Mitbestimmung |
| | ► § 92 BetrVG | Personalplanung | Mitwirkung |
| | ► § 94 BetrVG | Beurteilungsgrundsätze | Mitbestimmung |
| | ► § 95 BetrVG | Auswahlrichtlinien | Mitbestimmung |
| | ► § 99 BetrVG | Versetzung | Mitbestimmung. |

## Lösung zu Aufgabe 18: Ausschluss eines Betriebsratsmitglieds

Ja! Ausschluss nach § 23 BetrVG möglich, da Verletzung der Geheimhaltungspflicht (§ 79 BetrVG).

## 1.3 Rechtliche Bestimmungen der Sozialversicherung, der Entgeltfindung sowie der Arbeitsförderung

## Lösung zu Aufgabe 1: Rentenarten

1. Renten wegen **Erwerbsminderung**
2. Renten wegen **Alters**:
   - Regelaltersrente
   - Altersrente für langjährige Versicherte
   - Altersrente für Frauen

- Altersrente für schwerbehinderte Menschen
- Altersrente wegen Arbeitslosigkeit oder nach Altersteilzeit
- Altersrente für langjährig unter Tage Beschäftigte.

3. Renten wegen **Todes:**
   - Witwenrente/Witwerrente
   - Waisenrente
   - Erziehungsrente.

## Lösung zu Aufgabe 2: Arbeitsunfall

a) - **Fall 1:**
     Der Mitarbeiter sägt nach Feierabend Brennholz und sägt sich dabei in den linken Daumen (offene Knochenfraktur).
     → kein Arbeitsunfall; private Handlung
   - **Fall 2:**
     Der Mitarbeiter erstellt im Lager der Firma weisungsgemäß eine Versandpalette. Dabei sägt er sich in den linken Daumen (offene Knochenfraktur).
     → Arbeitsunfall
   - **Fall 3:**
     Der Mitarbeiter erstellt im Lager der Firma weisungsgemäß eine Versandpalette. Ihm wird dabei körperlich unwohl, er fällt und gerät mit seinem linken Daumen in die Säge (offene Knochenfraktur).
     → kein Arbeitsunfall, da innere Ursache
   - **Voraussetzungen für den Versicherungsfall:**
     - versicherte Person erleidet
     - eine körperliche Schädigung
     - während einer versicherten Tätigkeit (Arbeits- oder Wegezeit)
     - durch ein zeitlich begrenztes Ereignis, das sich nicht auf innere Ursachen begründet.
   - **Mögliche Leistungen** (je nach Sachverhalt: und/oder):
     - Verletztengeld
     - Übergangsgeld
     - Übergangsleistungen (z. B. Reha-Maßnahmen)
     - Verletztenrente
     - Pflegegeld.
   - beim Todesfall:
     - Sterbegeld
     - Witwen-/Witwerrente
     - Waisen-/Elternrente.

b) ► Nein, es liegt kein Arbeitsunfall vor: Das SGB VII legt in § 8 fest, dass bei einem Arbeitsunfall eine **doppelte Kausalität** vorliegen muss:

- zwischen der versicherten Tätigkeit und dem Unfallereignis sowie
- zwischen dem Unfallereignis und dem Körperschaden muss eine kausale Beziehung bestehen.

Im vorliegenden Fall kann die erste Kausalität nicht unterstellt werden, da anzunehmen ist, dass einem erfahrenen Gabelstaplerfahrer in nüchternem Zustand unter den gleichen Bedingungen dieser Unfall nicht passiert wäre. Von daher ist der Alkoholgenuss (und nicht die versicherte Tätigkeit) der allein wesentliche Grund für den Unfall. Dies führt zum Wegfall des Versicherungsschutzes.

► Nein, Hansi hat keinen Anspruch auf Entgeltfortzahlung. Die Entgeltfortzahlung setzt voraus, dass kein Verschulden vorliegt. Hansi hat jedoch **grob fahrlässig gehandelt**: Er hätte wissen müssen, dass man in alkoholisiertem Zustand kein Flurförderfahrzeug bedienen darf.

c) Es liegt ein Arbeitsunfall vor, obwohl Huber entgegen der Anweisung gearbeitet hat (vgl. §§ 7 f. SGB VII). Nein, da Hartig weder vorsätzlich noch grob fahrlässig gehandelt hat.

## Lösung zu Aufgabe 3: Arbeitsförderung

► Leistungen an Arbeitgeber, z. B.:

- Eingliederungszuschüsse
- Einstellungszuschüsse bei Neugründungen
- Eingliederungsvertrag
- Ausbildungszuschüsse zu betrieblichen Bildungsleistungen
- Kostenerstattung für eine befristete Probebeschäftigung.

► Leistungen an Arbeitnehmer, z. B.:

- Unterstützung der Beratung und Vermittlung
- Trainingsmaßnahmen
- Mobilitätshilfen, Arbeitnehmerhilfen
- Förderung der Aufnahme einer selbstständigen Tätigkeit.

## Lösung zu Aufgabe 4: Arbeitslosengeld, Abfindung, Sperrzeit

a) Nein! Nach § 143a SGB III entfällt eine Sperrzeit, da der Aufhebungsvertrag unter Einhaltung der ordentlichen Kündigungsfrist geschlossen wurde.

b) Der Tabelle von § 147 Abs. 2 SGB III ist zu entnehmen: Betriebszugehörigkeit ≥ 36 Monate + Vollendung des 55. Lebensjahres → 18 Monate Dauer des Anspruchs auf Arbeitslosengeld.

c) ► Eine Minderung des Arbeitsentgeltes von 15 % ist zumutbar (§ 121 Abs. 3 SGB III).

► Eine Pendelzeit von mehr als zwei Stunden bei einer Arbeitszeit von sechs Stunden und weniger ist nicht zumutbar.

Im Ergebnis: Die Tätigkeit bei der KALLE TECH OHG ist für Gramlich nicht zumutbar (§ 121 SGB III).

### 1.4 Arbeitsschutz- und arbeitssicherheitsrechtliche Vorschriften

## Lösung zu Aufgabe 1: Arbeitsschutz (Grundlagen)

a) Verantwortung für den betrieblichen Arbeitsschutz:
→ der Arbeitgeber sowie die Führungskräfte

b) ArbSchG, ProdSG, ASiG, Gefahrstoffverordnung, BImSchG, BGB, SGB VII, JArbSchG, MuSchG, BetrVG.

c) Pflichten des Arbeitgebers im Rahmen des Arbeitsschutzes, z. B.:

- alle erforderlichen Maßnahmen des Arbeitsschutzes zu treffen
- auf ihre Wirksamkeit hin zu überprüfen und ggf. anzupassen
- für eine geeignete Organisation zu sorgen
- Vorkehrungen zu treffen, dass die Maßnahmen bekannt sind und beachtet werden
- Übernahme der Kosten des Arbeitsschutzes
- Beurteilung der Gefährdung der Arbeitsbedingungen (sog. Gefährdungsanalyse)
- Dokumentationspflichten:
  - Ergebnis der Gefährdungsbeurteilung und erforderliche Maßnahmen
  - bestimmte Unfälle (bei Todesfolge und bei Arbeitsunfähigkeit > 3 Tage)
- Notfallmaßnahmen
- Verbindung zu außerbetrieblichen Stellen herstellen (Erste Hilfe, Notarzt)
- geeignetes Personal benennen
- regelmäßige Unterweisung der Beschäftigten.

d) Beauftragte für den Arbeitsschutz, z. B.:

- Werksärztlicher Dienst
- Fachkraft für Arbeitssicherheit
- Beauftragte für Gefahrgut/Sicherheit/Brandschutz/Strahlenschutz.

e) Gewerbeaufsichtsamt, Berufsgenossenschaften, Technische Überwachungsvereine

f) Der Betriebsrat hat

- die Maßnahmen des Arbeitsschutzes zu überwachen (§ 80 Abs. 1 Nr. 1 BetrVG)
- ein Mitbestimmungsrecht in Regelungsfragen über die Verhütung von Arbeitsunfällen (§ 87 Abs. 1 Nr. 7 BetrVG)
- sich für den Arbeitsschutz einzusetzen (§ 89 BetrVG).

g) ► Anordnungen der Aufsichtsbehörde
   ► Ordnungswidrigkeiten:
   → Geldstrafe
   ► bei Wiederholung oder Vorsatz:
   → Freiheitsstrafe bis zu einem Jahr oder Geldstrafe
   ► Entzug der Genehmigung zum Betreiben des Gewerbes.

## Lösung zu Aufgabe 2: Mutterschutz und Urlaub

Die Ablehnung des Urlaubsantrags ist unzulässig und verstößt gegen § 10 Abs. 2 MuSchG. Da Frau A innerhalb eines Jahres wieder eingestellt wurde, gilt ihr Arbeitsverhältnis hinsichtlich der Rechte, die von der Dauer der Betriebszugehörigkeit abhängen (hier: Wartezeit), als nicht unterbrochen.

## Lösung zu Aufgabe 3: Mutterschutz

a) Beschäftigungsverbote, z. B.:
   ► bei grundsätzlicher Gefährdung von Mutter oder Kind (§ 3 Abs. 1 MuSchG)
   ► sechs Wochen vor der Entbindung (§ 3 Abs. 1 MuSchG)
   ► keine schweren körperlichen Arbeiten (§ 4 MuSchG)
   ► bis zum Ablauf von acht Wochen nach der Entbindung (§ 3 Abs. 2 MuSchG)
   ► keine Mehrarbeit, Nacht- und Sonntagsarbeit (§ 8 MuSchG).

b) ► **relatives Beschäftigungsverbot:**
   Nach § 3 Abs. 1 MuSchG dürfen **werdende Mütter** in den letzten sechs Wochen vor der Entbindung nicht beschäftigt werden. Dieses Verbot richtet sich in erster Linie an den Arbeitgeber. Für die Arbeitnehmerin lässt das Gesetz eine Ausnahme dann zu, wenn sie sich ausdrücklich zur Arbeitsleistung bereit erklärt.

   ► **absolutes Beschäftigungsverbot:**
   Nach § 3 Abs. 2 MuSchG besteht für **Wöchnerinnen** bis zum Ablauf von acht Wochen nach der Entbindung ein absolutes Beschäftigungsverbot. Das Gesetz lässt keine Ausnahmen zu. Auch bei Zustimmung der Arbeitnehmerin darf während dieser Schutzfrist nach der Entbindung keine Beschäftigung erfolgen.

## Lösung zu Aufgabe 4: Schutz besonderer Personengruppen (Überblick)

| Personengruppe | Schutzgesetze |
|---|---|
| Jugendliche Arbeitnehmer<br>Auszubildende | Jugendarbeitsschutzgesetz, JArbSchG |
| | Berufsbildungsgesetz, BBiG |
| Frauen<br>bzw.<br>andere Personengruppen | Grundgesetz, GG Art. 3, 6 |
| | Allgemeines Gleichbehandlungsgesetz, AGG |
| | Mutterschutzgesetz, MuSchG |
| | Teilzeit- und Befristungsgesetz, TzBfG |
| Behinderte Menschen | Sozialgesetzbuch, SGB IX |

| Personengruppe | Schutzgesetze |
|---|---|
| Eltern, die ihr Kind selbst betreuen und erziehen | Bundeselterngeld- und Elternzeitgesetz, BEEG |
| Ältere Arbeitnehmer | Altersteilzeitgesetz, AltTzG |
| Mitglieder der Arbeitnehmervertretung | KSchG, BetrVG |

## Lösung zu Aufgabe 5: Zusatzurlaub für schwerbehinderte Menschen

a) Dem Arbeitnehmer steht ein Zusatzurlaub in Höhe von fünf Tagen zu – gemessen am Tag der Antragstellung (z. B. 01.01.2022) – ansonsten 1/12 für jeden Monat seit der Antragstellung.

b) Dem Arbeitnehmer → stehen nach § 125 SGB IX in Verbindung mit § 5 Abs. 1 BUrlG 3 Tage Zusatzurlaub zu.

c) Der Anspruch erhöht sich auf sechs Tage Zusatzurlaub (§ 125 SGB IX).

d) Für 2021 besteht kein Anspruch auf Zusatzurlaub. Obwohl die Schwerbehinderteneigenschaft rückwirkend festgestellt wurde, hätte der Zusatzurlaub für 2021 im laufenden Urlaubsjahr (= dem Kalenderjahr 2021) beantragt werden müssen.

## Lösung zu Aufgabe 6: Kündigung eines schwerbehinderten Menschen

Die Auffassung von Herbert S. ist unrichtig. In § 90 SGB IX ist festgelegt, dass der besondere Kündigungsschutz für schwerbehinderte Menschen erst dann greift, wenn das Arbeitsverhältnis länger als sechs Monate besteht.

## Lösung zu Aufgabe 7: Jugendarbeitsschutz und Berufsschule

Nach § 9 JArbSchG hat der Arbeitgeber den Jugendlichen Clausius für die Teilnahme am Berufsschulunterricht freizustellen. Nach Abs. 3 der Bestimmung darf durch den Besuch der Berufsschule kein Entgeltausfall eintreten. Diese Freistellung entfällt jedoch, falls der Unterricht nicht stattfindet. Da noch nicht der Schwellenwert von mehr als fünf Unterrichtsstunden erreicht war (vgl. § 9 Abs. 1 Nr. 2 JArbSchG), war Hubertus verpflichtet unmittelbar nach der zweiten Unterrichtsstunde in der Firma zu erscheinen. Er hat dies schuldhaft unterlassen, sodass die anteilige Lohnkürzung zu Recht besteht.

## Lösung zu Aufgabe 8: Gesundheitliche Betreuung Jugendlicher

Die gesundheitliche Betreuung Jugendlicher, die in das Berufsleben eintreten, ist geregelt in den §§ 32 ff. JArbSchG. Danach sind vor allem folgende Untersuchungen erforderlich:

| Dauer der Beschäftigung | | Untersuchung |
|---|---|---|
| Beginn | → | Vorlage des Gesundheitszeugnisses |
| nach 9 Monaten | → | Hinweis des Arbeitgebers auf Nachuntersuchung |
| nach 12 Monaten | → | Nachuntersuchung |
| nach 14 Monaten | → | Beschäftigungsverbot, falls Nachuntersuchung fehlt |
| nach 24 Monaten | → | ggf. weitere Nachuntersuchungen |

## Lösung zu Aufgabe 9: Altersteilzeit

a)
- **Zweck:**
  Älteren Arbeitnehmern soll ein gleitender Übergang vom Erwerbsleben in den Ruhestand ermöglicht werden.
- **Anspruchsberechtigte:**
  Arbeitnehmer, die das 55. Lebensjahr vollendet haben und die innerhalb der letzten fünf Jahre vor Beginn der Altersteilzeit mindestens drei Jahre versicherungspflichtig beschäftigt waren.
- **Voraussetzung:**
  Vereinbarung zwischen Arbeitgeber und Arbeitnehmer über die Reduzierung der Arbeitszeit auf die Hälfte der tariflichen regelmäßigen wöchentlichen Arbeitszeit. Die Ausgestaltung der Arbeitszeit bleibt Arbeitgeber und Arbeitnehmer überlassen.
- Das geringere Arbeitsentgelt wird vom Arbeitgeber in gewisser Form aufgestockt. Altersteilzeit kann durch die Bundesagentur für Arbeit finanziell gefördert werden.
- Altersteilzeit beruht auf freiwilliger Basis zwischen Arbeitnehmer und Arbeitgeber. Ein Rechtsanspruch besteht laut Gesetz nicht. Allein aus dem Tarifvertrag oder einer Betriebsvereinbarung können Ansprüche hergeleitet werden.

b) Auswirkungen auf die Personalbedarfsplanung, z. B.:
- Ermittlung aller Mitarbeiter, die 55 Jahre und älter sind
- Berechnung des Potenzials an gesamter „Altersteilzeit“
- Berechnung des so gewonnenen Ersatzbedarfs.

## Lösung zu Aufgabe 10: Teilzeit

a) Mitarbeiter G. Knopp:
- Nach § 6 TzBfG hat der Arbeitgeber Teilzeit auch für Leitende zu ermöglichen.
- Nach § 8 Abs. 4 TzBfG hat der Arbeitgeber einer Verringerung der Arbeitszeit zuzustimmen, soweit betriebliche Gründe (Organisation, Arbeitsablauf, Sicherheit im Betrieb, unverhältnismäßige Kosten) nicht entgegen stehen.
- Da der Meisterbereich „Produktion“ eine Personalverantwortung von ca. 70 Mitarbeitern umfasst, dürfte es der Geschäftsleitung im Streitfall schwer gelingen, ihre Ablehnung mit „betrieblichen Gründen“ zu beweisen. Es dürfte dem Unternehmen aufgrund seiner Größe zuzumuten sein, für Herrn Knopp ggf. eine entsprechende Nachfolgeregelung zu finden, falls die Position „Meisterstellvertreter“ als Vollzeitstelle geführt werden muss.

b) Mitarbeiter Hans B. Kerner:
- Teilzeitarbeit kann vom Arbeitgeber nicht einseitig angeordnet werden.
- Die Geschäftsleitung könnte nur die Möglichkeit einer Kündigung oder Änderungskündigung des Vertragsverhältnisses mit Hans B. Kerner prüfen (vgl. u. a. § 11 TzBfG).

c) Nach § 9 TzBfG hat der Arbeitgeber den Wunsch von Frau Mischberger bevorzugt zu berücksichtigen („... bei gleicher Eignung ... es sei denn ..."). Sie können dem Wunsch von Frau Mischberger nachkommen, müssen dies aber nicht.

## Lösung zu Aufgabe 11: JArbSchG

- Höchstdauer der Arbeitszeit
- vorgeschriebene Ruhepausen
- Verbot der Nachtarbeit
- Einschränkungen bei bestimmten Arbeiten
- Pflicht zum Besuch der Berufsschule
- Freistellung für Zwischen- und Abschlussprüfungen.

### 1.5 Vorschriften des Umweltrechts

## Lösung zu Aufgabe 1: Umweltrecht (Rechtsgrundlagen)

Beispiele:

- **Bundesimmissionsschutzgesetz (BImSchG):**
  - Schutz von Menschen, Tieren, Pflanzen, Boden, Wasser und Luft vor Immissionen
  - regelt den Betrieb genehmigungsbedürftiger Anlagen
  - regelt die Pflichten der Betreiber von nicht genehmigungsbedürftigen Anlagen
- **Bundes-Bodenschutzgesetz (BBodSchG):**
  - Sicherung der Beschaffenheit des Boden bzw. Wiederherstellung
  - Bodenverunreinigungen sind unter Strafe gestellt
- **Kreislaufwirtschaftsgesetz (KrWG):**
  - Förderung der Kreislaufwirtschaft
  - Bewirtschaftung von Abfällen bzw. Sicherung der umweltverträglichen Verwertung
- **Wasserhaushaltsgesetz (WHG):**
  - Vermeidung von Schadstoffeinleitungen in Gewässer
- **Bundesnaturschutzgesetz (BNatSchG):**
  - Landschaftsplanung
  - Allgemeiner Schutz von Natur und Landschaft
  - Schutz der wild lebenden Tier- und Pflanzenarten, ihrer Lebensstätten und Biotope
  - Meeresnaturschutz
  - Erholung in Natur und Landschaft
  - Mitwirkung von anerkannten Naturschutzvereinigungen
  - Eigentumsbindung, Befreiungen

- **Umweltverträglichkeitsprüfung (UVP):**
  - Gesetzliches Verfahren, mit dem die Auswirkungen von Vorhaben auf die Umwelt im Vorfeld der Entscheidung des Vorhabens festgestellt, beschrieben und bewertet werden.

## Lösung zu Aufgabe 2: Aufgaben des Immissionsschutzbeauftragten

Der Immissionsschutzbeauftragte ist berechtigt und verpflichtet, die Einhaltung entsprechender Gesetze und Verordnungen sowie die Erfüllung erteilter Bedingungen und Auflagen zu überwachen. Er hat festgestellte Mängel und Maßnahmen zur Beseitigung darzulegen. Es handelt sich dabei aber um **keine hoheitliche, sondern um eine innerbetriebliche Überwachung**. Insofern entspricht die Drohung des Immissionsschutzbeauftragten nicht seinem Auftrag.

## Lösung zu Aufgabe 3: Umweltmanagement/Firmenjubiläum

- **Transport**, z. B.:
  - Beförderung der Gäste mit einem Zubringerdienst
  - Einladungskarte und ggf. Fahrkarte für die öffentlichen Verkehrsmittel auf chlorfrei ge-bleichtem Recyclingpapier drucken lassen
- **Versorgung**, z. B.:
  - Getränkeausgabe in Gläsern
  - für Speisen Mehrweggeschirr verwenden
  - Bierausschank vom Fass (statt Flaschenbier)
- **Entsorgung**, z. B.:
  - getrennte Abfallbehälter
  - ausreichend vorhandene sanitäre Einrichtungen
- **Öffentlichkeitsarbeit**, z. B.:
  - Pressemitteilung mit besonderem Hinweis auf die Einhaltung ökologischer Gesichtspunkte bei der Ausrichtung der Feier.

## Lösung zu Aufgabe 4: Kooperationsprinzip

- Das Kooperationsprinzip bezieht sich auf Betreiber, Behörden und die Öffentlichkeit (z. B. Anwohner).
- Umsetzung, z. B.: Zusammenarbeit von Betreiber, Behörde und Öffentlichkeit bei der Planung und Genehmigung neuer Anlagen (z. B. Nutzung der Fachkompetenz der Behördenmitarbeiter; Information der Anwohner über den Stand des Verfahrens sowie über Umweltschutzaktivitäten).

## Lösung zu Aufgabe 5: Betriebsbeauftragte

- Betriebsbeauftragter für Abfall
  → Kreislaufwirtschaftsgesetz
- Betriebsbeauftragter für Gewässerschutz
  → Wasserhaushaltsgesetz
- Betriebsbeauftragter für Immissionsschutz
  → Bundesimmissionsschutzgesetz
- Betriebsbeauftragter für Gefahrgut
  → Gefahrgutgesetz
- Betriebsbeauftragter für Störfälle
  → Bundesimmissionsschutzgesetz.

## Lösung zu Aufgabe 6: Elektro- und Elektronikgerätegesetz (ElektroG)

Hersteller und Importeure sind künftig für die Entsorgung der von ihnen verkauften Geräte verantwortlich: Private Haushalte können ihren Elektro-/Elektronikmüll kostenlos bei einer kommunalen Sammelstelle oder unter bestimmten Bedingungen bei großen Vertreibern abgeben. Dort holen Hersteller/Importeure die Altgeräte auf eigene Kosten ab (entsprechend ihrem Marktanteil), um sie wieder zu verwenden, zu recyceln oder zu beseitigen. Die Koordination erfolgt durch die bundesweite Stiftung Elektroaltgeräteregister (EAR).

## Lösung zu Aufgabe 7: Umweltschutz und Produktlebenszyklus

- **Erläuterung:**
  Aus umweltpolitischen Erwägungen heraus sollte eine möglichst lange Lebensdauer eines Produktes angestrebt werden. Auf diese Weise kann die Entnahme von Ressourcen aus der Umwelt reduziert werden, bestehende Fertigungsverfahren können optimiert und die Entsorgung langfristig geprüft und umweltverträglich gestaltet werden.
- **Nachteile**, z. B.:
  Eine lange („überlange") Lebensdauer eines Produktes
  - kann Innovationen und damit auch die Verwendung neuer, umweltverträglicher Materialien verhindern (z. B. Vermeidung von Blei und Kupfer in Leitungssystemen),
  - führt i. d. R. längerfristig zu sinkenden Gewinnen; damit wird die Eigenfinanzierung verbesserter (und umweltschonenderer) Fertigungsverfahren erschwert.

## Lösung zu Aufgabe 8: Umwelt gefährdendes Handeln Ihrer Mitarbeiter

- Zuerst sollten Sie sich genau darüber informieren:
  - Was wird falsch gemacht?
  - Welche Gefährdungen liegen vor?
    (Analyse des Ist-Zustandes über Umwelt gefährdendes Handeln)

- Erforschen der Gründe für das Handeln:
  - Ist es aus Nachlässigkeit, Bequemlichkeit?
  - Erfolgt es auf Anweisung? u. Ä.
- Gibt es im Betrieb schriftliche Verfahrensanweisungen?
  - Sind diese aktuell?
  - Welche müssen überarbeitet werden?
- Erarbeiten eines Maßnahmenplanes:
  - sicherheitstechnische Belehrung wiederholen
  - über die Folgen der Nichtbeachtung ökologischer Vorschriften aufklären
  - Vorteile herausarbeiten
  - „Öko-Kampagne" initiieren
  - das Thema Umweltschutz zum festen Bestandteil der Führungstreffen machen u. Ä.
- Gemeinsam mit den Ihnen unterstellten Vorgesetzten erarbeiten, in welcher Form die Wirksamkeit der Maßnahmen überprüft werden soll:
  - Eigen- und Fremdkontrolle
  - Maßnahmen bei Verstößen
  - evtl. Einführung eines Wettbewerbs/„Öko-Prämie" u. Ä.

### 1.6 Wirtschaftsrechtliche Vorschriften und Bestimmungen

## Lösung zu Aufgabe 1: Produkthaftungsgesetz

a) Ja! Die Kunden können gegen die Metall GmbH Schadensersatz wegen eines erlittenen Personenschadens geltend machen, da diese eine Ware in den Verkehr gebracht hat, die nicht die zu erwartende Sicherheit geboten hat. Auf ein Verschulden der Metall GmbH kommt es dabei nicht an.

b) Die Kunden haben gegen den Baumarkt das Recht auf Gewährleistung:
   - Recht auf Nacherfüllung (vorrangiges Recht):
     - Beseitigung des Mangels oder
     - Nachlieferung (einer mangelfreien Sache)
   - Rücktritt oder Minderung (unter bestimmten Voraussetzungen)
   - Schadensersatz oder Ersatz vergeblicher Aufwendungen (unter bestimmten Voraussetzungen)
   - Die Gewährleistungsfrist beträgt bei neuen Sachen zwei Jahre; Einzelheiten vgl. §§ 433 ff. BGB.

c) ▸ Vertragshaftung nach BGB:
→ Gewährleistungshaftung, positive Vertragsverletzung; **verschuldensabhängig**

▸ Produkthaftung nach ProdHaftG:
→ Haftung für Folgeschäden an Personen und Sachen: **verschuldensunabhängig** (inkl. Scmerzensgeld).

## Lösung zu Aufgabe 2: Datenschutzkontrolle der Betriebsratsarbeit

Das BAG kommt zu dem Ergebnis, dass die vom BetrVG geforderte Unabhängigkeit der Betriebsräte eine Kontrolle durch den betrieblichen Datenschutzbeauftragten (verlängerter Arm des Arbeitgebers) ausschließt (strittig).

## Lösung zu Aufgabe 3: Datenschutz

a) ▸ Datenzugriff durch unberechtigte Personen

▸ Verlust und Manipulation von Daten

▸ ungewollte Veränderung von Daten aufgrund fehlerhafter Bearbeitung.

b) ▸ **Technische Maßnahmen:**

- Zugangskontrollen (Räume, PC), Zugriffbeschränkung (Passwort)
- Kopierschutz
- automatische Nutzungsdokumentation

▸ **Organisatorische Maßnahmen:**

- Instruktion der User
- Verpflichtung auf den Datenschutz
- Kontrolle der User
- Sicherungsroutinen.

c) Nach dem Bundesdatenschutzgesetz darf der Arbeitgeber die Mitarbeiterdaten speichern, die zur Erfüllung seiner Vertragsverpflichtungen (Lohnzahlung, Urlaubsgewährung usw.) notwendig sind. Beispiele: Name, Vorname, Geburtsdatum, Anschrift, Beginn der Tätigkeit, Gehaltsdaten u. Ä.

# 2. Prüfungsfach: Betriebswirtschaftliches Handeln

## 2.1 Ökonomische Handlungsprinzipien von Unternehmen

### Lösung zu Aufgabe 1: GmbH

a) Gründungsvoraussetzungen:
   - Stammkapital ≥ 25.000 €
   - Gesellschaftsvertrag: notarielle Beurkundung
   - Eintragung in das Handelsregister (Abteilung B).

b) Argumente für die Rechtsform der GmbH:
   - geringes Stammkapital
   - Beschränkung der Haftung auf das Gesellschaftsvermögen.

c) GmbH-Organe und deren Aufgaben:
   - Geschäftsführer:
     - Vertretung nach außen und innen.
   - Aufsichtsrat (nur bei > 500 Mitarbeiter gesetzlich vorgeschrieben)
     - Kontrolle der Geschäftsführung
     - Prüfung des Jahresabschlusses
     - Bericht an die Gesellschafterversammlung.
   - Gesellschafterversammlung:
     - Feststellung des Jahresabschlusses und Ergebnisverwendung
     - Bestellung, Abberufung und Kontrolle der Geschäftsführung
     - Bestellung von Prokuristen und Generalbevollmächtigten.

d) Gewinnausschüttung bei der GmbH:
   Grundsätzlich können die Gesellschafter einer GmbH die Vollausschüttung des Gewinns verlangen. Es ist jedoch möglich, im Gesellschaftsvertrag eine abweichende Regelung zu treffen:

   Entsprechend dem Beschluss der Gesellschafterversammlung (einfache Mehrheit) kann zum Beispiel auf eine Vollausschüttung des Gewinns verzichtet werden und alternativ können Teile des Gewinns in die Rücklagen eingestellt oder als Gewinnvortrag verwendet werden. Betriebswirtschaftlich ist diese Form der Gewinnverwendung vorzuziehen (Selbstfinanzierung).

   Unabhängig davon, ob die Gewinne ausgeschüttet werden oder nicht, unterliegt die GmbH als Kapitalgesellschaft der Körperschaftsteuer.

### Lösung zu Aufgabe 2: Funktionen des Industriebetriebes

a) Die Produktionsplanung muss in enger Abstimmung mit der Absatzplanung erfolgen. Nur durch den Absatz der Produkte ist ein Rückfluss der in der Produktion eingesetzten finanziellen Mittel mit möglichst hoher Rentabilität möglich.

b) Personalwirtschaftliche Fragestellungen betreffen alle betrieblichen Funktionsbereiche, in denen menschliche Tätigkeit gefordert ist. Deshalb wird die Personalwirtschaft auch als eine betriebliche Querschnittsfunktion bezeichnet.

c) Der Industriebetrieb ist sehr stark durch das Zusammenwirken von Mensch und Maschine (Mensch-Maschine-System) geprägt, da der Mensch im Fertigungsprozess in besonders hohem Maße Rohstoffe und Maschinen einsetzt. Der Begriff des sozio-technischen Systems bringt zum Ausdruck, dass Problemlösungen eine Berücksichtigung sowohl technischer als auch sozialer Komponenten erfordern.

## Lösung zu Aufgabe 3: Arbeitssystem, Art-/Mengenteilung, Taktzeit, Arbeitsproduktivität, Leistungsgrad

a) Um die Aufgabenstellung zu verdeutlichen, wird an dieser Stelle die Abbildung „Elemente des Arbeitssystems" nochmals dargestellt (vgl. >> 2.1.3 Frage 08. ff.):

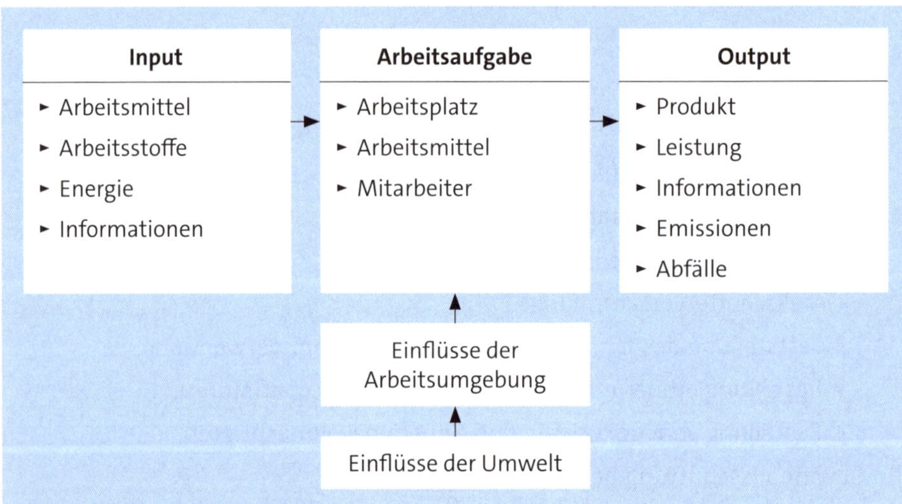


**Elemente des Arbeitssystems:**

- Input: alle zugekauften Teile, Arbeitsmittel (Akkuschrauber usw.), Verpackungsmaterial, Strom, Information (Fertigungsdaten zu Wochenbeginn)
- Arbeitsaufgabe: Montage des Modells „Glattschnitt"
- Mitarbeiter: 5 Mitarbeiter an jeweils zwei Montagebändern
- Arbeitsmittel: zwei Montagebändern, Hebevorrichtung, Akkuschrauber, Drehmomentschlüssel
- Arbeitsablauf:
  → Motor und Rahmenteile auf Werkbank heben
  → Vorjustierung
  → Endmontage
  → Endkontrolle
  → Verpackung

- Arbeitsumgebung, Umwelteinflüsse: beheizte Halle, ohne Taktzeit, im Akkord, teilautonome Arbeitsgruppe
- Output: fertig verpackte Rasenmäher des Modells „Glattschnitt", ggf. Verpackungsabfälle, ggf. NIO-Teile, Wärme (Körperwärme und Wärme der Akkuschrauber), Geräusche.

b) Vorteile der Arbeitssystembeschreibung, z. B.:

- Vergleichbarkeit unterschiedlicher Arbeitssysteme
- Grundlage für Stellenbeschreibung, Personalauswahl, -qualifizierung, und -entlohnung.

c) Art- und Mengenteilung bei der Montage des Modells „Glattschnitt":

- **Artteilung:** Jeder Mitarbeiter führt nur einen Teil der Gesamtarbeit aus.

  → Modell „Glattschnitt":

| Mitarbeiter 1 + 2 | Mitarbeiter 3 + 4 | Mitarbeiter 5 |
|---|---|---|
| Motor und Rahmenteile anheben | Endmontage | Endkontrolle |
| Vorjustierung | | Verpackung |

- **Mengenteilung:** Jeder Mitarbeiter erledigt den gesamten Arbeitsablauf und davon eine bestimmte Menge.

  → Modell „Glattschnitt":
  Zwischen den Mitarbeitern liegt keine Mengenteilung vor. Zwischen beiden Arbeitsgruppen (Montageband 1 und 2) kann eine Mengenteilung von 50:50 unterstellt werden.

d)

| | Vorteile | Nachteile |
|---|---|---|
| **Artteilung** | ► Spezialisierung | ► monotone Teilarbeit |
| | ► Effizienz | ► Zusammenhang geht verloren |
| | ► reduzierte Qualifizierung | ► Abhängigkeit zwischen den<br>► Einzeltätigkeiten der Mitarbeiter |
| **Mengenteilung** | ► höhere Motivation | ► i. d. R. zeitaufwendiger |
| | ► Abwechslung | ► höhere Qualifizierung der Mitarbeiter erforderlich |
| | ► mehr Handlungsspielraum | ► kostenaufwendiger |

e) 1. Taktzeit = Zeit, die ein einzelner Arbeitsgang bei Taktfertigung benötigt.

2. Ziele, z. B.:
   - Minimierung der Durchlaufzeit
   - ggf. Verbesserung der Produktivität und der Wirtschaftlichkeit
   - verbesserte Auslastung der Kapazitäten.

3. Die Einführung der Taktzeit ist bei der Montage von „Glattschnitt“ unter den gegebenen Umständen nicht möglich. Mindestvoraussetzung wäre: eine weitere Zerlegung der Arbeitsinhalte und eine zeitliche Harmonisierung der Arbeitszeiten pro Arbeitsinhalt.

f)

$$\text{Produktivität} = \frac{\text{Arbeitsergebnis}}{\text{Zeit}}$$

$$= \frac{\text{720 Stück pro 8-Std.-Schicht}}{\text{480 min}} = \text{1,5 Stück/min}$$

$$\text{Leistungsgrad} = \frac{\text{Istleistung}}{\text{Normalleistung}} \cdot 100$$

$$= \frac{\text{864 Stück pro 8-Std.-Schicht}}{\text{720 Stück pro 8-Std.-Schicht}} \cdot 100 = 120\ \%$$

Zu beachten ist: Der Leistungsgrad wird geschätzt.

## Lösung zu Aufgabe 4: Investitionsformen

| | **Neue, zusätzliche Fertigungsstraße** | **Lkw (Ende der Nutzungsdauer)** | **Finanzielle Beteiligung an** |
|---|---|---|---|
| Sachinvestition | X | X | |
| Finanzinvestition | | | X |
| immaterielle Investition | | | |
| Nettoinvestition | X | | |
| Ersatzinvestition | | X | |
| Rationalisierungsinvestition | | | X |

## Lösung zu Aufgabe 5: Kapazität, Beschäftigungsgrad, Nettobedarf

a)

$$\text{Beschäftigungsgrad} = \frac{\text{Beschäftigung}}{\text{Kapazität}} \cdot 100$$

$$\text{Beschäftigung} = \frac{\text{Beschäftigungsgrad} \cdot \text{Kapazität}}{100}$$

$$= \frac{60 \cdot 160}{100} = \text{96 Betriebsstunden/Mon.}$$

Eine Verbesserung der Kapazitätsauslastung ist denkbar durch

- Akquisition zusätzlicher Aufträge oder
- Abbau des Kapazitätsbestandes (Betriebsmittel und Arbeitskräfte).

b) Sekundärbedarf = 1.000 Blechteile • 0,5 l = 500 l Grundierung

| | | |
|---|---|---|
| | Sekundärbedarf | 500 |
| + | Zusatzbedarf (10 %) | 50 |
| = | Bruttobedarf | 550 |
| - | Lagerbestände | - 300 |
| - | Bestellbestände | - 150 |
| + | Vormerkbestände | 100 |
| + | Sicherheitsbestand | 200 |
| = | Nettobedarf | 400 |

Der Nettobedarf beträgt 400 l Grundierung.

## Lösung zu Aufgabe 6: Kapazitätsbestand

a) Kapazitätsbestand = 25 Mitarbeiter • 7,5 Std./Tag • 22 Tage • 0,83 = 3.424 Std.

b) $$\text{Kapazitätsbedarf} = \frac{\text{1.600 min/Stk.} \cdot \text{150 min Stk.}}{\text{60 min/Std.}} = \text{4.000 Std}$$

c) Zusatzbedarf = 4.000 Std. - 3.424 Std. = 576 Std.

d) $$\text{Mehrarbeit pro Mitarbeiter/Tag} = \frac{\text{Zusatzbedarf}}{\text{25 Mitarbeiter} \cdot \text{22 Std./Tag} \cdot 8{,}83 \cdot 1{,}15}$$

$$= \frac{\text{576 Std.}}{\text{25 Mitarbeiter} \cdot \text{22 Tage} \cdot 0{,}83 \cdot 1{,}15} = \text{1,097 Std./Tag}$$

## 2.2 Grundsätze der betrieblichen Aufbau- und Ablauforganisation

## Lösung zu Aufgabe 1: Organisationsformen

oder  oder

| | Einlinien-system | Mehrlinien-system | Kompetenz-grad | Verrichtungs-orientierung | Objekt-orientierung |
|---|---|---|---|---|---|
| **Liniensystem/ Stabliniensystem** | x | | Vollkompetenz | x | |
| **Mehrliniensystem nach Taylor** | | x | Vollkompetenz | x | x |
| **Spartenorganisation/ Projektorganisation** | x | | Vollkompetenz | | x |
| **Matrixorganisation** | | x | Vollkompetenz | x | x |
| **Produktorganisation** | x | x | Vollkompetenz oder Teilkompetenz | | x |
| **Organisation von Projektmanagement** | x | x | Vollkompetenz oder Teilkompetenz oder Stab | | x |

## Lösung zu Aufgabe 2: Unterschiede und Gemeinsamkeiten der Aufbau- und Ablauforganisation

Die Sichtweisen und Unterschiede der Aufbau- und der Ablauforganisation lassen sich stichwortartig folgendermaßen charakterisieren:

| Aufbauorganisation | Ablauforganisation |
|---|---|
| ► statisch, zeitpunktbezogen | ► dynamisch, zeitraumbezogen |
| ► vertikal | ► horizontal |
| ► hierarchische Struktur | ► leistungsorientiert |
| ► Organigramm | ► funktional oder objektbezogen |
| ► orientiert am Unternehmensziel | ► Ablaufpläne |
| | ► orientiert am Unternehmensziel |

## Lösung zu Aufgabe 3: Zentralisierung, Dezentralisierung

a) **Dezentralisierung**, z. B.:

- verbesserte Marktnähe (Sortiment auf den Kunden „zugeschnitten“)
- schnellere Entscheidungsprozesse und Reaktionen auf den Markt
- regionale Spezialisierung möglich
- höhere Motivation der Führungskräfte vor Ort („Freiräume“)
- Entlastung der Führungsspitze/Holding.

b) **Teilweise Zentralisierung**, z. B.:

- gebündeltes Fachwissen in der Holding – Abt. Einkauf
- Synergie und Einkaufsmacht
- Ressourcen werden nicht mehrfach vorgehalten; Kapazitäten werden besser genutzt
- einheitliche Entscheidungen werden getroffen – z. B. bei strategisch wichtigen Sortimentsentscheidungen.

c)
- **Verrichtungszentralisierung**
  = Zusammenfassung gleicher Tätigkeiten (hier: Einkauf) im Zentraleinkauf der Holding
- **Objektzentralisierung**
  = Zusammenfassung aller Tätigkeiten (meist unterschiedliche Funktionen bezogen auf ein Objekt; hier: Sparte Heizungsbau; z. B. Produktmanager oder Spartenvorstand)
- **Regionale Zentralisierung**
  = Zusammenfassung von Tätigkeiten nach geografischen Gesichtspunkten; in der Praxis kombiniert mit Verrichtungs- oder Objektzentralisierung; z. B. Einrichtung eines „Zentraleinkaufs Nord“ (in Hannover) und eines „Zentraleinkaufs Süd“ (in Köln).

## Lösung zu Aufgabe 4: Aufgabenanalyse, Arbeitsanalyse

- **Aufgabenanalyse:** Die Aufgabenanalyse ist ein Instrument der Aufbauorganisation. Im Rahmen der Aufgabenanalyse wird die Gesamtaufgabe eines Unternehmens (z. B. Herstellung und Vertrieb von Textilmaschinen) in Hauptaufgaben, Teilaufgaben 1. Ordnung, Teilaufgaben 2. Ordnung usw. zerlegt – nach den Gesichtspunkten:
  - Gliederungsbreite/Gliederungstiefe
  - sachliche Gliederungskriterien (Verrichtung, Objekt)
  - formale Gliederungskriterien (Rang, Phase, Zweckbeziehung).
- **Arbeitsanalyse:** Die Arbeitsanalyse ist ein Instrument der Ablauforganisation. Betrachtungsgegenstand ist die „Aufgabe niedrigster Ordnung"; vgl. oben. Sie wird hier als „Arbeitsgang" bezeichnet und in „Gangstufen" und „Gangelemente" zerlegt. Insofern ist die Arbeitsanalyse die logische Verlängerung der Aufgabenanalyse. Auch hier kann nach den o. g. sachlichen und formalen Gliederungsprinzipien strukturiert werden.

**Beispiel**

| Arbeitsgang | Gangstufe | Gangelement |
|---|---|---|
| Bearbeiten einer Bestellung | entgegennehmen | Brief öffnen<br>Eingangsstempel<br>weiterleiten |
| | prüfen der Bestellung | prüfen der Bestellung<br>Prüfung OP-Liste |
| | prüfen der Bonität | Kreditvolumen o. k. |
| | Liefermöglichkeit | Lieferung: ja/nein<br>Artikel auf Lager<br>Artikel in Fertigung<br>Liefertermin |
| | Auftragsbestätigung | schreiben<br>versenden |

## Lösung zu Aufgabe 5: Spartenorganisation

a) ▸ **Verrichtungsprinzip** (= Funktionsprinzip), z. B.:
   - Materialwirtschaft
   - Vertrieb.

▸ **Objektprinzip**, z. B.:
   - Logistik Süd
   - Logistik Nord.

b)

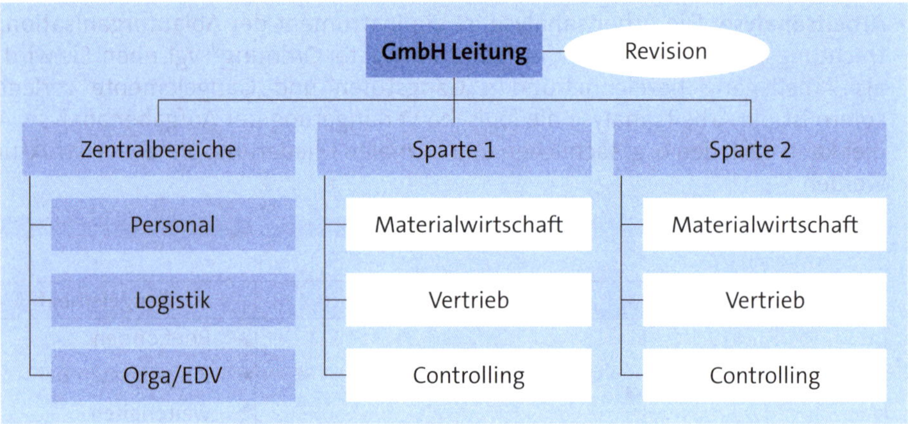


c) Bewertung der Spartenorganisation, z. B.:

- ▸ Marktnähe, Arbeit vor Ort
- ▸ klare Umsatz-/Ergebnisverantwortung
- ▸ Förderung des unternehmerischen Denkens
- ▸ ggf. Spartenegoismus; erhöhter Informationsbedarf zwischen den Sparten
- ▸ Abbau von Funktionsdenken
- ▸ Doppelarbeit (erhöhter Stellen- und Personalbedarf, höhere Kosten)
- ▸ ggf. mangelnder Wille zur Synergie zwischen den Sparten
- ▸ Aufbau der Spartenorganisation ist zeit- und kostenintensiv.

## Lösung zu Aufgabe 6: Profitcenter (ergebnisorientierte Organisationseinheit)

a) Das Ergebnis Ihres Monatsbudgets ist unbefriedigend: Im Gegensatz zur Meinung des Betriebsleiters reicht der Verrechnungssatz von 165 €/Betriebsstunde nicht aus; es ergibt sich ein mtl. Betriebsergebnis von Null.

**Profitcenter „Lackieranlage“**

| | | |
|---|---|---|
| | innerbetriebliche Leistungen bei 80 % Auslastung: | |
| | 120 Std. • 165 € | 19.800,00 |
| - | Personalkosten | - 6.500,00 |
| - | Sachkosten | - 9.500,00 |
| - | Umlage | - 3.800 |
| = | **Ergebnis** | **0,00** |

b) Es muss ein innerbetrieblicher Verrechnungssatz von 177,50 € realisiert werden. Beweis:

120 Std. • 177,50 € = 21.300 €

→ Ergebnis = 1.500 €

→ ROI = 12 % von 12.500 € = 1.500 €

**Profitcenter „Lackieranlage“**

| | | |
|---|---|---|
| | innerbetriebliche Leistungen bei 80 % Auslastung: | |
| | 120 Std. • 177,50 € | 21.300,00 |
| - | Personalkosten | - 6.500,00 |
| - | Sachkosten | - 9.500,00 |
| - | Umlage | - 3.800,00 |
| = | **Ergebnis** | **1.500,00** |

## Lösung zu Aufgabe 7: Auftragszeit

- **Ausführungszeit je Stück:**

$$1 + 5 + 0{,}5 + \frac{(1 + 5 + 0{,}5) \cdot 20}{100} = 7{,}8 \text{ min}$$

- **gesamte Ausführungszeit:** 7,8 • 200 = 1.560 min
- **Rüstzeit:**

$$10 + \frac{10 \cdot 20}{100} = 12 \text{ min}$$

- **Auftragszeit:** 1.560 + 12 = 1.572 Minuten

## Lösung zu Aufgabe 8: Personalbedarf, Personalbemessung

Bei der Methode der Personalbemessung wird der exakt ermittelte Arbeitsanfall (z. B. in Stunden) dem verfügbaren Arbeitspotenzial eines Mitarbeiters je Zeiteinheit (z. B. verfügbare Arbeitszeit je Mitarbeiter je Monat) gegenübergestellt:

$$\text{Personalbedarf} = \frac{\text{Zeitbedarf des Auftrags}}{\text{verfügbare Arbeitszeit je Mitarbeiter je Periode}}$$

a) Im vorliegenden Fall ergibt sich:

$$\text{Personalbedarf} = \frac{\text{Rüstzeit} + (\text{Ausführungszeit je Bauteil} \cdot \text{Anzahl der Bauteile})}{\text{Monatsarbeitszeit je Mitarbeiter}}$$

$$= \frac{140 + (500 \cdot 22)}{167 \cdot 1{,}15} \cdot 100 = \frac{11.400}{192{,}05} = 58 \text{ Mitarbeiter}$$

b) 58 Mitarbeiter • 1,05 = 60,9 Mitarbeiter

## Lösung zu Aufgabe 9: Verkürzung der Durchlaufzeit durch Losteilung

a) Mögliche Losteilungsdivisoren:

| Losteilungs-divisor | Rüstzeit in Minuten je Auftrag | Bearbeitungszeit in Minuten je Auftrag | Belegungszeit in Minuten je Auftrag |
|---|---|---|---|
| 1 | 120 | 700 | 820 |
| 2 | 120 | 350 | 470 |
| 3 | 120 | 233,3 | 353,3 |
| 4 | 120 | 175 | 295 |
| 5 | 120 | 140 | 260 |

b) Gesamtkosten:

| Losteilungs-divisor | Rüstzeit insgesamt | Bearbeitungszeit insgesamt | Belegungszeit insgesamt | Kosten |
|---|---|---|---|---|
| 1 | 120 | 700 | 820 | 888,33 |
| 2 | 240 | 700 | 940 | 1.018,33 |
| 3 | 360 | 700 | 1.060 | 1.148,33 |
| 4 | 480 | 700 | 1.180 | 1,278,33 |
| 5 | 600 | 700 | 1.300 | 1.408,33 |

## Lösung zu Aufgabe 10: Optimale Bestellmenge (1)

| Bestellmenge (E) | Summe der Kosten (€) | Kosten pro Einheit (€) |
|---|---|---|
| 100 | 400 | 4,00 |
| 200 | 420 | 2,10 |
| 300 | 450 | 1,50 |
| **400** | **580** | **1,45** |
| 500 | 1.100 | 2,20 |

Die Gesamtkostenkurve hat ihr Minimum bei 400 Einheiten.

## Lösung zu Aufgabe 11: Optimale Bestellmenge (2)

$$x_{opt} = \sqrt{\frac{200 \cdot \text{Jahresbedarf} \cdot \text{Bestellkosten/Bestellung}}{\text{Lagerkostensatz} \cdot \text{Einstandspreis/ME}}}$$

$$= \sqrt{\frac{200 \cdot 2.000 \cdot 50}{20 \cdot 5}} = 447{,}21$$

Vergleicht man die Bestellkosten in Abhängigkeit von der Bestellmenge, so ergibt sich bei

x = 450 Stück → K = 447 €
x = 500 Stück → K = 450 €

Andere Mengen (500 < x < 450) führen zu höheren Gesamtkosten. Mit anderen Worten: Herr Zahl disponiert im Bereich der optimalen Losgröße.

**Beweis** (für die Lösung nicht erforderlich):

Gesamtkosten (K) = Bestellkosten + Lagerhaltungskosten

Bei vier Bestellungen pro Jahr und einer Bestellmenge von x = 500 gilt:

K = 4 • 50 € + 250 € = 450 €

Dabei sind die

Lagerhaltungskosten = ø im Lager gebundenes Kapital • Lagerhaltungskostensatz

= 1.250 € • 0,2 = 250 €

und

$$\text{das ø im Lager gebundene Kapital} = \frac{\text{Lagerbestand} \cdot \text{Einstandspreis/Stk}}{2}$$

$$= \frac{500\ € \cdot 5\ €}{2} = 1.250\ €$$

Analog ergibt sich bei x = 450 Stück:

K = 447 = 4,44 • 50 + 225
1.125 • 0,2 = 225
450 : 2 • 5 = 1.125

## Lösung zu Aufgabe 12: Auftragsmenge, Verbrauchsabweichung, Beschäftigungsgrad

a)

| | | | | | |
|---|---|---|---|---|---|
| | Nettomenge | = | 4.000 Stück • 2 | = | 8.000 Stück |
| + | NIO-Teile beim Anlauf | = | | | 100 Stück |
| + | Ausschuss | = | 5 % von 8.000 | = | 400 Stück |
| = | Auftragsmenge, brutto | | | = | 8.500 Stück |

b) Kunststoffgranulat,
Sollmenge (= Sollverbrauch) = 0,1 kg • 8.500 Stück = 850 kg pro Fertigungsauftrag

c) 1.

$$\text{Verbrauchsabweichung} = \frac{\text{Istverbrauch - Sollverbrauch}}{\text{Sollverbrauch}} \cdot 100$$

$$= \frac{901 - 850}{850} \cdot 100 = 6\ \%$$

2. Mögliche Ursachen für die Verbrauchsabweichung:

- Istausschuss > Planausschuss
- NIO-Teile beim Anlauf sind höher als geplant
- ggf. fehlerhafte Erfassung der Verbrauchsmengen.

d) Vorteile, z. B.:

- Reduzierung der Rüstkosten
- geringere Qualitätsschwankungen
- Reduzierung der Anlaufverluste.

Nachteile, z. B.:

- Anstieg der Lagerkosten
- Anstieg der Kapitalbindung
- ggf. Absatzprobleme, falls der Kunde kurzfristig technische Änderungen am Auftrag vornimmt (z. B. Notwendigkeit einer veränderten Rezeptur).

e)

$$\text{Beschäftigungsgrad} = \frac{\text{Beschäftigung/Zeiteinheit}}{\text{Kapazität/Zeiteinheit}} \cdot 100$$

$$= \frac{8.500}{10.000} \cdot 100 = 85\ \%$$

## Lösung zu Aufgabe 13: Optimale Bestellmenge, Meldebestand, durchschnittlicher Lagerbestand, optimale Bestellhäufigkeit

a)

Meldebestand = (täglicher Bedarf • Beschaffungszeit) + Sicherheitsbestand

$$\text{Meldebestand} = \frac{\text{Jahresbedarf}}{360} \cdot \text{Beschaffungszeit} + \text{Sicherheitsbestand}$$

$$= \frac{6.120}{360} \cdot (5 + 1) + 680 = 782 \text{ Stück}$$

b) Es soll die optimale Bestellmenge bei verbrauchsgesteuerter Beschaffung ermittelt werden. Sie ist dann erreicht, wenn die Summe aus Bestellkosten und Lagerhaltungskosten ein Minimum ergeben.

c)

$$\text{optimale Bestellmenge} = \sqrt{\frac{200 \cdot \text{Jahresbedarf} \cdot \text{Bestellkosten/Bestellung}}{\text{Einstandspreis} \cdot \text{Lagerhaltungskostensatz}}}$$

$$= \sqrt{\frac{200 \cdot 6.120 \cdot 150}{12{,}50 \cdot 20}} = \sqrt{734.400} = 857 \text{ Stück}$$

d) Der durchschnittliche Lagerbestand muss wie folgt berechnet werden:

$$\text{durchschnittlicher Lagerbestand} = \frac{\text{optimale Bestellmenge}}{2} + \text{Sicherheitsbestand}$$

$$= \frac{857 \text{ Stk.}}{2} + 680 \text{ Stk.} = 1.109 \text{ Stück}$$

e)

$$\text{optimale Bestellhäufigkeit} = \frac{\text{Jahresbedarf}}{\text{optimale Bestellmenge}}$$

$$= \frac{6.120 \text{ Stk.}}{857 \text{ Stk.}} = 7 \text{ Bestellungen/Jahr}$$

## Lösung zu Aufgabe 14: Durchschnittlicher Lagerbestand, Lagerumschlagshäufigkeit

a)

$$\text{durchschnittlicher Lagerbestand} = \frac{\text{Anfangsbestand} + \text{6 Monatsendbestände}}{7}$$

$$= \frac{\text{30.000 Stück} + \text{182.000 Stück}}{7} = \text{30.286 Stück}$$

b)

Verbrauch = Anfangsbestand + Zugänge - Endbestand

= 30.000 Stück + 210.000 Stück - 35.000 Stück = 205.000 Stück

c)

$$\text{Lagerumschlagshäufigkeit} = \frac{\text{Verbrauch}}{\text{durchschnittlicher Lagerbestand}}$$

$$= \frac{\text{205.000 Stück}}{\text{30.286 Stück}} = 6{,}77$$

## Lösung zu Aufgabe 15: Fertigungsversorgung

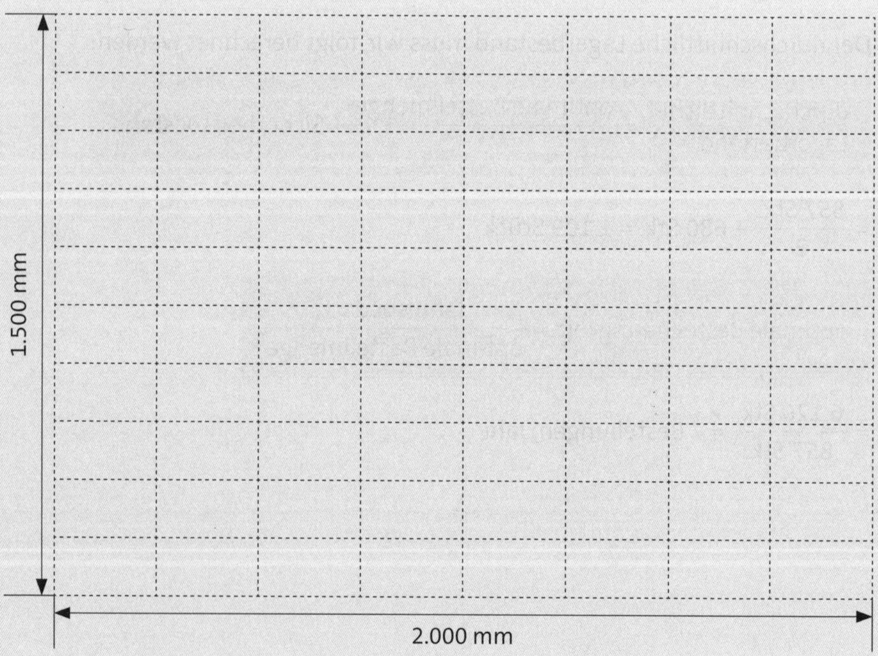

| | |
|---|---|
| 1.500 mm : 150 mm | = 10 |
| 2.000 mm : 250 mm | = 8 |
| 1 Tafelblech ergibt 8 • 10 | = 80 Bleche |

Es müssen zehn Tafelbleche bestellt werden.

## Lösung zu Aufgabe 16: Organisation, Disposition, Improvisation

| | | |
|---|---|---|
| **Organisation** | generelle Regelung | **Beispiel:** Einer Führungskraft wurde die Verantwortung für die Funktion „Einkauf" übertragen; die Auftragsabwicklung erfolgt in einem Unternehmen nach bestimmten, fest vorgegebenen Schritten. |
| **Disposition** | fallweise Regelungen (Entscheidungsspielraum innerhalb einer generellen Rahmenregelung) | **Beispiel:** Der Einkaufsleiter disponiert die Bestellmenge, d. h. er entscheidet zu einem bestimmten Zeitpunkt über eine bestimmte Bestellung in Abhängigkeit von der gegebenen Situation (Artikelart, Bestellverfahren) und beachtet dabei die Einhaltung der ihm übertragenen Kompetenzen (z. B. Bestellwert). |
| **Improvisation** | Entscheidung/Handlung für den Einzelfall ohne Vorliegen einer Regelung, (Entscheidungen „aus dem Stand heraus") | **Beispiel:** Der Einkaufsleiter entscheidet sich in einem Einzelfall für die Bestellung einfacher Hilfsstoffe bei einem nicht zertifizierten Lieferanten, da sonst ein bestimmter Auftragstermin nicht eingehalten werden könnte; (Ausnahme, Improvisation). |

## 2.3 Nutzen und Möglichkeiten der Organisationsentwicklung

## Lösung zu Aufgabe 1: Management-Philosophien

| Management-Philosophien | Betrachtete Merkmale | | | |
|---|---|---|---|---|
| | **Generelle Zielsetzung** | **Kernelemente des Systems, z. B.** | **Rolle des Vorgesetzten** | **Rolle des Mitarbeiters** |
| **Change-management** | bewusst geplante Veränderungen gemeinsam durchführen | lernende Organisation | Steuern der Prozesse | aktive Beteiligung |
| **Balanced-Scorecard** | Steigerung des Unternehmenserfolgs | logisches System von Zielvorgaben und Messgrößen | Prozesssteuerung | aktiv eigenverantwortlich |
| **KVP** | Verbesserung aller Prozesse | Moderator | aktiv, eigenverantwortlich, kreativ | Zusammenarbeit in Gruppen |

| Management-Philosophien | Betrachtete Merkmale | | | |
|---|---|---|---|---|
| | Generelle Zielsetzung | Kernelemente des Systems, z. B. | Rolle des Vorgesetzten | Rolle des Mitarbeiters |
| **Kanban** | Produktion auf Abruf | Kanban-Karte; Regelkreis (Erzeugung → Verbrauch) | | |
| **Reengineering** | Gestaltung der wichtigsten Geschäftsprozesse | (revolutionäre) Neugestaltung der Organisation | | |
| **Lean-Management** | Konzentration auf die Wertschöpfungsprozesse | kundenorientierte, schlanke Hierarchien | | |

## Lösung zu Aufgabe 2: Outsourcing

Outsourcing ist das Auslagern interner Funktionen und damit der Zukauf dieser Leistungen von Dritten (z. B.: Beschaffung von C-Gütern; Beschaffungsmarktforschung; Fragen von MoB; Rückbesinnung auf Kernkompetenzen).

| Outsourcing | |
|---|---|
| **Chancen – Beispiele** | **Risiken – Beispiele** |
| ► Kostenreduzierung, verbesserte Kostenstruktur<br>► Risikominimierung<br>► Konzentration auf Kernkompetenzen<br>► erhöhte Flexibilität<br>► kein Vorhalten von Know-how | ► Know-how-Verlust<br>► ggf. geht der Einfluss auf die Qualität verloren<br>► Entstehen von Abhängigkeiten (Zeiten, Termine)<br>► ggf. Imageverlust gegenüber Kunden (z. B. bei Auslagerung nach China) |

## Lösung zu Aufgabe 3: EFQM

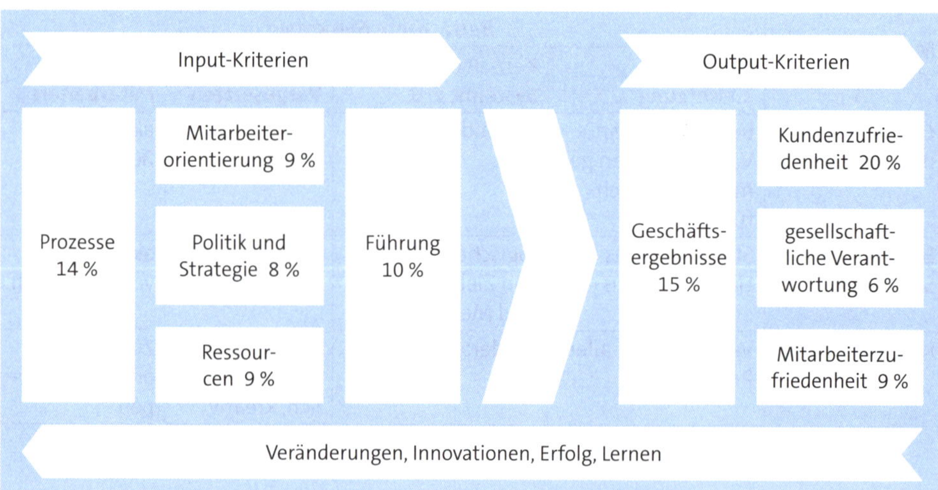

## Lösung zu Aufgabe 4: Maschinenbelegung

<table>
<tr><td>Std.</td><td>1</td><td>2</td><td>3</td><td>4</td><td>5</td><td>6</td><td>7</td><td>8</td><td>9</td><td>10</td><td>11</td><td>12</td><td>13</td></tr>
<tr><td>M 1</td><td colspan="6">A1</td><td colspan="2">A3</td><td colspan="2">A2</td><td colspan="3"></td></tr>
<tr><td>M 2</td><td colspan="4">A3</td><td colspan="3">A2</td><td colspan="4">A1</td><td colspan="2"></td></tr>
<tr><td>M 3</td><td colspan="4">A2</td><td colspan="2"></td><td>A1</td><td></td><td>A3</td><td colspan="4"></td></tr>
</table>

## Lösung zu Aufgabe 5: Flussdiagramm

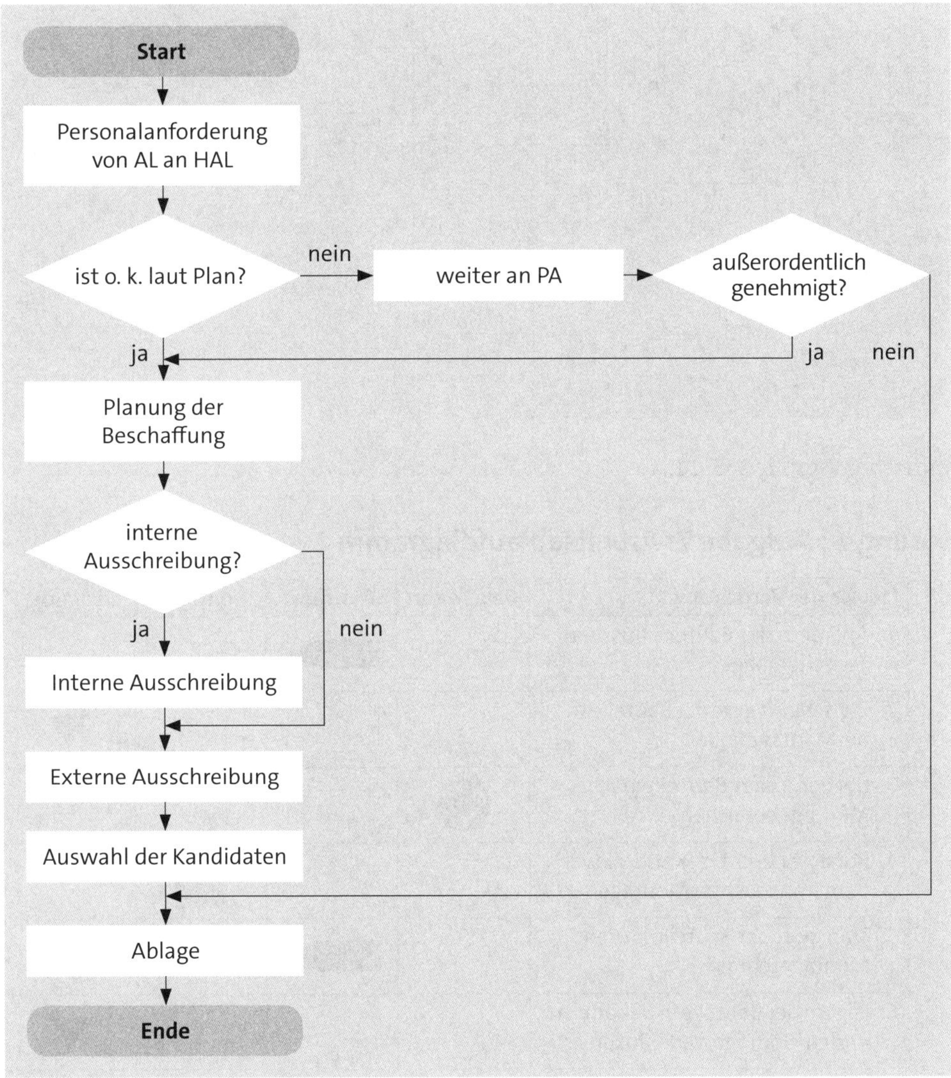

## Lösung zu Aufgabe 6: Netzplan

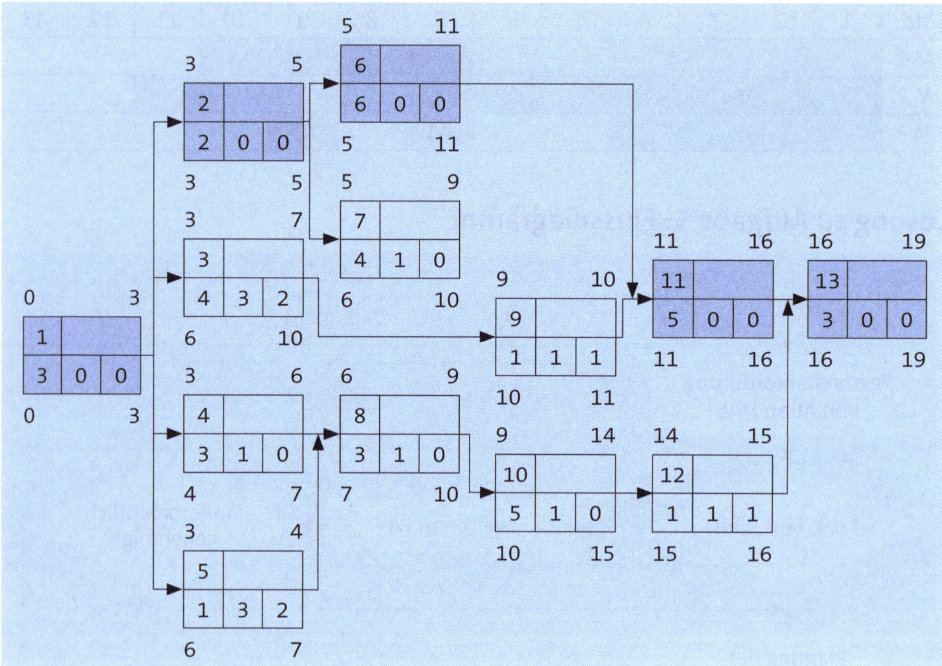


Kritischer Weg: 1, 2, 6, 11, 13

## Lösung zu Aufgabe 7: Arbeitsablaufdiagramm

a)

| Lfd. Nr. der Verrichtung | Bearbeiten | Transport | Kontrolle | Lagern |
|---|---|---|---|---|
| 1. Anliefern der Bauteile aus dem Zwischenlager | ○ | ➡ | □ | ▽ |
| 2. Zwischenlagern der Bauteile in der Montagehalle | ○ | ⇨ | □ | ▼ |
| 3. Sortieren der Bauteile nach Montagebereichen | ● | ⇨ | □ | ▽ |
| 4. Stichprobenartige Kontrolle vor dem Transport zur Montage | ○ | ⇨ | ■ | ▽ |
| 5. Transport der Bauteile zu den Montageteams | ○ | ➡ | □ | ▽ |
| 6. Lagern der Bauteile in Behältern an den Montagewerkbänken | ○ | ⇨ | □ | ▼ |

b) Zum Beispiel:

- Reduzierung der Lagerzeiten
- Reduzierung der Transportzeiten.

## Lösung zu Aufgabe 8: Balkendiagramm, Netzplan

a) Auflistung der Vorgänge und Zeiten je Vorgang:

| | Zeit je Vorgang bzw. Einheit | ∑ der Zeiten in Stunden |
|---|---|---|
| Rüsten 1 | 1 Stunde | 1,0 |
| Fräsen | 3 min/Stück | 5,0 |
| Rüsten 2 | 2 Stunden | 2,0 |
| Bohren | 2,4 min/Stück | 4,0 |
| Reinigen | 1 Stunde | 1,0 |
| Verpackung, Transport | 5 Stunden | 5,0 |

Grafische Darstellung des Arbeitsablaufs mithilfe des Balkendiagramms (Plannet-Technik):

| Arbeitsgang | | Termin in Arbeitsstunden | | | | | | | | | | | | | | | | | | | |
|---|---|---|---|---|---|---|---|---|---|---|---|---|---|---|---|---|---|---|---|---|---|
| Nr. | Bezeichnung | 1 | 2 | 3 | 4 | 5 | 6 | 7 | 8 | 9 | 10 | 11 | 12 | 13 | 14 | 15 | 16 | 17 | 18 | 19 | 20 |
| 10 | Rüsten | ■ | | | | | | | | | | | | | | | | | | | |
| 20 | Fräsen | | ■ | ■ | ■ | ■ | ■ | | | | | | | | | | | | | | |
| 30 | Puffer | | | | | | | ■ | | | | | | | | | | | | | |
| 40 | Rüsten 2 | | | | | | | | ■ | ■ | | | | | | | | | | | |
| 50 | Bohren | | | | | | | | | | ■ | ■ | ■ | ■ | | | | | | | |
| 60 | Reinigen | | | | | | | | | | | | | | ■ | | | | | | |
| 70 | Verpackung, Transport | | | | | | | | | | | | | | | ■ | ■ | ■ | ■ | ■ | |

b) Die Ausführung des Auftrags benötigt 19 Arbeitsstunden. Antwort an den Kunden: Der Auftrag kann innerhalb von zwei Werktagen ausgeführt werden, wenn am ersten Tag zwei Stunden und am zweiten Tag eine Stunde Mehrarbeit gefahren werden.

c) Vergleich: Balkendiagramm/Netzplantechnik (Beispiele)

- **Balkendiagramm:**
  - anschauliche Darstellung der Vorgangsdauer
  - Plannet-Technik: Darstellung von Abhängigkeiten zwischen den Vorgängen; Darstellung auch von Parallelvorgängen
  - unübersichtlich bei Großprojekten.
- **Netzplantechnik:**
  - Aufgrund der Grafenstruktur ist eine bessere Darstellung der Abhängigkeiten und Verzweigungen möglich.
  - Eine exakte manuelle oder IT-gestützte Berechnung der Zeiten und der kritischen Vorgänge ist möglich (Ermittlung der Pufferzeiten, Vorwärts-/Rückwärtsterminierung).
  - Die Netzplantechnik ist für Großprojekte besser geeignet.

Im vorliegenden Fall wäre eine Darstellung mithilfe der Netzplantechnik auch möglich. Da jedoch keine Paralleltätigkeiten zugelassen sind und nur sieben Vorgänge erfasst werden müssen, ist das Balkendiagramm hier anschaulicher.

## 2.4 Anwenden von Methoden der Entgeltfindung und der kontinuierlichen, betrieblichen Verbesserung

## Lösung zu Aufgabe 1: Ergonomie, Qualitätssicherung

| Maßnahmen der ergonomischen Arbeitsplatzgestaltung | Fallbezogene Lösungsansätze – Beispiele |
|---|---|
| Anthropometrische | *„Mitarbeiter arbeiten leicht gebückt".*<br>→ Beachtung der Körpermaße bei der Höhe des Montagebandes |
| Physiologische | *„Mitarbeiter heben Motor und ..."*<br>→ Hebevorrichtung<br><br>*„Mitarbeiter arbeiten mit konventionellem Werkzeug."*<br>→ Akkuschrauber, Pressluftschrauber, **Drehmomentschlüssel**<br><br>*„Mitarbeiter verpackt und stapelt ..."*<br>→ Verbindung von Paletten und Montageband über Födereinrichtung (Rollenbänder o. Ä.)<br><br>*„... mit Hubwagen in das Freilager"*<br>→ Transport mit Flurförderfahrzeug; kein permanenter Wechsel von Halle und Freilager |
| Psychologische, sicherheitstechnische | *„... Hallenpendeltür ... Flurförderfahrzeuge ... 90db(A)"*<br>→ Montageband bautechnisch abgrenzen (Schallschutzwand in Leichtbauweise o. Ä.)<br><br>*„... Neonbeleuchtung ..."*<br>→ **Austausch der Beleuchtungseinrichtungen** |
| Organisatorische | *„... maulen ... stupide Arbeitsweise ... Krankenstand ..."*<br>→ Befragung der Mitarbeiter, Erarbeitung eines Konzeptes unter Beteiligung der Betroffenen: z. B. **Job Rotation, Teilautonomie, Prämienentlohnung**;<br>Verbesserung der Materialzuführung;<br>keine Endkontrolle, sondern **Sicherung der Qualität durch jeden einzelnen Mitarbeiter** („Qualität fertigen")<br>usw.<br><br>Die gefetteten Lösungsansätze können als Maßnahmen zur Qualitätssicherung getroffen werden. |

## Lösung zu Aufgabe 2: Ziele der Arbeitsplatzgestaltung

| Ziele | Beispiele |
|---|---|
| Bewegungsvereinfachung | ▸ Materialanschläge<br>▸ Vermeidung von Drehbewegungen<br>▸ Verkürzen der Bewegung |
| Bewegungsverdichtung | ▸ Zusammenlegung von Vorgängen<br>▸ Kopplung von manueller Arbeit und mechanischer Unterstützung<br>▸ Verbindung von Hand- und Fußarbeit |
| Mechanisierung/ Teilmechanisierung | ▸ Verwendung von druckluftunterstützten Werkzeugen<br>▸ Fördervorrichtungen |
| Aufgabenerweiterung | ▸ Zusammenlegung von ausführender und kontrollierender Tätigkeit<br>▸ Aufnahme zusätzlicher Arbeiten mit erweiterter Kompetenzzuweisung |
| Verbesserung der Ergonomie | ▸ vgl. dazu die Beispiele in der Lösung zu Aufgabe 1, S. 918 |
| Verbesserung des Wirkungsgrades menschlicher Arbeit | ▸ Hebe- und Biegevorrichtungen |
| Verbesserung der Sicherheit am Arbeitsplatz | ▸ Überprüfung, ob die Sicherheitsvorschriften beachtet werden<br>▸ Gefährdungsbeurteilung und Einleitung ggf. erforderlicher Maßnahmen |
| Verbesserung der Motivation | ▸ Leistungslohn<br>▸ Job Enrichment/Job Enlargement<br>▸ Job Rotation<br>▸ Teilautonomie |
| Vermeidung von Erkrankungen/Berufskrankheiten | ▸ Gefährdungsbeurteilung<br>▸ Begutachtung durch den werksärztlichen Dienst<br>▸ Beachtung der Fehlzeiten/Fluktuation<br>▸ Mitteilungen der Berufsgenossenschaften |
| Reduzierung des Absentismus | ▸ Kombination der o. g. Maßnahmen |

## Lösung zu Aufgabe 3: Zeitlohn

Beim „Zeitlöhner" erfolgt die Entlohnung auf Stundenbasis (Anzahl der Stunden • Lohnsatz pro Stunde):

Grundlohn: 167 Stunden • 22 € = 3.674 €
Überstunden-Vergütung: 38 Stunden • 22 € • 1,5 = 1.254 €

Der Gesamtlohn im Monat September beträgt 4.928 €.

## Lösung zu Aufgabe 4: Zeitakkord

a) $\text{Minutenfaktor} = \dfrac{24\ €}{60\ \text{min}} = 0{,}40\ €/\text{min}$

b) $\text{tatsächlicher Stundenlohn} = \dfrac{0{,}40\ €/\text{min} \cdot 60}{15} \cdot 17 = 27{,}20\ €/\text{Stunde}$

c) Bruttolohn bei Normalleistung = 0,40 • 4 • 15 • 35 = 840 €/35-Stunden-Woche

Bruttolohn bei Istleistung = 952 €/35-Stunden-Woche

$\text{Leistungsgrad} = \dfrac{952}{840} \cdot 100 = 113\ \%$

Die Leistung des Facharbeiters lag in der 39. und 40. Woche 13 % über der Normalleistung.

**Hinweis:** Es sind auch andere Berechnungswege möglich.

## Lösung zu Aufgabe 5: Entgeltdifferenzierung

| | **Bemessungsprinzipien** | |
|---|---|---|
| | **Anforderungsgerechtigkeit** | **Leistungsgerechtigkeit** |
| **Bemessungskriterien** | Anforderungsarten, z. B.:<br>► Genfer Schema (vier Merkmale)<br>► REFA-Schema (sechs Merkmale) | Arbeitsergebnis, z. B.:<br>► Arbeitsmenge<br>► Arbeitsgüte |
| **Bemessungsobjekt** | Betrachtet wird der Arbeitsplatz. | Betrachtet wird der Mitarbeiter. |
| **Bemessungsverfahren** | Arbeitsbewertung, z. B.:<br>► summarisch<br>► analytisch | Formen der Ergebnisbewertung, z. B.:<br>► Leistungslohn<br>► Provision |
| **Entgeltformen** | Zeitlohn<br>Gehalt | Leistungslohn, z. B.:<br>► Akkord-/Prämienlohn, Provision<br>► Formen der Ergebnisbeteiligung |

## Lösung zu Aufgabe 6: Akkordlohn, Lohnstückkosten

a) 1. Voraussetzung: **Akkordfähigkeit**

Der Arbeitsablauf muss zeitlich und inhaltlich festgelegt und ergonomisch gestaltet sein. Der Mitarbeiter muss ihn aber noch beeinflussen können. Das Leistungsergebnis muss einfach und exakt gemessen werden können (z. B. Stückzahlen).

2. Voraussetzung: **Akkordreife**

Der Arbeitsablauf muss frei von Mängeln sein (z. B. gesicherter Materialfluss). Es müssen konstante Arbeitsbedingungen vorliegen und der Mitarbeiter muss in erforderlichem Maße geeignet, eingearbeitet und geübt sein.

3. Voraussetzung: **Beeinflussbarkeit**

Die Leistungsmenge ist durch den Arbeitnehmer zu beeinflussen.

b)

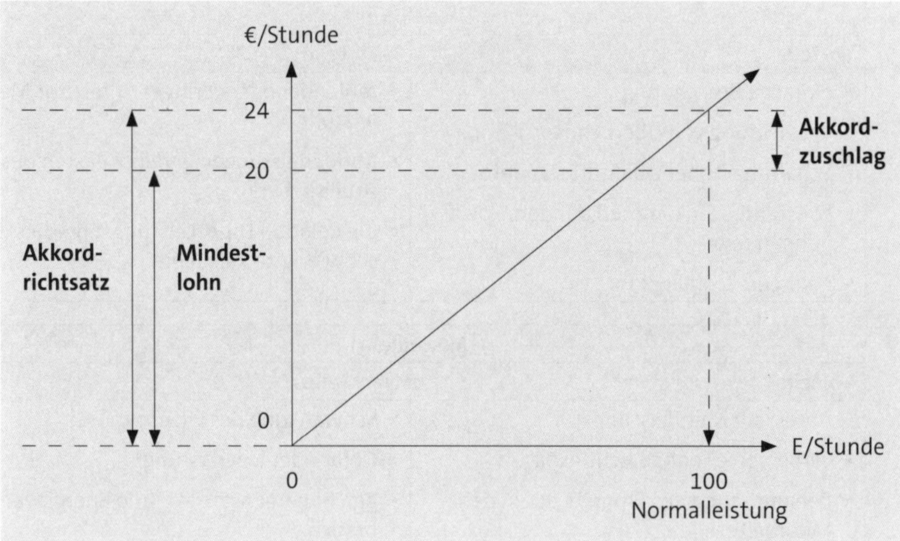


c) Lohnstückkosten:

| Einheiten (E) | Lohn (L) | Lohnstückkosten (L/E) |
|---|---|---|
| 100 | 24,00 € | 0,24 € |
| 120 | 28,80 € | 0,24 € |
| 130 | 31,20 € | 0,24 € |

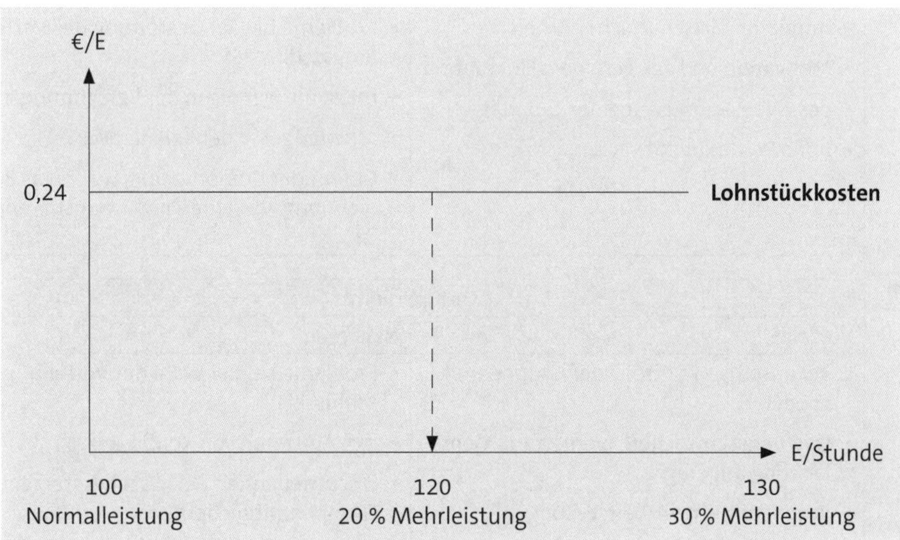

## Lösung zu Aufgabe 7: Vor- und Nachteile beim Zeitlohn, Akkordlohn, Prämienlohn und Gruppenlohn

a)

| Zeitlohn | |
|---|---|
| **Vorteile** | **Nachteile** |
| ▸ einfache Berechnung<br>▸ Vermeidung von Überbeanspruchung<br>▸ Schaffung hoher Qualitätsstandards<br>▸ konstantes Einkommen auf der Arbeitnehmerseite<br>▸ geringere Unfallgefahr | ▸ fehlender oder geringer Anreiz zur Mehrleistung<br>▸ Minderleistungen gehen zulasten des Arbeitgebers<br>▸ die Relation Lohn/Leistungsergebnis ist schwierig zu kalkulieren |

b)

| Akkordlohn | |
|---|---|
| **Vorteile** | **Nachteile** |
| ▸ Anreiz zur Mehrleistung<br>▸ verbesserte Lohngerechtigkeit<br>▸ Beeinflussung des Entgelts durch den Mitarbeiter<br>▸ Arbeitgeber trägt nicht das Risiko bei Minderleistungen<br>▸ konstante Lohnstückkosten (klare Kalkulation) | ▸ Schwankung des Einkommens<br>▸ Gefahr der Überlastung<br>▸ ggf. höherer Material- und Energieverbrauch<br>▸ höhere Kosten der Lohnabrechnung<br>▸ ggf. Qualitätseinbußen |

c)

| Prämienlohn | |
|---|---|
| **Vorteile** | **Nachteile** |
| ▸ Anreiz zu wirtschaftlicher Arbeit<br>▸ Motivation und ggf. geringere Fluktuation<br>▸ positive Beeinflussung der Qualität<br>▸ hohe Produktivität | ▸ Probleme bei der Gestaltung des Verteilungsschlüssels<br>▸ meist aufwendig in der Berechnung<br>▸ schwieriger in der Kalkulation<br>▸ Gefahr der Demotivation, wenn das Berechnungsverfahren nicht transparent ist |

d)

| Gruppenlohn | |
|---|---|
| **Vorteile** | **Nachteile** |
| ▸ gegenseitige Kontrolle der Gruppenmitglieder<br>▸ Leistungsschwächere werden zur Mehrleistung angeregt<br>▸ gruppeninterne Arbeitsteilung<br>▸ Förderung der Kooperation und des Zusammenhalts | ▸ Probleme bei der Wahl des Verteilungsschlüssels<br>▸ ggf. Auftreten von Konflikten<br>▸ Unzufriedenheit bei leistungsstarken Gruppenmitgliedern<br>▸ ggf. sozialer Druck gegen Leistungsschwächere |

## Lösung zu Aufgabe 8: Akkordlohn

$$\text{Akkordlohn pro Stunde} = \frac{\text{Akkordlohn}}{\text{Anzahl der geleisteten Stunden}} = \frac{563{,}50\ €}{35\ \text{Stunden}} = 16{,}10\ €$$

$$\text{Akkordgrundlohn pro Stunde} = \frac{\text{Akkordlohn}}{100\ \% + \text{Akkordzuschlag in}\ \%} = \frac{16{,}10\ €}{115} = 14{,}00\ €$$

## 2.5 Durchführen von Kostenarten-, Kostenstellen- und Kostenträgerzeitrechnungen sowie Kalkulationsverfahren

## Lösung zu Aufgabe 1: Bilanz, GuV, Bilanzveränderung

a) **Gliederung der Bilanz:**

| **AKTIVA** | **Bilanz** / **PASSIVA** |
|---|---|
| **Anlagevermögen** | **Eigenkapital** |
| ► immaterielle Vermögensgegenstände | |
| ► Sachanlagen | |
| ► Finanzanlagen | |
| **Umlaufvermögen** | **Fremdkapital** |
| ► Vorräte | ► langfristig |
| ► Forderungen | ► kurzfristig |
| ► Kasse, Bank | |
| **Bilanzsumme** | **Bilanzsumme** |

b) **Merkmale der Gliederung von Aktiva:**

- Liquidität
- Gesamtvermögen.

**Merkmale der Gliederung von Passiva:**

- Fristigkeit
- Gesamtkapital.

c) **GuV-Rechnung:**

Aufwendungen und Erträge werden gegenübergestellt.

d) **Arten der Bilanzveränderung**, beschreiben und begründen:

1. **Aktivtausch:** Anlagevermögen nimmt zu; Bank nimmt ab

| AKTIVA | | Bilanz | PASSIVA |
|---|---|---|---|
| AV | + | | |
| Bank | – | | |

2. **Aktiv-Passiv-Mehrung:** Vorräte nehmen zu; Verbindlichkeiten nehmen zu

| AKTIVA | | Bilanz | PASSIVA |
|---|---|---|---|
| Vorräte | + | Verbindlichkeiten | + |

3. **Aktivtausch:** Kasse nimmt ab; Bank nimmt zu

| AKTIVA | | Bilanz | PASSIVA |
|---|---|---|---|
| Kasse | – | | |
| Bank | + | | |

4. **Aktiv-Passiv-Minderung** (Bilanzverkürzung): Verbindlichkeiten nehmen ab; Bank nimmt ab

| AKTIVA | | Bilanz | PASSIVA |
|---|---|---|---|
| Bank | – | Verbindlichkeiten | – |

## Lösung zu Aufgabe 2: Betriebsergebnis, Unternehmensergebnis, Deckungsbeitrag

a) Betriebsergebnis$_{(PC)}$ = Umsatz - Fixkosten - variable Kosten

= 800.000 • 6,5 - 1.200.000 - 800.000 • 4,5 = 400.000 €

Unternehmensergebnis = BE$_{(PC)}$ + BE$_{(übrige)}$ + neutrales Ergebnis

= 400.000 + 500.000 - 30.000 = 870.000 €

b)

$$\text{Deckungsbeitrag}_{(PC)} = \text{Umsatz - variable Kosten}$$

$= 800.000 \cdot 6{,}5 - 800.000 \cdot 4{,}5 = 1.600.000\ €$

$$\text{Deckungsbeitrag}_{(PC)} \text{ pro Einheit} = \frac{\text{Deckungsbeitrag}_{(PC)}}{\sum \text{Einheiten}}$$

$= \dfrac{1.600.000}{800.000} = 2\ €/E$

## Lösung zu Aufgabe 3: Betriebsabrechnungsbogen, Selbstkosten

- Ermittlung der Zuschlagssätze:

| Gemein-kostenarten | Zahlen der Buch-haltung | Verteilungs-schlüssel | I | II | III | IV |
|---|---|---|---|---|---|---|
| | | | Material | Fertigung | Verwal-tung | Vertrieb |
| GKM | 9.600 | 3 : 6 : 2 : 1 | 2.400 | 4.800 | 1.600 | 800 |
| Hilfslöhne | 36.000 | 2 : 14 : 5 : 3 | 3.000 | 21.000 | 7.500 | 4.500 |
| Sozialkosten | 6.600 | 1 : 3 : 1,5 : 0,5 | 1.100 | 3.300 | 1.650 | 550 |
| Steuern | 23.100 | 1 : 3 : 5 : 2 | 2.100 | 6.300 | 10.500 | 4.200 |
| Sonstige K. | 7.000 | 2 : 4 : 5 : 3 | 1.000 | 2.000 | 2.500 | 1.500 |
| AfA | 8.400 | 2 : 12 : 6 : 1 | 800 | 4.800 | 2.400 | 400 |
| ∑ | 90.700 | | 10.400 | 42.200 | 26.150 | 11.950 |
| | | | | | | |
| | | Einzelkosten | 83.200 | 40.000 | 175.800 | 175.800 |
| | | | FM | FL | HK | HK |
| | | Zuschlagssätze | 12,5 % | 105,5 % | 14,9 % | 6,8 % |

- Ermittlung der Selbstkosten:

| | | | |
|---|---|---|---|
| | MEK | 83.200,00 | |
| + | MGK | 10.400,00 | |
| = | MK | | 93.600,00 |
| | FEK | 40.000,00 | |
| + | FGK | 42.200,00 | |
| = | FK | | 82.200,00 |
| | HK | | 175.800,00 |
| + | VwGK | | 26.150,00 |
| + | VtGK | | 11.950,00 |
| **=** | **SK** | | **213.900,00** |

## Lösung zu Aufgabe 4: Zuschlagskalkulation

| | | | |
|---|---|---|---|
| | Materialeinzelkoten | | 160,00 €/Stk. |
| + | Materialgemeinkosten | 30 % | 48,00 €/Stk. |
| = | Materialkosten | | 208,00 €/Stk. |
| | Fertigungslöhne | 200 : 25 | 8,00 €/Stk. |
| + | Restgemeinkosten | 120 % | 9,60 €/Stk. |
| + | Maschinenkosten | 1) | 59,40 €/Stk. |
| = | Fertigungskosten | | 77,00 €/Stk. |
| = | **Herstellkosten** | | **285,00 €/Stk.** |

| | | | | |
|---|---|---|---|---|
| 1) | Bearbeitungskosten | = 15 min • 25 Stk. • 180 €/Std. : 60 min. | = | 1.125,00 € |
| | Rüstkosten | = 2 Std. • 180 €/Std. | = | 360,00 € |
| | Maschinenkosten | = 1.485 € | | |
| | Maschinenkosten/Stk. | = 1.485 € : 25 Stk. | = | 59,40 €/Stk. |

## Lösung zu Aufgabe 5: Maschinenstundensatz

a) 1. $\text{Kalkulatorische Zinsen} = \frac{200.000}{2} \cdot \frac{6}{100} = 6.000\ €$

2. $\text{Kalkulatorische AfA} = \frac{240.000}{10} = 24.000\ €$

3. Raumkosten = 2.400 €

4. Energiekosten = 11 kwh • 0,12 €/Kwh • 2.000 Std. p. a. + 220 € = 2.860 €

5. Instandhaltungskosten = 6.000 €

6. Werkzeugkosten = 10.000 €

| Lfd. Nr. | maschinenabhängige Fertigungsgemeinkosten | € p. a. |
|---|---|---|
| 1 | kalkulatorische Zinsen | 6.000,00 |
| 2 | kalkulatorische Abschreibung | 24.000,00 |
| 3 | Raumkosten | 4.000,00 |
| 4 | Energiekosten | 2.860,00 |
| 5 | Instandhaltungskosten | 6.000,00 |
| 6 | Werkzeugkosten | 10.000,00 |
| | ∑ | 52.860,00 |
| | **Maschinenstundensatz** | |
| | = 52.860,00 € : 2.000 Std. = | **26,43 €/Std.** |

b) $\text{Kalkulatorische AfA} = \frac{300.000}{6} = 50.000\ €\ \text{p. a.}$

$\text{Kalkulatorische AfA/Std.} = \frac{50.000}{1.600} = 31,25\ €/\text{Std.}$

| | | | |
|---|---|---|---|
| | Maschinenstd.satz(alt) | = | 50,00 €/Std. |
| - | kalk. AfA/Std. (alt) | = | - 18,75 €/Std. |
| + | kalk. AfA/Std. (neu) | = | 31,25 €/Std. |
| = | Maschinenstd.satz (neu) | = | 62,50 €/Std. |

$$\Delta \text{ Maschinenstd.satz} = \frac{62{,}50 - 50{,}00}{50{,}00} \cdot 100 = 25\ \%$$

## Lösung zu Aufgabe 6: Industriekalkulation, Differenzkalkulation

| | | | |
|---|---|---|---|
| | Materialeinzelkosten | 254,94 € | |
| + | Materialgemeinkosten, 10 % | 25,49 € | |
| = | Materialkosten | | 280,43 € |
| | Fertigungslöhne | 90,00 € | |
| + | Fertigungsgemeinkosten, 110 % | 99,00 € | |
| = | Fertigungskosten | | 189,00 € |
| | Herstellkosten | | 469,43 € |
| + | Verwaltungsgemeinkosten, 15 % | | 70,41 € |
| + | Vertriebsgemeinkosten, 5 % | | 23,47 € |
| **=** | **Selbstkosten** | | **563,31 €** |
| | Angebotspreis | 800,00 € | |
| - | Verkaufsrabatt, 10 % | 80,00 € | |
| = | ZVP | | 720,00 € |
| - | Vertreterprovision (Verkauf), 10 % | 72,00 € | |
| = | BVP | | 648,00 € |
| - | Selbstkosten | 563,31 € ◄ | |
| **=** | **Gewinn = 15,03 %** | **84,69 €** | |

## Lösung zu Aufgabe 7: Deckungsbeitrag pro Stück, Break-even-Point

a) Erlöse = Kosten

$$U = K$$

$$x \cdot p = K_f + x \cdot k_v$$

$$\rightarrow \quad x = \frac{K_f}{p - k_v}$$

$$= \frac{12.000}{600 - 300} = 40 \text{ Stück}$$

b) $DB = U - K_v$

$DB = x \cdot p - x \cdot k_v$

$$\frac{DB}{x} = \frac{1}{x}(x \cdot p - x \cdot k_v) = p - k_v$$

= 600 - 300 = 300 €

## Lösung zu Aufgabe 8: Produktivität, Rentabilität, ROI

a) Arbeitsproduktivität = Ausbringung : Arbeitsstunden

Monat Mai: $\frac{50.000}{2.000}$ = 25 Stück pro Arbeitsstunde

Monat Juni: $\frac{42.000}{1.400}$ = 30 Stück pro Arbeitsstunde

Veränderung: $\frac{30 - 25}{25} \cdot 100 = 20\ \%$

Die Arbeitsproduktivität ist um 20 % gestiegen. Als Ursachen kommen z. B. infrage:

- Rückgang von Störungen im Fertigungsablauf
- verbesserte Leistung der Mitarbeiter pro Zeiteinheit.

b) Die Rentabilität misst die „Ergiebigkeit des Faktors Kapital". Insofern ist bei einer gestiegenen Arbeitsproduktivität eine Konstanz der Gesamtkapitalrentabilität möglich; folgende Fälle sind z. B. denkbar:

- Die Ergiebigkeit des Einsatzes beim Faktor Kapital verändert sich **mengenmäßig**, z. B.
  - Maschinenausfall
  - Materialverbrauch.
- Das Ergebnis des Leistungsprozesses verändert sich **wertmäßig**, z. B.:
  - veränderte Materialkosten
  - veränderte Personalkosten.
- Die **Struktur des Kapitaleinsatzes** verändert sich (Verhältnis von Eigenkapital und Fremdkapital).

c) Zum Beispiel:

$$ROI = \frac{\text{Return}}{\text{Umsatz}} \cdot \frac{\text{Umsatz}}{\text{Kapitaleinsatz}} \cdot 100$$

## Lösung zu Aufgabe 9: Kapitalbindung, Kapitalrückflusszeit

a)

Gesamtkapitalbedarf = Anlagekapitalbedarf + Umlaufkapitalbedarf

Anlagekapitalbedarf =

| | | |
|---|---|---|
| | Anschaffungspreis der neuen Anlage | 200.000 € |
| + | Anschaffungspreis der neuen Halle | 60.000 € |
| + | Transportkosten | 15.000 € |
| + | Kosten der Montage und Inbetriebnahme | 25.000 € |
| = | | **300.000 €** |

Umlaufkapitalbedarf = (Kapitalbindungsdauer - Lieferantenziel) • ø tägliche Ausgaben

= (14 + 14 + 10 + 20 - 30) • (2.000 + 4.000 + 500) = 182.000 €

Gesamtkapitalbedarf = 300.000 + 182.000 = 482.000 €

b)

$$\text{Kapitalrückflusszeit} = \frac{\text{Anschaffungswert - Restwert}}{\text{Ø Gewinn + Abschreibungen p. a.}}$$

| | | | | |
|---|---|---|---|---|
| 1. | $\text{Restwert}_1$ | = | 20.000 | |
| 2. | $\text{Restwert}_2$ | = | 0 | |
| 3. | $\text{Afa}_1$ | = | 240.000 € : 5 J. | = 48.000 €/Jahr |
| 4. | $\text{AfA}_2$ | = | 60.000 € : 10 J. | = 6.000 €/Jahr |
| 5. | $\text{Gewinn}_{(p.\,a.)}$ | = | $\text{Umsatz}_{(p.\,a.)}$ - $\text{Kosten}_{(p.\,a.)}$ | |
| 6. | $\text{Umsatz}_{(p.\,a.)}$ | = | 200 Tg. • 100 Stk. • 70 € | = 1.400.000 € |
| 7. | $\text{Kosten}_{(p.\,a.)}$ | = | (20 + 40 + 5) • 100 Stk. • 200 Tg. | = 1.300.000 € |
| → 8. | Gewinn | = | 1.400.000 - 1.300.000 | = 100.000 € |

$$\text{Kapitalrückflusszeit} = \frac{\text{Anschaffungswert - Restwert}}{\text{Ø Gewinn + Abschreibungen p. a.}}$$

$$= \frac{300.000 - 20.000 - 0}{100.000 + 48.000 + 6.000} = 1{,}82 \text{ Jahre}$$

Die Kapitalrückflusszeit beträgt rund zwei Jahre.

## Lösung zu Aufgabe 10: Operative Instrumente (Kennzahlen, Controlling) und Budgetkontrolle

a) 1. Ist-Ist-Vergleich:

- Ist-Ist-Vergleich: Aspekt „Menge" (= Absatz):

  Absatz 1: 450

  Absatz 2: 460

  Die Änderungsrate (= Δx) lautet:

  $$\Delta x = \frac{x_2 - x_1}{x_1} \cdot 100 = \frac{460 - 450}{450} \cdot 100 = 2{,}22\ \%$$

- Ist-Ist-Vergleich: Aspekt „Wert" (= Umsatz):

  Die Berechnung erfolgt analog zu oben:

  $$\Delta U = \frac{45.200 - 40.400}{40.400} \cdot 100 = 11{,}88\ \%$$

- Ist-Ist-Vergleich: Aspekt „Erlöse pro Stück":

  $$\text{Jahr 1: } \frac{40.400}{450} = 89{,}78\ €$$

  $$\text{Jahr 2: } \frac{45.200}{460} = 98{,}26\ €$$

  $$\Delta U/\text{Stk.} = \frac{98{,}26 - 89{,}78}{89{,}78} \cdot 100 = 9{,}45\ \%$$

2. Soll-Ist-Vergleich:

- Soll-Ist-Vergleich: Aspekt „Menge":

  die Änderungsrate lautet:

  $$\Delta x = \frac{x_{Ist} - x_{Soll}}{x_{Soll}} \cdot 100 = \frac{460 - 450}{450} \cdot 100 = 2{,}22\ \%$$

- Soll-Ist-Vergleich: Aspekt „Wert":

  $$\Delta U = \frac{45.200 - 48.000}{48.000} \cdot 100 = 5{,}83\ \%\ \%$$

- Soll-Ist-Vergleich: Aspekt „Erlöse pro Stück":

  $$\Delta U/\text{Stk.} = \frac{98{,}26 - 106{,}67}{106{,}67} \cdot 100 = -\ 7{,}88\ \%$$

b) Die Präsentation könnte folgendermaßen aussehen:

Präsentation als Tabelle:

| | Veränderung gegenüber dem Vorjahr | Abweichung vom Budget $\frac{(\text{Ist - Soll})}{\text{Soll}} \cdot 100$ |
|---|---|---|
| Absatz | 2,22 % | 2,22 % |
| Umsatz | 11,80 % | - 5,83 % |
| Erlös pro Stück | 9,45 % | - 7,88 % |

Präsentation als Chart in Form eines Säulendiagramms

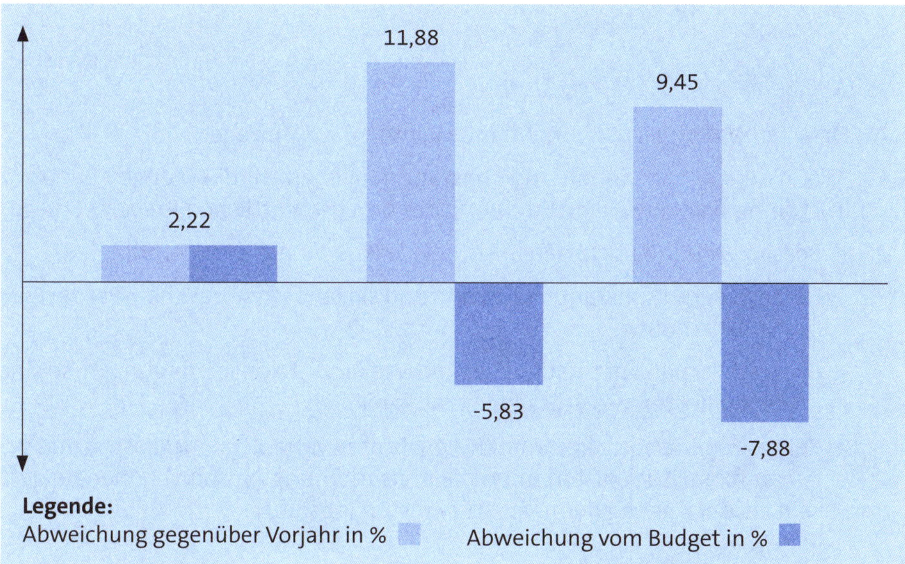


## Lösung zu Aufgabe 11: Analyse einer Geschäftsentwicklung

Es bedeutet:

x = Absatz
G = Gewinn
U = Umsatz
$K_f$ = fixe Kosten
$K_v$ = variable Kosten
$K_{v/Stk.}$ = variable Kosten pro Stück

► Die Ist-Analyse ergibt:

| | | | |
|---|---|---|---|
| G | = | 1,5 % | ↓ |
| x | = | 25 % | ↓ |
| U | = | ca. konstant | → |

- Die Zielfunktion lautet im Allgemeinen:

$$G = U - K$$
$$= x \cdot p - K_f - x \cdot k_{v/Stk.}$$
$$= x\,(p - k_{v/Stk.}) - K_f$$

Daraus ergibt sich:

$$\frac{G}{x\downarrow} = p - k_{v/Stk.} - \frac{K_f}{x\downarrow} \quad \text{sowie}$$
$$\bar{U} = x\downarrow \cdot p$$

- Als Ursache-Wirkungszusammenhänge kommen z. B. infrage:

1. Wenn der Umsatz annähernd konstant geblieben ist, die Menge aber um 25 % rückläufig war, muss eine Erhöhung des durchschnittlichen Preises vorliegen.
2. - Bei sinkendem Absatz haben sich die Fixkosten pro Stück erhöht.
   - Bei annähernd konstantem Gewinn und sinkendem Absatz hat sich der Gewinn pro Stück erhöht.
   - Unterstellt man kurzfristig unveränderte Produktionsbedingungen, so sind die variablen Kosten pro Stück konstant geblieben.
   - Bei gestiegenen Stückgewinnen, konstanten variablen Stückkosten und gestiegenen fixen Stückkosten muss die Preiserhöhung (absolut) höher ausgefallen sein als der Anstieg der fixen Stückkosten (absolut).

$$\uparrow\frac{G}{x} = \uparrow p - \frac{K_v}{x} \cdot \frac{K_f}{x}\uparrow$$

# 3. Prüfungsfach: Anwendung von Methoden der Information, Kommunikation und Planung

## 3.1 Erfassen, Analysieren und Aufbereiten von Prozess- und Produktionsdaten

### Lösung zu Aufgabe 1: Dokumentation von Prozessen

- **Gründe** für die Dokumentation von Prozessen, z. B.:
  - a) interne: Fehleranalyse, Ursachenanalyse, TQM, Auditierung
  - b) externe: Arbeitsschutz, Produkthaftung, Verbraucherschutz, Kundenanforderung.
- **Hilfsmittel:** z. B. Listen, Dateiinhalt, Programmbeschreibungen, Kommunikationsnetze, Checklisten, Prüflisten, Quellenprogramme/Quellcodes.

### Lösung zu Aufgabe 2: Daten eines Prozesses visualisieren

Formen/Hilfsmittel der Visualisierung von Prozessen/Prozessdaten, z. B.:

Die erfassten Daten eines Prozesses, die Form der Verarbeitung sowie Edv-bezogene Zusammenhänge werden als Text, Formel oder Grafik dargestellt (Plotter, Drucker, Charts, Monitoring).

### Lösung zu Aufgabe 3: Intranet

| Intranet – Vorteile für die Mitarbeiter und das Unternehmen – Beispiele | |
|---|---|
| ► schneller und zeitnaher Zugriff auf innerbetriebliche Daten und Informationen | ► Verbesserung der innerbetrieblichen Kommunikation |
| ► verbesserte Dokumentation innerbetrieblicher Vorgänge und Daten | ► Darstellung von Organigrammen und Telefonbüchern |
| ► Bereitstellung von Software (z. B. Projektsoftware) und ggf. Updates | ► Einrichtung eines Datenschutz- und Datensicherheitskonzepts |
| ► Einsatz bei Trainingsmaßnahmen | ► Arbeitszeiterfassung per Intranet |

### Lösung zu Aufgabe 4: Übernahme bestehender Zeichnungen

Zeichnungen können, auch in großen Formaten bis DIN-A0, mithilfe eines Scanners eingelesen (eingescannt) werden. Die eingescannte Zeichnung kann anschließend mittels Datenverarbeitung weiterbearbeitet werden. Ein Vorteil liegt in der Zeitersparnis für diese Art der Datenübernahme. Der Prozess des Einscannens erfolgt relativ schnell. Der Nachteil dieses Verfahrens liegt darin, dass über einen Scanner eingelesene Daten erst einmal im Pixelformat (als Bildpunkte) und nicht im Vektorformat (als Vektoren eines Koordinatensystems) vorliegen. Für eine effiziente Weiterverarbeitung mit einem CAD-Programm wäre eine Datenkonvertierung in ein Vektorformat sinnvoll.

## Lösung zu Aufgabe 5: Vorteile von CAD-Software

CAD-Programme bieten:

- einfache Übernahme bereits vorhandener Daten
- schnelle und einfache Änderungsmöglichkeiten
- Nutzung verschiedener Programmfunktionen wie Zoomen, Stauchen/Strecken etc.
- Möglichkeiten der Simulation und Visualisierung
- Weiterverarbeitung der erstellten Daten in anderen Unternehmensbereichen
- Platz sparende Verwaltung von erstellten Konstruktionsdaten
- schnelle und komfortable Suchmöglichkeiten vorhandener Zeichnungen
- einfache Datensicherung
- Datentransfer.

## Lösung zu Aufgabe 6: Funktionen von CAD-Software

Die Beherrschung eines CAD-Programms ist für technische Zeichner heute ein absolutes Muss. Durch die folgenden Programmfunktionen ergeben sich sowohl bei 2D- wie auch erst recht bei 3D-Konstruktionen enorme Zeiteinsparungen:

- Zoomen (Vergrößern des Bildausschnittes)
- Löschen
- Drehen
- Stauchen/Strecken
- Objektfang
- unterschiedliche Ansichten
- Objektbibliotheken
- Kopieren von Objekten
- Spiegeln
- Verschieben
- Koordinatensysteme
- Layertechnik
- Simulationen.

## Lösung zu Aufgabe 7: CIM-Konzept

Nach dem CIM-Konzept müssen alle auftrags- und produktionsrelevanten Unternehmensdaten zentral verwaltet werden und allen Bereichen des Unternehmens zur Verfügung stehen. Bei der Datenbank ist darüber hinaus darauf zu achten, dass Redundanzen vermieden werden und eine hohe Ausfallsicherheit gegeben ist.

## Lösung zu Aufgabe 8: Betriebsdatenerfassung

| Art der Erfassung | Vorteil – Beispiele | Nachteil – Beispiele |
|---|---|---|
| manuell | Es können auch unterschiedliche Codierungen erfasst werden. | ► kostet Zeit<br>► ist langsam |
| RFID | geringe Größe | geringe Reichweite |
| Barcodescanner | geringe Fehlerrate | ► begrenzte Anzahl von Datenfeldern<br>► Es muss Sichtverbindung bestehen. |
| Magnetstreifen | preiswert in der Herstellung | ► höhere Fehlerrate (Beschädigung) |

## Lösung zu Aufgabe 9: PPS-System

Mithilfe eines PPS-Systems kann der Vertrieb

- bei der Angebotserstellung den Liefertermin bestimmen,
- offene Angebote verwalten,
- Aufträge aus der Angebotserstellung übernehmen,
- bei Kundenanfragen jederzeit den Auftragsstatus abrufen,
- bei der Reklamationsbearbeitung direkt auf alle relevanten Auftragsdaten zugreifen und
- Vertriebsstatistiken erstellen.

## Lösung zu Aufgabe 10: Vergleich Standard-/Individual-Software

- **Vorteile einer Standard-Software:**
  - geringer Preis
  - direkte Verfügbarkeit der Software
  - meist wird die Software weiterentwickelt und dann als Update preiswert angeboten
  - häufig ist Lernliteratur verfügbar, die Anwendungen über das Handbuch hinaus gut beschreibt
  - Angebot mehrerer Lieferanten.
- **Vorteile einer Individual-Software:**
  - Leistungsumfang wird individuell definiert
  - Anpassung an betriebliche Gegebenheiten
  - direkter Kontakt zum Software-Hersteller
  - schnelle Reaktionsmöglichkeit im Falle einer Fehlerbehebung
  - Möglichkeit der nachträglichen Programmänderung.

Abschließend kann man für eine Auftragsbearbeitung sicherlich nicht pauschal sagen, ob eine Standard- oder Individual-Software besser geeignet ist. Für diese Entscheidung sind weitere betriebliche Daten erforderlich.

## Lösung zu Aufgabe 11: Änderungen an Individual-Software

Individual-Software wird i. d. R. durch eine Software-Firma oder durch eigene Programmierer eines Unternehmens entwickelt. Wenn diese Software auf Änderungen in Unternehmensabläufen angepasst werden muss, so müssen in beiden Fällen

- der Quellcode des Programms vorliegen,
- das Programm so dokumentiert sein, dass man den Programmablauf nachvollziehen und Änderungen vornehmen kann,
- Kenntnisse zur verwendeten Programmiersprache vorliegen und
- ein Compiler für die Übersetzung des Quellcodes verfügbar sein.

## Lösung zu Aufgabe 12: Auswahl von Software und Lieferanten

Folgende Kriterien sollten in die Bewertung der Angebote einfließen:

- **Bewertung der Anbieterfirma:**
  - Marktposition und Ruf des Anbieters
  - Größe des Anbieters (z. B. Umsatz, Anzahl Mitarbeiter, Anzahl Niederlassungen etc.)
  - Kerngeschäftsfeld(er) des Anbieters
  - Referenzen des Anbieters
  - ISO 9000:2015-11-Zertifizierung
  - Erfahrungen des Anbieters
  - Ausbildung und Fachkompetenz der Mitarbeiter
  - eigener subjektiver Eindruck von der Firma
  - Akzeptanz des Anbieters im eigenen Unternehmen.
- **Kosten:**
  - Lizenzkosten der E-Mail-Software
  - Installationskosten
  - Kosten für Service-Leistungen
  - Kosten für mögliche Updates
  - weitere zu erwartende Folgekosten.
- **Zeiten:**
  - Lieferzeit
  - Dauer der Installation
  - möglicher Zeitpunkt für die Installation (außerhalb der üblichen Arbeitszeiten)
  - zugesicherte Reaktionszeit im Service-Fall.

- **Service-Leistungen:**
  - Hotline (Zeiten, Kosten, Erreichbarkeit etc.)
  - Vor-Ort-Service
  - Fernwartung der Software.
- **Dokumentation:**
  - Qualität der Handbücher
  - angebotene Sprachen der Handbücher (deutsch verfügbar?)
  - Dokumentation auf Papier oder Datenträger
  - Lernsoftware
  - Online-Hilfe.
- **Technische Kriterien:**
  - Erfüllungsgrad des Pflichtenheftes
  - Hardware-Mindestanforderungen
  - Betriebssystem-Unterstützung
  - Datensicherheit
  - Performance des Gesamtsystems
  - Reifegrad der E-Mail-Software
  - Ergonomie der E-Mail-Software (intuitive Bedienung, grafische Benutzeroberfläche, betriebssystemkonforme Bedienung, Hilfe-Funktionen etc.).

Abschließend kann nach der Ermittlung der Kriterien zur Angebotsbewertung auch noch eine Gewichtung der einzelnen Kriterien erfolgen. Damit ließe sich schließlich für die Auswahl des Anbieters einer E-Mail-Software eine Entscheidungsmatrix erstellen.

## Lösung zu Aufgabe 13: Höhere Programmiersprachen

Höhere Programmiersprachen sind grundsätzlich für den Programmierer besser lesbar und ermöglichen den Einsatz von Programmiertechniken wie strukturierte Programmierung und objektorientierte Programmierung. Dadurch wird die Programmierung und insbesondere auch die Programmpflege erleichtert und somit kostengünstiger.

Höhere Programmiersprachen sind i. d. R. prozessorunabhängig. Dies bedeutet, dass mit ihnen entwickelte Programme flexibel im Einsatz auf verschiedenen Prozessoren und Computern verwendet werden können und somit nicht individuelle Anpassungen im Programmcode vorgenommen werden müssen. Das ermöglicht erhebliche Kosteneinsparungen bei einer Umstellung auf andere Rechnersysteme.

## Lösung zu Aufgabe 14: Passwörter

Ein Informationsblatt zur Auswahl von Passwörtern sollte z. B. folgende Hinweise enthalten:

- Ein Passwort sollte grundsätzlich von Zeit zu Zeit geändert werden. Geeignete Zeiträume bewegen sich zwischen drei und sechs Monaten. Bei einem konkreten Verdacht sollte unverzüglich ein neues Passwort gewählt werden.
- Das ausgewählte Passwort sollte nicht zu kompliziert sein.
- Wegen der unterschiedlich verwendeten Zeichensätze in Computern sollte ein Passwort keine nationalen Umlaute oder nationale Sonderzeichen beinhalten.
- Man sollte nicht überall dasselbe Passwort verwenden. Würde es anderen bekannt werden, wären somit alle Systeme, in denen sich jemand über ein und dasselbe Passwort authentifiziert, gefährdet.
- Das ausgewählte Passwort sollte kein vollständiges Wort sein, das man aus einem Duden oder Lexikon entnehmen kann. Solche Wörter können beim Versuch des Knackens von Passwörtern sehr einfach von Datenträgern wie CDs eingelesen werden.
- Passwörter sollten keine Namen von Personen oder Firmen darstellen.
- Auch Zahlen wie eigene oder bekannte andere Geburtstage sind als Passwort nicht zu verwenden.
- Ein Passwort sollte nicht zu kurz sein, es sollte mindestens acht Zeichen haben.
- Man sollte bei Passwörtern Sonderzeichen (z. B. Satzzeichen) an beliebigen Stellen einbauen.
- Vertauscht man in einem Passwort gewisse Stellen (z. B. den ersten mit dem letzten Buchstaben eines normalen Wortes) und fügt z. B. für Vokale Sonderzeichen oder Ziffern ein, so erhöht dies wesentlich den Passwortschutz und ist trotzdem leicht zu behalten.

### 3.2 Planungstechniken und Analysemethoden sowie deren Anwendungsmöglichkeiten

## Lösung zu Aufgabe 1: Pareto-Prinzip

a) Ziele bilden den Maßstab für menschliches Handeln.

Wer klar umrissene Ziele hat, weiß wohin er will.

b) Das Pareto-Prinzip (auch: 80:20-Regel) besagt u. a., dass 80 % des Zeiteinsatzes nur 20 % Ergebnisbeitrag bringen. Daraus folgt in der Umkehrung: In der Regel bringen 20 % des Kräfte- und Zeiteinsatzes bereits einen Ergebnisbeitrag von 80 %.

z. B.:

- Liste: - ____________
  - ____________

(individuelle Lösung)

Im genannten Beispiel heißt dies, nicht einen zeit- und kräfteverzehrenden Aktionismus zu entfalten, sondern die 20 % der Maßnahmen herauszufiltern, die bereits 80 % Zielbeitrag ergeben. Beispiel: Man entscheidet sich aus der Fülle geeigneter Fortbildungsmaßnahmen zunächst nur für eine Veranstaltung „Konferenztechnik/ Moderation von Gesprächen", da man der Auffassung ist, dass man mit dem Erwerb dieser Schlüsselqualifikation den stärksten Zielerreichungsbeitrag gewinnt.

## Lösung zu Aufgabe 2: Umgang mit anderen

Beispiele:

- Ich lerne „Nein" sagen.
- Ich stelle Fragen, statt permanent Antworten zu geben.
- Ich führe meine Mitarbeiter über Delegation und Zielvereinbarung.
- Ich nehme mir Zeit für Führungsgespräche.
- Ich setze mich nur dort ein, wo es sich lohnt (Einsparen gefühlsmäßiger und geistiger Energie).
- Ich diskutiere nicht über Behauptungen, sondern frage nach den Gründen.

## Lösung zu Aufgabe 3: Informationskanäle, Körbe-System

a) 3-Körbe-System:

- Eingangskorb
- Ausgangskorb
- Papierkorb (groß; ggf. zwei).

6 Informationskanäle:

- Kanal 1: lesen und vernichten
- Kanal 2: lesen und weiterleiten
- Kanal 3: lesen und delegieren
- Kanal 4: Wiedervorlage
- Kanal 5: laufende Vorgänge
- Kanal 6: sofort selbst erledigen.

**Beispiel**

| Lfd. Nr. | Vorgang | Kanal ... | Korb ... | Bemerkungen |
|---|---|---|---|---|
| 1 | unwichtige Werbung | ggf. K 1 | Papierkorb | |
| 2 | interessante, wichtige Werbung | K 4, K 5 | | |
| 3 | Anrufe, mit der Bitte um Rückruf | | | |
| | ► wichtig und dringlich | K 6 | | |
| | ► wichtig, nicht dringlich | K 6 | | |
| | ► nicht wichtig, nicht dringlich | K 2, K 3 | Ausgangskorb | |

| Lfd. Nr. | Vorgang | Kanal ... | Korb ... | Bemerkungen |
|---|---|---|---|---|
| 4 | Einladung zum Meeting | K 4 | | Termin not. |
| 5 | interne Schreiben mit der Bitte um Stellungnahme | K 2, K 6 | Ausgangskorb | |
| 6 | Fachzeitschriften (interner Umlauf) | K 2, K 3 | Ausgangskorb | |
| 7 | interne Schreiben (zur Kenntnisnahme) | K 1 | Papierkorb | |

b) Regeln im Umgang mit Papier, z. B.:

- Der Papierkorb ist das wichtigste Arbeitsmittel.
- Auf dem Schreibtisch liegt nur der Vorgang, der gerade bearbeitet wird.
- Ich lese nur das, was mich meinen Zielsetzungen näher bringt.
- Beim Lesen verwende ich einen Textmarker.
- Meine Post bearbeite ich täglich, so entstehen keine Berge.
- Leerlaufzeiten, Wartezeiten u. Ä. nutze ich für Notizen und Ideensammlungen für meine A-Ziele.

## Lösung zu Aufgabe 4: Telefonmanagement

- Kein Telefonat ohne Vorbereitung (Ziele, Einzelpunkte, Unterlagen usw.).
- Ich nutze moderne Telefontechnik (Wahlwiederholung, Konferenzschaltung usw.).
- Ich verzichte beim Telefonieren auf Wiederholungen und Redundanzen (zeitbewusstes Telefonieren).
- Ich prüfe Alternativen zum Telefonieren (Telefax, Kurzbrief, E-Mail usw.).
- Ich bilde Telefon-Blockzeiten.
- Ich organisiere meine Rückruf-Aktionen.
- Falls notwendig, bilde ich telefonlose Zeiten (Umstellen zur Zentrale, zum Kollegen usw).
- Ich benutze immer die Durchwahl. Dies erspart Wartezeiten.
- Am Schluss: Ergebnisse zusammenfassen, Termine nennen, den anderen mit Namen verabschieden.

## Lösung zu Aufgabe 5: Zeitplanung

Vorteile der schriftlichen Zeitplanung, z. B.:

- entlastet den Kopf
- schafft Überblick
- schafft Eigenmotivation
- erlaubt eine Konzentration auf das Wesentliche
- erlaubt einen permanenten Soll-Ist-Vergleich (erledigt?/unerledigt?)
- bildet in gesammelter Form eine Dokumentation der Ziel- und Maßnahmenpläne
- erlaubt ein besseres Aufspüren von Zeit- und Ressourcenverschwendern.

## Lösung zu Aufgabe 6: Tagesplanung

a) ► **Sieben Prinzipien der Tagesplanung**, z. B.:

1. Nicht den ganzen Tag verplanen (50:50-Regel).
2. „Stille Minute" zum Arbeitsbeginn fehlt (Einstimmung und Tagesplan einprägen/überprüfen).
3. Termin mit Dr. Ohnesorge liegt ungünstig (8:00 Uhr!; z. B. Verspätung wegen Stau usw.).
4. Zum Teil keine Pufferzeiten (Termin Dr. Ohnesorge/Projektgruppe K).
5. Die einzelnen Aktivitäten haben keine Prioritäten-Kennzeichnung (A, B, C).
6. Keine Kennzeichnung von
   - Terminen mit mir selbst
   - Terminen mit anderen.
7. Keine Kennzeichnung von Vorgängen, die an die Sekretärin, Frau Knurr delegiert werden können.

► **Kritische Terminplanung**, z. B.:

- sehr später Beginn der Vorbereitung zur Budgetsitzung; ab 17:00 Uhr evtl. interne Ansprechpartner nicht mehr im Hause; A-Priorität für Di.-Morgen!
- kaum Zeitpuffer zwischen 16:00 bis 19:00 Uhr
- Vorbereitung Budget: Zeitbedarf?
- Auto von der Inspektion abholen: Zeitbedarf?
- Fahrt nach Hause: 30 Min.
- Umziehen, Duschen: 30 Min.
- Fahrt von Leverkusen nach Ratingen: ca. 30 Min.

b)

| Terminkalender – Neu | | | | | |
|---|---|---|---|---|---|
| **Dienstag** | | | **05. September** | | **Hubert Kernig** |
| **Zeit** | **A, B, C** | | **Termine** | **erl.** | **Notizen** |
| 7:00 | | | | | |
| 8:00 | B | | Stille 15 Min. + Postbesprechung | | |
| 9:00 | A | | Meeting Projektgruppe K, ca. 2 - 2,5 Std., Konferenzraum, Verwaltung | | |
| 10:00 | | | | | |
| 11:00 | | | Puffer | | |
| 12:00 | A | | Mittagessen mit Dr. Endres; neue Marketingstudie, neueste Verkaufszahlen | | Tel. Dr. Zahl/EDV-Liste, Budget für kommendes Jahr |
| 13:00 | B | | Budgetplanung für kommendes Jahr, Vorbereitung der Unterlagen für Do.-Morgen, 9:00 bis 10:30 Uhr | | Tel. Müller & Co. Reklamation |
| 14:00 | A | | | | Brief Fr. Strackmann Mietminderung! |
| 15:00 | | | | | Tel. mit Autohaus + Lisa |
| 16:00 | | | | | |
| 17:00 | | | | | |
| 18:00 | | | (bis ca. 17:30/18:00 Uhr) | | |
| 19:00 | | | | | |
| 20:00 | C | | Privat: Einweihungsfete bei Jochen in Ratingen; ab 20:00 Uhr | | |
| 21:00 | | | | | |
| 22:00 | | | (ca. 22:30 Uhr: Rückfahrt) | | |
| 23:00 | | | (Schlafen) | | |

| Veränderungsvorschläge – Beispiele | | | | | |
|---|---|---|---|---|---|
| **Lfd. Nr.** | | | **Aktion** | | **Maßnahme** |
| 1 | C | | Besprechung mit Dr. Ohnesorge, Werk, Raum 5 | | vertagen oder delegieren |
| 2 | B | | Postbesprechung Sekretärin Frau Knurr, ca. 30 Min. | | verlegen auf 8:15 Uhr oder kurz vor dem Mittagessen |
| 3 | A | | Präsentation für Verkaufsleitertagung am Fr. vorbereiten | | verlegen auf Mi. ab 14:00 Uhr |
| 4 | C | | Einweisung von Herrn Grundlos | | vertagen oder delegieren |

| Veränderungsvorschläge – Beispiele | | | | | |
|---|---|---|---|---|---|
| **Lfd. Nr.** | | | **Aktion** | | **Maßnahme** |
| 5 | A | | ► Auto abholen von Inspektion | | Tel. mit Autohaus: Auto bringen lassen, ggf. gegen Aufpreis |
| 6 | C | | ► Tel. mit Lisa/Geschenk Jochen | | Lisa bitten, Geschenk zu besorgen und bei Jochen anrufen wegen evtl. Verspätung |
| Agenda: | | | Termin mit anderen | | Termine mit mir selbst |

c) Eisenhower-Prinzip

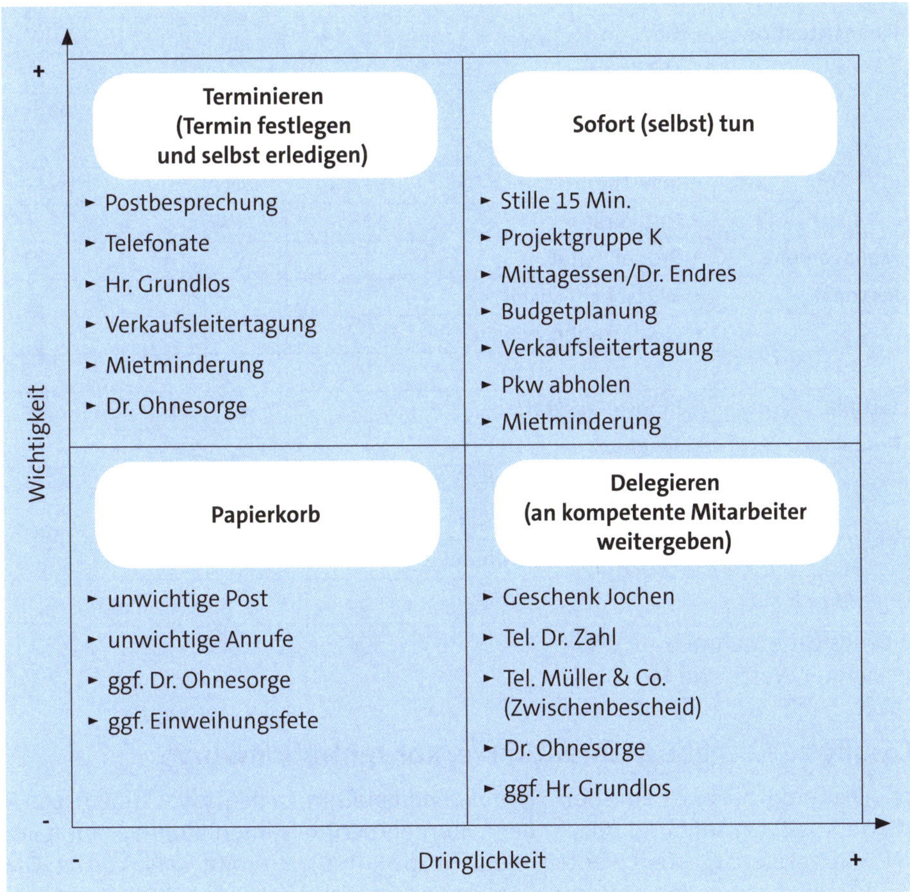

## Lösung zu Aufgabe 7: Stärken-Schwächen-Analyse

| Dimensionen der Wettbewerbsposition, z. B: | Indikatoren, Messgrößen – Beispiele | Skalierung | | | | |
|---|---|---|---|---|---|---|
| | | ungenügend | | mittel | | sehr gut |
| | | 1 | 2 | 3 | 4 | 5 |
| **Marktstellung** | ► Bekanntheitsgrad | | ○ | | | ● |
| | ► Preis-/Leistungsverhältnis | | | | | |
| | ► Vertriebswege | | | | | |
| | ► Marketingsinstrumente | | | | | |
| **Finanzsituation** | ► Gewinn | ● | | | ○ | |
| | ► Umsatzrendite | | | | | |
| | ► ROI | | | | | |
| | ► Kapitalstruktur | | | | | |
| | ► Investitionskraft | | | | | |
| | ► Liquidität | | | | | |
| **Management** | ► Produktivität | | ○ | ● | | |
| **Personal** | ► Wirtschaftlichkeit | | | | | |
| | ► Qualifikationsniveau | | | | | |
| | ► Unternehmertum | | | | | |
| **Technik** | ► Innovationskraft | | ● | | ○ | |
| **Produkte** | ► Patente | | | | | |
| | ► Entwicklungsgeschwindigkeit | | | | | |
| | ► Imitation oder Innovation | | | | | |
| | ► Lebenszyklus der Produkte | | | | | |

Legende:

eigenes Unternehmen ●
relevanter Wettbewerber ○

## Lösung zu Aufgabe 8: Lorenzkurve, Konzentrationskurve

a) Die Lorenzkurve ist ein spezielles Kurvendiagramm, in dem zwei statistische Massen (z. B. Umsatz und Anzahl der Unternehmen) mit ihren kumulierten relativen Häufigkeit dargestellt werden. Je stärker die Kurve gekrümmt – also von der Gleichverteilungsgeraden entfernt – ist, desto ungleicher ist die Verteilung der beiden Massen, z. B. 50 % des Umsatzes entfallen auf 80 % der Unternehmen.

Anwendungsgebiete, z. B.: Umsatzstruktur, ABC-Analyse.

b)

| Anzahl der Unternehmen | | | Umsätze in Mio. € | | |
|---|---|---|---|---|---|
| absolut | in % | kumuliert | absolut | in % | kumuliert |
| 176 | 40,9 | 40,9 | 95 | 7,0 | 7,0 |
| 94 | 21,9 | 62,8 | 141 | 10,4 | 17,4 |
| 87 | 20,2 | 83,0 | 162 | 11,9 | 29,3 |
| 38 | 8,8 | 91,8 | 160 | 11,8 | 41,1 |
| 24 | 5,6 | 97,4 | 316 | 23,2 | 64,3 |
| 7 | 1,6 | 99,0 | 145 | 10,7 | 75,0 |
| 4 | 1,0 | 100,0 | 341 | 25,0 | 100,0 |
| 430 | **100,0** | | **1.360** | **100,0** | |

Konzentrationskurve

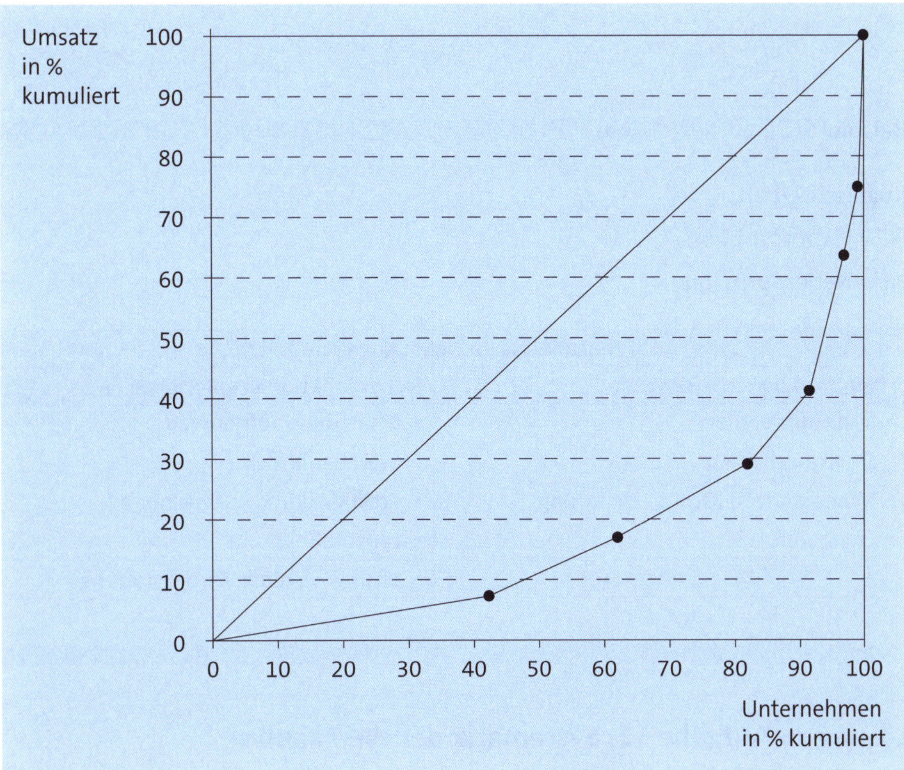


## Lösung zu Aufgabe 9: Arbeitsplan, Schlüsselfragen

Was ist es?

- Was tut es? (Was ist seine Funktion?)
- Was kostet es?
- Was könnte die gleiche Funktion erfüllen?
- Was würde dies kosten?

## Lösung zu Aufgabe 10: Wertanalyse, Funktionsarten

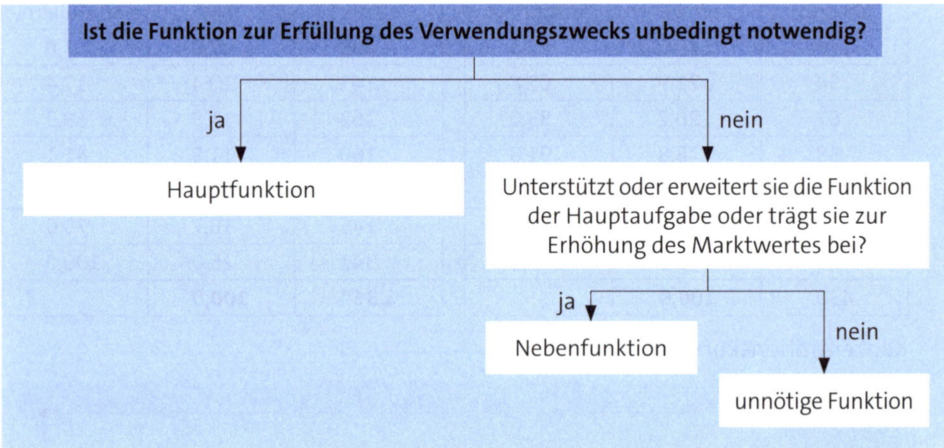


### Beispiel

**Kugelschreiber:**

HF = Hauptfunktion

NF = Nebenfunktion

| Wertanalyse Produkt „Kugelschreiber“ | |
|---|---|
| **Hauptfunktionen – Beispiele** | **Nebenfunktionen – Beispiele** |
| ► Mine aufnehmen<br>► Druckmechanik<br>► Mine schützen (Druck, Zerstörung)<br>► Ergonomie | ► Ersatzmine aufnehmen<br>► Werbeaufdruck<br>► Prestige durch Aufmachung<br>► Leuchteffekt<br>► positiv wirkende Farbgestaltung |

## Lösung zu Aufgabe 11: Systematik der Wertanalyse

| | Grundschritte | Beschreibung |
|---|---|---|
| 1 | Informationsphase | Funktionen definieren und bewerten |
| 2 | Kritikphase | Funktionen bewerten, Ist-Situation prüfen |
| 3 | schöpferische Phase | Alternativen suchen, Kreativitätstechniken einsetzen |
| 4 | Bewertungsphase | gefundene Alternativen untersuchen und bewerten |
| 5 | Planungsphase | Alternativen planen |
| 6 | Vorschlagsphase | Alternativen vorschlagen |
| 7 | Realisierungsphase | entscheiden und einführen |

## Lösung zu Aufgabe 12: Strategische Planung, kritischer Weg, Modus, Sukzessivplanung

a) **Strategische Planung** = gedankliche Entwicklung von Unternehmenszielen mit langfristigem Planungshorizont in Form einer Grobplanung, die sich an zukünftigen Erfolgspotenzialen orientiert.

b) **Kritischer Weg**: Bezeichnet in der Netzplantechnik die Aneinanderreihung der Vorgänge, die einen Gesamtpuffer = 0 haben. Eine Terminverzögerung der kritischen Vorgänge führt zu einer zeitlichen Verlängerung des Projekts.

c) **Modus** = Begriff aus der Statistik; sog. Lageparameter; bezeichnet den häufigsten Wert einer Urliste.

d) **Sukzessivplanung**: Verfahren der Planung in Einzelschritten: Man beginnt mit dem dominanten Plan (z. B. dem Absatzplan), an den sich die weiteren Teilpläne je nach Priorität und Sachzusammenhang anreihen bis der Unternehmensgesamtplan erstellt ist.

## Lösung zu Aufgabe 13: Operative Planung (Planung der Stromkosten)

a) Stromkosten gesamt, pro Monat bei 100 % Auslastung:

400 Std. • 60 kWh • 0,12 €/kWh = 2.880 €

Davon Fixkosten:

120 € + 144 € = 264 €

b) 70 % von 2.880 € = 2.066 €

### 3.3 Anwenden von Präsentationstechniken

## Lösung zu Aufgabe 1: Präsentation (Übung)

- Inhaltliche Vorbereitung der Präsentation: individuelle Lösung (vgl. dazu auch >> 3.3).
- Zentrale Aspekte der Wirksamkeit einer Präsentation:
  1. persönliche Wirkung (Sprache, Körpersprache usw.)
  2. Thema, Inhalt, Struktur
  3. Überzeugung, Nutzen, Verständlichkeit
  4. Visualisierung.

## Lösung zu Aufgabe 2: Moderation (Übung)

a) Generell ist die Wirksamkeit der Moderation von Besprechungen anhand folgender Aspekte zu bewerten:
   - Wird themenzentriert gesteuert?
   - Werden alle Mitarbeiter fragend einbezogen?
   - Wirkt der Moderator mäßigend, ausgleichend?

- Wird ein Protokoll geführt?
- Erfolgt eine Festlegung der Zeiten (Beginn, Ende, Pause)?
- Werden wichtige Eckpunkte der Besprechung visualisiert?
- Erfolgt eine Zusammenfassung nach bestimmten Themenabschnitten bzw. am Schluss?

b) 1. ▸ **Ursachen**, z. B.:
   - undeutliche Sprechweise
   - ungeeignete oder fehlende Fragestellungen
   - keine Visualisierung usw.

   ▸ **Maßnahmen**, z. B.:
   - Coaching
   - Seminarbesuch u. Ä.

   2. bis 6. vgl. zur Lösung den entsprechenden Abschnitt unter » 3.3.

## Lösung zu Aufgabe 3: Visualisierung (1)

a) Geeigneter Diagrammtyp:
- Kostenstruktur der Baugruppe Z: → Kreisdiagramme (mit oder ohne explodierendem Segment oder Struktogramme (mit oder ohne Normierung auf 100 %)
- Entwicklung der Unfallzahlen: → Balken-/Säulendiagramm oder Liniendiagramm

b) 1. Kostenstruktur der Baugruppe Z als Kreisdiagramm (mit explodierendem Segment):

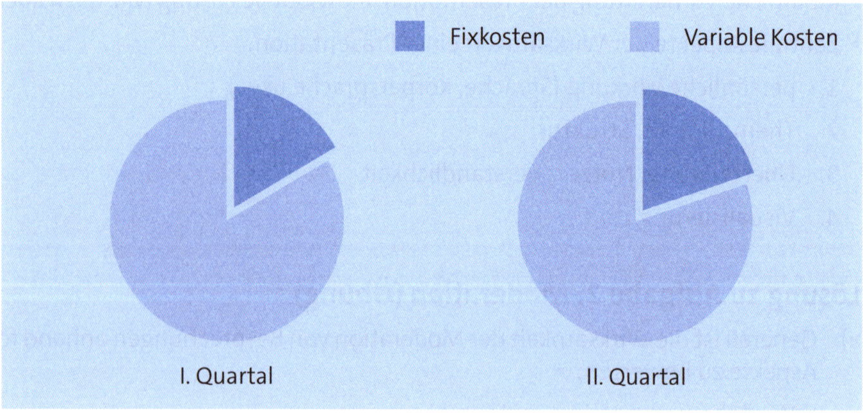

2. Kostenstruktur der Baugruppe Z als Struktogramm (auf 100 % normiert):

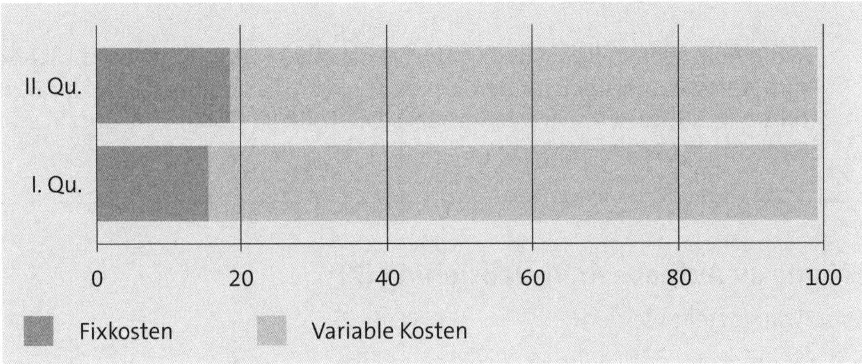


Entwicklung der Unfallzahlen als Liniendiagramm:

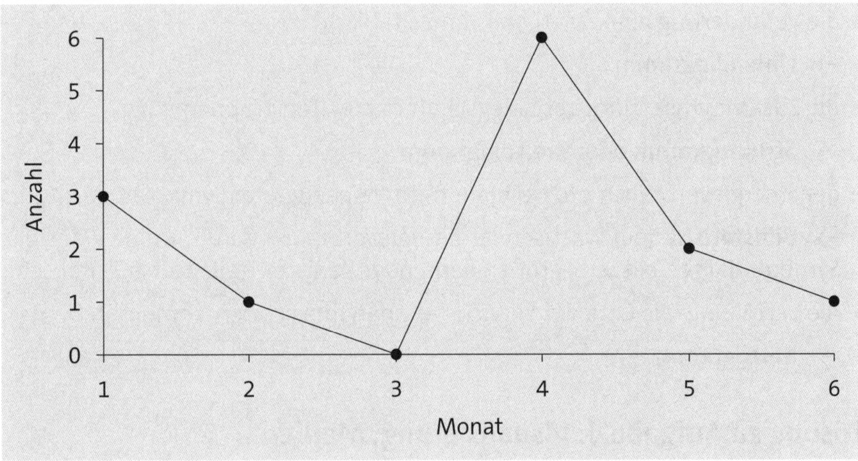


Entwicklung der Unfallzahlen als Balkendiagramm (vertikal, 3-D-Darstellung):

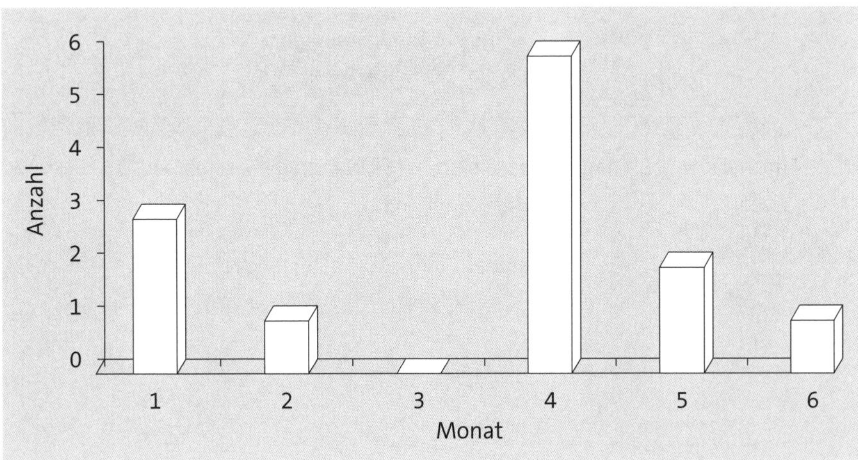

ACHTUNG

Da die Aufgabenstellung eine Grafik als Folienvorlage erfordert, ist DIN-A4 als Formatgröße zu wählen; außerdem ist der Schriftgrad hinreichend groß zu gestalten (≥ 16; ca. 1 ½ cm oder größer). Die Folie ist durch eine aussagefähige Überschrift (Titel) zu ergänzen.

## Lösung zu Aufgabe 4: Visualisierung (2)

Es soll dargestellt werden:

- die Häufigkeit von Merkmalsausprägungen:
  → **Balken- oder Säulendiagramm**
- die Veränderung eines Merkmals im Zeitablauf:
  → **Liniendiagramm**
- die Zusammensetzung der Belegschaft nach Altersgruppen:
  → **Struktogramm oder Kreisdiagramm**
- den Energieverbrauch pro Halbjahr mithilfe geeigneter Symbole:
  → **Bildstatistik** (ein wachsender Energieverbrauch wird mithilfe eines geeigneten Symbols dargestellt, z. B. größer werdender Kanister Treibstoff je Zeitabschnitt
- die Verteilung/die Orte der Servicestationen Ihres Unternehmens in Deutschland:
  → **Kartogramm.**

## Lösung zu Aufgabe 5: Visualisierung, Medien

Dazu einige ausgewählte Beispiele:

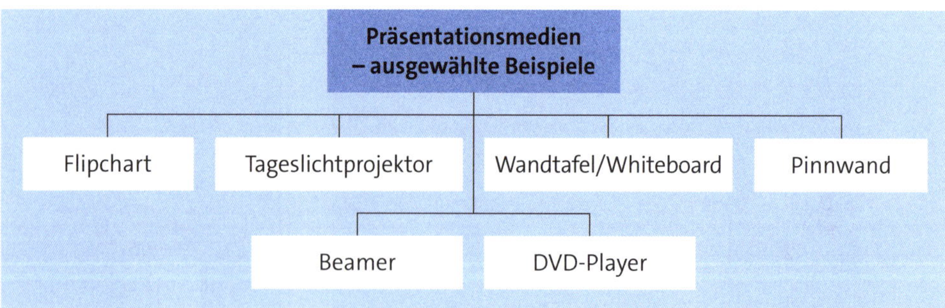

- **Flipchart:**

  Vorteile:
  - Aufzeichnungen bleiben erhalten (z. B. für Protokolle oder als Basis für weitere Bearbeitung)
  - die einzelnen Blätter können als Gesamtergebnis nebeneinander an die Wand geheftet werden (Szenerie)
  - das Gestell ist leicht zu bewegen (Kleingruppenarbeit)
  - das Arbeiten mit der Flipchart ist weitgehend problemlos.

  Nachteile:
  - beim Schreiben und Visualisieren ist der Rücken zur Gruppe gewandt
  - Aufzeichnungen können nicht gelöscht werden (Unterschied zur Wandtafel).

  Hinweise:
  - Sind genügend Blätter vorhanden?
  - Sind es die richtigen Blätter (weiß, kariert, liniert)?
  - Haben die Blätter die passende Aufhänge-Perforation?
  - Sind Farbstifte vorhanden und sind diese funktionsfähig?

  geeignet: für Präsentationen, Notizen, Visualisierung, Ideenspeicher, Rechenwerke, Diskussionsprotokoll

- **Tageslichtprojektor (nicht mehr überall vorhanden):**

  Vorteile:
  - kein Abdunkeln erforderlich
  - beim Schreiben ist der Blick zum Publikum gewandt
  - Erstellen von Folien verhältnismäßig einfach (Fotokopier-Folien/Thermo-Folien),
  - Realaufnahmen möglich
  - der Referent sieht die Abbildung der nächsten Folie und kann sich textlich darauf einstellen
  - eine Änderung der Folien-Reihenfolge während des Vortrags ist möglich
  - mehrere Folien können übereinandergelegt werden, dadurch kann eine Darstellung durch Hinzufügen weiterer Aspekte Schritt für Schritt weiterentwickelt werden
  - Folien können während des Vortrages handschriftlich ergänzt und schriftlich kommentiert werden.
  - Abdeckung der im Moment nicht gefragten Textteile (Abdecktechnik).

  Nachteile:
  - Projektionswand erforderlich
  - Farbfolien sind teuer
  - das abschließende Arbeitsergebnis kann nicht durch Nebeneinanderstellen der Einzelergebnisse dargestellt werden
  - die dargestellte Information ist nur kurzzeitig präsent.

Hinweise:

- Ist der Projektor funktionsfähig?
- Sind Verlängerungskabel und Ersatzbirne vorhanden?
- Stellen Sie das Gerät nicht auf den Tisch (gestörter Blickwinkel), sondern so, dass sich die Glasplatte mit Folie in Tischhöhe befindet.
- Achten Sie darauf, dass Sie nicht im Bild stehen!
- Verschiedenfarbige Folienstifte und Leerfolien (Folienrolle) bereitlegen.
- Justieren Sie vorher das Bild auf Größe und Schärfe.
- Prüfen Sie, ob Spiegel und Glasplatte sauber sind.
- Demonstrieren Sie auf der Folie und nicht an der Leinwand (Rücken!)
- Folien nicht mit Informationen überladen (weniger ist mehr).
- Kabel fixieren (Vorsicht Fußangel!)

geeignet: für Präsentationen, Visualisierungen

► **Wandtafel/Whiteboard:**

Vorteile:

- relativ problemlos
- kostengünstig
- unmittelbare Aufzeichnungen
- Schreibfehler können sofort korrigiert werden.

Nachteile:

- beim Schreiben/Visualisieren ist der Rücken zum Publikum gewandt
- Transport umständlich; oft fest installiert
- Ergebnisse werden weggewischt und stehen für Protokoll oder tiefergehende Arbeiten nicht mehr zur Verfügung
- erinnert an die Schule.

Hinweise: Denken Sie an Kreide/Stifte und Schwamm (+ Wasser).

geeignet: für Visualisierung, Rechenwerke, Notizen

► **Pinnwand:**

Vorteile:

- verhältnismäßig große Fläche pro Wand
- mit Pinnwand-Karten können sehr schnell Ideen und Erfahrungssammlungen durchgeführt werden
- Karten können umgesteckt und neu geordnet werden
- Strukturierung der gesammelten Informationen sofort möglich

- die einzelnen Arbeitsergebnisse können in Form einer Szenerie (mehrere Pinnwände nebeneinander) zu einem Gesamtergebnis zusammengeführt werden
- verschiedene Gestaltungselemente möglich: Kreise, Pfeile, Rechtecke, Wolken usw. (kein starres Schema)
- alle Informationen bleiben präsent.

Nachteile:

- beim Anpinnen der Karten oder beim Schreiben ist der Rücken zum Publi-kum gewandt (lassen Sie daher anpinnen bzw. schreiben!)
- die Wände sind sperrig beim Transport
- zur Pinnwand gehören bestimmte Utensilien
- aufwendige Archivierung und Dokumentation.

Hinweise:

- Überlegen Sie vorher, wie viel Wände gebraucht werden (vollständiges Sortiment)
- Filzschreiber für jeden Teilnehmer
- auf Wandfläche Freiraum für Ergänzungen lassen
- Roter Faden für den gezielten Einsatz notwendig (Nummerierung; besonders bei mehreren Pinnwänden).

geeignet: für Präsentationen, Ideenspeicher, Visualisierung, Projektarbeit, Ideen-/ Erfahrungssammlung

► **DVD-Player:**

Vorteile:

- Wiedergabe von Fernsehsendungen oder Lehrprogrammen
- Aufzeichnung und Wiedergabe von Rollenspielen und Präsentationen
- gezielte/sequenzielle Auswertung und Bearbeitung möglich
- einfache Dokumentation und Archivierung.

Nachteile:

- der Einsatz der Kamera verlangt Übung
- ggf. Versagen der Technik
- kostenintensiv
- Transport (Kamera, DVD-Player, Fernsehgerät).

Hinweise:

- gute Vorbereitung erforderlich
- vorher ausprobieren, ob DVD-Player und TV-Gerät abgestimmt sind
- nicht zu lange Sequenzen zeigen (Spielfilm/Ermüdung).

geeignet: für Präsentationen, Lehrprogramme, Verhaltenstraining

## Lösung zu Aufgabe 6: Präsentation (1)

a) Maßnahmen/Aktivitäten zur **Vorbereitung einer Präsentation**:
  - Adressatenanalyse
  - fachliche/inhaltliche Vorbereitung
  - mentale Vorbereitung
  - üben der Präsentationstechnik
  - Visualisierungsmittel vorbereiten.

b) **Sprech- und Redetechniken**, z. B.:
  - Atmung, Artikulation, Resonanz
  - Sprechgestaltung: Lautstärke und Sprechtempo, Sprechpausen, Satzbildung, keine Redundanzen (Überflüssiges/Wiederholungen), keine überflüssigen Angewohnheiten, Hörerbezug
  - Körpersprache
  - Ist der **Ort** geeignet (ggf. Anreiseweg, gut zu finden usw.)?
  - Ist der **Raum** rechtzeitig reserviert, groß genug (Teilnehmer, Medien)?
  - Sind **Zeitpunkt und Dauer** richtig gewählt?

    (weniger geeignet z. B.: Freitag nachmittags, Anreise zu einer Zeit mit hoher Verkehrsdichte u. Ä.)

## Lösung zu Aufgabe 7: Präsentation (2) und Kritikgespräch

a) Ihre Maßnahmen:
  1. Zum Schutz der Daten vor unbefugtem Zugriff schließen Sie den Raum von Hubertus ab. (Ein Eingriff in das Programm ist nicht zulässig – z. B. Herunterfahren des PC –, da Sie in der Bedienung der Software nicht unterwiesen sind.)
  2. Sie führen mit Hubertus ein Kritikgespräch; Ziel: Pflichtverletzung verdeutlichen, Einsicht erzeugen, Maßnahmen vereinbaren zur zukünftigen Vermeidung derartiger Versäumnisse.

b)
  1. Vorbereitung, u. a.:

     geeigneter Raum, Zeit, Dauer, Information an die Mitarbeiter, Medieneinsatz usw.
  2. Gliederungspunkte, z. B.:
     - Thema nennen und Behandlung begründen (Motivation/Interesse)
     - Folgen schildern, Rechtsgrundlagen nennen
     - abschließende Diskussion + Vereinbarung von Kontrakten.

3. Hilfsmittel/Unterlagen/Handouts, z. B.:

   aktueller Gesetzestext des BDSG, Auszüge des Gesetzestextes als Handout bzw. in vergrößerter Form als Folie, ggf. betriebsinterne Richtlinien, ggf. Ansicht eines Zeitkontos mit Schwärzen der personenbezogenen Daten.

4. Stichwortkarten (Gestaltung), z. B.:

   - in Übereinstimmung mit den verwendeten Folien; Regieanweisungen/ggf. Merkpunkte auf der Rückseite; nummerieren; DIN-A-5-Karton
   - Anzahl der Karten begrenzen (Übersicht).

5. Unterstützung durch den Mitarbeiter Hubertus, da er sich im Programm Zeiterfassung auskennt und durch den Datenschutzbeauftragten.

## 3.4 Erstellen von technischen Unterlagen, Entwürfen, Statistiken, Tabellen und Diagrammen

## Lösung zu Aufgabe 1: Mengenstückliste

a) Mengenstückliste für Erzeugnis E1:

| Erzeugnis E1 | |
|---|---|
| **Bauteil** | **Anzahl** |
| T1 | 2 |
| T2 | 3 |
| T3 | 1 |
| T4 | 2 |

b) Sekundärbedarf für Erzeugnis E1:

| Erzeugnis E1 | | | |
|---|---|---|---|
| **Bauteil** | **Anzahl** | **Primärbedarf** | **Sekundärbedarf** |
| T1 | 2 | 1.700 | 3.400 |
| T2 | 3 | 1.700 | 5.100 |
| T3 | 1 | 1.700 | 1.700 |
| T4 | 2 | 1.700 | 3.400 |

## Lösung zu Aufgabe 2: Erzeugnisstruktur

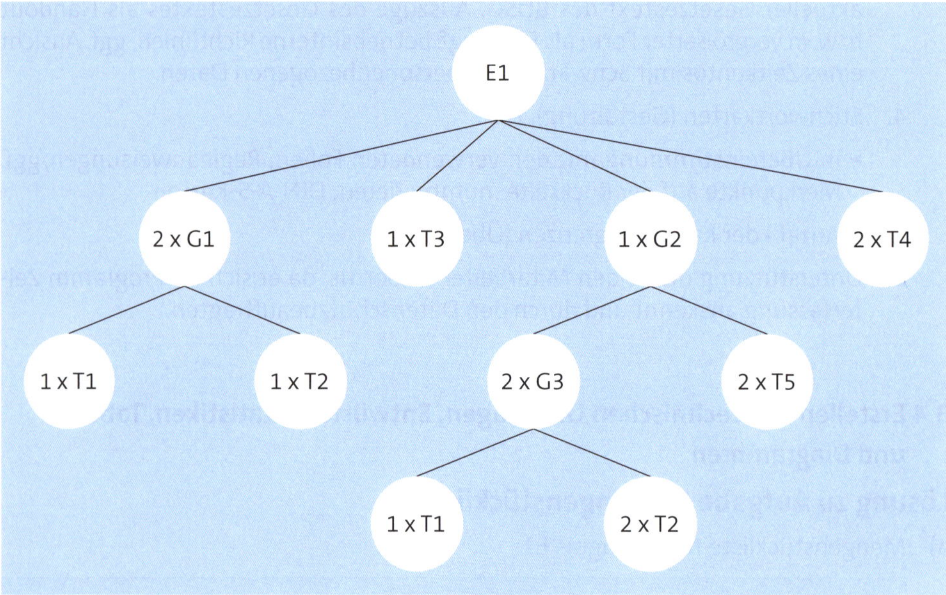


TIPP

Bei der Fertigungsstufe 2 gibt es auch andere, richtige Lösungsvarianten.

## Lösung zu Aufgabe 3: Teileverwendungsnachweis

| T1 | |
|---|---|
| **Bauteil** | **Anzahl** |
| E2 | 1 |

| T2 | |
|---|---|
| **Bauteil** | **Anzahl** |
| E2 | 3 |

| T3 | |
|---|---|
| **Bauteil** | **Anzahl** |
| E1 | 4 |
| E3 | 1 |

| T4 | |
|---|---|
| **Bauteil** | **Anzahl** |
| E1 | 3 |
| E3 | 2 |

| T5 | |
|---|---|
| **Bauteil** | **Anzahl** |
| E1 | 1 |
| E2 | 2 |
| E3 | 2 |

## Lösung zu Aufgabe 4: Gliederungszahlen

a) Gliederungszahlen:

$$\frac{\text{Arbeiter}}{\text{Gesamtbelegschaft}} \cdot 100 = \frac{40}{120} \cdot 100 = 33{,}3\,\%$$

b) Beziehungszahlen: Umsatz pro Mitarbeiter

$$\frac{24.000.000}{120} = 200 \text{ T€ pro Mitarbeiter}$$

c) Messzahlen:

$$\frac{\text{Arbeiter}}{\text{Angestellter}} = \frac{40}{80} \cdot 0{,}50$$

Insgesamt ergeben sich folgende Zahlenrelationen:

| Jahr | Anzahl der Arbeiter in % | Umsatz pro Mitarbeiter in T€ | Verhältnis Arbeiter/Angestellte |
|---|---|---|---|
| 1 | 33,3 | 200,00 | 0,50 |
| 2 | 30,0 | 200,00 | 0,43 |
| 3 | 29,4 | 211,80 | 0,42 |

## Lösung zu Aufgabe 5: Mittelwerte (Vergleich)

| | Arithmetisches Mittel | Modus | Median |
|---|---|---|---|
| Anwendung | bei allen Verteilungen anwendbar | schnelle Berechnung eines Lageparameters bei wenigen Daten | bei wenigen Daten, wenn das arithmetische Mittel wegen vorliegender Extremwerte Verzerrungen liefert |
| Vorteile | eindeutig; einfache Berechnung; jeder Urlistenwert wird erfasst | ohne Berechnung erkennbar bei eindeutiger Häufung | einfache Berechnung; keine Verzerrung bei Extremwerten |
| Nachteile | Verzerrung bei Extremwerten; ist ein „theoretischer Wert" | problematisch bei Mehrfachhäufung | es wird nur die Rangfolge der Werte berücksichtigt; ergibt einen „theoretischen Wert" bei ungerader Anzahl der Werte |

## Lösung zu Aufgabe 6: Analytische und synthetische Bedarfsauflösung

Teileverwendungsnachweis:

| Produkt | Menge | M1 | M2 | M3 | M4 | M5 | M6 |
|---|---|---|---|---|---|---|---|
| A | 500 | 3 | 2 | 1 | 4 | – | – |
| B | 1.000 | – | 3 | – | 2 | 4 | 2 |
| C | 1.500 | – | – | 5 | 3 | 2 | 3 |

| | | Materialbedarf | | | | | |
|---|---|---|---|---|---|---|---|
| **Produkt** | **Menge** | **M1** | **M2** | **M3** | **M4** | **M5** | **M6** |
| A | 500 | 1.500 | 1.000 | 500 | 2.000 | – | – |
| B | 1.000 | – | 3.000 | – | 2.000 | 4.000 | 2.000 |
| C | 1.500 | – | – | 7.500 | 4.500 | 3.000 | 4.500 |
| Sekundärbedarf | | 1.500 | 4.000 | 8.000 | 8.500 | 7.000 | 6.500 |
| Zusatzbedarf, 10 % | | 150 | 100 | 50 | 200 | – | – |
| Lagerbestand | | | | | | | 2.000 |
| **Nettobedarf** | | **1.650** | **4.100** | **8.050** | **8.700** | **7.000** | **4.500** |

## Lösung zu Aufgabe 7: Diagramm

a)

| | Perioden | | | | | | |
|---|---|---|---|---|---|---|---|
| | **01** | **02** | **03** | **04** | **05** | **06** | **07** |
| **Umsatz in T€** | 10.000 | 8.000 | 9.000 | 8.000 | 6.000 | 5.000 | 4.500 |
| **Gewinn in T€** | 2.000 | 1.200 | 1.080 | 800 | 480 | 500 | 540 |
| **Umsatzrendite in %**[1] | 20 | 15 | 12 | 10 | 8 | 10 | 12 |

1 $\frac{\text{Gewinn}}{\text{Umsatz}} \cdot 100$

b) Das Liniendiagramm ist hier zur Darstellung gut geeignet.

**Hinweis:** Es sind zur Darstellung in **einem** Diagramm **zwei Maßstäbe** (Ordinaten) für Euro und Prozent zu verwenden.

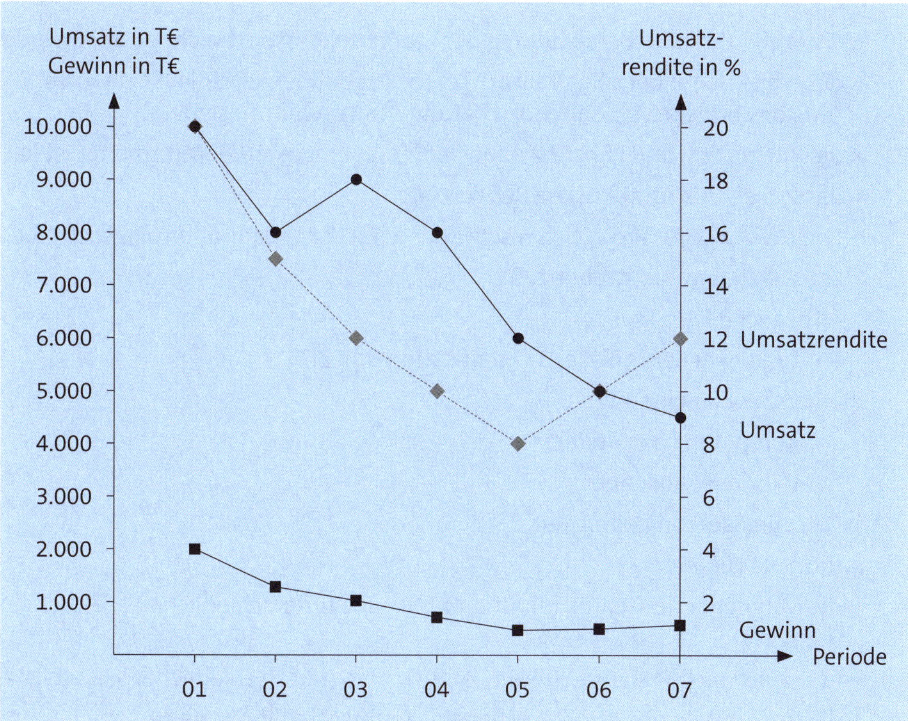


c) ▸ Der Umsatz ist stark fallend – bis auf Periode 03.

▸ Der Gewinn fällt von Periode 01 bis Periode 05 und steigt ab Periode 06 an.

▸ Die Umsatzrendite ist fallend von Periode 01 bis Periode 05 und erholt sich in Periode 06 und 07.

### 3.5 Anwenden von Projektmanagementmethoden

## Lösung zu Aufgabe 1: Fallbeispiel: Das Projekt der Motor OHG

a) Merkmale eines Projekts, z. B.:

Das Thema „eigene EDV“

- ist komplex, keine Routine
- muss interdisziplinär gelöst werden
- ist zeitlich begrenzt
- soll unabhängig von ressortpolitischen Egoismen angegangen werden.

b) Organisatorische Einbindung des Projekts:

Im vorliegenden Fall ist die Festlegung als reine Projektorganisation sinnvoll. Einfluss-Projektorganisation bzw. Matrix-Projektorganisation scheiden aus. Begründung u. a.:

- die laufende Aufgabenerfüllung der Fachabteilung darf nicht gestört werden
- der Projektleiter benötigt Vollkompetenz gegenüber der Linie (Stichworte: Bedeutung des Projekts, ablehnende Haltung des Verwaltungsleiters)
- die Integration und Führung neuer, befristet eingestellter Mitarbeiter ist leichter
- das Projekt hat strategische Bedeutung.

c)
- Entscheidung: Als Projektleiter sollte der Leiter der Organisation eingesetzt werden.
- Gründe/Auswahlkriterien, z. B.:
  - Fachliche Eignung:
    - fundierte Kenntnisse in Organisation und EDV
  - Persönliche Eignung:
    - Kompetenz als Moderator
    - Initiative, Ausdauer
    - Durchsetzungsfähigkeit.

d) informelle Hierarchie:

- die Mitglieder des Teams rekrutieren sich aus unterschiedlichen Hierarchien des Betriebes
- es können sich Fachautoritäten herausbilden (unterschiedlicher Wissensstand)
- die Teammitglieder verfügen über eine unterschiedlich hohe personale Autorität.

e)

| **Kostenbericht** | **Monat ...** | | **Arbeitspaket Nr. ...** | | |
|---|---|---|---|---|---|
| **Kostenart** | **Plan** | **Ist** | **Plan-Ist** | **Kommentar** | **Plan neu** |
| Personal | | | | | |
| Material | | | | | |
| Fremdleistungen | | | | | |
| Fahrtkosten | | | | | |
| Kommunikationskosten | | | | | |

f) Vorgehensweise bei der Projektplanung, z. B.:

- Planung der **Projektphasen**
- Festlegung der **Projektstruktur** (Funktionen, Objekte, Teilprojekte, Arbeitspakete)
- Darstellung des **Projektstrukturplans** (Netzpläne, Meilensteindiagramme o. Ä.)
- **Termine** ermitteln
- **Kosten** ermitteln
- **Kapazitäten** ermitteln
- **Projektcontrolling** sicherstellen.

g) Standardstrukturplan impliziert die Bedeutung von generell, allgemein, für alle Fälle verwendbar. Dagegen haben Projekte den Charakter von Einmaligkeit, spezifischer Besonderheit. Von daher ergibt sich ein Widerspruch. Jedes Projekt ist einzeln und in seiner Besonderheit zu bearbeiten. Trotzdem können oft einzelne Elemente von Standardstrukturplänen (modifiziert) genutzt werden bzw. ihre Struktur kann zur Anfertigung jeweils spezifischer Projektstrukturen verwendet werden.

h)
- **Sequenzieller Projektfortschritt**: Bearbeitung der Arbeitspakete Schritt für Schritt hintereinander.
- **Paralleler Projektfortschritt**: ganz oder teilweise parallele Bearbeitung der Arbeitspakete.

## Lösung zu Aufgabe 2: Ermittlung des Zeitbedarfs (PERT-Methode)

$$\text{Zeitbedarf} = \frac{\text{optimistische Zeit} + \text{pessimistische Zeit} + 4 \cdot \text{Normalzeit}}{6}$$

$$= \frac{6 + 12 + 4 \cdot 8}{6} = 8{,}33 \text{ Monate} = 8 \text{ Monate} + 10 \text{ Tage}$$

## Lösung zu Aufgabe 3: Auftragszeit, Personalbemessung

$T_1$ = 32.000 min
$T_2$ = $t_r + t_e \cdot m$
= 300 min + 12 min • 1.800 Stk.
= 21.900 min

$\sum T_i$ = 53.900 min = 898,3 Std.

Zur Verfügung stehende Personalkapazität (Normalbedarf):

22 Arb.tage • 7,5 Std./Tag = 165 Std.

Rechenweg 1:

| | | |
|---|---|---|
| 898,3 Std. : 165 Std. | = | 5,444 Mitarbeiter |
| + 11 % Ausfallzeit | = | 0,599 Mitarbeiter |
| Normal- + Zusatzbedarf | = | 6,043 Mitarbeiter |
| | = | rd. 6 Mitarbeiter (streng genommen 7 Mitarbeiter, da 6 Mitarbeiter nicht ganz ausreichen) |

Rechenweg 2:

| | | |
|---|---|---|
| 111 % | ↔ | 165 Std. |
| 100 % | ↔ | x |
| x | = | 148,648 Std. |

898,3 Std. : 148,648 Std. = rd. 6 Mitarbeiter (streng genommen 7 Mitarbeiter, da 6 Mitarbeiter nicht ganz ausreichen)

## Lösung zu Aufgabe 4: Maßnahmen zum Ausgleich der Projektverzögerung

Maßnahmen, z. B.:

1. Verbesserung der Arbeitsintensität/arbeitsproduktivität; Risiko: eventuell erhöht sich die Anzahl der Fehler in der Arbeitsausführung.
2. Beschaffung externer Fachkräfte; Risiko: Mehrkosten, eventuell ist die notwendige Qualifikation bei den externen Kräften nicht vorhanden.
3. Mehrarbeit des Projektteams; Risiko: eventuell Zuschläge für Mehrarbeit und Überlastung des Personals.

### 3.6 Informations-/Kommunikationsformen und -mittel

## Lösung zu Aufgabe 1: Schutzmaßnahmen (1)

Folgende Maßnahmen können zum Schutz von Daten getroffen werden:

- Safes mit Schutz gegen Feuer und Wasser
- Feuermelder und Löschanlage
- Klimaanlage
- Alarmanlage
- unterbrechungsfreie Stromversorgung
- Videoüberwachung
- Zugangskontrollen
- Virenschutzkonzepte
- Firewall
- Kryptografie (Datenverschlüsselung)
- Schulung der Mitarbeiter
- kritische Mitarbeiterauswahl.

## Lösung zu Aufgabe 2: Schutzmaßnahmen (2)

a) **Industriespionage** kann z. B. in folgender Art und Weise erfolgen:

   1. Über einen möglichen Remote-Zugang oder eine WAN-Anbindung (Wide Area Network) besteht grundsätzlich die Möglichkeit, eine physikalische Verbindung auf das LAN (Local Area Network) des Unternehmens zu erhalten und auf diesem Wege einzudringen.
   2. Einbruch und Diebstahl von Datenträgern.
   3. Einschleusen eines spionierenden Mitarbeiters.

b) Folgende **Maßnahmen** können ergriffen werden, um die Unternehmensdaten vor den beschriebenen Gefahren zu schützen:

1. Im Rahmen der **Benutzerkontrolle** sollten in einem LAN Benutzerprofile erstellt werden. Diese beschreiben, welcher Benutzer, auf welchem Weg, Zugriff auf welche Daten haben muss. Dies hat zur Folge, dass nur bestimmte Benutzer über einen Remote-Zugang oder eine WAN-Anbindung Zugang zum LAN erhalten. Darüber hinaus lassen sich Zugangsmechanismen wie Auswertung von ISDN-Rufnummern und Rückruf für den Remote-Zugang und die WAN-Anbindung sehr einfach einrichten.
2. Im Rahmen der **Zugangskontrolle** gilt es, Unbefugten den Zugang zu den geheimen Unternehmensdaten zu verwehren. Um Einbruch und Diebstahl zu verhindern, können mehrere bauliche Maßnahmen getroffen werden:
   - Alarmanlage
   - Videoüberwachung
   - EDV-Räume ohne Fenster und mit wenig Türen
   - Sicherheitsschlösser
   - Verwendung von Panzerglas-Safes.

   Weitere organisatorische und technische Maßnahmen erhöhen den Schutz:
   - Zutrittsregelungen nur in speziellen Zeiträumen
   - Mitarbeiterausweise
   - Verwahrung von Datenträgern nur in Safes gestatten
   - Codierung der Daten auf den Datenträgern (insb. externe Datenträger und Notebooks).
3. Hierzu müssen entsprechende personelle und organisatorische Maßnahmen getroffen werden:
   - kritische Mitarbeiterauswahl
   - Taschenkontrolle (werden Dokumente/Ausdrucke/Fotos oder sogar Datenträger entwendet?)
   - Protokollierung der Anwesenheit (wer ist von wann bis wann anwesend)
   - Protokollierung der Systemnutzung (wer, wann, welches Terminal, welches EDV-System)
   - Protokollierung der Datennutzung (wer, wann, welcher Datensatz, Lesen, Schreiben, Drucken etc.).

## Lösung zu Aufgabe 3: Schutzstufenkonzept

| Schutzstufenkonzept | | |
|---|---|---|
| **Stufe** | **Personenbezogene Daten** | **Beispiele** |
| A | **Daten, die frei zugänglich sind:** Der Einsichtnehmende muss dabei kein berechtigtes Interesse geltend machen. | ▸ Telefonbücher<br>▸ Adressbücher<br>▸ Wahlvorschlagsverzeichnisse |
| B | **Geringe Beeinträchtigung:** Daten, deren unsachgemäße Handhabung zwar keine besondere Beeinträchtigung erwarten lässt, deren Kenntnisnahme jedoch an e**in berechtigtes Interesse der Einsichtnehmenden gebunden ist.** | ▸ beschränkt zugängliche öffentliche Dateien<br>▸ Verteiler für Unterlagen |
| C | **Gefährdung des Ansehens:** Daten, deren unsachgemäße Handhabung den Betroffenen in seiner gesellschaftlichen Stellung oder in seinen wirtschaftlichen Verhältnissen beeinträchtigen könnte. | ▸ Einkommen<br>▸ Sozialleistungen<br>▸ Grundsteuer<br>▸ Ordnungswidrigkeiten |
| D | **Gefährdung der Existenz:** Daten, deren unsachgemäße Handhabung den Betroffenen in seiner gesellschaftlichen Stellung oder in seinen wirtschaftlichen Verhältnissen erheblich beeinträchtigen könnte. | ▸ Anstaltsunterbringung<br>▸ Straffälligkeit<br>▸ dienstliche Beurteilungen<br>▸ Gesundheitsdaten<br>▸ Schulden, Pfändungen |
| E | **Gefährdung für Leben oder Freiheit:** Daten, deren unsachgemäße Handhabung **Gesundheit, Leben oder Freiheit** des Betroffenen beeinträchtigen könnte. | Daten über Personen, die mögliche Opfer einer strafbaren Handlung sein können (z. B. Zeugenschutz, Name und Anschrift bei Sicherheitsbehörden) |

## Lösung zu Aufgabe 4: Virenschutzkonzept

Ein Virenschutzkonzept sollte Präventivmaßnahmen und Verfahrensanweisungen für den Fall des Virenbefalls beinhalten. Bei den Maßnahmen zur Vorsorge wie auch zur Schadensbehebung handelt es sich sowohl um technische wie auch um organisatorische Maßnahmen.

- **Mögliche Präventiv-Maßnahmen sind:**
  - PCs ohne CD-ROM-Laufwerke und USB-Anschlüsse
  - Verbot des Aufspielens von Software und des Einbringens von Datenträgern für PC-Benutzer
  - alle ein- und ausgehende Datenträger auf Virenbefall überprüfen
  - Datei-Downloads aus Online-Diensten oder dem Internet auf Virenbefall überprüfen
  - Datei-Anhänge von E-Mails auf Virenbefall überprüfen
  - Original-Software auf Virenbefall überprüfen

- eingeschränktes Rechtesystem für PC-Anwender: nicht jeder darf und kann Software installieren und Daten aufspielen
- regelmäßige Datensicherungen, sodass man auf den Datenbestand vor Virenbefall zurückgreifen kann
- Rechner und Datenträger vor unbefugter Benutzung schützen
- bei CD-ROM-Laufwerken das Autorun (selbstständiger Programmstart nach dem Einlegen einer CD) deaktivieren
- Mitarbeiter durch Schulungen bezüglich Virengefahr sensibilisieren
- Virenspezialisten ausbilden (lassen).

▸ **Verfahrensanweisungen und Möglichkeiten der Schadensbehebung sind:**
  - Richtlinie erstellen, dass bei Feststellen eines Virenbefalls direkt und unverzüglich ein Virenspezialist (Netzwerkadministrator oder PC-Betreuer) informiert werden muss
  - Einsatz eines residenten Anti-Viren-Programms, das im Hintergrund wacht
  - regelmäßiger Einsatz von Anti-Viren-Software in einer aktuellen Version, z. B. direkt nach dem Hochfahren eines Rechners.

## Lösung zu Aufgabe 5: Kopplung zwischen Internet und Intranet

Aus Gründen der Datensicherheit ist auf jeden Fall eine Firewall zur Kopplung von Internet und Intranet einzusetzen. Diese gewährleistet jedoch auch gleichzeitig die physikalische Trennung dieser beiden Netze. Die Firewall ist definierter Übergangspunkt und kann nicht umgangen werden. Ein solches Konzept stellt sicher, dass nur zugangsberechtigte Benutzer über eine Identifizierung und Authentifizierung Zugang vom Internet auf entsprechend freigeschaltete Dienste des Intranets erhalten. Umgekehrt kann jeder Mitarbeiter mit entsprechenden Rechten aus dem Unternehmen heraus auf die Angebote des Internets zugreifen. Die Firewall bietet darüber hinaus auch die Möglichkeit, Zugänge in beiden Richtungen zu protokollieren.

## Lösung zu Aufgabe 6: Datenschutzbeauftragter

a) In diesem Unternehmen werden personenbezogene Daten automatisiert verarbeitet. Da i. d. R. damit 19 (also mehr als mindestens neun) Arbeitnehmer beschäftigt sind, muss ein Datenschutzbeauftragter existieren (spätestens innerhalb eines Monats nach Aufnahme der Unternehmenstätigkeiten) (§ 38 BDSG). Dies gilt auch bei nicht automatisierter Datenverarbeitung und wenn damit mindestens 20 Arbeitnehmer ständig befasst sind.

b) Der Datenschutzbeauftragte ist dem Inhaber, dem Vorstand, dem Geschäftsführer oder dem sonstigen gesetzlichen oder nach der Verfassung des Unternehmens berufenen Leiter unmittelbar zu unterstellen (Art. 37 DSGVO).

c) Bei der Auswahl eines Datenschutzbeauftragten kann die Unternehmensleitung entscheiden, ob sie einen externen Datenschutzbeauftragten oder einen Mitarbeiter des Unternehmens zum Datenschutzbeauftragten bestellt. Das Bundesdatenschutzgesetz schreibt nicht vor, dass der Datenschutzbeauftragte eines Unternehmens ein Mitarbeiter sein muss.

d) Zu den Aufgaben eines Datenschutzbeauftragten gehören:
   - Überwachung der ordnungsgemäßen Anwendung der Datenverarbeitungsprogramme, mit deren Hilfe personenbezogene Daten verarbeitet werden sollen (Art. 39 DSGVO),
   - Mitarbeiter, die personenbezogene Daten verarbeiten, durch geeignete Maßnahmen mit den Vorschriften des Bundesdatenschutzgesetzes sowie anderen Vorschriften über den Datenschutz vertraut zu machen (Art. 39 DSGVO).

## Lösung zu Aufgabe 7: Voraussetzungen eines Datenschutzbeauftragten

RECHTSGRUNDLAGEN

Das BDSG schreibt in § 4 ff. vor:

„Zum Beauftragten für den Datenschutz darf nur bestellt werden, wer die zur Erfüllung seiner Aufgaben erforderliche Fachkunde und Zuverlässigkeit besitzt."

„Der Beauftragte für den Datenschutz ist zur Verschwiegenheit über die Identität des Betroffenen sowie über Umstände, die Rückschlüsse auf den Betroffenen zulassen, verpflichtet, soweit er nicht davon durch den Betroffenen befreit wird."

---

Er sollte also verschwiegen, zuverlässig und fachkundig sein. Eine erforderliche Ausbildung oder das Absolvieren einer Prüfung ist nicht erforderlich. Aufgrund der Tätigkeit sollte ein Datenschutzbeauftragter

- Rechtsvorschriften anwenden können,
- über Kenntnisse über die Organisation seines Unternehmens verfügen,
- Fachwissen bezüglich Computer besitzen und
- gelernt haben, mit Konfliktsituationen umzugehen.

## Lösung zu Aufgabe 8: Prüfung einer Individual-Software

Die aufgeführten Verkaufsargumente bieten bei einer Individual-Software folgende Vorteile:

(1) Es entsteht ein geringer Schulungsaufwand. Es ist eine schnelle Einarbeitung in die unterschiedlichen Software-Module möglich. Die Mitarbeiter können mit ihren Kenntnissen zur Software-Bedienung flexibel für verschiedene Module in unterschiedlichen Bereichen eingesetzt werden.

(2) Daten müssen nur einmal erfasst werden und stehen zentral im ganzen Unternehmen zur Verfügung. Es erfolgt keine Doppelarbeit und es müssen keine redundanten Datenbestände gepflegt werden.

(3) Die einzelnen Arbeitsplatzrechner müssen nicht alle mit dem selben Betriebssystem eingesetzt werden.

(4) Korrekturen von Programmfehlern und Programmverbesserungen können schnell in die Software einfließen.

(5) Es besteht keine Abhängigkeit von der Entwicklerfirma der Individual-Software. Sollen zu einem späteren Zeitpunkt Änderungen bzw. Anpassungen in der Software vorgenommen werden, ist das Unternehmen nicht alleine auf den damaligen Anbieter angewiesen. Die Programmierung kann von eigenen Programmierern oder von einem anderen Anbieter vorgenommen werden.

(6) Software ist leichter zu ändern oder zu erweitern und somit kostengünstiger. Dies gilt besonders in Verbindung mit der Auslieferung des Quellcodes.

(7) Die Fernwartung ermöglicht auftretende Störungen beim Ablauf der Software aus der Ferne, z. B. über eine ISDN-Verbindung, zu analysieren. Konfigurationsänderungen oder das Aufspielen von Updates können über einen Fernzugriff vorgenommen werden und erfordern keinen Techniker-Einsatz vor Ort.

(8) Über eine Support-Hotline können die Mitarbeiter eines Unternehmens bei auftretenden Fragen zur Software schnell Unterstützung erhalten.

## Lösung zu Aufgabe 9: Projekt „Neue EDV“

a) Zentrale Fragen an das EDV-Beratungsunternehmen hinsichtlich der neuen EDV-Konfiguration, z. B.:

- Gibt es eine Software, die einheitlich (mit verschiedenen Modulen) für alle betrieblichen Funktionsbereiche angeschafft werden kann/muss?
- Kann die neue Software auf der bestehenden Hardwareausstattung betrieben werden? Welche Hardwareausstattung muss ggf. durch neue Komponenten ersetzt werden?
- Ist bei Einführung der neuen Lösungen an eine sequenzielle Vorgehensweise gedacht und ist ein Parallelbetrieb (Alt-/Neusystem) möglich?
- Ist ein LAN geplant bzw. notwendig? Welche Netzwerkkonfiguration (z. B. Bus- oder Ringnetz) ist zweckmäßig?
- Welche einheitlichen Standards sollen zukünftig für die Hard- und Software im Unternehmen gelten?
- Welche Kosten sind für neue Hard- und Software je Funktionsbereich zu erwarten?
- Welcher Schulungsbedarf und welche Schulungskosten bestehen?

b) Echtzeitverarbeitung:

1. Systemvoraussetzungen, z. B.: Multiuser-/Multitasking-System; geeignetes Betriebssystem (Unix, OS/2 o. Ä.)
2. Nachteile, z. B.: hohe Anschaffungs- und Wartungskosten, höhere Rechnerkapazitäten, Risiken beim Systemausfall.

c) Ausfallzeiten/Datenschutz:

Vorbehaltlich der Mitbestimmung des Betriebsrates dürfen z. B. veröffentlicht werden: ø Ausfalltage pro Monat/pro Mitarbeiter/pro Funktionsbereich, Ausfallkosten in Euro, Ausfallart (Urlaub, Krankheit, Weiterbildung usw.) u. Ä. (→ anonyme Daten).

Nicht veröffentlicht werden dürfen personenbezogene Daten (Ausfallzeit eines namentlich genannten Mitarbeiters).

d) Einführung eines LAN:

- **Vorteile**, z. B.:

  Verbesserung und Beschleunigung der innerbetrieblichen Kommunikation, gemeinsame Nutzung bestimmter Peripheriegeräte

- **Risiken**, z. B.:

  erhöhte Risiken der Datensicherheit und des Datenschutzes (Diebstahl, Viren), Kontrolle ist aufwendiger.

e) Phasen der Auswahl und Einführung neuer IT-Systeme:

Ist-Analyse → Schwachstellenanalyse → Soll-Konzept → Lastenheft

→ Ausschreibung → Vertragsverhandlung → Installation → Test/Inbetriebnahme

→ Dauerbetrieb/Wartung.

f) Die DIN 69901 und VDA 6.1 definiert das **Lastenheft** als Beschreibung der „Gesamtheit der Forderungen an die Lieferungen und Leistungen eines Auftragnehmers".

Nach DIN 69901 und VDA 6.1 sind in einem **Pflichtenheft** die vom „Auftraggeber erarbeiteten Realisierungsvorgaben" niedergelegt. Es geht hierbei um die Beschreibung der „Umsetzung des vom Auftraggeber vorgegebenen Lastenhefts".

g)
- Einsatz von Mobiltelefonen mit Verbindung zum Intranet (SMS, Multimedia-Nachrichten); Sprachübertragung über Internet/Intranet per Voice-over-IP
- intensive Nutzung elektronischer Post: E-Mails mit Anhängen, Adressbücher, Ablagen, Faxübertragung per PC, elektronische Formularverwaltung, Angebotserstellung und -verfolgung per Elektronic Data Interchange usw.

## Lösung zu Aufgabe 10: Netzwerk, Datenschutz- und Datensicherheitskonzept

a) Netzwerk, Risiken, z. B.:

Viren, Würmer, Trojaner, Zugang zum Netzwerk durch Unberechtigte (Ausspähen/Verändern vertraulicher/personenbezogener Daten), Einschleichen von Fremdprogrammen.

b) Aufgaben der Netzwerkwartung, z. B.:

- Überprüfung der Leistungsdaten
- Backup

- Updates installieren
- Firewall überprüfen
- defekte Geräte austauschen und installieren.

c) Datenschutz- und Datensicherheitskonzept, geeignete Maßnahmen, z. B.:

Passwort, Firewall, Antivirenprogramm, Zugangsverwaltung, Datensicherung, Mitarbeiterschulungen, Sicherheitssoftware, unterbrechungsfreie Stromversorgung (USV).

# 4. Prüfungsfach: Zusammenarbeit im Betrieb

## 4.1 Beurteilen und Fördern der beruflichen Entwicklung des Einzelnen

## Lösung zu Aufgabe 1: Persönlichkeitsmerkmale

| | 5 | 4 | 3 | 2 | 1 | 0 | 1 | 2 | 3 | 4 | 5 | |
|---|---|---|---|---|---|---|---|---|---|---|---|---|
| Sachorientierung | | | | | | | | | • | | | Kontaktinteresse |
| Konkretes Denken | | | | | | | | | | • | | Abstraktes Denken |
| Emotionalität | | | | | | | • | | | | | Belastbarkeit |
| Soziale Anpassung | | | | | | | | | • | | | Dominanzstreben |
| Besonnenheit | | | | | | | • | | | | | Begeisterungsfähigkeit |
| Selbststeuerung | | | | • | | | | | | | | Normorientierung |
| Zurückhaltung | | | | | | | | | • | | | Initiative |
| Robustheit | | | | | • | | | | | | | Sensibilität |
| Vertrauensbereitschaft | | | | • | | | | | | | | Skeptische Haltung |
| Pragmatismus | | | | | | | | | | • | | Fantasie |
| Unbefangenheit | | | | • | | | | | | | | Cleverness |
| Selbstvertrauen | | | • | | | | | | | | | Besorgtheit |
| Konventionalität | | | | | | | • | | | | | Änderungsbereitschaft |
| Gruppenverbundenheit | | | | | • | | | | | | | Eigenständigkeit |
| Zwanglosigkeit | | | | | | | • | | | | | Kontrolliertheit |
| Gelassenheit | | | • | | | | | | | | | Gespanntheit |

## Lösung zu Aufgabe 2: Sozialisation und Instinkt

Grundsätzlich reagieren Menschen auf der Basis

- **erlernter Verhaltensweisen** (in der Familie, in der Schule, im Betrieb usw.); man nennt diesen Lernprozess „Sozialisation“ (verkürztes Beispiel: ein Mensch lernt und verinnerlicht Werte seiner Umgebung) sowie
- **instinktiver Verhaltensweisen**; Instinkt bedeutet die angeborene, nicht erlernte Reaktion auf bestimmte Reize (z. B.: Jemand riecht in der Küche den guten Bratenduft und ihm läuft das Wasser im Munde zusammen.).

## Lösung zu Aufgabe 3: Reife und Wachstum

**Beispiel:**
Der Meister trifft auf den ehemaligen Auszubildenden Huber, der nach der Bundeswehrzeit seine Tätigkeit bei der Firma wieder aufnimmt.

*„Mensch, hast du dich entwickelt“*, meint Hartig als er Huber sieht. Aus dem ehemaligen Lehrling, der früher etwas schüchtern, mitunter schwankend in seinen Gefühlen, nicht immer sicher im Umgang mit anderen und teilweise noch ungeschickt bei der Bedienung mancher Maschinen war – ist ein kräftiger junger Mann geworden, der zielstrebig auf den Meister zugeht und ihn lachend fragt: *„Wie ist es denn, wo kann ich denn bei Ihnen wieder anfangen?“*

## Lösung zu Aufgabe 4: Selbstwertblock

**Fall 1:**
Das Kind erfährt Anerkennung. Es fühlt sich angenommen (positives Mosaiksteinchen im Puzzle des Selbstwertblocks).

**Fall 2:**
Das Kind fühlt sich abgelehnt (negatives Mosaiksteinchen im Puzzle des Selbstwertblocks).

Auf diese Weise entsteht im Laufe der Entwicklung ein positiv oder ein negativ geprägter Selbstwertblock. Für den Erwachsenen ist dieser Selbstwertblock von elementarer Bedeutung. Er bestimmt in hohem Maße sein Handeln und ist nur schwer zu beeinflussen.

Der Erwachsene – mit seinem fertigen Selbstwertblock – hat jedoch tendenziell die Möglichkeit, seine Ich-Stärke, sein Selbstvertrauen zu beeinflussen, in der Art und Weise, wie er die aktuellen Ereignisse aus der Umwelt bewertet:

**Beispiel**

Jemandem passiert ein Missgeschick bei der Arbeit. **Eine** Verhaltensweise wäre: Ärger, Wut, Gefühl des Versagens usw.; **eine andere**: *„Hm, kann passieren, muss ich besser aufpassen. Ich konnte es doch sonst immer.“*

Bei den vielen Ereignissen des Tages besteht also die Kunst darin, die Dinge, die einem widerfahren, nicht einfach nur negativ auf sich zu beziehen, sondern die Realität klar zu prüfen: *„Was ist passiert?, Woran lag es?, Wie kann ich es verändern?, Warum habe ich einen inneren Konflikt?“* usw.

Das Motto sollte lauten: *Ein Fehler ist kein Fehler, sondern eine neue Erfahrung!*

## Lösung zu Aufgabe 5: Anlagen und Umwelteinflüsse

- Neben den Erbanlagen bestimmen Umfeld-(Umwelt-)einflüsse das Handeln der Menschen. Diese Erkenntnis ist heute gesichert.
- Erbanlagen sind die Basis – ob Sie (positiv oder negativ) voll wirksam werden, hängt von der Förderung (oder Verhinderung) über Umweltbedingungen ab.

- Beispiel: psychomotorische Begabung wie z. B. handwerkliches Geschick, kommt nur bei entsprechender Förderung voll zur Wirkung.
- Führungsverhalten kann über soziales Lernen verbessert werden; u. Ä.

## Lösung zu Aufgabe 6: Soziales Lernen

- Lernen durch Imitation (z. B. von einem Vorgesetzten)
- Lernen durch Reflexion
- Lernen durch Feedback von anderen
- Lernen durch zufällige Erkenntnisse

usw.

## Lösung zu Aufgabe 7: Selbstwertgefühl und Abwehrmechanismen

- **Beispiel für Kompensation:**

  *„Der Mitarbeiter, der im Betrieb keine berufliche Anerkennung findet, engagiert sich verstärkt im privaten Bereich."*
- **Beispiel für Resignation:**

  *„Ein Mitarbeiter fällt beim ersten Mal durch die Meisterprüfung durch und findet den Mut zur Wiederholung nicht mehr."*
- **Beispiel für Konversion** (Umwandlung, Abänderung):

  *„Ein Mitarbeiter ist enttäuscht, weil er bei einer Nachfolgeregelung übergangen wurde – wie er meint. Sein bisher positives Verhalten wird destruktiv."*
- **Beispiel für Aggression (Angriffsverhalten):**

  *„Ein Mitarbeiter ist frustriert über die Entscheidung seines Vorgesetzten. Er reagiert zukünftig nur noch angriffslustig und gefährdet so das Betriebsklima."*

## Lösung zu Aufgabe 8: Stärkung des Selbstwertgefühls (Selbstvertrauen)

Führungsmaßnahmen, die geeignet sind, das Selbstvertrauen Ihrer Mitarbeiter zu stärken, z. B.:

- Anerkennung bei guten Leistungen geben
- Wertschätzung vermitteln
- Zeit und Kommunikationsbereitschaft vermitteln
- Hilfe bei der Kritik durch andere geben
- Sinngebung beim Handeln (in der Arbeit) vermitteln.

## Lösung zu Aufgabe 9: Sozialisation und imitatives Lernen

Imitatives Lernen nimmt innerhalb der Sozialisation (soziales Lernen) einen sehr großen Raum ein:

- Kinder übernehmen die Verhaltensmuster ihrer Eltern (oft unbewusst).
- Mitarbeiter werden in ihrem Verhalten sehr stark von Vorgesetzten geprägt (positiv oder auch negativ). In Seminaren befragte Führungskräfte bestätigen, dass ihr aktueller Führungsstil sehr stark von den Vorgesetzten beeinflusst wurde, denen sie bisher unterstellt waren. Als positiv empfundene Merkmale wurden – bewusst oder unbewusst – übernommen (z. B. Termineinhaltung, gerechte Behandlung usw.); bei negativ registrierten Charakterzügen besteht meist die Absicht, diese zu vermeiden – es als Führungskraft besser zu machen als der Chef.

## Lösung zu Aufgabe 10: Verhaltensänderung

Mitarbeiter reagieren im Allgemeinen auf ein und denselben Verstärker unterschiedlich: Für den einen ist Anerkennung und Status in der Gruppe wichtig, für den anderen Geld usw.

Handlungsempfehlungen:

- Verhaltensänderungen, die aufgrund von Einsicht erfolgen, sind mit einer eigenen Motivation unterlegt. **Daher ist durch Einsicht Gelerntes relativ stabil und lässt sich auch auf analoge Sachverhalte übertragen.**
- Falsch ist jedoch der Versuch, die Grundstruktur eines Menschen völlig zu ändern. Dies gilt für die betriebliche Zusammenarbeit ebenso wie für die eheliche Gemeinschaft.
- Der Einstieg in Prozesse der Verhaltensänderung (soziales Lernen) ist nicht immer leicht, er ist jedoch möglich. Für den Meister kommt es darauf an, **beim Mitarbeiter und bei sich selbst richtige und erwünschte Verhaltensweisen zu verstärken und negative abzubauen.** Der Charakter eines Menschen ist nicht statisch, er verändert sich – in starker Abhängigkeit von den vollzogenen Erfahrungen.

## Lösung zu Aufgabe 11: Lernmotivation

Eine der Lerntechniken besteht darin, sich die Gründe zu verdeutlichen, aus denen man lernt. Beispiel: Es reicht nicht aus, an einer Qualifizierungsmaßnahme „nur so“ oder „weil man geschickt wurde“ teilzunehmen. Wichtig ist, dass man sich ein Ziel setzt („*Ich will Spanisch lernen für meinen nächsten Urlaub.*“) und sich die Vorteile und den Nutzen des eigenen Lernens vor Augen hält („*Mit meinen Spanischkenntnissen kann ich mich verständigen und dadurch Land und Leute viel genauer kennen lernen.*“). Die Vorteile und der Nutzen beim Lernen können individuell sehr unterschiedlich sein.

**Fazit:**
Lernen darf nicht Selbstzweck sein. Es muss auf ein konkret formuliertes Ziel hinauslaufen. Je höher der **Nutzen** ist, den man durch sein Lernen erzielen will, desto größer ist die Motivation und desto höher ist der Lernerfolg.

## Lösung zu Aufgabe 12: Lernwege (-kanäle)

Lernwege sind – grob gesprochen – die Kanäle, auf denen die Informationen in den Kopf kommen:

- Zuhören → Ohren
- Lesen und Anschauen → Augen
- Handeln und Tun → Hände, Körper.

Entsprechend wurde früher in der Literatur ein großer Unterschied zwischen

- Visuellen (sehend Lernenden),
- Akustikern (hörend Lernenden) und
- Motorikern (tuend Lernenden)

gemacht.

Die Praxis zeigt jedoch, dass es solche Lerntypen in Reinkultur nicht gibt. Alle Menschen stellen eine Mischform dieser drei Typen dar, allerdings mit verschiedenen Schwerpunkten. Je mehr Lernwege man einsetzt, umso besser ist der Lerneffekt: Beispielsweise kann man eine Sprachlektion lernen durch Lesen im Buch (Lesen/Augen); anschließend verwendet man eine Sprachkassette (Hören/Augen) und spricht dann laut die Übungen dieser Lektion nach (Tun/Körper).

**Fazit:**

- Beim Lernen möglichst viele Lernwege einsetzen.
- Lernwege wechseln.
- Erkennen, ob ein bestimmter Lernweg bei einem selbst stärker ausgeprägt ist.

## Lösung zu Aufgabe 13: Lernen im Sinne von Konditionieren

Bei dieser Lernform wird zunächst **gezielt ein Bedingungs-Reaktions-Zusammenhang hergestellt**; z. B.: Der Meister weist immer wieder beim Betreten der Baustelle darauf hin, dass der Schutzhelm aufgesetzt wird. Durch ständiges Wiederholen wird dieser Bedingungs-Reaktions-Zusammenhang verinnerlicht: Der Mitarbeiter setzt automatisch den Helm auf vor Betreten der Baustelle, ohne dass der Meister noch einen Hinweis geben muss.

Weitere Beispiele:

| Bedingung | Reaktion |
|---|---|
| Transportwege in der Werkstatt sind versperrt | gekennzeichnete Transportwege freiräumen |
| Betreten der Baustelle | Schutzhelm aufsetzen |

Diese Lernform hat auch innerhalb des sozialen Lernens ihre Bedeutung; z. B.:

| Bedingung | Reaktion |
|---|---|
| Kritik | immer als Vier-Augen-Gespräch |
| Moderieren einer Konferenz | alle Mitarbeiter in die Diskussion einbeziehen |

## Lösung zu Aufgabe 14: Gewohnheitsmäßiges Verhalten

- **Positive Aspekte von Gewohnheit**, z. B.:

  Gewohnheit gibt Verhaltenssicherheit und spart intellektuelle und psychische Energie ein.

  **Beispiel**

  Der Mitarbeiter kennt beim Betreten der Firma die Wege, die Räumlichkeiten und die erforderlichen Handlungen (Zeiterfassung bedienen, Kollegen grüßen, Spind aufschließen, Arbeitsgeräte holen usw).

- **Negative Aspekte von Gewohnheit**, z. B.:

  Der an sich positive Effekt der Gewohnheiten verkehrt sich ins Gegenteil, wenn die verinnerlichten Verhaltensprogramme falsch sind – wenn sie z. B. den Betriebszielen oder den Erwartungen der Arbeitskollegen zuwiderlaufen.

  **Beispiel**

  In einem Betrieb ist es üblich (es hat sich als falsche Gewohnheit herausgebildet), dass neue Mitarbeiter nicht gezielt eingearbeitet werden, sondern dass sie Schwimmwesten erhalten, dass man sie ins kalte Wasser wirft und schaut, ob sie sich freischwimmen. Frei nach dem Motto: Die Guten werden sich schon über Wasser halten.

- **Ansätze zur Korrektur** falscher Gewohnheiten, z. B.:

  Es ist nicht einfach, falsche Verhaltensmuster, die auf Gewohnheit beruhen, zu verändern. Grund dafür sind eine Reihe von Lernhemmnissen, die auftreten können:

  - Die Abkehr von alten Gewohnheiten kann zu zeitweiligen **Orientierungsproblemen** führen.
  - Neue Verhaltensmuster führen **nicht immer sofort zum Erfolg**.
  - Gewohnheiten werden nicht bemerkt (Stichwort: **Blinder Fleck**).
  - **Abwehrhaltungen, Angst vor Misserfolg,** instabiles Selbstwertgefühl, mangelnde Lernmotivation, emotionale Widerstände u. Ä. sind Faktoren, die den Einstieg in neue Verhaltensweisen verhindern oder erschweren.

Die Antwort liegt nicht in einem Patentrezept, sondern in dem bewussten Einsatz verschiedener Instrumente – einzeln oder kombiniert:

- Sich selbst und andere exakt und möglichst **wertfrei beobachten.**
- Über die Beobachtungen nachdenken, **reflektieren.**
- Über **Feedback von anderen** nachdenken und daraus Schlüsse ziehen.
- Sich die Wirkung der eigenen Verhaltensweisen **bewusst machen.**
- Sich selbst und anderen für das Erlernen neuer Verhaltensmuster **Nutzen anbieten** (Stichwort: Lernmotivation), geeignete Lernformen wählen, ermutigen, **Erfolge erleben lassen,** positive Ansätze verstärken usw.
- Kritik als Chance zur positiven Veränderung begreifen.
- Entwickeln einer neuen Fehlerkultur: *„Ein Fehler ist kein Fehler, sondern eine neue Erfahrung"* usw.

## 4.2 Einflüsse von Arbeitsorganisation und Arbeitsplatz auf das Sozialverhalten und das Betriebsklima

## Lösung zu Aufgabe 1: Auswirkungen industrieller Arbeit

**Industrialisierung**, Spezialisierung, Arbeitsteilung, Arbeitszerlegung, kurze Arbeitstakte, einseitige Beanspruchung, Ermüdung, Monotonie, Verlust von Arbeitsinhalten usw.

**Mögliche Folgen**

- Fehlzeiten, Erkrankungen
- Unlust, Demotivation
- Sinken der Leistung
- Langeweile, Fluktuation
- Unfälle

**Ergonomische und humane Gestaltung der Arbeitsplätze**, der Arbeitsumgebung, der Maschinen und Werkzeuge usw.

**Empfohlene Maßnahmen u. a.:**

- aktive Einbindung der Mitarbeiter
- Einhalten der gesetzlichen Auflagen
- Rückkehr zu ganzheitlichen Arbeitsweisen
- Unterweisung, Schulung, Qualifizierung
- Gruppenarbeit
- Erweiterung der Handlungsspielräume

## Lösung zu Aufgabe 2: Auswirkungen von Arbeitsbedingungen auf Arbeitsmotivation und -leistung

- **Betriebsorganisation:**
  - klare Kompetenzen
  - gute Information
  - transparente Organisation usw.
- **Arbeitsplatzgestaltung:**
  - Arbeitsumgebung (Ergonomie, Licht, Luft usw.)
  - Arbeitszeitgestaltung
  - Hilfsmittel
  - Entgeltgestaltung
  - Änderung der Sozialleistungen
  - Änderung der Arbeitsplatzanforderungen.

## Lösung zu Aufgabe 3: Arbeitsergebnis und Einflussfaktoren

1. **Leistungsfähigkeit und -bereitschaft:**

   z. B. Fachkönnen und persönliche Eigenschaften fördern/verbessern durch:
   - Unterweisung, Lehrgänge, Coaching usw.
   - Kontrolle, Einarbeitung, Feedback usw.
   - Motivation, Arbeitseinsatz nach Neigung.
2. **Leistungsanforderungen:**

   Mit welchem Schwierigkeitsgrad ist die Arbeit verbunden? Fördern/verbessern durch:
   - Anforderungen verdeutlichen
   - Anforderungsgerechtigkeit schaffen (z. B. durch Arbeitsbewertung).
3. **Leistungsmöglichkeiten:**

   z. B. Ausstattung der Räume, Hilfsmittel usw. Fördern/verbessern durch:
   - Arbeit gut organisieren
   - entsprechend gute Hilfsmittel, Werkzeug usw.

## Lösung zu Aufgabe 4: Arbeitsstrukturierung

- **Job Enrichment:**

  „Arbeitsanreicherung“ = qualitativ höherwertige Aufgaben übertragen;
  z. B. Vorarbeiter übernimmt Ausbilderfunktionen
- **Job Enlargement:**

  „Arbeitsvergrößerung“ = mengenmäßige Erweiterung der Aufgaben;
  z. B. neuer Mitarbeiter übernimmt nach Einarbeitung weitere Aufgaben.

## Lösung zu Aufgabe 5: Motivatoren, Hygienefaktoren

a)
- Selbstbestätigung (+)
- Anerkennung
- Arbeitsinhalte
- schlechte Organisation (-)
- schlechtes Führungsverhalten
- schlechte Arbeitsbedingungen

b)
- Das effektive Führungsverhalten des Vorgesetzten ist eine wichtige Quelle für die Arbeitszufriedenheit der Mitarbeiter.
- Der Meister muss sich für angemessene Arbeitsbedingungen einsetzen.
- Er muss seinen Verantwortungsbereich klar und transparent organisieren.

u. Ä.

## Lösung zu Aufgabe 6: Motivation, Maslow

a) Die Frage nach der Motivation ist die Frage nach den Beweggründen menschlichen Verhaltens und Erlebens. Man unterscheidet dabei das Motiv von der Motivation:

- **Von einem Motiv** spricht man immer dann, wenn man einen isolierten Beweggrund des Verhaltens erkennt.
- **Von Motivation** spricht man dann, wenn in konkreten Situationen aus dem Zusammenwirken verschiedener aktivierter Motive ein bestimmtes Verhalten entsteht.

b)
- Das menschliche Verhalten wird nicht nur durch eine Summe von Motiven allein bestimmt. Wesentliche Einflussfaktoren als Antrieb für eine bestimmte Verhaltensweise sind die persönlichen Fähigkeiten und Fertigkeiten.
- Eine entscheidende Rolle hinsichtlich des menschlichen Verhaltens spielt auch die gegebene Situation.
- Bei konstanter Situation (beispielsweise am Arbeitsplatz) kann man sagen, dass das Verhalten die Summe aus Motivation mal Fähigkeiten plus Fertigkeiten ist. Das Leistungsverhalten des Einzelnen kann durch Verbesserung der Fähigkeiten und Fertigkeiten bei hoher Motivation gesteigert werden.

MERKE

**Leitgedanke**

Verhalten = Motivation • (Fähigkeiten + Fertigkeiten)

- Ein bestimmtes Verhalten entsteht i. d. R. nicht allein aufgrund eines Motivs, sondern aufgrund eines **Bündels an Motiven**. Die Wertigkeit der Einzelmotive kann dabei je nach Situation wechseln.

  Beispiel: Der Mitarbeiter entschließt sich zu einer Versetzung aufgrund der Motive „Geld", „Status", „Kontakt" u. Ä.

c) Aus den einzelnen Stufen der Bedürfnispyramide können beispielsweise folgende Motive abgeleitet werden:

- Geldmotiv, z. B.:
  Der Mitarbeiter reagiert auf Lohnanreize mit einer höheren Leistungsbereitschaft.
- Sicherheitsmotiv, z. B.:
  Der Mitarbeiter bittet um eine vertraglich abgesicherte Verlängerung der Kündigungsfrist.
- Kontaktmotiv, z. B.:
  Der Mitarbeiter trifft sich in der Mittagspause regelmäßig mit einigen Kollegen.
- Kompetenzmotiv, z. B.:
  Der Mitarbeiter möchte die Leitung einer Projektgruppe übernehmen.

d)
- Die Begriffe, die Maslow verwendet, sind teilweise nicht scharf zu trennen (z. B.: Was heißt für das einzelne Individuum Selbstverwirklichung?).
- Die Bedingungen, wann ein bestimmtes Bedürfnis vorliegt und wann es auf welche Art aktiviert wird, sind nicht beschrieben.
- Das Verhalten von Menschen wird i. d. R. von einem Bedürfnis-(Motiv-)Bündel bestimmt; die einzelnen Bedürfnisse beeinflussen und überlagern sich, und zwar in Abhängigkeit von der jeweiligen wirtschaftlichen und gesellschaftlichen Situation des Einzelnen.

e) Folgende konkrete Führungsmaßnahmen können geeignet sein, Motivanreize für die Bedürfnisstufen nach Maslow zu bilden:

**Physiologische Bedürfnisse**

- Beachtung des Tages-, Wochen- und Jahresrhythmus; z. B. Arbeitszeit, Pausen, Überstunden, Schichtarbeit, Freizeit
- Nahrung
- Wasser
- Schlaf
- Atemluft.

**Sicherheitsbedürfnisse**

- sicheres Einkommen
- krisen- und unfallsicherer Arbeitsplatz
- firmeneigene Altersversorgung
- Familie
- Wohnung

- Gesundheit
- Kündigungsschutz.

**Soziale Bedürfnisse**

- Konferenzen und Mitarbeitergespräche
- Teamarbeit, Gruppenarbeit
- Betriebsausflüge
- Kollegentreffen
- Freundschaften
- Verständigung am Arbeitsplatz
- Weiterbildung
- gleitende Arbeitszeit.

**Ich-bezogene Bedürfnisse**

- übertragene Zuständigkeiten
- Ehrentitel
- Statussymbole
- Einkommenshöhe
- Art des Firmenfahrzeugs
- Firmenparkplatz
- Berufserfolg, Aufstiegsmöglichkeiten
- Mitsprache.

**Bedürfnis nach Selbstverwirklichung**

- Befriedigung durch spezielle, sehr verantwortliche Tätigkeit
- Entscheidungsspielraum
- Zielvereinbarungen
- Kreativität entfalten
- Verantwortung
- Unabhängigkeit.

### 4.3 Einflüsse der Gruppenstruktur auf das Gruppenverhalten und die Zusammenarbeit

## Lösung zu Aufgabe 1: Formelle, informelle Gruppe

a) Charakteristische Merkmale einer sozialen Gruppe
   - direkter Kontakt
   - Wir-Gefühl

- gemeinsame Ziele, Normen
- relativ langfristige Dauer
- Verteilung von Rollen, Status
- gegenseitige Beeinflussung.

b) 1. formelle bzw. informelle Gruppe

2. ► formelle Gruppe:
   - bewusst geplant
   - rational organisiert
   - Effizienz steht im Vordergrund
   - notwendige Qualifikationen vorhanden

   ► informelle Gruppe:
   - spontan, eher ungeplant
   - Ziele, Normen weichen oft von der formellen Gruppe ab
   - entscheidend sind die Bedürfnisse der Mitglieder usw.

c)

| | |
|---|---|
| ► informelle Gruppen können Lücken schließen | (+) |
| ► ... können die Meinungsbildung in der formellen Gruppe dominieren | (+/-) |
| ► ... können andere isolieren | (-) |
| ► ... können Informationen beeinflussen (z. B. Gerüchte, Intrigen, ...) usw. | (+/-) |

## Lösung zu Aufgabe 2: Soziale Rolle

Grundsätzlich erwartet die Gruppe, dass eine Rolle in etwa dem Status/der Position entspricht:

Wer seine Rolle nicht spielt, sprich dem Verhaltensmuster seiner Position nicht entspricht, muss mit dem Verlust dieser Position rechnen.

Das Konzept der (sozialen) Rolle dient somit dazu, das Verhalten eines Positionsinhabers relativ konkret zu umreißen und vorzuschreiben.

## Lösung zu Aufgabe 3: Normen

Normen sind Ausdruck für die **Erwartungen** einer Gruppe, wie in bestimmten Situationen zu handeln ist. Diese Erwartungen bedeuten einmal Zwang (Stichwort: Gruppendruck) zum anderen aber auch Entlastung und Orientierung (in schwierigen Situationen hält die Gruppennorm Verhaltensmuster bereit).

Das Einhalten bzw. das Verletzen von Normen wird von der Gruppe mit positiven bzw. negativen **Sanktionen** belegt (Lob, Anerkennung, Zuwendung bzw. Missachtung, Schneiden sowie Mobbing).

Interessant am Phänomen der Gruppennorm ist folgende, häufig zu erkennende Erscheinung: In einer Gruppe mit hoher Gruppenkohäsion (= innerer Zusammenhalt) verblassen die individuellen Verhaltensmuster; es entsteht schrittweise ein gewissermaßen standardisiertes Verhalten der Mitglieder. Damit verbunden ist die Tendenz, dass die einzelne Norm nicht mehr hinterfragt wird.

### Beispiele

**Beispiel 1**
Innerhalb einer Gruppe von Montagemitarbeitern, die sich lange kennen, muss der „Neue" ungeliebte Arbeiten verrichten. Jeder der Mitarbeiter empfindet dies als völlig normal und richtig.

**Beispiel 2**
Eine Arbeitsgruppe arbeitet im Gruppenakkord. Die Arbeitsmenge entspricht im Durchschnitt genau der Normalleistung, obwohl die Arbeiter physisch in der Lage wären, mehr zu leisten. Wer (vorübergehend) mehr leistet, wird als „Sollbrecher" – wer weniger leistet als „Drückeberger" zurechtgewiesen (sanktioniert). Mit anderen Worten: Die Gruppe entwickelte **als Norm einen informellen Leistungsstandard.**

## Lösung zu Aufgabe 4: Rollen und Aufgaben des Team-Sprechers

An der Spitze eines Teams steht häufig ein Team-Sprecher. Seine Aufgaben und Rollenbestandteile sind vor allem:

- Herauslösung aus der Linientätigkeit
- Vertretung der Gruppeninteressen nach außen
- Beachtung der Einhaltung der Arbeitsstandards
- kontinuierlich Verbesserungen suchen
- Moderation der Team-Gespräche
- Organisation und Koordination der Arbeitsaufgaben innerhalb des Teams
- Ausgleich der Abwesenheit von Team-Mitgliedern (der Teamsprecher muss zurück in die Linie)
- Verantwortung für die Flexibilität innerhalb des Teams; Führen der Flexibilitätslisten
- Organisation der Instandhaltung
- Einbindung in die Neu- und Änderungsplanungen, die seinen Team-Bereich betreffen
- Beschaffung von Werkzeugen
- Mitverantwortung für die Einhaltung des Budgets

- Verantwortung für Ordnung und Sauberkeit innerhalb des Team-Bereichs
- Anlernen neuer Team-Mitglieder.

## Lösung zu Aufgabe 5: Informeller Führer

**Beispiel**

Eine Führungskraft nimmt ihre Vorgesetztenrolle nur unzureichend wahr – mit dem Ergebnis, dass der informelle Führer die „eigentliche Lenkung" der Gruppe übernimmt. Konflikte werden vor allem dann entstehen, wenn der informelle Führer subjektive und egoistische Ziele verfolgt.

## Lösung zu Aufgabe 6: Gruppenstörungen

Ursachen für Gruppenstörungen können z. B. sein:

- **Über- oder Unterforderung** einer Gruppe durch den Vorgesetzten (es fehlt das gemeinsame Sachziel)
- unüberwindbare **Gegensätze** (z. B. Einstellungen von „Alt" und „Jung")
- gravierende **Führungsfehler** des Vorgesetzten (Fehler in der Kritik, mangelnder Kontakt, unangemessene Vertraulichkeit u. Ä.).

## Lösung zu Aufgabe 7: Regeln des Verhaltens sozialer Gruppen

- **Interaktionsregel**
  Im Allgemeinen gilt: Je häufiger Interaktionen zwischen den Gruppenmitgliedern stattfinden um so mehr werden Kontakt, „Wir-Gefühl" und oft sogar Zuneigung/Freundschaft gefördert. Die räumliche Nähe beginnt an Bedeutung zu gewinnen.
- **Angleichungsregel**
  Mit längerem Bestehen einer Gruppe gleichen sich Ansichten und Verhaltensweisen der Einzelnen an. Die Gruppen-Normen dominieren.
- **Distanzierungsregel**
  Sie besagt, dass eine Gruppe sich nach außen hin abgrenzt – bis hin zur Feindseligkeit gegenüber anderen Gruppen. Zwischen dem „Wir-Gefühl"/Solidarität und der Distanzierung besteht oft eine Wechselwirkung.

## Lösung zu Aufgabe 8: Rollenverhalten, Delegation

a) Beispiele für Maßnahmen:
   - sein Fachwissen und seinen Ehrgeiz nutzen
   - ggf. Job Enrichment
   - dabei Schneider klarmachen, dass sein Verhalten nicht zulasten der Gruppe gehen darf

- ggf. Kritikgespräch mit Schneider
- Einsicht erzeugen, ohne ihn zu demotivieren.

b) Als Leiter der Gruppe müssen Sie das Gespräch mit Schneider selbst führen; ansonsten wäre dies Rückdelegation an Ihren Vorgesetzten.

## 4.4 Eigenes und fremdes Führungsverhalten, Umsetzen von Führungsgrundsätzen

## Lösung zu Aufgabe 1: Führungsstile

Vergleich des autoritären und des kooperativen Führungsstils in Stichworten anhand geeigneter Merkmale:

| **Merkmal** | **autoritärer Führungsstil** | **kooperativer Führungsstil** |
|---|---|---|
| | (die nachfolgenden Aussagen gelten im Sinne von „... tendenziell/ in der Regel ...“ und verstehen sich als Beispiele) | |
| Entscheidung, Ausführung, Kontrolle: | ► klare Trennung | ► kaum Trennung |
| Entscheidungs- und Anweisungskompetenz: | ► Vorgesetzter allein | ► aufgrund fachlicher Kompetenz;<br>► Prinzip der Delegation |
| Kontrolle: | ► ohne Ankündigung<br>► mehr Vollkontrolle | ► Selbstkontrolle<br>► mehr Ergebniskontrolle |
| Machteinsatz: | ► legitimierte Macht (Amt) | ► Referenz- oder Expertenmacht |
| allgemeine Merkmale: | ► keine echte Delegation<br>► wenig Kreativität | ► hohe Identifikation mit Betriebszielen,<br>► emanzipierter Mitarbeiter<br>► indifferentes Verhältnis |

## Lösung zu Aufgabe 2: Autorität, Ziel der Führungsarbeit

a) Merkmale echter Autorität, z. B.:
- handelt konsequent
- handelt der Situation angemessen
- kann sich angemessen durchsetzen
- verfügt über Fachkompetenz und Autorität aus der Person heraus; auch möglich:
- hat Selbstvertrauen und innere Sicherheit u. Ä.

b) Konsequenzen für das eigene Führungsverhalten:

- Die Mitarbeiter werden Ihr Führungsverhalten noch lange am Beispiel des alten Chefs messen (Maßstabsbildung).
- Sie müssen Ihren eigenen Führungsstil konsequent und überzeugend prägen (z. B. wäre es falsch, den alten Chef schlecht zu machen).

c) Ziel der Führungsarbeit ist es,

- Leistung zu erzeugen,
- zu erhalten,
- zu steigern (= wirtschaftliche Ziele).

Dabei sind die Belange der Mitarbeiter zu berücksichtigen (= soziale Ziele).

## Lösung zu Aufgabe 3: Situatives Führen

a) (1) Situation: duldet keinen Aufschub; der Auftrag ist wichtig, muss angenommen werden (35 %); von daher Notfall/Sondersituation;

Sie als Meister haben die Sache akzeptiert; insofern ist diese Haltung auch nach unten hin zu vertreten.

(2) Mitarbeiter: sind erfahren, kennen die Situation, sollten mit Respekt behandelt werden; nicht: *„Machen Sie Ihren Leuten ...“*

(3) Betriebsleiter: es fehlt Loyalität; erforderlich weil: Meister hat akzeptiert und wegen der Notlage.

(4) Kontrollverhalten: die Sache ist wichtig und dringlich; daher ist Unterstützung und mitlaufende Kontrolle (Zwischenkontrolle) durch den Meister erforderlich.

b) *„Also, ich komme gerade vom Betriebsleiter. Wir müssen heute bis 20:00 Uhr arbeiten. Da ist noch ein Auftrag vom Kunden X hereingekommen, den wir nicht ablehnen konnten. Sie wissen ja, mit Kunde X machen wir 35 % des Ergebnisses. Erläutern Sie bitte Ihrer Mannschaft die Sache so, dass alle mitziehen. Bitten Sie um Unterstützung und sagen Sie Ihnen, dass wir dafür in der nächsten Woche einen Ausgleich finden werden. Sie selbst kennen ja solche Situationen. Ich möchte in der nächsten Teamsitzung derartige Notfälle mal grundsätzlich auf die Tagesordnung bringen und Ihre Meinung dazu wissen. Wenn Sie mich brauchen, ich bin in dringenden Fällen bei der Konstruktion erreichbar.“* (oder ähnlich)

c)
- autoritäre Elemente: *„Machen Sie mal ... klar“*; *„auf geht's“*; *„ich erwarte ...“* usw.
- nicht unterstützend: *„... ich komme mal runter ...“*
- unloyal, nicht überzeugend: *„Wie dem auch sei ...“*

## Lösung zu Aufgabe 4: Führungsgitter (Grid)

(1) z. B. *„... bin mehr sachorientiert, weniger mitarbeiterorientiert"; „... bin mehr 5.5-Stil oder ähnlich, .... weil: ..."*

(2) es folgen:

- Beispiel für Sachorientierung bzw.
- Beispiel für Mitarbeiterorientierung bzw.
- Beispiel für „5.5-Stil".

## Lösung zu Aufgabe 5: Führungsstile, Führungsmodelle

1. **Erklärungsansatz: Eigenschaftsansatz, eindimensional:**
   Es wird von den persönlichen Eigenschaften des Vorgesetzten ausgegangen; das konkrete Führungsverhalten wird dargestellt auf dem Kontinuum zwischen autokratisch und demokratisch:

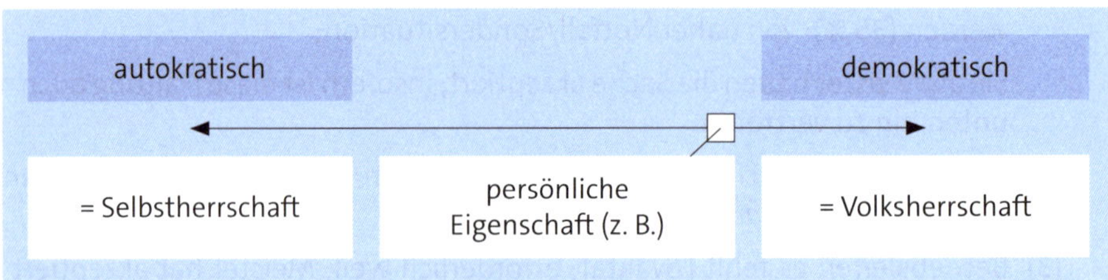


2. **Erklärungsansatz: Verhaltensansatz, eindimensional:**

   Es wird ausgegangen vom Verhalten des Vorgesetzten; das konkrete Führungsverhalten wird dargestellt auf dem Kontinuum zwischen „autoritär" und „kooperativ":

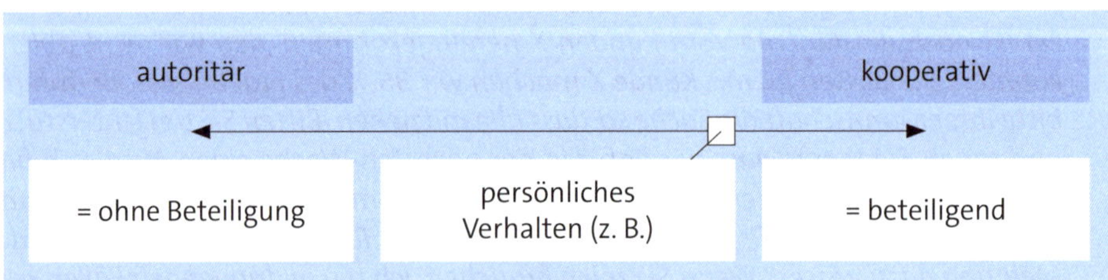


3. **Erklärungsansatz: Grid-Konzept, zweidimensional:**

   Im Grid-Konzept werden zwei Parameter zur Erklärung von Führungsverhalten herangezogen:

   - Sachorientierung und
   - Mensch(Mitarbeiter)-Orientierung.

Das konkrete Führungsverhalten wird als xy-Koordinate im Verhaltensgitter dargestellt (Skalierung von 1 bis 9):

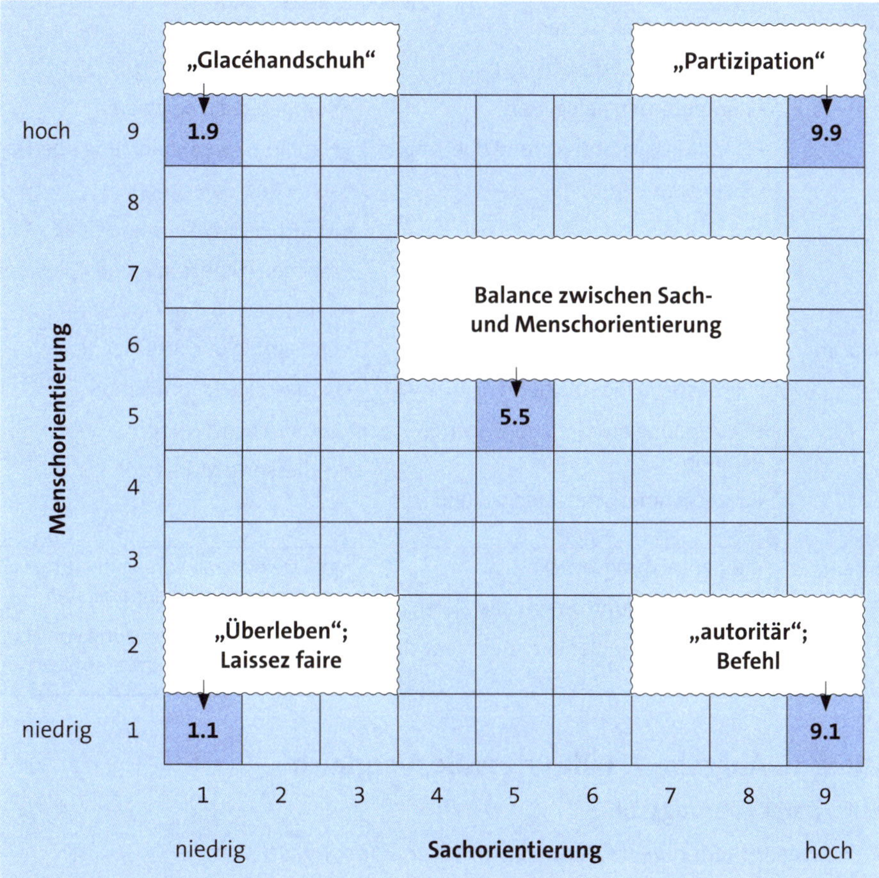


4. **Erklärungsansatz: Situatives Führen, dreidimensional:**

Im Konzept **Situatives Führen** werden drei Parameter zur Erklärung von Führungsverhalten herangezogen:

- Sachorientierung,
- Mensch(Mitarbeiter)-Orientierung und
- die spezifische Führungssituation.

## Lösung zu Aufgabe 6: MbD, MbO

| | Management by Objectives | Management by Delegation |
|---|---|---|
| Voraus-setzungen | ▸ messbare Ziele setzen<br>▸ Aufgaben delegieren<br>▸ Kompetenzen delegieren<br>▸ Handlungsverantwortung übertragen<br>▸ Zielsystem erarbeiten | ▸ Ziele setzen<br>▸ Aufgaben delegieren<br>▸ Kompetenzen delegieren<br>▸ Handlungsverantwortung übertragen<br>▸ keine Rückdelegation<br>▸ Mitarbeiter willens und fähig<br>▸ machen (Motivation und Ausbildung)<br>▸ Vertrauen an die Mitarbeiter |
| Chancen | ▸ Entlastung der Vorgesetzten<br>▸ verbesserte Identifikation<br>▸ Beurteilung am Grad der Zielerreichung<br>▸ unternehmerisches Denken und Handeln | ▸ Entlastung der Vorgesetzten<br>▸ verbesserte Identifikation<br>▸ Fordern heißt Fördern<br>▸ verbesserte Motivation |
| Risiken | ▸ hoher Leistungsdruck<br>▸ Problem bei unrealistischen Zielen<br>▸ Problem bei fehlender Kongruenz der Einzelziele | ▸ ggf. Delegation von wenig interessanten Aufgabenbereichen<br>▸ ggf. fehlende Abgrenzung von Handlungs- und Führungsverantwortung |

## Lösung zu Aufgabe 7: Führungsstile, Vergleich

- **Autoritärer Führungsstil:**
  - Die wesentlichen Vorteile des autoritären Führungsstils sind:
    - hohe Entscheidungsgeschwindigkeit
    - effektiv bei Routinearbeiten.
  - Die wichtigsten Nachteile des autoritären Führungsstils sind:
    - i. d. R. schlechte Motivation der Mitarbeiter
    - fehlende Selbstständigkeit der Mitarbeiter
    - Risiko von einsamen Entscheidungen.
- **Kooperativer Führungsstil:**
  - Die wesentlichen Vorteile des kooperativen Führungsstils sind:
    - hohe Motivation der Mitarbeiter
    - keine einsamen Entscheidungen des Führenden

   - Entlastung der Führungskraft
   - Förderung der Mitarbeiter.
- Die wichtigsten Nachteile des kooperativen Führungsstils sind:
   - geringere Entscheidungsgeschwindigkeit
   - bei geringem Reifegrad der Mitarbeiter nicht zu empfehlen.

► **Laissez-faire-Stil:**

- Die wesentlichen Vorteile des Laissez-faire-Stils sind:
   - Dieser Stil (von frz.: laissez = lasst, faire = machen) ist durch den absoluten Freiheitsgrad
   - die Selbstkontrolle
   - die Selbstbestimmung der Mitarbeiter gekennzeichnet.
- Die Nachteile dieses Stils überwiegen:
   - Ausnutzen der Situation durch unreife Mitarbeiter
   - oft fehlerhafte Leistungen
   - mangelnde Systematik, Synergie und Zielorientierung
   - Gefahr der Heranbildung informeller Führer.

## Lösung zu Aufgabe 8: Das Umfeld des Führungsprozesses

► Als **externe Einflussfaktoren** (= gesellschaftliche, gesamtpolitische) lassen sich z. B. anführen:

- Struktur der Absatz- und der Beschaffungsmärkte
- gesetzliche Eckdaten; Maßnahmen des Staates (z. B. Ordnungspolitik, Subventionen)
- Bildungsniveau der betreffenden Region
- Wettbewerbssituation
- gesellschaftlicher Wertewandel.

- Als **interne Einflussfaktoren** lassen sich z. B. nennen:

**Einflussfaktoren der Führung**

| Der Vorgesetzte | Der Mitarbeiter | Die betrieblichen Rahmenbedingungen |
|---|---|---|
| Persönlichkeit | Persönlichkeit | Organisation |
| Autorität | Disziplin | Arbeitsklima |
| Eigenschaften | Erwartungen | Technik |
| Führungsstil | Erfahrung | Abläufe |
| Erfahrung | Fähigkeiten | Arbeitsmittel |
| Kompetenz | Alter, Geschlecht | Betriebsphilosophie |
| usw. | usw. | usw. |

Diese Auflistung kann nur unvollständig sein. Entscheidend dabei ist, dass diese Faktoren in gegenseitiger Abhängigkeit und Wirkung stehen. Maßgebend im betrieblichen Führungsprozess ist also nicht, ob beispielsweise kooperativ oder situativ geführt wird, sondern dass die Führungsmaßnahmen unter Beachtung der Rahmenbedingungen und der spezifischen Situation zum Erfolg führen.

## Lösung zu Aufgabe 9: Der neue Vorgesetzte

a) Zur Vorbereitung auf die neue Führungsaufgabe empfiehlt sich:
- Information über Aufgaben und Abläufe in dem Verantwortungsbereich
- Fachlich Nacharbeit über Teilaufgaben, die Ihnen nicht vertraut sind (z. B. Qualitätssicherung)
- Information über die einzelnen Mitarbeiter in der Gruppe (Alter, Geschlecht, Aufgaben, Besonderheiten, Erkrankung u. Ä.; z. B. anhand der Lektüre der Personalakten) – ohne jedoch Vorurteile aufgrund der Aktenlage zu entwickeln.

b)

| Der neue Vorgesetzte | |
|---|---|
| **Mögliche Reaktionen der Gruppe oder einzelner Mitarbeiter auf diese Veränderung** | **Ihre angemessene Reaktion** |
| Die gesamte Gruppe blockiert und zeigt Widerstände gegenüber geplanten Veränderungen. | Verständnis für die neue Situation zeigen, Geduld aufbringen und in Gruppengesprächen den Wechsel des Vorgesetzten zum Thema machen. Die Fachkompetenz der Mitarbeiter nutzen und bei Veränderungen einbeziehen. |
| Sie erkennen, dass es in der Gruppe einen informellen Führer gibt, der Ihre formale Führungskompetenz infrage stellt. | Fördernder Führungsstil, Anerkennung, tragende Rolle des Gruppen-„*Stars*" nutzen und einbinden in die eigene Führungsarbeit; Ihre Vorbildfunktion ist wichtig. |
| Einer der Mitarbeiter biedert sich an, weil er sichdavon Vorteile erhofft. | Einzelgespräch mit dem Mitarbeiter führen und verdeutlichen, dass Sie sein Verhalten unangebracht ist. Dabei möglichst Einsicht erzeugen. |

## 4.5 Führungsmethoden und -techniken zur Förderung der Leistungsbereitschaft und Zusammenarbeit der Mitarbeiter

## Lösung zu Aufgabe 1: Führungsmittel

a) Insbesondere aus dem Arbeitsvertrag ergeben sich für den Mitarbeiter u. a. Pflichten (Leistungspflicht, Gehorsamspflicht, Pflicht zur Vertraulichkeit, Schweigepflicht usw.). Aufseiten des Vorgesetzten stehen dem u. a. gegenüber:

- das Weisungsrecht
- das Recht zur Anordnung
- das Recht zum Festlegen von Richtlinien (z. B. im Bereich des Unfallschutzes).

Der Vorgesetzte kann diese **arbeitsrechtlichen Führungsmittel** gezielt zur Gestaltung des Führungsprozesses einsetzen (Anweisungen treffen, sich auf Richtlinien berufen, ermahnen, abmahnen usw.). Er kann sich dabei auf die unterschiedlichen, bekannten Rechtsquellen des Arbeitsrechts berufen.

b)
- **Anreizmittel,** z. B.:
  - monetäre Anreize (Zulagen, leistungsorientierte Entlohnung)
  - Statusanreize (Ernennung zum leitenden Angestellten, zum Direktor)
  - Entwicklungsanreize (Aufzeigen von Entwicklungschancen).
- **Kommunikationsmittel,** z. B.:
  - informieren
  - mit dem Mitarbeiter reden
  - präsentieren.

- **Führungsstilmittel**, z. B.:
  - beteiligen
  - wertschätzen
  - motivieren
  - fördern
  - delegieren
  - kontrollieren.

Im Ansatz und in der Wirkung gibt es oft Überschneidungen bei den einzelnen Führungsmitteln.

## Lösung zu Aufgabe 2: Zielvereinbarung

a) Management by Objectives (Führen durch Zielvereinbarung)

b) Voraussetzungen, z. B.:

- Vorliegen einer abgestimmten Zielhierarchie; Ableitung der Ressortziele aus dem Unternehmensgesamtziel
- eindeutige Abgrenzung der Aufgabengebiete
- Vereinbarung der Ziele im Dialog (kein Zieldiktat)
- Festlegung von messbaren Zielgrößen, d. h. Bestimmung von
  - Zielinhalt, z. B. Fluktuation senken
  - Zielausmaß, z. B. um 5 %
  - und zeitlicher Bezugsbasis, z. B. innerhalb eines Jahres
- gemeinsame Überprüfung der Zielerreichung.

## Lösung zu Aufgabe 3: Delegationsbereiche

1. „Mitarbeiter“:
   Begründung: Entscheidungen innerhalb seines Delegationsbereichs trifft der Mitarbeiter selbst und kein anderer.
2. „Vorgesetzter + Mitarbeiter“:
   Begründung: Informieren ist eine Holschuld (Mitarbeiter) und eine Bringschuld (Vorgesetzter).
3. „Vorgesetzter + Mitarbeiter“:
   Begründung: Eigenkontrolle (Mitarbeiter) und Fremdkontrolle (Vorgesetzter).
4. „Mitarbeiter“:
   Die Handlungsverantwortung liegt immer beim Mitarbeiter.

## Lösung zu Aufgabe 4: Motivationsprobleme und Handlungsempfehlungen

Handlungsempfehlungen zur Motivation der Mitarbeiter: Folgende Grundregeln können eine Orientierungshilfe sein:

| Vorgehensweise | z. B. durch |
|---|---|
| 1. Unbefriedigte Motive der Mitarbeiter kennenlernen | ► Gespräch mit dem Mitarbeiter<br>► Motive wecken<br>► Anreize bieten |
| 2. Erwünschtes Verhalten verstärken | ► Bestätigung, Anerkennung, Kritik |
| 3. unerwünschtes Verhalten vermeiden | ► Beurteilung, Kritik |
| 4. Hindernisse für positives Verhalten vermeiden | ► Information, Arbeitsplatzgestaltung,<br>► optimale Arbeitsmittel, Arbeitsabläufe |
| 5. Gegensteuernde Motive verhindern | ► Vertrauen durch Verständigung schaffen. |

## Lösung zu Aufgabe 5: Zielvereinbarung (MbO)

Die Entscheidungsebenen arbeiten gemeinsam an der Zielfindung. Dabei legen Vorgesetzter und Mitarbeiter gemeinsam das Ziel fest, überprüfen es regelmäßig und passen das Ziel an. Da das Gesamtziel der Unternehmung und die daraus abgeleiteten Unterziele ständig am Markt orientiert sind, ist MbO durch kontinuierliche Zielpräzisierung ein Prozess. Die Wahl der einzusetzenden Mittel zur Zielerreichung bleibt den Mitarbeitern überlassen. Diese Methode wirkt Formalismus, Bürokratie, Unbeweglichkeit und Überbetonung der Verfahrenswege direkt entgegen. Kriterium sind Effektivität und Zweck. Die Zielerreichung ist der Erfolg. Die Leistung wird im Soll-Ist-Vergleich beurteilt. Beurteilungsverfahren, die sich am MbO-Prinzip orientieren, sind den klassischen, merkmalsorientierten Beurteilungssystemen überlegen.

## Lösung zu Aufgabe 6: Kontrolle

Funktionen der Kontrolle: Kontrolle ist/heißt ...

- ein Soll-Ist-Vergleich
- Ursachen erkennen
- eine Informationsquelle
- ein Koordinierungsinstrument
- ein Steuermittel zur Kurskorrektur
- ein Anlass zum Mitarbeitergespräch
- eine Beratungsmöglichkeit (= Hilfestellung für Mitarbeiter)
- eine Rückkopplung für den Mitarbeiter über seine Leistung
- Interesse bekunden für Arbeit der Mitarbeiter
- ein Hilfsmittel zum Erkennen + Trennen von „Dringlich + Wichtig".

## Lösung zu Aufgabe 7: Lob, Anerkennung

- Anerkennung ist (sprachlich) die schwächere Form.
- Lob und Anerkennung motivieren.
- Konkret sein und sich auf die Sache/Leistung beziehen (nicht auf die Person).
- Wichtig:
  - richtige Zeit (z. B. pädagogischer Anlass)
  - richtiger Ort
  - richtiges Maß
  - meist: unter vier Augen.
- Ausgewogenheit von Anerkennung und Kritik.

## Lösung zu Aufgabe 8: Gesprächsführung im Rahmen der Beurteilung

a) 1. **Beispiel für eine positive Gesprächseröffnung:**
*„Ich bin der Meinung, Sie haben sich in der Probezeit sehr engagiert und mit großem Interesse in das neue Aufgabengebiet eingearbeitet. Dafür möchte ich Ihnen danken.“*

Möglichst in der Ich-Form sprechen – ich als Vorgesetzter – und nicht in der Wir-Form – wir als Betrieb; die Wir-Form wirkt weniger verbindlich.

2. **Beispiel für eine richtig formulierte Beanstandung:**

- *„Ich sehe in Ihren Arbeitsergebnissen noch die Möglichkeit, sich in dem Gebiet .. X,Y ... zu verbessern, z. B. durch ...“*
- *„Mir ist aufgefallen, dass Ihnen bei folgenden Aufstellungen ... (konkret nennen) noch Fehler unterlaufen ...“*
- *„Ich musste feststellen, dass Sie im letzten Monat – wenn ich mir das Ergebnis ihrer Zeitsummenkarte betrachte – häufiger zu spät gekommen sind“*; (nicht : *„Sie kommen ständig zu spät.“* **Kritik an der Sache** – nicht an der Person).

3. **Beispiel für die Überleitung des Gesprächs an den Mitarbeiter:**

*„Ich habe Ihnen eine Reihe von Punkten genannt ..., mich interessiert, wie sehen Sie das?“*

b) 1. *„Sie arbeiten fehlerhaft und nachlässig.“*

*„Ihre Bereitschaft, sich engagiert in die neu gebildete Gruppe einzubringen, lässt noch sehr zu wünschen übrig.“*

Bewertung: → fehlerhaft: **Die Person wird beanstandet.**

2. *„Sie sind doch wohl mit mir auch der Meinung, dass ...?“*

*„Ich glaube kaum, dass Sie behaupten können, dass ...!“*

Bewertung: → fehlerhaft: **Suggestivfragen, Fangfragen werden verwendet.**

3. *„Das kann man so doch wohl nicht sehen!"*

   Bewertung: → fehlerhaft: Der Mitarbeiter wird durch **unangemessene Unmutsäußerungen** frustriert.

4. Unangemessen langes Schweigen des Vorgesetzten (mit „Pokerface").

   Bewertung: → fehlerhaft:Der Mitarbeiter wird frustriert, weil **Feedback fehlt**.

c) **Grundsätze für die Durchführung von Beurteilungsgesprächen:**

- Der Vorgesetzte sollte **nicht versuche**n, im Beurteilungsgespräch **zu viel zu erreichen**. Gegebenenfalls sollten sich beide Seiten mit Teilerfolgen zufrieden geben. Es kann unter Umständen notwendig sein, das Gespräc**h zu vertagen**, weil eine Seite oder beide Gesprächsteilnehmer im Moment nicht über die Gelassenheit verfügen, um das Gespräch erfolgreich bearbeiten zu können.
- **Das abschließende Gesprächsergebnis** (*„Wie sehen beide die einzelnen Punkte, welche Vereinbarungen/Kontrakte werden getroffen?"*) sind der **Grundstein für das nächstfolgende Gespräch**.
- Der Sinn des Beurteilungsgesprächs wird völlig verfehlt, wenn durch die Art der Gesprächsführung die zukünftige emotionale Basis der Zusammenarbeit nachhaltig gestört wird. Es ist dann besser, abzubrechen und zu vertagen.
- Die objektive Dauer des Beurteilungsgesprächs ist weniger bedeutsam als die **Vermittlung des subjektiven Gefühls** Zeit gehabt zu haben.
- Auch bei harten Auseinandersetzungen und bei massiven Meinungsverschiedenheiten hinsichtlich der Leistungsbeurteilung ist der **konstruktive Ausgang des Gesprächs anzustreben**.
- Ein unvorbereitetes Beurteilungsgespräch führt i. d. R. zum Desaster. Dazu gehört auch, dem Mitarbeiter rechtzeitig den Gesprächstermin anzukündigen und ihn zu bitten, sich selbst darauf vorzubereiten.
- Ebenfalls zu **vermeiden ist eine einseitige Entscheidun**g des Vorgesetzten über notwendige Aktionen (Fortbildung, Nachholen von Einarbeitungsschritten u. Ä.).
- Ebenfalls fehlerhaft ist es**, neue Informationen**, die der Mitarbeiter bringt, in der Beurteilung einfac**h zu ignorieren**.
- Und last but not least ist eine versteckte Beurteilung, die dem Mitarbeiter nicht bekannt ist bzw. nicht mit ihm besprochen wurde, **abzulehnen**.

## Lösung zu Aufgabe 9: Mitarbeiterbeurteilung

a) **Phasen:**

- Beobachten
- Beschreiben
- Bewerten
- Beurteilungsgespräch
- Auswertung.

b) **Beurteilungsfehler**, z. B.:

- **Fehler in der Wahrnehmung:**
  - Halo-Effekt
  - Nikolaus-Effekt
  - Selektionseffekt
  - Vorurteile
  - Lorbeer-Effekt
  - Hierarchie-Effekt
  - voreilige Schlussfolgerungen.
- **Fehler im Beurteilungsverfahren/im Maßstab:**
  - Tendenz zur Mitte
  - Tendenz zur Milde
  - Tendenz zur Strenge
  - Sympathiefehler.

INFO

Es ist jeweils eine knappe Erläuterung zu geben.

---

c)
- **Merkmale zur Beurteilung von Führungskräften:**
  - Dynamik
  - Flexibilität
  - Führungsfähigkeit
  - psychische Stabilität.
- **Merkmale zur Beurteilung von gewerblichen Arbeitnehmern:**
  - Arbeitsmenge
  - Arbeitsqualität
  - Sorgfalt
  - Zusammenarbeit.

## Lösung zu Aufgabe 10: Beurteilungsgespräch

a) Vorbereitung, z. B.:

- dem Mitarbeiter rechtzeitig den **Gesprächstermin** mitteilen und ihn bitten, sich ebenfalls vorzubereiten
- ggf. prüfen, ob ein Dolmetscher erforderlich ist
- den äußeren Rahmen gewährleisten; keine Störungen, ausreichend Zeit, keine Hektik, geeignete Räumlichkeit, unter vier Augen u. Ä.

- **Sammeln und strukturieren der Informationen:**
  - Wann war die letzte Leistungsbeurteilung?
  - Mit welchem Ergebnis?
  - Was ist seitdem geschehen?
  - Welche positiven Aspekte?
  - Welche negativen Aspekte?
  - Sind dazu Unterlagen erforderlich?
- **Was ist das Gesprächsziel?**
  - Mit welchen Argumenten?
  - Was wird der Mitarbeiter vorbringen?

b) 1. **Eröffnung,** z. B.:
   - sich auf den Gesprächspartner einstellen, eine zwanglose Atmosphäre schaffen
   - die Gesprächsbereitschaft des Mitarbeiters gewinnen, evtl. Hemmungen beseitigen
   - ggf. beim Mitarbeiter Verständnis für die Beurteilungssituation wecken.

2. **Konkrete Erörterung der positiven Gesichtspunkte**, z. B.:
   - nicht unbedingt nach der Reihenfolge der Kriterien im Beurteilungsrahmen vorgehen
   - ggf. positive Veränderungen gegenüber der letzten Beurteilung hervorheben
   - Bewertungen konkret belegen
   - nur wesentliche Punkte ansprechen (weder „Peanuts“ noch „olle Kamellen“)
   - den Sachverhalt beurteilen, nicht die Person.

3. **Konkrete Erörterung der negativen Gesichtspunkte**, z. B.:
   - analog zu Punkt 2
   - negative Punkte zukunftsorientiert darstellen (Förderungscharakter).

4. **Bewertung der Fakten durch den Mitarbeiter**, z. B.:
   - den Mitarbeiter zu Wort kommen lassen, interessierter und aufmerksamer Zuhörer sein
   - aktives Zuhören, durch offene Fragen ggf. zu weiteren Äußerungen anregen
   - asymmetrische Gesprächsführung, d. h. in der Regel dem Mitarbeiter den größeren Anteil an Zeit/Worten überlassen
   - evtl. noch einmal einzelne Beurteilungspunkte genauer begründen
   - zeigen, dass die Argumente ernst genommen werden
   - eigene Fehler und betriebliche Pannen offen darlegen
   - i. d. R. keine Gehaltsfragen diskutieren (keine Vermengung); falls notwendig, abtrennen und zu einem späteren Zeitpunkt fortführen.

5. **Vorgesetzter und Mitarbeiter diskutieren alternative Strategien und Maßnahmen zur Vermeidung zukünftiger Fehler**, z. B.:
   - Hilfestellung nach dem Prinzip „Hilfe zur Selbsthilfe" („ihn selbst darauf kommen lassen")
   - ggf. konkrete Hinweise und Unterstützung (betriebliche Fortbildung, Fachleute usw.)
   - kein unangemessenes Eindringen in den Privatbereich
   - sich Notizen machen; den Mitarbeiter anregen, sich ebenfalls Notizen zu machen.
6. **Positiver Gesprächsabschluss mit Aktionsplan**, z. B.:
   - wesentliche Gesichtspunkte zusammenfassen
   - Gemeinsamkeiten und Unterschiede klarstellen
   - ggf. zeigen, dass die Beurteilung überdacht wird
   - gemeinsam festlegen:
     - Was unternimmt der Mitarbeiter?
     - Was unternimmt der Vorgesetzte?
     - (Wer macht was? Wie? Bis wann?)
   - ggf. Folgegespräch vereinbaren; Wann? Welche Hauptaufgaben?
   - Zuversicht über den Erfolg von Leistungskorrekturen vermitteln
   - Dank für das Gespräch.

## Lösung zu Aufgabe 11: Beurteilung und Mitbestimmung

a) Sie haben die Bitte des Mitarbeiters auf eine Beurteilung zu Unrecht abgelehnt. Die §§ 81 - 86 des BetrVG enthalten sog. individualrechtliche Normen des einzelnen Arbeitnehmers. Sie haben generelle Geltung – unabhängig davon, ob ein Betriebsrat existiert oder nicht. Dazu gehört auch das Recht des Mitarbeiters auf eine Beurteilung seiner Leistung (§ 82 Abs. 2 BetrVG).

   Daneben besteht nach § 83 BetrVG das Einsichtsrecht in die eigene Personalakte. Damit hat der Mitarbeiter die Möglichkeit, auch eine Beurteilung, die nicht mit ihm besprochen wurde in Erfahrung zu bringen.

b) - Ja, der Betriebsrat muss eingeschaltet werden.
   - Das vorliegende Beurteilungssystem dürfte den Tatbestand der „allgemeinen Beurteilungsgrundsätze" nach § 94 Abs. 2 BetrVG erfüllen. Die Erstellung sowie die Überarbeitung eines Beurteilungssystems mit festgelegten Merkmalen, Merkmalsausprägungen usw. bedarf der Zustimmung des Betriebsrates.

## Lösung zu Aufgabe 12: Einführung neuer Mitarbeiter

1. **Ziele setzen:**
   → Die Neuen sollen in einer Woche alle standardmäßigen Montagearbeiten beherrschen.
2. **Planen:**
   → Was? Wer? Wann? In welcher Zeit? z. B. Ausbildungsinhalte, Vorarbeiter und/ oder erfahrene Mitarbeiter usw.
3. **Organisieren:**
   → Vorarbeiter informieren, Zeiten vorsehen, Vorkehrungen treffen, ... (o. Ä.)
4. **Durchführen:**
   → Einarbeitungsplan mit den Neuen besprechen, Tutoren zuweisen, Räumlichkeiten/Orte zeigen, Einarbeitung starten.
5. **Kontrollieren**:
   → Eigenkontrolle der Mitarbeiter organisieren, Kontrolle der Lernabschnitte, Endkontrolle und Abschlussgespräch, .... o. Ä.

MERKE

Bei Phase 2 - 4 kann es Überschneidungen geben; entscheidend ist, dass deutlich wird: Sie beherrschen das Thema Einarbeitung und können nach dem Managementregelkreis vorgehen.

## Lösung zu Aufgabe 13: Kreativität

Langfristig wird ein Unternehmen nur existieren können, wenn die Mitarbeiter kritisch-kreativ und motiviert sind, wenn sie sich Gedanken über den Sinn von Regelungen machen und über den notwendigen Antrieb verfügen.

Kreativität im Sinne „sich mit Ideen engagieren", „was könnte an meinem Arbeitsplatz besser gemacht werden" ist eine Quelle langfristiger Unternehmenssicherung. Mit Ja-Sagern lässt sich der Markt nicht erobern.

Kreative und motivierte Mitarbeiter zu gewinnen, zu fördern und zu erhalten muss der **Leitgedanke** in der Führungsarbeit des Meisters sein. Er kann dazu die ihm bekannten Führungsstilmittel (Kooperation, Wertschätzung usw.), Techniken (Kreativitäts- und Moderationstechniken) einsetzen sowie betriebliche Einrichtungen und Gruppen dafür nutzen oder **anregen** (Betriebliches Vorschlagswesen, Prozess der kontinuierlichen Verbesserung, Qualitätszirkel, Lernstatt, Wertanalyse, Teamarbeit, Workshops „Wo drückt der Schuh?" usw.).

## Lösung zu Aufgabe 14: Personaleinsatzplanung

a) **Ziel** der Personaleinsatzplanung:
Durch die Personaleinsatzplanung ist die Personalressource (quantitativ und qualitativ) dem Arbeitsanfall anzupassen – kurz, mittel- und langfristig:

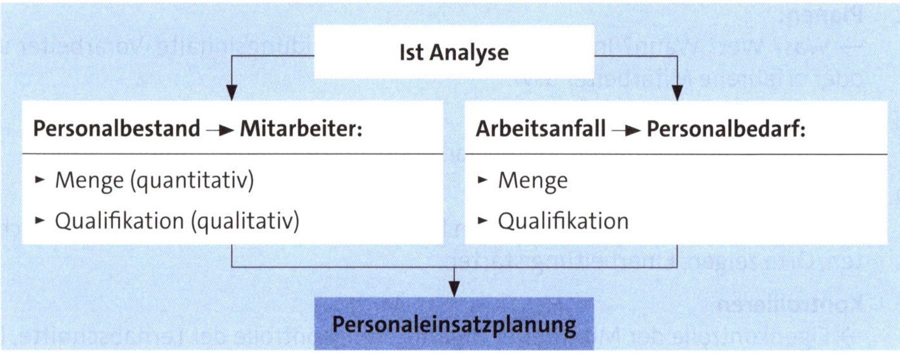


b) Mit der Personaleinsatzplanung werden z. B. folgende **Unterziele** verknüpft:

- Sicherung des Arbeits- und Gesundheitsschutzes
- Verbesserung der Motivation der Mitarbeiter
- Sicherung der Produktivität
- Senkung der Fluktuation
- Vermeidung von Vakanzen
- Senkung der Fehlzeiten.

c)

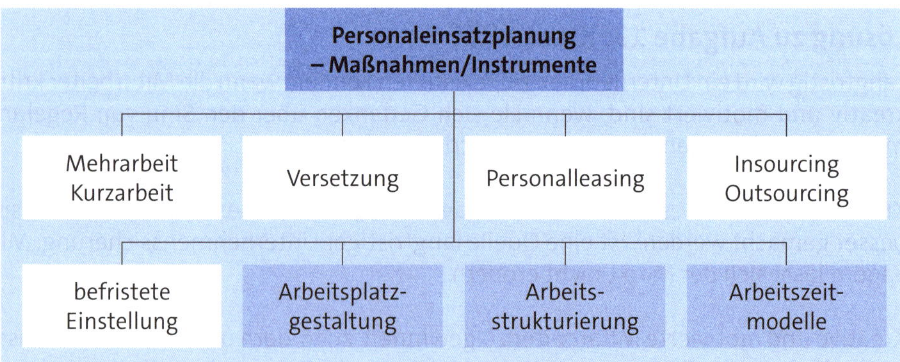

d)

**Personaleinsatzplanung – Rahmenbedingungen**

**außerbetriebliche „Eckdaten“**

Beispiele:
- ArbZG
- Tarifverträge
- Schutzgesetze

**innerbetriebliche „Eckdaten“**

Beispiele:
- Mitbestimmung
- Zeiterfassung
- Arbeitszeiten
- Arbeitszeitmodelle
- Arbeitsstrukturen
- Arbeitsverträge

**„Eckdaten“ des Mitarbeiters**

Beispiele:
- Gesundheit
- Familie
- Ziele/Werte
- Neigung/Eignung
- Biorhythmus

## Lösung zu Aufgabe 15: Nachfolgeplanung

a)

| **Nachfolgeplanung:** BL/Morgan | **Monate** | | | | | | | | | | | |
|---|---|---|---|---|---|---|---|---|---|---|---|---|
| **Positionen:** | **J** | **F** | **M** | **A** | **M** | **J** | **J** | **A** | **S** | **O** | **N** | **D** |
| Meisterbereich Montage | *Herr Schöner* | | | | | | Morgan/ kommiss. | | Herr Ruhs | | | |
| Vorarbeiter | *Herr Ruhs* | | | | | | Herr Dick | | | | | |
| Montage 1 | *Herr Dick* | | | | | | Leiharbeiter | | | Herr Schnell | | |
| Werkstatt | *Klamm* | | extern; befristete Einstellung | | | | | | | | | |
| Elektrik 1 | *N. N.* | | | Herr Rohr | | | | | | | | |

b) Personelle Maßnahmen der Nachfolgeregelung/externe Besetzung:

**Stellenbeschreibung und Anforderungprofil erstellen bzw. überprüfen**

↓

**Stellenbeschreibung und Anforderungsprofil an Personalabteilung weiterleiten**

↓

**Interne Stellenausschreibung veranlassen**

↓

**Externe Stellenausschreibung ggf. veranlassen**

↓

↓

**Externe Suchwege mit Personalabteilung beraten und entscheiden**

↓

**Mitarbeiterauswahl (gemeinsam mit Personalabteilung)**

↓

**Einstellung und Einarbeitung**

c)

| Personelle Maßnahme | Beteiligungsrechte des Betriebsrates | §§ |
|---|---|---|
| Personalplanung (allgemein) | Information, Beratung | § 92 BetrVG |
| Versetzung | Zustimmung | § 99 BetrVG |
| Neueinstellung | Zustimmung | § 99 BetrVG |
| Eingruppierung, Umgruppierung | Mitbestimmung | § 99 BetrVG |
| internes Trainingsprogramm | Information, Beratung | § 96 BetrVG |
| | ggf. Mitbestimmung nach | § 98 BetrVG |

## Lösung zu Aufgabe 16: Schlüsselqualifikationen

a) Schlüsselqualifikationen lassen sich mit folgenden Stichworten umreißen:

- relativ positionsunabhängig
- berufs- und funktionsübergreifend
- langfristig verwertbar
- übergeordnete Bedeutung
- bilden häufig die Basis für den Erwerb spezieller Fachkompetenzen.

b)

| Schlüsselqualifikationen – Beispiele | Geeignete Trainingsmaßnahmen – Beispiele |
|---|---|
| Lernfähigkeit | ► Einsatz in Projektgruppen<br>► Teilnehmer aktivierende Methoden im Seminar |
| Moderationsfähigkeit | ► Erlernen und Anwenden der Moderationstechniken im Seminar<br>► Coaching der Moderationskompetenz durch den Vorgesetzten |
| Kommunikationsfähigkeit | ► Erlernen von Regeln der Kommunikation im Seminar<br>► Üben der Kommunikation unter Supervision |

## Lösung zu Aufgabe 17: Formen von Weiterbildungsmaßnahmen

a) Zum Beispiel:
- Einsatzdauer
- Einsatzbereich
- Entwicklungsziele
- (flankierende) Lehrgänge und Trainingsmaßnahmen.

b) Die Übernahme zeitlich befristeter Fragestellungen innerhalb eines Projekts erfordert/fördert Qualifikationen, die innerhalb einer Linienposition eher seltener angesprochen werden können.

**Beispiele**

- Einsatz und Beherrschung kreativer Methoden
- Präsentationsfähigkeit
- Moderationsfähigkeit
- Entwicklung der Analysefähigkeit.

c)
- **Das Planspiel** verläuft meist über mehrere Spielperioden. Der Teilnehmer ist gezwungen, im Team Entscheidungen zu verschiedenen Parametern abzugeben. Der weitere Spielverlauf zeigt ihm die Auswirkungen seiner Entscheidung. Lernen im Team und Denken in Zusammenhängen im Rahmen eines dynamischen Modells werden gefördert.
- **Die Fallmethode** bietet ähnliche Ansätze. Die Methode ist jedoch statisch angelegt und meist weniger komplex als ein Planspiel.

## Lösung zu Aufgabe 18: Förderung von Nachwuchskräften

a) Mit Nachwuchskräften wird i. d. R. der Führungsnachwuchs bezeichnet, d. h. es geht vorwiegend um die Vorbereitung von Mitarbeitern zur Übernahme von Führungspositionen im Unternehmen.

b) Im Vordergrund stehen die Vermittlung von
- Führungsfähigkeiten und
- Managementtechniken.

Daneben sind häufig unternehmensspezifische Gegebenheiten ein Thema innerbetrieblicher Schulungen für Nachwuchskräfte, z. B.:
- Betriebspolitik
- Führungsprinzipien
- Geschäftsprinzipien
- Budgetierung und Ergebnisrechnung
- Controlling.

c) Maßnahmen und Methoden der Nachwuchskräfteförderung sind in ein ganzheitliches Konzept einzubinden, damit die Instrumente sich gegenseitig ergänzen und ihre volle Wirkung entfalten können. Als Methoden bieten sich hier z. B. besonders an:

- Traineeausbildung (als Generalist oder Spezialist; Dauer: meist 6 Monate bis 2 Jahre)
- Übernahme von Sonderaufgaben
- Auslandsentsendung
- Leitung von Projekten und Qualitätszirkeln
- Stellvertretung; oft in Verbindung mit Job Rotation
- Assistenten-Funktion
- Leiter einer Junioren-Firma (Junior-Board).

d) 1. **Schlüsselqualifikationen** sind – vereinfacht gesagt – der „Schlüssel" zur schnellen und systematischen Aneignung rasch wechselnden Spezialwissens sowie zur Anpassung an veränderte berufliche Situationen. Schlüsselqualifikationen sind relativ zeitunabhängig, langfristig verwertbar sowie überwiegend berufs- und funktionsübergreifend.

2. Beispiele für Schlüsselqualifikationen:
   - Kooperationsfähigkeit
   - Kommunikations- und Moderationsfähigkeit
   - Kompetenz zur Problemlösung
   - Einfühlungsvermögen und Belastbarkeit
   - Fähigkeit zum systematischen Lernen
   - Entscheidungsfähigkeit
   - Fähigkeit zur Delegation und Motivation.

3. **Fähigkeit zum systematischen Lernen:** Geeignete Förderungsmaßnahmen können hier z. B. sein:
   - Einsatz von Fallbeispielen
   - Vermittlung von Lern- und Denktechniken
   - Integration von Seminarteilnehmern in den Lernprozess durch Mitgestaltung der Lernstruktur und der Lehrmethoden
   - generell: Einsatz Teilnehmer aktivierender Methoden (z. B. Gruppenarbeit, Leittexte, Lernprojekte).

## Lösung zu Aufgabe 19: Job Rotation

a) **Job Rotation** (= Arbeitsplatzringtausch) ist die systematisch gesteuerte Übernahme unterschiedlicher Aufgaben in Stab oder Linie bei vollgültiger Wahrnehmung der Verantwortung einer Stelle. Jedem Arbeitsplatzwechsel liegt eine Versetzung zugrunde.

Entgegen der zum Teil häufig geübten Praxis ist also Job Rotation nicht „das kurzfristige Hineinschnuppern in ein anderes Aufgabengebiet“, das „Über-die-Schulter-schauen“, sondern die vollwertige, zeitlich befristete Übernahme von Aufgaben und Verantwortung einer Stelle mit dem Ziel der Förderung bestimmter Qualifikationen.

b) **Vorteile von Job Rotation**, z. B.:

- das Verständnis von Zusammenhängen im Unternehmen wird gefördert
- der Mitarbeiter wird von Kollegen und unterschiedlichen Vorgesetzten im Echtbetrieb erlebt; damit entstehen Grundlagen für fundierte Beurteilungen
- Fach- und Führungswissen kann horizontal und vertikal verbreitert werden
- die Einsatzmöglichkeiten des Mitarbeiters werden flexibler; für den Betrieb wird eine personelle Einsatzreserve geschaffen; Monopolisierung von Wissen wird vermieden
- Lernen und Arbeiten gehen Hand in Hand; Produktion und Information, d. h. die Bewältigung konkreter Aufgaben und die Aneignung neuer Inhalte sind eng verbunden.

## Lösung zu Aufgabe 20: Weiterbildungsmaßnahmen (Überblick)

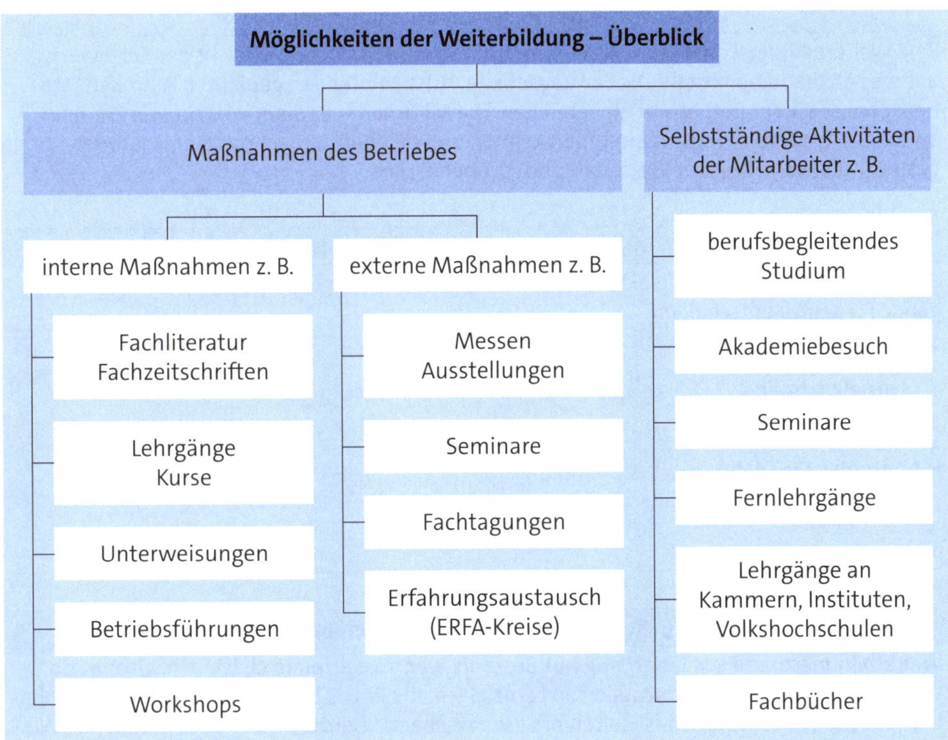

## Lösung zu Aufgabe 21: Weiterbildungskonzept (-planung)

| Phase 1: Analyse der Ist-Situation |
|---|
| Jede Ermittlung des Bildungsbedarfs setzt die Erhebung eines Ist-Wertes und eines Soll-Zustandes voraus. Bildungsdefizite resultieren aus internen und/oder externen Einflussfaktoren (z. B. Veränderung der zukünftigen Anforderungen, neue Produkte u. Ä.) |
| ↓ |
| **Phase 2: Ermittlung des Bildungsbedarfs** |
| Der Bildungsbedarf kann einmalig oder kontinuierlich ermittelt werden; dabei muss entschieden werden über die Form der Bedarfsermittlung sowie die Art der Erhebung; es ist zu differenzieren nach dem Weiterbildungsbedarf<br>▸ aus der Sicht des Unternehmens (Unternehmensziele) sowie<br>▸ aus der Sicht der Mitarbeiter (persönlicher Weiterbildungsbedarf) |
| ↓ |
| **Phase 3: Ermitteln der Aktionsfelder** |
| Die Ergebnisse der Bedarfsermittlung sind zu verdichten und auf Zusammenhänge zu untersuchen. Aus der Analyse von Soll-Werten und dem Ist-Zustand ergeben sich die Weiterbildungsinhalte („Aktionsfelder"). Sie sind nach Prioritäten zu gewichten. |
| ↓ |
| **Phase 4: Präsentation der Weiterbildungskonzeption** |
| Eine Weiterbildungskonzeption ohne Akzeptanz im Unternehmen ist nicht das Geld wert, das die Maßnahmen kosten. Die Leitungsebene muss „hinter den geplanten Aktionen" stehen; ebenso ist der Betriebsrat zu beteiligen. Die Mitarbeiter andererseits müssen Sinn und Zweck der Weiterbildungsmaßnahmen kennen und bejahen. Ein auf das Unternehmen abgestimmtes Marketing der Weiterbildung ist unerlässlich. |
| ↓ |
| **Phase 5: Durchführung des Weiterbildungskonzeptes** |
| Bei der Umsetzung der Einzelaktivitäten einer Weiterbildungskonzeption ist u. a. über folgende Fragen zu entscheiden:<br>▸ Lernziele?<br>▸ Lernzielkontrollen?<br>▸ intern oder extern?<br>▸ Methoden? Teilnehmer?<br>▸ Kosten?<br>usw. |
| ↓ |
| **Phase 6: Kontrolle, Transfer und Weiterentwicklung** |
| Weiterbildungsarbeit hat langfristig nur Bestand, wenn sie erfolgreich ist, d. h. also, wenn Gelerntes – gemessen am formulierten Lernziel – in die Praxis transferiert wurde. Der Erfolg betrieblicher Bildungsarbeit ist selten präzise messbar. Außerdem muss das bestehende Weiterbildungskonzept kontinuierlich aktualisiert und weiterentwickelt werden. |

## Lösung zu Aufgabe 22: Stellenbeschreibung (Arbeitsplatzbeschreibung)

a) Inhalte einer Stellenbeschreibung (auch: Arbeitsplatzbeschreibung); Beispiel

| **Firma** | **Stellenbeschreibung** | | Seite 1 |
|---|---|---|---|
| Stelleninhaber: | Name, Vorname: | | Stellen-Nr.: |
| Bezeichnung der Stelle: | | | |
| Dienstrang-Bezeichnung: | | | |
| Bereich: | | | |
| Unterstellung: | Überstellung: | Vertritt: | Wird vertreten von: |
| Ziel der Stelle: | | | |
| Hauptaufgaben, wichtigste Zuständigkeiten (WIZUs nach Hay):<br>Allgemeine Aufgaben:<br>Fachaufgaben:<br>Führungsaufgaben:<br>Sonderaufgaben:<br>Zusammenarbeit mit anderen Stellen:<br>Berichterstattung:<br>Einzelaufträge: | | | |
| Tritt in Kraft am: | Nächste Überprüfung am: | | Verteiler: |
| Unterschriften: | | | Anzahl Seiten: |
| Stelleninhaber am: | Vorgesetzter am: | Bearbeiter am: | |

b) Unterschied zur Funktionsbeschreibung:

Bei einer Funktionsbeschreibung werden nicht alle (einzelnen) Arbeitsplätze eines Verantwortungsbereichs erfasst, sondern nur die vorhandenen Funktionen/Tätigkeiten (z. B. Montagefacharbeiter, Prüfer, Mechaniker, Elektriker, Lagerarbeiter usw.)

## Lösung zu Aufgabe 23: Zeugnisanalyse

Sind die Aussagen über den Mitarbeiter wenig schmeichelhaft bzw. will man direkt negative Aussagen vermeiden, so ist es weit verbreitet,

- unwichtige Eigenschaften und Merkmale unangemessen hervorzuheben sowie
- wichtige Aspekte zu verschweigen (weil negativ) – insbesondere Eigenschaften und Verhaltensweise, die bei einer bestimmten Tätigkeit von besonderem Interesse sind.

Im vorliegenden Fall liegt der Schluss nahe, dass entweder die Aussage über die Führungsqualifikation vergessen wurde (unprofessionelle Zeugniserstellung; kleines Familienunternehmen) oder dass der Bewerber bisher keine besonderen (positiven) Führungseigenschaften gezeigt hat.

## Lösung zu Aufgabe 24: Zeugniscodierung

Im vorliegenden Fall ist davon auszugehen, dass die Formulierungen bewusst gewählt wurden (Großunternehmen; Personalabteilung). Bei Herrn Kernig liegt der Schluss nahe, dass es sich um einen Mitarbeiter mit eher durchschnittlicher Leistung handelt, der weiß, wie man sich gut darstellt.

## Lösung zu Aufgabe 25: Analyse von Schulzeugnissen

Im vorliegenden Fall liegen die Schulnoten fast 30 Jahre zurück und sind daher bei der Analyse nicht mehr relevant. Im Vordergrund stehen beim Bewerber Kernig die Analyse der Arbeitszeugnisse, das Ergebnis der beruflichen Erstausbildung, die Meisterprüfung und ähnliche Qualifikationen.

## Lösung zu Aufgabe 26: Arbeitszeitflexibilisierung

a) Zum Beispiel:

**Grundmodelle der flexiblen Arbeitszeitgestaltung**

**Veränderung der Lage der Arbeitszeit**
- Gleitzeitmodelle
- Cafeteria-Modelle

**Veränderung der Dauer der Arbeitszeit**
- Arbeitszeitverkürzung
- Teilzeit

**Kombination von Lage und Dauer**
- Zeitarbeit, Job Sharing
- Jahresarbeitszeit, KAPOVAZ
- Schichtmodelle mit unterschiedlichen Besetzungssystemen
- Gruppenarbeit mit Zeitautonomie
- Sabbatjahr

**Flexibilisierungsausgleich**
- Wertausgleich
- Zeitausgleich
  - freie Stunden
  - freie Tage
  - freie Wochen
  - Verkürzung der Lebensarbeitszeit

**Bezugszeiträume**
- Tag
- Woche
- Monat
- Jahr

b) Zum Beispiel:

- Die **Betriebe**
  - streben nach maximaler Maschinennutzungszeit bei kapitalintensiven Betrieben
  - wollen eine optimale Anpassung des Arbeitskräftepotenzials an Schwankungen der Nachfrage.
- Die **Mitarbeiter**
  - wünschen sich verstärkt eine flexiblere Gestaltung von Arbeitszeit und Arbeitsdauer
  - suchen nach verbesserten Möglichkeiten der Vereinbarkeit von Beruf und Familie.
- Der **Gesetzgeber**
  - verbessert tendenziell die Möglichkeiten zur Gestaltung der Arbeitszeitflexibilisierung z. B.: Arbeitszeitgesetz, Teilzeit- und Befristungsgesetz.

### 4.6 Förderung der Kommunikation und Kooperation

## Lösung zu Aufgabe 1: Direktive/non-direktive Gesprächsführung

- Man kann die **direktive Gesprächsführung** mit einer Gesprächsführung umschreiben, die den Ablauf **in starkem Maße steuert**. Im Einzelnen ist die direktive Gesprächshaltung des Vorgesetzten gekennzeichnet durch
  - Distanz, das heißt relativ geringer emotionaler Kontakt
  - Bewertung, das heißt, das Bemühen, objektiv zu prüfen und begründet zu beurteilen
  - geschlossene Fragestellungen, das heißt, der Mitarbeiter ist gezwungen, sich auf „ja-nein-Antworten" bzw. auf präzise Aussagen festzulegen
  - Kritik, das heißt, der Vorgesetzte wird klar auf Leistungsschwächen hinweisen und dafür Gründe belegen
  - dominante Gesprächssteuerung, das heißt, der Vorgesetzte wird versuchen, den Mitarbeiter auf das erwünschte Leistungsziel hinzuweisen.
- Die **non-direktive Gesprächshaltung** ist gekennzeichnet durch:
  - Zuwendung, das heißt, emotionaler Kontakt zu dem Gesprächspartner
  - **Beratung**, das heißt, dem Mitarbeiter Informationen und Orientierungspunkte geben, damit er selbst Möglichkeiten zur Leistungsverbesserung und beruflichen Entwicklung finden kann
  - **offene Fragestellung**, das heißt, den Mitarbeiter seine Gedanken und Gefühle beschreiben lassen
  - **Hilfe zur Selbsthilfe**, das heißt, den Mitarbeiter eventuelle Leistungsschwächen selbst erkennen und beurteilen lassen
  - **Anreize geben**, das heißt, beim Mitarbeiter Motivation und Initiative wecken, um sich selbst Leistungsziele zu setzen und sie aus eigenem Antrieb zu erreichen versuchen – z. B. beim Beurteilungsgespräch.
- **Empfehlung:**

  Es gibt kein Patentrezept, wann die nicht-direktive Gesprächsführung der direktiven vorzuziehen ist. Die Wahl der Gesprächsführung ist, wie im „Spannungsfeld der Führung", abhängig von der Person des Vorgesetzten, der Person des Mitarbeiters und der betreffenden Beurteilungssituation.

  Eines soll klar gestellt werden: **Die nicht-direktive Gesprächshaltung bedeutet keineswegs „weiche Welle"**.

  Im Gegenteil: Es kann für den Mitarbeiter **durchaus schmerzhaft sein**, wenn eine geschickte, einfühlsame Gesprächsführung ihn dazu führt, Versäumnisse oder Fehlverhalten zu nennen und **Vorschläge zur Korrektur selbst zu machen**.

  Im Idealfall wird der Vorgesetzte in seinem Gesprächsverhalten flexibel auf die jeweilige Gesprächssituation und das Verhalten seines Mitarbeiters reagieren. Dabei können ohne Weiteres direktive und nicht-direktive Gesprächshaltungen beim Vorgesetzten abwechseln.

**Fazit:**
Im Allgemeinen wird man der nicht-direktiven Gesprächsführung mehr den Vorzug geben als der direktiven – mit dem Ziel, die Bereitschaft und Fähigkeit des Mitarbeiters zur Selbstkritik und Selbststeuerung zu wecken und zu fördern.

## Lösung zu Aufgabe 2: Konferenz-/Besprechungsregeln

Gruppengespräche/Konferenzen dienen dem Informationsaustausch (Diskussionen) und der Behandlung wichtiger Themen, die einen größeren Personenkreis betreffen.

1. Es sind die **Grundsätze der Moderation** einzuhalten.
2. Weiterhin - die wichtigsten **Konferenzregeln**:
   - Tagesordnung festlegen und Themen vorbereiten
   - richtigen Teilnehmerkreis wählen
   - Einladung schreiben
   - Raum- und Sitzordnung festlegen
   - Zeit begrenzen
   - pünktlich beginnen und aufhören
   - Aktionen/Handlungen einleiten
   - Ergebnisprotokoll anfertigen:
     - Wer? Macht was? Wie? Bis wann?
     - V: ... (verantwortlich)
     - T: ... (Termin)
   - Konferenz richtig steuern:
     - Aktivitäten in der Balance halten (z. B. alle Teilnehmer einbeziehen)
     - Fakten, Fragen, Visualisieren, beim Thema bleiben
     - Rededisziplin, Teilnehmer stimulieren, keine Störungen
     - Meinungen zusammenfassen, alle 45 Min. Pause.

## Lösung zu Aufgabe 3: Arbeit in Gruppen, Risiken teilautonomer Gruppen

a) **Formen betrieblicher Gruppenarbeit** (Überblick und Kurzbeschreibung):

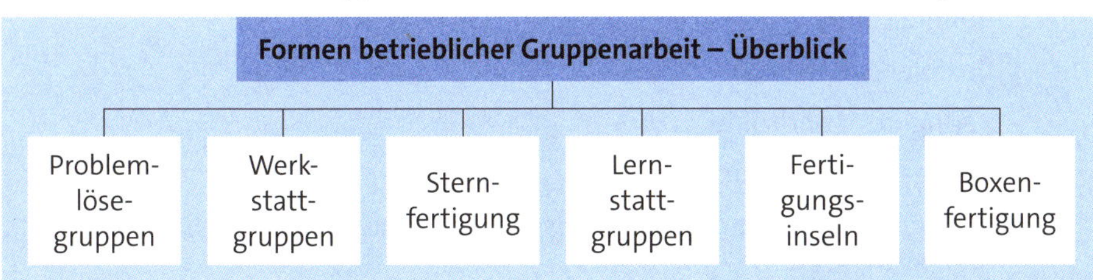

- **Problemlösegruppen** dienen der Problembewältigung (Aufgaben-Orientierung). Ihr Ziel ist das Aufzeigen von Lösungen und Verbesserungen sowie z. T. das Treffen von Entscheidungen.

  **Beispiel**

  - Projektgruppen
  - Wertanalysegruppen
  - Task Force
  - Qualitätszirkel
  - Werkstattzirkel.

- **Werkstattgruppen** dienen der Verbesserung der Arbeitsorganisation; im Vordergrund steht die technische Ablauforientierung. Es sollen die Nachteile der Fließfertigung vermieden werden. Zu den **Nachteilen der Fließfertigung** (mit Einzelarbeitsplätzen) zählen bekanntermaßen folgende Punkte:
  - hohe Fixkosten (Anlage- und Werkzeug-Installationen)
  - Monotonie:
    - Entfremdung
    - höhere Fehlzeiten (ergonomisch gesundheitsschädlicher, Motivations-Senkung)
    - unflexibles Personal
    - geringeres Qualifikationsniveau erforderlich.

  Geschichtlich entwickelte sich die industrielle Arbeit von der Werkstattfertigung (wie in der Automobil-Produktion heute noch bei Rolls Royce, Ferrari) über die Fließfertigung (Ford: „Tin-Lizzy“, VW: „Käfer“) mit ihren Nachteilen wieder hin zu den folgenden **neuen Formen der Werkstatt-Organisation:**
  - Fertigungsinseln
  - Boxen-Fertigung
  - Sternfertigung.

  Ziel aller drei neuen Formen ist die Bereicherung der technischen Arbeiten um menschliche Aspekte:
  - höheres Qualifikationsniveau (Job Enrichment)
  - höhere Löhne
  - flexibleres Personal
  - geringere Monotonie
  - weniger Entfremdung
  - geringere Fehlzeiten (ergonomisch gesundheits-unschädlicher, Motivation-Steigerungen)
  - höhere Arbeitszufriedenheit.

- **Fertigungsinseln:**
  Bestimmte Arbeitspakete werden – ähnlich der ursprünglichen Werkstattfertigung – gebündelt. Dazu werden die notwendigen Maschinen und Werkzeuge zu sog. Inseln zusammengefügt. Erst nach Abschluss mehrerer Arbeitsgänge verlässt das (Zwischen-)Erzeugnis die Fertigungsinsel.

  Zweck:
  In der Fertigungsinsel werden verschiedene Qualifikationen zusammengefasst. Entweder wird hier im Team gearbeitet oder an Einzelarbeitsplätzen. In jedem Fall kann die Fertigungsinsel-Mannschaft auch eine (teil-)autonome Arbeitsgruppe sein (vgl. unten). Da die Gruppe für die Stückzahl und die Qualität meist gemeinschaftlich verantwortlich ist, soll die Verantwortungsbereitschaft und damit auch die Arbeitszufriedenheit gesteigert werden. Die Unternehmensleitung erhofft sich außerdem eine Senkung des Qualitätssicherungs-Aufwands.

- Bei der **Boxen-Fertigung** werden bestimmte Fertigungs- oder Montageschritte von einer Person oder mehreren Personen ähnlich der Fertigungsinsel räumlich zusammengefasst.

  Zweck:
  Typischerweise wird die Boxen-Fertigung bzw. -Montage bei der Erzeugung von Modulen/Baugruppen eingesetzt (z. B. in der Automobil-Produktion).

- Die **Sternfertigung** ist eine räumliche Besonderheit der Fertigungsinsel bzw. Boxen-Fertigung, bei der die verschiedenen Werkzeuge und Anlage nicht insel- oder boxen-förmig, sondern im Layout eines Sterns angeordnet werden.

  Zweck:
  Es gelten die gleichen Zwecke wie bei der Fertigungsinsel und der Boxen-Fertigung.

- **Lernstattgruppen** stellen noch stärker als die Problemlösegruppen (Aufgaben-Orientierung) und die Werkstattgruppen (technische Ablauforientierung) die Person und das Potenzial des Mitarbeiters in den Vordergrund. Sie sind ein Instrument der Personalentwicklung und lösen den Mitarbeiter für die Teilnahmezeiten ganz aus dem betrieblichen Pflichtenkreis heraus.

  Ziel der Lernstattgruppen ist die planvolle Höherqualifizierung von Mitarbeitern aller Hierarchiestufen zur Vorbereitung auf anspruchsvollere Aufgaben. Im Gegensatz zu Zirkel-Tätigkeiten stehen hier das Erlernen allgemeiner Analyse-, Problemlösungs- und Kommunikationsfähigkeiten sowie die sozio-kulturelle Persönlichkeitsentwicklung im Vordergrund.

b) **Risiken teilautonomer Gruppen**, z. B.:

Teilautonome Arbeitsgruppen sind kein universell einsetzbares Mittel der Arbeitsorganisation. In der industriellen Fertigung sind sie dann wirkungsvoll, wenn sie von klaren Rollen- und Aufgaben-Absprachen begleitet werden.

In anderen Branchen kann die geeignete Innenstruktur von Teams eine grundlegend andere sein: In einem Operations-Team eines Krankenhauses wirken zwar alle Beteiligten zusammen, aber sie vertreten sich nicht alle gegenseitig. Jedes Teammitglied macht nur eine genau definierte Teilarbeit im Rahmen des ganzheitlichen

Auftrags, den Patienten zumindest gesünder aus dem OP-Raum zu entlassen, als er hereinkam. Störungen im Operationsverlauf durch mangelnde Absprache hätten für den Patienten empfindliche Konsequenzen. Also müssen alle präzise wissen, was von ihnen verlangt wird. Unterbleibt die vorbereitende Rollen- und Aufgaben-Klärung, kann es zu Katastrophen kommen.

Als weiterer Nachteil zählt der Umstand, dass teilautonome Gruppen dazu neigen, schwächere Mitarbeiter auszugrenzen. Und nicht zuletzt ist bei teilautonomen Gruppen in der Praxis von Nachteil, dass sie aufgrund ihrer höheren Selbstbestimmung in der Zukunft schwieriger zu Veränderungen zu bewegen sind, wenn eine erneute Umorganisation des Unternehmens geplant wird.

## Lösung zu Aufgabe 4: Konflikte in der Kargen GmbH

a) **Organigramm der Kargen GmbH:**

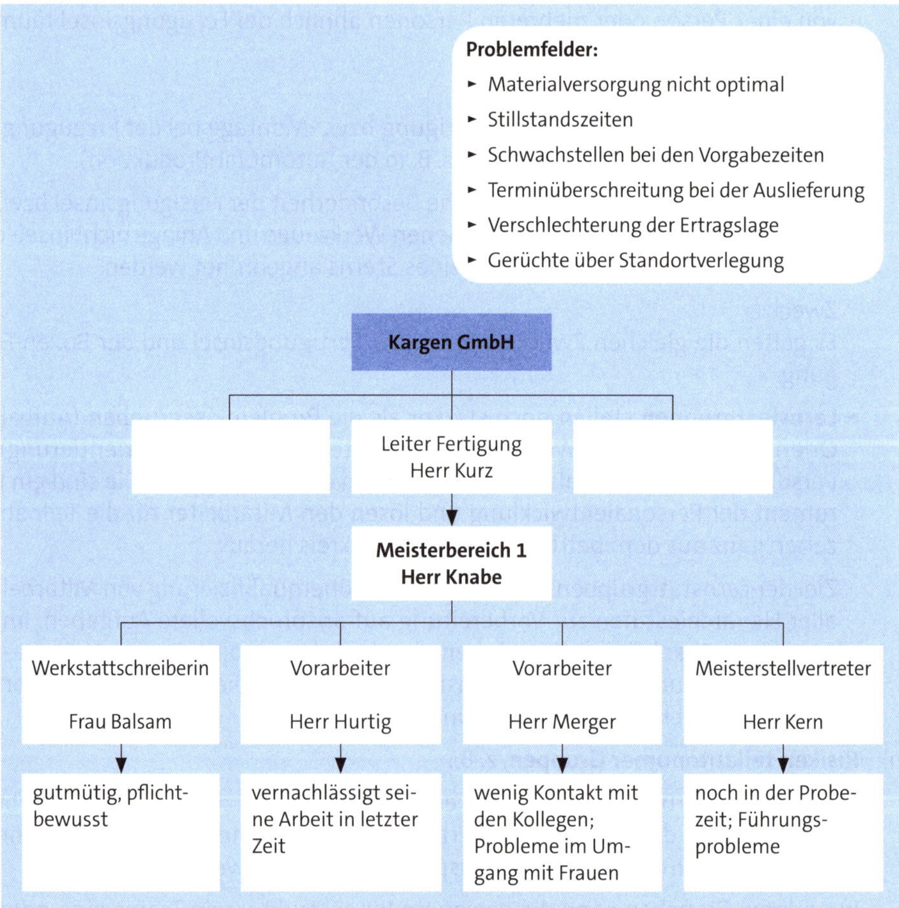

b) Soziogramm (ansatzweise):

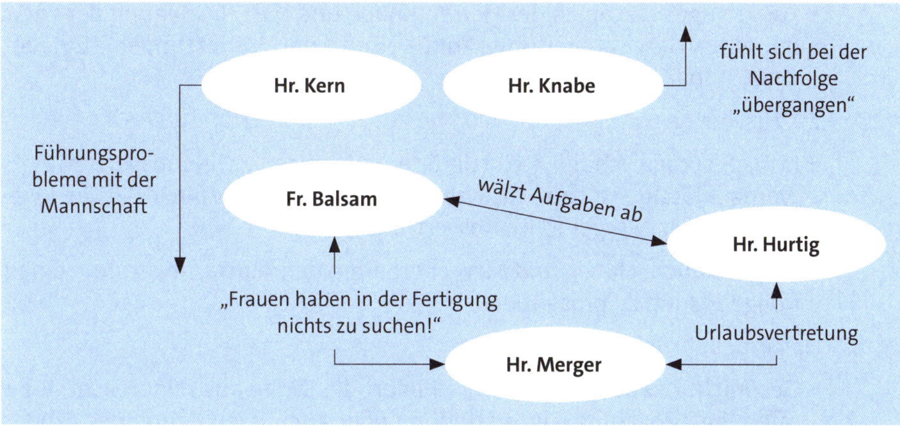


c)

| Konfliktfelder | kurz-fristig | länger-fristig | Sach-konflikt | Beziehungs-konflikt |
|---|---|---|---|---|
| 1. Materialversorgung? | x | | x | |
| 2. Stillstandszeiten? | x | | x | |
| 3. Vorgabezeiten? | | x | x | |
| 4. Terminüberschreitung/Auslieferung? | x | | x | |
| 5. Gerüchte über Standortverlegung? | x | x | x | x |
| 6. Hr. Knabe: bei Nachfolge übergangen? | x | | x | x? |
| 7. Hr. Hurtig: Arbeitsweise/Abwälzen? | | x | x | x? |
| 8. Hr. Kern: Führungsprobleme/Isolation? | | x | | x |
| 9. Hr. Merger: Einstellung zu Frauen? | | x | | x |
| 10. Hurtig/Meyer: Urlaubsvertretung? | x | | x | x? |

d) Lösungsansätze:

1. - 4. Materialversorgung:

- Meeting der Verantwortlichen (evtl. Task Force)
- Suche nach Ursachen
- Lösung
- Umsetzung
- Kontrolle der Wirksamkeit und der Umsetzung.

5. Gerüchte über Standortverlegung:

- kurzfristig: Mitteilung der Geschäftsleitung, ob eine Verlegung geplant ist
- langfristig: lfd. Information der Belegschaft über zentrale Aspekte des Betriebes; Information ist Sachinformation und Wertschätzung zugleich.

6. Hr. Knabe: Nachfolge?
   - kurzfristiges Gespräch der Herren Knabe und Kurz: Darlegung der Entscheidung der Geschäftsleitung, Aufarbeitung der „Verletzungen", Erneuerung einer stabilen Arbeitsbasis.

7. + 10. Hr. Hurtig:
   - Kritikgespräch: Knabe + Hurtig über „Abwälzen", „Urlaubsvertretung" und „Vernachlässigung"; ggf. zusätzliche Einzelgespräche mit Fr. Balsam („Abwälzen") und Hr. Merger („Urlaubsvertretung").
   - Möglich auch: Hurtig und Merger erhalten den Auftrag, bis zum ... eine tragfähige Lösung zu präsentieren.

8. Hr. Kern: Führungsprobleme?
   - Gespräch: Knabe + Kern; Kern schildert die Dinge aus seiner Sicht; Ergebnis offen: ggf. Coaching, Unterstützung oder auch Beendigung des Arbeitsverhältnisses, falls gravierender Fehler bei der Personalauswahl; Problemlösung ist erschwert (angehender Schwiegersohn).

9. Hr. Merger: Haltung zu Frauen?
   - Gespräch: Knabe + Merger; Einsicht erzeugen bei Merger, dass hier Vorurteile bestehen und wie diese wirken; ggf. Dreiergespräch: Knabe + Merger + Balsam; führt dies nicht zum Ergebnis: Ermahnung, Anordnung, ggf. Abmahnung bei frauenfeindlichen Äußerungen (vgl. BGB, Grundgesetz, EG-Gesetz).

## Lösung zu Aufgabe 5: Moderation

a) Moderation dient der
   - Problemlösung,
   - Themenbearbeitung und
   - Zielerreichung

   in
   - Einzelgesprächen,
   - Besprechungen und
   - Gruppenarbeiten (Lern- und Arbeitsgruppen).

   Der Grund für die Anwendung von Moderationstechniken in der Unternehmenspraxis liegt in den folgenden Überlegungen:
   - Der Erfolg eines Unternehmens hängt entscheidend von der Kreativität der Mitarbeiter ab.
   - Kreativität wächst durch Gespräche von Menschen.
   - Moderierte Zusammenarbeit bildet die Triebfeder des Unternehmenserfolgs.

b) ► An die **Rolle des Moderators** werden besondere Ansprüche gestellt:

- „Übereifrige, Schnelle“ zu bremsen und „Langsame, Vorsichtige“ zu aktivieren,
- „Spaltungen“ (sprich Gedanken/Ideen der Einzelnen) zu ermöglichen,
- Spannungen zu entschärfen und
- Konsens unter den Beteiligten im Rahmen der Zielsetzung herzustellen.

► Daraus ergibt sich, dass der **Moderator** über eine Reihe wichtiger **Eigenschaften** verfügen muss:

- Ausgeglichenheit – Verkörperung von Einstellung und Verhalten (Glaubwürdigkeit, Vorbild)
- Partizipation und Verantwortung
- ernst nehmen und (aktiv) Zuhören
- Offenheit für Menschen, Ideen und Entwicklungen
- Verbundenheit mit Umfeld und Umwelt
- Durchsetzungsstärke durch persönliche Akzeptanz.

► Umstritten ist, ob der Moderator sich selbst mit einbringen oder nur gruppenaktivierende und -steuernde Funktionen übernehmen soll. Grundsätzlich gilt für Moderatoren die Regel: „Fragen, statt (selbst) sagen!“. In der Praxis hat es sich bewährt, wenn der Moderator selbst auch Ideen einbringt, je nach fachlicher Eignung für das Moderationsthema mehr oder weniger. Er muss allerdings darauf achten, die Gruppe nicht zu dominieren und seine exponierte Stellung nicht auszunutzen: Er hat auf der Sachebene auch nur eine Stimme (gleichberechtigt zu den anderen). Auf der Gruppenlenkungsebene (Zielverfolgung) ist er allerdings höher angesiedelt. Beides gilt es, stets auseinander zu halten. Es ist gleich, ob der Moderator Vorgesetzter, Coach, Prozessbegleiter oder Projektleiter ist – grundsätzlich ist er der Motor und Steuermann der Moderation.

c) Moderation wird bei Einzelgesprächen, Besprechungen und Gruppenarbeiten eingesetzt. Sie ist ein zentrales Instrument zur Gesprächssteuerung. Dabei nimmt der vom Moderator zu beherrschende Schwierigkeitsgrad – angefangen beim Einzelgespräch über Besprechungen bis hin zu Gruppenarbeiten – zu. Die höchsten Anforderungen werden an den Moderator bei der Projektleitung gestellt.

d) Eine Moderation sollte grundsätzlich nach folgendem Raster ablaufen:

► **Problemdefinition** (Anlass)

- *„Was ist der Anlass der Moderation?“*
- *„Wo drückt der Schuh usw.?“*

Nach der Klärung des Problems ist zu berücksichtigen, ob ein Einzelgespräch, ein Gruppengespräch (z. B. Konferenz) oder Lern- und Arbeitsgruppen zu moderieren sind.

- **Zielsetzung:** Die wichtigste Regel der Moderation lautet:
  - Kein Gespräch, keine Moderation ohne Zielsetzung!

  Im Einzelgespräch kann die Zielsetzung heißen: *„Welche Verhaltensänderung soll beim Mitarbeiter im Rahmen eines Kritikgesprächs bewirkt werden?“* In der Moderation eines Workshops erfolgt die Zielsetzung i. d. R. über abgestufte Schlüsselfragen: *„Was behindert in unserer Firma den Erfolg unserer Arbeit?“ „Welcher dieser Faktoren hat davon die stärkste Wirkung?“* usw.
- **Vorbereitung der Moderation:** Im Rahmen der Vorbereitung sind folgende Felder zu planen:
  - Zeiten (Arbeitszeiten, Pausen, Gesamtdauer)
  - Raum und Gestaltung (nach Größe des Teilnehmerkreises, den erforderlichen Materialien und Medien)
  - Einladung (Personenkreis)
  - Rollenverteilung
  - Themen und Themenfolge
  - Materialien und Medien
  - Eröffnung (Moderationseinstieg).

  Empfehlenswert ist die frühzeitige Ausarbeitung einer persönlichen, detaillierten Checkliste zu diesen Punkten.
- **Durchführung:** Bei der Durchführung ist stets das Moderationsziel zu verfolgen. Dabei muss die angesprochene Balance zwischen Individuum, Thema und Gruppe erreicht werden. Der Moderator hat also seine Konzentration und seine Kraft auszurichten auf das **Thema**, die **Gruppe**, den **Prozess** und auf **sich selbst**. Eine Aufgabe, die Erfahrung verlangt und Kraft kostet. Bei der Durchführung können verschiedene Techniken der Ideensammlung, der Kreativität und der Problemlösung eingesetzt werden (z. B. Metaplan-Technik, Brainstorming, morphologischer Kasten usw.).
- **Abschluss (Präsentation):** Das erarbeitete Resultat der Moderation wird festgehalten und unter Berücksichtigung des betroffenen Personenkreises präsentiert (Flip-Chart, Folien, Metaplan-Wände, Szenario-Technik).

# 5. Prüfungsfach: Berücksichtigung naturwissenschaftlicher und technischer Gesetzmäßigkeiten

## 5.1 Auswirkungen naturwissenschaftlicher und technischer Gesetzmäßigkeiten auf Materialien, Maschinen und Prozesse sowie auf Mensch und Umwelt

### Lösung zu Aufgabe 1: Atom und Periodensystem (1)

Im **Periodensystem** sind die chemischen Elemente auf der Grundlage ihres Atombaus geordnet. Das Periodensystem enthält die für jedes Element charakteristischen Angaben wie z. B. Name, Symbol, Ordnungszahl, Elektronegativität und relative Atommasse.

Die **Anzahl der Protonen** legt die Stellung der Elemente im Periodensystem fest. **Protonen** sind elektrisch positiv geladene Masseteilchen im Atomkern. Die Protonenzahl bestimmt die **Kernladungszahl**, die Anzahl der elektrisch positiven Ladungen. Die Protonenanzahl ist der Ordnungszahl gleich.

### Lösung zu Aufgabe 2: Atom und Periodensystem (2)

**Neutronen** sind elektrisch neutrale Masseteilchen mit etwa der gleichen Masse wie die Protonen. Sie befinden sich im Atomkern. Für Atome des gleichen Elements kann die Neutronenanzahl unterschiedlich sein.

**Elektronen** sind elektrisch negativ geladene Masseteilchen in der Atomhülle. Sie bewegen sich mit sehr großer Geschwindigkeit um den Atomkern. Die Anzahl der Elektronen ist gleich der Zahl der Protonen:

MERKE

**Protonenzahl = Kernladungszahl = Elektronenzahl = Ordnungszahl**

### Lösung zu Aufgabe 3: Chemische Reaktion

$2Mg + O_2 \rightarrow 2MgO$

Magnesium + Sauerstoff → Magnesiumoxid

Bei einer chemischen Reaktion entstehen neue Stoffe mit neuen Eigenschaften. Magnesiumoxid ist ein weißes Pulver, ein neuer Stoff, der sich aus Magnesium und Sauerstoff unter Verbrennung gebildet hat.

## Lösung zu Aufgabe 4: Dissoziation

| | | | |
|---|---|---|---|
| Salzsäure | $HCl$ | $\rightleftharpoons$ | $H^+ + Cl^-$ |
| Schwefelsäure | $H_2SO_4$ | $\rightleftharpoons$ | $2H^+ + SO_4^{2-}$ |
| Natronlauge | $NaOH$ | $\rightleftharpoons$ | $Na^+ + OH^-$ |
| Magnesiumhydroxid | $Mg(OH)_2$ | $\rightleftharpoons$ | $MG^{2+} + 2OH^-$ |

## Lösung zu Aufgabe 5: Elektrolyse

Die Elektrolyse wird angewendet bei

1. der Herstellung metallischer Überzüge durch Galvanisieren, z. B. Verchromen, Verzinken, Verkupfern, Vernickeln
2. der Reinigung von Rohmetallen (Kupfer, Aluminium, Blei)
3. der Herstellung von einigen Grundstoffen wie z. B. Natronlauge, Wasserstoff und Chlor durch Natriumchloridelektrolyse bzw. Magnesium und Aluminium durch Schmelzflusselektrolyse.

## Lösung zu Aufgabe 6: Korrosionsformen

1. Die **Flächenkorrosion** ist die häufigste Form. Dabei erfolgt ein gleichmäßiger Angriff des Materials, der Werkstoff wird parallel zur Oberfläche abgetragen. Je rauer die Oberfläche ist, desto stärker ist die Korrosion.
2. Die **Lochfraßkorrosion** ist auf bestimmte lokale Stellen beschränkt. Besonders gefährlich sind kraterförmige, unterhöhlende und nadelstichartige Vertiefungen, die zur Durchlöcherung des Metalls führen.
3. **Kontaktkorrosion** erfolgt bei Berührung unterschiedlicher Metalle in Anwesenheit eines Elektrolyten.
4. Bei der **selektiven Korrosion** werden bestimmte Bezirke des Metalls bevorzugt angegriffen und herausgelöst. Die Korrosion wirkt auch im Inneren des Werkstoffes.

## Lösung zu Aufgabe 7: Korrosion

Schrauben, Nägel oder Bleche bestehen oft aus **verzinktem Eisen**. Da Zink unedler ist als Eisen, bleibt Eisen selbst bei einer beschädigten Zinkschicht noch vor Korrosion geschützt. Wenn Wasser an die beschädigte Stelle gelangt, löst sich zuerst nur die Zinkschicht langsam auf. Das Eisen bleibt solange erhalten, bis das unedlere Zink sich völlig aufgelöst hat.

**Verkupfertes Eisenblech** rostet dagegen schneller, wenn die Kupferschicht erst einmal beschädigt ist. Da Kupfer edler ist als Eisen, bleibt es erhalten, während das Eisen sich löst und Rost bildet.

- **Korrosion eines verzinkten Eisenteils**:

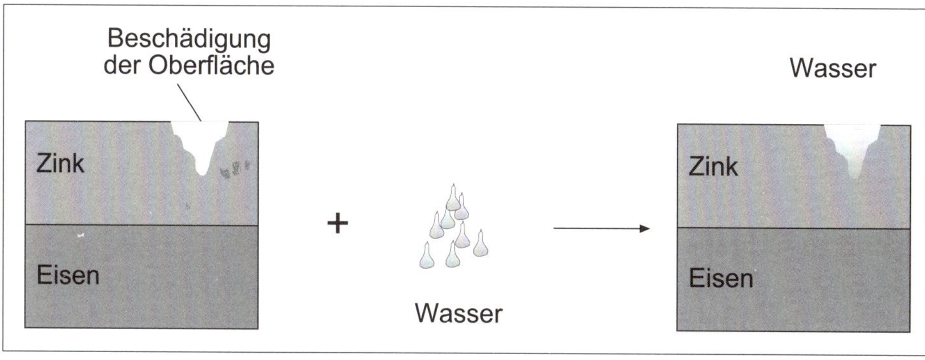


An der (beschädigten) Oberfläche eines verzinkten Eisenteils bildet sich zusammen mit Wasser ein galvanisches Element (Lokalelement).

Das **unedlere Zink** bildet entsprechend seiner Stellung in der Spannungsreihe den **Minuspol**.

Die Zinkatome geben Elektronen ab und bilden Zinkionen.

Das Eisen bildet den Pluspol; die Eisenatome geben keine Elektronen ab.

Das metallische Eisen bleibt erhalten, da das Zink in Lösung geht und dadurch das Eisen schützt.

- **Korrosion eines verkupferten Eisenteils**:

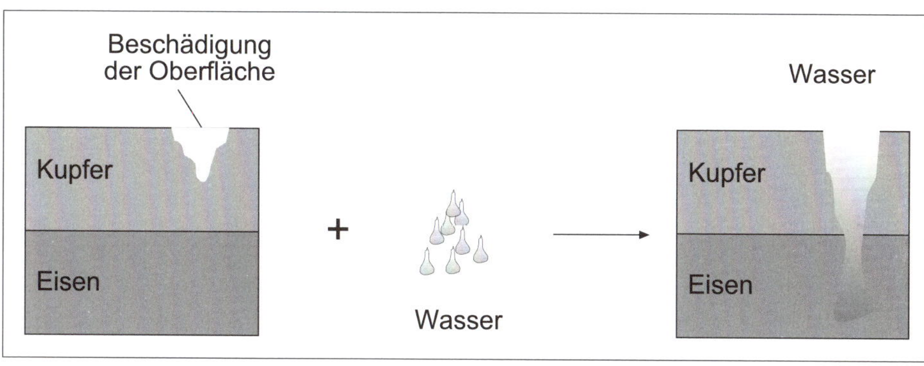


Bei einem verkupferten Eisenteil bildet das **unedlere Eisen** den **Minuspol** des Lokalelements. Die Eisenatome geben Elektronen ab und bilden Eisenionen. Das Eisen löst sich auf (verrostet).

## Lösung zu Aufgabe 8: Löschen von Bränden

| Brandfall | Löschmittel |
|---|---|
| Kleidung von Personen, Haare | Wasser, feuchte Tücher, Löschdecken |
| mit Wasser mischbare Flüssigkeiten | Wasser, feuchte Tücher, Löschdecken, Feuerlöscher aller Art |
| mit Wasser nicht mischbare Flüssigkeiten | Sand, feuchte Tücher, Löschdecken, Trockenlöscher, Schaumlöscher |
| elektrische Geräte, Leitungen, Anlagen | Löschdecken, Trockenlöscher, Schaumlöscher (Nie mit Wasser löschen!) |

## Lösung zu Aufgabe 9: Treibhauseffekt

Ein Teil der Wärmestrahlung von der Erde wird durch die Atmosphäre immer wieder zur Erde reflektiert. Die Reflexion erfolgt vor allem an Wolken, Wasserdampf und solchen Gasen wie Kohlenstoffdioxid, Methan, Ozon und FCKW (Fluorchlorkohlenwasserstoffe). Vor allem Kohlenstoffdioxid trägt zum Treibhauseffekt bei. Steigt die $CO_2$-Konzentration in der Atmosphäre an, wird der Treibhauseffekt verstärkt. Damit ist eine Temperaturerhöhung auf der Erde verbunden und demzufolge eine Veränderung des Klimas.

## Lösung zu Aufgabe 10: Säuren und Basen

Durch die Lauge werden die Zellen der obersten Hautschicht zersetzt; die Haut wird deshalb an der Oberfläche etwas schmierig. Dadurch wird der Säureschutzmantel der Haut (pH-Wert der Haut: 5,5) zerstört. Laugen zersetzen auch viele andere Materialien. Wegen dieser ätzenden Wirkung muss mit Laugen besonders vorsichtig umgegangen werden.

## Lösung zu Aufgabe 11: Neutralisation

Wenn bestimmte Mengen an Säure und Lauge zusammengebracht werden, entsteht eine neutrale Lösung; Säure und Lauge neutralisieren sich gegenseitig:

$$HCl + NaOH \rightarrow NaCl + H_2O$$

Säure + Base → Salz + Wasser

Aus Salzsäure und Natronlauge entsteht eine neutrale Natriumchloridlösung. Diese Reaktion zwischen einer Säure und einer Base nennt man Neutralisation. Dabei reagieren Wasserstoffionen mit Hydroxidionen zu Wassermolekülen. Es handelt sich um eine exotherme Reaktion und es entsteht dadurch immer ein Salz und Wasser.

## Lösung zu Aufgabe 12: Eigenschaften von Metallen

- relativ hohe Schmelz- und Siedetemperaturen
- Wärmeleitfähigkeit
- elektrische Leitfähigkeit
- Verformbarkeit
- metallischer Glanz.

## Lösung zu Aufgabe 13: Verbrennung und Schadstoffe

Durch **Verbrennung eines Benzin-Luft-Gemisches** im Benzinmotor entstehen überwiegend Kohlenstoffdioxid und Wasserdampf. Auch wenn das Benzin optimal verbrennt, entstehen noch kleinere Mengen giftiger Stickoxide und Kohlenstoffmonoxid. Mit den Abgasen wird auch unverbranntes Benzin ausgestoßen.

In **Dieselmotoren** bildet sich bei der Verbrennung zusätzlich noch Ruß (fein verteilter Kohlenstoff). Kraftfahrzeuge werden deshalb heute mit **Abgaskatalysatoren** und **Rußfiltern** ausgerüstet.

In Kraftwerken werden vor allem bei der **Verbrennung von Kohle**, in der immer etwas Schwefel enthalten ist, riesige Mengen von Schwefeldioxid freigesetzt. So enthält z. B. 1 kg Braunkohle bis zu 30 g Schwefel, woraus sich bei der Verbrennung schon bis zu 20 l gasförmiges Schwefeldioxid bildet. Schwefeldioxid ist eine der Ursachen für den sauren Regen. Heute lassen sich in **Entschwefelungsanlagen** ca. 90 % des Schwefeldioxids entfernen. In **Entstaubungsanlagen** wird mit Elektrofiltern dem Rauchgas der Staub entzogen und in **Entstickungsanlagen** werden die bei Verbrennungen entstehenden giftigen Stickstoffoxide in Stickstoff und Wasser umgewandelt.

## Lösung zu Aufgabe 14: Temperaturänderung bei Gasen

**Gesucht:** $V_2$

**Gegeben:**
Anfangszustand des Gases:

$V_1 = 40\ \text{l}$
$T_1 = 290\ \text{K}\ (= 273\ \text{K} + 17\ \text{K})$
$p_1 = 5{,}0\ \text{MPa} + 0{,}1\ \text{MPa}$

Zweiter Zustand des Gases:

$T_2 = 300\ \text{K}\ (= 273\ \text{K} + 27\ \text{K})$
$p_2 = 0{,}1\ \text{MPa}$

$$\frac{p_1 \cdot V_1}{T_1} = \frac{p_2 \cdot V_2}{T_2} \rightarrow V_2 = \frac{V_1 \cdot p_1 \cdot T_2}{p_2 \cdot T_1}$$

$$= \frac{40\,l \cdot 15{,}1\,\text{MPa} \cdot 300\,\text{K}}{(0{,}1\,\text{MPa} \cdot 290\,\text{K})} = 6.248\,\text{L} \triangleq 6{,}25\,\text{m}^3$$

Der Sauerstoff nimmt bei 27 °C und einem Luftdruck von 100 kPa ein Volumen von 6,25 $m^3$ ein.

## Lösung zu Aufgabe 15: Längenänderung fester Körper

**Gesucht:** $l_1$

**Gegeben:**
$l_0$ = 300,0 m
$\vartheta_1$ = 10 °C
$\vartheta_2$ = 35 °C
$\alpha$ = 16,5 • $10^{-6}$/K

$$\Delta l = l_1 - l_0 \rightarrow l_1 = \Delta l + l_0$$

$$\Delta l = \alpha \cdot l_0 \cdot \Delta \vartheta$$

$$\Delta \vartheta = \vartheta_2 - \vartheta_1 = 25\,\text{K}$$

$$\Delta l = \frac{16{,}5 \cdot 10^{-6} \cdot 1 \cdot 300{,}0\,\text{m} \cdot 25\,\text{K}}{\text{K}} = 0{,}124\,\text{m} = \text{rd. } 0{,}12\,\text{m}$$

$$l_1 = \Delta l + l_0$$

= 0,12 m + 300,00 m = 300,12 m

Die Freileitung aus Kupfer hat bei 35 °C eine Länge von 300,12 m.

## Lösung zu Aufgabe 16: Volumenänderung fester Körper

Flüssiges Metall zieht sich bei Abkühlung zusammen. Deshalb wäre dann das kalte Werkstück um diesen als Schwund bezeichneten Unterschied kleiner, als die ursprüngliche Gussform. Darum muss die Gussform um das Abkühlungsschwundmaß größer gefertigt werden als das abgekühlte Werkstück.

Schwundmaße (in Prozent) bezogen auf die Ausgangsmodellmaße sind vom jeweiligen Gusswerkstoff abhängig (z. B. Guss, Zink, Legierungen) und liegen zwischen 0,5 % und 2,0 %.

## Lösung zu Aufgabe 17: Beschleunigung

**Gesucht:** v, a

**Gegeben:**
t = 80 s
s = 1.120 m

Für die Anfangsgeschwindigkeit $v_0 = 0$ gilt:

$$s = \frac{v}{2} \cdot t \quad \rightarrow \quad v = \frac{2\,s}{t}$$

$$= \frac{2 \cdot 1.120}{80} = 28 \text{ m/s}$$

Die Endgeschwindigkeit beträgt 28 m/s.

$$v = a \cdot t \quad \rightarrow \quad a = \frac{v}{t}$$

$$= \frac{28}{80} = 0{,}35 \text{ m/s}^2$$

Die Beschleunigung beträgt 0,35 m/s$^2$.

## Lösung zu Aufgabe 18: Arbeit

**Gesucht:** W in Nm, J

**Gegeben:**
F = 40 kN
s = 2 m

$$W_{ab} = F \cdot s$$

$$= 40 \text{ kN} \cdot 2 \text{ m} = 80 \text{ kNm} = 80.000 \text{ Nm} = 80.000 \text{ J}$$

Der Hubstapler gibt die Arbeit von 80.000 Nm bzw. 80.000 J ab.

## Lösung zu Aufgabe 19: Wirkungsgrad

**Gesucht:** $\eta$

**Gegeben:**
F = 5.000 kg
$P_{zu}$ = 4,78 kW
s = 4,5 m
t = 1 min

$$P_{ab} = F \cdot v = \frac{m \cdot g \cdot h}{t}$$

$$v = \frac{s}{t} = \frac{4{,}5\ \text{m}}{60\ \text{s}}$$

$$P_{ab} = \frac{5.000\ \text{kg} \cdot 9{,}81\ \text{m/s}^2 \cdot 4{,}5\ \text{m}}{60\ \text{s}} = 3.679\ \text{W}$$

$P_{ab}$ = 3,68 kW

$$\rightarrow \eta = \frac{P_{ab}}{P_{zu}} = \frac{3{,}68\ \text{kW}}{4{,}78\ \text{kW}} = 0{,}77$$

Der Wirkungsgrad beträgt 77 %, d. h., an der Last kommen 77 % der zugeführten Antriebsleistung nutzbar zur Wirkung; 23 % gehen durch Reibung verloren.

## Lösung zu Aufgabe 20: Elektrische Arbeit (1)

**Gesucht:** t

**Gegeben:**
W = 70 kWh
P = 8 kW

Analog zur mechanischen Arbeit ist die elektrische Arbeit W das Produkt aus elektrischer Leistung und Zeit:

$$W = P \cdot t$$

$$\rightarrow t = \frac{W}{P}$$

$$t = \frac{70\ \text{kWh}}{8\ \text{kW}} = 8{,}75\ \text{h}$$

Die Heizung kann 8,75 Stunden betrieben werden.

## Lösung zu Aufgabe 21: Elektrische Arbeit (2)

**Gesucht:** $W_{ab}$

**Gegeben:**
U = 440 V
I = 9 A
$\eta$ = 0,8
t = 6 h

$$\frac{P_{ab}}{P_{zu}} = \frac{W_{ab}}{W_{zu}} = 0{,}8$$

$$\rightarrow W_{ab} = 0{,}8 \cdot W_{zu}$$

$$W = U \cdot I \cdot t$$

$W_{zu}$ = 440 V • 9 A • 6 h = 23.760 Wh = 23,76 kWh

$W_{ab}$ = 0,8 • $W_{zu}$ = 19 kWh

In sechs Stunden gibt der Motor die Arbeit von 19 kWh ab.

## Lösung zu Aufgabe 22: Drehstrom, Wirkleistung

**Gesucht:** $P_m$, I

**Gegeben:**
$\eta_w$ = 0,65
$\eta_m$ = 0,85
m = 64 kg
s = 12,5 m
U = 400 V
cos $\varphi$ = 0,89

$$P_w = \frac{F \cdot s}{t \cdot \eta} = \frac{m \cdot g \cdot s}{t \cdot \eta}$$

$$= \frac{64\,\text{kg} \cdot 9{,}81\,\text{m} \cdot 12{,}5\,\text{m}}{12\,\text{s} \cdot \text{s}^2 \cdot 0{,}65} = 1.006\,\frac{\text{Nm}}{\text{s}} = 1.006\,\text{W}$$

$$P_m = \frac{P_w}{\eta}$$

$$= \frac{1.006\ W}{0{,}85} = 1.184\ W$$

$$P_m = U \cdot I \cdot \cos\varphi \cdot \sqrt{3}$$

$$I = \frac{P_m}{U \cdot \cos\varphi \cdot \sqrt{3}}$$

$$= \frac{1.184\ W}{400\ V \cdot 0{,}89 \cdot \sqrt{3}} = 1{,}922\ A$$

Der Drehstrommotor hat eine Leistung von 1184 W bei einer Stromaufnahme von 1,922 A.

## Lösung zu Aufgabe 23: Messbereichserweiterung

**Gesucht:** $R_v$

**Gegeben:**
$R_i = 35\ k\Omega$
$U_{i\,max} = 125\ V$
$U_{max} = 500\ V$

aus:

$$\frac{R_v}{R_i} = \frac{U_{max} - U_{i\,max}}{U_{i\,max}}$$

folgt:

$$R_v = R_i \cdot \frac{U_{max} - U_{i\,max}}{U_{i\,max}}$$

$$= 35\ k\Omega \cdot \frac{500\ V - 125\ V}{125\ V} = 105\ k\Omega$$

Um diese Spannungen messen zu können, muss ein Vorwiderstand von 105 kΩ benutzt werden.

## Lösung zu Aufgabe 24: Schweredruck

**Gesucht:** p

**Gegeben:**
$\rho = 0{,}8\ kg/dm^3$
$h = 2\ m = 20\ dm$
$g = 9{,}81\ N/kg$

$$p = \rho \cdot g \cdot h$$

$= 9{,}81\ N/kg \cdot 0{,}8\ kg/dm^3 \cdot 20\ dm$
$= 156{,}96\ N/dm^2 = 15.696\ N/m^2 = 1{,}57 \cdot 10^4\ Pa$
$= 0{,}157\ bar$

Der Schweredruck am Boden des Öltanks beträgt 0,157 bar.

## Lösung zu Aufgabe 25: Leiterwiderstand

**Gesucht:** R

**Gegeben:**
$\varrho = 0{,}0179\ \frac{\Omega mm^2}{m}$
$l = 10\ m$
$d = 0{,}45\ mm$

$$R = \frac{\varrho \cdot l}{A}$$

$$= \frac{0{,}0179\ \Omega \cdot mm^2 \cdot 10 \cdot m \cdot 4}{0{,}45^2 \cdot mm^2 \cdot \pi \cdot m} = 1{,}126\ \Omega$$

Der Kupferdraht hat einen Leiterwiderstand von 1,126 Ω.

## Lösung zu Aufgabe 26: Hydraulische Presse

**Gesucht:** $F_1$, $F_2$, $p_2$

**Gegeben:**
$d_1 = 40\ mm$
$d_2 = 80\ mm$
$p_1 = 6\ bar$

a)

$$F_1 = p_1 \cdot A_1 = p_1 \cdot \frac{d_1^2 \cdot \pi}{4}$$

$$= 0{,}6 \frac{N}{mm^2} \cdot \frac{40^2\,mm^2 \cdot \pi}{4} = 753{,}6\,N$$

Die Kraft am Druckkolben ist 753,6 N.

b)

$$\frac{F_1}{F_2} = \frac{A_1}{A_2} = \frac{d_1^2}{d_2^2}$$

$$F_2 = \frac{F_1 d_2^2}{d_1^2}$$

$$= \frac{753{,}6 \cdot N \cdot 80^2\,mm^2}{40^2\,mm^2} = 3014{,}4\,N$$

Die Kraft am Arbeitskolben ist 3014,4 N.

c)

$$p_2 = \frac{F_2}{A_2}$$

$$= \frac{4000\,N \cdot 4}{80^2\,mm^2 \cdot \pi} = 0{,}796 \frac{N}{mm^2} = 7{,}96\,bar$$

Der Druck am Arbeitskolben ist 7,96 bar.

## 5.2 Energieformen im Betrieb sowie Auswirkungen auf Mensch und Umwelt

### Lösung zu Aufgabe 1: Energieträger, Energienutzung

1. **Stärkere Nutzung erneuerbarer bzw. regenerativer Energiequellen:** Sonnenstrahlung, Wasser, Wind, Biowärme, Gezeiten und Erdwärme.

   Zum Teil ist die Nutzung dieser Primärenergiequellen noch mit hohem technischen Aufwand und hohen Kosten verbunden; weitere Forschung ist deshalb notwendig.

2. **Rationeller und sparsamer Umgang mit der vorhandenen Energie:** Der gewünschte Nutzen soll mit einem möglichst geringen Energieaufwand erreicht werden; Energieverluste sollen gering gehalten werden. Das geschieht durch ständige Verbesserung des Wirkungsgrades von Anlagen und Geräten.

3. **Energierückgewinnung:** Die Nutzung der Energieverluste für andere Zwecke ist eine weitere wichtige Möglichkeit rationeller Energieanwendung.

## Lösung zu Aufgabe 2: Primär- und Sekundärenergie

**Primärenergiequellen** sind solche, die in der Natur unmittelbar vorhanden sind;

**Beispiele**

Braunkohle, Steinkohle, Erdöl, Sonnenstrahlung, Wind, Holz, Erdgas, Uranerz, Erdwärme, fließendes oder gestautes Wasser.

**Sekundärenergiequellen** sind aus Primärenergiequellen umgewandelte Energieformen, wie z. B. Koks oder Briketts aus Braun- oder Steinkohle; Benzin, Heizöl und Dieselkraftstoff aus Erdöl; elektrischer Strom oder Fernwärme aus Kohle, Erdöl oder Erdgas.

### 5.3 Berechnen betriebs- und fertigungstechnischer Größen bei Belastungen und Bewegungen

## Lösung zu Aufgabe 1: Flächenpressung

a) **Gesucht:** l, d, $p_{vorh}$

**Gegeben:**

F = 200 kN
= 200.000 N

$p_{zul}$ = 25 N/$mm_2$

$$p = \frac{F}{A} = \frac{F}{d \cdot l}$$ | vgl. Hinweis in der Aufgabe
| d = l : 1,6

$$\rightarrow \quad l = \frac{F \cdot 1{,}6}{p \cdot l} \quad \rightarrow \quad l^2 = \frac{1{,}6\,F}{p}$$

$$\rightarrow \quad l = \sqrt{\frac{1{,}6\,F}{p}}$$

$$= \sqrt{\frac{1{,}6 \cdot 200.000\ \text{N}}{25\ \text{N/mm}^2}} = \sqrt{12.800\ \text{mm}^2} = 113{,}1\ \text{mm}$$

l = 113 mm (ausgeführt, d. h., die Ergebnisse werden bei der endgültigen Festlegung der Ausmaße gerundet)

d = l : 1,6 = 113,1 : 1,6 = 70,6 mm

d = 71 mm (ausgeführt)

Die ausgeführten Maße l und d des Stirnzapfens betragen l = 113 mm und d = 71 mm.

b)

$$p_{vorh} = \frac{F}{A} = \frac{F}{d \cdot l}$$

$$= \frac{200.000 \text{ N}}{113 \cdot 71 \cdot \text{mm} \cdot \text{mm}} = 24{,}93 \text{ N/mm}^2 < p_{zul}$$

Die vorhandene Flächenpressung $p_{vorh}$ = 24,93 N/mm² übersteigt die zulässige Flächenpressung $p_{zul}$ = 25 N/mm² nicht.

## Lösung zu Aufgabe 2: Druckspannung

**Gesucht:** F

**Gegeben:**

$l_0$ = 0,80 m
$d_0$ = 3,0 cm
E = 200 GPa
$\Delta l$ = 0,50 mm

$$E = \frac{\delta}{\varepsilon} \quad ; \quad \varepsilon = \frac{\Delta l}{l} \quad \Rightarrow \quad E = \frac{\delta l}{\Delta l}$$

$$\rightarrow \frac{\Delta l}{l} = \frac{\delta}{E} = \delta \cdot \frac{L}{E} \qquad | \, \delta = \frac{F}{A}$$

$$\frac{\Delta l}{l} = -\frac{L}{E} \cdot \frac{F}{A} \qquad | \, A = \frac{\pi \cdot d_0^2}{4}$$

$$\rightarrow F = -\frac{\Delta l \cdot E \cdot \pi \cdot d_0^2}{4 \cdot L_o} \qquad | \text{ Verkürzung}$$

$$F = \frac{-0{,}50 \text{ mm} \cdot 200 \text{ GPa} \cdot 3{,}14 \cdot 3{,}0^2 \text{ cm}^2}{4 \cdot 0{,}8 \text{ m}}$$

$$F = \frac{-0{,}50 \cdot 10^{-3} \text{ m} \cdot 2 \cdot 10^{11} \text{ N} \cdot 3{,}14 \cdot 9 \cdot 10^{-4} \text{ m}^2}{4 \cdot 0{,}8 \text{ m} \cdot \text{m}^2}$$

| 1 Pa = 1 N/m²
| 200 GPa = 200 • 10⁹ Pa
= 2 • 10¹¹ Pa

$F = -8{,}83 \cdot 10^4$ N

F = - 88,3 kN

Der zylindrische Eisenstab darf mit einer Kraft von höchstens 88 kN belastet werden, wenn er sich nicht mehr als 0,50 mm verkürzen soll.

## Lösung zu Aufgabe 3: Winkelbeschleunigung

**Gesucht:** $\alpha$

**Gegeben:**
t = 7 s
n = 1.500 U/min

$$\alpha = \frac{\omega}{t}$$

$$\omega = 2 \cdot \pi \cdot n$$

$$= \frac{2 \cdot \pi \cdot 1.500}{\text{min}} = \frac{2 \cdot \pi \cdot 1.500}{60\ \text{s}} = 157\ \tfrac{1}{\text{s}}$$

$$\alpha = \frac{157}{7\ \text{s}^2} = 22{,}4\ \tfrac{1}{\text{s}^2}$$

Die Winkelbeschleunigung beträgt 22,4 $\tfrac{1}{\text{s}^2}$.

## Lösung zu Aufgabe 4: Drehzahl

**Gesucht:** $n_3$

**Gegeben:**
$n_1$ = 60 min$^{-1}$
$d_1$ = 30 mm; $d_2$ = 50 mm
$d_{2'}$ = 20 mm; $d_3$ = 40 mm

$$i = \frac{\omega_1}{\omega_2} = \frac{n_1}{n_2} = -\frac{d_2}{d_1}$$

$| \; i_{ges.} = i_1 \cdot i_2 \cdot i_3$

$$i = \frac{n_1}{n_3} = \frac{n_1}{n_2} \cdot \frac{n_2}{n_3} = \frac{d_2}{d_1} \cdot \frac{d_3}{d_{2'}} \quad \rightarrow \quad n_3 = n_1 \cdot \frac{d_1}{d_2} \cdot \frac{d_{2'}}{d_3}$$

$$= 60\ \text{min}^{-1} \cdot \frac{30 \cdot 20}{40 \cdot 50} = 18\ \text{min}^{-1}$$

Die Drehzahl des Rades 3 beträgt 18 min$^{-1}$.

## 5.4 Statistische Verfahren, einfache statistische Berechnungen sowie deren grafische Darstellung

### Lösung zu Aufgabe 1: Maßnahmen zur Fehlerbehebung im Rahmen der Qualitätssicherung

Maßnahmen zur Fehlerbehebung:

- Korrigieren/Neueinrichten der Maschinen
- Ersatz/Nacharbeit der Werkzeuge
- Unterweisung/Kritik des Mitarbeiters bei fehlerhafter Arbeitsweise
- Änderung des Fertigungsverfahrens (z. B. Kombination Mensch + Maschine)
- verbesserte Wareneingangsprüfung
- Qualitätsmaßnahmen in Zusammenarbeit mit dem Lieferanten
- verbesserte Verpackung beim Transport/Versand.

### Lösung zu Aufgabe 2: Stichprobe (Voraussetzungen, Messfehler)

a) Stichprobenkontrolle, Voraussetzungen:
   - ausreichend große Grundgesamtheit
   - ausreichend großer Stichprobenumfang
   - zahlenmäßig abgegrenzte Beurteilungsmenge
   - Zufälligkeit der Stichprobenentnahme.

b) 
   - **Systematische Fehler** sind Fehler in der Messeinrichtung, die sich gleichmäßig auf alle Messungen auswirken, z. B. fehlerhafter Messstab o. Ä.
   - **Zufällige Fehler** entstehen durch unkontrollierbare Einflüsse während der Messung; sie sind verschieden und unvermeidbar.

**Beispiel**

Die erste Stichprobe von n = 30 ergibt zwei fehlerhafte Stücke; die zweite Stichprobe ergibt drei fehlerhafte Stücke, obwohl das Messverfahren gesichert ist und die Versuchsdurchführung (Experiment) nicht geändert wurde.

### Lösung zu Aufgabe 3: Erfassung und Verarbeitung technischer Messwerte

Beispiele zur Erfassung und Verarbeitung von Prozessdaten:

- **einfache Messeinrichtung**, z. B. Thermometer
- Erfassung und Verarbeitung über **Prozessrechner**
- **elementare Messwertverarbeitung:**
  Verarbeitung der Messwerte mithilfe einfacher mathematischer Operationen
- **höhere Messwertverarbeitung:**
  Verarbeitung der Messwerte mithilfe komplexer mathematischer Operationen.

## Lösung zu Aufgabe 4: Arithmetisches Mittel, Modalwert, Standardabweichung

a) durchschnittlicher Wirkungsgrad:

| $x_i$ | 90,3 | 91,6 | 90,9 | 90,4 | 90,3 | 91,0 | 87,9 | 89,4 | $\sum x_i$ |
|---|---|---|---|---|---|---|---|---|---|
| | | | | | | | | | 721,8 |

$$\bar{x} = \frac{\sum x_i}{n}$$

$$= \frac{721,8}{8} = 90,225$$

b) Standardabweichung:

$$s^2 = \frac{\sum (x_i - \bar{x})^2}{n - 1}$$

$$= \frac{9,075}{7} = 1,296$$

| | $x_i$ | $x_i - \bar{x}$ | $(x_i - \bar{x})^2$ |
|---|---|---|---|
| | 90,3 | - 0,075 | 0,0056250 |
| | 91,6 | 1,375 | 1,8906250 |
| | 90,9 | 0,675 | 0,4556250 |
| | 90,4 | 0,175 | 0,0306250 |
| | 90,3 | - 0,075 | 0,0056250 |
| | 91,0 | 0,775 | 0,6006250 |
| | 87,9 | - 2,325 | 5,4056250 |
| | 89,4 | - 0,825 | 0,6806250 |
| $\sum$ | 721,8 | | 9,0750000 |

$$s = \sqrt{s^2}$$

$$= \sqrt{1,296} \approx 1,14$$

c) häufigster Wert = Modalwert: → $M_o = 90,3$

d) Der absolut größte Fehler ist definiert als:

$$\Delta x_{max} = \max | x_i - \bar{x} |$$

$$= 2,325$$

Arbeitstabelle:

| $\lvert x_i - \bar{x} \rvert$ | |
|---|---|
| 0,075 | |
| 1,375 | |
| 0,675 | |
| 0,175 | |
| 0,075 | |
| 0,775 | |
| **2,325** | ← $\Delta x_{max}$ |
| 0,825 | |

## Lösung zu Aufgabe 5: Spannweite

a) die Spannweite R ist definiert als:

$R = x_{max} - x_{min}$ = 91,6 - 87,9 = 3,7

b) Die Spannweite ist einfach zu berechnen. Sie hat aber den Nachteil, dass sie nur durch zwei Stichprobenwerte bestimmt ist, während die übrigen Werte unberücksichtigt bleiben. Sie eignet sich daher nur bei kleinem Stichprobenumfang.

## Lösung zu Aufgabe 6: Häufigkeitsverteilung

Häufigkeitsverteilung der Stichprobe aus Aufgabe 4. (horizontales Balkendiagramm):

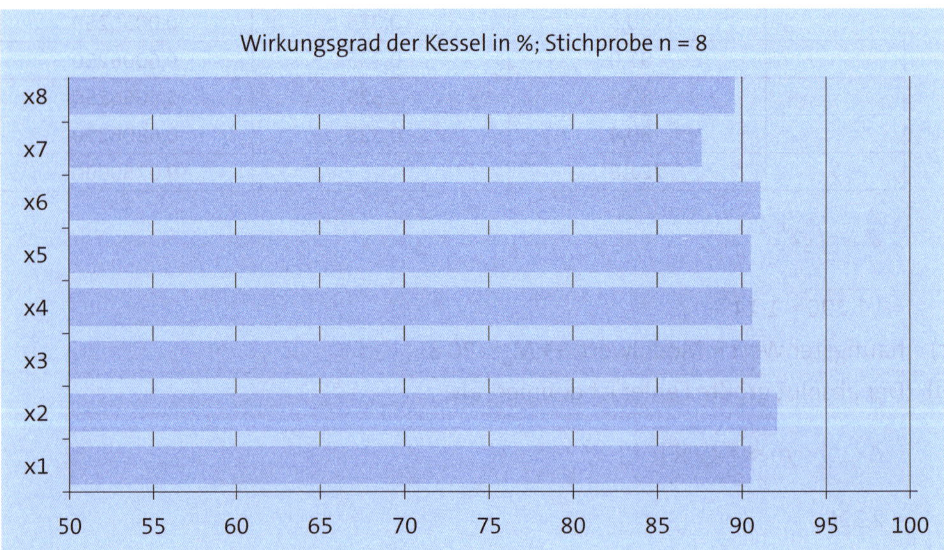

## Lösung zu Aufgabe 7: Normalverteilung

a)

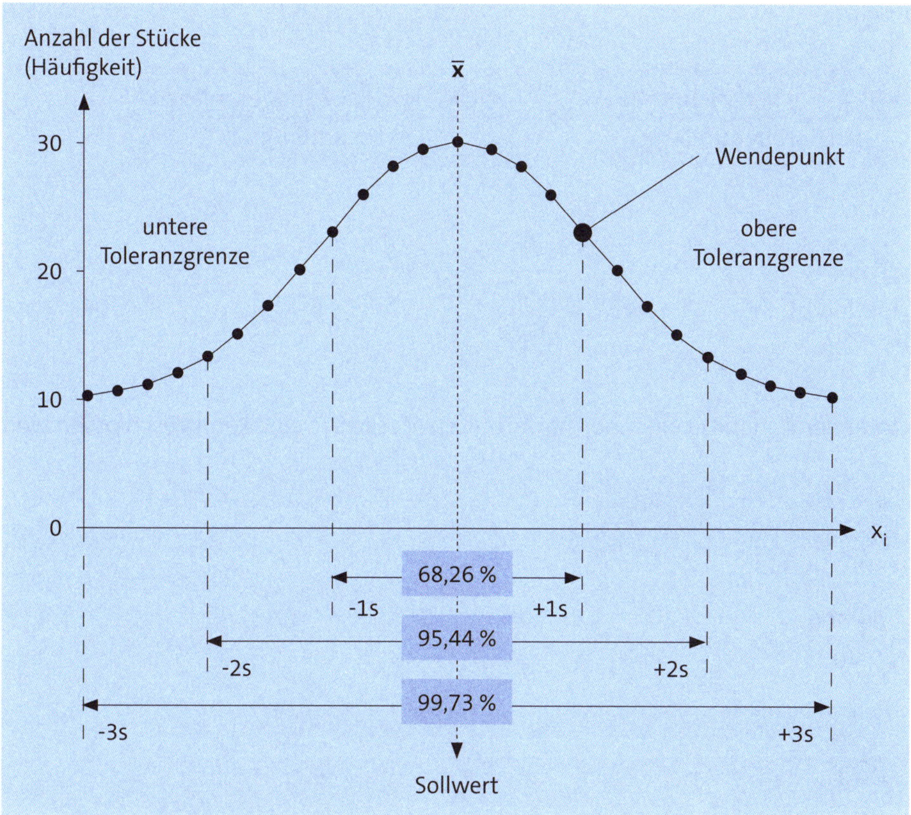


b) Vertrauensbereich mit 99,73%iger Wahrscheinlichkeit:

$99{,}73\,\% \rightarrow [\bar{x} - 3s; \bar{x} + 3s]$

$\bar{x} - 3s = 20 - 1{,}8 = 18{,}2$

$\bar{x} + 3s = 20 + 1{,}8 = 21{,}8$

Das Intervall ist: [18,2; 21,8]

## Lösung zu Aufgabe 8: Kontrollkarte (QRK = Qualitätsregelkarte)

- Zeitpunkt $t_4$: Wird die untere **Warngrenze** überschritten, ist der Prozess **nicht mehr sicher, aber fähig**.
- Zeitpunkt $t_6$: Erfolgt beim Erreichen der unteren Eingriffsgrenze **keine Korrekturmaßnahme**, so ist damit zu rechnen, dass es zur **Produktion von NIO-Teilen (Nicht-In-Ordnung-Teile)** kommt.
- Zeitpunkt $t_7$: Die obere Toleranzgrenze ist überschritten → NIO-Teil.

## Lösung zu Aufgabe 9: NIO-Teile

Es gilt:

$$\frac{\text{NIO-Teile der Stichprobe}}{\text{Stichprobenumfang}} \rightarrow \frac{\text{NIO-Teile der Grundgesamtheit}}{\text{Losumfang}}$$

mit

$N_f = ?$
$N = 500$
$n = 40$
$n_f = 6$

Unter der Annahme einer normalverteilten Messwertreihe kann geschlossen werden:

$$\frac{n_f}{n} = \frac{N_f}{N} \quad \rightarrow \quad N_f = \frac{n_f \cdot N}{n}$$

$$= \frac{6 \cdot 500}{40} = 75 \text{ Stück}$$

$$\rightarrow \frac{N_f}{N} \cdot 100$$

$$= \frac{75}{500} \cdot 100 = 15\ \%$$

In Worten: Der Anteil der NIO-Teile im Los beträgt 75 Stück bzw. 15 %.

## Lösung zu Aufgabe 10: Maschinenfähigkeitsindex

Es ist der Maschinenfähigkeitsindex $C_m$ zu berechnen:

$$C_m = \frac{T}{6s} = \frac{OTG - UTG}{6s}$$

$$= \frac{120}{74{,}4} = 1{,}613$$

Die Maschine ist nicht fähig, da $C_m < 2{,}00$ (Grenzwert der Automobilindustrie).

## Lösung zu Aufgabe 11: Maschinenfähigkeit, Prozessfähigkeit (Unterschiede)

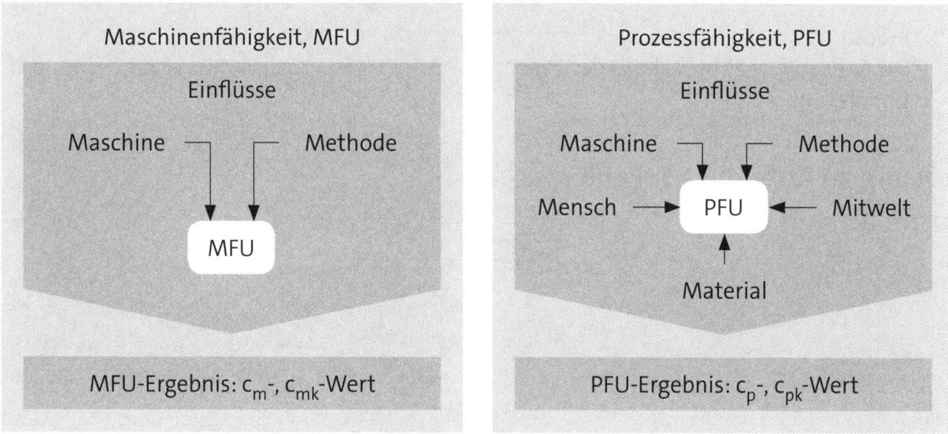


## Lösung zu Aufgabe 12: Qualitätsregelkarte (2)

a)

| | 7:00 | 8:00 | 9:00 | 10:00 | 11:00 | ∑ | $\bar{x}$ | R |
|---|---|---|---|---|---|---|---|---|
| **1. Tag** | 5,98 | 6,09 | 6,05 | 6,13 | 6,12 | 30,37 | 30,37 : 5 = **6,074** | 6,3 - 5,98 = **0,15** |
| **2. Tag** | 5,95 | 6,15 | 6,00 | 6,05 | 6,09 | 30,24 | **6,048** | 6,15 - 5.95 = **0,20** |
| **3. Tag** | 6,16 | 6,12 | 6,11 | 6,13 | 6,11 | 30,63 | **6,126** | 6,16 - 6,11 = **0,05** |
| **4. Tag** | 6,15 | 5,94 | 6,11 | 6,09 | 6,11 | 30,40 | **6,080** | 6,15 - 5,94 = **0,21** |

b)

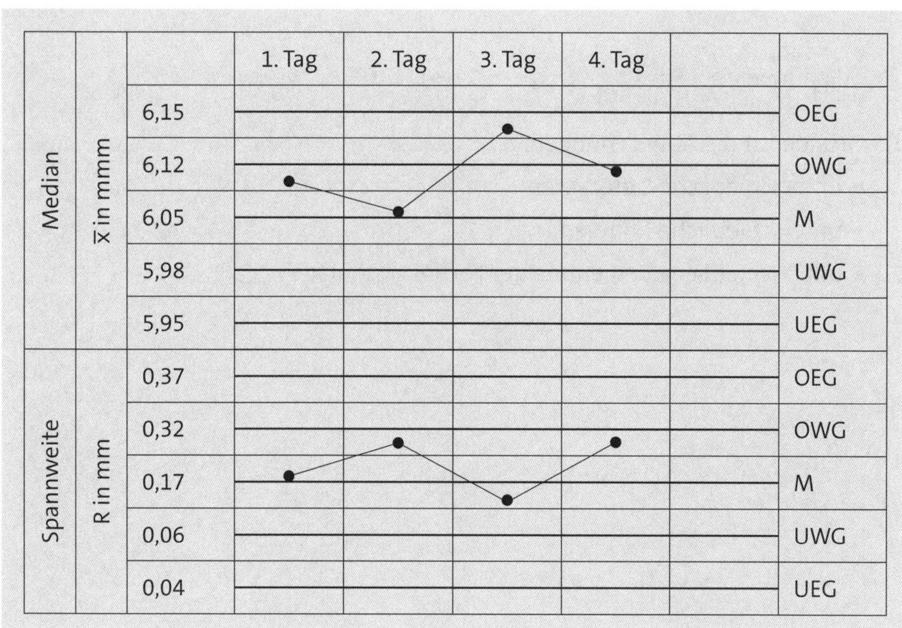

c) $\bar{x}$-Spur:
Die obere Warngrenze wird am 3. Tag leicht überschritten; die Lage des Prozess muss besonders beachtet werden.

R-Spur:
Die Streung liegt innerhalb der Warngrenzen; in den Prozess muss nicht eingegriffen werden.

## Lösung zu Aufgabe 13: Fehleranteil

a)

$$\bar{x} = \frac{\sum x_i}{n} = \frac{1 + 2 + 2\,1 + ... + 1 + 2 + 3 + 2}{20} = 5{,}15$$

b)

$$\frac{\bar{x}}{n} = \frac{5{,}15}{120} = 4{,}\,29\,\%$$

Der durchschnittliche Fehleranteil in der Grundgesamtheit beträgt daher 4,29 % von 800:

$\mu$ = 4,29 % von 800 = 34,33

oder (anderer Rechenweg):

$$\mu = \frac{\bar{x}}{\frac{n}{N}} = \frac{\bar{x} \cdot N}{n} = \frac{5{,}15 \cdot 800}{120} = 34{,}33$$

c)

$$\text{Spannweite} = R = x_{max} - x_{min} = 11 - 1 = 10$$

d) Gründe für die Abweichungen, z. B.:

- unterschiedliche Lieferanten
- unterschiedliche Chargen
- unterschiedliche Bedienung der Fertigungsanlage.

# Musterklausuren

## 1. Rechtsbewusstes Handeln

### Lösung zu Aufgabe 1:

Ja! Das vorliegende Beurteilungssystem dürfte den Tatbestand der allgemeinen Beurteilungsgrundsätze nach § 94 Abs. 2 BetrVG erfüllen. Die Erstellung sowie die Überarbeitung eines Beurteilungssystems mit festgelegten Merkmalen, Merkmalsausprägungen usw. bedarf der Zustimmung des Betriebsrates.

### Lösung zu Aufgabe 2:

Die Veranstaltung ist nach § 37 BetrVG zu behandeln; danach trägt der Arbeitgeber die Kosten der Entgeltfortzahlung, die Seminarkosten und die Spesen in angemessener Höhe.

### Lösung zu Aufgabe 3:

Nein! Hitzig hat den Betriebsfrieden erheblich gestört. Die Schlägerei ist (im Regelfall) für den Arbeitgeber ein wichtiger Grund, der zur fristlosen Kündigung Anlass gibt; vgl. § 15 KSchG sowie § 103 BetrVG.

### Lösung zu Aufgabe 4:

Das Kündigungsschreiben ist nicht korrekt:

- Eine **bedingte** Kündigung ist unzulässig.
- Es fehlt der Hinweis auf die erfolgte Anhörung des Betriebsrats.

### Lösung zu Aufgabe 5:

Ja! Nach laufender Rechtsprechung ist die vorzeitige Kündigung eines Ausbildungsverhältnisses durch den Kandidaten zulässig; vgl. § 22 Abs. 1 BBiG.

### Lösung zu Aufgabe 6:

Es kommt darauf an; der Sachverhalt enthält keine Information über die vereinbarte Probezeit (nach dem BBiG beträgt sie 1 - 4 Monate); eine fristlose Kündigung ist daher durch den Betriebsleiter nur möglich,

- wenn sie innerhalb der Probezeit (§ 20 BBiG) erfolgt oder
- wenn ein wichtiger Grund nach § 22 Abs. 2 BBiG vorliegt.

### Lösung zu Aufgabe 7:

- **Eine Kündigung der betrieblichen Übung** ist nicht möglich, da sie unmittelbarer Bestandteil der individuellen Arbeitsverträge wird – im Gegensatz zu Betriebsvereinbarungen, die einwirkenden Rechtscharakter haben.

- **Der Abschluss einer Betriebsvereinbarung,** die einer betrieblichen Übung nachfolgt und diese verdrängen soll, ist nur dann möglich, wenn sie für den Arbeitnehmer günstiger ist. Im vorliegenden Fall soll aber gerade die Zahlung des Urlaubszuschusses eingestellt werden, sodass auch dieser Ansatz nicht zur angestrebten Lösung führt.
- **Sonstige Vorgehensweisen:** Die aufgrund der betrieblichen Übung vorliegenden einzelvertraglichen Ansprüche können nur im Wege der
  - Einigung mit den Arbeitnehmern (z. B. in Verbindung mit einer generellen Neugestaltung der Sozialleistungen) oder
  - durch Kündigung bzw. Änderungskündigung der Einzelarbeitsverträge aufgehoben werden.

## Lösung zu Aufgabe 8:

a) Ja, die Klage hat Aussicht auf Erfolg. Die Durchführung von Mehrarbeit ist mitbestimmungspflichtig nach § 87 Abs. 1 Nr. 3 BetrVG. Die fehlende Zustimmung kann durch den Spruch der Einigungsstelle ersetzt werden (§ 87 Abs. 2 BetrVG). Verstößt der AG gegen diese Regelung, so hat der Betriebsrat einen Unterlassungsanspruch gegen zukünftige Verstöße. Das Argument des AG (dass ein Eilfall vorgelegen hätte und wichtige Liefertermine gefährdet waren) greift nicht: Die Umgehung des Mitbestimmungsrechtes ist nur in absoluten Notsituationen möglich (z. B. Brandschäden). Termin- und Lieferprobleme sind durch Planung vermeidbar und gehören zum Risiko des Unternehmers.

b) Zuständig ist das Arbeitsgericht Düsseldorf (Sitz der Firma = Gerichtsstand).

c) Vom Grundsatz her muss Mertens keine Überstunden leisten, da eine einzelvertragliche Vereinbarung nicht vorliegt. Etwas anderes gilt, wenn die Überstunden aufgrund dringender betrieblicher Erfordernisse angeordnet werden; im vorliegenden Fall ist dies zu verneinen. Die Ablehnung von Mertens besteht also zu Recht.

   Weiterhin ist zu beachten, dass die Anordnung drei Überstunden zu leisten gegen § 3 ArbZG verstößt und damit gesetzwidrig ist.

d) Nein! Die Vergütungspflicht besteht bei regulärer Mehrarbeit von zwei Stunden täglich nicht automatisch; der Arbeitgeber ist jedoch verpflichtet, innerhalb von sechs Kalendermonaten oder 24 Wochen einen Ausgleich zu schaffen, sodass die werktägliche Arbeitszeit im Durchschnitt acht Stunden nicht überschreitet (§ 3 ArbZG).

## Lösung zu Aufgabe 9:

- der Vergütungsanspruch der Mitarbeiter im Zulieferbetrieb **ruht** während des Streiks (Streikrecht!)
- die Mitarbeiter Ihrer Firma (dies gilt auch für Nichtorganisierte) verlieren für die Zeit des Streiks ebenfalls ihren Vergütungsanspruch gegen den Arbeitgeber (Sphärentheorie: die Betriebsstörung bei Ihnen ist der Sphäre der Arbeitnehmer zuzurechnen).

## Lösung zu Aufgabe 10:

a) EU-Zertifikat: bescheinigt die Einhaltung der Umweltvorschriften gemäß der EU-Öko-Audit-Verordnung; ist freiwillig.

b) Langfristige Kostenvorteile: Imagebildung am Markt und Aufbau einer Präferenzstruktur beim Kunden, Vermeidung von Folgekosten bei Umweltgefährdungen u. Ä.

c) Bundesimmissionsschutzgesetz, Wasserhaushaltsgesetz, Gefahrstoffverordnung, TA Luft, TA Lärm, TA Abfall, Kreislaufwirtschaftsgesetz u. Ä.

## 2. Betriebswirtschaftliches Handeln

### Lösung zu Aufgabe 1:

a) Aus der Grafik lässt sich im Break-even-Point ablesen:

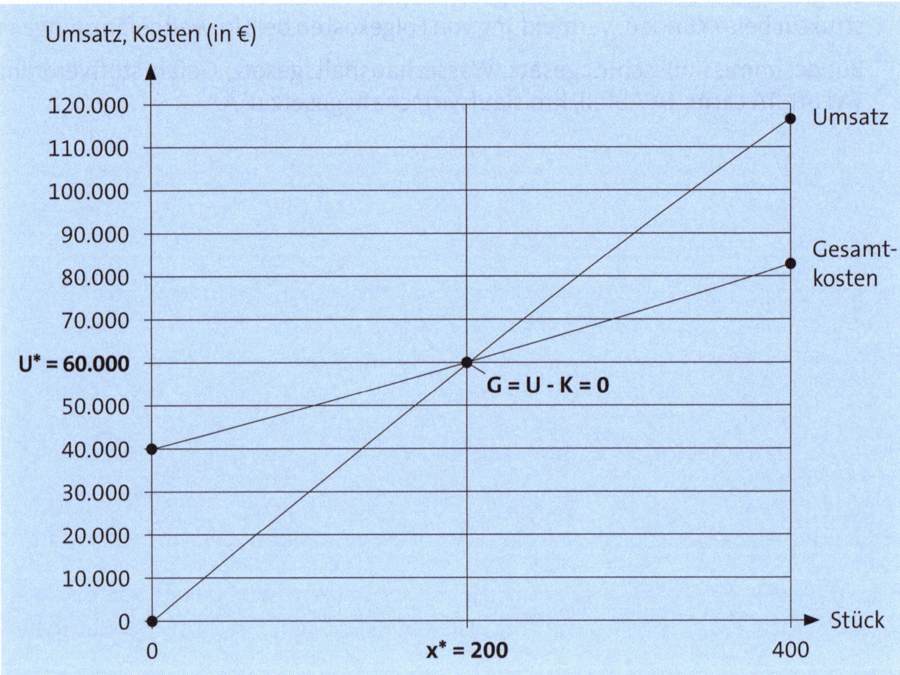


$U^* = 60.000$ €

$x^* = 200$ Stück

Definitionsgemäß ist im Break-even-Point:

$G^* = 0$

b) Aus der Grafik lässt sich ablesen:

$K_f = 40.000$ €
$p = ?$

$U = x \cdot p \quad \rightarrow \quad p = \frac{U^*}{x^*}$

$= \frac{60.000}{200} = 300$ €

$K_v = ?$

$$K^* = K_f + K_v \quad \rightarrow \quad K_v = K^* - K_f$$

= 60.000 - 40.000 = 20.000 €

$K_{v/Stk.} = ?$

$$K_v = x^* \cdot k_v \quad \rightarrow \quad k_v = \frac{K_v}{x^*}$$

$$= \frac{20.000}{200} = 100 \text{ €}$$

c) Berechnen Sie für einen Auftrag von 300 Stück:

$$U = x \cdot p$$

= 300 • 300 = 90.000 €

$$G = U - K$$

$= 90.000 - K_f - x \cdot k_v = 90.000 - 40.000 - 100 \cdot 300 = 20.000$ €

$$DB = U - K_v = U - x \cdot k_v$$

= 90.000 - 100 • 300 = 60.000 €

$$db = \frac{DB}{x}$$

= 60.000 : 300 = 200 €

d) Im Break-even-Point gilt:

$$x^* = \frac{K_f}{db}$$

$$= \frac{40.000}{200} = 200 \text{ Stück}$$

## Lösung zu Aufgabe 2:

a) Kritischer Weg, grafische Darstellung:

$\text{Durchlaufzeit}_E = 1{,}2 \cdot 300 = 360$

$\text{Durchlaufzeit}_{G2} = 1{,}2 \cdot 600 = 720$

usw.

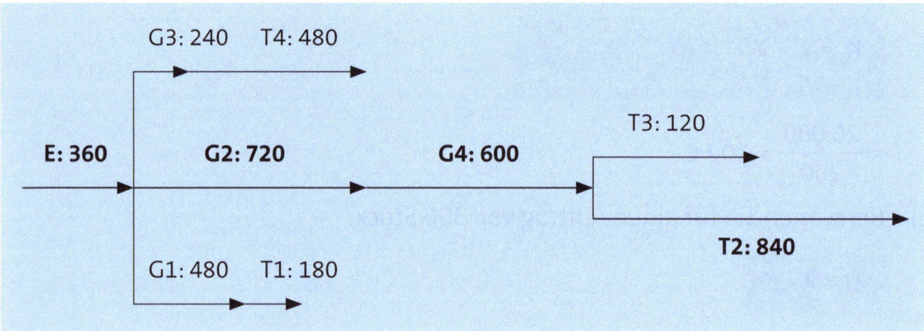


**ACHTUNG**

Die Skizze ist nicht maßstabsgetreu.

Kritischer Weg: E, G2, G4, T2

b) Durchlaufzeit des Auftrages = 20 • (360 + 720 + 600 + 840) = 50.400 min

c) Maßnahmen zur Verkürzung der Durchlaufzeit, z. B.

- Parallelfertigung
- Zusatzschichten
- Verringerung der Transportzeiten
- Überlappung von Arbeitsvorgängen.

## Lösung zu Aufgabe 3:

a) Linienorganisation (1. und 2. Leitungsebene)

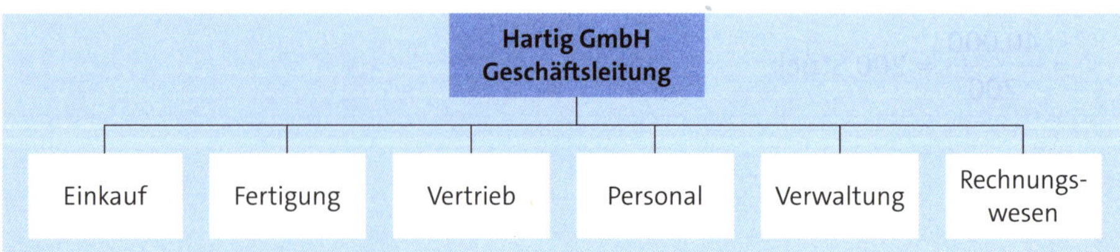

b) Spartenorganisation (1. bis 3. Leitungsebene):

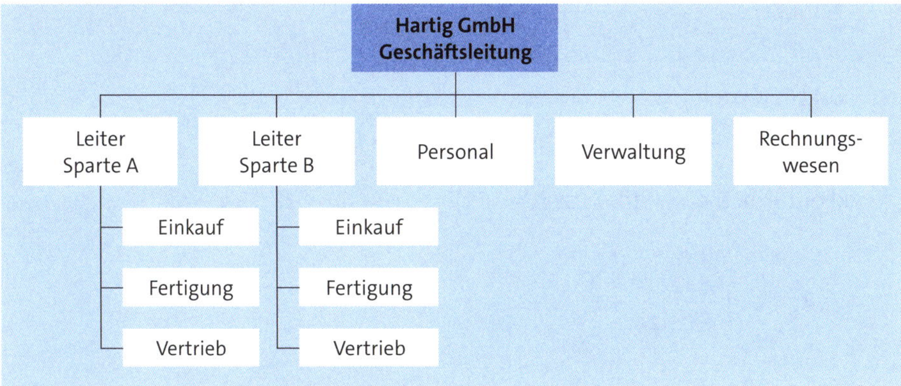


c) Matrixorganisation (1. bis 3. Leitungsebene):

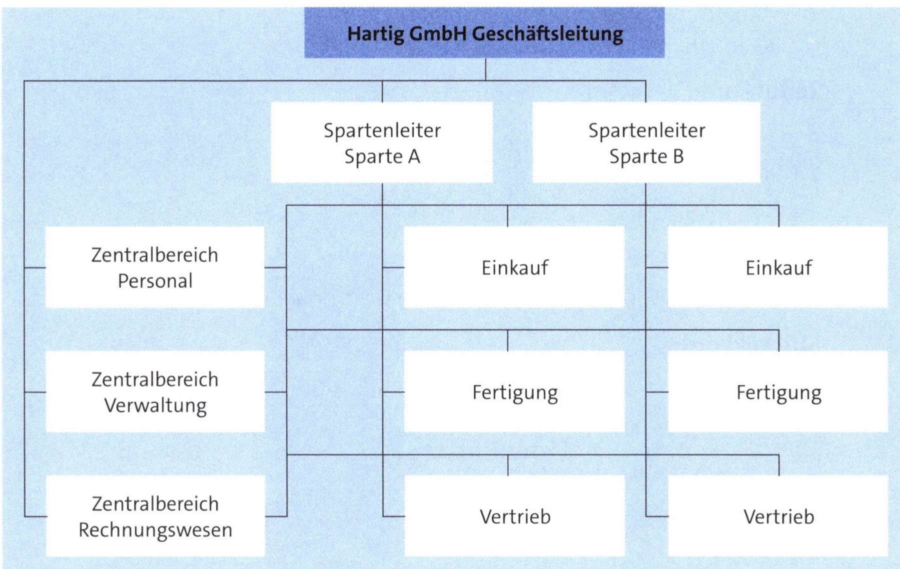


## Lösung zu Aufgabe 4:

a) Auftragszeit = Rüstzeit + Ausführungszeit pro Stück • Stückzahl

$T = t_r + t_e \cdot m$

$= 20 + 4 \cdot 40 = 180$ min

Akkordrichtsatz = $20 \cdot 1{,}25 = 25{,}00$ €

$$\text{Minutenfaktor} = \frac{\text{Akkordrichtsatz}}{60}$$

= 0,4167 €/min

Akkordbruttolohn (des Auftrags) = 180 min • 0,4167 €/min = 75,00 €

Akkordbruttolohn/Std. (Istzeit = 160) = $\frac{75}{160}$ • 60 = 28,13 €/Std.

$$\text{Zeitgrad} = \frac{\text{Vorgabezeit}}{\text{Istzeit}} \cdot 100$$

= 180 : 160 • 100 = 112,50 %

b) 1.

| | | | |
|---|---|---|---|
| | Tariflohn | = | 20,00 € |
| + | Akkordzuschlag | = | 4,00 € |
| = | Akkordrichtsatz | = | 24,00 € |

**Zeitakkord:**

$$\text{Minutenfaktor} = \frac{\text{Akkordrichtsatz}}{60}$$

= 24,00 : 60 = 0,4

Akkordlohn (pro Stunde) = 0,4 • 7,5 • 9 = 27,00 €

**Stückakkord:**

Normalleistung = 60 min : 7,5 min pro Stk. = 8

$$\text{Stückakkordsatz} = \frac{\text{Akkordrichtsatz}}{\text{Normalleistung}}$$

= 24,00 : 8 = 3

$$\text{Stückakkord} = \text{Stückzahl} \cdot \text{Stückakkordsatz}$$

Akkordlohn (pro Stunde) = 9 • 3 = 27,00 €

2.

$$\text{Leistungsgrad} = \frac{\text{Istleistung}}{\text{Normalleistung}} \cdot 100$$

= 9 : 8 • 100 = 112,50 %

## Lösung zu Aufgabe 5:

$$\text{Maschinenproduktivität} = \frac{35.000\ \text{E}}{46.000\ \text{Masch.std.}} = 0{,}7609\ \text{E/Masch.std.}$$

$$\text{Kapitalrentabilität} = \frac{60.000\ €}{600.000\ €} \cdot 100\ \% = 10\ \%$$

$$\text{Wirtschaftlichkeit} = \frac{2.000.000\ €}{1.900.000\ €} = 1{,}0526$$

## Lösung zu Aufgabe 6:

| | Stunden | | | | | | | | | | | | | | | | |
|---|---|---|---|---|---|---|---|---|---|---|---|---|---|---|---|---|---|
| **Maschine** | **1** | **2** | **3** | **4** | **5** | **6** | **7** | **8** | **9** | **10** | **11** | **12** | **13** | **14** | **15** | **16** | **17** |
| I | x | x | x | x | y | y | y | y | w | w | w | w | z | z | | | |
| II | y | y | | w | w | w | w | x | x | x | x | x | x | | z | z | |
| III | w | w | w | z | z | z | z | z | y | | | | | x | x | x | x |
| IV | z | z | z | | x | x | x | | | | | | | | | | |

## Lösung zu Aufgabe 7:

Grundsätze der Unternehmensorganisation, z. B.:

Eine erfolgreiche Betriebsorganisation

1. hat sich am Unternehmensziel zu orientieren.

   Beispiel: Ein Unternehmen, dass erklärungsbedürftige Produkte mit einem hohen Standard in einem Nischenmarkt herstellt und vertreibt, muss im Organigramm die Funktionen **Forschung und Entwicklung** sowie **Marketing** stärken (hohe hierarchische Einbindung und Ressourcenausstattung).

2. hat einfach (in Sprache und Bild), klar und transparent zu sein.

   Beispiel: Das Organigramm muss so gestaltet sein, dass es von jedem Mitarbeiter verstanden wird und keine Widersprüche enthält. Die Unterstellungsverhältnisse und die Kompetenzzuordnungen müssen eindeutig und abgegrenzt sein.

3. soll menschlich sein und von den Menschen im Unternehmen mitgetragen werden.

   Beispiel: Vorrang hat nicht die Organisationsrichtlinie, sondern der Zweck, die im Unternehmen tätigen Menschen in ihrer Arbeit zu unterstützen.

# 3. Methoden der Information, Kommunikation und Planung

## Lösung zu Aufgabe 1:

a) Erstellen der ABC-Analyse und beschreiben der Arbeitsschritte:

**1. Schritt:**

Ermittlung des wertmäßigen Monatsverbrauchs und Vergabe einer Rangzahl: Die Artikelgruppe mit dem höchsten wertmäßigen Verbrauch erhält die Rangzahl 1 usw.

| Rang-zahl | Artikel-Gruppe | Verbrauch je Monat in Einheiten (E) | Preis je Einheit in € | Preis • Verbrauch in € |
|---|---|---|---|---|
| 10 | 900 | 1.000 | 0,70 | 700,00 |
| 8 | 979 | 4.000 | 0,20 | 800,00 |
| 1 | 105 | 3.000 | 3,80 | 11.400,00 |
| 4 | 113 | 6.000 | 1,00 | 6.000,00 |
| 3 | 121 | 1.000 | 7,00 | 7.000,00 |
| 2 | 129 | 16.000 | 0,50 | 8.000,00 |
| 7 | 137 | 9.000 | 0,10 | 900,00 |
| 5 | 189 | 400 | 3,00 | 1.200,00 |
| 6 | 194 | 600 | 2,00 | 1.200,00 |
| 9 | 215 | 4.000 | 0,20 | 800,00 |
| | ∑ | | | 38.000,00 |

**2. Schritt:**

Sortierung des Zahlenmaterials entsprechend der Rangzahl in fallender Reihenfolge.

| Rang-zahl | Artikel-Gruppe | Verbrauch je Monat in Einheiten (E) | Preis je Einheit in € | Preis • Verbrauch in € |
|---|---|---|---|---|
| 1 | 105 | 3.000 | 3,80 | 11.400,00 |
| 2 | 129 | 16.000 | 0,50 | 8.000,00 |
| 3 | 121 | 1.000 | 7,00 | 7.000,00 |
| 4 | 113 | 6.000 | 1,00 | 6.000,00 |
| 5 | 189 | 400 | 3,00 | 1.200,00 |
| 6 | 194 | 600 | 2,00 | 1.200,00 |
| 7 | 137 | 9.000 | 0,10 | 900,00 |
| 8 | 979 | 4.000 | 3,00 | 800,00 |
| 9 | 215 | 4.000 | 0,20 | 800,00 |
| 10 | 900 | 1.000 | 0,70 | 700,00 |
| | ∑ | | | 38.000,00 |

**3. Schritt:**

- Ermittlung des wertmäßigen Monatsbedarfs in Prozent zum gesamten wertmäßigen Monatsbedarfs sowie kumuliert
- Anteil der Artikelgruppe in Prozent zur Gesamtzahl der Artikelgruppen sowie kumuliert

| Rang-zahl | Artikel-Gruppe | Preis • Verbrauch in € | %-Anteil Verbrauch | %-Anteil, Verbrauch kumuliert |
|---|---|---|---|---|
| 1 | 105 | 11.400,00 | 30,00 | 30,00 |
| 2 | 129 | 8.000,00 | 21,05 | 51,05 |
| 3 | 121 | 7.000,00 | 18,42 | 69,47 |
| 4 | 113 | 6.000,00 | 15,78 | 85,25 |
| 5 | 189 | 1.200,00 | 3,16 | 88,41 |
| 6 | 194 | 1.200,00 | 3,16 | 91,57 |
| 7 | 137 | 900,00 | 2,37 | 93,94 |
| 8 | 979 | 800,00 | 2,11 | 96,05 |
| 9 | 215 | 800,00 | 2,11 | 98,16 |
| 10 | 900 | 700,00 | 1,84 | 100,00 |
| | ∑ | 38.000,00 | 100,00 | |

| Rang-zahl | Artikel-Gruppe | %-Anteil, Verbrauch | %-Anteil, Verbrauch kumuliert |
|---|---|---|---|
| 1 | 105 | 10 | 10 |
| 2 | 129 | 10 | 20 |
| 3 | 121 | 10 | 30 |
| 4 | 113 | 10 | 40 |
| 5 | 189 | 10 | 50 |
| 6 | 194 | 10 | 60 |
| 7 | 137 | 10 | 70 |
| 8 | 979 | 10 | 80 |
| 9 | 215 | 10 | 90 |
| 10 | 900 | 10 | 100 |
| | ∑ | 100 | |

b) Grafische Darstellung der Verteilung:

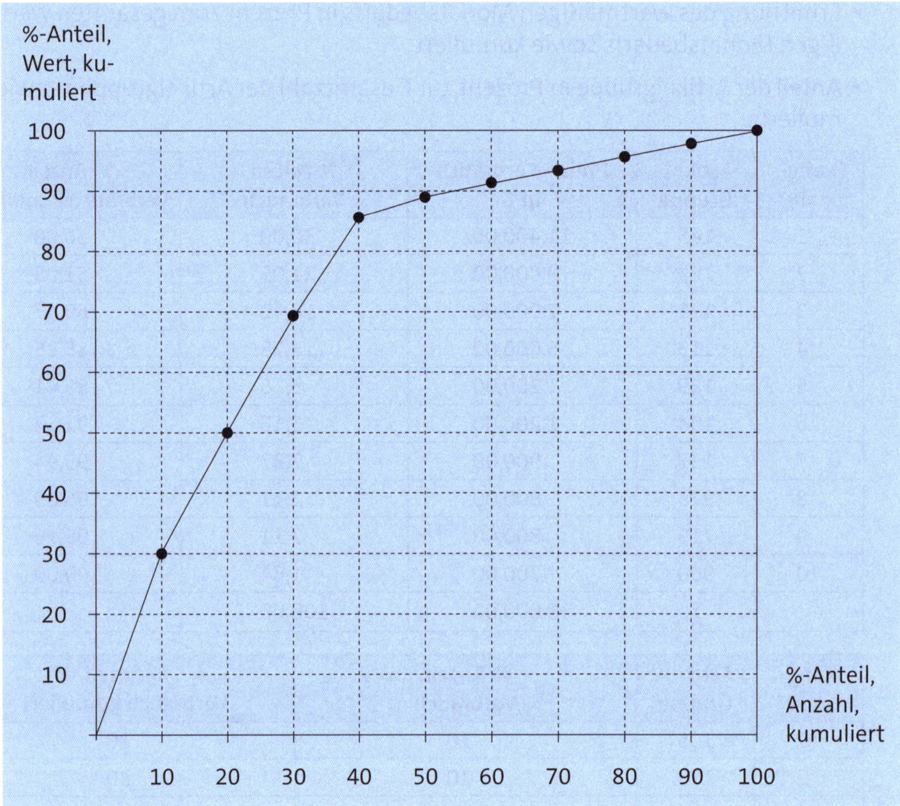


c) Klassifizierung:

| Rangzahl | Artikel-Gruppe | %-Anteil, Verbrauch kumuliert | %-Anteil, Anzahl kumuliert | Klassifikation |
|---|---|---|---|---|
| 1 | 105 | 30,00 | 10 | A |
| 2 | 129 | 51,05 | 20 | A |
| 3 | 121 | 69,47 | 30 | A |
| 4 | 113 | 85,25 | 40 | B |
| 5 | 189 | 88,41 | 50 | B |
| 6 | 194 | 91,57 | 60 | C |
| 7 | 137 | 93,94 | 70 | C |
| 8 | 979 | 96,05 | 80 | C |
| 9 | 215 | 98,16 | 90 | C |
| 10 | 900 | 100,00 | 100 | C |

- Rationalisierungsmaßnahmen für A- und B-Gruppen, z. B.:
  - Wettbewerbsangebote einholen, Preisvergleiche anstellen
  - Überwachung der Lagerbestände mit dem Ziel der Bestandsminimierung.
- Rationalisierungsmaßnahmen für C-Gruppen, z. B.:
  - Rahmenabkommen
  - Zusammenfassung der Bedarfe und Bestelloptimierung.

## Lösung zu Aufgabe 2:

a) Analyse des Datenmaterials:

| Qualitäts-standard | Stichprobe „alt“ | | Stichprobe „neu“ | |
|---|---|---|---|---|
| | absolut | in % | absolut | in % |
| 1 | 10 | 16,67 | 24 | 30,00 |
| 2 | 15 | 25,00 | 30 | 37,50 |
| 3 | 20 | 33,33 | 14 | 17,50 |
| 4 | 10 | 16,67 | 8 | 10,00 |
| 5 | 5 | 8,33 | 4 | 5,00 |
| ∑ | 60 | 100,00 | 80 | 100,00 |

Darstellung als Balkendiagramm, vertikal:

Vergleich der Stichproben in %-Anteilen

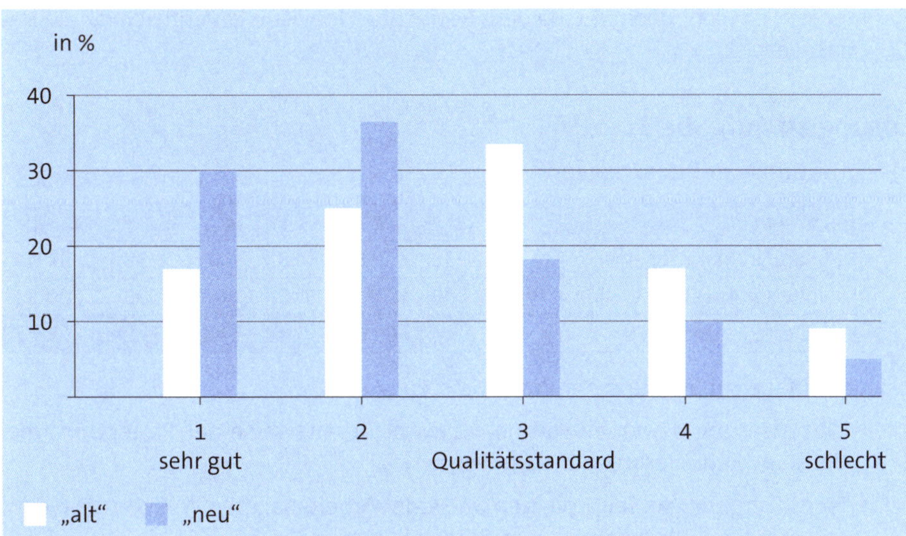

b) Alternativ: Darstellung als **Liniendiagramm** oder wie unten als **Flächendiagramm**

Vergleich der Stichproben in %-Anteilen

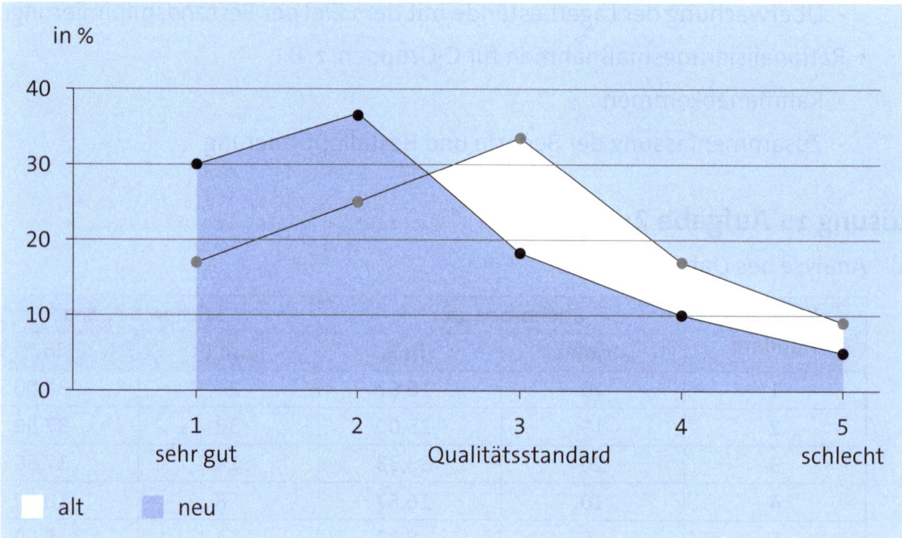


**Vergleich:** Die Darstellung als Linien- oder Flächendiagramm ist zwar geeignet; das Balkendiagramm zeigt jedoch die Unterschiede in der Veränderung deutlicher und ist für den Betrachter leichter zu erfassen.

**Hinweis:** Die Darstellung als Kreisdiagramm (= zwei Kreise mit vergleichenden Segmenten) ist nicht geeignet, da dem Betrachter der visuelle Vergleich der Segmente erschwert ist.

## Lösung zu Aufgabe 3:

a) Ermittlung der Projektkosten:

| Teilprojekt | 1 | 2 | 3 | 4 | 5 | 6 | ∑ |
|---|---|---|---|---|---|---|---|
| Aufwand in Manntagen | 30 | 46 | 28 | 46 | 38 | 44 | 232 |
| kalkulierter Ansatz in €/Manntag | 1.200 | 1.500 | 1.300 | 1.400 | 1.500 | 1.700 | |
| kalkulierte Kosten in T€ | 36,0 | 69,0 | 36,4 | 64,4 | 57,0 | 74,8 | 337,6 |

b) Vorschläge zur Senkung der Projektkosten:

- Verbesserung der Qualifikation/Auswahl/Arbeitsweise der Projektmitarbeiter; dadurch: Reduzierung der Manntage.
- Fremdvergabe von Teilprojekten und/oder Arbeitspaketen an Externe, wenn diese unter den intern kalkulierten Sätzen liegen.
- Verwertung von Teilerfolgen/Teilergebnissen des Projektes in der Linie; dadurch: Erzielung von Erlösen, die den Projektkosten gegenüber gestellt werden können.

c) Geeignete Maßnahmen zur Sicherung der Projektziele:

Generelle Ziele im Projektmanagement sind:

Einhaltung der Qualität, der Quantität, der Kosten- und Zeitvorgaben. Von daher eignen sich z. B. folgende Maßnahmen zur Absicherung des Projekterfolges:

- Einrichtung eines Projektcontrolling zur Steuerung der Zeit- und Kostenvorgaben sowie der Projektstruktur (= Systemkontrolle)
- Auswahl und Schulung der Projektmitarbeiter sowie sorgfältige Prüfung der Eignung externer Dienstleister zur Absicherung von Qualität und Quantität des Projektes
- Systematische Planung des Projekts und klare Definition von Qualitätsstandards sowie realistische Zeitvorgaben (mit Pufferzeiten)
- Ausgewogenes Maß zwischen paralleler und sequenzieller Bearbeitung der Teilprojekte.

## Lösung zu Aufgabe 4:

a) Netzplan:

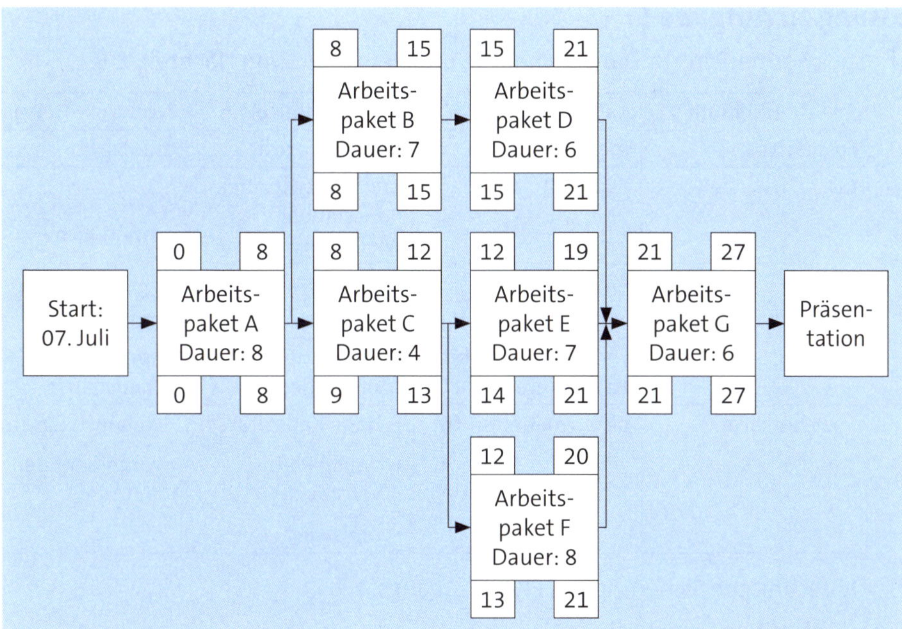


Der früheste Endzeitpunkt des Teilprojektes 4 ist der 27. Tag. Damit ist die Präsentation frühestens am Mittwoch, dem 13. August möglich.

| Juli | | | | | |
|---|---|---|---|---|---|
| M | | 07 | 14 | 21 | 28 |
| D | 01 | 08 | 15 | 22 | 29 |
| M | 02 | 09 | 16 | 23 | 30 |
| D | 03 | 10 | 17 | 24 | 31 |
| F | 04 | 11 | 18 | 25 | |
| S | 05 | 12 | 19 | 26 | |
| S | 06 | 13 | 20 | 27 | |

| August | | | | | | |
|---|---|---|---|---|---|---|
| M | | 04 | 11 | 18 | 25 | |
| D | | 05 | **12** | 19 | 26 | FEZ, Teilprojekt 4 |
| M | | 06 | **13** | 20 | 27 | Präsentation |
| D | | 07 | 14 | 21 | 28 | |
| F | 01 | 08 | 15 | 22 | 29 | |
| S | 02 | 09 | 16 | 23 | 30 | |
| S | 03 | 10 | 17 | 24 | 31 | |

b) Folgende Arbeitspakete liegen auf dem kritischen Weg:

A, B, D, G

c) Die freie Pufferzeit (= FPZ = Pufferzeit zwischen zwei Vorgängen) zwischen Arbeitspaket F und G beträgt einen Manntag (FPZF = FAZG - FEZF = 21 - 20 = 1). Da die Zeitverzögerung für F der Größe des freien Puffers entspricht, ergibt sich für den Präsentationstermin keine Änderung. Das Arbeitspaket F wird kritisch; ebenso das Arbeitspaket C. Damit liegen alle Arbeitspakete – außer E – auf dem kritischen Weg.

## Lösung zu Aufgabe 5:

a) Speichermedien zur Datensicherung und deren Vor- und Nachteil, z. B.:

| Speichermedium | Kapazität | Vorteil – Beispiele | Nachteil – Beispiele |
|---|---|---|---|
| Festplatte | mehrere TB | hohe Kapazität | anfällig |
| CD | 650 - 900 MB | preiswert, flexibel, handhabbar, wiederverwendbar | empfindlich |
| DVD | 4,7 - 17 GB | hohe Kapazität | |
| Magnetband | > 100 GB | preiswert | empfindlich |
| USB-Stick | von einigen MB bis zu mehreren TB | klein, leicht transportierbar | begrenzte Lebensdauer |
| Speicherkarte | bis zu mehreren TB | ▸ hohe Kapazität<br>▸ wenig Platzverbrauch<br>▸ preiswert | ▸ relativ langsam<br>▸ unterliegt der Alterung |

b) Dv-technische Sicherung des Hallenzugangs, z. B.:

- Tastatur und wechselnde Code-Nr.
- Ausgabe einer Magnetkarte für einen fest definierten Benutzerkreis.

c) Prüfverfahren bei der Dateneingabe, z. B.:

- Prüfziffernkontrolle
- Plausibilitätskontrolle.

# 4. Zusammenarbeit im Betrieb

## Lösung zu Aufgabe 1:

a) Ein schlechtes Betriebsklima kann negative Auswirkungen auf folgende innerbetriebliche Leistungskennzahlen haben, z. B.:

- rückläufige Produktionszahlen
- schlechte Auslastung der Kapazitäten
- schlechte Qualität
- hoher Ausschuss
- steigende Kosten
- steigende Gemeinkosten
- überdurchschnittlich hoher Krankenstand
- hohe Fluktuation
- schlechte Relation von gefertigten Stunden zu bezahlten Stunden
- schlechtes Betriebsergebnis.

b) Methodische Ansätze zur Ermittlung der spezifischen Ursachen des schlechten Betriebsklimas in der KARGEN GmbH, z. B.:

- **Gespräch mit Ihren Vorarbeitern** und deren Bewertung:
  → führt schnell zu Ergebnissen, die jedoch nur zwei Einzelmeinungen darstellen
- **Einzelgespräche mit allen Mitarbeiter:**
  → zeitintensiv, führt jedoch zu präzisen, differenzierten und verlässlichen Aussagen
- **Befragung/Meinung Ihres Vorgesetzten:**
  → führt schnell zu einem Ergebnis; langjährige Erfahrung des Betriebsleiters; Gefahr der einseitigen Sicht der Dinge (hierarchisch geprägt)
- **Befragung/Meinung Ihres Vorgängers:**
  → führt schnell zu einem Ergebnis; Erfahrung; subjektive Einzelmeinung
- **Schriftliche Befragung aller Mitarbeiter** der KARGEN GmbH:
  → liefert zuverlässige, repräsentative Ergebnisse; zeit- und kostenaufwendig; Fragebogen muss von einem Fachmann erarbeitet und ausgewertet werden; Zustimmung der Firmenleitung und des Betriebsrates. Fragebogen kann anonym gestaltet werden und vermeidet spontane Antworten.

c) Der Meister kann in seiner Funktion dazu beitragen, das Betriebsklima zu verbessern, indem **er auf folgende Führungsmaßnahmen Wert legt** (mit Ausnahme der materiellen Rahmenbedingungen):

- **Führungsstilmittel** (wie z. B. Anerkennung), z. B.:
  - Mitarbeiter durch angemessene Anerkennung oder auch Korrektur **fördern**, Mitarbeiter weiterbilden.
  - Bedenken, dass **Lob und Anerkennung** der erbrachten Leistungen Triebfedern zu neuen, noch besseren Leistungen sein können.

- **Kommunikationsmittel** (wie z. B. Mitarbeitergespräch), z. B.:
  - Mehr **Kontakt** zu den Mitarbeitern pflegen.
  - Jeden Mitarbeiter mit seinem **Namen anreden**.
  - Einen **Auftrag** oder eine Anordnung stets richtig, klar und **eindeutig übermitteln**.
  - Die Meinung der **Mitarbeiter anhören**, sie mitentscheiden lassen, sie informieren.
  - Nicht jede Äußerung eines Mitarbeiters gleich auf die Goldwaage legen.
  - Mitarbeitern **nichts nachtragen**, wenn einmal etwas schiefgegangen ist.
  - Schwierigkeiten und **heiße Eisen** in aller Offenheit erörtern.
  - Als verantwortlicher Vorgesetzter Ruhe und **Selbstbeherrschung** ausstrahlen.
  - Stets **sachliche Entscheidungen** treffen unter angemessener Berücksichtigung emotionaler Einflüsse.
- Maßnahmen zur **Gestaltung des Arbeitsplatzes** (wie z. B. Kompetenzumfang), z. B.:
  - Dem richtigen Mitarbeiter **den richtigen Arbeitsplatz** zur richtigen Zeit **zuweisen**.
  - Zuständigkeiten und **Befugnisse** organisatorisch klar abgrenzen, und zwar auch für den Vertreter bei Abwesenheit des Vorgesetzten.
  - Auf die richtige **Zusammensetzung der Arbeitsgruppe** achten.
  - Psychologische Gesichtspunkte bei der Gestaltung der Arbeitsplätze, der Aufenthaltsräume und der Kantine beachten.

## Lösung zu Aufgabe 2:

Maßnahmen zur Verbesserung der eigenen Arbeitsorganisation sowie der Ihrer Mitarbeiter, z. B.:

- Delegation von Routinearbeit
- Verbesserung der Mitarbeiterqualifikation und Übertragung von mehr Verantwortung an die Mitarbeiter
- ggf. Einführung des MbO-Prinzips
- Prioritäten setzen, z. B. nach dem Eisenhower-Prinzip oder dem Pareto-Prinzip
- schriftliche Ziel-, Arbeits- und Terminplanung und Kontrolle der Realisierung
- Zusammenarbeit mit innerbetrieblichen Stellen nach klaren Spielregeln gestalten (Wer macht was wie bis wann?)
- ggf. eigene Weiterbildungsmaßnahme/Seminar mit dem Thema „Zeitmanagement und Arbeitsorganisation".

## Lösung zu Aufgabe 3:

- Ich informiere meine Vorarbeiter über das Projekt und veranlasse, dass (nach Ende der regulären Arbeitszeit) die gesamte Mannschaft zu einer Besprechung zusammenkommt.
- Ich kläre vor der Besprechung mit der Personalabteilung, ob der Arbeitseinsatz in Holland eine Versetzung im Sinne des BetrVG ist; ggf. muss die Mitbestimmung des Betriebsrates berücksichtigt werden.
- Ich informiere meine Mitarbeiter über alle Details und Anforderungen des Arbeitseinsatzes in Holland und berichte über Vor- und Nachteile für den Einzelnen. Ziel der Besprechung ist es, möglichst fünf geeignete Mitarbeiter zu finden, die von sich aus an der Aufgabe interessiert sind.
- Ich wähle aus den Freiwilligen die Mitarbeiter aus, die für die Aufgabe am besten geeignet sind. Dabei sind vor allem folgende Kriterien relevant:
  - Qualifikation und berufliche Erfahrung
  - Alter, Familienstand und physische Belastbarkeit
  - Fähigkeit zur Zusammenarbeit und Chemie zwischen den ausgewählten Mitarbeitern
  - Motivation und Engagement
  - ggf. holländische bzw. englische Sprachkenntnisse.

## Lösung zu Aufgabe 4:

a) Vorschlag für eine Zielvereinbarung zur Vermeidung von Qualitätsproblemen im Fertigungsbereich Pkw-Sitze:

*„Der Anteil der Reklamationen ist innerhalb der nächsten drei Monate von ... % auf ... % zu senken. Dazu sind folgende Maßnahmen geeignet: ...“*

b) **Prozess der Zielvereinbarung**:

- Vorbereitung des Gesprächs mit dem Mitarbeiter
- Gesprächsdurchführung
- Diskussion und Formulierung der Ziele
- Bewerten der Zielerreichung
- ggf. Planung von Fördermaßnahmen.

## Lösung zu Aufgabe 5:

a) Die Aussage des Betriebsratsvorsitzenden ist falsch, da einseitig. Bei den betrieblichen Fluktuationsursachen gibt es folgende Spitzenreiter:

- fehlende Karriere
- als ungerecht empfundene Entlohnung
- nicht ausreichender Freiraum

- Unzufriedenheit mit der Arbeit selbst
- Unzufriedenheit mit dem Führungsstil und/oder der Person des Vorgesetzten.

b) Angemessener Führungsstil als Beitrag zur Senkung der Fluktuationsquote zeigt u. a. folgendes Verhalten (Beispiele):

- ausgewogene Beurteilung betrieblicher Situationen
- persönliche und fachliche Autorität
- präzise Arbeitsanweisungen, die auch verstanden werden
- Förderung der Mitarbeiter (Personalentwicklung)
- gerecht empfundener Mitarbeitereinsatz
- richtige Zusammensetzung der Arbeitsgruppen
- kompetente Behandlung auftretender Konflikte.

## Lösung zu Aufgabe 6:

- **Job Enrichment:**
  - **Chancen:**
    - flexibler Einsatz der Mitarbeiter
    - Abbau von einseitigen Belastungen und Monotonie
    - evtl. Qualitätssteigerung
  - **Risiken:**
    - höhere Lohn- und Anlernkosten
    - schwierige Verantwortungsabgrenzung
- **Job Enlargement:**
  - **Chancen:**
    - evtl. körperlicher Belastungswechsel
    - Abnahme von Transportvorgängen
    - Personaleinsparung
  - **Risiken:**
    - erhöhte Lohn- und Anlernkosten
    - Mehrfachbereitstellung von Material und Werkzeug
    - Schwierigkeiten bei der Planung und Überwachung.

# 5. Berücksichtigung naturwissenschaftlicher und technischer Gesetzmäßigkeiten

## Lösung zu Aufgabe 1:

| | | | |
|---|---|---|---|
| $2\,HCl + Mg$ | $\rightarrow$ | $MgCl_2 + H_2$ | Magnesiumchlorid |
| $2\,HCl + MgO$ | $\rightarrow$ | $MgCl_2 + H_2O$ | Magnesiumchlorid |
| $HCl + KOH$ | $\rightarrow$ | $KCl + H_2O$ | Kaliumchlorid |

## Lösung zu Aufgabe 2:

**Gesucht:** v, t

**Gegeben:**
$v_0 = 0$
$h = 190\ m$
$g = 9{,}81\ m/s^2$

$$v = \sqrt{2 \cdot g \cdot h} = \sqrt{2 \cdot 9{,}81\ m/s^2 \cdot 190\ m} = 61\ m/s$$

$$v = g \cdot t \quad \rightarrow \quad t = \frac{v}{s} = \frac{61\ m/s}{9{,}81\ m/s^2} = 6{,}2\ s$$

Der Stein trifft mit einer Geschwindigkeit von 61 m/s nach 6,2 s auf dem Boden auf.

## Lösung zu Aufgabe 3:

**Gesucht:** $P_{zu}$

**Gegeben:**
$P_{ab} = 15.000\ kW$
$\eta_1 = 95\ \%$
$\eta_2 = 45\ \%$

$$\eta = \frac{P_{ab}}{P_{zu}} \quad \rightarrow \quad P_{zu} = \frac{P_{ab}}{\eta} = \frac{15.000\ kW}{0{,}95 \cdot 0{,}45} = 35.088\ kW$$

Der Dampf muss eine Leistung von 35.088 kW liefern.

## Lösung zu Aufgabe 4:

**Gesucht:** s

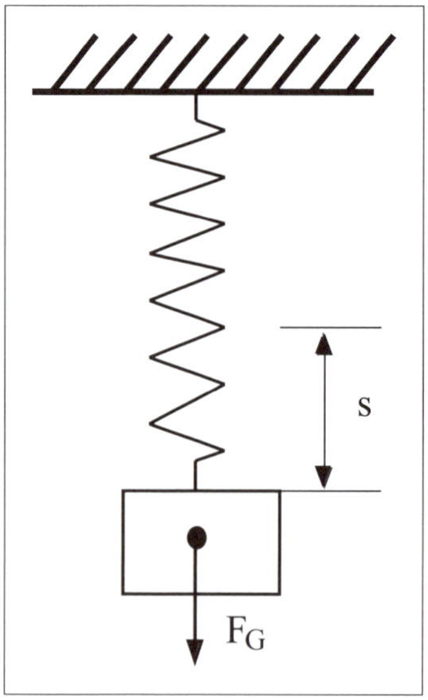


**Gegeben:**
m = 850 kg
D = 3.200 N/cm

$F = D \cdot s$ → Gilt unter der Bedingung der ausschließlich elastischen Verformung.

$F_G \sim m$ → Die angreifende Kraft ist die Gewichtskraft der angehängten Last.

$F_G = 8.500\ N$ | 1 kg = 10 N; → 850 kg = 8.500 N

$$\rightarrow s = \frac{8.500\ N \cdot cm}{3.200\ N} = 2{,}66\ cm$$

Das Seil des Kranes wird um rd. 2,7 cm verlängert.

$$P = \frac{m \cdot g \cdot h}{\eta \cdot t} = \frac{850\ kg \cdot 9{,}81\ m/s^2 \cdot 12\ m}{0{,}75 \cdot 60\ s} = 2.224\ W$$

Der Kranmotor muss 2.224 Watt abgeben, damit die Last angehoben werden kann.

## Lösung zu Aufgabe 5:

**Gesucht:** R, $I_{1/2}$, $I_3$

**Gegeben:**
$R_1 = 65\ \Omega$
$R_2 = 80\ \Omega$
$R_3 = 95\ \Omega$

Reihenschaltung:

$$R_R = R_1 + R_2 = 65\ \Omega + 80\ \Omega = 145\ \Omega$$

Parallelschaltung:

$$R = \frac{R_R \cdot R_3}{R_R + R_3} = \frac{145\ \Omega \cdot 95\ \Omega}{145\ \Omega + 95\ \Omega} = 57{,}4\ \Omega$$

Die Größe des Ersatzwiderstandes beträgt 57,4 Ω.

Berechnung Strom:
Ohmsches Gesetz

$$R = \frac{U}{I}$$

$$\rightarrow \quad R \cdot I = U \quad |:R$$

$$\rightarrow \quad I = \frac{U}{R}$$

$$I_{1/2} = \frac{230\ V}{65\ \Omega + 80\ \Omega} = 1{,}59\ A \qquad (R_1 \text{ und } R_2 \text{ in Reihe})$$

$$I_3 = \frac{230\ V}{95\ \Omega} = 2{,}42\ A$$

$$I_{ges.} = I_{1/2} + I_3 = 1{,}59\ A + 2{,}42\ A = 4{,}01\ A$$

oder

$$I_{ges.} = \frac{U}{R_{ges.}} = \frac{230\,V}{57{,}4\,\Omega} = 4{,}01\,A \qquad \text{(Probe)}$$

## Lösung zu Aufgabe 6:

**Gesucht:** d

**Gegeben:**

F = 40.000 N

$_{zul}$ = 100 N/mm²

$$\sigma = \frac{F}{A} = \frac{F}{\frac{\pi}{4} \cdot d^2} = \frac{4\,F}{\pi \cdot d^2}$$

$$\rightarrow \quad d^2 = \frac{4\,F}{\sigma \cdot \pi} \quad \rightarrow \quad d = \sqrt{\frac{4\,F}{\sigma \cdot \pi}}$$

$$= \sqrt{\frac{4 \cdot 40.000 \cdot N \cdot mm^2}{3{,}14 \cdot 100 \cdot N}} = 22{,}57\,mm = 23\,mm \text{ (ausgeführt)}$$

Bei einer zulässigen Zugspannung $\sigma = 100\,N/mm^2$ muss der Befestigungsbolzen einen Durchmesser von d = 23 mm haben.

## Lösung zu Aufgabe 7:

a)

$$\omega = 2 \cdot \pi \cdot n$$

$$\omega = 2 \cdot \pi \cdot \frac{20}{60\,s} = 2{,}09\,s^{-1}$$

b)

$$F_2 = m \cdot r \cdot \omega^2$$

$$F_2 = 700\,kg \cdot 10\,m \cdot (2{,}09\,s^{-1})^2 = 30.577\,\frac{kg \cdot m}{s^2} = 30{,}58\,KN$$

(bzw. 30.705 N bei Berechnung mit Übernahme aller Nachkommastellen aus a))

## Lösung zu Aufgabe 8:

a) Drehen:

$$C_p = \frac{0{,}04\ \text{mm}}{6 \cdot 0{,}005\ \text{mm}} = 1{,}33\overline{3}$$

Schleifen:

$$C_p = \frac{0{,}04\ \text{mm}}{6 \cdot 0{,}004\ \text{mm}} = 1{,}667$$

Beide Fertigungsverfahren erreichen $C_p \geq 1{,}33$, somit sollte aufgrund des günstigeren Preises das Drehen gewählt werden.

b) 99,73 %-Streubereich bedeutet $\overline{x} \pm 3 \cdot s$

Drehen:

$\overline{x} \pm 3 \cdot s = 40{,}000\ \text{mm} \pm 3 \cdot 0{,}005\ \text{mm} = 39{,}985\ \text{mm}$ bis $40{,}015\ \text{mm}$

Schleifen:

$\overline{x} \pm 3 \cdot s = 40{,}000\ \text{mm} \pm 3 \cdot 0{,}004\ \text{mm} = 39{,}988\ \text{mm}$ bis $40{,}012\ \text{mm}$

## 1. Rechtsbewusstes Handeln

**Arbeitsgesetze,** Beck-Texte, 98. Auflage, München 2021

**Gropp, W.,** Die Prüfung der Personalfachkaufleute, 13. Auflage, Herne 2022

**Hau, W.,** Grundlagen der Rechtslehre, 9. Auflage, Herne 2017

**Schaub, G.,** Arbeitsrechts-Handbuch, 18. Auflage, München 2018

**Sozialgesetzbuch,** Beck-Texte, 48. Auflage, München 2019

**Steckler, B.,** Kompakt-Training Wirtschaftsrecht, 3. Auflage, Herne 2013

**Vereinigung der Metall-Berufsgenossenschaften (Hrsg.),** Prävention 2018, Arbeitssicherheit und Gesundheitsschutz, DVD, Düsseldorf 2018, www.vmbg.de

## 2. Betriebswirtschaftliches Handeln

**Albert, G.,** Betriebliche Personalwirtschaft, 16. Auflage, Herne 2022

**Arnolds/Heege/Tussing/Röh,** Materialwirtschaft und Einkauf, Praxisorientiertes Lehrbuch, 14. Auflage, Offenbach 2021

**Däumler, K. D.,** Grundlagen der Investitions- und Wirtschaftlichkeitsrechnung, 13. Auflage, Herne 2014

**Däumler/Grabe,** Kostenrechnung 1 – Grundlagen, 11. Auflage, Herne 2013

**Däumler/Grabe,** Kostenrechnung 2 – Deckungsbeitragsrechnung, 13. Auflage, Herne 2013

**Däumler/Grabe,** Kostenrechnung 3 – Plankostenrechnung und Kostenmanagement, 9. Auflage, Herne 2014

**Ebel, B.,** Produktionswirtschaft, 9. Auflage, Herne 2009

**Ehrmann, H.,** Logistik, 9. Auflage, Herne 2017

**Ehrmann/Mintert,** Unternehmensplanung, 7. Auflage, Herne 2022

**Eisenschink, C.,** Die Prüfung der Industriefachwirte, 14. Auflage, Herne 2020

**Faulhaber, M.,** Kosten- und Leistungsrechnung, 100 klausurtypische Aufgaben und Lösungen, 4. Auflage, Herne 2020

**Faulhaber, M.,** Personalwirtschaft, Mehr als 100 klausurtypische Aufgaben und Lösungen, 3. Auflage, Herne 2021

**Faulhaber/Krause/Krause,** Absatzwirtschaft, 120 klausurtypische Aufgaben und Lösungen, 3. Auflage, Herne 2020

**Kotler/Keller/Opresnik,** Marketing-Management, 15. Auflage, Stuttgart 2017

**Krause/Krause,** Finanzierung und Investition, 115 klausurtypische Aufgaben und Lösungen, 3. Auflage, Herne 2018

**Krause/Krause,** Materialwirtschaft, 121 klausurtypische Aufgaben und Lösungen, 2. Auflage, Herne 2017

**Krause/Krause/Krause/Bundle/Ernst/Zech,** Die Prüfung der Technischen Betriebswirte, 10. Auflage, Herne 2022

**Oechsler, W.,** Personal und Arbeit, 11. Auflage, München 2018

**Oeldorf/Olfert,** Material-Logistik, 14. Auflage, Herne 2018

**Olfert. K.,** Personalwirtschaft, 17. Auflage, Herne 2019

**Olfert. K.,** Lexikon Personalwirtschaft, 4. Auflage, Herne 2012

**Olfert, K.,** Kostenrechnung, 18. Auflage, Herne 2018

**Olfert, K.,** Investition, 14. Auflage, Herne 2019

**Olfert/Rahn,** Einführung in die Betriebswirtschaftslehre, 13. Auflage, Herne 2021

**Olfert/Rahn/Zschenderlein,** Lexikon der Betriebswirtschaftslehre, 9. Auflage, Herne 2020

**Schmolke/Deitermann,** Industrielles Rechnungswesen – IKR, 48. Auflage, Darmstadt 2019

**Scholz, C.,** Personalmanagement, 46. Auflage, München 2017

**Schroll, S.,** Produktionswirtschaft, Rund 170 klausurtypische Aufgaben und Lösungen, 3. Auflage, Herne 2021

**Wöhe, G.,** Einführung in die allgemeine Betriebswirtschaftslehre, 26. Auflage, München 2016

**Ziegenbein, K.,** Controlling, 10. Auflage, Herne 2012

## 3. Anwendung von Methoden der Information, Kommunikation und Planung

**Boy/Dudek/Kuschel,** Projektmanagement, 11. Auflage, Offenbach 2003

**Olfert, K.,** Kompakt-Training Projektmanagement, 11. Auflage, Herne 2019

**REFA,** Methodenlehre des Arbeitsstudiums, Bd. 1 - 6, 7. Auflage, München 1991

**REFA,** Methodenlehre der Planung und Steuerung, Bd. 1 - 5, 4. Auflage, München 1991

**Seiwert, L.,** Zeitmanagement, 9. Auflage, München 2013

**Stroebe, R. W.,** Arbeitsmethodik I und II, 9. Auflage, Heidelberg 2008

## 4. Zusammenarbeit im Betrieb

**Crisand/Crisand,** Psychologie der Gesprächsführung, 9. Auflage, Heidelberg 2010

**Crisand, E.,** Psychologie der Persönlichkeit – Eine Einführung, 8. Auflage, Heidelberg 2010

**Correll, W.,** Menschen durchschauen und richtig behandeln, 22. Auflage, München 2007

**Fuchs/KlimakaLautmann/Rammstedt/Wienold,** Lexikon zur Soziologie, 5. Auflage, Opladen 2010

**Rahn, H. J.,** Erfolgreiche Teamführung, 6. Auflage, Heidelberg 2010

**Rahn/Mintert,** Unternehmensführung, 10. Auflage, Herne 2019

**Schroll, S.,** Führung und Zusammenarbeit, Rund 200 klausurtypische Aufgaben und Lösungen, 3. Auflage, Herne 2020

**Schulz von Thun, F.,** Miteinander reden, 4 Bände, Hamburg 2019

**Seiwert/Gay,** Das 1x1 der Persönlichkeit, 33. Auflage, Offenbach 2016

**Staehle, W. H.,** Management – Eine verhaltenswissenschaftliche Perspektive, 9. Auflage, München 2018

**Stroebe, R. W.,** Kommunikation I – Grundlagen, Gerüchte, schriftliche Kommunikation, 6. Auflage, Heidelberg 2010

**Stroebe, R. W.,** Kommunikation II – Verhalten und Techniken in Besprechungen, 8. Auflage, Heidelberg 2002

**Stroebe/Stroebe,** Gezielte Verhaltensänderung – Anerkennung und Kritik, 4. Auflage, Heidelberg 2007

**Stroebe/Stroebe,** Motivation, 9. Auflage, Heidelberg 2004

**Weisbach, C. R.,** Professionelle Gesprächsführung, 9. Auflage, München 2015

## 5. Berücksichtigung naturwissenschaftlicher und technischer Gesetzmäßigkeiten

**Böge/Eichler,** Physik für technische Berufe, Grundlagen, Versuche, Aufgaben, Lösungen, 11. Auflage, Wiesbaden 2008

**Dietrich/Schulze,** Verfahren zur Maschinen- und Prozessqualität, 7. Auflage, Leipzig 2014

**Drescher u. a.,** Arbeitsbuch Physik, 14. Auflage, Haan-Gruiten 2018

**Eisenschink/Schroll,** Die Prüfung der Technischen Fachwirte, 4. Auflage, Herne 2020

**Fischer, U.,** Tabellenbuch Metall (mit Formelsammlung und CD), 49. Auflage, Haan-Gruiten 2022

**Göbel, R.,** Wissensspeicher Physik, Berlin 2001

**Hädener/Kaufmann,** Grundlagen der allgemeinen und anorganischen Chemie, 14. Auflage, Basel 2006

**Hübschmann/Links,** Tabellen zur Chemie und zur Analytik in Ausbildung und Beruf, 15. Auflage, Hamburg 2020

**Institut der deutschen Wirtschaft (Hrsg.),** Deutschland in Zahlen, Ausgabe 2020, Köln 2020

**Lipsmeier, A. (Hrsg.),** Friedrich Tabellenbuch, Metall- und Maschinentechnik, 168. Auflage, Troisdorf 2011

**Schroll, S.,** Naturwissenschaftliche und technische Gesetzmäßigkeiten, Mehr als 70 klausurtypische Aufgaben und Lösungen, Herne 2020

**Schroll, S.,** Kompaktwissen naturwissenschaftliche und technische Gesetzmäßigkeiten, Herne 2020

**Schroll, S.,** Fit für den Industriemeister, 3. Auflage, Herne 2021

**Schultheiß, P.,** Prüfungsbuch Metall- und Maschinentechnik, 5. Auflage, Stuttgart 2018

## Symbole



## A

## B

## C



## D

# E



# F

## G



## H

## L

## M

## N



## O



## P

## Q



## R



## S

## T



## U



## V

## W



## Z